KB078917

에너지관리 기능사 필기

김영배 편저

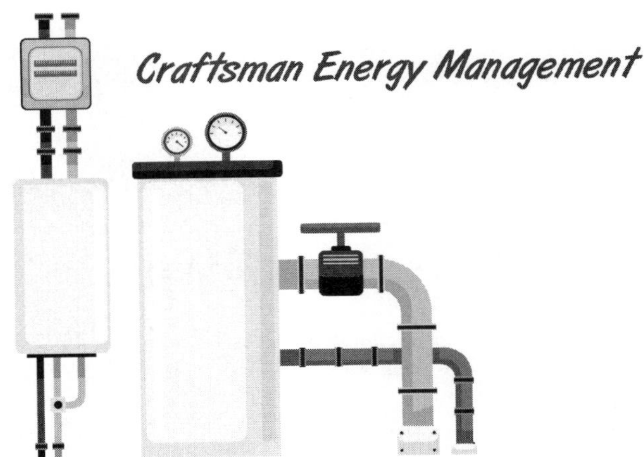

일진사

머 리 말

현대 사회에서 에너지 산업은 매우 중요한 비중을 차지하고 있습니다. 특히, 지하자원이 넉넉하지 못한 우리에게는 국가적인 차원에서 지속적인 관심과 투자를 하고 있는 분야입니다.

이러한 정부 시책에 맞춰 국가기술 자격시험도 큰 변화를 가져오게 되었습니다. 기존의 「보일러기능사」 자격종목이 「에너지관리기능사」로 변경되었습니다.

이에 본 저자는 보일러 취급, 시공 관련 분야에서 근무하시거나 관심을 가지고 국가기술 자격 취득을 준비하는 분들을 위하여 조금이나마 도움이 되어 드리고자 다음과 같이 본 책을 정리하였습니다.

새로 개정된 한국산업인력공단 출제 기준에 맞춰 본문을 정리하였고, 예상문제 및 기출문제에는 자세한 해설을 달았습니다. 시간을 최대한 절약하면서도 충분한 이론을 습득할 수 있도록 하였으며, 특히 실기(필답형 주관식 50%, 작업형 50%) 시험 준비에도 많은 도움이 될 수 있도록 수험자를 배려하여 일목요연하게 정리하였습니다.

오랜 강의 경험과 현장 실무 경력을 바탕으로 최선을 다했으나 부족한 부분들은 계속해서 수정·보완할 것을 약속드리며, 아울러 독자 여러분과 이 분야의 전문가의 아낌없는 격려와 지도편달을 바라며 독자 여러분의 합격의 영광이 있으시길 기원합니다.

끝으로 이 책의 출간을 위하여 적극적인 후원을 해 주신 도서출판 **일진사** 임직원 여러분께 진심으로 감사드립니다.

저자 씀

차 례

part 01 보일러 설비 및 구조

part 03 안전관리 및 배관일반

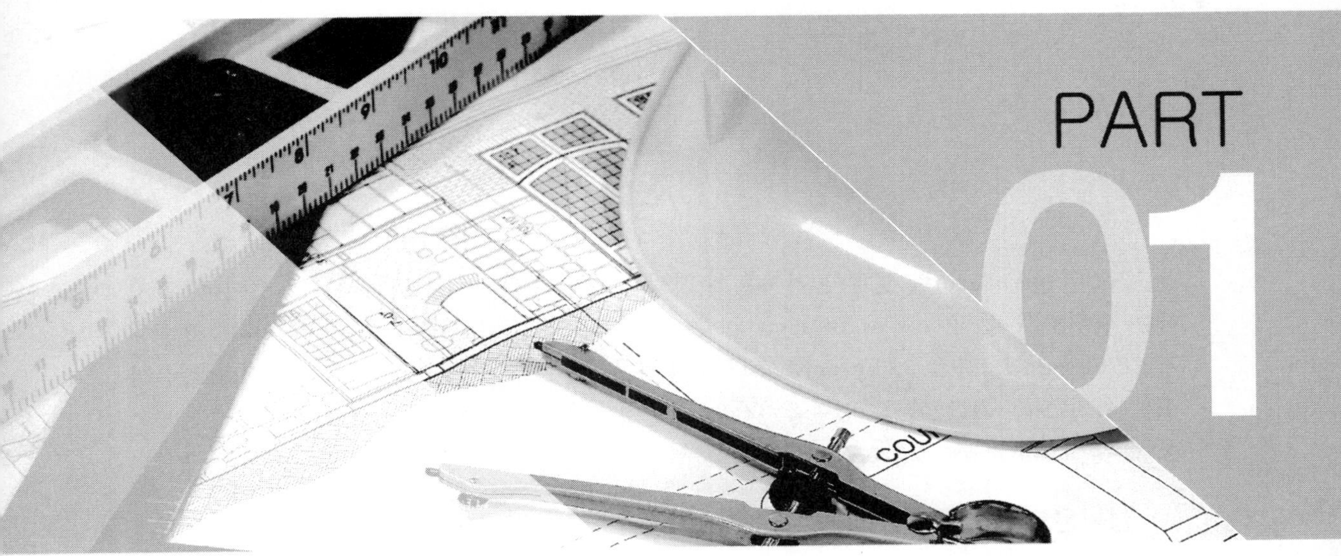

보일러 설비 및 구조

제 1 장 열 및 증기
제 2 장 보일러의 종류 및 특성
제 3 장 보일러의 부속장치 및 부속품
제 4 장 보일러 열효율 및 열정산
제 5 장 연료 및 연소장치
제 6 장 보일러 자동제어

제 1 장 열 및 증기

1. 온도

온도(temperature)란 물체가 가지는 온랭의 정도를 수량적으로 나타내는 척도이며, 표시하는 단위로서 섭씨(celsius or centigrade) 온도와 화씨(fahrenheit) 온도가 있다. 표준대기압(760 mmHg, 1.0332 kg/cm^2) 하에서 빙점을 0℃, 비등점을 100℃로 하여 100 등분한 것을 섭씨온도(℃)라 하고, 빙점을 32°F, 비등점을 212°F로 하여 두 점 사이를 180 등분한 것을 화씨온도(°F)라 한다.

(1) 섭씨온도와 화씨온도

섭씨온도를 t[℃], 화씨온도를 t[°F] 라고 할 때, 이들 사이의 관계식은,

$$\frac{t\,[℃]}{100} = \frac{t\,[°F] - 32}{180}$$ 에서,

① $t\,[℃] = \frac{100}{180}(t\,[°F] - 32) = \frac{5}{9}(t\,[°F] - 32)$

② $t\,[°F] = \frac{180}{100}t\,[℃] + 32 = \frac{9}{5}t\,[℃] + 32$

(2) 절대온도

열역학적으로 물체가 도달할 수 있는 최저온도를 기준으로 하여 물의 3중점을 273.16 K(0.01℃)로 정한 온도이며, 절대온도(absolute temperature)를 T[K](Kelvin) 온도, T[°R] (Rankin) 온도로 나타내면 섭씨온도 및 화씨온도에 대한 절대온도는 다음과 같다.

① $T[K] = (t\,[℃] + 273.15)[K] = (t\,[℃] + 273)[K]$

② $T[°R] = (t\,[°F] + 459.67)[°R] = (t\,[°F] + 460)[°R]$

참고

온도 눈금의 비교

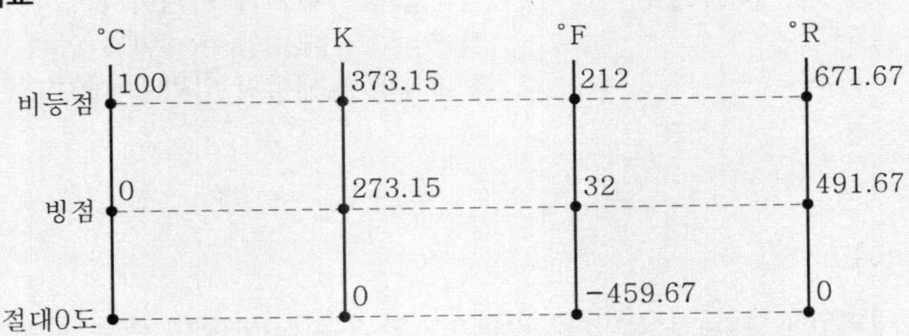

① 최근 섭씨온도의 정의는 물의 3중점(고체, 액체, 기체가 공존하는 점)을 0.01 ℃(=273.16 K)로 정한다.
② 섭씨온도와 화씨온도가 같은 온도는 −40°이다.

2. 압력

압력(pressure)이란 단위면적당 수직방향으로 작용하는 힘의 세기를 말하며, 압력$=\frac{\text{힘}}{\text{면적}}$이다.

(1) 표준대기압 (atm)

$$1\text{ atm} = 760\text{ mmHg} = 760\text{ torr} = 76\text{ cmHg}$$
$$= 29.92\text{ inHg} = 1.0332\text{ kgf/cm}^2 = 10332\text{ kgf/m}^2$$
$$= 10.332\text{ mH}_2\text{O}(= 10.332\text{ mAq}) = 1033.2\text{ cmH}_2\text{O} = 10332\text{ mmH}_2\text{O}$$
$$= 14.7\text{ lb/in}^2(= 14.7\text{ psi}) = 1013\text{ mmbar} = 1.013\text{ bar} = 101325\text{ Pa} = 101325\text{ N/m}^2$$
$$= 101.325\text{ kPa} = 0.101325\text{ MPa}$$

(2) 공학 (공업) 기압 (at)

$$1\text{ at} = 1\text{ kgf/cm}^2 = 10000\text{ kgf/m}^2 = 10\text{ mH}_2\text{O}(= 10\text{ mAq})$$
$$= 10000\text{ mmH}_2\text{O} = 735.56\text{ mmHg} = 735.56\text{ torr}$$
$$= 14.2\text{ lb/in}^2(= 14.2\text{ psi}) = 980.64\text{ mmbar} \fallingdotseq 0.1\text{ MPa}$$

(3) 게이지 압력 (atg, g)

대기압을 0으로 기준한 압력이다(보일러 압력계가 나타내는 압력).

(4) 절대압력 (abs, ata)

절대진공을 0으로 기준한 압력이다(포화증기표가 나타내는 압력).

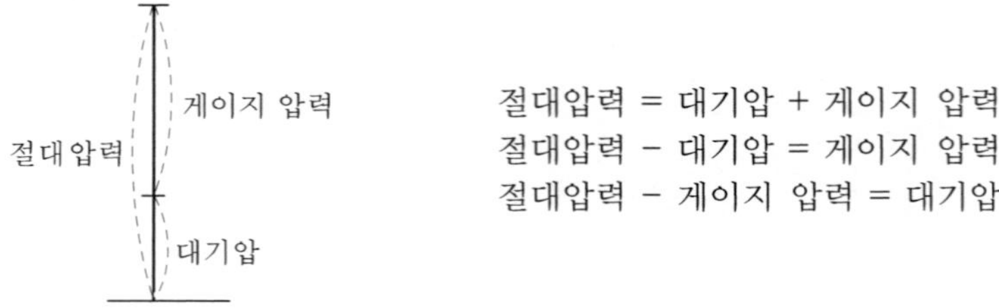

(5) 진공압 (atv)

진공압이란 대기압보다 낮은 압력을 말하며, 단위는 mmHg를 주로 사용한다.

① 진공도란 진공상태를 나타내는 정도이며, 진공도 = $\frac{\text{진공압}}{\text{대기압}} \times 100\,\%$

② 절대압 = 대기압 − 진공압

(6) 압력 계산식

① $P = \gamma h$

② $P' = \rho h'$

여기서, P : 압력(kg/m^2)　γ : 액체의 비중량(kg/m^3)　h : 액의 높이(m)
P' : 압력(g/cm^2)　ρ : 액체의 밀도(g/cm^3)　h' : 액의 높이(cm)

참고

① 1 kg/cm^2 = 10000 kg/m^2 = 10m H_2O　② 1 kg/m^2 = 1 mmH_2O
③ 1 mmHg = 1 torr　④ 1 Pa = 1 N/m^2　⑤ 1 kgf/cm^2 = 0.1 MPa
⑥ 압력의 단위 : atm, mmHg, cmHg, torr, inHg, kgf/cm^2, mH_2O(mAq), cmH_2O, lb/in^2(psi), mmbar, Pa, N/m^2, dyn/cm^2
⑦ 중력 단위에서 1kg의 질량에 중력가속도 g(9.8m/s^2)이 작용할 때의 힘을 1kgf(1kg중)라 한다.

3. 열량

열은 물질의 분자운동에 의한 에너지의 한 형태이며, 물체가 보유하는 열의 양(즉, 에너지의 양)을 열량(quantity of heat)이라고 한다.

(1) 1 kcal (kilo−calorie)

표준대기압 하에서 순수한 물 1 kg을 14.5℃에서 15.5℃로 1℃ 높이는 데 필요한 열량

(2) 1 BTU (british thermal unit)

순수한 물 1 lb를 61.5°F에서 62.5°F로 1°F 높이는 데 필요한 열량

(3) 1 CHU (centigrade heat unit)

순수한 물 1 lb를 14.5℃에서 15.5℃로 1℃ 높이는 데 필요한 열량

열량의 단위 비교

kcal	BTU	CHU	kJ
1	3.968	2.205	4.18673
0.252	1	0.5556	1.05504
0.4536	1.8	1	1.89908
0.23885	0.94783	0.52657	1

참고

① 100000 BTU를 1 섬(therm)이라고 하며, 미국, 영국 등에서 대열량 단위로 사용되고 있다.

② $1\,\text{cal} = 4.186\,\text{J} \quad \therefore 1\,\text{J} = \dfrac{1}{4.186}\,\text{cal} \fallingdotseq 0.24\,\text{cal}$

③ $1\,\text{kcal} = 4186\,\text{J} = 4.186\,\text{kJ}$

④ $1\,\text{J} = 0.102\,\text{kg}\cdot\text{m} = 1\text{N}\cdot\text{m} = 10^7\,\text{erg}$

⑤ $1\,\text{kg}\cdot\text{m} = 9.8\,\text{J},\ 1\,\text{erg} = \dfrac{1}{10^7}\,\text{J}$

(4) 열량을 구하는 식

$$Q = G \cdot C \cdot (t_2 - t_1) = G \cdot C \cdot \Delta t$$

여기서, Q : 열량(kcal, cal) C : 비열(kcal / kg · ℃, cal/g · ℃)
G : 질량(kg) t_2 : 상승된 온도(℃)
t_1 : 최초온도(℃) Δt : 온도차(℃)

4. 비열 및 열용량

(1) 비열 (specific heat)

어떤 물질 1 kg을 1℃ 높이는 데 필요한 열량

① **비열의 단위 :** kcal/kg · ℃(cal/g · ℃), CHU/lb · ℃, BTU/lb · °F

② **비열**

(가) 정압비열(C_p) : 압력을 일정하게 하였을 때 비열

(나) 정적비열(C_v) : 부피를 일정하게 하였을 때 비열

③ **비열비(k) :** 정압비열과 정적비열의 비

$$\text{비열비}(k) = \frac{\text{정압비열}(C_p)}{\text{정적비열}(C_v)} > 1$$

참고

① 비열비(k)는 항상 1보다 크다($\because C_p > C_v$ 이므로).
② 고체 및 액체 중에서는 물의 비열이 가장 크며, 기체 중에서는 수소(H)의 비열이 가장 크다.

(2) 열용량 (heat capacity)

열용량이란 어떤 물체의 온도를 1℃ 높이는 데 필요한 열량

① 열용량 (kcal/℃) = 질량 (kg) × 비열 (kcal/kg·℃)
② 열용량의 단위 : kcal/℃ (cal/℃)

5. 열의 이동방법 (방식)

열의 이동 방법에는 전도, 대류, 복사(방사)의 세 종류가 있다.

(1) 전도 (푸리에의 법칙)

고체 내에서만의 열의 이동

(2) 대류 (뉴턴의 냉각법칙)

유체(공기, 물, 기름 등)의 열의 이동

(3) 복사 (스테판－볼츠만의 법칙)

중간 열매체를 통하지 않고 열이 이동 (열선에 의하여)

참고

① 공기는 열의 부도체이다.
② 복사 에너지는 절대온도(K)의 4제곱에 비례한다.

(4) 열전도율

고온의 고체면에서 저온의 고체면으로 열이 이동되는 비율을 말하며, 단위는 kcal/h·m·℃ 이다.

(5) 열전달률 (경막계수)

고온의 유체에서 저온의 고체면으로, 또는 고온의 고체면에서 저온의 유체로 열이 이동되는 비율을 말하며, 단위는 kcal/h · m² · ℃이다.

(6) 열관류율 (열통과율)

열전달 → 열전도 → 열전달 과정을 통하여 고온의 유체에서 고체를 통과하여 저온의 유체로 열이 이동되는 비율을 말하며, 이 경우에는 전도, 대류, 복사가 함께 이루어지며 단위는 kcal/h · m² · ℃이다.

6. 열역학법칙

(1) 열역학 제0법칙 (열평형의 법칙)

온도가 높은 물체와 온도가 낮은 물체를 접촉시키면 온도가 높은 물체는 온도가 내려가고 온도가 낮은 물체는 온도가 상승하여, 결국은 두 물체의 온도가 같게 되어 열평형을 이루고 열평형상태에 있게 된다.

(2) 열역학 제1법칙 (에너지 보존의 법칙)

열과 일은 하나의 에너지이고 열을 일로 바꿀 수 있고, 일 또한 열로 바꿀 수 있으며 열량과 일량은 항상 일정하다.

열역학 제 1 법칙에서 일의 열당량 $A\left(\frac{1}{427}\text{ kcal/kg}\cdot\text{m}\right)$, 열의 일당량 J (427 kg · m/kcal), 일량 W[kg · m], 열량 Q[kcal]라면 열과 일과의 관계는 다음과 같다.

$$Q = A\cdot W,\quad W = \frac{Q}{A} = \frac{1}{A}\times Q$$

또한, $\frac{1}{A} = J$이므로 $W = J\cdot Q$이다.

$$\therefore\ J = \frac{W}{Q}$$

① 1 hp(PS) = 75 kg · m/s, 1 kW = 102 kg · m/s

② $1\text{ hp}\cdot\text{h (PS}\cdot\text{h)} = \frac{1}{427}\text{ kcal/kg}\cdot\text{m}\times 75\text{ kg}\cdot\text{m/s}\times 3600\text{ s} \fallingdotseq 632\text{ kcal}$

③ $1\text{ kW}\cdot\text{h} = \frac{1}{427}\text{ kcal/kg}\cdot\text{m}\times 102\text{ kg}\cdot\text{m/s}\times 3600\text{ s} \fallingdotseq 860\text{ kcal}$

참고

① 일과 열은 서로 변할 수 있는 에너지로서 항상 보존이 된다(에너지 보존의 법칙).
② 에너지는 따로 생성되지도 않고 또한 소멸되지도 않는다(에너지 불멸의 법칙).
③ 에너지는 다만 한 형태에서 다른 형태로 바뀔 뿐이다(상태변화의 법칙).

(3) 열역학 제 2 법칙 (영구기관 제작 불가능법칙)

일이 전부 열로 바뀔 수 없고, 또한 열이 전부 일로 바뀐다는 것은 불가능하기 때문에 100 %의 효율을 가지는 기관의 제작이 불가능하다.

참고

① 열은 그 자신만으로는 저온물체에서 고온물체로 이동할 수 없다(Causius의 표현).
② 열기관(heat engine)에서 그 작업 유체로 하여금 일을 시키려면 그보다 저온의 물체를 필요로 한다(Kelvin 의 표현).
③ 제2종 영구기관은 불가능하다. 즉, 고열원으로부터 열을 흡수하여 외부에 어떠한 영향도 미치지 않고 열을 기계적인 에너지 또는 일로 변환시킬 수 없다(Ostwald 의 표현).
다시 말하면 일이 전부 열로 바뀔 수 없고, 열이 전부 일로 바뀐다는 것은 불가능하기 때문에 100 %의 효율을 가진 기관의 제작이 불가능하다.

7. 기체의 성질

(1) 보일 (Boyle) 의 법칙

온도가 일정할 때 압력의 증가에 반비례하여 부피는 감소한다. 상태방정식으로부터,

$$P_1 V_1 = GRT_1 \quad \cdots\cdots ①$$

$$P_2 V_2 = GRT_2 \quad \cdots\cdots ②$$

그런데 $T_1 = T_2$ 이므로,

$$P_1 V_1 = P_2 V_2 = PV = \text{일정}$$

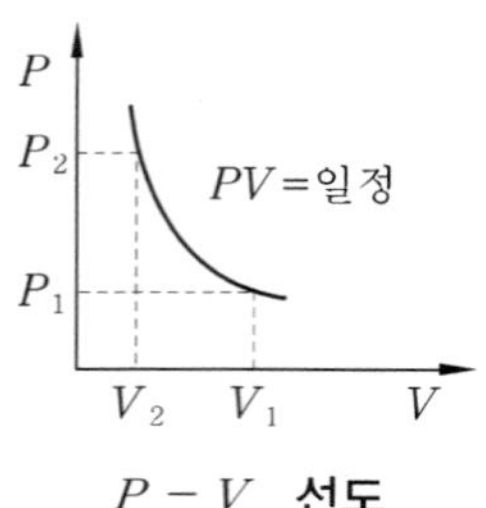

$P-V$ 선도

(2) 샤를 (Charles) 의 법칙

압력이 일정할 때 체적 V 는 절대온도 T 에 비례한다. 이상기체의 상태방정식에서,

$$P_1 V_1 = GRT_1 \quad \cdots\cdots ①$$

$$P_2 V_2 = GRT_2 \quad \cdots\cdots ②$$

그런데 $P_1 = P_2$ 이므로, ② ÷ ①

$$\frac{V_2}{V_1} = \frac{T_2}{T_1} \quad 혹은 \quad \frac{T_1}{V_1} = \frac{T_2}{V_2} = \frac{V}{T} = 일정$$

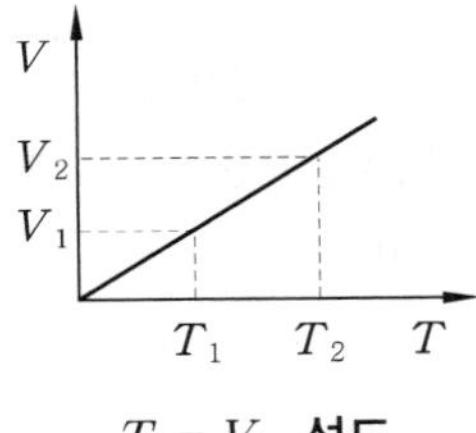

$T - V$ 선도

(3) 보일 – 샤를의 법칙

압력 P와 체적 V, 온도 T와의 관계를 규정한 것으로, 앞의 보일의 법칙과 샤를의 법칙을 결합시킨 것이다. 즉,

$$P_1 V_1 = GRT_1 \quad \cdots\cdots\cdots\cdots \text{①}$$

$$P_2 V_2 = GRT_2 \quad \cdots\cdots\cdots\cdots \text{②}$$

위의 ①, ② 식에서,

$$GR = \frac{P_1 V_1}{T_1} = \frac{P_2 V_2}{T_2}$$

그런데 GR 은 상수이므로,

$$\frac{P_1 V_1}{T_1} = \frac{P_2 V_2}{T_2} = \frac{PV}{T} = 일정$$

보일–샤를의 법칙

8. 증기의 성질

(1) 증기의 변화 (1 atm 하에서)

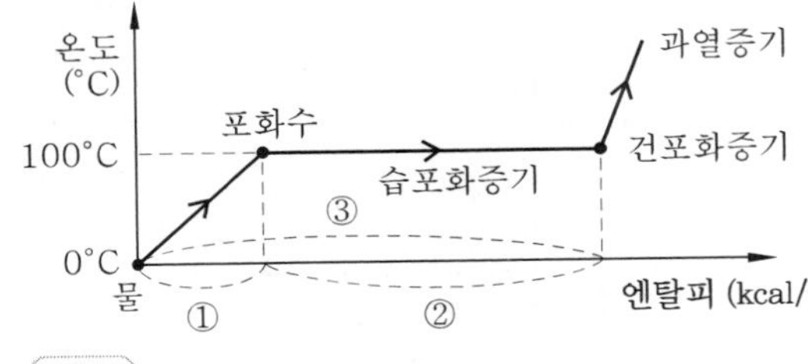

① 현열(=포화수 엔탈피=액체열=감열)
② 잠열(=기화잠열=증발잠열=숨은열)
③ 건포화증기 엔탈피

참고

증기(steam)의 변화과정 : 포화수 → 습포화증기 → 건포화증기 → 과열증기

(2) 현열, 잠열, 전열량

① **현열 (sensible heat, 포화수 엔탈피=액체열)** : 물체의 상(相) 변화는 일으키지 않고 온도변화만을 일으키는 데 필요한 열량이며, 표준대기압 하에서 물 1 kg의 현열은

$Q = G \cdot C \cdot \Delta t$ 에서 100 kcal/kg이다.

② **잠열 (latant heat, 증발열=기화열=숨은열) :** 물체의 온도변화는 일으키지 않고 상(相)변화만을 일으키는 데 필요한 열량이며, 표준대기압 하에서 물 1 kg의 잠열은 539(538.8) kcal/ kg이다.

참고

얼음이 녹아서 물로 되는 데 필요한 열을 융해열이라고 하며 잠열의 일종이다. 얼음의 융해열은 80 cal/g(=80 kcal/kg) 이다.

③ **엔탈피 (entalphy, 전열량) :** 물체(수증기, 물, 얼음)가 갖는 단위중량당 열량이며, 내부에너지와 외부에너지와의 합이다.

(가) 건포화증기 엔탈피=현열+잠열(kcal/kg)

(나) 습포화증기 엔탈피=현열+잠열×건도(kcal/kg)

(다) 과열증기 엔탈피=현열+잠열+과열증기의 비열×(과열증기온도−포화증기온도)(kcal/kg)

참고

1 atm 하에서 건포화증기 엔탈피=100+539=639 kcal

④ **임계점 :** 물이 증발현상 없이 바로 증기로 변하는 현상 (액체, 기체가 공존할 수 없는 현상), 즉 증발 시작과 끝이 바로 이루어지는 상태

(가) 임계압력=225.65 kgf/cm^2=22 MPa

(나) 임계온도=374.15℃

(다) 임계점에서의 증발잠열=0 kcal/kg

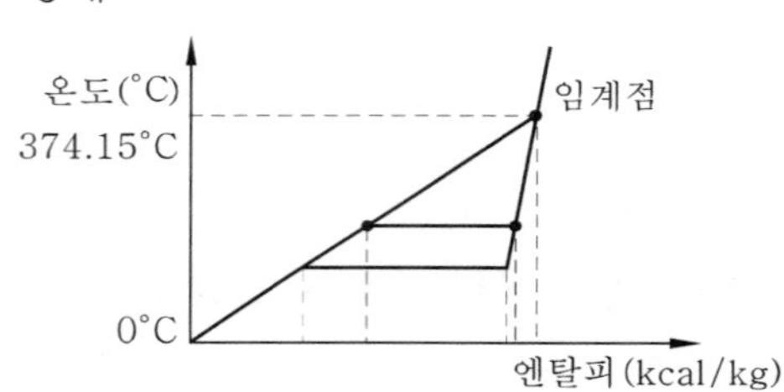

⑤ 증기의 압력을 높이면 변하는 현상

(가) 포화수 온도가 상승한다.

(나) 현열이 증대한다.

(다) 잠열이 감소한다.

(라) 건포화증기 엔탈피가 증가한다.

(마) 증기의 비체적이 증대한다.

(바) 포화수의 비중이 감소한다.

(사) 연료 소비량이 증가한다.

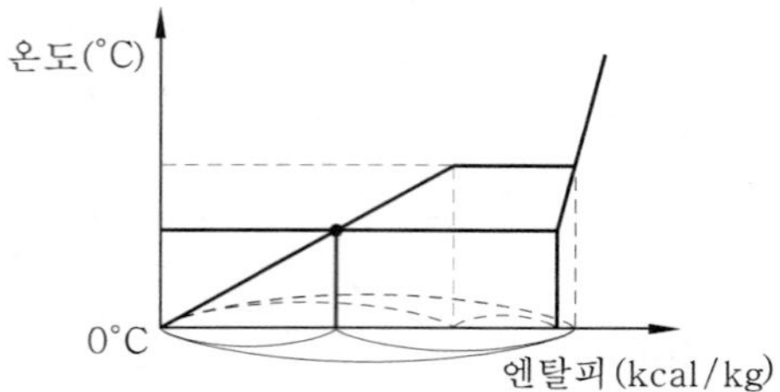

(3) 포화증기와 과열증기

① **포화증기(saturated steam) :** 포화수를 가열하여 생긴 증기를 말하며 습포화증기와 건포화증기가 있다.

(가) 습포화증기 : 수분을 함유한 포화증기

(나) 건포화증기 : 수분이 완전 제거된 포화증기

참고

(1) 수분이 많이 함유된 증기가 보일러에서 발생될 때의 해

① 배관 또는 장치에 부식을 일으킨다.
② 기관의 열효율을 저하시킨다.
③ 건도(건조도)를 저하시킨다.
④ 배관 내에서 워터해머(수격작용)를 일으킨다.
⑤ 열손실이 증가하여 연료사용량을 증대시킨다.

(2) 건도와 습도

① 건도(건조도)(x) : 습증기 전 질량 중 증기가 차지하는 질량비
② 습도(y) : 습증기 전 질량 중 액체가 차지하는 질량비
③ $x+y=1$, $1-x=y$, $1-y=x$ 이다.

(3) 포화수의 건도는 0이며 건포화증기의 건도는 1이고 습포화증기의 건도는 0보다 크며 1보다 작다.

(4) 증기의 건도(건조도)를 증가시키는 방법

① 증기관 내의 드레인(응축수)을 제거한다.
② 기수분리기 또는 비수방지관을 사용하여 증기 속의 수분을 제거한다.
③ 고압의 증기를 저압의 증기로 감압시켜 사용한다.
④ 포밍, 프라이밍 현상을 방지하여 캐리오버 현상이 일어나지 않도록 한다.
⑤ 증기 공간 내의 공기를 제거한다.

② **과열증기(super heated steam) :** 건포화증기의 압력은 일정하게(등압 하에서) 유지시키고 가열하여 온도를 높인 증기를 말한다.

과열도(℃) = 과열증기온도(℃) − 포화증기온도(℃)

참고

포화수온도 = 습포화증기온도 = 건포화증기온도

예제 10℃의 물 400 kg과 90℃ 물 100 kg을 혼합하면 혼합 후의 물의 온도(℃)를 구하시오.

해설 평균온도(℃) $= \dfrac{G_1C_1t_1 + G_2C_2t_2}{G_1C_1 + G_2C_2} = \dfrac{400\times1\times10+100\times1\times90}{400\times1+100\times1} = 26$℃

예·상·문·제

1. 303 K를 섭씨온도와 화씨온도로 옳게 환산한 값은?

㉮ 50℃, 122℉ ㉯ 30℃, 86℉
㉰ 30℃, 303℉ ㉱ 50℃, 122℉

해설 303－273＝30℃

$30 \times \frac{9}{5} + 32 = 86$°F

2. 5℉를 섭씨온도와 절대온도로 옳게 환산한 값은?

㉮ －15℃, 258 K
㉯ 30℃, 303 K
㉰ 20.5℃, 290.5 K
㉱ －52.6℃, 220.4 K

해설 $\frac{5}{9} \times (5-32) = -15$ ℃

$-15 + 273 = 258$ K

3. 열역학 제2법칙에 따라 정해진 온도로 이론상 생각할 수 있는 최저온도를 기준으로 하는 온도 단위는?

㉮ 임계온도 ㉯ 섭씨온도
㉰ 절대온도 ㉱ 복사온도

해설 절대온도 : 열역학적으로 물체가 도달할 수 있는 최저온도를 기준으로 하는 온도 단위이다.

4. 압력에 대한 설명 중 틀린 것은?

㉮ 단위면적당 작용하는 힘을 압력이라고 한다.
㉯ 표준대기압은 수은압 760 mmHg의 압력이다.
㉰ 절대압력은 계기압에서 대기압을 뺀 압력이다.
㉱ 1 kgf/m²의 압력은 수두압으로 표시할 때 약 1 mmAq이다.

해설 절대압력＝대기압＋게이지 압력,
1 kgf/cm² = 10000 kgf/m² = 10000 mmAq

5. 다음 압력에 대한 설명으로 옳은 것은?

㉮ 단위면적당 작용하는 힘이다.
㉯ 단위부피당 작용하는 힘이다.
㉰ 물체의 무게를 비중량으로 나눈 값이다.
㉱ 물체의 무게에 비중량을 곱한 것이다.

해설 압력＝$\frac{\text{힘}}{\text{면적}}$

6. 다음 중 압력의 단위가 아닌 것은?

㉮ Pa/cm² ㉯ mmH_2O
㉰ N/m² ㉱ mmHg

해설 압력의 단위
Pa, Torr, N/m², dyn/cm², kgf/cm², mH_2O, mAq, mmH_2O, mmAq, mmHg, psi, mb

7. 다음 중 표준대기압이 아닌 것은?

㉮ 760 mmHg
㉯ 76 Torr
㉰ 14.7 psi
㉱ 1.0332 kgf/cm²

해설 1 atm = 760 mmHg = 760 Torr
= 1.0332 kgf/cm² = 14.7 psi
= 14.7 lb/in² = 1013 mmbar
= 10.332 mAq = 10332 mmAq
= 10332 kgf/m² = 101325 Pa
= 101325 N/m² = 101.325 kPa

정답 1. ㉯ 2. ㉮ 3. ㉰ 4. ㉰ 5. ㉮ 6. ㉮ 7. ㉯

8. 다음 중 압력 단위에서 1 Pa(pascal)과 같은 값은?

㉮ 1 kgf/cm^2　　㉯ 1 bar
㉰ 1 kgf/m^2　　㉱ 1 N/m^2

해설 1 Pa = 1 N/m^2, 1 bar = 10^5 N/m^2
1 mmHg = 1 Torr

9. 다음 중 압력의 관계식이 옳은 것은?

㉮ 게이지 압력 = 절대압력 − 대기압
㉯ 절대압력 = 게이지 압력 − 대기압
㉰ 공학기압(at) > 표준대기압(atm)
㉱ 절대압력 = 대기압 − 게이지 압력

해설 절대압력 = 대기압 + 게이지압, at < atm

10. 게이지 압력이 1.03 MPa이고 대기압이 0.13 MPa일 때 절대압력은 몇 MPa인가?

㉮ 0.927 MPa　　㉯ 0.9 MPa
㉰ 1.16 MPa　　㉱ 1.27 MPa

해설 절대압력 = 대기압 + 게이지 압력에서
0.13 + 1.03 = 1.16 MPa

11. 다음 중 열량의 단위가 아닌 것은?

㉮ kcal　　㉯ CHU
㉰ BTU　　㉱ MPa

해설 MPa은 압력의 단위이다.

12. 1 kcal란 표준기압(760 mmHg) 하에서 순수한 물 1 kg을 몇 ℃에서 1℃ 상승시키는 데 필요한 열량으로 정의하는가?

㉮ 14.5℃　　㉯ 15.5℃
㉰ 1.45℃　　㉱ 4.0℃

해설 14.5℃에서 15.5℃로 1℃ 상승

13. 다음 설명 중 틀린 것은?

㉮ 1 BTU는 물 1 lb를 1℉ 높이는 데 필요한 열량이다.
㉯ 1 CHU는 물 1 lb를 1℃ 높이는 데 필요한 열량이다.
㉰ 1 kcal는 3.968 BTU이다.
㉱ 1 섬(therm)은 10000 BTU이다.

해설 1 섬(therm)은 100000 BTU이다.

14. 다음 설명 중 옳은 것은?

㉮ 1 kcal는 4186 kJ이다.
㉯ 1 J(joule)은 10^7 erg이다.
㉰ 1 cal는 약 0.24 J(joule)이다.
㉱ 1 J(joule)은 102 kg·m이다.

해설 ① 1 kcal = 4186 J = 4.186 kJ
② 1 cal = 4.186 J
③ 1 J(joule) = 0.102 kg·m

15. 다음 중 1 J(joule)과 같은 값은?

㉮ 1 N·m　　㉯ 1 cal
㉰ 1 mol　　㉱ 1 erg

해설 1 J = 1 N·m = 10^7 erg = 0.102 kg·m

16. 150 kg의 물을 18℃에서 100℃로 가열하는 데 요하는 열량은 몇 kcal인가?

㉮ 12300 kcal　　㉯ 12500 kcal
㉰ 24000 kcal　　㉱ 50000 kcal

해설 $Q = G \cdot c \cdot \Delta t$
$= 150 \times 1 \times (100 - 18) = 12300$ kcal

참고 물의 비열 = 1 kcal/kg℃

17. 어떤 물질 500 g을 20℃에서 50℃로 올리는 데 3000 cal의 열량이 필요하였다. 이 물질의 비열은 얼마인가?

정답 8. ㉱ 9. ㉮ 10. ㉰ 11. ㉱ 12. ㉮ 13. ㉱ 14. ㉯ 15. ㉮ 16. ㉮ 17. ㉯

㉮ 0.1 cal/g·℃ ㉯ 0.2 cal/g·℃
㉰ 1 cal/g·℃ ㉱ 5 cal/g·℃

해설 $Q = G \cdot c \cdot \Delta t$ 에서,

$$c = \frac{Q}{G \cdot \Delta t} = \frac{3000}{500 \times (50-20)} = 0.2\text{cal/g}\cdot℃$$

18. 다음 중 비열의 정의로서 옳은 것은?

㉮ 어떤 물질의 온도를 100℃ 올리는 데 필요한 열량
㉯ 순수한 물 1 kg을 100℃ 올리는 데 필요한 열량
㉰ 어떤 물질 1 kg이 보유하고 있는 열량
㉱ 어떤 물질 1 kg을 1℃ 올리는 데 필요한 열량

해설 ㉰ 항은 엔탈피(kcal/kg)에 대한 정의이다.

19. 다음 중 비열의 단위는 어느 것인가?

㉮ kg/kg·℃ ㉯ kg/kcal·℃
㉰ kcal/kg·℃ ㉱ kg·℃/kcal

해설 비열의 단위 : kcal/kg·℃, cal/g·℃

20. 물체의 정압비열과 정적비열과의 비(비열비) k 의 값은?

㉮ 항상 1보다 작다.
㉯ 항상 1보다 크다.
㉰ 항상 0이다.
㉱ 1보다 클 수도 작을 수도 있다.

해설 정압비열(c_p) > 정적비열(c_V)이므로, 항상 k 값은 1보다 크다.

21. 다음 물질 중 비열값이 가장 큰 것은?

㉮ 물 ㉯ 증기
㉰ 얼음 ㉱ 배기가스

해설 고체 및 액체 중 물의 비열이 가장 크며, 기체 중에는 수소(H)의 비열이 가장 크다.

22. 다음 중 어떤 물체의 온도를 1℃ 높이는 데 필요한 열량을 뜻하는 것은?

㉮ 비열 ㉯ 열량
㉰ 열용량 ㉱ 엔탈피

해설 열용량에 대한 설명이다.

23. 다음 중 열용량의 단위는 어느 것인가?

㉮ kcal/kg·℃ ㉯ kcal/℃
㉰ kcal/kg ㉱ kcal/m³

해설 열용량(kcal/℃)=질량×비열

24. 열의 이동방법에 속하지 않는 것은?

㉮ 복사 ㉯ 전도 ㉰ 대류 ㉱ 증발

해설 열의 이동방법에는 전도, 대류, 복사가 있다.

25. 금속의 한쪽 끝을 가열하면 반대쪽 끝도 점차 온도가 상승한다. 이러한 열전달방식은 무엇인가?

㉮ 전도 ㉯ 대류 ㉰ 복사 ㉱ 방사

해설 고체 내에서만의 열의 이동은 전도이다.

26. 다음 중 열전도율의 단위는 어느 것인가?

㉮ kcal/h·m²·℃ ㉯ kcal/℃
㉰ kcal/kg·℃ ㉱ kcal/h·m·℃

해설 ① 열전도율의 단위 : kcal/h·m·℃
② 열전달 및 열관류율의 단위 : kcal/h·m²·℃
③ 비열의 단위 : kcal/kg·℃
④ 열용량의 단위 : kcal/℃

정답 18. ㉱ 19. ㉰ 20. ㉯ 21. ㉮ 22. ㉰ 23. ㉯ 24. ㉱ 25. ㉮ 26. ㉱

27. 액체나 기체는 열팽창에 의하여 밀도가 변하고 그 각 부분은 순환 운동을 하여 데워지는 대류현상과 관련이 있는 법칙은?

㉮ 푸리에의 열전도법칙
㉯ 뉴턴의 냉각법칙
㉰ 스테판-볼츠만의 법칙
㉱ 클로지우스법칙

해설 ㉮ 항은 전도, ㉰ 항은 복사와 관련이 있는 법칙이다.

28. 중간의 매질을 통하지 않고 한 물체에서 다른 물체로 열에너지가 이동하는 현상은?

㉮ 복사 ㉯ 전도
㉰ 대류 ㉱ 관류

해설 전도는 고체 내에서만의 에너지 이동이며, 대류는 유체의 에너지가 이동하는 현상이다.

29. 열전도에 적용되는 푸리에의 법칙 설명 중 틀린 것은?

㉮ 두 면 사이에 흐르는 열량은 물체의 단면적에 비례한다.
㉯ 두 면 사이에 흐르는 열량은 두 면 사이의 온도차에 비례한다.
㉰ 두 면 사이에 흐르는 열량은 시간에 비례한다.
㉱ 두 면 사이에 흐르는 열량은 두 면 사이의 거리에 비례한다.

해설 두 면 사이에 흐르는 열량은 고체의 두께에 반비례한다.

참고 열전도율 λ, 물체의 단면적 F, 두 면 사이의 온도차 Δt, 고체의 두께 d, 시간을 z라면 열전도량 $= \lambda \cdot F \cdot \frac{\Delta t}{d} \cdot z$

30. 다음 중 용어별 사용 단위가 틀린 것은?

㉮ 열전도율 : kcal/mh℃
㉯ 열관류율 : kcal/m²h℃
㉰ 열전달률 : kcal/mh℃
㉱ 열저항 : m²h℃/kcal

해설 열전달률의 단위는 kcal/m²h℃이다.

참고 열저항은 열관류의 역을 나타낸 것으로 열전도가 적은 값을 말한다.

31. 다음 중 에너지 보존의 법칙과 관계되는 법칙은?

㉮ 열역학 제0법칙
㉯ 열역학 제1법칙
㉰ 열역학 제2법칙
㉱ 열역학 제3법칙

해설 ① 열역학 제0법칙 : 열평형의 법칙
② 열역학 제2법칙 : 영구기관 제작 불가능 법칙

32. 50 hp·h를 열량으로 환산하면 다음 중 몇 kcal인가?

㉮ 632 kcal ㉯ 31616 kcal
㉰ 860 kcal ㉱ 42998 kcal

해설 $\frac{1}{427} \times 75 \times 3600 \times 50 = 31616$ kcal

33. 20 kWh를 열량으로 환산하면 다음 중 몇 kcal인가?

㉮ 632 kcal
㉯ 860 kcal
㉰ 12646 kcal
㉱ 17199 kcal

해설 $\frac{1}{427} \times 102 \times 3600 \times 20 = 17199$ kcal

정답 27. ㉯ 28. ㉮ 29. ㉱ 30. ㉰ 31. ㉯ 32. ㉯ 33. ㉱

34. 50 kcal의 열량을 전부 일로 변환시키면 몇 kgf·m의 일을 할 수 있는가?

㉮ 13650 kgf·m ㉯ 21350 kgf·m
㉰ 31600 kgf·m ㉱ 43000 kgf·m

해설 $427 \times 50 = 21350$ kgf·m

35. 1281 kgf·m 정도의 일을 하려면 필요한 열량은 몇 kcal인가?

㉮ 1 kcal ㉯ 2 kcal
㉰ 3 kcal ㉱ 4 kcal

해설 $\frac{1281}{427} = 3$ kcal

참고 ① 일의 열당량 $= \frac{1}{427}$ kcal/kgf·m
② 열의 일당량 = 427 kgf·m/kcal

36. 다음 중 일의 열당량 값은?

㉮ 427 kcal/kgf·m
㉯ $\frac{1}{427}$ kcal/kgf·m
㉰ 427 kgf·m/kcal
㉱ $\frac{1}{427}$ kgf·m/kcal

해설 ① 일의 열당량 $= \frac{1}{427}$ kcal/kgf·m
② 열의 일당량 = 427 kgf·m/kcal

37. 50 kW 용량의 전기 온수 보일러에 대하여 용량을 kcal/h로 나타내면 얼마인가?

㉮ 43000 kcal/h ㉯ 48000 kcal/h
㉰ 50000 kcal/h ㉱ 81000 kcal/h

해설 $\frac{1}{427} \times 102 \times 3600 \times 50$
$= 43000$ kcal/h

38. 기체의 부피가 압력에 반비례하려면 다음 중 맞는 것은?

㉮ 온도가 일정할 것
㉯ 압력이 일정할 것
㉰ 밀도가 일정할 것
㉱ 비체적이 일정할 것

해설 ① 보일의 법칙 : 온도가 일정할 때
$p_1 V_1 = p_2 V_2$
② 샤를의 법칙 : 압력이 일정할 때
$\frac{V_1}{T_1} = \frac{V_2}{T_2}$

39. 이상기체 상태방정식에서 '모든 가스는 온도가 일정할 때 가스의 비체적은 압력에 반비례한다.'는 법칙은?

㉮ 보일의 법칙 ㉯ 샤를의 법칙
㉰ 줄의 법칙 ㉱ 보일-샤를의 법칙

40. 다음 그림이 나타내는 것은?

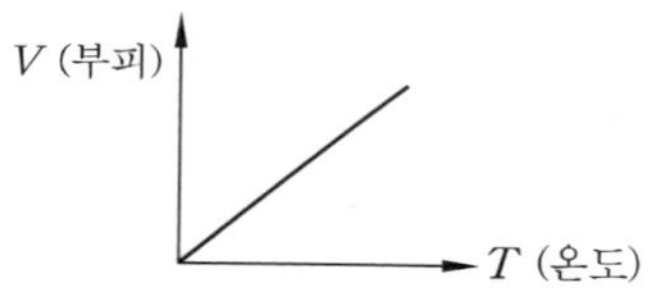

㉮ 온도가 일정할 때 압력과 부피
㉯ 부피가 일정할 때 압력과 온도
㉰ 압력이 일정할 때 온도와 부피
㉱ 온도와 압력이 일정할 때의 부피

해설 샤를의 법칙이다.

41. 다음 그림이 나타내는 것은?

㉮ 온도가 일정할 때 압력과 부피
㉯ 부피가 일정할 때 압력과 온도
㉰ 압력이 일정할 때 온도와 체적

정답 34. ㉯ 35. ㉰ 36. ㉯ 37. ㉮ 38. ㉮ 39. ㉮ 40. ㉰ 41. ㉮

㉱ 온도와 압력이 일정할 때의 부피

해설 보일의 법칙이다.

42. **동작유체의 상태변화에서 에너지의 이동이 없는 변화는?**

㉮ 등온변화 ㉯ 정적변화
㉰ 정압변화 ㉱ 단열변화

해설 단열변화 : 등엔트로피 변화라고도 하며 열의 출입이 없는 변화이다.

43. **열역학에서 이상기체의 상태변화의 종류에 해당되지 않는 것은?**

㉮ 등온변화 ㉯ 정압변화
㉰ 혼합변화 ㉱ 정적변화

해설 ㉮, ㉯, ㉱ 항 외에 단열변화가 있다.

44. **물체의 열의 이동과 관련된 설명 중 옳은 것은?**

㉮ 밀도차에 의한 열의 이동을 복사라 한다.
㉯ 열관류율과 열전달률의 단위는 다르다.
㉰ 온도차가 클수록 이동하는 열량은 증가한다.
㉱ 열전달률과 열전도율의 단위는 동일하다.

해설 열전도율의 단위 : kcal/mh℃, 열전달률 및 열관류율의 단위 : kcal/m²h℃

45. **대기압 상태에서 포화수의 온도와 포화증기의 온도가 각각 옳게 표시된 것은?**

㉮ 포화수의 온도 : 100℃, 포화증기의 온도 : 100℃
㉯ 포화수의 온도 : 100℃, 포화증기의 온도 : 200℃
㉰ 포화수의 온도 : 100℃, 포화증기의 온도 : 300℃
㉱ 포화수의 온도 : 100℃, 포화증기의 온도 : 539℃

해설 대기압상태에서 포화수온도, 습포화증기, 건포화증기의 온도는 100℃이다.

46. **다음 중 현열과 잠열, 비열에 관한 설명으로 틀린 것은?**

㉮ 10℃의 물을 증기로 만들기 위해서는 현열과 잠열이 필요하다.
㉯ 현열은 물질의 상변화에만 관여하는 열이다.
㉰ 100℃의 물을 증기로 만들기 위하여 가열한 열량을 잠열이라 한다.
㉱ 수소는 기체물질 중 비열이 제일 크다.

해설 상(相)변화에만 관여하는 열은 잠열이다.

47. **1기압(atm) 하에서의 물의 포화증기 엔탈피는 얼마인가?**

㉮ 100 kcal/kg ㉯ 539 kcal/kg
㉰ 639 kcal/kg ㉱ 450 kcal/kg

해설 $100 + 539 = 639$ kcal/kg

48. **물체의 온도변화 없이 상(相)의 변화를 일으키는 데 필요한 열량을 무엇이라 고 하는가?**

㉮ 현열 ㉯ 잠열 ㉰ 비열 ㉱ 액체열

해설 상(相)변화만을 일으키는 데 드는 열량은 잠열이며, 증발잠열과 융해잠열이 있다.

49. **30℃의 물 20 kg을 100℃ 증기로 변화시킬 때 필요한 열량은 몇 kcal인가?**

㉮ 1400 kcal ㉯ 10780 kcal
㉰ 11467 kcal ㉱ 12180 kcal

해설 $20 \times 1 \times (100 - 30) + 539 \times 20 = 12180$ kcal

정답 42. ㉱ 43. ㉰ 44. ㉰ 45. ㉮ 46. ㉯ 47. ㉰ 48. ㉯ 49. ㉱

50. **다음 중 과열증기에 대한 설명으로 옳은 것은 어느 것인가?**

㉮ 포화증기에서 온도는 바꾸지 않고 압력만 높인 증기
㉯ 포화증기에서 압력은 바꾸지 않고 온도만 높인 증기
㉰ 포화증기에서 압력과 온도를 높인 증기
㉱ 포화증기의 압력은 낮추고 온도는 높인 증기

해설 등압 하에서 건포화증기를 온도만 높인 증기가 과열증기이다.

51. **다음 설명 중 틀린 것은?**

㉮ 과열증기는 건포화증기보다 엔탈피 값이 크다.
㉯ 습포화증기는 포화수보다 엔탈피 값이 크다.
㉰ 과열증기는 건포화증기보다 온도가 높다.
㉱ 건포화증기는 습포화증기보다 온도가 높다.

해설 포화수온도 = 습포화증기온도 = 건포화증기온도

52. **과열증기에서 과열도는 무엇인가?**

㉮ 과열증기온도와 포화증기온도와의 차이다.
㉯ 과열증기온도에 증발열을 합한 것이다.
㉰ 과열증기의 압력과 포화증기의 압력 차이다.
㉱ 과열증기온도에 증발열을 뺀 것이다.

해설 과열도 = 과열증기온도 − 포화증기온도

53. **액체가 모두 증기가 된 상태이며 이 때의 온도는 포화 온도이고 증기만 존재한다. 이러한 상태의 증기를 무슨 증기라고 하는가?**

㉮ 건포화증기 ㉯ 습포화증기
㉰ 과열증기 ㉱ 압축포화증기

해설 건포화 증기에 대한 내용이며 과열증기는 등압 하에서 건포화증기를 가열시킨 증기이다.

54. **증기의 성질에 관한 설명 중 잘못된 것은?**

㉮ 증기의 압력이 커지면 그것에 비례하여 전열량도 증가한다.
㉯ 증기의 압력이 커지면 포화온도도 증가한다.
㉰ 포화증기를 가열하면 건조한 증기가 된다.
㉱ 증기압력이 커지면 잠열도 증가한다.

해설 증기압력이 커지면 잠열은 감소한다.

55. **x를 습포화증기의 건조도라 할 때 가장 좋은 증기는?**

㉮ $x = 1$ ㉯ $x = 0$
㉰ $x = 0.1$ ㉱ $x = 0.01$

해설 건조도(x)가 1인 건포화증기가 가장 좋다.

56. **다음 중 증기압력이 높아질 때 발생하는 현상을 잘못 설명한 것은?**

㉮ 포화온도가 높아진다.
㉯ 포화수 엔탈피가 증가한다.
㉰ 증발잠열이 증가한다.
㉱ 포화수의 비중이 작아진다.

해설 증발잠열이 감소한다.

57. **증기의 성질을 나타내는 건도(건조도)에 관한 설명으로 옳은 것은?**

㉮ 습증기의 전 질량 중 액체가 차지하

정답 50. ㉯ 51. ㉱ 52. ㉮ 53. ㉮ 54. ㉱ 55. ㉮ 56. ㉰ 57. ㉰

는 질량비

㉯ 습증기의 전 질량 중 액체가 차지하는 체적비

㉰ 습증기의 전 질량 중 증기가 차지하는 질량비

㉱ 습증기의 전 질량 중 증기가 차지하는 체적비

해설 ① 건도(건조도) : 습증기의 전 질량 중 증기가 차지하는 질량비
② 습도 : 습증기의 전 질량 중 액체가 차지하는 질량비

58. 다음 중 과열증기에 해당하는 것은?

㉮ 1기압 100℃의 수증기
㉯ 100℃의 물
㉰ 1기압 110℃의 수증기
㉱ 110℃의 물

해설 1기압에서 100℃를 초과하는 수증기는 과열증기이다.

59. 건포화증기 엔탈피를 h_1, 포화수 엔탈피를 h_2, 잠열을 r, 건도를 x 라고 할 때 습포화증기 엔탈피 h_3 을 구하는 식은?

㉮ $h_3 = h_2 + r \cdot x$
㉯ $h_3 = h_2 + (h_1 - r) \cdot x$
㉰ $h_3 = (h_2 + r) + h_1 \cdot x$
㉱ $h_3 = h_2 + (h_1 - r) \cdot x$

해설 ① 건포화증기 엔탈피=현열+잠열
② 습포화증기 엔탈피=현열+잠열×건도
$= h_2 + r \cdot x = h_2 + (h_1 - h_2) \cdot x$

60. 1기압하에서 건도가 0.9인 습증기 1 kg의 엔탈피는 몇 kcal인가?

㉮ 575 kcal　　㉯ 585 kcal
㉰ 539 kcal　　㉱ 639 kcal

해설 $100 + 539 \times 0.9 = 585$kcal

61. 어느 과열증기의 온도가 350℃일 때 과열도는 몇 ℃인가? (단, 포화증기의 온도는 150℃이다.)

㉮ 200℃　　㉯ 500℃
㉰ 50℃　　㉱ 100℃

해설 과열도=과열증기온도−포화증기온도에서, 350−150 = 200℃

62. 증기 속에 수분이 많을 때 발생하는 현상은 무엇인가?

㉮ 증기의 손실이 많아진다.
㉯ 건조도가 증가한다.
㉰ 증기의 엔탈피가 증가한다.
㉱ 증기기관의 열효율이 높아진다.

해설 ① 건조도 감소
② 증기의 엔탈피 감소
③ 기관의 열효율 감소

63. 단위중량당 보유열량이 가장 큰 것은?

㉮ 건포화증기　　㉯ 습포화증기
㉰ 포화수　　㉱ 과열증기

해설 엔탈피 값이 큰 순서 : 과열증기 → 건포화증기 → 습포화증기 → 포화수

64. 증기 보일러에서 증기의 건조도를 향상시키는 방법이 아닌 것은?

㉮ 증기관 내의 드레인을 제거한다.
㉯ 기수분리기를 설치한다.
㉰ 리프트 피팅을 설치한다.
㉱ 비수방지관을 설치한다.

해설 ① 포밍, 프라이밍, 캐리오버 현상을 방지한다.
② 고압의 증기를 저압의 증기로 감압시켜 사용한다.

정답 58. ㉰ 59. ㉮ 60. ㉯ 61. ㉮ 62. ㉮ 63. ㉱ 64. ㉰

65. 건조도(건도)가 0인 것은?

㉮ 포화수 ㉯ 습포화증기
㉰ 건포화증기 ㉱ 과열증기

해설 ① 포화수의 건조도=0
② 건포화증기의 건조도=1
③ 습포화증기=$0 < x < 1$

66. 습증기 1 kg 중에 증기가 x [kg]라고 하면 액체는 $(1-x)$ [kg]이다. 이 때 습도(wetness)는 어떻게 표시되는가?

㉮ $x-1$ ㉯ $1-x$
㉰ x ㉱ $\frac{1}{x}-x$

해설 건도 x, 습도 y라면 $x+y=1$이고, $x=1-y$, $y=1-x$이다.

67. 1 kg의 습증기 속에 건증기가 0.4 kg이라 하면 건도는 얼마인가?

㉮ 0.2 ㉯ 0.4 ㉰ 0.6 ㉱ 0.8

해설 건도(건조도)는 0.4이며 습도는 0.6이다.

68. 다음 임계점에 대한 설명 중 옳은 것은 어느 것인가?

㉮ 그 이상의 압력에서도 액체와 증기가 서로 평형으로 존재할 수 없는 상태이다.
㉯ 그 이하의 온도에서도 액체와 증기가 서로 평형으로 존재할 수 없는 상태이다.
㉰ 가열해도 온도 상승이 없는 상태이다.
㉱ 액체나 증기, 고체가 평형으로 존재하는 상태이다.

해설 ㉱항은 3중점에 대한 설명이다.

69. 물의 임계압력은 몇 kgf/cm^2인가?

㉮ 100 kgf/cm^2
㉯ 175 kgf/cm^2
㉰ 225 kgf/cm^2
㉱ 374 kgf/cm^2

해설 임계압력=225.65 kgf/cm^2 ≒ 22 MPa

70. 물의 임계온도는 몇 K인가?

㉮ 273 K ㉯ 492 K
㉰ 647 K ㉱ 373 K

해설 물의 임계온도=374.15℃ ≒ 647 K

71. 임계점에서의 물의 잠열은 몇 kcal/kg인가?

㉮ 539 kcal/kg ㉯ 639 kcal/kg
㉰ 100 kcal/kg ㉱ 0 kcal/kg

해설 임계점에서 물의 잠열은 0 kcal/kg이며, 1 atm 하에서 물의 잠열은 539 kcal/kg이다.

72. 물의 임계점에 관한 설명으로 맞지 않는 것은?

㉮ 임계점이란 포화수가 증발의 현상이 없고 액체와 기체의 구별이 없어지는 지점이다.
㉯ 임계온도는 374.15℃이다.
㉰ 습증기로서 체적팽창의 범위가 0(zero)이 된다.
㉱ 임계상태에서의 증발잠열은 약 10 kcal/kg 정도이다.

해설 임계상태에서의 증발잠열은 0 kcal/kg이다.

정답 65. ㉮ 66. ㉯ 67. ㉯ 68. ㉮ 69. ㉰ 70. ㉰ 71. ㉱ 72. ㉱

제 2 장 보일러의 종류 및 특성

1. 보일러의 개요 및 분류

보일러(boiler)란 강철제 및 주철제 보일러를 말하며, 밀폐된 압력용기 속에 열매체(열매)인 물을 공급해서 이를 연소가스의 열을 가하여 대기압 이상의 증기 또는 온수를 발생시키는 장치이다(일반적인 열매체인 물 대신에 비점이 낮은 수은, 다우섬액(다우섬 A, 다우섬 E), 카네크롤, 모빌섬액, 세큐리티, 에스섬, 바렐섬, 서모에스 등을 사용하여 저압에서도 고온의 증기를 얻을 수 있는 특수 열매체 보일러도 있다).

참고

특수 열매체 중에서 다우섬액이 가장 많이 사용되며, 인화성 물질이므로 안전밸브를 밀폐식 구조로 해야 한다.

1-1 보일러의 구성

보일러의 구성 3대 요소는 보일러 본체, 연소장치, 부속장치(부속설비)이다.

(1) 보일러 본체(boiler proper)

보일러를 형성하는 몸체를 말하며 증기나 온수를 발생시키는 동(드럼)을 말한다(수관 보일러에서는 수관).

보일러 통=보일러 동(胴=shell)=보일러 드럼(drum)

참고

① 보일러 동(드럼) 내부에는 물이 $\frac{2}{3} \sim \frac{4}{5}$ 정도 채워지며, 이를 수부(수실)라고 하며 발생되는 증기가 차 있는 증기부(증기실)로 되어 있다.

② 보일러수부(수실)가 크면 부하(負荷)변동에 응하기 쉽고, 증기부(증기실)가 작으면 캐리오버(carry over=기수공발)를 일으키기 쉽다.

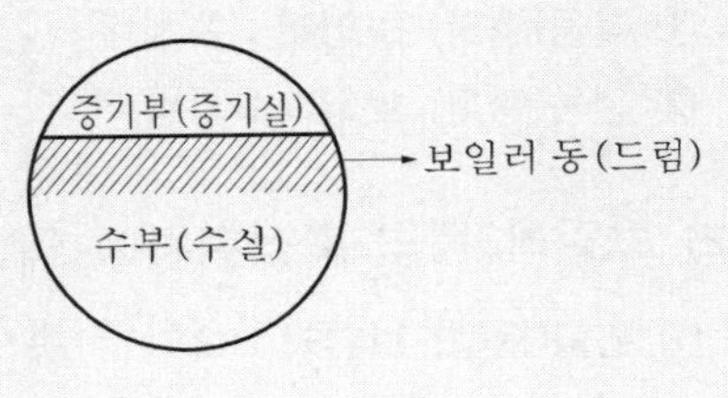

(2) 연소장치(combustion equipment)

연료를 연소시키는 장치들을 말하며, 연소실(화실＝노), 버너(burner), 화격자(로스터), 스토커, 연도(煙道), 연돌(굴뚝), 연통 등이 있다.

(3) 부속설비(attachment equipment＝부속장치)

보일러를 안전하고 효율적으로 운전하기 위하여 사용되는 부속장치들을 말하며, 다음과 같이 분류할 수 있다.

① **안전장치 :** 안전밸브, 방출밸브, 고·저수위 경보기, 유전자밸브, 방폭문(폭발문), 화염 검출기(불꽃검출기), 가용마개(용융마개), 압력제한기 등

② **지시 기구장치 :** 압력계, 수고계, 수면계, 유면계, 온도계, 급유량계, 급수량계, 통풍계(드래프트 게이지), CO_2 미터, O_2 미터 등

③ **급수장치 :** 급수탱크, 급수 배관, 급수펌프, 인젝터, 환원기(return tank), 급수내관, 응축수탱크, 급수정지밸브, 체크밸브(역지밸브) 등

④ **송기장치 :** 주증기관, 보조증기관, 주증기밸브, 보조증기밸브, 비수방지관, 기수분리기, 신축이음장치, 증기헤드, 증기트랩(steam trap), 감압밸브 등

⑤ **분출장치 :** 분출관, 분출밸브, 분출콕 등

⑥ **여열회수장치(폐열회수장치) :** 과열기, 재열기, 절탄기, 공기예열기

⑦ **통풍장치 :** 송풍기, 댐퍼, 연도, 연돌, 연통 등

⑧ **처리장치 :** 집진기, 수트 블로어(그을음 불개), 급수처리장치, 스트레이너(여과기), 재처리장치, 와이어 브러시 등

⑨ **연료공급장치 :** 기름저장탱크, 서비스탱크, 급유펌프, 송유관, 유예열기(오일 프리히터) 등

⑩ **동 내부 부착품 :** 급수내관, 비수방지관, 기수분리기 등

⑪ **제어장치 :** 압력조절장치, 유량조절장치, 온도조절장치, 유면조절장치, 급수조절장치, 제어모터 등

1-2 보일러의 분류

(1) 사용장소에 의한 분류

① **육용(陸用) 보일러 :** 육지에서 사용하는 보일러(육상용 보일러)

② **선용(船用) 보일러 :** 선박에서 사용하는 보일러(해상용 보일러＝박용 보일러)

(2) 보일러 동의 축심위치에 의한 분류(동의 설치방향에 따른 분류)

① **횡형(横型) 보일러 :** 보일러 동의 축심이 횡으로 된 보일러(horizontal type boiler)

② **입형(立型) 보일러 :** 보일러 동의 축심이 수직으로 된 보일러(vertical boiler)

(3) 연소실의 위치에 의한 분류

① **내분식(内焚式) 보일러 :** 보일러 본체(드럼) 속에 연소실을 갖는 보일러(입형 보일러, 노통 보일러, 노통 연관 보일러)

② **외분식(外焚式) 보일러 :** 보일러 본체(드럼) 밖에 연소실을 갖는 보일러(횡연관 보일러, 수관 보일러, 관류 보일러)

(4) 형식에 의한 분류

① **원통형 보일러 :** 보일러 본체가 원통으로 된 보일러

② **수관 보일러 :** 보일러 본체가 수관으로 구성된 보일러

(5) 구조에 의한 분류

<table>
<tr><td rowspan="13">보일러의 종류</td><td rowspan="4">원통형
(둥근형)
보일러</td><td>입형(직립형)
보일러</td><td colspan="2">입형 횡관 보일러, 입형 연관 보일러, 코크란 보일러</td></tr>
<tr><td rowspan="3">횡형(수평형)
보일러</td><td>노통 보일러</td><td>코니시 보일러, 랭커셔 보일러</td></tr>
<tr><td>연관 보일러</td><td>횡연관 보일러, 기관차 보일러, 케와니 보일러</td></tr>
<tr><td>노통연관
보일러</td><td>스코치 보일러, 하우덴 존슨 보일러, 노통 연관 패키지 보일러</td></tr>
<tr><td rowspan="3">수관식
보일러</td><td>자연순환식
수관 보일러</td><td colspan="2">배브콕 보일러, 스네기지 보일러, 타쿠마 보일러, 2동 수관 보일러, 2동 D형 수관 보일러, 야로우 보일러, 3동 A형 수관 보일러, 가르베 보일러, 스털링 보일러</td></tr>
<tr><td>강제순환식
수관 보일러</td><td colspan="2">라몬트 보일러, 벨록스 보일러</td></tr>
<tr><td>관류 보일러</td><td colspan="2">벤슨 보일러, 슐처 보일러, 소형 관류 보일러, 엣모스 보일러, 람진 보일러</td></tr>
<tr><td rowspan="6">특수 보일러</td><td>주철제 섹셔널
보일러</td><td colspan="2">주철제 증기 보일러, 주철제 온수 보일러</td></tr>
<tr><td>특수 열매체
(액체)보일러</td><td colspan="2">• 열매체의 종류 : 수은, 다우섬, 카네크롤, 모빌섬
• 종류 : 수은 보일러, 다우섬 보일러, 세큐리티 보일러</td></tr>
<tr><td>폐열 보일러</td><td colspan="2">하이네 보일러, 리 보일러</td></tr>
<tr><td>간접가열식
(2중증발)보일러</td><td colspan="2">슈미트 보일러, 뢰플러 보일러</td></tr>
<tr><td>특수 연료
보일러</td><td colspan="2">특수 연료의 종류 : 버케이스, 바크, 흑액, 소다회수</td></tr>
<tr><td>전기 보일러</td><td colspan="2"></td></tr>
</table>

(6) 이동 여하에 의한 분류

① **정치 보일러 :** 일정한 장소에 설치하는 보일러(육용 보일러)

② **운반 보일러 :** 기관차나 선박에 설치되어 이동하는 보일러

(7) 보일러 본체의 구조에 의한 분류

① **노통 보일러 :** 둥근 보일러 중에서 동(胴) 내에 노통만이 있는 보일러(코니시 보일러, 랭커셔 보일러)

② **연관 보일러 :** 동 내에 노통의 유무에 관계없이 다수의 연관이 있는 보일러

참고

① 연관 : 관 안에 연소가스가 통하고 관 외면에 물과 접촉하는 관
② 수관 : 관 안에 물이 통하고 관 외면에 연소가스가 접촉하는 관

(8) 증기의 용도에 의한 분류

① **동력 보일러 :** 보일러에서 발생한 증기를 각종의 동력에 사용하는 보일러

② **난방 보일러 :** 겨울철 난방에 사용하는 보일러

③ **가열용 보일러 :** 단순히 화학장치나 기타 가열에 사용하는 보일러

④ **온수 보일러 :** 취사(炊事)나 위생, 목욕탕 등에 사용하는 보일러

(9) 열가스의 종류에 의한 분류

① **폐열 보일러 :** 시멘트로의 여열, 가스발생로 또는 제강로로부터의 폐가스를 이용해서 증기를 발생시키는 보일러이다. 하이네 보일러, 리 보일러가 있다.

② **배기 보일러 :** 디젤기관의 배기를 이용하여 가열하는 보일러

(10) 구성하는 재료에 따른 분류

① **강제 보일러 :** 보일러 재질을 연강 철판으로 만든 보일러

② **주철제 보일러 :** 보일러 재질을 주철로 만든 보일러

참고

주철제 보일러는 저압난방용으로 사용한다.

(11) 물의 순환방식에 따른 분류

① **자연순환식 보일러 :** 보일러수의 비중량 차에 의하여 자연적으로 순환되는 보일러

② **강제순환식 보일러 :** 순환펌프로 보일러수를 강제로 순환시키는 보일러를 말하며, 관류 보일러도 일종의 강제순환식이다. 라몬트 보일러, 벨록스 보일러가 있다.

(12) 가열 형식에 따른 분류

① **직접가열식 보일러 :** 보일러 본체 내의 물을 직접 가열시키는 형식의 보일러

② **간접가열식 보일러 :** 보일러 본체 내의 물을 열교환기를 이용하여 간접적으로 가열시키

는 형식의 보일러이며, 슈미트 보일러(schmidt boiler)와 뢰플러 보일러(löffler boiler)가 있다.

(13) 열매체에 따른 분류

증기 보일러, 온수 보일러, 열매체 보일러

(14) 사용 연료에 따른 분류

가스 보일러, 유류 보일러, 미분탄 보일러

참고

(1) 내분식 보일러와 외분식 보일러의 특징

① 내분식의 특징

(가) 연소실의 크기와 형상에 제한을 받는다.
(나) 연료의 종류와 질에 구애를 받는다.
(다) 완전연소가 어렵다.
(라) 복사열의 흡수가 크고 방사에 의한 열손실이 적다.
(마) 노내 온도를 낮출 수 있다.
(바) 설치장소를 작게 차지한다.
(사) 설비비, 수리비가 적게 든다.

② 외분식의 특징

(가) 완전연소가 가능하다.
(나) 설치장소를 많이 차지한다.
(다) 노내온도를 높일 수 있다(연소율이 높다).
(라) 설비비, 수리비가 많이 든다.
(마) 연소실의 크기와 형상을 자유로이 할 수 있다.
(바) 노벽으로부터의 열손실이 있다(복사열 흡수가 적다).
(사) 연료의 종류와 질에 크게 구애를 받지 않는다(저질연료의 연소가 용이함).

(2) 보일러의 열효율이 좋은 순서(증기 발생 속도가 빠른 순서)

① 관류식 보일러 → ② 수관식 보일러 → ③ 노통 연관식 보일러 → ④ 횡연관식 보일러 → ⑤ 노통식 보일러 → ⑥ 입형식 보일러

2. 보일러의 종류 및 특성

2-1 원통형(둥근형) 보일러

(1) 입형 (수직형 = 직립형 = 버티컬(vertical)) 보일러

① **개요 :** 보일러 동(드럼)을 수직으로 세워 하부에 설치된 연소실(화실 = 노)에서 화염이 승염상태이며 내분식 보일러이다.

참고

입형 보일러의 종류를 열효율이 좋은 순서대로 나열하면, ① 코크란 보일러 → ② 입형 연관 보일러 → ③ 입형 횡관(수평관) 보일러

② 특징

㈎ 장점

㉮ 설치면적을 적게 차지한다.
㉯ 설치비가 싸다.
㉰ 구조가 간단하고 취급이 용이하다.
㉱ 급수처리가 까다롭지 않다.
㉲ 내분식이므로 벽돌 쌓음이 필요없다.

㈏ 단점

㉮ 연소효율이 낮다.
㉯ 전열효율이 낮다.
㉰ 보일러 효율이 낮다.
㉱ 청소 및 검사가 불편하다.
㉲ 증기부가 좁아 습증기의 발생이 심하다.

③ 종류

㈎ 입형 횡관 보일러 : 입형 보일러 연소실 천장판에 횡관(수평관)을 2~3개 정도 설치하여 전열면적을 증가시킨 보일러이다.

참고

입형 보일러에서 횡관(수평관)을 설치하는 목적
① 전열면적을 증가시키기 위하여
② 물의 순환을 좋게 하기 위하여
③ 화실 천장판과 화실 노벽을 보강하기 위하여

㈏ 입형 연관 보일러 : 연소실 천장판과 상부 관판에 많은 연관을 수직으로 배치시킨 보일러이다.

㈐ 코크란 보일러 : 수평으로 많은 연관을 배치시킨 보일러로서 입형 연관 보일러의 단점을 보강시켰으며 입형 보일러 중에서는 열효율이 제일 좋다.

(2) 노통 보일러

① 개요 : 원통형의 드럼을 본체로 하고 그 내부에 노통(flue tube)을 설치한 대표적인 내분식 보일러이며, 종류로는 노통이 1개인 코니시 보일러와 노통이 2개인 랭커셔 보일러가 있다.

㈎ 본체의 앞 경판과 뒷 경판을 노통으로 연결하였으며 열에 의한 노통의 신축을 허용하기 위해 평경판을 사용하고 거싯 버팀을 경판에 붙여 강도를 보강시켰다.

㈏ 노통 보일러에서 드럼보다 노통에 더 큰 안전율을 취해야 하는 이유는 노통에는 항상 고온·고열의 열가스를 접하고 압축응력을 받고 있기 때문이다.

㈐ 노통 후부의 지름이 작은 이유는 벤투리관의 원리를 이용하여 열가스의 유통을 빠르게 하여 전열량을 많게 하기 위해서이다.

㈑ 노통을 편심(한쪽으로 기울어지게)으로 부착하는 이유는 물의 순환을 양호하게 하기 위해서이다.

② 특징

㈎ 장점

㉮ 보유수량이 많아 부하(負荷)변동에 응하기 쉽다.

㉯ 구조가 간단하여 제작 및 취급이 간편하다.

㉰ 청소, 점검, 보수가 용이하다.

㉱ 양질의 물을 공급해야 하지만 수관 보일러나 관류 보일러에 비해 급수처리가 그다지 까다롭지 않다.

㉲ 보일러수명이 길다.

㈏ 단점

㉮ 전열면적에 비해 보유수량이 많아 증기 발생에 소요되는 시간이 길다.

㉯ 보유수량이 많아 파열 시 피해가 크다.

㉰ 고압, 대용량에 부적당하다.

㉱ 내분식이므로 연소실의 크기와 형상에 제한을 받으므로 연료의 종류와 질에 구애를 받는다.

㉲ 보유수량에 비해 전열면적이 작아서 보일러 효율이 수관 보일러에 비해 낮다.

③ 종류

㈎ 코니시 보일러(cornish boiler) : 구조가 간단하고 보유수량이 많은 수평형 보일러로서 본체 내부에 노통을 1개 설치한 보일러이다.

㈏ 랭커셔 보일러(lancashire boiler) : 본체 내부에 노통을 2개 설치한 보일러로서 코니시 보일러보다 전열면적이 넓으며 보일러 효율도 높다.

참고

① **경판(end plate)** : 동판의 양옆을 막아 놓은 판을 말하며, 강도가 큰 순서대로 나열하면 반구형 경판 → 반타원형 경판 → 접시형 경판 → 평경판이 있으며, 특히 평경판에서 거싯 스테이를 설치하여 강도를 보강시켰다.

② **거싯 스테이(gusset stay)** : 평경판의 강도를 보강하기 위하여 동판에 연결시킨 삼각 철판의 버팀이다.

㈐ 브리딩 스페이스(breathing space, 완충폭, 완충구역) : 노통 이음의 최상부와 거싯 스테이 최하부와의 거리를 말하며 최소한 230 mm 이상 유지해야 한다. 고열에 의한 노통의 신축작용으로 노통에 압축응력이 생기며 이를 완화시키기 위한 완충구역을 말하며, 만약 이를 완화시키지 않으면 그루빙(도랑 모양의 선상 부식)이 발생되며 경판을 노후하게 만든다.

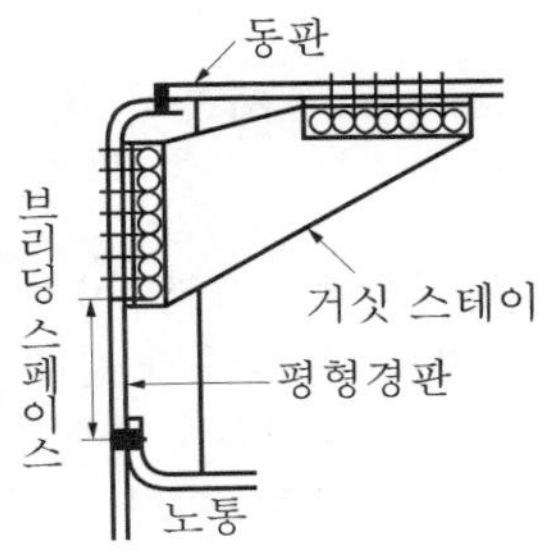

경판 두께에 따른 브리딩 스페이스

경판의 두께	브리딩 스페이스	경판의 두께	브리딩 스페이스
13 mm 이하 15 mm 이하 17 mm 이하	230 mm 이상 260 mm 이상 280 mm 이상	19 mm 이하 19 mm 초과	300 mm 이상 320 mm 이상

㈑ 노통(flue tube) : 노통 입구는 연소실 구실을 하며, 노통으로 연소가스가 흐르면서 보일러수에 열이 전해지도록 되어 있으며 평형노통과 파형노통이 있다.

㉮ 평형노통 : 원통형의 노통이며, 주로 저압 보일러에서 많이 사용된다.

㉠ 장점
- 내부청소 및 검사가 용이하다.
- 파형노통에 비해 통풍저항을 적게 일으킨다.
- 파형노통에 비해 스케일(scale, 관석) 생성이 적다.
- 제작이 쉽고 가격이 싸다.

㉡ 단점
- 열에 의한 신축성이 나쁘다.
- 강도가 약하며 고압용으로 부적당하다.
- 파형노통에 비해 전열면적이 작다.

㉯ 파형노통 : 노통 표면이 파형을 이루고 있으며, 최근 노통 연관 보일러에서 많이 사용되고 피치(pitch)와 골의 깊이에 따라 여러 종류가 있다.

㉠ 장점
- 열에 의한 신축성이 좋다.
- 외압에 대한 강도가 크다.
- 평형노통에 비해 전열면적이 크다.

㉡ 단점
- 내부청소 및 검사가 불편하다.
- 평형노통에 비해 통풍저항을 많이 일으킨다.
- 스케일이 생성되기 쉽다.
- 제작이 어렵고 가격이 비싸다.

참고

① 겔로웨이 튜브(galloway tube)는 노통 보일러의 노통에 2~3개 정도 설치한 관을 말하며, 설치목적은 다음과 같다.

㈎ 전열면적을 증가시키기 위하여 ㈏ 보일러수의 순환을 좋게 하기 위하여

㈐ 노통을 보강하기 위하여

② 노통의 길이 이음은 용접 이음으로 하며, 노통의 원주 이음은 애덤슨 링을 사용하여 애덤슨 이음을 하여 신축에 의한 노통의 무리가 없게 하고, 또한 소손의 위험성을 적게 하고 노통의 강도를 증가시켜 준다.

(3) 연관 보일러 (smoke tube boiler)

① **개요 :** 횡연관(횡치형 다관식=수평형 연관) 보일러는 동(drum) 내에 노통 대신에 연관을 설치하여 전열면적을 증가시킨 보일러로서 원통형(등근형) 보일러 중에서 외분식 보일러는 이 보일러뿐이다. 따라서, 연소실의 크기와 연료의 종류 및 질에 크게 제한을 받지 않으며, 노통 보일러에 비해 증기 발생이 빠르고 효율이 좋으나 청소 및 검사는 불편하다(특징은 노통 보일러의 특징을 참조).

② **종류**

㈎ 기관차 보일러(locomotive boiler) : 기관차 보일러는 높이와 길이에 제한을 받으며, 굴뚝이 낮아서 통풍력이 약하고 구조가 복잡하여 수리가 용이하지 못하다.

㈏ 케와니 보일러(kewanee boiler) : 기관차 보일러를 개량시켜 육용으로 사용된 보일러이며, 효율이 비교적 좋아 난방, 온수용으로 많이 사용하였다.

참고

① 관판에 연관을 확관기(tube expander)로 고정시켰으며, 관판을 보강하기 위하여 튜브 스테이(tube stay, 관 버팀)를 장착하였다.

② 횡연관 보일러는 근래에 거의 사용되지 않고 폐열 보일러에 많이 적용되는 보일러이다.

(4) 노통 연관 보일러 (혼식 보일러, combination boiler)

① **개요 :** 노통이 1개인 코니시 보일러와 횡연관 보일러의 장점을 취합한 보일러이며, 보일러 효율이 80～85 % 정도로서 현재 중·소형 보일러로 가장 많이 사용하고 있다.

② **특징**

㈎ 원통형 보일러 중에서는 효율이 가장 높다.

㈏ 내분식 보일러이므로 방사열량은 많다.

㈐ 원통형 보일러 중에서는 구조가 복잡한 편이다.

㈑ 패키지형이므로 운반·설치가 용이하다.

③ **종류**

㈎ 선박용 보일러(marine smoke tube boiler) : 대표적인 선박용 보일러로는 스코치 보일러(scotch boiler)가 있으며, 동의 지름은 크지만 길이는 짧고 동 내부에 노통을 1～4개 정도 설치하여 되돌림 연관(return smoke tube)을 설치한 보일러이다.

㈏ 하우덴 존슨 보일러(Howden Johnson boiler) : 스코치 보일러의 단점을 보완하여 개량시킨 보일러이다.

참고

노통 연관 보일러

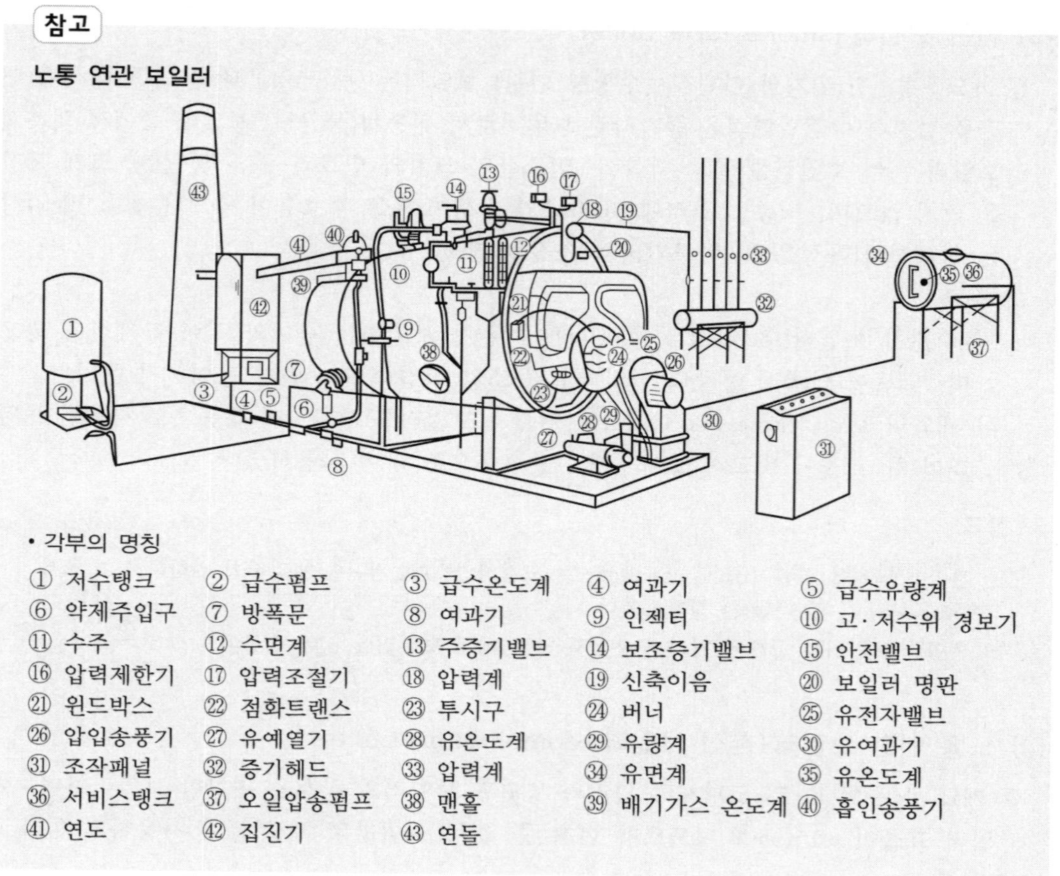

• 각부의 명칭

① 저수탱크 ② 급수펌프 ③ 급수온도계 ④ 여과기 ⑤ 급수유량계
⑥ 약제주입구 ⑦ 방폭문 ⑧ 여과기 ⑨ 인젝터 ⑩ 고·저수위 경보기
⑪ 수주 ⑫ 수면계 ⑬ 주증기밸브 ⑭ 보조증기밸브 ⑮ 안전밸브
⑯ 압력제한기 ⑰ 압력조절기 ⑱ 압력계 ⑲ 신축이음 ⑳ 보일러 명판
㉑ 윈드박스 ㉒ 점화트랜스 ㉓ 투시구 ㉔ 버너 ㉕ 유전자밸브
㉖ 압입송풍기 ㉗ 유예열기 ㉘ 유온도계 ㉙ 유량계 ㉚ 유여과기
㉛ 조작패널 ㉜ 증기헤드 ㉝ 압력계 ㉞ 유면계 ㉟ 유온도계
㊱ 서비스탱크 ㊲ 오일압송펌프 ㊳ 맨홀 ㊴ 배기가스 온도계 ㊵ 흡인송풍기
㊶ 연도 ㊷ 집진기 ㊸ 연돌

2-2 수관 보일러

(1) 수관 보일러

① **개요 :** 수관 보일러(water tube boiler)는 지름이 작은 동(드럼)과 수관으로 구성되어 있으며 수관을 주체로 한 보일러이다. 동과 수관의 지름이 작으므로 고압용으로 사용되며, 전열면적에 비해 보유수량이 적어 증발속도가 빠르다. 따라서 증발량이 많아 대용량에 적합하며 모두가 외분식 보일러이다.

② **특징**

㈎ 장점

㉮ 보일러수의 순환이 좋고 관류 보일러 다음으로 보일러 효율이 제일 좋다.
㉯ 수관의 관지름이 적고 보유수량에 비해 전열면적이 커서 고압, 대용량에 적당하다.
㉰ 보유수량이 적어서 파열 시 피해가 적다(원통형 보일러에 비하여).
㉱ 보유수량은 적고 전열면적이 커서 증발이 빠르며 급수요에 응하기 쉽다.
㉲ 외분식이므로 연소실의 크기와 형상을 자유로이 할 수 있어 연료의 질에 크게 구

애를 받지 않는다.

(나) 단점

㉮ 보유수량에 비해 전열면적이 크므로 압력변화가 크고, 따라서 부하변동에 응하기 어렵다.

㉯ 증발량이 많아서 수위변동이 심하므로 급수조절에 유의해야 한다.

㉰ 스케일(scale)의 생성으로 인하여 급수처리를 철저히 해야 한다.

㉱ 일반적으로 구조가 복잡하므로 청소, 검사, 보수가 불편하다.

㉲ 취급자의 기술 숙련을 필요로 하며 제작이 어려워 가격이 원통형 보일러에 비해 비싸다.

참고

(1) 수관(water tube)

① 강수관 : 상부 기수 드럼의 물이 하부 물 드럼으로, 내려오는 관
② 승수관 : 물이 가열되어 하부 물 드럼에서 상부 기수 드럼으로, 올라가는 관

(2) 동(드럼)의 유무(有無)에 따라

① 무동식 : 관류 보일러(벤슨 보일러, 슐처 보일러, 엣모스 보일러, 람진 보일러)
② 단동식 : 배브콕 보일러, 하이네 보일러
③ 2동식 : 타쿠마 보일러, 스네기지 보일러, 2동 D형 수관 보일러 등
④ 3동식 : 야로우 보일러

(3) 수관의 경사도에 따라

① 수평관식 ② 경사관식 ③ 수직관식

(4) 수관의 형태에 따라

① 직관식 ② 곡관식(스털링 보일러, 2동 D형 수관 보일러)

(5) 수관을 마름모꼴로 배치하는 이유는 전열에 유리하기 때문

③ 종류

(가) 자연순환식 수관 보일러(natural circulation boiler) : 보일러수의 온도상승에 따라 물의 비중량 차에 의하여 자연순환이 되는 보일러로서, 그 종류에는 배브콕 보일러, 타쿠마 보일러, 하이네 보일러, 스네기지 보일러, 야로우 보일러, 2동 D형 수관 보일러, 스털링 보일러, 가르베 보일러 등이 있다.

㉮ 배브콕 보일러(Babcock boiler) : 대표적인 수관 보일러로서 기수 드럼 1개와 하부에 관모음 헤더 2개를 설치하여 수관군의 경사도를 15°로 배치한 보일러이다.

㉯ 타쿠마 보일러(Takumas boiler) : 상부에 기수 드럼 1개와 하부에 물 드럼 1개를 설치하여 기수 드럼과 물 드럼 사이에 수관군을 45°로 배치한 보일러이며, 다른 보일러에 비해 구조가 간단하고 열효율이 좋은 보일러이다.

㉰ 하이네 보일러 : 대표적인 폐열회수 보일러이며, 구조적으로는 배브콕 보일러와 유사하고 수관군의 경사도가 15°이다.

㉱ 스네기지 보일러 : 증기 드럼과 물 드럼의 길이가 짧고, 상부 기수 드럼 경판과

하부 물 드럼 경관에 수관군의 경사도가 30°가 되게 수관들을 배치하였으며 소형 난방용으로 사용된다.

㉤ 야로우 보일러(yarrow boiler) : 상부에 기수 드럼 1개와 하부 좌·우 측에 물 드럼 2개를 설치하여 수관군과 수관군의 각도가 60~100°가 되게 설치한 3동 A형 보일러이다.

㉠ 기수 드럼 1개와 물 드럼 2개가 있다.
㉡ 다른 수관 보일러에 비해 연료소비량이 많고 증기발생량은 많은 편이다.
㉢ 물의 순환이 나쁘며 보일러 효율이 낮은 편이다.
㉣ 수리, 교체가 불편하다.

㉥ 2동 D형 수관 보일러 : 다른 수관 보일러는 강수관이 승수관과 함께 2중관으로 구성되어 있으나, 이 보일러는 강수관을 별도로 마련하여 물의 순환력을 높인 보일러로서 현재 산업용 및 난방용으로 널리 사용되고 있는 보일러이다.

㉠ 수관이 곡관형으로 열에 의한 신축이 용이한 편이다.
㉡ 물의 순환력이 좋고 증발량이 많아 대용량에 적당하다.
㉢ 복사열 흡수가 잘된다.
㉣ 부하변동이 심하며 수위조절이 어렵다.
㉤ 구조가 복잡하여 청소, 검사, 수리가 불편하며 양질의 급수가 요구된다.

㉦ 스털링 보일러 : 상부에 증기 드럼 2개와 하부에 물 드럼 1개가 배치된 대표적인 곡관식 보일러이다.

㉧ 가르베 보일러 : 상부에 증기 드럼 2개와 하부에 물 드럼 2개가 배치된 보일러이다.

참고

자연순환식 보일러에서 자연순환을 양호하게 하려면,

① 강수관이 가열되지 않게 한다(승수관 내 물과의 온도차를 크게 하기 위해)
② 수관의 관지름을 크게 한다.
③ 수관을 수직으로 배치한다.

참고

2동 D형 수관 보일러

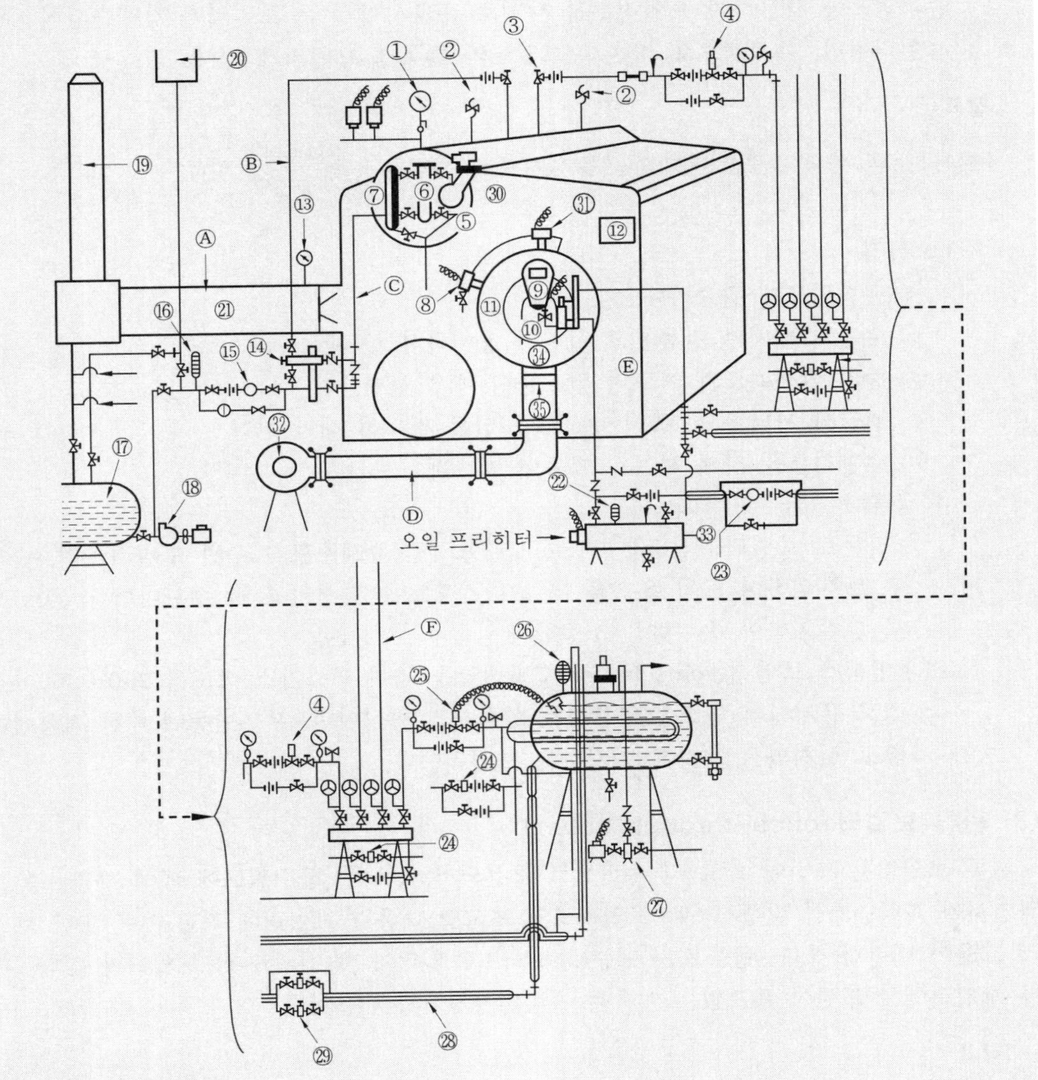

오일 프리히터

• 각부의 명칭

① 압력계	② 안전밸브	③ 주증기밸브	④ 감압밸브
⑤ 저수위 경보기	⑥ 수주	⑦ 수면계	⑧ 점화버너
⑨ 주버너	⑩ 유전자밸브	⑪ 윈드박스	⑫ 보일러 명판
⑬ 배기가스 온도계	⑭ 인젝트	⑮ 급수유량계	⑯ 급수온도계
⑰ 급수탱크	⑱ 급수펌프	⑲ 연돌	⑳ 옥상 물탱크
㉑ 연도	㉒ 유온도계	㉓ 급유유량계	㉔ 응축수트랩
㉕ 온도조절밸브	㉖ 온도계	㉗ 오일압송펌프	㉘ 이중관
㉙ 유여과기	㉚ 보일러 본체	㉛ 화염검출기	㉜ 송풍기
㉝ 유예열기	㉞ 1차 공기 댐퍼	㉟ 2차 공기 댐퍼	

㈏ 강제순환식 수관 보일러(forced circulation boiler) : 보일러의 압력이 상승하면 포화수와 포화증기의 비중량(밀도) 차가 작아져서 보일러수의 순환이 나빠지므로 순환펌프를 사용하여 보일러수를 강제로 순환시켜 주는 보일러가 강제순환식 수관 보일러이며, 대표적으로 라몬트 보일러와 벨록스 보일러가 있다.

참고

순환비 : 순환수량과 발생증기량과의 비를 말하며, 순환비 $= \frac{\text{순환수량}}{\text{발생증기량}}$ 이다.

㉮ 특징

㉠ 순환펌프가 필요하다.

㉡ 수관의 배치가 자유롭고 설치가 용이하다

㉢ 증기 발생속도가 빠르며 열효율이 매우 높다.

㉣ 취급이 까다롭고, 특히 수(水) 처리를 철저히 해야 한다.

㉤ 수관지름을 작게 하여도 기동이 빠르다.

㉯ 종류

㉠ 라몬트 보일러(lamont boiler) : 대표적인 강제순환식 수관 보일러이며, 순환펌프에 의하여 물의 유속을 15 m/s 정도로 순환시키고 각 수관마다 라몬트 노즐을 설치하여 송수량을 조절한다.

㉡ 벨록스 보일러(velox boiler) : 노내압을 높여 연소가스 속도를 200~300 m/s 정도 유지시켜 연소실 열부하를 상승시킨 형식이며, 부하변동에 대한 적응성이 좋고 설치면적을 작게 차지하는 보일러이다.

(3) 관류 보일러(once-through boiler)

관류 보일러는 드럼이 없고 긴 수관으로 구성되어 있으며, 급수펌프에 의해 가열, 증발, 과열시켜 과열증기를 발생시키는 보일러로서 초고압 대용량 보일러에 적합하며, 또한 보일러 효율이 대단히 좋다. 종류로는 벤슨(benson) 보일러와 슐처(sulzer) 보일러가 있다. 관류 보일러에서 드럼이 필요없는 이유는 순환비가 1이기 때문이다.

참고

관류 보일러의 계통도

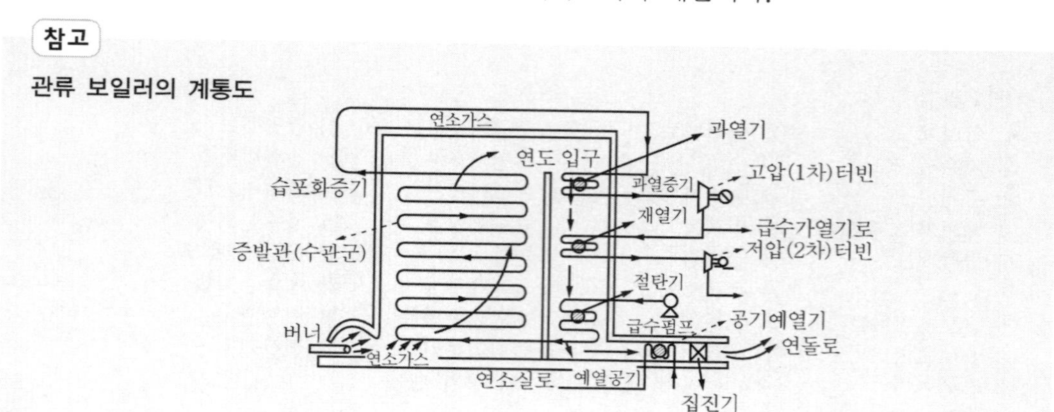

① 특징

㈎ 장점

㉮ 보유수량이 적기 때문에 파열 시 피해가 적다(수관으로만 구성되어 있으므로).

㉯ 관지름이 작기 때문에 고압에 적당하다(전압이 작으므로).

㉰ 증발량이 많기 때문에 대용량에 적당하다(전열면적이 크므로).

㉱ 외분식이므로 연소실의 크기를 자유로이 할 수 있다.

㉲ 수관의 배치를 자유로이 할 수 있다.

㉳ 증발속도가 빠르고 가동시간이 짧다.

㈏ 단점

㉮ 스케일로 인하여 수관이 과열되기 쉬우므로 수 관리를 철저히 해야 한다.

㉯ 보유수량이 적기 때문에 부하변동에 응하기 어렵다.

㉰ 구조가 복잡하여 청소 및 검사가 곤란하다.

㉱ 열팽창으로 인하여 수관에 무리가 많이 발생한다.

㉲ 연소제어 및 급수제어를 자동제어로 해야 한다.

참고

관류 보일러는 드럼 없이 관으로만 구성되어 있으며, 시동시간이 15~20분 정도로 매우 짧고 부하변동에 따라 급수, 연료의 자동조절을 위해 자동제어장치가 부착되어 있다.

② 종류 : 관류 보일러의 종류에는 벤슨 보일러, 슐처 보일러, 엣모스 보일러, 람진 보일러, 소형 관류 보일러(주로 저압 난방용 보일러로 사용)가 있다.

참고

(1) 종류

수관의 형태에 따라 직관식과 곡관식이 있는데, 대표적인 곡관식 보일러는 스털링 보일러(Stirling boiler)가 있으며, 직관식 보일러는 가르베 보일러(Garbe boiler), 타쿠마 보일러(Takuma's boiler) 등이 있다.

(2) 수랭벽(water wall)

수관 보일러에서 수관을 직관 또는 곡관으로 하여 연소실 주위에 마치 울타리 모양으로 배치하여 수관과 같은 역할을 하는 관을 수랭관이라고 하며, 수랭관을 갖는 노벽을 수랭벽이라고 한다.

① 수랭벽의 설치 시 이점

㈎ 노벽 내화물의 과열을 방지한다(연화, 변형을 방지).

㈏ 노벽의 지주역할을 하며 노벽의 중량을 경감시킨다.

㈐ 전열면적이 증가하여 전열효율이 상승하고 아울러 보일러 효율을 높인다.

㈑ 복사열을 흡수하므로 복사에 의한 열손실을 줄인다.

㈒ 연소실 열부하(연소실 열발생률)를 높인다.

② 수랭벽의 설치목적

㈎ 노벽 내화물의 과열을 방지하기 위하여

㈏ 노벽의 중량을 경감시키기 위하여

㈐ 전열면적을 증가시켜 보일러 효율을 높이기 위하여

㈑ 복사에 의한 열손실을 줄이기 위하여

㈒ 연소실 열부하를 높이기 위하여

3. 수랭벽의 종류

① 탄젠셜 배열 : 수관을 밀접해서 배열(대용량 수관 보일러)
② 스킨 케이싱 : 노벽의 구조를 더 한층 기밀로 함과 동시에 내부에 케이싱을 갖는 것
③ 스페이스드 튜브 배열 : 수관을 오픈 피치(어느 간격을 두어서)로 배열(소용량 보일러)
④ 휜 패널식 케이싱 : 휜 달림 수관의 핀을 접촉해서 멤브레인(membrain) 구조로 하여 내부 케이싱을 생략한 것

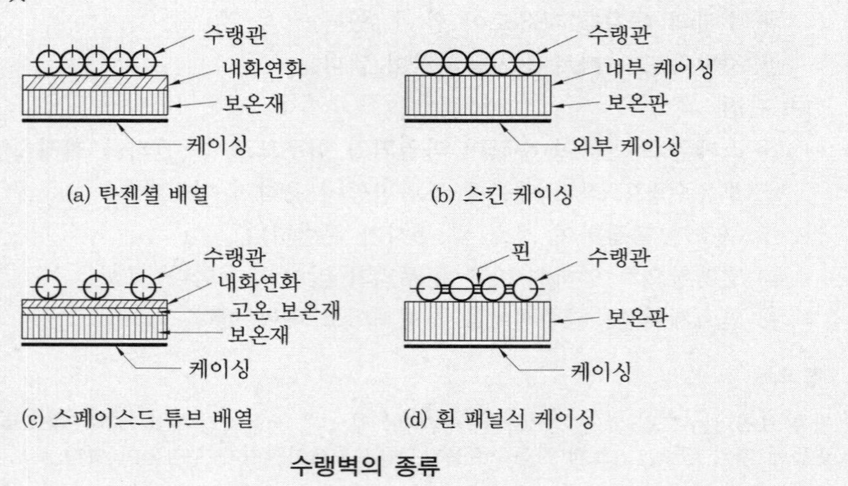

수랭벽의 종류

2-3 주철제 보일러

(1) 개요

주물로 제작한 섹션(section)을 5~14개 정도 조합해서 만든 보일러이며, 내식성이 우수하나 저압 소규모 난방용 보일러로 사용된다.

① **주철제 증기 보일러 :** 최고사용압력이 0.1 MPa(1 kgf/cm^2) 이하이다.
② **주철제 온수 보일러 :** 최고사용수두압이 50 mH$_2$O 이하이다(최고사용온수 온도는 120℃ 이하).

(2) 특징

① **장점**

㈎ 내식성이 우수하다(부식에 강하다).
㈏ 섹션의 증감으로 용량조절이 용이하다.
㈐ 저압이므로 파열 시 피해가 적다.
㈑ 주형으로 제작하기 때문에 복잡한 구조로 설계할 수 있다.
㈒ 조립식이므로 운반 및 설치가 편리하다.

② 단점

㈎ 주철은 인장 및 충격에 약하다.

㈏ 고압 및 대용량에 부적당하다.

㈐ 내부청소 및 검사가 곤란하다(구조가 복잡하므로).

㈑ 열에 의한 부동팽창 때문에 균열이 생기기 쉽다.

㈒ 보일러 효율이 낮다.

(3) 주철제 보일러의 성능

① 주철제 증기 보일러의 증발량은 정격용량 이상이어야 한다.

② 주철제 증기 보일러의 증기 건도(건조도)는 97 % 이상이어야 한다(단, 강철제 증기 보일러의 건도는 98 % 이상).

③ 배기가스 온도는 주위온도와의 차이가 315 K 이하이어야 한다.

④ 보일러 주위벽온도는 주위온도와의 차이가 30 K 이하이어야 한다.

⑤ 유류 사용 시 배기가스 중의 CO_2는 12 % 이상이어야 한다(단, 경유 사용 시에는 CO_2가 10 % 이상).

참고

(1) 증기 보일러와 온수 보일러의 부속품 비교

증기 보일러		온수 보일러
안전밸브	↔	일수장치 (방출 밸브, 팽창관)
압력계	↔	수고계
팽창탱크 없음	↔	팽창탱크 있음
수면계 필요 (단관식 관류 보일러는 불필요)	↔	수면계 불필요
순환펌프 불필요 (단, 강제순환식에서는 필요)	↔	순환펌프 필요

(2) 주철제 보일러 조합방법 : 전후조합, 좌우조합, 전후 맞세움 조합

(3) 접합방법 : 니플접합, 플랜지접합

(4) 섹션의 살 두께 : 8 ~ 12 mm

2-4 특수 보일러

(1) 간접가열식(2중 증발) 보일러

보일러 급수 속의 불순물로 인하여 스케일 등의 장애를 일으키지 않도록 하기 위하여 개발된 보일러를 간접가열식 보일러라고 하며 슈미트 보일러와 뢰플러 보일러가 있다.

(2) 특수 열매체(특수 유체) 보일러

일반적으로 사용되는 열매체(열매)인 물은 비점이 높아 고온의 증기를 얻으려면 보일러 압력도 고압이어야 하므로 비점이 낮은 수은, 다우섬액(다우섬 A, 다우섬 E), 카네크롤, 모빌섬액, 세큐리티, 에스섬, 바렐섬, 서모에스 등을 사용하여 저압에서도 고온의 증기를 얻고자 개발된 보일러로서 급수처리장치와 청관제 약품이 필요없는 이점이 있다.

참고

다우섬 : 석유류의 정제과정에서 얻은 유기물이며 인화점은 약 70 ~ 110℃ 정도이다.

(3) 특수 연료 보일러

연료로서 가치가 없는 바크, 버케이스, 흑액 등을 사용하는 보일러이다.

(4) 폐열 보일러

용광로(고로), 제강로, 가열로 등에서 발생한 연소가스의 폐열을 이용한 보일러에는 하이네 보일러와 리 보일러가 있다.

참고

폐열 보일러의 특징

① 전열면의 수트(soot, 그을음) 등으로 오손을 일으키기 쉽다.
② 연료와 연소장치를 필요로 하지 않는다.
③ 매연 분출장치를 필요로 한다.

(5) 전기 보일러

3. 보일러의 전열면적

한쪽에는 물이 닿고 다른 한쪽에는 연소가스가 닿을 때 연소가스가 닿는 쪽의 면적을 말하며, 단위는 m^2를 사용한다.

참고

① 전열면적 계산 시에 수관은 바깥지름이 기준이 되고 연관은 안지름이 기준이 된다.
② 보일러 전열면적은 접촉 전열면적과 복사 전열면적을 합한 면적이다.
③ 코니시 보일러의 전열면적 $= \pi Dl\,[m^2]$, 랭커셔 보일러의 전열면적 $= 4Dl\,[m^2]$
(여기서, D : 동의 바깥지름(m), l : 동의 길이(m))

4. 스테이(stay, 버팀)의 종류

① **거싯 스테이(gusset stay)** : 한 장의 삼각 철판으로서 강판과 동판 또는 관판이나 동판의 지지 보강재로서 노통 보일러, 노통 연관 보일러의 평 경판에 사용하며, 판에 접속되는 부분이 큰 스테이이다.

② **관 스테이(tube stay, 튜브 스테이)** : 연관 보일러에 있어서 연관의 팽창에 따른 관판이나 경판의 팽출에 대한 보강재로서 총 연관의 30%가 관 스테이이며, 연관의 역할을 겸하는 스테이이다.

③ **경사 스테이(oblique stay)** : 동체판과 경판 또는 관판에 연강봉을 경사지게 부착하여 경판을 보강하는 스테이이며, 스코치 보일러 후경판 밑바닥을 보강하는 데 사용된다.

④ **나사 스테이(bolt stay)** : 좁은 간격으로 평형을 이루는 평판끼리 또는 만곡관끼리 연결하여 보강하는 봉 스테이와 같은 짧은 것을 말하며, 기관차 보일러 화실 측판과 경판을 보강하거나 스코치 보일러 후 경판 하부와 연소실 측판을 보강하는 데 사용된다.

⑤ **막대 스테이(bar stay, 봉 스테이)** : 평판부 등을 연강봉으로 보강한 스테이이며, 스코치 보일러의 간격이 좁은 두 개의 나란한 경판을 보강하는 스테이이다.

⑥ **거더 스테이(girder stay, 천장 스테이, 도리 스테이)** : 화실 천장판을 경판에 매달아 보강하는 둥근 막대 버팀으로 입형 보일러 화실 천장판이나 기관차 보일러 외화실 천장판에 사용한다(막대 스테이 중에서 수직 방향으로 설치하는 것).

⑦ **도그 스테이(dog stay)** : 3개의 다리를 가진 지지물(도그)의 중앙과 평판을 볼트로 체결하여 평판부를 보강하는 데 사용하며, 평판부의 면적이 좁은 곳에 한해 사용한다.

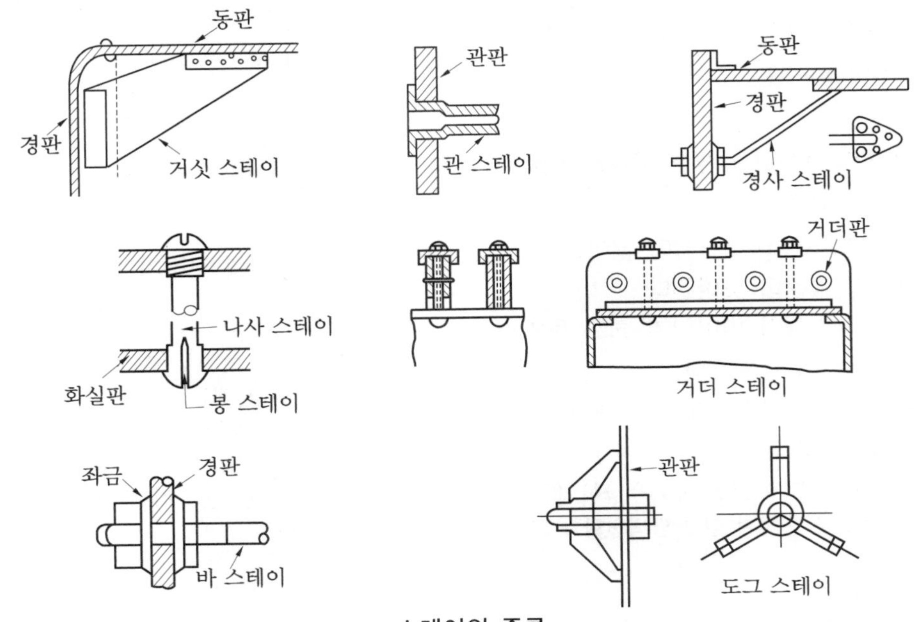

스테이의 종류

예·상·문·제

1. 보일러의 구성 3요소와 거리가 먼 것은?

㉮ 절탄기 ㉯ 보일러 본체
㉰ 연소장치 ㉱ 부속설비

해설 절탄기(이코노마이저=급수예열기)는 특수 부속장치로서 폐열(여열) 회수장치이다.

2. 보일러의 구성요소에 대한 설명 중 맞지 않는 것은?

㉮ 노는 연료를 연소시키는 부분으로서 연소장치와 연소실로 되어 있다.
㉯ 연소장치는 연료의 종류에 따라 화격자 연소장치와 버너 연소장치 등을 사용한다.
㉰ 보일러의 전열면은 보일러의 증발량을 결정하는 중요한 부분이다.
㉱ 원통 보일러는 본체의 $\frac{1}{3} \sim \frac{1}{2}$ 정도에 물이 채워져 있는데 이 부분을 수부라고 한다.

해설 원통 보일러는 본체의 $\frac{2}{3} \sim \frac{4}{5}$ 정도가 수부(수실)이다.

3. 증기 보일러에서 수부(수실)가 크면 어떤 장점이 있는가?

㉮ 기수공발(carry over)이 일어난다.
㉯ 보일러 효율이 낮아진다.
㉰ 습증기 발생이 일어나기 쉽고 보일러수의 순환이 나빠진다.
㉱ 보일러의 부하변동에 응하기 쉽고 압력변화가 적다.

해설 수부(수실)가 크면 보유수량이 많아서 부하변동에 응하기 쉽고 압력변화가 적다.

4. 보일러 동(drum)을 원통형(둥근형)으로 제작하는 이유는 무엇인가?

㉮ 강도상 유리하기 때문에
㉯ 보일러수의 순환이 좋기 때문에
㉰ 전열면을 증대시킬 수 있기 때문에
㉱ 취급 및 제작이 쉽기 때문에

해설 내압에 견디는 힘이 크므로 강도상 유리하기 때문에 드럼을 원통형으로 제작한다.

5. 보일러의 매체별 분류 시 해당하지 않는 것은?

㉮ 증기 보일러 ㉯ 가스 보일러
㉰ 열매체 보일러 ㉱ 온수 보일러

해설 가스 보일러는 사용연료에 따른 분류에 해당된다.

6. 다음 중 보일러의 분류방법이 아닌 것은 어느 것인가?

㉮ 동(드럼)의 축심위치에 따라
㉯ 본체의 구조에 따라
㉰ 노(연소실)의 위치에 따라
㉱ 통풍방식에 따라

해설 통풍방식에 따라 분류하지 않는다.

7. 보일러 본체의 구조가 아닌 것은?

㉮ 노통 ㉯ 노벽
㉰ 수관 ㉱ 절탄기

해설 보일러 본체는 동(胴), 수관(강수관 및 승수관), 노벽으로 구성되어 있고, 절탄기는 폐열(여열) 회수장치로서 연소가스의 폐열(여열)을 이용하여 급수를 예열하는 장치이다.

정답 1. ㉮ 2. ㉱ 3. ㉱ 4. ㉮ 5. ㉯ 6. ㉱ 7. ㉱

8. **보일러를 연소실(노)의 위치에 따라 분류한 것은?**

㉮ 수평식 ㉯ 폐열식
㉰ 가열식 ㉱ 외분식

해설 연소실(노)의 위치에 따라 내분식과 외분식으로 분류한다.

9. **다음 중 외분식 보일러는 무엇인가?**

㉮ 입형 보일러
㉯ 노통 보일러
㉰ 노통 연관 보일러
㉱ 수관 보일러

해설 ① 내분식 보일러 : 입형 보일러, 노통 보일러, 노통 연관 보일러
② 외분식 보일러 : 횡(수평)연관 보일러, 수관 보일러, 관류 보일러

10. **외분식 보일러의 특징에 대한 설명으로 잘못된 것은?**

㉮ 연소실의 크기나 형상을 자유롭게 할 수 있다.
㉯ 연소율이 좋다.
㉰ 사용연료의 선택이 자유롭다.
㉱ 방사열의 흡수가 크다.

해설 내분식 보일러가 노내 방사열의 흡수가 크다.

11. **보일러의 연관에 대한 설명으로 옳은 것은?**

㉮ 관의 내부에서 연소가 이루어지는 관
㉯ 관의 외부에서 연소가 이루어지는 관
㉰ 관의 내부에는 물이 차있고 외부로는 연소가스가 흐르는 관
㉱ 관의 내부에는 연소가스가 흐르고 외부로는 물이 차있는 관

해설 ㉰ 항은 수관에 대한 설명이며, ㉱ 항은 연관에 대한 설명이다.

12. **입형 보일러의 특징 중 잘못된 것은 어느 것인가?**

㉮ 설치면적이 작다.
㉯ 노통 연관 보일러에 비하여 효율이 높다.
㉰ 소용량 보일러에 적합하다.
㉱ 코크란(cochran) 보일러는 입형 보일러이다.

해설 입형 보일러의 열효율이 가장 낮다.

13. **다음 중 일반적으로 열효율이 가장 높은 보일러는 무엇인가?**

㉮ 수관식 보일러 ㉯ 노통 연관 보일러
㉰ 연관 보일러 ㉱ 노통 보일러

해설 보일러의 열효율이 좋은 순서
관류식 → 수관식 → 노통 연관식 → 연관식 → 노통식 → 입형식 보일러 순이다.

14. **보일러 가동 후 증기의 발생속도가 제일 빠른 보일러는 무엇인가?**

㉮ 노통 연관 보일러
㉯ 연관 보일러
㉰ 노통 보일러
㉱ 수관 보일러

해설 보일러의 열효율이 좋은 순서와 같다.

15. **다음 중 입형 보일러의 일반적인 특징으로 틀린 것은?**

㉮ 일반적으로 소용량 보일러이다.
㉯ 설치장소가 넓지 않아도 된다.
㉰ 설비비가 적게 든다.
㉱ 중유 등 저급 연료를 주로 사용한다.

해설 사용연료와는 무관하다.

정답 8. ㉱ 9. ㉱ 10. ㉱ 11. ㉱ 12. ㉯ 13. ㉮ 14. ㉱ 15. ㉱

16. **다음 중 원통 보일러의 장점이 아닌 것은 어느 것인가?**

㉮ 구조가 간단하고 취급이 용이하다.
㉯ 부하변동에 비하여 압력변화가 적다.
㉰ 보유수량이 적어 파열 시 재해가 적다.
㉱ 내부청소, 보수가 쉽다.

해설 보유수량이 많아 파열 시 피해가 크다.

17. **평형노통 보일러로서 노통이 1개인 보일러는 무엇인가?**

㉮ 코니시 보일러
㉯ 랭커셔 보일러
㉰ 입형 횡관 보일러
㉱ 케와니 보일러

해설 노통 보일러에는 노통이 1개인 코니시 보일러와 노통이 2개인 랭커셔 보일러가 있다.

18. **다음 중 노통 보일러의 구조에서 필요 없는 것은?**

㉮ 강수관 ㉯ 증기도움
㉰ 애덤슨 조인트 ㉱ 거싯 스테이

해설 수관 보일러에는 강수관과 승수관이 있다.

19. **입형 횡관식 보일러에서 횡관을 설치하는 목적으로 틀린 것은?**

㉮ 횡관을 설치함으로써 연소상태가 양호하고 연소를 촉진시킨다.
㉯ 횡관을 설치하면 전열면적이 증가되고 증발량도 많아진다.
㉰ 횡관에 의해 내압력이 약한 화실벽을 보강시킨다.
㉱ 횡관을 설치함으로써 내부의 물순환이 좋아진다.

해설 ㉯, ㉰, ㉱ 항은 입형 보일러에서 횡관(수평관)을 설치하는 목적이다.

20. **입형 보일러의 종류를 효율이 좋은 순서대로 나열된 것은?**

㉮ 코크란 보일러 – 입형 연관 보일러 – 입형 횡관 보일러
㉯ 코크란 보일러 – 입형 횡관 보일러 – 입형 연관 보일러
㉰ 입형 연관 보일러 – 입형 횡관 보일러 – 코크란 보일러
㉱ 입형 연관 보일러 – 코크란 보일러 – 입형 횡관 보일러

21. **다음 노통 보일러의 단점 중 틀린 것은?**

㉮ 보일러 파열이 일어날 경우 위험성이 크다.
㉯ 보일러 내부의 청소와 점검이 곤란하고 고장이 잦다.
㉰ 상용압력을 크게 할 수 없다.
㉱ 가동 후 증기 발생까지 시간이 많이 소요된다.

해설 청소 및 점검이 용이하며 고장이 적고 수명이 길다.

22. **다음 중 노통 보일러에 대한 설명으로 틀린 것은?**

㉮ 코니시 보일러와 랭커셔 보일러가 있다.
㉯ 부하변동에 응하기 쉽다.
㉰ 보유수량이 많아 파열 시 피해가 크다.
㉱ 고압, 대용량에 적당하다.

해설 드럼의 지름이 크므로 고압에 부적당하며 증발량이 적어 대용량에 부적당하다.

정답 16. ㉰ 17. ㉮ 18. ㉮ 19. ㉮ 20. ㉮ 21. ㉯ 22. ㉱

23. **노통 보일러에 2~3개의 겔로웨이 튜브(galloway tube)를 노통에 직각으로 설치하는 이유로 적당하지 못한 것은?**

㉮ 보일러수의 순환을 돕기 위해서
㉯ 전열면적을 증가시키기 위해서
㉰ 워터해머를 방지하기 위하여
㉱ 노통을 보강하기 위해서

해설 노통 보일러 노통에 겔로웨이 튜브를 설치하는 목적
① 전열면적의 증가
② 보일러수의 순환촉진
③ 노통의 보강

24. **랭커셔 보일러에 브리딩 스페이스를 너무 적게 하면 다음 중 어느 현상이 일어나는가?**

㉮ 발생증기가 습하기 쉽다.
㉯ 수격작용이 일어나기 쉽다.
㉰ 그루빙을 일으키기 쉽다.
㉱ 불량 연소가 되기 쉽다.

해설 브리딩 스페이스(breathing space, 완충구역, 완충폭) : 노통 이음의 최상부와 거싯(gusset) 이음 최하부와의 거리를 말하며, 구식(그루빙, 도랑 모양의 선상 부식)을 방지하기 위하여 최소한 230 mm 이상은 되어야 한다.

25. **코니시 보일러에서 노통을 중앙에서 편심되게 설치하는 이유는 무엇인가?**

㉮ 제작이 용이하기 때문에
㉯ 전열면적을 크게 하기 위해
㉰ 보일러수의 순환을 돕기 위해
㉱ 노통의 보강을 위해

해설 노통 보일러에서 노통을 편심(한쪽으로 치우치게)으로 부착하는 이유는 물의 순환을 좋게 하기 위해서이다.

26. **원통 보일러의 노통은 어떠한 열응력을 받는가?**

㉮ 압축응력 ㉯ 인장응력
㉰ 굽힘응력 ㉱ 전단응력

해설 노통은 양단이 보일러의 경판에 고정되어 있어서 외압에 의한 압축과 아울러 열팽창에 의해 길이방향으로의 압축응력이 생긴다.

참고 수관 보일러에서 수관은 인장응력을 받는다.

27. **파형 노통 보일러의 특징을 설명한 것으로 옳은 것은?**

㉮ 공작이 용이하다.
㉯ 내·외면의 청소가 용이하다.
㉰ 평형노통보다 전열면적이 크다.
㉱ 평형노통보다 외압에 대하여 강도가 적다.

해설 파형노통은 평형노통에 비해,
① 신축 조절이 용이하다.
② 외압에 대한 강도가 크다.
③ 전열면적이 크다.
④ 제작비가 비싸다.
⑤ 청소, 검사가 불편하다.
⑥ 통풍저항이 크다.
⑦ 스케일(scale, 관석) 생성 우려가 크다.

28. **겔로웨이 튜브(galloway tube)의 설치장소는 어디인가?**

㉮ 화실 천장판
㉯ 노통
㉰ 수관
㉱ 연관

해설 겔로웨이 튜브는 노통 보일러 노통에 2~3개 정도 설치하며, 횡관(수평관)은 입형 보일러 화실 천장판에 2~3개 정도 설치한다.

정답 23. ㉰ 24. ㉰ 25. ㉰ 26. ㉮ 27. ㉰ 28. ㉯

29. **다음 중 연관 보일러에 속하지 않는 것은?**

㉮ 기관차 보일러
㉯ 횡형 연관 보일러
㉰ 박용 스코치 보일러
㉱ 케와니 보일러

해설 연관 보일러에는 기관차 보일러, 케와니 보일러(기관차 보일러를 개량시켜 육용으로 사용), 횡형(수평형) 연관 보일러가 있으며, 박용 스코치 보일러는 노통 연관 보일러에 속한다.

30. **케와니 보일러 또는 스코치 보일러는 어떤 형식의 보일러인가?**

㉮ 원통 보일러
㉯ 노통 연관 보일러
㉰ 수관식 보일러
㉱ 관류 보일러

해설 보일러 분류방법에서 형식에 따라 원통형(둥근형) 보일러와 수관 보일러로 분류할 수 있으며, 케와니 보일러와 스코치 보일러는 원통형 보일러에 속한다.

31. **수관 보일러에 대한 설명으로 틀린 것은?**

㉮ 운반과 조립이 간단하다.
㉯ 물의 순환이 좋고 보일러 효율이 좋다.
㉰ 증기발생에 소요되는 시간이 짧다.
㉱ 보유수량이 많아 파손 시 피해가 크다.

해설 보유수량이 적어 파열 시 피해가 적다.

32. **강제통풍방식이 많고 보일러 효율이 80~85% 정도이며 최근에 가장 많이 사용하는 보일러는 무엇인가?**

㉮ 노통 보일러
㉯ 입형 연관 보일러
㉰ 노통 연관 보일러
㉱ 횡연관 보일러

해설 노통이 1개인 코니시 보일러와 횡연관 보일러의 장점을 취한 보일러인 노통 연관 보일러의 효율이 80~85% 정도이며, 현재 중·소형 보일러로서 가장 많이 사용되고 있다.

33. **크기에 비하여 전열면적이 크고 보유수량이 적으므로 증기의 발생도 빠르고, 또한 고압용으로 만들기 쉬우므로 육상용 및 선박용으로 많이 사용되는 보일러는 무엇인가?**

㉮ 수관식 보일러 ㉯ 연관식 보일러
㉰ 원통형 보일러 ㉱ 특수 보일러

해설 수관 보일러에 대한 설명이다.

34. **보일러에서 노통의 약한 단점을 보완하기 위해 설치하는 약 1m 정도의 노통 이음을 무엇이라고 하는가?**

㉮ 애덤슨 조인트 ㉯ 보일러 조인트
㉰ 브리징 조인트 ㉱ 라몬트 조인트

해설 노통의 원주 이음은 애덤슨 링을 사용하여 애덤슨 조인트를 한다.

35. **수관식 보일러의 특성에 대한 설명으로 잘못된 것은?**

㉮ 부하변동에 대한 압력변동이 심하지 않다.
㉯ 전열면의 단위면적당 증발량을 높일 수 있다.
㉰ 구조가 복잡하여 보수, 청소, 검사가 곤란하다.
㉱ 양질의 물을 급수하여야 하고, 급수 조절이 곤란하다.

해설 부하변동에 대한 압력변화가 심하며 부하변동에 응하기 어렵다.

정답 29. ㉰ 30. ㉮ 31. ㉱ 32. ㉰ 33. ㉮ 34. ㉮ 35. ㉮

36. 보일러 설치 기술규격(KBI)상 단관식 보일러의 특징을 설명한 것으로 틀린 것은?

㉮ 관만으로 구성되어 기수 드럼을 필요로 하지 않고 관을 자유로이 배치할 수 있다.

㉯ 전열면적의 보유수량이 많아 기동에서 소요증기 발생까지의 시간이 길다.

㉰ 부하변동에 의해 압력변동이 생기기 쉬워 응답이 빠르고 급수량 및 연료량의 자동제어장치가 필요하다.

㉱ 작고 가느다란 관내에서 급수의 전부 또는 거의가 증발되기 때문에 제대로 처리된 급수를 사용해야 한다.

해설 보유수량이 아주 적기 때문에 기동에서 소요증기 발생까지의 시간이 짧다.

37. 다음 중 수관식 보일러의 장점에 속하지 않는 것은?

㉮ 구조상으로 고압, 대용량에 적합하다.

㉯ 증기의 발생시간이 빠르다.

㉰ 전열면적이 크고 효율이 좋다.

㉱ 청소, 검사, 수리가 편리하다.

해설 청소, 검사, 수리가 불편하다.

38. 원통 보일러와 비교한 수관식 보일러의 특징을 잘못 설명한 것은?

㉮ 고압, 대용량에 적합하다.

㉯ 과열기, 공기예열기의 설치가 용이하다.

㉰ 증발량당 수부(水部)가 적어 부하변동에 따른 압력변동이 적다.

㉱ 용량에 비해 경량이며 효율이 좋고 운반, 설치가 용이하다.

해설 부하변동에 따른 압력변동이 크다.

39. 다음 중 수관 보일러와 관계없는 것은?

㉮ 자연순환식 ㉯ 강제순환식

㉰ 강제복사식 ㉱ 관류식

해설 물의 유동방식에 따른 수관 보일러(water tube boiler)의 분류

① 자연순환식 : 보일러 장치 내의 물의 밀도(비중량) 차에 의한 자연순환방식

② 강제순환식 : 순환펌프를 이용하여 강제로 보일러수를 순환시키는 방식

③ 관류식 : 급수펌프를 이용하여 보일러수를 공급하며 예열, 가열, 증발, 과열과정을 거쳐 순환시키는 방식

40. 보일러의 종류 중 수관 보일러에 해당하지 않는 것은?

㉮ 코니시 보일러 ㉯ 배브콕 보일러

㉰ 관류 보일러 ㉱ 라몬트 보일러

해설 ① 자연순환식 수관 보일러 : 배브콕 보일러, 타쿠마 보일러, 스네기지 보일러, 2동 D형 수관 보일러, 야로우 보일러

② 강제순환식 수관 보일러 : 라몬트 보일러, 벨록스 보일러

41. 소형 관류 보일러(다관식 관류 보일러)를 구성하는 주요 구성요소로 맞는 것은?

㉮ 노통과 연관 ㉯ 노통과 수관

㉰ 수관과 드럼 ㉱ 수관과 헤더

42. 수관식 보일러 중에서 곡관식 보일러는 어느 것인가?

㉮ 타쿠마 보일러 ㉯ 야로우 보일러

㉰ 스털링 보일러 ㉱ 가르베 보일러

해설 수관의 형태에 따라 직관식과 곡관식이 있으며, 곡관식 수관 보일러에는 스털링 보일러와 2동 D형 수관 보일러가 있다.

정답 36. ㉯ 37. ㉱ 38. ㉰ 39. ㉰ 40. ㉮ 41. ㉱ 42. ㉰

43. 다음 중 수관식 보일러와 관계없는 것은 어느 것인가?

㉮ 승수관 ㉯ 강수관
㉰ 연관 ㉱ 기수분리기

해설 연관은 연관 보일러 및 노통 연관 보일러에 설치된다.

44. 수관식 보일러에 속하지 않는 것은?

㉮ 입형 횡관식 ㉯ 자연순환식
㉰ 강제순환식 ㉱ 관류식

해설 물의 순환방식에 따라 수관식 보일러를 ㉯, ㉰, ㉱ 항으로 구분한다.

45. 수관 보일러의 물순환 방법 중 보일러수를 가열함으로써 생기는 비중량 차에 의한 순환력으로 순환시키는 방식은 무엇인가?

㉮ 관류식 ㉯ 화격자식
㉰ 자연순환식 ㉱ 강제순환식

해설 물의 순환방식에 따른 분류 중 자연순환식에 대한 설명이다.

46. 보일러수의 순환력을 크게 하기 위한 설명으로 가장 적합한 것은?

㉮ 재열기를 부착한다.
㉯ 수관을 평형으로 한다.
㉰ 관지름을 가능한 한 크게 한다.
㉱ 강수관을 연소가스로 가열한다.

해설 물의 순환력을 크게 하기 위한 방법
① 수관지름을 가능한 한 크게 한다.
② 수관을 수직으로 배치한다.
③ 강수관을 가열시키지 않는다(승수관 내 물과의 온도차를 크게 하기 위하여).

47. 강제순환에 있어서 순환비란 무엇인가?

㉮ 순환수량과 발생증기량의 비율
㉯ 순환수량과 포화증기량의 비율
㉰ 순환수량과 포화수의 비율
㉱ 포화증기량과 포화수량의 비율

해설 순환비 : 순환수량과 발생증기량과의 비를 말한다.

$$\text{순환비} = \frac{\text{순환수량}}{\text{발생증기량(증발량)}}$$

48. 강제순환식 수관 보일러의 순환비를 구하는 식으로 옳은 것은?

㉮ $\frac{\text{발생증기량}}{\text{공급급수량}}$ ㉯ $\frac{\text{순환수량}}{\text{발생증기량}}$
㉰ $\frac{\text{발생증기량}}{\text{연료사용량}}$ ㉱ $\frac{\text{연료사용량}}{\text{증기발생량}}$

49. 다음 중 강제순환식 수관 보일러의 특징은 무엇인가?

㉮ 수관의 배치가 자유롭고 설치가 쉽다.
㉯ 보일러 제작이 용이하다.
㉰ 온도 상승에 따른 물의 비중차로 순환된다.
㉱ 순환펌프가 필요없다.

50. 강제순환식 수관 보일러에 해당되는 보일러는 무엇인가?

㉮ 슈미트 보일러 ㉯ 배브콕 보일러
㉰ 라몬트 보일러 ㉱ 웰곡스 보일러

해설 라몬트 보일러와 벨록스 보일러가 있다.

51. 다음 중 드럼이 없는 보일러는?

㉮ 벤슨 보일러 ㉯ 슈미트 보일러
㉰ 벨록스 보일러 ㉱ 하이네 보일러

해설 벤슨 보일러, 슐처 보일러와 같은 관류 보일러는 순환비가 1이므로 드럼이 필요 없다.

정답 43. ㉰ 44. ㉮ 45. ㉰ 46. ㉰ 47. ㉮ 48. ㉯ 49. ㉮ 50. ㉰ 51. ㉮

52. 긴 관의 한끝에서 펌프로 압송된 급수가 관을 지나는 동안 차례로 가열, 증발, 과열되어 다른 끝에서 과열증기가 되어 나가는 형식의 보일러는 무엇인가?

㉮ 수관 보일러
㉯ 관류 보일러
㉰ 원통 연관 보일러
㉱ 입형 보일러

해설 관류 보일러에 대한 설명이다.

53. 보일러수(水)를 강제순환시키는 주된 이유는?

㉮ 관의 마찰저항이 크므로
㉯ 보일러 드럼이 1개뿐이므로
㉰ 연소나 효율을 좋게 하기 위해서
㉱ 증기가 임계압력에 가까워지면 순환이 잘 안되므로

54. 다음 중 관류 보일러에 속하는 것은?

㉮ 벨록스 보일러 ㉯ 라몬트 보일러
㉰ 뢰플러 보일러 ㉱ 벤슨 보일러

해설 관류 보일러의 종류
① 벤슨 보일러 ② 슐처 보일러
③ 람진 보일러 ④ 엣모스 보일러

55. 다음은 관류 보일러에 대한 특징이다. 틀린 것은?

㉮ 순환비가 1이므로 드럼이 필요없다.
㉯ 급수량 및 연료량은 자동제어로 해야 한다.
㉰ 부하변동에 민감하며 초고압용으로 사용한다.
㉱ 전열면적이 넓고 효율이 매우 좋으나 가동시간이 길다.

해설 가동시간이 짧다.

56. 보일러 노벽 냉각법 중 보일러 노벽 안쪽에 수관을 배열하여 보일러수(水)를 순환시켜 냉각하는 방법은 무엇인가?

㉮ 증기냉각법 ㉯ 공기냉각법
㉰ 상온냉각법 ㉱ 수냉각법

해설 노벽 안쪽에 수랭관을 설치하여 수랭관 속에 물이 흘러감으로써 냉각이 된다.

57. 수관 보일러에 사용되는 수랭 노벽에 대한 설명으로 틀린 것은?

㉮ 노재의 과열을 방지한다.
㉯ 노내의 기밀을 유지한다.
㉰ 노벽을 보호하며, 수명을 연장한다.
㉱ 증기 중의 수분을 분류하여 효율을 증대시킨다.

해설 증기 중의 수분을 제거하는 것은 비수방지관과 기수분리기이다.

58. 여러 개의 섹션(section)을 조합하여 용량을 가감할 수 있으며, 효율이 좋으나 구조가 복잡하여 청소, 수리가 곤란한 보일러는?

㉮ 연관 보일러 ㉯ 스코치 보일러
㉰ 관류 보일러 ㉱ 주철제 보일러

해설 주철제 보일러에 관한 설명이다.

59. 주철제 보일러의 특징에 대한 설명으로 옳은 것은?

㉮ 부식되기 쉽다.
㉯ 고압 및 대용량으로 적합하다.
㉰ 섹션의 증감으로 용량을 조절할 수 있다.
㉱ 인장 및 충격에 강하다.

해설 ① 부식에 강하다.
② 고압, 대용량으로 부적합하다.
③ 인장 및 충격에 약하다.

정답 52. ㉯ 53. ㉱ 54. ㉱ 55. ㉱ 56. ㉱ 57. ㉱ 58. ㉱ 59. ㉰

60. 다음 중 주철제 보일러의 특성 중 장점이 아닌 것은?

㉮ 복잡한 구조도 제작이 가능하다.
㉯ 저압이기 때문에 사고 시 피해가 적다.
㉰ 조립식으로 반입 및 해체가 쉽다.
㉱ 청소, 검사, 수리가 쉽다.

해설 내부청소 및 검사, 수리가 불편하다.

61. 다음 중 주철제 보일러의 용도로 적당한 것은 어느 것인가?

㉮ 일반 동력용 ㉯ 선박용
㉰ 제조 가공용 ㉱ 소형 난방용

해설 주철제 보일러는 저압, 난방용(빌딩 등)으로 사용된다.

참고 주철제 증기 보일러의 최고사용압력은 1 kgf/cm^2 이하이고, 주철제 온수 보일러의 최고 사용수두압은 50 mH_2O 이하이다.

62. 다음 중 특수 보일러의 분류에 해당되지 않는 것은?

㉮ 다우섬 보일러 ㉯ 배브콕 보일러
㉰ 슈미트 보일러 ㉱ 리 보일러

해설 배브콕 보일러는 자연순환식 수관 보일러이다.

63. 보일러를 구조 및 형식에 따라 분류할 때 특수 보일러에 해당되는 것은?

㉮ 노통 보일러 ㉯ 관류 보일러
㉰ 연관 보일러 ㉱ 폐열 보일러

해설 특수 보일러의 종류 : 간접가열식 보일러, 특수 열매체 보일러, 특수 연료 보일러, 폐열 보일러, 전기 보일러 등

64. 다음 중 간접가열 보일러에 해당되는 것은 어느 것인가?

㉮ 슈미트 보일러 ㉯ 벨록스 보일러
㉰ 벤슨 보일러 ㉱ 하이네 보일러

해설 간접가열식(2중 증발) 보일러에는 슈미트 보일러와 뢰플러 보일러가 있다.

65. 특수 열매체(특수 유체) 보일러에서 사용되는 열매체의 종류가 아닌 것은?

㉮ 수은 ㉯ 암모니아
㉰ 다우섬 ㉱ 카네크롤

해설 저압에서도 고온의 증기를 얻을 수 있는 보일러를 특수 열매체 보일러라고 하며, 사용되는 열매체의 종류에는 수은, 다우섬, 카네크롤, 모빌섬액이 있다.

66. 저압에서도 고온의 증기를 얻을 수 있는 보일러는 무엇인가?

㉮ 2중 증발 보일러
㉯ 하이네 보일러
㉰ 특수 열매체 보일러
㉱ 전기 보일러

해설 비점이 낮은 물질인 수은, 다우섬, 카네크롤, 모빌섬액을 열매체로 사용하는 보일러는 특수 열매체 보일러이다.

67. 폐열 보일러에 해당되는 보일러는?

㉮ 슈미트 보일러 ㉯ 하이네 보일러
㉰ 벨록스 보일러 ㉱ 스네기지 보일러

해설 폐열 보일러에는 하이네 보일러와 리 보일러가 있다.

68. 코니시 보일러 동의 안지름이 2500 mm이고 두께가 10 mm, 동의 길이가 4000 mm일 때 전열면적은 몇 m^{2}인가?

㉮ 40.32 m^2 ㉯ 31.65 m^2
㉰ 41.25 m^2 ㉱ 31.40 m^2

해설 동의 바깥지름이 D[m], 동의 길이가 l[m]이라면 전열면적 = πDl 이므로,

$\therefore \pi \times 2.52 \times 4 = 31.65$ m^2

참고 동의 안지름에 양쪽 두께를 합하여 바깥지름을 계산한다.

정답 60. ㉱ 61. ㉱ 62. ㉯ 63. ㉱ 64. ㉮ 65. ㉯ 66. ㉰ 67. ㉯ 68. ㉯

69. 랭커셔 보일러 동의 바깥지름이 3500 mm, 두께가 10 mm, 동의 길이가 4500 mm일 때 전열면적은 몇 m^2인가?

㉮ 64 m^2 ㉯ 48 m^2
㉰ 49 m^2 ㉱ 63 m^2

해설 전열면적 $= 4Dl$ 이므로,
$4 \times 3.5 \times 4.5 = 63\ m^2$

참고 보일러 동의 바깥지름이 주어졌으므로 두께는 고려할 필요가 없다.

70. 수관식 보일러에서 전열면적을 구하는 식으로 옳은 것은? (단, 수관의 외경 : d, 수관의 길이 : L, 개수 : n이다.)

㉮ $4\pi dLn$ ㉯ πdLn
㉰ $\left(\frac{\pi}{4}\right)dLn$ ㉱ $2\pi dLn$

해설 수관의 전열면적은 외경을 기준으로, 연관의 전열면적은 내경을 기준으로 계산한다.

71. 보일러에 설치되는 스테이의 종류가 아닌 것은?

㉮ 바 스테이 ㉯ 경사 스테이
㉰ 관 스테이 ㉱ 본체 스테이

해설 ㉮, ㉯, ㉰ 항 외에 거싯 스테이, 볼트 스테이, 거더 스테이, 도그 스테이가 있다.

72. 보일러 스테이(stay)의 종류 중 주로 경판의 강도를 보강할 목적으로 경판과 동판 사이에 설치되는 판 모양의 스테이는 무엇인가?

㉮ 볼트 스테이 ㉯ 튜브 스테이
㉰ 바 스테이 ㉱ 거싯 스테이

해설 거싯(gusset) 스테이는 평경판을 보강하기 위하여 삼각 철판을 동판에 비스듬히 연결시킨 버팀이다.

73. 연관 보일러, 노통 연관 보일러에서 관판을 보강할 목적으로 설치되는 관 모양의 스테이는 무엇인가?

㉮ 볼트 스테이 ㉯ 튜브 스테이
㉰ 바 스테이 ㉱ 거싯 스테이

해설 앞 관판과 뒷 관판을 보강할 목적으로 사용되는 스테이는 튜브 스테이(tube stay, 관 버팀)이며 연관 구실도 한다.

74. 스테이(stay, 버팀)의 부착에 관한 설명으로 틀린 것은?

㉮ 접시형 경판에는 거싯 스테이를 부착한다.
㉯ 거싯 스테이는 평경판에서만 사용한다.
㉰ 반구형 경판에는 스테이를 부착하지 않는다.
㉱ 관판을 보강하기 위하여 튜브 스테이를 부착한다.

해설 강도가 제일 약한 평경판에서만 스테이를 부착한다.

참고 경판의 강도가 큰 순서 : 반구경 > 반타원형 > 접시형 > 평형

정답 69. ㉱ 70. ㉯ 71. ㉱ 72. ㉱ 73. ㉯ 74. ㉮

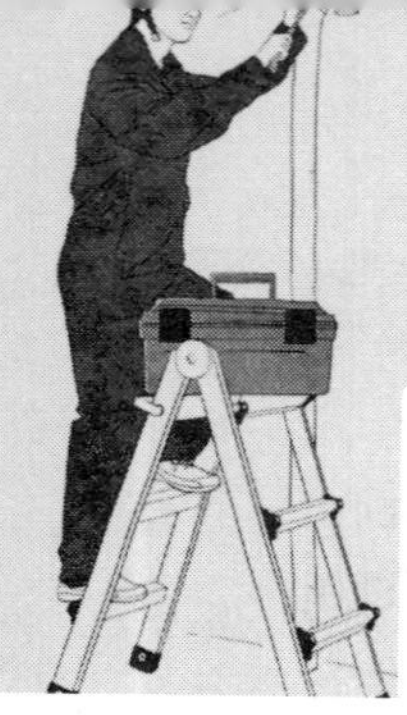

제 3 장 보일러의 부속장치 및 부속품

1. 안전장치 및 부속품

보일러의 안전사고(파열사고, 미연소가스 폭발사고 등)를 방지하기 위한 장치로서 안전밸브(safety valve), 전자밸브(솔레노이드밸브), 압력제한기(압력차단기), 화염검출기, 고·저수위 경보기, 가용마개(용융마개), 방폭문 등이 있다.

1-1 안전밸브 (안전변, 과압방지 안전장치)

증기(온수) 보일러에서 내부압력이 최고사용압력(제한압력) 초과 시 작동하여 내부유체를 자동으로 취출시켜 압력초과로 인한 파열사고를 사전에 방지해 주는 안전장치이다.

참고

(1) 용도에 따른 분류

① 안전밸브 : 증기 또는 가스발생장치에 사용되며 내부압력이 기준치 초과 시 자동으로 작동한다.
② 릴리프밸브 : 주로 액체장치에 사용되며 내부액체의 압력이 기준치 초과 시 자동으로 작동한다.
③ 안전 릴리프밸브 : 주로 배관 계통에 사용되며 기체 및 액체장치에 사용된다.

(2) 최고사용압력 (제한압력) : 보일러 구조상 사용 가능한 최고 사용 게이지 압력

(1) 안전밸브에 관한 규정

① **안전밸브의 개수 :** 증기 보일러에서는 2개 이상의 안전밸브를 설치해야 한다. 다만, 전열면적 50 m^2 이하의 증기 보일러에서는 1개 이상으로 하며, U자형 입관을 부착한 보일러는 안전밸브를 부착하지 않아도 된다.

참고

관류 보일러에서는 보일러와 압력 방출장치 사이에 체크밸브를 설치할 경우 압력 방출장치는 2개 이상이어야 한다.

② **안전밸브의 부착 방법 :** 안전밸브는 쉽게 검사할 수 있는 장소에 밸브축을 수직으로 하여 가능한 한 보일러 동체에 직접 부착시켜야 한다(압력이 크게 작용하는 곳).

참고

안전밸브(과압방지 안전장치)는 바이패스(bypass) 회로를 적용시키지 않는다.

③ **안전밸브 및 압력 방출장치의 크기 :** 안전밸브 및 압력 방출장치의 크기는 호칭지름 25 A 이상으로 하여야 한다(증기 보일러에서). 다만, 다음 보일러에는 호칭지름 20 A 이상으로 할 수 있다.

(가) 최고사용압력이 0.1 MPa 이하인 보일러

(나) 최고사용압력이 0.5 MPa 이하인 보일러로 동체의 안지름이 500 mm 이하이며 동체의 길이가 1000 mm 이하인 보일러

(다) 최고사용압력이 0.5 MPa 이하인 보일러로 전열면적이 2 m^2 이하인 보일러

(라) 최대증발량이 5 t/h 이하인 관류 보일러

(마) 소용량 보일러(소용량 강철제 보일러, 소용량 주철제 보일러)

참고

① **소용량 보일러 :** 최고사용압력이 0.35 MPa 이하이고 전열면적이 5 m^2 이하인 보일러
② **소형 온수 보일러 :** 최고사용압력이 0.35 MPa 이하이고 전열면적이 14 m^2 이하인 보일러

(2) 온수 발생 보일러 (액상식 열매체 보일러 포함)의 방출밸브와 방출관

① 온수 보일러에는 압력이 보일러의 최고사용압력(열매체 보일러의 경우에는 최고사용압력 및 최고사용온도)에 달하면 즉시로 작동하는 방출밸브 또는 안전밸브를 1개 이상 갖추어야 한다.

② 인화성 액체를 방출하는 열매체 보일러의 경우 방출밸브 또는 방출관은 밀폐식 구조로 하든가, 보일러 밖의 안전한 장소에 방출시킬 수 있는 구조이어야 한다.

참고

다우섬 열매체 보일러에서 다우섬 증기는 대단한 인화성 증기이므로 방출밸브 또는 방출관은 밀폐식 구조로 하든가, 안전한 장소로 방출시킬 수 있는 구조로 해야 한다.

(3) 온수 발생 보일러 (액상식 열매체 보일러 포함)의 방출밸브 및 안전밸브의 크기

① 액상식 열매체 보일러 및 온도 393 K(120℃) 이하의 온수 보일러에는 방출밸브를 설치하며, 그 지름은 20 mm 이상으로 하고 보일러의 최고사용압력에 그 10 %(그 값이 0.035 MPa 미만인 경우에는 0.035 MPa로 한다)를 더한 값을 초과하지 않도록 지름과 개수를 정하여야 한다.

참고

방출밸브는 스프링식 안전밸브와 구조가 비슷하며 온수 보일러에서 안전밸브 대용으로 사용된다.

② 온도 393 K(120℃)를 초과하는 온수 보일러에는 안전밸브를 설치하여야 한다. 그 크기는 호칭지름 20 mm 이상으로 한다.

(4) 온수 발생 보일러 (액상식 열매체 보일러) 방출관 (안전관, 도피관)의 크기

방출관은 보일러의 전열면적에 따라 다음의 크기로 한다.

전열면적(m^2)	10 미만	10 이상 ~ 15 미만	15 이상 ~ 20 미만	20 이상
방출관의 안지름	25 mm 이상	30 mm 이상	40 mm 이상	50 mm 이상

(5) 안전밸브의 종류

안전밸브(safety valve)의 종류에는 스프링식(용수철식), 추식(중추식), 지렛대식(레버식) 안전밸브가 있다.

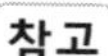
참고

보일러 및 압력용기에는 스프링식 안전밸브가 가장 많이 사용된다 (기준으로 한다).

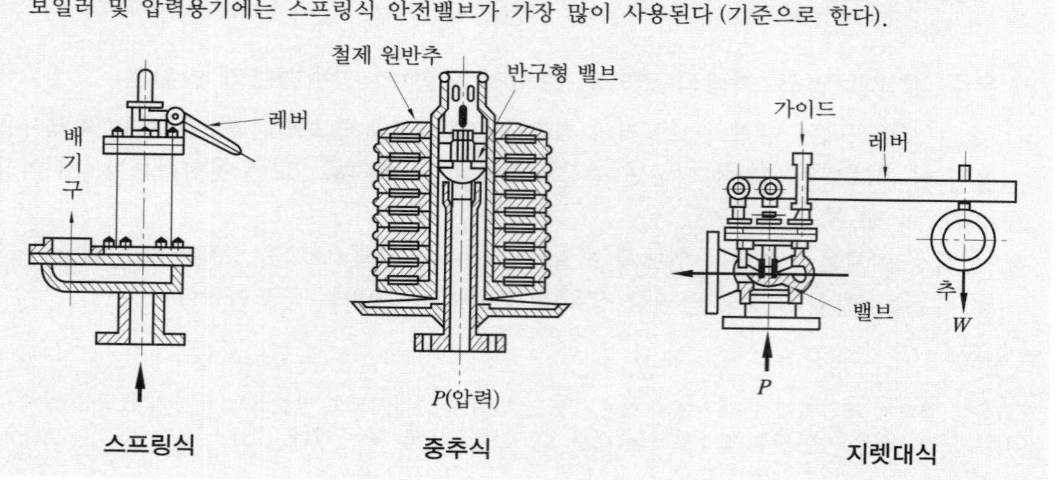

① **스프링식(용수철식) 안전밸브 :** 스프링식 안전밸브는 양정(lift)에 따라 4가지로 분류한다.

(가) 저양정식 : 양정이 밸브지름의 $\frac{1}{40}$ 이상 ~ $\frac{1}{15}$ 미만인 것

(나) 고양정식 : 양정이 밸브지름의 $\frac{1}{15}$ 이상 ~ $\frac{1}{7}$ 미만인 것

(다) 전양정식 : 양정이 밸브지름의 $\frac{1}{7}$ 이상인 것

(라) 전양식 : 변좌구의 지름이 목부지름의 1.15배 이상 밸브가 열렸을 때의 밸브 구경 증기통로의 면적은 목부면적의 1.05배 이상으로서 밸브 입구 및 관내의 최소 증기통로의 면적이 목부면적에 1.7배 이상의 것을 말한다.

참고

① 안전밸브의 면적(또는 구경)은 보일러의 전열면적에는 정비례하고 증기압에는 반비례한다.
② 스프링식 안전밸브의 종류를 분출용량이 큰 순서대로 나열하면, 전양식 → 전양정식 → 고양정식 → 저양정식 순이다.

② **추식(중추식) 안전밸브 :** 추의 중량과 면적에 의해 분출압력이 조정된다.

③ **지렛대식(레버식) 안전밸브 :** 지지점과 안전밸브까지와의 거리 및 추와의 거리와 추의 중량에 의해 분출압력이 조정된다.

(6) 안전밸브의 장력을 구하는 식

① **스프링식 :** $2 \times \frac{\pi D^2}{4} \times P$

② **추식 :** $\frac{\pi D^2}{4} \times P$

③ **지렛대식 :** $\frac{\pi D^2}{4} \times P \times \frac{l}{L}$

여기서, D : 안전밸브의 지름(cm), P : 분출압력(kgf/cm^2)
L : 지지점과 추까지의 거리(cm), l : 지지점과 안전밸브까지의 거리(cm)

(7) 안전밸브의 구비조건

① 밸브의 개폐동작이 신속하고 자유로울 것
② 밸브의 지름과 양정이 충분할 것
③ 밸브의 작동이 확실하고 증기가 누설되지 않을 것
④ 증기압력이 정상으로 되면 즉시 분출이 정지될 것
⑤ 분출용량이 충분할 것

(8) 안전밸브에서 증기가 누설되는 원인

① 분출 조정압력이 낮을 때
② 스프링의 장력이 감쇄하였을 때
③ 밸브와 밸브 시트 사이에 이물질이 끼어 있을 때(또는 밸브 시트가 더러울 때)
④ 밸브와 밸브 시트 가공이 불량할 때(즉, 밸브와 밸브 시트가 맞지 않을 때)
⑤ 밸브축이 이완되었을 때(밸브가 밸브 시트를 균등하게 누르고 있지 않을 때)
⑥ 밸브 및 밸브 시트가 마모되었을 때

1-2 방폭문 (폭발문)

연소실(노) 또는 연소 계통에서 미연소가스(탄소가 불완전연소하여 생긴 일산화탄소 등) 폭발사고 시 그 생성가스를 자동으로 외부에 배출시켜 보일러 손상 및 안전사고를 예방하는 장치로서 스프링식과 스윙식이 있다.

(1) 스프링식

밀폐형으로 강철제 보일러에서 사용한다(압입통풍방식에 적당하다).

(2) 스윙식

개방형으로 충격에 약한 주철제 보일러에서 사용한다.

1-3 가용마개 (가용전, 용융마개)

과거 석탄과 같은 고체 연료를 사용한 노통 보일러 노통 입구 상부에 설치 사용한 안전장치로서, 주석(Sn)과 납(Pb)의 합금 금속으로 용융점이 낮은 점을 이용하여 이상감수로 노통이 과열되어 파열되기 이전에 먼저 녹아내려 위험을 알려주는 장치이다.

참고

주석(Sn)과 납(Pb)의 합금 비율에 따라 용융점이 다르다.

주석(Sn) : 납(Pb)	용융온도(℃, K)
10 : 3 3 : 3 3 : 10	150℃, 423 K 200℃, 473 K 250℃, 523 K

1-4 압력제한기 (압력차단기, 압력차단장치)

보일러 내부 증기압력이 스프링 조정압력보다 높을 경우 제한기 내부의 벨로스가 신축하여 수은 등 스위치를 작동하게 하여 전자밸브로 하여금 자동으로 연료 공급을 중단하게 함으로써 압력초과로 인한 보일러 파열사고를 방지해 주는 안전장치이다.

참고

설정압이 낮은 것부터 높은 순(작동순서)으로 열거하면 ① 압력조절기, ② 압력제한기, ③ 안전밸브 순이다.

1-5 고·저수위 경보기 (수위검출기, 저수위 경보장치)

보일러 드럼 내의 수위가 최저수위(안전수위) 이하로 내려가기 직전에 1차적으로 50~100초 동안 경보를 발하고, 수위가 더 내려가면 2차적으로 전자밸브로 하여금 자동으로 연료 공급을 차단시켜 이상감수로 인한 과열 및 보일러 파열사고를 미연에 방지해 주는 안전장치이다.

(1) 설치 개요

① 최고사용압력 0.1 MPa을 초과하는 증기 보일러에는 다음의 저수위 안전장치를 설치해야 한다(다만, 소용량 보일러는 제외한다).

㈎ 보일러를 안전하게 쓸 수 있는 수위(이하 '안전수위'라 한다)의 최저수위까지 내려가기 직전에 자동적으로 경보가 울리는 장치 (50~100초 동안, 70dB 이상)

㈏ 보일러의 수위가 안전수위까지 내려가기 직전에 연소실 내에 공급하는 연료를 자동적으로 차단하는 장치

② 열매체 보일러 및 사용온도가 393 K(120℃) 이상인 온수 보일러에는 작동 유체의 온도가 최고사용온도를 초과하지 않도록 온도－연소제어장치를 설치해야 한다.

③ 최고사용압력이 0.1 MPa(수두압, 10 m)를 초과하는 주철제 온수 보일러에는 온수온도가 388 K(115℃)를 초과할 때는 연료 공급을 차단하든가, 파일럿 연소를 할 수 있는 장치를 설치해야 한다.

(2) 고·저수위 경보기의 종류 (수위검출기의 종류)

① **기계식 :** 부표(float)의 위치변위에 따라 밸브가 열려 경보를 발한다.

② **전기식**

㈎ 부표(플로트) 식

㉮ 맥도널식 : 부표의 위치변위에 따라 수은 스위치를 작동시켜 경보를 발하고 전자밸브로 하여금 연료 공급을 차단시킨다.

㉯ 자석식 : 부표의 위치변위에 따라 자석으로 하여금 수은 스위치를 작동시켜 경보를 발하고 전자밸브로 하여금 연료 공급을 차단시킨다.

㈏ 전극식 : 보일러수(水)의 전기전도성을 이용한 것이다.

참고

① 전극식 저수위 경보기에서 전극봉은 3개월마다 청소하여야 한다.
② 플로트식은 6개월마다 수은 스위치의 상태와 접점 단자 상태를 조사하고 플로트실을 분해, 정비하여야 한다.

(3) 수위제어방식

① **1요소식(단요소식) :** 보일러 드럼 내의 수위만을 검출하여 제어하는 방식

② **2요소식 :** 수위와 증기유량을 동시에 검출하여 제어하는 방식

③ **3요소식 :** 수위, 증기유량, 급수유량을 검출하여 제어하는 방식

참고

3요소식은 고온, 고압, 대용량, 보일러 이외에는 별로 사용하지 않는다.

참고

저수위 경보기(수위 검출기)의 종류

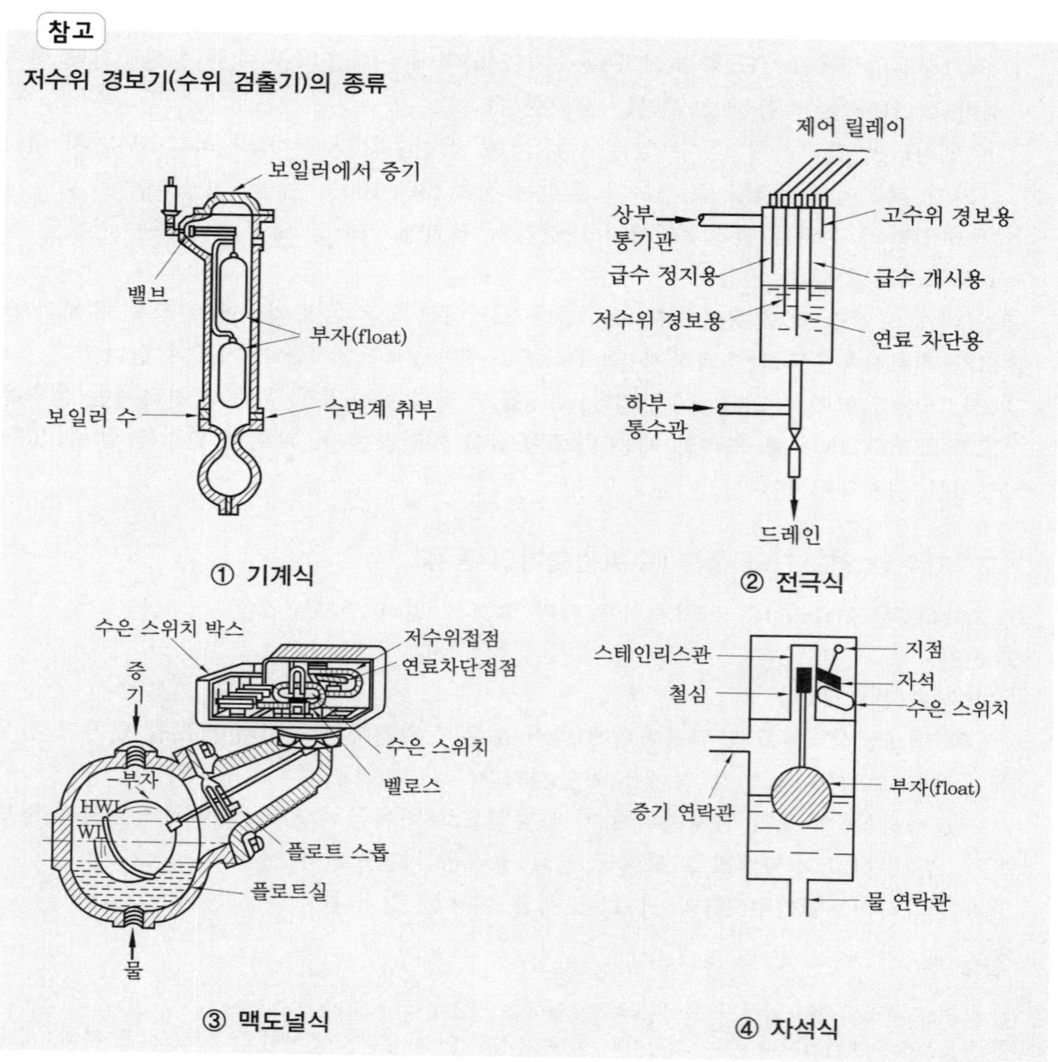

1-6 화염검출기

연소실 내의 화염상태가 불안정하거나 실화 시에 전자밸브로 하여금 자동으로 연료 공급을 차단시켜 역화(back fire)나 가스 폭발사고를 사전에 방지해 주는 안전장치로서 화염(불꽃)검출기(flame project)의 종류는 다음과 같다.

(1) 플레임 아이 (flame eye)

화염의 발광체를 이용한 것이며 화염의 복사선을 광전관이 잡아 화염의 유무를 검출해 준다. 가스 전용으로 사용되는 자외선 광전관, 황화납 셀과 가스 및 기름 겸용으로 사용되는 적외선 광전관, 황화카드뮴이 있다.

참고

플레임 아이는 불꽃의 중심을 향하여 설치해야 하며, 장치 주위 온도는 50℃ 이상이 되지 않도록 해야 하고 광전관식은 유리나 렌즈를 매주 1회 이상 청소하여 감도를 유지해야 한다.

(2) 플레임 로드 (flame road)

화염의 이온화를 이용한 것이며 고온의 가스는 양이온과 자유전자로 전리되어 있다. 여기에 전극을 접촉시키면 전류가 흐르므로 전류의 유무에 의하여 화염의 상태를 파악한다(플레임 로드는 화염이 갖는 도전성을 이용한 도전식과 로드와 버너와의 화염에 접하는 면적 차이에 의한 정류효과를 이용한 정류식이 있다). → 연소시간이 짧은 가스 점화 버너에서 전용으로 사용한다.

참고

플레임 로드는 화염검출기 중 가장 높은 온도에서 사용할 수 있으며, 검출부가 불꽃에 직접 접하므로 소손에 유의하고 자주 청소를 해 주어야 한다.

(3) 스택 스위치 (stack switch)

연소가스의 발열체를 이용한 것이며 연도를 흐르는 가스온도에 따라 바이메탈(감열소자)의 신축으로 화염의 유무를 검출해 준다. → 가격이 싸고 구조도 간단하지만 거의 사용하지 않는다.

참고

① 스택 스위치는 화염검출의 응답이 느리므로 많이 사용하고 있지 않으며, 주로 소용량 온수 보일러에서 사용한다.
② 화염검출기에서 화염 검출방법에는 열적 검출방법, 광학적 검출방법, 전기전도적 검출방법이 있다.

1-7 전자밸브

전자밸브(솔레노이드 밸브, solenoid valve)는 보일러 가동 중 정전 시, 압력 초과 시, 이상 감수 시, 화염 실화 시, 송풍기 고장 시 등 이상 발생 시에 급히 자동으로 연료 공급을 차단시켜 주는 안전장치이다.

참고

작동방식에 따른 전자밸브(긴급 연료차단밸브)의 종류에는 직동식과 파이로트식이 있다.

2. 지시 기구장치(계측기기)

2-1 압력계

(1) 압력계(pressure gauge)의 종류

① 액주식 압력계의 종류(액주식 압력계는 통풍계로 사용)

㈎ U자관 압력계 : 유리관을 U자형으로 굽혀 수은, 물 및 기름 등을 넣고 한쪽 끝에 측정압력을 도입하여 압력을 측정한다. 차압은 양단에 각기의 압력을 가하여 압력 또는 압력차는 양액면의 높이차를 읽음으로써 측정할 수 있다.

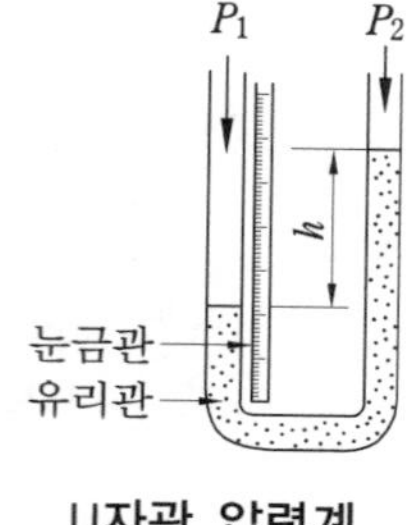

U자관 압력계

㈏ 단관식 압력계 : 이 압력계는 U자관의 변형으로 상형 압력계라고도 한다.

㈐ 경사관식 압력계 : 단관식 압력계와 비슷하나 수직관은 각도 θ만큼 경사를 두어 눈금을 $\frac{1}{\sin}$ 만큼 크게 하여 압력을 읽을 수 있도록 한 것이다.

㉮ 통풍계로도 사용한다.

㉯ 압력계 가운데 정도가 가장 좋다.

㉰ 미세압 측정에 가장 적합하다.

㉱ 저압 측정용이며. 실험실에서 많이 사용한다.

㈑ 링 밸런스식(환상 천평식) 압력계 : 원상의 관상부에 두 개의 구멍을 뚫고 대기압과 측정압력의 도입공으로 한다. 내부에 물, 기름, 수은 등의 봉입액을 약 반 정도 주입하고 링의 중심은 피벗으로 지지해서 하부에 중량이 걸리도록 한다. 도입관에 의해 양면에 압력이 가해지면 가한 압력만큼 링이 회전할 때 회전각에 의해 압력을 나타내는 방식이다.

② 탄성식 압력계의 종류(탄성식 압력계는 금속의 탄성력을 이용)

㈎ 부르동관 압력계 : 단면이 원통 또는 타원형인 관을 C자형, 나선형(헬리컬형), 와권형(스파이럴) 등으로 구부려 앞의 자유단은 밀폐시키고 고정판 끝 부분으로 압력을 작용시키면 관의 단면이 원형에 가까워지며 자유단이 이동한다. 이때 변위는 거의

압력에 비례하므로 링과 기어 등으로 압력을 나타낸다.

㉮ 탄성체 압력계로서 보일러에 가장 많이 사용한다.

㉯ 가장 높은 압력을 측정하지만 정확도는 가장 나쁘다.

(나) 벨로스식 압력계 : 얇은 금속판으로 만들어진 원통에 옆으로 주름이 생기게 만든 것을 주름통 또는 벨로스라 하며, 이 벨로스의 탄성을 이용하여 압력을 측정할 수 있는 것을 말한다. 벨로스 자체도 탄성이 있지만 압력이 가해지면 히스테리시스(hysteresis) 현상에 의하여 원위치로 돌아가기 어렵기 때문에 스프링을 조합하여 사용한다.

(다) 다이어프램 압력계(박막식 압력계) : 얇은 금속 격막의 다이어프램을 사용하여 그 변위량에 의해 압력을 측정한다.

(2) 압력계 부착방법

① 압력계 최대 지시 눈금은 보일러 최고사용압력의 1.5배 이상, 3배 이하이어야 한다.

② 압력계와 연결되는 증기관이 강관일 경우에는 안지름 12.7 mm 이상, 동관 또는 황동관일 경우에는 안지름 6.5 mm 이상이어야 한다.

③ 증기관으로 통하는 증기온도가 483 K(210℃)를 넘으면 반드시 강관을 사용해야 한다(동관이나 황동관을 사용할 수 없다).

④ 눈금판의 눈금이 잘 보이는 위치에 설치한다(2개 이상).

⑤ 압력계 콕은 핸들이 증기관과 나란히 놓일 때 열린 상태가 되어야 한다.

⑥ 압력계를 보호하기 위하여 사이펀관을 거쳐 물이 압력계로 들어가게 한다.

참고

동관이나 황동관은 고온(약 300 ℃)에서 산화하기가 쉽다.

(3) 사이펀(siphon)관

① 사이펀관은 고온의 증기로부터 부르동관식 압력계의 부르동관을 보호하기 위하여 설치 사용한다.

② 사이펀관의 안지름은 6.5 mm 이상이어야 하고, 재질은 강관이다.

③ 사이펀관 내부의 응축수 온도는 277～338 K(4～65℃)로 유지하는 것이 바람직하다.

(4) 압력계 검사 시기

① 2개의 압력계 지침이 서로 다르게 나타날 때

② 보일러 가동 중 포밍, 프라이밍 현상이 일어날 때

③ 압력계 지침이 의심스러울 때

④ 보일러 휴관 후 재사용할 때

⑤ 신설 보일러인 경우에는 가동 후 압력이 오르기 시작할 때

⑥ 계속 사용 검사를 할 때
⑦ 안전밸브의 실제 분출압력과 설정압력이 맞지 않을 때

참고

① 보일러 및 압력용기에 가장 많이 사용하는 압력계는 부르동관식 압력계이다(고압 측정용이므로).
② 다른 탄성체 압력계(부르동관식, 벨로스식, 다이어프램식)의 교정용, 검사용으로 사용되는 압력계는 기준 분동식 압력계이다.
③ 보일러 운전 도중 압력계의 정상작동을 확인하는 방법은 3방 콕으로 압력계 지침이 0이 되는가를 확인하는 것이다.
④ 1년에 한 번은 표준압력계(기준 분동식 압력계)로 확인해야 한다.

2-2 수면계

보일러 드럼(동) 내의 수위를 나타내주는 계측기이다.

(1) 수면계(water gauge)의 개수

증기 보일러에는 2개(소용량 및 소형 관류 보일러는 1개) 이상의 유리 수면계를 부착하여야 한다. 다만, 최고사용압력 1 MPa 이하로서 동체 안지름 750 mm 미만의 것 중 1개는 다른 종류의 수면 측정장치로 하여도 무방하다. 특히, 압력이 높은 보일러에서는 2개 이상의 원격 지시 수면계를 시설하는 경우에 한하여 유리 수면계를 1개 이상으로 할 수가 있다.

참고

① 다른 종류의 수면 측정장치는 검수콕 3개를 말한다(최고수위, 정상수위, 안전 저수위 부분에 각각 1개씩 설치).
② 온수 보일러와 단관식 관류 보일러에는 수면계가 필요없다.

(2) 수면계의 종류

① **원형 유리관식 수면계 :** 최고사용압력이 1 MPa 이하용이다.
② **평형 반사식 수면계 :** 최고사용압력이 2.5 MPa 이하용이며 보일러에서 가장 많이 사용한다.
③ **평형 투시식 수면계 :** 최고사용압력이 4.5 MPa 이하용과 7.5 MPa 이하용이 있다.
④ **2색 수면계 :** 평형 투시식 수면계에 청색 전구와 적색 전구를 설치하여 식별이 잘 되도록 한 것이다.
⑤ **멀티포트식 수면계 :** 초고압용(21 MPa 이하용) 수면계이다.

(3) 수주(水柱)

① **설치목적**

(개) 고온의 증기 및 보일러수로부터 수면계를 보호하기 위하여

㈏ 수위 교란으로 인한 수면계 수위의 오판을 방지하기 위하여

② **설치방법 :** 최고사용압력 1.6 MPa 이하인 보일러의 수주는 주철제로 할 수가 있다. 수주에는 20 A 이상의 분출관을 설치하여야 하며 수주와 보일러의 연결관도 20 A 이상이어야 한다(단, 저수위 경보기 연결관은 25 A 이상).

(4) 수면계 유리관의 파손 원인

① 외부로부터 충격을 받았을 때
② 유리관을 너무 오래 사용하였을 때
③ 유리관 자체의 재질이 나쁠 때
④ 상하의 너트를 너무 조였을 경우
⑤ 상하의 바탕쇠 중심선이 일치하지 않을 경우

(5) 수면계 부착방법

수면계 유리관 최하부와 보일러 안전 저수위가 일치되도록 부착한다.

보일러의 종별	수면계 부착 위치 (안전 저수위)
입형 보일러 및 입형 횡관 보일러	연소실 천장판 최고부위(플랜지부를 제외) 75 mm 상방
직립형(입형) 연관 보일러	연소실 천장판 최고부위, 연관 길이 $\frac{1}{3}$
수평 연관 보일러(횡연관)	연관의 최고부위 75 mm 상방
노통 연관 보일러(혼식 보일러)	연관의 최고부위 75 mm 상방(다만, 연관 최고부보다 노통 윗면이 높은 것으로서는 노통 최고부위(플랜지를 제외) 100 mm 상방)
노통 보일러	노통 최고부위(플랜지를 제외) 100 mm 상방

참고

수관 보일러 및 그 밖의 특수 보일러는 그 구조에 따른 적당한 위치가 안전 저수위이다.

(6) 수면계의 점검 시기

① 2개의 수면계 수위가 서로 다르게 나타날 때
② 보일러 가동 중 포밍, 프라이밍 현상이 일어나 수위 교란이 일어날 때
③ 수면계 수위에 의심이 갈 때
④ 보일러 가동 후 압력이 오르기 시작할 때
⑤ 보일러 가동 직전
⑥ 수면계를 수리 또는 교체를 한 후
⑦ 수면계 수위가 둔할 때

참고

수면계 점검은 1일 1회 이상 해야 한다. 보일러수저 분출작업도 1일 1회 이상 실시한다.

(7) 수면계의 점검 순서

증기밸브 및 물밸브는 열려 있고 응결수밸브는 닫혀 있는 상태이다.

① 증기밸브, 물밸브를 잠근다.
② 응결수밸브를 열고 내부 응결수를 취출 시험한다.
③ 물밸브를 열어 관수를 취출 시험 후 잠근다.
④ 증기밸브를 열어 증기를 취출 시험한 후 잠근다.
⑤ 응결수밸브를 잠근다.
⑥ 마지막으로 증기밸브와 물밸브를 서서히 연다.

참고

① 수면계 유리관 파손 시 이상감수와 취급자의 화상 예방을 위하여 물밸브를 먼저 잠가야 한다.
② 하부 통수관에서 스케일 및 부식으로 고장을 많이 유발시킬 수 있다.

2-3 온도계

(1) 접촉식 온도계의 종류

① **유리제 온도계** : 유리 온도계는 액체를 넣는 구부와 가는 유리관으로 되어 있으며 열에 의한 액체의 변화를 이용한 것으로 관에 대한 겉보기 팽창을 눈금으로 읽는다. 종류에는 수은 온도계, 알코올 온도계, 베크만 온도계 등이 있다.

② **바이메탈 온도계** : 선팽창계수가 다른 2종의 금속을 결합시켜 1개의 금속판으로 만든 것을 바이메탈이라 하고 이러한 바이메탈은 온도에 따라 굽히는 정도가 다른 점을 이용한다.

③ **압력식 온도계** : 수은, 알코올, 아닐린 등 액체나 기체를 밀폐한 관 중에 봉입하고 열을 가하면 관 내의 압력이 증대하는데, 이 압력을 이용하여 측정하는 형식으로 감온부, 도압부, 감압부로 구성되어 있다.

④ **전기저항식 온도계** : 일반적으로 금속은 온도가 상승하면 이에 대응하여 전기저항값이 증가한다. 저항 온도계는 금속 세선을 절연물 위에 감아 만든 측온저항체의 저항값을 재어 온도를 측정한다(비교적 맞는 온도를 측정하는 데 적합하다). 종류에는 동(구리) 측온저항 온도계, 니켈 측온저항 온도계, 백금 측온저항 온도계가 있다.

⑤ **열전대 온도계** : 2종의 금속선 양단을 접합시켜 열전대(熱電對)를 만들고 양단 접점에 온도차를 주면, 이 온도차에 따른 열기전력이 생긴다, 이 현상을 제베크(Seebeck) 효과라고 한다. 열전대 온도계는 열전대를 측온체로 사용하고, 열기전력을 직류 밀리 볼

트계 또는 전위차계로 측정하여 온도를 표시하는 온도계이다. 종류에는 CC(구리 - 콘스탄탄), IC(철 - 콘스탄탄), CA(크로멜 - 알루멜), PR(백금 - 백금 로듐)이 있다.

(2) 비접촉식 온도계의 종류

① **광고 온도계** : 고온의 물체로부터 방사되는 에너지 중의 특정한 광파장(보통 0.65 μ)의 방사에너지, 즉 휘도를 표준온도의 고온물체(전구의 필라멘트)와 비교하여 온도를 측정한다.

② **광전관식 온도계** : 광고 온도계가 수동이라는 점을 보완한 것으로 눈으로 보는 대신 2개의 광전관을 배열하여 각각 측온 물체로부터 빛과 전구의 필라멘트 빛이 같도록 하여 비교증폭기가 조정하여 전구의 필라멘트 전류에 의해서 온도를 지시토록 되어 있다.

③ **방사 온도계** : 고온도에 있는 물체는 그 열에너지를 빛과 같은 파동에너지로 바꾸고 방사에너지로서 외부로 방출한다. 이 방사의 양 및 파장 분포는 온도에 따라서 다르고 또 같은 온도라도 그 물질의 종류에 따라서 다른 것을 이용하여 온도를 측정한다.

④ **색 온도계** : 일반적으로 물체는 600℃ 이상의 온도가 되면 암적색으로 발광하기 시작하고, 온도 상승과 더불어 짧은 파장의 에너지를 많이 방사한다. 이때 색의 변화를 보인다. 이 색의 변화(밝기와는 관계가 없다)와 온도는 일원적인 관계가 있고, 보통의 물체에서는 거의 이 관계가 비슷하기 때문에 색으로부터 온도를 측정할 수가 있으며 이것은 색 온도계와 2색 온도계로 분리할 수 있다.

(3) 기타 온도계

① **제게르 콘 온도계(seger cone)** : 점토, 규석질, 내열성 금속산화물 등을 적당한 재료와 배합하여 만든 삼각추이다.

② **서모 컬러(thermo color)** : 온도에 따라 색이 변화되는 도료의 일종으로 측정하고자 하는 물체의 표면에 도포하여 그 점의 온도 변화를 감시해 온도를 측정한다.

(4) 온도계(thermometer) 설치장소

① 급수 입구의 급수온도계

② 버너 입구의 급유온도계(다만, 예열을 필요로 하지 않는 것은 제외한다.)

③ 절탄기 또는 공기예열기가 설치된 경우는 각 유체의 전후 온도를 측정할 수 있는 온도계(다만, 포화증기의 경우에는 압력계로 대신할 수 있다.)

④ 보일러 본체 배기가스 온도계(③의 부속기기가 있을 때는 생략한다.)

⑤ 과열기 또는 재열기가 있는 경우에는 그 출구온도계

⑥ 유량계를 통과하는 온도를 측정할 수 있는 온도계

2-4 유량계 (급수량계, 급유량계, 가스미터)

용량 1 t/h 이상의 보일러에는 다음의 유량계를 설치하여야 한다.

① 보일러 급수관에는 급수량과 열정산 시에 증기의 발생량을 알기 위하여 급수량계를 설치해야 한다.

② 유류 및 가스용 보일러에는 급유량계 및 가스미터를 설치하여 연료사용량을 측정할 수 있도록 해야 한다.

참고

온수 보일러나 난방 전용 보일러로서 2 t/h 미만의 보일러는 급유유량계를 CO_2 측정장치로 대신할 수 있다.

③ 각 유량계는 해당 온도 및 압력 범위 내에서 사용할 수 있어야 하고 유량계 앞에는 반드시 여과기(strainer)를 설치하여야 한다.

참고

형상에 따라 여과기는 Y형, U형, V형이 있으며, 그 중 Y형 여과기가 가장 많이 사용되고 있다. 여과기 전후의 유체압력의 차이가 0.02 MPa 이상일 때는 여과기를 청소해야 한다.

2-5 가스미터

가스미터(gas-meter)는 공급되는 가스의 양을 측정하기 위하여 사용되며 측정방식에 따라 실측식(직접식)과 추량식(간접식)으로 구별된다.

(1) 실측식 (實測式) 가스미터

일정 요식의 부피를 만들어 그 부피로 가스가 몇 회 측정되었는가를 적산(積算)하는 방식으로 건식과 습식으로 구분되며 수용가(受用家)에 부착되어 있는 것은 모두가 건식이고 액체를 봉입한 습식은 실험실 등의 기준 가스 미터로서 사용되고 있으며, 종류는 다음과 같다.

① 건식 가스미터

(가) 막식 가스미터 → 건식 가스미터의 기본형

(나) 회전자식(roots형) 가스미터

② 습식 가스미터 → 드럼형이 기본형

(2) 추량식 (推量式) 가스미터

유량과 일정한 관계가 있는 다른 양(흐름 속에 있는 우근차(羽根車)의 회전수)을 측정함으로써 간접적(間接的)으로 가스의 양을 구하는 방식으로, 종류는 다음과 같다.

① 벤투리 미터(Venturi meter)
② 오리피스 미터(Orifice meter)
③ 터빈식(turbine type)
④ 델타형(delta type)

3. 송기장치(증기 공급장치)

보일러에서 발생한 증기를 사용처까지 공급하는 데 필요한 장치로서 주증기밸브, 보조증기밸브, 주증기관, 보조증기관, 비수방지관, 기수분리기, 증기헤드, 감압밸브, 신축이음장치, 증기 트랩, 증기축열기 등이 있다.

3-1 주증기밸브

주증기밸브(main steam valve)는 보일러에서 발생된 증기를 공급처에 개폐 또는 그 공급량을 조절하기 위해 사용하며, 주로 글로브밸브와 앵글밸브가 사용된다.

① **글로브밸브(glove valve, 구형변=옥형변)** : 관용어로 스톱밸브라고도 한다.
㈎ 기밀도가 좋아 주로 기체 배관에 사용한다.
㈏ 유량조절이 양호하여 유량조절용 밸브로 사용한다.
㈐ 유체의 마찰저항이 크며 찌꺼기가 체류하기 쉽다.

② **게이트밸브(gate valve, 슬루스 밸브(sluice valve))** : 유로 개폐용으로 사용한다.
㈎ 기밀도가 글로브밸브보다 나빠서 액체 배관에 사용한다.
㈏ 유량조절이 글로브밸브보다 떨어진다.
㈐ 유체의 마찰저항이 적으며 찌꺼기 체류가 적다.

③ **앵글밸브(angle valve)**
㈎ 구조상으로는 글로브밸브와 비슷하다.
㈏ 유체의 흐름방향을 90°로 바꾸어 흐르게 한다.
㈐ 주증기밸브나 급수정지밸브로 많이 사용한다.

④ **콕(cock)**
㈎ 구멍이 뚫린 원추가 90° 및 180°로 회전하여 유체의 흐름을 차단 또는 조절해 준다.
㈏ 개폐가 신속하다.
㈐ 누설의 우려가 있다.

⑤ **볼 밸브(ball valve)** : 밸브의 개폐 부분에 구멍이 뚫린 구 모양의 밸브가 있으며 이것을 회전시킴에 의해 구멍을 막거나 열어 밸브를 개폐시키며 콕과 유사한 밸브이다.

⑥ **체크밸브(역지변)** : 유체의 역류를 방지하기 위해 사용되는 밸브이며 수평 배관에서만

사용하는 리프트식과 수직 및 수평 배관 모두 사용할 수 있는 스윙식이 있다.

참고

① 밸브 부착 시에는 유체가 밸브를 밀어 올려 흐르도록 해야 한다.
② 주증기 밸브 개방은 만개하는 데 워터해머(수격작용)를 방지하기 위하여 3분 이상 지속되어야 한다.

3-2 주증기관

주증기관(main steam pipe)은 증기 흐름에 대한 마찰저항과 열손실을 감안하여 관지름을 결정해야 하며, 포화증기의 유속은 대략 20~30 m/s, 과열증기의 유속은 30~60 m/s 정도이다.

3-3 비수방지관

주로 원통형(둥근형) 보일러에서 사용하였으며, 드럼 내 증기 취출구에 부착하여 증기 속에 포함된 수분 취출을 방지해 주는 관으로 비수방지관(antipriming pipe)에 뚫린 구멍의 총면적이 증기 취출구 증기관 면적보다 1.5배 이상이어야 한다.

3-4 기수분리기

기수분리기(steam seperater)는 수관 보일러 기수 드럼에 부착하여 사용하고 발생되는 증기 속의 수분을 분리해 주는 장치이며, 종류는 다음과 같다.

기수분리기의 종류	원 리
사이클론형	원심력을 이용
스크러버형	파형의 강판을 다수 조합
건조 스크린형	금속망판을 이용
배플형	급격한 방향 전환을 이용

참고

보일러에 비수방지관이나 기수분리기를 설치함으로써 얻을 수 있는 이점

① 건도가 높은 증기를 공급할 수 있다.
② 워터해머(water hammer, 수격작용)를 방지할 수 있다.
③ 증기의 마찰저항을 감소시킬 수 있다.
④ 수분으로 인한 관내 및 부속 밸브류의 부식을 감소시킬 수 있다.
⑤ 드레인(응결수)으로 인한 열손실을 방지할 수 있다.

3-5 증기 헤드

보일러에서 발생한 증기를 일단 모아 각 사용처에 공급해 주는 장치이다.

(1) 증기 헤드의 설치목적

① 각 사용처에 증기 공급 및 정지가 편리하게 하기 위하여
② 필요한 압과 양의 증기를 각 사용처에 공급하기 좋게 하기 위하여(증기 공급량 조절)
③ 불필요한 증기를 공급하지 않음으로써 열손실을 방지하기 위하여

(2) 증기 헤드의 크기

증기 헤드(Steam header)의 지름을 증기 헤드에 부착된 가장 지름이 큰 배관인 주증기관 지름의 2배가 되도록 한다.

3-6 감압밸브 (리듀싱 밸브)

(1) 설치목적 (설치이유)

① 고압의 증기를 저압의 증기로 바꾸기 위하여
② 저압 측의 압력을 항상 일정하게 유지하기 위하여
③ 부하변동에 따른 증기의 소비량을 절감하기 위하여

(2) 종류

① 작동방식에 따라 피스톤식, 벨로스식, 다이어프램식이 있다.
② 구조에 따라 스프링식, 추식, 다이어프램식이 있다.

(3) 감압밸브 (reducing valve) 설치 시 필요 부착품

① 고압 측 : 여과기, 정지밸브, 압력계
② 저압 측 (부하 측) : 안전밸브, 정지밸브, 압력계

3-7 신축이음장치

배관의 신축으로 인한 무리를 완화시켜 주고 관 부속품의 고장을 방지하기 위하여 설치한다.

① **슬리브형(sleeve type) :** 조인트 본체와 파이프로 되어 있는데, 관의 신축이 본체 속에 미끄러지는 슬리브 파이프에 흡수되는 단식과 복식의 2형식이 있으며 주로 저압 증기 배관에 사용한다.

② **만곡관형(곡관형, loop type) :** 강관을 휨 가공하여 제작하였으며, 허용길이가 가장 크고 고압 옥외 배관에 많이 사용하며 루프형과 밴드형이 있다.

③ **벨로스형(파형, bellows type) :** 벨로스가 신축을 흡수하여 열응력을 받지 않으나 벨로스 내에 물이 고이면 부식을 많이 일으키고, 일명 팩리스(packless) 신축 조인트라고도 한다. 고온·고압 배관에는 부적당하다.

④ **스위블형(swivel type) :** 2개 이상의 엘보를 사용하여 나사의 회전을 이용한 것이며 방열기 입구 측 배관에 설치 사용한다(나사맞춤이 헐거워져 누설의 우려가 크다). 회전이음 또는 지블이음이라 불린다.

참고

① 고압 강관 배관에서는 10~20 m마다 1개씩, 저압 강관 배관에서는 30 m마다 1개씩 신축이음 장치를 설치한다(단, 동관 및 PVC 관은 20 m 마다 1개씩 설치한다).
② 신축 허용길이가 큰 순서는 만곡관형 → 슬리브형 → 벨로스형 → 스위블형 순이다.
③ 신축이음의 종류 중 열응력을 제일 적게 받는 것은 벨로스형(bellows type)이다.
④ 만곡관형에서 조인트 곡률 반경은 관지름의 6배 이상으로 해야 한다.

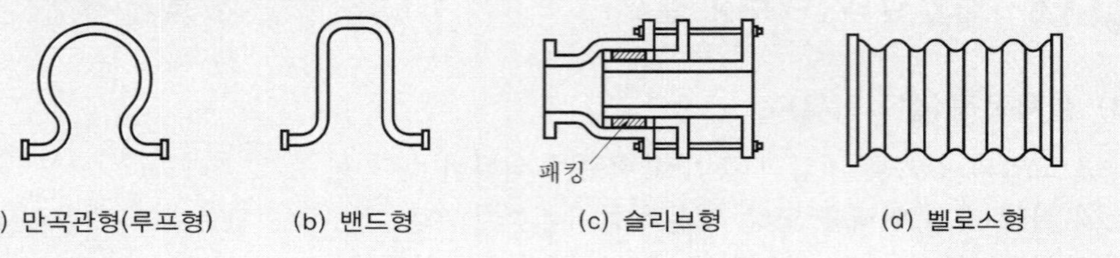

(a) 만곡관형(루프형) (b) 밴드형 (c) 슬리브형 (d) 벨로스형

⑤ **플렉시블 신축이음 :** 펌프 입구 및 출구에 사용 (진동이 큰 곳에 사용)

⑥ **볼 조인트 :** 설치 공간이 적고 평면형 및 입체형에서도 신축강도가 좋다.

3-8 증기 트랩

증기 트랩(steam trap)은 증기 배관 내의 공기 및 응축수를 제거하여 증기의 잠열을 최대한 이용할 수 있도록 하고 수격작용(water hammer)을 방지하는 역할을 한다.

(1) 증기 트랩의 구비조건

① 내구력이 있을 것(마모나 부식에 견딜 것)
② 마찰저항이 적을 것
③ 동작이 확실할 것(압력 및 유량이 소정 내에서 변화해도)
④ 공기를 뺄 수 있을 것
⑤ 응축수를 연속으로 배출할 수 있을 것
⑥ 워터해머에 강할 것

(2) 증기 트랩 설치 시 주의사항

① 트랩 앞에 여과기를 설치할 것
② 바이패스 라인(bypass line)을 설치할 것
③ 설비와 트랩의 거리를 짧게 할 것
④ 설비의 배수위치보다 낮게 설치할 것
⑤ 파이프 관지름을 적정하게 하고 가능한 한 곡선부를 줄일 것
⑥ 응축수 배출점마다 각각 트랩을 설치해야 하며, 그룹 트래킹은 해서는 안 된다.

(3) 증기 트랩 부착 시 얻을 수 있는 이점

① 관내 워터해머를 방지할 수 있다.
② 응축수로 인한 설비의 부식을 방지할 수 있다.
③ 관내 유체의 마찰저항을 감소시키며 열설비의 효율 저하를 방지할 수 있다.

(4) 작동 원리에 따른 증기 트랩의 종류

작동 원리에 따른 종류	작 동 원 리	구조상에 따른 종류
기계식 트랩 (mechanical trap)	증기와 응축수와의 비중차를 이용 (플로트 또는 버킷의 부력을 이용)	상향 버킷식 하향 버킷식 레버 플로트식 자유(free) 플로트식
온도조절식 트랩 (trermostatic trap)	증기와 응축수와의 온도차를 이용 (금속의 신축을 이용)	바이메탈식 벨로스식
열역학식 트랩 (thermodynamic trap)	열역학적 특성을 이용한 것이며 증기와 응축수와의 속도 차이 즉, 운동에너지 차이에 의해 작동한다.	오리피스식 디스크식(=충격식)

(5) 증기 트랩의 고장 탐지 방법

① 냉각 가열상태로 판단한다.
② 작동음으로 판단한다.
③ 청진기로 판단한다.

참고

① 열동식 트랩은 증기 방열기에 사용되는 트랩이며 벨로스의 신축을 이용한 것으로 일명 실로폰 트랩이라고도 한다.
② 정온 트랩(thermostatic trap)은 온도조절식 트랩을 가리키며, 금속의 열팽창 원리를 이용한 것으로 바이메탈식 트랩과 벨로스식 트랩이 있다.
③ 트랩의 배압 허용도 $= \dfrac{\text{트랩의 최대 허용배압}(\mathrm{kg/cm^2})}{\text{트랩 입구압}(\mathrm{kg/cm^2})} \times 100\%$
④ 증기 트랩 선정 시 필요조건은 증기압력, 증기온도, 응축수의 양, 제반 설치조건이다.

3-9 스팀 어큐뮬레이터

스팀 어큐뮬레이터(steam accumulator, 증기축열기)는 저부하 시에 잉여증기를 일시 저장하였다가 과부하 시에 증기를 방출하여 증기 부족을 보충시키는 장치이며, 송기 계통에 설치하는 변압식과 급수 계통에 설치하는 정압식이 있다.

참고

증기를 저장하는 매체는 물이다.

3-10 플래시 탱크

탱크 외부로부터 탱크 내부보다 높은 압력 또는 온수보다 높은 열수를 받아들여 증기를 발생하는 제2종 압력용기이다. 고압의 응축수를 감압시켜 저압의 증기로 만든다.

4. 열교환(폐열회수) 장치

폐열(여열) 회수장치란 고온의 연소가스가 보유하는 폐열(여열)을 이용하여 보일러 효율을 향상시키는 특수 부속장치로서 설치 순서에 따라 과열기, 재열기, 절탄기(economizer), 공기예열기가 있다.

4-1 과열기

보일러에서 발생한 고도의 질 습포화증기를 압력은 일정하게 유지하면서 온도만을 높여 과열증기로 바꾸어주는 장치이다(고압, 대용량, 동력용 보일러에서 사용).

(1) 과열기(super heater) 설치 시 얻어지는 장·단점

① 장점

(가) 장치 내 응결수(drain)에 따른 수격작용(water hammer)을 방지할 수 있고 부식을 경감시킬 수 있다.

(나) 관로의 마찰저항을 감소시키며 열손실을 줄일 수 있다.

(다) 같은 압력의 포화증기에 비해 보유열량이 많은 증기를 얻을 수 있고 열효율을 높일 수 있다.

② 단점

(가) 과열기 표면에 고온부식이 발생하기 쉽다.

(나) 연소가스 흐름에 의한 마찰저항을 일으켜 통풍력을 약화시킬 수 있다.

(다) 청소, 검사, 보수가 불편하다.

참고

과열증기 사용 시 단점

① 제품에 손상을 줄 우려가 있다.
② 가열 표면온도를 일정하게 유지하기 어렵다.
③ 과열기 재질에 열응력을 일으키기 쉽다.

(2) 과열기의 종류

① 전열방식에 따른 과열기의 종류(설치장소에 따른 과열기)

(가) 접촉(대류) 과열기 : 연소가스의 대류열을 이용한 것(연도에 설치)

(나) 복사 과열기 : 연소실 측벽에 설치하여 복사열을 이용한 것

(다) 복사 접촉(복사 대류) 과열기 : 복사열과 대류열을 동시에 이용한 것

② 열가스(연소가스)의 흐름방향에 따른 과열기의 종류

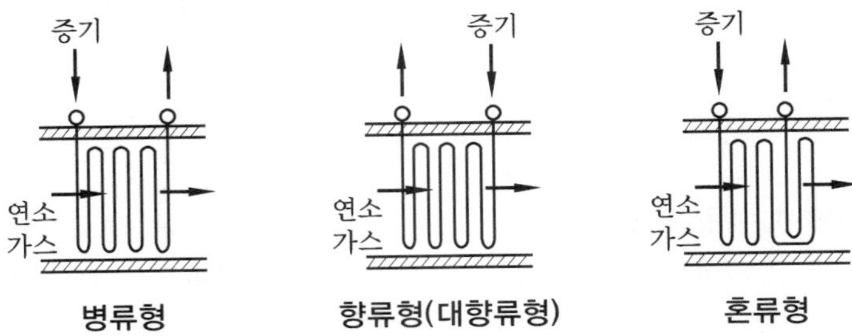

(가) 병류형(병류식) : 연소가스와 과열기 내 증기의 흐름방향과 같으며 가스에 의한 소손(부식)은 적으나 열의 이용도가 낮다.

(나) 향류형(향류식) : 연소가스와 과열기 내 증기의 흐름방향이 반대이며 열의 이용도는 좋으나 가스에 의한 소손이 크다.

(다) 혼류형(혼류식) : 병류형과 향류형을 조합한 것이며 열의 이용도가 양호하고 가스에 의한 소손도 적다.

참고

(1) 과열기 재료에 따른 사용온도
① 탄소강관 : 약 450℃ 이하
② 몰리브덴강 : 약 600℃ 이상

(2) 가열방식에 따라
① 직접 가열식 : 별도의 연소장치를 설치
② 간접 가열식 : 연도에 설치 (주로 사용)

(3) 과열증기 온도 조절방법

① 과열 저감기를 사용한다.
② 과열기를 통과하는 연소가스의 양을 댐퍼(damper)로 조절한다.
③ 연소실 내의 화염의 위치를 바꾼다.
④ 절탄기 출구 측 저온의 가스를 재순환시킨다.
⑤ 과열기 전용 화로를 설치한다.
⑥ 과열증기에 습증기를 분무한다.

참고

과열 저감기란 과열기 속에 냉수를 분사시키거나 과열증기 일부를 급수와 열교환시키는 장치이다.

(4) 폐열 회수장치에서의 피해

① 폐열 회수장치 중 고온부식이 가장 많이 일어날 수 있는 장치는 과열기이며 그 다음이 재열기이다(고온부식을 일으키는 성분은 연료 중의 바나듐(V)이다).
② 폐열 회수장치 중 저온부식이 가장 많이 일어날 수 있는 장치는 공기예열기이며 그 다음이 절탄기이다(저온부식을 일으키는 성분은 연료 중의 황(S)이다).

4-2 재열기

고압(1차) 터빈에서 팽창을 끝낸 포화상태에 가까워진 증기를 연소가스의 폐열(여열)을 이용하여 재차 열을 가하여 과열증기로 만들어 저압(2차) 터빈으로 보내어 나머지 일을 시키는 데 사용된다. 재열기(reheater)는 열원에 따라 열가스재열기와 증기재열기로 나뉜다.

4-3 절탄기

절탄기(節炭器, economizer, 급수예열기＝급수가열기)란 연소가스의 폐열(여열)을 이용하여 보일러 급수를 예열시키는 장치이다.

(1) 절탄기의 종류

① **주철관형 절탄기 :** 내식성이 좋으며 저압에 사용(공급 물의 온도 : 50℃ 이상)

② **강철관형 절탄기 :** 내식성이 나쁘며 고압에 사용(공급 물의 온도 : 70℃ 이상)

참고

급수 가열도에 따라 증발식과 비증발식(주로 사용)이 있다.

(2) 절탄기 설치 시 장·단점

① 장점

(가) 급수를 예열하여 공급함으로써 연료소비량을 감소시킬 수 있다.

(나) 보일러 증발량이 증대하여 열효율을 높일 수 있다.

(다) 보일러수와 급수와의 온도차를 줄임으로써 보일러 동체의 열응력을 경감시킬 수 있다.

(라) 급수 중 불순물의 일부가 제거된다.

② 단점

(가) 저온부식을 일으키기 쉽다.

(나) 연소가스 흐름에 의한 마찰저항을 일으켜 통풍력을 약화시킬 수 있다.

(다) 청소, 검사, 보수가 불편하다.

(3) 절탄기 설치 사용 시 주의사항

① 절탄기 출구 측 연소가스 온도를 443 K 이상 유지시킨다(저온부식 방지).

② 절탄기 내 물의 유동상태를 감시한다(절탄기 과열방지).

③ 절탄기에 공급되는 급수 속에 공기 및 불응축가스를 제거한 후 공급한다(가스부식 방지).

④ 절탄기로 공급되는 급수온도와 연소가스의 온도차를 작게 한다(열응력 방지).

⑤ 절탄기의 급수 예열온도는 포화온도 이하로 한다.

4-4 공기예열기

연도로 흐르는 연소가스의 폐열(여열)을 이용하여 연소실에 공급되는 연소용 공기(2차 공기)를 예열시키는 장치로서 연도 끝 부분에 설치한다.

참고

① 1차 공기란 연료의 무화용 공기이다.

② 2차 공기란 연료의 연소용 공기이다.

(1) 공기예열기(air preheater)의 종류 (일반적인 종류)

① 전열식 공기예열기는 연소가스의 열을 열교환기 형식으로 공기를 예열하는 장치이며 관형 공기예열기와 판형 공기예열기가 있다.

② 증기식 공기예열기는 가스 대신에 증기로 공기를 가열하는 형식이며 부식의 우려가 적다.

③ 재생식 공기예열기를 축열식이라고도 하며, 가스와 공기를 번갈아 금속판에 접촉하도록 하여 가스 통과 쪽 금속판에 열을 축적하여 공기 통과 쪽 금속판으로 이동시켜 공기를 예열하는 방식이다. 전열요소의 운동에 따라 회전식, 고정식, 이동식이 있으며, 대표적으로 회전식인 융스트룀(Ljungström) 공기예열기가 있다.

참고

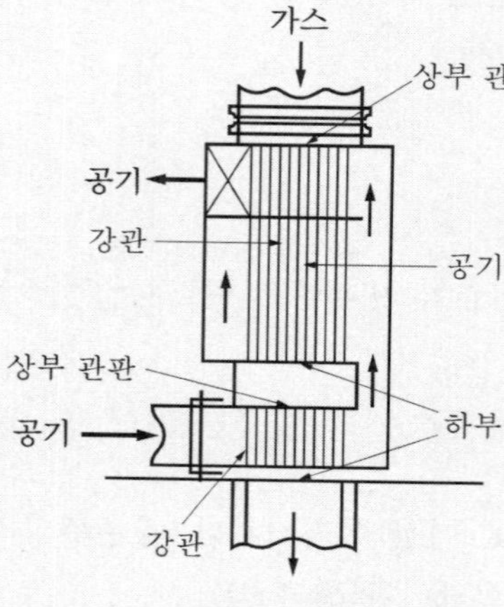

관형 공기예열기

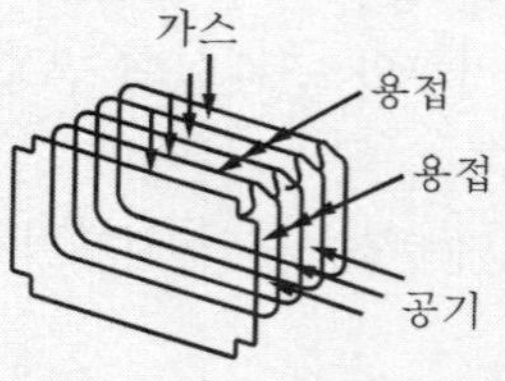

판형 공기예열기

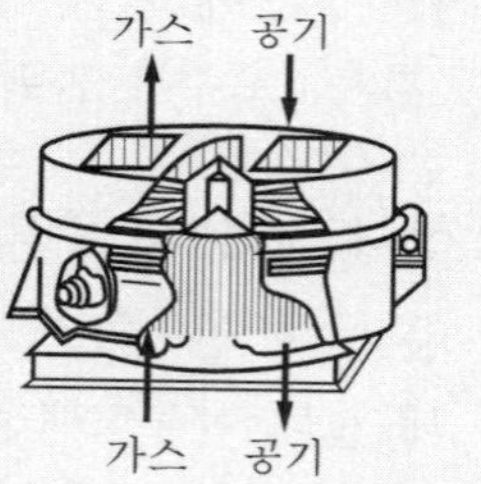

융스트룀 공기예열기

① 관형 공기예열기는 관의 재료로 연강을 사용하며 두께는 2~4 mm, 길이는 3~10 mm이고 판과 판 사이의 간격은 15~40 mm, 1 m^3 당 전열면적은 15 m^2 정도이다.

② 재생식 공기예열기는 다수의 금속판을 조합한 전열요소에 가스와 공기를 서로 교대로 접촉시켜 전열하는 방식으로 축열식(畜熱式)이라고 하는데, 여기에는 일반 대형 보일러에 널리 사용되는 융스트룀 공기예열기가 있으며 단위면적당 전열량이 전열식에 비해 2~4배 정도 크고 소형이며 재가 적은 중유의 연소에 적합하다.

(2) 전열방법에 따른 공기예열기의 분류

① 전도식　　② 재생식　　③ 히터 파이프식

(3) 전열요소의 운동에 따른 재생식 (축열식) 공기예열기의 종류

① **회전식** : 전열 소재를 넣은 장치가 그 축 주변에서 회전한다.

② **고정식** : 전열 소재를 넣은 장치가 고정되고 배기가스 및 공기 통로가 이동한다.

③ **이동식** : 전열 소재가 띠 모양으로 연속 이동한다.

(4) 공기예열기 설치 사용 시의 장·단점

① **장점**

㈎ 연소효율을 높일 수 있다.

㈏ 작은 공기비로 연료를 완전연소시킬 수 있다(과잉공기량을 줄일 수 있다).

㈐ 노내 온도를 고온으로 유지시키며 질이 낮은 연료의 연소에도 유효하다.

② **단점**

㈎ 저온부식을 일으키기 쉽다.

㈏ 연소가스 흐름에 의한 마찰저항을 일으켜 통풍력을 약화시킬 수 있다.

㈐ 청소, 검사, 보수가 불편하다.

(5) 공기예열기 설치 사용 시 주의사항

① 저온부식을 방지하기 위하여 공기예열기 출구 측 연소가스온도를 423 K 이상으로 할 것

② 공기예열기 과열을 방지하기 위하여 공기예열기 입구 측 연소가스온도를 773 K 이하로 유지할 것

③ 점화 초기 및 저부하 운전 시에는 부연도를 사용할 것

④ 전열면에 부착한 그을음(shoot)을 자주 제거할 것

⑤ 회전식 공기예열기는 보일러 점화 전에 회전시켜 과열을 방지할 것

참고

보일러에 절탄기와 공기예열기를 설치할 경우 절탄기를 연소실 가까운 곳에 설치한다. 연소가스와 절탄기 내의 물과 공기예열기 내의 공기와의 열전달계수를 비교하면 공기보다 물이 훨씬 크므로 관벽온도는 절탄기 내의 물 쪽이 낮게 되니까 산소점 이하로 되어 부식의 우려가 크며, 공기와 물의 비중량을 비교하면 공기의 비중량이 적어서 배관 지름이 커야 한다. 따라서, 관표면으로 방사열손실이 크므로 공기예열기를 저온 쪽에 설치하고 절탄기를 연소실 가까운 고온 쪽에 설치하는 것이 유리하다.

4-5 열교환기

(1) 열교환기(heat exchanger)의 종류

① **2중관식 열교환기** : 2중관식 열교환기는 구조가 간단하며, 고압에 적당하다. 확관부가 없으므로 고장이 적고 제작이 용이하고, 전열면적이 10 ~ 15 m^2 이하인 소용량의 것에 많이 사용된다.

② **다관식(셸 앤 튜브식) 열교환기** : 다관식 열교환기에는 고정관판식, 유동두식, U자관식이 있다.

③ **콤팩터 열교환기 :** 콤팩터 열교환기에는 플레이트판형, 플레이트식, 소용돌이식, 코일식이 있다.

(2) 열교환기의 효율을 향상시키는 방법

① 유체의 흐름 방향을 향류로 할 것
② 두 유체의 온도차를 크게 할 것
③ 유체의 유동길이를 짧게 할 것
④ 유체의 유속을 가능한 한 빠르게 할 것
⑤ 열전도율이 좋은 재료를 사용할 것

5. 급수장치

보일러 급수장치에는 급수 탱크(응축수 탱크), 급수 배관, 급수내관, 급수펌프, 인젝터(injector), 환원기(return tank), 급수정지밸브, 급수체크밸브 등이 있다.

5-1 급수장치의 개요

(1) 급수장치의 설치

급수장치를 필요로 하는 보일러에는 다음의 조건을 만족시키는 주펌프(인젝터 포함) 세트 및 보조펌프 세트를 갖춘 급수장치가 있어야 한다(단, 전열면적 12 m^2 이하의 보일러, 전열면적 14 m^2 이하의 가스용 온수 보일러 및 전열면적 100 m^2 이하의 관류 보일러에는 보조펌프를 생략할 수 있다).

① 주펌프 세트 및 보조펌프 세트는 보일러의 상용압력에서 정상 가동상태에 필요한 물을 각각 단독으로 급수할 수 있어야 한다(단, 보조펌프 세트의 용량은 주펌프 세트가 2개 이상의 펌프를 조합한 것일 때에는 보일러의 정상상태에서 필요한 물의 25 % 이상이면서 주펌프 세트 중 최대 펌프 용량 이상으로 할 수 있다).
② 주펌프 세트는 동력으로 운전하는 급수펌프 또는 인젝터이어야 한다(단, 보일러의 최고사용압력이 0.25 MPa 미만으로 화격자면적이 0.6 m^2 이하인 경우, 전열면적이 12 m^2 이하인 경우 및 상용압력 이상의 수압에서 급수할 수 있는 급수 탱크 또는 수원을 급수장치로 하는 경우에는 예외로 할 수 있다).
③ 보일러 급수가 멎는 경우 즉시 연료(열)의 공급이 차단되지 않거나 과열될 염려가 있는 보일러에는 인젝터를 설치하여야 한다.
④ 1개의 급수장치로 2개 이상의 보일러에 물을 공급할 경우 이들 보일러를 1개의 보일러로 간주하여 적용한다.

(2) 급수밸브와 급수체크밸브

급수장치의 급수관에는 보일러에 인접하여 급수밸브와 이에 가까이 체크밸브를 설치해야 하며, 최고사용압력이 0.1 MPa 미만의 보일러에서는 체크밸브를 생략할 수 있다.

참고

체크밸브(역지변) : 유체의 역류를 방지해 주는 밸브로서 수직 및 수평 배관 모두에 사용할 수 있는 스윙식과 수평 배관에서만 사용할 수 있는 리프트식이 있다.

(3) 급수밸브와 급수체크밸브의 크기

급수밸브와 급수체크밸브의 크기는 20 A 이상이어야 한다 (단, 전열면적이 10 m^2 이하인 경우에는 15 A 이상으로 할 수 있다).

(4) 펌프에서 발생할 수 있는 이상현상

① 공동현상(캐비테이션 : cavitation)
② 맥동현상(서징 : surging)
③ 수격작용현상(워터해머 : water hammer)

5-2 급수장치의 종류

(1) 급수펌프

① 급수펌프의 구비조건

(가) 작동이 확실하고 조작이 간단할 것
(나) 고온, 고압에도 충분히 견딜 것
(다) 보일러 부하변동에도 대응할 수 있을 것
(라) 펌프의 효율성이 좋을 것
(마) 병렬 설치 시 운전에 지장이 없고 회전식은 고속운전에서도 안전할 것
(바) 저부하에서도 운전 효율이 좋을 것
(사) 소형이며 경량일 것

② 급수펌프의 종류

(가) 원심펌프 : 임펠러(impeller)의 원심력을 이용한 펌프이며 프라이밍을 해 주어야 하는 단점이 있으며 임펠러에 안내 깃(guide vane)이 없는 벌류트(volute) 펌프와 임펠러에 안내 깃을 부착하여 수압을 높게 한 터빈(turbine) 펌프가 있다.

(나) 왕복동식 펌프(reciprocating pump) : 피스톤과 플런저의 왕복운동에 의한 것이며, 피스톤 펌프, 플런저 펌프, 다이어프램 펌프가 있다.

참고

① 프라이밍 작업이란 케이싱 내에 액을 채워 공회전을 방지하는 작업을 말하며, 특히 벌류트 펌프는 프라이밍 작업을 필요로 하는 결점이 있다.
② 터빈 펌프는 임펠러가 1개 있는 단식 터빈 펌프(stage turbine pump)와 임펠러가 2개 이상 들어있는 다단식 터빈 펌프(multistage turbine pump)로 분류된다.

참고

(1) 원심식(회전식) 펌프 종류 및 특징

① 벌류트 펌프
- 안내 깃(guide vane)이 없다.
- 저압 · 저양정용이다.

② 터빈 펌프
- 안내 깃(guide vane)이 있다.
- 중 · 고압 및 고양정용이다.

(2) 왕복동식 펌프 종류 및 특징

① 피스톤 펌프 : 유량이 많고 압력이 낮은 경우에 사용한다.

② 플런저 펌프
- 증기압을 이용하지 않고 전동기를 사용하여 플런저가 크랭크축의 회전에 의해 급수가 된다.
- 유량이 적고 압력이 높은 경우에 사용한다.
- 고점도 액체 수송용으로 사용한다.
- 유체의 흐름에 맥동을 일으킨다.

③ 다이어프램 펌프 : 특수 약액, 불순물이 많은 유체를 이동하는데 사용한다.

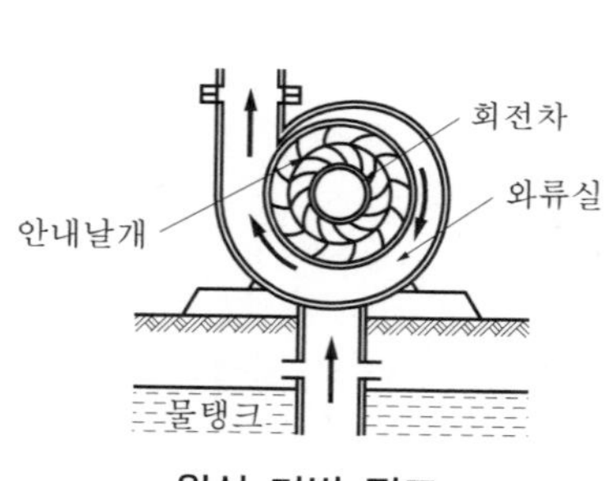

원심 터빈 펌프

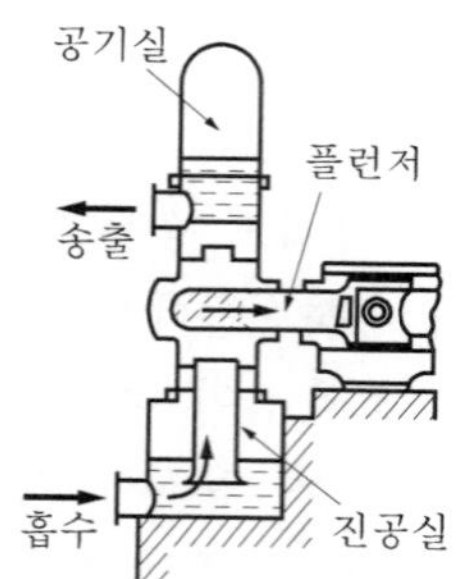

플런저 펌프

③ 펌프의 마력(hp) 및 동력(kW)을 구하는 식

(가) $hp = \dfrac{rQH}{75 \times \eta}$ (나) $kW = \dfrac{rQH}{102 \times \eta}$

여기서, r : 유체의 비중량(kg/m^3) (물의 비중량=1000 kg/m^3)
Q : 송수량(m^3/s) η : 펌프의 효율
H : 전양정(m) (전양정=실양정+손실수두=흡입양정+토출양정)
1 hp : 75 kg · m/s, 1 kW : 102 kg · m/s

참고

대기압 하에서 펌프의 최대 흡입양정은 이론상으로 10 m 정도이다.

(2) 인젝터(injector)

인젝터의 동력은 증기이다(증기의 분사력을 이용하며 보일러 보조급수장치로 사용).

① **인젝터의 작동 원리 :** 인젝터 내부는 증기 노즐, 혼합 노즐, 배출(토출) 노즐로 구성되어 있다. 증기 노즐에서 열에너지를 갖는 증기가 혼합 노즐에서 물과 인젝터 본체에 열을 빼앗기며, 이때 증기의 체적 감소로 부압이 형성되어 속도(운동)에너지가 생겨 물이 빨려 인젝터 내부로 들어오고 다시 배출(토출) 노즐에서 물과 증기가 압력에너지로 변환되어 급수가 된다.

참고

① 증기 노즐, ② 혼합 노즐, ③ 토출(배출) 노즐

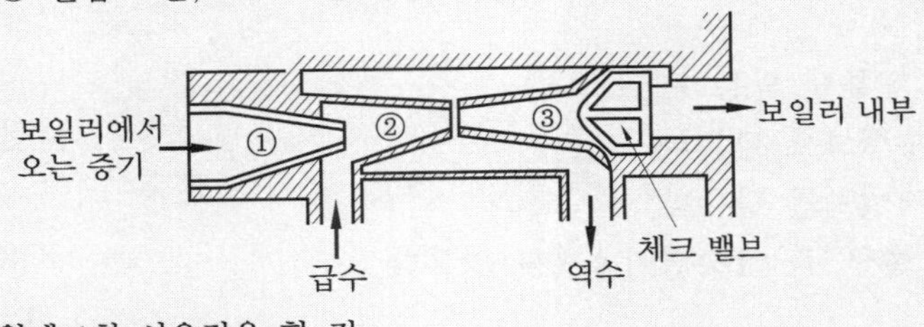

※ 인젝터는 1개월에 1회 시운전을 할 것

② **인젝터의 장·단점**

㈎ 장점

㉮ 소형이며 구조가 간단하다.

㉯ 설치장소를 적게 차지한다.

㉰ 증기는 필요하나 별도의 동력이 필요없다.

㉱ 취급이 간단하고 급수를 예열시켜 공급한다.

㈏ 단점

㉮ 급수효율이 매우 낮다(40~50 % 정도)

㉯ 인젝터 본체가 과열되면 작동이 불가능하다.

㉰ 급수온도가 높으면 작동이 불가능하다.

㉱ 증기압력이 너무 높거나 낮아지면 작동이 불가능하다.

㉲ 급수에 이물질로 노즐이 막히기 쉽다.

③ **인젝터 작동 불량(고장)의 원인**

㈎ 급수온도가 너무 높을 때(323 K 이상)

㈏ 증기압력이 너무 낮거나(0.2 MPa 이하), 너무 높을 때(1 MPa 이상)

㈐ 인젝터 자체가 과열되었을 때

㈑ 관 또는 밸브로부터 공기가 누입되었을 때
㈒ 내부 노즐에 이물질이 부착하였거나 노즐이 확대되었을 때
㈓ 체크밸브가 고장일 때
㈔ 증기에 수분이 많이 포함되었을 때

참고

인젝터의 종류 : 메트로폴리탄형, 그레셤형

④ 인젝터의 작동순서

㈎ 여는 순서
㉮ 인젝터 출구 측 급수정지밸브를 연다.
㉯ 급수흡수밸브를 연다.
㉰ 증기정지밸브를 연다.
㉱ 인젝터 핸들을 연다.

㈏ 닫는 순서
㉮ 인젝터 핸들을 닫는다.
㉯ 급수흡수밸브를 닫는다.
㉰ 증기정지밸브를 닫는다.
㉱ 인젝터 출구 측 급수정지밸브를 닫는다.

(3) 환원기 (return tank)

일종의 급수 헤드 탱크로서 보일러보다 1 m 높게 설치하여 수두압과 보일러 증기압을 이용한 급수장치이다(거의 사용하지 않는다).

5-3 급수내관

보일러 급수 시 동판의 국부적 냉각으로 부동팽창의 영향을 줄이기 위하여 구경 약 38~75 mm 정도의 관에 좌우로 구멍을 뚫고 그 구멍으로 보일러 드럼 내에 분포시키며, 보일러 안전 저수위보다 50 mm(5 cm) 아래에 설치한다.

참고

(1) 급수내관 설치 시 이점
① 보일러 드럼의 부동팽창의 영향을 줄일 수 있다.
② 급수를 산포시켜 물의 순환을 좋게 한다.
③ 급수를 예열시켜 공급할 수 있다.

(2) 급수내관(feed water injection pipe) 설치위치가 높으면 캐리오버 및 워터해머 현상을 일으키기 쉽고 낮으면 동(드럼) 저부 냉각 및 물의 순환을 불량하게 한다.

6. 기타 부속 장치

6-1 분출장치

보일러수(水)의 농축을 방지하여 물의 순환을 좋게 하고 스케일 생성을 방지해 주는 수저 분출장치와 유지분, 부유물을 제거하여 포밍, 프라이밍을 방지해 주는 수면 분출장치(blow off attachment)가 있다.

(1) 분출장치의 종류 (설치장소에 따라)

① **수면 분출장치 :** 수면에 떠 있는 유지분, 먼지 등의 부유성 물질을 제거한다(부착위치 : 정상수위보다 1.27 cm 낮게 설치). → 수면 분출장치는 연속 분출장치이다.

② **수저 분출장치 :** 동 저면에 있는 스케일이나 침전물, 농축된 물 등을 밖으로 분출하여 제거한다(동 밑부분에 부착). → 수저 분출장치는 단속 분출장치이다.

(2) 분출의 목적

① 포밍, 프라이밍을 방지하기 위하여
② 스케일 고착 및 슬러지 생성을 방지하기 위하여
③ 보일러수의 pH (수소이온농도지수)를 조절하기 위하여
④ 불순물로 인한 보일러수의 농축을 방지하고 물의 순환을 양호하게 하기 위하여
⑤ 고수위를 방지하기 위하여
⑥ 보일러 세관 후 폐액을 배출시키기 위하여

(3) 분출 시기

① 포밍, 프라이밍 현상을 일으킬 때
② 야간에 쉬는 보일러는 매일 아침 가동 전
③ 주야 연속 사용하는 보일러인 경우에는 부하가 가장 가벼울 때
④ 고수위일 때
⑤ 보일러수가 정지해서 불순물이 침전하였을 때

(4) 분출 시 유의 사항

① 1회 분출량이 아무리 많아도 안전 저수위 이하로 분출시키지 말 것
② 2인 1조가 되어 분출 작업을 할 것
③ 2대의 보일러를 동시에 분출시키지 말 것

(5) 분출방법

① 밸브 및 콕은 신속히 열 것
② 분출량은 농도 측정에 의하여 결정할 것

참고

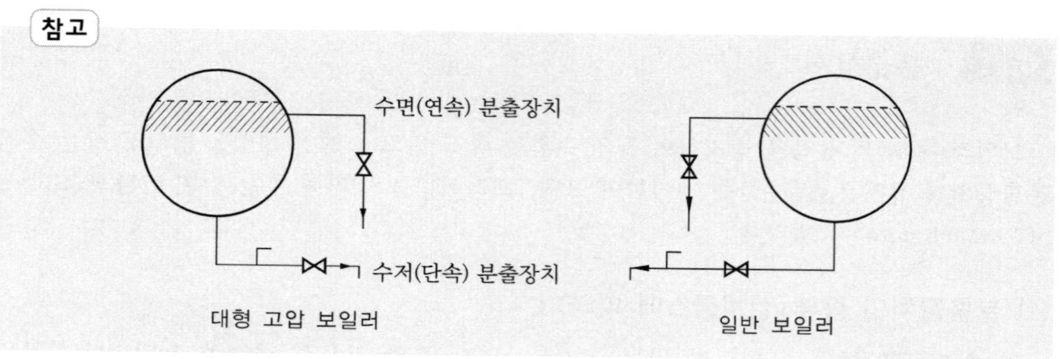

(6) 분출밸브 및 분출콕의 조작 순서

대형 고압 보일러의 분출장치 설치에서 동 가까이에 분출콕, 그 다음에 분출밸브를 설치한다.

① **여는 순서 :** 콕을 먼저 열고 다음에 밸브를 연다(밸브가 분출량 조절이 용이하므로).
② **닫는 순서 :** 밸브를 먼저 닫고 다음에 콕을 닫는다.(단, 일반 보일러에서는 콕을 먼저 닫고 다음에 밸브를 닫는다.)

(7) 분출밸브의 크기 및 개수

① 보일러에서는 적어도 밑에 분출관과 분출밸브 또는 분출콕을 설치(단, 관류 보일러는 제외)한다.
② 분출밸브의 크기는 25 A 이상이어야 한다(25 A 이상 ~ 65 A 이하)(단, 전열면적이 10 m^2 이하인 경우에는 20 A 이상으로 할 수 있다).
③ 최고사용압력 0.7 MPa 이상의 보일러의 분출관에는 분출밸브 2개나 분출밸브와 분출콕을 직렬로 설치(단, 차량용 및 이동식의 보일러에서는 제외)한다.

(8) 분출밸브의 모양과 강도

분출밸브는 스케일, 그 밖의 침전물이 퇴적되지 않는 구조의 것으로 보일러의 최고사용압력의 1.25배 또는 보일러의 최고사용압력에 1.5 MPa을 더한 압력 중 작은 쪽의 압력에 견디고 어떠한 경우에도 0.7 MPa 이상의 압력에 견디는 것이어야 한다.

주철제의 것은 최고사용압력 1.3 MPa 이하, 흑심 가단 주철제의 것은 1.9 MPa 이하의 보일러에 사용할 수 있다. 분출콕은 글랜드(gland)를 갖는 것이어야 한다.

(9) 분출률 및 분출량 계산식

보일러 관수의 허용농도 r[ppm], 급수의 허용농도 d[ppm], 1일 급수량 W[L/d] 응축수 회수율 $R = \dfrac{\text{응축수 회수량}}{\text{실제증발량}} \times 100\,\%$ 일 때,

① 분출률 $= \dfrac{d}{r - d} \times 100\,\%$

② 분출량 $= \dfrac{W(1 - R)d}{r - d}$ [L/d]

참고

① 실제증발량(L/h)은 급수량(L/h)으로 산정한다.
② 위의 공식에서 W를 m^3/d로 하면 분출량의 단위도 m^3/d가 된다.

예제 어느 보일러의 1일 급수량이 7000 L이고, 급수 중의 고형분이 50 ppm이며, 보일러수의 허용고형분이 450 ppm일 때 1일 분출량(L)은?

해설 $\dfrac{7000 \times 50}{450 - 50} = 875$ L

6-2 수트 블로어 장치

보일러 전열면 외부나 수관 주위에 부착해 있는 그을음이나 재를 불어 제거시키는 장치이며 증기나 압축공기가 주로 사용된다. 압축공기식이 편리하지만 설비비, 운전비 면에서 증기분사식이 유리하다.

참고

① 수트(soot : 그을음) : 1~20 μm의 유리 탄소 즉, 미연의 탄소 미립자이다.
② 수트 블로어(soot blower)의 분사 형식에는 증기 분사식, 공기 분사식, 물 분사식이 있다.

(1) 수트 블로어(매연 분출 장치)의 종류

① **롱 레트랙터블형(장발형)** : 긴 분사관에는 보통 그 선단부 근처에 2개의 노즐을 마주보는 방향으로 설치하고 그 분사관을 사용 시에 연소가스 통로 내에 진입시키는 것과 함께 회전을 주며 동시에 증기 또는 공기를 분사시켜 이물질을 제거한다. 보일러 고온부인 과열기나 수관 등의 고온의 열가스 통로 부분에 사용한다.

② **쇼트 레트랙터블형(단발형)** : 분사관이 짧으며 1개의 노즐을 설치하여 연소실 노벽에 부착되어 있는 이물질을 제거한다.

③ **건형(건타입형)** : 보일러 노벽 부분에 타고 남은 찌꺼기를 제거하는 데 주로 사용하며

짧은 분사관을 가지고 있으며 분사관이 전·후진하고 회전을 하지 않는 형식이다. 미분탄 및 폐열 보일러 같은 연재가 많은 보일러에 사용한다.

④ **정치 회전형(로터리형=회전형) :** 절탄기나 공기예열기, 보일러 저온 전열면 등에 많이 사용되는 정치 회전식이다. 분사관을 정위치에 고정시키고 많은 노즐을 내부에 설치하여 관을 회전시켜 처리하는 장치이다.

⑤ **공기예열기 클리너형 :** 자동식과 수동식이 있으며, 긴 연통관 끝에 분사관이 장치되어 예열관 내에 직각으로 증기를 뿜어 처리하는 장치이며 관형 공기예열기용에 사용되는 특수형이다.

(2) 수트 블로어(그을음 제거기) 사용 시 주의사항

① 댐퍼를 완전히 열고 통풍력을 크게 한다.
② 작업하기 전에는 반드시 드레인을 행한다.
③ 한 장소에 오래 불지 않도록 한다.
④ 가능한 한 건조한 증기를 사용한다.
⑤ 보일러 부하가 50% 이하일 때는 사용을 금한다.

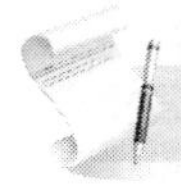

예·상·문·제

1. 보일러 부속장치가 아닌 것은?

㉮ 공기장치 ㉯ 여열장치
㉰ 급수장치 ㉱ 분출장치

해설 열교환(여열회수)장치, 급수장치, 분출장치, 송기장치, 지시기구장치, 안전장치 등이 있다.

2. 보일러 안전장치의 종류가 아닌 것은?

㉮ 고·저수위 경보기
㉯ 안전밸브
㉰ 가용마개
㉱ 드레인 콕

해설 안전장치의 종류
① 안전밸브
② 전자밸브(솔레노이드 밸브, 긴급연료 차단밸브)
③ 압력차단기(압력제한기, 압력차단 스위치)
④ 화염검출기
⑤ 고·저수위 경보기(수위검출기)
⑥ 가용마개(가용전, 용융마개)
⑦ 방폭문(폭발문)

3. 증기 보일러에는 특별한 경우를 제외하고 몇 개 이상의 안전밸브를 부착해야 하는가?

㉮ 2개 ㉯ 3개 ㉰ 4개 ㉱ 5개

해설 증기 보일러에는 25 A 이상의 안전밸브를 2개 이상 부착해야 한다(고장 시 대비).
참고 전열면적이 50 m^2 이하인 경우에는 1개 이상 부착할 수 있다.

4. 증기 보일러에는 2개 이상의 안전밸브를 설치해야 하는데 전열면적이 몇 m^2 이하이면 안전밸브를 1개 이상으로 해도 되는가?

㉮ 20 m^2 ㉯ 30 m^2
㉰ 40 m^2 ㉱ 50 m^2

5. 강철제 증기 보일러의 설치검사 기준상 안전밸브 작동시험을 하는 경우 안전밸브가 1개만 부착되어 있다면 그 분출압력은?

㉮ 최고사용압력의 1.03배
㉯ 최고사용압력 이하
㉰ 최고사용압력의 1.2배
㉱ 최고사용압력의 1.25배

해설 ① 1개만 설치된 경우 : 최고사용압력 이하에서 분출해야 한다.
② 2개가 설치된 경우 : 1개는 최고사용압력 이하에서, 나머지 1개는 최고사용압력의 1.03배 이하에서 분출해야 한다.

6. 다음 중 안전밸브의 종류가 아닌 것은?

㉮ 스프링식 ㉯ 추식
㉰ 지렛대식 ㉱ 다이어프램식

해설 안전밸브의 종류에는 스프링식(용수철식), 추식(중추식), 지렛대식(레버식)이 있다.
참고 감압밸브의 종류에는 스프링식, 추식, 다이어프램식이 있다.

7. 다음 중 스프링식 안전밸브의 종류가 아닌 것은?

㉮ 저양정식 ㉯ 고양정식
㉰ 중양정식 ㉱ 전양정식

해설 스프링식 안전밸브에는 저양정식, 고양정식, 전양정식, 전양식(가장 많이 사용)이 있다.

정답 1. ㉮ 2. ㉱ 3. ㉮ 4. ㉱ 5. ㉯ 6. ㉱ 7. ㉰

8. 일반적으로 보일러에 가장 많이 사용되는 안전밸브는 무엇인가?

㉮ 레버 안전밸브
㉯ 스프링 안전밸브
㉰ 추 안전밸브
㉱ 중추식 안전밸브

해설 스프링식을 기준으로 하며 가장 많이 사용된다.

9. 안전밸브의 누설원인으로 틀린 것은?

㉮ 밸브 시트에 이물질이 부착됨
㉯ 밸브를 미는 용수철 힘이 균일함
㉰ 밸브 시트의 연마면이 불량함
㉱ 밸브 용수철의 장력이 부족함

해설 밸브를 미는 용수철 힘이 불균일하면 증기가 누설된다.

10. 보일러 안전밸브가 작동할 수 있는 경우는 언제인가?

㉮ 스프링의 지나친 조임이나 하중이 과대한 경우
㉯ 밸브 시트 구경과 밸브 로드(rod)와의 사이의 간격이 좁아 열팽창 등에 의하여 밸브 로드가 밀착한 경우
㉰ 밸브 시트의 구경과 밸브 로드 사이의 간격이 커서 밸브 로드가 틀어져 고착된 경우
㉱ 밸브와 밸브 시트의 마찰이 나쁜 경우

11. 증기 보일러의 안전밸브에 관한 설명으로 틀린 것은?

㉮ 2개 이상 설치하는 것이 원칙이다.
㉯ 가능한 한 보일러의 동체에 직접 부착한다.
㉰ 호칭지름 15 A 이상의 크기로 한다.
㉱ 스프링 안전밸브를 주로 사용한다.

해설 증기 보일러에 부착하는 안전밸브는 특별한 경우를 제외하고는 25 A 이상이어야 한다.

12. 보일러 작동 중의 안전성, 증기압력, 급수량의 조절을 위하여 설치되는 부품과 관계가 없는 것은??

㉮ 안전밸브 ㉯ 압력계
㉰ 수면계 ㉱ 온도계

해설 온도계는 온도지시 기구장치이다.

13. 보일러 안전밸브 부착에 관한 설명으로 잘못된 것은?

㉮ 안전밸브 부착은 바이패스 회로를 적용한다.
㉯ 쉽게 검사할 수 있는 장소에 부착한다.
㉰ 밸브축을 수직으로 한다.
㉱ 가능한 한 보일러 동체에 직접 부착한다.

14. 증기 보일러에 부착하는 안전밸브는 25 A 이상이어야 하나 조건에 맞으면 20 A 이상으로 할 수 있다. 다음 중 20 A 이상으로 할 수 있는 조건이 아닌 것은?

㉮ 최고사용압력이 0.1 MPa(1 kgf/cm^2) 이하의 보일러
㉯ 최고사용압력이 0.5 MPa(5 kgf/cm^2) 이하이고 동체의 안지름이 500 mm 이하, 길이가 1000 mm 이하의 보일러
㉰ 최고사용압력이 0.5 MPa(5 kgf/cm^2) 이하이고 전열면적이 2 m^2 이하의 보일러
㉱ 최대증발량이 5 t/h 이하의 수관 보일러

해설 최대증발량이 5 t/h 이하의 관류 보일러와 소용량 보일러(최고사용압력이 0.35 MPa (3.5 kgf/cm^2) 이하이고 전열면적이 5 m^2 이하인 보일러)인 경우이다.

정답 8. ㉯ 9. ㉯ 10. ㉱ 11. ㉰ 12. ㉱ 13. ㉮ 14. ㉱

15. **강철제 또는 주철제 보일러의 설치 검사 시 안전밸브 작동시험을 한다. 안전밸브가 2개 이상 설치된 경우 1개는 최고사용압력 이하에서 작동해야 하고, 기타는 최고사용압력의 몇 배에서 작동해야 하는가?**

㉮ 0.93배 ㉯ 0.98배
㉰ 1.03배 ㉱ 1.06배

해설 2개 중 1개는 최고사용압력 이하에서 분출되어야 하고, 나머지 1개는 최고사용압력의 3%를 더한 압력을 초과해서는 안 된다. 또한 안전밸브가 1개 설치된 경우에는 최고사용압력 이하에서 작동해야 한다.

16. **안전밸브 및 압력방출장치의 크기를 호칭지름 20 A 이상으로 할 수 있는 보일러에 해당되지 않는 것은?**

㉮ 최대증발량 4 t/h인 관류 보일러
㉯ 소용량 주철제 보일러
㉰ 소용량 강철제 보일러
㉱ 최고사용압력이 1 MPa(10kgf/cm^2)인 강철제 보일러

해설 최고사용압력이 0.1 Mpa(1 kgf/cm^2) 이하인 보일러 경우이다.

17. **다음은 보일러에 부착하는 안전밸브에 대한 설명이다. 틀린 것은?**

㉮ 지렛대식 안전밸브는 추의 이동으로서 증기의 취출압력을 조정한다.
㉯ 스프링 안전밸브는 고압 대용량 보일러에 적합하다.
㉰ 스프링 안전밸브는 스프링의 신축으로 증기의 취출압력을 조절한다.
㉱ 안전밸브는 밸브축을 수평으로 부착하면 좋다.

해설 밸브축을 반드시 수직으로 부착해야 한다.

18. **다음 중 안전밸브의 누설 원인으로 잘못된 것은?**

㉮ 공작 불량으로 밸브와 밸브 시트가 맞지 않을 경우
㉯ 스프링의 불량으로 밸브가 닫히지 않을 경우
㉰ 밸브와 밸브 시트 사이에 불순물이 끼어 있을 때
㉱ 스프링의 탄성압이 너무 강할 때

해설 스프링의 탄성압이 너무 강하면 작동 불능의 원인이 된다.

19. **보일러 안전밸브의 분출면적은 고압일수록 저압일 때보다는 어떠해야 하는가?**

㉮ 좁아야 한다. ㉯ 넓어야 한다.
㉰ 일정하다. ㉱ 무관하다.

해설 안전밸브의 분출면적은 압력에 반비례하고 전열면적에 비례한다.

20. **온수 발생 보일러(액상식 열매체 보일러 포함)에는 안전밸브 또는 방출밸브를 몇 개 이상 부착해야 하는가?**

㉮ 1개 ㉯ 2개
㉰ 3개 ㉱ 4개

해설 최고사용 온수온도가 393 K(120℃) 이하인 경우에는 방출밸브를 1개 이상, 최고사용 온수온도가 393 K(120℃) 초과인 경우에는 안전밸브를 1개 이상 부착한다(크기는 20 A 이상).

21. **온도 393 K(120℃)를 초과하는 온수 발생 보일러의 안전밸브 크기는 호칭지름 몇 mm 이상이어야 하는가?**

㉮ 15 mm ㉯ 20 mm
㉰ 25 mm ㉱ 32 mm

정답 15. ㉰ 16. ㉱ 17. ㉱ 18. ㉱ 19. ㉮ 20. ㉮ 21. ㉯

22. 액상식 열매체 보일러 및 온도 393 K (120℃) 이하의 온수 발생 보일러에 설치하는 방출밸브의 지름은 몇 mm 이상으로 해야 하는가?

㉮ 10 mm ㉯ 20 mm
㉰ 25 mm ㉱ 30 mm

23. 열매체 보일러 및 사용온도가 393 K (120℃) 이상인 온수 발생 보일러에는 작동유체의 온도가 최고사용온도를 초과하지 않도록 무엇을 설치해야 하는가?

㉮ 온도 - 급수제어장치
㉯ 온도 - 압력제어장치
㉰ 온도 - 연소제어장치
㉱ 온도 - 수위제어장치

24. 전열면적이 10 m^2 이상 15 m^2 미만인 강철제 온수 발생 보일러 방출관의 안지름을 몇 mm 이상으로 해야 하는가?

㉮ 25 mm ㉯ 30 mm
㉰ 40 mm ㉱ 50 mm

해설

전열면적(m^2)	방출관의 안지름
10 미만	25 A 이상
10 이상~15 미만	30 A 이상
15 이상~20 미만	40 A 이상
20 이상	50 A 이상

참고 A는 mm, B는 인치(in)를 나타낸다.

25. 보일러 설치 기술규격(KBI)에서 온수보일러의 수위계 설치 시 수위계의 최고눈금은 보일러의 최고사용압력의 몇 배로 하여야 하는가?

㉮ 1배 이상 3배 이하
㉯ 3배 이상 4배 이하
㉰ 4배 이상 5배 이하
㉱ 5배 이상 6배 이하

해설 수위계의 최고 눈금은 보일러 최고사용압력의 1배 이상 3배 이하이며 압력계의 최고 눈금은 보일러 최고사용압력의 1.5배 이상 3배 이하이어야 한다.

26. 보일러 연소실 내에서 미연소가스 폭발 시 생성가스를 외부로 배출시켜 보일러 손상 및 안전사고를 예방하게 하는 안전장치는?

㉮ 가용전 ㉯ 방폭문
㉰ 안전변 ㉱ 압력차단 스위치

해설 방폭문(폭발문)에 관한 설명이다.

27. 다음 중 가스 연소용 보일러의 안전장치가 아닌 것은?

㉮ 압력 스위치 ㉯ 화염검출기
㉰ 이젝터 ㉱ 안전차단밸브

해설 이젝터(ejector) : 노즐로부터 증기 또는 공기를 분출시켜 노즐 주변에 있는 저압의 기체를 흡인하여 배출하는 기구로서 증기 이젝터와 공기 이젝터가 있다.

28. 압입통풍방식 보일러에 적합한 방폭문의 형식은?

㉮ 스윙식 ㉯ 리프트식
㉰ 지렛대식 ㉱ 스프링식

해설 강철제 보일러 및 압입통풍방식에 적합한 방폭문은 스프링식이며 주철제 보일러에 적합한 방식은 스윙식이다.

29. 보일러의 수위가 낮아 과열되었을 때 안전장치로 작용하는 것은?

㉮ 가용마개 ㉯ 수면계
㉰ 압력계 ㉱ 급수장치

정답 22. ㉯ 23. ㉰ 24. ㉯ 25. ㉮ 26. ㉯ 27. ㉰ 28. ㉱ 29. ㉮

해설 고체 연료 사용 시 노통 입구 상부에 설치하여 이상감수로 노통이 과열되기 이전에 가용마개가 먼저 녹아 내려 위험을 알려주고 일부의 석탄불을 소화시켜 주는 안전장치이다.

30. 가용마개의 설치위치로 맞는 것은?

가 드럼 하부　　나 드럼 상부
다 노통 하부　　라 노통 상부

31. 다음 중 가용마개(가용전)의 합금 성분은 무엇인가?

가 구리와 주석　　나 주석과 납
다 구리와 아연　　라 주석과 아연

해설 가용마개(가용전, 용융마개)는 주석과 납의 합금으로서 용융점이 낮은 점을 이용한 안전장치로서 합금 비율에 따라 용융점이 다르다.

참고

주석(Sn) : 납(Pb)	용융온도(℃, K)
10 : 3	150℃, 423 K
3 : 3	200℃, 473 K
3 : 10	250℃, 523 K

32. 압력이 조정압력에 도달하면 자동으로 접점을 단락시켜 전자밸브를 닫아 연료를 차단하는 장치는 무엇인가?

가 고·저수위 경보장치
나 압력차단 스위치
다 화염검출기
라 방출밸브

해설 압력 제한기(압력차단기, 압력차단 스위치)에 관한 설명이다.

33. 보일러의 압력에 관한 안전장치 중 설정압이 낮은 것부터 높은 순으로 열거된 것은?

가 압력제한기 – 압력조절기 – 안전밸브
나 압력조절기 – 압력제한기 – 안전밸브
다 안전밸브 – 압력제한기 – 압력조절기
라 압력조절기 – 안전밸브 – 압력제한기

해설 설정압이 낮은 것부터 높은 순서(작동순서)는 ① 압력조절기, ② 압력제한기, ③ 안전밸브이다.

34. 최고사용압력이 얼마를 초과하는 증기 보일러에는 저수위 안전장치를 설치해야 하는가?(단, 소용량 보일러는 제외)

가 0.1 MPa　　나 0.5 MPa
다 0.7 MPa　　라 1 MPa

해설 최고사용압력이 0.1 MPa를 초과하는 증기 보일러에는 저수위 안전장치를 설치해야 하고, 열매체 보일러 및 사용온도가 393 K(120℃) 이상인 온수 보일러에는 사용온도를 초과하지 않도록 온도－연소제어장치를 설치해야 한다.

35. 고·저수위 경보장치에서 경보는 연료 차단 몇 초 전에 울려야 하는가?

가 30초　　나 10～50초
다 30～70초　　라 50～100초

해설 1차적으로 50～100초 동안 경보를 발하고, 2차적으로 전자밸브로 하여금 연료 공급을 차단하도록 한다.

36. 보일러수위제어 검출방식에 해당되지 않는 것은?

가 마찰식　　나 전극식
다 차압식　　라 열팽창식

해설 나, 다, 라 항 외에 U자관식, 플로트식, 자석식 등이 있다.

37. 수위제어방식에서 수위와 증기 유량을 동시에 검출하여 제어하는 방식은 무엇인가?

정답 30. 라 31. 나 32. 나 33. 나 34. 가 35. 라 36. 가 37. 나

㉮ 1요소식　　㉯ 2요소식
㉰ 3요소식　　㉱ 다요소식

해설 수위제어방식(방법)
① 1요소식(단요소식) : 수위만 검출하여 제어
② 2요소식 : 수위와 증기유량을 동시에 검출하여 제어
③ 3요소식 : 수위와 증기유량, 급수유량을 동시에 검출하여 제어

참고 3요소식은 고온, 고압, 대형 보일러에서 사용한다.

38. 보일러 급수제어방식 중 3요소식 검출요소가 아닌 것은?

㉮ 수위　　㉯ 증기유량
㉰ 급수유량　　㉱ 급유유량

해설 ㉮, ㉯, ㉰ 항이 3요소식 검출요소이다.

39. 고·저수위 경보기의 종류 중 플로트의 위치 변위에 따라 수은 스위치를 작동시켜 경보를 발하는 것은?

㉮ 기계식 경보기　　㉯ 자석식 경보기
㉰ 전극식 경보기　　㉱ 맥도널식 경보기

해설 ① 기계식 : 부표(플로트)의 위치 변위에 따라 밸브가 열려 경보를 발한다.
② 자석식 : 부표(플로트)의 위치 변위에 따라 자석의 위치 변위로 수은 스위치를 작동시켜 경보를 발한다.
③ 전극식 : 보일러수의 전기전도성을 이용한다(전극봉은 3개월마다 청소한다).

40. 다음 중 연소실의 화염상태를 검출하는 장치와 거리가 먼 것은?

㉮ 스태빌라이저　　㉯ 플레임 아이
㉰ 플레임 로드　　㉱ 스택 스위치

해설 스테빌라이저는 보염장치이다.

41. 보일러의 화염검출기 중 플레임 아이는 화염의 어떠한 성질을 이용하여 화염을 검출하는가?

㉮ 화염의 발광　　㉯ 화염의 스파크
㉰ 화염의 발열　　㉱ 화염의 이온화

해설 화염검출기(불꽃검출기)의 종류
① 플레임 아이 : 화염의 발광체를 이용(광학적 성질 이용)
② 플레임 로드 : 화염의 이온화를 이용(전기적 성질 이용)
③ 스택 스위치 : 화염의 발열을 이용(열적 성질 이용)

42. 플레임 아이(flame eye)는 무엇인가?

㉮ 화염의 전기전도성을 이용하여 화염을 검출한다.
㉯ 화염의 발열현상을 이용하여 화염을 검출한다.
㉰ 화염의 방사선을 이용하여 화염을 검출한다.
㉱ 화염과 연료 관계를 이용하여 화염을 검출한다.

43. 보일러 연소 시 화염 유무를 검출하는 플레임 아이에 사용되는 화염 검출소자가 아닌 것은?

㉮ 광전관　　㉯ Pb S 셀
㉰ Cd S 셀　　㉱ Cu S 셀

해설 적외선 광전관, 자외선 광전관, Pb S 셀, Cd S 셀이 있다.

44. 화염검출기 중 가스 점화 버너에 주로 사용되는 것은?

㉮ 플레임 아이　　㉯ 플레임 로드
㉰ 스택 스위치　　㉱ 콤버스터

해설 플레임 아이는 기름 보일러에 주로 사용하고, 플레임 로드는 가스 점화 버너에 주로 사용한다.

정답 38. ㉱ 39. ㉱ 40. ㉮ 41. ㉮ 42. ㉰ 43. ㉱ 44. ㉯

45. 화염검출기의 종류 중 화염의 발열을 이용한 것으로 바이메탈에 의하여 작동되며, 주로 소용량 온수 보일러의 연도에 설치되는 것은?

㉮ 플레임 아이 ㉯ 스택 스위치
㉰ 플레임 로드 ㉱ 적외선 광전관

해설 스택 스위치
① 구조가 간단하다.
② 가격이 저렴하다.
③ 응답이 느려 소용량 온수 보일러에서 사용한다.
④ 감열소자는 연도에 설치한 바이메탈이다.

46. 화염검출기 기능 불량과 대책을 연결한 것으로 잘못된 것은?

㉮ 집광렌즈 오염 – 분리 후 청소
㉯ 증폭기 노후 – 교체
㉰ 동력선의 영향 – 검출회로와 동력선 분리
㉱ 점화전극의 고전압이 플레임 로드에 흐를 때 – 전극과 불꽃 사이를 넓게 분리

해설 플레임 로드는 불꽃 속에 전극봉을 삽입하여 화염의 유무를 검출한다.

47. 유류 보일러에서 전자밸브를 설치하는 목적은 무엇인가?

㉮ 연료의 공급을 조절한다.
㉯ 연료의 유속을 조절한다.
㉰ 보일러 긴급 정지 시에 연료 공급을 차단한다.
㉱ 연료 내의 불순물을 분리하여 연소를 좋게 한다.

해설 전자밸브(솔레노이드 밸브, 긴급연료 차단밸브)는 송풍기 고장 시, 정전 시, 이상감수 시, 압력초과 시, 연소실 화염 실화 시에 자동으로 연료 공급을 차단시키는 안전장치이다.

48. 유전자 밸브는 보일러의 어느 부분에 설치되는가?

㉮ 버너 출구 ㉯ 버너 입구
㉰ 급유량계 앞 ㉱ 급유량계 뒤

해설 유전자 밸브는 버너 입구 가까이에 설치한다.

49. 다음 중 탄성식 압력계가 아닌 것은?

㉮ 부르동관식 압력계
㉯ 다이어프램식 압력계
㉰ 환상 평형식 압력계
㉱ 벨로스식 압력계

해설 탄성식 압력계의 종류에는 ㉮, ㉯, ㉱항이 있다.

50. 다음 압력계 중 액주식 압력계가 아닌 것은?

㉮ U자관 압력계
㉯ 경사관형 압력계
㉰ 2액 마노미터 압력계
㉱ 벨로스 압력계

해설 벨로스 압력계는 탄성식 압력계이다.

51. 다른 압력계의 검정용으로 사용되는 압력계는?

㉮ 벨로스 압력계
㉯ 전기식 압력계
㉰ 다이어프램 압력계
㉱ 분동식 압력계

해설 다른 탄성식 압력계의 교정용, 검정용으로 사용되는 압력계는 기준 분동식 압력계이다.

52. 압력계 중에서 미압 측정용으로 가장 적합한 것은?

㉮ 경사관식 액주형 압력계
㉯ U자관 액주형 압력계
㉰ 부르동관 압력계
㉱ 기준 분동식 압력계

정답 45. ㉯ 46. ㉱ 47. ㉰ 48. ㉯ 49. ㉰ 50. ㉱ 51. ㉱ 52. ㉮

해설 경사관식 압력계가 미압 측정용으로 많이 사용되며 압력계 중 정도(0.05 mmH_2O)가 가장 높다(실험실에서 많이 사용한다).

53. **증기 보일러에 일반적으로 사용하는 압력계는 무엇인가?**

㉮ 침종식 압력계
㉯ 다이어프램식 압력계
㉰ 부르동관식 압력계
㉱ 액주식 압력계

해설 정도(精度)는 낮으나 고압 측정용인 부르동관식 압력계가 사용되며, 고온의 증기로부터 압력계 부르동관을 보호하기 위하여 사이펀관을 부착한다.

54. **압력계 중 고압용 보일러 및 압력용기에 주로 사용하며 사이펀관이 필요한 것은?**

㉮ 다이어프램식 ㉯ 벨로스식
㉰ 부르동관식 ㉱ 링 밸런스식

55. **고온의 증기로부터 부르동관식 압력계의 부르동관을 보호하기 위하여 설치하는 것은?**

㉮ 신축 이음쇠 ㉯ 균압관
㉰ 사이펀관 ㉱ 안전밸브

56. **보일러에 부착하는 압력계의 취급상 주의사항으로 틀린 것은?**

㉮ 온도가 353 K(80℃) 이상 올라가지 않도록 한다.
㉯ 압력계는 고장이 나서 바꾸는 것이 아니라 일정 사용시간을 정하고 정기적으로 교체하여야 한다.
㉰ 압력계 사이펀관의 수직부에 콕을 설치하고 콕의 핸들이 축 방향과 일치할 때에 열린 것이어야 한다.
㉱ 부르동관 내에 직접 증기가 들어가면 고장이 나기 쉬우므로 사이펀관에 물이 가득차지 않도록 한다.

해설 사이펀관 내부에는 80℃ 이하의 물이 차있도록 해야 한다.

57. **증기 보일러의 압력계 부착에 대한 설명으로 틀린 것은?**

㉮ 압력계는 원칙적으로 보일러의 증기실에 눈금판의 눈금이 잘 보이는 위치에 부착한다.
㉯ 압력계와 연결된 증기관은 최고사용 압력에 견디는 것이어야 한다.
㉰ 압력계와 연결된 증기관은 강관을 사용할 때에 안지름이 6.5 mm 이상이어야 한다.
㉱ 압력계에는 물을 넣은 안지름 6.5 mm 이상의 사이펀관 또는 동등한 작용을 하는 장치를 부착한다.

해설 ① 강관 : 12.7 mm 이상
② 동관 또는 황동관 : 6.5 mm 이상

58. **증기온도가 483 K(210℃)를 넘는 경우 압력계와 연결되는 증기관의 재질과 관지름으로 옳은 것은?**

㉮ 12.7 mm 이상의 강관
㉯ 12.7 mm 이상의 황동관
㉰ 6.5 mm 이상의 강관
㉱ 6.5 mm 이상의 동관

59. **보일러 압력계의 최고눈금은 보일러 최고사용압력의 어느 정도이어야 하는가?**

㉮ 1배 이상~2배 이하

정답 53. ㉰ 54. ㉰ 55. ㉰ 56. ㉱ 57. ㉰ 58. ㉮ 59. ㉱

㉯ 2배 이상
㉰ 1배 이상~3배 이하
㉱ 1.5배 이상~3배 이하

해설 압력계 최고지시눈금은 보일러 최고사용 압력의 1.5배 이상 3배 이하이어야 한다.

60. **증기 보일러에 압력계를 부착할 때 사이펀관의 안지름은 몇 mm 이상으로 하는가?**

㉮ 5.0 mm ㉯ 5.5 mm
㉰ 6.0 mm ㉱ 6.5 mm

해설 사이펀관의 안지름은 6.5 mm 이상이어야 한다.

61. **보일러의 운전 도중 압력계의 정상 작동을 확인하는 방법으로 가장 타당한 것은?**

㉮ 압력계를 떼어 표준압력계와 비교한다.
㉯ 운전을 중단시켜 압력계의 0점을 확인한다.
㉰ 3방 콕으로서 압력계의 0점을 확인한다.
㉱ 두드려서 압력계 바늘의 움직임을 확인한다.

해설 보일러 운전 도중에는 3방 콕으로 압력계의 0점을 확인하는 방법이 가장 타당하다.

62. **다음 중 압력계 검사 시기로서 관계 없는 것은 어느 것인가?**

㉮ 2조의 압력계 지침이 서로 다를 때
㉯ 보일러 가동 중 포밍 또는 프라이밍 현상이 나타날 때
㉰ 휴지 시 재사용할 때
㉱ 보일러 가동이 시작되었을 때

해설 보일러 가동 전에 검사를 해야 한다.

63. **보일러에 부착하는 압력계에 대한 설명으로 맞는 것은?**

㉮ 최대증발량 10 t/h 이하인 관류 보일러에 부착하는 압력계는 눈금판의 바깥지름을 50 mm 이상으로 할 수 있다.
㉯ 부착하는 압력계의 최고눈금은 보일러의 최고사용압력의 1.5배 이하의 것을 사용한다.
㉰ 증기 보일러에 부착하는 압력계의 바깥지름은 80 mm 이상의 크기로 한다.
㉱ 압력계를 보호하기 위하여 물을 넣은 안지름 6.5 mm 이상의 사이펀관 또는 동등한 장치를 부착하여야 한다.

해설 ① 최대증발량이 5 t/h 이하인 관류 보일러에 부착하는 압력계 눈금판의 바깥지름을 60 mm 이상으로 할 수 있다.
② 압력계 최고눈금은 보일러 최고사용압력의 1.5배 이상 3배 이하이어야 한다.
③ 압력계의 바깥지름은 특별한 경우를 제외하고는 100 mm 이상의 크기로 한다.

64. **다음 중 수면계의 종류가 아닌 것은?**

㉮ 원형 유리관식 ㉯ 평형 반사식
㉰ 평형 투시식 ㉱ 3색식

해설 수면계의 종류에는 원형 유리관식, 평형 반사식(가장 많이 사용), 평형 투시식, 2색식, 멀티 포트식(초고압용)이 있다.

65. **유리 수면계를 부착하지 않아도 되는 보일러는 무엇인가?**

㉮ 단관식 관류 보일러
㉯ 소용량 보일러
㉰ 주철제 보일러
㉱ 폐열 보일러

해설 수면계를 부착하지 않는 보일러는 온수 보일러와 단관식 관류 보일러이다.

정답 60. ㉱ 61. ㉰ 62. ㉱ 63. ㉱ 64. ㉱ 65. ㉮

66. 다음 중 수면계의 부착방법으로 옳은 것은 어느 것인가?

㉮ 수면계 유리관 최하부가 보일러 안전 저수위와 일치되도록
㉯ 수면계 유리관 중앙부가 보일러 안전 저수위와 일치되도록
㉰ 수면계 유리관 최상부가 보일러 안전 저수위와 일치되도록
㉱ 수면계 유리관 $\frac{2}{3}$ 지점이 보일러 안전 저수위와 일치되도록

67. 다음 중 수면계의 관찰사항으로 옳은 것은 어느 것인가?

㉮ 수면계는 1개의 수위를 조절하면 된다.
㉯ 수면계는 항상 2개의 수면계 수위를 비교하여 일치하고 있음을 비교해야 한다.
㉰ 급수량만 검사하면 수면계는 확인할 필요가 없다.
㉱ 수면의 저하는 사고의 원인이 되지 않는다.

해설 보일러 가동 중 수면계는 항상 2개의 수면계 수위를 비교하여 일치 유무를 확인해야 한다.

참고 수면계 수위는 %로 나타내며 정상수위는 수면계의 50 %(수면계 $\frac{1}{2}$ 지점)를 나타낸다.

68. 보일러수면계의 기능점검 횟수로 적합한 것은?

㉮ 1년 1회 이상 ㉯ 1달 1회 이상
㉰ 1주 1회 이상 ㉱ 1일 1회 이상

해설 수면계는 1일 1회 이상 점검해야 한다.

참고 보일러 분출작업도 1일 1회 이상 실시해야 한다.

69. 보일러 유리 수면계의 유리관이 파손되는 원인을 설명한 것으로 틀린 것은?

㉮ 유리관의 온도가 급격히 변화하는 경우
㉯ 유리관 내부에 스케일이 부착되는 경우
㉰ 상하 콕의 중심선이 일치하지 않는 경우
㉱ 상하 콕의 너트를 지나치게 조이는 경우

해설 ㉯항은 수면계 수위 판독 불능의 원인이다.

70. 수면계의 파손 원인과 관계없는 것은?

㉮ 유리가 고온으로 열화된 때
㉯ 유리관의 상하 콕의 중심선이 일치하지 않을 때
㉰ 수위가 너무 높을 때
㉱ 유리관의 상하 콕의 패킹 압용(押用) 너트를 너무 지나치게 죄었을 때

해설 수위가 너무 높으면 수위 판독 불능의 원인이 된다.

71. 수면계가 파손되었을 때는 어떻게 하는가?

㉮ 물 콕을 먼저 닫는다.
㉯ 증기 콕과 물 콕을 동시에 닫는다.
㉰ 증기 콕을 먼저 닫는다.
㉱ 드레인 콕(drain cock)을 먼저 닫는다.

해설 물 콕을 먼저 닫아야 보일러의 이상감수 예방과 취급자의 화상을 예방할 수 있다.

72. 최고사용압력이 1.2 MPa(12 kgf/cm^2)이고 동체의 안지름이 800 m인 경우 유리 수면계를 몇 개 이상 설치해야 하는가?

㉮ 1개 ㉯ 2개 ㉰ 3개 ㉱ 4개

해설 증기 보일러에는 2개 이상의 유리 수면계를 부착해야 한다. 단, 최고사용압력이 1 MPa(10 kgf/cm^2) 이하로서 동체의 안지름이 750 mm 미만인 경우에 그 중 1개는 다른 종류의 수면 측정장치(검수콕 3개)를 설치할 수 있다.

정답 66. ㉮ 67. ㉯ 68. ㉱ 69. ㉯ 70. ㉰ 71. ㉮ 72. ㉯

73. **수면계에 수위가 나타나지 않는 원인이 아닌 것은?**

㉮ 수면계가 막혀 있을 때
㉯ 포밍이 발생할 때
㉰ 화력이 너무 강할 때
㉱ 수위가 너무 낮을 때

해설 수면계에 수위가 나타나지 않는 원인
① 수면계 하부 물 연락관이 막혔을 때
② 포밍 또는 프라이밍 현상이 일어날 때
③ 수위가 너무 낮을 때 또는 너무 높을 때
④ 유리관 내부에 스케일이 부착되었을 때

74. **수면계의 기능시험 시기로 틀린 것은?**

㉮ 보일러를 가동하기 전
㉯ 수위의 움직임이 활발할 때
㉰ 보일러를 가동하여 압력이 상승하기 시작했을 때
㉱ 2개 수면계의 수위에 차이를 발견했을 때

해설 수면계 수위의 움직임이 둔할 때 기능시험을 한다.

75. **보일러수면계의 기능점검 시기로 바르지 못한 것은?**

㉮ 보일러 가동 직전
㉯ 2조의 수면계 수위가 다를 때
㉰ 점화가 시작되었을 때
㉱ 수위가 의심스러울 때

해설 점화 직전에 해야 한다.

76. **다음 중 수면계의 기능점검 순서를 바르게 나타낸 것은?**

> ① 물 콕을 연다.
> ② 증기 콕, 물 콕을 잠근다.
> ③ 증기 콕을 열고 시험 후 응결수 콕을 닫는다.
> ④ 응결수 콕을 열고 내부 응결수를 취출한다.
> ⑤ 물 콕을 열어 물을 취출 시험한 후 물 콕을 잠근다.

㉮ ⑤-④-③-②-①
㉯ ②-⑤-④-③-①
㉰ ①-③-⑤-②-④
㉱ ②-④-⑤-③-①

해설 ① 증기 콕, 물 콕을 잠근다.
② 응결수 콕을 열고 내부응결수를 취출한다.
③ 물 콕을 열어 물을 취출 시험한 후 물 콕을 잠근다.
④ 증기 콕을 열고 시험 후 응결수 콕을 닫는다.
⑤ 물 콕을 연다.

77. **수면계의 점검 순서 중 가장 먼저 해야 하는 사항으로 적당한 것은?**

㉮ 드레인 콕을 닫고 물 콕을 연다.
㉯ 물 콕을 열어 통수관을 확인한다.
㉰ 물 콕 및 증기 콕을 닫고 드레인 콕을 연다.
㉱ 물 콕을 닫고 증기 콕을 열어 통기관을 확인한다.

해설 ㉰→㉯→㉱→㉮ 항 순으로 한다.

78. **수주 설치에 관한 설명으로 틀린 것은?**

㉮ 수주는 수면계 유리관 보호와 수위 교란으로 인한 수위의 오판을 방지하기 위하여 설치한다.
㉯ 최고사용압력이 1.6 MPa(16 kgf/cm^2) 이하의 보일러에는 주철제로 할 수 있다.
㉰ 수주에는 20 A 이상의 분출관을 설치해야 한다.
㉱ 보일러와 수주의 물 연락관은 15 A 이상이어야 한다.

정답 73. ㉰ 74. ㉯ 75. ㉰ 76. ㉱ 77. ㉰ 78. ㉱

해설 보일러와 수주의 물 연락관과 증기 연락관은 20 A 이상이어야 한다.

79. 서로 다른 두 종류의 금속판을 하나로 합쳐 온도 차이에 따라 팽창정도가 다른 점을 이용한 온도계는 ?

㉮ 바이메탈 온도계
㉯ 압력식 온도계
㉰ 전기저항 온도계
㉱ 열전대 온도계

해설 바이메탈 온도계는 금속의 열팽창을 이용한 온도계이다.

80. 열전대 온도계의 원리를 옳게 설명한 것은 ?

㉮ 이종 금속의 열기전력을 이용한다.
㉯ 금속의 전기저항을 이용한다.
㉰ 금속의 열전도도를 이용한다.
㉱ 금속과 비금속 사이의 유도기전력을 이용한다.

해설 열전대 온도계 제베크(열전) 효과를 이용한 온도계이다.

81. 접촉식 온도계에 해당되지 않는 것은 ?

㉮ 유리 온도계 ㉯ 압력식 온도계
㉰ 열전대 온도계 ㉱ 색 온도계

해설 비접촉식 온도계의 종류
① 색 온도계, ② 방사 온도계, ③ 광전관식 온도계, ④ 광고 온도계

참고 비접촉식 온도계는 접촉식에 비해 정확성이 낮으나 고온 측정이 가능하다.

82. 고온체로부터 발하는 복사에너지를 렌즈, 열전퇴, 수열판, 증폭기 등을 사용하여 온도를 측정하는 온도계는 다음 중 어느 것인가 ?

㉮ 열전대 온도계 ㉯ 복사 온도계
㉰ 광고 온도계 ㉱ 저항 온도계

해설 복사(방사) 온도계는 복사에너지가 절대온도의 4제곱에 비례한다는 법칙을 이용한 온도계이다.

83. 보일러에 온도계를 꼭 부착해야 할 곳이 아닌 것은 ?

㉮ 급수 입구의 급수온도계
㉯ 버너 입구의 급유온도계
㉰ 주증기관의 증기온도계
㉱ 보일러 본체의 배기가스 온도계

해설 포화증기의 온도는 압력계로 압력을 측정하여 포화증기표에 의해 알 수 있다.

84. 다음 중 용적식 유량계가 아닌 것은 ?

㉮ 로타리형 유량계
㉯ 피토관식 유량계
㉰ 루트형 유량계
㉱ 오벌기어형 유량계

해설 ㉮, ㉰, ㉱ 항 외에 원판형과 가스미터가 있다. 피토관식은 유속식 유량계이다.

85. 다음 중 차압식 유량계가 아닌 것은 ?

㉮ 오리피스 ㉯ 플로 노즐
㉰ 벤투리미터 ㉱ 로터미터

해설 차압식 유량계의 종류에는 ㉮, ㉯, ㉰ 항이 있다. 로터미터는 면적식 유량계이다.

86. 다음 유량계 중 일시 시험용으로 많이 사용되는 것은 어느 것인가 ?

㉮ 피토관 유량계
㉯ 전자유량계
㉰ 루트식 유량계
㉱ 오벌유량계

정답 79. ㉮ 80. ㉮ 81. ㉱ 82. ㉯ 83. ㉰ 84. ㉯ 85. ㉱ 86. ㉮

해설 피토관식 유량계는 유속식 유량계이며 특징은 다음과 같다.
① 유속이 5 m/s 이하인 기체에는 사용할 수 없다.
② 시험용으로 많이 사용한다.
③ dust(먼지), mist(안개) 등이 많은 유체에는 부적당하다.

87. 유량계 중에서 습식 가스미터, 즉 가스미터의 표준으로 가장 적합한 것은?

㉮ 다이어프램형 ㉯ 오벌형
㉰ 로터리 피스톤형 ㉱ 드럼형

해설 드럼형은 습식 가스미터(드럼 1개)의 기본형이며 격막식은 건식 가스미터(드럼 2개)의 기본형이다.

88. 전자유량계의 원리는?

㉮ 옴(Ohm's)의 법칙
㉯ 베르누이(Bernoolli)의 법칙
㉰ 아르키메데스(Archimedes)의 원리
㉱ 패러데이(Faraday)의 전자유도 법칙

해설 전자유량계는 패러데이의 전자기유도 법칙을 이용한 것이다.

89. 유량계의 교정방법에는 다음과 같은 4가지 종류가 있다. 이들 중에서 기체 유량계의 교정에 가장 적합한 것은?

㉮ 기준체적관을 사용하는 방법
㉯ 기준유량계를 사용하는 방법
㉰ 기준 탱크를 사용하는 방법
㉱ 저울을 사용하는 방법

해설 기체 유량계의 교정에는 기준체적관을 사용하는 것이 가장 적합하다.

90. 온수 보일러 또는 난방 전용 보일러로서 2 t/h 미만의 보일러에는 급유유량계를 무슨 장치로 대신할 수 있는가?

㉮ CO_2 측정장치 ㉯ O_2 측정장치
㉰ 어큐뮬레이터 ㉱ 메털링 펌프

91. 가스유량과 일정한 관계가 있는 다른 양을 측정함으로써 간접적으로 가스유량을 구하는 방식인 추량식 가스미터의 종류가 아닌 것은?

㉮ 델터(delter)형
㉯ 터빈(turbin)형
㉰ 벤투리(ventury)형
㉱ 루트(roots)형

해설 추량식 가스미터의 종류에는 ㉮, ㉯, ㉰ 항 외에 오리피스(orifice)형이 있으며 실측식(직접식) 가스미터의 종류에는 루트형, 막식 등이 있다.

92. 보일러의 송기장치에 속하지 않는 것은?

㉮ 비수방지관
㉯ 기수분리기
㉰ 고·저수위 경보기
㉱ 주증기 정지밸브

해설 고·저수위 경보기는 안전장치이다.

93. 증기 보일러의 각 증기 분출구에는 어떤 밸브를 설치해야 하는가?

㉮ 안전밸브 ㉯ 스톱밸브
㉰ 방출밸브 ㉱ 체크밸브

해설 각 증기 분출구에는 스톱밸브(글로브 밸브의 관용어)를 부착해야 한다.

94. 보일러 증기 취출구에 사용되는 주증기밸브의 일반적인 형식은?

㉮ 앵글밸브 ㉯ 릴리프밸브
㉰ 체크밸브 ㉱ 슬루스밸브

해설 주증기밸브는 글로브밸브와 앵글밸브가 사용되지만, 주로 앵글밸브가 사용된다.

정답 87. ㉱ 88. ㉱ 89. ㉮ 90. ㉮ 91. ㉱ 92. ㉰ 93. ㉯ 94. ㉮

95. 파이프 축에 대해서 직각방향으로 개폐되는 밸브로 유체의 흐름에 따른 마찰 저항손실이 적으며 난방 배관 등에 주로 이용되나 유량조절용으로는 부적합한 밸브는 무엇인가?

㉮ 앵글밸브 ㉯ 슬루스밸브
㉰ 글로브밸브 ㉱ 다이어프램밸브

96. 기밀도가 크며 유량조절용 밸브로 사용되는 밸브는 무엇인가?

㉮ 게이트밸브 ㉯ 글로브밸브
㉰ 플러그밸브 ㉱ 앵글밸브

해설 글로브밸브는 기밀도가 크며 기체 배관 및 유량조절용으로 사용되는 밸브이다.

97. 원통 보일러의 증기 취출구에는 비수방지관(anti-priming pipe)을 설치하는데, 비수방지관에 뚫은 구멍들의 전체 면적은 주증기관 단면적의 몇 배 이상이 되게 해야 하는가?

㉮ 1.5배 ㉯ 2배
㉰ 2.5배 ㉱ 3배

해설 원활한 송기를 위하여 1.5배 이상 되어야 한다.

98. 증기 보일러에서 기수공발을 방지하기 위한 장치는 무엇인가?

㉮ 기수분리기 ㉯ 급수내관
㉰ 수저 분출장치 ㉱ 체크밸브

해설 기수분리기와 비수방지관이 있다.

99. 수관 보일러에 설치하는 기수분리기의 종류가 아닌 것은?

㉮ 스크레버형 ㉯ 사이클론형
㉰ 배플형 ㉱ 벨로스형

해설

기수분리기의 종류	원 리
사이클론형	원심력을 이용
스크레버형	파형의 강판을 다수 조합
건조 스크린형	금속망판을 이용
배플형	급격한 방향 전환을 이용

100. 고압 보일러의 기수분리기 형식이 아닌 것은?

㉮ 장애판을 조립한 것
㉯ 재과열판을 이용한 것
㉰ 원심분리를 이용한 것
㉱ 파도형의 다수 강판을 합쳐서 조립한 것

101. 다음 중 기수분리기를 옳게 설명한 것은?

㉮ 보일러에서 발생한 증기 중에 포함되어 있는 수분을 제거하는 장치
㉯ 증기 사용처에서 증기 사용 후 물과 증기를 분리하는 장치
㉰ 보일러에 투입되는 연소용 공기 중에서 수분을 제거하는 장치
㉱ 보일러 급수 중에 포함되어 있는 공기를 제거하는 장치

해설 기수분리기는 수관 보일러 기수 드럼 증기 취출구 입구에 설치하여 발생되는 증기 속의 수분을 분리, 제거해 주는 장치이다.

102. 수관 보일러에서 기수분리기를 설치하는 목적은?

㉮ 발생된 증기의 건조도를 높이기 위해서
㉯ 폐증기를 회수하여 재사용하기 위해서
㉰ 보일러에 녹아 있는 불순물을 제거하기 위해서
㉱ 과열증기의 순환을 되도록 빨리 하기 위해서

정답 95. ㉯ 96. ㉯ 97. ㉮ 98. ㉮ 99. ㉱ 100. ㉯ 101. ㉮ 102. ㉮

해설 비수방지관과 기수분리기의 설치목적
① 기수공발(carry over)을 방지하기 위하여
② 수격작용(water hammer)을 방지하기 위하여
③ 증기의 건도(건조도)를 높이기 위하여
④ 증기 배관 내의 부식을 방지하기 위하여
⑤ 마찰저항을 경감시키고 열손실을 줄이기 위하여

103. 보일러의 증기 헤더(steam header)에 관한 설명으로 틀린 것은?

㉮ 발생증기를 효율적으로 사용할 수 있다.
㉯ 원통보일러에는 필요가 없다.
㉰ 불필요한 열손실을 방지한다.
㉱ 증기의 공급량을 조절한다.

해설 증기 보일러에는 증기 헤더가 반드시 필요하다.

104. 다음 중 증기 헤드에 관한 설명으로 틀린 것은?

㉮ 증기의 급수요에 응할 수 있다.
㉯ 증기의 과부족을 일부 해소할 수 있다.
㉰ 증기의 압과 공급량을 조절할 수 있다.
㉱ 송기 및 정지는 편리하지만 열손실을 일으킨다.

해설 불필요한 곳에 증기를 공급하지 않아 열손실을 줄일 수 있다.

105. 증기 헤드의 크기 결정에서 증기 헤드의 지름은 증기 헤드에 설치된 가장 큰 배관지름의 몇 배 정도의 크기로 해야 하는가?

㉮ 1.5배 ㉯ 2배
㉰ 2.5배 ㉱ 3배

해설 증기 헤드의 지름은 가장 큰 배관인 주 증기관 지름의 2배가 되도록 해야 한다.

106. 고압과 저압 배관 사이에 부착하여 고압 측의 압력변화 및 증기 소비량 변화에 관계없이 저압 측의 압력을 일정하게 유지시켜 주는 밸브는?

㉮ 감압밸브 ㉯ 온도조절밸브
㉰ 안전밸브 ㉱ 다이어프램밸브

해설 감압밸브에 대한 내용이다.

107. 다음 중 감압밸브의 종류가 아닌 것은?

㉮ 스프링식 ㉯ 추식
㉰ 지렛대식 ㉱ 다이어프램식

해설 감압밸브의 종류에는 스프링식, 추식, 다이어프램식이 있다.

참고 작동방법에 따라 피스톤형, 벨로스형, 다이어프램형이 있다.

108. 바이패스 배관으로 증기 배관 중에 감압밸브를 설치하는 경우 필요 없는 것은?

㉮ 스트레이너 ㉯ 슬루스밸브
㉰ 압력계 ㉱ 에어벤트

해설 ㉮, ㉯, ㉰ 항 외에 안전밸브가 필요하며 바이패스관도 설치해야 한다.

109. 감압밸브를 설치할 때 고압 측에 부착하는 장치가 아닌 것은?

㉮ 정지밸브 ㉯ 안전밸브
㉰ 압력계 ㉱ 여과기

해설 ① 고압 측 : 여과기, 정지밸브, 압력계
② 저압 측 : 안전밸브, 정지밸브, 압력계

110. 다음 중 감압밸브의 설치목적과 관계없는 것은?

㉮ 고압증기를 저압증기로 전환
㉯ 부하 측의 압력을 일정하게 유지

정답 103. ㉯ 104. ㉱ 105. ㉯ 106. ㉮ 107. ㉰ 108. ㉱ 109. ㉯ 110. ㉱

㉰ 부하변동에 따른 증기의 소비량 절감
㉱ 장치 내의 응축수 제거

해설 장치 내의 응축수를 제거하는 장치는 증기 트랩이다.

111. 주증기관에 설치하는 신축이음의 목적은 무엇인가?

㉮ 증기 속의 복수를 제거하기 위하여
㉯ 열팽창에 의한 관의 고장을 막기 위하여
㉰ 증기를 잘 통과시키기 위하여
㉱ 증기 속의 수분을 분리하기 위하여

112. 강관인 경우 고압에서 신축이음을 몇 m당 설치하는 것이 좋은가?

㉮ 10～20 m ㉯ 20～30 m
㉰ 30～40 m ㉱ 40～50 m

해설 ① 강관인 경우 고압 배관에서는 10～20 m마다, 저압 배관에서는 30 m마다 1개씩 설치한다.
② 동관이나 PVC 관인 경우에는 20 m마다 1개씩 설치한다.

113. 다음 중 증기관의 신축이음의 종류가 아닌 것은?

㉮ 루프형 신축이음
㉯ 벨로스형 신축이음
㉰ 슬리브형 신축이음
㉱ 스프링형 신축이음

해설 신축이음의 종류에는 만곡관형(루프형), 슬리브형(미끄럼형), 벨로스형(파형), 스위블형이 있다.

114. 신축 곡관이음에서 곡관의 곡률 반지름은 다음 중 관지름의 몇 배 이상으로 하는 것이 좋은가?

㉮ 1배 ㉯ 2배 ㉰ 4배 ㉱ 6배

해설 조인트 곡률 내 반지름은 관지름의 6배 이상으로 하는 것이 좋다.

115. 신축이음 중 열응력을 받지 않고 팩리스형 신축이음이라고도 하는 것은?

㉮ 루프형 ㉯ 벨로스형
㉰ 슬리브형 ㉱ 스위블형

해설 벨로스형 신축이음의 특징
① 신축으로 인한 열응력을 받지 않는다.
② 설치장소를 적게 차지한다.
③ 벨로스 내에 부식 발생의 염려가 크다.

116. 2개 이상의 엘보를 사용하여 나사부의 회전에 의해 배관의 신축을 흡수하는 것으로, 나사이음이 헐거워지면 누설의 우려가 있는 신축 조인트는 무엇인가?

㉮ 루프형 ㉯ 스위블형
㉰ 슬리브형 ㉱ 벨로스형

해설 스위블형은 나사맞춤이 헐거워지는 경우가 많아 누설의 우려가 크다.

117. 고온, 고압형 증기관 등의 옥외 배관에 많이 쓰이는 신축이음은?

㉮ 슬리브형 ㉯ 스위블형
㉰ 루프형 ㉱ 벨로스형

해설 루프형 신축이음의 특징
① 고압용 배관에 적합하다.
② 고장이 적어 옥외 배관에 적당하다.
③ 설치장소를 많이 차지한다.
④ 응력을 수반하는 결점이 있다.
⑤ 허용길이가 가장 크다.

118. 보일러 증기 통로에 증기 트랩을 설치하는 주된 이유는?

㉮ 증기관의 신축작용을 방지하기 위하여
㉯ 증기관 속의 과다한 증기를 방출하기

정답 111. ㉯ 112. ㉮ 113. ㉱ 114. ㉱ 115. ㉯ 116. ㉯ 117. ㉰ 118. ㉰

위하여
㉰ 증기관 속의 응결수를 배출하기 위하여
㉱ 증기 속의 불순물을 제거하기 위하여

119. **다음 중 증기 트랩에 대한 설명으로 틀린 것은?**

㉮ 증기 트랩은 내구성이 있어야 한다.
㉯ 증기 트랩은 마모, 부식에 잘 견디며 마찰저항이 커야 한다.
㉰ 증기 트랩은 응축수를 배출할 목적으로 설치한다.
㉱ 증기 중에 공기가 있으면 증기의 분압이 저하되어 온도가 떨어지므로 증기 트랩이 필요하다.

해설 마찰저항이 적어야 하며 공기를 뺄 수 있는 구조여야 한다.

120. **다음의 트랩(trap) 중 증기 트랩의 종류가 아닌 것은?**

㉮ 버킷 트랩 ㉯ 플로트 트랩
㉰ 벨로스 트랩 ㉱ 벨 트랩

해설 증기 트랩(steam trap)의 종류
① 기계식 트랩 : 버킷식, 부표(플로트)식
② 온도조절식 트랩 : 바이메탈식, 벨로스식
③ 열역학적 트랩 : 오리피스식, 디스크식

121. **버킷 트랩은 어떤 종류의 트랩인가?**

㉮ 열역학적 트랩
㉯ 온도조절 트랩
㉰ 금속 팽창형 트랩
㉱ 기계적 트랩

122. **증기 트랩 중 온도의 변화에 따른 물질의 신축작용을 이용한 것은?**

㉮ 벨로스형 ㉯ 버킷형
㉰ 오리피스형 ㉱ 플로트형

해설 벨로스형과 바이메탈형이 있다.

123. **부력을 이용한 트랩은 무엇인가?**

㉮ 바이메탈식 ㉯ 벨로스식
㉰ 오리피스식 ㉱ 플로트식

해설 플로트(부표)식 트랩은 부표의 부력을 이용한 것이다.

124. **응축수(drain)의 양이 많은 곳에 적합하며, 일명 다량 트랩이라고도 하는 트랩은 무엇인가?**

㉮ 플로트식 ㉯ 바이메탈식
㉰ 디스크식 ㉱ 상향버킷식

해설 부표(float)식 트랩의 특징
① 다량의 드레인을 연속적으로 처리할 수 있다.
② 증기 누출이 거의 없다.
③ 장치는 수평으로 설치한다.
④ 가동 시 공기빼기를 할 필요가 없다.

125. **증기설비에 사용되는 증기 트랩으로 과열증기에 사용할 수 있고, 수격현상에 강하며 배관이 용이하나 소음발생, 공기장해, 증기누설 등의 단점이 있는 트랩은?**

㉮ 오리피스형 트랩
㉯ 디스크형 트랩
㉰ 벨로스형 트랩
㉱ 바이메탈형 트랩

해설 디스크형 트랩의 특징이다.

126. **일명 실로폰 트랩이라고도 부르며, 밸브 작동은 간헐적이고 저압용 방열기나 관말 트랩용으로 사용되는 트랩은 무엇인가?**

정답 119. ㉯ 120. ㉱ 121. ㉱ 122. ㉮ 123. ㉱ 124. ㉮ 125. ㉯ 126. ㉮

㉮ 열동식 트랩 ㉯ 버킷식 트랩
㉰ 플로트식 트랩 ㉱ 충격식 트랩

해설 열동식 트랩은 방열기에 사용되는 트랩이며, 벨로스의 신축을 이용한 것이다.

127. **다음 중 증기 트랩 설치 시 주의사항으로 틀린 것은?**

㉮ 트랩 앞에 반드시 여과기를 설치한다.
㉯ 반드시 바이패스관을 설치한다.
㉰ 설비의 배수위치보다 낮은 곳에 설치한다.
㉱ 설비와 트랩의 거리를 길게 한다.

해설 설비와 트랩의 거리를 짧게 하고 설비의 배수위치보다 낮은 곳에 설치해야 한다.

128. **다음 중 증기 트랩의 고장 탐지 방법이 아닌 것은?**

㉮ 작동음의 판단으로
㉯ 냉각 가열상태로
㉰ 청진기 사용으로
㉱ 보일러의 부하변동으로

해설 증기 트랩의 고장 탐지 방법
① 작동음의 판단으로
② 냉각 가열상태로 파악
③ 청진기 사용

129. **용기 내부에 증기 사용처의 증기압력 또는 열수온도보다 높은 압력과 온도의 포화수를 저장하여 증기부하를 조절하는 장치의 명칭은 무엇인가?**

㉮ 기수분리기
㉯ 스토리지 탱크
㉰ 스팀 어큐뮬레이터
㉱ 오토클레이브

해설 스팀 어큐뮬레이터(steam accumulator)는 저부하 시 잉여증기를 일시 저장하였다가 과부하 시 부족량을 보충하기 위한 장치이며, 송기 계통에 설치하는 변압식과 급수계통에 설치하는 정압식이 있다.

참고 ① 증기를 저장하는 매체는 물이다.
② 스토리지 탱크는 주기름저장 탱크이다.
③ 오토클레이브는 원료 또는 반제품을 투입하고 가열하는 압력용기이다.

130. **보일러 가동 중 저부하 시에 남은 잉여증기를 저장하였다가 과부하 시에 방출하여 증기 부족을 보충시키는 장치는?**

㉮ 증기축열기 ㉯ 오일프리히터
㉰ 스트레이너 ㉱ 공기예열기

해설 스팀 어큐뮬레이터(증기축열기) 장치에 대한 내용이다.

131. **보일러의 효율을 올리기 위한 3가지 부속장치는 무엇인가?**

㉮ 수면계, 압력계, 안전밸브
㉯ 절탄기, 공기예열기, 과열기
㉰ 버너, 댐퍼, 송풍기
㉱ 인젝터, 저수위 경보장치, 유인배풍기

해설 연소가스의 폐열(여열)을 이용하여 보일러 효율을 올려주는 특수 부속장치인 폐열 회수장치의 종류를 설치 순서대로(연소실 가까이에서부터) 나열하면, 과열기 → 재열기 → 절탄기 → 공기예열기 순이다.

132. **연료의 연소열을 이용하여 보일러 열효율을 증대시키는 부속장치로 거리가 가장 먼 것은?**

㉮ 과열기 ㉯ 공기예열기
㉰ 연료예열기 ㉱ 절탄기

해설 ㉮, ㉯, ㉱ 항 외에 재열기가 있다.

133. **보일러 효율을 증대시키기 위한 부속장치 중 일반적으로 증발관 바로 다**

정답 127. ㉱ 128. ㉱ 129. ㉰ 130. ㉮ 131. ㉯ 132. ㉰ 133. ㉱

음에 배치되는 것은?

㉮ 재열기 ㉯ 절탄기
㉰ 공기예열기 ㉱ 과열기

해설 수관식(관류식) 보일러의 설치 순서
① 증발관 → ② 과열기 → ③ 재열기 → ④ 절탄기 → ⑤ 공기예열기

134. 폐열 회수장치를 연소실로부터 설치할 때 옳은 순서는?

㉮ 절탄기 – 과열기 – 공기예열기
㉯ 공기예열기 – 절탄기 – 과열기
㉰ 과열기 – 공기예열기 – 절탄기
㉱ 과열기 – 절탄기 – 공기예열기

135. 폐열 회수장치 중 연돌 쪽에 가장 가까이 설치되는 것은?

㉮ 절탄기 ㉯ 과열기
㉰ 공기예열기 ㉱ 재열기

해설 연소실에서 연돌 쪽으로의 설치 순서
① 과열기 → ② 재열기 → ③ 절탄기 → ④ 공기예열기

136. 보일러에서 설치장소에 따른 과열기 종류가 아닌 것은?

㉮ 포화증기과열기
㉯ 복사과열기
㉰ 접촉과열기
㉱ 접촉복사과열기

해설 설치장소에 따른 과열기의 종류에는 ㉯, ㉰, ㉱ 항 3가지가 있다.

137. 증기과열기의 분류에서 증기와 연소가스의 흐름이 반대방향으로 지나면서 열교환이 되는 형은?

㉮ 병류형 ㉯ 혼류형
㉰ 복사대류형 ㉱ 향류형

해설 향류형(대향류형) 과열기에 대한 문제이다.

138. 과열기가 설치된 경우 과열증기의 온도 조절방법으로 틀린 것은?

㉮ 열가스량을 댐퍼로 조절하는 방법
㉯ 화염의 위치를 변환시키는 방법
㉰ 고온의 가스를 연소실 내로 재순환시키는 방법
㉱ 과열저감기를 사용하는 방법

해설 절탄기 출구 측 저온의 가스를 재순환시키는 방법이 있으며 과열저감기를 사용하는 방법이 가장 좋은 방법이다.

139. 보일러 부속장치 설명 중 틀린 것은?

㉮ 수트 블로어 – 전열면에 부착된 그을음 제거장치
㉯ 공기예열기 – 연소용 공기를 예열하는 장치
㉰ 증기축열기 – 증기의 과부족을 해소하는 장치
㉱ 절탄기 – 발생된 증기를 과열하는 장치

해설 절탄기(節炭器) = 이코노마이즈 = 급수예열기

140. 연도 내의 연소가스로 보일러 급수를 예열하는 장치는 무엇인가?

㉮ 재열기 ㉯ 과열기
㉰ 절탄기 ㉱ 예열기

해설 연소가스의 폐열(여열)로 급수를 예열하는 장치는 절탄기(節炭器, economizer)이다.

141. 절탄기에 열가스를 보낼 때 가장 주의할 점은 무엇인가?

㉮ 급수온도

정답 134. ㉱ 135. ㉰ 136. ㉮ 137. ㉱ 138. ㉰ 139. ㉱ 140. ㉰ 141. ㉯

㉯ 절탄기 내의 물의 움직임
㉰ 연소가스의 온도
㉱ 유리 수면계에서 물의 움직임

해설 절탄기 내에서 물의 유동이 없을 때 열가스를 보내면 절탄기 과열의 우려가 있으므로 열가스를 2차 연도(부연도)로 보내야 한다.

142. 다음 절탄기의 설명 중 틀린 것은?

㉮ 절탄기 외부에 고온부식이 발생할 수 있다.
㉯ 절탄기는 주철제와 강철제가 있다.
㉰ 연료소비량을 감소시킬 수 있다.
㉱ 연소가스의 마찰에 의한 통풍력 손실을 가져온다.

해설 연료 중의 바나듐(V) 성분에 의하여 과열기, 재열기에서 고온부식을 일으키고, 황(S) 성분에 의하여 절탄기, 공기예열기에서 저온부식을 일으킨다.

143. 다음 중 공기예열기의 종류에 속하지 않는 것은?

㉮ 전열식 ㉯ 재생식
㉰ 증기식 ㉱ 방사식

해설 공기예열기의 종류에는 전열식(강관형과 강판형), 증기식, 재생식(축열식)이 있다.

144. 다음 중 공기예열기에 대한 설명으로 옳지 못한 것은?

㉮ 보일러의 열효율을 향상시킨다.
㉯ 작은 공기비로 연소시킬 수 있다.
㉰ 연소실의 온도가 높아진다.
㉱ 통풍저항이 작아진다.

해설 폐열(여열) 회수장치를 설치함으로써(연도에) 통풍저항이 증대하여 통풍력을 감소시킨다.

참고 공기비란 이론공기량에 대한 실제공기량의 비를 말하며, 공기비의 식은 다음과 같다.

$$(m) = \frac{\text{실제공기량}}{\text{이론공기량}}$$

145. 수직의 다수 강관이나 주철관을 사용하여 연소가스는 관내를, 공기는 관 외부를 직각으로 흐르게 하여 관의 열전도로 공기를 가열하는 공기예열기는?

㉮ 판형 공기예열기
㉯ 회전식 공기예열기
㉰ 관형 공기예열기
㉱ 증기식 공기예열기

146. 보일러에 공기예열기를 설치했을 때 나타나는 현상이 아닌 것은?

㉮ 연소실 내 온도가 올라간다.
㉯ 연소효율이 증대된다.
㉰ 통풍저항이 증가한다.
㉱ 2차 공기량이 다소 증가한다.

해설 공기를 예열시켜 공급함으로써 연소용 공기인 2차 공기량을 다소 줄일 수 있다.

참고 1차 공기량은 연료의 무화용 공기이다.

147. 다음 중 전열식 공기예열기의 종류에 해당되는 것은?

㉮ 회전식 ㉯ 이동식
㉰ 강판형 ㉱ 고정식

해설 전열식에는 강관형과 강판형이 있으며 재생식(축열식)에는 회전식, 이동식, 고정식이 있다.

참고 재생식 공기예열기의 대표적인 것이 융스트룀식이다.

148. 보일러로부터 뽑혀지는 과열증기를 터빈용 또는 작업용 증기로서 가장 적

정답 142. ㉮ 143. ㉱ 144. ㉱ 145. ㉰ 146. ㉱ 147. ㉰ 148. ㉯

당한 온도로 정확하게 제어하기 위해서 사용되는 것은?

㉮ 과열기 ㉯ 과열 저감기
㉰ 재열기 ㉱ 절탄기

해설 과열 저감기는 보일러에서 뽑혀지는 과열증기를 터빈용 또는 작업용 증기로서 가장 적당한 온도로 정확하게 제어하기 위해서 사용되며, 표면냉각식, 혼합식으로 분류되며 냉각수는 순수한 물이어야 한다.

149. 다음 중 보일러 급수장치에 해당되지 않는 것은?

㉮ 원심펌프 ㉯ 워싱턴 펌프
㉰ 비수방지관 ㉱ 인젝터

해설 비수방지관은 송기장치이다.

150. 보일러 급수장치의 설명 중 옳은 것은?

㉮ 인젝터는 급수온도가 낮을 때는 사용하지 못한다.
㉯ 벌류트 펌프는 증기압력으로 구동되므로 별도의 동력이 필요 없다.
㉰ 응축수탱크는 급수탱크로 사용하지 못한다.
㉱ 급수내관은 안전 저수위보다 약 5 cm 아래에 설치한다.

해설 ① 인젝터는 급수온도가 높을 때 사용하지 못한다.
② 벌류트 펌프는 별도의 동력이 필요하다.
③ 응축수탱크는 급수탱크로 사용한다.

151. 급수밸브 및 체크밸브의 크기는 전열면적 10 m^2 이하의 보일러에서는 관의 호칭 (A) 이상, 10 m^2를 초과하는 보일러에서는 관의 호칭 (B) 이상의 것이어야 한다. (A), (B)에 알맞는 것은?

㉮ A : 10 A, B : 10 A
㉯ A : 15 A, B : 15 A
㉰ A : 15 A, B : 20 A
㉱ A : 15 A, B : 40 A

해설 급수밸브 및 체크밸브의 크기는 20 A 이상이어야 한다. 다만, 전열면적이 10 m^2 이하의 보일러에서는 15 A 이상으로 할 수 있다.

152. 최고사용압력 얼마 미만의 보일러에서는 급수장치의 급수관에 체크밸브를 생략해도 좋은가?

㉮ 1 MPa ㉯ 0.1 MPa
㉰ 0.5 MPa ㉱ 0.3 MPa

해설 보일러 동(드럼) 가까이에 급수정지밸브를, 이에 가까이에 체크밸브를 설치해야 하며, 최고사용압력이 0.1 MPa(1kgf/cm^2) 미만의 보일러에서는 체크밸브를 생략할 수 있다.

153. 보일러 급수펌프의 구비조건과 관계없는 것은?

㉮ 저부하에도 효율이 좋을 것
㉯ 고온, 고압에서 역전이 가능할 것
㉰ 부하변동에 대응할 수 있을 것
㉱ 회전식은 고속회전에 안전할 것

해설 역전(역회전)이 가능하지 말아야 한다.

154. 회전식(원심식) 펌프의 한 종류로서 중·고압 보일러의 급수용으로 사용되며 급수량이 많은 펌프는 무엇인가?

㉮ 벌류트 펌프 ㉯ 터빈 펌프
㉰ 플런저 펌프 ㉱ 위어 펌프

해설 회전식(원심식) 펌프에는 벌류트 펌프와 터빈 펌프가 있으며, 벌류트 펌프에는 가이드 베인(안내 날개=안내 깃)이 없고 저압, 저양정용이며, 터빈 펌프에는 가이

정답 149. ㉰ 150. ㉱ 151. ㉰ 152. ㉯ 153. ㉯ 154. ㉯

드 베인이 있고 중·고압용 및 고양정용으로 사용된다.

155. 다음 중 보일러 급수펌프 중 회전식(원심식)인 것은?

㉮ 워싱턴 펌프 ㉯ 위어 펌프
㉰ 플런저 펌프 ㉱ 벌류트 펌프

156. 보일러 급수설비 중 작동 시 전력을 필요로 하는 것은?

㉮ 터빈 펌프 ㉯ 인젝터
㉰ 환원기 ㉱ 워싱턴 펌프

157. 급수 시 프라이밍(priming)을 반드시 해 주고 가동을 해야 하는 펌프는 무엇인가?

㉮ 터빈 펌프 ㉯ 플런저 펌프
㉰ 워싱턴 펌프 ㉱ 위어 펌프

해설 원심식 펌프는 공회전을 방지하기 위하여 액을 채우는 작업, 즉 프라이밍 작업을 반드시 해 주어야 한다(특히, 벌류트 펌프).

158. 급수펌프 중 왕복식 펌프가 아닌 것은?

㉮ 피스톤 펌프 ㉯ 다이어프램 펌프
㉰ 터빈 펌프 ㉱ 플런저 펌프

해설 왕복식 펌프에는 피스톤 펌프, 다이어프램 펌프, 플런저 펌프가 있다.

159. 보일러 급수펌프인 터빈 펌프의 특징이 아닌 것은?

㉮ 효율이 높고 안정된 성능을 얻을 수 있다.
㉯ 구조가 간단하고 취급이 용이하므로 보수관리가 편리하다.
㉰ 토출 흐름이 고르고 운전상태가 조용하다.
㉱ 저속회전에 적합하며 소형 경량이다.

해설 고속회전에 적합하며 중·고압용 및 고양정용이다.

160. 플런저 펌프의 특징에 대한 설명으로 잘못된 것은?

㉮ 증기압을 이용하며, 고압용으로 적합하다.
㉯ 비교적 고점도의 액체 수송용으로 적합하다.
㉰ 유체의 흐름에 맥동을 가져온다.
㉱ 유량이 적고 압력이 높은 경우에 사용한다.

해설 증기압을 이용하지 않고 전동기를 사용한다.

161. 왕복동식 펌프이며 특수 약액, 불순물이 많은 유체를 이동하는 데 사용하는 펌프는?

㉮ 다이어프램 펌프
㉯ 터빈 펌프
㉰ 플런저 펌프
㉱ 피스톤(워싱턴 펌프)

162. 보일러 급수장치의 급수원리를 설명한 것으로 틀린 것은?

㉮ 환원기 : 수두압과 증기압력을 이용한 급수장치
㉯ 인젝터 : 보일러의 증기에너지를 이용한 급수장치
㉰ 워싱턴 펌프 : 전기 모터에 의해 왕복동으로 작동하는 피스톤을 이용한 급수장치
㉱ 회전펌프 : 날개의 회전에 의해 원심력을 이용한 급수장치

정답 155. ㉱ 156. ㉮ 157. ㉮ 158. ㉰ 159. ㉱ 160. ㉮ 161. ㉮ 162. ㉰

해설 워싱턴 펌프(피스톤 펌프)는 보일러의 증기에 의하여 피스톤을 이용한 급수장치이다.

163. **매초당 20 L의 물을 송출시킬 수 있는 급수펌프에서 양정이 7.5 m, 펌프 효율이 75 %일 경우 펌프의 소요동력은 몇 hp이어야 하는가?**

㉮ 0.27 hp ㉯ 2.67 hp
㉰ 3.25 hp ㉱ 4.34 hp

해설 $hp = \frac{\gamma QH}{75 \times \eta}$에서,

$$\frac{1000 \times \frac{20}{1000} \times 7.5}{75 \times 0.75} = 2.67 \text{ hp}$$

참고 물 1 m³=1000 L이며, 물의 비중량=1000 kg/m³이다.

164. **보일러 급수펌프(원심)를 설치하고자 한다. 유량(Q)이 0.5 m³/min, 양정(H)이 8 m, 펌프효율이 60 %일 때 소요동력은 몇 kW인가?**

㉮ 약 0.1 kW ㉯ 약 1.1 kW
㉰ 약 2.2 kW ㉱ 약 3.4 kW

해설 $kW = \frac{\gamma QH}{102 \times \eta}$ 에서,

$$\frac{1000 \times \frac{0.5}{60} \times 8}{102 \times 0.6} = 1.09 \text{ kW}$$

165. **펌프의 공동현상(cavitation)이 발생할 때의 설명으로 잘못된 것은?**

㉮ 양정이 상승한다.
㉯ 부식이 발생한다.
㉰ 운전 불능이 되기도 한다.
㉱ 소음, 진동이 발생한다.

해설 관 속으로 물이 흐를 때 어느 부분의 정압이 그때 물의 온도에 해당하는 증기압 이하로 되며, 부분적으로 증기가 발생하는 현상을 공동현상(cavitation)이라 하며 양정곡선과 효율곡선의 저하를 가져온다.

참고 (1) 서징(맥동) 현상이란 펌프 입·출구의 진공계, 압력계의 지침이 흔들리고 동시에 송출압력과 송출유량이 변하는 현상이다.
(2) 공동현상 방지법
① 펌프의 회전수를 낮춘다(유량속도 감소).
② 관경을 크게 하거나 굽힘을 작게 한다.
③ 펌프의 설치위치를 낮추어 흡입양정을 짧게 한다.
④ 2대 이상의 펌프를 사용한다.

166. **보일러의 급수내관에 대한 설명 중 틀린 것은?**

㉮ 열응력 팽창에 대한 관의 신축작용을 방지한다.
㉯ 급수를 산포시켜 보일러 동체의 부동팽창을 방지한다.
㉰ 급수가 급수내관을 통과하면서 예열된다.
㉱ 안전 저수위의 약 50 mm 정도 아래 위치에 설치한다.

해설 ㉮항은 신축이음장치에 대한 설명이다.

167. **보일러 동(胴) 내부에서 급수내관의 적당한 설치위치는?**

㉮ 보일러 안전 저수위보다 약간 낮은 곳
㉯ 수부(水部)와 증기부가 만나는 곳
㉰ 보일러 동 최하부
㉱ 보일러 안전 저수위보다 약간 높은 곳

해설 급수내관의 설치위치는 보일러 안전 저수위보다 50 mm 아래에 설치한다.

168. **인젝터(injector)의 동력은 무엇인가?**

㉮ 급수압 ㉯ 증기
㉰ 전기 ㉱ 공기

정답 163. ㉯ 164. ㉯ 165. ㉮ 166. ㉮ 167. ㉮ 168. ㉯

해설 인젝터는 증기의 분압을 이용한 보조급수장치이다.

참고 인젝터의 종류 : 메트로폴리탄형, 그레섬형

169. 다음 중 인젝터 구성 노즐에 해당되지 않는 것은?

㉮ 증기 노즐 ㉯ 혼합 노즐
㉰ 토출(분출) 노즐 ㉱ 급수 노즐

해설 증기 노즐에서 열에너지, 혼합 노즐에서 속도에너지, 토출 노즐에서 압력에너지가 형성된다.

170. 보일러의 급수장치에서 인젝터의 특징 설명으로 틀린 것은?

㉮ 구조가 간단하고 소형이다.
㉯ 급수량의 조절이 가능하고 급수효율이 높다.
㉰ 증기와 물이 혼합하여 급수가 예열된다.
㉱ 인젝터가 과열되면 급수가 곤란하다.

해설 급수량 조절이 어렵고 급수효율이 낮다.

171. 인젝터의 급수 불능 원인이 아닌 것은?

㉮ 증기압이 낮을 때
㉯ 급수온도가 낮을 때
㉰ 흡입관 내에 공기가 누입될 때
㉱ 인젝터가 과열되었을 때

해설 급수온도가 높을 때 작동불능이 된다.

172. 인젝터의 작동불량 원인과 관계가 없는 것은?

㉮ 부품이 마모되어 있는 경우
㉯ 내부 노즐에 이물질이 부착되어 있는 경우
㉰ 체크밸브가 고장 난 경우
㉱ 흡입관에 공기의 유입이 전혀 없는 경우

해설 흡입관에 공기가 유입하면 진공형성이 불가능하여 인젝터의 작동이 불량해진다.

173. 다음 중 인젝터의 가동 순서를 바르게 나열한 것은?

① 인젝터 핸들을 연다. ② 급수 흡수밸브를 연다. ③ 증기 정지밸브를 연다. ④ 인젝터 출구 측 정지밸브를 연다.

㉮ ①-②-③-④ ㉯ ③-②-①-④
㉰ ④-②-③-① ㉱ ②-④-③-①

해설 정지 순서 : ① 항 닫는다 → ② 항 닫는다 → ③ 항 닫는다 → ④ 항 닫는다.

174. 보일러수저 분출장치의 주된 기능으로 가장 올바른 것은?

㉮ 보일러 상부 수면에 떠 있는 유지분 등을 배출한다.
㉯ 보일러 동내 온도를 조절한다.
㉰ 보일러 하부에 있는 슬러지나 농축된 관수를 밖으로 배출한다.
㉱ 보일러에 발생한 수격작용을 위하여 응축수를 배출한다.

해설 ㉮ 항은 수면 분출장치의 기능이며, ㉰ 항은 수저 분출장치의 기능이다.

175. 보일러 분출장치의 주된 목적은 다음 중 무엇인가?

㉮ 보일러 내의 수위를 조절하기 위하여
㉯ 보일러수의 농축을 방지하기 위하여
㉰ 증기의 압력을 조절하기 위하여
㉱ 보일러 내의 청소를 쉽게 하기 위하여

해설 수저 분출장치는 침전물이나 농축수를 배출하는 것, 수면 분출장치는 유지분, 부

정답 169. ㉱ 170. ㉯ 171. ㉯ 172. ㉱ 173. ㉰ 174. ㉰ 175. ㉯

유물을 배출하는 것이 주목적이다.

176. 보일러 분출의 목적으로 잘못된 것은?

㉮ 관수의 농도를 한계치 이상으로 유지
㉯ 슬러지분의 배출
㉰ 관수의 신진대사 도모
㉱ 보일러 내부 스케일 부착방지

해설 관수의 농도를 한계치 이하로 유지시키는 데 있다.

177. 보일러 분출장치로서 연속 분출장치에 해당되는 것은?

㉮ 수면 분출장치
㉯ 수저 분출장치
㉰ 수중 분출장치
㉱ 압력 분출장치

해설 수면 분출장치는 연속 분출장치이고, 수저 분출장치는 단속 분출장치이다.

178. 보일러 분출작업 시 주의사항으로 옳지 않은 것은?

㉮ 분출작업이 끝날 때까지 다른 작업을 하지 않는다.
㉯ 분출작업은 2대의 보일러를 동시에 행하지 않는다.
㉰ 분출작업 종료 후는 분출밸브를 확실히 닫고 새지 않음을 확인한다.
㉱ 분출작업은 가급적 보일러 부하가 클 때 행한다.

해설 분출작업은 보일러 부하가 가장 작을 때 행해야 한다.

179. 보일러수(水)를 분출하는 경우가 아닌 것은?

㉮ 보일러수(水)가 농축되었을 때
㉯ 보일러수면에 부유물이 많을 때
㉰ 보일러 동(胴) 내면에 유지분이 부착되었을 때
㉱ 보일러수저에 슬러지가 퇴적하였을 때

해설 보일러 동(드럼) 내면에 부착된 유지분은 탄산소다 0.1%를 가하여 끓인다. 즉, 알칼리 세관을 해야 한다.

180. 보일러 분출장치의 설치목적과 무관한 것은?

㉮ 보일러 동 내의 불순물 제거
㉯ 발생증기의 압력 조절
㉰ 보일러수저의 슬러지 성분 배출
㉱ 보일러 관수의 pH 조절

181. 다음 중 분출 횟수로 맞는 것은 어느 것인가?

㉮ 1일 1회
㉯ 2일 1회
㉰ 3일 1회
㉱ 1주일 1회

해설 분출은 1일 1회 이상 실시한다.

182. 다음 중 분출방법에 관한 설명으로 틀린 것은?

㉮ 분출밸브나 콕은 서서히 연다.
㉯ 밸브와 콕이 병설 시에는 콕을 먼저 연다.
㉰ 2인 1조가 되어 분출작업을 행한다.
㉱ 분출량 결정은 보일러수의 농도 측정에 의한다.

해설 분출밸브와 콕은 급히 열어 농축수가 많이 배출되도록 한다.

183. 강철제 증기 보일러의 분출밸브 최

정답 176. ㉮ 177. ㉮ 178. ㉱ 179. ㉰ 180. ㉯ 181. ㉮ 182. ㉮ 183. ㉯

고사용압력은 최소 몇 MPa 이상이어야 하는가?

㉮ 0.5 MPa ㉯ 0.7 MPa
㉰ 1.3 MPa ㉱ 1.9 MPa

해설 분출밸브는 보일러 최고사용압력의 1.25배 또는 1.5 MPa를 더한 압력 중 작은 쪽의 압력에 견디고 어떠한 경우에도 0.7 MPa 이상의 압력에는 견디는 것이어야 한다.

참고 주철제는 최고사용압력 1.3 MPa 이하, 흑심 가단 주철제는 1.9 MPa 이하의 보일러에 사용할 수 있다.

184. 보일러의 분출을 행하는 시기로 적합하지 않은 것은?

㉮ 불순물이 완전히 침전되었을 때 행한다.
㉯ 불때기 직전에 행한다.
㉰ 야간에 쉬는 보일러는 아침 조업 직전에 행한다.
㉱ 연속 사용되는 보일러는 부하가 가장 클 때 행한다.

해설 부하(負荷)가 가장 작을 때 분출을 해야 한다.

185. 보일러 전열면의 외측에 부착되는 그을음이나 재를 불어내는 장치는?

㉮ 수트 블로어 ㉯ 어큐뮬레이터
㉰ 기수 분리기 ㉱ 사이클론 분리기

해설 soot blower = 그을음 제거기

186. 매연분출장치에서 보일러의 고온부인 과열기나 수관부용으로 고온의 열가스 통로에 사용할 때만 사용되는 매연분출장치는?

㉮ 정치 회전형
㉯ 롱 레트랙터블형
㉰ 쇼트 레트랙터블형
㉱ 이동 회전형

해설 매연분출장치(수트 블로어 : soot blower)의 종류 및 용도

① 롱 래트랙터블형(장발형) : 고온부인 과열기나 수관 등 고온의 열가스 통로 부분에 사용한다.
② 쇼트 래트랙터블형(단발형) : 연소실 노벽 등에 타고 남은 연사(찌꺼기)가 많은 곳에 사용된다.
③ 로터리형(정치회전형) : 보일러 전열면, 절탄기 같은 곳에 사용한다.
④ 에어히터 클리너(공기예열기 클리너) : 관형 공기예열기용으로 사용한다.
⑤ 건형 : 미분탄 및 폐열 보일러와 같은 연재가 많은 보일러에 사용한다.

187. 주로 보일러 전열면이나 절탄기에 고정 설치해 두며 분사관은 다수의 작은 구멍이 뚫려 있고 이곳에서 분사되는 증기로 매연을 제거하는 것으로서 분사관은 구조상 고온가스의 접촉을 고려해야 하는 매연분출장치는?

㉮ 롱 레트랙터블형
㉯ 쇼트 레트랙터블형
㉰ 정치 회전형
㉱ 공기예열기 클리너

188. 다음 중 미분탄 및 폐열 보일러와 같은 연재가 많은 보일러에 사용되는 수트 블로어는?

㉮ 정치 회전형 ㉯ 장발형
㉰ 단발형 ㉱ 건형

해설 문제 186 해설 참조.

189. 다음 중 수트 블로어의 분사형식이 아닌 것은?

정답 184. ㉱ 185. ㉮ 186. ㉯ 187. ㉰ 188. ㉱ 189. ㉱

㉮ 증기 분사식
㉯ 물 분사식
㉰ 공기 분사식
㉱ 기름 분사식

해설 분사형식에는 ㉮, ㉯, ㉰ 항이 있다.

190. **수트 블로어에 관한 설명으로 잘못 된 것은?**

㉮ 전열면 외측의 그을음 등을 제거하는 장치이다.
㉯ 분출기 내의 응축수를 배출시킨 후 사용한다.
㉰ 블로어 시에는 댐퍼를 열고 흡입통풍을 증가시킨다.
㉱ 부하가 50 % 이하인 경우에만 블로어 한다.

해설 부하가 50 % 이하인 경우에는 수트 블로어 사용을 금한다.

191. **수트 블로어(soot blower) 시 주의 사항으로 틀린 것은?**

㉮ 한 장소에서 장시간 불어대지 않도록 한다.
㉯ 그을음을 제거할 때에는 연소가스온도나 통풍손실을 측정하여 효과를 조사한다.
㉰ 그을음을 제거하는 시기는 부하가 가장 무거운 시기를 선택한다.
㉱ 그을음을 제거하기 전에 반드시 드레인을 충분히 배출하는 것이 필요하다.

해설 그을음(수트)을 제거하는 시기는 부하(負荷)가 가장 가벼울 때 선택하고 소화한 직후에 고온 연소실 내에서 하면 안 된다.

정답 190. ㉱ 191. ㉰

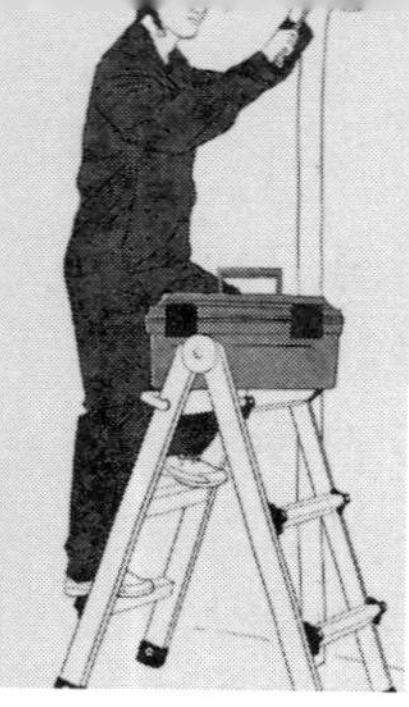

제 4 장 보일러 열효율 및 열정산

1. 보일러 열효율

(1) 증기 보일러 용량 표시 방법

① 매시 최대증발량(kg/h, t/h)
② 상당(환산)증발량(kg/h)
③ 최고사용압력(MPa)
④ 보일러 마력(B-HP)
⑤ 전열면적(m^2)
⑥ 과열증기온도(K)
⑦ 매시 실제증발량(kg/h, t/h)

참고

① **가장 많이 사용하는 방법 :** 매시 실제증발량(t/h, kg/h), 상당증발량(kg/h)
② **온수 보일러 용량 표시 방법 :** 매시 최대 열출력(kcal/h, MW)

(2) 상당 (환산 = 기준) 증발량

상당증발량이란 표준기압(760 mmHg) 하에서 100℃ 포화수를 같은 온도의 포화증기로 1시간 동안 변화시키는 증발량(kg)을 말하며, 상당(환산) 증발량을 G_e [kg/h], 매시 실제증발량을 G_a [kg/h], 발생증기의 엔탈피를 h_2 [kcal/kg], 급수의 엔탈피를 h_1 [kcal/kg], 표준기압 하에서 물의 증발잠열을 539 kcal/kg이라 하면 $G_e = \frac{G_a(h_2 - h_1)}{539}$[kg/h]이다. 또한, 증발계수(증발력) = $\frac{h_2 - h_1}{539}$ 이다.

참고

매시 실제증발량 G_a [kg/h] 는 급수량(kg/h) 으로 산정하며 급수 엔탈피는 급수온도로 알 수 있다.

(3) 보일러 마력

보일러 마력의 정의는 다음과 같다.

① 1 보일러 마력은 4.9 kgf/cm^2·atg(게이지압) 하에서 급수온도 37.8℃에서 시간당 증발량이 13.6 kg의 능력을 갖는 보일러

② 표준상태(0℃, 760 mmHg)에서 100℃의 물 15.65 kg을 1시간 동안 같은 온도인 증기로 바꿀 수 있는 능력을 갖는 보일러

③ 상당(환산) 증발량 값이 15.65 kg/h인 보일러

참고

① 증기 보일러 열출력 = 상당증발량×539 kcal/kg

∴ 1 보일러 마력의 열출력 = 15.65×539 = 8435 kcal/h

② 보일러 마력 $= \dfrac{\text{상당(환산)증발량}}{15.65}$ [보일러 마력]

(4) 전열면 증발률 (=증발률)

전열면 1 m^2 당 1시간 동안의 증발량(kg)을 말한다.

$$\text{증발률} = \frac{\text{매시 실제증발량(kg/h)}}{\text{전열면적}(m^2)} \ [kg/m^2 \cdot h]$$

(5) 증발배수 (실제 증발배수)와 상당 (환산) 증발배수

① 증발배수(실제 증발배수) $= \dfrac{\text{매시 실제증발량(kg/h)}}{\text{매시 연료소모량(kg/h)}}$ [kg/kg 연료][kg/Nm^3 연료]

② 환산(상당) 증발배수 $= \dfrac{\text{환산(상당)증발량(kg/h)}}{\text{매시 연료소모량(kg/h)}}$ [kg/kg 연료][kg/Nm^3 연료]

(6) 화격자 연소율

화격자 단위면적 1 m^2 당 매시 연료(석탄)의 사용량을 말한다.

$$\text{화격자 연소율} = \frac{\text{매시 석탄사용량(kg/h)}}{\text{화격자 면적}(m^2)} \ [kg/m^2 \cdot h]$$

(7) 버너 연소율

$$\text{버너 연소율} = \frac{\text{전 연료사용량(kg)}}{\text{버너 가동시간(h)}} \ [kg/h]$$

(8) 연소실 열발생률

연소실 열발생률을 연소실 열부하라고도 하며, 연소실 용적을 $V[m^3]$, 연료의 저위발열량을 H_l [kcal/kg], 매시 연료사용량을 G_f [kg/h] 라고 하면,

$$\text{연소실 열발생률} = \frac{G_f \times (H_l + \text{공기의 현열} + \text{연료의 현열})}{V} \ [kcal/m^3 \cdot h]$$

(9) 보일러 열출력

매시 실제증발량을 G_a [kg/h], 발생증기의 엔탈피를 h_2 [kcal/kg], 급수의 엔탈피를 h_1 [kcal/kg], 상당(환산)증발량을 G_e [kg/h]라고 하면,

$$\text{증기 보일러의 열출력} = G_a(h_2 - h_1) = G_e \times 539\,\text{kcal/h}$$

매시 온수발생량 G [kg/h], 보일러 출구 측 온수온도 t_2 [℃], 보일러 입구 측 온수온도 t_1 [℃], 온수의 평균비열 H_c[kcal/kg·℃] 라고 하면,

$$\text{온수 보일러의 열출력} = G \times H_c \times (t_2 - t_1)[\text{kcal/h}]$$

(10) 보일러 부하율

$$\text{보일러 부하율} = \frac{\text{매시 실제증발량(kg/h)}}{\text{매시 최대증발량(kg/h)}} \times 100\,\%$$

(11) 보일러 효율

① **열 계산 기준 :** 보일러 효율 시험 시 열 계산 기준은 다음과 같다.

㈎ 측정시간은 2시간 이상으로 하되, 측정은 10분마다 한다.

㈏ 열 계산은 사용한 연료 1 kg에 대하여 한다.

㈐ 연료의 발열량은 (B－C 유) 9750 kcal/kg으로 한다.

㈑ 연료의 비중은 0.963으로 한다.

㈒ 측정 시 압력변동은 ±7 % 이내로 한다.

② **보일러 효율을 구하는 방법**

㈎ $\text{연소효율} = \dfrac{\text{연소실에서 실제 발생한 열량}}{\text{매시 연료사용량} \times \text{연료의 저위발열량}} \times 100\,\%$

㈏ $\text{전열효율} = \dfrac{\text{열출력(발생증기가 보유한 열량)}}{\text{연소실에서 실제 발생한 열량}} \times 100\,\%$

$$= \frac{G_a(h_2 - h_1)}{\text{실제 발생한 열량}} \times 100\,\%$$

㈐ 보일러 효율＝연소효율×전열효율

㈑ $\eta = \dfrac{G_a(h_2 - h_1)}{G_f \times H_l} \times 100\,\%$

여기서, G_a : 매시 실제증발량(kg/h)

h_2 : 발생증기의 엔탈피(kcal/kg)

h_1 : 급수의 엔탈피(kcal/kg)

G_f : 매시 연료사용량(kg/h)

H_l : 연료의 저위발열량(kcal/kg)

(마) ㉮ 상당(환산) 증발량(kg/h) 값으로 보일러 효율(η)을 구하는 식

매시 실제증발량 G_a [kg/h], 발생증기의 엔탈피 h_2 [kcal/kg], 급수 엔탈피 h_1 [kcal/kg], 매시 연료사용량 G_f [kg/h], 연료의 저위발열량 H_l [kcal/kg] 이라면 보일러 효율 $\eta = \dfrac{G_a(h_2 - h_1)}{G_f \times H_l} \times 100\%$ 이며, 상당(환산)증발량 G_e 에 의한 보일러 효율(η)을 구하는 식은 $\eta = \dfrac{G_e \times 539}{G_f \times H_l} \times 100\%$ 이다.

㉯ 열정산에서 보일러 효율을 구하는 식

㉠ 입·출열법에 의한 보일러 효율식 $\eta = \dfrac{\text{유효출열}}{\text{총입열}} \times 100\%$

㉡ 열손실법에 의한 보일러 효율식 $\eta = \left(\dfrac{\text{총입열} - \text{손실출열합}}{\text{총입열}}\right) \times 100\%$

$$= \left(1 - \dfrac{\text{손실출열합}}{\text{총입열}}\right) \times 100\%$$

2. 보일러 열정산

2-1 열정산의 개요

(1) 열정산의 정의

열정산(heat balance)이란 열장치에 공급된 열량(총입열)과 소비된 열량(출열)과의 관계를 명백히 하는 것이며, 어떠한 경우에도 입열의 총량과 출열의 총량은 같아야 한다.

참고

열정산의 목적

① 열의 손실을 파악하기 위하여 ② 열설비 성능(보일러 효율)을 파악하기 위하여
③ 열의 행방을 파악하기 위하여 ④ 조업 방법을 개선하고 연료의 경제를 도모하기 위하여

(2) 열정산의 기준

① **시험부하 :** 열정산은 보일러의 실용적 또는 정상 조업상태에 있어서 적어도 2시간 이상의 운전 결과에 따른다. 시험부하는 정격부하로 하고 필요에 따라 $\frac{3}{4}$, $\frac{1}{2}$, $\frac{1}{4}$ 등의 부하로 시행한다.

② **운전상태의 결정 :** 보일러의 열정산 시험을 시행할 경우에는 미리 보일러 각부를 점검

하고 연료, 증기 또는 물의 누설이 없는가를 확인한다. 시험 중에는 원칙적으로 블로잉, 매연 제거 등 강제통풍을 하지 않고 안전밸브는 열지 않는 운전상태를 설정한다. 만약 안전밸브가 열릴 때는 시험을 다시 한다.

③ **시험용 보일러 :** 시험은 시험용 보일러를 다른 보일러와 무관한 상태에서 시행한다.

④ **단위 :** 열정산은 사용 시의 연료단위량, 즉 고체 및 액체 연료의 경우는 1 kg, 기체 연료의 경우는 온도 0℃, 압력 1013 mb로 환산한 1 m^3에 대하여 실시한다. 또한, 고체, 액체 또는 기체 연료 등 어느 것을 표시하는 경우에는 1 kg(Nm^3)으로 기입한다.

⑤ **발열량 :** 발열량은 원칙적으로 사용 시의 고발열량으로 한다. 저발열량을 사용하는 경우에는 기존 발열량을 분명하게 명기해야 한다.

⑥ **기준온도 :** 열정산의 기준온도는 시험 시의 외기온도로 한다(편의상 0℃를 기준).

⑦ **보일러의 표준범위 :** 보일러의 표준범위는 아래 그림과 같다. 과열기, 재열기, 절탄기 및 공기예열기를 갖는 보일러는 그 보일러에 포함된다. 다만, 당사자 간의 협정에 의해 표준범위를 변경해도 된다.

⑧ **공기 :** 원칙적으로 수증기를 포함하는 것으로 하고, 단위량은 1 Nm^3/kg(Nm^3) 연료로 표시한다.

⑨ **보일러 효율의 정산방식**

㈎ 입·출열법에 따른 효율 $\eta_1 = \left(\dfrac{\text{유효출열}}{\text{입열}}\right) \times 100\%$(직접 열정산)

㈏ 열손실법에 따른 효율 $\eta_2 = \left(1 - \dfrac{\text{손실열}}{\text{입열}}\right) \times 100\%$(간접 열정산)

⑩ 온수 보일러의 열정산 방식은 증기 보일러의 경우에 따른다.

⑪ 증기 보일러 열출력 평가의 경우 시험 압력은 보일러 설계 압력의 80% 이상에서 시험한다.

2-2 열정산의 계산방법

(1) 보일러 열정산 시 입열 항목

① **연료의 발열량 :** 연료 1 kg이 완전연소 시 발생되는 열로서 H_l로 표시하며 입열(input heat) 항목 중 가장 크다. 또한 연료의 연소열($H_l \times G_f$) 도 입열 항목이다.

② **연료의 현열 :** 연료를 외기온도 이상으로 가열하였을 경우에 보유한 열이며, $C_f \times (t_2 - t_1)$로 구한다.

여기서, C_f : 연료의 비열(고체 및 액체 연료인 경우에는 kcal/kg·℃ 기체 연료인 경우에는 kcal/Nm^3·℃)

t_2 : 연료의 예열온도(℃)

t_1 : 외기온도(℃)

③ **공기의 현열 :** 연소용 공기를 외기온도 이상으로 가열했을 경우에 보유한 열이며, $A \times C_p \times (t_2 - t_1)$으로 구한다.

여기서, A : 연료 연소 시 실제공기량(Nm³/kg)

C_p : 공기의 비열(kcal/Nm³·℃)

t_2 : 공기의 예열온도(℃)

t_1 : 외기온도(℃)

④ **노내 분입증기의 보유열 :** 연료 연소 시 노내로 분입되는 증기가 보유하는 열이며, $G_w \times (h_2 - h_1)$으로 구한다.

여기서, G_w : 연료 1 kg 연소 시 분입증기량(kg/kg)

h_2 : 분입증기의 엔탈피(kcal/kg)

h_1 : 외기온도에서 증기의 엔탈피(kcal/kg)

(2) 유효출열과 손실출열

출열(output heat)에는 유효출열(발생증기의 보유열)과 손실출열이 있으며, 입열의 합계와 출열의 합계는 같다.

① 유효출열

㈎ 증기 보일러인 경우 : $G_a(h_2 - h_1)$ [kcal/kg]

여기서, G_a : 연료 1 kg당 증기발생량(kg/kg)

h_2 : 발생증기의 엔탈피(kcal/kg)

h_1 : 급수의 엔탈피(kcal/kg)

㈏ 온수 보일러인 경우 : $G_w \times C_w \times (t_i - t_o)$ [kcal/kg]

여기서, G_w : 연료 1 kg당 온수발생량(kg/kg)

C_w : 온수의 비열(kcal/kg·℃)

t_i : 보일러 출구 측 온수온도(℃)

t_o : 보일러 입구 측 급수온도(℃)

② 손실출열 항목

㈎ 배기가스의 보유열 : 배기가스가 보유하는 열이며 손실출열 항목 중 가장 크며, $G_g \times C_{pg} \times (t_g - t_o)$으로 구한다.

여기서, G_g : 연료 1 kg 연소 시 실제 습연소가스량(Nm³/kg)

C_{pg} : 배기가스의 비열(kcal/Nm³·℃)

t_g : 배기가스의 온도(℃)

t_o : 외기온도(℃)

참고

배기가스 온도와 가스 중 CO_2 [%]를 알면 간이식으로 다음과 같이 구할 수 있다.

① 액체 연료 $= 0.59 \times \dfrac{(t_g - t_o)}{CO_2[\%]}[\%]$

② 고체 연료 $= 0.68 \times \dfrac{(t_g - t_o)}{CO_2[\%]}[\%]$

(나) 불완전연소에 의한 열손실 : 연료의 불완전연소에 의하여 생긴 배기가스 중의 CO 1 Nm^3의 발열량을 알면 $G_s \times \dfrac{CO}{100} \times 3035$ kcal/kg으로 구한다.

여기서, G_s : 연료 1 kg 연소 시 건배기가스량(Nm^3/kg)
CO : 배기가스 중 CO량(%)

참고

$CO + \dfrac{1}{2}O_2 \rightarrow CO_2 + 68000$ kcal / kmol 에서,

CO 1 Nm^3 당 발열량 $= \dfrac{68000}{22.4} = 3035$ kcal/Nm^3

(다) 미연분에 의한 열손실 : 연료 1 kg 연소 시 미연탄소분에 의한 손실열을 말하며, $8100 \times \dfrac{C \times A}{1 - C_a}$로 구한다.

여기서, C : 연료 1 kg 중의 탄소분(kg)
A : 연료 1 kg 중의 회분(kg)
C_a : 탄 찌꺼기 1 kg 중의 탄소분(kg)

참고

탄소 1 kg의 발열량은 8100 kcal이다.

(라) 이외에도 방사전도에 의한 열손실이 있다.

참고

① 매시 실제증발량은 급수량으로 산정하며 급수량을 측정할 때 허용오차는 ±1.0 %이다.
② 연료사용량 측정 시 허용오차
(가) 고체 연료 : ±1.5 %
(나) 액체 연료 : ±1.0 %
(다) 기체 연료 : ±1.6 %

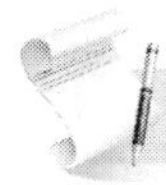

예·상·문·제

1. 증기 보일러 용량 표시방법이 아닌 것은?

㉮ 상당증발량 ㉯ 연료사용량
㉰ 보일러 마력 ㉱ 전열면적

해설 증기 보일러의 용량 표시 방법
① 최대 연속증발량
② 매시 실제증발량(가장 많이 사용)
③ 상당(환산)증발량
④ 보일러 마력
⑤ 전열면적
⑥ 최고사용압력
⑦ 과열증기온도(과열기 설치 시)

2. 증기 보일러의 용량 표시방법으로 일반적으로 가장 많이 사용되는 것은?

㉮ 전열면적
㉯ 상당증발량
㉰ 보일러 마력
㉱ 발열량

해설 증기 보일러의 용량(능력) 표시 방법 중 가장 많이 사용하는 것은 매시간당 실제증발량(kg/h, t/h)과 상당(환산)증발량(kg/h)이다.

참고 매시 실제증발량은 매시 급수량으로 산정한다.

3. 온수 보일러의 용량을 나타내는 단위로 가장 적합한 것은?

㉮ 단위시간당 발열량(kcal/h)
㉯ 단위시간당 온수공급량(kg/h)
㉰ 전열면적(m^2)
㉱ 단위시간당 연료사용량(kg/h)

해설 온수 보일러에서 1시간 동안 온수가 가지고 나오는 총열량(kcal/h)으로 용량을 나타낸다.

4. 어떤 보일러의 시간당 발생증기량을 G_a, 발생증기의 엔탈피를 i'', 급수의 엔탈피를 i'라 할 때 다음 식 $\left(\dfrac{G_a(i''-i')}{539}\right)$으로 표시되는 값은?

㉮ 증발률 ㉯ 보일러 마력
㉰ 연소효율 ㉱ 상당증발량

해설 ① 증발률(전열면 증발률)

$$=\frac{\text{매시 실제증발량(kg/h)}}{\text{전열면적}(\text{m}^2)}[\text{kg/h}\cdot\text{m}^2]$$

② 상당(환산=기준) 증발량

$$=\frac{\left[\begin{array}{l}\text{매시 실제증발량}\times\\ (\text{발생증기 엔탈피}-\text{급수 엔탈피})\end{array}\right]}{539}[\text{kg/h}]$$

③ 보일러 마력

$$=\frac{\text{상당(환산)증발량(kg/h)}}{15.65[\text{kg/h}]}$$

5. 1기압 하에서 100℃의 포화수를 같은 온도의 포화증기로 몇 kg을 변화할 수 있느냐 하는 기준 값으로 환산한 것을 무엇이라 하는가?

㉮ 증발계수 ㉯ 상당증발량
㉰ 증발배수 ㉱ 전열면 열부하

6. 보일러의 상당증발량 계산식에 필요한 값에 해당되지 않는 것은?

㉮ 실제 증발량 값
㉯ 보일러의 효율 값
㉰ 증기의 엔탈피 값
㉱ 급수의 엔탈피 값

해설 상당증발량 =

$$\frac{\left[\begin{array}{l}\text{매시 실제증발량}\times\\ (\text{증기의 엔탈피}-\text{급수의 엔탈피})\end{array}\right]}{539(\text{kcal/kg})}[\text{kg/h}]$$

정답 1. ㉯ 2. ㉯ 3. ㉮ 4. ㉱ 5. ㉯ 6. ㉯

7. 보일러의 매시 증발량이 7 t/h, 발생증기의 엔탈피가 640 kcal/kg, 급수의 엔탈피가 40 kcal/kg일 때의 상당증발량 G_e [kg/h]는 얼마인가?

㉮ 6088 ㉯ 7088
㉰ 7792 ㉱ 8092

해설

$$G_e = \frac{7 \times 1000 \times (640 - 40)}{539} = 7792.2\,\text{kg/h}$$

참고 ① 위의 문제에서 보일러 마력

$$= \frac{7 \times 1000 \times (640 - 40)}{539 \times 15.65} = 498(\text{보일러 마력})$$

② 위의 문제에서 증발계수(증발력)

$$= \frac{640 - 40}{539} = 1.11$$

8. 급수온도가 25℃, 발생증기의 엔탈피가 665 kcal/kg, 상당증발량이 5930 kg/h일 때 매시 실제증발량은 얼마인가?

㉮ 5747.62 kg/h ㉯ 3955.46 kg/h
㉰ 6747.62 kg/h ㉱ 4994.17 kg/h

해설 상당증발량(G_e) $= \dfrac{G_a(h_2 - h_1)}{539}$에서,

∴ 실제증발량(G_a)

$$= \frac{G_e \times 539}{(h_2 - h_1)} = \frac{5930 \times 539}{665 - 25}$$

$= 4994.17$ kg/h

9. 어떤 보일러에서 포화증기 엔탈피가 632 kcal/kg인 증기를 매시 150 kg을 발생하며, 급수 엔탈피가 22 kcal/ kg, 매시 연료소비량이 800 kg이라면 이때의 증발계수는 약 얼마인가?

㉮ 1.01 ㉯ 1.13
㉰ 1.24 ㉱ 1.35

해설 증발계수(증발력) $= \dfrac{(632 - 22)}{539} = 1.13$

10. 1 보일러 마력에 대한 설명으로 맞는 것은?

㉮ 0℃의 물 539 kg을 1시간에 100℃의 증기로 바꿀 수 있는 능력이다.
㉯ 100℃의 물 539 kg을 1시간에 같은 온도의 증기로 바꿀 수 있는 능력이다.
㉰ 100℃의 물 15.65 kg을 1시간에 같은 온도의 증기로 바꿀 수 있는 능력이다.
㉱ 0℃의 물 15.65 kg을 1시간에 100℃의 증기로 바꿀 수 있는 능력이다.

해설 1 atm 하에서 100℃의 물 15.65 kg을 1시간 동안에 같은 온도의 포화증기로 바꿀 수 있는 능력의 보일러는 1 보일러 마력이다.

11. 보일러 1마력일 때 상당(환산) 증발량 값은 얼마인가?

㉮ 15.65 kg/h ㉯ 27.56 kg/h
㉰ 52.25 kg/h ㉱ 539.0 kg/h

12. 1 보일러 마력을 열량으로 환산하면 몇 kcal/h인가?

㉮ 15.65 kcal/h ㉯ 8435 kcal/h
㉰ 539 kcal/h ㉱ 639 kcal/h

해설 열출력
=상당증발량(kg/h)×539 kcal/kg
=15.65 kg/h×539 kcal/kg
=8435 kcal/h

13. 어떤 보일러의 용량이 10 hp이다. 이것을 열량으로 환산하면 약 얼마인가?

㉮ 8440 kcal/h ㉯ 89400 kcal/h
㉰ 84350 kcal/h ㉱ 81790 kcal/h

해설 15.65 kg/h×539 kcal/kg×10 hp
= 84350 kcal/h

정답 7. ㉰ 8. ㉱ 9. ㉯ 10. ㉰ 11. ㉮ 12. ㉯ 13. ㉰

14. 다음 중 보일러 1마력에 대한 설명으로 옳은 것은?

㉮ 1 atm에서 0℃의 물 1 kg을 1시간에 증기로 바꿀 수 있는 능력
㉯ 1 atm에서 100℃의 물 1 kg을 1시간에 증기로 바꿀 수 있는 능력
㉰ 1 atm에서 20℃의 물 1 kg을 1시간에 증기로 바꿀 수 있는 능력
㉱ 상당증발량이 15.65 kg/h인 보일러

해설 보일러 1마력일 때 상당증발량

$$= \frac{13.6(658.1 - 37.8)}{539} = 15.65\ \text{kg/h}$$

15. 15℃의 물을 보일러에 급수하여 엔탈피 655.15 kcal/kg인 증기를 한 시간에 150 kg을 만들 때의 보일러 마력은 얼마인가?

㉮ 10.29 마력 ㉯ 11.38 마력
㉰ 13.64 마력 ㉱ 19.25 마력

해설 보일러 마력

$$= \frac{\text{상당증발량}}{15.65} = \frac{G_a(h_2 - h_1)}{539 \times 15.65}$$

$$= \frac{150 \times (655.15 - 15)}{539 \times 15.65} = 11.38(\text{보일러 마력})$$

16. 증발률의 단위로 맞는 것은?

㉮ kg/m² ㉯ kg/h·m²
㉰ kcal/m² ㉱ kcal/h·m²

해설 증발률(= 전열면 증발률)

$$= \frac{\text{매시 실제증발량(kg/h)}}{\text{전열면적}(m^2)} [\text{kg/h}\cdot\text{m}^2]$$

17. 어떤 보일러의 증발량이 50 t/h이고, 보일러 본체의 전열면적이 730 m²일 때 보일러 전열면의 증발률은 약 얼마인가?

㉮ 68.5 kg/h·m²
㉯ 49.4 kg/h·m²
㉰ 14.6 kg/h·m²
㉱ 43.7 kg/h·m²

해설 $\frac{50 \times 1000}{730} = 68.49\ \text{kg/h}\cdot\text{m}^2$

18. 보일러의 성능에 관한 설명으로 틀린 것은?

㉮ 연소실로 공급된 연료가 완전연소 시 발생된 열량과 드럼 내부에 있는 물이 그 열을 흡수하여 증기를 발생하는데 이용된 열량과의 비율을 보일러 효율이라 한다.
㉯ 전열면 1m²당 1시간 동안 발생되는 증발량을 상당증발량으로 표시한 것을 증발률이라고 한다.
㉰ 27.25 kg/h의 상당증발량을 1 보일러 마력이라 한다.
㉱ 상당증발량 G_e와 실제증발량 G_a의 비, 즉 $\frac{G_e}{G_a}$를 증발계수라고 한다.

해설 15.65 kg/h의 상당증발량을 1 보일러 마력이라 한다.

19. 어떤 보일러의 증발량이 50 t/h이고, 보일러 본체의 접촉 전열면적이 630 m²이며 노내 방사(복사) 전열면적이 100 m²일 때 보일러의 증발률은 얼마인가?

㉮ 68.5 kg/h·m²
㉯ 49.4 kg/h·m²
㉰ 14.6 kg/h·m²
㉱ 49.7 kg/h·m²

해설 $\frac{50 \times 1000}{630 + 100} = 68.49\ \text{kg/h}\cdot\text{m}^2$

참고 전열면적 = 접촉 전열면 + 복사 전열면

정답 14. ㉱ 15. ㉯ 16. ㉯ 17. ㉮ 18. ㉰ 19. ㉮

20. 어떤 보일러의 실제증발량이 3000 kg/h, 증기의 엔탈피가 670 kcal/kg, 급수의 엔탈피가 20 kcal/kg, 연료사용량이 200 kg/h이었다. 증발배수는 몇 kg/kg 인가?

㉮ 1.2 kg/kg ㉯ 3.25 kg/kg
㉰ 15 kg/kg ㉱ 3617 kg/kg

해설 증발배수(= 실제 증발배수)

$$= \frac{\text{매시 실제증발량(kg/h)}}{\text{매시 연료사용량(kg/h)}} = \frac{3000}{200} = 15 \text{ kg/kg}$$

참고 위의 문제에서 환산(상당) 증발배수를 구하면, 환산(상당) 증발배수

$$= \frac{\text{환산(상당)증발량(kg/h)}}{\text{매시 연료사용량(kg/h)}} = \frac{3000(670-20)}{539 \times 200} = 18.09 \text{ kg/kg}$$

21. 매시 증발량 2500 kg, 발생증기의 엔탈피 640 kcal/kg, 급수의 엔탈피 40 kcal/kg, 전열면적이 40 m^2 일 때 전열면 열부하는 얼마인가?

㉮ 40000 kcal/h · m^2
㉯ 375000 kcal/h · m^2
㉰ 400000 kcal/h · m^2
㉱ 37500 kcal/h · m^2

해설 전열면 열부하(열발생률)

$$= \frac{G_a(h_2 - h_1)}{\text{전열면적}} \text{ [kcal/h·m}^2\text{] 에서,}$$

$$\therefore \text{ 전열면 열부하} = \frac{2500 \times (640-40)}{40} = 37500 \text{ kcal/h·m}^2$$

22. 보일러의 증발량과 그 증기를 발생시키기 위해 사용된 연료량과의 비를 무엇이라고 하는가?

㉮ 증발량 ㉯ 증발률
㉰ 증발압력 ㉱ 증발배수

해설 증발배수(= 실제 증발배수)

$$= \frac{\text{매시 증발량}}{\text{매시 연료사용량}} \text{(kg/kg)}$$

참고 버너용량(l/h)

$$= \frac{\text{정격용량} \times 539}{\text{연료의 저위발열량} \times \text{비중} \times \text{연소효율}}$$

23. 상당증발량이 2000 kg/h인 보일러를 가동할 때, 저위발열량 9500 kcal/kg의 경유를 연소시킬 경우 필요한 버너의 연소용량은 약 얼마인가? (단, 경유의 비중은 0.9, 연소효율은 90 %로 봄)

㉮ 80.6 L/h ㉯ 100.8 L/h
㉰ 120.5 L/h ㉱ 140.1 L/h

해설 $\frac{2000 \times 539}{9500 \times 0.9 \times 0.9} = 140.09 \text{ L/h}$

24. 매시 연료사용량이 1000 kg이고 연료의 발열량이 10000 kcal/kg, 연소실 체적이 20 m^3일 때 연소실 열발생률은?

㉮ 50000 kcal/m^3h
㉯ 500000 kcal/m^3h
㉰ 20000 kcal/m^3h
㉱ 200000 kcal/m^3h

해설 $\frac{1000 \times 10000}{20} = 500000 \text{ kcal/m}^3\text{h}$

25. 보일러 정격출력이 300000 kcal/h, 연료발열량이 10000 kcal/kg, 보일러 효율이 80 %일 때, 연료소비량은?

㉮ 30.0 kg/h ㉯ 35.5 kg/h
㉰ 37.5 kg/h ㉱ 45.0 kg/h

해설 $\frac{300000 \times 100}{10000 \times 80} = 37.5 \text{ kg/h}$

정답 20. ㉰ 21. ㉱ 22. ㉱ 23. ㉱ 24. ㉯ 25. ㉰

26. 최대 연속증발량이 10 t/h이고, 매시 실제증발량이 8000 kg일 때 보일러 부하율은 몇 %인가?

㉮ 80 % ㉯ 75 %
㉰ 90 % ㉱ 85 %

해설 보일러 부하율

$$= \frac{\text{매시 실제증발량}}{\text{매시 최대증발량}} \times 100\ \%$$

$$= \frac{8000}{10 \times 1000} \times 100 = 80\ \%$$

27. 보일러 효율 시험 시 열 계산 기준에 대한 설명으로 틀린 것은?

㉮ 사용연료 1 kg에 대하여 한다.
㉯ 연료의 비중은 0.963 kg/L로 한다.
㉰ 벙커 C 유의 발열량은 9750 kcal/kg로 한다.
㉱ 압력 변동은 ±10 % 이내로 한다.

해설 압력 변동은 ±7 % 이내로 하며, 증기의 건도는 0.98로 한다.

28. 강제 증기 보일러의 증기의 건도는 얼마 이상을 기준으로 하는가?

㉮ 0.97 ㉯ 0.98 ㉰ 0.99 ㉱ 1.00

해설 ① 강제 증기 보일러 : $x = 0.98$
② 주철제 증기 보일러 : $x = 0.97$

29. 보일러 효율을 옳게 설명한 것은?

㉮ 증기 발생에 이용된 열량과 보일러에 공급한 연료가 완전연소할 때의 열량과의 비
㉯ 증기 발생에 이용된 열량과 연소실에서 발생한 열량과의 비
㉰ 연소실에서 발생한 열량과 보일러에 공급한 연료가 완전연소할 때의 열량과의 비
㉱ 보일러에 공급된 열량과 연료의 연소 열량과의 비

해설 ㉮항 : 보일러 효율
㉯항 : 전열효율
㉰항 : 연소효율

30. 보일러 효율을 옳게 설명한 것은?

㉮ 보일러가 실제로 흡수한 열량과 실제로 노내에서 발생한 열량과의 비이다.
㉯ 보일러 연소장치에서 발생한 열량과 연소한 연료가 가지는 전열량과의 비이다.
㉰ 보일러가 실제로 흡수한 열량과 연소한 연료가 가지는 전열량과의 비이다.
㉱ 연료 1 kg이 가지는 이론상의 발열량과 실제로 흡수한 열량과의 비이다.

해설 보일러 효율

$$= \frac{\text{보일러가 실제로 흡수한 열량}}{\text{연료가 가지는 전 열량}}$$

31. 연소효율을 구하는 식으로 맞는 것은?

㉮ $\frac{\text{공급열}}{\text{실제연소열}} \times 100$

㉯ $\frac{\text{실제연소열}}{\text{공급열}} \times 100$

㉰ $\frac{\text{유효열}}{\text{실제연소열}} \times 100$

㉱ $\frac{\text{실제연소열}}{\text{유효열}} \times 100$

해설 ㉯ 항은 연소효율, ㉰ 항은 전열효율을 구하는 식이다.

32. 연료의 실제연소열에 대한 증기의 보유열량과의 비율을 무엇이라고 하는가?

㉮ 보일러 효율 ㉯ 연소효율
㉰ 전열효율 ㉱ 보일러 부하율

정답 26. ㉮ 27. ㉱ 28. ㉯ 29. ㉮ 30. ㉰ 31. ㉯ 32. ㉰

33. 매시간 160 kg의 연료를 연소시켜 1878 kg/h의 증기를 발생시키는 보일러의 효율은 몇 %인가?(단, 연료의 발열량은 10000 kcal/kg, 증기의 엔탈피는 740 kcal/kg, 급수의 엔탈피는 20 kcal/kg이다.)

㉮ 84.5 % ㉯ 74.5 %
㉰ 64.5 % ㉱ 54.5 %

해설 보일러 효율

$$= \frac{1878(740-20)}{160 \times 10000} \times 100\,\% = 84.5\,\%$$

34. 발열량 6000 kcal/kg인 연료 80 kg을 연소시켰을 때, 실제로 보일러에 흡수된 유효열량이 408000 kcal이면 이 보일러의 효율은?

㉮ 70 % ㉯ 75 % ㉰ 80 % ㉱ 85 %

해설 $\frac{408000}{80 \times 6000} \times 100 = 85\,\%$

35. 연료의 발열량이 9700 kcal/kg인 연료 1000 kg을 사용하였을 때 보일러 효율이 85 %였다. 이때 매시 증발량은 몇 kg/h인가?(단, 급수온도 50℃, 발생증기의 엔탈피는 650 kcal/kg이다.)

㉮ 2674 kg/h ㉯ 26740 kg/h
㉰ 1374 kg/h ㉱ 13742 kg/h

해설 $\eta = \frac{G_a(h_2 - h_1)}{G_f \times H_l} \times 100\,\%$에서

$G_a = \frac{\eta \times G_f \times H_l}{(h_2 - h_1) \times 100}$이므로,

$$\therefore G_a = \frac{85 \times 1000 \times 9700}{(650-50) \times 100} = 13741.67\ \mathrm{kg/h}$$

36. 다음 중 보일러 효율을 구하는 식과 관계없는 것은?

㉮ (연소효율×전열효율)×100%

㉯ $\frac{\text{유효출열}}{\text{총입열}} \times 100\%$

㉰ $\left(1 - \frac{\text{총손실열량}}{\text{공급열량}}\right) \times 100\%$

㉱ $\frac{\text{상당증발량}}{15.65} \times 100\%$

해설 보일러 효율

$$= \left(\frac{\text{총입열} - \text{손실출열}}{\text{총입열}}\right) \times 100\,\% = \frac{\text{유효출열}}{\text{총입열}} \times 100\,\%$$

$$\text{보일러 효율} = \frac{\text{유효열량}}{\text{공급열량}} \times 100\,\% = \left(\frac{\text{공급열량} - \text{총손실열량}}{\text{공급열량}}\right) \times 100\,\% = \left(1 - \frac{\text{총손실열량}}{\text{공급열량}}\right) \times 100\,\%$$

37. 보일러 효율이 85 %, 실제증발량이 5 t/h이고 발생증기의 엔탈피 656 kcal/kg, 급수온도 56℃, 연료의 저위발열량이 9750 kcal/kg일 때 시간당 연료소비량은 얼마인가?

㉮ 298 kg/h ㉯ 362 kg/h
㉰ 389 kg/h ㉱ 405 kg/h

해설 $\eta = \frac{G_a(h_2 - h_1)}{G_f \times H_l} \times 100\,\%$에서,

$$G_f = \frac{G_a(h_2 - h_1) \times 100}{\eta \times H_l} = \frac{5 \times 1000 \times (656-56) \times 100}{85 \times 9750} = 362\ \mathrm{kg/h}$$

38. 어떤 보일러의 연소효율이 90 %, 전열면 효율이 90 %이다. 이 보일러의 효율은 몇 %인가?

㉮ 81 % ㉯ 85 % ㉰ 90 % ㉱ 91 %

해설 $(0.9 \times 0.9) \times 100\,\% = 81\,\%$

정답 33. ㉮ 34. ㉱ 35. ㉱ 36. ㉱ 37. ㉯ 38. ㉮

39. 상당증발량이 6.0 t/h, 연료소비량이 0.4 t/h인 보일러의 효율은 몇 %인가? (단, 연료의 저위발열량은 9750 kcal/kg으로 한다.)

㉮ 81 % ㉯ 83 % ㉰ 85 % ㉱ 79 %

해설 상당(환산) 증발량 값으로 보일러 효율을 구하는 식

보일러 효율

$$= \frac{\text{상당증발량(kg/h)} \times 539}{\text{매시 연료사용량} \times \text{연료의 저위발열량}} \times 100\ \%$$

에서,

$$\therefore \text{보일러 효율} = \frac{6 \times 1000 \times 539}{400 \times 9750} \times 100\ \%$$

$= 83\ \%$

40. 다음 보일러 관련 계산식 중 틀린 것은?

㉮ 증발계수 $= \dfrac{\text{(발생증기의 엔탈피−급수의 엔탈피)}}{539}$

㉯ 보일러 마력 $= \dfrac{\text{실제증발량}}{539}$

㉰ 보일러 효율 = 연소효율 × 전열효율

㉱ 화격자연소율 $= \dfrac{\text{매시간 석탄소비량}}{\text{화격자면적}}$

해설 보일러 마력 $= \dfrac{\text{상당(환산)증발량}}{15.65}$

41. 증기 보일러 효율이 83 %, 연료소비량은 35 kg/h, 연료의 저위발열량은 9800 kcal/kg이다. 손실열량은 몇 kcal/h인가?

㉮ 58310 kcal/h ㉯ 24870 kcal/h
㉰ 48750 kcal/h ㉱ 284690 kcal/h

해설 보일러 효율이 83 %이면 열손실률은 17 %이므로 $35 \times 9800 \times 0.17 = 58310$ kcal/h 이다.

참고 위의 문제에서 유효열량을 구하면, $35 \times 9800 \times 0.83 = 284690$ kcal/h

42. 500 kg의 물을 20℃에서 80℃로 가열하는 데 40000 kcal의 열을 공급했을 경우 이 설비의 효율은 몇 %인가?

㉮ 70 % ㉯ 75 %
㉰ 80 % ㉱ 85 %

해설 $\dfrac{500 \times 1 \times (80-20)}{40000} \times 100\ \% = 75\ \%$

43. 발열량 6000 kcal/kg인 연료 100 kg을 연소시켰을 때 실제로 보일러에 흡수된 열량이 360000 kcal이면, 이 보일러의 효율은 몇 %인가?

㉮ 30 % ㉯ 40 %
㉰ 50 % ㉱ 60 %

해설 $\eta = \dfrac{360000}{100 \times 6000} \times 100\ \% = 60\ \%$

44. 다음 기호를 사용하여 보일러 효율을 옳게 나타낸 것은?

Q_f : 보일러 내로 공급된 열량
Q_s : 물을 증기로 변화시키는 데 이용된 유효열량
Q : 보일러 내에서 실제로 발생된 열량

㉮ $\dfrac{Q}{Q_f} \times 100\%$ ㉯ $\dfrac{Q_s}{Q} \times 100\%$

㉰ $\dfrac{Q_f}{Q_s} \times 100\%$ ㉱ $\dfrac{Q_s}{Q_f} \times 100\%$

해설 ① 연소효율 $= \dfrac{Q}{Q_f} \times 100\ \%$

전열효율 $= \dfrac{Q_s}{Q} \times 100\ \%$

② 보일러 효율 = 연소효율 × 전열효율

$$= \left(\frac{Q}{Q_f} \times \frac{Q_s}{Q}\right) \times 100\ \% = \frac{Q_s}{Q_f} \times 100\ \%$$

정답 39. ㉯ 40. ㉯ 41. ㉮ 42. ㉯ 43. ㉱ 44. ㉱

45. 다음 중 열정산(열수지)의 목적과 거리가 먼 것은?

㉮ 열의 손실을 파악하기 위하여
㉯ 열설비 성능과 열의 행방을 파악하기 위하여
㉰ 조업방법을 개선하고 연료의 경제를 도모하기 위하여
㉱ 연료의 발열량을 알기 위하여

해설 연료의 발열량 측정방법
① 열량계에 의한 방법
② 원소 분석에 의한 방법
③ 공업 분석에 의한 방법

46. 보일러 열정산 시 측정 대상이 아닌 것은?

㉮ 외기의 온도
㉯ 보일러실의 온도
㉰ 급수의 온도
㉱ 연소용 공기의 온도

해설 ㉮, ㉰, ㉱ 항 외에 연료의 온도, 증기의 온도 및 증기 압력 등이다.

47. 보일러 열효율 시험 시 기준에 대한 설명으로 틀린 것은?

㉮ 사용한 연료 1 kg에 대하여 한다.
㉯ 측정 시 압력 변동은 ±7% 이내로 한다.
㉰ 측정시간은 2시간 이상으로 하되, 측정은 10분마다 한다.
㉱ 증기의 건도는 0.963으로 한다.

해설 ① 강철제 증기 보일러의 증기의 건도는 0.98로 하며, 주철제 증기 보일러의 증기의 건도는 0.97로 한다.
② 연료의 비중은 0.963으로 한다.
③ 연료의 발열량(B-C 유)은 9750 kcal/kg으로 한다.

48. 보일러 열정산의 조건과 관련된 설명으로 틀린 것은?

㉮ 기준온도는 시험 시의 실내온도를 기준으로 한다.
㉯ 보일러의 정상 조업상태에서 적어도 2시간 이상의 운전 결과에 따른다.
㉰ 최대 출열량을 시험할 경우에는 반드시 정격부하에서 시험을 한다.
㉱ 시험은 시험 보일러를 다른 보일러와 무관한 상태로 하여 실시한다.

해설 기준온도는 시험 시의 외기온도를 기준으로 한다.

49. 다음 중 열정산에서 입열과 출열의 관계는 어떠한가?

㉮ 꼭 같아야 한다.
㉯ 관계가 없다.
㉰ 입열량이 많아야 한다.
㉱ 출열량이 많아야 한다.

해설 입열량 합계와 출열량 합계는 꼭 같아야 한다.

50. 보일러 열정산의 조건과 측정방법을 설명한 것 중 틀린 것은?

㉮ 열정산 시 기준온도는 시험 시의 외기 온도를 기준으로 하나, 필요에 따라 주위온도로 할 수 있다.
㉯ 급수량 측정은 중량 탱크식 또는 용량 탱크식 혹은 용적식 유량계, 오리피스 등으로 한다.
㉰ 공기온도는 공기예열기의 입구 및 출구에서 측정한다.
㉱ 발생증기의 일부를 연료가열, 노내취입하거나 공기예열기를 사용하는 경우에는 그 양을 측정하여 급수량에 더한다.

정답 45. ㉱ 46. ㉯ 47. ㉱ 48. ㉮ 49. ㉮ 50. ㉱

해설 발생증기의 일부를 연료가열, 노내흡입하거나 공기예열기를 사용하는 경우에는 그 양을 측정하여 급수량에서 뺀다.

51. **열정산 시 측정방법에 대한 설명으로 틀린 것은?**

㉮ 연료의 온도는 유량계전에서 측정한 온도로 한다.

㉯ 증기압력은 보일러 입구에서 측정한 압력으로 한다.

㉰ 급수온도는 절탄기가 있는 경우 절탄기 전에서 측정한다.

㉱ 증기온도는 과열기가 있는 경우 과열기 출구에서 측정한다.

해설 증기압력은 보일러 출구에서 측정한 압력으로 한다.

52. **다음 중 보일러 효율을 구하는 식으로 틀린 것은?**

㉮ 연소효율×전열효율

㉯ $\dfrac{\text{유효열}}{\text{공급열}}\times 100\%$

㉰ $\left(1-\dfrac{\text{손실열}}{\text{공급열}}\right)\times 100\%$

㉱ $\left(\dfrac{\text{유효출열}+\text{손실출열}}{\text{입열 합계}}\right)\times 100\%$

해설 보일러 효율

$$=\left(\frac{\text{유효열}}{\text{입열 합계}}\right)\times 100\,\%$$

$$=\left(\frac{\text{입열 합계}-\text{손실출열 합계}}{\text{입열 합계}}\right)\times 100\,\%$$

$$=\left(1-\frac{\text{손실출열 합계}}{\text{입열 합계}}\right)\times 100\,\%$$

53. **다음 중 보일러의 열정산에 관한 설명으로 옳은 것은?**

㉮ 열정산과 열수지와는 서로 다른 의미를 지니고 있다.

㉯ 열정산 시 연료의 기준 발열량은 저(진)발열량이다.

㉰ 열정산은 다른 열설비와 무관한 상태에서 행한다.

㉱ 열정산 시 압력 변동값은 ±15 % 이내로 한다.

해설 ① 열정산과 열수지는 서로 같은 의미를 지니고 있다.

② 열정산 시 연료의 기준 발열량은 고(총)발열량이다.

③ 열정산 시 압력 변동값은 ±7 % 이내로 한다.

④ 열정산 시 기준온도는 외기온도를 기준으로 한다.

⑤ 시험부하는 원칙적으로 정격부하로 한다.

⑥ 정상 조업상태에서 적어도 2시간 이상의 운전 결과에 따른다.

54. **연료의 저위발열량을 H_l, 실제 발생열량을 Q_r, 발생증기의 보유열량을 Q_e 라 할 때 보일러 효율을 바르게 나타낸 것은?**

㉮ $\dfrac{Q_r}{H_l}\times 100\,\%$ ㉯ $\dfrac{Q_e}{Q_r}\times 100\,\%$

㉰ $\dfrac{Q_e}{H_l}\times 100\,\%$ ㉱ $\dfrac{H_l}{Q_r}\times 100\,\%$

해설 ① 연소효율 $=\dfrac{Q_r}{H_l}\times 100\,\%$

② 전열효율 $=\dfrac{Q_e}{Q_r}\times 100\,\%$

③ 보일러 효율 $=\left(\dfrac{Q_r}{H_l}\times\dfrac{Q_e}{Q_r}\right)\times 100\,\%$

$$=\frac{Q_e}{H_l}\times 100\,\%$$

정답 51. ㉯ 52. ㉱ 53. ㉰ 54. ㉰

55. 가정용 온수 보일러에서 경유를 매시 20 kg 사용한 결과 온수 보일러의 열출력이 140000 kcal/h였다면 보일러 효율은?(단, 경유의 발열량은 10000 kcal/kg이다.)

㉮ 65 % ㉯ 70 %
㉰ 75 % ㉱ 80 %

해설 보일러 효율

$$= \frac{140000}{20 \times 10000} \times 100\% = 70\%$$

56. 매시 200 kg의 중유를 사용하여 총 손실량이 300000 kcal/h일 때 보일러 효율은 얼마인가?(단, 중유의 발열량은 10000 kcal/ kg이다.)

㉮ 70 % ㉯ 75 %
㉰ 80 % ㉱ 85 %

해설 보일러 효율

$$= \left(1 - \frac{300000}{200 \times 10000}\right) \times 100\% = 85\%$$

57. 열정산 시 기준온도로 사용하기 편리한 온도는 몇 K인가?

㉮ 283 ㉯ 293
㉰ 277 ㉱ 273

해설 열정산 시 기준온도는 외기온도이지만 사용하기 편리한 온도는 273 K(0℃)이다.

58. 보일러 계속사용 검사 중 운전 성능 측정은 어떤 부하상태에서 실시하는가?

㉮ 사용부하 ㉯ 정격부하
㉰ 최대부하 ㉱ 저부하

해설 보일러 설치 시 성능 검사는 정격부하 상태에서 실시하며 계속사용 시 운전 성능 검사는 사용부하상태에서 실시한다(열정산 시에 정격부하상태에서 실시).

59. 보일러 열정산 시 입열 항목에 속하지 않는 것은?

㉮ 연료의 연소열
㉯ 연료의 현열
㉰ 공기의 현열
㉱ 발생증기 보유열

해설 발생증기의 보유열은 유효출열 항목이다.

60. 보일러 열정산 시 출열 항목에 속하지 않는 것은?

㉮ 발생증기의 보유열
㉯ 배기가스의 보유열
㉰ 미연분에 의한 열손실
㉱ 공기의 현열

해설 공기의 현열은 입열 항목이다.

61. 다음 중 보일러의 열손실에 해당되지 않는 것은?

㉮ 불완전연소에 의한 손실
㉯ 미연소 연료에 의한 손실
㉰ 과잉공기에 의한 손실
㉱ 연료의 현열에 의한 손실

해설 연료의 현열은 입열 항목에 해당된다.

62. 보일러의 제손실에 해당되지 않는 것은?

㉮ 통풍 및 복사열 흡수에 의한 손실
㉯ 배기 및 복사에 의한 손실
㉰ 연재 중의 미연탄소에 의한 손실
㉱ 불완전연소에 의한 손실

해설 ① 전열할 때의 손실열 : 배기가스에 의한 열손실, 방사·전도에 의한 열손실
② 연소할 때의 손실열 : 불완전연소에 의한 열손실, 미연분에 의한 열손실

정답 55. ㉯ 56. ㉱ 57. ㉱ 58. ㉮ 59. ㉱ 60. ㉱ 61. ㉱ 62. ㉮

63. 보일러 가동 시 일반적으로 열손실이 가장 큰 것은?

㉮ 배기가스에 의한 열손실
㉯ 미연탄소분에 의한 열손실
㉰ 복사 및 전도에 의한 열손실
㉱ 발생증기 보유 열손실

해설 열손실 항목 중에서 가장 큰 비중을 차지하며, 극소화시키기에 가장 어려운 것은 배기가스 보유열에 의한 열손실이다.

64. 열정산 시 입열 항목 중 가장 큰 비중을 차지하는 것은?

㉮ 연료의 현열
㉯ 연료의 발열량
㉰ 공기의 현열
㉱ 노내 분입증기의 보유열

해설 연료의 발열량(연료의 연소열)이 가장 큰 입열이다.

65. 열정산 시 출열 항목 중 가장 큰 비중을 차지하는 것은?

㉮ 발생증기 보유열
㉯ 배기가스 보유열
㉰ 불완전연소의 손실열
㉱ 과잉공기의 손실열

해설 출열 항목 중 가장 큰 비중을 차지하는 것은 유효출열인 발생증기의 보유열이고, 손실출열 중 가장 큰 비중을 차지하는 것은 배기가스 보유열이다.

66. 열정산 시 입열 항목에 해당되는 것은?

㉮ 증기의 보유열량
㉯ 배기가스의 보유열량
㉰ 노내 분입증기의 보유열량
㉱ 재의 현열

해설 입열 항목 : 연료의 연소열(연료의 발열량), 연료의 현열, 공기의 현열, 노내 분입증기의 보유열

67. 보일러 열효율 정산방법에서 열정산을 위한 급수량을 측정할 때 그 오차는 일반적으로 몇 %로 하여야 하는가?

㉮ ±1.0　　㉯ ±3.0
㉰ ±5.0　　㉱ ±7.0

해설 ① 급수량 측정 : 허용오차 ±1.0 %
② 연료사용량 측정
• 고체 연료 : 허용오차 ±1.5 %
• 액체 연료 : 허용오차 ±1.0 %
• 기체 연료 : 허용오차 ±1.6 %

68. 다음 중 보일러의 열효율 향상과 관계가 없는 것은?

㉮ 공기예열기를 설치하여 연소용 공기를 예열한다.
㉯ 절탄기를 설치하여 급수를 예열한다.
㉰ 원활한 연소가 유지되는 범위에서 과잉공기를 줄인다.
㉱ 급수펌프에 연료펌프를 사용한다.

해설 급수펌프에 연료펌프를 사용할 수 없다.

정답 63. ㉮ 64. ㉯ 65. ㉮ 66. ㉰ 67. ㉮ 68. ㉱

제 5 장 연료 및 연소장치

1. 연료의 종류와 특성

1-1 연료의 개요

연료(fuel)란 공기 중의 산소와 산화반응하여 발생하는 연소열을 이용할 수 있는 물질을 말하며, 상온(20℃)에서 고체 연료, 액체 연료, 기체 연료로 구분한다.

(1) 연료의 구비조건

① 연소가 용이하고 발열량이 클 것
② 저장, 운반, 취급이 용이할 것
③ 저장 또는 사용 시 위험성이 적을 것
④ 점화 및 소화가 쉬울 것
⑤ 연소 시 배출물(회분 등)이 적을 것
⑥ 가격이 싸고 양이 풍부할 것
⑦ 적은 과잉공기량으로 완전연소가 가능할 것
⑧ 인체에 유독성이 적고 매연 발생 등 공해 요인이 적을 것

(2) 연료의 조성

① 원소 분석에 의하면 연료의 조성은 탄소(C), 수소(H), 산소(O), 황(S), 질소(N) 이다.
(가) 주성분 : C, H, O (나) 가연성분 : C, H, S
(다) 불순물 : W(수분), A(회분), N, P 등

참고

(1) 연료의 조성

연료의 종류	탄소(%)	수소(%)	산소 및 기타(%)	C/H
고체 연료	95～50	6～3	44～2	15～20
액체 연료	87～85	15～13	2～0	5～10
기체 연료	75～0	100～0	57～0	1～3

(2) 연소의 3대 조건(요건)

① 가연물, ② 공기 또는 산소, ③ 점화원(불씨)

② 연료의 성분에 따른 영향

(가) 탄소 : 연료의 고유성분으로 발열량이 높고 연료의 가치 판정에 영향을 미친다.

$$C + O_2 \rightarrow CO_2 + 8100 \text{ kcal/kg}$$

(나) 수소 : 연료의 주요성분으로 기체 연료에 많으며, 발열량이 높고 고위발열량과 저위발열량의 판정요소가 된다.

$$H_2 + \frac{1}{2}O_2 \rightarrow H_2O \text{ (액체)} + 34000 \text{ kcal/kg}$$

$$H_2 + \frac{1}{2}O_2 \rightarrow H_2O \text{ (기체)} + 28600 \text{ kcal/kg}$$

(다) 산소 : 함유량은 극히 적으나 발열량에는 도움이 없고 연소를 도우며 탄소나 수소와 결합하여 오히려 발열량을 저하시킨다.

(라) 질소 : 극히 적은 양을 함유 반응 시 가스화하여 암모니아를 만들며 반응 시 흡열반응에 의해 발열량을 감소시킨다.

(마) 유황 : 소량 함유(석탄 중 1~3 %)하고 있으며, 유독성 물질로 철판의 부식 또는 대기오염의 원인이 되고 발열량에 도움을 주는 가연성 원소이다.

$$S + O_2 \rightarrow SO_2 + 2500 \text{ kcal/kg}$$

$$SO_2 + \frac{1}{2}O_2 \rightarrow SO_3,\ SO_3 + H_2O \rightarrow H_2SO_4 \text{(저온부식)}$$

(바) 수분 : 착화를 방해하고 기화잠열로 인한 열손실이 많으며 분탄화와 재날림을 방지한다(소량 함유).

(사) 회분 : 고체 연료에 많으며 발열량이 저하하고 클링커(clinker)를 만들기 쉬우며, 많으면 연소를 방해하여 불완전연소의 원인이 된다.

참고

연료 사용의 4원칙

① 연료를 가능한 한 완전연소시킬 것
② 연소열을 최대한 이용할 것
③ 열의 손실을 최소화시킬 것
④ 잔열 및 폐열(여열)을 최대한 이용할 것

1-2 연료의 종류와 특징

(1) 고체 연료

① 고체 연료의 특징

(가) 장점

㉮ 연료비가 저렴하다.

㉯ 연료의 유지관리가 용이하다.

㉰ 연료를 구하기 쉽다.

㉱ 설비비 및 인건비가 적게 든다.

(나) 단점

㉮ 완전연소가 불가능하고 연소효율이 낮다.

㉯ 점화 및 소화가 곤란하고 온도 조절이 어렵다.

㉰ 부하변동에 응하기 어렵고 고온을 얻을 수 없다.

㉱ 연료의 품질이 균일하지 않다.

㉲ 운반 및 저장이 불편하다.

㉳ 공기비가 크며, 매연 발생이 심하다.

② 고체 연료의 종류

(가) 코크스(cokes) : 점결탄(역청탄)을 주성분으로 하는 원탄을 1000℃ 내외에서 건류하여 얻어지는 인공 연료(2차 연료)이다.

(나) 미분탄 연료 : 미분탄 연료란 석탄을 200 mesh 이하로 미립화시킨 탄을 말하며, 미분탄 연료의 장점과 단점은 다음과 같다.

㉮ 장점

㉠ 미분탄의 표면적이 커서 연소용 공기와의 접촉면이 넓어 적은 공기비($m=1.2$~1.4 정도)로 연소시킬 수 있다.

㉡ 연소용 공기를 예열시켜 사용함으로써 연소효율을 상승시킬 수 있다.

㉢ 점화, 소화, 연소조절이 용이하고 부하변동에 응할 수 있다.

㉣ 대용량 보일러에 적당하다.

㉯ 단점

㉠ 연소실이 고온이므로 노재의 손상이 우려된다.

㉡ 비산회(fly ash)가 많아서 집진장치가 반드시 필요하다.

㉢ 역화 및 폭발 위험성이 크다.

㉣ 설비비, 유지비가 많이 든다.

㉤ 동력 소모가 많으며 소규모 보일러에는 사용이 불가능하다.

③ 고체 연료의 공업 분석에 따른 각 성분이 연소에 미치는 영향

(가) 수분

㉮ 진동(맥동) 연소를 일으킨다.

㉯ 착화(점화)가 어려워진다.

㉰ 기화잠열로 열손실을 가져온다.

㉱ 단염(불꽃이 짧게)이 된다.

㉲ 연소속도를 증가시킨다.

㉳ 화층의 균일을 방해하여 통풍이 불량해진다.

(나) 회분

㉮ 연소 생성물로 열손실이 크다.

㉯ 클링커(clinker)의 생성으로 통풍저항을 초래한다.

㉰ 고온부식의 원인이 된다.

㉱ 연소효율을 낮춘다.

(다) 휘발분

㉮ 연소 시 그을음 발생(매연)을 일으킨다.

㉯ 착화(점화)가 쉽다.

㉰ 장염(불꽃이 길게)이 된다.

㉱ 역화를 일으키기 쉽다.

(라) 고정탄소

㉮ 많이 함유할수록 발열량이 높고 매연 발생을 적게 일으킨다.

㉯ 단염(불꽃이 짧게)이 되기 쉽다.

㉰ 착화(점화)성이 나쁘다.

㉱ 복사선의 강도가 크다.

참고

맥동(진동) 연소(pulsating combustion) : 연소실 내에서 연소가 주기적인 압력 변동을 일으키면서 연소상태가 불안정한 연소상태이며 연료 속에 수분이 포함된 경우와 연소속도가 느린 경우에 발생한다.

(2) 액체 연료

액체 연료(liquid fuel)의 주종은 석유류이며, 천연의 원유는 비중이 대략 0.78～0.97 정도의 대부분 탄화수소의 혼합물이다. 원소 조성은 C(83～87 %), H(10～15 %), S(0.1～4 %), O(0～3 %), N(0.05～0.8 %) 정도이다.

① 액체 연료의 특징

(가) 장점

㉮ 연소효율 및 열효율이 높다.

㉯ 과잉공기량이 적다.

㉰ 품질이 균일하며 발열량이 높다.

㉣ 저장, 운반이 용이하고 점화, 소화 및 연소조절이 용이하다.
㉤ 구입 시 일정한 품질을 얻기 쉽다.
㉥ 계량 기록이 용이하다.
㉦ 회분 생성이 적다.

(나) 단점

㉮ 연소온도가 높기 때문에 국부적인 과열을 일으키기 쉽다.
㉯ 화재, 역화(back fire)의 위험이 크다.
㉰ 버너의 종류에 따라 연소할 때 소음이 난다.
㉱ 국내 자원이 없고 수입에만 의존한다.

② 액체 연료의 종류

(가) 원유(crude oil) : 흑갈색이 많으며 담황색 또는 황갈색을 띠고 탄화수소($C_m H_{2n+2}$)의 혼합물이다.

(나) 가솔린(휘발유, gasoline) : 원유를 증류시킬 경우 비등점이 가장 낮은 휘발성 탄화수소 화합물의($C_8 \sim C_{11}$) 석유 제품이다.

㉠ 인화점 : −43∼−20℃(액체 연료 중 인화점이 가장 낮다.)
㉡ 비점 : 30∼200℃
㉢ 착화점 : 300℃
㉣ 비중 : 0.7∼0.8
㉤ 고위발열량 : 11000∼11500 kcal/kg

(다) 등유(kerosene) : 원유에서 가솔린 다음으로 추출하는 것으로 $C_{10} \sim C_{14}$ 정도의 탄화수소로 소형 내연기관, 석유 발동기, 석유 스토브, 도료의 용제에 사용되며, 종류로는 백등유, 다등유, 신호등유, 솔벤트 네 종류가 있다.

㉠ 인화점 : 30∼60℃
㉡ 비점 : 160∼250℃
㉢ 착화점 : 254℃
㉣ 비중 : 0.79∼0.85
㉤ 고위발열량 : 10500∼11000 kcal/kg

(라) 경유(diesel oil) : 등유보다 조금 높은 비점에서 유출되는 $C_{11} \sim C_{19}$ 정도의 탄화수소로 직류 경유와 분해 경유가 있으며, 고속 디젤 엔진용으로 많이 사용된다.

㉠ 인화점 : 50∼70℃
㉡ 비점 : 200∼350℃
㉢ 착화점 : 257℃
㉣ 비중 : 0.83∼0.88
㉤ 고위발열량 : 10500∼11000 kcal/kg

(마) 중유(heavy oil) : 상당히 높은 비점에서 유출되는 석유계 탄화수소의 연료이며, 직류 중유와 분해 중유가 있고 보일러에서 많이 사용되고 있다(특히, C 중유).

㉮ 중유의 분류

㉠ 정제 과정 : 직류 중유, 분해 중유

㉡ 점도 : A 중유(B－A 유), B 중유(B－B 유), C 중유(B－C 유)

㉢ 유황분 함량 : A 급 중유(1, 2호), B·C 급 중유(1, 2, 3, 4호)의 7종류로 구분

㉯ 중유의 성질

㉠ 인화점 : 60～150℃

㉡ 비점 : 300～350℃

㉢ 착화점 : 530～580℃

㉣ 비중 : 0.85～0.98

㉤ 조성 : C＝84～87 %, H＝10 %, S＝0.2～0.5 %,
O＝1～2 %, N＝0.3～1 %, A＝0～0.5 %

㉥ 고위발열량 : 10000～11000 kcal/kg

참고

① 중유의 예열온도 = 인화점－5 ℃

② 중유의 유동점 = 응고점＋2.5 ℃

③

중유의 점도가 낮을 경우 (예열온도가 너무 높을 경우)	중유의 점도가 높을 경우 (예열온도가 너무 낮을 경우)
• 분사량 과다로 매연 발생 • 불완전연소의 원인 • 역화(back fire)의 원인 • 연료소비량 과다 • 관내에서 기름이 열분해를 일으킴	• 송유가 곤란 • 분무성 및 무화성 불량 • 연소상태 불량 • 카본(탄화물) 생성의 원인 • 연소 시 화염의 스파크 발생 • 그을음 생성 및 분진 발생 • 점화 불량의 원인 • 불길의 치우침 발생

④ A 중유는 예열이 필요없으며, B 중유는 50~60℃, C 중유 및 타르 중류는 80~105℃ 정도로 예열 사용한다.

(3) 기체 연료

기체 연료(gaseous fuel)는 석유계에서 얻는 유전가스와 석탄계의 탄전가스인 천연가스, 석탄을 가공하여 만든 인공가스 및 제철 과정에서 생성되는 부생가스가 있으며, 주성분은 메탄(CH_4)이며 도시가스 및 특수 용도에 이용되고 있다.

① 기체 연료의 특징

(가) 장점

㉮ 자동제어에 의한 연소에 적합하다.

㉯ 노(爐) 내의 온도분포를 쉽게 조절할 수 있다.

㉰ 연소효율이 높아 적은 과잉공기로 완전연소가 가능하다.

㉣ 연소용 공기뿐만 아니라 연료 자체도 예열할 수 있어 저발열량의 연료로도 고온을 얻을 수 있다.

㉤ 노벽, 전열면, 연도 등을 오손시키지 않는다.

㉥ 연소조절 및 점화, 소화가 용이하다.

㉦ 회분이나 매연 등이 없어 청결하다.

(나) 단점

㉮ 누출되기 쉽고, 화재 및 폭발 위험성이 크다.

㉯ 수송 및 저장이 불편하다.

㉰ 시설비, 유지비가 많이 든다.

㉱ 발열량당 다른 연료에 비해 가격이 비싸다.

② 기체 연료의 성분

(가) 가연성 : 메탄(CH_4), 프로판(C_3H_8), 일산화탄소(CO), 수소(H), 중탄화수소(C_2H_4, C_3H_6) 등

(나) 불연성 : 탄산가스(CO_2), 질소(N_2), 수분(W) 등

③ 기체 연료의 종류

(가) 석유계 기체 연료

㉮ 천연가스(NG : natural gas) : 천연에서 발생되는 탄화수소(주로 CH_4)를 주성분으로 하는 가연성 가스로서 성상에 따라 건성가스와 습성가스로 구분된다.

㉯ 액화천연가스(LNG ; liquefied natural gas) : 천연가스와 거의 동일하지만 냉각 액화시킬 경우 제진, 탈황, 탈탄산, 탈수 등으로 불순물을 제거하므로 LNG를 다시 기화시킬 경우에 청결, 양질, 무해한 가스가 된다.

㉠ 주성분

- 건성가스 : 메탄(CH_4)
- 습성가스 : 메탄(CH_4), 에탄(C_2H_6)

㉡ 임계온도 : −80℃

㉢ 비중 : 2.0

㉣ 기화잠열 : 90 kcal/kg

㉤ 저장 시 온도 : −162℃

㉥ −161.5℃에서는 무색 투명한 액체이며, −182.5℃에서는 무색 고체이다.

㉦ 발열량 : 11000 kcal/Nm^3

- 유전가스 : 주성분은 메탄, 에탄, 프로판, 부탄 등이지만 탄화수소도 포함하고 있다.
- 유리가스 : 메탄이 주성분이고 다른 탄화수소는 극소량을 포함하고 있다.
- 수용성 가스 : 석유와 관계없이 지하수에 용해하여 존재하는 가스로서 메탄이 주성분이며 소량의 불활성 기체를 함유하고 있다.
- 탄전가스 : 석탄층에 존재하며 석탄을 채탄할 때 발생하는 가스로 대부분 메

탄이 주성분이다.

㈐ 액화석유가스(LPG : liquefied petroleum gas) : 습성 천연가스 또는 분해가스로부터 분리시켜 상온(20℃)에서 6～7 kgf/cm^{2}로 가압액화시켜 만든 석유계 탄화수소이다.

㉠ 주성분 : 프로판(C_3H_8), 부탄(C_4H_{10}), 프로필렌(C_3H_6)

㉡ 액화압력 : 상온(20℃)에서 C_3H_8은 6～7 kgf/ cm^2, C_4H_{10}은 2 kgf/cm^2

㉢ 발열량 : 25000～30000 kcal/Nm^3 (12500 kcal/kg)

㉣ 폭발범위(연소범위) : 2.2～9.5 %

㉤ 증기 비중 : 1.52

㉥ 기화잠열 : 90～100 kcal/kg

㉦ 비중량(15℃) : 0.862 kg/m^3

㉧ 비체적 : 0.537 m^3/kg

㉨ 착화온도 : 440～480℃

㉩ LPG 소화제 : 탄산가스, 드라이케미컬

참고

석유계 기체 연료에는 오일가스도 있다.

㈏ 석탄계 기체 연료

㉮ 석탄가스 : 석탄을 1000～1100℃ 정도로 10～15시간 건류시켜 코크스를 제조할 때 얻어지는 기체 연료이다.

㉠ 발열량 : 5000 kcal/Nm^3

㉡ 주성분 : H_2(51 %), CH_4(32 %), CO(8 %)

㉯ 발생로가스 : 석탄, 코크스, 목재 등을 화상에 넣고 공기 또는 수증기 혼합기체를 공급하여 불완전연소시켜 일산화탄소(CO)를 함유한 가스이다.

㉠ 발열량 : 1000～1600 kcal/Nm^3

㉡ 주성분 : N_2(55.8 %), CO(25.4 %), H_2(13 %)

㉰ 수성(水性) 가스 : 고온으로 가열된 무연탄이나 코크스에 수증기를 작용시켜 얻는 기체 연료이다.

㉠ 발열량 : 2700 kcal/Nm^3

㉡ 주성분 : H_2(52 %), CO(38 %), N_2(5.3 %)

㉱ 증열 수성가스 : 수성가스는 발열량이 낮아 석유류(중유, 석유)를 열분해하여 수성가스에 탄화수소를 혼합한 가스이다.

㉠ 발열량 : 5000 kcal/Nm^3

㉡ 주성분 : H_2(35 %), CO(32 %), CH_4(13 %), C_mH_n(10 %)

㉲ 도시가스 : 수소 및 일산화탄소를 주체로 하는 가스성분에 메탄(CH_4)을 주성분으로 하는 탄화수소의 혼합물이다.

㉠ 발열량 : 4500 kcal/Nm^3
㉡ 주원료 : 천연가스, LPG, LNG, 수성가스, 석탄가스, 오일가스
㉢ 천연가스나 LPG를 도시가스로 사용 시에는 공기로 희석해서 공급
㉣ 도시가스를 연소시킬 경우 요구되는 연소성

- 소정의 연소열을 발생시킬 것
- 불길의 온도와 적열도가 일정할 것
- 매연이나 일산화탄소(CO)를 발생시키지 않을 것
- 불길이 안정성이 있을 것

④ **기체 연료의 저장방법 :** 기체 연료의 제조량과 공급량을 조정하며 품질을 균일하게, 또한 압력을 일정하게 유지하기 위하여 가스 홀더(gas holder)에 저장하는데, 가스 홀더의 종류 세 가지는 다음과 같다.

㈎ 유수식 홀더 : 수조 중에 원통을 엎어놓은 것으로 단식과 여러 층으로 신축할 수 있는 양식이 있으며, 가스량에 따라 용적이 변화하고 대개 300 mmH_2O 이하의 압력으로 저장된다.

㈏ 무수식 홀더 : 원통형 또는 다각형의 외통과 그 내벽을 상하로 움직이는 평판상의 피스톤 및 바닥판, 지붕판으로 구성되어 있고 가스는 피스톤 아래에 저장되며 저장가스의 압력은 600 mmH_2O 정도이다.

㈐ 고압 홀더 : 원통형 또는 구형의 내압 홀더로서 일반적으로 가스는 수기압으로 저장되며, 가스 저장량은 압력변화에 따라 증감하고 저장가스는 수분을 동반하지 않는 장점이 있다.

참고

(1) 비중 시험방법

액체 연료의 비중 시험방법에는 치환법, 비중 병법, 비중 천평법, 비중 부평법 등이 있으며, 시료의 성상 및 측정 조건에 따라 방법을 선택하고 저점도유나 중점도유의 비중을 신속히 구하고자 할 때는 비중 천평법이나 비중 부평법을 사용한다. 또한, 석유제품의 비중을 측정할 때 4℃ 물에 대한 15℃ 기름(석유)의 무게 비로 측정한다.

(2) 비중(specific gravity) 표시방법 : 비중 $\frac{60}{60}$°F, 비중 t/t [℃], 비중 15/4℃ 이다.

① API(american pertroleum institute) 도 $= \dfrac{141.5}{\text{비중}\left(\frac{60}{60}°\text{F}\right)} - 131.5$

$$\therefore \text{비중}\left(\frac{60}{60}°\text{F}\right) = \frac{141.5}{\text{API 도} + 131.5}$$

② 보메(Baumé) 도 $= \dfrac{140}{\text{비중}\left(\frac{60}{60}°\text{F}\right)} - 130$

$$\therefore \text{비중}\left(\frac{60}{60}°\text{F}\right) = \frac{140}{\text{보메도} + 130}$$

2. 연소방법 및 연소장치

2-1 연소의 개요

연소(combustion)란 연료 중의 가연성 물질(C, H, S)이 공기 중의 산소와 급격한 산화반응을 일으킴과 동시에 열과 빛을 발하는 현상을 말한다.

참고

연소의 3대 조건 : ① 가연물, ② 산소(공기), ③ 점화원(불씨)

(1) 연소반응

① **산화반응 :** 발열반응이 이에 해당된다.

예 $C + O_2 \longrightarrow CO_2 + 97200\ \text{kcal/kmol}$

$H_2 + \frac{1}{2}O_2 \longrightarrow H_2O + 68000\ \text{kcal/kmol}$

$S + O_2 \longrightarrow SO_2 + 80000\ \text{kcal/kmol}$

② **환원반응 :** 흡열반응이 일부 이에 해당된다.

예 $C + CO_2 \longrightarrow 2\,CO - 39300\ \text{kcal/kmol}$

$C + H_2O \longrightarrow CO + H_2 - 28200\ \text{kcal/kmol}$

(2) 착화온도 (발화온도 = 착화점 = 발화점)

공기 존재 하에서 가연성 물질을 가열할 경우에 어느 일정온도에 도달하면 외부의 열원을 개입하지 않아도 연소를 개시하는 현상을 착화(발화)라 하며, 이 경우의 최저온도를 착화온도 또는 발화온도라 한다. 착화온도가 낮아지는 경우는 다음과 같다.

① 발열량이 높을 수록
② 분자구조가 복잡할 수록
③ 산소농도가 짙을 수록
④ 압력이 높을 수록
⑤ 반응 활성도가 클 수록
⑥ 가스압력이나 습도가 낮을 수록

(3) 연소온도 (화염온도)

연료의 연소가 시작되면 발생하는 열량과 외부로의 방산열량이 평형을 유지하면서 연소가 지속되는 온도를 말한다.

① 연소온도에 영향을 미치는 요인

㈎ 공기비 : 공기비가 클수록 연소가스량이 많아지므로 연소온도는 낮아진다(가장 큰 영향을 미친다).

㈏ 산소농도 : 공기 중에 산소농도가 높으면 공기량이 적어져서 연소가스량도 적어지므로 연소온도가 높아진다.

㈐ 연료의 저위발열량 : 연료의 발열량이 높을수록 연소온도는 높아진다.

참고

연료 연소 시 연소온도를 높게 하기 위한 조건

① 발열량이 높은 연료를 사용할 것
② 연료 또는 공기를 예열해서 공급할 것(연소속도를 증가시키기 위하여)
③ 연료를 될 수 있는 한 완전연소시킬 것
④ 과잉공기량을 될 수 있는 한 적게 할 것
⑤ 복사열 손실을 줄일 것
⑥ 노내를 고온으로 유지시킬 것

② 연소속도에 영향을 미치는 인자

㈎ 반응물질의 온도
㈏ 산소의 온도
㈐ 촉매물질
㈑ 활성화 에너지
㈒ 산소와의 혼합비
㈓ 연소압력
㈔ 연료의 입자

③ 완전연소의 구비조건

㈎ 연소실 온도를 고온으로 유지시킬 것
㈏ 연료 및 연소용 공기를 예열하여 공급할 것
㈐ 연료와 연소용 공기의 혼합을 잘 시킬 것
㈑ 연소실 용적은 연료가 완전연소되는 데 필요한 용적 이상일 것
㈒ 가능한 한 질이 좋은 연료를 사용할 것
㈓ 연료를 착화온도 이상으로 유지할 것
㈔ 통풍력을 좋게할 것

(4) 연소용 공기량

① 이론공기량(A_o) : 연료를 완전연소시키는 데 필요한 최소한의 공기량을 이론공기량이라 한다.

② **실제공기량**(A) **:** 이론공기량(A_o) 만으로는 실제로 연료를 완전연소시키는 것은 불가능하므로 이론공기량보다 더 많은 공기를 공급하게 된다. 이와 같이 연료를 완전연소시키기 위하여 실제로 노내에 공급한 공기량을 실제공기량(A)이라 한다.

③ **과잉공기량**$(A - A_o)$ **:** 이론공기량보다 노내에 더 공급된 여분의 공기를 말하며, 과잉공기량＝실제공기량(A)－이론공기량(A_o)이다. 또는, 과잉공기량＝$(m-1)A_o$으로 표시할 수 있다.

④ **공기비(**m**, 공기과잉계수) :** 실제공기량(A)과 이론공기량(A_o)과의 비를 말하며,

공기비$(m) = \dfrac{A}{A_o} = \dfrac{A_o + \text{과잉공기량}}{A_o} = 1 + \dfrac{\text{과잉공기량}}{A_o} = 1 + \dfrac{A - A_o}{A_o}$이다. 또한, $m = \dfrac{A}{A_o}$에서 $A = mA_o(m > 1)$이다.

⑤ **과잉공기율(%) :** 이론공기량에 대한 과잉공기량을 %로 표시한 것이며, 과잉공기율(%)＝$(m-1) \times 100$이다. 또한, $(m-1)$은 과잉공기비이다.

(5) 연소용 공기의 공급방식

연료의 공기 공급방식에는 1차 공기 공급방식과 2차 공기 공급방식이 있다.

① **1차 공기 공급방식 :** 연료의 무화 또는 연료가 산화반응하여 연소에 필요한 공기를 연소실로 연료와 함께 공급하는 공기이며, 일반적으로 액체 연료는 버너에서 공급되고 고체 연료는 화격자 밑에서 직접 공급되는 공기이다.

② **2차 공기 공급방식 :** 연료를 완전연소시키기 위하여 1차 공기에 의해 부족한 공기를 추가로 공급하는 공기이며, 액체 연료인 경우에는 연소실로 직접 공급되고 고체 연료인 경우에는 화상 상부로 공급되는 공기이다.

(6) 화학적 성상에 따른 화염의 종류

① **산화염 :** 과잉공기의 상태로 연소시킬 경우 다량의 산소(O_2)가 함유된 화염

② **환원염 :** 공기가 부족한 상태로 연소시킬 경우 발생한 일산화탄소(CO) 등의 미연분을 함유한 화염

참고

① 환원염은 피열물을 환원시키는 불꽃이며 금속 가열로 같은 곳에서 환원성 염을 요구할 때가 많다.
② 노내의 분위기를 확인하는 방법에는 화염 색깔, 노내온도 분포, 연소가스 분석 등의 방법이 있는데, 연소가스 중의 CO 함량을 분석하면 가장 확실하게 알 수 있다. CO 가스가 많으면 환원성 분위기이고, 다량의 O_2 가 많으면 산화성 분위기이다.

(7) 연소의 형태

① 고체 연료의 연소 형태

㈎ 표면연소 : 코크스, 목탄 같은 것이 고온으로 되면 표면이 빨갛게 빛나면서 연소한다. 반응이 고체 표면에서 생기기 때문에 표면연소라 한다.

㈏ 분해연소 : 석탄, 장작, 중유 등과 같이 연소 초기에 화염을 내면서 연소하는 것을 분해연소라 한다(분해연소는 매연이 발생하기 쉽다).

② 액체 연료의 연소 형태

㈎ 증발연소 : 증발하기 쉬운 액체 연료인 알코올, 가솔린, 등유, 경유 등에 점화하면 화염을 내면서 연소한다. 액면에서 증발하면서 연소하므로 증발연소라 한다(대개의 액체 연료).

㈏ 분해연소 : 중유와 타르 등의 연소 형태이다.

③ 기체 연료의 연소 형태

㈎ 확산 연소 : 연료와 연소용 공기를 각각 노내에 분출시켜 확산 혼합하면서 연소시키는 방식

㈏ 예혼합연소 : 연료와 연소용 공기를 노 밖에서 미리 균일하게 혼합시킨 후 분사시켜 연소시키는 방식

2-2 연료의 연소방식

(1) 고체 연료의 연소방식

고체 연료의 연소방식에는 화격자 연소방식, 스토커 연소방식, 미분탄 연소방식, 유동층 연소방식이 있으며, 연료의 공급방식에 따라 다음과 같이 구분한다.

① **화격자 연소방식(fire grate combustion)** : 석탄 등을 화격자(로스터) 위에 고르게 공급하고 연소용 공기를 공급하는 방식

② **미분탄 연소방식(pulverized coal combustion)** : 석탄을 200 mesh 이하로 미분쇄하여 1차 공기와 함께 미분탄 버너에 공급하여 연소시키는 방식

③ **유동층 연소방식(fluized bed combustion)** : 화격자 연소방식과 미분탄 연소방식의 중간 형태로 연소시키는 방식이며, 화격자 상부의 탄층을 유동층 상태로 만들어 연소시키는 방식

(2) 액체 연료의 연소방식

① **무화 연소방식(atombustion combustion)** : 액체 연료의 연소는 주로 무화 연소방식이 사용된다. 작은 분구에서 액체 연료의 입경을 작게 하고 액 표면적을 크게 하기 위해 마치 안개와 같이 분사 연소시키는 방식으로 중질유의 연소가 여기에 해당한다.

② **기화 연소방식(vaporization combustion)** : 연료를 고온의 물체에 접촉 또는 충돌시켜

액체를 기체의 가연증기로 바꾸어 연소시키는 방식으로 경질유의 연소에 해당한다.

참고

액체 연료의 무화목적과 무화·기화 연소방법

(1) 무화목적

① 연료 단위중량당 표면적을 크게 하기 위하여
② 연료와 연소용 공기의 혼합을 고르게 하기 위하여
③ 연소효율을 높이기 위하여
④ 연소실 열부하(연소실 열발생률)를 높게 하기 위하여
⑤ 완전연소가 가능하게 하기 위하여

(2) 무화방법

① 유압 무화식 : 연료 자체에 압을 가하여 분출 무화시키는 방법
② 이류체 무화식 : 압축공기 및 압축증기를 이용하여 무화시키는 방법
③ 회전 이류체 무화식 : 고속으로 회전하는 분무컵(무화컵)에 의하여 연료에 원심력을 주어 무화시키는 방법
④ 충돌 무화식 : 금속판에 연료를 고속으로 충돌시켜 무화시키는 방법
⑤ 진동 무화식 : 음파 또는 초음파에 의하여 연료를 진동 무화시키는 방법

(3) 기화 연소방법

① 포트형, ② 심지형, ③ 증발형

(3) 기체 연료의 연소방식

① **확산 연소방식 :** 노와 같이 내화재료로 만든 단면이 넓은 화구에 공기와 가스를 송입하는 포트형과 고로가스 등과 같이 저품위 가스와 공기를 선회익을 통하여 혼합 공급하는 선회형 버너와 고발열량 가스에 사용하는 방사형 버너가 있다.

② **예혼합 연소방식 :** 저압 버너, 고압 버너, 송풍 버너를 사용하여 도시가스 및 LPG의 연소에 많이 사용된다.

참고

기체 연료의 확산 연소방식과 예혼합 연소방식

(1) 확산 연소방식

① 조작범위가 넓고 역화의 위험성이 적다.
② 가스와 공기를 예열하여 사용할 수 있다.
③ 장염이다.
④ 탄화수소가 적은 가스에 사용한다(고로가스 및 발생로가스 등).

(2) 예혼합 연소방식

① 화염의 온도가 높고 역화의 위험성이 크다.
② 연소부하가 크다.
③ 단염이다.
④ 조작범위가 좁다.
⑤ 가스와 공기를 고온으로 예열 시에 위험성이 있다.
⑥ 탄화수소가 큰 가스에 사용한다(LP 가스, 천연가스, 도시가스용).

3. 연료의 연소장치

(1) 고체 연료의 연소장치

고체 연료의 연소장치에는 화격자와 스토커가 있으며 미분탄 연소장치로는 미분탄 버너가 있다.

(2) 액체 연료의 연소장치

액체 연료는 등유, 경유 연소에 사용되는 증발식(기화식) 버너와 중유 연소에 사용되는 오일 버너로 무화연소시킨다.

① 오일 버너(oil burner)의 선정기준

(가) 버너 용량이 보일러 용량에 적합할 것
(나) 노의 구조에 적합할 것
(다) 자동제어 시 버너의 형식과 관계를 고려할 것
(라) 노내 압력, 분위기 등에 따른 가열조건에 적합할 것
(마) 부하변동에 따른 유조절 범위를 고려할 것
(바) 사용연료의 성상에 따라 적합할 것

② 오일 버너의 용량

$$\text{버너 용량(L/h)} = \frac{G_s \times 539}{H_l \times d \times \eta} = \frac{\text{정격출력(kcal/h)}}{H_l \times d \times \eta}$$

여기서, G_s : 정격용량(kg/h)　　H_l : 연료의 저위발열량(kcal/kg)
d : 15℃ 때 연료의 비중　　η : 버너 효율
정격용량×539 = 정격출력(kcal/h)

③ 오일 버너의 종류 및 특징 : 액체 연료의 연소장치로는 버너(burner)가 사용되며, 종류 및 특징은 다음과 같다.

(가) 유압분무식 버너 : 압력분무식 버너라고도 하며, 연료유에 0.5～2 MPa(5～20 kgf/cm²) 정도의 압력을 가하여 노즐로부터 고속으로 분출 무화시키는 방식으로 연료유의 점도가 큰 경우 무화가 곤란하다. 한편, 유압분무식 버너의 특징을 살펴보면 다음과 같다.

㉮ 대용량의 것으로 제작이 용이하다(연료의 사용범위 30～3000 L/h 정도).
㉯ 처리능력이 크고 운전에 요하는 경비가 비교적 적다.
㉰ 분무각도가 분무압, 기름의 점도에 따라 다르며 40～90° 정도의 넓은 각도이다.
㉱ 유량 조절범위가 좁다(환류식인 경우 1 : 3, 비환류식인 경우 1 : 1.5).

㉮ 유압이 0.5 MPa(5 kgf/cm^2) 이하이거나 기름의 점도가 너무 높으면 무화가 나빠진다.
㉯ 분무류에 의한 주위 공기의 흡인효과가 적어 보염장치가 필요하다.
㉰ 유지 및 보수가 간단하다.
㉱ 무화매체가 필요 없고 잡음이 없다.
㉲ 유량은 유압의 평방근에 거의 비례한다.
㉳ 연료의 되돌림 방식에 따라 리턴식(환류식)과 논리턴식(비환류식)으로 구분한다.

참고

유압식 오일 버너에서의 유량조절 방법

① 버너 수를 가감하여 조절한다(가장 좋은 방법).
② 환류식(return type) 압력분무 버너를 사용한다.
③ 플런저식(plunger type) 압력분무 버너를 사용한다.
④ 버너 칩(burner chip) 을 교환하여 사용한다.

(나) 공기분무식 버너 : 기류분무식 버너라고도 하며 고압기류식과 저압기류식으로 나뉘는데, 공기와 중유와의 혼합방식에 따라 내부혼합식과 외부혼합식으로 구분한다.

㉮ 고압기류식 버너 : 0.2~0.8 MPa(2~8 kgf/cm^2)의 고압공기를 사용하여 중유를 무화시키는 형식으로 무화매체로 소요되는 공기량은 이론공기량의 7~12 % 정도이다.
㉠ 분무각도가 30° 정도로 작다.
㉡ 유량 조절범위가 크다(1 : 10 정도로, 부하변동이 큰 보일러에 적합하다).
㉢ 외부혼합식보다 내부혼합식이 무화가 잘 된다.
㉣ 점도가 높아도 무화가 가능하다.
㉤ 연소 시 소음이 발생된다.
㉥ 용량이 20 t/h 이상의 보일러에 적합하다.

㉯ 저압기류식 버너 : 0.005~0.02 MPa(0.05~0.2 kgf/cm^2) 정도의 저압공기를 사용하여 무화시키는 방식으로 무화매체로 사용되는 공기량은 이론공기량의 30~50 % 정도이다.
㉠ 분무각도가 30~60° 정도이다.
㉡ 분무에 사용되는 무화공기가 많아 단염이 되기 쉽다.
㉢ 유량 조절범위가 비교적 크다(1 : 5 정도).
㉣ 공기압을 높일수록 무화공기량이 줄어든다.

(다) 증기분무식 버너 : 공기분무식 버너의 공기 대신 증기를 사용하여 분무 입도가 미세하고 저부하에서도 무화효과가 저하하지 않는다. 또, 증기의 열 및 압력에너지를 무화에 이용하므로 점도가 높은 오일도 쉽게 무화시킬 수 있으나 설비가 비교적 복잡하다.

(라) 회전식 버너 : 3500~10000 rpm 정도로 회전하는 컵 모양의 회전체에 송입되는 중유를 원심력으로 비산시킴과 동시에 블로어에서의 공기에 의해 분무되는데, 중유와 공기의 혼합이 양호하며 그 용량이 10~1000 kg/h 정도이다. 유압식 버너에 비해

분무입자가 비교적 크므로 중유의 점도가 작을수록 분무상태가 좋아진다.

㉮ 부속설비가 없으며 화염이 짧고 안정한 연소를 얻을 수 있다.

㉯ 분무각이 40~80° 정도로 크다.

㉰ 연료는 0.03~0.05 MPa(0.3~0.5 kgf/cm²) 정도로 가압하여 공급하며 점도가 작을수록 무화가 좋다.

㉱ 자동제어에 편리한 구조로 되어 있다.

㉲ 유량 조절범위가 1 : 5 정도이다.

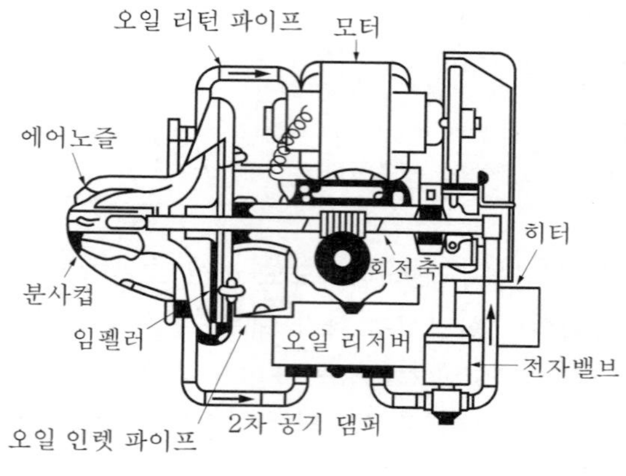

회전식 버너

㈒ 건 타입 버너 : 유압식과 공기분무식을 병합한 것으로 유압은 보통 0.7 MPa(7 kgf/cm²) 이상이며, 오일 펌프 속에 있는 유압조절밸브에서 조절 공급되는데 연소가 양호하고 소형이며 전자동연소가 가능하다는 특징이 있다.

㈓ 비례조절 버너 : 저압 버너의 일종이며 그 특징은 다음과 같다.

㉮ 자동연소제어가 용이하다.

㉯ 유량을 미량으로 조절할 수 있다.

㉰ 유의 조절범위가 1 : 8 정도로 넓다.

㈔ 증발식(기화식) 버너

㉮ 사용연료는 등유 및 경유로 제한한다.

㉯ 부하변동에 대한 응답성이 불량하므로 공업용 버너로는 부적합하다.

㉰ 유량 조절범위는 1 : 5 정도이다.

㉱ 최대의 연료사용량은 10 L/h 정도이다.

㉲ 종류에는 포트형, 심지형, 월 플레임형 버너가 있다.

참고

연료유(중유) 의 각종 첨가제(조연제)

종 류		첨가제의 기능 및 역할
슬러지 분산제 (안정제)		중유 중에 생성하는 슬러지를 용해 또는 표면 활성작용에 의해 분산시켜 연소실에 양호하게 분무 무화시켜 연료의 완전연소를 촉진시킨다(슬러지 생성을 방지한다).
수분 분리제 (탈수제)		수분이 혼입하여 에멀션을 형성하고 있는 중유에 첨가하여 에멀션을 파괴하고 수분을 분리 침강시킨다.
연소 촉진제		촉매작용에 의해 중유를 완전연소시키고 연소실 내의 탄소의 축적을 방지하여 매연의 발생을 억제한다(분무를 순조롭게 한다).
유동점 강하제		중유의 유동점을 내리고 저온에 있어서도 유동이 가능하게 한다.
부 식 방지제	고온부식 (회분개질제)	중유에 함유되어 있는 바나듐과 부가 화합물을 만들고 회분의 융점을 상승시켜서 수관 등에 부착하는 것을 방지하고 바나듐의 부식을 억제한다.
	저온부식	연소가스 중의 무수황산과 반응하여 부식되지 않은 물질을 바꾸며, 따라서 그 부식작용을 방지한다.

(3) 연료 계통

① **메인 탱크(main tank)** : 일명 storage tank로 저장 탱크의 부피 표준은 사용량의 10～14일분 정도이나, 운반이 편리한 지역은 2～3일분도 관계없다. 저장방법으로서는 지상 설치(세로 원통형)와 지하 설치(가로 원통형)가 있다.

참고

저유 탱크의 부속설비 : 유면계, 통기관, 가열장치, 드레인밸브, 송유관, 피뢰 설비, 맨홀, 오버 플로관, 플로트 스위치, 온도조절밸브

② **서비스 탱크(service tank)** : 서비스 탱크는 스토리지 탱크에서 연료유를 적당량만 수용하고 분연 버너에 공급하는 탱크이며, 그 용량은 분연 버너 소비량의 2～3시간 정도의 크기가 알맞다.

㈎ 설치위치는 보일러로부터 2 m 이상 떨어져야 하며 설치높이는 버너 선단으로부터 1.5 m 이상 되어야 하고 서비스 탱크 내의 오일 온도는 약 333 K(60℃) 정도가 좋다.

㈏ 압송펌프 없이 자연유하식인 경우 버너로부터 수직거리 3 m 이상 높이 설치한다.

③ **기름 배관(oil pipe, 송유관)** : 중유 저장 탱크에서 버너까지 연료를 운반시키는 관으로 운반 도중 기름온도의 저하를 방지하기 위해 2중관 또는 주위를 보온한다. 일반적으로 관내의 유속은 0.5～1.0 m/s 정도이다.

참고

(1) 서비스 탱크

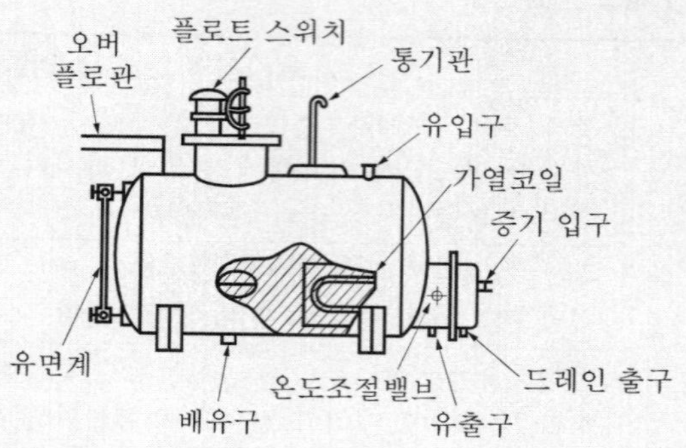

(2) 연료저장 탱크

① 통기관 안지름은 최소 40 mm 이상일 것
② 통기관에는 일체의 밸브를 부착해서는 안된다.
③ 개구부에는 40° 이상의 굽힘을 주어야 하며 인화방지를 위하여 금속제 망을 씌운다.
④ 개구부의 높이는 지상에서 5 m 이상이어야 하며 반드시 옥외에 있어야 한다.

④ **여과기(strainer)** : 연료 속에 함유되어 있는 이물질이나 불순물을 제거하여 유량계의 손상을 방지하는 동시에 버너의 무화를 양호하게 해 준다. 일반적으로 여과기의 여과망은 중유 사용 시 유량계 입구 측은 20~60mesh, 출구 측은 60~120mesh, 경유 및 등유 사용 시 입구 측은 80~120mesh, 출구 측은 100~250mesh, 버너 입구에서는 60~120mesh 정도가 좋다.

참고

① 여과기 전후에 압력계를 부착하여 압력차가 0.02 MPa(0.2 kgf/cm^2) 이상 나타날 때 여과기를 청소해야 한다.
② 여과기는 반드시 병렬로 설치해야 한다.
③ 형상에 따라 Y형 여과기, U형 여과기, V형 여과기가 있다.

⑤ **유예열기(oil preheater)** : 버너 입구 직전에 설치하여 연료를 가열하여 점도를 낮추어 유동성과 분무성을 좋게 함으로써 버너의 연소효율을 상승시키는 장치로 그 종류에는 가열원에 따라 전기식, 증기식, 온수식이 있으며 전기식이 제일 많이 사용된다. 유예열기(oil preheater)의 용량을 구하는 식은 다음과 같다.

㈎ 열원이 전기인 경우

$$\frac{G_f \times C_f \times (t_2 - t_1)}{860 \times \eta} [\text{kWh}]$$

㈏ 열원이 증기인 경우

$$\frac{G_f \times C_f \times (t_2 - t_1)}{h_r \times \eta} [\text{kg/h}]$$

여기서, G_f : 연료량(kg/h) C_f : 연료의 비열(kcal/kg·℃)
t_2 : 히터 출구의 유온(℃) t_1 : 히터 입구의 유온(℃)
η : 유가열기의 효율 h_r : 증기의 증발잠열(kcal/kg)
860 : 1 kW·h에 상당하는 열량(kcal)

⑥ **유조절밸브** : 연료의 양을 조절하는 밸브로서 발생증기량의 상태에 따라 연료공급을 조절하여 증기의 공급량을 일정하게 하며 동시에 압력도 일정하게 유지하는 밸브이다.

⑦ **유전자밸브(solenoid valve)** : 압력차단장치, 저수위 경보기, 화염검출기, 송풍기의 작동 여하에 따라 작동하며, 정전 시나 상기 기기의 이상 발생시 급히 연료 공급을 차단하여 연료 누설에 따른 미연소가스로 인한 폭발을 방지함에 그 목적이 있다.

참고

전자 밸브의 내부도

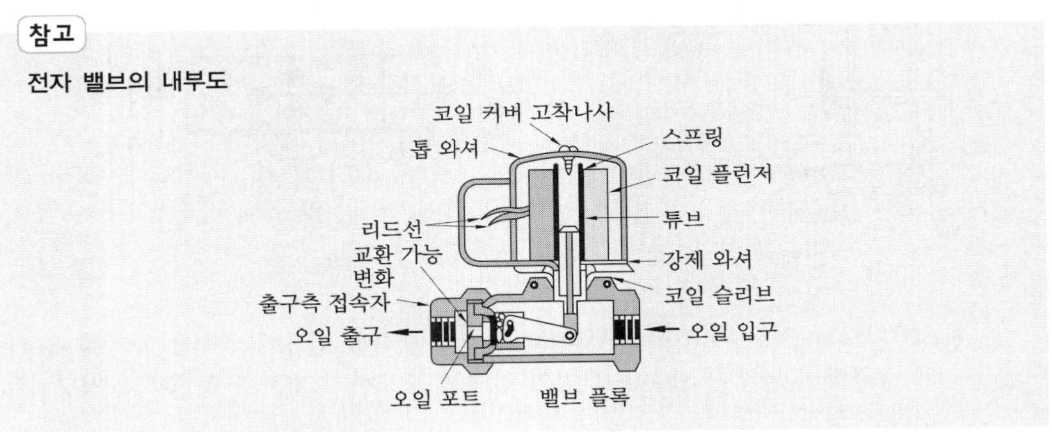

⑧ **유량계** : 보일러가 가동되고 있는 동안 연료소비량을 알기 위해서 설치하는 계기로서 주로 용적식 유량계인 오발 유량계가 많이 사용되고 있다.

참고

유량계의 계량 단위는 L를 사용하며, 특히 유량계 앞에는 여과기를 꼭 설치하여야 한다.

⑨ **유온도계** : 버너로 급유되는 기름의 온도를 측정하는 계기로서 이때 기름의 온도는 80~90℃가 좋다(B중유 : 50~60℃, C중유 및 타르 중유 : 80~105℃).

⑩ **보염장치**

(가) 노내에 분사된 연료에 연소용 공기를 유효하게 공급하여 확산시켜 연소를 유효하게 하고, 또 확실한 착화와 화염의 안정을 도모하기 위하여 설치한다.

(나) 특징

㉮ 안정된 착화를 도모한다.
㉯ 화염의 형상을 조절한다.
㉰ 연료의 분무를 촉진시킴과 동시에 공기와의 혼합을 양호하게 한다.
㉱ 연소가스의 체류시간을 지연시켜 전열효율을 촉진시킨다.

㉮ 연소실의 온도분포를 고르게 하고 안정된 화염을 얻어 노내의 국부과열을 방지한다.

(다) 종류

㉮ 윈드 박스(wind box) : 공기와 연료의 혼합을 촉진시키며 공기의 흐름을 좋게 하고 공기의 배분을 균등하게 해 주는 장치

㉯ 콤버스터(combuster) : 연료의 착화를 돕고 분출 흐름의 모양을 다듬으며 연소의 안정을 도모해 주는 장치

참고

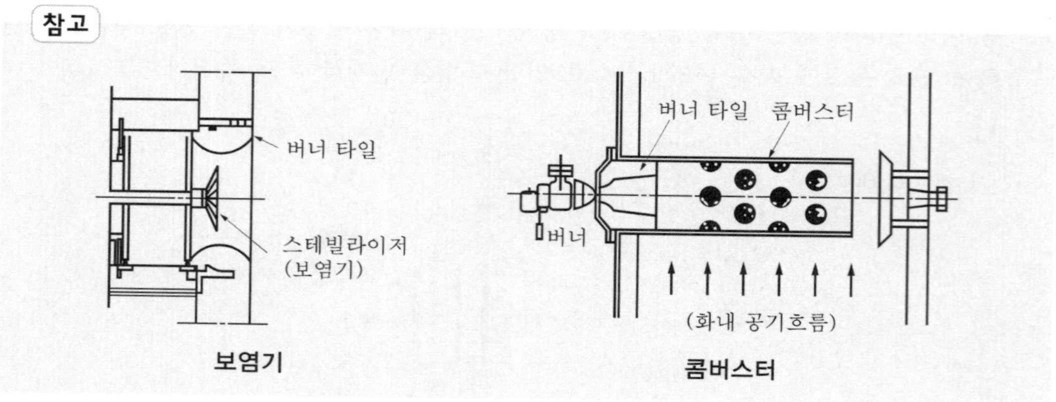

㉰ 스테빌라이저(stabilizer, 보염기) : 노내에 분사된 연료에 연소용 공기를 유효하게 공급하여 연소를 도우며 화염의 안정을 도모하기 위하여 공기류를 적당히 조정하는 장치

㉱ 버너 타일(burner tile) : 버너 슬롯을 구성하는 내화재로서 그 형태에 따라 분무각도도 변화하고, 노내에 분사되는 연료와 공기의 분포속도 및 흐름의 방향을 최종적으로 조정하는 장치

(4) 기체 연료의 연소장치

① 확산 연소방식에 의한 장치(형태에 따라)

(가) 포트형 : 노와 마찬가지로 내화재료로 만든 단면적이 넓은 화구로부터 공기와 가스를 연소실에 보내는 방식으로 특징은 다음과 같다.

㉮ 가스와 공기를 고온으로 예열할 수 있다.

㉯ 탄화수소가 비교적 적고 발생로가스 및 고로가스가 사용된다.

㉰ 대형 가마에 적합하다.

(나) 버너형 : 공기와 가스를 가이드 베인을 통하여 혼합시키는 연소형식이며 선회형 버너와 방사형 버너가 있다.

㉮ 선회형 버너 : 저질의 가스를 사용할 경우에 사용한다.

㉯ 방사형 버너 : 천연가스와 같은 고발열량의 가스를 사용할 경우에 사용한다.

② 예혼합 연소방식에 의한 장치

㈎ 저압 버너(공기 흡인) : 도시가스 연소에는 가스압력이 70～160 mmH_2O 정도이면 충분히 공기를 빨아들여 연소할 수 있으므로, 특히 송풍기를 쓰지 않아도 되고 가정용·소공업용으로 널리 쓰인다. 일반적으로 저압 버너는 압력이 낮으므로 버너 화구의 속도를 크게 할 수가 없다. 따라서 역화방지의 점에서 1차 공기량을 이론공기량의 약 60 % 흡입하도록 한다.

㈏ 고압 버너 : 가스압력을 0.2 MPa 이상으로 한다. 압축 도시가스, 봄베 충전의 LP가스, 부탄가스 등과 공기를 혼합하는 경우에는 붙여진 노내가 다소 정압(正壓)이라도 1차 공기의 출입량을 충분히 얻을 수 있으므로 소형의 고온로에 쓸 수가 있다.

㈐ 송풍 버너 : 연소용 공기를 가압하여 집어넣는 형식의 버너로서 고압 버너와 마찬가지로 공기를 노즐로부터 불어냄과 동시에 가스를 흡인, 혼합하여 집어넣는 형식의 것, 가스와 연소용 공기를 혼합하여 1대의 송풍기로 집어넣는 형식의 것 등이 있다. 가스와 공기를 혼합하여 1대의 송풍기로 집어넣는 경우에는 가스와 공기의 혼합 비율에 따라 폭발성이 되지 않도록 주의해야 한다.

(5) 가스 버너 (외부 혼합식)의 종류

① **링(ring)형 가스 버너 :** 버너 타일과 비슷한 지름의 링에 다수의 노즐을 설치한 가스 버너이다.

② **멀티스폿(다분기관)형 가스 버너 :** 링형 가스 버너와 비슷하지만 노즐부의 수열면적을 작게 한 것이며, LPG용 버너로 적당하다.

③ **스크롤형 가스 버너 :** 가스를 스크롤(소용돌이) 내에서 선회분사시켜 가스와 공기의 혼합이 잘 되도록 한 가스 버너이다.

④ **건(센터 파이어)형 가스 버너 :** 2중관으로 구성되어 중심부에서는 유류가 분사되고 바깥쪽에서는 가스가 분사되는 형태로 유류와 가스를 동시에 연소시킬 수 있는 버너이다.

참고

가스 버너의 특징

① 연소장치가 간단하고 보수가 양호하다.
② 고부하 연소가 가능하다.
③ 저질 가스의 사용에도 유효하다.
④ 가스와 공기의 조절비 제어가 간단하다.
⑤ 연소 조절범위가 넓다.

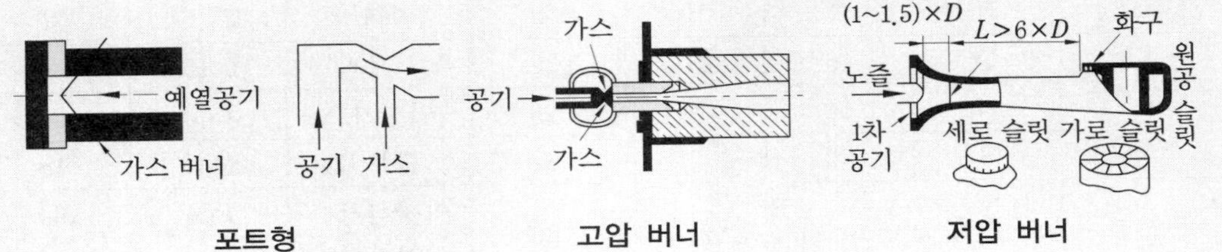

포트형 고압 버너 저압 버너

4. 연소 계산

연소반응도 일종의 산화반응이므로 연소 계산에 있어서도 화학반응에 대한 일반적인 법칙과 원리를 그대로 적용하여 연소에 관계되는 반응물질과 생성물질 간의 양적 관계를 규명할 수가 있다. 연료는 탄소(C), 수소(H), 산소(O), 황(S), 질소(N), 회분(A), 수분(W) 등으로 구성되어 있는데, 산소(O_2)와 화합하여 연소할 수 있는 원소, 즉 가연원소에는 탄소, 수소, 황의 세 가지 원소가 있다.

분자량에 g을 붙인 것을 1 mol이라 하고 kg을 붙인 것을 1 kmol이라 하는데 모든 물질 1 mol은 표준상태(0℃, 1기압) 하에서 22.4 L를 차지하며, 그 무게는 분자량에 g을 붙인 것이다. 또, 반응 전후에 있어서 질량은 변화하지 않는다. 따라서 반응 전후의 원소의 수는 서로 같아야 한다.

4-1 공기의 조성

① 공기는 여러 물질의 혼합체로 구성되어 있지만, 질소(N)와 산소(O)를 제외한 물질은 미량이므로 체적으로 질소(79 %), 산소(21 %)로 간주하여 연소 계산을 한다.

② **공기의 조성**

구 분	체적(%)	중량(%)
산소(O)	21	23.2
질소(N)	79	76.8

③ **공기의 성분 :** N_2(78 %), O_2(21 %), CO_2(0.93 %), Ar(0.03 %), He, Ne, Xe, Kr, Rn, H_2, H_2O 등이다.

4-2 각 원소의 원자량 및 분자량

원소명	원소기호	원자량	분자식	분자량	원소명	분자식	분자량
탄소	C	12	C	12	메탄	CH_4	16
수소	H	1	H_2	2	에탄	C_2H_6	30
산소	O	16	O_2	32	프로판	C_3H_8	44
질소	N	14	N_2	28	탄산가스	CO_2	44
황	S	32	S	32	물분자	H_2O	18
공기	O_2, N_2, Ar 의 혼합물			29	아황산가스	SO_2	64
					일산화탄소	CO	28

참고

① 여기서 H, O, N는 1 원자만으로는 다른 원소와 화합이 불가능하므로 항시 원자 2개가 합하여 화합한다.
② 모든 기체 1 kmol의 표준상태에서 부피는 아보가드로(Avogadro) 법칙에 의하여 22.4 Nm^3이다 (1 mol이 차지하는 부피는 22.4 L).

4-3 고체 및 액체 연료의 연소

연료의 성분 중 가연성 성분은 C, H, S이며, 반응식은 다음과 같다.

① 탄소(C)가 완전연소 시

$$C + O_2 \rightarrow CO_2 + 97200\ \text{kcal/kmol}$$

② 탄소(C)가 불완전연소 시

$$C + \frac{1}{2}O_2 \rightarrow CO + 29200\ \text{kcal/kmol}$$

③ 수소(H)의 연소반응

$$H_2 + \frac{1}{2}O_2 \rightarrow H_2O(\text{액체}) + 68000\ \text{kcal/kmol}$$

$$H_2 + \frac{1}{2}O_2 \rightarrow H_2O(\text{기체}) + 57200\ \text{kcal/kmol}$$

④ 유황(S)의 연소반응

$$S + O_2 \rightarrow SO_2 + 80000\ \text{kcal/kmol}$$

(1) 탄소의 연소

① 탄소가 완전연소한다고 할 때

C	+	O_2	⟶	CO_2	+	97200 kcal/kmol
↓		↓		↓		↓
1 kmol		1 kmol		1 kmol		97200 kcal/kmol
12 kg		32 kg		44 kg		
1 kg		$\frac{32}{12} = 2.667$ kg		$\frac{44}{12} = 3.667$ kg		$\frac{97200}{12} = 8100$ kcal/kg

즉, 탄소 1 kg 연소 시 필요한 산소량은 2.667 kg이며, 이때 생기는 CO_2 가스양은 3.667 kg이고 1 kg 당 발열량은 8100 kcal이다.

② 탄소가 불완전연소할 때

C	+	$\frac{1}{2}O_2$	⟶	CO	+	29200 kcal/kmol
↓		↓		↓		
12 kg		16 kg		28 kg		
		↓		↓		
		11.2 Nm^3		22.4 Nm^3		

(2) 수소의 연소

H_2	+	$\frac{1}{2}O_2$	⟶	H_2O(액체)	+	68000 kcal/kmol
1 kmol		$\frac{1}{2}$ kmol		1 kmol		
2 kg		16 kg		18 kg		
1 kg		8 kg		9 kg		34000 kcal/kg

(3) 황의 연소

S	+	O_2	⟶	SO_2	+	80000 kcal/kmol
1 kmol		1 kmol		1 kmol		
32 kg		32 kg		64 kg		
1 kg		1 kg		2 kg		2500 kcal/kg

4-4 복합성분의 이론산소량(O_o)과 이론공기량(A_o)의 계산

(1) 이론산소량(O_o)

어떤 연료를 완전연소시키는 데 필요한 산소량을 말하며, 연료의 성분 중 가연성분인 탄소, 수소, 황이 연소할 때 필요로 하는 산소량만의 합을 구하면 된다.

① 중량으로 구할 때

$$\begin{aligned} O_o &= \frac{32}{12}C + \frac{16}{2}\left(H - \frac{O}{8}\right) + \frac{32}{32}S \\ &= 2.67C + 8\left(H - \frac{O}{8}\right) + S \\ &= 2.67C + 8H - (O - S)[kg/kg] \end{aligned}$$

② 체적으로 구할 때

$$O_o{}' = \frac{22.4}{12}C + \frac{11.2}{2}\left(H - \frac{O}{8}\right) + \frac{22.4}{32}S$$
$$= 1.87C + 5.6\left(H - \frac{O}{8}\right) + 0.7S\ [Nm^3/kg]$$

(2) 이론공기량(A_o)

연료의 종류에 따라 가연성분이 달라지므로 이에 따르는 연소용 공기량도 달라지게 되는데, 어떤 연료를 완전연소시키는 데 필요한 공기량을 이론공기량이라 한다. 이론공기량(A_o)은 공기 중의 산소량이 일정하므로 이론산소량(O_o)으로부터 구할 수 있다. 즉, 이론공기량은 중량으로 구할 경우 $\frac{1}{0.232}O_o$, 체적으로 구할 경우 $\frac{1}{0.21}O_o$로 계산된다.

① 원소 분석에 의한 이론공기량(A_o)

㈎ 고체 및 액체 연료의 이론공기량

㉮ 체적으로 구할 경우

$$A_o = \frac{1}{0.21}\left[1.87C + 5.6\left(H - \frac{O}{8}\right) + 0.7S\right]$$
$$= 8.89C + 26.67\left(H - \frac{O}{8}\right) + 3.33S$$
$$A_o = 8.89C + 26.67H - 3.33(O - S)[Nm^3/kg]$$

㉯ 중량으로 구할 경우

$$A_o = \frac{1}{0.232}\left\{2.67C + 8\left(H - \frac{O}{8}\right) + S\right\}$$
$$A_o = 11.49C + 34.5\left(H - \frac{O}{8}\right) + 4.3S[kg/kg]$$

㈏ 기체 연료의 이론공기량 : 기체 연료의 이론산소량($O_o{}'$)은 앞에서의 연소반응식들에서

$$O_o{}' = \frac{1}{2}H_2 + \frac{1}{2}CO + 2CH_4 + 3C_2H_4 + 5C_3H_8 + \frac{13}{2}C_4H_{10} - O_2[Nm^3/Nm^3]$$

으로 표시되므로 이론공기량($A_o{}'$)은 쉽게 구할 수 있다.

$$A_o{}' = \frac{1}{0.21}O_o{}' = 2.38(H_2 + CO) - 4.76O_2 + 9.52CH_4 + 14.3C_2H_4$$
$$+ 23.8C_3C_8 + 40.0C_4H_{10}[Nm^3/Nm^3]$$

(3) 실제공기량(A)

실제로 연료를 연소하는 경우에는 그 연료의 이론공기량만으로 완전히 연소하기에는 거의 불가능하며 불완전연소가 되기 쉽다. 그것은 연료의 가연성분과 공기 중의 산소와의 접촉이 순간적으로 이루어지는 것이 곤란하기 때문이다. 따라서, 여분의 공기를 보내어 가연성분과 산소와의 접촉을 양호하게 하여 연소에 완벽을 기하지 않으면 안 된다. 실제로 사용한 공기량(그 속에는 여분의 공기도 포함한다)이 그 이론량의 몇 배에 상당하는가를 보이는 계수를 공기비라 하고 m 으로 나타낸다.

따라서, 실제의 연소에 사용한 공기량(A)는 그 이론공기량(A_o)에 공기비(m)을 곱한 것이 된다.

$$m = \frac{A}{A_o}, \quad A = m\,A_o\,[\mathrm{Nm^3}]$$

① **과잉공기**($A - A_o$) **:** 연료가 실제로 연소하는 데는 이론공기보다 더 많은 공기가 필요하다. 이때 이론공기보다 더 공급된 여분의 공기를 과잉공기라 한다.

과잉공기 = 실제공기(A) − 이론공기(A_o)

② **과잉공기율(%)** = 이론공기량에 대한 과잉공기량을 %로 표시한다.

과잉공기율(%) = $(m - 1) \times 100$

여기서, $(m - 1)$: 과잉공기비

(4) 공기비(m)

연료를 연소시키는 경우에 실제로 사용된 공기량(A)을 그 이론공기량(A_o)으로 나눈 것을 공기비(m)라 한다. 즉, 공기비는 실제공기량의 이론공기량에 대한 비율을 의미한다.

$$m = \frac{\text{실제공기량}}{\text{이론공기량}} = \frac{A}{A_o} = 1 + \frac{\text{과잉공기량}}{\text{이론공기량}} = 1 + \frac{A - A_o}{A_o}$$

참고

대개 공기비(m) 는 노의 종류 및 구조에 따라 다르지만, 보일러인 경우 기체 연료의 m = 1.1~1.3, 액체 연료의 m = 1.2~1.4, 미분탄 연료의 m = 1.2~1.4, 고체 연료의 m = 1.4~2.0 정도가 적당하다.

(5) 공기비(m) 구하는 식

① **배기가스 성분 분석에 따라 공기비 구하는 식**

㈎ 완전연소 시 : $m = \dfrac{N_2}{N_2 - 3.76O_2}$

(나) 불완전연소 시 : $m = \dfrac{N_2}{N_2 - 3.76(O_2 - 0.5CO)}$

② O_2 %에 의한 공기비 구하는 식

$$m = \frac{21}{21 - O_2[\%]}$$

③ CO_2 max %에 의한 공기비 구하는 식

$$m = \frac{CO_2 \max[\%]}{CO_2[\%]}$$

참고

① B-C유 사용 시 CO_2 %에 의한 공기비 구하는 식 $m = \dfrac{15.7}{CO_2[\%]}$

② B-C유 $CO_{2\,max}$ % = 15.7%

(6) 공기비(m)가 연소에 미치는 영향

① 공기비가 클 경우(과잉공기량이 많을 경우) 연소에 미치는 영향

(가) 연소실 온도가 낮아지며 연소온도가 저하한다.

(나) 배기가스량의 증가로 열손실이 많아지며, 연료소비량이 증가한다.

(다) 배기가스 중 CO_2 [%]가 낮아진다(O_2 [%]는 증가한다).

(라) 배기가스 중 SO_3의 함유량이 증가하며, 저온부식이 촉진된다.

(마) 배기가스 중 NO_2의 발생이 심하여 대기오염을 일으킨다.

② 공기비가 작을 경우(공기량이 부족할 경우) 연소에 미치는 영향

(가) 연료가 불완전연소하여 매연 발생이 심하다.

(나) 미연분에 의한 열손실이 증가한다.

(다) 미연소가스 폭발사고를 유발하기 쉽다.

(라) 배기가스 중 CO [%]가 증가한다.

(7) 단순기체(C_mH_n)의 연소반응식 및 이론공기량(A_o)

① 단순기체의 연소반응식

$$C_mH_n + \left(m + \frac{n}{4}\right)O_2 \rightarrow mCO_2 + \left(\frac{n}{2}\right)H_2O$$

② 기체 연료의 이론공기량

(가) 메탄(CH_4)의 이론공기량

$$\begin{array}{ccccccc} CH_4 & + & 2O_2 & \longrightarrow & CO_2 & + & 2H_2O \\ \downarrow & & \downarrow & & \downarrow & & \downarrow \\ 1\,\text{kmol} = 22.4\,\text{Nm}^3 = 16\,\text{kg} & & 2 \times 22.4\,\text{Nm}^3 & & 22.4\,\text{Nm}^3 & & 2 \times 22.4\,\text{Nm}^3 \end{array}$$

㉮ 체적 : CH_4 1 Nm^3 의 (A_o) : $\dfrac{2\times 22.4}{22.4}\times\dfrac{100}{21}=9.52(Nm^3/Nm^3$ 연료)

㉯ 중량 : CH_4 1 kg 의 (A_o') : $\dfrac{2\times 22.4}{16}\times\dfrac{100}{21}=13.33(Nm^3/kg$ 연료)

(나) 프로판(C_3H_8)의 이론공기량

$$C_3H_8 + 5O_2 \longrightarrow 3CO_2 + 4H_2O$$

1 kmol = 22.4 Nm^3 = 44 kg　　$5\times 22.4\,Nm^3$　　$3\times 22.4\,Nm^3$　　$4\times 22.4\,Nm^3$

㉮ 체적 : C_3H_8 1 Nm^3 의 (A_o) : $\dfrac{5\times 22.4}{22.4}\times\dfrac{100}{21}=23.81(Nm^3/Nm^3$ 연료)

㉯ 중량 : C_3H_8 1 kg 의 (A_o') : $\dfrac{5\times 22.4}{44}\times\dfrac{100}{21}=12.12(Nm^3/kg$ 연료)

(다) 부탄(C_4H_{10})의 이론공기량

$$C_4H_{10} + 6.5O_2 \longrightarrow 4CO_2 + 5H_2O$$

1 kmol = 22.4 Nm^3 = 58 kg　　$6.5\times 22.4\,Nm^3$　　$4\times 22.4\,Nm^3$　　$5\times 22.4\,Nm^3$

㉮ 체적 : C_4H_{10} 1 Nm^3 의(A_o) : $\dfrac{6.5\times 22.4}{22.4}\times\dfrac{100}{21}=30.95(Nm^3/Nm^3$ 연료)

㉯ 중량 : C_4H_{10} 1 kg 의 (A_o') : $\dfrac{6.5\times 22.4}{58}\times\dfrac{100}{21}=11.95(Nm^3/kg$ 연료)

5. 발열량 계산

5-1 발열량

연료의 발열량(calorific value)은 보통 열량계로 측정이 되는데 실온에서 측정하므로 연소 생성 수증기는 물로 응축되면서 증발잠열을 방출하게 된다. 즉, 열량계에서 측정된 발열량은 저위발열량(H_l)이다. 고위발열량(H_h)은 저위발열량에 수증기의 증발잠열을 더한 값으로 나타내는데, 실제의 경우 보일러의 배기가스는 연도에서 대기 중으로 방출될 때의 온도가 최소한 100℃ 이상이 되므로 실제로 사용될 수 있는 열은 수증기의 증발잠열을 포함하지 않는 저위발열량이다.

(1) 발열량의 단위

고체 및 액체 연료의 발열량 단위는 kcal/kg, 기체 연료의 발열량 단위는 kcal/Nm^3이며, 발열량은 열정산 시 원칙적으로 고(총)발열량으로 한다. 저(진)발열량을 사용하는 경우에는 기존 발열량을 분명하게 명기해야 한다.

(2) 발열량의 종류

수증기의 증발잠열을 포함한 고위(= 고 = 총) 발열량과, 고위발열량에서 수증기 증발잠열을 제외한 저위(= 저 = 진) 발열량이 있다.

참고

① 고위발열량(H_h) = 고발열량 = 총발열량
② 저위발열량(H_l) = 저발열량 = 진발열량
③ $H_l = H_h$ − 증발잠열 $= H_h - 600(9\mathrm{H} + \mathrm{W})$

(3) 열량계의 종류

① **시그마 열량계** : 기체 연료 발열량 측정에 사용
② **융커스식 열량계** : 기체 연료 및 기화하기 쉬운 액체 연료 발열량 측정에 사용
③ **봄브 열량계** : 고체 연료 및 점도가 큰 액체 연료 발열량 측정에 사용

5-2 발열량의 계산방법

(1) 원소 분석에 의한 계산방법

① 고체 및 액체 연료의 발열량 계산

(개) 고위발열량(H_h) = 총발열량

$$H_h = 8100\mathrm{C} + 34000\left(\mathrm{H} - \frac{\mathrm{O}}{8}\right) + 2500\mathrm{S}\ [\mathrm{kcal/kg}]$$

(내) 저위발열량(H_l) = 진발열량

$$H_l = H_h - 600\,(9\mathrm{H} + \mathrm{W})\,[\mathrm{kcal/kg}]$$

$$H_l = 8100\mathrm{C} + 28600\left(\mathrm{H} - \frac{\mathrm{O}}{8}\right) + 2500\mathrm{S} - 600\mathrm{W}\ [\mathrm{kcal/kg}]$$

여기서, C, H, O, S, W : 연료 1 kg 당 함유된 각 성분의 양을 kg으로 표시한 것

② 기체 연료의 발열량 계산 : 기체 연료는 일산화탄소(CO), 수소(H_2), 메탄(CH_4) 등의 여러 가지 가스가 혼합되어 있으므로 다음 식과 같이 계산한다.

(개) $H_h' = 3035\,\mathrm{CO} + 3050\,\mathrm{H_2} + 9530\,\mathrm{CH_4} + 15280\,\mathrm{C_2H_4} + 24370\,\mathrm{C_3H_8}$
$+ 32010\,\mathrm{C_4H_{10}}\ [\mathrm{kcal/Nm^3}]$

(내) $H_l' = 3035\,\mathrm{CO} + 2570\,\mathrm{H_2} + 8570\,\mathrm{CH_4} + 14320\,\mathrm{C_2H_4} + 22350\,\mathrm{C_3H_8}$
$+ 29610\,\mathrm{C_4H_{10}}\ [\mathrm{kcal/Nm^3}]$

6. 통풍장치 및 집진장치

6-1 통풍장치의 개요

(1) 통풍방식

통풍방식에는 자연통풍방식과 강제(인공)통풍방식의 두 종류가 있으며, 강제(인공)통풍방식은 노의 조작법에 따라 압입(가압)통풍, 흡입(흡인=유인=흡출)통풍, 평형통풍으로 구분한다.

① **자연통풍(natural draft)** : 연도에서 연소가스와 외부공기의 밀도차에 의해서 생기는 압력차를 이용하는 것으로 연돌에 의존하며, 노내압은 부압상태이고 배기가스의 유속은 3～4 m/s 정도이다.

② **압입통풍(forced draft)** : 가압통풍이라고도 하는데, 노 앞에 설치된 송풍기에 의해 연소용 공기를 노 안으로 압입하는 방식으로 노내의 압력이 대기압보다 높으므로 그 구조가 가스의 기밀을 유지하여야 하며 노내압은 정압이고 배기가스의 유속은 8 m/s 정도이다. 강제 통풍방식 중 노내압이 가장 높으며, 송풍기 설치위치는 연소실 입구이다.

③ **흡입통풍(induced draft)** : 유인통풍이라고도 하며 연소가스를 송풍기로 빨아들여 연도 끝에서 배출하도록 하는 방식으로 노내의 압력은 대기압보다 낮으며(부압상태) 배기가스의 유속은 10 m/s 정도이다. 강제 통풍방식 중 노내압이 가장 낮으며, 송풍기 설치위치는 연도 끝부분이다.

④ **평형통풍(balanced draft)** : 노 앞과 연도 끝에 통풍팬을 달아서 노내의 압력을 임의로 조정할 수 있는 방식으로 항상 안전한 연소를 할 수 있으나 설비비가 많이 들고 강한 통풍력을 얻을 수 있으며 배기가스의 유속은 10 m/s 이상이다.

(2) 통풍력(draft power)

① **통풍력이 증가되는 조건(배기가 잘 되는 조건)**

㈎ 연돌이 높고 단면적이 클수록 증가된다.
㈏ 외기의 온도가 낮고 연소가스의 온도가 높을수록 증가된다.
㈐ 연도의 길이가 짧고 굴곡부가 적을수록 증가된다.
㈑ 공기의 습도가 낮을수록 증가된다.
㈒ 연도 및 연돌로 냉기의 침입이 없어야 증가된다.
㈓ 연도 및 연돌의 벽에서 연소가스의 열방사가 적어야 증가된다.
㈔ 외기의 비중량이 크고 배기가스의 비중량이 적을수록 증가된다.
㈕ 송풍기의 용량을 증대시킨다.

② **이론 통풍력 계산 :** 연돌 높이 H[m], 외기의 비중량 r_a[kg/m³], 배기가스의 비중량 r_g[kg/m³], 외기의 절대온도 T_a[K], 배기가스의 평균절대온도 T_g[K], 통풍력 Z[mmH₂O] [mmAq]라면

㈎ $Z = H(r_a - r_g)$[mmH₂O] [mmAq]

㈏ $Z = 355 \times H\left(\frac{1}{T_a} - \frac{1}{T_g}\right)$[mmH₂O] [mmAq]

㈐ $Z = 273 \times H\left(\frac{r_a}{T_a} - \frac{r_g}{T_g}\right)$[mmH₂O] [mmAq]

6-2 통풍장치

(1) 송풍기의 종류

① **원심력 송풍기 :** 원심력에 의하여 송풍을 하는 형식으로 그 종류는 다음과 같다.

㈎ 터보형 송풍기 : 후향 날개 형식으로 된 송풍기로 임펠러의 회전에 의하여 원심력을 얻는 공기는 주위의 케이싱에 부딪쳐 압력에너지로 전환되어 풍압을 얻는 형식이다.

㉮ 후향 날개로 되어 있다(16~24개).
㉯ 효율이 좋다(60~75 %).
㉰ 적은 동력으로 사용이 가능하다.
㉱ 풍압이 높다(200~400 mmH₂O).
㉲ 고압, 대용량에 적합하다.
㉳ 가압 연소용 송풍기로 사용한다(보일러).
㉴ 형상이 크고 고가이다.

㈏ 플레이트형 송풍기 : 방사형 날개를 6~12개 정도 부착한 송풍기이다.

㉮ 효율이 비교적 좋다(50~60 %).
㉯ 풍량이 많고 흡인 송풍기로 가장 많이 사용한다.
㉰ 플레이트의 교체가 쉽다.
㉱ 마모에 강하다.
㉲ 풍압이 400 mmH₂O 이하이다.
㉳ 대용량에 적합하다.

㈐ 다익형(시로코형) 송풍기 : 전향 날개(60~90개)로 되어 있으며 날개 폭이 좁은 것을 많이 설치한 송풍기이다.

㉮ 풍량은 많으나 효율이 낮다(40~50 %).
㉯ 많은 동력이 필요하다.
㉰ 흡인용 송풍기로 적당하다(풍량 5000 m³/min).
㉱ 구조상 고압·고온에 사용 불가능하다.

㉤ 풍압이 낮다(120 mmH_2O).
㉥ 구조가 간단하며 소형, 경량이다.

참고

원심력 송풍기에서 풍량 조절 방법
① 댐퍼 조절에 의한 방법
② 전동기의 회전수 변화에 의한 방법
③ 섹션 베인의 개도에 의한 방법

② **축류형 송풍기 :** 일종의 프로펠러형의 송풍기라고 하며, 판을 여러 개 설치한 송풍기로서 주로 환기 배기용으로 많이 사용한다.
(가) 대용량이 요구되는 곳에 사용한다.
(나) 흡인용으로 적당하다.
(다) 풍압은 낮으나 효율이 비교적 좋다(50～70 %).
(라) 풍량은 많으나 대신 소음이 크다.
(마) 다단식으로 할 경우 풍압을 높일 수 있다.
(바) 풍량이 0일 때 풍압이 최고로 되고, 풍량의 증가에 따라 풍압이 낮아진다.

(2) 송풍기의 용량 및 성능

① 송풍기의 용량

송풍량 $Q[\mathrm{m^3/s}]$, 풍압 $H[\mathrm{mmH_2O}][\mathrm{kg/m^2}]$, 송풍기의 효율이 η이라면

(가) 송풍기 마력 $= \dfrac{Q\times H}{75\times \eta}[\mathrm{hp}][\mathrm{PS}]$

(나) 송풍기 동력 $= \dfrac{Q\times H}{102\times \eta}[\mathrm{kW}]$

참고

① 1 hp = 75 kg·m/s ② 1 kW = 102 kg·m/s ③ 1 mmH_2O = 1 kg/m^2
④ 1 mmHg = 1 torr ⑤ 1 N/m^2 = 1 Pa

② 송풍기의 성능

(가) 원심식 송풍기에서 회전수의 변화에 따라 풍량, 풍압, 동력 및 마력은 다음과 같이 변한다.
㉮ 풍량은 회전수에 비례한다.
㉯ 풍압은 회전수의 제곱에 비례한다.
㉰ 동력 및 마력은 회전수의 3제곱에 비례한다.

(나) 송풍기의 회전수 $N_1[\mathrm{rpm}]$에서 N_2로 변환시키면 다음의 관계식이 성립한다.
㉮ 풍량 $Q_2 = Q_1\left(\dfrac{N_2}{N_1}\right)^1 [\mathrm{m^3/min}]$

㉯ 풍압 $H_2 = H_1\left(\frac{N_2}{N_1}\right)^2$ [mmH$_2$O]

㉰ 마력 $HP_2 = HP_1\left(\frac{N_2}{N_1}\right)^3$ [hp]

여기서, N_1 : 변화 전 송풍기의 회전수, N_2 : 변화 후 송풍기의 회전수
Q_1, H_1, HP_1 : 변화 전 풍량, 풍압, 마력
Q_2, H_2, HP_2 : 변화 후 풍량, 풍압, 마력

(3) 댐퍼(damper)

① 연도 댐퍼의 설치목적

㈎ 통풍량을 조절하여 통풍력을 좋게 한다.
㈏ 가스의 흐름을 차단한다.
㈐ 주연도, 부연도가 있을 경우 가스의 흐름을 전환한다.

② 보일러의 댐퍼 형상에 따른 분류

㈎ 버터플라이 댐퍼(butter-fly damper) : 소형 덕트에 많이 사용
㈏ 시로코형 댐퍼(다익형, sirocco damper) : 대형 덕트에 많이 사용
㈐ 스플리티 댐퍼(splity damper) : 풍량조절용으로 많이 사용

③ 작동법에 따라 회전식과 승강식이 있다(주로 회전식이 사용).

참고

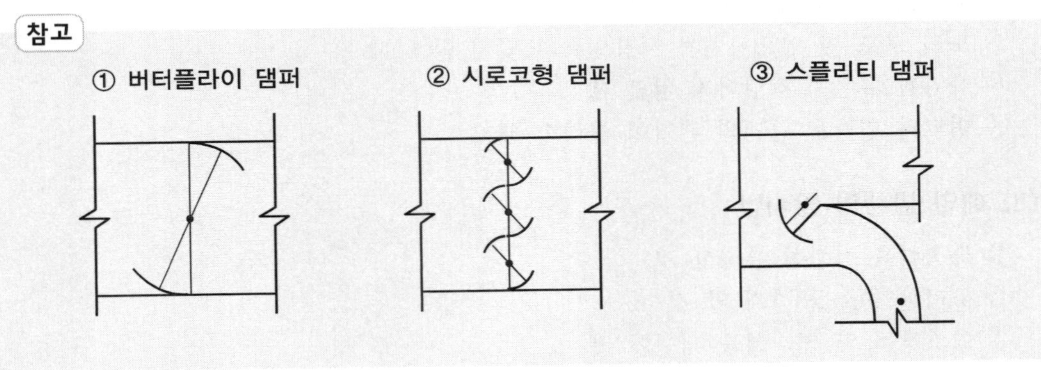

6-3 집진장치

(1) 개요

탄화수소가 분해연소하는 경우에 미연의 탄소입자가 모여서 이루어진 것이며, 매진은 연료 속에 포함되는 회분의 양, 연소방식, 생산물질의 처리방법 등에 의하여 발생되는 것이다. 이들의 입자가 단독으로, 또는 연소가스와 함께 연돌 및 장치로부터 배출되어 대기오염의 문제로 취급되고, 유황 화합물 및 유기산 등의 배출량과 함께 대기오염 방지 규제 중에서 배출량이 제한을 받게 되었다.

참고

(1) 매연의 종류

① 황화물 : SO_2, SO_3 등의 황산화물
② 질화물 : NO, NO_2 등의 질소산화물
③ 일산화탄소(CO) 및 그을음과 분진, 다이옥신 등

(2) 보일러 가동 중 연기색(유류용 보일러)

① 엷은 회색 : 공기의 공급량이 알맞다(화염은 오렌지색이며 온도는 1000 ℃ 정도).
② 흑색 또는 암흑색 : 공기의 공급이 부족하다(화염은 암적색이며 온도는 600～700 ℃ 정도).
③ 백색 또는 무색 : 공기가 너무 많이 공급되었다(화염은 회백색이며 온도는 1500℃ 정도).

(3) 보일러 가동 중 매연 농도 한계치 : 보일러 가동 중 매연 농도는 링겔만 농도표 2도(농도율 : 40 %) 이하가 되도록 연소상태를 유지하여야 한다.

(2) 매연 발생의 원인

① 통풍력이 부족하거나 과대할 때
② 무리하게 연소하였을 때
③ 연소실 용적이 작을 때
④ 연료의 질이 나쁘거나 연소장치가 불량한 때
⑤ 연소실 온도가 낮을 때
⑥ 연료의 연소방법이 미숙할 때
⑦ 노의 구조 및 연소장치가 사용연료와 맞지 않을 때
⑧ 유압과 유온이 적당하지 않을 때
⑨ 연료와 연소용 공기의 혼합이 불량할 때

(3) 매연 발생의 방지법

① 통풍력을 적절히 유지할 것
② 무리한 분소를 하지 말 것
③ 연소장치 및 연소실을 개선할 것
④ 연소실 온도를 적절히 유지할 것(고온으로 유지할 것)
⑤ 연소 기술을 개선할 것
⑥ 양질의 연료를 사용하고 집진장치를 설치할 것
⑦ 유압과 유온을 적당히 유지시킬 것
⑧ 연료와 연소용 공기의 혼합이 잘 되도록 할 것

(4) 매연 농도의 측정장치

① **링겔만 농도표에 의한 매연 측정 :** 다음 그림에서와 같은 가로 20 cm, 세로 14 cm의 0～5도까지로 구분된 농도표를 측정자로부터 16 m 정도 떨어진 곳에 놓고 연돌에서 30～39 m 떨어져서 연기가 흐르는 방향과 직각으로 서서 연돌의 정상보다 30～45 cm 정

도 떨어진 위치의 매연 농도를 비교 측정한다. 이때 측정자는 태양광선에 직면해서 측정해서는 안 되며 연돌 출구의 배경에 장애물이 없어야 한다. 매년 농도율(%)은 다음과 같이 계산할 수 있다.

(가) 농도율 $= \dfrac{\text{총 매연치}}{\text{측정시간(분)}} \times 20$ (%)　　(나) 농도율 $= \dfrac{\text{총 매연치}}{\text{측정시간(분)}} \times \dfrac{20}{\text{비탁도}}$ (%)

여기서, 20은 상수이며 링겔만 농도 1도의 연기가 태양광선을 차단하는 비율을 가리킨다.

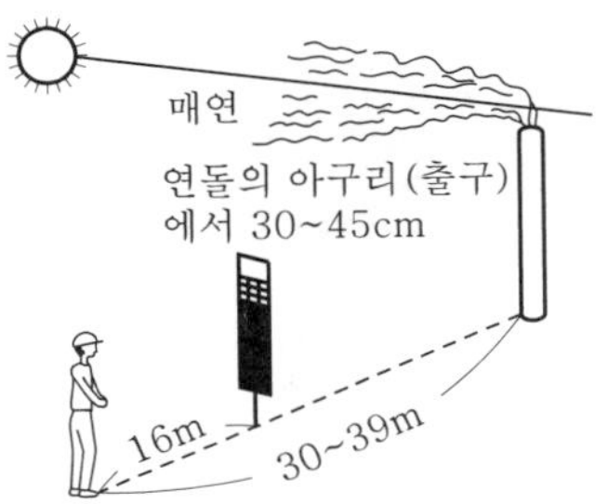

링겔만 농도표의 사용 방법

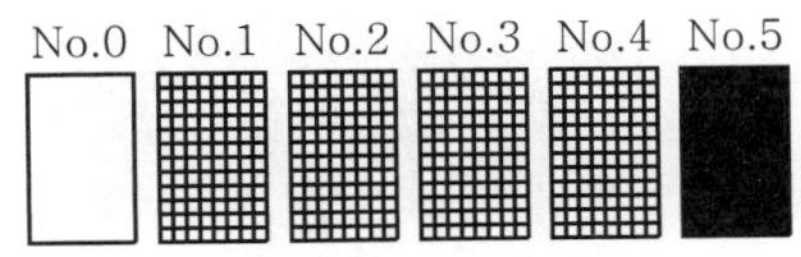

링겔만 매연 농도표

농도 구분	0	1	2	3	4	5
농도율(%)	0	20	40	60	80	100
연기 색깔	무색	엷은 회색	회색	엷은 흑색	흑색	암흑색
연소상태	과잉공기 과다	매우 양호	양호	불량	불량	매우 불량

참고

링겔만 농도표는 0~5도(번)까지 6종류로 구분되며, 0도 때는 과잉공기량이 많은 상태이고 1도 때는 연소상태가 가장 양호한 때이며 5도 때는 연소상태가 가장 불량한 상태이다.

② **바카르크 스모크 테스터(Bacharch smoke tester) :** 함진가스를 흡인펌프 내 여과지로 흡인하여 매진의 농도를 농도 규격표와 비교해 농도를 측정하는 장치로 매연 농도를 신속하게 측정할 수 있으며, 농도 규격 표시는 10종이며 보일러 운전 중 스모크 스케일 4 이하로 유지되어야 한다.

③ **빛의 투과율 측정에 의한 매연 농도계 :** 연도 속의 빛의 빔을 보내어 그 빛의 투과율을 측정하여 매연 농도를 지시, 기록한다.

④ **매진량 자동 연속측정장치 :** 매진을 포함한 가스를 가스 채취관으로부터 흡인펌프로 장치 속에 도입하여 종이를 통과시키고 매진 포집 전후의 여지(濾紙) 중량을 전기출력으로 변화시켜 연속적으로 지시, 기록하는 것이다. 여지의 보급, 건조, 계량, 매진, 포집, 계량, 배출 등 일련의 조작은 모두 자동적으로 한다.

(5) 집진장치의 종류

집진장치는 사이클론(cyclone), 멀티클론(multiclone), 백 필터(bag filter) 등과 같은 건식 집진장치와 사이클론 스크러버(cyclone scrubber), 벤투리 스크러버(venturi scrubber), 충전탑 등의 습식 집진장치, 그리고 코트렐(cottrell) 집진기와 같은 전기식 집진기로 대별된다.

① **중력 집진장치 :** 분진을 함유하고 있는 연도가스를 고속으로 흘려보내어 속도를 갑자기 1~2 m 정도로 감속시켜 입자가 지닌 중력에 의해서 자연침강하게 하여 분리시키는 방법이다. 20 μ 정도까지의 입자를 분리할 수 있다(압력손실은 10~15 mmAq 정도이고 집진효율은 40~60 % 정도이다).

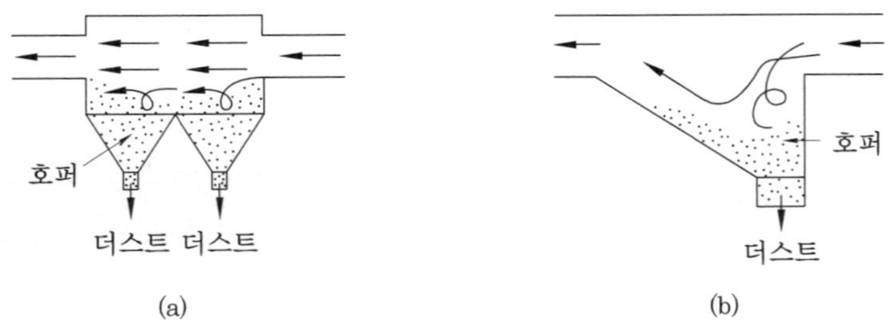

중력 집진장치

② **관성력 집진장치 :** 기류의 방향으로 급격한 변화를 주면 입자들은 관성력에 의해 기류에서 이탈하게 되는 현상을 이용한 것으로 배플식 관성집진기, 루버형 집진기 등이 있다. 유속은 2~30 m/s를 사용하며 압력손실이 30~70 mmH_2O로 비교적 압력손실이 적다(집진효율은 50~70 %).

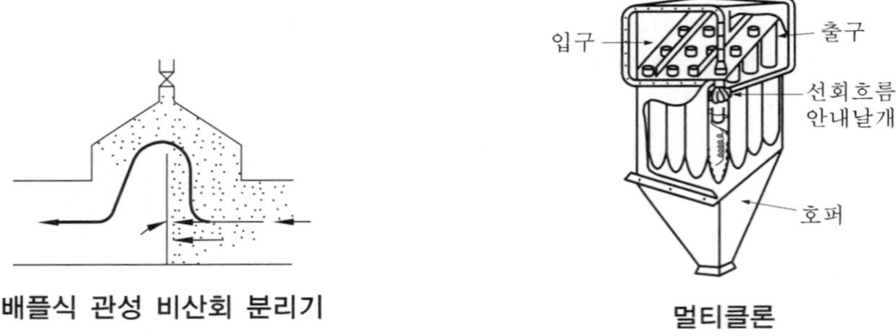

배플식 관성 비산회 분리기

멀티클론

③ **원심 집진장치 :** 분진을 포함하고 있는 가스를 선회시켜 입자에 원심력을 주어 분리시키는 방법으로 여러 방면에서 가장 많이 이용되고 있다. 입자의 크기가 50~60 μ 정도의 것은 100 % 가까이 분리해낼 수 있다. 사이클론에서 가스의 속도는 원통부 상부에서 10~20 m/s로 접선방향으로 주어진다. 그런데 원통의 지름이 너무 커지면 열효율이 저하되므로 여러 개를 병렬로 조합하여 사용하는데 이것을 멀티클론이라고 한다. 또, 물의 분무를 병용하는 사이클론 스크러버도 있다(압력손실은 50~150 mmAq, 사이클론식은 집진효율이 60~80 % 정도이고, 멀티클론식은 집진효율이 70~90 % 정도이다).

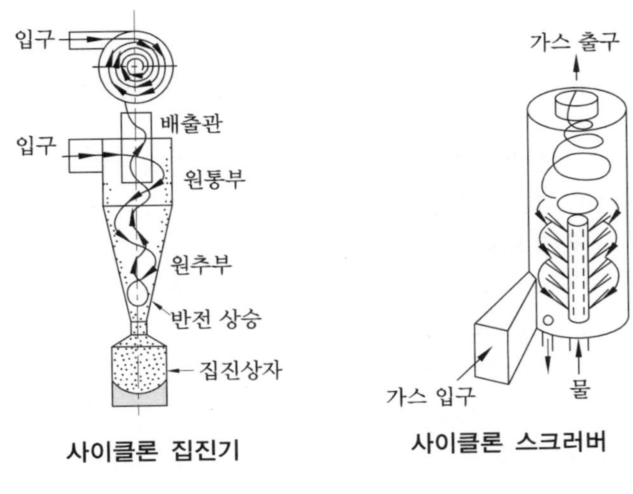

사이클론 집진기 사이클론 스크러버

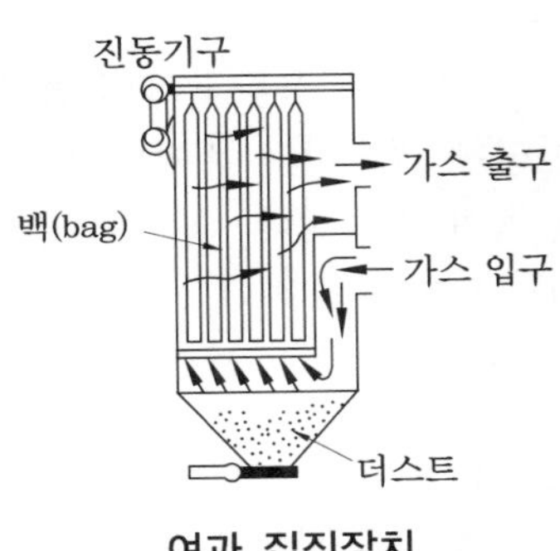

여과 집진장치

④ **여과 집진장치 :** 분진을 포함한 가스를 여과포를 통과시켜 분진을 제거시키는 여과분리 방식으로 여과포 표면에 부착하여 쌓인 분진이 여과층을 형성하여 미립자까지 분리할 수 있는데 90 % 이상의 높은 분리효율을 얻을 수 있다. 대개 0.1～0.4 μ 범위의 입자, 크기에 대해 적용된다. 여기에는 백 필터가 있는데, 여과실 내에 지름 15～50 cm의 원통형 백을 매달아 밑에서 가스를 내부로 보내며 가스속도는 3～5 m/s가 적당하다(압력손실은 100～200 mmH_2O 정도).

참고

여과 집진장치는 여과재의 형상에 따라 원통식(tube type)과 평판식(flate screem type)이 있으며 완전 자동형인 역기류 분사식(pulse air collection)이 있다.

⑤ **습식 집진장치(세정 집진장치) :** 분진을 포함한 가스를 세정액과 충돌 혹은 접촉시켜서 입자를 액중에 포집하는 방식으로 스크러버라고 한다. 습식 집진장치는 세정액의 접촉 방법에 따라 유수식, 가압수식, 회전식으로 분류되어 유수식에는 전류형 스크러버, 피보디 스크러버, 에어 텀블러, 가압수식에는 벤투리 스크러버, 사이클론 스크러버, 제트 스크러버, 충전탑, 회전식에는 타이젠 와셔, 임펄스 스크러버 등이 있다.

참고

벤투리 스크러버인 경우 압력손실은 300~380 mmH_2O 정도이며, 집진효율은 80~95 % 정도이다.

⑥ **전기 집진장치 :** 코트렐 집진장치라고도 불리는데 양극 사이에 코로나 방전에 의해서 방전극 주위의 기체를 이온화하여 (−) 이온화된 입자를 강한 전장 속에서 정전기력 인력에 의해 양(+) 극에 집진되도록 하는 장치이다. 방전극에는 5~7만 V의 고전압이 주어지며 방전전극으로는 1~4 mm의 가는 철사가 쓰이는데 집진효율이 매우 좋다(90~99.5 %). 전기식 집진장치의 특징은 다음과 같다.

(가) 0.1 μm 이하에 미세입자까지 포집할 수 있다.

(나) 집진효율이 90~99.5 %이고 압력손실이 10~20 mmH_2O이다.

(다) 분진농도 30 L/m^3이하, 처리가스온도 500℃, 습도 100 %인 것까지도 처리가 가능하다.

(라) 처리용량이 커서 대형 보일러에 이용되고 신뢰성이 높다.

(마) 보수비, 운전비는 싼 편이나 설비비가 비싸다.

(바) 입자가 작을수록 집진효율이 좋아진다.

(사) 고온가스(약 773 K(500℃)) 처리에 적합하다.

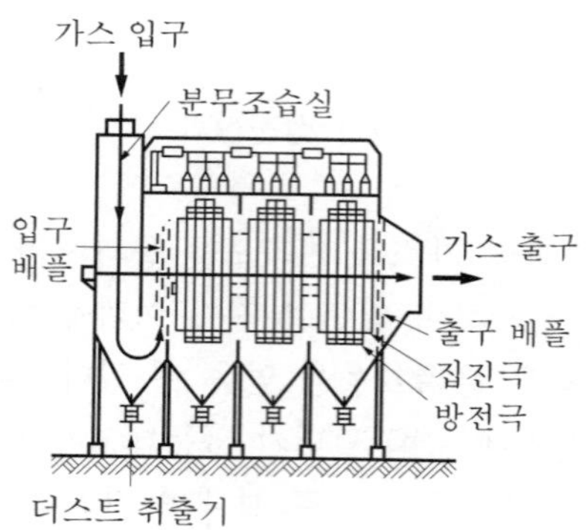

전기 집진기(코트렐 집진기)

예·상·문·제

1. 연료의 구비조건으로 틀린 것은?

㉮ 조달이 용이하고 풍부해야 한다.
㉯ 저장과 운반이 편리해야 한다.
㉰ 과잉공기량이 커야 한다.
㉱ 취급이 용이하고 안전하고 무해해야 한다.

해설 연료의 구비조건
① 연소가 용이하고 발열량이 클 것
② 저장, 운반, 취급이 용이할 것
③ 저장 또는 사용 시 위험성이 적을 것
④ 인체에 유독성이 적고 매연 발생 등 공해 요인이 적을 것
⑤ 점화 및 소화가 쉬울 것
⑥ 연소 시 배출물(회분 등)이 적을 것
⑦ 가격이 싸고 양이 풍부할 것
⑧ 적은 과잉공기량으로 완전연소가 가능할 것

2. 다음 중 연료의 가연성분이 아닌 것은?

㉮ 산소(O) ㉯ 황(S)
㉰ 수소(H) ㉱ 탄소(C)

3. 연료의 주성분으로 맞는 것은?

㉮ C, O, P ㉯ C, H, S
㉰ C, O, S ㉱ C, H, O

해설 ① 주성분 : C, H, O
② 가연성분 : C, H, S
③ 불순물 : W(수분), A(회분), N, P 등

4. 다음 중 고체 연료(solid fuel)의 특징으로 틀린 것은?

㉮ 점화 및 소화가 곤란하고 연소조절이 어렵다.
㉯ 부하(負荷) 변동에 응하기 어렵다.
㉰ 완전연소가 어렵고 연소효율이 낮다.
㉱ 적은 공기비로도 완전연소가 가능하다.

해설 고체 연료의 특징
① 완전연소가 불가능하고 연소효율이 낮다.
② 점화 및 소화가 곤란하고 온도조절이 어렵다.
③ 부하변동에 응하기 어렵고 고온을 얻을 수 없다.
④ 연료비가 저렴하고 연료를 구하기 쉽다.
⑤ 설비비 및 인건비가 적게 든다.
⑥ 연료의 유지관리가 용이하나 연료의 품질이 균일하지 않다.
⑦ 운반 및 저장이 불편하다.
⑧ 공기비가 크며, 매연 발생이 심하다.

참고

연료의 구분	공기비 (m)	과잉공기율 (%)
기체 연료	1.1~1.3	10~30
액체 연료	1.2~1.4	20~40
미분탄 연료	1.2~1.4	20~40
고체 연료	1.4~2.0	40~100

5. 다음 액체 연료 중 탄수소비($\frac{C}{H}$)가 가장 큰 것은?

㉮ 휘발유 ㉯ 등유
㉰ 경유 ㉱ 중유

해설 1. 탄수소비($\frac{C}{H}$) : 연료 중의 C와 H의 비를 말하며, 고위발열량 기준으로 C의 발열량은 8100 kcal/kg이고 H의 발열량은 34000 kcal/kg이다. 따라서, $\frac{C}{H}$가 작을수록 발열량이 높고 좋은 연료이다.
2. $\frac{C}{H}$가 큰 순서
① 고체 연료 〉 액체 연료 〉 기체 연료
② 타르유 〉 중유 〉 경유 〉 등유 〉 휘발유

정답 1. ㉰ 2. ㉮ 3. ㉱ 4. ㉱ 5. ㉱

6. **액체 연료의 응고점이 15℃일 때 유동점은 몇 ℃인가?**

㉮ 12.5℃ ㉯ 17.5℃
㉰ 20℃ ㉱ 30℃

해설 유동점=응고점+2.5℃에서,
15+2.5=17.5℃

7. **고체 연료의 성분 중에서 발열량이 높고 매연 발생을 적게 일으키는 성분은?**

㉮ 수분 ㉯ 회분
㉰ 휘발분 ㉱ 고정탄소

해설 고정탄소가 연소에 미치는 영향
① 발열량이 높고 매연 발생을 적게 일으킨다.
② 단염(불꽃이 짧게)이 되기 쉽다.
③ 착화성이 나쁘다.
④ 복사선의 강도가 크다.

8. **고체 연료의 성분 중에서 장염이며 매연 발생을 일으키기 쉬운 성분은?**

㉮ 수분 ㉯ 회분
㉰ 휘발분 ㉱ 고정탄소

해설 휘발분이 연소에 미치는 영향
① 연소시 그을음 발생(매연)을 일으킨다.
② 착화(점화)가 쉽다.
③ 장염(불꽃이 길게)이 되기 쉽다.
④ 역화(back fire)를 일으키기 쉽다.

9. **액체 연료의 특징으로 거리가 먼 것은?**

㉮ 연소온도가 낮기 때문에 국부과열을 일으키기 쉽다.
㉯ 화재, 역화 등의 위험이 크다.
㉰ 사용 버너의 종류에 따라 연소할 때 소음이 난다.
㉱ 국내 자원이 없고, 모두 수입에 의존한다.

해설 연소온도가 높기 때문에 국부과열을 일으키기 쉽다.

10. **미분탄 연소의 장·단점에 관한 다음 설명 중 잘못된 것은?**

㉮ 부하변동에 대한 적응성이 없으며, 연소조절이 어렵다.
㉯ 소량의 과잉공기로 단시간에 완전연소가 되므로 연소효율이 좋다
㉰ 큰 연소실을 필요로 하며, 노벽 냉각의 특별장치가 필요하다.
㉱ 미분탄의 자연발화나 점화 시의 노내 탄진 폭발 등의 위험이 있다.

해설 미분탄 연료는 미분탄 버너로 연소시키므로 점화, 소화, 연소조절이 용이하고 부하변동에 응하기 쉽다.

11. **미분탄 연소에서의 이점은 무엇인가?**

㉮ 연재의 처분에 특별한 장치가 필요하지 않다.
㉯ 과잉공기가 적어도 좋다.
㉰ 시설비가 적어도 된다.
㉱ 연소실을 크게 잡을 필요가 없다.

해설 미분탄 연료는 적은 과잉공기로도 연소가 양호하지만, 비산회(fly ash)가 많아 집진장치가 반드시 필요하다.

12. **다음 중유(heavy oil)에 대한 설명 중 틀린 것은?**

㉮ 중유의 비중은 0.5~0.75이다.
㉯ 인화점은 60℃ 이상이다.
㉰ 중유 중의 탄소분은 84~87% 정도이다.
㉱ 중유의 발열량은 10000~11000 kcal/kg이다.

해설 중유의 비중은 0.85~0.98 정도이며, 50~200℃ 사이의 평균비열은 대개 0.55 kcal/kg·℃이다.

정답 6. ㉯ 7. ㉱ 8. ㉰ 9. ㉮ 10. ㉮ 11. ㉯ 12. ㉮

13. 다음 액체 연료 중 인화점이 가장 낮은 것은 어느 것인가?

㉮ 가솔린 ㉯ 등유
㉰ 경유 ㉱ 중유

해설

종 류	인화점(℃)	착화점(℃)
가솔린	−20∼−43	300
등 유	30∼60	254
경 유	50∼70	257
중 유	60∼150	530∼580

14. 다음 액체 연료 중 발열량(kcal/kg)이 가장 큰 것은?

㉮ 가솔린 ㉯ 등유
㉰ 경유 ㉱ 중유

해설

액 체 연 료	고위발열량 (kcal/kg)	주 가 연성분
원 유	11000∼11500	C, H, (S)
가솔린	11000∼11500	C, H
등 유	10500∼11000	C, H
경 유	10500∼11000	C, H
중 유	10000∼11000	C, H, (S)

15. 다음 중 중유의 성질을 잘못 설명한 것은 어느 것인가?

㉮ 점도는 비중이 클수록 증가한다.
㉯ 인화점이 높으면 착화가 곤란하다.
㉰ 예열온도는 인화점보다 5℃ 높게 한다.
㉱ 인화 후 연소가 계속되는 온도를 연소점이라고 한다.

해설 예열온도는 인화점보다 5℃ 낮게 한다.

16. 보일러용 연료에 관한 설명 중 틀린 것은?

㉮ 석탄 등과 같은 고체 연료의 주성분은 탄소와 수소이다.
㉯ 연소효율이 가장 좋은 연료는 기체 연료이다.
㉰ 대기오염이 큰 순서로 나열하면, 액체 연료>고체 연료>기체 연료의 순이다.
㉱ 액체 연료는 수송, 하역작업이 용이하다.

해설 대기오염이 큰 순서 : 고체 연료>액체 연료>기체 연료

17. 연료의 인화점에 대한 설명으로 가장 옳은 것은?

㉮ 가연물을 공기 중에서 가열했을 때 외부로부터 점화원 없이 발화하여 연소를 일으키는 최저온도
㉯ 가연성 물질이 공기 중의 산소와 혼합하여 연소할 경우에 필요한 혼합가스의 농도범위
㉰ 가연성 액체의 증기 등이 불씨에 의해 불이 붙는 최저온도
㉱ 연료의 연소를 계속시키기 위한 온도

해설 ㉮ : 착화점(발화점), ㉯ : 연소(가연)범위, ㉱ : 연소온도

18. 다음 중 기체 연료의 특징 설명으로 틀린 것은?

㉮ 저장이나 취급이 불편하다.
㉯ 연소조절 및 점화나 소화가 용이하다.
㉰ 회분이나 매연 발생이 없어서 연소 후 청결하다.
㉱ 시설비가 적게 들어 다른 연료보다 연료비가 저가이다.

해설 기체 연료는 시설비가 많이 들며 연료비가 고가이다.

정답 13. ㉮ 14. ㉮ 15. ㉰ 16. ㉰ 17. ㉰ 18. ㉱

19. **다음 중 기체 연료 중 석유계 연료에서 얻는 것은?**

㉮ 수성가스 ㉯ 오일가스
㉰ 발생로가스 ㉱ 고로가스

해설 석유계 기체 연료의 종류 : 천연가스, 액화천연가스, 액화석유가스, 오일가스

20. **연소의 속도에 미치는 인자가 아닌 것은?**

㉮ 반응물질의 온도 ㉯ 산소의 온도
㉰ 촉매물질 ㉱ 연료의 발열량

해설 (1) 연소속도에 미치는 인자 : 반응물질의 온도, 산소의 온도, 촉매물질, 활성화 에너지, 산소와의 혼합비, 연소압력, 연료의 입자
(2) 연소온도(화염온도)에 영향을 미치는 요인 : 공기비(과잉공기량), 산소농도, 연료의 발열량

21. **다음 중유 중 보일러에서 가장 많이 사용되는 것은?**

㉮ A중유 ㉯ B중유
㉰ C중유 ㉱ D중유

해설 보일러에서 가장 많이 사용되는 중유는 C중유(B－C 유)이다.

22. **중유가 석탄보다 발열량이 높은 이유로 맞는 것은?**

㉮ 수분이 적어서
㉯ 회분이 적어서
㉰ 수소분이 많아서
㉱ 휘발분이 많아서

해설 중유가 석탄에 비하여 발열량이 높은 수소(34000 kcal/kg) 함량이 많기 때문이다.

23. **다음은 중유의 점도가 낮을 경우에 대한 설명이다. 틀린 것은?**

㉮ 연료소비량이 과다해진다.
㉯ 불완전연소가 일어나기 쉽다.
㉰ 송유가 곤란해진다.
㉱ 역화(back fire)의 원인이 된다.

해설 (1) 중유의 점도가 낮을 경우(예열온도가 너무 높을 때)
① 연료소비량이 과다해진다.
② 불완전연소가 일어난다.
③ 역화의 원인이 된다.
④ 분사유의 과다로 매연 발생의 원인이 된다.
(2) 중유의 점도가 높을 경우(예열온도가 너무 낮을 때)
① 송유가 곤란해진다.
② 무화 불량의 원인이 된다.
③ 버너 선단에 카본(탄화물) 부착이 된다.
④ 화염 스파크 발생을 일으킨다.

24. **중유의 종류를 A중유, B중유, C중유로 구분 짓는 것은?**

㉮ 발열량 ㉯ 비중
㉰ 점도 ㉱ 인화점

해설 점도(viscosity) : 액체의 끈적거리는 성질의 정도를 말하며, 점도가 크면 무화가 잘 되지 않으므로 100℃ 정도까지 승온시켜서 연소시킨다. 또, 점도가 높으면 수송이 곤란하고 분무상태에 큰 영향을 끼친다. KS 규격에서는 중유를 점도에 따라 A중유, B중유, C중유로 구분하며 벙커C유(C중유)가 가장 많이 사용되고 있다.

25. **주로 소형 디젤기관 및 소형 보일러 등에 사용되며 예열이 필요 없는 연료는 무엇인가?**

㉮ 타르 중유 ㉯ A중유
㉰ B중유 ㉱ C중유

해설 A중유는 예열이 필요 없고 B중유는 50～60℃, C중유 및 타르 중유는 80～105℃ 정도로 예열시켜 사용한다.

정답 19. ㉯ 20. ㉱ 21. ㉰ 22. ㉰ 23. ㉰ 24. ㉰ 25. ㉯

26. 석탄과 비교하여 중유의 장점을 설명한 것으로 틀린 것은?

㉮ 이론공기량으로 완전연소시킬 수 있다.
㉯ 연소효율이 높은 연소가 가능하다.
㉰ 동일한 무게에 비하여 발열량이 크다.
㉱ 재의 처리가 필요없고 연소의 조작에 필요한 인력을 줄일 수 있다.

해설 중유(공기비 1.2~1.4)가 석탄(공기비 1.4~1.8)에 비해 과잉공기량을 적게 필요로 하지만 이론공기량으로 완전연소시킬 수 없다.

27. 석유(기름) 제품의 비중을 측정할 때 석유(기름)의 기준온도는 얼마인가?

㉮ 0℃ ㉯ 4℃ ㉰ 15℃ ㉱ 20℃

해설 석유 제품의 비중을 측정할 때 4℃ 물에 대한 15℃ 기름(석유) 무게의 비로 측정한다.

28. 중유의 비중이 커지면 다음 중 어떤 현상이 되는가?

㉮ 휘도가 커진다.
㉯ 무화가 쉽다.
㉰ 방사율이 적어진다.
㉱ 점도가 감소한다.

해설 중유의 비중이 커지면,
① 연소 시 화염의 휘도가 커진다.
② 연소 시 화염의 방사율이 커진다(휘도가 크면 방사열량이 많다).
③ 점도가 커지므로 무화가 불량해진다.

참고 ① 휘도란 화염의 밝기를 나타내는 척도로서 석탄이나 중유의 연소 화염은 휘도가 높고 가스의 연소 화염은 휘도가 낮다.
② 휘염
(가) 오렌지색이 변해서 하얗게 빛이 나는 화염을 말한다.
(나) 석탄이나 중유의 화염은 휘염이고 가스의 화염은 불휘염이다.
(다) 휘염은 휘도가 높고 불휘염은 휘도가 낮다.

29. 중유의 예열온도로 적당한 것은?

㉮ 60~70℃ ㉯ 80~90℃
㉰ 100~110℃ ㉱ 120~130℃

30. 다음은 중유에 관한 설명이다. 틀린 것은?

㉮ 점도가 높으므로 예열하여 유동성을 증가시킨다.
㉯ 인화점이 낮으므로 예열할 필요가 없다.
㉰ 가장 많이 사용되는 중유는 C 중유이다.
㉱ 중유의 주성분은 탄소로서 84~87% 정도이다.

해설 인화점이 높으므로 B 중유 및 C 중유를 80~90℃ 정도로 예열하여 사용한다(점도를 낮추어 유동성, 분무성, 무화성을 좋게 하여 연소효율을 증가시키기 위하여).

31. 중유에는 여러 가지 목적 때문에 각종 첨가제를 가한다. 다음 중 그 사용목적을 잘못 기술한 것은?

㉮ 연소촉진제 : 분무를 순조롭게 한다.
㉯ 안정제 : 연소를 촉진시킨다.
㉰ 탈수제 : 수분을 분리시킨다.
㉱ 회분개질제 : 회분의 융점을 높게 하여 고온부식을 억제한다.

해설 중유의 첨가제(조연제) 종류와 사용목적
① 연소촉진제 : 분무를 양호하게 한다(연소 촉진).
② 슬러지 분산제(안정제) : 슬러지 생성을 방지한다.
③ 탈수제 : 연료 속의 수분을 분리한다.
④ 회분개질제 : 회분의 융점을 높여 고온부식을 방지한다.
⑤ 유동점 강하제 : 중유의 유동점을 내려서 저온에서도 유동성을 좋게 한다.

정답 26. ㉮ 27. ㉰ 28. ㉮ 29. ㉯ 30. ㉯ 31. ㉯

32. 중유의 첨가제 중 슬러지의 생성방지제 역할을 하는 것은?

㉮ 회분개질제 ㉯ 탈수제
㉰ 연소촉진제 ㉱ 안정제

해설 ① 회분개질제 : 회분의 융점을 높여 고온부식 방지
② 탈수제 : 연료 속의 수분을 분리
③ 연소촉진제 : 분무를 양호하게 하여 연소를 촉진
④ 슬러지 분산제(안정제) : 슬러지 생성을 방지

33. 비중($\frac{60°}{60°}$°F) 0.95인 액체 연료의 A.P.I 도는 얼마인가?

㉮ 16.55 ㉯ 15.55 ㉰ 13.45 ㉱ 17.45

해설 $\text{A.P.I 도} = \frac{141.5}{\text{비중}(\frac{60°}{60°}°F)} - 131.5$에서, $\frac{141.5}{0.95} - 131.5 = 17.45$

참고 위의 문제에서

$\text{보메도} = \frac{140}{\text{비중}(\frac{60°}{60°})°F} - 130$ 에서,

$\frac{140}{0.95} - 130 = 17.37$

34. 연소실에 공급하는 연료유의 적정 가열온도는 다음 중 어느 것에 따라 결정되는가?

㉮ 기름의 점도 ㉯ 기름의 착화점
㉰ 기름의 비중 ㉱ 기름의 압력

해설 점도는 중유의 중요한 성질 중의 하나로서 버너 노즐에서의 분무상태에 큰 영향을 주므로 충분한 무화를 위해서는 적정온도까지 연료를 예열할 필요가 있다.

35. 다음 중 기체 연료에 관한 설명이 아닌 것은 어느 것인가?

㉮ 노벽, 전열면, 연도 등을 오손시키지 않는다.
㉯ 발열량당 가격이 싸다.
㉰ 노(爐) 내의 온도분포를 쉽게 조절할 수 있다.
㉱ 자동제어에 의한 연소에 적합하다.

해설 기체 연료의 장·단점
(1) 장점
① 자동제어에 의한 연소에 적합하다.
② 노(爐) 내의 온도분포를 쉽게 조절할 수 있다.
③ 연소효율이 높아 적은 과잉공기로 완전연소가 가능하다.
④ 연소용 공기뿐만 아니라 연료 자체도 예열할 수 있어 저발열량의 연료로도 고온을 얻을 수 있다.
⑤ 노벽, 전열면, 연도 등을 오손시키지 않는다.
⑥ 연소조절 및 점화, 소화가 용이하다.
⑦ 회분이나 매연 등이 없어 청결하다.
(2) 단점
① 누출되기 쉽고, 화재 및 폭발 위험성이 크다.
② 수송 및 저장이 불편하다.
③ 시설비, 유지비가 많이 든다.
④ 발열량당 다른 연료에 비해 가격이 비싸다.

36. 다음 중 기체 연료의 특징 중 잘못 설명된 것은 어느 것인가?

㉮ 연소효율이 높다.
㉯ 과잉공기가 많아야 연소가 가능하다.
㉰ 매연의 발생량이 적다.
㉱ 연소조절 및 소화, 점화가 용이하다.

해설 기체 연료의 공기비(1.1~1.3 정도)가 가장 적다.

37. 지구 온난화 현상과 관련하여 온실효과를 가져오는 대표적인 기체는 무엇인가?

정답 32. ㉱ 33. ㉱ 34. ㉮ 35. ㉯ 36. ㉯ 37. ㉮

㉮ CO_2 ㉯ H_2O
㉰ SO_2 ㉱ $CaCO_3$

해설 CO_2가 오존층을 파괴하여 온난화 현상을 일으킨다.

38. 다음 중 LPG에 대한 설명으로 잘못된 것은 어느 것인가?

㉮ 석유증류에 의해 생산된다.
㉯ 주성분은 프로판과 부탄이다.
㉰ 분자량이 LNG 보다 크다.
㉱ LNG 보다 부피당 발열량은 적다.

해설 LPG의 발열량은 25000~30000 kcal/Nm³ 정도이며, LNG 보다 발열량이 높다.

39. 기체 연료의 성분을 가연성분과 불연성분으로 구분한다. 다음 중 불연성분이 아닌 것은?

㉮ 탄산가스 ㉯ 일산화탄소
㉰ 질소 ㉱ 수분

해설 기체 연료의 성분을 가연성과 불연성으로 구분하면 다음과 같다.
① 가연성 : CH_4(메탄), C_3H_8(프로판), 일산화탄소(CO), 수소(H), 중탄화수소〈프로필렌(C_3H_6), 에틸렌(C_2H_4)〉 등
② 불연성 : CO_2(탄산가스), N_2(질소), W(수분) 등

40. 다음 중 LNG(액화천연가스)의 주성분은 무엇인가?

㉮ CH_4 ㉯ C_3H_8
㉰ C_4H_{10} ㉱ C_3H_6

해설 LNG(liquefied natural gas)의 주성분은 메탄(CH_4)이다.

41. 다음 중 메탄(CH_4)의 함유 비율이 가장 높은 기체 연료는 무엇인가?

㉮ 천연가스 ㉯ 프로판가스
㉰ 부탄가스 ㉱ 석탄가스

해설 천연가스(N.G)의 주성분은 대부분 CH_4이며, 발열량은 약 10000 kcal/Nm³ 정도이다.

42. 다음 중 LPG(액화석유가스)의 주성분과 관계가 없는 것은?

㉮ C_3H_8 ㉯ C_4H_{10}
㉰ C_3H_6 ㉱ CH_4

해설 LPG(liquefied pettroleum gas)의 주성분은 프로판(C_3H_8), 부탄(C_4H_{10})이며, 약간의 프로필렌(C_3H_6)도 함유하고 있다.

43. 다음 기체 연료 중 발열량(kcal/Nm³)이 가장 높은 것은?

㉮ LPG ㉯ LNG
㉰ 수성가스 ㉱ 고로가스

해설 ① LPG : 25000~30000 kcal/Nm³
② LNG : 11000 kcal/Nm³
③ 수성가스 : 2700 kcal/Nm³
④ 고로가스 : 900 kcal/Nm³
⑤ 석탄가스 : 5000 kcal/Nm³
⑥ 발생로가스 : 1000~1600 kcal/Nm³

44. 도시가스의 발열량은 다음 중 몇 kcal/Nm³ 정도인가?

㉮ 7500 kcal/Nm³ ㉯ 10000 kcal/Nm³
㉰ 3000 kcal/Nm³ ㉱ 4500 kcal/Nm³

해설 도시가스의 주원료는 LPG, LNG, 수성가스, 석탄가스, 오일가스 등이며, 발열량은 4500 kcal/Nm³ 정도이다.

45. 다음 중 도시가스 연소성에 관한 설명으로 틀린 것은?

㉮ 소정의 연소열을 발생시킬 것
㉯ 불길의 온도와 적열도가 높을것

정답 38. ㉱ 39. ㉯ 40. ㉮ 41. ㉮ 42. ㉱ 43. ㉮ 44. ㉱ 45. ㉯

㉢ 매연을 발생시키지 않을 것
㉣ 불길이 안정성이 있을 것

해설 도시가스를 연소시킬 경우 요구되는 연소성
① 소정의 연소열을 발생시킬 것
② 불길의 온도와 적열도가 일정할 것
③ 매연이나 일산화탄소(CO)를 발생시키지 않을 것
④ 불길이 안정성이 있을 것

46. 연소가 이루어지기 위한 필수요건에 속하지 않는 것은?

㉮ 가연물 ㉯ 수소
㉰ 점화원 ㉱ 산소

해설 연소의 3대 조건 : 가연물, 산소(공기), 점화원(불씨)

47. 다음 중 연소반응과 관계가 없는 것은?

㉮ 산화반응 ㉯ 환원반응
㉰ 열분해반응 ㉱ 폭발반응

해설 연소의 3대 반응 : 산화반응, 환원반응, 열분해반응

48. 다음 중 연소속도를 결정하는 주요인은 무엇인가?

㉮ 환원반응을 일으키는 속도
㉯ 산화반응을 일으키는 속도
㉰ 불완전 환원반응을 일으키는 속도
㉱ 불완전 산화반응을 일으키는 속도

해설 연소반응 속도는 산화반응 속도이다.

49. 연료의 연소속도란 무엇을 말하는가?

㉮ 환원속도 ㉯ 산화속도
㉰ 열의 발생속도 ㉱ 착화속도

50. 액체 연료의 착화온도가 낮아지는 경우의 설명으로 옳지 못한 것은?

㉮ 분자구조가 간단할수록 낮아진다.
㉯ 산소농도가 짙을수록 낮아진다.
㉰ 발열량이 높을수록 낮아진다.
㉱ 압력이 높을수록 낮아진다.

해설 분자구조가 복잡하고 반응 활성도가 클수록 착화온도가 낮아진다.

51. 다음 중 연소온도에 영향을 미치는 요인과 관계가 없는 것은?

㉮ 공기비(과잉공기계수)
㉯ 산소농도
㉰ 연료의 발열량
㉱ 연료의 입도

해설 연소온도에 영향을 미치는 요인
① 공기비 : 공기비가 클수록 연소가스량이 많아지므로 연소온도는 낮아진다(가장 큰 영향을 미친다).
② 산소농도 : 공기 중에 산소농도가 높으면 공기량이 적어져서 연소가스량도 적어지므로 연소온도가 높아진다.
③ 연료의 저위발열량 : 연료의 발열량이 높을수록 연소온도는 높아진다.

52. 연소온도에 가장 큰 영향을 미치는 것은?

㉮ 연료의 발화점
㉯ 연료의 인화점
㉰ 연소용 공기의 공기비
㉱ 연료의 회분

53. 2차 연소란 어떤 것을 말하는가?

㉮ 공기보다 먼저 연료를 공급했을 경우 1, 2차 반응에 의해서 연소하는 것
㉯ 불완전연소에 의해 발생한 미연가스가 연도 내에서 다시 연소하는 것

정답 46. ㉯ 47. ㉱ 48. ㉯ 49. ㉯ 50. ㉮ 51. ㉱ 52. ㉰ 53. ㉯

다 완전연소에 의한 연소가스가 2차 공기에 의해 폭발되는 현상

라 점화할 때 착화가 늦어졌을 경우 재점화에 의해서 연소하는 것

해설 연료 중의 탄소가 불완전연소하면 미연가스인 CO가 발생하며, 이때 CO가 연도 내에서 $CO + \frac{1}{2}O_2 \rightarrow CO_2$ 로 연소가 일어나 미연소가스 폭발사고의 원인이 된다.

54. 다음 중 과잉공기비를 옳게 나타낸 것은 어느 것인가?

가 공기비 − 1

나 공기비 + 1

다 실제공기량 + 이론공기량

라 실제공기량 − 이론공기량

해설 ① 실제공기량 = 이론공기량 + 과잉공기량
② 과잉공기량 = 실제공기량 − 이론공기량
③ 공기비 = $\frac{\text{실제공기량}}{\text{이론공기량}}$
④ 과잉공기비 = 공기비 − 1
⑤ 과잉공기율 = (공기비 − 1) × 100 %

55. 다음 설명 중 연료를 완전연소시키기 위한 조건이 아닌 것은?

가 연소실을 고온으로 유지할 것

나 연료 및 연소용 공기를 예열하여 공급할 것

다 연료와 연소용 공기의 혼합을 잘 시킬 것

라 연소실 용적을 최대한 줄일 것

해설 (1) 연소의 3대 조건(요건)
① 가연물
② 산소 또는 공기
③ 점화원(불씨)
(2) 연료의 완전연소 구비조건
① 연소실 온도를 고온으로 유지시킬 것
② 연료 및 연소용 공기를 예열하여 공급할 것
③ 연료와 연소용 공기의 혼합을 잘 시킬 것
④ 연소실 용적은 연료가 완전연소되는 데 필요한 용적 이상일 것
⑤ 가능한 한 질이 좋은 연료를 사용할 것
⑥ 연료를 인화점 이하로 예열시켜 공급할 것

56. 액체 연료 연소장치인 회전식 버너, 기류식 버너 등에서 1차 공기란 무엇인가?

가 미연가스를 연소시키기 위한 공기

나 자연통풍으로 흡입되는 공기

다 연료의 무화에 필요한 공기

라 무화된 연료의 연소에 필요한 공기

해설 ① 1차 공기 : 연료의 무화용 공기
② 2차 공기 : 연료의 연소용 공기

57. 불꽃의 종류를 화학적 성상에 따라 산화염과 환원염으로 분류하는데, 다음 중 산화염에 대한 설명으로 맞는 것은?

가 과잉공기의 상태로 연소시킬 경우 다량의 산소가 함유된 화염

나 공기 부족으로 연소시킬 경우 일산화탄소를 함유한 화염

다 이론공기량만으로 연소시킬 경우의 화염

라 실제공기량만으로 연소시킬 경우의 화염

해설 ① 산화염 : 과잉공기의 상태로 연소시킬 경우 다량의 산소(O_2)가 함유된 화염
② 환원염 : 공기가 부족한 상태로 연소시킬 경우 발생한 일산화탄소(CO) 등의 미연분을 함유한 화염

참고 환원염은 피열물을 환원시키는 불꽃이며 금속 가열로 같은 곳에서 환원성 염을 요구할 때가 많다.

58. 연료의 연소 시 연소온도를 높게 하기 위한 조건이 아닌 것은?

정답 54. 가 55. 라 56. 다 57. 가 58. 라

㉮ 연료를 완전연소시킬 것
㉯ 발열량이 높은 연료를 사용할 것
㉰ 연료 및 연소용 공기를 예열하여 공급할 것
㉱ 과잉공기량을 최대한 많게 할 것

해설 연료의 연소 시 연소온도를 높게 하기 위한 조건
① 발열량이 높은 연료를 사용할 것
② 연료 또는 공기를 예열해서 공급할 것 (연소속도를 증가시키기 위하여)
③ 연료를 될 수 있는 한 완전연소시킬 것
④ 과잉공기량을 될 수 있는 한 적게 할 것
⑤ 복사열 손실을 줄일 것

59. 중유 연소에서 공기비(m)의 값은?

㉮ 1.1~1.3 ㉯ 1.2~1.4
㉰ 1.3~1.5 ㉱ 1.4~2.0

해설 대개 공기비(m)는 노의 종류 및 구조에 따라 다르지만, 보일러인 경우 기체 연료의 $m = 1.1 \sim 1.3$, 액체 연료의 $m = 1.2 \sim 1.4$, 미분탄 연료의 $m = 1.2 \sim 1.4$, 고체 연료의 $m = 1.4 \sim 20$ 정도가 적당하다.

60. 공기비란 다음 중 어느 것인가?

㉮ 실제공기량과 이론공기량의 차이
㉯ 실제공기량에서 이론공기량을 뺀 것을 이론공기량으로 나눈 것
㉰ 이론공기량에 대한 실제공기량의 비
㉱ 실제공기량에 대한 이론공기량의 비

해설 공기비(과잉공기계수)란 이론공기량에 대한 실제공기량의 비를 말한다.

$$공기비(m) = \frac{실제공기량(A)}{이론공기량(A_o)} \quad (m > 1)$$

61. 다음 중 과잉공기량이 다소 많을 경우 발생되는 현상을 설명한 것으로 가장 타당성이 없는 것은?

㉮ 배기가스 중 CO_2[%]가 낮게 된다.
㉯ 연소실 온도가 낮게 된다.
㉰ 연료소비량이 많게 된다.
㉱ 불완전연소를 일으키기 쉽다.

해설 (1) 공기비가 클 경우(과잉공기량이 많을 경우) 연소에 미치는 영향
① 연소실 온도가 낮아지며 연소온도가 저하한다.
② 배기가스량의 증가로 열손실이 많아지고 연료소비량이 증가한다.
③ 배기가스 중 CO_2[%]가 낮아진다.
④ 배기가스 중 SO_3의 함유량이 증가하며, 저온부식이 촉진된다.
⑤ 배기가스 중 NO_2의 발생이 심하여 대기 오염을 일으킨다.

(2) 공기비가 작을 경우(공기량이 부족할 경우) 연소에 미치는 영향
① 연료가 불완전연소하여 매연 발생이 심하다(CO [%] 증가).
② 미연분에 의한 열손실이 증가한다.
③ 미연소가스의 폭발사고를 유발하기가 쉽다.

62. 과잉공기량을 증가시킬 때 연소가스 중의 성분 함량(백분율)이 증가하는 것은?

㉮ CO_2 ㉯ SO_2 ㉰ O_2 ㉱ CO

해설 ① 과잉공기량 과다 : 연소가스 중 O_2 함량 증가
② 공기 부족 시 : 연소가스 중 CO 함량 증가

63. 오일 버너의 화염이 불안정한 원인으로 적당치 않은 것은?

㉮ 분무유압이 비교적 높은 경우
㉯ 연료 중에 슬러지 등의 침전물이 들어 있을 경우
㉰ 무화용 공기량이 적절하지 않을 경우
㉱ 연료용 공기량의 과다로 노내 온도가 저하된 경우

해설 분무유압이 너무 낮으면 분무성, 무화성이 나빠져 화염의 상태가 불안정해진다.

정답 59. ㉯ 60. ㉰ 61. ㉱ 62. ㉰ 63. ㉮

64. 액체 연료의 연소 형태는 무엇인가?

㉮ 표면연소 ㉯ 증발연소
㉰ 유동층 연소 ㉱ 확산연소

해설 대개의 액체 연료는 증발연소를 하고, 타르와 중유는 분해연소를 한다.

65. 다음 중 표면연소에 속하는 연료인 것은 어느 것인가?

㉮ 코크스 및 목탄 ㉯ 석유 및 휘발유
㉰ 액화석유가스 ㉱ 경유 및 중유

해설 고체 연료 중에 코크스 및 목탄(숯)은 표면연소, 석탄 및 장작은 분해연소를 한다.

66. 연소 생성물(CO_2, N_2) 등의 농도가 높아지면 연소속도에 어떠한 영향을 미치는가?

㉮ 연소속도가 빨라진다.
㉯ 연소속도가 저하된다.
㉰ 연소속도에는 변화가 없다.
㉱ 처음에는 저하, 나중에는 빨라진다.

해설 연소 생성물의 농도가 높아지면 연료가 공기 중의 산소와의 접촉에 방해가 되어 연소속도가 저하된다.

67. 기체 연료의 연소 형태는 무엇인가?

㉮ 확산연소 ㉯ 분해연소
㉰ 증발연소 ㉱ 표면연소

해설 기체 연료의 연소형태는 확산연소와 예혼합연소이다.

68. 다음의 액체 연료 중 분해연소의 연소 형태를 갖는 것은?

㉮ 가솔린 ㉯ 등유
㉰ 경유 ㉱ 중유

해설 가솔린, 등유, 경유는 증발연소를 하고 중유 및 타르는 분해연소를 한다.

69. 중유를 연소시킬 때 분무 입자의 크기는 어떠한가?

㉮ 50 μ 이하가 좋다.
㉯ 관계없다.
㉰ 작을수록 좋다.
㉱ 일정한 것이 좋다.

해설 중유 분무 연소 시 기름의 입자는 일정한 것이 좋다.

70. 미분탄 연료의 장점이 아닌 것은?

㉮ 보일러 부하(負荷) 조절이 용이하다.
㉯ 연료의 선택범위가 넓다.
㉰ 연소용 공기를 예열시킬 수 있고 연소효율이 높다.
㉱ 저질탄 연소가 불가능하다.

해설 미분탄 연소장치는 석탄을 200 mesh 정도의 미세한 가루로 하여 공기와 함께 연소실에 보내어 연소하는 방식으로 노저에서 재를 건조상태로 뽑아내는 건식(乾式)과 용융상태에서 뽑아내는 습식(濕式)이 있다.

(1) 장점
① 미분탄의 표면적이 커서 연소용 공기와의 접촉면이 넓어 작은 공기비(m=1.2~1.4 정도)로 연소시킬 수 있다(가장 큰 장점).
② 연소용 공기를 예열시켜 사용함으로써 연소효율을 상승시킬 수 있다.
③ 점화, 소화, 연소조절이 용이하고 부하변동에 응할 수 있다.
④ 연료의 선택범위가 넓고 저질탄도 유효하게 연소시킬 수 있다.
⑤ 대용량 보일러에 적당하다.

(2) 단점
① 연소실이 고온이므로 노재의 손상이 우려된다.
② 비산회(fly ash)가 많아서 집진장치가 반드시 필요하다(가장 큰 단점).
③ 역화 및 폭발 위험성이 크다.
④ 설비비, 유지비가 많이 든다.
⑤ 동력소모가 많으며 소규모 보일러에는 사용이 불가능하다.

정답 64. ㉯ 65. ㉮ 66. ㉯ 67. ㉮ 68. ㉱ 69. ㉱ 70. ㉱

71. **버너 가동 중 소음이 극히 심할 때의 적절한 조치는 무엇인가?**

㉮ 연도 댐퍼를 조절한다.
㉯ 연소용 공기를 많이 주입한다.
㉰ 화염검출기를 청소한다.
㉱ 가동을 중지한다.

해설 우선적으로 가동을 중지하고 원인 조사 및 수리를 해야 한다.

72. **액체 연료의 미립화 방법 중 대표적인 것을 설명한 것 중 틀린 것은 어느 것인가?**

㉮ 액을 가압하여 노즐로부터 고속분출시키는 유압분무형
㉯ 공기 또는 증기 등의 분류에 의해 액체를 미립화하는 충동노즐형
㉰ 고속원판에 액을 공급하여 분무시키는 회전형
㉱ 액체에 고압정전기를 주어 미립화시키는 정전기형

해설 공기 또는 증기 등의 분무에 의해 액체를 미립화하는 것은 이류체 무화방법이다.

73. **보일러 운전자는 대기환경 규제물질을 최소화시켜 배출시켜야 한다. 규제대상 물질이 아닌 것은?**

㉮ 황산화물(SO_x)
㉯ 질소산화물(NO_x)
㉰ 산소(O_2)
㉱ 검댕, 먼지

해설 규제대상 물질은 ㉮, ㉯, ㉱ 항 외에 일산화탄소, 회분, 다이옥신 등이다.

74. **보일러 연소장치의 선정기준에 대한 설명으로 틀린 것은?**

㉮ 사용 연료의 종류와 형태를 고려한다.
㉯ 연소효율이 높은 장치를 선택한다.
㉰ 과잉공기를 많이 사용할 수 있는 장치를 선택한다.
㉱ 내구성 및 가격 등을 고려한다.

해설 과잉공기를 적게 사용할 수 있는 장치를 선택해야 한다.

75. **보일러 연소장치와 가장 거리가 먼 것은?**

㉮ 스테이　　㉯ 버너
㉰ 연도　　㉱ 화격자

해설 스테이(stay) = 버팀

76. **액체 연료의 연소장치에서 무화의 목적으로 틀린 것은?**

㉮ 단위 중량당 표면적은 작게 한다.
㉯ 연소효율이 증가한다.
㉰ 연료와 공기의 혼합이 양호하다.
㉱ 완전연소가 가능하다.

해설 단위 중량당 표면적은 크게 하여 연소실 열부하를 높이기 위해서이다.

77. **다음 중 가연성 가스가 아닌 것은?**

㉮ 수소　　㉯ 아세틸렌
㉰ 산소　　㉱ 프로판

해설 산소(O_2)는 조연성 가스이다.

78. **가스 연료 연소 시 화염이 버너에서 일정거리 떨어져서 연소하는 현상은?**

㉮ 역화　　㉯ 리프팅
㉰ 옐로 팁　　㉱ 불완전연소

해설 리프팅(lifting) : 1차 공기 과다로 분출속도가 높거나 가스압이 너무 높을 때 발생한다.

정답 71. ㉱ 72. ㉯ 73. ㉰ 74. ㉰ 75. ㉮ 76. ㉮ 77. ㉰ 78. ㉯

79. **가스버너에서 리프팅(lifting) 현상이 발생하는 경우는?**

㉮ 가스압이 너무 높은 경우
㉯ 버너 부식으로 염공이 커진 경우
㉰ 버너가 과열된 경우
㉱ 1차 공기의 흡인이 많은 경우

해설 가스압이 너무 높거나 1차 공기과다로 분출속도가 높은 경우에 리프팅 현상이 발생하며 버너가 과열된 경우와 염공이 커진 경우에는 역화(back fire)가 발생한다.

80. **보일러 연소 시 가마울림 현상을 방지하기 위한 대책으로 잘못된 것은?**

㉮ 수분이 많은 연료를 사용한다.
㉯ 2차 공기를 가열하여 통풍조절을 적정하게 한다.
㉰ 연소실 내에서 완전연소시킨다.
㉱ 연소실이나 연도를 연소가스가 원활하게 흐르도록 개량한다.

해설 수분이 많은 연료는 가마울림 현상을 일으킨다.

81. **구조가 간단하고 자동화에 편리하며 고속으로 회전하는 분무컵으로 연료를 비산·무화시키는 버너는?**

㉮ 건 타입 버너 ㉯ 압력분무식 버너
㉰ 기류식 버너 ㉱ 회전식 버너

해설 회전식(로터리) 버너의 특징
① 설비가 간단하고 자동연소제어에 적합하다.
② 연소상태가 매우 안정적이다.
③ 유의 조절범위 : 1 : 5 정도
④ 분무각도 : 40～80°

82. **초음파 버너란 어떤 형식의 버너인가?**

㉮ 충격 무화방식 ㉯ 이류체 무화방식
㉰ 정전기 무화방식 ㉱ 진동 무화방식

해설 초음파 버너 : 초음파를 이용하여 연료 자체에 진동을 주어 무화시키는 형식의 버너

83. **다음 중 주로 공업용으로 사용되는 액체 연료의 연소방식은 무엇인가?**

㉮ 증발 연소방식 ㉯ 무화 연소방식
㉰ 기화 연소방식 ㉱ 표면 연소방식

해설 액체 연료의 연소방식
① 무화 연소방식(atombustion combustion) : 액체 연료의 연소는 주로 무화 연소방식이 사용된다. 작은 분구에서 액체 연료의 입경을 작게 하고 액 표면적을 크게 하기 위해 마치 안개와 같이 분사연소시키는 방식으로 중질유의 연소가 여기에 해당한다.
② 기화 연소방식(vaporization combustion) : 연료를 고온의 물체에 접촉 또는 충돌시켜 액체를 기체의 가연증기로 바꾸어 연소시키는 방식으로 경질유의 연소에 해당한다.

84. **액체 연료 중 경질유 연소방식에는 기화연소 방식이 있다. 그 종류 중 틀린 것은?**

㉮ 포트식 ㉯ 심지식
㉰ 증발식 ㉱ 초음파식

해설 기화 연소방식에는 ㉮, ㉯, ㉰ 항 3가지가 있다.

85. **유류 버너의 종류 중 2～7 kgf/cm^2 정도 기압의 분무매체를 이용하여 연료를 분무하는 형식의 버너로서 2유체 버너라고도 하는 것은?**

㉮ 유압식 버너 ㉯ 고압기류식 버너
㉰ 회전식 버너 ㉱ 환류식 버너

해설 고압기류식(고압 증기 공기 분무식) 버너에 대한 문제이다.

정답 79. ㉮ 80. ㉮ 81. ㉱ 82. ㉱ 83. ㉯ 84. ㉱ 85. ㉯

86. 유압분무식 버너의 분무각도는 어느 정도인가?

㉮ 40~90° ㉯ 30~60°
㉰ 30° ㉱ 60°

해설 ① 유압분무식 : 40~90°
② 회전식 : 40~80°
③ 고압기류식 : 30°
④ 저압공기 분무식 : 30~60°

87. 다음 중 단일 버너로서 유압이 가장 높은 버너는 무엇인가?

㉮ 고압기류식 버너 ㉯ 회전식 버너
㉰ 유압식 버너 ㉱ 건 타입 버너

해설 오일 버너 중 유압식 버너의 유압이 0.5~2 MPa(5~20 kgf/cm²)로 가장 높다.

88. 압력 분사식 버너는 중유를 얼마 정도 가압하여 버너로 보내는가?

㉮ 0.3~0.4 MPa ㉯ 0.5~2 MPa
㉰ 1~5 MPa ㉱ 5~6 MPa

해설 압력 분사식(유압식) 버너에서는 유압을 0.5~2 MPa 정도로 유지하여 기름을 공급한다.

89. 다음 중 유압식 오일 버너의 특징으로 옳은 것은?

㉮ 부하변동이 큰 보일러에 적합하다.
㉯ 유압은 0.5 MPa(5 kgf/cm²) 이하로 유지한다.
㉰ 유량은 유압의 평방근에 거의 비례하여 변화한다.
㉱ 유압이 높아질수록 분사량이 적어진다.

해설 유압식 버너의 특징
① 유의 조절범위(1 : 3 정도)가 좁아서 부하변동이 큰 보일러에는 부적합하다.
② 유압은 반드시 0.5 MPa(5 kgf/cm²) 이상으로 유지시켜야 한다.
③ 유압이 높아질수록 분사량이 많아진다.
④ 분사량(약 3000 L/h 정도)이 많아 대용량 보일러용이다.
⑤ 분무(무화) 각도가 40~90°로 가장 넓다.
⑥ 유량(분사량)은 유압의 평방근(제곱근)에 비례한다.

90. 유압이 제일 작게 작용하는 버너는 무엇인가?

㉮ 압력분사식 버너
㉯ 회전식 버너
㉰ 건 타입 버너
㉱ 고압증기 분무식 버너

해설 ① 압력분사식 : 0.5~2 MPa(5~20 kgf/cm²)
② 회전식 : 0.03~0.05 MPa(0.3~0.5 kgf/cm²)
③ 건타입 : 0.7 MPa(7 kgf/cm²) 이상
④ 고압증기 분무식 : 0.2~0.7 MPa(2~7 kgf/cm²)

91. 회전식 버너에서 화염의 길이를 짧게 하려면?

㉮ 2차 공기의 유속을 느리게 한다.
㉯ 2차 공기의 유속을 빠르게 한다.
㉰ 1차 공기량을 줄인다.
㉱ 1차 공기량을 늘린다.

해설 2차 공기의 유속을 느리게 하면 화염의 길이가 길어지고 빠르게 하면 화염의 길이가 짧아진다.

92. 오일 버너 중 유의 조절범위가 가장 넓은 버너는 무엇인가?

㉮ 유압분무식 ㉯ 회전식
㉰ 고압기류식 ㉱ 건 타입

해설 ① 유압분무식 → 1 : 3
② 회전식 → 1 : 5
③ 고압기류식 → 1 : 10

정답 86. ㉮ 87. ㉰ 88. ㉯ 89. ㉰ 90. ㉯ 91. ㉯ 92. ㉰

④ 저압공기 분무식→1 : 5

참고 고압기류식 버너가 유의 조절범위가 가장 넓어 부하변동이 큰 보일러에 적합하다.

93. 유압식 오일 버너에서 유량 조절방법 중 가장 좋은 것은?

㉮ 버너 수를 가감한다.
㉯ 유압을 증가시킨다.
㉰ 비환류식 압력분무 버너를 사용한다.
㉱ 버너 칩을 교환한다.

해설 유압식 오일 버너에서의 유량 조절방법
① 버너 수를 가감하여 조절한다(가장 좋은 방법).
② 환류식(return type) 압력분무 버너를 사용한다.
③ 플런저식(plunger type) 압력분무 버너를 사용한다.
④ 버너 칩(burner chip)을 교환하여 사용한다.

94. 기체 연료 연소장치의 특징 설명으로 틀린 것은?

㉮ 연소조절이 용이하다.
㉯ 연소의 조절범위가 넓다.
㉰ 속도가 느려 자동제어 연소에 부적합하다.
㉱ 회분 생성이 없고 대기오염의 발생이 적다.

해설 자동제어 연소에 적합하다.

95. 증발식(기화식) 버너에 적합한 연료는 무엇인가?

㉮ 타일유 ㉯ 중유
㉰ 경유 ㉱ 휘발유

해설 증발식(기화식) 버너의 사용연료는 등유, 경유로 제한한다.

96. 다음 중 오일 버너의 선정 기준 중 틀린 것은 어느 것인가?

㉮ 가열조건과 노의 구조에 적합할 것
㉯ 버너 용량이 가열 용량에 맞을 것
㉰ 유량변동에 따른 유압 조절범위를 고려할 것
㉱ 자동제어의 경우 버너 형식과의 관계를 고려할 것

해설 버너 용량이 보일러 용량에 맞아야 한다.

97. 중유를 연소시킬 때 기름 탱크와 버너 사이에 설치되는 것이 아닌 것은?

㉮ 스트레이너(여과기)
㉯ 펌프
㉰ 어큐뮬레이터
㉱ 가열기

해설 어큐뮬레이터는 증기 축열기이다.

98. 경유용 기름 보일러를 점화할 때 점화용 변압기에서 발생하는 전압은 몇 V 정도인가?

㉮ 3000 V ㉯ 7000 V
㉰ 10000 V ㉱ 20000 V

해설 ① 경유인 경우 : 10000~15000 V로 승압
② 가스인 경우 : 5000~7000 V로 승압

참고 점화 플러그에서 강한 불씨로 5초 이내에 신속히 점화가 이루어져야 한다.

99. 가스 버너의 종류 중 강제 혼합식에 해당되지 않는 것은?

㉮ 내부 혼합식 ㉯ 외부 혼합식
㉰ 부분 혼합식 ㉱ 진동 혼합식

해설 연소용 공기 공급 방식에 따라 직화식과 분젠식 같은 유도 혼합 방식과 ㉮, ㉯, ㉰ 항과 같은 강제 혼합 방식이 있다.

정답 93. ㉮ 94. ㉰ 95. ㉰ 96. ㉯ 97. ㉰ 98. ㉰ 99. ㉱

100. 보일러용 가스 버너 중 외부 혼합식에 속하지 않는 것은?

㉮ 파일럿 버너
㉯ 센터파이어형 버너
㉰ 링형 버너
㉱ 멀티스폿형 버너

해설 외부혼합식 가스버너의 종류에는 ㉯, ㉰, ㉱ 항 외에 스크롤형이 있다.

101. 가스 버너의 종류를 혼합방식에 따라 세분할 때 강제 혼합식에 해당되지 않는 것은?

㉮ 내부 혼합식 ㉯ 부분 혼합식
㉰ 외부 혼합식 ㉱ 적하 혼합식

해설 강제 혼합식에는 ㉮, ㉯, ㉰ 항이 있으며 유압 혼합식에는 적화(赤化)식과 분젠식이 있다.

102. 2중관으로 구성되어 있으며 유류와 가스를 동시에 연소시킬 수 있는 가스 버너는?

㉮ 링형 가스버너
㉯ 건형 가스버너
㉰ 멀티스폿형 가스버너
㉱ 스크롤형 가스버너

해설 건(센터 파이어)형 가스 버너에 대한 문제이다.

103 연료 공급장치에서 서비스 탱크의 설치위치로 적당한 것은?

㉮ 보일러로부터 2 m 이상 떨어져야 하며, 버너보다 1.5 m 이상 높게 설치한다.
㉯ 보일러로부터 1.5 m 이상 떨어져야 하며, 버너보다 2 m 이상 낮게 설치한다.
㉰ 보일러로부터 0.5 m 이상 떨어져야 하며, 버너보다 0.2 m 이상 높게 설치한다.
㉱ 보일러로부터 1.2 m 이상 떨어져야 하며, 버너보다 2 m 이상 낮게 설치한다.

104. 급유 배관에 여과기(strainer)를 설치하는 이유는 무엇인가?

㉮ 급유를 원활히 하기 위해
㉯ 기름의 점도를 조절하기 위해
㉰ 기름 배관 중의 공기를 빼기 위해
㉱ 급유 중의 이물질을 제거하기 위해

해설 유체 속의 이물질(찌꺼기)을 제거하기 위하여 여과기를 설치하며, 형상에 따라 Y형, U형, V형 여과기가 있다(Y형이 가장 많이 사용).

105. 형상에 따른 여과기의 종류가 아닌 것은?

㉮ Y형 ㉯ U형 ㉰ V형 ㉱ Z형

106. 오일 프리히터(유예열기)에 관한 설명으로 틀린 것은?

㉮ 예열방식은 전기식, 증기식, 온수식이 있다.
㉯ 예열기의 용량은 가열 용량 이상이어야 한다.
㉰ 기름의 분무성과 무화성을 좋게 하여 연소효율을 상승시키기 위하여 사용한다.
㉱ 중유인 경우에는 373 K(100℃) 이상으로 예열시킨다.

해설 A 중유는 예열이 필요없고, B 중유, C 중유는 353~363 K(80~90℃) 정도로 예열시켜 사용한다.

107. 오일예열기의 역할과 특징 설명으로 잘못된 것은?

㉮ 연료를 예열하여 과잉공기율을 높인다.
㉯ 기름의 점도를 낮추어 준다.

정답 100. ㉮ 101. ㉱ 102. ㉯ 103. ㉮ 104. ㉱ 105. ㉱ 106. ㉱ 107. ㉮

㉰ 전기나 증기 등의 열매체를 이용한다.
㉱ 분무상태를 양호하게 한다.

해설 연료를 예열하여 과잉공기율을 낮춘다.

108. 중유 예열기의 종류에 속하지 않는 것은?

㉮ 증기식 예열기
㉯ 압력식 예열기
㉰ 온수식 예열기
㉱ 전기식 예열기

해설 열원에 따른 종류에는 전기식, 증기식, 온수식이 있다.

109. 오일 프리히터의 사용목적이 아닌 것은?

㉮ 연료의 점도를 높여 준다.
㉯ 연료의 유동성을 증가시켜 준다.
㉰ 완전연소에 도움을 준다.
㉱ 분무상태를 양호하게 한다.

해설 연료의 점도를 낮추어 준다.

110. 보일러 설치 기술규격(KBI)의 연료유 저장 탱크의 구조에서 탱크 천장에 탱크 내의 압력을 대기압 이상으로 유지하기 위한 통기관 설치 설명 중 틀린 것은?

㉮ 통기관 내경의 크기는 최소 40 mm 이상이어야 한다.
㉯ 통기관에는 일체의 밸브를 사용해서는 안 된다.
㉰ 개구부는 40° 이상의 굽힘을 주고 인화방지를 위해서 금속제의 망을 씌운다.
㉱ 개구부의 높이는 지상에서 3 m 이하이어야 하며 반드시 옥외에 있어야 한다.

해설 개구부의 높이는 지상에서 5 m 이상이어야 하며 반드시 옥외에 있어야 한다.

111. 연료 공급장치에서 연료여과기 설치위치로 틀린 것은?

㉮ 연료펌프 흡입 측
㉯ 버너의 출구 측
㉰ 급유량계 입구 측
㉱ 연료 예열기 전 측

112. 다음 중 기름여과기(oil strainer)에 대한 설명으로 틀린 것은?

㉮ 여과기 전후에는 압력계를 설치한다.
㉯ 여과기는 사용압력의 1.5배 이상의 압력에 견딜 수 있는 것이어야 한다.
㉰ 여과기 입출구의 압력차가 0.05 kgf/cm^{2}이상일 때는 여과기를 청소해 주어야 한다.
㉱ 여과기는 단식과 복식이 있으며, 단식은 유량계, 밸브 등의 입구 측에 설치한다.

해설 여과기 입출구의 압력차가 0.2 kgf/cm^2 (0.02 MPa) 이상일 때 여과기를 청소해 주어야 한다.

113. 중유의 가열온도가 너무 높을 때 생기는 현상은 무엇인가?

㉮ 무화 불량
㉯ 검댕, 분진 발생
㉰ 불길이 한 곳으로 쏠림
㉱ 분무상태가 고르지 못함

해설 ㉱항 외에,
① 열분해를 일으킨다.
② 탄화물 생성의 원인
③ 역화의 원인
④ 분사각도가 흐트러진다.

114. 중유의 가열온도가 너무 낮을 경우 연소 시 나타나는 현상으로 틀린 것은?

정답 108. ㉯ 109. ㉮ 110. ㉱ 111. ㉯ 112. ㉰ 113. ㉱ 114. ㉮

㉮ 관내에서 기름의 분해를 일으킨다.
㉯ 무화 불량으로 된다.
㉰ 불길이 한편으로 흐른다.
㉱ 그을음, 분진이 발생한다.

해설 가열온도가 낮을 때 ㉯, ㉰, ㉱항 외에 기름의 유동성이 나빠진다.

115. **보염장치 중 공기와 분무 연료와의 혼합을 촉진시키는 역할을 하는 것은?**

㉮ 보염기 ㉯ 콤버스터
㉰ 윈드 박스 ㉱ 버너 타일

해설 보염장치(保炎裝置)의 종류 및 역할
① 윈드 박스(wind box) : 공기와 연료의 혼합을 촉진시키며, 공기의 흐름을 좋게 하고 공기의 배분을 균등하게 해 주는 장치
② 콤버스터(combustor) : 연료의 착화를 돕고 분출 흐름의 모양을 다듬으며 연소의 안정을 도모해 주는 장치
③ 스테빌라이저(stabilizer, 보염기) : 노내에 분사된 연료에 연소용 공기를 유효하게 공급하여 연소를 도우며, 화염의 안정을 도모하기 위하여 공기류를 적당히 조정하는 장치
④ 버너 타일(burner tile) : 버너 슬롯을 구성하는 내화재로서 그 형태에 따라 분무 각도도 변화하고 노내에 분사되는 연료와 공기의 분포속도 및 흐름의 방향을 최종적으로 조정하는 것

116. **기체 연료의 예혼합 연소방식에 사용되는 버너가 아닌 것은?**

㉮ 고압 버너 ㉯ 저압 버너
㉰ 송풍 버너 ㉱ 포트형 버너

해설 ① 확산 연소방식 : 노와 같이 내화재료로 만든 단면이 넓은 화구에 공기와 가스를 송입하는 포트형과 고로가스 등과 같이 저품위 가스와 공기를 선회익을 통하여 혼합 공급하는 버너형이 있다.
② 예혼합 연소방식 : 저압 버너, 고압 버너, 송풍 버너를 사용하여 도시가스 및 LPG의 연소에 많이 사용된다.

117. **다음 설명 중 틀린 것은?**

㉮ 확산 연소는 예혼합 연소에 비하여 고온예열이 가능하다.
㉯ 확산 연소는 예혼합 연소에 비하여 연소량 조절 범위가 넓다.
㉰ 예혼합 연소는 화염의 온도가 높고 역화의 위험성이 크다.
㉱ 예혼합 연소는 장염이며 연소부하가 작다.

해설 기체 연료의 확산 연소방식과 예혼합 연소방식의 특징
(1) 확산 연소방식
① 조절범위가 넓고 역화의 위험성이 적다.
② 가스와 공기를 예열하여 사용할 수 있다.
③ 장염이다.
(2) 예혼합 연소방식
① 화염의 온도가 높고 역화의 위험성이 크다.
② 연소부하가 크다.
③ 단염이다.

118. **기체 연료의 연소방식 중 화염이 짧고 높은 화염의 온도를 얻을 수 있으나 역화 등의 위험이 있는 방식은 무엇인가?**

㉮ 확산 연소방식 ㉯ 예혼합 연소방식
㉰ 직접 연소방식 ㉱ 복합 연소방식

119. **분젠 버너(bunsen burner)의 경우 1차 공기는 전혀 공급하지 않고 2차 공기만으로 연소시킬 경우에 다음 중 어떤 연소 형태가 되는가?**

㉮ 예혼합 연소
㉯ 확산 연소

정답 115. ㉰ 116. ㉱ 117. ㉱ 118. ㉯ 119. ㉯

㉰ 처음에 확산 연소, 나중에 예혼합 연소
㉱ 처음에 예혼합 연소, 나중에 확산 연소

해설 2차 공기만으로 연소시킬 경우에는 확산 연소 상태가 되고, 예혼합 연소상태는 1, 2차 공기를 동시에 공급할 경우이다.

120. 다음은 가스 버너의 특징을 설명하였다. 틀린 것은?

㉮ 연소 조절범위가 넓다.
㉯ 가스와 공기의 조절비 제어가 간단하다.
㉰ 고부하 연소가 가능하다.
㉱ 연소장치가 복잡하고 보수가 어렵다.

해설 가스 버너(gas burner)의 특징
① 가스와 공기의 조절비 제어가 간단하다.
② 연소 조절범위가 넓다.
③ 연소장치가 간단하고 보수가 양호하다.
④ 고부하 연소가 가능하다.
⑤ 저질가스의 사용에도 유효하다.

121. 다음 중 가스 연소 보일러의 점화 시 주의사항과 가장 거리가 먼 것은?

㉮ 가스가 새는지 면밀히 검사한다.
㉯ 가스압력이 적정하고 안정되어 있는가를 확인한다.
㉰ 점화용 불씨는 화력이 작은 것을 사용해야 한다.
㉱ 노 및 연도의 통풍을 충분하게 해야 한다.

해설 점화용 불씨는 화력이 큰 것을 사용하여 5초 이내에 신속히 점화가 되어야 한다.

122. 탄소가 완전연소될 때 탄소, 산소, 탄산가스의 이론상 kmol의 비는?

㉮ 1 : 2 : 1　　㉯ 2 : 1 : 2
㉰ 1 : 1 : 1　　㉱ 1 : 1 : 2

해설 $C + O_2 \rightarrow CO_2$
1 kmol　1 kmol　1 kmol

123. 탄소가 불완전연소될 때 탄소, 산소, 일산화탄소의 이론상 kmol의 비는?

㉮ 1 : 2 : 1　　㉯ 2 : 1 : 2
㉰ 1 : 1 : 1　　㉱ 1 : 1 : 2

해설 $C + \frac{1}{2}O_2 \rightarrow CO$
1 kmol　0.5 kmol　1 kmol

124. 탄소 1 kg을 완전연소시키는 데 필요한 이론산소량은 얼마인가?

㉮ 0.7 Nm^3/kg
㉯ 1 Nm^3/kg
㉰ 1.867 Nm^3/kg
㉱ 2.67 Nm^3/kg

해설 $C + O_2 \rightarrow CO_2 + 97200\ kcal/kmol$
1 kmol　1 kmol　1 kmol
$(12kg)\left(\frac{32kg}{22.4Nm^3}\right)\left(\frac{44kg}{22.4Nm^3}\right)$

$\therefore$ 이론산소량 $= \frac{22.4}{12} = 1.867\ Nm^3/kg$

125. 탄소 12 kg이 완전연소될 때 필요한 산소량은 얼마인가?

㉮ 8 kg　　㉯ 6 kg
㉰ 32 kg　　㉱ 44 kg

126. 일산화탄소가 완전연소될 때 일산화탄소, 산소, 연소가스의 이론상 kmol의 비는?

㉮ 1 : 2 : 1　　㉯ 1 : 1 : 1
㉰ 2 : 1 : 1　　㉱ 2 : 1 : 2

해설 $CO + \frac{1}{2}O_2 \rightarrow CO_2$
1 kmol　0.5 kmol　1 kmol

정답 120. ㉱　121. ㉰　122. ㉰　123. ㉯　124. ㉰　125. ㉰　126. ㉱

127. 연료의 연소 시 과잉공기계수(공기비)를 구하는 올바른 식은?

㉮ $\frac{연소가스량}{이론공기량}$ ㉯ $\frac{실제공기량}{이론공기량}$

㉰ $\frac{배기가스량}{사용공기량}$ ㉱ $\frac{사용공기량}{배기가스량}$

해설

$$공기비 = \frac{실제공기량}{이론공기량} = 1 + \frac{과잉공기량}{이론공기량}$$

128. 완전연소 시의 실제 공기비가 가장 낮은 연료는?

㉮ 중유 ㉯ 경유

㉰ 코크스 ㉱ 프로판

해설

연료 구분	공기비(m)
기체 연료	1.1~1.3
액체 연료	1.2~1.4
고체 연료	1.4~2.0

129. 수소 1 kg을 연소시키는 데 필요한 산소량은 체적으로 몇 Nm^3인가?

㉮ 2.0 ㉯ 5.6

㉰ 11.2 ㉱ 22.4

해설 $H_2 + \frac{1}{2}O_2 \rightarrow H_2O$

$$(2\ kg) \left(\frac{11.2\ Nm^3}{16\ kg}\right) \left(\frac{22.4\ Nm^3}{18\ kg}\right)$$

130. 연료를 완전연소시키는 데 필요한 공기량보다 더 많은 공기가 투입될 때 배기가스 중의 함유 비율이 감소하는 성분은?

㉮ CO_2 ㉯ SO_2

㉰ CO ㉱ O_2

해설 공기량이 과다하면 배기가스 중의 CO_2[%]는 감소하고 O_2[%]는 증가한다.

131. 공기비($\frac{실제공기량}{이론공기량}$)에 대한 설명 중 틀린 것은?

㉮ 보일러에서 연료의 완전연소 시 공기비는 1보다 크다.

㉯ 공기비 값이 크면 과잉공기가 적게 들어간다.

㉰ 공기비 값이 적정할 경우에 에너지가 절약된다.

㉱ 공기비가 1보다 적은 경우에는 완전연소가 이루어질 수 없다.

해설 공기비 값이 크면 과잉공기가 많이 들어간다.

132. 이론공기량이 A_o, 실제공기량이 A라면 다음 중 틀린 것은? (단, m = 공기비(과잉공기계수)이다.)

㉮ $m = \frac{A}{A_o}$ ㉯ $A = mA_o$

㉰ $m < 1$ ㉱ $A > A_o$

해설 $m = \frac{A}{A_o}$에서 항상 $A > A_o$이므로 $m > 1$이다.

133. 다음 중 이론공기량을 옳게 설명한 것은 어느 것인가?

㉮ 완전연소에 필요한 최대 공기량

㉯ 완전연소에 필요한 최소 공기량

㉰ 완전연소에 필요한 1차 공기량

㉱ 완전연소에 필요한 2차 공기량

해설 ① 이론공기량(A_o) : 연료를 완전연소시키는 데 필요한 최소한의 공기량을 이론공기량이라 한다.

② 실제공기량(A) : 이론공기량(A_o)만으로는 실제로 연료를 완전연소시키는 것은 불가능하므로 이론공기량보다 더 많은 공기를 공급하게 된다. 이와 같이 연료를

정답 127. ㉯ 128. ㉱ 129. ㉯ 130. ㉮ 131. ㉯ 132. ㉰ 133. ㉯

완전연소시키기 위하여 실제로 노내에 공급한 공기량을 실제공기량(A)이라 한다.

③ 과잉공기량($A-A_o$) : 이론공기량보다 노내에 더 공급된 여분의 공기를 말하며, 과잉공기량=실제공기량(A)−이론공기량(A_o)이다. 또는 과잉공기량=$(m-1)A_o$으로 표시할 수 있다.

134. **다음과 같은 성분을 가진 경유의 이론공기량은 얼마인가? (단, C=85 %, H=13 %, O=2 %)**

㉮ 7.5 Nm^3/kg ㉯ 8.5 Nm^3/kg
㉰ 10.5 Nm^3/kg ㉱ 11.0 Nm^3/kg

해설 이론공기량(A_o) $=8.89\,C+26.67(H-\frac{O}{8})+3.33\,S$ 에서,

$\therefore\ A_o=8.89\times0.85+26.67\times(0.13-\frac{0.02}{8})$

$=10.96\ Nm^3/kg$

135. **탄소 1 kg 연소 시 필요한 이론공기량은 얼마인가?**

㉮ 1.87 Nm^3/kg ㉯ 2.67 Nm^3/kg
㉰ 8.89 Nm^3/kg ㉱ 11.49 Nm^3/kg

해설 $C + O_2 \rightarrow CO_2$

↓ ↓ ↓

1 kmol 1 kmol 1 kmol

(12kg) $\left(\begin{matrix}32\,kg\\22.4\,Nm^3\end{matrix}\right)$ $\left(\begin{matrix}44\,kg\\22.4\,Nm^3\end{matrix}\right)$

이론공기량(체적)

=이론산소량(체적)×$\frac{100}{21}$ 이므로,

$\therefore$ 이론공기량$=\frac{22.4}{12}\times\frac{100}{21}$

$=8.89\ Nm^3/kg$

참고 이론공기량(중량)=이론산소량(중량)×$\frac{100}{23.2}$이므로, 탄소 1 kg 연소 시 필요한 공기량(kg)$=\frac{32}{12}\times\frac{100}{23.2}=11.49$ kg/kg

136. **유효수소값을 바르게 나타내는 것은?**

㉮ H−O ㉯ $H-\frac{O}{8}$

㉰ $\frac{H}{8}-O$ ㉱ $\frac{H}{2}-\frac{O}{8}$

해설 연료 속에 산소(O_2)가 함유되어 있을 때에는 연료 속의 수소(H_2)와 결합하여 수증기(H_2O)를 생성하므로 그 연료 속의 수소(H_2)는 전부 연소하지 않는다. 또한, 수소와 산소의 결합비는 1 : 8 이므로($H_2+\frac{1}{2}O_2\rightarrow H_2O$) 탈 수 없는 수소값(무효수소값)은 산소의 $\frac{1}{8}$에 해당되기 때문에 O(산소)$\times\frac{1}{8}=\frac{O}{8}$이며, 따라서 탈 수 있는 수소값(유효수소값)은 $H-\frac{O}{8}$이다.

137. **연료를 연소시키는 데 필요한 실제공기량과 이론공기량의 비, 즉 공기비를 m이라 할 때 다음 식이 뜻하는 것은?**

$(m-1)\times100\ \%$

㉮ 과잉공기율 ㉯ 과소공기율
㉰ 이론공기율 ㉱ 실제공기율

해설 ① 과잉공기비 $=(m-1)$

② 과잉공기율 $=(m-1)\times100\ \%$

138. **천연가스의 주성분인 CH_4의 연소 반응식으로 옳은 것은?**

㉮ $CH_4+O_2=CO_2+H_2O$
㉯ $CH_4+O_2=CO_2+4H_2O$
㉰ $CH_4+2O_2=CO_2+H_2O$
㉱ $CH_4+2O_2=CO_2+2H_2O$

해설 $C_mH_n+(m+\frac{n}{4})O_2$

$\rightarrow mCO_2+\frac{n}{2}H_2O$

정답 134. ㉱ 135. ㉰ 136. ㉯ 137. ㉮ 138. ㉱

139. 프로판 가스의 연소식은 다음과 같다. 프로판 가스 10 kg을 완전연소시키는 데 필요한 이론산소량은?

$$C_3H_8 + 5O_2 \rightarrow 3CO_2 + 4H_2O$$

㉮ 약 11.6 Nm^3 ㉯ 약 25.5 Nm^3
㉰ 약 13.8 Nm^3 ㉱ 약 22.4 Nm^3

해설 $\frac{5 \times 22.4}{44} \times 10 = 25.5\ Nm^3$

140. 부탄가스(C_4H_{10}) 1 Nm^3을 완전연소시킬 경우 H_2O는 몇 Nm^3가 생성되는가?

㉮ 4.0 ㉯ 5.0
㉰ 6.5 ㉱ 7.5

해설 $C_4H_{10} + 6.5\ O_2 \rightarrow 4\ CO_2 + 5\ H_2O$에서

$\frac{5 \times 22.4}{22.4} = 5\ Nm^3$

141. 프로판가스를 연소시킬 때 필요한 이론공기량은 얼마인가?

㉮ 10.2 Nm^3/kg ㉯ 11.3 Nm^3/kg
㉰ 12.1 Nm^3/kg ㉱ 13.2 Nm^3/kg

해설 $C_3H_8 \quad + \quad 5\ O_2 \quad \rightarrow \quad 3\ CO_2 \ + \ 4\ H_2O$

↓ ↓

1 kmol 5 kmol

$\begin{pmatrix} 44\ kg \\ 22.4\ Nm^3 \end{pmatrix}$ $(5 \times 22.4\ Nm^3)$

이론공기량(Nm^3)

$=$ 이론산소량(Nm^3)$\times \frac{100}{21}$ 이므로,

$\therefore$ 이론공기량 $= \frac{5 \times 22.4}{44} \times \frac{100}{21}$

$= 12.12\ Nm^3/kg$

142. 프로판(C_3H_8) 1 Nm^3의 연소에 필요한 이론공기량은 얼마인가?

㉮ 13.9 Nm^3/Nm^3 ㉯ 15.6 Nm^3/Nm^3
㉰ 19.8 Nm^3/Nm^3 ㉱ 23.8 Nm^3/Nm^3

해설 $C_3H_8 \quad + \quad 5\ O_2 \quad \rightarrow \quad 3\ CO_2 \ + \ 4\ H_2O$

↓ ↓

1 kmol 5 kmol

(22.4 Nm^3) (5×22.4 Nm^3)

$A_o\ [Nm^3] = O_o\ [Nm^3] \times \frac{100}{21}$ 에서,

$\therefore$ 이론공기량 $= \frac{5 \times 22.4}{22.4} \times \frac{100}{21}$

$= 23.81\ Nm^3/Nm^3$

143. LNG를 사용하는 보일러에서 배기가스 중의 이산화탄소 농도가 10 %이었다. 이 보일러의 공기비는 얼마인가? (단, LNG의 (CO_2)max 값은 12 %이다.)

㉮ 1.0 ㉯ 1.1
㉰ 1.2 ㉱ 1.3

해설 공기비 $= \frac{(CO_2)max\ \%}{CO_2\ \%}$ 에서 $\frac{12}{10} = 1.2$

144. 중유를 사용하는 보일러에서 배기가스 중의 CO_2 농도가 12%이었다. 공기비는?

㉮ 1.31 ㉯ 1.24
㉰ 1.42 ㉱ 1.52

해설 $m = \frac{15.7}{12} = 1.31$

참고 중유의 (CO_2)max %는 15.7 %이다.

145. 어느 보일러 배기가스 중의 산소(O_2) 농도가 6 %였다면 공기비(m)는?

㉮ 1.1 ㉯ 1.2
㉰ 1.3 ㉱ 1.4

해설 $m = \frac{21}{21 - O_2} = \frac{21}{21-6} = 1.4$

정답 139. ㉯ 140. ㉯ 141. ㉰ 142. ㉱ 143. ㉰ 144. ㉮ 145. ㉱

146. 보일러의 배기가스 성분을 측정해 공기비를 계산하여 실제 건배기가스량을 계산하는 공식으로 맞는 것은? (단, G : 실제 건배기가스량, Go : 이론 건배기가스량, Ao : 이론 연소공기량, m : 공기비)

㉮ $G = m \times Ao$
㉯ $G = Go + (m-1) \times Ao$
㉰ $G = (m-1) \times Ao$
㉱ $G = Go + (m \times Ao)$

해설 $G = Go$ + 과잉공기량, 과잉공기량 $= (m-1) \times Ao$

147. 연소 관리에 있어 연소 배기가스를 분석하는 가장 직접적인 목적은 무엇인가?

㉮ 노내압 조절 ㉯ 공기비 계산
㉰ 연소열량 계산 ㉱ 매연 농도 산출

해설 연소 배기가스의 직접적인 분석목적은 연소상태를 파악하고 연소가스의 성분을 분석하여 공기비를 알기 위함이다.
즉, 연소가스 중의 CO_2, O_2, CO를 분석하여
$$\text{공기비}(m) = \frac{N_2}{N_2 - 3.76(O_2 - 0.5CO)}$$
로 구한다.

148. 중유 버너 연소장치에서 과잉공기율은 어느 정도인가?

㉮ 10~30 % ㉯ 20~40 %
㉰ 40~60 % ㉱ 50~100 %

해설

연료의 구 분	공기비 (과잉공기계수)	과잉공기율 (%)
기체 연료	1.1~1.3	10~30
액체 연료	1.2~1.4	20~40
미분탄 연료	1.2~1.4	20~40
고체 연료	1.4~2.0	40~100

참고 과잉공기율(%) = (공기비 − 1)×100

149. 공기비(m)가 표준보다 커지면 일어나는 현상은 무엇인가?

㉮ 연소실 온도가 높아져 전열효과가 커진다.
㉯ 화염온도가 높아져 버너를 상하게 한다.
㉰ 배기가스량이 많아지고 열효율이 저하된다.
㉱ 매연의 발생량이 적어진다.

해설 공기비(m)가 커지면 연소실 온도가 낮아지고 배기가스량이 증대(과잉공기량 과다)하여 열손실이 증가하며 열효율이 저하한다. 또한 배기가스 중의 O_2 및 NO_2량이 증대한다.

150. 보일러 연소에서 공기비가 적정 공기비보다 적을 때 나타나는 현상은 무엇인가?

㉮ 연소실 내 연소온도 상승
㉯ 보일러 열효율 증대
㉰ 불완전연소에 의한 매연발생량 증가
㉱ 배기가스 중 O_2 및 NO_2량 증대

해설 공기비가 적을 때 나타나는 현상
① 불완전연소에 의한 매연의 발생량 증가
② 미연소에 의한 열손실 증가
③ 미연소가스에 의한 역화의 위험성 초래

151. 다음 중 기체 연료의 발열량 단위는 어느 것인가?

㉮ kcal/kg ㉯ kcal/Nm^3
㉰ kcal/kg·℃ ㉱ kcal/℃

해설 ① 고체 및 액체 연료의 발열량 단위 : kcal/kg
② 기체 연료의 발열량 단위 : kcal/Nm^3

정답 146. ㉯ 147. ㉯ 148. ㉯ 149. ㉰ 150. ㉰ 151. ㉯

152. 다음 연료 중 발열량(kcal/kg)이 가장 큰 것은 어느 것인가?

㉮ 중유 ㉯ LPG ㉰ 석탄 ㉱ 코크스

해설 ① 중유 : 10000~11000 kcal/kg
② LPG : 12500 kcal/kg
③ 석탄 : 4600 kcal/kg
④ 코크스 : 5000 kcal/kg

153. 단위 중량당 연소열량이 가장 큰 연료 성분은?

㉮ 탄소(C) ㉯ 수소(H)
㉰ 일산화탄소(CO) ㉱ 황(S)

해설 C : 8100 kcal/kg, H : 34000 kcal/kg, CO : 2430 kcal/kg, S : 2500 kcal/kg

154. 탄소 1 kg이 완전연소했을 때 열량은 얼마인가?

㉮ 7083 kcal/kg ㉯ 8083 kcal/kg
㉰ 8100 kcal/kg ㉱ 9100 kcal/kg

해설 $C + O_2 \rightarrow CO_2 + 97200$ kcal/kmol에서,
↓
1 kmol(12 kg)

$$\therefore \frac{97200\text{ kcal}}{12\text{ kg}} = 8100\text{ kcal/kg}$$

155. 수소 13 %, 수분 0.8 %인 어떤 중유의 고위발열량이 9800 kcal/kg이다. 이 중유의 저위발열량은 약 몇 kcal/kg인가?

㉮ 9093 kcal/kg ㉯ 9186 kcal/kg
㉰ 8996 kcal/kg ㉱ 9235 kcal/kg

해설 $9800 - 600(9 \times 0.13 + 0.008)$
$= 9093$ kcal/kg

156. 탄소 1 kmol이 완전연소했을 때 발열량은 얼마인가?

㉮ 8100 kcal/kmol
㉯ 2500 kcal/kmol
㉰ 34000 kcal/kmol
㉱ 97200 kcal/kmol

해설 $C + O_2 \rightarrow CO_2 + 97200$ kcal/kmol

157. 저위발열량은 고위발열량에서 어떤 값을 뺀 것인가?

㉮ 물의 엔탈피량 ㉯ 수증기의 열량
㉰ 수증기의 온도 ㉱ 수증기의 압력

해설 수증기의 증발잠열, 즉 600(9H+W)을 뺀 것이다.

158. 프로판가스의 발생열량은 487580 kcal/kmol이다. 이 가스 22 kg을 연소시키면 발생되는 열량은?

㉮ 487580 kcal ㉯ 975700 kcal
㉰ 243790 kcal ㉱ 22163 kcal

해설 $487580 \times \frac{22}{44} = 243790$ kcal

159. 수소 12 %, 수분 0.4 %인 중유의 저위발열량이 9850 kcal/kg이다. 이 중유의 고위발열량은 약 몇 kcal/kg인가?

㉮ 9980 ㉯ 10500 ㉰ 11240 ㉱ 12050

해설 $9850 + 600(9 \times 0.12 + 0.004)$
$= 10500.4$ kcal/kg

160. 고위발열량 H_h를 구하는 식으로 맞는 것은? (단, H_l : 저위발열량, W : 수분, H : 수소)

㉮ $H_h = H_l - 600(9H + W)$
㉯ $H_h = H_l + 600(9H + W)$
㉰ $H_h = H_l - 600(9H - W)$
㉱ $H_h = H_l + 600(9H - W)$

정답 152. ㉯ 153. ㉯ 154. ㉰ 155. ㉮ 156. ㉱ 157. ㉯ 158. ㉰ 159. ㉯ 160. ㉯

해설 $H_l = H_h - 600(9H+W)$에서,
$H_h = H_l + 600(9H+W)$이다.

참고 저위(저=진)발열량은 고위(고=총)발열량에서 물의 잠열인 600(9H+W) 값을 뺀 값이다.

161. 고위발열량 9800 kcal/kg인 연료 3 kg이 연소할 때 총 저위발열량은 약 몇 kcal인가?(단, 1 kg 당 수소분은 15 %, 수분은 1 %의 비율로 들어 있다.)

㉮ 89894　　㉯ 41920
㉰ 26952　　㉱ 25117

해설 저위발열량=고위발열량−600(9H+W)[kcal/kg]에서, {9800−600(9×0.15+0.01)}×3=26952 kcal

162. 다음 중 보일러 압입통풍방식을 옳게 설명한 것은?

㉮ 연돌로서 배기가스와 외기의 비중량 차이를 이용한 통풍방식이다.
㉯ 배기가스를 송풍기로 빨아내어 통풍을 행하는 방식이다.
㉰ 밀어 넣는 방식과 빨아내는 방식을 병용한 통풍방식이다.
㉱ 연소용 공기를 송풍기로 연소실 내에 밀어 넣는 통풍방식이다.

해설 ㉮항 : 자연통풍방식
㉯항 : 흡입(유인)통풍방식
㉰항 : 평형통풍방식
㉱항 : 압입(가압)통풍방식

163. 송풍기의 고장이 적고 점검, 수리가 용이하며, 또한 연소용 공기를 예열시킬 수 있고 노내가 정압인 통풍방식은 무엇인가?

㉮ 흡입통풍　　㉯ 압입통풍
㉰ 평형통풍　　㉱ 자연통풍

해설 (1) 압입(가압)통풍의 특징
① 연소용 공기를 예열시킬 수 있다.
② 송풍기 고장이 적고 점검, 수리가 용이하다.
③ 노내가 정압이다.
(2) 흡입(유인)통풍의 특징
① 연소용 공기를 예열시킬 수 없다.
② 송풍기 고장이 잦고 점검, 수리가 불편하다.
③ 노내가 부압이다.

164. 연소 조절이 쉽고 강한 통풍력을 얻을 수 있는 가장 좋은 통풍방식은 무엇인가?

㉮ 자연통풍　　㉯ 압입통풍
㉰ 흡입통풍　　㉱ 평형통풍

해설 평형통풍(BD : balanced draft) 방식의 특징
① 노내압 조절이 쉽다.
② 강한 통풍력을 얻을 수 있다.
③ 대용량의 연소설비에 유리하다.
④ 노내압이 대기압이므로 외기 침입이 없다.
⑤ 연소실 구조가 복잡해도 통풍이 양호하다.
⑥ 설비비 및 유지비가 많이 든다.
⑦ 송풍기에 의한 소요동력이 크다.
⑧ 소규모의 경우 비경제적이다.
⑨ 송풍기로부터 소음 발생이 심하다.

165. 보일러에서 연소가스의 배기가 잘 되는 경우는?

㉮ 연도의 단면적이 좁을 때
㉯ 배기가스 온도가 높을 때
㉰ 연도에 급한 굴곡이 있을 때
㉱ 공기가 많이 누입될 때

해설 배기가 잘 되는 경우(통풍력이 증가되는 경우)
① 연돌의 높이가 높을수록
② 외기온도가 낮을수록

정답 161. ㉰ 162. ㉱ 163. ㉯ 164. ㉱ 165. ㉯

③ 외기의 비중량이 클수록
④ 배기가스의 비중량이 작을수록
⑤ 연도의 단면적이 넓을 때
⑥ 배기가스의 온도가 높을수록
⑦ 연도에 굴곡이 없고 공기 침입이 없을 때
⑧ 연도의 길이가 짧을 때
⑨ 공기의 습도가 낮을수록

166. 통풍력이 증가되는 조건에 대한 설명으로 틀린 것은?

㉮ 연돌이 높을수록 증가한다.
㉯ 연돌의 단면적이 클수록 증가한다.
㉰ 배기가스의 온도가 높을수록 증가한다.
㉱ 공기의 습도가 높을수록 증가한다.

해설 공기의 습도가 낮을수록, 외기의 온도가 낮을수록 통풍력이 증가한다.

167. 다음 중 통풍 불량의 원인으로서 옳지 않은 것은?

㉮ 공기가 많이 누입할 때
㉯ 연도가 너무 길 때
㉰ 연도의 단면적이 좁을 때
㉱ 굴뚝의 높이가 너무 높을 때

해설 통풍력은 연돌(굴뚝) 높이에 비례한다.

168. 통풍장치에서 통풍저항이 큰 대형 보일러나 고성능 보일러에 널리 사용되고 있는 통풍방식은?

㉮ 자연통풍방식
㉯ 평형통풍방식
㉰ 직접흡입 통풍방식
㉱ 간접흡입 통풍방식

169. 외기온도가 20℃, 배기가스온도가 200℃이고, 연돌 높이가 20 m일 때 통풍력은 약 얼마인가?

㉮ 5.5 mmAq ㉯ 7.2 mmAq
㉰ 9.2 mmAq ㉱ 12.2 mmAq

해설 $355 \times 20 \times \left(\frac{1}{293} - \frac{1}{473}\right) = 9.2\ \text{mmAq}$

170. 연소가스와 대기의 온도가 각각 250℃, 30℃이고 연돌의 높이가 50 m일 때 통풍력은 약 얼마인가? (단, 연소가스와 대기의 비중량은 각각 1.35 kg/Nm^3 1.25 kg/Nm^{3}이다.)

㉮ 21.08 mmAq
㉯ 23.12 mmAq
㉰ 25.02 mmAq
㉱ 27.36 mmAq

해설 $273 \times 50 \times \left(\frac{1.25}{30+273} - \frac{1.35}{250+273}\right)$
$= 21.08\ \text{mmAq}$

171. 노에서 발생한 고온, 고압의 연소가스를 굴뚝에 유입시킬 때까지의 통로를 무엇이라 하는가?

㉮ 연돌 ㉯ 절탄기
㉰ 연도 ㉱ 노

해설 연도란 보일러 전열면 최종 출구에서 연돌(굴뚝) 입구까지 연소가스가 흐르는 통로를 말한다.

172. 연도에 설치하는 댐퍼(damper)의 설치목적과 관계없는 것은?

㉮ 매연 및 그을음의 차단
㉯ 통풍력의 조절
㉰ 가스 흐름의 차단
㉱ 주연도, 부연도의 가스 흐름 교체

해설 연도 댐퍼의 설치목적은 ㉯, ㉰, ㉱항이며, 작동방식에 따라 회전식과 승강식이 있고 회전식이 주로 사용된다.

정답 166. ㉱ 167. ㉱ 168. ㉯ 169. ㉰ 170. ㉮ 171. ㉰ 172. ㉮

173. 다음 중 송풍기의 마력(PS)을 구하는 공식은?(단, 송풍기 출구의 압력은 Z [mmAq], 송풍기의 풍량은 Q [m³/min]이다.)

㉮ $\dfrac{QZ}{60\times75}$ ㉯ $\dfrac{Q}{(60\times75)Z}$

㉰ $\dfrac{Z}{(60\times75)Q}$ ㉱ $\dfrac{(60\times75)Q}{Z}$

해설 송풍기 출구의 압력 Z[mmAq], 송풍기의 풍량 Q[m³/s], 송풍기의 효율 η [%]라면 송풍기의 마력(hp)(PS) $=\dfrac{QZ}{75\times\eta}$ 이다.

만약, Q[m³/min]로 주어지면 $\dfrac{\frac{Q}{60}\times Z}{75\times\eta}$ $=\dfrac{QZ}{60\times75\times\eta}$ 이다.

참고 ① 송풍기의 동력(kW) $=\dfrac{QZ}{102\times\eta}$ 이다.

② 1 PS = 75 kg·m/s, 1 kW = 102 kg·m/s

174. 통풍기의 소요동력을 구하는 식으로 옳은 것은? (단, Q : 풍량(m³/min), P : 통풍압(mmAq), η : 효율)

㉮ $N=\dfrac{Q(60\times75)}{P\times\eta}$[PS]

㉯ $N=\dfrac{Q}{P(60\times75)\eta}$[PS]

㉰ $N=\dfrac{Q}{P(60\times75)\eta}$[kW]

㉱ $N=\dfrac{PQ}{60\times102\times\eta}$[kW]

해설

$$N=\frac{P[\text{kg/m}^2][\text{mmAq}]\times Q[\text{m}^3/\text{sec}]}{102\times\eta}[\text{kW}]$$

에서 Q[m³/min]로 주어지면

$$N=\frac{P\times\frac{Q}{60}}{102\times\eta}=\frac{PQ}{60\times102\times\eta}[\text{kW}]$$

175. 송풍기 풍량 120 m³/min, 풍압이 300 kgf/m²인 시로코형 송풍기의 마력(hp)과 동력(kW)은 얼마인가?(단, 송풍기의 효율은 80 %이다)

㉮ 7.35 hp, 10 kW

㉯ 10 hp, 7.35 kW

㉰ 20 hp, 15 kW

㉱ 15 hp, 20 kW

해설 ① $\dfrac{QZ}{75\times\eta}$ [hp] 에서,

$$\frac{\frac{120}{60}\times300}{75\times0.8}=10\text{ hp}$$

② $\dfrac{QZ}{102\times\eta}$ [kW] 에서,

$$\frac{\frac{120}{60}\times300}{102\times0.8}=7.35\text{ kW}$$

참고 1 kgf/cm² = 10 mAq = 10000 kgf/m²
= 10000 mmAq

176. 다음 중 연소 시에 매연 등의 공해물질이 가장 적게 발생되는 연료는?

㉮ 액화석유가스 ㉯ 무연탄

㉰ 중유 ㉱ 경유

해설 기체 연료가 공해 요인이 가장 적고, 고체 연료가 공해 요인이 가장 크다.

177. 보일러 연소에서 매연 발생의 원인과 무관한 것은?

㉮ 공기량이 부족할 때

㉯ 수소(H) 성분이 많은 경우

㉰ 통풍력이 부족할 때

㉱ 연료에 수분이 많이 포함된 경우

해설 연료 중의 수소(H) 성분이 많으면 발열량이 높고, 휘발분 성분이 많으면 매연 발생을 일으킨다.

정답 173. ㉮ 174. ㉱ 175. ㉯ 176. ㉮ 177. ㉯

178. 질소 산화물의 발생 원인이 되는 것은?

㉮ 연소실의 온도가 높다.
㉯ 연료가 불완전연소된다.
㉰ 연료 중에 회분이 많다.
㉱ 연료 중에 휘발분이 많다.

해설 질소산화물(NO_x)은 NO, NO_2를 총칭한 것으로서 NO는 고온에서 질소가 산소와 접촉하면 열을 흡수하여 생기며, NO는 다시 산화하여 NO_2가 되므로 연소실의 온도가 너무 높으면 질소산화물(NO_x)의 발생 원인이 된다.

179. 중유 연소 과정에서 발생하는 그을음은 그 원인이 무엇으로 추측되는가?

㉮ 연료 중의 불순물의 연소
㉯ 연료 중의 미립탄소가 불완전연소
㉰ 연료 중의 회분과 수분의 중합
㉱ 중유 중의 파라핀 성분

해설 ㉮항 : 매연 발생
㉯항 : 그을음 발생
㉰항 : 부식
㉱항 : 연소 불량의 원인

180. 보일러 가동 중 매연 농도는 링겔만 농도 몇 도 이하가 되도록 연소상태를 유지해야 하는가?

㉮ 5도 ㉯ 3도 ㉰ 2도 ㉱ 0도

해설 링겔만 농도로 2도 이하가 되도록 바카르크 스모크 스케일 4 이하가 되도록 유지해야 한다.

181. 다음은 링겔만 매연 농도표에 관한 내용이다. 관계가 없는 것은?

㉮ 링겔만 농도표는 0~5도(번)까지 6종류로 구분되어 있다.
㉯ 링겔만 농도 측정 시 관측자는 연돌로부터 30~39 m 떨어진 위치에서 측정한다.
㉰ 관측 시 관측자는 햇볕을 정면에서 받지 않고 배경이 밝은 위치에서 측정한다.
㉱ 링겔만 매연 농도표는 관측자 전방 20 m 위치에 설치한다.

해설 가로 20 cm, 세로 14 cm의 0~5도까지로 구분된 농도표를 측정자로부터 16 m 정도 떨어진 곳에 놓고 연돌에서 30~39 m 떨어져서 연기가 흐르는 방향과 직각으로 서서 연돌의 정상보다 30~45 cm 정도 떨어진 위치의 매연 농도를 비교 측정한다. 이때 측정자는 태양광선에 직면해서 측정해서는 안 되며 연돌 출구의 배경에 장애물이 없어야 한다.

182 다음 중 링겔만 농도로 얼마일 때 연소상태가 가장 양호한가?

㉮ 0~1도 ㉯ 1~2도
㉰ 2~3도 ㉱ 4~5도

해설 ① 0도 : 과잉공기량 과다
② 1도 : 가장 양호
③ 2도 : 양호
④ 5도 : 가장 불량

183. 보일러 배기가스의 성분을 연속적으로 기록하며 연소 상황을 알 수 있는 것은?

㉮ 링겔만 비탁표 ㉯ 전기식 CO_2계
㉰ 오르사트 분석법 ㉱ 헴펠 분석법

해설 ① 전기식 CO_2계(열전도율형 CO_2계) : CO_2의 열전도율이 공기보다 매우 작다는 것을 이용한 것으로 연소가스의 CO_2 분석에 매우 많이 사용된다.
② 물리적 가스분석계는 화학적 가스분석계에 비하여 정도는 낮으나 연속 측정, 원격지시, 기록이 용이하고 고장이 적다.

정답 178. ㉮ 179. ㉯ 180. ㉰ 181. ㉱ 182. ㉯ 183. ㉯

184. **관성력식 집진법과 관계가 있는 것은?**

㉮ 송풍기의 회전을 이용하여 물방울, 수막, 기포 등을 형성시킨다.
㉯ 함진가스를 방해판 등에 충돌시키거나 기류의 방향 전환을 시킨다.
㉰ 크기가 다른 집진기에 비하여 작고 펌프의 마모도 적다.
㉱ 집진실 내에 들어온 함진가스의 유속을 감소시켜 관성력을 작게 한다.

185 **다음 중 가압수식 집진장치에 해당되지 않는 것은?**

㉮ 제트 스크러버
㉯ 백 필터식
㉰ 사이클론 스크러버
㉱ 충전탑

해설 가압수식 세정(습식) 집진장치에는 ㉮, ㉰, ㉱ 항 외에 벤투리 스크러버가 있다.

186 **함진 배기가스를 액방울이나 액막에 충돌시켜 매진을 포집 분리하는 집진장치는?**

㉮ 중력식 집진장치
㉯ 관성분리식 집진장치
㉰ 원심력식 집진장치
㉱ 세정식 집진장치

해설 세정식(습식) 집진장치는 액의 흡착력을 이용한 집진장치이다.

187. **다음 중 건식 집진장치가 아닌 것은?**

㉮ 사이클론
㉯ 백 필터
㉰ 사이클론 스크러버
㉱ 멀티클론

해설 건식 집진장치의 종류
① 중력 집진장치
② 관성력 집진장치
③ 원심력 집진장치(사이클론, 멀티클론, 블로 다운형)
④ 여과 집진장치(백 필터)

188 **다음 중 가압수식 집진장치의 종류에 속하는 것은?**

㉮ 백 필터 ㉯ 세정탑
㉰ 코트렐 ㉱ 배플식

해설 세정탑 : 입자의 농도가 낮은 가스를 고도로 청정하고자 할 때 적합한 습식 집진장치이다.

189 **함진가스에 선회운동을 주어 분진입자에 작용하는 원심력에 의하여 입자를 분리하는 집진장치로 가장 적합한 것은?**

㉮ 백 필터식 집진기
㉯ 사이클론식 집진기
㉰ 전기식 집진기
㉱ 관성력식 집진기

해설 원심식 집진기의 종류 : 사이클론식, 멀티클론식, 블로다운형

190. **집진효율이 좋고 0.5 μ 이하 정도의 미세한 입자도 처리할 수 있는 집진장치는?**

㉮ 관성력 집진기
㉯ 전기식 집진기
㉰ 원심력 집진기
㉱ 멀티사이클론식 집진기

해설 집진효율이 가장 좋고 미세한 입자도 처리할 수 있는 집진장치는 전기식(대표적인 것 : 코트렐) 집진장치이다. 또한, 처리용량이 크므로 대용량 보일러에 적합하다.

정답 184. ㉯ 185. ㉯ 186. ㉱ 187. ㉰ 188. ㉯ 189. ㉯ 190. ㉯

191. 전기식 집진장치에 해당되는 것은?

㉮ 스크레버 집진기
㉯ 백 필터 집진기
㉰ 사이클론 집진기
㉱ 코트렐 집진기

192. 보일러의 집진장치 중 집진효율이 가장 높은 것은?

㉮ 관성력 집진기
㉯ 중력식 집진기
㉰ 원심력식 집진기
㉱ 전기식 집진기

해설 전기식 집진기 : 집진효율이 90~99.9 %이며 압력손실은 10~20 mm H_2O 정도이다.

193. 집진장치 중 집진효율은 높으나 압력손실이 낮은 형식은?

㉮ 전기식 집진장치
㉯ 중력식 집진장치
㉰ 원심력식 집진장치
㉱ 세정식 집진장치

해설 전기식 집진장치의 집진효율은 90~99.5 % 정도이고 압력손실은 10~20 mmH_2O이다.

194. 통풍장치 중에서 원심식 송풍기의 종류가 아닌 것은?

㉮ 프로펠러형 ㉯ 터보형
㉰ 플레이트형 ㉱ 다익형

해설 원심식 송풍기의 종류에는 ㉯, ㉰, ㉱항이다.

정답 191. ㉱ 192. ㉱ 193. ㉮ 194. ㉮

제 6 장 보일러 자동제어

1. 자동제어의 개요

1-1 자동제어의 개념

(1) 자동제어

제어(control)는 수동제어와 자동제어로 크게 나눌 수 있으며, 자동제어에 의해 얻을 수 있는 이점은 다음과 같다.

① 인건비를 절약할 수 있다.
② 작업능률을 향상시킬 수 있다.
③ 작업에 의한 위험도를 감소시킬 수 있다.
④ 제품의 품질을 향상시킬 수 있다.
⑤ 경제적인 운영에 의한 원료 및 연료를 절약할 수 있다.

(2) 자동제어의 일반적인 동작 순서

① 검출 → ② 비교 → ③ 판단 → ④ 조작

① 검출 : 제어대상을 계측기를 사용하여 검출한다.
② 비교 : 목표값으로 이미 정한 물리량과 비교한다.
③ 판단 : 비교하여 결과에 따른 편차가 있으면 판단하여 조절한다.
④ 조작 : 판단된 조작량을 조작기에서 증감한다.

1-2 자동제어의 블록선도 (피드백 제어의 기본회로)

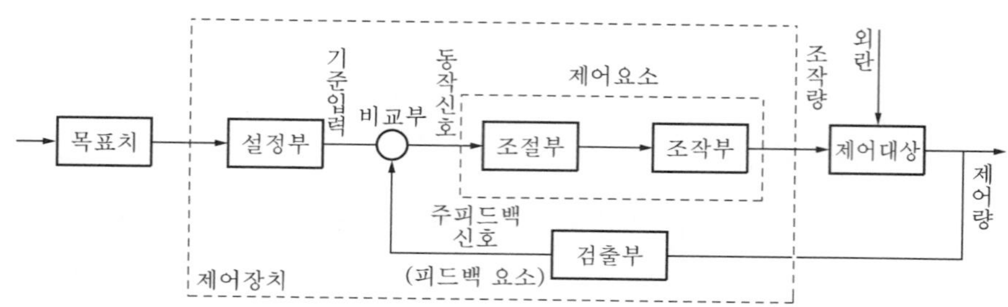

① **목표값 :** 입력이라고도 하며 제어량을 어떠한 크기로 하는가 하는 목표값이 되는 값으로서 이 제어계에 외부로부터 부여된 값을 말한다.

② **설정부 :** 주로 정치제어일 때 사용되는데 목표값과 주피드백 양이 같은 종류의 양이 아니면 비교할 수가 없다

③ **기준입력 :** 목표값, 주피드백 양과 같은 종류의 신호로 목표값을 변환하여 제어계의 폐루프에 부여되는 입력신호이다. 이 목표값으로부터 기준입력에의 변환은 설정부에 의하여 이루어진다.

④ **비교부 :** 기준입력과 주피드백 양과의 차를 구하는 부분이다. 즉, 제어량의 현재값이 목표값과 얼마만큼 차이가 나는가를 판단하는 기구이다.

⑤ **동작신호(편차입력 또는 편차신호) :** 비교부에 의해서 얻어진 기준입력과 주피드백 양과의 차로서 제어동작을 일으키는 신호이며, 이것이 바탕이 되어 정정할 수 있는 작용을 만들어내게 된다.

⑥ **제어부(조절부) :** 동작신호를 여러 가지 동작으로 처리해서 조작신호를 만들어내는 부분이다.

⑦ **조작신호 :** 제어부에서 처리된 뒤 조작부에서 작용시키는 신호를 말한다.

⑧ **조작부 :** 실제로 제어대상에 대하여 작용을 걸어오는 부분으로 조작신호를 받아 이것을 조작량으로 바꾸는 부분이다.

⑨ **조작량 :** 제어량을 지배하기 위해 조작부가 제어대상에 부여하는 양을 말한다.

⑩ **제어대상 :** 자동제어장치를 장착하는 대상이 되는 물체를 말하며, 기계 또는 프로세스의 부분 등이다.

⑪ **제어량 :** 출력이라고도 하며, 제어하고자 하는 양으로서 목표값과 같은 종류의 양이다.

⑫ **검출부 :** 제어량의 현상을 알기 위해 목표값 또는 기준입력과 비교할 수 있도록 같은 종류의 양으로 변환하는 부분이다.

⑬ **주피드백(feedback) 양 :** 제어량의 값을 목표값(기준입력)과 비교하기 위한 피드백 신호이며, 피드백이란 폐루프를 형성하여 출력 측의 신호를 입력 측에 되돌리는 것을 말한다.

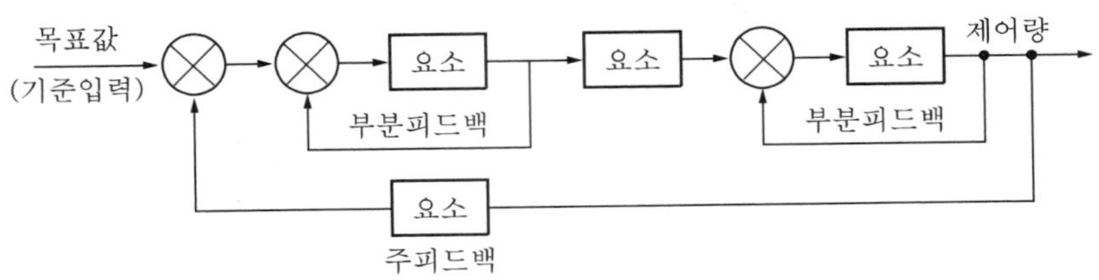

주피드백과 부분피드백

⑭ **외란(disturbance) :** 제어계의 상태를 혼란시키는 잡음과 같은 것이다. 즉, 외란이 가해지면 당연히 제어량이 변화해서 목표값과 어긋나게 되고 제어편차가 생긴다. 그 종류로는 유출량, 탱크 주위의 온도, 가스 공급압, 가스 공급온도, 목표값 변경이 있다.

참고

① 제어편차란 목표값에서 제어량을 뺀 값(제어편차 = 목표값 − 제어량)이다.
② 잔류편차(offset) 란 정상상태로 되고 난 다음에 남는 제어편차이다.
③ 피드백 제어는 자동제어에서 가장 기본이 되는 제어이다.
④ 보일러에서 가장 기본이 되는 제어는 시퀀스 제어(sequence control)이다.
⑤ 보일러 자동제어는 시퀀스 제어와 인터로크로 구성된다.

1-3 자동제어의 종류

(1) 목표값에 따른 분류

① **정치제어(constant valve control) :** 목표값이 일정한 제어를 말한다.

② **추치제어 :** 목표값이 변화되는 자동제어로서 목표값을 측정하면서 제어량을 목표값에 맞추는 제어방식이다.

(가) 추종제어(follow up control) : 목표값이 시간적(임의적)으로 변화하는 제어로서 이것을 일명 자기조정제어라고도 한다.

(나) 비율제어(rate control) : 목표값이 다른 양과 일정한 비율관계에서 변화되는 추치제어를 말한다(유량 비율제어, 공기비 제어가 이에 해당된다).

(다) 프로그램 제어(program control) : 목표값이 이미 정해진 계획에 따라 시간적으로 변화하는 제어를 말한다.

③ **캐스케이드 제어 :** 측정제어라고도 하며 2개의 제어계를 조합하여 제어량을 1차 조절계로 측정하고, 그 조작 출력으로 2차 조절계의 목표값을 설정한다. 캐스케이드 제어는 단일 루프제어에 비하여 외란의 영향을 줄이고, 계 전체의 지연을 적게 하여 효과를 높이는 데 유효하기 때문에 출력 측에 낭비 시간이나 큰 지연이 있는 프로세스 제어에 잘 이용되고 있다.

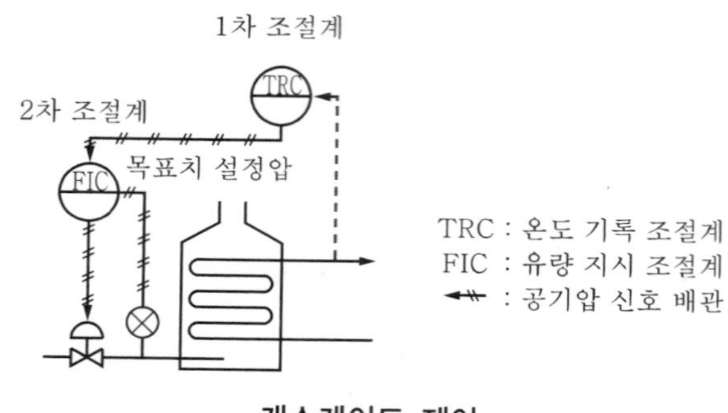

캐스케이드 제어

(2) 제어동작에 따른 분류

① 불연속동작

㈎ 2위치 동작(ON－OFF 동작) : 제어량이 설정값에 어긋나면 조작부를 전폐하여 운전을 정지하거나, 반대로 전개하여 운동을 시동하는 동작을 말한다.

㉮ 편차의 정부(+, －)에 의해 조작신호가 최대, 최소가 되는 제어동작이다.

㉯ 반응속도가 빠른 프로세스에서 시간 지연과 부하변화가 크고 빈도가 많은 경우에 적합하다.

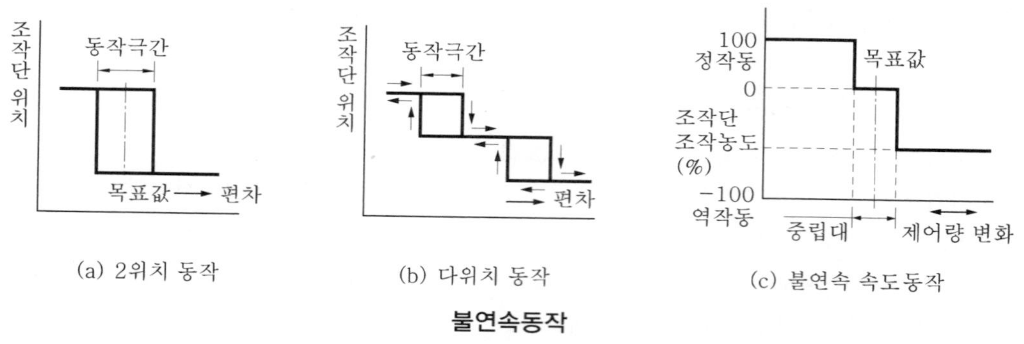

(a) 2위치 동작 (b) 다위치 동작 (c) 불연속 속도동작

불연속동작

㈏ 다위치 동작 : 제어량이 변화했을 때 제어장치의 조작위치가 3위치 이상이 있어 제어량 편차의 크기에 따라 그 중 하나의 위치를 택하는 것이다.

㈐ 불연속 속도동작(부동제어) : 제어량 편차의 과소에 의하여 조작단을 일정한 속도로 정작동, 역작동 방향으로 움직이게 하는 동작이다.

참고

① **정작동** : 제어량이 목표값보다 커짐에 따라서 증가하는 방향으로 움직이는 경우를 정작동이라 한다.
② **역작동** : 출력이 감소하는 방향으로 움직이는 것을 역작동이라 한다.

② **연속동작**

연속동작이란 제어동작이 연속적으로 일어나는 것으로 그 종류는 다음과 같다.

㈎ 비례동작(P 동작, proportional action) : 제어편차량이 검출되면 거기에 비례하여 조작량을 가감하는 조절동작이다(제어량의 편차에 비례하는 동작).

㉮ 비례동작 특성식

$$Y = kpe + m_o$$

여기서, Y : 출력, e : 제어편차

kp : 비례감도(끼인)이며 상수

m_o : 제어명령을 하는 동작신호의 크기(제어편차가 없을 때)

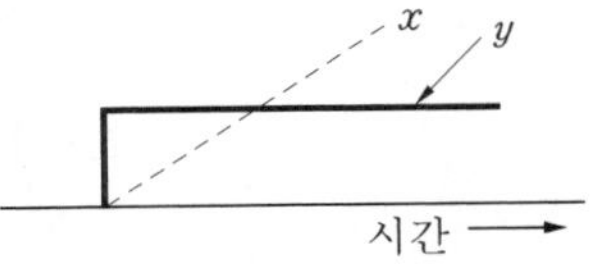

비례동작(P 동작)

㉯ 특징

㉠ 부하가 변화하는 등 외란이 있으면 잔류편차(offset)가 생긴다.

㉡ 프로세스의 반응속도가 小 또는 中이다.

㉢ 부하변화가 작은 프로세스에 적용된다.

㈏ 적분동작(I 동작, integral action) : 제어량에 편차가 생겼을 경우 편차의 적분차를 가감해서 조작량의 이동속도가 비례하는 동작으로 편차의 크기와 지속시간에 비례하는 동작

㉮ 적분동작 특성식

$$Y = K_1 \int edt$$

여기서, K_1 : 비례상수

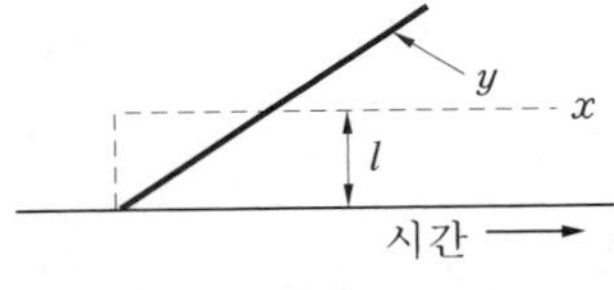

적분동작(I 동작)

㉯ 특징

㉠ 잔류편차가 제거된다.

㉡ 제어의 안정성이 떨어진다.

㉢ 일반적으로 진동하는 경향이 있다.

㈐ 미분동작(D 동작, derivative action) : 출력편차의 시간변화에 비례하여 제어편차가 검출된 경우에 편차가 변화하는 속도에 비례하여 조작량을 증가하도록 작용하는 제어동작이다.

㉮ 미분동작 특성식

$$Y = K_D \frac{dy}{dt}$$

여기서, Y : 출력, K_D : 비례상수

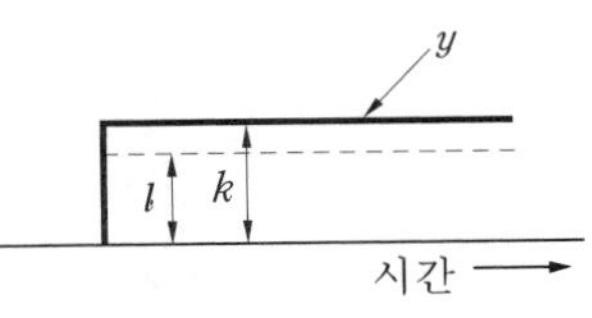

미분동작(D 동작)

㉯ 미분동작은 단독으로 쓰이지 않고 언제나 비례동작과 함께 쓰이며, 일반적으로 진동이 제어되어 빨리 안정된다.

㈑ 중합동작(multiple action) : PID 동작 중에서 두 가지 이상이 적당히 조합된 동작으로 비례적분동작(PI 동작), 비례미분동작(PD 동작), 비례적분미분동작(PID 동작) 등이 있다.

㉮ 비례+적분동작(PI 동작) : 비례동작의 결점을 줄이기 위해 비례동작과 적분동작을 합한 조절동작이다.

㉠ 비례+적분동작 특성식

$$Y = kp\left(e + \frac{1}{T_1}\int e dt\right)$$

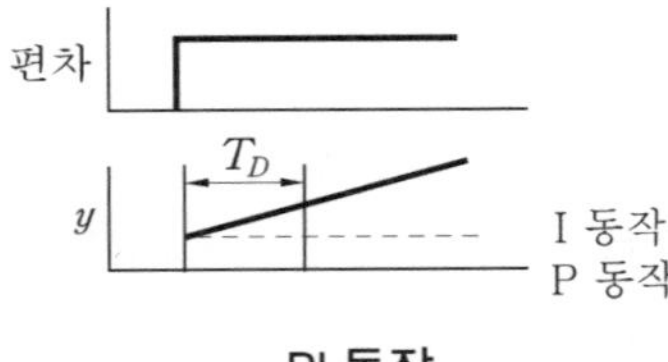

PI 동작

작은 리셋률 오프셋 없음
큰 리셋(주기가 길어진다)
오프셋 없음

PI 동작(넓은 비례대인 때)에 의한 제어

㉡ 특징

- 부하변화가 커도 잔류편차(offset)가 남지 않는다.
- 전달 느림이나 쓸모 없는 시간이 크면 사이클링의 주기가 커진다.
- 급변할 때는 큰 진동이 생긴다.
- 반응속도가 빠른 프로세스나 느린 프로세스에 사용된다.

참고

적분동작이 비례동작에 곁들여 있는 경우에는 T_1을 리셋시간, $\frac{1}{T_1}$을 리셋률이라고 한다.

㉯ 비례+미분동작(PD 동작) : 미분시간이 크면 클수록 미분동작이 강하며 실제의 기기에서는 다소 변형을 가한 미분동작으로 비례동작과 합친 동작이다.

$$Y = kp\left(e + T_D\frac{de}{dt} + m_o\right)$$

여기서, T_D : 미분시간을 나타내는 상수

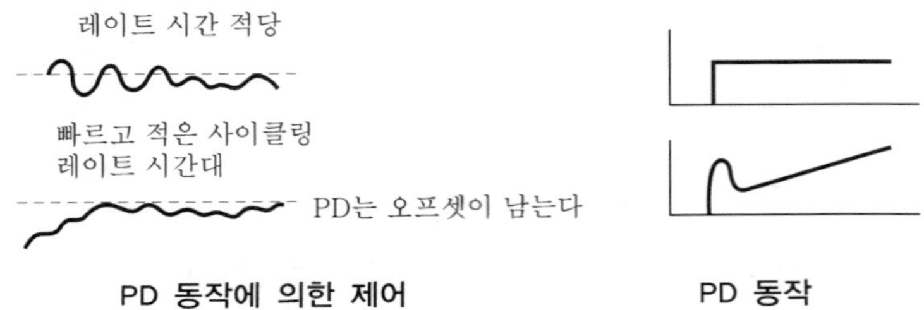

PD 동작에 의한 제어 PD 동작

㉰ 비례+적분+미분동작(PID 동작) : 이 동작의 조절기는 다른 동작의 조절기에 비하여 값이 싸고, 조절효과도 좋으며 조절속도가 빨라서 널리 이용된다.

㉠ 비례+적분+미분동작 특성식

$$Y = kp\left(e + \frac{1}{T_1}\int e\,dt + T_D\frac{de}{dt}\right)$$

㉡ 특징 : 반응속도가 느리고 빠름에도, 쓸모 없는 시간이나 전달 느림이 있는 경우에도 사이클링을 일으키지 않아 넓은 범위의 특성 프로세스에도 적용할 수 있다(PID동작은 제어계의 난이도가 큰 경우에 적합한 제어동작이다).

참고

(1) 미분동작의 특징

① 단독으로는 사용하지 않는다. ② 항상 비례동작(P 동작)과 함께 사용된다.
③ 일반적으로 진동이 제어되어 빨리 안정된다.

(2) 적분동작의 특징

① 잔류편차가 제거된다. ② 제어의 안정성이 떨어진다.
③ 일반적으로 진동하는 경향이 있다.

(3) 비례동작의 특징

① 잔류편차가 생긴다. ② 프로세스의 반응속도가 小 또는 中이다.
③ 부하변화가 작은 프로세스에 적용된다.

1-4 제어기기의 일반

(1) 신호 전송방법(신호 전달방식)

① 공기식 : 출력신호에 공기압을 이용해서 신호를 보내는 것

장 점	단 점
• 공기압 신호는 0.2~1.0 kgf/cm^{2}의 압력을 사용한다. • 전송거리는 100~150 m 정도이다. • 위험성이 있는 곳에 사용된다. • 자동제어에 용이하다(PID 동작). • 조작부의 동특성이 양호하다. • 공기압의 범위가 통일되어 있어 취급이 간단하다. • 온도제어에 적합하다. • 배관이 용이하다.	• 신호 전송에 시간 지연이 있다. • 희망 특성을 살리기 어렵다. • 계장공사의 변경이 용이하지 못하다. • 배관을 필요로 한다. • 조작에 지연이 생긴다. • 제습 · 제진의 공기가 필요하다.

② 유압식 : 출력신호에 유압을 이용해서 신호를 보내는 것

장 점	단 점
• 전송거리는 최고 300 m이다. • 조작속도가 빠르고 장치가 견고하다. • 조작력이 크고 전송에 지연이 적다. • 희망 특성의 것을 만들기가 용이하다. • 조작부의 동특성이 좁다.	• 기름의 누설로 더러워지거나 위험성이 있다. • 배관이 까다롭다. • 주위 온도의 영향을 받는다. • 수기압의 유압원을 필요로 한다. • 기름의 유동저항을 고려해야 한다.

③ **전기식 :** 출력신호에 전기적인 힘을 이용해서 신호를 보내는 것

장 점	단 점
• 4~20 mA, 10~50 mA의 DC 전류를 많이 사용한다. • 전송에 시간 지연이 없다. • 전송거리는 10 km까지 가능하고, 무선 통신을 할 수 있다. • 조작력이 크게 요구될 때 사용된다. • 복잡한 신호에 용이하다. • 배선설비가 용이하다. • ON-OFF가 극히 간단하다. • 특수한 동작원이 필요없다.	• 방폭이 요구되는 경우에는 방폭시설을 해야 한다. • 고온, 다습한 곳은 곤란하다. • 조절밸브 모터의 동작에 관성이 크다. • 보수 및 취급에 기술을 요한다. • 조작속도가 빠른 비례 조작부를 만들기가 곤란하다.

(2) 조절기

제어량과 목표값의 차에 해당하는 편차신호에 적당한 연산을 하여 제어량이 목표값에 신속하고 정확하게 일치하도록 조작부서 신호를 가하는 계기를 말한다. 입력신호의 전송방법에 따라 공기식, 유압식, 전기식으로 분류하며, 공기식과 전기식이 널리 사용되고 있다.

(3) 수위제어방식

보일러 드럼 내부의 수위를 일정하게 유지하도록 하는 제어장치로서 급수량을 조절하는 방법은 다음과 같다.

- 1요소식 : 수위만 검출
- 2요소식 : 수위와 증기유량 검출
- 3요소식 : 수위, 증기유량, 급수유량 검출

① **1요소식(단요소식) :** 가장 간단한 수위제어방식이나 수위 시정수가 작은 중용량 이상의 수관식 보일러인 경우에는 부하변동 때 생기는 잔류편차(offset)가 크게 되어 부하의 전 범위에서 허용수위가 변동범위 내에서 수위를 유지할 수 없는 결점을 가지고 있다.

② **2요소식 :** 수위 외에 증기유량도 검출하여 부하변동이 없더라도 급수조절밸브의 개도를 변화시켜 잔류편차를 경감하도록 한 것이 2요소식이다(급수유량을 검출하지 않아 증기유량과 급수유량을 정확히 일치시킬 수가 없으므로 그 오차에 의하여 수위가 변동하는 특징이 있다).

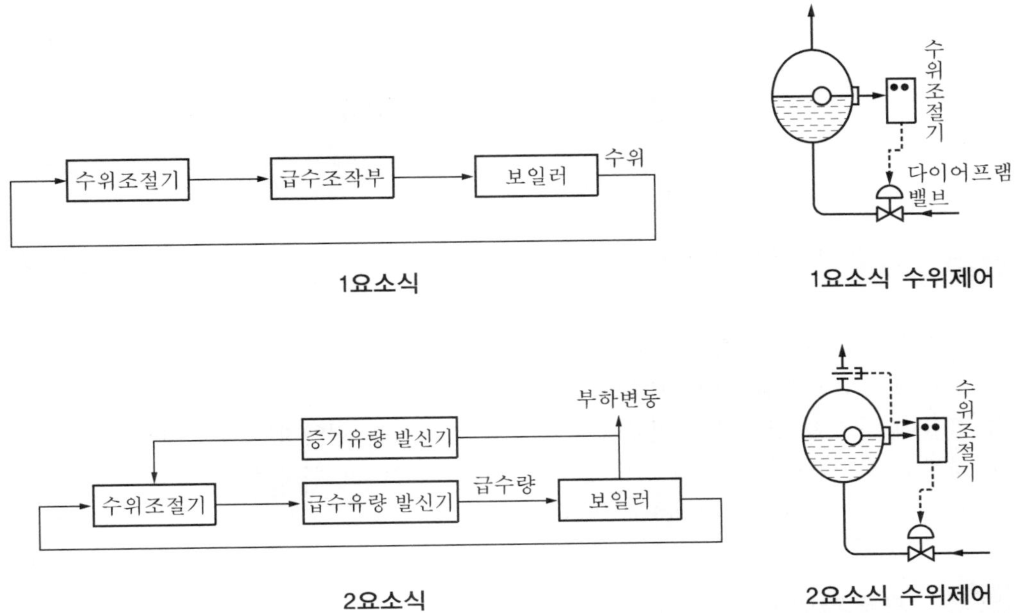

1요소식

1요소식 수위제어

2요소식

2요소식 수위제어

③ **3요소식 :** 수위와 증기유량 외에 다시 급수유량을 검출하며 급수유량이 일치하도록 급수조절밸브의 개도를 조절할 수 있도록 한 것이 3요소식이다(가장 완전한 방식이나 구성이 복잡하며 보전관리에 고도의 기술을 요하고, 부하변동이 민감하여 보일러의 수위변동에 많은 영향을 주게 되는 고압, 고온, 대용량 보일러 이외에는 별로 사용하지 않는다).

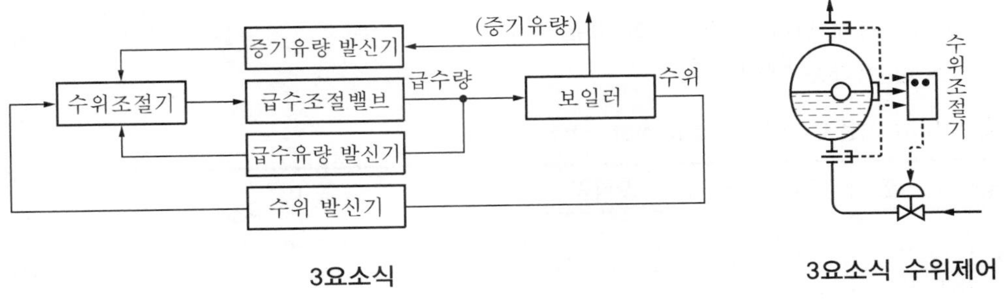

3요소식

3요소식 수위제어

1-5 수위검출 기구

① U자관식 압력계 방법
② 차압식 압력계 방법
③ 전극식
④ 플로트식 : 맥도널식, 맘모스식, 웨어로버트식, 자석식
⑤ 열팽창식 : 금속 팽창식(코프스식), 액체 팽창식(베일리식)

2. 보일러 자동제어

2-1 보일러 자동제어의 목적

① 압력과 온도가 일정한 증기를 얻기 위하여
② 경제적으로 증기를 얻기 위하여
③ 효율이 양호한 상태로 보일러를 운전하여 연료비를 절약하기 위하여
④ 자동화에 따른 취급자의 절감으로 인건비를 절약하기 위하여
⑤ 보일러 운전을 안전하게 하기 위하여

2-2 자동제어의 용어 해설

(1) 피드백 제어

① **피드백 제어의 원리 :** 폐회로를 형성하여 제어량의 크기와 목표값의 비교를 피드백 신호에 의해 행하는 자동제어이다.

㈎ 자동제어에 있어서는 피드백 제어(폐회로, feedback control)가 기본이다.
㈏ 출력 측의 신호를 입력 측으로 되돌리는 것을 말한다.
㈐ 피드백에 의하여 제어량의 값을 목표값과 비교하여 그것들을 일치시키도록 정정동작을 행하는 제어이다.

② **보일러 자동제어(ABC : automatic boiler control)**

종류와 약칭	제어대상	조작량	비 고
증기온도제어 (STC)	증기온도	전 열 량	[steam temperature control] 감온기를 사용하여 직접 주수 또는 간접 냉각에 의하여 과열기 출구의 증가 온도를 제어한다.
급수제어 (FWC)	보일러수위	급 수 량	[feed water control] 제어방식에는 1요소식, 2요소식, 3요소식 제어가 있다.
연소제어 (ACC)	증기압력 노내압력	공 기 량 연 료 량 연소가스량	[automatic combustion control] ① 제어방식에는 위치식과 측정식이 있다. ② 증기압력을 제어하는 주조절계는 연료, 연소용 공기량을 조작한다.

(2) 시퀀스 제어

미리 정해진 순서에 따라서 제어의 각 단계가 순차적으로 진행되는 제어를 말하며, 전기세탁기, 자동판매기, 승강기, 교통신호등, 전기밥솥 등의 제어가 이에 속하며 순차제어라고도 한다.

참고

보일러 시퀀스 제어의 예

보일러 자동가동장치에서 부속기기 일련의 순서를 자동화와 같이 말하자면 모든 일의 순서를 자동화에 의해 제어하는 형식이다.

① 가동 스위치를 ON 한다.
② 송풍기 및 분연펌프가 작동하여 노내 및 연도 내를 환기(프리퍼지)한다.
③ 점화 스파크(이그니션)가 작동된다.
④ 연료밸브가 열리면 점화 버너에 점화된다.
⑤ 주버너에 연료차단밸브가 열리면 착화된다.
⑥ 증기의 발생량에 따라서 연료조절밸브가 작동하여 연소를 조절한다.
⑦ 소화 시에는 OFF 하면 분연펌프와 연료차단밸브가 닫혀 소화한다.
⑧ 송풍기는 계속 가동되어 연도 및 노내의 배기가스를 배출(포스트퍼지)한다.
⑨ 포스트퍼지를 행한 후 송풍기는 정지한다.

(3) 인터로크 (interlock)

제어 결과에 따라 현재 진행 중인 제어동작을 다음 단계로 옮겨가지 못하도록 차단하는 장치를 뜻하며, 자동제어에서도 꼭 필요한 안전장치이다. 이는 위험성을 배제하기 위하여 전(前) 동작이 행해지지 않으면 다음 동작으로 행하지 못하도록 하는 장치로, 그 종류에는 다음과 같다.

① **저수위 인터로크 :** 수위가 소정의 수위 이하인 때에는 전자밸브를 닫아서 연소를 저지한다.
② **압력초과 인터로크 :** 증기압력이 소정의 압력을 초과할 때에는 전자밸브를 닫아서 연소를 저지한다.
③ **불착화 인터로크 :** 버너에서 연료를 분사한 후, 소정의 시간이 경과하여도 착화를 볼 수 없을 때와 연소 중 어떠한 원인으로 화염이 소멸한 때에는 전자밸브를 닫아서 버너에서의 연료분사가 중단된다.
④ **저연소 인터로크 :** 유량조절밸브가 저연소상태로 되지 않으면 전자밸브를 열지 않아 점화를 저지한다.
⑤ **프리퍼지 인터로크 :** 대형 보일러인 경우에 송풍기가 작동되지 않으면 전자밸브가 열리지 않고 점화를 저지한다.

예 · 상 · 문 · 제

1. 자동제어계의 동작 순서로 맞는 것은?

㉮ 비교－판단－조작－검출
㉯ 조작－비교－검출－판단
㉰ 검출－비교－판단－조작
㉱ 판단－비교－검출－조작

해설 ① 검출 : 제어대상을 계측기를 이용하여 검출한다.
② 비교 : 목표치로 물리량과 비교한다.
③ 판단 : 비교 결과 편차가 있으면 판단하여 조절한다.
④ 조작 : 판단된 조작량을 조작기에서 증감한다.

2. 블록선도란 무엇인가?

㉮ 제어 구성요소를 표시한 것
㉯ 제어편차를 표시한 것
㉰ 신호 전달 경로를 표시한 것
㉱ 신호 증감값을 표시한 것

해설 블록선도란 제어신호의 전달 경로를 블록(block)과 화살표가 붙은 선으로 표시한 것이다.

3. 자동제어의 기본선도(block diagram)에서 검출부는 어디인가?(단, E : 제어대상)

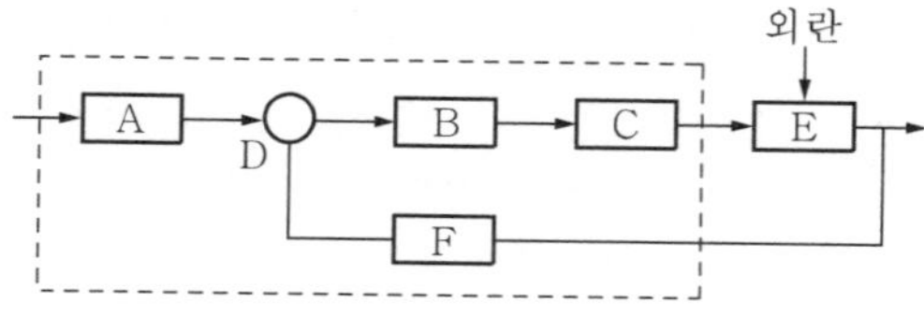

㉮ A부 ㉯ C부
㉰ D부 ㉱ F부

해설 A : 설정부, D : 비교부, B : 조절부, C : 조작부, F : 검출부

4. 다음 중 피드백 제어에서 꼭 필요하지 않는 부분은?

㉮ 조절부 ㉯ 조작부
㉰ 설정부 ㉱ 기록부

5. 다음은 보일러의 피드백 자동제어에 관한 블록선도이다. ☐ 안에 들어갈 말은?

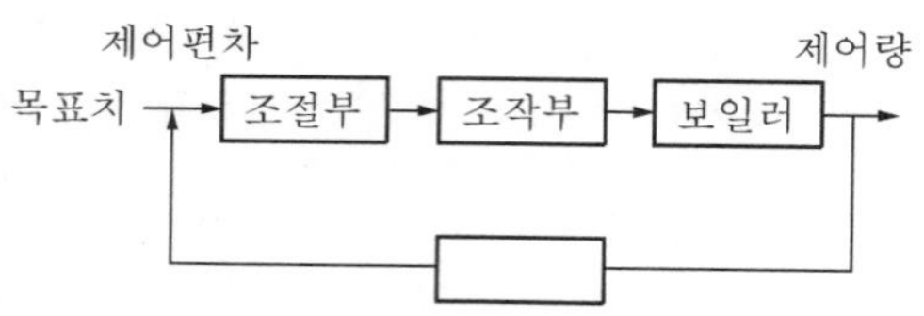

㉮ 제어량 ㉯ 검출부
㉰ 작동부 ㉱ 시동부

6. 자동제어에서 목표값이란 무엇인가?

㉮ 입력값 ㉯ 희망값
㉰ 조절값 ㉱ 신호값

해설 목표값이란 외부로부터 부여되는 희망값이다.

7. 피드백(feedback) 제어계에서 제어량에 대한 희망치로 제어계 밖에서 주어지는 값은 무엇인가?

㉮ 제어량 ㉯ 검출량
㉰ 목표값 ㉱ 조작량

8. 자동제어계에서 제어량을 지배하기 위해 제어대상에 가하는 양은 무엇인가?

㉮ 조작량 ㉯ 제어량
㉰ 제어편차 ㉱ 제어 동작신호

정답 1. ㉰ 2. ㉰ 3. ㉱ 4. ㉱ 5. ㉯ 6. ㉯ 7. ㉰ 8. ㉮

해설 ① 조작량 : 제어대상에 가하는 양
② 제어량 : 제어하고자 하는 양으로 목표치와 같은 종류의 양

9. **다음 중 정상상태로 되고 난 다음에 남는 제어편차란?**

㉮ 잔류편차 ㉯ 오차편차
㉰ 기차편차 ㉱ 바이러스 편차

해설 잔류편차(offset)에 대한 설명이다.

10. **자동제어에 있어서 목표값에서 제어량을 뺀 값은?**

㉮ 제어값 ㉯ 제어편차
㉰ 제어 대상값 ㉱ 외란

해설 ① 제어편차 = 목표값 − 제어량
② 외란 : 제어계의 상태를 혼란시키는 것을 말하며, 종류에는 유출량, 탱크 주위의 온도, 가스 공급압, 가스 공급온도, 목표치 변경이 있다.

11. **다음 중 피드백 자동제어에서 동작신호를 받아 규정된 동작을 하기 위해 조작신호를 만드는 부분은?**

㉮ 비교부 ㉯ 조절부
㉰ 검출부 ㉱ 조작부

해설 조절부란 동작을 하는 데 필요한 신호를 만들어 조작부에 전달하는 부분을 말한다.

참고 조작부란 조작신호를 받아 이것을 조작량으로 바꾸는 부분이다.

12. **목표치에 따른 제어의 종류 중 추치제어에 해당되지 않는 것은?**

㉮ 정치제어 ㉯ 추종제어
㉰ 비율제어 ㉱ 프로그램 제어

해설 정치제어는 목표치가 일정한 제어이다.

13. **보일러 자동연소제어에 적합한 제어는 무엇인가?**

㉮ 추종제어 ㉯ 프로그램 제어
㉰ 비율제어 ㉱ 정치제어

해설 보일러 자동연소제어에서는 연료량과 공기량이 일정한 비율관계를 가지면서 제어가 된다.

14. **목표치가 변하는 추치제어 중 이미 정해진 계획에 따라 시간적으로 변화하는 제어는 무엇인가?**

㉮ 추종제어 ㉯ 비율제어
㉰ 프로그램 제어 ㉱ 프로세스 제어

해설 목표치가 변하는 추치제어
① 추종제어 : 목표치가 임의의 시간적으로 변하는 제어
② 비율제어 : 목표치가 다른 양과 일정한 비율관계를 가지며 변하는 제어
③ 프로그램 제어 : 목표치가 이미 정해진 계획에 따라 시간적으로 변화하는 제어

15. **다음 중 연속동작에 해당되지 않는 제어는 어느 것인가?**

㉮ 2위치(ON−OFF) 동작
㉯ 비례(P) 동작
㉰ 적분(I) 동작
㉱ 미분(D) 동작

해설 2위치 동작, 다위치 동작, 불연속 속도 동작은 불연속동작에 해당된다.

16. **설정값에 대한 제어편차가 정(+), 부(−)의 값을 가짐에 따라 미리 정해진 일정한 조작량이 제어대상에 가해지는 불연속 제어동작의 대표적인 것은?**

㉮ 온오프 동작 ㉯ 미분동작
㉰ 적분동작 ㉱ 다위치 동작

해설 온오프(2위치) 동작에 대한 설명이다.

정답 9. ㉮ 10. ㉯ 11. ㉯ 12. ㉮ 13. ㉰ 14. ㉰ 15. ㉮ 16. ㉮

17. 온오프 동작(ON-OFF action)에 해당되는 것은?

㉮ 제어량이 목표값에서 어떤 양만큼 벗어나면 밸브를 개폐한다.
㉯ 비교부의 출력이 조작량에 비례하여 변화한다.
㉰ 편차량의 시간 적분에 비례한 속도로 조작량을 변화시킨다.
㉱ 어떤 출력이 편차의 시간변화에 비례하여 변화한다.

해설 온오프(2위치) 동작 : 제어량이 설정값에 어긋나면 조작부를 전폐, 전개하여 운동을 시동하는 동작

18. 제어장치의 제어동작의 종류에 해당되지 않는 것은?

㉮ 비례동작 ㉯ 온오프 동작
㉰ 비례적분동작 ㉱ 반응동작

해설 ① 연속동작 : 비례(P) 동작, 적분(I) 동작, 미분(D) 동작, 비례적분(PI) 동작, 비례미분(PD)동작, 비례적분미분(PID) 동작
② 불연속동작 : 온오프(2위치) 동작, 다위치 동작, 불연속 속도동작(부동제어 동작)

19. 전자밸브는 어느 동작에 해당하는가?

㉮ 2위치 동작 ㉯ 비례동작
㉰ 적분동작 ㉱ 미분동작

해설 전자밸브(solenoid)는 ON-OFF 동작이다.

20. 편차의 변화속도에 비례하여 제어동작을 하는 것은?

㉮ 비례동작 ㉯ 2위치 동작
㉰ 적분동작 ㉱ 미분동작

해설 ① 비례(P) 동작 : 제어량의 편차에 비례하여 제어동작을 한다.
② 적분(I) 동작 : 편차의 크기와 지속시간에 비례하여 제어동작을 한다.

21. 자동제어 형태에서 잔류편차(offset)가 제거되는 동작은 무엇인가?

㉮ ON-OFF 동작 ㉯ 비례(P) 동작
㉰ 적분(I) 동작 ㉱ 미분(D) 동작

해설 비례(P) 동작에서는 잔류편차가 발생되는 동작이고, 적분(I) 동작에서는 잔류편차가 제거되는 동작이다.

22. 자동제어 형태에서 잔류편차가 발생되는 동작은 무엇인가?

㉮ ON-OFF 동작 ㉯ 비례동작
㉰ 적분동작 ㉱ 미분동작

23. 자동제어에서 제어의 안정성이 떨어지고 진동을 일으키는 경향이 있으나 잔류편차가 제거되는 동작은 무엇인가?

㉮ 비례동작 ㉯ 적분동작
㉰ 미분동작 ㉱ 온오프 동작

해설 적분(I) 동작에 대한 문제이다.

24. 신호 전달방식에서 전송거리가 먼 것부터 바르게 나열된 것은?

㉮ 공기식－유압식－전기식
㉯ 전기식－유압식－공기식
㉰ 유압식－전기식－공기식
㉱ 전기식－공기식－유압식

해설 ① 공기식 : 전송거리 100~150 m 정도
② 유압식 : 전송거리 300 m 정도
③ 전기식 : 전송거리 10 km 정도

25. 자동제어에서 가장 이상적인 제어동작은 무엇인가?

㉮ P 동작 ㉯ PI 동작
㉰ PD 동작 ㉱ PID 동작

해설 PID 동작 : 적분(I) 동작으로 잔류편차를 제거하고 미분(D) 동작으로 응답을 신속히

정답 17. ㉮ 18. ㉱ 19. ㉮ 20. ㉱ 21. ㉰ 22. ㉯ 23. ㉯ 24. ㉯ 25. ㉱

안정화시키는 동작으로, 가장 좋은 중합동작이다.

26. 자동제어계에 있어서 신호 전달방법의 종류에 해당되지 않는 것은?

㉮ 전기식 ㉯ 유압식
㉰ 디지털식 ㉱ 공기식

해설 신호 전달방법(신호 전송방식)에는 공기식, 유압식, 전기식이 있다.

27. 보일러 자동제어 신호 전달방식 중 공기압 신호 전송의 특징에 대한 설명으로 틀린 것은?

㉮ 배관이 용이하고 보존이 비교적 쉽다.
㉯ 내열성이 우수하나 압축성이므로 신호전달에 지연이 된다.
㉰ 신호전달 거리가 100~150 m 정도이다.
㉱ 온도제어 등에 부적합하고 위험이 크다.

해설 공기식은 온도제어에 적합하며 위험성이 있는 곳에 사용된다.

28. 공기식 신호 전송방식에서 공기압 신호의 압력은 얼마인가?

㉮ 2~3 kgf/cm^2 ㉯ 1~2 kgf/cm^2
㉰ 0.5~1 kgf/cm^2 ㉱ 0.2~1 kgf/cm^2

해설 공기식에서 공기압은 0.2~1 kgf/cm^2이다.

29. 전기식 신호 계기에서 사용되는 전압은 얼마인가?

㉮ 4~20 mA, DC ㉯ 5~100 mA, DC
㉰ 4~20 mA, AC ㉱ 5~100 mA, AC

해설 전기식 신호에서 많이 사용되는 전압은 4~20 mA, DC와 10~50 mA, DC이다.

30. 자동제어장치 조절기의 에너지 공급원에 따른 분류에 속하지 않는 것은?

㉮ 전기식 ㉯ 공기식
㉰ 유압식 ㉱ 기계식

해설 조절기의 종류 : 공기식, 유압식, 전기식

31. 다음 중 공기식 조절기의 가장 큰 단점은 무엇인가?

㉮ 정도(精度) ㉯ 전송 지연
㉰ 안전도 ㉱ 압력

해설 공기식 조절기의 가장 큰 단점은 전송 지연 시간이 크다는 점이다.

32. 다음 중 보일러 자동제어의 목적과 관계없는 것은?

㉮ 보다 경제적인 증기를 얻는다.
㉯ 보일러의 운전을 안전하게 한다.
㉰ 효율적인 운전으로 연료비를 증가시킨다.
㉱ 인건비를 절약시킨다.

해설 ① 일정한 압력과 온도의 증기를 얻기 위하여
② 효율적인 운전으로 연료비를 감소시키기 위하여

33. 다음 중 피드백 제어를 맞게 설명한 것은?

㉮ 처음에 정해진 순서에 의해 행하는 제어
㉯ 출력이 편차의 시간변화 속도에 비례하는 제어
㉰ 출력 측의 신호를 입력 측으로 되돌려 정정동작을 행하는 제어
㉱ 사람의 손에 의해 조작되는 제어

해설 피드백(feedback) 제어 : 폐회로
① 자동제어의 기본회로를 형성
② 출력 측의 신호를 입력 측으로 되돌려 정정동작을 행하는 제어

정답 26. ㉰ 27. ㉱ 28. ㉱ 29. ㉮ 30. ㉱ 31. ㉯ 32. ㉰ 33. ㉰

34. 한 계의 폐회로를 구성하며 자동제어의 기본회로를 형성하는 제어는?

㉮ 시퀀스 제어 ㉯ 개스킷 제어
㉰ 프로그램 제어 ㉱ 피드백 제어

35. 다음 중 자동연소제어의 조작량에 해당되지 않는 것은?

㉮ 연소가스량 ㉯ 공기공급량
㉰ 연료공급량 ㉱ 급수량

해설 자동연소제어의 조작량은 공기량, 연료량, 연소가스량이다.

36. 보일러 자동제어의 종류가 아닌 것은?

㉮ 온도제어 ㉯ 급수제어
㉰ 연소제어 ㉱ 위치제어

해설 보일러 자동제어(ABC ; automatic boiler control)
① 증기온도제어(STC ; steam temperature control)
② 급수제어(FWC ; feed water control)
③ 연소제어(ACC ; automatic combustion control)

37. 보일러 자동제어에서 자동연소제어는 무엇인가?

㉮ ACC ㉯ ABC
㉰ FWC ㉱ STC

38. 보일러 제어에 관한 약호 중 급수제어의 약호는 무엇인가?

㉮ ABC ㉯ FWC
㉰ STC ㉱ ACC

39. 보일러 자동제어에서 증기온도제어의 약칭은 무엇인가?

㉮ ABC ㉯ FWC
㉰ STC ㉱ ACC

40. 보일러 자동제어에서 제어량과 조작량을 표시하였다. 잘못된 것은?

㉮ 노내압－연소가스량
㉯ 보일러수위－급수량
㉰ 증기온도－수위량
㉱ 증기압력－연료량, 공기량

해설 증기온도는 전열량으로 조작해야 한다.

41. 자동제어에서 각 단계가 순차적으로 진행되는 제어는 무엇인가?

㉮ 피드백 제어 ㉯ 프로세스 제어
㉰ 시퀀스 제어 ㉱ 적분제어

해설 시퀀스 제어(순차제어) : 각 단계가 순차적으로 진행되는 제어

42. 보일러 자동연소제어에서 연소용 공기량은 다음 중 어느 값에 따라 조절되는가?

㉮ 연료량 ㉯ 연료압
㉰ 증기량 ㉱ 급수량

해설 보일러 자동연소제어에서는 연료량과 공기량이 비율관계를 가지며 조절된다.

43. 보일러 자동제어에서 연소제어에 포함되지 않는 것은?

㉮ 증기압력제어 ㉯ 온수온도제어
㉰ 노내압력제어 ㉱ 연료온도제어

해설 증기 보일러에서는 증기압을 검출하고, 온수 보일러에서는 온수온도를 검출해서 연료 공급량의 조작신호를 인출하는 조절기가 주제어이다.

44. 자동 보일러에 적용되는 제어는 무엇인가?

㉮ 피드백 제어
㉯ 시퀀스 제어

정답 34. ㉱ 35. ㉱ 36. ㉱ 37. ㉮ 38. ㉯ 39. ㉰ 40. ㉰ 41. ㉰ 42. ㉮ 43. ㉱ 44. ㉯

㉰ 캐스케이드 제어
㉱ 프로세스 제어

해설 보일러 자동연소제어는 시퀀스 제어에 의하여 행해진다(자동점화 및 소화).

45. 다음과 같은 보일러의 자동제어 중 시퀀스 제어에 의한 것은?

㉮ 자동점화 소화 ㉯ 증기압력제어
㉰ 온수온도제어 ㉱ 수위제어

46. 제어장치에서 인터로크(interlock)란 무엇인가?

㉮ 정해진 순서에 따라 차례로 진행하는 것
㉯ 구비조건에 맞지 않을 때 작동을 정지시키는 것
㉰ 증기압력의 연료량, 공기량을 조절하는 것
㉱ 제어량과 목표값 비교하여 동작시키는 것

해설 어느 조건이 구비되지 않으면 현재 진행 중인 제어동작을 그 다음 동작을 정지시키는 장치이다.

47. 자동제어 시 어느 조건이 구비되지 않으면 그 다음 동작을 정지시키는 장치는 무엇인가?

㉮ 스택 스위치 ㉯ 인터로크
㉰ 파일럿 밸브 ㉱ 대시 포트

48. 보일러 자동제어에서 인터로크(interlock)의 종류가 아닌 것은?

㉮ 저온도 인터로크
㉯ 불착화 인터로크
㉰ 저수위 인터로크
㉱ 압력초과 인터로크

해설 인터로크의 종류에는 ㉯, ㉰, ㉱항 외에 저연소 인터로크, 프리퍼지 인터로크가 있다.

49. 보일러 인터로크 장치 중 송풍기의 작동 유무와 관계되는 것은?

㉮ 저수위 인터로크
㉯ 불착화 인터로크
㉰ 저연소 인터로크
㉱ 프리퍼지 인터로크

해설 송풍기가 고장나서 프리퍼지가 행해지지 않으면 전자밸브가 열리지 않아 점화가 저지된다.

50. 보일러 인터로크 장치에서 프리퍼지 인터록과 관련이 있는 것은?

㉮ 유량조절밸브 ㉯ 송풍기
㉰ 증기압력 ㉱ 저수위

51. 보일러 급수 자동제어방식 중 2요소식이란 다음 중 어떤 양을 검출하여 급수량을 조절하는 것인가?

㉮ 급수와 수위
㉯ 급수와 압력
㉰ 수위와 온도
㉱ 수위와 증기량

해설 수위제어방식
① 1요소식(단요소식) : 수위만을 검출하여 제어
② 2요소식 : 수위, 증기유량을 동시에 검출하여 제어
③ 3요소식 : 수위, 증기유량, 급수유량을 검출하여 제어

52. 보일러 급수제어방식의 3요소식에서 검출 대상이 아닌 것은?

㉮ 수위 ㉯ 증기유량

정답 45. ㉮ 46. ㉯ 47. ㉯ 48. ㉮ 49. ㉱ 50. ㉯ 51. ㉱ 52. ㉱

㉰ 급수유량 ㉱ 급유유량

53. 다음 중 자동제어 설비에 사용되는 것은?

㉮ 감압밸브
㉯ 안전밸브
㉰ 솔레노이드밸브
㉱ 게이트밸브

해설 전자밸브(솔레노이드밸브=긴급연료 차단밸브) : 정전 시, 송풍기 고장 시, 이상감수 시, 압력초과 시, 실화 시에 자동으로 연료 공급을 차단시켜주는 안전장치이다.

54. 자동제어 용어에 관한 설명 중 틀린 것은?

㉮ 피드백(feed back) : 결과를 원인 쪽으로 되돌려 입력과 출력과의 편차를 수정
㉯ 시퀀스(sequence) : 정해진 순서에 따라 제어단계 진행
㉰ 인터로크(inter lock) : 앞쪽의 조건이 충족되지 않으면 다음 단계의 동작을 정지
㉱ 블록(block)선도 : 온도, 압력, 수위에 관한 선도

해설 블록(block)선도란 제어신호의 전달경로를 블록과 화살표가 붙은 선으로 표시한 것이다.

55. 보일러 자동제어에서 1차 제어장치가 제어명령을 하고 2차 제어장치가 1차 명령을 바탕으로 제어량을 조절하는 측정제어는?

㉮ 프로그램 제어
㉯ 정치제어
㉰ 캐스케이드 제어
㉱ 비율제어

해설 캐스케이드 제어 : 측정제어라고도 하며 2개의 제어계를 조합하여 제어량을 1차 조절계로 측정하고 그 조작출력으로 2차 조절계의 목표값을 설정한다.

56. 공기 연료제어장치에서 공기량 조절 방법으로 올바르지 않은 것은?

㉮ 보일러 온수온도에 따라 연료조절밸브와 공기 댐퍼를 동시에 작동시킨다.
㉯ 연료와 공기량은 서로 반비례 관계로 조절한다.
㉰ 최고 부하에서는 일반적으로 공기비가 가장 낮게 조절한다.
㉱ 공기량과 연료량을 버너 특성에 따라 공기선도를 참조하여 조절한다.

해설 연료와 공기량은 서로 비례 관계로 조절한다.

57. 다음 아래 그림은 몇 요소 수위제어를 나타낸 것인가?

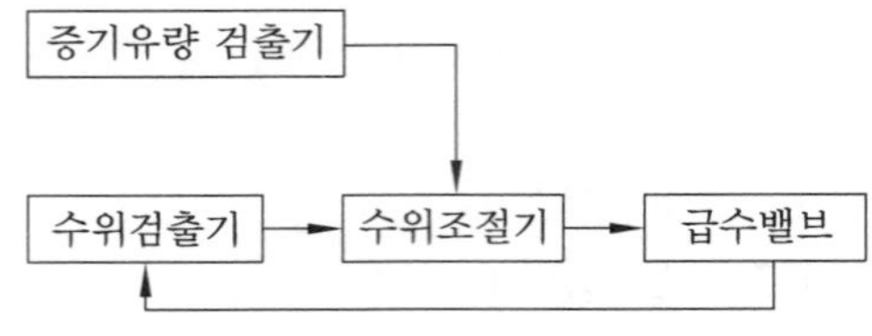

㉮ 1요소 수위제어
㉯ 2요소 수위제어
㉰ 3요소 수위제어
㉱ 4요소 수위제어

해설 수위와 증기유량을 검출하여 급수조절밸브의 개도를 변화시켜 잔류편차를 경감하도록 한 2요소식이다.

정답 53. ㉰ 54. ㉱ 55. ㉰ 56. ㉯ 57. ㉯

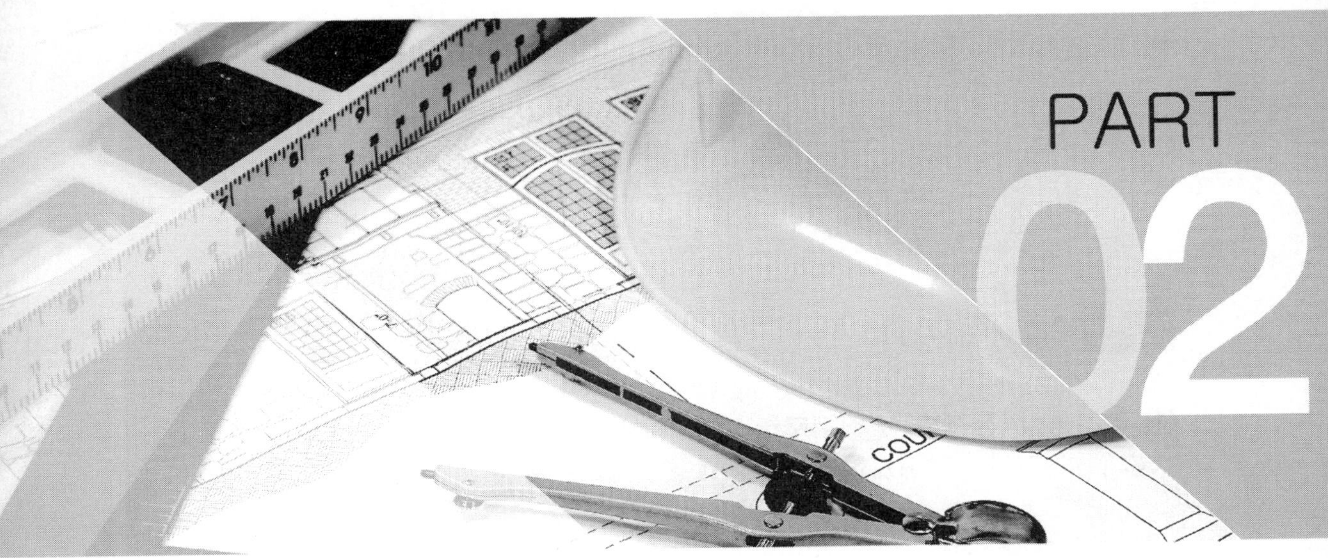

보일러 시공 및 취급

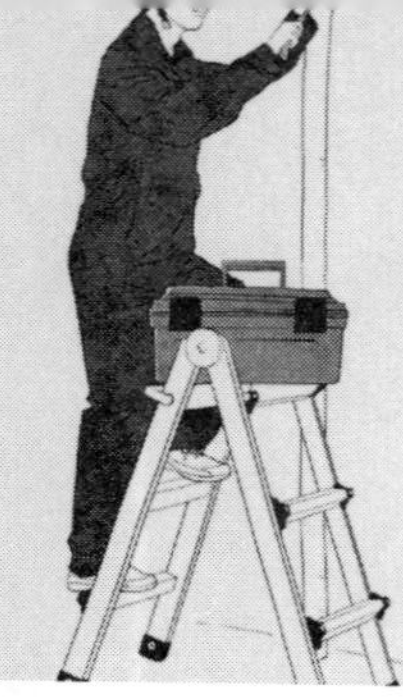

제 1 장 난방부하 및 난방설비

1. 난방 부하의 계산

1-1 용어의 정의

(1) 정격용량 (정격출력, 정격부하)

보일러 최대 부하상태에서 단위시간당 총 발생하는 열량(kcal/h)

(2) 난방 부하

난방을 목적으로 실내온도를 보전하기 위해 공급되는 열량(=손실되는 열량, kcal/h)

(3) 열전도(λ)

인접한 물체 사이의 열의 이동현상(kcal/h·m·℃)

(4) 열관류(K)

전열계수 또는 열통과율이라고도 하며, 온도차 1℃ 당 1시간에 구조체의 면적 1 m^2를 통과하는 열량(kcal/h·m^2·℃)

참고

열관류는 열전달 → 열전도 → 열전달 과정을 말한다.

(5) 열저항(γ)

열관류의 역을 나타낸 것으로, 열전도가 적은 값을 말한다(h·m^2·℃/kcal).

(6) 표준방열량 (표준방사량, 상당방열량)

방열기가 표준상태에서 1 m^2 당 단위시간에 방출하는 열량(온수의 경우 : 450 kcal/h·m^2, 증기의 경우 : 650 kcal/h·m^2)

1-2 난방 부하

(1) 난방 부하

난방 부하는 실내를 적정온도로 유지시키기 위하여 알맞은 열량을 공급해야 한다. 어떤 주거 공간에 대해 부하를 정확하게 실측하는 것은 불가능하므로 주택의 보온과 외기조건에 따른 열손실과 온수에 의해 공급되는 열량이 균형을 이루도록 해야 한다. 따라서, 일반적인 난방 설계에서 언급되는 전열, 조명 등 기타의 열발생원에 의한 열량 취득과 대기 중의 복사손실에 의한 방열손실 등은 무시될 수가 있으나, 다음과 같은 여러 가지 여건을 검토하여 적정수준의 값을 선정해 주어야 한다.

참고

① 환기에 의한 취득 열량
② 유리창을 통한 취득열량
③ 벽, 지붕 등을 통한 취득 열량

① **건물의 위치**
  ㈎ 건물의 방위 : 햇빛 및 풍량의 영향
  ㈏ 인근 건물 또는 지형 지물의 차 또는 반사에 의한 영향
② **천장 높이 :** 바닥에서 천장까지, 천장과 들보 사이의 간격(천장의 열손실이 가장 크다)
③ **건축 구조 :** 벽, 지붕, 천장, 바닥, 칸막이벽 등의 두께 및 보온, 또 이들 상호 간의 배치관계
④ **주위환경 조건 :** 벽, 지붕 등의 색상, 주위의 열발생원의 존재 여부
⑤ **유리창 및 창문 :** 크기, 위치 및 재료와 사용빈도
⑥ **마루, 현관, 계단 등의 공간 :** 마루, 현관, 계단 등의 난방 유무
⑦ **실내와 외기온도**
⑧ **관류 열손실**

(2) 난방 부하 계산 때의 온도 측정

① **실내온도 :** 바닥 위 1 m의 높이에서 외벽으로부터 1 m 이상 떨어진 장소에 기온을 실내온도로 한다.
② **외기온도 :** 기상대의 통계에 의한 그 지방의 매일 최저온도의 평균치보다 다소 높은 온도로 한다(일반적으로 현재의 외기온도로 기준한다).
③ **천장 높이에 따른 온도 :** 천장의 높이가 3 m 이상이 되면 직접난방법에 의해서 난방할 때 방의 윗부분과 밑면과의 온도차가 크므로 평균온도를 구한다.

$$t_m = 0.05t(h-3) + t$$

여기서, t_m : 실내 평균온도(℃), t : 호흡선(바닥면상 1.5 m)에서의 온도(℃)
h : 방의 천장 높이(m)

1-3 보일러 용량 계산

• **보일러 부하(용량, 열출력)**

$$H_m = H_1 + H_2 + H_3 + H_4 [\text{kcal/h}]$$

여기서, H_m : 보일러의 전 부하 H_1 : 난방 부하
H_2 : 급탕 및 취사 부하 H_3 : 배관 부하
H_4 : 예열 부하(분시 부하, 시동 부하)

① **난방 부하 :** 난방 부하는 앞장에서 제시한 것과 같이 구하며, 주로 방열기의 방열량 또는 난방면적에 의한 방법이 간편하다.

(가) 방열기의 방열량 : 방열면적×450 kcal/m^2·h(증기의 경우 : 650 kcal/m^2·h)

(나) 난방면적의 경우 : 난방면적×열손실지수(kcal/m^2·h)

② **급탕 및 취사 부하**

(가) 급탕 부하 : 급탕량 1 L당 약 60 kcal/h로 계산한다(10℃의 물을 70℃로 가열하는 것으로 본다). 즉, 1 L × 1kcal/L·℃ × (70 − 10) = 60 kcal

(나) 취사 부하 : 부엌, 세탁설비 등이 취사를 필요로 할 때의 열량

③ **배관 부하 :** 난방용 배관에서 발생하는 손실열량으로 $H_1 + H_2$의 15～30 %, 보통은 20 % 정도이다.

④ **예열 부하 :** 난방 보일러에서의 분시초 냉각부의 예열에 소요되는 열량으로 $H_1 + H_2 + H_3$의 25～45 %로 계산한다.

2. 증기난방 설비

(1) 증기난방의 원리(열의 대류 원리를 이용하며 증발 잠열을 이용)

보일러 연소실에서 연료를 연소하여 물에 열량을 주며 물은 증발잠열을 안고 증기가 되어 증기관 내를 흘러서 방열기에 보내진다. 방열기 내의 증기는 증발잠열을 방출하고 증기는 응축수로 된다. 방출된 잠열은 방열기 표면을 통하여 대류작용에 의해 실내공기에 열을 전달하여 공기의 온도를 높여 난방을 하는 방식이다.

① **장점**

(가) 증발잠열(기화열)을 이용하므로 열의 운반능력이 크다.

(나) 방열면적이 작고, 복귀관의 관지름이 작아도 되므로 시설비를 절감할 수가 있다.

(다) 예열시간이 짧다.

㈑ 예열에 따른 손실이 적다.
㈒ 건물 높이에 제한을 받지 않는다.

② **단점**

㈎ 난방 부하에 따른 방열량을 조절하기가 곤란하다.
㈏ 수격작용(워터해머) 등의 소음이 나기 쉽다.
㈐ 보일러 취급에 숙련을 요한다.
㈑ 동결할 우려가 있다.
㈒ 실내 쾌감도가 낮다.
㈓ 방열기 표면온도가 높아 화상의 우려가 크다.

(2) 증기난방의 분류

증기의 응축에 의하여 발생되는 응축수를 처리(환수)하는 방법에 따라 중력 환수식 증기난방법, 기계 환수식 증기난방법, 진공 환수식 증기난방법이 있다.

① **중력 환수식 증기난방법 :** 응축수를 중력작용에 의해서 보일러에 유입시키는 것으로 저압 보일러에 사용되며 단관식과 복관식이 있다(자연 환수식 증기난방법).

㈎ 단관식 : 응축수와 증기가 동일 배관 내에서 역방향으로 흐른다.

㉮ 설비는 비교적 싸다.
㉯ 증기의 흐름이 방해되어 수격작용의 발생이 일어나는 수가 있다.
㉰ 소규모 난방에 많이 사용한다.

㈏ 복관식 : 증기와 응축수가 각기 다른 배관에서 흐른다(대체적으로 큰 규모의 난방설비에 채택된다).

② **기계 환수식 증기난방법 :** 환수주관을 수수 탱크에 접속하여 응축수를 이 탱크에 모아 펌프로 이 물에 수압을 주어 보일러로 송수하면 보일러의 높이에는 관계없이 환수할 수 있다. 즉 중력 환수식의 배관을 그대로 두고 그 환수주관과 수수 탱크와의 사이는 중력식으로 조작하고 수수 탱크에 모인 응축수를 보일러에 급수하는 방식이다.

㈎ 위치는 방열기와 동일한 바닥면 또는 높은 위치가 되어도 지장이 없다.
㈏ 수수 탱크는 최저 위치에 있는 방열기보다 낮은 위치에 설치해야 한다.
㈐ 각 방열기에 공기배출밸브를 설치할 필요가 없다.
㈑ 하부 태핑은 방열기 트랩을 경유하여 환수관에 접속한다.

③ **진공 환수식 증기난방법 :** 환수주관의 말단 보일러 바로 앞에 진공펌프를 접속하여 환수관 중의 응축수와 공기를 흡인해 진공도 100～250 mmHg 정도의 진공상태를 유지, 증기의 순환을 촉진하는 방법이다.

㈎ 다른 방법에 비해 증기 회전이 빠르고 확실하다(응축수의 배출이 빠르다).
㈏ 환수관의 관지름을 작게 할 수 있다.
㈐ 방열기의 설치장소에 제한을 받지 않는다.
㈑ 방열기의 방열량 조절을 광범위하게 할 수 있어 대규모 난방에 많이 사용된다.

참고

① 증기주관과 환수주관은 선하향 구배로서 $\frac{1}{200} \sim \frac{1}{300}$ 정도가 좋다.
② 리프트 피팅(lift fitting) 이음방법은 환수주관보다 높은 곳에 진공펌프가 있을 때와 방열기보다 높은 곳에 환수주관을 배관하는 경우 적용되는 이음방법이며 1단 흡상 높이는 1.5 m 이내이다.
③ 진공펌프에는 회전식과 왕복동식 2종류가 있다.

(3) 환수배관법에 따른 증기난방

① **습식 환수배관법 :** 환수주관이 보일러수면보다 낮은 위치에 배관되어서, 즉 누수상태로 흐르는 경우를 습식 환수관이라 한다(환수관 지름을 가늘게 할 수 있으나 겨울철 동결의 우려가 있다).

② **건식 환수배관법 :** 환수주관이 보일러수면보다 높은 위치에 배관되어 있는 경우를 건식 환수관이라 한다(환수관에 증기 침입을 방지하기 위하여 증기 트랩을 설치한다).

(4) 저압 및 고압의 증기난방

① **저압의 증기난방 :** 게이지압 0.15～0.35 kgf/cm^2 정도의 증기를 사용하는 난방

② **고압의 증기난방 :** 보통 게이지압 1 kgf/cm^2 이상(1～3 kgf/cm^2 정도)의 증기를 사용하는 난방

(5) 증기난방의 설계법

① **필요 방열면적**

$$S = \frac{H_L}{650}$$

여기서, S : 필요 방열면적(m^2)　　H_L : 필요한 난방 부하(kcal/h)
650 : 방열기 1 m^2 당 1시간에 방출하는 열량($kcal/m^2 \cdot h$)

② **각 배관 구간을 흐르는 증기량**

$$Q = \frac{650 \cdot S}{539}$$

여기서, Q : 필요 증기량(kg/h)　　S : 방열면적(m^2)
539 : 게이지압 0.2 kgf/cm^2에 해당하는 증발잠열(kcal/kg)

③ **증기 배관의 마찰저항손실 :** 관내의 증기가 유동할 때에 관의 내벽과 마찰저항 때문에 그 흐름이 다소 방해를 받아 증기가 가지는 에너지의 일부가 소모된다. 즉, 증기압력의 강하현상이 관의 마찰저항손실이다.

$$R = \lambda \cdot \frac{l}{d} \cdot \frac{V^2}{2g} \cdot \rho$$

여기서, R : 마찰손실수두(mmH$_2$O, kgf/m^2), l : 관의 길이(m)
λ : 마찰손실계수, V : 증기의 유속(m/s)
d : 관의 지름(m), ρ : 증기의 비중량(kg/m^3)
g : 중력가속도(9.8 m/s^2)

④ 보일러 주위의 배관

- 하트포드 접속법(hartford connection) : 보일러의 물이 환수관에 역류하여 보일러 속의 수면이 저수위 이하로 내려가는 경우가 있다. 이것을 방지하기 위하여 증기관과 환수관 사이에 균형관(밸런스관)을 설치하여 증기압력과 환수관의 균형을 유지시킴으로써 보일러의 물이 환수관으로 들어가지 않도록 방지하는 역할을 한다.

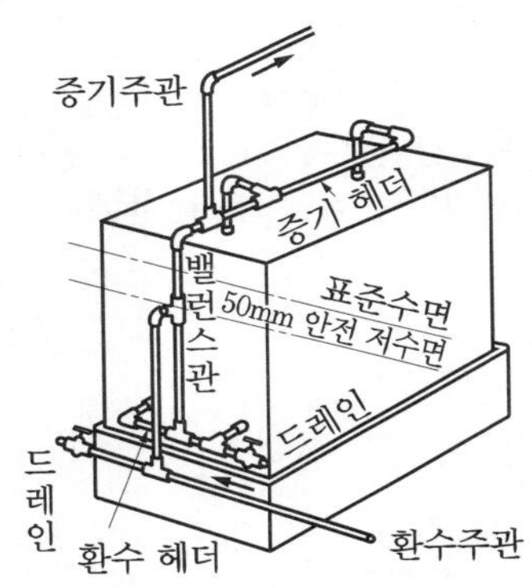

하트포드 연결법

하트포드 접속법의 밸런스관의 관지름

보일러의 화상면적(m^2)	밸런스관 관지름(mm)
0.37 이하	40
0.37~1.4	65
1.4 이상	100

참고

① 밸런스관(균형관)은 보일러 표준수위보다 50 mm 아래에 연결해야 한다.
② 하트포드 접속법은 저압증기난방의 습식 환수방식에 사용된다.

3. 온수난방 설비

(1) 장점

① 난방 부하변동에 따른 온도조절이 용이하다.
② 동결의 우려가 없다.
③ 방열기 표면온도가 낮아 화상의 우려가 적다.
④ 실내 쾌감도가 높다.
⑤ 쉽게 냉각되지 않는다.

(2) 단점

① 예열시간이 길며 예열에 따른 손실이 크다.
② 동일 방열량에 대해 방열면적이 많이 필요하다.
③ 시설비가 많이 든다.
④ 건물 높이에 제한을 받는다.

참고

온수난방 배관 시공법

① 배관 구배(기울기)는 일반적으로 $\frac{1}{250}$ 이상으로 한다.
② 운전 중에 관내에 공기를 배제하기 위해 공기빼기 밸브나 개방식 팽창탱크를 향하여 선상향 구배(상향 기울기)로 한다.
③ 수평 배관에서 관지름을 변경할 경우에는 증기관과 같이 편심이음쇠를 사용한다.
④ 분기관(지관)이 주관 아래로 분기될 때는 45° 이상으로 내림기울기(끝내림 구배)로 하며, 반대로 분기관(지관)이 주관 위로 분기될 때는 45° 이상으로 올림기울기(끝올림 구배)로 한다.

4. 복사난방 및 지역난방

난방법을 크게 2가지로 나누면 개별 난방법과 중앙집중식 난방법이 있으며 중앙집중식 난방법에는 방열기를 이용한 직접난방법, 가열된 공기를 덕터를 통해 난방시키는 간접난방법, 방열관을 이용한 복사난방법이 있다.

4-1 복사난방 (패널난방)

(1) 복사난방의 개요

방을 형성하고 있는 벽체에 열원을 매입하고 벽면을 그대로 가열면으로서 사용하여 복사열에 의해 난방하는 형식이다.

방열기를 사용하는 난방법에서는 방열량의 70～80 %가 대류열에 의하지만, 복사난방은 50～70 % 복사열로 난방하고 있으므로 쾌감도가 대류식 난방에 비해 좋다.

(2) 특징

① 장점

㈎ 실내온도 분포가 균등하고 쾌감도가 높다.
㈏ 별도의 방열기를 설치하지 않으므로 공간 이용도가 높다.
㈐ 방이 개방상태에 있어서도 난방효과가 있다.
㈑ 공기온도가 비교적 낮으므로 같은 방열량에 대해서도 손실열량이 비교적 적다.

(마) 공기의 대류가 적으므로 바닥면의 먼지가 상승하는 일이 없다.
(바) 증기 트랩이 필요없다.

② **단점**

(가) 방열체의 열용량이 크므로 외기온도가 급변하였을 때 방열량을 조절하기가 어렵다.
(나) 천장이나 벽을 가열면으로 할 경우 시공상 어려움이 많으며, 균열이 생기기 쉽고 고장 시 발견이 어렵다.
(다) 방열 패널 배관에서의 열손실을 방지하기 위해 단열층이 필요하며 이에 따른 시공비가 많이 든다.

참고

① 가열면의 위치에 따라 복사난방을 천장 난방, 바닥 난방, 벽 난방으로 분류한다.
② 온수온돌 난방은 저온 복사난방이다.

(3) 방열 패널의 종류

① **바닥 패널 :** 바닥면을 가열면으로 하는 것이며 가열 표면의 온도를 30℃ 이상으로 올리는 것은 좋지 않으므로 열량 손실이 큰 방에 있어서는 바닥면만으로는 방열량이 부족할 수가 있으며, 바닥면에서 시설하므로 시공이 비교적 쉽다.

② **천장 패널 :** 천장을 가열면으로 하기 때문에 시공은 어렵지만 가열면의 온도는 50℃까지 올릴 수 있다. 따라서, 패널면적이 작아도 되며 열량 손실이 큰 방에 적합하다. 천장이 높은 극장이나 공회당 같은 곳에서는 부적당하다(천장 표면온도는 약 43℃ 이하, 천장고 3 m 이하에서는 30～40℃가 되도록 한다).

③ **벽 패널 :** 시공상 특수 벽체 구조로 하지 않으면 실외로의 열손실이 많아진다. 창문 주위 부근에 설치하여 바닥 패널이나 천장 패널의 보조로 쓰인다(벽면의 표면온도는 균열이 생기지 않도록 약 43℃ 이하로 한다).

4-2 지역난방

(1) 지역난방의 개요

지역난방은 어떤 일정지역 내의 한 장소에 보일러실을 설치하여, 여기서 증기 또는 온수를 공급하여 난방을 하는 방식이다.

(2) 특징

① 각 건물에 보일러를 설치하는 경우에 비해 열효율이 좋고 연료비와 인건비가 절감된다.
② 설비의 고도화에 따른 도시 매연이 감소된다.
③ 각 건물에 보일러를 설치하는 경우에 비해 건물의 유효면적이 증대된다.
④ 요철(땅의 높이 차이) 지역에는 부적합하다.

(3) 지역난방의 열매체

① **증기 사용 시** : 게이지 압력으로 1～15 kgf/cm^{2}의 증기 사용

② **온수 사용 시** : 일반적으로 100℃ 이상의 고온수 사용

5. 방열기 (라디에이터)

(1) 방열기의 종류

방열기(radiator)는 그 구조, 재료 및 사용 열매의 종류에 따라서 다음과 같이 분류할 수 있다.

① **구조에 따른 분류**

㈎ 주형 방열기(column radiator) : 2주형 방열기, 3주형 방열기, 3세주형 방열기, 5세주형 방열기의 4종이 있다.

㈏ 벽걸이형 방열기(wall radiator) : 주철제로 만든 것으로서 횡형(가로형, horizon), 종형(세로형, vertical)의 2종류가 있다.

㈐ 길드 방열기(gilled radiator) : 1 m 정도의 주철제로 된 파이프 방열기이다.

㈑ 대류 방열기(convectos) : 철판제 캐비닛 속에 핀 튜브 또는 컨벡터의 가열기를 장입하여 여기에 증기 및 온수를 통하는 형식이다(외관도 좋고 효율도 좋으므로 널리 사용되고 있다). 대류 방열기는 주형 방열기나 벽걸이 방열기와 마찬가지로 실내 바닥 위에 설치하는 노출식과 벽 속에 매입하여 공기 취입구와 방출구를 만들어 공기를 대류 순환시키게 한 음폐식이 있다.

㈒ 관 방열기 : 강관을 조립하여 관의 표면적을 그대로 방열면으로 사용하는 것으로서 고압의 증기에도 사용할 수 있다.

② **사용 재료에 따른 분류** : 주철제 방열기, 강판제 방열기, 기타 특수금속제 방열기

③ **열매의 종류에 따른 분류** : 증기용 온수용

(2) 방열기 설치

① **방열기 설치 요령**

㈎ 방열기는 외기의 접한 창문 아래에 설치하는 것이 좋다(50～60 mm 정도의 간격을 둔다).

㈏ 방열기가 벽면에 너무 가까우면 방사에 의한 열손실이 많아진다.

㈐ 벽면에서 너무 떨어져 설치하면 바닥면적의 이용도가 적어진다.

② **방열기의 부속품**

㈎ 난방용 방열기에 부속되는 주요한 것은 방열기밸브, 유니온밸브, 엘보, 리턴 콕,

방열기 트랩, 공기배출밸브 등이 설치된다.

㉮ 온수용 방열기밸브는 방열기 입구에 설치하여 온수의 유입에 대한 개폐를 위하여 사용되는 것이다.

㉯ 증기용 방열기밸브는 방열기 입구에 설치되어 증기의 유량을 가감하기 위해 사용되는 밸브이며, 증기의 흐름에 따라 구분하면 앵글형, 스트레이트형, 코너형이 있다.

㉠ 앵글형 : 증기 접속기와 방열기에서의 증기 입구가 직각 방향으로 되어 있다.

㉡ 스트레이트형 : 증기 접속구와 방열기에서의 증기 입구가 일직선상에 있다.

㉢ 코너형 : 앵글형과 비슷하지만 직각 방향이 다르게 되어 있다.

㉰ 온수용 리턴 콕 : 방열기 출구 측에 사용되는 것으로 온수 유량을 가감할 수 있는 것이다. 조작 시에만 캡을 풀어내어 키 또는 드라이버로 조절한다.

㉱ 방열기 트랩(열동식 트랩) : 방열기 출구에 설치하여 내부에 있는 청동제 벨로스가 열의 신축 작용에 의하여 밸브를 개폐함으로서 응축수와 증기를 분리하여 응축수만을 환수관에 배출하는 것으로서 증기 난방에 쓰인다.

(3) 방열기 호칭법(방열기 도시법)

방열기의 호칭은 종류별·섹션 수에 따라 2주는 'Ⅱ', 3주는 'Ⅲ'으로 표시하고 3세주는 '3', 5세주는 '5'로 표시하며, 벽걸이는 'W', 횡형은 'H', 종형은 'V'로 표시한다.

방열기 호칭 및 도시법

종 류		기 호
주형 (기둥형)	2주형 3주형 3세주형 5세주형	Ⅱ Ⅲ 3 5
벽걸이형	횡 형 종 형	W－H W－V

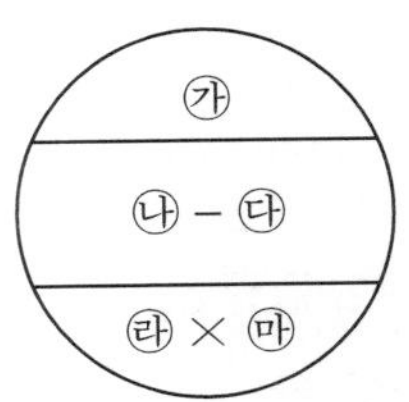

㉮ 섹션 수
㉯ 방열기 종별
㉰ 방열기형(섹션 높이)
㉱ 유입측관경
㉲ 유출측관경

(4) 방열기의 계산

① 방열기의 표준 발열량

$$H_r = K_r(t_r - t_o)$$

여기서, H_r : 방열기의 방열량(kcal/m²h)

K_r : 방열기의 방열계수(kcal/m²h℃)

t_r : 방열기내 열매의 평균온도(℃)

t_o : 실내의 공기온도(℃)

(가) 주형 방열기에 증기가 흐르는 경우

㉮ 방열계수 : 7.78 kcal/m²h℃

㉯ 증기 평균온도 : 102 ℃

㉰ 실내온도 : 18.5 ℃

$$H_r = 7.78 \times (102 - 18.5) = 649.63 \fallingdotseq 650 \text{ kcal/m}^2\text{h}$$

(나) 주형 방열기에 온수가 흐르는 경우

㉮ 방열계수 : 7.31 kcal/m²h℃

㉯ 온수 평균온도 : 80℃

㉰ 실내온도 : 18.5℃

$$H_r = 7.31 \times (80 - 18.5) = 449.565 \fallingdotseq 450 \text{ kcal/m}^2\text{h}$$

※ 방열기 내에 흐르는 열매의 평균 온도 $= \dfrac{\text{방열기 입구온도} + \text{방열기 출구온도}}{2}$

② 상당 방열면적(E.D.R)

$$S = \frac{H_r}{Q_o}$$

여기서, S : 소요 상당 방열면적(m²)

H_r : 그 실에 필요한 전 방열량, 즉 실의 난방 부하(kcal/h)

Q_o : 방열기의 방열량(kcal/m²h)

③ 방열기의 소요 수 계산

(가) 증기난방의 경우 $N_s = \dfrac{H_r}{650 \times a}$

(나) 온수난방의 경우 $N_w = \dfrac{H_r}{450 \times a}$

N_s : 증기 방열기의 섹션 수

N_w : 온수 방열기의 소요 개수

H_r : 실의 난방 부하(kcal/h)

a : 방열기 형식에 따른 섹션 1개당 면적(m²)

④ 방열기 내의 증기 응축량

증기 난방에서 방출기로부터 방출하는 열량의 대부분은 증기잠열이다. 그러므로 방열기 내에 응축되는 증기량은 방열기의 방열량에다 그 증기압력에서의 증발잠열을 나눔으로써 구해진다.

$$Q_c = \frac{Q}{L}$$

Q_c : 증기 응축량(kg/m²h)

Q : 방열기의 방열량(kcal/m²h)

L : 그 증기 압력에서의 증발잠열(kcal/kg)

예·상·문·제

1. 난방 부하 계산 시 반드시 고려해야 할 사항으로 가장 거리가 먼 것은?

㉮ 풍량을 고려한 일사량 및 건물의 위치(방위)
㉯ 바닥에서 천장까지의 높이
㉰ 벽, 지붕, 바닥 등의 두께 및 보온
㉱ 실내조명 등 열 발생원에 의한 취득 열량

해설 ㉮, ㉯, ㉰ 항 외에 ① 유리창 및 창문의 크기와 위치, ② 마루, 계단 등의 난방 유무, ③ 벽, 지붕 주위의 열발생원의 존재 여부를 고려해야 한다.

2. 보일러 용량을 결정하는 정격출력에 포함되어 고려할 사항이 아닌 것은?

㉮ 배관 부하 ㉯ 급탕 부하
㉰ 채광 부하 ㉱ 예열 부하

해설 ㉮, ㉯, ㉱ 항 외에 난방 부하가 포함되어야 한다.

3. 냉각된 보일러를 운전온도가 될 때까지 가열하는 데 필요한 열량은?

㉮ 배관 부하 ㉯ 난방 부하
㉰ 예열 부하 ㉱ 급탕 부하

해설 ① 배관 부하 : 난방용 배관에서 발생하는 손실열량
② 예열 부하 : 냉각부의 예열에 소요되는 열량

4. 난방 부하를 줄이기 위한 방법이 아닌 것은?

㉮ 이중창으로 한다.
㉯ 차양을 설치한다.
㉰ 단열재를 사용한다.
㉱ 출입문에 회전문을 사용한다.

5. 실내의 천장 높이가 12 m인 극장에 대한 증기난방 설비를 설계하고자 한다. 이 때의 난방 부하 계산을 위한 실내 평균온도는 약 몇 ℃인가? (단, 호흡선 1.5 m에서의 실내온도는 18℃이다.)

㉮ 23 ㉯ 26 ㉰ 29 ㉱ 32

해설 천장의 높이가 3 m 이상이 되면 직접난방방법에 의해서 난방할 때 윗부분과 밑면과의 온도차가 크므로 평균온도를 구한다. 호흡선에서의 온도를 t[℃], 천장 높이를 h[m]라 하면 평균온도 $= 0.05t(h-3)+t$에서 $0.05 \times 18 \times (12-3)+18 = 26$℃이다.

6. 난방 부하의 계산방법으로 맞지 않는 것은?

㉮ 상당 방열면적에 의한 계산
㉯ 열손실 열량에 의한 계산
㉰ 보일러 온도에 의한 계산
㉱ 간이식에 의한 열손실 계산

해설 난방 부하 계산방법 중 간이식에 의한 열손실 계산은 열손실지수(kcal/m^2h)에 난방면적(m^2)을 곱하여 구한다.

7. 난방면적이 100 m^2, 열손실지수 90kcal/m^2·h, 온수온도 80℃, 실내온도 20℃일 때 난방 부하(kcal/h)는?

㉮ 7000 ㉯ 8000
㉰ 9000 ㉱ 10000

해설 난방 부하 = 난방면적 × 열손실지수이므로
100 m^2 × 90 kcal/m^2·h = 9000 kcal/h

정답 1. ㉱ 2. ㉰ 3. ㉰ 4. ㉯ 5. ㉯ 6. ㉰ 7. ㉰

8. **난방 부하가 24000 kcal/h인 아파트에 효율이 80 %인 유류 보일러로 난방을 하는 경우 연료의 소모량은 약 몇 kg/h인가? (단, 유류의 저위 발열량은 9750 kcal/kg이다.)**

㉮ 2.56　　㉯ 3.08
㉰ 3.46　　㉱ 4.26

해설 $\frac{24000}{9750 \times 0.8} = 3.08$ kg/h

9. **어떤 방의 온수온돌 난방에서 실내온도를 18℃로 유지하려고 하는데 소요되는 열량이 시간당 30150 kcal가 소요된다고 한다. 이때 송수주관의 온도가 85℃이고 환수주관의 온도가 18℃라 한다면 온수의 순환량은? (단, 온수의 비열은 1 kcal/kg·℃이다.)**

㉮ 365 kg/h　　㉯ 450 kg/h
㉰ 469 kg/h　　㉱ 516 kg/h

해설 $\frac{30150}{1 \times (85-18)} = 450$ kg/h

10. **중앙식 급탕법에 대한 설명으로 틀린 것은?**

㉮ 대규모 건축물에 급탕개소가 많을 때 사용이 가능하다.
㉯ 급탕량이 많아 사용하는 데 용이하다.
㉰ 비교적 연료비가 싼 연료의 사용이 가능하다.
㉱ 배관길이가 짧아서 보수관리가 어렵다.

해설 배관길이가 길어서 보수관리가 어렵다.

11. **다음 중 증기난방 방식의 장점이 아닌 것은 어느 것인가?**

㉮ 방열면적이 작다.
㉯ 설비비가 저렴하다.
㉰ 방열량 조절이 용이하다.
㉱ 예열시간이 짧다.

해설 증기난방 방식의 특징
① 증발잠열을 이용하므로 열의 운반능력이 크다.
② 방열면적이 작고, 복귀관의 관지름이 작아 설비비가 저렴하다.
③ 예열시간이 짧다.
④ 온수난방에 비해 방열량 조절이 곤란하다.
⑤ 워터해머 등으로 소음이 발생하기 쉽다.

12. **증기난방에 대한 설명으로 틀린 것은?**

㉮ 중력 환수, 단관식 증기난방은 난방이 불완전하다.
㉯ 기계 환수식 증기난방의 응축수 펌프는 저양정의 센트리퓨걸 펌프가 사용된다.
㉰ 진공 환수식 증기난방에서는 환수관의 직경을 가늘게 해도 된다.
㉱ 진공 환수식 증기난방법은 방열량 조절이 어렵다.

해설 진공 환수식 증기난방법은 방열기의 방열량 조절을 광범위하게 할 수 있어 대규모 난방에 많이 사용된다.

13. **증기난방 배관의 환수주관에 대한 설명 중 옳은 것은?**

㉮ 습식 환수주관에는 증기 트랩이 꼭 필요하다.
㉯ 건식 환수주관에는 증기 트랩이 꼭 필요하다.
㉰ 건식 환수 배관은 보일러의 표면 수위보다 낮은 위치에 설치한다.
㉱ 습식 환수 배관은 보일러의 표면 수위보다 높은 위치에 설치한다.

해설 건식 환수주관에는 환수관에 증기 침입

정답 8. ㉯ 9. ㉯ 10. ㉱ 11. ㉰ 12. ㉱ 13. ㉯

을 방지하기 위하여 증기 트랩을 설치해야 한다.

14. **방열기 안에 생긴 응축수를 보일러에 환수할 때 온수의 공급과 환수가 동일 관을 이용하여 흐르게 하는 방식은?**

㉮ 단관식 ㉯ 복관식
㉰ 상향식 ㉱ 하향식

해설 복관식은 온수의 공급과 환수가 각기 다른 관을 이용하여 흐르게 하는 방식이다.

15. **환수관 배관법 중 응축수 환수주관을 보일러의 표준수위보다 높은 위치에 배관하여 환수하는 방식은?**

㉮ 건식 환수방식 ㉯ 습식 환수방식
㉰ 강제 환수방식 ㉱ 진공 환수방식

해설 환수주관을 보일러 표준수위보다 낮은 위치에 배관하는 방식은 습식 환수방식이다.

16. **응축수 환수방식 중 중력 환수방식으로 환수가 불가능한 경우 응축수를 별도의 응축수 탱크에 모으고 펌프 등을 이용하여 보일러에 급수를 행하는 방식은?**

㉮ 북관 환수식 ㉯ 부력 환수식
㉰ 진공 환수식 ㉱ 기계 환수식

해설 기계 환수식에 대한 내용이다.

17. **증기난방에서 응축수 환수방식에 따른 분류가 아닌 것은?**

㉮ 상향 및 하향 환수식
㉯ 중력 환수식
㉰ 기계 환수식
㉱ 진공 환수식

해설 증기난방에서 응축수 환수방식
① 중력 환수식 : 응축수의 중력작용을 이용하여 보일러에 유입(자연 환수법)
② 기계 환수식 : 응축수를 수수 탱크에 모아 펌프를 이용하여 보일러에 송수
③ 진공 환수식 : 진공펌프를 이용하여 순환

18. **다음 중 증기난방 방식의 공급방식에 의한 분류 중에 해당되는 것은?**

㉮ 고압식 ㉯ 하향급기식
㉰ 중력식 ㉱ 습식

해설 증기난방의 분류
① 응축수의 환수방식에 따라 : 중력 환수식, 기계 환수식, 진공 환수식
② 증기의 공급방식에 따라 : 상향급기식, 하향 급기식
③ 환수의 배관법에 따라 : 습식 환수배관법, 건식 환수배관법
④ 증기압력에 따라 : 고압 증기난방법, 저압 증기난방법

19. **다음과 같은 특징을 갖는 응축수 환수법은 무엇인가?**

① 방열기 반대편에 열동식 트랩을 장착한다. ② 응축수 탱크를 설치한다. ③ 0.7~1.4 kgf/cm^{2}의 펌프가 필요하다.

㉮ 복관 중력 환수식
㉯ 기계 환수식
㉰ 진공 환수식
㉱ 건식 환수식

해설 기계 환수식 증기난방법에 대한 특징이다.

20. **증기난방 응축수 환수방법 중에서 방열기 방열량을 광범위하게 조절할 수 있으며 증기 회전이 빠른 방식은 무엇인가?**

㉮ 진공 환수식 ㉯ 기계 환수식
㉰ 중력 환수식 ㉱ 복관 환수식

정답 14. ㉮ 15. ㉮ 16. ㉱ 17. ㉮ 18. ㉯ 19. ㉯ 20. ㉮

해설 방열기 방열량 조절을 광범위하게 조절할 수 있으며, 대규모 난방에 많이 사용된다.

21. **진공 환수식 증기난방법에 쓰이는 진공 개폐기는 환수관 내의 진공도를 어느 정도로 유지시키는가?**

㉮ 50～100 mmHg
㉯ 100～250 mmHg
㉰ 250～400 mmHg
㉱ 400～550 mmHg

해설 진공 환수식 증기난방법 : 환수주관 말단 보일러 바로 앞에 진공펌프를 접속해 환수관 중의 응축수와 공기를 흡인하여 진공도 100～250 mmHg 정도의 진공상태를 유지, 증기의 순환을 촉진하는 방법이다.

참고 진공 환수식 증기난방법에서 증기주관과 환수주관은 $\frac{1}{200} \sim \frac{1}{300}$ 정도의 선하향 구배가 좋다.

22. **진공 환수식 증기난방법에 대한 설명 중 잘못된 것은?**

㉮ 다른 방법보다 증기 회전이 빠르다.
㉯ 환수관의 지름을 가늘게 할 수 있다.
㉰ 방열기의 설치장소에 제한을 받지 않는다.
㉱ 방열량의 조절이 곤란하다.

23. **증기난방의 진공 환수식 난방장치에 있어서 부득이 방열기보다 상방에 환수관을 배관해야만 할 때 리프트 이음을 사용한다. 1단 흡상 높이는 얼마인가?**

㉮ 1 m 이내 ㉯ 1.5 m 이내
㉰ 2 m 이내 ㉱ 3 m 이내

해설 리프트 피팅(lift fitting) 이음 : 진공 환수식 배관에서 진공펌프 앞에 설치하는 이음으로 환수관을 방열기보다 위쪽에 배관하는 경우 또는 진공펌프를 환수주관보다 높게 설치할 때 이음하는 방법으로 1단 흡상 높이는 1.5 m 이내로 해야 한다.

24. **증기난방의 진공 환수식에 관한 설명으로 틀린 것은?**

㉮ 진공펌프로 환수시킨다.
㉯ 다른 방법보다 증기 회전이 빠르다.
㉰ 환수관지름은 커야만 한다.
㉱ 방열기 설치장소에 제한을 받지 않는다.

해설 환수관지름을 작게 할 수 있으며 방열기의 방열량 조절을 광범위하게 할 수 있어 대규모 난방에 많이 사용된다.

25. **진공 환수식 증기난방에서 리프트 피팅(lift fitting)이란?**

㉮ 환수주관보다 높은 위치에 진공펌프가 있을 때 적용되는 이음 방법이다.
㉯ 방열기보다 낮은 곳에 환수주관을 배관하는 경우 적용되는 이음 방법이다.
㉰ 진공펌프가 환수주관과 같은 위치에 있을 때 적용되는 이음 방법이다.
㉱ 방열기와 진공펌프의 위치가 같을 때 적용되는 이음 방법이다.

해설 리프트 피팅 이음 방법은 환수주관보다 높은 곳에 진공펌프가 있을 때와 방열기보다 높은 곳에 환수주관을 배관하는 경우에 적용되는 이음방법이다.

참고 리프트 피팅 이음의 1단 흡상 높이는 1.5 m 이내이다.

26. **증기배관법에서 고압 증기난방법의 구분을 할 때 압력으로 나타내면?**

㉮ 0.15～0.35 kgf/cm^2·g
㉯ 0.5～0.75 kgf/cm^2·g
㉰ 1 kgf/cm^2·g 이상
㉱ 1.5 kgf/cm^2·g 이상

정답 21. ㉯ 22. ㉱ 23. ㉯ 24. ㉰ 25. ㉮ 26. ㉰

해설 ① 저압 증기난방법 : 게이지압으로 0.15 ~0.35 kgf/cm²·g 정도의 증기를 사용
② 고압 증기난방법 : 게이지압으로 1 kgf/cm²·g 이상의 증기를 사용(1 ~ 3 kgf/cm² 정도)

27. 증기난방법에 관한 설명으로 틀린 것은?

㉮ 원심펌프로 응축수를 보일러에 강제 환수시키는 방식이 진공 환수식이다.
㉯ 증기 공급 방향에 따라 상향 공급식과 하향 공급식이 있다.
㉰ 저압식 증기압력의 범위는 0.15 ~ 0.35 kgf/cm²이다.
㉱ 건식 환수방식은 생증기의 유출 방지를 위하여 증기 트랩을 장치하여야 한다.

해설 원심펌프로 응축수를 환수시키는 방식은 기계 환수식이며, 진공펌프로 응축수를 환수시키는 방식은 진공 환수식이다.

28. 증기난방 설비에서 배관 구배를 주는 이유는?

㉮ 증기의 흐름을 빠르게 하기 위해서
㉯ 응축수의 체류를 방지하기 위해서
㉰ 배관시공을 편리하게 하기 위해서
㉱ 증기와 응축수의 흐름마찰을 줄이기 위해서

29. 응축수와 증기가 동일관 속을 흐르는 방식으로 기울기를 잘못하면 수격현상이 발생되는 문제로 소규모 난방에서만 사용되는 증기난방 방식은?

㉮ 복관식 ㉯ 건식 환수식
㉰ 단관식 ㉱ 기계 환수식

해설 단관식 방식에 대한 문제이다.

30. 하트포드 접속법은 증기난방 배관법 중 어디에 배관하여야 하는가?

㉮ 보일러의 증기관과 환수관 사이
㉯ 고압 배관과 저압 배관 사이
㉰ 관말 트랩 장치 배관
㉱ 방열기 주위 배관

해설 하트포드 접속법(hartford connection) : 보일러 증기관과 환수관 사이에 균형관(밸런스관)을 설치하여 증기압력과 환수관의 균형을 유지시킨다. 이는 보일러의 물이 환수관에 역류하는 것을 방지하기 위한 것이다(저압 증기 난방에 사용).

참고 하트포드 접속법에서 균형관(밸런스관)은 보일러 표준수위보다 50 mm 아래에 연결한다.

31. 다음 내용에서 (A)에 들어갈 적당한 용어는?

하트포드접속법이란 저압 증기난방의 습식 환수방식에서 환수관의 누설로 인해 보일러 저수위 사고가 발생하는 것을 방지하기 위해 증기관과 환수관 사이에 (A)에서 50 mm 아래에 균형관을 설치하는 것을 말한다.

㉮ 표준수면 ㉯ 안전수면
㉰ 상용수면 ㉱ 안전저수면

32. 하트포드 접속법에서 균형관(밸런스관)은 보일러 사용수위보다 몇 mm 아래에 연결하는가?

㉮ 20 mm ㉯ 30 mm
㉰ 40 mm ㉱ 50 mm

33. 하트포드 접속에 대한 설명으로 맞지 않는 것은?

㉮ 환수관 내 응축수에서 발생하는 플래시(flash) 증기의 발생을 방지한다.
㉯ 저압 증기난방의 습식 환수방식에 쓰인다.

정답 27. ㉮ 28. ㉯ 29. ㉰ 30. ㉮ 31. ㉮ 32. ㉱ 33. ㉮

㉰ 보일러수가 환수관으로 역류하는 것을 방지한다.

㉱ 증기관과 환수관 사이에 표준수면에서 50 mm 아래에 균형관을 설치한다.

해설 하트포드 접속은 ㉯, ㉰, ㉱ 항 외에 증기관과 환수관 사이에 균형관을 설치한다.

34. **저압 증기난방장치에서 하트포드 접속법에 대한 설명으로 틀린 것은?**

㉮ 증기관과 환수관 사이에 균형관을 설치한다.

㉯ 보일러의 물이 환수관으로 역류하는 것을 방지한다.

㉰ 환수관의 침전물이 보일러에 유입되지 못하도록 한다.

㉱ 관말 트랩을 보호하기 위한 배관법이다.

35. **증기 및 온수난방에 대한 설명으로 틀린 것은?**

㉮ 증기난방은 주로 열의 복사 원리를 이용한 난방이다.

㉯ 온수난방은 예열하는 데 시간이 많이 걸리지만 잘 식지 않는다.

㉰ 증기난방은 학교나 사무실의 난방에 적합하다.

㉱ 온수난방은 난방 부하의 변동에 따라 온도 조절이 쉽다.

해설 증기난방은 주로 열의 대류 원리를 이용한 난방이다.

36. **중력순환식 온수난방에 대한 설명으로 틀린 것은?**

㉮ 주로 가정 주택용으로 사용된다.

㉯ 온수의 비중차에 따른 자연 순환식이다.

㉰ 온수의 순환이 자유롭고 순환력이 크다.

㉱ 보일러는 방열기보다 낮게 설치한다.

해설 강제 순환식이 순환력이 크다.

37. **고온수난방의 온수온도는 몇 ℃인가?**

㉮ 30~40℃ ㉯ 80~90℃

㉰ 100~150℃ ㉱ 250~500℃

해설 ① 고온수 난방의 온수온도는 100~150℃ 정도이며 밀폐식 팽창 탱크를 사용해야 한다.
② 보통온수 난방의 온수온도는 85~90℃ 정도이며 개방식 팽창 탱크를 사용한다(소규모 주택 온수온돌 난방에 사용).

38. **온수 온돌 난방에 사용되는 온수의 온도는 어느 정도가 적합한가?**

㉮ 85~90℃ ㉯ 60~70℃

㉰ 50~60℃ ㉱ 40~50℃

39. **증기난방에 대한 온수난방의 특징을 잘못 나타낸 것은?**

㉮ 건물 높이에 제한을 받는다.

㉯ 실내 쾌감도가 높다.

㉰ 방열기 표면온도가 낮아 화상을 입을 염려가 적다.

㉱ 예열손실이 적으나 예열시간이 길다.

해설 예열손실이 많고 예열시간이 길지만 잘 식지는 않는다.

40. **강제순환식 온수난방에 대한 설명으로 잘못된 것은?**

㉮ 중력식에 비해 배관의 관지름이 적어도 된다.

㉯ 예열시간이 짧고 대규모 난방장치에도 사용된다.

㉰ 배관의 기울기가 자유롭고 방열기가 보일러와 같은 높이에 설치되어도 순

정답 34. ㉱ 35. ㉮ 36. ㉰ 37. ㉰ 38. ㉮ 39. ㉱ 40. ㉱

환펌프에 의해 순환시킬 수 있다.

㉱ 공기 굄이 생겨도 되며 열동식 트랩을 설치해야 한다.

해설 공기 굄이 생기지 않도록 해야 하며, 반드시 에어벤트 밸브(공기빼기 밸브)를 설치해야 한다.

41. 온수난방법의 특징을 잘못 설명한 것은?

㉮ 증기난방에 비하여 동결의 염려가 크다.
㉯ 예열시간이 많이 걸리는 편이다.
㉰ 시설비는 많이 드나 보일러 취급이 쉽다.
㉱ 난방 부하의 변동에 따라 방열량 조절이 쉽다.

해설 증기난방은 배관 내의 증기의 유동이 멈추면 동결할 우려가 있다.

42. 강제 순환식 온수난방법에 대한 설명과 관계가 없는 것은?

㉮ 순환펌프로서 원심펌프를 주로 사용한다.
㉯ 중력 순환식에 비하여 관경을 작게 할 수 있다.
㉰ 보일러의 위치가 방열기와 같은 위치에 있어도 상관없다.
㉱ 온수의 밀도차에 의하여 온수를 순환시킨다.

해설 ㉱ 항은 자연 순환식 온수난방법에 대한 설명이다.

43. 온수난방법의 종류에 대한 설명 중 틀린 것은?

㉮ 배관 방식에 따라 단관식과 복관식이 있다.
㉯ 온수온도에 따라 저온수식과 고온수식이 있다.
㉰ 온수 순환방식에 따라 중력 순환식과 강제 순환식이 있다.
㉱ 온수의 귀환방식에 따라 상향 공급식과 하향 공급식이 있다.

해설 온수 공급방식에 따라 상향 공급식과 하향 공급식이 있다.

44. 온수 난방설비에서 온수, 온도차에 의한 비중력차로 순환하는 방식으로 단독주택이나 소규모 난방에 사용되는 것은?

㉮ 강제 순환식 난방
㉯ 하향 순환식 난방
㉰ 자연 순환식 난방
㉱ 상향 순환식 난방

45. 강제 순환식 온수난방에 대한 설명으로 잘못된 것은?

㉮ 온수의 순환펌프가 필요하다.
㉯ 온수를 신속하고 고르게 순환시킬 수 있다.
㉰ 중력 순환식에 비하여 배관의 직경이 커야 한다.
㉱ 대규모 난방용으로 적당하다.

해설 중력 순환식에 비하여 배관의 직경이 작아도 된다.

46. 다음 중 온수난방 배관에 속하지 않는 것은 어느 것인가?

㉮ 상향식　　㉯ 하향식
㉰ 복관식　　㉱ 용량제어식

해설 배관방법에 따른 온수난방

① 단관식 : 송수관과 환수관을 하나의 관으로 하는 방식
② 복관식 : 송수관과 환수관을 별개로 하는 방식
③ 상향 순환식 : 송수주관을 상향 기울기로 하고 방열관의 기울기도 환수주관까지 상향으로 한 것으로 보일러실이 지하에

정답 41. ㉮ 42. ㉱ 43. ㉱ 44. ㉰ 45. ㉰ 46. ㉱

있을 때 또는 방열관보다 보일러가 낮게 설치되는 경우의 배관방식이다.

④ 하향 순환식 : 송수주관을 하향 기울기로 하고 방열관의 기울기도 환수주관까지 하향으로 한 것으로 방열관보다 보일러가 높게 설치되는 경우의 배관방식이다.

47. 온수난방의 분류를 사용 온수온도에 의해 분류할 때 고온수식 온수온도 범위는 보통 몇 ℃ 정도인가?

㉮ 50~60　㉯ 70~80
㉰ 85~90　㉱ 100~150

해설 ① 고온수식 온수온도의 범위는 100~150℃ 정도이며 밀폐식 팽창탱크를 사용한다.
② 보통온수식(저온수식) 온수온도의 범위는 85~90℃ 정도이며 개방식 팽창 탱크를 사용한다.

48. 보일러의 중심에서 최상층 방열기의 중심까지 높이가 15 m이고 송수온도의 비중량은 981 kg/m³, 환수온도의 비중량은 993 kg/m³일 때 자연순환수두는 몇 mmAq인가?

㉮ 173 mmAq　㉯ 180 mmAq
㉰ 190 mmAq　㉱ 197 mmAq

해설 $15\times(993-981)=180\ \text{kgf/m}^2$
$=180\ \text{mmAq}$

참고 $1\ \text{kgf/cm}^2=10000\ \text{kgf/m}^2$
$=10\ \text{mAq}=10000\ \text{mmAq}$

49. 온수난방 설비 내에 들어있는 10℃ 물 5000 kg이 가열되어 90℃가 되었다면 전체 체적 팽창량은 얼마인가?(단, 10℃ 물의 비중량 999 kg/m³, 90℃일 때 비중량 965 kg/m³이다.)

㉮ 103 L　㉯ 132 L　㉰ 176 L　㉱ 185 L

해설 $\left(\frac{1}{965}-\frac{1}{999}\right)\times 5000=0.176\ \text{m}^3=176\ \text{L}$

50. 온수의 순환량이 200 kg/h이고 송온수온도가 75℃, 환온수온도가 50℃일 경우에 난방 부하는 몇 kcal/h인가?(단, 온수의 비열=1 kcal/kg·℃)

㉮ 50000 kcal/h　㉯ 10000 kcal/h
㉰ 5000 kcal/h　㉱ 2500 kcal/h

해설 난방 부하$=200\times1\times(75-50)$
$=5000\ \text{kcal/h}$

51. 장치 내의 전 수량이 3000 L인 온수보일러에 20℃ 물을 넣고 80℃로 가열하였다면 온수의 팽창량은 얼마인가?(단, 20℃ 물의 밀도는 0.99998 kg/L, 80℃ 물의 밀도는 0.97632 kg/L 이다.)

㉮ 63.4 L　㉯ 68.7 L
㉰ 70.8 L　㉱ 72.7 L

해설 온수 팽창량

$$=\text{전 수량}\times\left(\frac{1}{\text{온도 높은 물의 밀도}}-\frac{1}{\text{온도 낮은 물의 밀도}}\right)$$

$$=3000\times\left(\frac{1}{0.97632}-\frac{1}{0.99998}\right)=72.7\ \text{L}$$

52. 직접난방에 관한 설명 중 가장 올바른 것은 어느 것인가?

㉮ EDR이란 주철제 방열기의 표면적을 말하는 것이다.
㉯ 저압 증기난방의 공급 증기압력은 0.1~0.3 kgf/cm²·g가 일반적이다.
㉰ 저압 증기난방은 온수난방에 비해 실내온도 조절이 쉽다.
㉱ 복사난방은 공기의 대류가 많으므로 바닥면의 먼지가 많이 일어난다.

정답 47. ㉱ 48. ㉯ 49. ㉰ 50. ㉰ 51. ㉱ 52. ㉯

해설 ① EDR이란 방열기의 상당 방열면적을 말한다.
② 온수난방이 증기난방에 비해 실내온도 조절이 쉽다.
③ 간접난방은 공기의 대류가 많으므로 바닥면의 먼지가 많이 일어난다.

53. **온수온돌의 난방 방열 특성을 설명한 것으로 맞는 것은?**

㉮ 저온 직사 열에 의한 난방
㉯ 저온 대류에 의한 난방
㉰ 저온 복사에 의한 난방
㉱ 저온 전도에 의한 난방

해설 온수온돌 난방은 저온 복사에 의한 난방이다.

54. **보일러의 송수주관을 최하층에 배관하여 여기서 수직관을 분개시켜 방열기에 연결하는 배관방식은 무엇인가?**

㉮ 상향식 ㉯ 하향식
㉰ 복관식 ㉱ 단관식

해설 상향식 배관방식에 대한 설명이다.

55. **난방방식을 분류할 때 중앙식 난방법의 종류가 아닌 것은?**

㉮ 개별난방법 ㉯ 증기난방법
㉰ 온수난방법 ㉱ 복사난방법

해설 난방방식을 2가지로 분류하면 개별 난방법과 중앙식 난방법으로 분류한다.

56. **다음 중 실내의 바닥, 천장 또는 벽면의 온도를 상승시켜 복사열을 이용한 난방방식은?**

㉮ 직접난방법 ㉯ 간접난방법
㉰ 복사난방법 ㉱ 개별난방법

해설 ① 직접난방법 : 실내에 방열기를 설치하여 증기 또는 온수의 열을 이용
② 간접난방법 : 가열된 공기를 덕트를 통하여 실내에 송풍시켜 난방

57. **건물의 각 실내에 방열기를 설치하여 증기 또는 온수로 난방하는 방식은?**

㉮ 복사난방법 ㉯ 간접난방법
㉰ 개별난방법 ㉱ 직접난방법

해설 간접난방법은 가열된 공기를 덕트를 통해 공급하는 난방방식이다.

58. **복사난방의 설명으로 틀린 것은?**

㉮ 전기식은 니크롬선 등 열선을 매입하여 난방한다.
㉯ 우리나라에서 주거용 난방은 바닥 패널 방식이 많다.
㉰ 온수식은 주로 노출관에 온수를 통과시켜 난방한다.
㉱ 증기식은 특수 방열면이나 관에 증기를 통과시켜 난방한다.

해설 온수식은 건축 구조체에 관을 매입하고 여기에 온수를 통과시켜 난방한다.

59. **건물을 구성하는 구조체 즉 바닥, 벽 등에 난방용 코일을 묻고 열매체를 통과시켜 난방을 하는 것은?**

㉮ 대류난방 ㉯ 복사난방
㉰ 간접난방 ㉱ 전도난방

해설 복사난방에 대한 문제이며 간접난방은 가열된 공기를 덕터를 통해 난방을 하는 것이다.

60. **복사난방의 장점을 설명한 것 중 틀린 것은?**

㉮ 실내의 온도 분포가 비교적 균일하고 쾌감도가 높다.

정답 53. ㉰ 54. ㉮ 55. ㉮ 56. ㉰ 57. ㉱ 58. ㉰ 59. ㉯ 60. ㉰

㉯ 바닥면의 이용도가 높다.

㉰ 실내의 평균온도가 높아 손실 열량이 크다.

㉱ 실내 공기의 대류가 적어 바닥 먼지의 상승이 적다.

해설 실내의 평균온도가 낮아 손실 열량이 비교적 적다.

61. 복사난방을 대류난방과 비교할 때 장점이 아닌 것은?

㉮ 실(방)의 높이에 따른 온도 편차가 비교적 균일하여 쾌감도가 좋다.

㉯ 가열대상이 구조체이므로 열용량이 작아 필요에 따라 즉각적 대응이 용이하다.

㉰ 환기 시 열손실이 비교적 적다.

㉱ 바닥면의 이용도가 양호하다.

해설 복사난방은 방열체의 열용량이 크므로 외기온도가 급변하였을 때 즉각적 대응이 어렵다.

62. 복사난방의 특징으로 틀린 것은?

㉮ 실내온도 분포가 비교적 균일하다.

㉯ 실내 쾌감도가 높다.

㉰ 바닥 이용도가 높다.

㉱ 공기의 온도, 습도 조정이 용이하다.

해설 간접난방법 : 공기의 온도, 습도, 청정도 조정이 용이하고 실내 환기가 잘된다.

63. 저온복사 난방에서 바닥 패널 표면의 온도는 몇 ℃ 이하로 하는 것이 좋은가?

㉮ 30℃ ㉯ 50℃

㉰ 60℃ ㉱ 70℃

해설 바닥 패널 표면의 온도를 30℃ 이상으로 올리는 것은 좋지 않으므로 열량 손실이 큰 방에 있어서는 바닥면만으로는 방열량이 부족할 수가 있다.

참고 ① 천장 패널 표면의 온도는 약 43℃ 이하로 하고 천장고 3 m 이하에서는 30~40℃가 되도록 한다.
② 벽 패널 표면온도는 균열이 생기지 않도록 약 43℃ 이하로 한다.

64. 복사난방의 장점을 설명한 것 중 틀린 것은 어느 것인가?

㉮ 실내의 쾌감도가 높다.

㉯ 바닥의 이용도가 높다.

㉰ 외기온도의 급변에 따른 방열량 조절이 용이하다.

㉱ 실내온도의 분포가 비교적 균일하다.

해설 방열체의 열용량이 크므로 외기온도의 급변에 따른 방열량 조절이 어렵다.

65. 대류난방과 복사난방을 비교할 때 복사난방의 특징으로 잘못된 것은?

㉮ 환기에 의한 손실 열량이 비교적 크다.

㉯ 실내 공기 온도 분포가 일정하므로 쾌감도가 좋다.

㉰ 천장이나 벽을 가열면으로 할 경우 시공상 어려움이 많다.

㉱ 별도 방열기를 설치하지 않으므로 공간 이용도가 높다.

해설 복사난방은 환기에 의한 손실 열량이 비교적 적다(공기온도가 낮으므로).

66. 다음 지역난방의 특징을 열거한 것 중 틀린 것은?

㉮ 각 건물에 보일러를 설치하는 경우에 비해 건물의 유효면적이 증대된다.

㉯ 각 건물에 보일러를 설치하는 경우에 비해 열효율이 좋아진다.

㉰ 설비의 고도화에 따라 도시 매연이 감소된다.

정답 61. ㉯ 62. ㉱ 63. ㉮ 64. ㉰ 65. ㉮ 66. ㉱

㉱ 온수 열매보다 증기 열매를 사용하는 경우가 관내 저항 손실이 크다.

해설 온수를 열매로 사용할 때 관내 저항 손실이 크므로 넓은 지역의 지역난방에는 부적당하다.

67. 지역난방의 특징 설명으로 틀린 것은?

㉮ 각 건물에 보일러를 설치하는 경우에 비해 열효율이 좋다.

㉯ 설비의 고도화에 따른 도시 매연이 증가된다.

㉰ 연료비와 인건비를 줄일 수 있다.

㉱ 각 건물에 보일러를 설치하는 경우에 비해 건물의 유효면적이 증대된다.

해설 도시 매연이 감소된다.

68. 온수온돌 설치 시 단점에 해당하지 않는 것은?

㉮ 냉난방 시설의 공동이용이 불가능하다.

㉯ 설치비가 싸고 환기장치가 필요 없다.

㉰ 보온재 설치가 곤란하다.

㉱ 바닥의 균열이 생기고 고장의 발견이 어렵다.

69. 온수온돌의 방수처리에 대한 설명으로 적절하지 않은 것은?

㉮ 온돌바닥이 땅과 직접 접촉하지 않는 2층의 경우에는 방수처리를 반드시 해야 한다.

㉯ 방수처리는 내식성이 있는 루핑, 비닐, 방수 모르타르로 하며, 습기가 스며들지 않도록 완전히 밀봉한다.

㉰ 벽면으로 습기가 올라오는 것을 대비하여 온돌바닥보다 약 10 cm 정도 위까지 방수처리를 하는 것이 좋다.

㉱ 방수처리를 함으로써 열손실을 감소시킬 수 있다.

해설 지하실이 있는 바닥이나 2층 바닥에는 방수처리를 하지 않아도 좋다.

70. 방열기 설치 시 주의사항으로 틀린 것은?

㉮ 방열기를 설치할 때는 열손실이 가장 적은 곳에 설치한다.

㉯ 기둥형 방열기는 벽에서 50~60 mm 떨어져 설치한다.

㉰ 방열기는 바닥에서 보통 150 mm 정도 높게 설치한다.

㉱ 방열기 파이프는 역구배가 되지 않도록 설치한다.

71. 방열기 설치 시 외기에 접한 창문 아래에 설치하는 이유로서 알맞은 사항은?

㉮ 설비비가 싸기 때문에

㉯ 실내의 공기가 대류작용에 의해 순환되도록 하기 위해서

㉰ 시원한 공기가 필요하기 때문에

㉱ 더운 공기 커튼 형성으로 온수의 누입을 방지하기 위해서

72. 구조에 따른 방열기의 종류가 아닌 것은?

㉮ 주형(기둥형) 방열기

㉯ 벽걸이형 방열기

㉰ 길드 방열기

㉱ 주철제 방열기

해설 ① 구조에 따라 : 주형(柱形, 기둥형) 방열기, 벽걸이형 방열기, 길드 방열기, 대류 방열기, 관 방열기
② 사용재료에 따라 : 주철제 방열기, 강판

정답 67. ㉯ 68. ㉯ 69. ㉮ 70. ㉮ 71. ㉯ 72. ㉱

제 방열기, 특수 금속제(알루미늄 등) 방열기

③ 열매의 종류에 따라 : 증기 방열기, 온수 방열기

73. 다음 중 주형(기둥형) 방열기의 종류가 아닌 것은?

㉮ 5주형 방열기 ㉯ 2주형 방열기
㉰ 3주형 방열기 ㉱ 5세주형 방열기

해설 주형(柱形, 기둥형) 방열기
① 2주형 방열기
② 3주형 방열기
③ 3세주형 방열기
④ 5세주형 방열기

74. 기둥형 방열기는 벽과 얼마 정도의 간격을 두고 설치하는 것이 좋은가?

㉮ 10~20 mm ㉯ 30~40 mm
㉰ 50~60 mm ㉱ 80~90 mm

해설 벽면에서는 50~60 mm 떨어지게, 벽걸이형 방열기는 바닥에서 150 mm 높게 설치한다.

75. 온수를 사용할 때 주철제 방열기의 표준방열량은 얼마인가?

㉮ 450 kcal/h · m^2
㉯ 539 kcal/h · m^2
㉰ 639 kcal/h · m^2
㉱ 650 kcal/h · m^2

해설 ① 온수 방열기의 표준방열량 = 450 kcal/h · m^2
② 증기 방열기의 표준방열량 = 650 kcal/h · m^2

76. 증기 방열기의 상당 방열면적(EDR)당 발생되는 표준방열량은 몇 kcal/h · m^2인가?

㉮ 539 kcal/h · m^2 ㉯ 639 kcal/h · m^2
㉰ 450 kcal/h · m^2 ㉱ 650 kcal/h · m^2

77. 방열기 내의 온수 평균온도 80℃, 실내 공기온도 20℃, 방열기의 방열계수가 7.4 kcal/h · m^2 · ℃일 때, 방열기 방열량은 약 몇 kcal/h · m^2인가?

㉮ 650 kcal/h · m^2 ㉯ 400 kcal/h · m^2
㉰ 444 kcal/h · m^2 ㉱ 350 kcal/h · m^2

해설 7.4 kcal/h · m^2 · ℃×(80℃−20℃) = 444 kcal/h · m^2

78. 방열기 상당 방열면적을 나타내는 것은?

㉮ EDR ㉯ TOE ㉰ ACC ㉱ FWC

해설 ① EDR=상당 방열면적
② TOE=석유 환산톤

79. 어떤 온수 보일러의 방열기 출구온도가 60℃, 입구온도가 90℃이고, 온수의 순환량이 600 kg/h일 때, 이 방열기의 방열량은 몇 kcal/h인가?(단, 온수의 평균비열은 1 kcal/kg · ℃로 한다.)

㉮ 48000 kcal/h ㉯ 42000 kcal/h
㉰ 18000 kcal/h ㉱ 6000 kcal/h

해설 600×1×(90−60)=18000 kcal/h

80. 온수 방열기의 입구 및 출구 온수온도가 85℃, 65℃, 실내온도가 18℃, 방열계수가 7.4kcal/m^2h℃일 때 방열량은?

㉮ 421.8 kcal/m^2h ㉯ 450.0 kcal/m^2h
㉰ 435.6 kcal/m^2h ㉱ 650.0 kcal/m^2h

해설 $7.4\times\left(\frac{85+65}{2}-18\right)=421.8$ kcal/m^2h

정답 73. ㉮ 74. ㉰ 75. ㉮ 76. ㉱ 77. ㉰ 78. ㉮ 79. ㉰ 80. ㉮

81. 난방 부하가 40000 kcal/h일 때 온수난방일 경우 방열면적은 약 몇 m^2인가?(단, 방열량은 표준방열량으로 한다.)

㉮ 88.9 ㉯ 91.6 ㉰ 93.9 ㉱ 95.6

해설 $\frac{40000}{450} = 88.9\ m^2$

82. 온수방열기의 쪽당 방열면적이 0.26 m^2이다. 난방부하 20000 kcal/h를 처리하기 위한 방열기의 쪽수는?(단, 소수점이 나올 경우 상위 수를 취한다.)

㉮ 119 ㉯ 140 ㉰ 171 ㉱ 193

해설 $\frac{20000}{450 \times 0.26} = 171$쪽

83. 온수방열기의 입구 온수온도 92℃, 출구 온수온도 70℃, 실내 공기온도 18℃일 때의 주철제 방열기의 방열량은 약 얼마인가?(단, 실내온도와 방열기 온수의 평균온도와의 차가 62℃일 때 표준방열량이 적용된다.)

㉮ 457 kcal/m^2·h ㉯ 498 kcal/m^2·h
㉰ 515 kcal/m^2·h ㉱ 520 kcal/m^2·h

해설 $\frac{\left(\frac{92+70}{2} - 18\right) \times 450}{62} = 457\ \text{kcal/m}^2 \cdot \text{h}$

84. 단관 중력 환수식 온수난방에서 방열기 입구 반대편 상부에 부착하는 밸브는 무엇인가?

㉮ 방열기 밸브 ㉯ 공기빼기 밸브
㉰ 온도조절 밸브 ㉱ 정지 밸브

해설 ① 공기빼기 밸브(AV)는 방열기 입구 반대편 상부에 부착한다.
② 방열기 밸브(RV)는 유수 저항이 적은 콕식을 쓰고 상부 태핑(암나사)에 단다.

85. 열교환 코일에 온수 또는 냉수를 공급받아 온풍 또는 냉풍을 실내로 공급하는 강제대류형 방열기로서 공기여과기, 송풍기, 가열(냉각)코일이 케이싱 내에 내장되어 있는 것은?

㉮ 길드방열기(gilled radiator)
㉯ 컨벡터(convector)
㉰ 팬 코일 유닛(FCU)
㉱ 공기조화기(AHU)

86. 주철제 방열기의 도시기호 중 3세주형 높이 250 mm, 절수 25개, 증기의 입구관지름 35 A, 출구관지름 25 A를 바르게 나타낸 것은?

㉮
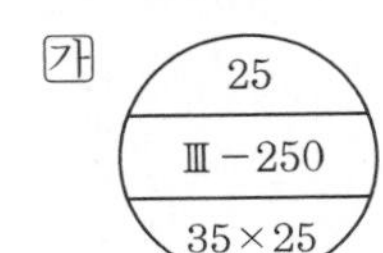

㉯
25
3-250
35×25

㉰
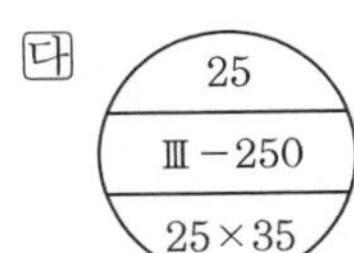

㉱
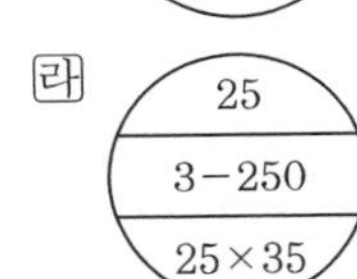

해설 ㉮항은 3주형, ㉯항은 3세주형

참고 방열기 도시법

방열기 종류		기 호
기둥형(주형)	2주형	Ⅱ
	3주형	Ⅲ
	3세주형	3
	5세주형	5
벽걸이형	수평형(횡형)	W-H
	수직형(종형)	W-V

①
②-③
④×⑤

정답 81. ㉮ 82. ㉰ 83. ㉮ 84. ㉯ 85. ㉰ 86. ㉯

① 섹션 수
② 방열기 종별
③ 방열기의 높이(단, 벽걸이형은 H 또는 V)
④ 유입관 관지름
⑤ 유출관 관지름

87. **벽걸이 횡형 주철제 방열기의 호칭 기호는?**

㉮ W－H ㉯ W－V
㉰ H×W ㉱ H×V

해설 ㉮ 항은 벽걸이 횡형 주철제 방열기, ㉯ 항은 벽걸이 종형 주철제 방열기의 호칭 기호이다.

88. **아래 방열기 도시기호의 설명으로 옳은 것은?**

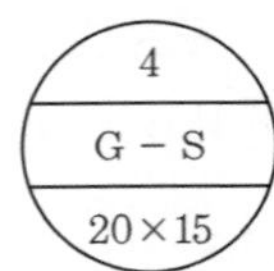

㉮ 벽걸이 방열기로 쪽수가 15개, S형이다.
㉯ 길드 방열기로 쪽수가 4개, S형이다.
㉰ 주철제 방열기로 쪽수가 20개, S형이다.
㉱ 4세주형 방열기로 쪽수가 4개, G형이다.

해설
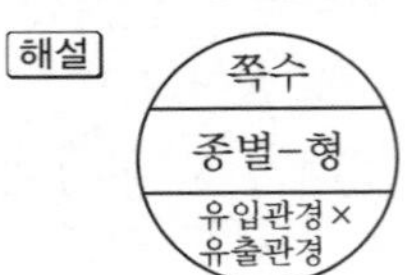

제 2 장 보일러 설치 시공 및 검사기준

1. 보일러 설치 시공 기준

1-1 총칙

(1) 적용범위

이 기준은 에너지이용 합리화법 제53조, 제58조와 열사용 기자재 관리 규칙 제22조 및 제34조의 규정에 의한 강철제 보일러, 주철제 보일러 및 가스용 온수 보일러(이하 "보일러"라 한다)의 설치 시공 기준, 설치 검사 기준, 계속사용 안전 검사 기준, 계속사용 성능 검사 기준, 개조 검사 기준 및 설치 장소 변경 검사 기준에 대하여 규정한다.

(2) 용어의 정의

이 기준에서 사용하는 주요 용어는 별도의 규정이 없는 한 보일러 제조 검사 기준 및 다음에 따른다.

- **소용량 주철제 보일러** : 주철제 보일러 중 전열면적이 5 m^2 이하이고 최고사용압력이 0.1 MPa 이하인 것

1-2 설치 장소

(1) 옥내 설치

보일러를 옥내에 설치하는 경우에는 다음 조건을 만족시켜야 한다.

① 보일러는 불연성 물질의 격벽으로 구분된 장소에 설치하여야 한다. 다만, 소용량 보일러, 가스용 온수 보일러 및 소형 관류 보일러(이하 "소형 보일러"라 한다)는 반격벽으로 구분된 장소에 설치할 수 있다.

② 보일러 동체 최상부로부터(보일러의 검사 및 취급에 지장이 없도록 작업대를 설치한 경우에는 작업대로부터) 천장, 배관 등 보일러 상부에 있는 구조물까지의 거리는 1.2 m 이상이어야 한다. 다만, 소형 보일러 및 주철제 보일러의 경우는 0.6 m 이상으로 할 수 있다.

③ 보일러 동체에서 벽, 배관, 기타 보일러 측부에 있는 구조물(검사 및 청소에 지장이 없는 것은 제외)까지의 거리는 0.45 m 이상이어야 한다. 다만, 소형 보일러는 0.3 m 이상으로 할 수 있다.

④ 보일러 및 보일러에 부설된 금속제 굴뚝 또는 연도의 외측으로부터 0.3 m 이내에 있는 가연성 물체에 대하여는 금속 이외의 불연성 재료로 피복하여야 한다.

⑤ 연료를 저장할 때에는 보일러 외측으로부터 2 m 이상 거리를 두거나 방화격벽을 설치하여야 한다. 다만, 소형 보일러의 경우에는 1 m 이상 거리를 두거나 반격벽으로 할 수 있다.

⑥ 보일러에 설치된 계기들을 육안으로 관찰하는 데 지장이 없도록 충분한 조명시설이 있어야 한다.

⑦ 보일러실은 연소 및 환경을 유지하기에 충분한 급기구 및 환기구가 있어야 하며, 급기구는 보일러 배기가스 덕트의 유효단면적 이상이어야 하고 도시가스를 사용하는 경우에는 환기구를 가능한 한 높이 설치하여 가스가 누설되었을 때 체류하지 않는 구조이어야 한다.

(2) 옥외 설치

보일러를 옥외에 설치할 경우에는 다음 조건을 만족시켜야 한다.

① 보일러에 빗물이 스며들지 않도록 풍우 방지 케이싱 등의 적절한 방지설비를 하여야 한다.

② 노출된 절연재 또는 래깅 등에는 방수처리(금속 커버 또는 페인트 포함)를 하여야 한다.

참고

래킹 : 보일러, 관, 덕트의 보온재를 보호하기 위하여 금속으로 피복한 것

③ 보일러 외부에 있는 증기관 및 급수관 등이 얼지 않도록 적절한 보호조치를 하여야 한다.

④ 강제 통풍팬의 입구에는 빗물방지 보호판을 설치하여야 한다.

(3) 보일러의 설치

보일러는 다음 조건을 만족시킬 수 있도록 설치하여야 한다.

① 기초가 약하여 내려앉거나 갈라지지 않아야 한다.

② 강 구조물은 접지되어야 하고 빗물이나 증기에 의하여 부식이 되지 않도록 적절한 보호조치를 하여야 한다.

③ 수관식 보일러의 경우 전열면을 청소할 수 있는 구멍이 있어야 하며, 구멍의 크기 및 수는 강철제 보일러 형식 승인 기준에 따른다. 다만, 전열면의 청소가 용이한 구조인 경우에는 예외로 한다.

④ 보일러에 설치된 폭발구의 위치가 보일러 기사의 작업 장소에서 2 m 이내에 있을 때에는 당해 보일러의 폭발가스를 안전한 방향으로 분산시키는 장치를 설치하여야 한다.

⑤ 보일러의 사용압력이 어떠한 경우에도 최고사용압력을 초과할 수 없도록 설치되어야 한다.

⑥ 보일러는 바닥 지지물에 반드시 고정되어야 한다. 소형 보일러의 경우는 앵커 등을 설치하여 가동 중 보일러의 움직임이 없도록 설치하여야 한다.

(4) 배관의 설치

보일러 실내의 각종 배관은 팽창과 수축을 흡수하여 누설이 없도록 하고, 가스용 보일러의 연료 배관은 다음에 따른다.

① 배관의 설치

㈎ 배관은 외부에 노출하여 시공하여야 한다. 다만, 동관, 스테인리스 강관, 기타 내식성 재료로서 이음매(용접 이음매를 제외한다) 없이 설치하는 경우에는 매몰하여 설치할 수 있다.

㈏ 배관의 이음부(용접이음매를 제외한다)와 전기계량기 및 전기개폐기와의 거리는 60 cm 이상, 굴뚝(단열조치를 하지 아니한 경우에 한한다)·전기점멸기 및 전기접속기와의 거리는 30 cm 이상, 절연전선과의 거리는 10 cm 이상, 절연 조치를 하지 아니한 전선관의 거리는 30 cm 이상의 거리를 유지하여야 한다.

② 배관의 고정 : 배관은 움직이지 않도록 고정 부착하는 조치를 하되, 그 관지름이 13 mm 미만의 것에는 1 m 마다, 13 mm 이상 33 mm 미만의 것에는 2 m 마다, 33 mm 이상의 것에는 3 m 마다 고정장치를 설치하여야 한다.

③ 배관의 접합

㈎ 배관을 나사 접합으로 하는 경우에는 KS B 0222(관용 테이퍼 나사)에 의한다.

㈏ 배관의 접합을 위한 이음쇠가 주조품인 경우에는 가단 주철제이거나 주강제로서 KS 표시 허가 제품 또는 이와 동등 이상의 제품을 사용하여야 한다.

④ 배관 표시

㈎ 배관은 그 외부에 사용가스명, 최고사용압력 및 가스의 흐름 방향을 표시하여야 한다. (다만, 지하에 매설하는 배관의 경우에는 흐름 방향을 표시하지 않을 수 있다.)

㈏ 지상 배관은 부식방지 도장 후 표면 색상을 황색으로 도색한다. 다만, 건축물의 내·외벽에 노출된 것으로서 바닥(2층 이상의 건물의 경우에는 각층의 바닥을 말한다)에서 1 m의 높이에 폭 3 cm의 황색띠를 2중으로 표시한 경우에는 표면 색상을 황색으로 하지 아니할 수 있다.

1-3 급수장치

(1) 급수장치의 종류

① 급수장치를 필요로 하는 보일러에는 다음 각 호의 조건을 만족시키는 주펌프(인젝터를 포함한다. 이하 같다) 세트 및 보조펌프 세트를 갖춘 급수장치가 있어야 한다. 다

만, 전열면적 12 m^2 이하의 보일러, 전열면적 14 m^2 이하의 가스용 온수 보일러 및 전열면적 100 m^2 이하의 관류 보일러에는 보조펌프를 생략할 수 있다.

참고

주 펌프 세트 및 보조펌프 세트는 보일러의 사용압력에서 정상 가동상태에 필요한 물을 각각 단독으로 공급할 수 있어야 한다. 다만, 보조펌프 세트의 용량은 주펌프 세트가 2개 이상의 펌프를 조합한 것일 때에는 보일러의 정상상태에 필요한 물의 25% 이상이면서 주펌프 세트 중의 최대 펌프의 용량 이상으로 할 수 있다.

② 주펌프 세트는 동력으로 운전하는 급수펌프 또는 인젝터이어야 한다. 다만, 보일러의 최고사용압력이 0.25 MPa 미만으로 화격자 면적이 0.6 m^2 이하인 경우, 전열면적이 12 m^2 이하인 경우 및 상용압력 이상의 수압에서 급수할 수 있는 급수 탱크 또는 수원을 급수장치로 하는 경우에는 예외로 할 수 있다.

③ 보일러 급수가 멎는 경우 즉시 연료(열)의 공급이 차단되지 않거나 보일러가 과열될 염려가 있는 경우에는 인젝터를 설치하여야 한다.

(2) 2개 이상의 보일러의 급수장치

1개의 급수장치로 2개 이상의 보일러에 물을 공급할 경우 위의 (1) 항의 규정은 이들 보일러를 1개의 보일러로 간주하여 적용한다.

(3) 급수밸브와 체크밸브

급수관에는 보일러에 인접하여 급수밸브와 체크밸브를 설치하여야 한다. 이 경우 급수밸브가 밸브 디스크를 밀어 올리도록 급수밸브를 부착하여야 하며, 일조의 밸브 디스크와 밸브 시트가 급수밸브와 체크밸브의 기능을 겸하고 있어도 별도의 체크밸브를 설치하여야 한다. 다만, 최고사용압력 0.1 MPa 미만의 보일러에서는 체크밸브를 생략할 수 있으며, 급수가열기의 출구 또는 급수 펌프의 출구에 스톱밸브 및 체크밸브가 있는 급수장치를 개별 보일러마다 설치한 경우에는 급수밸브 및 체크밸브를 생략할 수 있다.

(4) 급수밸브의 크기

급수밸브 및 체크밸브의 크기는 전열면적 10 m^2 이하의 보일러에는 호칭 15 A 이상, 전열면적 10 m^2를 초과하는 보일러에서는 호칭 20 A 이상이어야 한다.

(5) 급수 장소

복수를 공급하는 난방용 보일러를 제외하고 급수를 분출관으로부터 송입해서는 안 된다.

참고

용량 1 t/h 이상의 증기 보일러에는 수처리시설을 하여야 한다.

1-4 압력 방출장치

(1) 안전밸브의 개수

① 증기 보일러에서는 2개 이상의 안전밸브를 설치하여야 한다. 다만, 전열면적 50 m^2 이하의 증기 보일러에서는 1개 이상으로 하며, U자형 입관을 부착한 보일러는 안전밸브를 부착하지 않아도 된다.

② 관류 보일러에서는 보일러와 압력 방출장치와의 사이에 체크밸브를 설치할 경우 압력 방출장치는 2개 이상이어야 한다.

(2) 안전밸브의 부착

안전밸브는 쉽게 검사할 수 있는 장소에 밸브축을 수직으로 하여 가능한 한 보일러의 동체에 직접 부착시켜야 한다.

(3) 안전밸브 및 압력 방출장치의 용량

안전밸브 및 압력 방출장치의 용량은 다음에 따른다.

① 안전밸브 및 압력 방출장치의 분출 용량은 강철제 보일러 형식 승인 기준에 따른다.

② 자동연소 제어장치 및 보일러 최고사용압력의 1.06배 이하의 압력에서 급속하게 연료의 공급을 차단하는 장치를 갖는 보일러로서 보일러 출구의 최고사용압력 이하에서 자동적으로 작동하는 압력 방출장치가 있을 때에는 동 압력 방출장치의 용량(보일러의 최대증발량의 30 %를 초과하는 경우에는 보일러 최대증발량의 30 %)을 안전밸브 용량에 산입할 수 있다.

(4) 안전밸브 및 압력 방출장치의 크기

안전밸브 및 압력 방출장치의 크기는 호칭지름 25 A 이상으로 하여야 한다. 다만, 다음 보일러에는 호칭지름 20 A 이상으로 할 수 있다.

① 최고사용압력 0.1 MPa 이하의 보일러

② 최고사용압력 0.5 MPa 이하의 보일러로 동체의 안지름이 500 mm 이하, 동체의 길이가 1000 mm 이하의 것

③ 최고사용압력 0.5 MPa 이하의 보일러로 전열면적 2 m^2 이하의 것

④ 최대증발량이 5 t/h 이하의 관류 보일러

⑤ 소용량 강철제 보일러, 소용량 주철제 보일러(이하 "소용량 보일러"라 한다.)

(5) 과열기 부착 보일러의 안전밸브

① 과열기에는 그 출구에 1개 이상의 안전밸브가 있어야 하며, 그 분출 용량은 과열기의 온도를 설계온도 이하로 유지하는 데 필요한 양(보일러의 최대증발량의 15 %를 초과하

는 경우에는 15 %) 이상이어야 한다.

② 과열기에 부착되는 안전밸브의 분출 용량 및 개수는 보일러 동체 안전밸브의 분출 용량 및 개수에 포함시킬 수 있다. 이 경우 보일러의 동체에 부착하는 안전밸브는 보일러 최대증발량의 75 % 이상을 분출할 수 있는 것이어야 한다. 다만, 관류 보일러의 경우에는 과열기 출구에 최대증발량에 상당하는 분출 용량의 안전밸브를 설치할 수 있다.

(6) 재열기 또는 독립 과열기의 안전밸브

재열기 또는 독립 과열기에는 입구 및 출구에 각각 1개 이상의 안전밸브가 있어야 하며, 그 분출 용량의 합계는 최대 통과 증기량 이상이어야 한다. 이 경우 출구에 설치하는 안전밸브의 분출 용량의 합계는 재열기 또는 독립 과열기의 온도를 설계온도 이하로 유지하는 데 필요한 양(최대 통과 증기량의 15 %를 초과하는 경우에는 15 %) 이상이어야 한다. 다만, 보일러에 직결되어 보일러와 같은 최고사용압력으로 설계된 독립 과열기에서는 그 출구에 안전밸브를 1개 이상 설치하고, 그 분출량의 합계는 독립 과열기의 온도를 설계온도 이하로 유지하는 데 필요한 양(독립 과열기의 전열면적 1 m^2 당 30 kg/h로 한 양을 초과하는 경우에는 독립 과열기의 전열면적 1 m^2 당 30 kg/h로 한 양) 이상으로 한다.

(7) 안전밸브의 종류 및 구조

① 안전밸브의 종류는 스프링 안전밸브로 하며 스프링 안전밸브의 구조는 KS B 6216(증기용 및 가스용 스프링 안전밸브)에 따라야 하며, 어떠한 경우에도 밸브 시트나 몸체에서 누설이 없어야 한다. 다만, 스프링 안전밸브 대신에 스프링 파일럿 밸브 부착 안전밸브를 사용할 수 있다. 이 경우 소요 분출량의 $\frac{1}{2}$ 이상이 스프링 안전밸브에 의하여 분출되는 구조의 것이어야 한다.

② 인화성 증기를 발생하는 열매체 보일러에서는 안전밸브를 밀폐식 구조로 하든가 또는 안전밸브로부터의 배기를 보일러실 밖의 안전한 장소에 방출시키도록 한다.

③ 안전밸브는 산업안전보건법 제33조 제2항 규정에 의한 성능 검사를 받는 것이어야 한다.

(8) 온수 발생 보일러(액상식 열매체 보일러 포함)의 방출밸브와 방출관

① 온수 발생 보일러에는 압력이 보일러의 최고사용압력(열매체 보일러의 경우에는 최고사용압력 및 최고사용온도)에 달하면 즉시로 작동하는 방출밸브 또는 안전밸브를 1개 이상 갖추어야 한다. 다만, 손쉽게 검사할 수 있는 방출관을 갖출 때는 방출밸브로 대응할 수 있다. 이때 방출관에는 어떠한 경우이든 차단장치(밸브 등)를 부착하여서는 안 된다.

② 인화성 액체를 방출하는 열매체 보일러의 경우 방출밸브 또는 방출관은 밀폐식 구조로 하든가 보일러 밖의 안전한 장소에 방출시킬 수 있는 구조이어야 한다.

(9) 온수 발생 보일러(액상식 열매체 보일러 포함)의 방출밸브 또는 안전밸브의 크기

① 액상식 열매체 보일러 및 온도 393 K 이하의 온수 발생 보일러에는 방출밸브를 설치하여야 하며, 그 지름은 20 mm 이상으로 하고 보일러의 압력이 보일러의 최고사용압력에 그 10 %(그 값이 0.035 MPa 미만인 경우에는 0.035 MPa로 더한다)를 더한 값을 초과하지 않도록 지름과 개수를 정하여야 한다.

② 온도 393 K을 초과하는 온수 발생 보일러에는 안전밸브를 설치하여야 하며, 그 크기는 호칭지름 20 mm 이상으로 하고 앞의 (3) 항을 적용한다. 다만, 환산증발량은 열출력을 보일러의 최고사용압력에 상당하는 포화증기의 엔탈피와 급수 엔탈피의 차로 나눈 값(kg/h)으로 한다.

(10) 온수 발생 보일러(액상식 열매체 보일러) 방출관의 크기

방출관은 보일러의 전열면적에 따라 다음의 크기로 하여야 한다.

전열면적(m^2)	방출관의 안지름(mm)
10 미만	25 이상
10 이상~15 미만	30 이상
15 이상~20 미만	40 이상
20 이상	50 이상

1-5 수면계

(1) 수면계의 개수

① 증기 보일러에는 2개(소용량 및 소형 관류 보일러는 1개) 이상의 유리 수면계를 부착하여야 한다. 다만, 단관식 관류 보일러는 제외한다.

② 최고사용압력 1 MPa 이하로서 동체 안지름 750 mm 미만인 경우에 있어서는 수면계 중 1개는 다른 종류의 수면 측정장치로 할 수 있다.

③ 2개 이상의 원격 지시 수면계를 시설하는 경우에 한하여 유리 수면계를 1개 이상으로 할 수 있다.

(2) 수면계의 구조

유리 수면계는 보일러의 최고사용압력과 그에 상당하는 증기온도에서 원활히 작용하는 기능을 가지며, 또한 수시로 이것을 시험할 수 있는 동시에 용이하게 내부를 청소할 수 있는 구조로서 다음에 따른다.

① 유리 수면계는 KS B 6208(보일러용 수면계 유리)의 유리를 사용하여야 한다.

② 유리 수면계는 상하에 밸브 또는 콕을 갖추어야 하며, 한눈에 그것의 개폐 여부를 알

수 있는 구조이어야 한다. 다만, 소형 관류 보일러에서는 밸브 또는 콕을 갖추지 아니할 수 있다.

③ 스톱밸브를 부착하는 경우에는 청소에 편리한 구조로 하여야 한다.

1-6 계측기

(1) 압력계

보일러에는 KS B 5305(부르동관 압력계)에 따른 압력계 또는 이와 동등 이상의 성능을 갖춘 압력계를 부착하여야 한다.

① 부르동관식 압력계의 크기와 눈금

(가) 증기 보일러에 부착하는 압력계 눈금판의 바깥지름을 100 mm 이상으로 하고, 그 부착 높이에 따라 용이하게 지침이 보이도록 하여야 한다. 다만, 다음에 표시하는 보일러에 부착하는 압력계에 대하여는 눈금판의 바깥지름을 60 mm 이상으로 할 수 있다.

㉮ 최고사용압력 0.5 MPa 이하이고, 동체의 안지름 500 mm 이하, 동체의 길이 1000 mm 이하인 보일러

㉯ 최고사용압력 0.5 MPa 이하로서 전열면적 2 m^2 이하인 보일러

㉰ 최대증발량이 5 t/h 이하인 관류 보일러

㉱ 소용량 보일러

(나) 압력계의 최고 눈금은 보일러 최고사용압력의 3배 이하로 하되, 1.5배보다 적어서는 안 된다.

② 압력계의 부착 : 증기 보일러의 압력계 부착은 다음에 따른다.

(가) 압력계는 원칙으로 보일러의 증기실에 눈금판의 눈금이 잘 보이는 위치에 부착하고 얼지 않도록 하며, 그 주위의 온도는 사용상태에 있어서 KS B 5305(부르동관 압력계)에 규정하는 범위에 있어야 한다.

(나) 압력계와 연결된 증기관은 최고사용압력에 견디는 것으로서 그 크기는 황동관 또는 동관을 사용할 때에는 안지름 6.5 mm 이상, 강관을 사용할 때에는 12.7 mm 이상이어야 한다. 증기온도가 483 K(210℃)를 넘을 때에는 황동관 또는 동관을 사용하여서는 안 된다.

(다) 압력계에는 물을 넣은 안지름 6.5 mm 이상의 사이펀 관 또는 동등한 작용을 하는 장치를 부착하여 증기가 직접 압력계에 들어가지 않도록 하여야 한다.

(라) 압력계의 콕은 그 핸들을 수직인 증기관과 동일 방향에 놓은 경우에 열려 있는 것이어야 하며, 콕 대신에 밸브를 사용할 경우에는 한눈으로 개폐 여부를 알 수 있는 구조로 하여야 한다.

(마) 압력계와 연결된 증기관의 길이가 3 m 이상이며 관 내부를 충분히 청소할 수 있는 경우에는 보일러 가까이에 열린 상태에서 봉인된 콕 또는 밸브를 두어도 좋다.

(바) 압력계의 증기관이 길어서 압력계의 위치에 따라 수두압에 따른 영향을 고려할 필요가 있을 경우에는 눈금에 보정을 하여야 한다.

③ **시험용 압력계 부착장치 :** 보일러 사용 중에 그 압력계를 시험하기 위하여 시험용 압력계를 부착할 수 있도록 나사의 호칭 PE 1/4, PT 1/4, PS 1/4의 관용 나사를 설치해야 한다. 다만, 압력계 시험기를 별도로 갖춘 경우에는 이 장치를 생략할 수 있다.

(2) 수위계

① 온수 발생 보일러에는 보일러 동체 또는 온수의 출구 부근에 수위계를 설비하고, 이것에 가까이 부착한 콕을 닫을 경우 이외에는 보일러와의 연락을 차단하지 않도록 하여야 하며, 이 콕의 핸들은 콕이 열려 있을 경우에 이것을 부착시킨 관과 평행되어야 한다.

② 수위계의 최고 눈금은 보일러의 최고사용압력의 1배 이상 3배 이하로 하여야 한다.

(3) 온도계

다음의 곳에는 KS B 5320(공업용 바이메탈식 온도계) 또는 이하 동등 이상의 성능을 가진 온도계를 설치하여야 한다. 다만, 소용량 보일러 및 가스용 온수 보일러는 배기가스 온도계만 설치하여도 좋다.

① 급수 입구의 급수온도계

② 버너의 급유 입구의 온도계(예열을 필요로 하지 않는 것은 제외)

③ 절탄기 또는 공기예열기가 설치된 경우에는 각 유체의 전후 온도를 측정할 수 있는 온도계(단, 포화증기의 경우에는 압력계로 대신할 수 있다)

④ 보일러 본체 배기가스 온도계(다만, 위의 ③항의 규정에 의한 온도계가 있는 경우에는 생략할 수 있다)

⑤ 과열기 또는 재열기가 있는 경우에는 그 출구온도계

⑥ 유량계를 통과하는 온도를 측정할 수 있는 온도계

(4) 유량계

용량 1 t/h 이상의 보일러에는 다음의 유량계를 설치하여야 한다.

① 급수관에는 적당한 위치에 급수 유량계를 설치하여야 한다. 다만, 온수 발생 보일러는 제외한다.

② 기름용 보일러에는 연료의 사용량을 측정할 수 있는 유량계를 설치하여야 한다. 다만, 2 t/h 미만의 보일러로서 온수 발생 보일러 및 난방 전용 보일러에는 CO_2 측정장치로 대신할 수 있다.

③ 가스용 보일러에는 가스의 사용량을 측정할 수 있는 유량계를 설치하여야 한다. 다만, 유량계가 보일러실 안에 설치되는 때는 다음 각 호의 조건을 만족하여야 한다.

(가) 가스의 전체 사용량을 측정할 수 있는 유량계가 설치되었을 경우는 각각의 보일러

실마다 설치된 것으로 본다.

㈏ 유량계는 당해 도시가스 사용에 적합한 것이어야 한다.

㈐ 유량계는 화기(당해 시설 내에서 사용하는 자체 화기를 제외한다)와 2 m 이상의 우회거리를 유지하는 곳으로서 수시로 환기가 가능한 장소에 설치하여야 한다.

㈑ 유량계와 전기계량기 및 전기개폐기와의 거리는 60 cm 이상, 굴뚝(단열조치를 하지 아니한 경우에 한한다)·전기점멸기 및 전기접속기와의 거리는 30 cm 이상, 절연조치를 하지 아니한 전선과의 거리는 15 cm 이상의 거리를 유지하여야 한다.

④ 각 유량계는 해당온도 및 압력범위에서 사용할 수 있어야 하고, 유량계 앞에 여과기가 있어야 한다.

(5) 자동 연료 차단장치

① 최고사용압력 0.1 MPa를 초과하는 증기 보일러에는 다음 각 호의 저수위 안전장치를 설치해야 한다(다만, 소용량 보일러는 제외한다).

㈎ 보일러의 수위가 안전을 확보할 수 있는 최저수위(이하 "안전수위"라 한다)까지 내려가기 직전에 자동적으로 경보가 울리는 장치

㈏ 보일러의 수위가 안전수위까지 내려가는 즉시 연소실 내에 공급하는 연료를 자동적으로 차단하는 장치

② 열매체 보일러 및 사용온도가 393 K 이상인 온수 발생 보일러에는 작동 유체의 온도가 최고사용온도를 초과하지 않도록 온도－연소 제어장치를 설치해야 한다.

③ 최고사용압력이 0.1 MPa(수압의 경우 10 m)를 초과하는 주철제 온수 보일러에는 온수온도가 388 K를 초과할 때에는 연료의 공급을 차단하거나 파일럿 연소를 할 수 있는 장치를 설치하여야 한다.

④ 관류 보일러는 급수가 부족한 경우에 대비하기 위하여 자동적으로 연료의 공급을 차단하는 장치 또는 이에 대신하는 안전장치를 갖추어야 한다.

⑤ 가스용 보일러에는 급수가 부족한 경우에 대비하기 위하여 자동적으로 연료의 공급을 차단하는 장치를 갖추어야 하며, 또한 수동으로 연료의 공급을 차단하는 밸브 등을 갖추어야 한다.

⑥ 유류 및 가스용 보일러에는 압력 차단장치를 설치하여야 한다.

⑦ 동체의 과열을 방지하기 위하여 온도를 감지하여 자동적으로 연료의 공급을 차단할 수 있는 온도 상한 스위치를 배기가스 출구 또는 동체에 설치해야 한다.

⑧ 폐열 또는 소각 보일러에 대해서는 위의 ⑦항의 온도 상한 스위치를 대신하여 온도를 감지하여 자동적으로 경보를 울리는 장치와 송풍기 가동을 멈추는 장치가 설치되어야 한다.

(6) 공기유량 자동조절 기능

가스용 보일러 및 용량 5 t/h(난방 전용은 10 t/h) 이상인 유류 보일러에는 공급 연료량에

따라 연소용 공기를 자동조절하는 기능이 있어야 한다. 이때 보일러 용량이 MW(kcal/h)로 표시되었을 때에는 0.6978 MW(600000 kcal/h)를 1 t/h로 환산한다.

(7) 연소가스 분석기

위의 (6) 항의 적용을 받는 보일러에는 배기가스 성분(O_2, CO_2 중 1성분)을 연속적으로 자동분석하여 지시하는 계기를 부착하여야 한다. 다만, 용량 5 t/h(난방 전용은 10 t/h) 미만인 가스용 보일러로서 배기가스 온도 상한 스위치를 부착하여 배기가스가 설정온도를 초과하면 연료의 공급을 차단할 수 있는 경우에는 이를 생략할 수 있다.

(8) 가스누설 자동차단장치

가스용 보일러에는 누설되는 가스를 감지하여 경보하며 자동적으로 가스의 공급을 차단하는 장치 또는 가스누설 자동차단기를 설치하여야 하며, 이 장치의 설치는 도시가스사업법 시행규칙 [별표 4] 의 규정에 따라 지식경제부장관이 고시하는 가스누설 자동차단장치 설치기준에 따라야 한다.

(9) 압력 조정기

보일러실 내에 설치하는 가스용 보일러의 압력 조절기는 액화석유가스의 안전 및 사업관리법 제21조 제2항 규정에 의거 가스용 검사에 합격한 제품이어야 한다.

1-7 스톱밸브 및 분출밸브

(1) 스톱밸브의 개수

① 증기의 각 분출구(안전밸브 과열기의 분출구 및 재열기의 입구, 출구를 제외)에는 스톱밸브를 갖추어야 한다(글로브밸브를 관용어로 스톱밸브라고 한다).

② 맨홀을 가진 보일러의 공통의 주증기관에 연결될 때에는 각 보일러와 주증기관을 연결하는 증기관에 2개 이상의 스톱밸브를 설치하여야 하며, 그리고 이들 밸브 사이에는 충분히 큰 드레인밸브를 설치하여야 한다.

(2) 스톱밸브

① 스톱밸브의 호칭압력(KS 규격에 최고사용압력을 별도로 규정한 것은 최고사용압력)은 보일러의 최고사용압력 이상이어야 하며, 적어도 0.7 MPa(7 kgf/cm^2) 이상이어야 한다.

② 65 mm 이상의 증기스톱밸브는 바깥나사형의 구조 또는 특수한 구조로 하는 밸브 몸체의 개폐를 한눈에 알 수 있는 것이어야 한다.

(3) 밸브의 물빼기

물이 고이는 위치에 밸브가 설치될 때에는 물빼기를 설치하여야 한다.

(4) 분출밸브의 크기와 개수

① 보일러에는 적어도 밑에 분출관과 분출밸브 또는 분출콕을 설치하여야 한다. 다만, 관류 보일러에 대해서는 이에 적용하지 않는다.

② 분출밸브의 크기는 호칭 25 A 이상의 것이어야 한다. 단, 전열면적이 10 m^2 이하인 보일러에서는 지름 20 mm 이상으로 할 수가 있다.

③ 최고사용압력 0.7 MPa(7 kgf/cm^2) 이상의 보일러(이동식 보일러는 제외한다)의 분출관에는 분출밸브 2개 또는 분출밸브와 분출콕을 직렬로 갖추어야 한다. 이 경우에 적어도 1개의 분출밸브는 닫힌 밸브를 전개하는 데 회전축을 적어도 5회전하는 것이어야 한다.

④ 1개의 보일러에 분출관이 2개 이상 있을 경우에는 이것들을 공통의 어미관에 하나로 합쳐서 각각의 분출관에는 1개의 분출밸브 또는 분출콕을, 어미관에는 1개의 분출밸브를 설치하여도 좋다. 이 경우 분출밸브 및 분출콕은 닫힌 상태에서 전개하는 데 회전축을 적어도 5회전하는 것이어야 한다.

⑤ 2개 이상의 보일러의 공통 분출관은 분출밸브 또는 콕의 앞을 공동으로 하여서는 안된다.

⑥ 정상 시에는 보유수량 400 kg 이하의 강제 순환 보일러에는 닫힌상태에서 전개하는 데 회전축을 적어도 5회전 이상 회전을 요하는 분출밸브 1개를 설치하여도 좋다.

(5) 분출밸브 및 콕의 모양과 강도

① 분출밸브는 스케일 그 밖의 침전물이 퇴적되지 않는 구조이어야 하며, 그 최고사용압력은 보일러 최고사용압력의 1.25배 또는 보일러의 최고사용압력에 1.5 MPa를 더한 압력 중 작은 쪽의 압력 이상이어야 하고, 어떠한 경우에도 0.7 MPa(소용량 보일러, 가스용 온수 보일러 및 주철제 보일러는 0.5 MPa) 이상이어야 한다.

② 주철제의 분출밸브는 최고사용압력 1.3 MPa 이하, 흑심 가단 주철제의 분출밸브는 1.9 MPa 이하의 보일러에 사용할 수 있다.

③ 분출콕은 글랜드(gland)를 갖는 것이어야 한다.

(6) 기타 밸브

보일러 본체에 부착하는 기타의 밸브는 그 호칭압력 또는 최고사용압력이 보일러의 최고사용압력 이상이어야 한다.

1-8 운전 성능

(1) 운전상태

보일러는 운전상태(정격부하상태를 원칙으로 한다)에서 이상진동과 이상소음이 없고 각 종 부분품의 작동이 원활하여야 한다.

(2) 배기가스 온도

① 유류용 및 가스용 보일러(열매체 보일러는 제외한다) 출구에서의 배기가스 온도는 주위 온도와의 차이가 정격용량에 따라 다음과 같아야 한다. 이 때 배기가스 온도의 측정위치는 보일러 전열면의 최종 출구로 하며 폐열회수장치가 있는 보일러는 그 출구로 한다.

보일러 용량(t/h)	배기가스 온도차(K)
5 이하	300 이하
5 초과~20 이하	250 이하
20 초과	210 이하

㈜ 1. 보일러 용량이 MW(kcal/h)로 표시되었을 때에는 0.6978 MW(600000 kcal/h)를 1 t/h로 환산한다.
2. 주위온도는 보일러에 최초로 투입되는 연소용 공기 투입 위치의 주위온도로 하며, 투입 위치가 실내일 경우는 실내온도, 실외일 경우는 외기온도로 한다.

② 열매체 보일러의 배기가스 온도는 출구 열매온도와의 차이가 150 K 이하여야 한다.

(3) 외벽의 온도

보일러의 외벽온도는 주위의 온도보다 30 K(30℃)를 초과하여서는 안 된다.

(4) 저수위 안전장치

① 저수위 안전장치는 연료 차단 전에 70 dB 이상의 경보음이 울려야 한다.

② 온수 발생 보일러(액상식 열매체 보일러 포함)의 온도-연소 제어장치는 최고사용온도 이내에서 연료가 차단되어야 한다.

참고

보일러실 및 송풍기 주위 소음기준은 95 dB 이하이어야 한다.

2. 보일러 설치 및 계속사용 검사 기준

2-1 설치 검사의 신청 및 준비

(1) 검사의 신청

열사용 기자재 관리 규칙 제39조(설치 검사 신청서)의 규정에 따르며, 제조 검사가 면제된 경우의 자체 검사 기록 사본은 보일러 제조 검사 기준의 별지 제6호 서식으로 한다.

(2) 검사의 준비

검사 신청자는 열사용 기자재 관리 규칙 제44조(검사에 필요한 조치 등)의 규정에 의하여 다음의 준비를 하여야 한다.

① 기기조종자는 입회하여야 한다.
② 보일러를 운전할 수 있도록 준비한다.
③ 정전, 단수, 화재, 천재지변 등 부득이한 사정으로 검사를 실시할 수 없을 경우에는 재신청 없이 다시 검사를 하여야 한다.

2-2 검사

(1) 수압 및 가스 누설 시험

① 수압시험 대상 : 수입한 보일러
② 가스 누설 시험 대상 : 가스용 보일러

참고

수압 시험의 목적
① 이음부의 누설 유무 조사
② 설계구조의 양부 판단
③ 구조상 검사가 곤란한 부분의 이상 유무 조사
④ 수리를 한 경우 그 부분의 강도나 이상 유무 판단
⑤ 손상이 생긴 부분의 강도 확인

③ 수압 시험압력

㈎ 강철제 보일러

㉮ 보일러의 최고사용압력이 0.43 MPa 이하일 때에는 그 최고사용압력의 2배의 압

력으로 한다. 다만 그 시험압력이 0.2 MPa 미만인 경우에는 0.2 MPa로 한다.

㉯ 보일러의 최고사용압력이 0.43 MPa 초과 1.5 MPa 이하일 때에는 그 최고사용압력의 1.3배에 0.3 MPa를 더한 압력으로 한다.

㉰ 보일러의 최고사용압력이 1.5 MPa를 초과할 때에는 그 최고사용압력의 1.5배의 압력

(나) 가스용 온수 보일러 : 강철제인 경우에는 (가)의 ㉮에서 규정한 압력

(다) 주철제 보일러

㉮ 보일러의 최고사용압력이 0.43 MPa 이하일 때는 그 최고사용압력의 2배의 압력으로 한다. 다만, 시험압력이 0.2 MPa 미만인 경우에는 0.2 MPa로 한다.

㉯ 보일러의 최고사용압력이 0.43 MPa를 초과할 때는 그 최고사용압력의 1.3배에 0.3 MPa을 더한 압력으로 한다.

④ 수압 시험방법

(가) 공기를 빼고 물을 채운 후 천천히 압력을 가하여 규정된 수압에 도달한 후 30분이 경과된 뒤에 검사를 실시하여 끝날 때까지 그 상태를 유지한다.

(나) 시험 수압은 규정된 압력의 6% 이상을 초과하지 않도록 모든 경우에 대한 적절한 제어를 마련하여야 한다.

(다) 수압시험 중 또는 시험 후에도 물이 얼지 않도록 하여야 한다.

⑤ 가스 누설 시험방법

(가) 내부 누설 시험 : 차압 누설 감지기에 대하여 누설 확인 작동 시험 또는 자기압력기록계 등으로 누설 유무를 확인한다. 자기압력기록계로 시험할 경우는 밸브를 잠그고 압력 발생 기구를 사용하여 천천히 공기 또는 불활성 가스 등으로 최고사용압력의 1.1배 또는 840 mmH_2O 중 높은 압력 이상으로 가압한 후 24분 이상 유지하여 압력의 변동을 측정한다.

(나) 외부 누설 시험 : 보일러 운전 중에 비눗물 시험 또는 가스 누설 검사기로 배관 접속 부위 및 밸브류 등의 누설 유무를 확인한다.

⑥ 판정 기준 : 수압 및 가스 누설 시험 결과 누설, 갈라짐 또는 압력의 변동 등 이상이 없어야 한다. 가스 누설 검사기의 경우에는 가스 농도가 0.2% 이하에서 작동하는 것을 사용하여 당해 검사기가 작동되지 않아야 한다.

(2) 설치 장소

설치 시공 기준에 따른 옥내 설치 · 옥외 설치 기준에 따른다.

(3) 보일러의 설치

설치 시공 기준에 따른 보일러의 설치 및 배관의 설치 기준에 따른다.

(4) 급수장치

설치 시공 기준에 따른 급수장치 설치 기준에 따른다.

(5) 압력 방출장치

설치 시공 기준에 따른 압력 방출장치 설치 기준은 다음에 따른다.

① 안전밸브의 작동 시험

㈎ 안전밸브의 분출압력은 1개일 경우 최고사용압력 이하, 안전밸브가 2개 이상인 경우 그 중 1개는 최고사용압력 이하, 기타는 최고사용압력의 1.03배 이하일 것

㈏ 과열기의 안전밸브 분출압력은 증발부 안전밸브의 분출압력 이하일 것

㈐ 재열기 및 독립 과열기에 있어서는 안전밸브가 하나인 경우 최고사용압력 이하, 2개인 경우 하나는 최고사용압력 이하이고 다른 하나는 최고사용압력의 1.03배 이하에서 분출하여야 한다. 다만, 출구에 설치하는 안전밸브의 분출압력은 입구에 설치하는 안전밸브의 설정압력보다 낮게 조정되어야 한다.

㈑ 발전용 보일러에 부착하는 안전밸브의 분출 정지압력은 분출압력의 0.93배 이상이어야 한다.

② 방출밸브의 작동 시험 : 온수 발생 보일러(액상식 열매체 보일러 포함)의 방출밸브는 다음 각 항에 따라 시험하여 보일러의 최고사용압력 이하에 작동하여야 한다.

㈎ 공급 및 귀환밸브를 닫아 보일러를 난방 시스템과 차단한다.

㈏ 팽창 탱크에 연결된 관의 밸브를 닫고 탱크의 물을 빼내고 공기 쿠션이 생겼나 확인하여 공기 쿠션이 있을 경우 공기를 배출시킨다. 다만, 가압 팽창 탱크는 배수시키지 않으며 분출시험 중 보일러와 차단되어서는 안 된다.

㈐ 보일러의 압력이 방출밸브 설정압력의 50% 이하로 되도록 방출밸브를 통하여 보일러의 물을 배출시킨다.

㈑ 보일러수의 압력과 온도가 상승함을 관찰한다.

㈒ 보일러의 최고사용압력 이하에서 작동하는지 관찰한다.

③ 온수 발생 보일러의 압력 방출장치로서 설치 시공 기준에 따른 온수 발생 보일러의 방출밸브와 방출관 및 온수 발생 보일러의 방출관 크기의 기준에 적합한 방출관을 부착한 보일러는 압력 방출장치의 작동 시험을 생략할 수 있다.

(6) 수면계

설치 시공 기준에 따른 수면계 설치 기준 1－5(2) 항에 따른다.

(7) 계측기

설치 시공 기준에 따른 계측기 설치 기준 1－6(9) 항에 따른다.

(8) 스톱밸브 및 분출밸브

설치 시공 기준에 따른 스톱밸브 및 분출밸브 설치 기준 1－7(6) 항에 따른다.

(9) 운전 성능

설치 시공 기준에 따른 운전 성능 기준 1－8(4) 항 및 다음에 따른다.

설치 시공 기준에 따른 계측기 설치 기준 (6) 항의 공기유량 자동조절 기능을 갖추어야 하는 보일러는 부하율을 90±10 %에서 45±10 %까지 연속적으로 변경시켜 배기가스 중 O_2 또는 CO_2 성분이 사용 연료별로 다음 표에 적합하여야 한다. 이 경우 시험은 반드시 다음 조건에서 실시하여야 한다.

① 매연 농도 바카르크 스모크 스케일(bacharch smoke scale) 4 이하, 다만 가스용 보일러의 경우 배기가스 중 CO의 농도는 0.1 % 이하

② 부하변동 시 공기량은 별도의 조작 없이 자동조절

(단위 : %)

성분 / 부하율 / 연료	O_2		CO_2	
	90±10	45±10	90±10	45±10
중유	3.7 이하	5 이하	12.7 이상	12 이상
경유	4 이하	5 이하	11 이상	10 이상
가스	배기가스 중의 일산화탄소의 이산화탄소에 대한 비 : 0.02 이하			

2-3 계속사용 성능 검사 중 운전 성능 측정 기준

(1) 검사의 신청

열사용 기자재 관리 규칙 제41조(계속사용 검사 신청서)의 규정에 따른다.

(2) 검사의 준비

① 보일러를 가동 중이거나 운전할 수 있도록 준비 및 부착된 각종 계측기는 측정하는데 이상이 없도록 정비되어야 한다.

② 정전, 단수, 화재, 천재지변, 가스의 공급 중단 등 부득이한 사정으로 검사를 실시할 수 없는 경우에는 재신청 없이 다시 검사를 받을 수 있다.

(3) 검사

사용부하에서 다음 해당사항에 대하여 검사를 실시하여 적합하여야 한다.

① 유류용 증기 보일러는 열효율이 다음 표에 만족하여야 한다.

용량(t/h)	1 이상 3.5 미만	3.5 이상 6 미만	6 이상 20 미만	20 이상
열효율(%)	75 이상	78 이상	81 이상	84 이상

② 유류 보일러로서 증기 보일러 이외의 보일러는 배기가스 중의 CO_2 용적이 중유의 경우 11.3 % 이상, 경유의 경우 9.5 % 이상이어야 하며, 출구에서의 배기가스 온도와 주

위온도와의 차는 다음 표에 만족하여야 한다. 다만, 열매체 보일러는 출구 열매유 온도와의 차가 200℃ 이하이어야 한다.

보일러 용량(t/h)	배기가스 온도차(K)
5 이하	315 이하
5 초과~20 이하	275 이하
20 초과	235 이하

㈜ 1. 폐열회수장치가 있는 보일러는 그 출구에서 배기가스 농도를 측정한다.
2. 보일러 용량이 MW(kcal/h)로 표시되었을 때에는 0.6987 MW(60만 kcal/h)를 1 t/h로 환산한다.
3. 주위온도는 보일러에 최초로 투입되는 연소용 공기 투입 위치의 주위온도로 하며, 투입 위치가 실내일 경우는 실내온도, 실외일 경우는 실외온도로 한다.

③ 가스용 보일러의 배기가스 중에서 일산화탄소(CO)의 이산화탄소(CO_2)에 대한 비는 0.02 이하이어야 하며, 출구에서의 배기가스 온도와 주위온도와의 차는 2-(2) 항의 값 이하이어야 한다. 다만, 공정부생가스 또는 폐가스를 사용하는 경우는 일산화탄소의 이산화탄소에 대한 비를 적용하지 않는다.

④ 보일러의 성능 시험방법은 KS B 6205(육용 보일러의 열정산 방식) 및 다음에 따른다.

(가) 유종별 비중, 발열량은 다음에 따르되, 실측이 가능한 경우 실측값에 따른다.

유 종	경유	B-A 유	B-B 유	B-C 유
비 중	0.83	0.86	0.92	0.95
저위발열량(kcal/kg)	10300	10200	9900	9750

(나) 증기 건도는 다음에 따르되, 실측이 가능한 경우 실측값에 따른다.

㉮ 강철제 보일러 : 0.98

㉯ 주철제 보일러 : 0.97

(다) 측정은 매 10분마다 실시한다.

(라) 수위는 최초 측정시와 최종 측정시가 일치하여야 한다.

(마) 측정 기록 및 계산 양식은 검사 기관에서 따로 정할 수 있으며, 이 계산에 필요한 증기의 물성치, 물의 비중, 연료별 이론 공기량, 이론 배기가스량, CO_2 최대치 및 중유의 용적보정계수 등은 검사 기관에서 지정한 것을 사용한다.

3. 온수 보일러 설치 시공 기준

3-1 총칙

(1) 적용범위

이 기준은 열사용 기자재 관리 규칙 제2조 별표 1의 규정에 의한 온수 보일러(이하를 "보일러"라 한다)의 설치 및 시공에 대하여 규정한다.

- **소형 온수 보일러** : 전열면적이 14 m^2 이하이며, 최고사용압력 0.35 MPa 이하의 온수를 발생하는 것. 다만, 구멍탄용 온수 보일러·축열식 전기 보일러 및 가스사용량이 17 kg/h (도시가스는 837 MJ) 이하인 가스용 온수보일러는 제외한다.

(2) 용어의 정의

이 기준에서 사용하는 용어의 정의는 다음과 같다.

① '상향순환식'이란 다음 그림의 예와 같이 송수주관을 상향 구배로 하고 방열면을 보일러 설치 기준면보다 높게 하여 온수를 순환시키는 배관방식을 말한다.
② '하향순환식'이란 다음 그림의 예와 같이 송수주관을 하향 구배로 하고 온수를 순환시키는 배관방식을 말한다.
③ '송수주관'이란 보일러에서 발생된 온수를 방열관 또는 온수 탱크에 공급하는 관을 말한다.
④ '환수주관'이란 방열관 등을 통과하여 냉각된 온수를 회수하는 관을 말한다.
⑤ '팽창 탱크'란 온수의 온도변화에 따른 체적팽창 또는 이상팽창에 의한 압력을 흡수하여 보일러의 부족수를 보충할 수 있는 물을 보유하고 있는 탱크를 말한다.

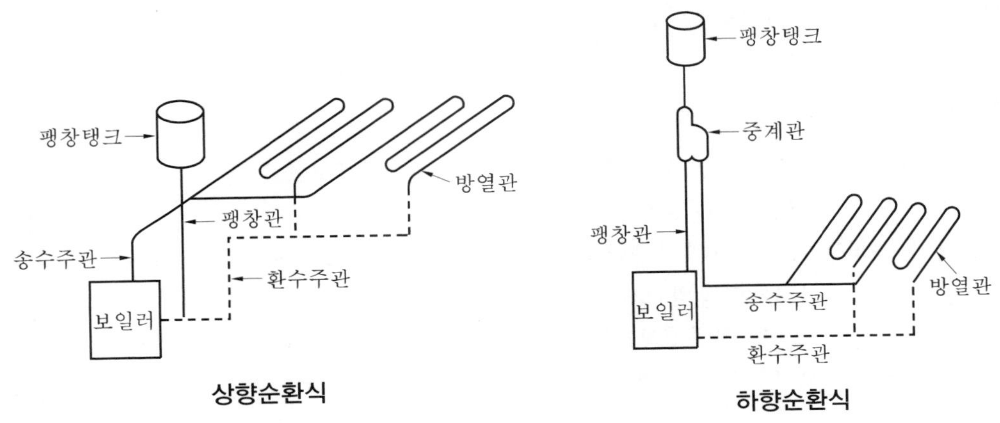

상향순환식 하향순환식

⑥ '급수 탱크'란 팽창 탱크에 물이 부족할 때 공급할 수 있는 물을 보유하고 있는 탱크를 말한다.
⑦ '공기 방출기'란 순환 중에 함유된 공기를 외부로 방출하기 위한 장치를 말한다.
⑧ '팽창관'이란 보일러 본체 또는 환수주관과 팽창 탱크를 연결시켜 주는 관을 말한다.

3-2 보일러의 설치 장소 및 설치

(1) 보일러의 설치 장소

① 보일러는 콘크리트, 콘크리트 블록 등 내화구조로 시공된 보일러실에 설치하는 것을 원칙으로 한다.
② 보일러는 통풍 및 배수가 잘되며, 굴뚝과 가능한 한 인접한 곳에 설치하여야 한다.
③ 보일러가 설치된 바닥면은 충분한 강도를 갖도록 콘크리트 구조로 하고, 습기에 의한 부식 등의 장애가 없어야 한다.

(2) 보일러의 설치

① 보일러는 수평으로 설치하여야 한다.
② 보일러는 보일러실 바닥보다 높게 설치하여야 하며, 주위에 적당한 공간을 두어 조작, 보수 및 청소가 용이하여야 한다.
③ 수도관 및 0.1 MPa 이상의 수두압이 발생하는 급수관은 보일러에 직접 연결하여서는 안 된다.
④ 보일러를 설치 시공할 경우에는 전기에 의한 누전, 감전 등의 위험이 없도록 적절한 조치를 하여야 한다.

3-3 배관 및 부속장치

(1) 배관 재료

① 배관은 KS D 3507(배관용 탄소강관), KS D 3517(기계구조용 탄소강관) 또는 동등 이상의 것을, 급탕용 관은 KS D 3507 중 백관 또는 동등 이상의 것을 사용해야 한다.
② 관 이음쇠는 KS B 1531(나사식 가단 주철제 관이음쇠), KS B 1533(나사식 강관제 관이음쇠) 또는 동등 이상의 것을 사용하여야 한다.
③ 밸브는 KS B 2303(청동밸브) 또는 동등 이상의 것을 사용하여야 한다.
④ 기타 배관재료 및 부품은 한국산업규격 또는 동등 이상의 것을 사용하여야 한다.

(2) 배관의 크기 및 보온

① 송수주관 및 환수주관의 크기는 보일러 용량이 30000 kcal/h 이하일 때는 호칭지름 25 mm 이상을, 30000 kcal/h 초과일 때는 호칭지름 30 mm 이상을 원칙으로 한다.
② 급탕관의 크기는 보일러 용량이 50000 kcal/h 이하일 때는 호칭지름 15 mm 이상을, 50000 kcal/h 초과일 때는 호칭지름 20 mm 이상을 원칙으로 한다.
③ 배관은 KS F 2803(보온·보랭공사 시공 표준)에 정하는 방법에 따라 보온을 하여야 한다.

(3) 배관의 이음

① 배관은 분해 조립이 가능하도록 한국산업규격에서 정한 나사 이음 또는 이와 동등 이상의 방법으로 연결하여야 하며, 연결부에서 누수가 없도록 적절한 조치를 취하여야 한다.
② 배관은 전 계통이 연결된 후 배관 내부에 있는 찌꺼기 등 온수 순환의 장애물을 깨끗이 청소하여야 한다.

(4) 순환펌프

순환펌프를 설치할 경우에는 당해 보일러에서 발생되는 온수를 충분히 순환시킬 수 있는 용량의 것을 다음의 방법에 따라 설치하여야 한다. 다만, 순환펌프가 내장된 보일러의 경우는 예외로 한다.

① 순환펌프는 보일러 본체, 연도 등에 의한 방열에 의해 영향을 받을 우려가 없는 곳에 설치하여야 한다.
② 순환펌프에는 바이패스 회로를 설치하여야 한다. 다만, 하향식 구조 및 자연순환이 곤란한 구조에서는 이를 설치하지 않을 수 있다.
③ 순환펌프와 전원 콘센트 간의 거리는 가능한 한 최소로 하고 누전 등의 위험이 없어야 한다.
④ 순환펌프의 흡입 측에는 여과기를 설치하여야 하며, 펌프의 양측에는 밸브를 설치하여야 한다.
⑤ 순환펌프는 방출관 및 팽창관의 작용을 폐쇄하거나 차단해서는 안 되며 환수주관에 설치함을 원칙으로 한다.
⑥ 순환펌프의 모터 부분은 수평으로 설치함을 원칙으로 한다.
⑦ 공기빼기 장치가 없는 순환펌프는 체크밸브를 설치하지 않는다.

(5) 급수 탱크

팽창 탱크 및 급탕용 급수가 부족할 때 이를 자동으로 보충하는 급수 탱크를 설치하여야 한다. 이 경우 급수 탱크의 구조는 KS B 5122(온수 보일러용 시스템)에 따른다.

(6) 온수 탱크

급탕이 필요하여 온수 탱크를 설치할 경우에는 다음의 조건을 만족시켜야 한다.

① 내식성 재료를 사용하거나 내식처리된 온수 탱크를 설치하여야 한다.
② KS F 2803(보온·보랭공사 시공 표준)에 정하는 방법에 따라 보온을 하여야 한다.
③ 373 K의 온수에도 충분히 견딜 수 있는 재료를 사용하여야 한다.
④ 탱크 밑부분에는 물빼기 관 또는 물빼기 밸브가 있어야 한다.
⑤ 밀폐식 온수 탱크의 경우 팽창 흡수장치 또는 방출밸브를 설치하여야 하며, 이때 방출밸브는 KS B 6155(온수기용 방출밸브)에 정한 것 또는 동등 이상의 것을 사용하여야 한다.

(7) 팽창관 및 방출관

보일러 내의 물의 팽창 및 증기 발생에 대비하여 다음 조건을 만족시키는 팽창관 및 방출관(또는 방출밸브)을 설치하여야 한다.

① 팽창관 및 방출관의 크기는 보일러 용량이 시간당 30000 kcal/h 이하인 경우 호칭지름 15 mm 이상, 30000 kcal/h 초과 150000 kcal/h 이하인 경우 호칭지름 25 mm 이상, 150000 kcal/h를 초과하는 경우에는 호칭지름 30 mm 이상이어야 한다.
② 팽창관 및 방출관에는 물 또는 발생증기의 흐름을 차단하는 장치가 있어서는 안 된다.
③ 팽창관은 가능한 한 굽힘이 없고 어는 것을 방지할 수 있는 조치가 되어 있어야 한다.

(8) 팽창 탱크

팽창관의 상부에 다음 조건을 만족시키는 팽창 탱크를 설치하여야 한다. 다만, 팽창 탱크가 보일러에 내장되었을 경우는 예외로 한다.

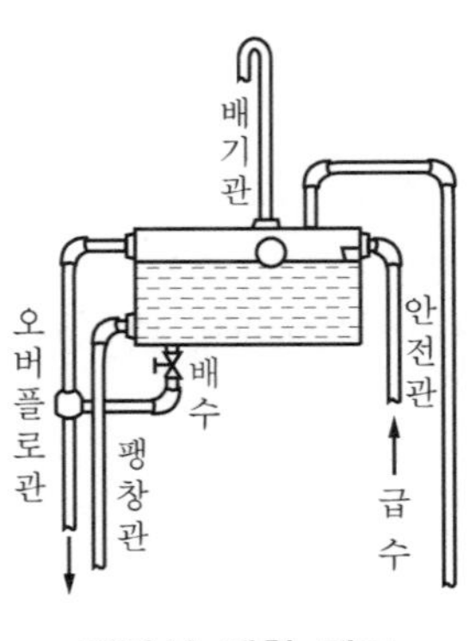

개방식 팽창 탱크

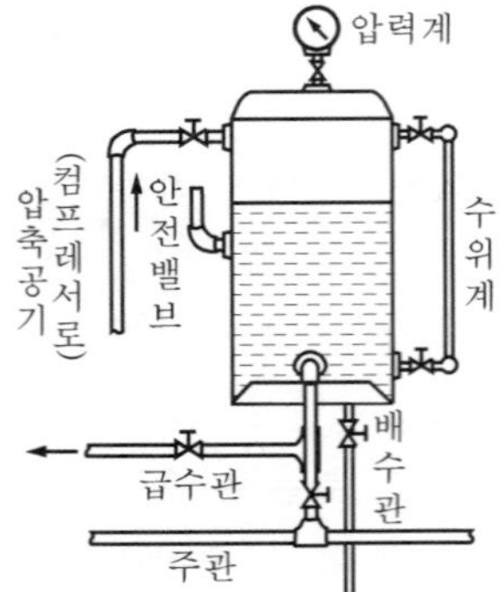

밀폐식 팽창 탱크

① 373 K의 온수에도 충분히 견딜 수 있으며 수위를 용이하게 알아볼 수 있어야 한다.
② 개방식의 경우 팽창 탱크의 높이는 방열면보다 1 m 이상 높은 곳에 설치하여야 하며, 얼지 않도록 적절한 보온을 하여야 한다.

③ 밀폐식의 경우 배관 계통 내의 압력이 제한압력 이상으로 되면 자동적으로 과잉수를 배출시킬 수 있도록 방출밸브를 설치하여야 한다.

④ 팽창 탱크의 용량은 보일러 및 배관 내의 보유수량이 200 L까지는 20 L, 보유수량이 100 L를 초과하는 경우에는 그 초과량 100 L마다 10 L씩 가산한 용량 이상이어야 한다.

⑤ 팽창관 끝 부분은 팽창 탱크 바닥면보다 25 mm 정도 높게 배관되어야 한다.

⑥ 팽창 탱크에 물이 부족할 때 이를 자동으로 보충할 수 있는 장치를 하여야 한다.

⑦ 팽창 탱크에는 물의 팽창 등에 대비하여 인체, 보일러 및 관련 부품에 위해가 발생하지 않도록 일수관(오버플로 관)을 설치하여야 한다.

(9) 공기 방출기

배관 중의 공기를 방출할 수 있는 공기 방출기가 있어야 한다.

예·상·문·제

1. 보일러 옥내 설치에 있어 동체 최상부로부터 천장, 배관 등 보일러 상부에 있는 구조물까지의 거리는 얼마 이상이어야 하는가?

㉮ 0.6 m ㉯ 1.0 m ㉰ 1.2 m ㉱ 1.5 m

해설 1.2 m 이상의 거리를 두어야 하며, 소형 보일러 및 주철제 보일러의 경우 0.6 m 이상의 거리를 두어야 한다.

2. 소형 보일러 설치에 있어 보일러 동체 최상부로부터 천장, 배관 또는 그 밖의 보일러 동체 상부에 있는 구조물까지의 거리는 얼마 이상이어야 하는가?

㉮ 0.6 m ㉯ 1.0 m ㉰ 1.2 m ㉱ 1.5 m

3. 보일러 및 보일러에 부설된 금속제 굴뚝 또는 연도의 외측으로부터 몇 m 이내에 가연성 물체에 대해서는 금속 이외의 불연성 재료로 피복해야 하는가?

㉮ 0.1 m ㉯ 0.3 m ㉰ 0.5 m ㉱ 1.0 m

해설 0.3 m 이내

4. 보일러를 옥내에 설치하는 경우에 대한 설명으로 잘못된 것은?

㉮ 보일러실에 연료를 저장할 때는 보일러 외측으로부터 1 m 이상의 거리를 둔다.

㉯ 보일러에 설치된 계기들을 육안으로 관찰하는 데 지장이 없도록 충분한 조명시설이 되어 있어야 한다.

㉰ 도시가스를 사용하는 경우 환기구를 가능한 한 높이 설치한다.

㉱ 보일러는 불연성 물질의 격벽으로 구분된 장소에 설치하여야 한다.

해설 연료를 저장할 때는 보일러 외측으로부터 2 m 이상의 거리를 두어야 한다(단, 소형 보일러에서는 1 m 이상 거리를 둔다).

참고 소형 보일러란 소용량 보일러, 가스용 온수 보일러, 소형 관류 보일러를 말한다.

5. 보일러를 옥내에 설치하는 경우에 대한 설명으로 잘못된 것은?

㉮ 보일러실의 천장 높이는 보일러 최상부에서부터 1.2 m 이상 되어야 한다.

㉯ 도시가스를 사용하는 경우 환기구는 가급적 낮게 설치한다.

㉰ 소용량 보일러, 소형 관류 보일러는 반격벽으로 구분된 장소에 설치할 수 있다.

㉱ 연료를 저장할 때는 보일러 외측으로부터 2 m 이상의 거리를 두거나 방화격벽을 설치해야 한다.

해설 도시가스는 공기보다 가벼우므로 환기구는 가급적 높게 설치해야 한다.

6. 옥내에 보일러를 설치하는 경우 연료의 저장은 보일러 외측으로부터 최소 얼마 이상 거리를 두어야 하는가?

㉮ 거리와 무관 ㉯ 1 m 이상
㉰ 2 m 이상 ㉱ 3 m 이상

해설 연료를 저장할 때에는 보일러 외측으로부터 2 m 이상 거리를 두거나 방화격벽을 설치해야 한다. 단, 소형 보일러의 경우에는 1 m 이상 거리를 두거나 반격벽으로 할 수 있다.

정답 1. ㉰ 2. ㉮ 3. ㉯ 4. ㉮ 5. ㉯ 6. ㉰

7. 보일러의 옥외 설치 시공 기준을 잘못 설명한 것은?

㉮ 빗물이 스며들지 않도록 케이싱 등의 적절한 방지설비를 해야 한다.

㉯ 노출된 절연재에는 방수처리를 해야 한다.

㉰ 보일러 외부에 있는 증기관은 나관으로 두어야 한다.

㉱ 강제 통풍팬의 입구에는 빗물방지 보호판을 설치해야 한다.

해설 보일러 외부에 있는 증기관 및 급수관 등이 얼지 않도록 적절한 보호조치를 해야 한다.

8. 가스용 온수 보일러의 연료 배관에서 배관과 전기점멸기 또는 전기접속기와의 거리는 얼마 이상 유지해야 하는가?

㉮ 10 cm ㉯ 15 cm

㉰ 20 cm ㉱ 30 cm

해설 전기계량기 및 전기개폐기와는 60 cm 이상, 절연전선과의 거리는 10 cm 이상, 절연조치를 하지 아니한 전선과의 거리는 30 cm 이상의 거리를 유지해야 한다.

9. 보일러 설치 시공 기준상 가스용 보일러의 연료 배관 설치에서 관지름이 13 mm 이상, 33 mm 미만인 경우 고정은 몇 m 마다 해야 하는가?

㉮ 1 m ㉯ 2 m

㉰ 3 m ㉱ 4 m

해설 ① 관지름이 13 mm 미만인 경우 : 1 m 마다 고정

② 관지름이 13 mm 이상~33 mm 미만인 경우 : 2 m 마다 고정

③ 관지름이 33 mm 이상인 경우 : 3 m 마다 고정

10. 보일러 설치 시공 기준상 가스용 보일러의 경우 연료 배관 외부에 표시하여야 하는 사항이 아닌 것은?

㉮ 사용가스명 ㉯ 최고사용압력

㉰ 가스흐름 방향 ㉱ 최저사용온도

해설 가스 배관 외부에 표시해야 할 사항은 사용가스명, 최고사용압력, 가스흐름 방향이다.

11. 가스용 보일러의 배관 설치에 대한 시공 기준에 대한 설명으로 잘못된 것은?

㉮ 외부에 노출시켜 배관하는 것이 원칙이다.

㉯ 관지름이 13 mm 미만일 때 1 m 마다 배관을 고정시켜야 한다.

㉰ 가스 배관의 표면 색상은 적색으로 한다.

㉱ 전기계량기 및 전기개폐기와 배관의 거리는 60 cm 이상이어야 한다.

해설 가스 배관의 표면 색상은 황색으로 한다.

12. 가스용 보일러의 연료 배관 설치에 관한 설명으로 옳은 것은?

㉮ 배관의 관지름이 13 mm 미만이면 1 m 마다 고정장치를 설치해야 한다.

㉯ 배관의 표면 색상은 흰색으로 한다.

㉰ 강관은 매몰하여 시공할 수 있다.

㉱ 배관과 전기점멸기의 거리는 10 cm 이상 유지한다.

해설 ① 가스 배관의 표면 색상은 황색으로 한다.

② 가스 배관은 외부에 노출하여 시공해야 한다. 단, 동관, 스테인리스 강관, 기타 내식성 재료로서 이음매(용접 이음매 제외) 없이 설치하는 경우에는 매몰하여 시공할 수 있다.

정답 7. ㉰ 8. ㉱ 9. ㉯ 10. ㉱ 11. ㉰ 12. ㉮

③ 가스 배관과 전기점멸기 및 전기접속기와의 거리는 30 cm 이상 유지, 전기개폐기와 전기계량기와의 거리는 60 cm 이상 유지, 절연전선과는 10 cm 이상의 거리를 유지해야 한다.

13. **가스 배관의 표면 색상은 무엇인가?**

㉮ 적색 ㉯ 황색 ㉰ 흰색 ㉱ 흑색

14. **다음 중 전열면적 12 m^2인 강철제 또는 주철제 증기 보일러의 급수밸브의 크기로 적합한 것은?**

㉮ 15 A 이상 ㉯ 20 A 이상
㉰ 25 A 이상 ㉱ 32 A 이상

해설 ① 전열면적 10 m^2 이하인 경우 : 15 A 이상
② 전열면적 10 m^2 초과인 경우 : 20 A 이상

15. **다음 중 1개의 급수장치로 2개 이상의 보일러에 물을 공급하는 경우에 대한 설명으로 옳은 것은?**

㉮ 전체 보일러를 1개의 보일러로 간주하여 급수장치를 설치한다.
㉯ 급수장치는 각 보일러별로 설치해야 한다.
㉰ 각 보일러에 대한 급수 지관에 밸브를 붙여서는 안 된다.
㉱ 급수장치의 능력은 가장 큰 보일러의 증발량으로 한다.

해설 1개의 급수장치로 2개 이상의 보일러에 물을 공급할 경우 전체 보일러를 1개의 보일러로 간주하여 급수장치를 설치한다.

16. **최고사용압력 몇 MPa 미만의 보일러에서는 급수장치의 급수관에 체크밸브를 생략해도 좋은가?**

㉮ 1 MPa ㉯ 0.1 MPa
㉰ 0.5 MPa ㉱ 0.3 MPa

해설 보일러 최고사용압력이 0.1 MPa(1 kgf/cm^2) 미만인 경우에는 급수 체크밸브를 생략할 수 있다.

17. **증기 보일러에는 특별한 경우를 제외하고 몇 개 이상의 안전밸브를 부착해야 하는가?**

㉮ 2개 ㉯ 3개 ㉰ 4개 ㉱ 5개

해설 전열면적 50 m^2 이하인 경우에는 1개 이상 부착할 수 있다.

18. **증기 보일러에는 2개 이상의 안전밸브를 설치하도록 되어 있으나, 전열면적 몇 m^2 이하의 증기 보일러에서는 1개 이상의 안전밸브를 설치하면 되는가?**

㉮ 20 m^2 ㉯ 30 m^2 ㉰ 40 m^2 ㉱ 50 m^2

19. **강철제 또는 주철제 증기 보일러의 급수장치에 대한 설명으로 틀린 것은?**

㉮ 2개 이상의 보일러에 자동급수조절기를 설치하는 경우 공통으로 하여 1개만 설치한다.
㉯ 전열면적 10 m^2를 초과하는 보일러에서 급수밸브의 크기는 호칭 20 A 이상으로 한다.
㉰ 급수관에는 보일러에 인접하여 급수밸브와 체크밸브를 설치한다.
㉱ 1개의 급수장치로 2개 이상의 보일러에 물을 공급할 경우 1개의 보일러로 간주하여 적용한다.

해설 자동급수조절기를 설치할 때에는 필요에 따라 즉시 수동으로 변경할 수 있는 구조이어야 하며, 2개 이상의 보일러에 공통으로 사용하는 자동급수조절기를 설치해서는 안 된다.

정답 13. ㉯ 14. ㉯ 15. ㉮ 16. ㉯ 17. ㉮ 18. ㉱ 19. ㉮

20. **보일러 안전밸브의 부착에 관한 설명으로 잘못된 것은?**

㉮ 안전밸브 부착은 바이패스 회로를 적용한다.
㉯ 쉽게 검사할 수 있는 장소에 부착한다.
㉰ 밸브 축을 수직으로 한다.
㉱ 가능한 한 보일러 동체에 직접 부착한다.

해설 안전밸브의 부착 시 bypass line을 적용시키지 않는다.

21. **다음의 설명 중 틀린 것은?**

㉮ 급수관에는 보일러에 인접하여 급수밸브와 체크밸브를 설치해야 한다.
㉯ 최고사용압력이 0.1 MPa(1 kgf/cm^2) 미만의 보일러에는 체크밸브를 생략할 수 있다.
㉰ 전열면적 10 m^2 이하인 경우의 급수밸브의 크기는 15 A 이상으로 해야 한다.
㉱ 급수가 밸브 디스크를 밀어 내리도록 급수밸브를 부착한다.

해설 급수가 밸브 디스크를 밀어 올리도록 급수밸브를 부착해야 한다.

22. **강철제 증기 보일러의 안전밸브 부착에 관한 설명으로 잘못된 것은?**

㉮ 쉽게 검사할 수 있는 곳에 부착한다.
㉯ 밸브 축을 수직으로 하여 부착한다.
㉰ 가급적 압력이 적게 작용하는 곳에 부착한다.
㉱ 가능한 한 보일러 동체에 직접 부착한다.

해설 가급적 압력이 높게 작용하는 곳에 부착한다.

23. **강철제 또는 주철제 증기 보일러에 안전밸브가 1개 설치된 경우 밸브 작동 시험 시 분출(작동)압력은?**

㉮ 사용압력 이하
㉯ 최저사용압력 이상
㉰ 최고사용압력 이하
㉱ 최고사용압력의 1.03배 이하

해설 ① 1개가 설치된 경우 : 최고사용압력 이하에서 분출해야 한다.
② 2개가 설치된 경우 : 1개는 최고사용압력 이하에서, 나머지 1개는 최고사용압력의 1.03배 이하에서 분출해야 한다.

24. **강철제 또는 주철제 보일러의 설치 검사 시 안전밸브 작동 시험을 한다. 안전밸브가 2개 이상 설치된 경우 1개는 최고사용압력 이하에서 작동해야 하고, 기타는 최고사용압력의 몇 배에서 작동해야 하는가?**

㉮ 0.93배 ㉯ 0.98배
㉰ 1.03배 ㉱ 1.06배

25. **과열기가 부착된 보일러의 안전밸브 설치에 대한 설명으로 옳은 것은?**

㉮ 과열기 입구에 1개의 안전밸브를 부착한다.
㉯ 과열기 출구에 1개 이상의 안전밸브를 설치한다.
㉰ 과열기 입구 및 출구에 각각 1개의 안전밸브를 설치한다.
㉱ 보일러 동체에 안전밸브가 있으면 과열기에는 설치할 필요가 없다.

해설 과열기에는 그 출구에 1개 이상의 안전밸브를 설치하며, 재열기 또는 독립 과열기에는 입구 및 출구에 각각 1개 이상의 안전밸브를 설치해야 한다.

정답 20. ㉮ 21. ㉱ 22. ㉰ 23. ㉰ 24. ㉰ 25. ㉯

26. **증기 보일러의 안전밸브에 관한 설명으로 틀린 것은?**

㉮ 2개 이상 설치하는 것이 원칙이다.
㉯ 가능한 한 보일러의 동체에 직접 부착한다.
㉰ 호칭지름 15 A 이상의 크기로 한다.
㉱ 스프링 안전밸브를 주로 부착한다.

해설 증기 보일러에 부착하는 안전밸브는 특별한 경우를 제외하고는 25 A 이상이어야 한다.

27. **증기 보일러에 부착하는 안전밸브는 특별한 경우를 제외하고는 얼마 이상이어야 하는가?**

㉮ 15 A 이상 ㉯ 20 A 이상
㉰ 25 A 이상 ㉱ 32 A 이상

28. **증기 보일러에 부착하는 안전밸브의 호칭지름을 20 A 이상으로 할 수 있는 조건이 아닌 것은?**

㉮ 최고사용압력이 0.1 MPa(1 kgf/cm^2) 이하의 보일러
㉯ 최고사용압력이 0.5 MPa(5 kgf/cm^2) 이하이고, 동체의 안지름이 500 mm 이하이며 동체의 길이가 1000 mm 이하의 보일러
㉰ 최고사용압력이 0.5 MPa(5 kgf/cm^2) 이하이고 전열면적이 2 m^2 이하의 보일러
㉱ 최대증발량이 5 t/h 이하인 원통형 보일러

해설 최대증발량이 5 t/h 이하인 관류 보일러와 소용량 보일러인 경우에 20 A 이상으로 할 수 있다.

29. **온도 393 K(120℃)를 초과하는 온수 발생 보일러의 안전밸브 크기는 호칭지름 몇 mm 이상이어야 하는가?**

㉮ 15 mm ㉯ 20 mm ㉰ 25 mm ㉱ 32 mm

해설 온도 393 K(120℃)를 초과하는 온수 보일러에는 안전밸브를, 온도 393 K(120℃) 이하인 온수 보일러에는 방출밸브를 부착하며 각각 크기는 20 mm 이상이어야 한다.

참고 증기 보일러에 부착하는 안전밸브의 크기는 25 mm 이상일 것

30. **다음 중 안전밸브를 부착하지 않는 곳은?**

㉮ 보일러 본체 ㉯ 과열기 출구
㉰ 재열기 입구 ㉱ 절탄기 출구

31. **온도 몇 K를 초과하는 강철제 온수 발생 보일러에는 안전밸브를 설치해야 하는가?**

㉮ 373 K ㉯ 383 K
㉰ 393 K ㉱ 423 K

해설 온도 393 K(120℃) 이하인 경우에는 방출밸브 1개 이상, 온도 393 K(120℃) 초과인 경우에는 안전밸브 1개 이상 설치해야 하며, 그 지름은 각각 20 A 이상이어야 한다.

32. **전열면적이 10 m^2 이상 15 m^2 미만인 강철제 온수 발생 보일러 방출관의 안지름을 몇 mm 이상으로 해야 하는가?**

㉮ 25 mm ㉯ 30 mm
㉰ 40 mm ㉱ 50 mm

해설

전열면적(m^2)	방출관 안지름(mm)
10 미만	25 이상
10 이상~15 미만	30 이상
15 이상~20 미만	40 이상
20 이상	50 이상

정답 26. ㉰ 27. ㉰ 28. ㉱ 29. ㉯ 30. ㉱ 31. ㉰ 32. ㉯

33. 보일러수면계의 기능 점검 횟수로 적합한 것은?

㉮ 1년 1회 이상 ㉯ 1달 1회 이상
㉰ 1주 1회 이상 ㉱ 1일 1회 이상

해설 수면계의 기능 점검과 분출작업은 1일 1회 이상 실시해야 한다.

34. 증기 보일러에 부착하는 압력계 눈금판의 바깥지름은 몇 mm 이상이어야 하는가?

㉮ 50 mm ㉯ 100 mm
㉰ 150 mm ㉱ 200 mm

해설 일반적으로 100 mm 이상이어야 하며, 60 mm 이상으로 할 수 있는 조건은 다음과 같다.
① 최고사용압력이 0.5 MPa(5 kgf/cm^2) 이하이고 동체의 안지름은 500 mm 이하이며 동체의 길이가 1000 mm 이하인 보일러
② 최고사용압력이 0.5 MPa(5 kgf/cm^2) 이하이고 전열면적이 2 m^2 이하인 보일러
③ 최대 증발량이 5 t/h 이하인 관류 보일러
④ 소용량 보일러

35. 압력계 사이펀 관을 부착하는 이유는 무엇인가?

㉮ 정확한 압력을 측정하기 위하여
㉯ 가동 중 압력계를 검사하기 위하여
㉰ 고온의 증기로부터 압력계를 보호하기 위하여
㉱ 압력 변동을 방지하기 위하여

해설 압력계에는 고온의 증기로부터 압력계를 보호하기 위하여 물을 넣은 안지름 6.5 mm 이상의 사이펀 관 또는 동등 이상의 작용을 하는 장치를 부착하여 고온의 증기가 직접 압력계에 들어가지 않도록 해야 한다.

36. 증기 보일러에 압력계를 부착할 때 사이펀 관의 안지름은 몇 mm 이상으로 하는가?

㉮ 5.0 mm ㉯ 5.5 mm
㉰ 6.0 mm ㉱ 6.5 mm

37. 증기 보일러에는 몇 개 이상의 유리 수면계를 부착하는가?

㉮ 1개 ㉯ 2개
㉰ 3개 ㉱ 부착할 필요 없다.

해설 ① 증기 보일러에는 2개 이상의 유리 수면계를 부착해야 한다. 단, 최고사용압력이 1 MPa(10 kgf/cm^2) 이하로서 동체의 안지름이 750 mm 미만인 경우에는 수면계 중 1개는 다른 종류의 수면 측정장치(검수콕 3개)로 할 수 있다.
② 소용량 및 소형 관류 보일러에는 1개 이상 부착한다.
③ 온수 보일러 및 단관식 관류 보일러에는 수면계를 부착하지 않는다.

38. 다음 중 수면계를 부착하지 않아도 되는 보일러는 무엇인가?

㉮ 최고사용압력이 1 MPa(10 kgf/cm^2) 이하인 노통 증기 보일러
㉯ 전열면적이 20 m^2 이하인 수관식 증기 보일러
㉰ 노통 연관 증기 보일러
㉱ 단관식 관류 보일러

39. 증기 보일러에 일반적으로 사용하는 압력계는 무엇인가?

㉮ 침종식 압력계
㉯ 다이어프램식 압력계
㉰ 부르동관식 압력계
㉱ 액주식 압력계

정답 33. ㉱ 34. ㉯ 35. ㉰ 36. ㉱ 37. ㉯ 38. ㉱ 39. ㉰

해설 부르동관식 압력계는 정도(精度, 정밀도와 정확도)는 낮으나 고압측정용(200 MPa(2000 kgf/cm²) 정도까지)이므로 가장 많이 사용하며 기준이 된다.

40. 압력계의 최고 눈금은 보일러 최고사용압력의 어느 정도이어야 하는가?

㉮ 1배 이상~1.5배 이하
㉯ 1배 이상~2배 이하
㉰ 1.5배 이상~3배 이하
㉱ 2배 이상

해설 보일러에 부착하는 압력계의 최대 지시 눈금은 보일러 최고사용압력의 1.5배 이상 3배 이하이어야 한다.

41. 보일러 설치 시공 기준상 압력계 부착 시의 설명으로 잘못된 것은?

㉮ 압력계는 얼지 않도록 해야 한다.
㉯ 압력계와 연결된 증기관이 동관인 경우 안지름을 6.5 mm 이상으로 한다.
㉰ 증기의 온도가 483 K(210℃)을 초과할 경우 황동관을 사용할 수 있다.
㉱ 압력계와 연결된 증기관이 강관인 경우 안지름 12.7 mm 이상이어야 한다.

해설 증기의 온도가 483 K(210℃)을 초과할 경우에는 동관 또는 황동관을 사용할 수 없고 반드시 강관을 사용해야 한다.

42. 증기온도가 483 K(210℃)을 넘는 경우 압력계와 연결되는 증기관의 재질과 관지름으로 옳은 것은?

㉮ 12.7 mm 이상의 강관
㉯ 12.7 mm 이상의 황동관
㉰ 6.5 mm 이상의 강관
㉱ 6.5 mm 이상의 동관

해설 증기관의 크기는 황동관 또는 동관인 경우에는 6.5 mm 이상이어야 하며, 증기온도가 483 K(210℃)을 넘는 경우에는 반드시 12.7 mm 이상의 강관을 사용해야 한다.

43. 보일러에서 온도계를 반드시 설치하지 않아도 되는 곳은?

㉮ 과열기 입구 ㉯ 재열기 출구
㉰ 절탄기 입구 ㉱ 공기예열기 출구

해설 과열기 및 재열기는 출구 측에, 절탄기 및 공기예열기는 입구와 출구 측에 반드시 설치해야 한다.

44. 보일러에서 온도계를 반드시 설치하지 않아도 되는 곳은?

㉮ 급수 입구 부분 ㉯ 급유 입구 부분
㉰ 연도 ㉱ 기름 저장 탱크

해설 연도 입구에는 배기가스 온도계를, 예열이 필요한 중유 저장 탱크에는 온도계를 설치하며, 경유 및 등유 저장 탱크에는 온도계를 설치하지 않는다.

45. 보일러 급유온도는 다음 중 어디서 측정해야 하는가?

㉮ 오일 프리히터 출구
㉯ 버너 입구
㉰ 서비스 탱크 출구
㉱ 급유량계 출구

해설 급유온도는 버너 입구에서 측정한다.

46. 보일러 부속설비 중 온도계를 장착할 필요가 없는 것은?

㉮ 서비스 탱크 ㉯ 버너 입구
㉰ 가용전 ㉱ 오일 프리히터

해설 가용전(가용마개=용융마개)은 안전장치이므로 온도계를 장착할 필요가 없다.

정답 40. ㉰ 41. ㉰ 42. ㉮ 43. ㉮ 44. ㉱ 45. ㉯ 46. ㉰

47. 강철제 또는 주철제 보일러의 용량이 몇 t/h 이상이면 유량계를 설치해야 하는가?

㉮ 1 t/h ㉯ 1.5 t/h
㉰ 2 t/h ㉱ 3 t/h

해설 용량 1 t/h 이상의 보일러에는 다음의 유량계를 설치해야 한다.
① 급수관에는 적당한 위치에 급수 유량계
② 기름용 보일러에는 급유 유량계
③ 가스용 보일러에는 가스 유량계

48. 가스 유량계는 화기와 몇 m 이상 우회거리를 유지해야 하는가?

㉮ 1 m ㉯ 2 m ㉰ 3 m ㉱ 5 m

해설 가스 유량계는 화기(당해 시설 내에서 사용하는 자체 화기를 제외한다)와 2 m 이상의 우회거리를 유지하는 곳으로서 수시로 환기가 가능한 장소에 설치하여야 한다.

49. 열매체 보일러 및 사용온도가 393 K(120 ℃) 이상인 온수 발생 보일러에 작동 유체의 온도가 최고사용온도를 초과하지 않도록 설치하는 것은?

㉮ 온도－급수 제어장치
㉯ 온도－압력 제어장치
㉰ 온도－연소 제어장치
㉱ 온도－수위 제어장치

해설 ① 열매체 보일러 및 사용온도가 393 K (120℃) 이상인 온수 발생 보일러에는 작동유체의 온도가 최고사용온도를 초과하지 않도록 온도－연소 제어장치를 설치해야 한다.
② 최고사용압력이 0.1 MPa(1 kgf/cm^2)(수압의 경우 10 m)를 초과하는 주철제 온수 보일러에는 온수온도가 388 K(115℃)를 초과할 때는 연료의 공급을 차단하거나 파일럿 연소를 할 수 있는 장치를 설치해야 한다.

50. 용량 2 t/h 미만의 온수 보일러 및 난방 전용 보일러에는 급유량계를 무엇으로 대신할 수 있는가?

㉮ O_2 측정장치 ㉯ CO 측정장치
㉰ CO_2 측정장치 ㉱ N_2 측정장치

해설 CO_2 측정장치로 대신할 수 있다.

51. 최고사용압력 얼마를 초과하는 증기 보일러에는 저수위 안전장치를 설치해야 하는가? (단, 소용량 보일러는 제외)

㉮ 0.1 MPa ㉯ 0.2 MPa
㉰ 0.5 MPa ㉱ 1 MPa

해설 최고사용압력 0.1 MPa(1 kgf/cm^2)를 초과하는 증기 보일러에는 다음 각호의 저수위 안전장치를 설치해야 한다.
① 보일러의 수위가 안전수위까지 내려가기 직전에 자동적으로 경보가 울리는 장치(50～100초)
② 보일러의 수위가 안전수위까지 내려가는 즉시 연소실 내에 공급하는 연료를 자동적으로 차단하는 장치

52. 용량이 얼마 이상인 유류 연소 증기 보일러에는 연소용 공기를 자동으로 조절하는 기능을 갖추어야 하는가?(단, 난방 전용 제외)

㉮ 5 t/h ㉯ 8 t/h
㉰ 10 t/h ㉱ 20 t/h

해설 가스용 보일러 및 용량 5 t/h(난방 전용은 10 t/h) 이상인 유류 보일러에는 공급 연료량에 따라 연소용 공기를 자동으로 조절하는 기능이 있어야 한다. 이때 보일러 용량이 MW(kcal/h)로 표시되었을 때에는 0.6978 MW(60만 kcal/h)를 1 t/h로 환산한다.

정답 47. ㉮ 48. ㉯ 49. ㉰ 50. ㉰ 51. ㉮ 52. ㉮

53. **보일러 설치 시 스톱밸브 및 분출밸브 부착에 대한 기준의 설명 중 잘못된 것은?**

㉮ 증기의 각 분출구에는 모두 분출밸브를 부착해야 한다.

㉯ 스톱밸브의 호칭압력은 보일러의 최고사용압력 이상이어야 하며 적어도 0.7 MPa(7 kgf/cm^2) 이상이어야 한다.

㉰ 전열면적이 10 m^2 이하의 보일러에서는 지름 20 mm 이상의 분출밸브를 설치할 수 있다.

㉱ 2개 이상의 보일러의 공통 분출관은 분출밸브 또는 콕의 앞을 공동으로 해서는 안 된다.

해설 증기의 각 분출구에는 스톱밸브를 갖추어야 한다.

54. **분출밸브 2개(또는 분출밸브와 분출콕)를 직렬로 갖추어야 하는 보일러는 최고사용압력 몇 MPa 이상인 보일러인가?**

㉮ 0.1 MPa ㉯ 0.3 MPa

㉰ 0.5 MPa ㉱ 0.7 MPa

해설 최고사용압력이 0.7 MPa(7 kgf/cm^2) 이상의 보일러(이동식 보일러는 제외)의 분출관에는 분출밸브 2개(또는 분출밸브와 분출콕)를 직렬로 갖추어야 한다.

55. **열매체 보일러는 배기가스 온도와 출구 열매온도와의 차이가 몇 K(℃) 이하여야 하는가?**

㉮ 150 K(℃) ㉯ 200 K(℃)

㉰ 250 K(℃) ㉱ 300 K(℃)

해설 150 K(℃) 이하의 차이가 나야 한다.

56. **강철제 증기 보일러 분출밸브의 크기는 전열면적이 15 m^{2}일 때 호칭을 몇 mm 이상으로 하는가?**

㉮ 15 mm ㉯ 20 mm

㉰ 25 mm ㉱ 32 mm

해설 분출밸브의 크기는 호칭 25 A 이상의 것이어야 한다. 단, 전열면적이 10 m^2 이하인 보일러에서는 20 A 이상으로 할 수가 있다.

참고 급수밸브의 크기는 호칭 20 A 이상이어야 한다. 단, 전열면적이 10 m^2 이하인 보일러에서는 15 A 이상으로 할 수가 있다.

57. **보일러 설치 시공 기준상 보일러 운전 성능은 다음 중 어떤 부하상태에서 검사하는 것이 원칙인가?**

㉮ 정격부하의 80 % 상태

㉯ 정격부하 상태

㉰ 상용부하 상태

㉱ 상용부하의 90 % 상태

해설 보일러 설치 시 성능 검사는 정격부하 상태에서 실시하고 계속사용 운전 성능 검사는 사용부하 상태에서 실시한다.

참고 보일러 열정산 시 시험부하는 원칙적으로 정격부하 상태에서 실시한다.

58. **보일러 계속사용 검사 중 운전 성능 측정은 어떤 부하상태에서 실시하는가?**

㉮ 사용부하 ㉯ 정격부하

㉰ 최대부하 ㉱ 저부하

59. **다음은 분출밸브의 강도에 대한 설명이다. 틀린 것은?**

㉮ 분출밸브는 보일러 최고사용압력의 1.25배 또는 최고사용압력에 1.5 MPa(15 kgf/cm^2)을 더한 압력 중 작은 쪽의 압력 이상이어야 한다.

정답 53. ㉮ 54. ㉱ 55. ㉮ 56. ㉰ 57. ㉯ 58. ㉮ 59. ㉱

㉯ 분출밸브는 어떠한 경우에도 0.7 MPa(7 kgf/cm²) 이상이어야 한다.

㉰ 소용량 및 주철제 보일러의 분출밸브는 0.5 MPa(5 kgf/cm²) 이상이어야 한다.

㉱ 주철제 분출밸브는 최고사용압력 1.9 MPa(19 kgf/cm²) 이하에서 사용할 수 있다.

해설 주철제 분출밸브는 최고사용압력 1.3 MPa(13 kgf/cm²) (단, 흑심 가단 주철제의 1.9 MPa(19 kgf/cm²)) 이하의 보일러에 사용할 수 있다.

60. 보일러 용량 5 t/h 이하의 유류용 강제 보일러에 있어서 배기가스 온도와 주위온도와의 차이는 얼마 이하가 되어야 하는가?

㉮ 500 K(℃) ㉯ 400 K(℃)
㉰ 300 K(℃) ㉱ 200 K(℃)

해설 유류용 및 가스용 보일러(열매체 보일러는 제외) 출구에서의 배기가스 온도는 주위온도와의 차이가 정격용량에 따라 다음과 같아야 한다.

보일러 용량 (t/h)	배기가스 온도차 (K, ℃)
5 이하	300 이하
5 초과~20 이하	250 이하
20 초과	210 이하

61. 보일러 설치 시공 및 검사 기준상 배기가스 온도의 측정 위치는 어디인가? (단, 폐열회수장치는 없음)

㉮ 연돌의 출구 ㉯ 연돌 내
㉰ 전열면 최종출구 ㉱ 연소실 내

해설 배기가스 온도의 측정 위치는 보일러 전열면의 최종출구로 하며 폐열회수장치가 있는 보일러는 그 출구로 한다.

62. 강철제 보일러의 설치 시공 기준을 잘못 설명한 것은?

㉮ 보일러 외벽 온도는 주위온도보다 50 K(℃)을 초과해서는 안 된다.

㉯ 배기가스 온도의 측정 위치는 보일러 전열면의 최종출구로 한다.

㉰ 저수위 안전장치는 연료 차단 전에 경보가 울려야 한다.

㉱ 보일러는 정격부하 상태에서 이상진동과 이상소음이 없어야 한다.

해설 보일러 외벽온도는 주위온도보다 30 K(℃)을 초과해서는 안 된다.

63. 강철제 보일러수압시험 시 규정된 시험수압에 도달된 후 시간이 얼마 동안 경과된 뒤에 검사를 실시하는가?

㉮ 30분 이상 ㉯ 1시간 이상
㉰ 1시간 30분 이상 ㉱ 2시간 이상

해설 공기를 빼고 물을 채운 후 천천히 압력을 가하여 규정된 수압에 도달한 후 30분이 경과한 뒤에 검사를 실시하여 끝날 때까지 그 상태를 유지해야 한다.

64. 강철제 또는 주철제 보일러 설치 시 보일러 주위의 벽 온도는 상온보다 몇 K(℃)을 초과해서는 안 되는가?

㉮ 15 K(℃) ㉯ 20 K(℃)
㉰ 30 K(℃) ㉱ 40 K(℃)

65. 강철제 보일러의 수압 시험방법에 관한 설명으로 틀린 것은?

㉮ 물을 채운 후 천천히 압력을 가한다.

㉯ 규정된 시험수압에 도달된 후 30분이 경과된 뒤에 검사를 실시한다.

㉰ 시험수압은 규정된 압력의 10 % 이상을 초과하지 않도록 적절한 제어를 마

정답 60. ㉰ 61. ㉰ 62. ㉮ 63. ㉮ 64. ㉰ 65. ㉰

련한다.

㉱ 수압 시험 중 또는 시험 후에도 물이 얼지 않도록 해야 한다.

해설 수압 시험압력은 규정된 압력의 6 % 이상을 초과하지 않도록 적절한 제어를 마련한다.

66. 보일러 사용 기술규격(KBO)에 규정된 보일러에서 수압시험을 하는 목적으로 틀린 것은?

㉮ 구조상 내부검사를 하기 어려운 곳에는 그 상태를 판단하기 위하여
㉯ 분출 증기압력을 측정하기 위하여
㉰ 각종 덮개를 장치한 후의 기밀도를 확인하기 위하여
㉱ 수리한 경우 그 부분의 강도나 이상 유무를 판단하기 위하여

해설 수압시험의 목적은 ㉮, ㉰, ㉱ 항 외
① 손상이 생긴 부분의 강도 확인
② 보일러 각부의 균열, 부식, 각종 이음부의 누설 유무 확인

67. 강철제 증기 보일러의 최고사용압력이 0.4 MPa이면 수압 시험압력은 다음 중 몇 MPa로 하는가?

㉮ 0.4 MPa ㉯ 0.8 MPa
㉰ 0.85 MPa ㉱ 0.93 MPa

해설 최고사용압력이 0.43 MPa(4.3 kgf/cm²) 이하인 강철제 보일러인 경우 2배로 해야 한다.

68. 최고사용압력 0.08 MPa(0.8 kgf/cm²)인 강철제 증기 보일러의 수압 시험압력은 얼마로 해야 하는가?

㉮ 0.08 MPa ㉯ 0.16 MPa
㉰ 0.2 MPa ㉱ 0.25 MPa

해설 강철제 보일러의 최고사용압력이 0.43 MPa(4.3 kgf/cm²) 이하일 때에는 그 최고사용압력의 2배 압력으로 한다. 다만, 그 시험압력이 0.2 MPa(2 kgf/cm²) 미만인 경우에는 0.2 MPa(2 kgf/cm²)로 한다.

69. 강철제 보일러의 최고사용압력이 0.43 MPa(4.3 kgf/cm²) 초과 1.5 MPa(15 kgf/cm²) 이하인 경우 수압 시험압력은 최고사용압력의 몇 배로 하는가?

㉮ 2배
㉯ 1.5배
㉰ 1.3배 + 0.3 MPa(3 kgf/cm²)
㉱ 2.5배

해설 0.43 MPa(4.3 kgf/cm²) 초과 1.5 MPa(15 kgf/cm²) 이하인 경우에는 최고사용압력의 1.3배에 0.3 MPa(3 kgf/cm²)를 더한 압력으로 한다.

70. 강철제 증기 보일러의 최고사용압력이 0.6 MPa(6 kgf/cm²)인 경우, 수압 시험압력은 얼마인가?

㉮ 1.08 MPa ㉯ 1.2 MPa
㉰ 0.93 MPa ㉱ 1.4 MPa

해설 $0.6 \times 1.3 + 0.3 = 1.08$MPa

71. 강철제 보일러의 최고사용압력이 1 MPa(10 kgf/cm²)인 경우 수압 시험압력은 몇 MPa로 하는가?

㉮ 1.3 MPa ㉯ 1 MPa
㉰ 2 MPa ㉱ 1.6 MPa

해설 $1 \times 1.3 + 0.3 = 1.6$MPa

72. 보일러 최고사용압력이 1.5 MPa(15 kgf/cm²)인 강철제 보일러는 수압 시험을 할 때 몇 MPa의 수압을 가하여 시험해야 하는가?

정답 66. ㉯ 67. ㉯ 68. ㉰ 69. ㉰ 70. ㉮ 71. ㉱ 72. ㉯

㉮ 3 MPa ㉯ 2.25 MPa
㉰ 1.5 MPa ㉱ 1.55 MPa

해설 보일러의 최고사용압력이 0.43 MPa 초과 1.5 MPa 이하인 경우에는 1.3배+0.3 MPa이므로, 1.5×1.3+0.3=2.25 MPa

73. 강철제 보일러의 최고사용압력이 2 MPa일 때 수압 시험압력은?

㉮ 2 MPa ㉯ 2.9 MPa
㉰ 3 MPa ㉱ 4 MPa

해설 강철제 보일러의 최고사용압력이 1.5 MPa(15 kgf/cm^2)을 초과할 때에는 그 최고사용압력의 1.5배의 압력으로 해야 하므로, 2×1.5=3 MPa

74. 주철제 증기 보일러의 최고사용압력이 0.4 MPa인 경우 수압 시험압력은?

㉮ 0.8 MPa ㉯ 0.2 MPa
㉰ 1.2 MPa ㉱ 0.6 MPa

해설 주철제 보일러 최고사용압력이 0.43 MPa 이하인 경우에는 최고사용압력의 2배의 압력으로, 0.43 MPa 초과인 경우에는 최고사용압력의 1.3배에 0.3 MPa을 더한 압력으로 한다.

75. 주철제 증기 보일러의 최고사용압력이 0.6 MPa인 경우 수압 시험압력은?

㉮ 1.2 MPa ㉯ 0.9 MPa
㉰ 1.08 MPa ㉱ 0.6 MPa

76. 강철제 증기 보일러의 증기 건도는 얼마로 하는가?

㉮ 0.96 ㉯ 0.97
㉰ 0.98 ㉱ 0.99

해설 ① 강철제 증기 보일러의 증기 건도(건조도) : 0.98
② 주철제 증기 보일러의 증기 건도(건조도) : 0.97

77. 전열면적 14 m^2 이하인 온수 보일러 설치 후 수압 시험은 다음 중 최고사용압력의 몇 배로 하는가?

㉮ 1.03배 ㉯ 1.3배
㉰ 1.5배 ㉱ 2배

해설 최고사용압력의 2배의 수압을 가하여 누설 및 변형이 없어야 한다(단, 0.2 MPa(2 kgf/cm^2)미만인 경우에는 0.2 MPa(2 kgf/cm^2)로 해야 한다).

78. 주철제 증기 보일러의 증기 건도는 얼마로 하는가?

㉮ 0.96 ㉯ 0.97 ㉰ 0.98 ㉱ 0.99

79. 다음 중 온수 보일러의 설치에 대해 잘못 설명한 것은?

㉮ 보일러는 수평으로 설치하여야 한다.
㉯ 보일러는 보일러실 바닥보다 높게 설치하여야 한다.
㉰ 수도관 및 0.1 MPa(1 kgf/cm^2) 이상의 수두압이 발생하는 급수관은 보일러에 직접 연결한다.
㉱ 보일러를 설치할 경우 전기에 의한 누전 등이 없도록 조치를 취한다.

해설 수도관 및 0.1 MPa(1 kgf/cm^2) 이상의 수두압이 발생하는 급수관은 보일러에 직접 연결해서는 안 된다.

80. 보일러 효율 향상 기술규격(KBE)에 규정된 강철제 보일러의 부하운전 성능 시험 시 부하율 몇 % 이상에서 이상진동과 이상소음이 없고 각종 기계 및 부품이 원활하여야 하는가?

㉮ 15 % ㉯ 20 % ㉰ 25 % ㉱ 30 %

해설 부하율 30 % 이상에서 이상진동과 이상소음이 없어야 한다.

정답 73. ㉰ 74. ㉮ 75. ㉰ 76. ㉰ 77. ㉱ 78. ㉯ 79. ㉰ 80. ㉱

81. 보일러 효율 향상 기술규격(KBE)에서 규정한 소용량 보일러란 최고사용압력 0.35 MPa(3.5 kgf/cm²) 이하이고 전열면적이 5 m² 이하인 보일러로서 열효율은 표시정격용량 이상의 부하에서 몇 %(고위발열량 기준)이상 이어야 하는가?

㉮ 60 % 이상 ㉯ 65 % 이상
㉰ 70 % 이상 ㉱ 75 % 이상

해설 소용량 보일러의 열효율은 표시정격용량 이상의 부하에서 75 %(고발열량 기준) 이상이어야 한다.

82. 보일러 효율 기술규격(KBE)에서 강철제 유류 보일러의 용량이 3.0 t/h 초과~5.0 t/h이하이면 열효율은 얼마 이상이어야 하는가?(단, 정격부하 열효율(%)은 고위발열량 기준이며, 온수 보일러 및 열매체 보일러는 제외한다.)

㉮ 74 % ㉯ 76 % ㉰ 78 % ㉱ 81 %

해설

보일러 용량(t/h)	정격부하 열효율(%) (고위발열량 기준)	정격부하 열효율(%) (저위발열량 기준)
~0.5 이하	78	84
0.5 초과~1.5 이하	79	85
1.5 초과~3.0 이하	80	86
3.0 초과~5.0 이하	81	87
5.0 초과~	83	88

83. 온수 보일러의 온수 순환펌프의 설치에 대한 설명으로 잘못된 것은?

㉮ 순환펌프는 송수주관에 설치함을 원칙으로 한다.
㉯ 순환펌프에는 바이패스 회로를 설치해야 한다.
㉰ 순환펌프 흡입 측에는 여과기를 설치해야 한다.
㉱ 순환펌프의 모터 부분은 수평으로 설치함을 원칙으로 한다.

해설 순환펌프는 방출관 및 팽창관의 작용을 폐쇄하거나 차단해서는 안 되며 환수주관에 설치함을 원칙으로 한다.

84. 온수 보일러에서 순환펌프 설치 시 유의해야 할 사항 중 틀린 것은?

㉮ 순환펌프의 모터 부분은 수평으로 설치함을 원칙으로 한다.
㉯ 순환펌프의 설치는 환수주관에 설치함을 원칙으로 한다.
㉰ 순환펌프의 흡입 측에는 여과기를 설치해야 한다.
㉱ 순환펌프와 전원 콘센트 간의 거리는 최대로 하여 누전 위험이 없어야 한다.

해설 순환펌프와 전원 콘센트 간의 거리는 최소로 하여 누전 위험이 없어야 한다.

85. 온수 보일러의 온수 순환펌프는 어디에 설치하는 것이 원칙인가?

㉮ 방출관 ㉯ 팽창관
㉰ 송수주관 ㉱ 환수주관

86. 개방식 팽창 탱크는 방열면보다 얼마 이상 높게 설치해야 하는가?

㉮ 0.5 m ㉯ 1 m ㉰ 1.5 m ㉱ 2 m

해설 개방식의 경우 팽창 탱크의 높이는 방열면보다 1 m 이상 높은 곳에 설치해야 하며 얼지 않도록 적절한 보온을 해야 한다.

87. 온수 보일러의 수평부 연도는 기울기를 얼마 이상으로 해야 하는가?

㉮ $\frac{1}{5}$ ㉯ $\frac{1}{10}$ ㉰ $\frac{1}{20}$ ㉱ $\frac{1}{50}$

정답 81. ㉱ 82. ㉱ 83. ㉮ 84. ㉱ 85. ㉱ 86. ㉯ 87. ㉯

해설 연도의 굽힘부의 수는 가능한 한 3개소 이내로 하고, 수평부의 경사는 $\frac{1}{10}$ 기울기 이상으로 해야 한다.

88. 온수 보일러에서 온수 탱크를 설치할 경우 설명이 잘못된 것은?

㉮ 내식성 재료를 사용하거나 내식 처리된 온수 탱크를 설치하여야 한다.

㉯ 373 K(100℃)의 온수에도 충분히 견딜 수 있는 재료를 사용하여야 한다.

㉰ 밀폐식 온수 탱크의 경우 상부에 물빼기 관이 있어야 한다.

㉱ 보온공사 시공 표준에 따라 보온을 하여야 한다.

해설 탱크 밑부분에는 물빼기 관 또는 물빼기 밸브가 있어야 한다.

89. 온수 보일러 용량이 30000 kcal/h 이하인 경우 팽창관의 크기는 호칭지름 몇 mm 이상이어야 하는가?

㉮ 20 mm ㉯ 15 mm

㉰ 32 mm ㉱ 25 mm

해설 ① 30000 kcal/h 이하 : 15 A 이상

② 30000 초과~150000 kcal/h 이하 : 25 A 이상

③ 150000 kcal/h 초과 : 30 A 이상

90. 온수 보일러에서 팽창관의 설치방법에 대한 설명으로 잘못된 것은?

㉮ 보일러의 용량이 150000 kcal/h를 초과하는 경우 팽창관의 크기는 호칭지름 30 mm 이상이어야 한다.

㉯ 보일러의 용량이 30000 kcal/h 이하인 경우 팽창관의 크기는 호칭지름 20 mm 이상이어야 한다.

㉰ 팽창관에는 물의 흐름을 차단하는 장치가 있어서는 안 된다.

㉱ 팽창관은 가능한 한 굽힘이 없어야 한다.

91. 보일러 팽창관의 설치 기준에 대한 설명으로 잘못된 것은?

㉮ 팽창 탱크의 용량은 보일러 및 배관 내의 보유수량이 200 L인 경우 20 L로 한다.

㉯ 팽창관의 끝 부분은 팽창 탱크 바닥면과 같게 배관해야 한다.

㉰ 팽창 탱크에는 물의 넘침에 대비하여 일수관을 설치한다.

㉱ 개방식 팽창 탱크의 높이는 방열면보다 1 m 이상 높은 곳에 설치한다.

해설 팽창관의 끝 부분은 팽창 탱크 바닥면보다 25 mm 정도 높게 배관되어야 한다.

92. 온수 보일러 팽창관 설치 시 팽창관 끝 부분은 팽창 탱크 바닥면보다 얼마 이상 높게 설치해야 하는가?

㉮ 10 mm ㉯ 15 mm

㉰ 20 mm ㉱ 25 mm

93. 부력에 의하여 자동적으로 밸브가 개폐되어 물탱크 등에 항상 일정량의 물을 저장하는 데 사용되는 밸브는 무엇인가?

㉮ 지수밸브 ㉯ 분수밸브

㉰ 볼 탭 ㉱ 게이트밸브

해설 옥상 물탱크에 사용되는 밸브는 볼 탭이다.

94. 아래 그림은 개방형 팽창 탱크의 구조를 나타내고 있다. 'A' 부분의 관 명칭은?

정답 88. ㉰ 89. ㉯ 90. ㉯ 91. ㉯ 92. ㉱ 93. ㉰ 94. ㉮

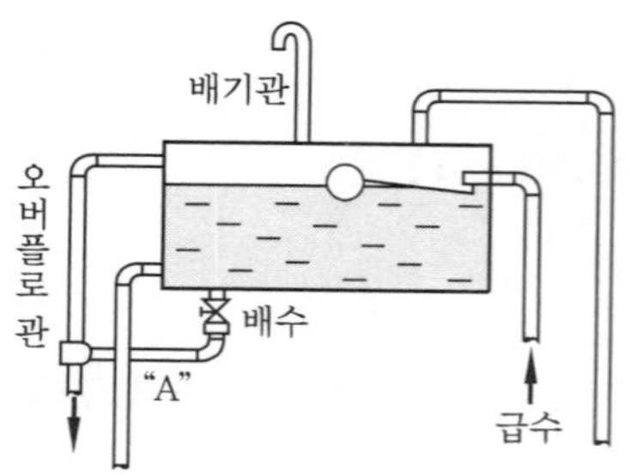

㉮ 팽창관　　㉯ 급수관
㉰ 일수관　　㉱ 안전관(방출관)

해설

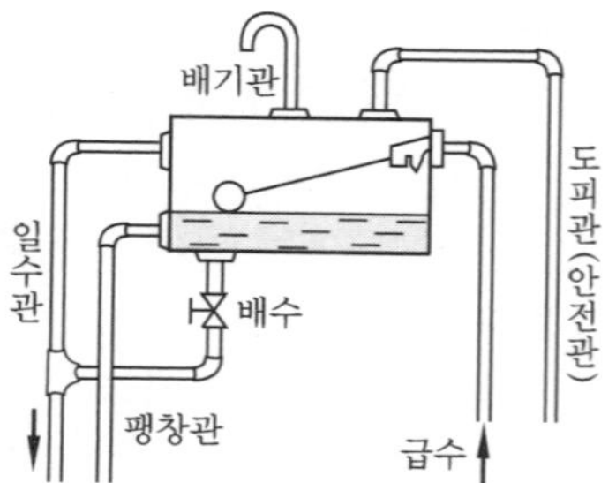

개방식 팽창 탱크

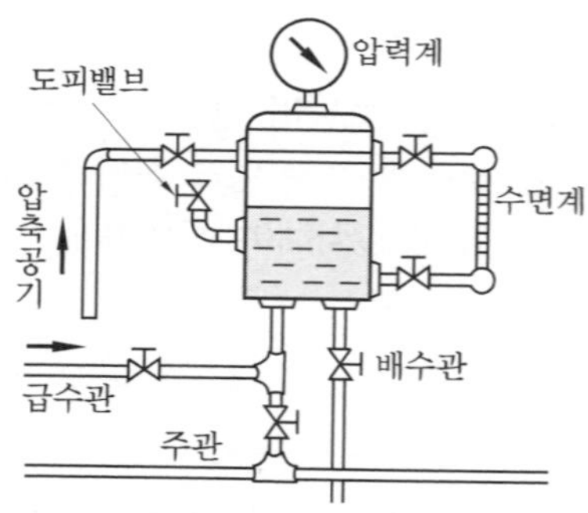

밀폐식 팽창 탱크

95. 온수난방 설비의 밀폐식 팽창 탱크에 설치되지 않는 것은?

㉮ 수위계　　㉯ 압력계
㉰ 배기관　　㉱ 안전밸브

해설 배기관 및 일수관은 개방식 팽창 탱크에 설치되는 것이다.

96. 개방식 팽창탱크에 연결되어 있는 것이 아닌 것은?

㉮ 배기관　　㉯ 안전관
㉰ 급수관　　㉱ 압력계

해설 압력계, 안전밸브, 수위계는 밀폐식 팽창 탱크에 연결되어 있다.

97. 온수난방에서 팽창 탱크의 역할이 아닌 것은?

㉮ 장치 내의 온수팽창량을 흡수한다.
㉯ 부족한 난방수를 보충한다.
㉰ 장치 내 일정한 압력을 유지한다.
㉱ 공기의 배출을 저지한다.

98. 개방식 팽창 탱크에서 온수의 팽창량을 계산하는데 필요 없는 것은?

㉮ 장치 내의 전체수량
㉯ 압력
㉰ 온수의 밀도
㉱ 급수의 밀도

해설 온수팽창량 = 장치 내의 전체수량 ×

$$\left(\frac{1}{\text{온수의밀도}} - \frac{1}{\text{급수의밀도}}\right)$$

99. 온수난방에서 팽창 탱크의 용량 및 구조에 대한 설명으로 틀린 것은?

㉮ 개방식 팽창 탱크는 저온수난방 배관에 주로 사용된다.
㉯ 밀폐식 팽창 탱크는 고온수난방 배관에 주로 사용된다.
㉰ 밀폐식 팽창 탱크에는 수면계를 설치한다.
㉱ 개방식 팽창 탱크에는 압력계를 설치한다.

해설 압력계, 수면계, 방출밸브 등은 밀폐식 팽창 탱크에 설치한다.

정답 95. ㉰ 96. ㉱ 97. ㉱ 98. ㉯ 99. ㉱

100. **온수난방용 팽창 탱크에 대한 올바른 설명은 어느 것인가?**

㉮ 개방식 팽창 탱크는 저온수난방에 사용된다.

㉯ 밀폐식 팽창 탱크는 난방계 최고수위보다 1 m 이상 높게 설치해야만 한다.

㉰ 개방식 팽창 탱크의 용량은 전 수량에 관한 팽창량과 같게 한다.

㉱ 밀폐식 팽창 탱크의 상부에는 통기관이 설치된다.

해설 ① 개방식 팽창 탱크는 저온수난방에, 밀폐식 팽창 탱크는 고온수난방에 사용된다.
② 개방식 팽창 탱크는 난방계 최고수위보다 1 m 이상 높게 설치해야 한다.
③ 개방식 팽창 탱크의 용량은 온수팽창량의 1.5~2배로 한다.
④ 개방식 팽창 탱크의 상부에는 통기관이 설치된다.
⑤ 개방식 팽창 탱크는 안전밸브의 역할을 한다.

101. **개방식 팽창 탱크 주변의 배관에서 팽창 탱크의 수면 아래에 접속되는 관은 무엇인가?**

㉮ 팽창관 ㉯ 통기관
㉰ 안전관 ㉱ 오버플로관

해설 개방식 팽창 탱크에서 수면 아래에 접속되는 관은 팽창관과 배수관이 설치된다.

102. **온수난방에서 개방식 팽창 탱크는 최고 높은 곳의 방열기보다 몇 m 이상 높게 설치해야 하는가?**

㉮ 1 m ㉯ 2 m
㉰ 3 m ㉱ 5 m

해설 1 m 이상 높게 설치하여 일정한 압력이 걸리게 해야 한다.

103. **온수 보일러 연소가스 배출구의 300 mm 상단의 연도에 부착하여 연소가스 열에 의하여 연도 내부로 삽입되는 바이메탈의 수축 팽창으로 접점을 연결, 차단하여 버너의 작동이나 정지를 시키는 온수 보일러의 제어장치는?**

㉮ 프로텍터 릴레이(protector relay)

㉯ 스택 릴레이(stack relay)

㉰ 콤비네이션 릴레이(combination relay)

㉱ 아쿠아스탯(aquastat)

해설 ① 프로텍터 릴레이 : 오일 버너 주안전 제어장치
② 콤비네이션 릴레이 : 프로텍터 릴레이와 아쿠아스탯 기능을 합한 제어장치
③ 아쿠아스탯 : 스택 릴레이 또는 프로텍터 릴레이와 함께 사용되는 자동온도 조절기

104. **온수 보일러를 설치·시공하는 시공업자가 보일러를 설치한 후 확인하는 사항이 아닌 것은?**

㉮ 수압시험

㉯ 자동제어에 의한 성능시험

㉰ 시공기준 작성

㉱ 연소계통 누설 확인

해설 ① 수압시험 및 안전장치 점검
② 연소계통 누설 확인 및 배기 성능시험
③ 온수 순환시험
④ 자동제어에 의한 시험
⑤ 보온상태 확인

105. **보일러 개조 검사 중 검사의 준비에 대한 설명으로 맞는 것은?**

㉮ 화염을 받는 곳에는 그을음을 제거하여야 하며, 얇아지기 쉬운 관 끝 부분을 해머로 두들겨 보았을 때 두께의 차이가 다소 나야 한다.

㉯ 관의 부식 등을 검사할 수 있도록 스

정답 100. ㉮ 101. ㉮ 102. ㉮ 103. ㉯ 104. ㉰ 105. ㉰

케일은 제거되어야 하며, 관 끝 부분의 손모, 취화 및 빠짐이 있어야 한다.

㉰ 연료를 가스로 변경하는 검사의 경우 가스용 보일러의 누설 시험 및 운전성능을 검사할 수 있도록 준비하여야 한다.

㉱ 정전, 단수, 화재, 천재지변 등 부득이한 사정으로 검사를 실시할 수 없는 경우에는 재신청을 하여야만 검사를 받을 수 있다.

해설 ① 얇아지기 쉬운 관 끝 부분을 해머로 두들겨 보았을 때 현저한 얇아짐이 없어야 한다.
② 관 끝 부분의 손모, 취화 및 빠짐이 없어야 한다.
③ 부득이한 사정으로 검사를 실시할 수 없는 경우에는 재신청 없이 다시 검사를 받을 수 있다.

106. **다음 보기는 보일러 설치 검사 기준에 관한 내용이다. ( )에 들어갈 숫자로 맞는 것은?**

〈보기〉

관류 보일러에서 보일러와 압력방출장치와의 사이에 체크밸브를 설치할 경우 압력방출장치는 ( )개 이상이어야 한다.

㉮ 1 ㉯ 2 ㉰ 3 ㉱ 4

107. **보일러 계속사용 검사 중 보일러의 성능시험 방법에서 측정은 매 몇 분마다 실시하는가?**

㉮ 5분 ㉯ 10분
㉰ 20분 ㉱ 30분

108. **보일러 분출밸브의 크기와 개수에 대한 설명 중 틀린 것은?**

㉮ 보일러 전열면적이 10 m^2 이하인 경우에는 호칭지름 20 mm 이상으로 할 수 있다.

㉯ 최고사용압력이 7 kgf/cm^2 이상인 보일러(이동식 보일러는 제외)의 분출관에는 분출밸브 2개 또는 분출밸브와 분출코크를 직렬로 갖추어야 한다.

㉰ 2개 이상의 보일러에서 분출관을 공동으로 하여서는 안 된다. 다만, 개별 보일러마다 분출관에 체크밸브를 설치할 경우에는 예외로 한다.

㉱ 정상 시 보유수량 400 kg 이하의 강제순환 보일러에는 열린 상태에서 전개하는데 회전축을 적어도 3회전 이상 회전을 요하는 분출밸브 1개를 설치하여야 한다.

해설 ㉱ 닫힌 상태에서 전개하는데 회전축을 적어도 5회전 이상 요한다.

109. **강철제 보일러의 소음은 보일러 측면, 후면에서 1.5 m 떨어진 곳의 1.2 m 높이에서 측정하여야 하며, 몇 dB이하 이어야 하는가?**

㉮ 95 ㉯ 100 ㉰ 110 ㉱ 120

110. **최고사용압력 0.35 MPa 이하이고 전열면적이 5 m^2 이하인 소용량 보일러로의 열효율은 표시정격용량 이상의 부하에서 고위발열량 기준 몇 % 이상 이어야 하는가?**

㉮ 55 % 이상 ㉯ 75 % 이상
㉰ 70 % 이상 ㉱ 60 % 이상

해설 소용량 보일러의 열효율은 표시정격용량 이상의 부하(負荷)에서 75 %(고위발열량 기준) 이상이어야 한다.

정답 106. ㉯ 107. ㉯ 108. ㉱ 109. ㉮ 110. ㉯

111. **저수위 안전장치는 연료차단 전에 경보가 울려야 한다. 이때 경보음은 몇 dB 이상이어야 하는가?**

㉮ 50 ㉯ 70
㉰ 40 ㉱ 60

해설 연료차단 전에 70 dB 이상의 경보음이 울려야 한다.

112. **과열기가 부착된 보일러의 안전 밸브에 관한 설명이다. 잘못된 것은?**

㉮ 과열기에는 그 출구에 1개 이상의 안전밸브가 있어야 한다.
㉯ 과열기에 부착되는 안전밸브의 분출 용량 및 수는 보일러 동체 안전밸브의 분출 용량 및 수에 포함시킬 수 있다.
㉰ 관류 보일러의 경우에는 과열기 출구의 최대증발량에 상당하는 분출 용량의 안전밸브를 설치할 수 있다.
㉱ 분출 용량은 과열기의 온도를 설계온도 이상으로 유지하는 데 필요한 양 이상이어야 한다.

해설 분출 용량은 과열기의 온도를 설계온도 이하로 유지하는 데 필요한 양 이상이어야 한다.

정답 111. ㉯ 112. ㉱

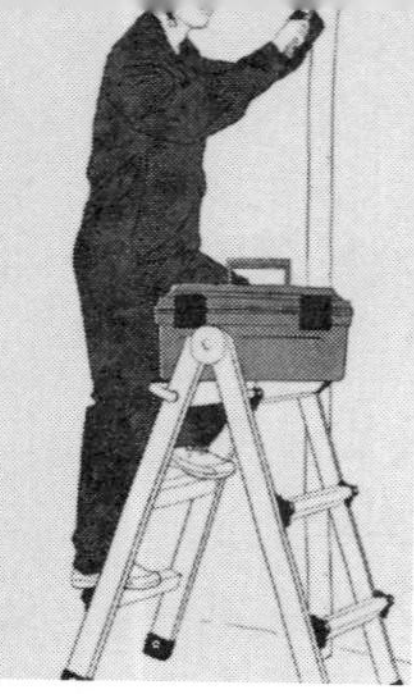

제 3 장 보일러 취급

1. 보일러 가동 전의 준비사항

1-1 신설 보일러의 가동 전 준비사항

(1) 동(드럼) 내부 점검

비수방지관, 기수분리기, 급수내관 등의 부착물의 상태를 확인하고 공구 등의 잔류물이 남아 있는지를 확인한다.

(2) 연소 계통 점검사항

노벽, 연소실, 연도 등을 조사하며, 댐퍼(damper) 개폐상태, 버너(burner) 등도 조사·확인한다.

(3) 노벽 및 내화물의 건조

내화물은 가급적 잘 건조시켜야 하며, 약 2주일 정도 자연건조시킨 후 목재 같은 것을 태워 아주 약한 불로 3주야(72시간) 건조시킨다.

(4) 소다용액 보링(알칼리 세관)

보일러 내부에 부착된 유지분, 페인트류, 녹 등을 제거하여 과열, 부식을 방지하기 위하여 탄산소다(Na_2CO_3)를 0.1% 정도 용해시킨 후 저압 보일러에서는 0.2～0.3 MPa을 유지하여 2～3일간 끓인 다음 분출하고 맑은 물로 충분히 세척한 후 다시 급수하여 규정된 압력까지 압력을 올려 안전밸브의 분출시험도 한다.

(5) 외부 부속장치 점검

각종 부속장치, 연소장치, 통풍장치, 급수장치, 제어장치 등의 이상 유무를 확인 점검하여 안전 운전을 기하도록 한다.

1-2 사용 중인 보일러의 가동 전 준비사항

① 수면계의 수위 및 수면계를 점검한다.
② 압력계의 이상 유무, 각종 계기와 자동제어장치를 확인한다.
③ 연료계통, 급수계통 등을 확인 점검한다.
④ 연료예열기(oil preheater)를 작동시켜 연료를 예열시킬 수 있도록 한다.
⑤ 각 밸브의 개폐상태를 확인한다.
⑥ 댐퍼를 개방하고 프리퍼지를 행한다.

참고

① **프리퍼지(pre-purge)** : 점화 전 댐퍼를 열고 노내와 연도에 체류하고 있는 가연성 가스를 송풍기로 취출시키는 것을 말한다(30～40초 정도이나 대용량에서는 3분까지도 행한다).
② **포스트퍼지(post-purge)** : 보일러 운전이 끝난 후 노내와 연도에 체류하고 있는 가연성 가스를 송풍기로 취출시키는 것을 말한다(30～40초 정도이나 대용량에서는 3분까지도 행한다).
③ 프리퍼지를 할 때 댐퍼는 연돌에서 가까운 것부터 열고 평형 통풍방식인 경우 통풍기는 흡입 송풍기를 먼저 가동시킨 후 압입 송풍기를 나중에 가동시킨다.

2. 보일러 점화, 운전 및 조작

2-1 유류 보일러의 점화

(1) 자동점화

점화 전 점검사항을 이행한 후 보일러 패널 모든 스위치를 자동으로 해 두고 메인 스위치를 켜고 기동 스위치를 켜면 시퀀스 제어(순차 제어)와 인터로크으로 행해지며, 그 순서는 다음과 같다.

① 공기 댐퍼가 개방되어 프리퍼지 실시 (송풍기 가동)
② 주버너 동작 시작 (연료 펌프 가동)
③ 노내압 조정(공기 댐퍼 조정)
④ 파일럿(점화) 버너 작동
⑤ 화염검출기 작동
⑥ 주버너 전자밸브가 열림과 동시에 주버너 점화
⑦ 파일럿 버너 가동 정지
⑧ 공기 댐퍼 및 메털링 펌프(자동유량 조절장치)가 작동하여 저연소에서 고연소로 조정된 부하까지 자동으로 조정

(2) 수동점화

점화 전에 점검사항을 충분히 이행한 후 다음 순서에 따라 점화를 해야 한다.

① 수면계 수위가 정상수위인가를 확인한다.
② 댐퍼를 개방하고 프리퍼지를 실시한다 (송풍기 가동).
③ 주버너를 동작시킨다 (연료 펌프 가동).
④ 댐퍼를 줄여서 노내압을 조정한다.
⑤ 파일럿 버너 스위치와 화염검출기의 스위치를 켠다.
⑥ 투시구로 점화 버너에서 정상적인 점화가 이루어졌는가를 확인하고 정상이면 주버너 스위치를 켠다.
⑦ 투시구로 주버너에서 정상적인 점화가 이루어졌는가를 확인하고 정상이면 파일럿 버너 스위치를 끈다.
⑧ 공기 댐퍼(1차 및 2차)를 먼저 조금 더 열어 두고 기름 조절밸브를 조금 더 열어 가면서 연소량을 조정해 나간다.

2-2 가스 보일러의 점화

가스 보일러는 대개 자동점화로 행해지므로 자동 유류 보일러와 점화 순서가 같으며, 다음 사항에 주의하여 점화를 하도록 한다.

① 배관계통에 비눗물을 사용하여 누설 여부를 면밀히 검사한다.
② 연소실 내의 용적 4배 이상의 공기로 충분한 사전 환기(프리퍼지)를 행한다.
③ 댐퍼는 완전히 열고 행해야 한다.
④ 점화는 1회로 착화될 수 있도록 해야 하며 불씨는 화력이 큰 것을 사용한다.
⑤ 갑작스런 실화 시에는 연료의 공급을 즉시 차단하고 그 원인을 조사한다.
⑥ 긴급 연료 차단밸브의 작동이 불량하면 점화 시의 역화 또는 가스 폭발의 원인이 되므로 점검을 철저히 행한다.
⑦ 점화용 버너의 스파크는 정상인가 확인하며 카본(탄화물) 부착 시에는 청소를 하여야 한다.
⑧ 점화용 연료와 주버너에 공급될 연료 가스의 압력이 적당한가를 확인한다.

3. 보일러 운전 중의 취급

3-1 증기 발생 시의 취급

(1) 연소 초기의 취급

① **급격한 연소를 피해야 한다**: 전열면의 부동팽창, 내화물의 스폴링 현상 그루빙이나 균열을 초래한다(특히, 주철제 보일러에서는 결정적인 손상의 원인이 될 수 있다).

② **압력 상승은 천천히 한다.**

㈎ 본체의 온도차가 크게 되지 않도록 한다.

㈏ 국부과열이나 균열, 누설 등이 생기지 않도록 충분한 시간을 주고 연소시킨다.

㈐ 초기의 가동시간은 보일러의 구조, 용량의 크기, 벽돌쌓기, 보일러수의 온도, 급수온도 등에 따르지만, 패키지형 보일러와 같이 벽돌쌓기가 적은 보일러는 1~2시간 만에 정상압력으로 되도록 한다.

(2) 증기압이 오르기 시작할 때의 취급

① 공기빼기, 밸브 닫기

② 수면계, 압력계, 분출장치의 기능 점검 후에 더욱 조인다.

③ 맨홀, 청소구, 검사구를 더욱 조여준다.

④ 압력계 감시와 연소의 조정

⑤ 급수장치의 기능 확인

⑥ 절탄기, 공기예열기는 부연도를 이용한다(저온부식, 과열방지를 위해서).

(3) 증기압이 올랐을 때의 취급

① 안전밸브는 증기압력이 75 % 이상될 때 분출 시험한다.

② 수위를 감시한다.

③ 압력계를 감시한다.

④ 분출밸브, 수면계, 드레인밸브의 누설 유무를 확인한다.

⑤ 제어장치의 작동상태를 점검한다.

(4) 송기 및 증기 사용 중 유의사항

① 점화 전 주증기관 내의 응축수를 배출시킨다 (드레인 밸브 개방).

② 점화 후 증기 발생 시까지는 가능한 한 서서히 가열시킨다.

③ 주증기밸브 개방 시에는 압력계의 압력을 확인하면서 3분 이상 지속하여 서서히 개방

한다.(주증기관의 무리를 피하고 기수공발을 방지하기 위하여)

④ 2조의 수면계를 주시하여 항상 정상 수면을 유지하도록 한다.

⑤ 항상 일정한 압력을 유지하기 위하여 연소율을 가감한다.

⑥ 보일러수의 누수 부분을 점검해야 한다(분출장치 계통 및 밸브).

⑦ 항상 수면계, 압력계, 연소실의 연소상태 등을 잘 감시하면서 운전하도록 해야 한다.

3-2 보일러수위 감시 및 조절

급수는 1회에 다량으로 하지 말고 급수처리를 하여 연속적으로, 소량으로 일정량씩 급수를 해야 하며, 또한 급수장치 계통의 기능에 만전을 기해야 할 것이다.

(1) 수위 감시

정상수위는 수면계의 중간위치(유리관 $\frac{1}{2}$ 지점)를 기준으로 하고 항상 2조의 수면계 수위를 비교하여 일치해야 한다. 만약 수위차가 있다면 즉시 수면계를 시험 점검해야 한다.

(2) 수면계의 기능 점검

① 수면계는 1일 1회 이상 기능 점검 검사를 해야 한다.

② 최고사용압력이 0.1 MPa 초과하는 증기 보일러는 저수위 안전장치를 설치해야 한다(단, 소용량 보일러는 제외).

참고

① 유리 수면계는 그 유리관의 최하부가 안전 저수면과 일치되도록 부착해야 한다.

② 수면계 유리관 파손 시에는 물밸브를 먼저 잠그고(이상감수 및 취급자의 화상 예방을 위해) 그 다음에 증기밸브를 잠근다.

③ 수면계의 부착위치

보일러의 종류	수면계의 부착위치(보일러 안전 저수위)
직립형 보일러(입형 보일러)	연소실 천장판 최고 부위(플랜지부를 제외) 75 mm 상방
직립형(입형) 연관 보일러	연소실 천장판 최고 부위, 연관 길이 $\frac{1}{3}$ 지점
수평 연관 보일러	연관의 최고 부위 75 mm 상방
노통 연관 보일러	연관의 최고 부위 75 mm 상방(다만, 연관 최고부보다 노통 윗면이 높은 것으로서는 노통 최고 부위(플랜지를 제외) 100 mm 상방)
노통 보일러	노통 최고 부위(플랜지를 제외) 100 mm 상방

③ 수면계 기능 점검 순서(증기밸브, 물밸브는 열려 있고 드레인밸브는 닫혀 있는 상태)

㈎ 증기밸브, 물밸브를 잠근다.

㈏ 드레인밸브를 열어 내부응결수를 취출 시험한다.

㈐ 물밸브를 열어 물을 취출 시험한 후 물밸브를 잠근다.
㈑ 증기밸브를 열어 증기를 취출 시험한다.
㈒ 드레인밸브를 잠근다.
㈓ 물밸브를 연다.

(3) 수면계의 개수

증기 보일러에는 2개 이상의 유리 수면계를 부착하여야 하며(소용량 및 소형 관류 보일러는 1개), 다만 최고사용압력이 1 MPa 이하로서 동체의 안지름이 750 mm 미만의 것에서 그중 1개는 다른 종류의 수면 측정장치로(검수콕) 하여도 무방하다(여기서 검수콕은 3개를 부착하며 최고 수위, 정상 수위, 최저 수위에 각각 부착한다). 특히, 압력이 높은 보일러에서는 2개 이상의 원격지시 수면계를 시설하는 경우에 한하여 유리 수면계를 1개 이상으로 할 수 있다. 단, 단관식 관류 보일러는 수면계가 불필요하다.

(4) 수면계의 유리관 파손 원인

① 외부에 충격을 받았을 때
② 유리관을 너무 오래 사용하였을 때
③ 유리관 자체의 재질이 나쁠 때
④ 상하의 너트를 너무 조였을 경우
⑤ 상하의 바탕쇠 중심선이 일치하지 않을 경우

(5) 수면계의 유리관 교체방법

① 유리관 삽입구를 깨끗하게 청소한다.
② 수면계에 맞는 유리관을 준비하여 곧은가를 확인한다.
③ 너트를 조일 때는 무리를 주지 않고 알맞게 조여야 한다.
④ 물콕을 조금 열어 미리 데운다.

3-3 연소량 조절 및 감시

(1) 연소량 조절 및 유의사항

① 무리한 연소를 하지 않는다. 보일러 본체나 벽돌벽에 강렬한 화염을 충돌시키지 않도록 주의하고 항상 화염의 흐르는 방향을 감시하는 것이 필요하다.
② 연소량을 급격히 증감하지 않는다. 연소량을 증가하는 경우에는 통풍량을 먼저 증가시키고, 연소량을 감하는 때에는 연료의 투입을 먼저 감소시키는 것이 중요하다. 이것을 역으로 행해서는 안 된다(역화의 원인).
③ 2차 공기의 양을 조절하여 불필요한 공기의 노내 침입을 방지하고 노내를 고온으로 유지한다.

④ 가압 연소에 있어서는 단열재나 케이싱(casing)의 손상, 연소가스 누출을 방지함과 동시에 통풍계를 보면서 통풍압력을 적정하게 유지해야 한다.

⑤ 연소가스 온도, CO_2 [%], 통풍력 등의 계측값에 의거하여 연소의 조절에 노력해야 한다.

(2) 유류 및 가스 연소 조절 시 유의사항

① 연소 중에 돌연 불이 꺼지는 경우가 있는데, 이때는 즉시 연료밸브를 닫고 댐퍼를 전부 전개하여 충분히 환기하지 않으면 안 된다.

② 저연소율로 연소할 때에는 연소가 불안정하므로 화염을 주시해야 된다.

③ 저연소율이란 이 이하로 감하면 연소가 불안정하게 되어 위험하다는 최저한도로서 일반적으로 최대용량의 30 % 정도라고 한다.

④ 연료밸브의 조작에 관해서는 이것을 여는 경우에는 반드시 공기를 보내고 나서 연료밸브를 조작하고, 또 닫는 경우에는 무엇보다도 먼저 연료밸브를 조작하는 것이 필요하다.

4. 보일러 정지 시의 취급

(1) 정지 시 유의사항

① 증기를 사용하는 곳과 연락을 취하여 작업 종료 시까지 필요한 증기를 남기고 운전을 멈춘다.

② 벽돌쌓기가 많은 보일러에서는 벽돌쌓기의 여열로 압력이 상승하는 위험이 없는 것을 확인하여 주증기밸브를 닫는다.

③ 보일러의 압력을 급격히 내려가지 않게 한다.

④ 보일러수는 상용 수위보다 약간 높게 하고 급수 후에는 급수밸브, 주증기밸브를 닫고 주증기관 및 증기 헤드에 설치된 드레인밸브를 반드시 열어 놓는다.

⑤ 다른 보일러와 증기관의 연락이 있는 경우에는 그 연락밸브를 닫는다.

⑥ 정지 후에는 노내 환기를 충분히 시키고 댐퍼를 닫는다.

(2) 일반적인 보일러 정지 순서

① 연료량과 연소용 공기량을 천천히 줄여 연소율을 낮춘다.

② 연료의 공급밸브를 닫아 소화시킨다.

③ 송풍기로 포스트퍼지를 행한다.

④ 송풍기 가동을 중단(연소용 공기 공급을 중단)한다.

⑤ 주증기밸브를 닫고 드레인밸브를 연다.

⑥ 연소용 공기 댐퍼를 닫는다.

⑦ 보일러 패널 주전원 스위치를 끈다.

(3) 운전 종료 후 유의사항

① 연소실 내의 축적된 열로 인한 압력 상승을 방지하기 위하여 증기를 완전소비시킨 후 급수를 교환한다.
② 다음날 안전운전을 대비하여 급수는 상용수위보다 약간 높게 해 주어야 한다(다음날 분출작업을 용이하게 하기 위하여).
③ 모든 밸브의 개폐를 확인하고 버너 팁(burner tip)을 잘 손질해 두어야 하며, 노내에 여분의 기름이 들어가지 않도록 해야 한다.
④ 각종 배관의 누설 유무를 확인한다.

(4) 보일러 비상정지 순서

① 연료의 공급밸브를 잠가 소화한다.
② 송풍기를 가동시켜 노내 환기를 시킨다.
③ 버너와 송풍기 가동을 중지시킨다.
④ 연소용 공기 댐퍼를 닫는다.
⑤ 압력은 서서히 하강시키고 보일러를 자연냉각시킨다. 40℃ 이하로 냉각시키고, 벽돌이 쌓여있는 보일러는 적어도 1일 이상 냉각시킨다.
⑥ 이상 유무(과열 부분 확인 등) 확인 및 비상사태(이상감수, 압력초과 등) 원인을 조사하고 조치한다.

5. 보일러 보존

5-1 보일러 청소

보일러를 사용하다 보면 전열면에 그을음(soot), 재 등이 부착하고 그 이면에 급수로 인해 스케일, 슬러지 등으로 열전도가 방해되어 열효율 저하 및 과열로 인한 파열사고와 부식을 유발시키므로 이를 제거해야 하며, 또한 연도에 재가 고이면 통풍을 방해하며 연소를 저해시킨다. 이들을 제거하는 방법에는 내부청소와 외부청소로 대별할 수 있으며, 기계적인 방법에 의해서 하는 기계적 청소법과 화학약품으로 제거하는 화학적 청소법이 있다.

(1) 보일러의 청소 시기

① 내부청소의 시기

㈎ 보일러의 계속사용 안전 검사가 연 1회이므로 이때는 내·외면의 완벽한 청소와 효율 유지를 위해 실시한다.

㈏ 일반적으로 급수처리를 하지 않는 저압 보일러에서는 연 2회 이상의 내면청소를 하여야 한다.

㈐ 본체, 노통, 수관, 연관 등에 부착한 스케일 두께가 1~1.5 mm 정도에 달했을 때 스케일을 제거해야 한다.

㈑ 보일러 내 처리만의 보일러에서는 스케일이 고착할 염려가 있으므로 사용시간 1500~2000 시간 정도에서 청소한다.

② 외부청소의 시기

㈎ 연도의 배기가스 온도, 통풍력을 기록해 두고, 청소 전, 청소 직후와 비교하여 차가 크면 실시한다(전열면에 그을음이 부착하면 배기가스 온도가 상승한다).

㈏ 전열면의 그을음 부착상태 연도 내에서 재의 쌓임 등이 많아 통풍력이 떨어질 경우에 청소한다.

(2) 내부청소법

보일러 내부청소법에는 기계적인 세관법과 화학적인 세관법이 있다.

① 기계적 세관법

㈎ 리벳 이음에 무리가 생기지 않도록 서서히 냉각시키고 댐퍼를 열어서 외부공기에 의하여 냉각시키며 내부는 급수와 배수를 반복하여 냉각시킨다.

㈏ 다른 보일러와 연락을 차단한다.

㈐ 압력이 없으면 안전밸브를 열어서 보일러 내부의 진공상태를 파악한 후 맨홀을 열고 2~3시간 공기를 통한 후 보일러 내부를 청소한다.

㈑ 보일러수를 완전히 배수시킨 후 분출밸브를 잠그고 맨홀 및 청소 뚜껑을 개방한 채 2~3시간 방치하여 공기의 유통을 좋게 해 충분히 환기시켜 유독가스가 없도록 해야 한다.

㈒ 동 내부로 들어가기 전에 다시 증기관, 급수관, 분출관 등이 다른 보일러에 연락되어 있을 때는 그들의 밸브나 콕을 닫아 증기나 물이 역류해 오지 않도록 해야 한다.

㈓ 보일러 안에서 조명에 전등을 사용할 때에는 전구에 철사 망을 씌우고 전선을 충분히 절연시켜 누전이나 연락이 끊어지는 것을 막아야 한다.

㈔ 스케일 해머, 스크레이퍼 등으로 판(板)이 손상되지 않도록 관석을 제거한다.

㈕ 부식 부분 손상이 일어나기 쉬운 부분은 깨끗이 청소하여 판별이 쉽도록 한다.

㈖ 각종 밸브, 콕 등을 떼어내고 깨끗이 정비하여 사용 중 증기 등이 누설되지 않도록 하고 급수내관 구멍 또는 각종 계기 연락관이 스케일에 막힌 곳은 없는가를 확인한다.

㈗ 불의의 사고를 방지하기 위해서 반드시 2명 이상이 작업을 하여야 한다.

② 화학적 세관법 : 화학 세관에는 산 세관, 알칼리 세관, 유기산 세관법이 있으나 산 세관이 가장 많이 이용되고 있다.

㈎ 산 세관 : 산의 종류 중 염산이 많이 사용되고, 일반적으로 염산 5~10 %(물에 염산을 용해 혼합할 때의 농도)에 부식 억제제(inhibitor)를 0.2~0.6 % 정도 혼합하여

온도를 333±5 K로 유지하고 약 4～6시간 정도 순환시켜 스케일을 제거한다.

㉮ 사용되는 산의 종류에는 염산(HCl), 황산(H_2SO_4), 인산(H_3PO_4), 질산(HNO_3)이 있으며 염산이 가장 많이 사용된다.

㉯ 부식을 억제하기 위하여 부식 억제제를 사용하며 경질 스케일(황산염, 규산염) 제거 시에는 용해촉진제(HF)를 소량 첨가한다.

참고

(1) 염산의 특징

① 취급이 용이하며 위험성이 적다.
② 스케일 용해능력이 비교적 크다.
③ 부식 억제제의 종류가 다양하다.
④ 가격이 싸서 경제적이며 물에 대한 용해도가 크기 때문에 세척이 용이하다.

(2) ① 규산염이나 황산염을 많이 포함한 경질 스케일은 염산에 잘 용해되지 않으므로 이때는 용해촉진제인 불화수소산(HF)을 소량 첨가하면 된다.

② 중화방청 처리공정 : 산 세척 작업 후 씻은 물의 pH가 5 이상이 될 때까지 충분히 물로 씻은 후 중화 및 방청 처리를 하며 중화공정과 방청공정을 따로 할 경우와 같이 할 경우가 있다.

(가) 사용 약품 : 탄산나트륨(Na_2CO_3), 수산화나트륨(NaOH), 인산나트륨(Na_3PO_4), 아질산나트륨(Na_2NO_3), 히드라진(N_2H_2), 암모니아(NH_3)

(나) 방법 : 약액의 온도를 80～100℃로 가열하여 약 24시간 정도 순환 유지하고 pH 9～10에 유지하여 천천히 냉각 후 배출한다. 처리는 필요에 따라서 물로 씻는다.

③ 부식 억제제의 종류 : 케톤톡, 알코올류, 수지계 물질, 아민 유도체, 알데히드류

④ 부식 억제제의 구비조건

(가) 부식 억제능력이 클 것
(나) 점식 발생이 없을 것
(다) 물에 대한 용해도가 클 것
(라) 세관액의 온도 농도에 대한 영향이 적을 것
(마) 시간적으로 안정할 것

(3) 보일러 산 세관 시 주의사항

① 기기 각 부분의 뚜껑은 새지 않도록 블라인드 패치를 붙인다.
② 기기 본체 안에 철 시험편을 넣어 두고 산 세관이 끝난 다음 꺼내서 부식 유무를 조사한다.
③ 기기 본체 안 세관액을 넣을 때는 액체온도(60～80℃)와 기기 본체의 온도는 거의 같은 온도를 유지한다.
④ 산 세관 중에는 가스(CO_2 또는 H_2)가 발생하므로 위험하지 않은 실외로 배출하도록 유도관을 부착한다.

(나) 유기산 세관

㉮ 다른 세관 방법은 부식 발생이 쉬워 부식 억제제를 사용하나 유기산 또는 암모늄은 거의 중성에 가까우므로 부식 억제제가 필요없으며 안전한 세관법이다.

㉯ 유기산의 종류에는 구연산, 옥살산, 설파민산 등이 있으며 가격이 고가이다.

㉰ 유기산의 경우 수용액 온도는 363±278 K가 적당하다.

㉱ 구연산의 농도는 3 % 정도가 적당하며, 특히 오스테나이트계 스테인리스강 세관

에 쓰인다.

㈐ 알칼리 세관

㉮ 암모니아(NH_3), 가성소다($NaOH$), 탄산소다(Na_2CO_3), 인산소다(Na_3PO_4) 등을 단독 또는 혼합하며, 알칼리 농도를 0.1~0.5 % 정도 유지하여 물의 온도를 70℃ 정도로 가열순환시켜 유지류 및 규산계 스케일 제거에 사용한다.

㉯ 알칼리 세관 시 가성취화에 의한 응력 부식을 방지하기 위하여 질산나트륨($NaNO_3$) 또는 인산나트륨(Na_3PO_4) 등을 첨가한다.

(3) 외부청소법

보일러 외부에 부착한 그을음, 재 등을 제거하는 것으로 대개 기계적인 방법이 많이 사용되고 있다.

① **수트 블로어(soot blower, 그을음 제거기)** : 보일러의 전열면 외부나 수관 주위에 부착해 있는 그을음이나 재를 불어 제거시키는 장치이며 증기나 압축공기가 주로 사용된다. 압축공기식이 편리하지만 설비비, 운전비 면에서 증기분사식이 유리하다.

② **스크레이퍼(scraper)**

③ **와이어 브러시(wire brush)** : 연관 내부 그을음 제거 시 사용한다.

④ **튜브 클리너(tube cleaner)** : 수관 내에 부착한 스케일 제거에 사용하며 한 장소에서 3초 이상 머물지 않도록 해야 한다.

⑤ **스케일링 해머(scaling hammer)**

⑥ **스케일 커터(scale cutter)**

참고

외부청소 순서

① 노내를 충분히 환기시키고 노를 완전히 냉각시킨다.
② 연도 댐퍼를 개방하여 적절한 통풍력을 유지시킨다.
③ 그을음 제거 시에 고온부에서 저온부로 작업을 행한다.

5-2 보일러 휴관 보존법

보일러 사용 기술규격에서 보일러의 휴지(휴관) 보존법에는 보통 만수 보존법, 가열 건조법과 같은 단기 보존법과 소다 만수 보존법, 석회 밀폐 건조법, 질소 가스 봉입법과 같은 장기 보존법이 있다.

(1) 단기 보존법 (2~3개월 이내)

① **보통 만수 보존법** : 내부청소를 완전히 한 후 보일러의 정상부까지 만수하고 공기를 빼내고 휴관시킨다. 만수 보존법은 겨울철에는 사용해서는 안 된다 (보일러수가 결빙하

면 파괴되므로).

② **가열 건조법** : 보일러 내부의 물을 완전히 빼내고 약간 분화를 한 후 밀폐시켜 휴관한다.

(2) 장기 보존법 (2~3개월 이상)

① **소다 만수 보존법(청관 보존법)** : 알칼리도 약 300 ppm(NaOH)의 수용액을 사용하여 보통 만수 보존법과 같은 요령으로 한다 (pH 12 정도).

② **석회 밀폐 건조법** : 휴관기간이 6개월 이상(최장기 보존법)이며 청소 및 건조 후 내부에 흡습제(건조제)를 넣어 놓은 후 밀폐시킨다.

③ **질소(N_2) 가스 봉입법** : 건조 보존법에서 질소 가스(압력은 0.06 MPa 정도)를 넣어 봉입한다.

참고

(1) 흡습제(건조제) 의 종류

① 생석회(산화칼슘, CaO)
② 실리카 겔
③ 염화칼슘($CaCl_2$)
④ 오산화인(P_2O_5)
⑤ 활성 알루미나
⑥ 기화성 방청제

(2) 특수보존법 : 보일러 동 내면에 도료(주성분이 흑연, 아스팔트, 타르)를 칠한다.

6. 보일러의 용수관리

6-1 보일러 용수의 개요

(1) 보일러 용수의 종류

① **천연수** : 눈이나 비를 말하며, 특히 규산(SiO_2)과 현탁성의 각종 부유물이 미세한 입자 또는 콜로이드(colloid) 상태로 존재하고 있고, 이외에 공기 중의 산소(O_2) 등 가스류가 용해하고 있으며 기름류와 같은 유기물도 포함하고 있다.

② **상수도수** : 수원으로서 상수도수는 외관이 맑고 용존불순물의 함유량은 지역조건에 따라서 다소 차이는 있으나 총경도 성분이 50 ppm 이내이다. 이를 보일러 급수로 사용할 때는 소독용 유리염소가 포함되고 있으므로 이를 처리하여 사용한다.

③ **지하수** : 지층을 여과 매체로 하여 흐르는 지하수는 대부분 외관은 매우 맑으나 물이 땅속의 토양과 접촉하고 있었기 때문에 지층의 성분이 많이 녹아 있어서 용존고형물이 많이 포함되고 있다. 특히, 토양 성분 중 칼슘(Ca)과 마그네슘(Mg) 등의 총경도 성분이 다량으로 많아 보일러 급수로 사용할 경우 충분히 처리해야 한다.

④ **응축수(응결수=복수)** : 사용처에서 사용하고 난 후에 증기가 식어 응축수로서의 불순물이 거의 없어 보일러 용수로서 가장 좋으며, 열을 가지고 있기 때문에 연료도 절약이 된다. 그러나 가스 및 피가열액 속의 혼입 등의 결점이 있다.

⑤ **보일러용 처리수** : 천연수나 지하수 등을 보일러 외부에서 급수처리하여 보일러에 공급하는 용수를 말한다.

⑥ **증류수** : 증류법에 의한 증류수가 가장 이상적인 보일러 용수이지만 비경제적이다(선박용 보일러에서 사용).

(2) 물의 일반적인 개요

무색, 무미, 무취한 액체의 중성 화합물로 다음과 같은 성질을 가지고 있다.

① $H_2 + \frac{1}{2}O_2 \rightarrow H_2O$ 에서 중량비로는 1 : 8이고 체적비로는 2 : 1이다.

② 수소 이온(H^+)과 수산 이온(OH^-)으로 전리된다 [$H_2O \rightarrow (H^+) + (OH^-)$].

③ 압력의 변화에 따라 빙점 및 비점이 변화하며, 임계압력은 22.565 MPa(225.65 kgf/cm^2 ata)이고 임계온도는 647.15 K이다.

(3) 물에 관한 용어

① **PPM(parts per million)** : 백만분율을 의미하며, 수용액 1 L 중에 함유하는 불순물의 양을 mg으로 표시한다. 즉, mg/L로 1000 L 중에 1 g에 상당하고 물 1 L를 근사적으로 1 kg으로 간주하면 $\frac{1}{1000000}$에 해당하므로 이것을 1 ppm(parts per million)이라 한다(mg/kg, mg/L, g/t, g/m^3).

② **PPB(parts per billion)** : 10억분율을 의미하며, 고압 및 초고압 보일러의 관리와 같이 미소한 불순물량을 엄밀히 할 필요가 있을 때는 수용액 1000 kg 중에 불순물량 1 mg을 단위로 취하고, 이것을 1 ppb(parts per billion)이라 한다(mg/t, mg/m^3).

③ **EPM(equivalents per million)** : 당량 농도라고도 하며, 용액 1 kg 중의 용질 1 mg 당량, 즉 100만 단위 중량 중의 1단위 중량 당량을 말한다(상온 수용액일 경우 ppm과 같이 1 L중에 mg 당량이라 해도 무방하다).

(4) 수질에 관한 용어

① **탁도** : 현탁성 물질(점토) 등에 의하여 물이 탁해진 정도로서 증류수 1 L 중에 포함된 카올린(Al_2O_3, $2SiO_2$, $2H_2O$) 1 mg이 함유되었을 때를 탁도 1이라 한다.

② **경도(degree of hardness, haztegrad)** : 수중에 함유하고 있는 칼슘(Ca) 및 마그네슘(Mg)의 농도를 나타낼 때의 척도이며, 이것에 대응하는 탄산칼슘($CaCO_3$) 및 탄산마그네슘($MgCO_3$)의 함유량을 편의상 ppm으로 환산하여 나타낸다.

참고

경도의 표시 단위

① $CaCO_3$ 경도 : 수중의 Ca 양과 Mg 양을 $CaCO_3$(탄산칼슘)으로 환산해서 ppm 단위로 나타낸다.

예 물 1 L 속에 $CaCO_3$이 10 mg 함유되어 있을 때를 탄산칼슘 경도 10이라 한다.

② 독일 경도(dH) : 수중의 Ca 양과 Mg 양을 CaO(산화칼슘)으로 환산해서 나타낸다.

예 독일 경도 1° dH란 물 100 cc 중에 CaO 1 mg이 함유되어 있을 때를 말한다.

예 수중에 Ca과 Mg이 함유되어 있을 때 Mg을 MgO(산화마그네슘)으로 Mg 양에다 1.4배하여 CaO 으로 환산한다.

∴ 1.4 Mg → CaO

해설 예를 들어 Mg 이 2 mg 이 함유되어 있다고 할 때에 CaO 으로 환산하자면 1.4×2=2.8. 즉, Mg 2(mg)는 Ca 2.8(mg)과 같다는 말이다.

③ 수중의 경도 성분 함량에 따른 구분

(가) 경수 : 경도 10.5 이상의 물을 센물이라고 한다.

(나) 적수 : 경도 9.5 이상 10.5 이하의 물을 적수라고 한다.

(다) 연수 : 경도 9.5 이하의 물을 단물이라고 한다.

참고

경수와 연수의 가장 일반적인 구분방법은 비누를 사용하여 비누가 잘 풀어지는 물이면 연수(단물), 비누가 잘 풀어지지 않는 물이면 경수(센물)이다.

(5) 용수 속의 불순물의 해

불순물의 종류는 염류, 산분, 알칼리분, 유지분, 가스분으로 나눌 수 있으며, 보일러에 미치는 영향은 다음과 같다.

① **염류의 해 :** 천연수에 포함되는 주된 염류는 탄산칼슘, 탄산마그네슘, 황산칼슘, 황산마그네슘, 염화마그네슘 등인데, 이들 대부분은 스케일을 만들고 과열의 원인이 된다. 탄산칼슘의 침전된 것은 진흙 모양의 침전물이 된다.

② **산분의 해 :** 물은 다소의 탄산을 포함하고 있으나 하천의 물은 여러 가지 배수가 흘러드는 관계로 각종 산이 포함되어 있고, 우물물은 인조 비료에서 나오는 어떠한 산이라도 산화력이 있는 것은 철과 화합하여 녹을 만들고 보일러 판을 부식한다.

③ **알칼리분의 해 :** 알칼리성의 물은 청동을 부식한다. 알칼리성의 농도가 높아지면 가성취화를 일으켜 크랙(갈라짐)의 원인이 된다고 말하고 있다.

④ **유지분의 해 :** 급수 속에 유지가 함유되어 있으면 보일러 판이나 관 표면에 엷은 막이 되어 부착해서 열의 전도를 방해하고 과열을 일으킨다. 또한 유지는 가열되면 분해되어 유기산이 생기므로 보일러 판을 부식한다.

⑤ **가스분의 해 :** 급수 속에 산소 및 탄산가스가 포함되어 있으면 부식의 원인이 된다. 특히 산소의 영향이 크다. 급수 속에 공기가 포함되어 있으면 이러한 가스가 존재하여 열을 받고 분리한다.

참고

293 K(20℃)에서 산소는 약 6 ppm이 용존하고 있다.

⑥ **용해 고형분의 해 :** 관수 중에 용해하고 있는 물질로서 탄산염, 중탄산염, 규산염, 황산염, 수산화물, 염화물 등으로 증발건조시켰을 때 농축하고 잔류물질로서 진흙 모양의 침전물이 된다.

참고

보일러 본체 저부에 침전하여 스케일(scale) 및 슬러지(sludge)를 만들어 열전도가 좋지 못하여 과열 및 부식의 원인이 된다.

⑦ **불순물 현탁질(고형 협잡물) :** 수중에 부유하고 있다든가 용해하지 않는 물질로서 점토, 모래, 진흙탕, 수산화철, 유기 미생물, 콜로이드상의 규산염 등을 일컫는다.

참고

수면에 부유하고 있는 물질은 포밍, 프라이밍, 부식을 일으키고, 침전하는 물질은 열의 전도를 방해하며 과열과 부식의 원인이 된다.

6-2 보일러 용수(급수)처리

(1) 보일러 용수처리의 목적

① 스케일이 고착되는 것을 방지하기 위하여
② 보일러수가 농축되는 것을 방지하기 위하여
③ 부식을 방지하기 위하여
④ 가성취화 현상을 방지하기 위하여
⑤ 포밍, 프라이밍, 캐리오버 현상을 방지하기 위하여

(2) 보일러 용수관리가 불량할 경우 미치는 장해

① 스케일이 생성되거나 고착한다.
② 전열면이 과열되기 쉽다.
③ 수면계의 기능을 저하시켜 수위 저하가 되기 쉽다.
④ 발생증기의 질이 저하한다.
⑤ 프라이밍을 조장하여 캐리오버 현상을 일으키기 쉽다.
⑥ 보일러 판과 관에 부식을 일으킨다.
⑦ 잦은 분출로 열손실이 증대한다.

(3) 보일러 용수 처리방법

보일러 용수 처리방법은 외처리(1차 처리)와 내처리(2차 처리)로 나누며, 그 나누는 성질에 따라 화학적 처리법, 물리적 처리법, 전기적 처리법으로 나눈다.

① **보일러수의 외처리(1차 처리)** : 보일러 급수 중에 포함된 현탁질 고형물을 여과법, 침전법(침강법), 응집법으로 처리 제거하고 용존고형물을 증류법, 약품첨가법, 이온교환법으로 처리 제거하며 용존가스를 탈기법, 기폭법으로 제거하는 것을 말하며 1차 처리라고도 한다.

(가) 현탁질 고형물 제거법

㉮ 여과법 : 여과기 내로 급수를 보내어 불순물을 제거하는 방법으로서 침전속도가 느린 경우에 사용한다. 이 경우에는 완속 여과기와 급속 여과기(개방형 : 중력식, 밀폐형 : 압력식) 등이 사용된다.

참고

분리 입경은 0.01~0.1 mm 정도이고 여과재(노상재)로는 모래, 자갈, 활성탄소, 엔드라사이트 등이 사용된다.

㉯ 침전법(침강법) : 탱크 속에 물을 담그고 물보다 비중이 큰 0.1 mm 이상의 고형물이 비중차에 의한 침전으로 분리된다. 이 방법에는 자연 침전법과 기계적 침전법(원심력에 의한 급속 침전처리장치)의 두 가지가 있으며 침전을 촉진시키기 위해서는 명반을 사용한다.

㉰ 응집법 : 급수 중에 콜로이드와 같은 미세한 입자들은 여과법이나 침전법으로 분리가 곤란하므로, 이런 경우에는 응집제(황산알루미늄, 폴리염화알루미늄)를 첨가하여 콜로이드와 같은 미세한 물질들을 흡착 응집시켜 제거하는 방법이다.

(나) 용존고형물의 처리법

㉮ 증류법 : 급수를 가열하여 증기를 발생시킨 후 다시 이것을 냉각시켜 응축수로 만드는 법으로서 좋은 수질을 얻을 수 있으나 비경제적이라 박용 보일러에서는 많이 사용되지만 일반적인 보일러에서는 사용되지 않고 있다.

㉯ 약품첨가법 : 칼슘이나 마그네슘과 같은 화합물을 화학약품을 첨가해서 불용성 화합물(소다 화합물)로 만들어 여과 침전의 방법으로 제거하며, 사용하는 약품으로는 석회소다, 가성소다, 인산소다, 제올라이트 등이 있다.

㉰ 이온교환법 : 용해 고형물을 제거하는 데 가장 좋은 방법이며, 특히 고압 보일러 용수에 대해서는 결함이 없는 처리방법이다. 즉, 유기물질을 센물 속에 용해시키면 전기적 변화가 일어나 센물 속의 광물질이 분리되어 불순물을 간단히 제거하는 방법이다.

(다) 용존가스의 처리법

㉮ 탈기법 : 급수 중에 용존되어 있는 O_2나 CO_2 제거에 사용되지만, 주목적은 O_2 제거에 사용되며 그 방법에는 진공탈기법과 가열탈기법이 있다.

㉠ 진공처리법 : 급수를 감압 용기 내에 넣어 수온에 대응하는 물의 증기압 정도까지 기내를 진공으로 하여 탈기하는 방법이다.

- 탈기 효율
  - 진공도가 물의 증기압에 가까울수록 높다.
  - 처리하는 급수가 미세하게 될수록 높다.
- 잔류 용존산소 : 0.1~0.3 ppm 정도이다.

㉡ 가열탈기법 : 기내에 보내는 급수를 증기로 가열하고, 물의 온도를 기내압력의 포화온도까지 상승시켜 기화하는 기체를 증기와 함께 기 밖으로 배출하여 분리하는 방법이다.

- 잔류 용존가스 : 기내에 외기가 들어가지 않으므로 0.007 ppm 정도까지 된다.

㉯ 기폭법 : 수중에서 기체가 용해되는 주위에 대기 중의 가스의 분압에 비례한다는 헨리의 법칙을 적용한 것으로서 급수 중의 CO_2, Fe, Mn, NH_3, H_2S 등을 제거하는 데 사용한다.

② **보일러수의 내처리(2차 처리)** : 보일러 본체에 청관제 약품을 사용하는 방법을 말하며, 청관제의 사용목적에 따라 다음과 같이 나눌 수 있다.

㈎ pH 및 알칼리 조정제 : pH 값이 낮아져 산성에 가까우면 부식을 일으킬 염려가 많으므로 조정제를 첨가하여 pH 값을 높여줌으로써 스케일 고착과 부식을 막을 수 있으며, 종류에는 탄산나트륨(탄산소다), 인산나트륨(인산소다), 수산화나트륨(가성소다), 암모니아, 히드라진 등이 있으며, 특히 탄산나트륨(탄산소다)은 수온이 높아지면 가수분해하여 탄산가스와 산화나트륨을 생성하므로 고온·고압 보일러에는 사용하지 않는다.

참고

탄산소다(Na_2CO_3)는 압력이 10 kgf/cm^{2}를 넘으면 가수분해하여 CO_2를 생성하여 보일러를 부식시킨다.

$$Na_2CO_3 + H_2O \xrightarrow{\text{가열}} 2NaOH + CO_2$$

㈏ 연화제 : 용수 중의 경도 성분을 슬러지화하여 경질 스케일의 부착을 방지하기 위해 사용되는 약품으로 탄산나트륨(탄산소다), 인산나트륨(인산소다), 수산화나트륨(가성소다) 등이 있다. 인산나트륨이 많이 사용된다.

㈐ 슬러지 조정제 : 용수 중의 스케일 성분을 슬러지로 만들어 분출에 의해 쉽게 배출될 수 있도록 하는 약품으로 탄닌, 리그린, 전분 등이 있다.

㈑ 탈산소제 : 용수 중에 산소(6 ppm)가 함유되어 있으면 점식 발생의 원인이 되므로 산소를 제거하기 위하여 아황산소다, 탄닌, 히드라진 등의 약품이 사용된다.

참고

아황산소다는 저압 보일러용이며, 히드라진은 고압 보일러용이다.

(마) 가성취화 억제제 : 가성취화 현상을 방지하기 위하여 인산나트륨, 탄닌, 리그린, 질산나트륨 등을 사용한다.

참고

가성취화란 알칼리도가 너무 높아져서(pH 13 정도) 생기는 현상이며, 강재의 결정 입계에 Na, H 등이 침투하여 재질을 열화시키는 현상이다(응력 부식으로 강재가 갈라짐).

(바) 기포방지제 : 고급 지방산 알코올, 고급 지방산 에스테르, 폴리아미드, 프탈산아미드 등이 사용된다.

(4) 급수 및 보일러수의 수질 한계값

① 급수의 한계값

(가) pH : 부식을 방지하기 위하여 설정했다. 보일러 급수의 pH 범위는 8.0~9.0이 좋으나 급수계통에 구리 합금이 있으면 pH는 9.0 이하를 엄수해야 한다.

(나) 경도 : 스케일 부착과 슬러지 퇴적을 방지하기 위함인데, 압력이 높을수록 장해가 크므로 가능한 한 낮게 유지해야 한다.

(다) 용존산소 : 부식을 방지하기 위함인데, 탈기처리 후 약품으로 제거하는 2단계 처리가 중·소형 보일러에서는 필수적이다.

(라) 히드라진 : 용존산소 제거용으로 쓰이고 있는데, 농도가 높으면 히드라진은 분해되어 급수나 보일러수의 pH를 상승시킨다.

② 보일러수의 한계값

(가) pH : 보일러의 부식을 방지하기 위하여 설정했다(일반적으로 10.5~11.5).

(나) M & P 알칼리도 : 중압 보일러(1~5 MPa)에서는 캐리오버를 억제하기 위하여 pH와는 별도로 제한하고 있다.

(다) 총고형물 : 캐리오버를 방지하기 위함이다. 총고형물의 농도가 높을수록 캐리오버되기 쉽고, 또는 고압 보일러일수록 부식 피해는 커진다.

(라) 염소 이온 : 부식 억제와 전 고형물 농도 측정을 목적으로 설정했다.

(마) 인산 이온 : 스케일 방지와 보일러수의 pH 조절을 목적으로 설정한다(20~40 ppm).

(바) 실리카 이온 : 캐리오버 방지를 위하여 설정한다.

(사) SO_3 이온 : 잔류 용존산소를 제거, 확인이 목적이나 용해 고형물이 남고 고압 보일러에서는 SO_2 가스를 발생한다.

(5) 불순물에 의한 각종 장해

① **스케일(scale, 관석) :** 보일러수중의 불순물의 가열, 증발에 따라 농축하여 관내에 석출하고 금속 표면에 단단하게 부착하는 퇴적물을 말하며, 주성분은 칼슘, 마그네슘의 탄산염과 황산염, 규산염 등이다.

(가) 연질 스케일

㉮ 탄산염 : 탄산칼슘($CaCO_3$), 탄산마그네슘($MgCO_3$), 산화철

㉯ 중탄산염 : 탄산수소칼슘[$Ca(HCO_3)_2$], 탄산수소마그네슘[$Mg(HCO_3)_2$]

(나) 경질(악질) 스케일

㉮ 황산염 : 황산칼슘($CaSO_4$), 황산 마그네슘($MgSO_4$)

㉯ 규산염 : 규산칼슘($CaSiO_3$), 규산 마그네슘($MgSiO_3$)

(다) 스케일로 인한 해

㉮ 전열량이 감소되며 보일러 효율을 저하시킨다.

㉯ 연료소비량이 증대된다(전열 방해로 인하여).

㉰ 배기가스 온도를 상승시킨다(전열 방해로 인하여).

㉱ 과열로 인한 파열사고를 유발시킨다.

㉲ 보일러수의 순환 악화 및 통수공을 차단시킨다.

㉳ 전열면 국부과열 현상을 일으킨다.

(라) 스케일 생성 방지법

㉮ 급수처리를 철저히 한다.

㉯ 적절한 청관제를 사용하여 스케일 생성을 방지한다.

㉰ 수질 분석을 하여 한계값을 유지한다.

㉱ 슬러지는 적당한 분출(blow)로 제거시킨다.

(마) 스케일의 생성 원인

㉮ 온도의 상승에 의해 용해도가 저하하여 석출하는 경우

㉯ 이온화 경향이 적은 물질이 보일러에 유입하여 석출하는 경우

㉰ 알칼리성 용액에서 용해도가 저하하여 석출하는 경우

㉱ 농축에 의하여 과포화상태로부터 석출하는 경우

㉲ 높은 온도에 의해 용해도가 낮은 형태로 변하여 석출하는 경우

② **슬러지(sludge) :** 보일러 동 내의 바닥에 침전하여 앙금을 이루며 쌓여있는 연질의 것이며, 스케일과 같이 부착하지 않으므로 분출 시에 어느 정도 배출된다. 슬러지의 주성분은 인산칼슘, 탄산마그네슘, 수산화마그네슘이다.

③ **부유물 :** 부유물에는 인산칼슘 등의 불용성 물질, 먼지(dust), 에멀션화된 광물유 등이 있으며 비수의 원인이 된다.

참고

(1) **실리카(SiO_2)** : 급수 중의 칼슘 성분과 결합하여 규산 칼슘을 생성해 스케일을 만든다.

(2) 보일러수중의 용해 고형물로부터 생성되어 관이나 드럼에 고착된 것을 스케일, 고착되지 않고 드럼의 밑바닥에 침전되어 있는 연질의 침전물을 슬러지, 보일러수중에 부유되어 있는 불용물을 부유물(현탁물)이라 한다.

(3)

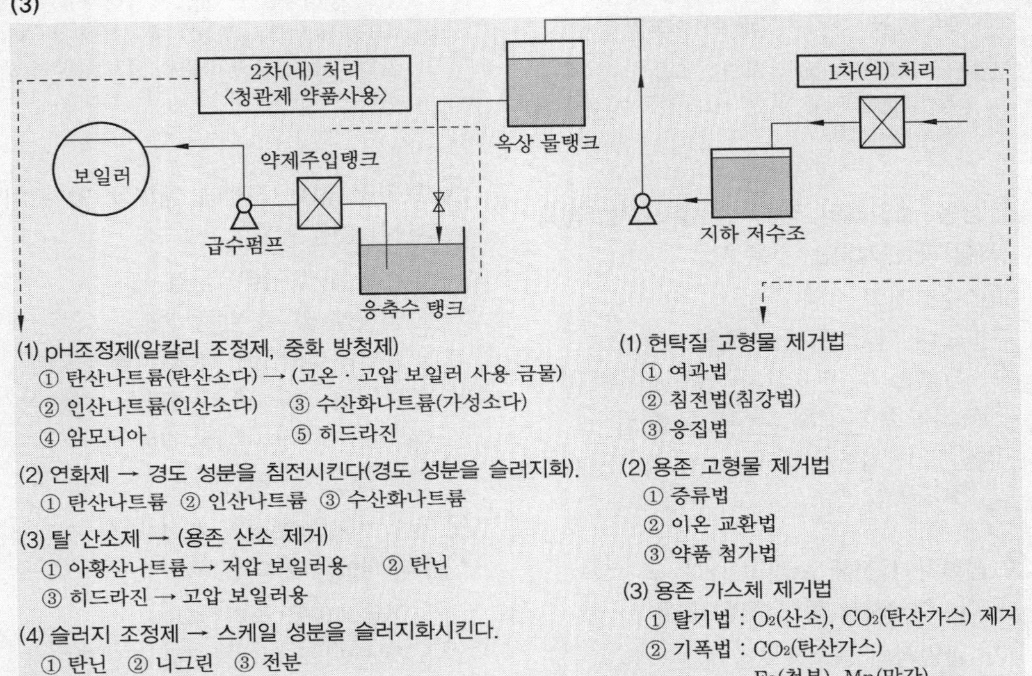

(1) pH조정제(알칼리 조정제, 중화 방청제)
① 탄산나트륨(탄산소다) → (고온 · 고압 보일러 사용 금물)
② 인산나트륨(인산소다) ③ 수산화나트륨(가성소다)
④ 암모니아 ⑤ 히드라진

(2) 연화제 → 경도 성분을 침전시킨다(경도 성분을 슬러지화).
① 탄산나트륨 ② 인산나트륨 ③ 수산화나트륨

(3) 탈 산소제 → (용존 산소 제거)
① 아황산나트륨 → 저압 보일러용 ② 탄닌
③ 히드라진 → 고압 보일러용

(4) 슬러지 조정제 → 스케일 성분을 슬러지화시킨다.
① 탄닌 ② 니그린 ③ 전분

(5) 가성취화 억제제
① 탄닌 ② 니그린 ③ 인산나트륨 ④ 질산나트륨

(1) 현탁질 고형물 제거법
① 여과법
② 침전법(침강법)
③ 응집법

(2) 용존 고형물 제거법
① 증류법
② 이온 교환법
③ 약품 첨가법

(3) 용존 가스체 제거법
① 탈기법 : O_2(산소), CO_2(탄산가스) 제거
② 기폭법 : CO_2(탄산가스)
Fe(철분), Mn(망간)
NH_3(암모니아)
H_2S(황화수소)

급수(용수) 처리방법

예·상·문·제

1. 신설 보일러를 사용하기 전에 내화물의 자연건조는 어느 정도 시켜야 하는가?

㉮ 약 5일 ㉯ 약 1주일
㉰ 약 10일 ㉱ 약 2주일

해설 약 2주일 정도 자연건조시킨 후 목재 같은 것을 태워 약한 불로 3주야(72시간) 건조시킨다.

2. 상용 보일러의 점화 전 준비사항(점검사항)과 관계없는 것은?

㉮ 수면계의 수위 확인
㉯ 노내 환기, 통풍의 확인
㉰ 부속품 및 부속장치의 확인
㉱ 소다 끓이기 및 내부부식 확인

해설 소다 끓이기 및 내부부식 확인은 사전 점검사항이다.

3. 점화하기 전에 보일러 내에 급수하려고 한다. 주의사항 중 잘못된 것은?

㉮ 과열기의 공기밸브를 닫는다.
㉯ 절탄기가 있는 경우는 드레인밸브로 공기를 빼고 물을 채운다.
㉰ 열매체 보일러인 경우에는 열매를 넣기 전에 보일러 내에 수분이 없음을 확인한다.
㉱ 동 상부의 공기밸브를 열어둔다.

해설 과열기의 공기밸브를 열어 놓는다.

4. 신설 보일러 동 내부에 부착된 유지분, 페인트 등을 제거하기 위하여 사용되는 약품은 무엇인가?

㉮ 탄산소다 ㉯ 탄닌
㉰ 히드라진 ㉱ 암모니아

해설 신설 보일러 동 내부에 부착된 유지분, 페인트류, 녹 등을 제거하여 과열, 부식을 방지하기 위하여 탄산소다(Na_2CO_3)를 0.1% 정도 용해시킨 후 저압 보일러에서는 0.2~0.3 MPa(2~3 kgf/cm²) 유지하여 2~3일간 끓인 다음 분출하고 맑은 물로 충분히 세척한다.

5. 보일러 점화 직전에 행해야 할 조치와 무관한 것은?

㉮ 수면계 및 수위 점검
㉯ 압력계 및 콕 핸들 점검
㉰ 보일러수의 pH 적정 여부 점검
㉱ 보일러 연도 내 미연가스 유무 점검

해설 pH 점검은 사전에 해야 한다.

6. 보일러에 점화하기 전 부속품 점검사항과 관계없는 것은?

㉮ 연료계통을 점검한다.
㉯ 각 밸브의 개폐상태를 확인한다.
㉰ 댐퍼를 잘 닫아 놓는다.
㉱ 수면계의 작용이 정확한지 조사한다.

해설 댐퍼를 개방해 두어야 한다.

7. 원통 보일러의 점화 전 준비사항으로 옳지 않은 것은?

㉮ 수면계의 수위를 확인한다.
㉯ 댐퍼를 열고 미연가스를 취출한다.
㉰ 주증기밸브를 개방한다.
㉱ 연료 계통 및 급수계통을 점검한다.

해설 점화하기 전에는 주증기밸브를 닫아 두고 송기 시에 서서히 개방한다(완전개방 시에 3분 이상 지속되게).

정답 1. ㉱ 2. ㉱ 3. ㉮ 4. ㉮ 5. ㉰ 6. ㉰ 7. ㉰

8. 사용 중인 보일러의 점화 전 확인 점검 사항과 관련이 없는 것은?

㉮ 각종 계기류와 제어장치를 확인한다.
㉯ 수저 분출밸브의 잠긴 상태를 점검한다.
㉰ 연료계통 및 급수계통을 점검한다.
㉱ 연료의 발열량을 확인하고 성분을 점검한다.

해설 ㉱항은 점화 전 확인 및 점검사항과 무관하다.

9. 보일러 점화 시 노내 미연소가스 폭발에 대비하여 실시하는 조작은?

㉮ 수저 분출 ㉯ 수트 블로어
㉰ 댐퍼 밀폐 ㉱ 프리퍼지

해설 노내 미연소가스 폭발사고를 방지하기 위하여 프리퍼지(pre-purge)와 포스트퍼지(post-purge)를 실시해야 한다.

참고 ① 프리퍼지(pre-purge) : 점화 전에 노내를 환기시키는 작업
② 포스트퍼지(post-purge) : 소화 후에 노내를 환기시키는 작업

10. 다음 중 보일러 운전이 끝난 후 노내와 연도에 있는 가연성 가스를 송풍기로 분출하는 것은?

㉮ 프리퍼지 ㉯ 포스트퍼지
㉰ 프라이밍 ㉱ 포밍

11. 중유 연소 보일러에서 점화를 할 때 다음 중 제일 먼저 해야 할 사항은?

㉮ 증기밸브를 연다.
㉯ 불씨를 넣는다.
㉰ 기름을 넣는다.
㉱ 댐퍼를 연다.

해설 댐퍼를 열어 프리퍼지를 실시해야 한다.

12. 보일러수동점화 시 몇 초 이내에 착화되지 않으면 처음부터 재점화하는가?

㉮ 3초 ㉯ 5초 ㉰ 10초 ㉱ 15초

해설 점화 시에는 5초 이내에 신속히 이루어져야 한다. 만약 5초 이내에 점화되지 않으면 불씨를 제거하고 처음 단계부터 재점화 조작을 한다.

13. 보일러 점화 시의 주의사항으로 잘못 설명된 것은?

㉮ 버너가 2개일 때는 동시에 점화할 것
㉯ 노내의 통풍압을 제일 먼저 조절할 것
㉰ 프리퍼지를 실시할 것
㉱ 점화 후에는 정상 연소가 되는지 확인할 것

해설 점화 시에 1개씩 차례로 점화시켜야 한다.

14. 다음 중 점화 불량의 원인이 아닌 것은?

㉮ 프리퍼지 과대 ㉯ 노즐 막힘
㉰ 통풍 불량 ㉱ 1차 공기압 과대

해설 ㉯, ㉰, ㉱항 외에
① 노즐이 막혔을 때
② 점화 플러그가 더러워져 있을 때
③ 노즐과 점화 플러그와의 간격이 맞지 않을 때
④ 공기비 조정이 불량하거나 보염기 위치가 불량할 때

15. 보일러 점화 불량의 원인과 무관한 것은?

㉮ 점화용 트랜스의 전압 부족
㉯ 점화 전극봉의 간극 부적격
㉰ 보염기와 주버너의 위치 부적격
㉱ 보일러의 증기압 부족

해설 ㉮, ㉯, ㉰항은 점화 불량의 원인이다.

정답 8. ㉱ 9. ㉱ 10. ㉯ 11. ㉱ 12. ㉯ 13. ㉮ 14. ㉮ 15. ㉱

16. 보일러 버너를 착화할 때 착화 지연 시간이 길면 어떤 현상이 발생하는가?

㉮ 연소가 불안정해진다.

㉯ 불이 꺼진다.

㉰ 연소가스 폭발이 생긴다.

㉱ 보일러 운전이 정지된다.

해설 노내에서 역화(back fire) 및 가스 폭발사고가 일어난다.

17. 보일러 자동점화 시 가장 먼저 이루어지는 작업은 무엇인가?

㉮ 프리퍼지 ㉯ 파일럿 버너 작동

㉰ 노내압 조정 ㉱ 화염검출

해설 자동점화 순서

① 프리퍼지→② 버너 동작→③ 노내압 조정→④ 파일럿 버너(점화 버너) 작동→⑤ 화염검출기 작동→⑥ 전자밸브 열림→⑦ 주버너에서 점화→⑧ 파일럿 버너 정지→⑨ 공기 댐퍼 및 메터링 펌프(자동유량 조절장치) 작동→⑩ 저연소에서 고연소로 자동으로 조정

18. 보일러 사용 기술규격(KBO)에 규정된 보일러의 가스폭발 방지대책으로 틀린 것은?

㉮ 점화할 때에는 미리 충분한 프리퍼지를 할 것

㉯ 점화 전에는 중유를 가열하여 필요 점도로 해 둘 것

㉰ 연료 속의 수분이나 슬러지 등은 충분히 배출할 것

㉱ 댐퍼는 굴뚝에서 먼 쪽부터 가까운 쪽으로 순서대로 열 것

해설 프리퍼지(pre purge)를 할 때는 댐퍼는 굴뚝에서 가까운 것부터 열고 통풍기는 흡입송풍기를 먼저, 압입송풍기는 나중에 운전을 시작한다.

19. 자동연소 보일러에서 가장 중요한 운전관리 사항은 무엇인가?

㉮ 운휴 때 점검

㉯ 운전 중 운전상태 점검

㉰ 급수장치 점검

㉱ 운전 중지 시 점검

해설 수위 유지가 가장 중요하다.

20. 다음 보일러 취급에 관한 설명 중 잘못된 것은 어느 것인가?

㉮ 증기 발생 중에는 수위에 조심하고 안전 저수위 이하로 되지 않도록 해야 한다.

㉯ 압력이 일정하게 되도록 연료를 공급하며, 과잉공기는 되도록 적게 하여 완전연소하도록 댐퍼를 조절한다.

㉰ 보일러수는 계속 사용하면 농축되어 순환이 나빠지고 물때가 부착되기 쉽다.

㉱ 각부의 증기가 누설되지 않도록 하고 증기밸브는 급개폐한다.

해설 기수공발 및 워터해머를 방지하기 위하여 증기밸브는 서서히 개방해야 한다(완전개방 시 3분 이상 지속되도록).

21. 가스 연소 보일러의 점화 시 주의사항과 가장 거리가 먼 것은?

㉮ 가스가 새는지 면밀히 검사한다.

㉯ 가스압력이 적정하고 안정되어 있는가를 확인한다.

㉰ 점화용 불씨는 화력이 작은 것을 사용해야 한다.

㉱ 노 및 연도의 통풍을 충분하게 해야 한다.

해설 점화용 불씨는 화력이 큰 것을 사용해야 한다.

정답 16. ㉰ 17. ㉮ 18. ㉱ 19. ㉰ 20. ㉱ 21. ㉰

22. **점화 후 급격히 보일러를 가열하는 것은 좋지 않은데 그 주된 이유는?**

㉮ 이음 부분이 새거나 파손의 우려가 있다.
㉯ 연료가 많이 든다.
㉰ 증기의 발생량이 많다.
㉱ 수격작용이 일어난다.

해설 부동팽창의 무리를 받아 이음 부분이 새거나 파손의 우려가 크기 때문이다.

23. **증기 보일러에서 송기를 하는 경우 주증기밸브를 급격히 열면 나쁜 현상이 일어나는데 그 중 가장 큰 영향을 주는 현상은 무엇인가?**

㉮ 관내의 수면이 급강하한다.
㉯ 압력강하가 일어난다.
㉰ 증기관의 고장을 유발한다.
㉱ 기수공발 및 수격현상이 발생한다.

24. **주증기밸브 개방 시 몇 분 이상 지속해야 하는가?**

㉮ 1분 이상　　㉯ 3분 이상
㉰ 5분 이상　　㉱ 10분 이상

해설 완전개방할 때까지 3분 이상 지속해야 한다.

25. **보일러 운전 개시 후 증기 발생이 시작되면 처음 취해야 할 조치는?**

㉮ 수위 확인
㉯ 공기빼기 밸브 닫기
㉰ 연소상태 가감
㉱ 새는 곳의 유무 확인

해설 점화 전에는 수위 확인을, 증기 발생이 시작되면 공기빼기 밸브를 닫아야 한다.

26. **증기 보일러의 취급방법으로 틀린 것은?**

㉮ 역화의 위험을 막기 위해 댐퍼는 닫아 놓아야 한다.
㉯ 점화 후 화력의 급상승은 금지해야 한다.
㉰ 압력계, 수위계 등 부속장치의 점검을 게을리 하지 않는다.
㉱ 송기 시 주증기밸브는 급개하지 않는다.

해설 역화의 위험을 막기 위해 댐퍼는 열어 놓아야 한다.

27. **보일러 가동 중의 점검사항으로 가장 자주 점검해야 하는 사항은?**

㉮ 급수 수질상태　　㉯ 배기가스 성분
㉰ 수위상태　　㉱ 연료의 온도

해설 수위상태, 압력상태, 연소실 화염의 상태는 자주 점검해야 한다.

28. **보일러에서 발생한 증기를 송기할 때의 주의사항으로 틀린 것은?**

㉮ 주증기관 내의 응축수를 배출시킨다.
㉯ 주증기밸브를 서서히 연다.
㉰ 송기한 후에 압력계의 증기압 변동에 주의한다.
㉱ 송기한 후에 드레인밸브를 열어 놓는다.

해설 송기 전에 드레인을 시키고 드레인밸브를 닫은 후에 송기시켜야 한다.

29. **보일러 운전 중에 연소실에서 연소가 급히 중단되는 현상은 무엇인가?**

㉮ 실화　　㉯ 역화
㉰ 무화　　㉱ 매화

해설 ㉯ 역화 : 화염이 연소실 입구로 되돌아 나오는 현상
㉰ 무화 : 연료가 넓은 각으로 퍼져 공급되는 현상
㉱ 매화 : 남은 석탄 불씨 위에 재로 덮어두는 작업

정답 22. ㉮ 23. ㉱ 24. ㉯ 25. ㉯ 26. ㉮ 27. ㉰ 28. ㉱ 29. ㉮

30. **버너 가동 중 소음이 극히 심할 때의 적절한 조치는 무엇인가?**

㉮ 연도 댐퍼를 조절한다.
㉯ 연소용 공기를 많이 주입한다.
㉰ 화염검출기를 청소한다.
㉱ 가동을 중지한다.

해설 먼저 가동을 중단하고 소음 발생의 원인 조사를 해야 한다.

31. **증기 사용 중의 보일러 취급 주의사항으로 틀린 것은?**

㉮ 수면계의 수위를 항시 주시하여 보일러수가 항시 일정수위(상용수위)가 되도록 한다.
㉯ 압력이 가능한 한 일정하게 보존되도록 보일러 부하에 응해서 연소율을 가감한다.
㉰ 댐퍼에 의해 통풍량을 조절하는 경우 여는 것은 느리게, 닫는 것은 빠르게 한다.
㉱ 보일러수의 농축을 방지하기 위해 물의 일부를 분출시켜 새로운 급수를 보급하여 신진대사를 꾀한다.

해설 여는 것은 빠르게, 닫는 것은 느리게 한다.

32. **보일러를 냉각시키는 경우는 서서히 하지만 부득이 급히 냉각시킬 때가 있다. 이때 어느 방법이 가장 좋은가?**

㉮ 안전밸브를 열어서 증기 취출을 하면서 급수한다.
㉯ 물을 다량으로 급수한다.
㉰ 상용수위를 유지하도록 급수하고, 노에 부착되어 있는 댐퍼를 열어서 냉각시킨다.
㉱ 주증기밸브를 열어서 보일러 내의 압력을 낮춘다.

해설 수위는 상용수위로 유지하도록 해야 하며, 노의 댐퍼를 열어 냉각시킨다.

33. **보일러 가동 중에 주의해야 할 사항으로 잘못 설명된 것은?**

㉮ 안전 저수위 이하로 되지 않도록 조심한다.
㉯ 증기압력이 일정하도록 연료의 공급을 조절한다.
㉰ 과잉공기는 되도록 적게 하여 완전연소하도록 댐퍼를 조절한다.
㉱ 댐퍼를 조절하여 매연 농도가 링겔만 도수로 3 이상이 되도록 한다.

해설 매연 농도가 링겔만 도수로 2 이하가 되도록 해야 한다.

34. **보일러의 안전제어 중 연료의 공급을 중단하지 않아도 좋은 경우는?**

㉮ 점화 실패의 경우
㉯ 주화염이 꺼졌을 경우
㉰ 기계통풍이 안 될 경우
㉱ 급수량이 과다할 경우

해설 급수량이 과다할 경우에는 분출(blow)을 해야 한다.

35. **액체 연료 연소 보일러에서 화염색을 육안으로 볼 때 적정 공기량인 것은?**

㉮ 화염이 오렌지색이고, 노의 구석이 약간 보인다.
㉯ 화염이 백색이고, 노내 전체가 밝다.
㉰ 노내 전체가 암적색이다.
㉱ 화염이 흑색이고 노내가 갈색이다.

해설 공기가 부족할 때 화염의 색깔은 암적색이고 공기가 적정할 때는 오렌지색, 공기가 과다할 때는 회백색이다.

정답 30. ㉱ 31. ㉰ 32. ㉰ 33. ㉱ 34. ㉱ 35. ㉮

36. 보일러 사용이 끝난 후에 다음 사용을 위하여 주의할 사항 중 틀린 것은?

㉮ 유류 사용 보일러의 경우 연료계통의 스톱밸브를 닫고 버너를 청소하고 노내에 기름이 들어가지 않도록 한다.
㉯ 석탄 연료의 경우 재를 꺼내고 청소한다.
㉰ 자동 보일러의 경우 스위치를 전부 정상위치에 둔다.
㉱ 예열용 기름을 노내에 약간 넣어둔다.

해설 노내에는 연료가 들어가서는 안 된다.

37. 보일러를 비상정지시키는 경우의 조치사항으로 잘못된 것은?

㉮ 압입통풍을 멈춘다.
㉯ 댐퍼를 개방하고 노내가스를 배출한다.
㉰ 주증기밸브를 열어 놓는다.
㉱ 연료의 공급을 중단한다.

해설 보일러의 비상정지 순서
① 연료의 공급을 중단한다.
② 댐퍼를 개방하고 노내가스를 배출한다.
③ 압입통풍을 멈춘다.
④ 주증기밸브를 닫는다.

38. 보일러를 비상정지시키기 위한 조치에 해당되지 않는 것은?

㉮ 연료의 공급을 정지한다.
㉯ 연소용 공기의 공급을 정지한다.
㉰ 주증기밸브를 닫는다.
㉱ 댐퍼를 닫고 통풍을 막는다.

39. 가동 중인 보일러를 정지할 때의 조치사항과 관계없는 것은?

㉮ 연료의 공급을 멈춘다.
㉯ 연료용 공기의 공급을 멈춘다.
㉰ 주증기밸브를 닫는다.
㉱ 방출밸브를 열어 보일러수를 취출한다.

40. 수동식 보일러가 가동 중 갑자기 전원이 차단되었을 경우 가장 먼저 조치해야 할 사항은 어느 것인가?

㉮ 주증기밸브를 닫는다.
㉯ 급유밸브를 차단시킨다.
㉰ 댐퍼를 닫는다.
㉱ 급수밸브를 차단시킨다.

해설 보일러 가동 중 이상감수, 압력초과, 실화, 송풍기 고장, 전원차단 등의 비상사태 발생 시에는 연료의 공급 중단을 가장 먼저 해야 한다.

41. 신설 보일러에서 소다 끓임(soda boiling)은 무엇을 제거하기 위하여 행하는가?

㉮ 유지분 ㉯ 산소
㉰ 고형물 ㉱ 소석회

해설 동(드럼) 내부에 부착된 유지분, 페인트류를 제거하기 위하여 탄산소다를 0.1% 첨가하여 끓인다(알칼리 세관).

42. 저수위 안전장치가 작동하여 다음과 같은 조작이 자동으로 이루어졌다. 다음 중 잘못된 것은 어느 것인가?

㉮ 오일 버너가 꺼졌다.
㉯ 자동경보가 울린다.
㉰ 2차 공기 송풍기는 계속 돌고 있다.
㉱ 주증기밸브가 열린다.

해설 ① 50~100초 동안 자동경보가 울린다.
② 전자밸브로 하여금 연료의 공급을 중단시킨다.
③ 2차 공기 송풍기는 가동되어 취출통풍을 가한다.

43. 보일러 속에 들어갈 때의 주의사항으로 틀린 것은?

㉮ 내부의 환기를 충분히 한다.

정답 36. ㉱ 37. ㉰ 38. ㉱ 39. ㉱ 40. ㉯ 41. ㉮ 42. ㉱ 43. ㉱

㉯ 입구에 감시인을 둔다.
㉰ 피부의 노출을 피한다.
㉱ 조명용 전등에는 거더(girder)를 붙이지 않는다.

해설 조명용 전등에는 거더(girder)를 붙여야 한다.

44. 보일러 및 연도에 들어갈 경우 주의사항으로 틀린 것은?

㉮ 보일러 내부 및 연도의 환기를 충분히 한다.
㉯ 다른 보일러와 연결된 경우 물의 역류를 방지한다.
㉰ 안전 커버가 있는 전등을 사용한다.
㉱ 다른 연도와 연결된 경우 댐퍼를 개방한다.

해설 다른 연도와 연결된 경우에는 댐퍼를 차단시켜야 한다.

45. 보수유지 관리 기술규격(KRM)에 규정된 보일러의 화학세관의 일반적 방법에서 산세관 시 주의사항 중 틀린 것은?

㉮ 기기 각 부분의 뚜껑은 새지 않도록 블라인드 패치를 붙인다.
㉯ 기기 본체 안에 철 시험편을 넣어 두고 산세관이 끝난 다음 꺼내서 부식 유무를 조사한다.
㉰ 기기 본체 안에 세관액을 넣을 때는 액체온도와 기기 본체의 온도는 30℃ 이상의 차이를 둔다.
㉱ 산세관 중에는 가스(CO_2 또는 H_2)가 발생하므로 위험하지 않은 실외로 배출하도록 유도관을 부착한다.

해설 액체온도(60~80℃)와 기기 본체의 온도는 거의 같은 온도를 유지할 수 있도록 한다.

참고 블라인드 패치(blind patch) : 관의 밑부분 등을 영구적으로 막기 위하여 용접 등으로 붙여서 대는 판

46. 다음 보일러의 외부청소 시기 중 틀린 것은 어느 것인가?

㉮ 통풍력이 증가할 때
㉯ 배기가스 온도의 변화가 있을 때
㉰ 연료의 사용량에 비해 전열효율이 저하될 때
㉱ 연소 관리상황이 현저하게 차가 있을 때

해설 전열면 외부에 그을음이 많이 부착하여 배기가스 온도가 현저히 높거나 전열효율이 저하될 때와 연도 내의 재가 많이 쌓여 통풍력이 떨어질 경우에 외부청소를 해야 한다.

47. 보일러의 산 세척 처리 순서로 옳은 것은?

㉮ 전처리 → 산액처리 → 수세 → 중화방청 → 수세
㉯ 전처리 → 수세 → 산액처리 → 수세 → 중화방청
㉰ 산액처리 → 수세 → 전처리 → 중화방청 → 수세
㉱ 산액처리 → 전처리 → 수세 → 중화방청 → 수세

해설 보일러의 산 세척 처리 순서
① 전처리 → ② 수세 → ③ 산 세척 → ④ 산액처리 → ⑤ 수세 → ⑥ 중화방청처리

48. 보일러 화학 세관법과 무관한 것은?

㉮ 산 세관 ㉯ 알칼리 세관
㉰ 유기산 세관 ㉱ 무기산 세관

해설 보일러 화학 세관에는 산 세관, 알칼리 세관, 유기산 세관법이 있으나, 산 세관이 가장 많이 사용되고 있다.

정답 44. ㉱ 45. ㉰ 46. ㉮ 47. ㉯ 48. ㉱

49. **보일러 내부청소 시 맨홀이 아주 작을 경우 많이 사용하는 방법은?**

㉮ 브러시를 사용한다.
㉯ 스크레이퍼를 사용한다.
㉰ 아세트산 용액을 사용한다.
㉱ 해머를 사용한다.

해설 구조가 복잡하고 기계적 세관을 할 수 없으므로 산 세관법으로 청소해야 한다.

50. **보일러 유기산 세관에 사용되는 산의 종류는 무엇인가?**

㉮ 염산　　㉯ 황산
㉰ 구연산　　㉱ 인산

해설 ① 산 세관 : 염산(HCl), 황산(H_2SO_4), 인산(H_3PO_4), 질산(HNO_3)
② 유기산 세관 : 구연산, 설파민산, 옥살산
③ 알칼리 세관 : 암모니아(NH_3), 가성소다(NaOH), 탄산소다(Na_2CO_3), 인산소다(Na_3PO_4)

51. **염산을 사용하여 보일러 산 세관을 하는 경우의 특징 설명으로 잘못된 것은 무엇인가?**

㉮ 위험성이 적고 취급이 용이하다.
㉯ 물에 대한 용해도가 낮다.
㉰ 스케일 용해능력이 크다.
㉱ 부식 억제제의 종류가 다양하다.

해설 염산은 물에 대한 용해도가 높아 세척이 용이하다. 또한, 스케일 용해능력이 크므로 가장 많이 사용한다.

52. **보일러 내의 스케일을 제거하기 위해 산 세관을 하는 경우 일반적으로 많이 사용하는 산의 종류는 무엇인가?**

㉮ 황산　　㉯ 질산
㉰ 인산　　㉱ 염산

53. **보일러 산 세관 시 강제의 부식 억제를 위하여 사용하는 물질은?**

㉮ 용해 촉진제　　㉯ 인히비터
㉰ 방청제　　㉱ 연화제

해설 산 세관 시 보일러 강판의 부식 억제를 위하여 인히비터(inhibitor)를 0.2~0.6% 정도 혼합한다.

54. **보일러 내면의 세정으로 염산을 사용하는 경우 세정액의 처리온도와 처리시간으로 맞는 것은?**

㉮ 60±5℃, 2~4시간
㉯ 60±5℃, 4~6시간
㉰ 90±5℃, 2~4시간
㉱ 90±5℃, 4~6시간

해설 물에 염산(HCl)을 5~10% 혼합하여 부식 억제제인 인히비터를 0.2~0.6% 정도 혼합해서 온도 60±5℃로 유지하고 약 4~6시간 정도 순환시켜 스케일을 제거한다.

55. **보일러 세관 작업 시 염산에 잘 녹지 않는 규산염의 용해 촉진제로 적합한 것은?**

㉮ 불화수소산　　㉯ 탄산소다
㉰ 히드라진　　㉱ 암모니아

해설 규산염이나 황산염을 포함한 스케일은 염산에 잘 용해되지 않으므로 용해 촉진제인 불화수소산(HF)을 소량 첨가한다.

56. **보일러의 내부를 화학청정할 때 인히비터를 사용하는 이유는 무엇인가?**

㉮ 스케일의 용해속도 촉진
㉯ 스케일 부착 방지
㉰ 보일러 용수의 연화
㉱ 보일러 강판의 부식 억제

참고 부식 억제제의 종류 : 케톤류, 알코올류, 수지계 물질, 아민 유도체, 알데히드류

정답 49. ㉰ 50. ㉰ 51. ㉯ 52. ㉱ 53. ㉯ 54. ㉯ 55. ㉮ 56. ㉱

57. 알칼리 세관을 하면 가성취화가 발생하기 쉽다. 이것을 방지하기 위하여 사용되는 약품은 무엇인가?

㉮ 수산화나트륨 ㉯ 탄산나트륨
㉰ 질산나트륨 ㉱ 황산나트륨

해설 가성취화 억제제의 종류 : 인산나트륨, 질산나트륨, 탄닌, 리그린

58. 화학 세정법에서 세정 작업이 끝난 후 중화처리를 한다. 다음 중 중화처리 약품이 아닌 것은 어느 것인가?

㉮ 탄산소다 ㉯ 암모니아
㉰ 가성소다 ㉱ 탄산마그네슘

해설 중화방청 처리제의 종류
① 탄산소다(Na_2CO_3) ② 가성소다(NaOH)
③ 인산소다(Na_3PO_4) ④ 암모니아(NH_3)
⑤ 히드라진(N_2H_4)
⑥ 아질산나트륨(Na_2NO_3)

59. 보일러의 화학 세관과 관계가 없는 것은?

㉮ 염산 ㉯ 억제제
㉰ 촉진제 ㉱ 수트 블로어

해설 수트 블로어(그을음 제거기)는 기계적 세관과 관계있다.

60. 이온교환 처리장치의 운전공정 중 재생탑에 원수를 통과시켜, 수중의 일부 또는 전부의 이온을 제거시키는 공정은?

㉮ 압출 ㉯ 수세 ㉰ 부하 ㉱ 통약

해설 ① 통약 : 재생제를 집어 넣는 과정
② 압출 : 약 10 ~ 20분간 통수하여 재생 완료시키는 조작

61. 보일러의 수처리에서 진공탈기기의 감압장치로 쓰이는 것은?

㉮ 원심펌프 ㉯ 배관펌프
㉰ 진공펌프 ㉱ 재생펌프

해설 진공처리법은 탈기기 내부를 진공으로 하여 탈기하는 방법이다.

62. 가스연소장치의 점화요령으로 맞는 것은?

㉮ 점화 전에 연소실 용적의 약 $\frac{1}{4}$배 이상 공기량으로 환기한다.
㉯ 기름연소장치와 달리 자동 재점화가 되지 않도록 한다.
㉰ 가스압력이 소정압력보다 2배 이상 높은지를 확인하고 착화는 2회에 이루어지도록 한다.
㉱ 착화 실패나 갑작스런 실화 시 원인을 조사한 후 연료 공급을 중단한다.

해설 ① 점화 전에 연소실 용적 4배 이상의 공기량으로 환기(프리퍼지)를 행한다.
② 착화는 1회에 이루어지도록 한다.
③ 착화 실패나 갑작스런 실화 시에는 연료 공급을 즉시 차단한 후 그 원인을 조사한다.

63. 수트 블로어의 사용에 관한 주의사항으로 틀린 것은?

㉮ 작업하기 전에는 반드시 드레인을 행한다.
㉯ 한 장소에 오래 불지 않도록 한다.
㉰ 댐퍼를 열고 통풍력을 약하게 한다.
㉱ 가능한 한 건조한 증기를 사용한다.

해설 댐퍼의 개도를 늘리고 통풍력을 크게 해야 한다.

64. 다음 중 보일러 용수처리의 목적이 아닌 것은 어느 것인가?

㉮ 스케일 생성 및 고착을 방지한다.
㉯ 저온부식 및 고온부식을 방지한다.

정답 57. ㉰ 58. ㉱ 59. ㉱ 60. ㉰ 61. ㉰ 62. ㉯ 63. ㉰ 64. ㉯

㉰ 가성취화의 발생을 감소시킨다.
㉱ 포밍과 프라이밍의 발생을 방지한다.

해설 보일러 용수 처리목적
① 스케일 생성 및 고착 방지
② 보일러수의 농축 방지
③ 부식 발생 방지
④ 가성취화 현상 방지
⑤ 포밍, 프라이밍 및 캐리오버 현상 방지

65. 보일러 사용 기술규격에서 보일러의 휴지 보존법 중 장기 보존법이 아닌 것은?

㉮ 석회 밀폐 건조법 ㉯ 질소 가스 봉입법
㉰ 가열 건조법 ㉱ 소다 만수 보존법

해설 ㉮, ㉯, ㉱항은 장기 보존법이며 가열 건조법과 보통 만수 보존법은 단기 보존법이다.

66. 보일러를 장기간 사용하지 않고 보존하는 방법으로 가장 적당한 것은?

㉮ 보통 만수 보존 ㉯ 분해 보존
㉰ 석회 밀폐 보존 ㉱ 가열 건조

67. 보일러 휴지 시 건조 보존법으로 기체를 넣어 봉입하는 경우 다음 중 어떤 기체를 사용하는가?

㉮ 이산화탄소 ㉯ 질소
㉰ 아황산가스 ㉱ 메탄가스

해설 건조 보존법에 질소(N_2) 가스 봉입법이 있다(질소가스의 압력은 0.06 MPa 정도이다).

68. 다음 보일러 보존법에 관한 설명 중 잘못된 것은?

㉮ 보일러 보존 방법은 보일러 중지 목적, 기간, 장소, 계절 등을 고려하여 결정한다.
㉯ 밀폐식 건조 보존법은 동결의 우려가 있고 장기간 보존하는 경우에 채택한다.
㉰ 고압 대용량의 보일러를 밀폐식으로 건조 보존하는 경우 수소(H_2)를 봉입해 두는 것이 효과적이다.
㉱ 동결의 염려가 없는 경우 및 단기간 보일러 운행을 정지하고자 할 때는 만수 보존법을 이용한다.

69. 보일러의 만수 보존 시에 쓰이는 약품이 아닌 것은?

㉮ 가성소다 ㉯ 히드라진
㉰ 암모니아 ㉱ 염화마그네슘

해설 ㉮, ㉯, ㉰항 외에 탄산소다, 인산소다가 사용된다.

70. 보일러의 만수 보존 시 첨가하는 약품이 아닌 것은?

㉮ 암모니아 ㉯ 아황산소다
㉰ 3인산나트륨 ㉱ 히드라진

해설 아황산소다는 탈산소제이다.

71. 보일러 건조 보존에 쓰이는 건조제가 아닌 것은?

㉮ 염화칼슘($CaCl_2$) ㉯ 실리카 겔
㉰ 탄산칼슘 ㉱ 생석회(CaO)

해설 흡습제(건조제)의 종류 : 생석회(CaO), 실리카 겔, 염화칼슘($CaCl_2$), 오산화인(P_2O_5), 활성알루미나, 기화성 방청제

72. 다음 중 보일러의 급수 처리방법이 아닌 것은 어느 것인가?

㉮ 화학적 처리 ㉯ 물리적 처리
㉰ 전기적 처리 ㉱ 기계적 처리

정답 65. ㉰ 66. ㉰ 67. ㉯ 68. ㉰ 69. ㉱ 70. ㉯ 71. ㉰ 72. ㉱

해설 보일러 급수 처리방법
① 화학적 처리법 ② 물리적 처리법
③ 전기적 처리법

73. **보일러의 휴관 보존법 중 그 기간이 가장 긴 방법은 무엇인가?**

가 보통 만수 보존법
나 보통 밀폐 건조 보존법
다 석회 밀폐 건조 보존법
라 나트륨 만수 보존법

해설 석회 밀폐 건조 보존법이 최장기(6개월 이상) 보존법이다.

74. **보일러 용수관리가 불량한 경우 보일러에 미치는 장해와 무관한 것은?**

가 스케일이 생성되거나 고착한다.
나 전열면이 과열되기 쉽다.
다 연료의 연소상태가 불량하다.
라 수면계의 기능을 저하시켜 수위 저하가 되기 쉽다.

해설 연료의 질이 나쁠 때 연소상태가 불량하다.

75. **보일러수의 수질이 불량할 때 보일러에 미치는 장애와 무관한 것은?**

가 분출 횟수가 많아진다.
나 프라이밍이나 포밍이 발생한다.
다 수위조절의 곤란 및 수위감소의 원인이 된다.
라 분출로 인한 열손실이 많아진다.

해설 수위감소의 원인
① 급수펌프 고장 시
② 분출장치에서 누수 발생 시
③ 수면계 이상 시
④ 수면계 수위 오판 시

76. **보일러수 처리 시 분출(blow down)을 하는 목적은 무엇인가?**

가 보일러수의 온도 상승 방지
나 보일러수의 농축 방지
다 보일러수의 비등 방지
라 보일러수의 압력 상승 방지

해설 불순물의 농축을 방지하여 스케일 생성 및 부식을 방지하기 위해서이다.

77. **수질(水質)에서 탄산칼슘 경도 1 ppm이란 물 1 L 속에 탄산칼슘($CaCO_3$)이 얼마 포함된 경우인가?**

가 1 mg 나 10 mg 다 100 mg 라 1 g

해설 탄산칼슘 경도 1도(=탄산칼슘 경도 1 ppm) : 물 1 L 속에 $CaCO_3$이 1 mg 포함된 경우이다.

78. **다음 중 보일러수(水)로서 가장 좋은 것은?**

가 응축수 나 천연수
다 상수도수 라 지하수

해설 증류수가 가장 좋으나 증기가 열사용처에서 식어 나온 응축수가 양질이며 열수이므로 좋다.

79. **급수의 경도 1度란?**

가 물 10 cc 속에 광물질 1 mg이 포함된 경우
나 물 100 cc 속에 광물질 1 mg이 포함된 경우
다 물 100 cc 속에 광물질 1 g이 포함된 경우
라 물 1000 cc 속에 광물질 1 mg이 포함된 경우

해설 독일 경도 1°dH란 물 100 cc 속에 CaO 1 mg이 함유되어 있을 때를 말한다.

정답 73. 다 74. 다 75. 다 76. 나 77. 가 78. 가 79. 나

80. 다음 중 보일러수로서 적당하지 못한 것은 어느 것인가?

㉮ 경도가 낮은 연수일 것
㉯ 유지분이 없는 물일 것
㉰ 약산성 또는 중성인 물일 것
㉱ 가스류를 발산시킨 물일 것

해설 보일러수는 약알칼리성 물이어야 한다.

81. 보일러수로서 가장 적당한 것은?

㉮ 강산성 ㉯ 약산성
㉰ 강알칼리성 ㉱ 약알칼리성

82. 급수 속의 불순물 중 스케일을 만들고 과열의 원인이 되는 것은?

㉮ 염류 ㉯ 산분
㉰ 알칼리분 ㉱ 가스분

해설 ① 염류 : 스케일 생성 및 과열의 원인
② 산분 : 부식의 원인
③ 알칼리분 : 가성취화 및 크랙(갈라짐)의 원인
④ 유지분 : 포밍 및 과열의 원인
⑤ 가스분 : 부식의 원인(특히, O_2는 점식의 원인)

83. 1 ppm에 대한 설명으로 맞는 것은?

㉮ 물에 포함된 불순물의 $\frac{1}{10000}$을 뜻한다.
㉯ 물에 포함된 불순물의 $\frac{1}{100000}$을 뜻한다.
㉰ 물에 포함된 불순물의 $\frac{1}{1000000}$을 뜻한다.
㉱ 물에 포함된 불순물의 $\frac{1}{10000000}$을 뜻한다.

해설 ① ppm(parts per million) : 백만분율을 의미하며, 수용액 1 L 중에 함유된 불순물의 양을 mg으로 표시한다.
② ppb(parts per billion) : 10억분율을 의미하며, 수용액 1000 kg 중에 불순물량 1 mg을 단위로 취한다.

참고 ① ppm의 단위 : mg/kg, mg/L, g/t, g/m^3
② ppb의 단위 : mg/t, mg/m^3

84. 보일러 급수 중에 함유되어 있는 칼슘(Ca) 및 마그네슘(Mg)의 농도를 나타내는 척도는 무엇인가?

㉮ 탁도 ㉯ 수소이온 농도
㉰ 경도 ㉱ 산도

해설 경도 : 수중에 함유하고 있는 칼슘(Ca) 및 마그네슘(Mg)의 농도를 나타내는 척도이며, 이것에 대응하여 탄산칼슘 및 탄산마그네슘의 함유량을 편의상 ppm으로 나타낸다.

85. 유기물질을 센물 속에 용해시키면 전기적 변화가 일어나 센물 속의 광물질이 분리되어 불순물을 간단히 제거하는 방법은 무엇인가?

㉮ 여과법 ㉯ 가열법
㉰ 이온교환법 ㉱ 침전법

해설 용존고형물 처리법 중 이온교환법에 대한 설명이다.

86. 일반적으로 연수와 경수는 경도 얼마를 기준으로 나누는가?

㉮ 7 ㉯ 10 ㉰ 12 ㉱ 14

해설 ① 경수 : 경도 10.5 이상(센물)
② 연수 : 경도 9.5 이하(단물)

참고 연수의 간편한 구분방법은 비누를 사용한다(잘 풀어지면 연수, 잘 풀어지지 않으면 경수).

정답 80. ㉰ 81. ㉱ 82. ㉮ 83. ㉰ 84. ㉰ 85. ㉰ 86. ㉯

87. 보일러수 100 cc 속에 산화칼슘(CaO) 2 mg, 산화마그네슘(MgO) 1 mg이 포함되어 있는 경우 경도(°dH)는 얼마인가?

㉮ 1 ㉯ 2 ㉰ 3 ㉱ 3.4

해설 1° dH : 물 속의 Ca양과 Mg양을 CaO으로 환산해서 나타내며, MgO을 CaO으로 환산할 때는 MgO×1.4배 해야 하므로, 2+1×1.4=3.4° dH

88. 최고사용압력 12 kgf/cm^2, 용량 25 t/h 보일러에 총경도 6 ppm의 급수를 시간당 23 t씩 공급한다. 일일 보일러에 공급되는 총경도 성분은 몇 g인가?

㉮ 300000 g/일 ㉯ 138 g/일
㉰ 3312 g/일 ㉱ 3450 g/일

해설 $23\times10^3\times10^3\times24\times\frac{6}{10^6}=3312$ g/일

89. 질소 봉입방법으로 보일러 보존 시 보일러 내부에 질소가스의 봉입압력(MPa)으로 적합한 것은?

㉮ 0.06 ㉯ 0.02 ㉰ 0.03 ㉱ 0.08

90. 다음 중 보일러 급수 중의 현탁질 고형물을 제거하기 위한 외처리 방법으로 적합하지 못한 것은?

㉮ 여과법 ㉯ 기폭법
㉰ 침전법 ㉱ 응집법

해설 보일러수의 외처리(1차 처리) 방법에서 현탁질 고형물 제거법에는 여과법, 침전법(침강법), 응집법이 있다.

91. 보일러 급수 중의 용존고형물의 제거 방법이 아닌 것은?

㉮ 이온교환법 ㉯ 증류법
㉰ 침강법 ㉱ 약품처리법

해설 보일러수의 외처리(1차 처리) 방법에서 용존고형물 제거법에는 증류법, 약품첨가법, 이온교환법(가장 좋은 방법)이 있다.

92. 보일러 급수 중의 용존가스체를 제거하는 방법으로 적합한 것은?

㉮ 여과법 ㉯ 응집법
㉰ 기폭법 ㉱ 침전법

해설 보일러수의 외처리(1차 처리) 방법에서 용존가스체 제거법에는 탈기법(O_2, CO_2 제거, 특히 O_2 제거)과 기폭법(CO_2, Fe, Mn, NH_3, H_2S 제거)이 있다.

93. 보일러 급수처리법 중 산소, CO_2, 용해가스를 제거하는 급수 처리방법으로 가장 적당한 것은?

㉮ 탈기법 ㉯ 여과법
㉰ 석회소다법 ㉱ 증류법

해설 용존가스체 제거법
① 탈기법 : O_2, CO_2 제거(특히, O_2 제거)
② 기폭법 : CO_2, Fe, Mn, NH_3, H_2S 제거

94. 보일러의 외처리에서 기폭법이란?

㉮ 보일러수의 질이 저하될 때 폭발을 방지하는 방법이다.
㉯ 급수 중의 CO_2, 철분, 망간 등을 제거하는 방법이다.
㉰ 급수 중에 용존해 있는 산소를 제거하는 방법이다.
㉱ 보일러수 중의 산소를 보일러 내에서 처리하는 것을 말한다.

해설 ㉰항은 탈기법에 대한 설명이다.

정답 87. ㉱ 88. ㉰ 89. ㉮ 90. ㉯ 91. ㉰ 92. ㉰ 93. ㉮ 94. ㉯

95. 보일러 급수처리에서 기폭법으로 제거되지 않는 성분은 무엇인가?

㉮ 탄산가스 ㉯ 규산염
㉰ 철분 ㉱ 망간

해설 기폭법으로 탄산가스(CO_2), 철분(Fe), 망간(Mn), 암모니아(NH_3), 황화수소(H_2S)를 제거한다.

96. 보일러 급수 처리방법 중 보일러 내 처리에 해당하는 것은?

㉮ 이온교환 수지법
㉯ 여과법
㉰ 청관제에 의한 방법
㉱ 증류법

해설 보일러 내 처리(2차 처리)란 청관제 약품으로 처리하는 방법을 말한다.

97. 보일러수의 pH 조정제로 사용되는 약품이 아닌 것은?

㉮ 수산화나트륨 ㉯ 황산나트륨
㉰ 인산나트륨 ㉱ 암모니아

해설 pH 조정제 및 알칼리 조정제 : 탄산나트륨(탄산소다), 인산나트륨(인산소다), 수산화나트륨(가성소다), 암모니아, 히드라진

98. 다음 청관제 중 고온, 고압 보일러에 사용하지 않는 것은?

㉮ 가성소다 ㉯ 인산소다
㉰ 탄산소다 ㉱ 암모니아

해설 탄산소다는 수온이 높아지면 가수분해하여 탄산가스와 산화나트륨이 생성되므로 고온, 고압 보일러에서 사용하지 않는다.

참고 $Na_2CO_3 + H_2O \xrightarrow{\text{가열}} 2\,NaOH + CO_2$

99. 다음 중 보일러수 중의 경도 성분을 슬러지로 만들기 위하여 보일러수에 첨가하는 것은 무엇인가?

㉮ 가성취화 억제제 ㉯ 연화제
㉰ 슬러지 조정제 ㉱ 탈산소제

해설 경도 성분을 슬러지로 만들기 위해서는 연화제가 사용되고, 스케일 성분을 슬러지로 만들기 위해서는 슬러지 조정제가 사용된다.

100. 보일러 청관제 중 보일러수의 연화제로 사용되지 않는 것은?

㉮ 수산화나트륨 ㉯ 탄산나트륨
㉰ 인산나트륨 ㉱ 황산나트륨

해설 보일러 용수 연화제의 종류 : 탄산나트륨, 인산나트륨, 수산화나트륨

101. 보일러수(水)의 청관제 약품 중 슬러지 조정제가 아닌 것은?

㉮ 탄닌 ㉯ 리그린
㉰ 전분 ㉱ 히드라진

해설 슬러지 조정제는 ㉮, ㉯, ㉰항 약품이다.

102. 보일러수(水)의 청관제 약품 중 탈산소제가 아닌 것은?

㉮ 탄닌 ㉯ 히드라진
㉰ 암모니아 ㉱ 아황산소다

해설 탈산소제의 종류 : 아황산나트륨(저압 보일러용), 탄닌, 히드라진(고압 보일러용)

103. 보일러 급수의 관내 처리로서 청관제를 사용하는 경우 탈산소제로 사용하는 약품은 무엇인가?

㉮ 알코올 ㉯ 히드라진
㉰ 수산화나트륨 ㉱ 리그린

정답 95. ㉯ 96. ㉰ 97. ㉯ 98. ㉰ 99. ㉯ 100. ㉱ 101. ㉱ 102. ㉰ 103. ㉯

104. 다음 중 스케일(관석)의 성분과 관계가 없는 것은?

㉮ 황산염　　㉯ 탄산염
㉰ 규산염　　㉱ 인산염

해설 스케일(scale)의 주성분은 칼슘, 마그네슘의 황산염, 규산염, 탄산염이다.

105. 보일러 급수의 pH는 어느 정도 하는 것이 적합한가?

㉮ 4~5　　㉯ 6~7
㉰ 8~9　　㉱ 10~12

해설 보일러의 부식을 방지하기 위하여 보일러 급수 및 보일러수의 pH 한계값은 다음과 같다.

구 분 \ 보일러의 종류	원통형 보일러	수관 보일러
보일러 급수 pH	7~9	8~9
보일러수 pH	11~11.8	10.5~11.5

참고 보일러 급수의 pH 값과 보일러수의 pH 값 구분을 철저히 할 것

106. 점화 준비에서 보일러 내의 급수를 하려고 한다. 이때 주의사항으로 잘못된 것은?

㉮ 과열기의 공기밸브를 닫는다.
㉯ 급수예열기는 공기밸브, 물빼기 밸브로 공기를 제거하고 물을 가득 채운다.
㉰ 열매체 보일러인 경우는 열매를 넣기 전에 보일러 내에 수분이 없음을 확인한다.
㉱ 본체 상부의 공기밸브를 열어둔다.

해설 과열기의 공기밸브를 열어두어야 한다.

107. 장시간 사용을 중지하고 있던 보일러의 점화 준비에서 부속장치 조작 및 시동으로 틀린 것은?

㉮ 댐퍼는 굴뚝에서 가까운 것부터 차례로 연다.
㉯ 통풍장치의 댐퍼 개폐도가 적당한지 확인한다.
㉰ 흡입통풍기가 설치된 경우는 가볍게 운전한다.
㉱ 절탄기나 과열기에 바이패스가 설치된 경우는 바이패스 댐퍼를 닫는다.

해설 바이패스 댐퍼를 열어 배기가스가 흐르도록 해야 한다.

108. 다음 보기를 보고 기름보일러의 수동조작 점화요령 순서로 가장 적절한 것은?

〈보기〉
① 연료밸브를 연다.
② 버너를 기동한다.
③ 노내 통풍압을 조절한다.
④ 점화봉에 점화하여 연소실 내 버너 끝의 전방하부 10 cm 정도에 둔다.

㉮ ③－④－②－①
㉯ ①－②－③－④
㉰ ②－①－④－③
㉱ ④－②－③－①

109. 가스 보일러의 점화 시 주의사항으로 틀린 것은?

㉮ 점화용 가스는 화력이 좋은 것을 사용하는 것이 필요하다.
㉯ 연소실 및 굴뚝의 환기는 완벽하게 하는 것이 필요하다.
㉰ 착화 후 연소가 불안정할 때에는 즉시 가스공급을 중단한다.
㉱ 콕(cock), 밸브에 소다수를 이용하여 가스가 새는지 확인한다.

해설 비눗물을 이용하여 가스가 새는지 확인한다.

정답 104. ㉱　105. ㉰　106. ㉮　107. ㉱　108. ㉮　109. ㉱

110. **보일러를 수동조작으로 점화할 때 방법으로 틀린 것은?**

㉮ 연료가 중유인 경우에는 점도가 분무 조건에 알맞게 되도록 예열한다.
㉯ 점화봉을 이용하여 반드시 점화한다.
㉰ 연료의 종류 및 연소실 열부하에 따라서 2~5초간의 점화 제한시간을 설정한다.
㉱ 버너가 2대 이상인 경우 2대를 동시에 점화시킨다.

해설 1대씩 차례로 점화를 시켜야 한다.

111. **가스보일러 점화 시의 주의사항으로 틀린 것은?**

㉮ 점화는 순차적으로 작은 불씨로부터 큰 불씨로 2~3회로 나누어 서서히 한다.
㉯ 노내 환기에 주의하고, 실화 시에도 충분한 환기가 이루어진 뒤 점화한다.
㉰ 연료 배관계통의 누설 유무를 정기적으로 점검한다.
㉱ 가스압력이 적정하고 안정되어 있는지 점검한다.

해설 점화는 큰 불씨로 1회에 착화 될 수 있도록 해야 한다.

112. **증기를 송기할 때 주의사항으로 틀린 것은?**

㉮ 과열기의 드레인을 배출시킨다.
㉯ 증기관 내의 수격작용을 방지하기 위해 응축수가 배출되지 않도록 한다.
㉰ 주증기밸브를 조금 열어서 주증기관을 따뜻하게 한다.
㉱ 주증기밸브를 완전히 개폐한 후 조금 되돌려 놓는다.

해설 응축수가 배출되도록 해야 한다.

113. **보일러에서 송기 및 증기 사용 중 유의사항으로 틀린 것은?**

㉮ 항상 수면계, 압력계, 연소실의 연소상태 등을 잘 감시하면서 운전하도록 할 것
㉯ 점화 후 증기 발생 시까지는 가능한 한 서서히 가열시킬 것
㉰ 2조의 수면계를 주시하여 항상 정상 수면을 유지하도록 할 것
㉱ 점화 후 주증기관 내의 응축수를 배출시킬 것

해설 점화 전에 주증기관 내의 응축수를 배출시켜야 한다.

114. **보일러에서 발생한 증기를 송기할 때의 주의사항으로 틀린 것은?**

㉮ 주증기관 내의 응축수를 배출시킨다.
㉯ 주증기밸브를 서서히 연다.
㉰ 송기한 후에 압력계의 증기압 변동에 주의한다.
㉱ 송기한 후에 밸브의 개폐상태에 대한 이상 유무를 점검하고 드레인밸브를 열어 놓는다.

해설 드레인밸브를 닫아 놓고 송기를 해야 한다.

115. **증기압력 상승 후의 증기 송출방법에 대한 설명으로 틀린 것은?**

㉮ 주증기밸브는 특별한 경우를 제외하고는 완전히 열었다가 다시 조금 되돌려 놓는다.
㉯ 증기를 보내기 전에 증기를 보내는 측 주증기관의 드레인밸브를 다 열고 응축수를 완전히 배출한다.
㉰ 주증기 스톱밸브 전후를 연결하는 바

정답 110. ㉱ 111. ㉮ 112. ㉯ 113. ㉱ 114. ㉱ 115. ㉰

이패스 밸브가 설치되어 있는 경우에는 먼저 바이패스 밸브를 닫아 주증기관을 따뜻하게 한다.

㉱ 관이 따뜻해지면 주증기밸브를 단계적으로 천천히 열어간다.

116. 보일러의 연소 관리에 관한 설명으로 잘못된 것은?

㉮ 연료의 점도는 가능한 높은 것을 사용한다.

㉯ 점화 후에는 화염 감시를 잘한다.

㉰ 저수위 현상이 있다고 판단되면 즉시 연소를 중단한다.

㉱ 연소량의 급격한 증대와 감소를 하지 않는다.

해설 연료의 점도(액체의 끈적거리는 성질의 정도)는 낮은 것을 사용한다.

117. 보일러 운전정지 순서에 들어갈 내용으로 틀린 것은?

㉮ 공기의 공급을 정지한다.

㉯ 연료 공급을 정지한다.

㉰ 증기밸브를 닫고 드레인밸브를 연다.

㉱ 댐퍼를 연다.

해설 공기의 공급을 정지한 후 공기 댐퍼를 닫는다.

118. 다음 중 보일러의 운전정지 시 가장 뒤에 조작하는 작업은?

㉮ 연료의 공급을 정지시킨다.

㉯ 연소용 공기의 공급을 정지시킨다.

㉰ 댐퍼를 닫는다.

㉱ 급수펌프를 정지시킨다.

해설 연소율을 낮춘다 → ㉮ → 포스트 퍼지 → ㉯ → ㉱ → ㉰

119. 유류연소 수동 보일러의 운전을 정지했을 때 조치사항으로 틀린 것은?

㉮ 운전정지 직전에 유류예열기의 전원을 차단하고 유류예열기의 온도를 낮춘다.

㉯ 보일러의 수위를 정상수위보다 조금 높이고 버너의 운전을 정지한다.

㉰ 연소실 내에서 분리하여 청소를 하고 기름이 누설되는지 점검한다.

㉱ 연소실 내 연도를 환기시키고 댐퍼를 열어 둔다.

해설 환기시키고 난 후에는 댐퍼를 닫아 둔다.

120. 보일러 운전정지의 순서 중 1차적으로 연료의 공급을 차단한 다음 2차적으로 조치를 취해야 하는 것은?

㉮ 댐퍼를 닫는다.

㉯ 공기의 공급을 정지한다.

㉰ 주증기밸브를 닫는다.

㉱ 드레인밸브를 연다.

해설 ① 연료 공급 차단 ② 포스트 퍼지 실시 ③ 공기 공급 정지 ④ 주증기밸브 차단 ⑤ 드레인밸브 개방

121. 보일러 스케일 및 슬러지의 장해에 대한 설명으로 틀린 것은?

㉮ 보일러를 연결하는 콕, 밸브, 기타의 작은 구멍을 막히게 한다.

㉯ 스케일 성분의 성질에 따라서는 보일러 강판을 부식시킨다.

㉰ 연관의 내면에 부착하여 물의 순환을 방해한다.

㉱ 보일러 강판이나 수관 등의 과열 원인이 된다.

해설 수관의 내면에 부착하여 물의 순환을 방해한다.

정답 116. ㉮ 117. ㉱ 118. ㉰ 119. ㉱ 120. ㉯ 121. ㉰

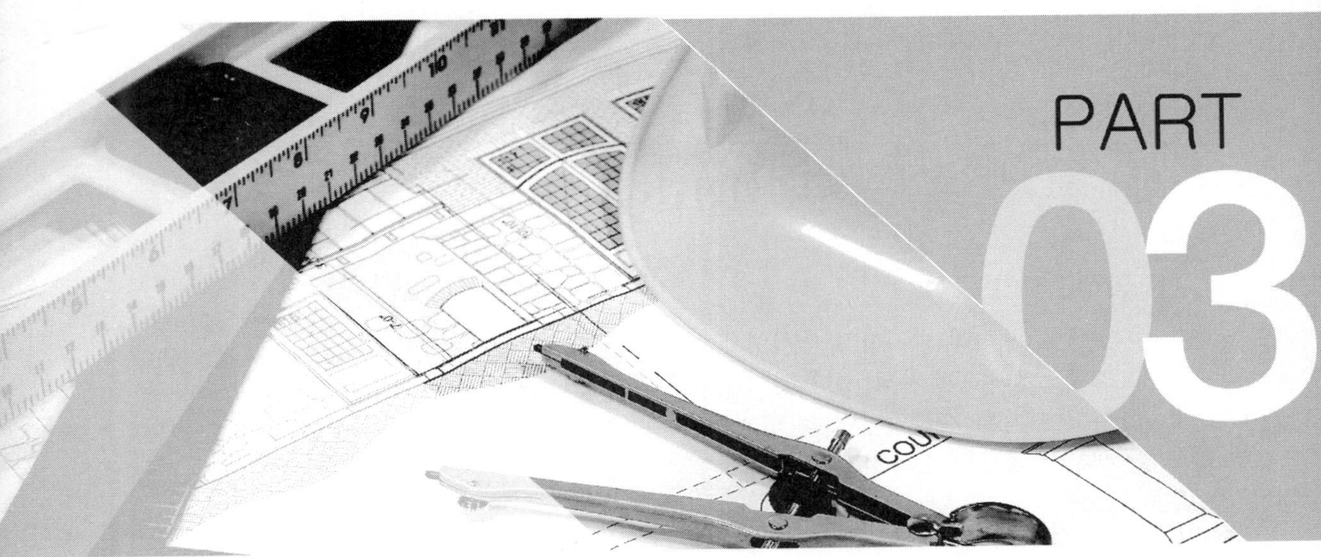

안전관리 및 배관일반

제 1 장 보일러 안전관리

1. 안전관리의 개요

(1) 안전관리의 목적

① 사고를 사전에 방지하기 위하여
② 재해로부터 근로자의 생명 및 상해로부터의 보호를 위하여(인간존중)
③ 사고에 따른 재산의 손실을 방지하기 위하여
④ 생산성 증대와 열손실을 최소화하기 위하여

(2) 보일러 사고 (2대 사고)

① **파열사고 :** 저수위, 압력초과, 과열, 부식, 미연소가스 폭발, 급수처리 불량, 부속기기 정비 불량 및 점검 불충분 등으로 인한 취급상의 부주의와 재료 불량, 강도 부족, 구조 불량, 용접 불량, 설계 불량, 부속기기 설비 미비 등으로 인한 제작상의 원인으로 발생되는 가장 큰 사고이다.

② **미연소가스 폭발사고 :** 연소실 또는 연도 같은 연소계통의 미연소가스로 인한 연소로 인해 발생되는 사고이다.

참고

미연소 가스 : 배기가스 중에 포함된 CO, H_2, CH_4 등의 가연성 가스가 완전히 연소하지 않은 상태의 가스

(3) 보일러 사고의 원인

① **취급상의 원인 :** 저수위, 압력초과, 과열, 부식, 급수처리 불량, 미연소가스 폭발, 부속기기 정비 불량 및 점검 불충분 등

② **제작상의 원인 :** 재료 불량, 강도 부족, 구조 불량, 용접 불량, 설계 불량, 부속기기 설비 미비 등

참고

보일러 사고 원인의 약 90 % 정도가 취급상의 원인이며, 그 중에서 가장 큰 원인은 이상 감수와 압력 초과이다.

(4) 보일러 사고 예방 대책

가장 중요한 대책은 수위관리와 연소관리이다.

① **수위관리**

㈎ 1회에 다량의 급수를 피하고 연속적으로 일정량씩 급수를 하여 일정 수위를 유지시키고, 수면계 수위가 40~60% 정도 되도록 한다(수면계 유리관 $\frac{1}{2}$ 정도).

㈏ 급수장치 및 급수조절장치 기능을 완전하게 유지한다.

㈐ 수면계와 압력계는 항상 감시의 대상이 되어야 하고 2개의 수면계 수위 또는 압력계 지시도가 상이한 경우가 생긴다면 즉시 그 원인을 제거한다.

㈑ 관수 분출작업과 저수위 경보장치 계통의 장애물 제거, 분출작업 시는 각종 밸브의 조작 순서에 주의한다.

㈒ 관수 분출작업은 2명이 동시에 실시하되 1명은 전면의 수위를 감시한다.

㈓ 연소기 및 연소상태의 음향, 송풍기 및 급수펌프의 작동음에 이상이 있다면 그 원인을 규명, 제거한다.

㈔ 부하 변동은 사용처와 수시로 사전에 통지되도록 한다.

㈕ 자동장치에 의존하여 조종자가 정위치에서 이탈해서는 안 된다.

② **연소관리**

㈎ 연료의 점도는 적정 점도를 유지할 수 있도록 연료의 예열온도를 유지하고, 연료는 일정 유량이 계속적으로 공급되어야 한다.

㈏ 프리퍼지와 포스트퍼지를 행하고 송풍 조작 시에는 댐퍼의 조작 순서와 열림에 주의해야 한다.

㈐ 점화 후의 화염 감시를 한다. 소화현상이 있는 경우는 반드시 그 원인을 제거한 후 다시 점화한다.

㈑ 저수위 현상이 있다고 판정될 때는 즉시 연소를 중지한다.

㈒ 연소량의 급격한 증대와 감소의 조업은 억제한다.

㈓ 점화, 소화작업의 빈도가 적도록 조업을 한다.

③ **용수관리** : 보일러의 급수는 순수 또는 연수로 처리된 처리수를 사용해야 하며, 불순물 농도를 허용농도 이하로 유지하도록 수질 검사 및 점검을 하고 적당한 시기에 적정량의 관수와 분출작업을 행한다. 또한, 급수로는 회수된 응축수를 사용하는 것이 가장 좋은 방법이다(응축수는 양질의 열수이다).

2. 보일러 손상과 방지 대책

2-1 보일러의 부식

(1) 부식의 종류

부식을 크게 두 가지로 나누면 외부부식과 내부부식으로 나눌 수 있으며, 외부부식에는 고온부식과 저온부식이 있고(산화부식도 있음), 내부부식에는 점식(pitting), 구식(grooving), 전면식(全面植), 알칼리부식이 있다.

(2) 외부부식 (외면부식) : 보일러 전열면에서의 부식

① 발생 원인

㈎ 보일러 외면의 습기나 수분 등과 접촉할 때

㈏ 보일러 이음부나 맨홀, 청소구, 수관 등에서 물이 누설할 때

㈐ 연료 내의 황분(S)이나 회분 등에 의하여(회분 중에 포함된 바나듐)

② 종류

㈎ 고온부식 : 고온부식이란 중유의 연소에 있어서 중유 중에 포함되어 있는 바나듐(V)이 연소에 의하여 산화하고 오산화바나듐(V_2O_5)으로 되어 고온의 전열면에 융착하여 그 부분을 부식시키는 것을 말한다. 방지 대책은 다음과 같다.

㉮ 중유 중에 포함되어 있는 바나듐(V) 성분을 제거한다.

㉯ 바나듐의 융점을 높인다 [첨가제(회분개질제)를 사용].

㉰ 전열면의 온도가 높아지지 않게끔 설계한다.

㉱ 연소가스의 온도를 항상 바나듐의 융점(943 K(670℃) 정도) 이하가 되도록 유지시킨다.

㉲ 고온의 전열면에 보호피막을 씌운다.

㉳ 고온의 전열면에 내식재료를 사용한다.

참고

① 오산화바나듐(V_2O_5) 의 융점이 893~943 K(620~670℃) 정도이므로 이 온도가 바로 고온부식을 일으키는 온도이다.

② 폐열회수장치 중 과열기, 재열기에서 고온부식을 많이 일으킨다.

㈏ 저온부식 : 연료 중의 유황(S)이 연소해서 아황산가스(SO_2)로 되고, 그 일부는 다시 산화해서 무수황산(SO_3)으로 된다. 이것이 가스 중의 수분(H_2O)과 화합하여 황산

(H_2SO_4)으로 되고 보일러의 저온 전열면에 융착하여 그 부분을 부식시키는 것을 말한다. 그 방지 대책은 다음과 같다.

㉮ 연료 중의 황분(S)을 제거한다.

㉯ 저온의 전열면 표면에 내식재료를 사용한다.

㉰ 저온의 전열면에 보호피막을 씌운다.

㉱ 배기가스의 온도를 노점 이상으로 유지시키기 위하여 저온의 공기 누입을 방지하고 전열면의 온도저하를 방지시킨다.

㉲ 배기가스 중의 CO_2 함유량을 높여 황산가스의 노점을 내린다.

㉳ 과잉공기량을 줄여 배기가스 중의 산소(O_2) 함유량을 감소시켜 아황산가스의 산화를 방지한다.

참고

① 무수황산(SO_3)의 노점은 423 K(150℃)이다.

② 폐열회수장치인 공기예열기, 절탄기에서 저온부식을 많이 일으킨다.

③ 저온부식에서 연료 속의 유황(S)이 연소하면 아황산가스(SO_2)가 된다. 즉, $S + O_2 \rightarrow SO_2$로, SO_2가 연소가스 중의 산소와 화합하여 무수황산(SO_3)이 된다. 즉, $SO_2 + \frac{1}{2}O_2 \rightarrow SO_3$이다.

또한, 연소 중의 수소(H_2)는 수분(H_2O)을 발생한다. 즉, $H_2 + \frac{1}{2}O_2 \rightarrow H_2O$가 되며,
무수황산(SO_3)이 다시 수분(H_2O)과 결합하여 황산(H_2SO_4)이 된다.
즉, $H_2O + SO_3 \rightarrow H_2SO_4$이 된다.

(다) 산화부식 : 금속이 연소가스와 산화하여 표면에 산화피막을 형성하는 것을 말하며, 산화현상은 금속의 표면온도가 높을수록, 금속 표면이 거칠수록 강하게 나타난다.

(3) 내부부식 (내면부식) : 보일러수(水) 면적에서의 부식

① 발생 원인

(가) 급수 중에 포함된 산소(O_2), 탄산가스(CO_2), 유지분 등에 의해 발생한다.

(나) 급수처리가 부적당하여 수질이 불량할 경우(유지분, 산류, 탄산가스 함유)에 발생한다.

(다) 강재에 포함된 인(P), 유황(S) 등이 온도 상승과 함께 산화하며 산을 만들어 부식시킨다.

(라) 강은 포금이나 동(Cu)에 대해 양극(+)이 되며, 온도 상승과 더불어 그 반응이 활발하여 부식된다. 강재가 다른 금속과 접하면 전류가 흐르고 양극이 된다.

(마) 공장에서 전기의 누전에 의하여 보일러로 통하면 부식이 증가된다.

(바) 보일러에서 국부적인 온도차가 생기면 전류가 흘러 높은 온도가 양극(+)이 되어 부식이 된다.

(사) 굽힘에 의하여 조직이 변화하고 굽힘이 없는 부분과 전위차가 생겨 전류가 흘러 부식이 된다.

(아) 보일러 판의 표면에 녹이 부착하면 국부적으로 전위차가 생기고 전류가 흘러서 양극(+)이 된 부분이 부식된다.

② 종류

㈎ 점식(pitting) : 점식은 내부부식의 대표적인 것이며, 보일러수중의 용존가스체(산소, 탄산가스)가 용해하면 부식을 일으키고(특히, 고온에서의 산소의 용해는 심하다), 점이 점상(點狀)으로 군데군데 떼를 지어 발생하며 크기는 쌀알 크기에서 손가락 머리 크기까지 있다. 점식이 밀생(密生)하면 반식(班植)이 되고 이것이 군생(群生) 하면 전면식(全面植)으로 발전한다.

참고

① pH 란 수소 이온 농도를 표시하는 지수이며, 물이 산성인가 알칼리성인가를 나타내는 척도이다.
② pH = 0 ~ 7 미만 → 산성
pH = 7 → 중성
pH = 7 초과 ~ 14 → 알칼리성
③ 보일러수의 pH는 10.5 ~ 11.5(단, 원통형 보일러 pH는 11 ~ 11.8) 정도(약알칼리성)가 적당하다.
④ 가성취화란 보일러수중에 농축된 강알칼리(pH 13 정도)의 영향으로 철강 조직이 취약하게 되고 입계균열을 일으키는 현상이다.

㉮ 점식이 발생하기 쉬운 곳
㉠ 산화철 피막이 파괴되어 있는 곳
㉡ 표면의 성분이 고르지 못한 강재
㉢ 표면에 돌출부가 많은 강재
㉣ 물의 순환이 불량하고, 화염이 접촉하는 곳
㉤ 연관의 외면, 노통의 상부, 입형 보일러의 화실 관판 부근

㉯ 점식의 방지법
㉠ 아연판을 매달아 둘 것(전류작용 방지 역할)
㉡ 도료를 칠할 것
㉢ 산이나 용존가스체(O_2, CO_2)를 제거하기 위하여 청관제를 사용할 것

㈏ 구식(grooving) : 단면이 V형 또는 U형으로 어느 범위의 길이의 도랑 모양으로 발생하는 부식이다. 보일러판 등의 연결 부분이 열로 인하여 신축함으로써 발생되는 응력의 반복에 의하여 재질이 피로하여 생기는 도랑 모양의 선상부식이 된다.

㉮ 구식을 일으키는 부분
㉠ 입형 보일러의 화실 천장판의 연돌관을 부착하는 플랜지 만곡 또는 화실 하단의 플랜지 만곡부
㉡ 노통 보일러(코니시 보일러, 랭커셔 보일러)에 있어서 경판의 노통과 접합하는 부분이나 거싯 스테이(gusset stay) 부착부
㉢ 노통의 경판과의 부착 만곡부 및 애덤슨 조인트의 만곡부
㉣ 보일러 동의 길이 겹친 조인트 부분
㉤ 리벳 이음의 판의 겹친 가장자리 부분

㉯ 구식 방지법

㉠ 플랜지 만곡부의 반지름을 작게 하지 말 것
㉡ 나사 버팀의 경우에는 양단부 이외의 나사 산(山)을 깎아내어 탄력성을 줄 것
㉢ 공작 시에는 노통의 전장이 동의 길이보다 길게 된 것을 무리하게 끼워 넣지 말 것
㉣ 취급 시에 스케일로 인하여 노통의 열팽창을 일으키지 않도록 할 것
㉤ 적당한 브리딩 스페이스(breathing space)를 만들 것(최소한 230 mm 이상 유지할 것)

㈐ 알칼리부식 : 보일러수(水) 속에 수산화나트륨(가성소다) 등의 유리 알칼리 농도가 너무 높아지고 pH가 너무 상승하면 증발관 등에서 수산화나트륨(가성소다)이 농축하여 이 고농도의 알칼리와 고온의 작용으로 강재를 부식시킨다.

2-2 보일러판의 손상

(1) 래미네이션(lamination)

강괴 속에 잔류된 가스체가 강철판을 압연할 때에 압축되어 2장의 층을 형성하고 있는 흠을 말하며, 일종의 재료의 결함이다.

(2) 블리스터(blister)

래미네이션의 결함을 가진 재료가 외부로부터 강한 열을 받아 소손되어 부풀어오르는 현상을 말한다.

(3) 균열(crack)

균열이 생기기 쉬운 곳은 끊임없이 반복적인 응력을 받아 무리를 받고 있는 부분에 생긴다. 즉, 열응력이 모여있는 부분은 이음 부분, 리벳 구멍 부분, 스테이(stay, 버팀)를 가지는 부분이다.

(4) 심 립스(seam rips)

리벳 이음에서 리벳의 둘레(주위) 부분은 강도가 약하므로, 균열(금이 가는 것)이 생기게 되어 리벳에서 리벳으로 금이 나가는 현상을 말한다.

2-3 팽출과 압궤

(1) 팽출(bulge)

인장응력을 받는 수관, 횡관, 겔로웨이관, 수랭관, 동(드럼) 저부에서 스케일이 부착하였을 때 이 부분에 고열이 접하면 부동팽창으로 인해 내부압력에 견디지 못하고 외부로 부풀어 나오는 현상이다.

(2) 압궤(collapse)

압축응력을 받는 노통이나 연관에서 스케일로 인하여 과열되어 부동팽창으로 인해 외부 압력에 견디지 못하고 내부로 들어가는 현상이다.

참고

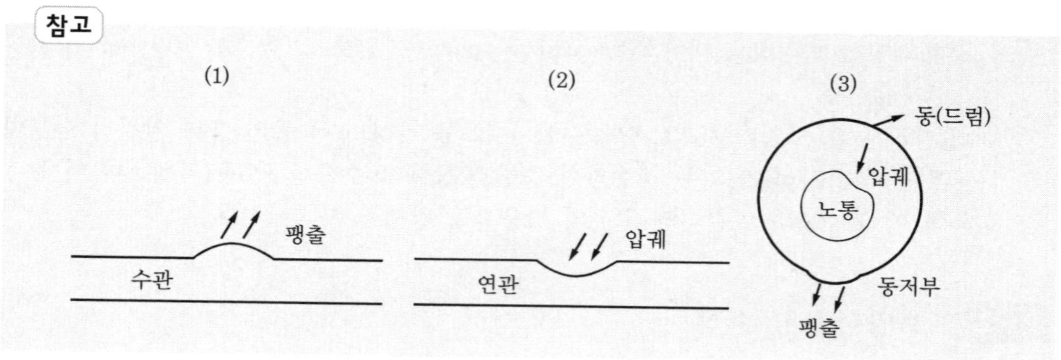

3. 보일러 사고 및 방지 대책

3-1 보일러 사고 원인과 방지 대책

(1) 보일러 파열사고의 원인

① **취급 부주의 :** 이상감수, 최고사용압력(제한압력) 초과, 미연소가스 폭발사고 등
② **제작상의 결함 :** 설계 불량, 구조 불량, 용접 불량, 재료 불량 등

(2) 보일러 과열의 원인 및 방지 대책

과열의 원인	과열 방지 대책
① 보일러 이상감수 시 ② 동 내면에 스케일 생성 시 ③ 보일러수가 농축되어 있을 때 ④ 보일러수의 순환이 불량할 때 ⑤ 전열면에 국부적인 열을 받았을 때	① 보일러수위를 너무 낮게 하지 말 것 ② 보일러 동 내면에 스케일 고착을 방지할 것 ③ 보일러수를 농축시키지 말 것 ④ 보일러수의 순환을 좋게 할 것 ⑤ 전열면에 국부적인 과열을 피할 것

(3) 압력초과의 원인

① 압력계 주시를 태만히 했을 때
② 압력계의 기능에 이상이 있을 때
③ 수면계의 수위를 오판했을 때

④ 수면계 연락관이 막혔을 때
⑤ 분출장치 계통에서 누수가 발생할 때
⑥ 급수펌프가 고장났을 때
⑦ 안전밸브의 기능에 이상이 있을 때
⑧ 급수내관에 이상이 생겼을 때
⑨ 이상감수 시에

(4) 이상감수의 원인

① 수면계 수위를 오판했을 때
② 수면계 주시를 태만히 했을 때
③ 수면계 연락관이 막혔을 때
④ 급수펌프가 고장일 때
⑤ 분출장치 계통에서 누수가 발생했을 때

참고

이상감수 시 응급조치 순서

① 연료의 공급 정지 ② 노내 환기 ③ 연소용 공기 정지
④ 주증기밸브 차단 ⑤ 자연 냉각 ⑥ 원인 분석 및 수위 확인
⑦ 수위 유지 도모

3-2 보일러 운전 중의 사고

(1) 역화(back fire)

연소실에서 화염이 연소실 밖으로 되돌아 나오는 현상을 말한다.

① 역화의 원인

㈎ 점화 시에 착화가 늦을 경우(착화는 5초 이내에 신속히)
㈏ 점화 시에 공기보다 연료를 먼저 노내에 공급했을 경우
㈐ 압입통풍이 너무 강할 경우와 흡입통풍이 부족할 경우
㈑ 실화 시 노내의 여열로 재점화할 경우
㈒ 연료밸브를 급개하여 과다한 양을 노내에 공급했을 경우
㈓ 노내에 미연소가스가 충만해 있을 때 점화했을 경우(프리퍼지 부족)

② 역화 방지 대책

㈎ 점화방법이 좋을 것(점화 시 착화는 신속하게)
㈏ 공기를 노내에 먼저 공급하고 다음에 연료를 공급할 것
㈐ 노 및 연도 내에 미연소가스가 발생하지 않도록 취급에 유의할 것
㈑ 점화 시 댐퍼를 열고 미연소가스를 배출시킨 뒤 점화할 것(프리퍼지 실시)

㈒ 실화 시 재점화를 할 때는 노내를 충분히 환기시킨 후 점화할 것
㈓ 통풍력을 적절히 유지시킬 것

(2) 포밍, 프라이밍, 캐리오버, 워터해머

① **포밍(forming, 물거품 솟음)** : 유지분, 부유물 등에 의하여 보일러수의 비등과 함께 수면부에 거품을 발생시키는 현상

② **프라이밍(priming, 비수현상)** : 관수의 격렬한 비등에 의하여 기포가 수면을 파괴하고 교란시키며 수적이 비산하는 현상

③ **캐리오버(carry over, 기수공발)** : 용수 중의 용해물이나 고형물, 유지분 등에 의하여 수적이 증기에 혼입되어 운반되는 현상을 말하며, 포밍, 프라이밍에 의해 발생한다.

포밍, 프라이밍의 발생 원인과 방지 대책

발 생 원 인	방 지 대 책
① 주증기밸브를 급히 개방 시 ② 고수위로 운전할 때 ③ 증기 부하가 과대할 때 ④ 보일러수가 농축되었을 때 ⑤ 보일러수 중에 부유물, 유지분, 불순물이 많이 함유되어 있을 때	① 주증기밸브를 천천히 개방할 것 ② 정상수위로 운전할 것 ③ 과부하가 되지 않도록 운전할 것 ④ 보일러수의 농축을 방지할 것 ⑤ 보일러수 처리를 철저히 하여 부유물, 유지분, 불순물을 제거할 것

㈎ 물리적 원인
㉮ 증발부 면적이 불충분할 때 (보일러수 면적이 적을 때)
㉯ 증기실이 좁든지 보일러 수면이 높을 때
㉰ 증기정지밸브를 급히 열든지 또는 부하가 돌연 증가하였을 때
㉱ 압력의 급강하가 일어나 격렬한 자기증발을 일으켰을 때

㈏ 화학적 원인
㉮ 나트륨 염류가 많고, 특히 인산나트륨이 많이 존재할 때
㉯ 유지류가 많을 때
㉰ 부유 고형물 및 용해 고형물이 많이 존재할 때

④ **수격작용(water hammer, 물망치작용)** : 증기계통에 고여 있던 응축수가 송기 시 고온·고압의 증기에 이끌려 배관을 강하게 치는 현상이다(이로 인하여 배관에 무리를 가져오며 심지어는 파열을 초래한다). 다음과 같은 방법으로 방지할 수 있다.
㈎ 송기 시 주증기밸브를 서서히 개방할 것
㈏ 증기 배관 보온을 철저히 할 것
㈐ 드레인 빼기를 철저히 할 것
㈑ 증기 트랩을 설치할 것
㈒ 포밍, 프라이밍 현상을 방지할 것
㈓ 송기 전에 소량의 증기로 난관을 시킬 것

예·상·문·제

1. 안전관리의 목적과 가장 거리가 먼 것은?

㉮ 생산성 증대 및 품질향상
㉯ 안전사고 사전예방
㉰ 근로자의 생명 및 상해로부터의 보호
㉱ 사고에 따른 재산의 손실방지

해설 생산성 증대와 열손실의 최소화를 기하기 위해 사고를 미연에 방지함에 있다.

2. 안전관리의 기본목적은 무엇인가?

㉮ 인간존중 ㉯ 생산성 증대
㉰ 고용 증대 ㉱ 사회복지증진

해설 근로자의 생명 및 상해로부터의 보호에 있다.

3. 보일러의 사고 중 가장 큰 것은?

㉮ 저수위 사고 ㉯ 압력초과 사고
㉰ 파열사고 ㉱ 구조 결함 사고

해설 보일러의 가장 큰 사고는 파열사고와 미연소가스 폭발사고이다.

4. 보일러 파열사고의 원인과 거리가 먼 것은?

㉮ 과열 ㉯ 저수위
㉰ 압력초과 ㉱ 고수위

해설 보일러 파열사고의 원인
① 저수위, ② 압력초과, ③ 과열, ④ 부식

5. 다음 중 보일러 파열사고의 가장 큰 원인은 무엇인가?

㉮ 과열 및 부식
㉯ 용접 불량 및 설계 불량
㉰ 저수위 및 압력초과
㉱ 기기 정비 불량 및 설비 미비

해설 파열사고의 원인 중 가장 큰 원인은 저수위와 압력초과이다.

6. 보일러 파열사고의 원인 중 제작상의 원인과 무관한 것은?

㉮ 용접 불량 ㉯ 구조 불량
㉰ 설계 불량 ㉱ 기기 정비 불량

해설 보일러 파열사고의 원인은 취급상 원인과 제작상 원인으로 분류하며, 대부분 취급상 부주의에 기인한다.
① 취급상의 원인 : 저수위, 압력초과, 급수처리 미비, 과열, 부식, 미연소가스 폭발, 부속기기 정비 불량 및 점검 미비
② 제작상의 원인 : 재료 불량, 강도 부족, 설계 불량, 구조 불량, 용접 불량, 부속기기 설비의 미비

7. 보일러 파열사고의 원인 중 취급상의 원인과 무관한 것은?

㉮ 설계 불량 ㉯ 저수위
㉰ 과열 ㉱ 압력초과

8. 보일러 결함이나 사고의 원인과 결과가 서로 틀리게 연결된 것은?

㉮ 급수처리 불량 – 스케일 퇴적
㉯ 증기밸브의 급개 – 동체의 팽출
㉰ 연도가스 423 K(150℃) 이하 – 저온부식
㉱ 보일러수의 감소 – 과열 폭발

해설 증기밸브의 급개는 캐리오버 및 워터해머의 원인이 된다.

정답 1. ㉮ 2. ㉮ 3. ㉰ 4. ㉱ 5. ㉰ 6. ㉱ 7. ㉮ 8. ㉯

9. **보일러 파열사고의 원인 중 보일러 취급과 관계가 있는 것은?**

㉮ 급수 불량 ㉯ 재료 불량
㉰ 구조 불량 ㉱ 공작 불량

해설 ㉯, ㉰, ㉱항은 제작상의 원인이다.

10. **다음 중 보일러 파열사고의 직접적 원인이 아닌 것은?**

㉮ 안전밸브의 기능 불량
㉯ 저수위 안전장치의 고장
㉰ 최고사용압력의 초과
㉱ 공기비의 과대

해설 공기비가 과대하면 노내 온도저하 및 연소가스량의 증대로 열손실이 증대한다.

11. **보일러 연소가스 폭발의 주된 원인은 무엇인가?**

㉮ 보일러수가 지나치게 많을 때
㉯ 증기압력이 지나치게 높을 때
㉰ 연료에 황분이 많이 포함되어 있을 때
㉱ 연소실 내에 미연소가스가 차 있을 때

해설 연소가스 폭발사고 및 역화(back fire)의 주된 원인은 연소실 또는 연도에 체류하고 있는 미연소가스(CO) 때문이다.

12. **국내 보일러 안전사고 중 가장 많은 사고 원인은 무엇인가?**

㉮ 균열 ㉯ 부식
㉰ 가스 폭발 ㉱ 압력초과

해설 ① 이상감수, ② 압력초과 순이다.

13. **보일러 파열사고 중 가장 많이 일어나는 구조상의 결함은 무엇인가?**

㉮ 강도 부족 ㉯ 압력초과
㉰ 점식 ㉱ 그루빙

해설 구조상의 결함 중에는 강도 부족, 취급상의 원인 중에는 이상감수 및 압력초과가 가장 큰 원인이다.

14. **보일러 사고를 방지하기 위한 연소관리 대책으로 적합하지 않은 것은?**

㉮ 저수위 연소 시는 즉시 급수를 증가한다.
㉯ 프리퍼지와 포스트퍼지를 행하고 점화한다.
㉰ 점화, 소화작업의 빈도가 적도록 조업한다.
㉱ 연소량의 급격한 증대와 감소의 조업은 억제한다.

해설 저수위 시에는 즉시 연료의 공급을 중단시키고 보일러를 서서히 자연냉각시킨다.

15. **보일러 수면계 수위가 보이지 않을 때의 응급 조치사항으로 옳은 것은?**

㉮ 연료 공급 차단 ㉯ 냉수 공급
㉰ 증기 보충 ㉱ 자연냉각

16. **다음 중 보일러의 가스 폭발 방지 대책과 무관한 것은?**

㉮ 연료가 노내에 새어 들어가지 않도록 한다.
㉯ 점화 전에 댐퍼를 열어 충분히 송풍시켜야 한다.
㉰ 공기와 연료를 보내는 순서를 바꾸지 않도록 한다.
㉱ 연료를 예열하여야 한다.

해설 연료 및 연소용 공기를 예열하는 것과 가스 폭발 방지 대책과는 무관하다.

17. **보일러 유류 연료 연소 시에 가스 폭발이 발생하는 원인이 아닌 것은?**

정답 9. ㉮ 10. ㉱ 11. ㉱ 12. ㉱ 13. ㉮ 14. ㉮ 15. ㉮ 16. ㉱ 17. ㉮

㉮ 프리퍼지 시간이 너무 길어졌을 때
㉯ 연소 도중에 실화되었을 때
㉰ 점화가 잘 안 되는데 계속 급유했을 때
㉱ 소화 후에 연료가 흘러들어 갔을 때

해설 프리퍼지와 포스트퍼지 시간이 너무 짧으면 미연소가스 폭발사고의 원인이 된다.

18. 다음은 가스 폭발을 방지하는 방법이다. 옳지 않은 것은?

㉮ 점화 전에 노내를 환기시킨다.
㉯ 점화 시에 공기 공급을 먼저한다.
㉰ 연료 공급을 감소시킬 때 공기 공급을 줄이고 연료 공급을 감소시킨다.
㉱ 연소 중 불이 꺼졌을 경우 노내를 환기시킨 후 재점화한다.

해설 ① 연소량을 증가시킬 때에는 먼저 공기 공급을 증대한 후 연료 공급을 증대시켜야 한다.
② 연소량을 감소시킬 때에는 먼저 연료 공급을 감소하고 공기 공급을 감소시켜야 한다.

19. 다음 중 보일러 운전 중의 수위로 가장 적합한 상태는?

㉮ 수면계 길이 $\frac{1}{3}$ 이하로 유지된다.
㉯ 수면계 길이 $\frac{1}{2}$ 정도로 일정하게 유지된다.
㉰ 수면계 상하로 크게 움직인다.
㉱ 수면계 전체에 물이 다 채워져 있다.

해설 운전 중의 정상수위는 40～60% 정도로서 가볍게 상하로 움직일 때이다.

20. 보일러 수면계의 수면이 불안정한 원인으로 옳은 것은?

㉮ 급수가 되지 않을 경우
㉯ 고수위가 된 경우
㉰ 비수가 발생한 경우
㉱ 분출판에서 누수가 생길 경우

해설 수면계의 수면이 불안정한 원인
① 비수현상이 일어날 때
② 보일러 과부하 시
③ 주증기밸브 급개방 시

21. 수면계에 수위가 나타나지 않는 원인이 아닌 것은?

㉮ 수면계가 막혀 있을 때
㉯ 포밍이 발생할 때
㉰ 화력이 너무 강할 때
㉱ 수위가 너무 낮을 때

해설 화력이 너무 강할 때에는 과열의 원인이 된다.

22. 가스 누설 점검에 사용되는 것은?

㉮ 물 ㉯ 기름
㉰ 비눗물 ㉱ 벤젠

해설 비눗물 사용이 간편하다.

23. 보일러의 안전 저수위는?

㉮ 보일러의 전열면이 화염에 노출되는 수위
㉯ 보일러의 사용 중 유지되어야 할 최저수위
㉰ 보일러의 정상적인 사용 시의 표준수위
㉱ 급수하였을 때의 수위

해설 ㉰항은 정상(적정＝표준) 수위이다.

24. 다음 중 보일러수리 시 안전사항으로 틀린 것은 어느 것인가?

㉮ 녹이 슨 부분의 해머작업 시에는 보호안경을 착용한다.

정답 18. ㉰ 19. ㉯ 20. ㉰ 21. ㉰ 22. ㉰ 23. ㉯ 24. ㉱

㉯ 파이프 나사 절삭 시 나사부는 맨손으로 만지지 않는다.
㉰ 토치 램프 작업 시 소화기를 비치해 둔다.
㉱ 스패너나 렌치는 뒤로 밀면서 볼트나 너트를 조인다.

해설 스패너나 렌치는 위에서 아래로 볼트나 너트를 조인다.

25. **가스 버너 사용 시 유의사항 중 틀린 것은 어느 것인가?**

㉮ 버너와 호스 연결이 잘 되어있는가를 점검한다.
㉯ 가스통의 밸브가 잠겨있는가를 확인한다.
㉰ 비눗물로 연료 배관계통의 누설 여부를 수시로 확인한다.
㉱ 가스통을 흔들어 가스가 들어있는가를 점검한다.

해설 가스통에 압력계를 부착하여 가스가 들어있는가를 점검해야 한다.

26. **보수유지 관리 기술규격(KRM)에서 보일러의 냉각요령에 대한 설명으로 적당하지 않은 것은?**

㉮ 연소의 정지 및 연료가 전부 연소한 것을 확인한 후 댐퍼를 반쯤 열고 연소구, 공기 입구를 열어 자연통풍을 실시한다.
㉯ 보일러를 급냉할 때의 수위는 안전저수면 이하가 되도록 하여야 한다.
㉰ 가급적 장시간에 걸쳐 서서히 냉각하고 적어도 313 K(40℃) 이하로 한다.
㉱ 벽돌이 쌓여 있는 보일러에서는 적어도 1일 이상 냉각하여야 한다.

해설 수위를 안전저수면 이하로 해서는 안 된다.

27. **다음 중 화상을 입었을 때 응급조치로서 적당한 것은?**

㉮ 붕대를 감는다.
㉯ 아연화연고를 바른다.
㉰ 옥도정기를 바른다.
㉱ 잉크를 바른다.

해설 먼저 찬물에 담구었다가 아연화연고를 바른다.

28. **고압 보일러가 압력용기로 취급되는데 압력 발생의 주원인은 무엇인가?**

㉮ 온도를 높이기 때문이다.
㉯ 액체가 기체로 변하기 때문이다.
㉰ 많은 연료를 사용하기 때문이다.
㉱ 열에 의한 화학변화가 격렬하게 일어나기 때문이다.

해설 액체가 기체로 변할 때의 체적팽창에 기인한다.

29. **보일러에 충분히 열이 전달되지 않는 원인과 관계가 없는 것은?**

㉮ 통풍 불량 ㉯ 연료 공급 부족
㉰ 스케일 부착 ㉱ 증기부하의 과중

해설 ㉮, ㉯, ㉰ 항 외에 전열면에 그을음이 부착되었을 때이다.

30. **보일러 급수 중의 불순물 및 그 장해에 대한 설명으로 잘못된 것은?**

㉮ 염류는 스케일 발생의 주요 원인이 된다.
㉯ 유지분은 포밍의 원인이 된다.
㉰ 용존산소 등의 가스체는 점식의 원인이 된다.
㉱ 산분은 pH를 증가시켜 전면식의 원인이 된다.

정답 25. ㉱ 26. ㉯ 27. ㉯ 28. ㉯ 29. ㉱ 30. ㉱

해설 산분은 pH를 감소시켜 전면식의 원인이 된다.

31. 보일러 급수 중의 불순물과 가장 관계가 없는 것은?

㉮ 스케일 ㉯ 슬러지
㉰ 블리스터 ㉱ 부식

해설 래미네이션과 블리스터는 강재의 결함으로 생기는 현상이다.

32. 안전·보건표지의 색채·색도기준 및 용도에서 화학물질 취급 장소에서의 유해·위험경고를 나타내는 색채는?

㉮ 흰색 ㉯ 빨간색
㉰ 녹색 ㉱ 청색

해설 화학물질 취급장소에서의 유해, 위험경고 외의 위험경고를 나타내는 색채는 노란색이다.

33. 보일러 가스 폭발 방지 대책으로 적합하지 못한 것은?

㉮ 점화 전에 연소실 내의 잔존가스를 배출한다.
㉯ 급유량과 송풍량을 줄이고 점화한다.
㉰ 보일러 가동이 끝난 후 포스트퍼지를 한다.
㉱ 1차 점화에 실패하면 즉시 계속해서 2차 점화를 시도한다.

해설 1차 점화에 실패하면 즉시 연료 공급을 중단하고 퍼지(환기)를 한 후 원인 조사를 해야 한다.

34. 보일러의 고온부식은 어느 성분이 원인이 되는가?

㉮ 황(S) ㉯ 바나듐(V)
㉰ 산소(O_2) ㉱ 탄산가스(CO_2)

해설 ① 고온부식을 일으키는 성분 : 바나듐(V)
② 저온부식을 일으키는 성분 : 황(S)

35. 보일러의 저온부식과 관계가 있는 것은?

㉮ 황 ㉯ 바나듐
㉰ 나트륨 ㉱ 마그네슘

36. 바나듐은 고온부식의 원인이 된다. 어느 정도 온도에서 발생되는가?

㉮ 423 K 이상 ㉯ 443 K 이상
㉰ 773 K 이상 ㉱ 873 K 이상

해설 ① 오산화바나듐(V_2O_5)의 융점 : 893~943 K(620~670℃) 정도
② 황산(H_2SO_4)의 융점 : 423~443 K(150~170℃) 정도

37. 폐열회수장치 중 고온부식을 가장 많이 일으키는 것은?

㉮ 과열기 ㉯ 재열기
㉰ 절탄기 ㉱ 공기예열기

해설 ① 고온부식을 가장 많이 일으키는 것은 과열기이며 그 다음이 재열기이다.
② 저온부식을 가장 많이 일으키는 것은 공기예열기이며 그 다음이 절탄기이다.

38. 폐열회수장치 중 저온부식을 가장 많이 일으키는 것은?

㉮ 과열기 ㉯ 재열기
㉰ 절탄기 ㉱ 공기예열기

39. 다음 중 보일러 내부부식의 단계가 옳게 된 것은?

㉮ 점식－반식－그루빙
㉯ 반식－점식－그루빙

정답 31. ㉰ 32. ㉯ 33. ㉱ 34. ㉯ 35. ㉮ 36. ㉱ 37. ㉮ 38. ㉱ 39. ㉮

㉰ 그루빙－점식－전면식
㉱ 그루빙－반식－점식
해설 점식－반식－그루빙－전면식 순이다.

40. 보일러 고온부식의 방지 대책에 해당되지 않는 것은?
㉮ 연료 중의 바나듐 성분을 제거한다.
㉯ 첨가제를 사용하여 회분의 용점을 낮춘다.
㉰ 전열면을 내식 처리한다.
㉱ 전열면의 온도를 설계온도 이하로 유지한다.
해설 첨가제를 사용하여 회분의 융점을 높여야 한다.

41. 전열면의 오손방지 대책으로 적합하지 않은 것은?
㉮ 황분이 적은 연료를 사용한다.
㉯ 회분이 적은 연료를 사용한다.
㉰ 내식성이 강한 재료를 사용한다.
㉱ 회분의 융점을 강하시킨다.

42. 다음 중 보일러 내부부식의 원인과 관계가 없는 것은?
㉮ 보일러수의 pH 의 저하
㉯ 물 속에 함유된 산소의 작용
㉰ 물 속에 함유된 탄산가스의 영향
㉱ 물 속에 함유된 암모니아의 영향
해설 물 속에 함유된 유지분과 강재에 포함된 인(P), 황(S)이 원인이 된다.

43. 보일러 외부부식의 일종인 저온부식의 방지 대책으로 잘못된 것은?
㉮ 연료 중의 황분(S)을 제거한다.
㉯ 저온의 전열면에 보호피막을 씌운다.
㉰ 배기가스의 온도를 노점 이상으로 유지한다.
㉱ 배기가스 중의 CO_2 함유량을 낮추어 준다.
해설 CO_2 함유량을 높여 황산가스의 노점을 내려야 한다.

44. 보일러수에 함유된 탄산가스는 어떤 장해를 일으키는가?
㉮ 부식 ㉯ 스케일 생성
㉰ 가성취화 ㉱ 크랙
해설 탄산가스(CO_2), 산소(O_2)는 내부부식의 주원인이다.

45. 보일러 내부부식의 발생을 방지하는 방법으로 잘못된 것은?
㉮ 보일러수 내의 용존산소를 제거한다.
㉯ 적당한 청관제를 사용한다.
㉰ 아연판을 매달아 둔다.
㉱ 보일러수의 pH를 약산성으로 유지해야 한다.
해설 보일러수의 pH를 약알칼리성으로 유지해야 한다.

46. 보일러에서 점식이 많이 발생하는 부분은?
㉮ 연소실 내부 ㉯ 보일러 동 저부
㉰ 연관 내부 ㉱ 과열기
해설 보일러 동(드럼) 저부에서 농축물이 가장 많이 침전한다.

47. 보일러의 내부부식 중 점식(pitting)을 일으키는 것은?
㉮ 질소 ㉯ 탄산가스
㉰ 염화마그네슘 ㉱ 알칼리

정답 40. ㉯ 41. ㉱ 42. ㉱ 43. ㉱ 44. ㉮ 45. ㉱ 46. ㉯ 47. ㉯

해설 보일러수 중에 함유된 산소 및 탄산가스가 용해하면 부식을 조장하며, 특히 고온에서 산소의 용해가 심하다.

48. 보일러에서 점식을 방지하는 방법 중 틀린 것은?

㉮ 아연판을 매달아 둔다.
㉯ 용존산소를 제거한다.
㉰ 내면에 도료를 칠한다.
㉱ 보일러수의 농도를 짙게 한다.

해설 점식(pitting) 방지법은 ㉮, ㉯, ㉰항이다.

49. 점식 방지의 방법으로서 다음 중 가장 관계가 적은 것은?

㉮ 스케일의 부착을 방지한다.
㉯ 보일러수 중의 공기나 CO_2를 배제한다.
㉰ 보일러수를 알칼리성으로 유지한다.
㉱ 보일러수 중에 아연판을 부착한다.

50. 보일러에서 구식(grooving)이 발생하기 쉬운 곳이 아닌 것은?

㉮ 경판의 구석이 둥근 부분
㉯ 리벳 이음의 판이 겹친 부분
㉰ 노통 보일러의 노통 플랜지 둥근 부분
㉱ 경판과 동체를 연결하는 거싯 스테이

해설 스테이 볼트 부분에서 구식이 발생하기 쉽다.

51. 다음 가성취화에 대한 설명 중 틀린 것은 어느 것인가?

㉮ 알칼리도가 낮아져서 생기는 현상이다.
㉯ Na, H 등이 강재의 결정 입계에 침입한다.
㉰ 물리적, 화학적으로 양호한 철판에도 생길 수 있다.
㉱ 보일러판의 늘어남은 없다.

해설 가성취화 : 보일러수 중에 농축된 강알칼리(pH 13 정도)의 영향으로 철강 조직이 취약하게 되고 입계 균열을 일으키는 현상

52. 보일러 이음부 부근에서 발생하는 도랑형 모양의 부식현상은?

㉮ 점식 ㉯ 전면식
㉰ 반식 ㉱ 구식

해설 구식(grooving) : 단면이 V형 또는 U형으로 도랑 모양의 부식이다.

53. 래미네이션(lamination)은 무엇인가?

㉮ 보일러 강판이나 관이 2매의 층을 형성한 것을 말한다.
㉯ 보일러 강판이 화염에 닿아 볼록 튀어나온 것을 말한다.
㉰ 보일러 본체에 화염이 접촉하여 내부의 압력에 견딜 수 없어 외부로 튀어나온 것을 말한다.
㉱ 보일러 강판이 화염에 접촉하여 점식되어 가는 것을 말한다.

해설 ① 래미네이션(lamination) : 보일러 강판이나 관 속에 2장의 층을 형성하고 있는 흠
② 블리스터(blister) : 래미네이션의 결함을 갖고 있는 재료가 강하게 열을 받아 소손되어 부풀어 오른 현상

54. 보일러 내에 아연판을 매다는 이유는 무엇인가?

㉮ 비수작용 방지
㉯ 스케일 생성 방지
㉰ 보일러판의 부식 방지
㉱ 갈바니 액션 방지

해설 보일러수 중에 아연판을 매달아 두면 전류작용이 방지되어 부식을 방지할 수 있다.

정답 48. ㉱ 49. ㉮ 50. ㉱ 51. ㉮ 52. ㉱ 53. ㉮ 54. ㉰

55. 보일러 내부부식 중 구식(grooving) 발생의 방지 대책이 아닌 것은?

㉮ 재료의 온도가 급격하게 변화하지 않도록 한다.
㉯ 브리딩 스페이스(breathing space)를 적게 한다.
㉰ 노통 플랜지 둥근 부분의 굽힘 반지름을 크게 한다.
㉱ 열응력을 크게 받지 않도록 한다.

해설 구식(grooving)을 방지하기 위하여 브리딩 스페이스(breathing space)를 크게 해야 한다(최소한 230 mm 이상).

56. 다음 중 팽출현상이 일어나기 쉬운 곳은?

㉮ 노통 ㉯ 수관
㉰ 연관 ㉱ 동 상부

해설 ① 인장응력을 받는 수관이나 동 저부에서는 팽출현상이 일어나기 쉽다.
② 압축응력을 받는 노통이나 연관에서는 압궤현상이 일어나기 쉽다.

57. 다음 중 압궤현상이 일어나기 쉬운 곳은?

㉮ 수관 ㉯ 동 저부
㉰ 노통 ㉱ 수랭관

58. 과열된 보일러 동체가 내부압력에 견디지 못하고 외부로 부풀어 나오는 현상은?

㉮ 팽출
㉯ 압궤
㉰ 블리스터
㉱ 래미네이션

해설 압궤는 외부압력에 견디지 못하고 내부로 들어가는 현상이다.

59. 오일 연소장치에서 역화가 발생하는 원인과 무관한 것은?

㉮ 1차 공기의 압력 부족
㉯ 점화할 때 프리퍼지 부족
㉰ 물 또는 협잡물의 혼입
㉱ 2차 공기의 과대한 예열

해설 기름의 예열온도가 과대할 때 역화의 원인이 된다.

60. 보일러의 과열 원인과 무관한 것은?

㉮ 분출밸브가 새는 경우
㉯ 스케일 누적이 많은 경우
㉰ 수면계의 설치 위치가 낮은 경우
㉱ 안전밸브의 분출량이 부족한 경우

해설 ㉱항은 압력초과의 원인이다.

61. 다음 중 보일러 동체가 국부적으로 과열되는 경우는?

㉮ 고수위로 운전하는 경우
㉯ 보일러 동 내면에 스케일이 형성된 경우
㉰ 안전밸브의 기능이 불량한 경우
㉱ 주증기밸브의 개폐 동작이 불량한 경우

해설 스케일(관석)은 열전도를 방해하므로 과열 및 파열의 원인이 된다.

62. 보일러의 과열 원인이 될 수 없는 것은?

㉮ 보일러수의 순환이 나쁠 때
㉯ 보일러수의 농도가 매우 높을 때
㉰ 보일러수의 수위가 높을 때
㉱ 고열이 닿는 곳의 내면에 스케일이 부착되어 있을 때

해설 보일러수의 수위가 낮을 때 과열의 원인이 된다.

정답 55. ㉯ 56. ㉯ 57. ㉰ 58. ㉮ 59. ㉱ 60. ㉱ 61. ㉯ 62. ㉰

63. 다음 중 보일러 저수위 사고의 원인과 무관한 것은?

㉮ 저수위 제어기의 고장
㉯ 수위의 오판
㉰ 급수역지밸브의 고장
㉱ 연료 공급 노즐의 막힘

해설 ㉱항은 실화 및 점화 불능의 원인이다.

64. 다음 중 보일러의 과열 방지 대책과 관계가 없는 것은?

㉮ 보일러수위를 너무 높게 하지 말 것
㉯ 보일러 동 내면에 스케일 고착을 방지할 것
㉰ 보일러수를 농축시키지 말 것
㉱ 보일러수의 순환을 원활히 할 것

해설 보일러수위를 너무 낮게 하지 말아야 한다.

65. 보일러 압력초과의 원인이 아닌 것은?

㉮ 압력계에 이상이 있을 때
㉯ 수면계 수위를 오판했을 때
㉰ 급수펌프가 고장났을 때
㉱ 보일러 동 내면에 스케일이 고착했을 때

해설 ㉱항은 과열의 원인이다.

66. 보일러 점화 시 역화가 발생하는 경우와 가장 거리가 먼 것은?

㉮ 댐퍼를 너무 조인 경우나 흡입통풍이 부족할 경우
㉯ 압입통풍이 약할 경우
㉰ 공기보다 먼저 연료를 공급했을 경우
㉱ 점화할 때 착화가 늦어졌을 경우

해설 압입통풍이 강할 경우와 흡입통풍이 약할 경우에 역화가 일어날 수 있다.

67. 보일러에서 역화의 원인에 해당되지 않는 것은?

㉮ 착화되지 않은 버너에 중유를 송유할 때
㉯ 노내에 미연소가스가 있을 때
㉰ 댐퍼를 너무 열었을 때
㉱ 점화 시 착화 지연을 했을 때

해설 댐퍼를 너무 닫았을 때에 역화가 발생한다.

68. 보일러 운전 중 팽출, 압궤가 발생되기 쉬운 장소와 가장 무관한 것은 어느 것인가?

㉮ 횡형 노통의 상반면
㉯ 기관차형 보일러의 화실
㉰ 화염이 닿지 않는 드럼의 상부
㉱ 수관 보일러의 기수 드럼 노출부

해설 화염이 닿는 부분에서 발생되기 쉽다.

69. 다음 중 역화(back fire)의 방지 대책으로 틀린 것은?

㉮ 점화 전에 프리퍼지를 충분히 시킬 것
㉯ 노에 연료를 먼저 공급하고 공기를 공급할 것
㉰ 점화는 5초 이내에 신속히 할 것
㉱ 통풍력을 적절히 유지시킬 것

해설 노내에 공기를 먼저 공급하고 난 후에 연료를 공급해야 한다.

70. 보일러 운전 중 저수위로 인하여 보일러가 과열된 경우의 조치사항으로 부적합한 것은?

㉮ 수위가 수면계 이하라고 깨달았을 경우에는 제일 먼저 연료 공급을 중지한다.
㉯ 연소용 공기 공급을 중단하고 댐퍼를 전개한다.

정답 63. ㉱ 64. ㉮ 65. ㉱ 66. ㉯ 67. ㉰ 68. ㉰ 69. ㉯ 70. ㉰

㉰ 주철제 보일러인 경우 즉시 급수하여 보일러를 냉각시키도록 한다.

㉱ 보일러가 자연냉각하는 것을 기다려 원인을 파악한다.

해설 즉시 급수 시에는 부동팽창의 영향으로 파열사고를 일으킬 수 있다.

71. 역화(back fire)의 원인에 해당되지 않는 것은?

㉮ 댐퍼를 너무 조인 경우나 흡인통풍이 부족할 경우

㉯ 점화할 때 착화가 늦어졌을 경우

㉰ 공기보다 먼저 연료를 공급했을 경우

㉱ 노내가 부압일 경우

해설 노내 압력이 너무 강할 경우에 역화가 일어난다.

참고 흡입통풍방식에서는 노내가 부압(대기압보다 낮은 압력)상태로 유지된다.

72. 다음 중 보일러 드럼 내의 수면에 부유물, 유지분 등으로 인한 거품이 발생하는 현상은 무엇인가?

㉮ 프라이밍 ㉯ 포밍

㉰ 캐리오버 ㉱ 워터해머

해설 수면에 유지분, 부유물 등으로 물거품이 발생하는 현상을 포밍(forming)이라 한다.

73. 보일러에서 포밍 현상을 일으키는 주 원인은 무엇인가?

㉮ 유지분 ㉯ 산소

㉰ 탄산가스 ㉱ 농축물

74. 보일러에서 급수 성분 중 포밍과 관련이 가장 큰 것은?

㉮ pH ㉯ 경도 성분

㉰ 용존산소 ㉱ 유지 성분

해설 포밍(물거품 솟음)의 주원인은 유지분과 부유물이다.

75. 다음 중 보일러에서 포밍의 발생 원인이 아닌 것은?

㉮ 보일러수 중에 가스분이 많이 포함될 때

㉯ 보일러수가 너무 농축되었을 때

㉰ 수위가 너무 높을 때

㉱ 보일러수 중에 유지분이 다량 함유될 때

해설 ㉮항은 부식(특히, 점식)의 원인이다.

76. 포밍 또는 프라이밍의 방지 대책으로 적합하지 못한 것은?

㉮ 급수처리를 잘 할 것

㉯ 정상수위로 운전할 것

㉰ 보일러수를 충분히 농축시켜 운전할 것

㉱ 과부하가 되지 않도록 운전할 것

해설 보일러수 처리를 철저히 하여 농축시키지 말아야 한다.

77. 보일러 부하의 급변, 수위의 과잉상승 등에 의해 수분이 증기와 분리되지 않은 채로 보일러 수면에서 심하게 솟아오르는 현상을 무엇이라 하는가?

㉮ 프라이밍 ㉯ 포밍

㉰ 워터해머 ㉱ 캐리오버

해설 프라이밍(priming, 비수현상) : 수면에서 수적이 비산하는 현상

78. 보일러 가동 중 프라이밍이나 포밍이 발생할 경우 적절한 조치가 아닌 것은?

㉮ 증기밸브를 열고 수면계 수위의 안정을 기다린다.

정답 71. ㉱ 72. ㉯ 73. ㉮ 74. ㉱ 75. ㉮ 76. ㉰ 77. ㉮ 78. ㉮

㉯ 연소량을 가볍게 한다.
㉰ 수면 분출장치가 있는 경우 분출을 행한다.
㉱ 보일러수의 일부를 취출하여 새로운 물을 넣는다.

해설 증기밸브를 닫고 수면계 수위의 안정을 기다려야 한다.

79. 증기관으로 증기와 함께 수분 및 불순물이 함께 취출되는 것은?

㉮ 수격작용 ㉯ 프라이밍
㉰ 캐리오버 ㉱ 포밍

해설 캐리오버(carry over, 기수공발) : 수중의 용해물이나 고형물 등에 의하여 증기 속에 수분 및 불순물이 혼입되어 취출되는 현상이며, 포밍과 프라이밍이 그 원인이 된다.

80. 보일러 증기 배관 내에 드레인을 생성하여 워터해머를 유발하고, 과열기나 엔진, 터빈 등을 부식시키는 직접적인 원인이 되는 것은?

㉮ 역화 ㉯ 캐리오버
㉰ 포밍 ㉱ 프라이밍

해설 워터해머(water hammer, 수격작용)의 직접적인 원인은 캐리오버(기수공발)이다.

81. 기수공발이 일어나는 물리적 원인이 아닌 것은?

㉮ 보일러 수면이 높다.
㉯ 수실이 증기실보다 작다.
㉰ 증기정지밸브를 급개한다.
㉱ 부하가 돌연 증가한다.

해설 증발부 면적이 불충분할 때 기수공발이 일어난다.

82. 기수공발(carry over)의 원인으로 적합하지 못한 것은?

㉮ 증발 수면적이 너무 넓다.
㉯ 주증기밸브를 급개하였다.
㉰ 부유 고형물이나 용해 고형물이 많이 존재하였다.
㉱ 압력의 급강하로 격렬한 자기증발을 일으켰다.

해설 증발 수면적이 불충분할 때 기수공발의 원인이 된다.

83. 캐리오버로 인하여 나타날 수 있는 현상이 아닌 것은?

㉮ 수격현상 ㉯ 프라이밍
㉰ 열효율 저하 ㉱ 배관의 부식

해설 포밍과 프라이밍으로 인하여 캐리오버 현상이 일어나고, 캐리오버로 인하여 워터해머 현상이 일어난다.

84. 증기 보일러의 캐리오버(carry over)의 발생 원인과 가장 무관한 것은?

㉮ 보일러 부하가 과대한 경우
㉯ 기수분리장치가 불완전할 경우
㉰ 구조상 증기실이 작고 증발 수면이 좁을 경우
㉱ 보일러 수면이 너무 낮을 경우

해설 보일러 수면이 너무 높을 경우에 캐리오버가 발생한다.

85. 보일러 운전 중 수격작용이 발생하는 경우와 가장 거리가 먼 것은?

㉮ 증기관이 과열되었을 때
㉯ 주증기 밸브를 급히 열었을 때
㉰ 증기관 속에 응축수가 고여 있을 때
㉱ 다량의 증기를 갑자기 송기할 때

해설 증기관이 냉각되어 응축수가 생기면 수격작용이 발생한다.

정답 79. ㉰ 80. ㉯ 81. ㉯ 82. ㉮ 83. ㉯ 84. ㉱ 85. ㉮

86. 다음 중 연소 시에 매연 등의 공해물질이 가장 적게 발생되는 연료는?

㉮ 액화석유가스 ㉯ 무연탄
㉰ 중유 ㉱ 경유

해설 기체 연료가 공해 요인이 가장 적다.

87. 수격작용을 방지하기 위한 방법과 관련이 없는 것은?

㉮ 증기관의 보온
㉯ 증기관 말단에 트랩 설치
㉰ 비수방지관 설치
㉱ 급수내관의 설치

해설 급수내관의 설치목적은 부동팽창 방지 및 보일러수의 순환을 좋게 하기 위해서이다.

참고 급수내관은 보일러의 안전 저수위보다 50 mm 아래에 설치한다.

88. 보일러 증기관 속에서 발생하는 수격작용의 원인과 가장 관계가 없는 것은?

㉮ 증기관의 보온 미비
㉯ 프라이밍 발생
㉰ 저수위 운전
㉱ 증기밸브의 급개

해설 보일러를 고수위로 운전하면 기수공발 및 수격작용을 일으킨다.

89. 보일러 운전 시 매연이 발생하는 경우는 언제인가?

㉮ 연소실의 온도가 높을 경우
㉯ 실제공기량이 이론공기량보다 적을 경우
㉰ 연소실의 용적이 큰 경우
㉱ 집진시설을 설치한 경우

해설 ㉯ 항은 연소용 공기가 부족한 상태이므로 연료가 불완전연소하여 매연이 발생한다.

90. 보일러 연소에 있어서 매연의 발생 원인으로 잘못된 것은?

㉮ 통풍력이 부족할 경우
㉯ 연소실의 용적이 너무 클 경우
㉰ 연료가 불량한 경우
㉱ 연소장치가 불량한 경우

해설 연소실 용적이 작을 때 불완전연소로 인하여 매연이 발생한다.

91. 보일러 연소에서 매연 발생의 원인과 무관한 것은?

㉮ 공기량이 부족할 때
㉯ 수소(H) 성분이 많은 경우
㉰ 통풍력이 부족할 때
㉱ 연료에 수분이 많이 포함된 경우

해설 연료 중의 수소(H) 성분이 많은 연료는 발열량이 높고 우수한 연료이다.

92. 다음 중 보일러 매연 발생 원인과 가장 거리가 먼 것은?

㉮ 공기비를 1.0 이하로 하여 연소시킬 때
㉯ 연료 중에 회분이 과다하게 포함되었을 때
㉰ 연소실의 온도가 현저하게 낮을 때
㉱ 프리퍼지가 부족할 때

해설 프리퍼지 및 포스트퍼지가 불충분하면 역화 및 연소가스 폭발사고의 원인이 된다.

93. 보일러 연소 시 매연을 방지하는 방법과 무관한 것은?

㉮ 연소실 내의 온도를 높인다.
㉯ 공기를 예열한다.
㉰ 연료를 예열한다.
㉱ 배기가스 온도를 낮춘다.

해설 배기가스 온도가 낮으면 통풍력이 저하하고 연료가 불완전연소하여 매연 발생의 원인이 된다.

정답 86. ㉮ 87. ㉱ 88. ㉰ 89. ㉯ 90. ㉯ 91. ㉯ 92. ㉱ 93. ㉱

94. **지구 온난화 현상과 관련하여 온실효과를 가져오는 대표적인 기체는?**

㉮ CO_2 ㉯ H_2O
㉰ SO_3 ㉱ $CaCO_3$

해설 CO_2는 오존층을 파괴하여 지구의 온난화 현상을 가져온다.

95. **다음 중 배기가스 온도가 너무 높은 원인과 무관한 것은?**

㉮ 전열면이 오손되었다.
㉯ 공기 댐퍼에 이상이 있다.
㉰ 저부하로 연소시킬 때
㉱ 비율 조절기에 이상이 있다.

해설 보일러를 고부하(高負荷)로 연소시키면 배기가스 온도가 상승하며 열손실이 증대한다.

96. **다음 중 질소산화물의 발생 원인이 되는 것은 어느 것인가?**

㉮ 연소실의 온도가 높다.
㉯ 연료가 불완전연소된다.
㉰ 연료 중에 회분이 많다.
㉱ 연료 중에 휘발분이 많다.

해설 질소산화물(NO_x)은 NO, NO_2를 총칭한 것으로서 NO는 고온에서 질소가 산소와 접촉하면 열을 흡수하여 생기며 NO는 다시 산화하여 NO_2가 되므로 연소실의 온도가 너무 높으면 질소산화물(NO_x)의 발생 원인이 된다.

97. **연소실에서 가마 울림 현상이 발생하였다. 방지 대책이 아닌 것은?**

㉮ 연소실과 연도를 개조한다.
㉯ 수분이 적은 연료를 사용한다.
㉰ 1차 공기의 송풍 조절을 개선한다.
㉱ 연소실 내에서 천천히 연소시킨다.

해설 연소실 내에서 연료를 빠르게 연소시켜야 한다.

98. **보일러 연소실 내벽에 카본이 쌓이는 원인과 관계가 없는 것은 어느 것인가?**

㉮ 연소용 공기가 부족할 때
㉯ 기름의 점도가 과대할 때
㉰ 연료의 유압이 과대할 때
㉱ 노내 온도가 높을 때

해설 노내 온도가 낮을 때 연소실 내벽에 카본이 생성한다.

99. **보일러 설치 기술규격(KBI)에서 규정된 내용으로 저수위 차단장치의 통수관 크기는 호칭지름 몇 mm 이상이 되도록 하여야 하는가?**

㉮ 10 mm 이상 ㉯ 15 mm 이상
㉰ 20 mm 이상 ㉱ 25 mm 이상

해설 저수위 차단장치는 가급적 2개를 별도의 통수관에 각기 연결하여 사용하는 것이 좋으며 통수관 크기는 호칭지름 25 mm 이상이 되도록 하여야 한다.

100. **보일러 설치 기술규격(KBI)에서 보일러 가스누설 경보기의 특징 설명으로 틀린 것은?**

㉮ 충분한 강도를 가지며 취급과 정비가 용이할 것
㉯ 검지부가 다점식인 경우에는 경보가 울릴 때 경보부에서 가스의 검지 장소를 알 수 있는 구조이어야 할 것
㉰ 경보기의 경보부와 검지부는 분리 설치가 불가능한 것일 것
㉱ 경보는 램프의 점등 또는 점멸과 동시에 경보를 울리는 것일 것

해설 경보기의 경보부와 검지부는 분리 설치가 가능한 것이어야 한다.

정답 94. ㉮ 95. ㉰ 96. ㉮ 97. ㉱ 98. ㉱ 99. ㉱ 100. ㉰

101. **보일러 내부부식에 속하지 않는 것은?**

㉮ 점식 ㉯ 저온부식
㉰ 구식 ㉱ 알칼리부식

해설 내부부식의 종류 : 점식, 구식, 전면식, 알칼리부식

102. **보일러의 압력상승에 따라 닫혀 있는 주증기 스톱밸브를 처음 열어 사용처로 증기를 보낼 때 워터해머 발생방지를 위한 조치로 틀린 것은?**

㉮ 증기를 보내기 전에 증기를 보내는 측의 주증기관, 드레인밸브를 다 열고 응축수를 완전히 배출시킨다.
㉯ 관이 따뜻해지면 주증기밸브를 단번에 완전히 열어둔다.
㉰ 바이패스밸브가 설치되어 있는 경우에는 먼저 바이패스밸브를 열어 주증기관을 따뜻하게 한다.
㉱ 바이패스밸브가 없는 경우에는 보일러 주증기밸브를 조심스럽게 열어 증기를 조금씩 보내어 시간을 두고 관을 따뜻하게 한다.

해설 관이 따뜻해지면 주증기밸브를 서서히 열어야 한다.

103. **다음 중 캐리오버에 대한 설명으로 틀린 것은?**

㉮ 보일러에서 불순물과 수분이 증기와 함께 송기되는 현상이다.
㉯ 기계적 캐리오버와 선택적 캐리오버로 분류한다.
㉰ 프라이밍이나 포밍은 캐리오버와 관계가 없다.
㉱ 캐리오버가 일어나면 여러 가지 장해가 발생한다.

해설 캐리오버는 프라이밍이나 포밍에 의하여 발생한다.

104. **수관 보일러를 외부청소할 때 사용하는 작업방법에 속하지 않는 것은?**

㉮ 에어쇼킹법
㉯ 스팀쇼킹법
㉰ 워터쇼킹법
㉱ 통풍쇼킹법

해설 ① 에어쇼킹법(압축공기분무제거법)
② 스팀쇼킹법(증기분무제거법)
③ 워터쇼킹법(물분무제거법)
④ 샌드블로법(모래사용제거법)

정답 101. ㉯ 102. ㉯ 103. ㉰ 104. ㉱

제 2 장 배관일반

1. 배관재료

속이 뚫린 환봉(丸棒)으로 유체가 통하게 되어 있는 것을 관이라 한다. 배관용 재료는 관, 관 조인트, 밸브, 트랩, 받침쇠, 패킹, 피복재료 등으로 금속에서 비금속에 이르기까지 그 종류가 광범위하다.

1-1 관재료

(1) 강관 (steel pipe)

배관용 탄소강관(SPP)에는 흑관과 백관이 있으며, 증기·기름·가스 및 공기 등에는 흑관을 사용하고, 수도용에는 아연 도금한 백관을 사용한다.

① 종류

㈎ 재질에 따라 : 탄소강 강관, 합금강 강관, 스테인리스 강관 및 주름관

㈏ 제조방법에 따라

㉮ 단접강관 : 일반 배관용

㉯ 이음매 없는 강관 : 고압 보일러용

㉰ 전기저항용접 강관

㈐ 도금상태(표면처리)에 따라 : 흑관, 백관(부식을 방지하기 위해 내·외면에 아연도금을 한 것)

② 특징

㈎ 인장강도가 크다.

㈏ 접합작업이 용이하다.

㈐ 내충격성이 크고 굽힘이 용이하다.

㈑ 가격이 싸다.

㈒ 연(鉛)관이나 주철관에 비해 가볍다.

온수온돌 배관에는 작은 압력이 작용되므로 단접 강관으로 일반 배관용 탄소강 강관과 기계 구조용 탄소강 강관이 사용되며, 최근에는 스테인리스강 강관이 많이 사용되고 있다. 스케줄 번호(schedule No.)란 관의 두께를 나타내는 번호이다.

$$\text{스케줄 번호(sch. No.)} = 10 \times \frac{P}{S}$$

여기서, P : 사용압력(kgf/cm^2), S : 허용응력(kgf/mm^2) $= \frac{\text{인장강도}(kgf/mm^2)}{\text{안전율}}$

③ 강관의 종류와 KS 규격 기호 및 용도

종 류		KS 규격기호	용 도
배관용	배관용 탄소강 강관	SPP	사용압력이 낮은 증기, 물, 기름, 가스 및 공기 등의 배관용, 호칭지름 15~500 A
	압력 배관용 탄소강 강관	SPPS	350℃ 이하에서 사용하는 압력 배관용, 관의 호칭은 호칭지름과 두께(스케줄 번호)에 의하며, 호칭지름 6~500 A
	고압 배관용 탄소강 강관	SPPH	350℃ 이하에서 사용압력이 높은 고압 배관용, 관지름 6~168.3 mm 정도이나 특별한 규정은 없음
	고온 배관용 탄소강 강관	SPHT	350℃ 이상 온도의 배관용(350~450℃), 관의 호칭은 호칭지름과 스케줄 번호에 의함. 호칭지름 6~500 A
	배관용 아크용접 탄소강 강관	SPPY (SPW)	사용압력 10 kg/cm^2의 낮은 증기, 물, 기름, 가스 및 공기 등의 배관용, 호칭지름 350~1500 A
	배관용 합금강 강관	SPA	주로 고온도의 배관용, 두께는 스케줄 번호로 표시, 호칭지름 6~500 A
배관용	배관용 스테인리스 강관	STS×TP	내식용, 내열용 및 고온 배관용, 저온 배관용에도 사용. 두께는 스케줄 번호로 표시, 호칭지름 6~300 A
	저온 배관용 강관	SPLT	빙점 이하 특히 저온도 배관용, 두께는 스케줄 번호로 표시, 호칭지름 6~500 A
수도용	수도용 아연도금 강관	SPPW	정수두 100 m 이하의 수두로서 주로 급수배관용, 호칭지름 10~300 A
	수도용 도복장 강관	SBPG	정수두 100 m 이하의 수두로서 주로 급수배관용, 호칭지름 80~1500 A
열전달용	보일러·열교환기용 탄소강 강관	STBH	관의 내외에서 열의 수수를 행함을 목적으로 하는 장소에 사용된다. 보일러의 수관, 연관, 과열관, 공기예열관, 화학공업, 석유공업의 열교환기, 가열로관 등에 사용
	보일러·열교환기용 합금강 강관	STHA	
	보일러·열교환기용 스테인리스 강관	STS×TB	
	저온 열교환기용 강관	STLT	빙점 이하 특히 낮은 온도에서 관의 내외에서 열의 수수를 행하는 열교환기관, 콘덴서관
구조용	일반 구조용 탄소강 강관	SPS	토목, 건축, 철탑, 지주와 기타의 구조물용
	기계 구조용 탄소강 강관	STM	기계, 항공기, 자동차, 자전거 등의 기계 부분품용
	구조용 합금강 강관	STA	항공기, 자동차, 기타의 구조물용

(2) 주철관(cast iron pipe)

급수관, 배수관, 통기관, 케이블 매설관, 오수관 등에 사용되며, 일반 주철관, 고급 주철관, 구상 흑연 주철관 등이 있다.

참고

(1) **고급 주철관 :** 흑연의 함량을 적게 하고 강성을 첨가하여 금속 조직을 개선하며, 기계적 성질이 좋고 강도가 크다.

(2) **구상 흑연 주철관(덕타일) :** 양질의 선철(cast iron)을 강에 배합하며, 주철 중에 흑연을 구상화시켜서 질이 균일하고 치밀하며 강도가 크다. 연성이 매우 큰 고급 주철이며, 덕타일 주철관 또는 노듈러라고 불린다.

① 특징 및 개선 내용

㈎ 내구력이 크다.
㈏ 내식성이 강해 지중 매설용으로 적합하다.
㈐ 다른 관보다 강도가 크다.
㈑ 재래식에서 덕타일(ductile) 주철관으로 전환한다.
㈒ 납(Pb) 코킹 이음에서 기계적 접합으로 전환한다.
㈓ 내식성을 주기 위한 모르타르 라이닝을 채용한다.
㈔ 두께가 얇은 관 및 대형 관(지름 2400 mm) 제작이 가능하다.

(3) 비철금속관

① **동관(구리관, copper pipe) :** 동은 전기 및 열의 전도율이 좋고 내식성이 뛰어나며, 전성과 연성이 풍부하여 가공도 용이하다. 또한, 판, 봉, 관 등으로 제조되어 전기재료, 열교환기, 급수관 등에 사용되고 있다.

㈎ 동의 종류
㉮ 타프피치동 : 정련 구리
㉯ 인탈산동 : 탈산구리, 배관용
㉰ 무산소동 : 전자 제품용

참고

동관은 주로 이음매 없는 관(인발관 : seamless pipe)으로 제조되며, 타프피치관, 인탈산동관, 무산소동관, 황동관 등이 있다. 용도는 다양하며 열교환기용, 화학공업용, 급수, 급탕, 가스관, 전기용 등이다.

㈏ 특징
㉮ 내식성, 내충격성이 좋다.
㉯ 가공이 쉽고 시공이 용이하며 동파되지 않는다.
㉰ 열전도율이 크다.

㉱ 내표면에서 마찰손실이 적다.
㉲ 가격이 비싸다.
㉳ 외부의 기계적 충격에 약하다.
㉴ 알칼리성에는 강하나 산성에는 심하게 침식된다.

② **황동관** : Cu(60~70 %), Zn(30~40 %)의 합금관이고, 난간·커튼·열교환기 튜브 및 증류수에 사용하며, 극연수에는 주석(Sn) 도금을 한 것을 사용한다.

③ **규소청동관(silicon-bronze pipe and tube)** : Si 2.5~3.5 %를 함유한 합금관으로서 내식성이 좋고 순도가 높아 화학공업용 관으로 많이 사용되며, 냉간 인발법 또는 압출법으로 이음매 없이 제조된다.

④ **연관(lead pipe)** : 수도의 인입 분기관, 기구 배수관, 가스 배관, 화학 배관용에 사용되며, 1종(화학공업용), 2종(일반용), 3종(가스용), 4종(통신용)으로 나뉜다.

㈎ 장점

㉮ 부식성이 적다(내산성).
㉯ 굴곡이 용이하다.
㉰ 신축에 견딘다.

㈏ 단점

㉮ 중량이 크다.
㉯ 횡주배관에서 휘어 늘어지기 쉽다.
㉰ 가격이 비싸다(가스관의 약 3배).
㉱ 산에 강하나 알칼리에 부식된다.

⑤ **알루미늄관(aluminium pipe)**

㈎ 비중이 2.7로 금속 중에서 Na, Mg, Ba 다음으로 가볍다.
㈏ 알루미늄의 순도가 99.0 % 이상인 관은 인장강도가 9~11 kgf/mm^{2}이다.
㈐ 구리, 규소, 철, 망간 등의 원소를 넣은 알루미늄관은 기계적 성질이 우수하여 항공기 등에 많이 쓰인다.
㈑ 열전도율이 높으며 전연성이 풍부하고 가공성도 좋으며 내식성이 뛰어나 열교환기, 선박, 차량 등 특수 용도에 사용된다.
㈒ 공기, 물, 증기에 강하고 아세톤, 아세틸렌, 유류에는 침식되지 않으나 알칼리에 약하고, 특히 해수, 염산, 황산, 가성소다 등에 약하다.

⑥ **스테인리스 강관(austenitic stainless pipe)**

㈎ 내식성이 우수하며 계속 사용 시 안지름의 축소, 저항 증대 현상이 없다.
㈏ 위생적이어서 적수, 백수, 청수의 염려가 없다.
㈐ 강관에 비해 기계적 성질이 우수하고 두께가 얇아 운반 및 시공이 쉽다.
㈑ 저온 충격성이 크고 한랭지 배관이 가능하며 동결에 대한 저항은 크다.
㈒ 나사식, 용접식, 모르코식, 플랜지 이음법 등의 특수 시공법으로 시공이 간단하다.

(4) 비금속관

① **합성수지관(plastic pipe)** : 합성수지관은 석유, 석탄, 천연가스 등으로부터 얻어지는 에틸렌, 프로필렌, 아세틸렌, 벤젠 등을 원료로 만들어지며, 경질 염화비닐관과 폴리에틸렌관으로 나누어진다.

㈎ 경질 염화비닐관(PVC ; Poly Vinyl Chloride)

㉮ 장점

㉠ 내식성이 크고 산, 알칼리 등의 부식성 약품에 대해 거의 부식되지 않는다.

㉡ 비중은 1.43으로 알루미늄의 약 $\frac{1}{2}$, 철의 $\frac{1}{5}$, 납의 $\frac{1}{8}$ 정도로 대단히 가볍고 운반과 취급에 편리하다. 인장력은 20℃에서 500~550 kg/cm^{2}로 기계적 강도도 비교적 크고 튼튼하다.

㉢ 전기절연성이 크고 금속관과 같은 전식(電蝕)작용을 일으키지 않으며 열의 불량도체로 열전도율은 철의 $\frac{1}{350}$ 정도이다.

㉣ 가공이 용이하다(절단, 벤딩, 이음, 용접 등).

㉤ 다른 종류의 관에 비하여 값이 싸다.

㉯ 단점

㉠ 열에 약하고 온도 상승에 따라 기계적 강도가 약해지며 약 75℃에서 연화한다.

㉡ 저온에 약하며 한랭지에서는 외부로부터 조금만 충격을 주어도 파괴되기 쉽다.

㉢ 열팽창률이 크기 때문에(강관의 7~8배) 온도 변화에 신축이 심하다.

㉣ 용제에 약하고, 특히 방부제(크레오소트액)과 아세톤에 약하며, 또 파이프 접착제에도 침식된다.

㉤ 50℃ 이상의 고온 또는 저온 장소에 배관하는 것은 부적당하다. 온도 변화가 심한 노출부의 직선 배관에는 10~20 m 마다 신축 조인트를 만들어야 한다.

㈏ 폴리에틸렌관 : 전기적, 화학적 성질이 염화비닐관보다 우수하고 비중이 0.92~0.96(염화비닐의 약 $\frac{2}{3}$배)이며, 90℃에서 연화하고 저온(-60℃)에 강하므로 한랭지 배관으로 우수하다.

② **콘크리트관(concrete pipe)**

㈎ 원심력 철근 콘크리트관 : 오스트레일리아인 흄(Hume) 형제에 의해 발명되었고, 주로 상·하수도용으로 사용된다.

㈏ 철근 콘크리트관 : 철근을 넣은 수제 콘크리트관이며, 옥외 배수용으로 사용된다.

③ **석면 시멘트관(asbestos cement pipe)** : 이탈리아의 Eternit 회사가 제작한 것으로 Eternit pipe 라고도 하며, 석면과 시멘트를 중량비로 1 : 5~6비로 배합하고 물을 혼입하여 풀 형상으로 된 것을 윤전기에 의해 얇은 층을 만들고 고압(5~9 kg/cm^2)을 가하여 성형한다.

④ **도관(vitrified-clay pipe)** : 점토를 주원료로 하며 잘 반죽한 재료를 제관기에 걸어 직관 또는 이형관으로 성형해 자연건조, 또는 가마 안에 넣고 소성한다. 식염가스화에

의하여 표면에 규산나트륨의 유리 피막을 입힌다.

⑤ **유리관(glass pipe) :** 붕규산 유리로 만들어져 배수관으로 사용되며, 일반적으로 관지름 40~150 mm, 길이 1.5~3 m의 것이 시판되고 있다.

1-2 관이음쇠

(1) 강관용 이음쇠

강관용 이음에는 나사 결합형, 용접 결합형, 플랜지 결합형이 있으며 나사 결합형은 가단주철제와 강제가 있다.

① **나사결합 관이음쇠**

(가) 배관의 방향을 바꿀 때 : 엘보(90°, 45°), 벤드

(나) 관을 도중에서 분기할 때 : 티(T), 와이(Y), 크로스

(다) 동경관을 직선 결합할 때 : 소켓, 유니언, 니플

(라) 이경관을 연결할 때 : 리듀서, 줄임 엘보, 줄임 티, 부싱

(마) 관 끝을 막을 때 : 플러그, 캡, 막힘 플랜지

(바) 관의 분해, 수리 교체가 필요할 때 : 유니언, 플랜지

② **용접결합 관이음쇠 :** 용접 이음용 조인트에는 강관제가 사용되며, 엘보·티·리듀서 등이 있다. 엘보에는 쇼트 엘보와 롱 엘보가 있으며, 롱 엘보의 굽힘 반지름의 1.5배이고, 쇼트 엘보의 굽힘 반지름은 관지름의 1배이다. 조인트의 바깥지름·안지름·두께·수압은 일반 탄소용 수도관(SPP)과 같으며, 맞대기 용접은 50 A 이상의 것에 사용하고, 용접을 좋게 하기 위해서는 베벨 엔드 가공을 한다.

참고

용접이음쇠

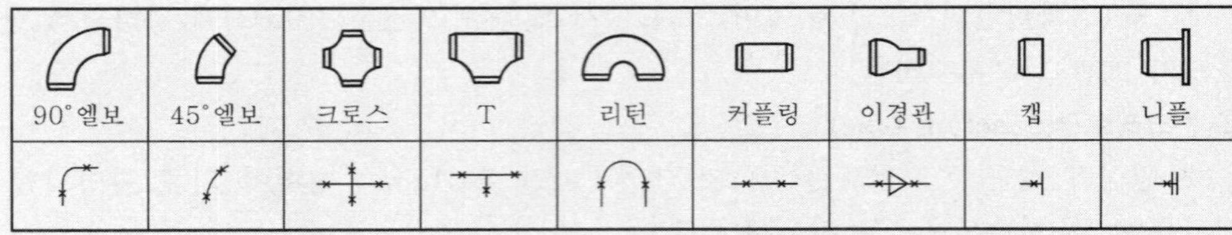

③ **플랜지 결합 이음 :** 관 끝에 용접이음 또는 나사이음을 하고, 양 플랜지 사이에 패킹을 넣어 볼트로 연결시키는 방법으로 배관 중간이나 밸브, 펌프, 열교환기, 각종 기기의 접속 및 기타 보수, 점검을 위해서 관의 해체, 교환을 필요로 하는 곳에 많이 사용된다.

(가) 재질 : 강판, 주철, 주강, 단조강, 청동, 황동 등이 있다.

㉮ 청동 플랜지(황동 플랜지) : 호칭압력 16 kgf/cm^2

㉯ 주철 플랜지 : 호칭압력 20 kgf/cm^2

㉰ 몰리브덴강(크롬-몰리브덴강) : 호칭압력 30 kgf/cm^2 이상

㈏ 플랜지의 종류(관과의 부착방법에 따른 분류)

㉮ 소켓 용접형(slip on)
㉯ 맞대기 용접형(weld neck)
㉰ 나사 결합형
㉱ 삽입 용접형
㉲ 블라인드형
㉳ 랩 조인트(lapped joint)

2. 배관 공작

2-1 배관 공구 및 장비

강관의 절단 공구로는 ① 파이프 커터(1개날, 3개날, 링크형), ② 쇠톱, ③ 고속숫돌 절단기가 있다.

(1) 파이프 커터(pipe cutter)

관 절단용으로 1개의 날에 2개의 롤러로 된 것과 날만 3개인 것이 있다. 파이프 커터로 관을 절단하면 관의 내면에 거스러미가 생기므로 리머로 거스러미를 절삭하여야 한다(될 수 있는 한 쇠톱으로 자르는 것이 좋다).

(2) 쇠톱

관 절단용 공구로는 톱날을 끼우는 간격에 따라 200 mm(8″), 250 mm(10″), 300 mm(12″) 3종류가 있다. 톱날은 절단을 하려고 하는 공작물의 재질에 따라 톱날의 잇수가 결정된다.

(3) 파이프 바이스

관을 절단할 때나 나사를 낼 경우 관이 움직이지 않도록 고정하는 가구이다. 종류로는 고정식(일반작업대용), 가반식(현장용)이 있으며 체인 파이프 바이스도 있다.

(4) 파이프 리머(pipe reamer)

파이프 커터로 관을 절단할 경우 안쪽으로 생긴 거스러미를 제거하기 위해서이다.

(5) 수평 바이스

강관 등의 조립, 열간 벤딩 등의 작업을 쉽게 하기 위해 관을 고정할 때 사용하며 크기는 좌우의 폭으로 표시한다.

(6) 파이프 렌치(pipe wrench)

관 접속부에 부속류의 분해 및 조립 시에 사용하며 크기 표시는 입을 최대로 벌려 놓은 전장으로 표시한다. 종류로는

① 스트레이트 파이프 렌치
② 오프 셋(off set) 파이프 렌치
③ 체인형 파이프 렌치
④ 스트랩 파이프 렌치가 있다.

(7) 수동용 나사절삭기

① **오스터형 나사절삭기** : 오스터의 날(체이서)은 보통 4개가 한 조로 되어 있으며 15～20 A는 14산, 25～150 A 까지는 11산이 좋다.
② **리드형 나사절삭기** : 좁은 공간에서 쉽게 작업하기 적합하며 날은 2개가 1조로 되어 있고 4개의 조(jaw)로 관의 중심을 맞출 수 있어 깨끗하게 나사를 칠 수 있으며 사용 파이프 지름은 4 R를 이용하여 15～50 A까지 절삭할 수 있다.

(8) 해머 (hammer)

못, 핀, 볼트, 쐐기 등을 막거나 뺄 때에 사용되며 타격하는 용도에 따라 쇠해머, 플라스틱해머, 동해머 등으로 나눌 수 있다.

(9) 줄 (file)

금속 및 비금속판 또는 관을 깎거나 표면을 매끈하게 다듬질 할 때 쓰이며, 단면의 형상에 따라 평줄, 각줄, 원줄, 반원줄, 삼각줄 등으로 분류된다. 100～400 mm 까지 50 mm 간격으로 7종류의 크기가 있다.

(10) 멍키 (monkey) 및 스패너 (spanner)

각종 볼트 및 너트를 조이고 풀기 위하여 사용된다.

(11) 동력 나사절삭기

나사절삭 방법을 분류하면 나사절삭 바이트를 사용하여 선반으로 내는 방법 외에 오스터를 이용한 것, 호브에 의한 것, 다이헤드에 의한 것 등이 있다.

① **오스터식** : 동력으로 관을 저속 회전시키면서 나사절삭기를 밀어넣는 방법으로 나사가 절삭되며, 나사절삭기는 지지로드에 의해 자동 이송되어 나사를 깎는다(가장 간단하여 운반이 쉽고, 관지름이 적은 것에 주로 사용된다).
② **호브식** : 나사절삭용 전용 기계로서 호브를 100～180 rpm/min 의 저속도로 회전시키면 관은 어미 나사와 척의 연결에 의해 1회전 할 때마다 1피치만큼 이동하여 나사가 깎인다. 이 기계에 호브와 사이드커트를 함께 장치하면 관의 나사절삭과 절단을 동시

에 할 수 있다.

③ **다이헤드식** : 관의 절단, 거스러미 제거, 나사가공 등을 연속 작업할 수 있는 기계로서 현장용으로 가장 많이 사용된다(일명 미싱이라고도 한다). 관을 척에 고정시키고 척을 일정속도로 회전시키면서 다이헤드를 밀어넣어 나사를 절삭한다.

(12) 파이프 벤딩 머신 (pipe bending machine)

관을 일정한 모양으로 굽히기 위하여 사용하는 기계로서 램식과 로터리식이 있다.

① **램식(ram type)** : 현장용으로 많이 쓰이며 수동식은 50 A, 모터를 부착한 동력식은 100 A 이하의 관을 냉간 벤딩을 할 수 있다.

② **로터리식(rotary type)** : 공장에서 같은 모양의 벤딩된 제품을 대량 생산할 때 적합하며 관에 심봉을 넣고 구부린다.

㈎ 상온에서는 관의 단면 변형이 없다.

㈏ 두께에 관계없이 강관, 동관, 황동관, 스테인리스 강관 등 어느 것이나 쉽게 벤딩할 수 있다.

참고

관의 구부림 반지름은 관지름의 2.5배 이상이어야 한다.

(13) 동관 시공용 공구

① **토치 램프(torch lamp)** : 납땜 이음, 구부리기 등의 부분적 가열용, 가솔린용, 등유용이 있다.

② **사이징 툴(sizing tool)** : 동관의 끝 부분을 원으로 정형한다.

③ **플레어링 툴 세트(flaring tool set)** : 동관의 압축 접합에 사용된다(동관의 끝을 접시모양(나팔관)으로 만들 때 사용된다).

④ **튜브 벤더(tube bender)** : 동관 벤딩용 공구이다.

⑤ **익스팬더(expander, 나팔관 확관기)** : 동관의 관 끝 확관용 공구이다.

⑥ **튜브 커터(pipe cutter)** : 동관(소구경) 절단용 공구이다.

⑦ **리머(reamer)** : 동관을 절단 후 관의 내외면에 생긴 거스러미를 제거하는 데 사용하며, 튜브 커터에 달린 것도 있다.

(14) 연관 시공용 공구

① **봄 볼(bome ball)** : 분기관 따내기 작업 시 주관에 구멍을 뚫는 공구

② **드레서(dresser)** : 연관 표면의 산화물을 깎아낸다.

③ **벤드 벤(bend ben)** : 연관을 굽힐 때나 펼 때 사용한다.

④ **턴 핀(turn pin)** : 접합하려는 연관의 끝 부분을 소정의 관지름으로 넓힌다.

⑤ **맬릿(mallet)** : 턴 핀을 때려 박든가 접합부 주위를 오므리는 데 사용한다.

(15) 주철관 시공용 공구

① **납 용해용 공구 셀** : 냄비, 파이어 포트(fire pot), 납물용 국자, 산화납 찌꺼기 등이 있다.
② **클립(clip)** : 소켓 접합 시 용해된 납물의 비산을 방지한다.
③ **링크형 파이프 커터** : 주철관 전용 절단 공구이다.
④ **코킹 정** : 소켓 접합 시 코킹(다지기)에 사용한다.

(16) PVC 관 시공용 공구

① **가열기** : PVC 관의 접합 및 벤딩을 위해 관을 가열할 때 사용한다.
② **열풍 용접기(hot jet welder)** : PVC 관 접합 및 수리를 위한 용접 시 사용한다.
③ **파이프 커터** : PVC 관 전용으로 쓰이며 관을 절단할 때 쓰인다.
④ **리머** : PVC 관 절단 후 관 내면에 생긴 거스러미를 제거한다.

2-2 관의 절단, 접합, 성형

(1) 강관의 이음 및 벤딩

① 관의 제작

㈎ 관의 절단 : 절단용 공구나 기계를 사용하여 절단해야 하며, 절단 길이는 정확하게 계산된 후에 행하여야 한다. 또 관 끝면은 수직으로 거스러미가 없도록 마무리를 해야 한다.

㈏ 관의 이음 : 나사이음, 용접이음, 플랜지 이음 등으로 구분된다. 나사이음의 경우에 나사절삭기로 절삭 시에는 절삭유를 수시로 친다. 나사절삭 후에는 패킹제를 감은 후에 연결부속에 끼워준다.

㈐ 관의 설치 : 설치해야 할 개소에서 조립을 할 때는 파이프 나사산이 1~2개 정도 남도록 결합하되 배관의 방향, 경사 등을 확인한다.

② 강관의 이음

㈎ 나사이음 : 이음에 나사를 끊어 파이프를 나사로서 연결한 것으로서 가스 파이프의 양단에 $\frac{1}{16}$의 테이퍼를 가진 파이프용 나사를 깎고 더욱 평키, 대마 등을 넣어 나사 박음하여 누설을 방지한다. 따라서 가스 파이프 조인트라고도 말한다.

㈏ 용접이음 : 가스 용접에 의한 방법과 전기 용접에 의한 방법이 있다. 용접 가공방법에 따라 맞대기 이음과 슬리브 이음이 있는데, 슬리브 이음은 누수의 염려도 없고 관지름의 변화도 없다. 슬리브의 길이는 1.2~1.7배로 하는 것이 좋다.

㈐ 플랜지 이음 : 관 끝에 용접이음 또는 나사이음을 하고 양 플랜지 사이에 패킹을 넣어 볼트를 조여 연결시키는 방법이다. 주로 관지름이 50 A 이상의 배관에 적용하며 배관 중간이나 밸브, 펌프, 열교환기, 각종 기기의 접속 및 기타 보수, 점검을 위하

여 관의 해체 및 교환을 필요로 하는 곳에 사용된다. 플랜지 이음 시공 시에는 작업하기 쉬운 위치를 선택하고, 볼트는 대칭으로 조여 준다.

참고

용접이음의 이점 (나사이음애 비하여)

① 유체의 저항 손실이 적다.
② 접합부의 강도가 강하며 누수의 염려도 없다.
③ 보온 및 피복 시공이 용이하다.
④ 중량이 가볍다.
⑤ 시설의 유지 보수비가 절감된다.

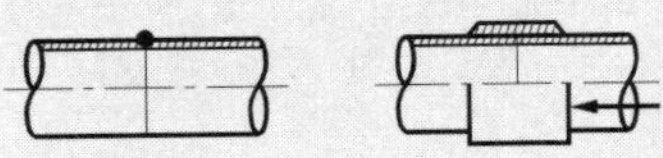

(a) 맞대기 용접 (b) 슬리브 용접

용접이음 방법

③ 강관의 벤딩

㈎ 벤딩방법의 종류

㉮ 수동 벤딩

㉠ 냉간 벤딩

- 수동 롤러에 의한 방법(현장용)
- 냉간용 벤더에 의한 방법

㉡ 열간 벤딩 : 800~900℃까지 가열하여 벤딩, 관을 바이에 물릴 때는 용접선이 중간에 놓이도록 한다.

㉯ 기계 벤딩

㉠ 로터리식 벤더에 의한 방법

㉡ 램식 벤더에 의한 방법

참고

로터리식 벤더에 의한 기계 벤딩 시 모래 충진이 불필요하며 동일 치수의 것을 L형, U형 등 다량 생산의 목적으로 이용되고, 램식 벤더는 현장용에 많이 쓰인다.

㈏ 벤딩의 이점

㉮ 연결 부속이 불필요하다.
㉯ 접합작업이 불필요하다.
㉰ 관내 흐름의 마찰저항이 작다.

(2) 동관의 이음

① 플래어 접합법(flare joint, 압축 접합) : 기계의 점검, 보수 또는 관을 분해할 경우를 대비한 접합방법이다. 관의 절단 시에는 동관 커터(tube cutter) 관지름이 20 mm 미만일 때(또는 쇠톱 20 mm 이상일 때)를 사용한다.

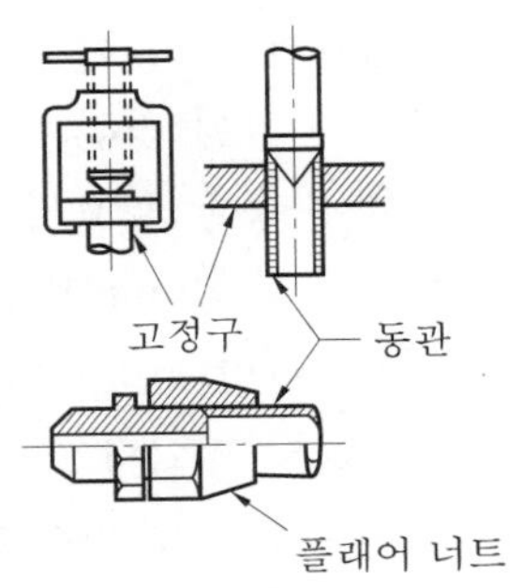

플래어 접합

참고

주의해야 할 사항

① 나팔관 제작 시 나팔관이 갈라지는 일이 없도록 한다.
② 압축접합이므로 시일제를 사용하지 않는다.
③ 결합하기에 적당한 공구를 사용하여 무리한 조임을 피한다.
④ 충분히 조이고 수압 시험 후 시운전을 할 때 다시 한 번 더 조여 준다.

② **용접 접합** : 모세관 현상을 이용한 방법으로서 연납땜과 경납땜으로 구분된다. 관이음쇠나 확관된 관에 동관을 끼운 후 용접에 적당한 온도로 가열하고 여기에 용접재(납)를 가해 틈새의 모세관 현상으로 접합이 이루어진다. 용접 시 틈새 간격이 작고 일정해야 하므로 사이징 툴, 확관기, 리머 등 필요한 공구로 정확하게 정형해야 된다.

③ **분기관 접합(brench pipe joint)** : 상용압력 20 kg/cm^2 정도까지의 배관용으로 관의 중간에서 연결 부속을 사용하지 않고 지관을 따내는 접합방법이다. 구멍의 크기는 지관의 바깥지름보다 1～2 mm 정도 크게 낸다.

참고

동관 벤딩법

동관용 벤더를 사용하는 냉간법과 토치 램프에 의한 열간법이 있다. 냉간법의 경우 곡률 반지름은 굽힘 관지름의 4～5배 정도로 하며, 열간 벤딩 시에는 600～700℃의 온도로 가열해 준다.

2-3 배관지지기구 (=배관지지쇠)

(1) 행어 (hanger)

배관의 하중을 위에서 걸어당겨 받치는 지지구이며, 리지드 행어, 스프링 행어, 콘스탄트 행어 등이 있다.

① **리지드 행어(rigid hanger)** : 수직방향에 변위가 없는 곳에 사용한다. 즉, 지지점 주위 상황에 따라 이동이 다양한 곳에 사용된다(특히 고온 또는 저온에 잡히는 파이프 클램프나 관에 직접 접촉되는 래그(rag) 등의 재질은 관의 재질과 동등 또는 그 이상의 것을 사용할 필요가 있는 동시에 가공 후의 열처리가 필요하다).

② **스프링 행어(spring hanger)** : 대부분의 스프링 행어는 부하용량이 35～14000 kg이며, 이동거리는 0～120 mm의 범위이다. 스프링 행어는 로크핀이 있으며, 하중 조정은 턴버클로 행한다.

③ **콘스탄트 행어(constant hanger)** : 지정 이동거리 범위 내에서 배관의 상하방향의 이동에 대해 항상 일정한 하중으로 배관을 지지할 수 있는 장치에 사용하며, 그 종류에는 코일 스프링을 사용하는 것과 중추식의 두 가지가 있다.

부하용량(지지하중)은 15～40000 kg 정도이고, 이동거리는 50～400 mm 정도이다.

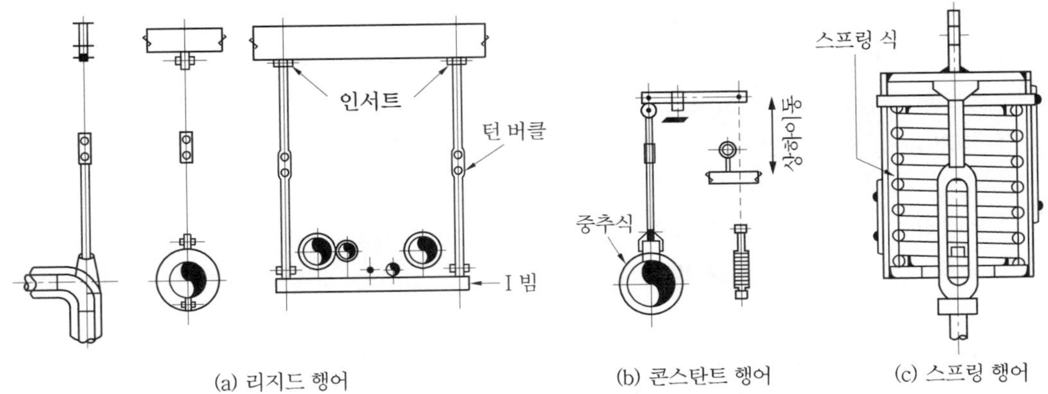

(a) 리지드 행어 (b) 콘스탄트 행어 (c) 스프링 행어

행어의 종류

(2) 서포트 (support)

배관하중을 아래에서 위로 떠받쳐 지지하는 기구로서 파이프 슈, 리지드 서포트, 롤러 서포트, 스프링 서포트 등이 있다.

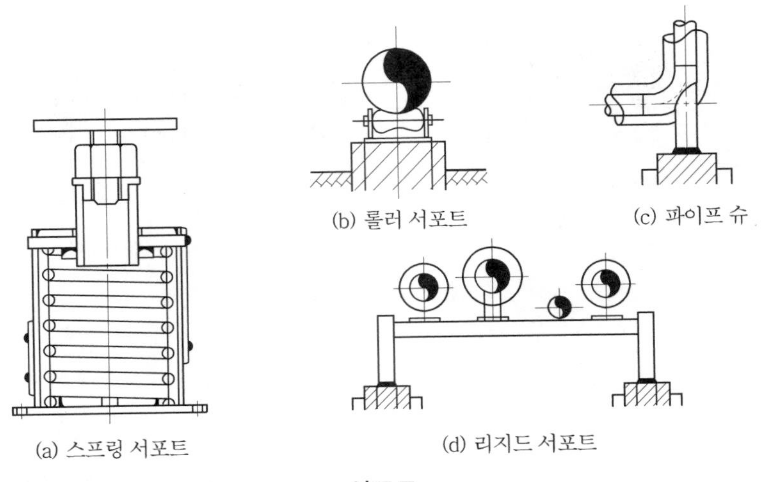
(a) 스프링 서포트 (b) 롤러 서포트 (c) 파이프 슈 (d) 리지드 서포트

서포트

① **파이프 슈(pipe shoe)** : 배관의 벤딩 부분과 수평 부분에 관으로 영구히 고정시켜 배관의 이동을 구속시키는 것이다.

② **롤러 서포트(roller support)** : 관을 아래서 지지하면서 신축을 자유롭게 하는 것으로 롤러가 관을 받치고 있다.

③ **리지드 서포트(rigid support)** : I 빔으로 만든 지지대의 일종으로 정유시설의 송유관에 많이 사용한다.

④ **스프링 서포트(spring support)** : 상하이동이 자유롭고 파이프의 하중에 따라 스프링이 완충작용을 하여 배관을 지지하는 것이다.

(3) 리스트레인트(restraint)

신축으로 인한 배관의 상하좌우 이동을 구속하고 제한하는 목적에 사용하는 것으로서 앵커, 스토퍼, 가이드 등이 있다.

① **앵커(anchor)** : 배관의 이동 및 회전을 방지하기 위해 지지점 위치에 완전히 고정하는 지지금속으로 열팽창 신축에 의한 진동이 다른 부분에 영향이 미치지 않도록 배관을 분리하여 설치하고 잘 고정하여야 하며 일종의 리지드 서포트라고도 할 수 있다.

② **스토퍼(stopper)** : 일정한 방향의 이동과 관이 회전하는 것을 구속하고, 나머지 방향은 자유롭게 이동할 수 있는 구조로 되어 있다.

㈎ 기기노즐 보호를 위한 안전밸브에서 분출하는 유체의 추력을 받는 곳이다.

㈏ 신축 조인트와 내압에 의한 축방향의 힘을 받는 곳에 사용된다.

③ **가이드(guide)** : 파이프 랙 위 배관의 벤딩부와 신축이음(루프형, 슬리브형) 부분에 설치하는 것으로 축과 직각방향의 이동을 구속하는 데 사용된다.

참고

배관 라인의 축방향의 이동을 허용하는 안내 역할도 담당한다.

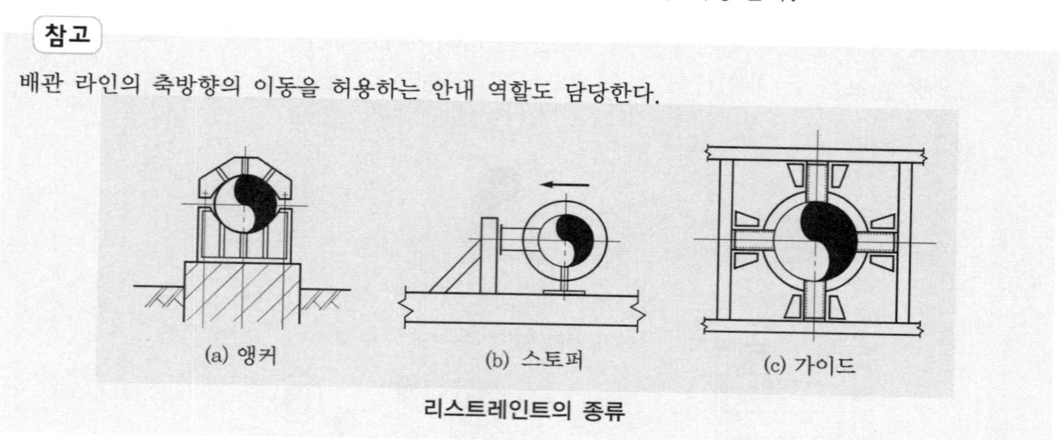

리스트레인트의 종류

(4) 브레이스 (brace)

배관 라인에 설치된 각종 펌프류, 압축기 등에서 발생되는 진동, 밸브류 등의 급속 개폐에 따른 수격작용, 충격 및 지진 등에 의한 진동현상을 제한하는 지지대로서 주로 진동방지용으로 쓰이는 방진기와 충격완화용으로 사용되는 완충기가 있다.

방진기나 완충기는 그 구조에 따라 스프링식과 유압식이 있다.

① **스프링식** : 주로 코일 스프링을 내장한 지지쇠로서 저온 배관용으로 많이 사용된다. 설치 후 배관계의 이동을 구속하게 되므로 배관 이동량이 많은 장소에는 잘 사용되지 않는다. 설치 시에는 배관의 이동을 곧바로 받는 방향으로 부착시키지 않고 그것을 도피시키는 방향으로 부착하는 것이 좋다.

② **유압식** : 공진을 피하는 곳에 특히 효과가 있으며, 배관의 열팽창에 대해서도 구속하지 않고 자유롭게 신축할 수 있어 대용량의 배관에 널리 쓰인다. 브레이스의 이동거리를 비교적 자유롭게 조정할 수 있는 장점을 지니고 있으나 부착 장소의 주위온도에 대해 유의하여야 한다.

2-4 패킹제

관의 이음매나 회전부의 접촉면에 고무, 석면, 금속판 등을 삽입하여 액체와 기체가 새지 않게 하는 것을 패킹(packing)이라 하며, 이것을 총칭하여 개스킷이라고 한다. 패킹은 플랜지 패킹, 나사 결합용 패킹, 글랜드 패킹으로 구분한다.

(1) 플랜지 패킹

① 고무 패킹

(가) 천연고무

㉮ 탄성이 크고 흡수성이 없으며, 희박한 산이나 알칼리에는 침해되기 어려우나 내열성이 없어 100℃ 이상의 고온을 취급하는 배관에는 사용하기가 곤란하다.

㉯ −55℃에서는 경화 변질된다.

㉰ 내유성이 결핍되어 있고 용도로는 보통 냉수 배수 및 공기 배관 등에 사용되고 있으나 기름, 증기, 온수 및 냉매 배관 등에는 사용하지 않는다.

(나) 네오프렌

㉮ 천연고무와 유사한 합성고무이다.

㉯ 내유, 내오존, 내후, 내산화 및 내열성이 뛰어나다.

㉰ 기계적 성질이 우수하여 항장력, 인열, 마모에 강하다.

㉱ 일반 석유계 용매에 저항이 크다.

㉲ 내열도는 −46~121℃ 정도이며, 따라서 20℃ 이하이면 거의 다 사용될 수 있으며 증기배관을 제외하고는 물, 공기, 기름 및 냉매 배관 등에 사용된다.

② 석면 조인트 시트

(가) 광물질로서 섬유가 미세하고 강인하며 450℃까지의 고온에 잘 견딘다.

(나) 슈퍼 히트(super heat) 석면이 가장 많이 쓰인다.

(다) 증기, 온수, 고온의 오일 배관에 적합하다.

③ 합성수지 패킹

(가) 테플론은 가장 우수한 패킹제이며 기름에도 침해되지 않는다.

(나) 내열범위는 −260~260℃ 정도

(다) 테플론은 탄성이 부족하므로 석면, 고무, 웨이브형 금속 플레이트와 같이 사용한다.

④ 오일 실 패킹

(가) 화지를 일정한 두께로 겹쳐 내유가공을 한 제품이다.

(나) 내열도는 낮으나 펌프, 기어박스 등에 사용한다.

⑤ 금속 패킹

(가) 철, 구리, 황동, 납, 알루미늄 등의 금속이 많이 사용된다.

(나) 탄성이 적으므로 관의 팽창, 수축, 진동 등으로 누설하는 경우가 있다.

(2) 나사용 패킹

나사용 패킹으로는 페인트, 흑연, 일산화연, 액상 합성수지 등이 사용된다.

① **페인트** : 광명단을 혼합하여 사용하며, 고온의 오일 파이프를 제외하고는 모든 배관에 사용할 수 있다.

② **일산화연(litharge)** : 냉매 배관에 많이 사용되며, 페인트에 소량의 일산화연을 타서 사용한다.

③ **액상 합성수지** : 화학약품에 강하고 내유성이 크며, 내열범위는 －30℃～130℃이다. 증기, 기름, 약품 배관에 사용한다.

(3) 글랜드 패킹

보통 밸브의 회전 부분에 사용되며, 석면 각형 패킹, 석면 얀, 아마존 패킹, 몰드 패킹 등이 있다.

① **석면 각형 패킹** : 석면사를 각형으로 짜서 흑연과 윤활유를 침투시킨 것이다. 내열성, 내산성이 좋아 대형의 밸브 글랜드에 사용한다.

② **석면 얀(yarn)** : 석면사를 꼬아서 만든 것으로 소형 밸브, 수면계의 콕, 기타 소형 글랜드에 사용한다.

③ **아마존 패킹** : 면포와 내열 고무 콤파운드를 가공 성형한 것으로 압축기의 글랜드에 사용한다.

④ **몰드 패킹** : 석면, 흑연, 수지 등을 배합 성형한 것으로 압축기의 글랜드에 사용한다.

참고

글랜드 패킹(gland packing)의 구조상 구비조건

① 금속을 부식시키지 않아야 한다.
② 마찰에 의한 마모가 적고, 마찰계수가 작아야 한다.
③ 유체에 대하여 화학적으로 안정되어야 한다.
④ 유체가 침투하지 않는 치밀한 것이어야 한다.

(4) 방청용 도료 (녹막이 도료)

① **광명단 도료(연단)**

㈎ 밀착력이 강하고 도막도 단단하여 풍화에 강하다.
㈏ 다른 착색도료의 초벽(under coating)으로 우수하다(밑칠).
㈐ 연단에 아마인유(linseed oil)를 배합한 것이다.
㈑ 녹스는 것을 방지하기 위해 널리 사용된다.
㈒ 내수성이나 흡수성이 작은 대단히 우수한 방청도료이다.

② **합성수지 도료**

㈎ 프탈산계 : 상온에서 도막을 건조시키는 도료이다. 내유성이 우수하며, 내수성은 불량하고, 특히 5℃ 이하의 온도에서 건조가 잘 안 된다.

(나) 요소 멜라민계 : 내열성, 내유성, 내수성이 좋다. 특수한 부식에서 금속을 보관할 때는 내열도료를 사용하고 내열도는 150~200℃ 정도이며, 베이킹 도료로 사용된다.

(다) 염화비닐계 : 내약품성, 내유성, 내산성이 뛰어나 금속의 방식 도료로서 우수하다. 부착력과 내후성이 나쁘며, 내열성이 약한 것이 결점이다.

참고

합성수지 도료는 증기관, 보일러, 압축기 등의 도장용으로 쓰인다.

(라) 실리콘 수지계 : 요소 멜라민계와 같이 내열도료 및 메이킹 도료로 사용된다.

참고

내열도는 200~350℃ 정도로 우수하다.

③ 산화철 도료

(가) 산화 제2철에 보일유나 아마인유를 섞은 도료이다.

(나) 도막이 부드럽고 값도 저렴하다.

(다) 녹방지 효과는 불량하다.

④ 알루미늄 도료(은분)

(가) Al 분말에 유성 바니시(oil varnish)를 섞은 도료이다.

(나) Al 도막이 금속 광택이 있으며 열을 잘 반사한다.

(다) 400~500℃의 내열성을 지니고 있고 난방용 방열기 등의 외면에 도장한다.

(라) 은분이라고 하며 방청 효과가 매우 좋다.

(마) 수분이나 습기가 통하기 어렵기 때문에 대단히 내구성이 풍부한 도막이 된다.

참고

더욱 좋은 효과를 얻기 위해 밑칠용으로 수성페인트를 칠하는 것이 좋다.

⑤ 타르 및 아스팔트

(가) 관의 벽면과 물과의 사이에 내식성 도막을 만들어 물과의 접촉을 방해한다.

(나) 노출 시에는 외부적 원인에 따라 균열 발생이 용이하다.

(다) 도료는 단독으로 사용하는 것보다는 주트 등과 함께 사용하거나 130℃ 정도로 담금질해서 사용하는 것이 좋다.

⑥ 고농도 아연도료

(가) 최근 배관공사에 많이 사용되고 있는 방청도료의 일종이다.

(나) 도료를 칠했을 경우 생기는 바늘구멍(pinhole) 등에 물이 고여도 주위의 아연이 철 대신 부식되어 철을 부식으로부터 방지하는 전기부식작용을 행하는 것이 고농도 아연도료의 특색이다.

3. 배관 도시

3-1 관의 도시법

관은 하나의 실선으로 표시하고, 동일 도면 내의 관을 표시할 때 그 크기는 같은 굵기의 선으로 하는 것을 원칙으로 한다.

(1) 유체의 종류, 상태, 목적

관내를 흐르는 유체의 종류, 상태, 목적을 표시하는 경우는 문자 기호에 의해 인출선을 사용하여 도시하는 것을 원칙으로 한다. 단, 유체의 종류를 표시하는 문자 기호는 필요에 따라 관을 표시하는 선을 인출선 사이에 넣을 수 있다. 또, 유체의 종류 중 공기, 가스, 기름, 증기 및 물을 표시할 때는 표에 표시한 기호를 사용한다.

(2) 유체 흐름의 표시

유체가 흐르는 방향은 화살표로 표시한다.

유체의 종류와 문자 기호

유체의 종류	공기	가스	유류	수증기	증기	물
문자 기호	A	G	O	S	V	W

유체의 종류에 따른 배관 도색(배관 식별색)

유체의 종류	도 색	유체의 종류	도 색
공기	백색(흰색)	물	청색(파란색)
가스	황색(노란색)	증기	검은황색(어두운 노란색)
유류	암황적색 (어두운 노란색을 띤 빨간색)	전기	미황적색 (연한 노란색을 띤 빨간색)
수증기	암적색(어두운 빨간색)	산알칼리	회자색(회색을 띤 자주색)

3-2 관의 접속 상태

접속 상태	도 시 기 호
관이 접속하고 있을 때	
관이 분기하고 있을 때	
관이 접속하지 않을 때	

3-3 관의 입체적 표시

관이 도면에 직각으로 앞쪽을 향해 구부러져 있을 때	A
관이 앞쪽에서 도면 직각으로 구부러져 있을 때	A
관 A가 앞쪽에서 도면 직각으로 구부러져 관 B에 접속할 때	A B

참고

① 오는 티 :
② 가는 티 :
③ 오는 엘보 나사이음 :
④ 가는 엘보 나사이음 :
⑤ 유니언 :

3-4 관의 연결방법과 도시 기호

이음 종류	관이음					
연결방법	나사 이음	용접 이음	플랜지 이음	유니언 이음	턱걸이(소켓) 이음	땜 이음
도시 기호						

이음 종류	신축이음			
연결방법	루프형	슬리브형	벨로스형	스위블
도시 기호				

3-5 밸브 및 계기의 표시

종 류	기 호	종 류	기 호
글로브 밸브		일반 조작밸브	
슬루스 밸브 (게이트밸브)		전자밸브	Ⓢ
앵글밸브		전동밸브	Ⓜ
역지밸브(체크밸브)		도출밸브	⊕
안전밸브(스프링식)		공기빼기 밸브	
안전밸브(추식)		닫혀 있는 일반밸브	
일반 콕		닫혀 있는 일반 콕	
삼방 콕		온도계 · 압력계	Ⓣ Ⓟ
다이어프램밸브		봉합밸브	
감압밸브		수동밸브	
볼밸브		증기 트랩	

참고

① 동심 줄이개 나사이음 :

② 편심 줄이개 나사이음 :

③ 오리피스 플랜지 :

④ 줄임 플랜지 :

⑤ 플러그 :

⑥ 캡 :

⑦ 여과기(스트레이너) :

⑧ 안전밸브 :

예·상·문·제

1. 배관재료 선택 시 고려해야 할 사항으로 가장 관계가 없는 것은?

㉮ 관내 유체의 화학적 성질
㉯ 관내 유체의 압력과 온도
㉰ 관의 접합방법
㉱ 배관의 설치 시기

2. 관재료를 선택할 때 고려해야 할 사항으로 가장 관계가 없는 것은?

㉮ 관의 진동 또는 충격, 내압, 외압
㉯ 관내 유체의 질량, 비중
㉰ 관내 유체의 온도
㉱ 관의 접합, 굽힘, 용접 등의 가공성

3. 동관의 용도로 부적합한 배관은?

㉮ 냉매배관 ㉯ 배수배관
㉰ 연료(경유)배관 ㉱ 온수방열관

해설 배수배관으로는 주철관이 사용된다.

4. 주철관의 용도로 부적합한 배관은?

㉮ 급수관 ㉯ 배수관
㉰ 난방 코일관 ㉱ 통기관

해설 난방 코일관으로는 굴요성과 열전도성이 좋은 강관, PVC관, 동관 등을 사용한다.

5. 동관에 관한 설명으로 틀린 것은?

㉮ 전기 및 열전도율이 좋다.
㉯ 가볍고 가공성이 좋다.
㉰ 전연성이 풍부하고 마찰저항이 작다.
㉱ 산성에 강하고 알칼리성에는 침식된다.

해설 동관은 알칼리성에 강하고 산성에는 침식된다.

6. 수도, 가스 등의 지하매설용 관으로 적당한 것은?

㉮ 강관 ㉯ 알루미늄관
㉰ 주철관 ㉱ 황동관

해설 주철관은 내식성이 좋아 지중매설용으로 적당하다.

7. 다음 관 재료 중 전연성이 풍부한 것은?

㉮ 연관 ㉯ 주철관
㉰ 강관 ㉱ 플라스틱관

해설 전연성이 가장 좋은 관은 연관이다.

8. 알루미늄관에 관한 설명 중 틀린 것은?

㉮ 전연성이 풍부하고 가공성이 좋다.
㉯ 내식성이 우수하다.
㉰ 열교환기, 선박, 차량 등 특수용도에 사용된다.
㉱ 동관보다 열전도율이 좋다.

해설 열전도율이 좋은 순서 : 은(Ag) − 구리(Cu) − 금(Au) − 알루미늄(Al) 순이다.

9. 고온, 고압용에 적당하며 내식성이 우수한 관은?

㉮ 탄소강관 ㉯ 스테인리스관
㉰ 동관 ㉱ 주철관

해설 고온·고압용이며 내식성이 우수한 관은 스테인리스관이다.

참고 동관은 고온에 부적합하고 주철관은 고압에 부적합하다.

정답 1. ㉱ 2. ㉯ 3. ㉯ 4. ㉰ 5. ㉱ 6. ㉰ 7. ㉮ 8. ㉱ 9. ㉯

10. 파이프 축에 대해서 직각 방향으로 개폐되는 밸브로 유체의 흐름에 따른 마찰저항 손실이 적으며 난방 배관 등에 주로 사용되나 유량 조절용으로는 부적합한 밸브는?

㉮ 앵글밸브 ㉯ 슬루스밸브
㉰ 글로브밸브 ㉱ 다이어프램밸브

해설 글로브밸브는 유량 조절용으로 적합하고 슬루스(게이트) 밸브는 유량 조절용으로 부적합하다.

11. 유량 조절용 밸브로 적합한 밸브는?

㉮ 글로브밸브 ㉯ 게이트밸브
㉰ 앵글밸브 ㉱ 다이어프램밸브

12. 유체 저항이 작고 유로를 급속하게 개폐하며 $\frac{1}{4}$회전으로 완전 개폐되는 것은?

㉮ 글로브밸브 ㉯ 체크밸브
㉰ 슬루스밸브 ㉱ 콕

13. 유체의 역류 방지용 밸브는?

㉮ 앵글밸브 ㉯ 체크밸브
㉰ 게이트밸브 ㉱ 글로브밸브

해설 체크밸브에는 스윙식(수직, 수평 배관 모두 사용)과 리프트식(수평 배관에만 사용 가능)이 있다.

14. 배관 라인에서 공기를 배출하기 위하여 설치하는 밸브는?

㉮ 에어벤트밸브 ㉯ 풋밸브
㉰ 플러시밸브 ㉱ 체크밸브

해설 에어벤트밸브(air vent valve) = 공기빼기 밸브

15. 부력에 의하여 자동적으로 밸브가 개폐되어 물 탱크 등에 항상 일정량의 물을 저장하는 데 사용되는 밸브는?

㉮ 지수밸브 ㉯ 분수밸브
㉰ 볼 탭 ㉱ 게이트밸브

16. 관지름이 서로 다른 강관의 연결 시 사용되는 관이음쇠가 아닌 것은?

㉮ 리듀서 ㉯ 유니언
㉰ 줄임 티 ㉱ 부싱

해설 이경관 연결 시 사용되는 관 이음쇠: 리듀서, 줄임 티, 줄임 엘보, 부싱이 있다.

17. 나사식 가단주철제 관이음쇠 중 이음부의 양쪽이 모두 수나사인 것은?

㉮ 소켓 ㉯ 니플
㉰ 부싱 ㉱ 유니언

해설 소켓은 양쪽이 모두 암나사, 니플은 양쪽이 모두 수나사로 되어 있다.

18. 배관에서 고장이 생겼을 때 쉽게 분해하기 위해 사용하는 배관이음쇠는?

㉮ 엘보 ㉯ 티
㉰ 소켓 ㉱ 유니언

해설 유니언과 플랜지가 사용된다.

19. 지름이 같은 강관을 직선으로 연결할 때 사용하는 이음쇠는?

㉮ 크로스 ㉯ 니플
㉰ 부싱 ㉱ 와이

해설 동경관을 직선으로 연결할 때는 니플, 소켓, 유니언 이음쇠가 사용된다.

20. 유체를 4방향으로 나누어 보낼 때 사용하는 이음쇠는?

㉮ 크로스 ㉯ 소켓
㉰ 티 ㉱ 엘보

정답 10. ㉯ 11. ㉮ 12. ㉱ 13. ㉯ 14. ㉮ 15. ㉰ 16. ㉯ 17. ㉯ 18. ㉱ 19. ㉯ 20. ㉮

21. 다음 중 배관의 패킹제에 관한 설명으로 옳은 것은?

㉮ 천연고무 패킹은 내산, 내알칼리성이 작다.
㉯ 섬유가 가늘고 강한 광물질로서 450℃까지 견딜 수 있는 것은 테플론이다.
㉰ 일산화연 패킹의 내열범위는 −260∼260℃ 정도이다.
㉱ 소형 밸브, 수면계의 콕, 기타 소형 글랜드용 패킹은 석면 얀 패킹이다.

해설 ① 천연고무 패킹은 내산, 내알칼리성은 크지만 열과 기름에 약하다.
② 섬유가 가늘고 강한 광물질로서 450℃까지 견딜 수 있는 것은 석면 조인트 시트이다.
③ 합성수지 패킹제의 내열범위가 −260∼260℃ 정도이다.

22. 배관 부속품 중 배관의 끝에 사용되는 것이 아닌 것은?

㉮ 캡 ㉯ 플러그
㉰ 막힘 플랜지 ㉱ 니플

해설 소켓, 유니언, 니플은 동경관을 직선 결합할 때 사용된다.

23. 강관 배관에서 유체의 흐름 방향을 바꾸는 데 사용되는 이음쇠는?

㉮ 부싱 ㉯ 벤드
㉰ 티 ㉱ 소켓

해설 유체의 흐름 방향을 바꾸는 데 사용되는 이음쇠는 엘보와 벤드가 있다.

24. 난방 배관에 최근 가장 많이 쓰이는 합성수지 패킹으로 기름에 침해되지 않고 내열범위가 −260∼260℃인 것은?

㉮ 네오프렌 ㉯ 석면
㉰ 테플론 ㉱ 액상 합성수지

해설 네오프렌의 내열범위 : −46∼121℃

25. 천연섬유로 강인한 특징이 있으며, 내열도가 450℃로 고온, 고압 증기용으로 사용되는 패킹은?

㉮ 고무 패킹
㉯ 석면조인트 시트 패킹
㉰ 합성수지 패킹
㉱ 오일 실 패킹

해설 석면 조인트 시트 패킹의 내열도는 450℃이다.

26. 다음 중 글랜드 패킹의 종류에 해당되지 않는 것은?

㉮ 석면 얀 ㉯ 오일 실 패킹
㉰ 아마존 패킹 ㉱ 몰드 패킹

해설 ㉮, ㉰, ㉱ 외에 석면 각형 패킹이 글랜드 패킹의 종류이다.

27. 글랜드 패킹(gland packing) 재에 속하지 않는 것은?

㉮ 석면 각형 패킹
㉯ 아마존 패킹
㉰ 몰드 패킹
㉱ 액상 합성수지 패킹

해설 글랜드 패킹에는 ㉮, ㉯, ㉰와 석면 얀이 있다.

28. 강관의 부식을 방지하기 위하여 페인트 밑칠에 사용하는 도료는?

㉮ 산화철 도료 ㉯ 알루미늄 도료
㉰ 광명단 도료 ㉱ 합성수지 도료

해설 광명단 도료는 연단과 아마인유를 혼합한 방청도료로서 부식 방지용 페인트 밑칠(under coating)에 사용된다.

정답 21. ㉱ 22. ㉱ 23. ㉯ 24. ㉰ 25. ㉯ 26. ㉯ 27. ㉱ 28. ㉰

29. 난방용 방열기 등의 외면에 도장하는 도료이며 열을 잘 반사하는 도료는?

㉮ 산화철 도료 ㉯ 광명단 도료
㉰ 알루미늄 도료 ㉱ 합성수지 도료

해설 알루미늄 도료는 은분이라고 통용되며 이 도료를 칠하면 알루미늄 도막이 형성되어 금속 광택이 생기고 열도 잘 반사하게 된다.

30. 관의 절단 후 절단부에 생기는 거스러미(버 : burr)를 제거하는 공구는?

㉮ 파이프 리머 ㉯ 파이프 커터
㉰ 쇠톱 ㉱ 오스터

해설 거스러미(burr)는 유체의 마찰저항이나 유량 감소의 원인을 초래하므로 파이프 리머(pipe reamer)나 둥근 줄 등으로 제거해야 한다.

31. 다음 중 동력용 나사절삭기의 종류가 아닌 것은?

㉮ 오스터식 ㉯ 호브식
㉰ 다이헤드식 ㉱ 로터리식

해설 동력용 나사절삭기의 종류에는 ㉮, ㉯, ㉰가 있다.

32. 다이헤드형 자동 나사절삭기에서 할 수 없는 작업은?

㉮ 나사절삭 작업 ㉯ 리밍 작업
㉰ 확관 작업 ㉱ 절단 작업

해설 다이헤드형 자동 나사절삭기는 관 절단, 나사 절삭, 거스러미 제거(리밍) 작업을 연속적으로 할 수 있다.

33. 파이프에 수동으로 나사를 절삭할 때 사용하는 공구는?

㉮ 파이프 렌치형
㉯ 오스터형과 리드형
㉰ 체인식 파이프 렌치형
㉱ 파이프 커터형

해설 수동형 나사절삭기에는 오스터형(현장용)과 리드형(휴대용)이 있다.

34. 체인식 파이프 렌치는 일반적으로 몇 mm 이상의 강관작업에 사용하는가?

㉮ 200 mm 이상 ㉯ 150 mm 이상
㉰ 100 mm 이상 ㉱ 50 mm 이상

해설 파이프 렌치에는 보통형, 강력형, 체인형이 있으며, 체인형은 200 mm 이상의 강관작업에 사용한다.

35. 다음 중 강관의 절단 공구가 아닌 것은?

㉮ 파이프 커터
㉯ 링크형 파이프 커터
㉰ 체인 파이프 커터
㉱ 쇠톱

해설 강관의 절단 공구로는 ① 파이프 커터(1개날, 3개날, 링크형)와 ② 쇠톱이 있다.

36. 쇠톱은 피팅 홀(fitting hole)의 간격에 따라 그 크기를 나타내는데 그 종류에 들지 않는 것은?

㉮ 150 mm ㉯ 200 mm
㉰ 250 mm ㉱ 300 mm

해설 쇠톱은 피팅 홀의 간격에 따라 200 mm, 250 mm, 300 mm의 3종류가 있다.

37. 동관 끝을 원형으로 정형하기 위해 사용하는 공구는?

㉮ 사이징 툴 ㉯ 익스팬더
㉰ 파이프 리머 ㉱ 튜브 벤더

해설 ① 익스팬더 : 동관 끝 확관용 공구
② 튜브 벤더 : 동관 벤딩용 공구
③ 파이프 리머 : 관 절단 후 절단부 거스러미(burr)를 제거하는 공구

정답 29. ㉰ 30. ㉮ 31. ㉱ 32. ㉰ 33. ㉯ 34. ㉮ 35. ㉰ 36. ㉮ 37. ㉮

38. 강관 벤딩의 특징 설명으로 틀린 것은?

㉮ 연결 부속이 필요 없다.
㉯ 곡률 반지름이 관지름의 6배 이상되면 관내에서 유체의 저항을 무시한다.
㉰ 강관의 열간 벤딩은 300℃ 이하에서 한다.
㉱ 피복 작업이 쉽고 강도가 크다.

해설 강관의 열간 벤딩은 800~900℃로 가열해야 한다.

39. 동관의 이음방법이 아닌 것은?

㉮ 플레어 이음 ㉯ 용접이음
㉰ 플랜지 이음 ㉱ 플라스탄 이음

해설 동관 이음 방법에는 ㉮, ㉯, ㉰ 외에 납땜 이음방법이 있으며, 플라스탄 이음은 연관 이음방법이다.

40. 동관의 이음방법 중 동관을 분리, 결합해야 하는 경우 또는 용접을 할 수 없는 곳에 사용되는 이음방법은?

㉮ 플레어 이음 ㉯ 슬리브 이음
㉰ 몰코 이음 ㉱ 고무링 이음

해설 플레어 이음(압축이음)은 점검, 보수, 관을 분해할 경우를 대비한 이음방법이다.

41. 강관의 이음방법이 아닌 것은?

㉮ 나사이음 ㉯ 용접이음
㉰ 플랜지 이음 ㉱ 압축이음

해설 강관의 이음방법에는 ㉮, ㉯, ㉰가 있다.

42. 다음 관이음 중 진동이 있는 곳에 적합한 이음은?

㉮ 용접이음 ㉯ 플랜지 이음
㉰ 나사이음 ㉱ 압축이음

43. 압력배관용 강관의 호칭에서 스케줄 번호(Sch. No.)가 뜻하는 것은?

㉮ 관의 재질 ㉯ 관의 바깥지름
㉰ 관의 압력 ㉱ 관의 두께

해설 스케줄 번호(Sch. No.)란 관의 두께를 나타내는 번호이다.

$$스케줄\ 번호 = 10 \times \frac{p}{S}$$

여기서, p : 사용압력(kgf/cm^2)
S : 허용응력(kgf/mm^2)
$= \dfrac{인장강도(kgf/mm^2)}{안전율}$

44. 압력 배관용 탄소 강관의 스케줄 번호를 계산하는 공식은?(단, 사용압력 : p [kgf/cm^2], 허용 인장응력 : S [kgf/mm^2])

㉮ $100 \times \left(\frac{p}{S}\right)$ ㉯ $100 \times \left(\frac{S}{p}\right)$
㉰ $\frac{p}{10 \times S}$ ㉱ $10 \times \left(\frac{p}{S}\right)$

45. 다음 중 배관의 지지대로 사용되는 기구가 아닌 것은?

㉮ 행어 ㉯ 서포트
㉰ 리스트레인트 ㉱ 부싱

46. 강관의 호칭지름이 20 A일 때 실제 강관의 바깥지름은?

㉮ 21.7 mm ㉯ 27.2 mm
㉰ 34.0 mm ㉱ 42.7 mm

해설

호칭지름	바깥지름	호칭지름	바깥지름
15 A	21.7 mm	25 A	34.0 mm
20 A	27.2 mm	32 A	42.7 mm

정답 38. ㉰ 39. ㉱ 40. ㉮ 41. ㉱ 42. ㉯ 43. ㉱ 44. ㉱ 45. ㉱ 46. ㉯

47. 다음 그림과 같이 강관을 45° 벤딩할 때 구부림에 소요되는 길이는 얼마인가? (반지름 R=80 mm)

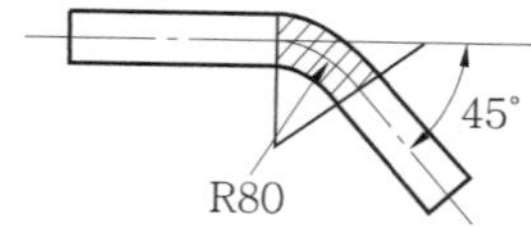

㉮ 53 mm ㉯ 63 mm
㉰ 120 mm ㉱ 126 mm

해설 $160 \times \pi \times \frac{45}{360} = 63\text{ mm}$

48. 직선 길이 20 m인 강관으로 된 배관의 온도가 15℃에서 85℃로 변화되었다면 늘어난 길이는 몇 mm인가? (단, 강관의 선팽창계수는 0.000012이다.)

㉮ 0.24 mm ㉯ 3.6 mm
㉰ 16.8 mm ㉱ 20.4 mm

해설 $0.000012 \times (85-15) \times 20 \times 1000$
$= 16.8\text{ mm}$

49. 최고사용압력이 40 kgf/cm², 관의 인장강도가 20 kgf/mm²인 압력 배관용 강관의 스케줄 번호는? (단, 안전율은 4로 한다.)

㉮ 30 ㉯ 40 ㉰ 60 ㉱ 80

해설 $\text{Sch. No.} = 10 \times \frac{40}{\frac{20}{4}} = 80$

50. 증기 트랩 배관에서 냉각 레그(leg)의 길이는 최소 얼마 이상이어야 하는가?

㉮ 1 m ㉯ 1.5 m
㉰ 2 m ㉱ 2.5 m

해설 냉각면적을 넓히기 위해 냉각 레그는 최소 1.5 m 이상으로 한다.

51. 관이나 덕트를 천장에 매달아 지지하는 경우 미리 천장 콘크리트에 매입하는 지지쇠는?

㉮ 행어 ㉯ 인서트
㉰ 서포트 ㉱ 턴 버클

해설 ① 행어 : 위에서 걸어당겨 받치는 지지물
② 서포트 : 아래에서 위로 떠받쳐 지지
③ 턴 버클 : 구배를 조정해 주는 지지물

52. 배관 파이프의 나사 수는 이음쇠의 나사 수보다 몇 산이 더 많은 것이 이상적인가?

㉮ 1~2산 ㉯ 2~3산
㉰ 3~4산 ㉱ 4~5산

해설 파이프의 나사 수는 8~9산, 이음쇠의 나사 수는 7~8산

53. 강관은 흑관과 백관으로 나뉜다. 백관은 흑관과 같은 재질이지만 관 내외면에 아연(Zn) 도금을 한 이유는?

㉮ 외관상 보기 좋게 하기 위해
㉯ 내마모성을 증대하기 위해
㉰ 내충격성을 증대하기 위해
㉱ 부식을 방지하기 위해

54. 강관의 종류와 KS 규격 기호를 짝지은 것 중 옳은 것은?

㉮ SPHT : 고압 배관용 탄소강관
㉯ SPPH : 고온 배관용 탄소강관
㉰ SPPS : 압력 배관용 탄소강관
㉱ STHA : 저온 배관용 탄소강관

해설 ㉮ : 고온 배관용 탄소강관
㉯ : 고압 배관용 탄소강관
㉱ : 보일러 열교환기용 합금강 강관

정답 47. ㉯ 48. ㉰ 49. ㉱ 50. ㉯ 51. ㉯ 52. ㉮ 53. ㉱ 54. ㉰

55. 다음 중 압력 배관용 탄소강 강관의 KS 규격기호는?

㉮ SPP ㉯ SPPH
㉰ SPPS ㉱ SPHT

해설 ㉮ SPP : 배관용 탄소강 강관
㉯ SPPH : 고압 배관용 탄소강 강관
㉱ SPHT : 고온 배관용 탄소강 강관

56. 다음 중 보일러 및 열교환기용 탄소강 강관의 기호는?

㉮ SPP ㉯ SPPH
㉰ STH ㉱ SPHT

해설 ㉮ SPP : 배관용 탄소강 강관
㉯ SPPH : 고압 배관용 탄소강 강관
㉱ SPHT : 고온 배관용 탄소강 강관

57. 다음 중 고압 배관용 탄소강 강관의 KS 규격 기호는?

㉮ SPPH ㉯ SPHT
㉰ SPLT ㉱ SPPS

해설 ㉯ : 고온 배관용 탄소강 강관
㉰ : 저온 배관용 탄소강 강관
㉱ : 압력 배관용 탄소강 강관

58. 다음 중 고온 배관용 탄소강 강관의 KS 규격 기호는?

㉮ SPPH ㉯ SPHT
㉰ SPLT ㉱ SPPS

59. 배관용 아크 용접 탄소강 강관의 KS 규격기호는?

㉮ SPPW ㉯ SPA
㉰ STM ㉱ SPW

해설 ㉮ : 수도용 아연 도금 강관
㉯ : 배관용 합금강 강관
㉰ : 기계 구조용 탄소강 강관

60. 다음 중 저온 배관용 탄소강 강관의 KS 규격 기호는?

㉮ SPPH ㉯ SPHT
㉰ SPLT ㉱ SPPS

61. 관 내부에 기름이 흐를 때 어떤 문자를 사용하여 표시하는가?

㉮ W ㉯ O
㉰ G ㉱ A

해설 물(water) : W, 오일(oil) : O, 가스(gas) : G, 공기(air) : A, 증기(steam) : S

62. 파이프 도시 기호에서 관이 서로 접촉하고 있는 상태는?

해설 ㉮, ㉯, ㉰는 관이 서로 접촉하지 않고 있는 상태이다.

63. 다음 중 파이프의 입체적 표시에서 파이프가 도면에서 직각으로 앞쪽으로 나올 때의 도시 기호는?

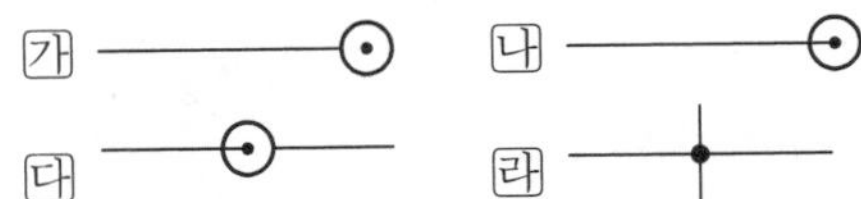

64. 다음 도시 기호 중에 오는 티(T)의 기호는 어느 것인가?

㉮ 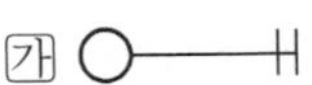 ㉯
㉰ ㉱

해설 ㉯는 가는 티(T)의 기호이다.

정답 55. ㉰ 56. ㉰ 57. ㉮ 58. ㉯ 59. ㉱ 60. ㉰ 61. ㉯ 62. ㉱ 63. ㉮ 64. ㉱

65. 다음 중 강관의 플랜지 이음 결합표시는 어느 것인가?

㉮ ㉯ ㉰ ㉱

66. 다음 파이프 이음을 도시한 것 중 틀린 것은 어느 것인가?

㉮ 일반형 :
㉯ 플랜지형 :
㉰ 턱걸이형 :
㉱ 유니언형 :

해설 턱걸이형 :

67. 오는 엘보를 나사이음으로 바르게 표시한 것은?

㉮ ㉯ ㉰ ㉱

해설 ㉯ : 가는 엘보 나사이음
㉰ : 오는 엘보 플랜지 이음
㉱ : 가는 엘보 용접이음

68. 배관도에 표시되는 다음 기호와 같은 밸브는 어느 것인가?

㉮ 글로브밸브
㉯ 체크밸브
㉰ 슬루스밸브
㉱ 다이어프램밸브

해설 ① 체크밸브 :
② 슬루스밸브 :
③ 다이어프램밸브 :

69. 게이트(슬루스)밸브의 도시 기호는?

㉮ ㉯ ㉰ ㉱

해설 ㉮ : 글로브밸브
㉯ : 체크밸브
㉱ : 다이어프램밸브

70. 배관 도면에서 다음 그림과 같은 부속품의 명칭은?

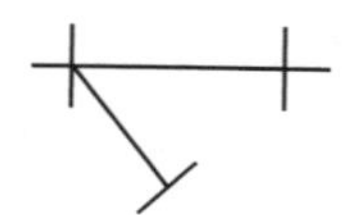

㉮ 슬루스밸브 ㉯ 스트레이너
㉰ 글로브밸브 ㉱ 와이티 엘보

해설 ① 슬루스(게이트)밸브 :
② 글로브밸브 :

71. 유체의 역류방지용 밸브의 도시 기호로 맞는 것은?

㉮ ㉯ ㉰ ㉱

72. " "는 다음 중 무슨 밸브를 표시하는가?

㉮ 닫혀 있는 일반 콕
㉯ 열려 있는 일반 콕
㉰ 닫혀 있는 일반 밸브
㉱ 열려 있는 일반 밸브

해설 닫혀 있는 일반 콕 :

73. 배관 도면에서 다음 도시 기호의 명칭은?

정답 65. ㉯ 66. ㉰ 67. ㉮ 68. ㉮ 69. ㉰ 70. ㉯ 71. ㉯ 72. ㉰ 73. ㉮

가 앵글밸브
나 체크밸브
다 안전밸브
라 일반 콕

해설 나 체크밸브 :
다 안전밸브 :
라 일반 콕 :

74. 다음 중 잘못 설명된 도시 기호는?

가 전자밸브 :
나 압력계 :
다 온도계 :
라 전동밸브 :

해설 ① 전동밸브 :
② 공기토출밸브 :

75. 증기 트랩의 도시 기호로 맞는 것은?

가 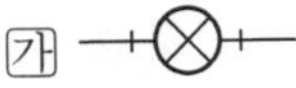 나 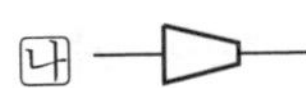
다 라

해설 나 : 줄임 플랜지
다 : 플러그
라 : 동심줄이개

76. 관이음 방식의 표시 중 용접식 이음을 나타내는 것은?

가 나
다 라

해설 땜 용접 이음 :

77. 다이어프램밸브의 도시기호는?

가 나
다 라

해설 가 : 줄임 플랜지
나 : 편심줄이개
다 : 봉합밸브

78. 다음 그림과 같은 배관 작업 시 가장 나중에 결합하는 것은?

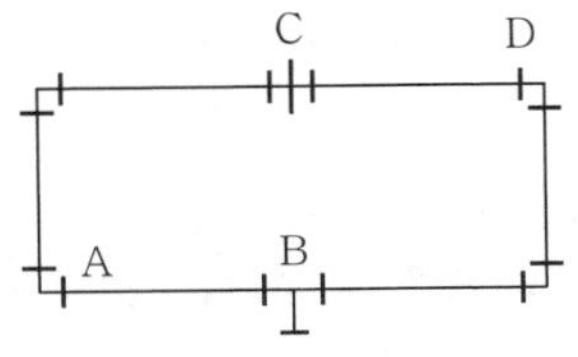

가 A 나 B 다 C 라 D

해설 유니언 결합을 가장 나중에 결합해야 한다.

79. 난방설비 시 직렬식 배관방법에 관한 설명으로 부적합한 것은?

가 관이음쇠가 적게 든다.
나 배관비용이 적게 든다.
다 관로저항이 크다.
라 난방면적 3 m^2 이상에 적합하다.

해설 난방면적이 3 m^2 이하의 소규모 난방에만 사용 가능하다.

80. 그림과 같이 호칭 20 A 인 양쪽에 90° 엘보를 사용하여 중심선 길이를 180 mm로 할 때 파이프의 실제 절단 길이는?

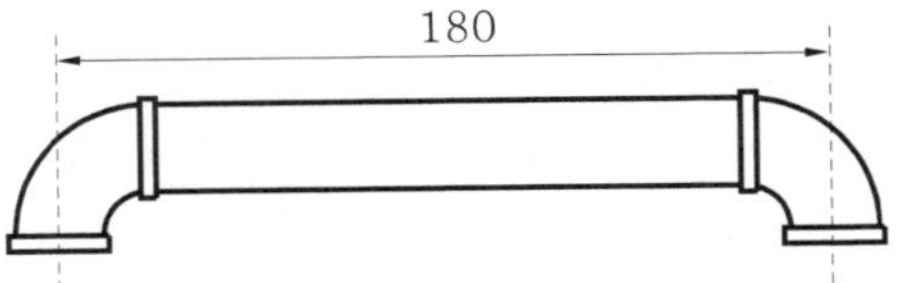

가 132 mm 나 139 mm
다 142 mm 라 149 mm

해설 $180-(32+32)+(13+13) = 142$ mm

정답 74. 라 75. 가 76. 나 77. 라 78. 다 79. 라 80. 다

참고

이음쇠 종류	관지름 (mm)	엘보 중심치수	유효 나사부
45° 엘보	15	21	11
	20	25	13
	25	29	15
	32	34	17
90° 엘보	15	27	11
	20	32	13
	25	38	15
	32	46	17

81. 난방설비 시 사다리꼴식 배관방법에 관한 설명으로 부적합한 것은?

㉮ 용접이음에 적합하다.
㉯ 구배잡기가 편리하다.
㉰ 복잡한 구조에는 부적합하다.
㉱ 나사이음 시에 이음쇠가 많이 든다.

해설 배관저항이 적으며 복잡한 구조에 적합하다.

82. 난방 배관에서 배관의 관경을 결정하는 요소와 가장 관계가 없는 것은?

㉮ 유량 및 유속
㉯ 관 마찰저항
㉰ 배관 길이
㉱ 관의 재질과 제조회사

83. 일반적으로 관지름 20 mm 이하의 파이프에 삽입하여 기계의 점검이나 보수 또는 동관을 분해할 경우에 사용하는 이음 방법은?

㉮ 플레어 이음 ㉯ 플랜지 이음
㉰ 용접이음 ㉱ 플라스턴 이음

해설 플레어 이음(압축이음) : 기계의 점검, 보수 또는 동관을 분해할 경우를 대비한 접합방법이며 관지름이 20 mm 미만일 때 사용한다.

84. 원형의 고무링 하나만으로 접합이 가능하며 온도변화에 따른 신축이 자유롭고, 이음과정이 간편하여 관 부설을 신속히 할 수 있는 이음은?

㉮ 기계식 이음 ㉯ 노-허브 이음
㉰ 타이톤 이음 ㉱ 소켓 이음

85. 배관 라인에 설치된 각종 펌프, 압축기 등에서 발생되는 진동 및 수격작용에 의한 충격 등을 억제하기 위하여 사용하는 관지지구는?

㉮ 리스트레인트
㉯ 콘스턴트 행어
㉰ 브레이스
㉱ 스커트

해설 브레이스(brace) : 진동방지용으로 쓰이는 방진기와 충격완화용으로 사용되는 완충기가 있다.

86. 일명 팩리스 신축 이음쇠라고도 하며, 설치에 넓은 장소를 필요로 하지 않고 신축에 의한 응력을 일으키지 않는 신축 이음쇠의 형식은?

㉮ 슬리브형 ㉯ 루프형
㉰ 벨로스형 ㉱ 스위블형

87. 아래 그림 기호의 관 조인트 종류의 명칭으로 맞는 것은?

㉮ 엘보 ㉯ 리듀서
㉰ 티 ㉱ 디스트리뷰터

해설 ① : 동심 줄이개(리듀서)
② : 편심 줄이개(리듀서)

정답 81. ㉰ 82. ㉱ 83. ㉮ 84. ㉰ 85. ㉰ 86. ㉰ 87. ㉯

88. 다음 중 배관의 지지장치가 아닌 것은?

㉮ 행어 ㉯ 서포트
㉰ 리스트레인트 ㉱ 체이서

해설 배관의 지지장치에는 ㉮, ㉯, ㉰ 항 외에 브레이스가 있다.

89. 글랜드 패킹을 사용하지 않고 금속제의 벨로스로 밸브축을 감싸고 공기의 침입이나 누설을 방지하며 증기나 온수의 유량을 수동으로 조절하는 밸브로서 팩리스밸브라고도 하는 것은?

㉮ 볼밸브 ㉯ 게이트밸브
㉰ 방열기밸브 ㉱ 콕밸브

90. 강관 용접접합의 특징에 대한 설명으로 틀린 것은?

㉮ 관내 유체의 저항 손실이 적다.
㉯ 접합부의 강도가 강하다.
㉰ 보온피복 시공이 어렵다.
㉱ 누수의 염려가 적다.

해설 보온피복 시공이 용이하며 유지 보수비가 절감된다.

91. 글랜드 패킹에 속하지 않는 것은?

㉮ 석면 각형 패킹 ㉯ 고무 패킹
㉰ 아마존 패킹 ㉱ 몰드 패킹

해설 글랜드 패킹 : 보통 밸브의 회전 부분에 사용되며 석면 각형 패킹, 석면 얀, 아마존 패킹, 몰드 패킹 등이 있다.

92. 연단과 아마인유를 혼합한 방청 도료로서 밀착력이 강하고 도막(塗膜)은 질이 조밀하여 풍화에 잘 견디므로 기계류의 도장 밑칠에 사용된 도료는?

㉮ 알루미늄 도료
㉯ 광명단 도료
㉰ 산화철 도료
㉱ 합성수지 도료

해설 광면단 도료(연단)에 대한 설명이다.

93. 다음 중 경납땜의 종류가 아닌 것은?

㉮ 황동납 ㉯ 인동납
㉰ 은납 ㉱ 주석 – 납

해설 ① 주석 – 납은 연납땜의 종류이다.
② 경납땜의 종류 : 은납, 황동납, 양은납, 인동납, Al 납

94. 동관용 공구에 대한 설명이 틀린 것은?

㉮ 사이징 툴 : 동관의 끝 부분을 원형으로 정형한다.
㉯ 플레어링 툴 세트 : 동관의 압축접합용에 사용한다.
㉰ 익스팬더 : 직관에서 분기관을 성형 시 사용한다.
㉱ 리머 : 동관 절단 후 관의 내 외면에 생긴 거스러미를 제거한다.

해설 익스팬더(expander)는 동관의 관 끝 확관용 공구이다.

95. 호칭지름 20 A의 강관을 반지름 100 mm로 180° 벤딩할 때 곡선 길이는 약 몇 mm인가?

㉮ 285 ㉯ 314
㉰ 428 ㉱ 628

해설 $200 \times \pi \times \frac{180}{360} = 314 \text{ mm}$

정답 88. ㉱ 89. ㉰ 90. ㉰ 91. ㉯ 92. ㉯ 93. ㉱ 94. ㉰ 95. ㉯

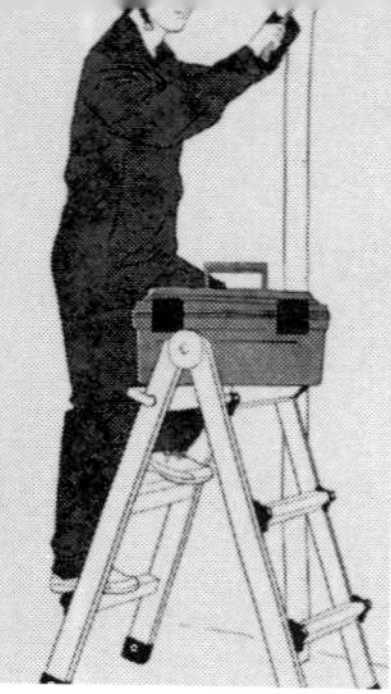

제 3 장 단열재 및 보온재

1. 단열재

1-1 용어의 정의

단열재란 열전도율이 작은 재료로서 공업요로에서의 방산되는 열량을 적게 하기 위하여 사용되는 공업재료를 의미한다. 즉, 열의 차단에 사용되는 재료이다.

1-2 구비조건

① 열전도율이 작을 것
② 세포조직이며 다공질층이며, 기공이 균일할 것

참고

단열효과
① 축열 용량이 작아진다.
② 열전도가 느려진다(열전도율이 작아진다).
③ 노온이 균일하다.
④ 스폴링을 방지하며 내화물의 수명을 연장시킨다.

참고

내화재 · 보온재 · 단열재의 구분
① 내화물 : 한국산업규격에서 내화도 SK 26번(1580℃) 이상의 것으로 규정하고 있으며 나라마다 산업규격으로 규정하고 있다.
② 내화단열재 : 내화물과 단열재 사이에 속하는 것을 내화단열재라 하며 대체적으로 1300℃ 이상의 온도에 견디는 것을 말한다.
③ 단열재 : 800℃ 이상 1200℃ 정도까지의 온도에 견디는 것을 말한다.
④ 보온재 : 200℃에서 800℃ 정도까지의 온도에 견디는 무기질 보온재와 100℃에서 200℃까지의 온도에 견디는 유기질 보온재가 있다.
⑤ 보랭재 : 100℃ 이하의 냉온(冷溫)을 유지하는 냉동작용을 하는 것이 있는데, 유기 고분물질의 발포체가 대부분이 여기에 속한다.

2. 보온재

2-1 보온의 정의와 목적

보온이라는 것은 단열이라는 뜻과 같은 것으로서, 어떠한 열원에서 발생되는 열의 일부가 소요되는 요소에 공급되지 않고, 외부로 방출되는 것을 차단시켜 소요의 열을 보존하여 열효율을 유지하게 하는 설비를 말한다.

그리고 보온 자체는 열원이나 열의 이동과정에서 외부로의 열의 전도를 지연시켜 열손실을 최소로 하기 위한 것인데, 여기에 사용되는 재료를 총칭하여 단열재 또는 보온재라고 한다. 그러므로 보온재(단열재)라는 것은 여러 가지의 재질에 독립기포 또는 폐공(closed pore)으로 된 다공질 또는 세포조직을 형성시켜, 이것에 의해 열전도를 지연시킴으로써 적절한 열효율이 나타나게끔 하는 것을 말한다.

참고

내화재, 단열재, 보온재, 보랭재를 구분짓는 것은 안전사용온도를 기준으로 한다.

2-2 보온재의 구비조건

① 보온 능력이 커야 한다(열전도율이 낮을 것).

② 불연성의 것으로 사용온도에서 장시간 사용하여도 내구성이 있어야 하며, 변질되지 않아야 한다.

③ 가벼워야 한다(비중이 작을 것).

④ 어느 정도의 기계적 강도가 있어야 한다.

⑤ 시공이 용이하고 확실하게 할 수 있는 것이어야 한다.

⑥ 흡습성이나 흡수성이 없어야 한다.

2-3 보온재의 열전도율

일반적으로 상온(20℃)에서 열전도율이 0.1 kcal/h·m·℃ 이하인 것을 단열재 또는 보온재라 한다. 비교적 높은 온도에서 사용하는 것을 단열재 또는 보온재라 부르고 상온 이하에서 사용되는 것을 보랭재라 한다.

참고

보온재의 열전도율은 다음의 영향을 받는다.
① 온도가 상승하면 직선적으로 증대한다.
② 비중이 클수록 증가한다.
③ 수분을 포함하면 특히 증가한다(물의 열전도율 : 0.48 kcal/h·m·℃).

2-4 보온재의 종류

- **재질에 따른 분류 :** 유기질 보온재, 무기질 보온재, 금속질 보온재
- **안전사용온도에 따른 분류**
  - 저온용 보온재 : 우모펠트, 양모, 닭털, 톱밥, 탄화코르크, 면, 폼류
  - 일반용 보온재 : 탄산마그네슘, 유리솜, 규조토, 암면, 광제면, 석면
  - 고온용 보온재 : 펄라이트, 규산칼슘, 세라믹 파이버, 실리카 파이버

(1) 유기질 보온재의 종류 및 특성

유기질 보온재의 안전사용온도의 범위는 100~150℃ 정도로서, 대체적으로 저온용 보온재(또는 보랭재)가 사용되는 수가 많다.

그 종류에는 코르크, 종이, 펄프, 면, 포, 목재, 염화비닐 폼, 우레탄 폼, 우모펠트, 양모펠트 등이 있다.

① **펠트류 :** 양모, 우모를 이용하여 펠트(felt)상으로 제작한 것으로 곡면 등에도 시공이 가능하다.
　(가) 습기 존재하에서 부식, 충해를 받기 때문에 방습처리가 필요하다.
　(나) 아스팔트로 방습한 것은 -60℃까지의 보랭용에 사용할 수 있다.
　(다) 열전도율 : 0.042~0.050 kcal/h·m·℃, 안전사용온도 : 100℃ 이하

② **텍스류 :** 톱밥, 목재, 펄프를 원료로 해서 압축판 모양으로 제작한 것이다.
　(가) 실내벽, 천장 등에 보온 및 방음 장치에 사용한다.
　(나) 열전도율 : 0.057~0.058 kcal/h·m·℃, 안전사용온도 : 120℃ 이하

③ **플라스틱 폼 :** 고무 또는 합성수지를 주원료로 하고 발포제를 가하든가 화학반응에 의한 가스의 발생 또는 가압 불활성 가스 등에 의해서 다포체로 한 것이다.

성질 \ 종류	리바 폼	염화비닐 폼	폴리스틸렌 폼	우레탄 폼
부피비중(g/cm^3)	0.07~0.1	0.03~0.3	0.02~0.35	0.02~0.3
열전도율(70±5℃)	0.03 kcal/h·m·℃	0.03 kcal/h·m·℃	0.03 kcal/h·m·℃	0.03 kcal/h·m·℃
안전사용온도(℃)	50	60	70	130

④ **탄화코르크 :** 코르크 입자를 금형으로 압축 충전하고 300℃ 정도로 가열 제조한다. 방수성의 향상을 위해 아스팔트를 결합한 것을 탄화코르크라 하며 우수한 보랭재이다.

㈎ 냉장고, 건축용 보온·보랭재, 배관 보랭재, 냉수·냉매 배관, 냉각기 펌프 등의 보랭용으로 사용

㈏ 열전도율 : 0.046～0.049 kcal/h·m·℃

㈐ 안전사용온도 : 130℃

㈑ 부피 비중 : 0.18～0.2

(2) 무기질 보온재의 종류 및 특성

일반적으로 안전사용온도(500～800℃)의 범위가 높고 넓으며, 강도가 높다. 종류에는 천연품(석면, 규조토, 질석, 펄라이트) 인공품(암면, 유리섬유, 광제면, 염기성 탄산마그네슘, 폼유리) 등이 있다.

① **탄산마그네슘 보온재 :** 염기성 탄산마그네슘 85 %와 석면 15 %를 배합한 것으로 물에 개서 사용하는 보온재이다. 열전도율이 가장 낮으며, 300～320℃에서 열분해한다.

㈎ 석면 혼합비율에 따라 열전도율이 좌우된다.

㈏ 열전도율 : 0.05～0.07 kcal/h·m·℃

㈐ 안전사용온도 : 250℃ 이하

㈑ 부피 비중 : 0.22～0.35

② **폼 글라스(발포초자) 보온재 :** 유리 분말에 발포제를 가하여 가열 용융시켜 발포 용착시킨 것으로 판상, 관상으로 제조되어 있다.

㈎ 기계적 강도가 크며 흡수성이 작다.

㈏ 열전도율 : 0.05～0.06 kcal/h·m·℃

㈐ 안전사용온도 : 300℃

㈑ 부피 비중 : 0.16～0.18

③ **유리섬유(glass wool) 보온재 :** 용융유리를 압축공기나 원심력을 이용하여 섬유형태로 제조한 것으로 보온재, 보온통, 판 등으로 성형된다.

㈎ 흡음률이 높다.

㈏ 흡습성이 크기 때문에 방수처리를 하여야 한다.

㈐ 보랭·보온재로 냉장고, 일반 건축의 벽체, 덕트 등에 사용된다.

㈑ 열전도율 : 0.036～0.057 kcal/h·m·℃

㈒ 안전사용온도 : 350℃ 이하

㈓ 부피 비중 : 0.01～0.096

④ **규조토질 보온재 :** 규조토 건조 분말에 석면 또는 삼여물을 혼합한 것으로 물반죽 시공을 한다.

㈎ 열전도율이 다른 보온재보다 크다.

㈏ 시공 후 건조시간이 길며, 접착성이 좋다.

(다) 철사망 등 보강재를 사용하여야 한다.
(라) 열전도율 : 0.083～0.095 kcal/h·m·℃
(마) 부피 비중 : 0.5～0.6
(바) 안전사용온도
  ㉮ 석면 : 500℃
  ㉯ 마여물혼합 : 250℃

⑤ **암면 보온재(rock wool) :** 안산암이나 현무암, 석회석 등의 원료 암석을 전기로에서 500～2000℃ 정도로 용융시켜 원심력 압축 공기 또는 압축 수증기로 날려 무기질 분자 구조로만 형성하여 섬유상으로 만든 것이다.
(가) 흡수성이 작고 풍화의 염려가 적다.
(나) 알칼리에는 강하나 강산에는 약하다.
(다) 400℃ 이하의 관, 덕트, 탱크 보온재로 적합하다.
(라) 열전도율 : 0.039～0.048 kcal/h·m·℃
(마) 안전사용온도 : 400～600℃ 이하
(바) 부피 비중 : 0.1～0.4

⑥ **광재면 보온재 :** 용광로(고로)의 슬랙을 이용해서 암면 제조방법과 같이 제조하며 특징은 암면과 비슷하다.

⑦ **석면 보온재(아스베스트) :** 사교암의 클리소 타일(백색)이나 각섬암계의 아모사이트 석면(갈색)을 보온재로 사용, 석면사로 주로 제조되며 패킹, 석면판, 슬레이트 등에 사용되고 보온재로는 판, 통, 매트, 끈 등이 있다.
(가) 천연품으로 제조되며, 특히 진동이 심한 부분에 사용된다.
(나) 파이프, 탱크, 노벽 등의 보온재로 사용된다.
(다) 800℃ 정도에서 강도 및 보온성이 떨어진다.
(라) 열전도율 : 0.048～0.065 kcal/h·m·℃
(마) 안전사용온도 : 400℃ 이하 (400℃를 초과하면 탈수 분해된다.)
(바) 부피 비중 : 0.18～0.40

⑧ **규산칼슘 보온재 :** 규산질, 석회질, 암면 등을 혼합하여 수열 반응시켜 규산칼슘을 주원료로 한 결정체 보온재이다.
(가) 내수성 및 내구성이 우수하다.
(나) 곡강도가 높고 반영구적이며 시공이 간편하다.
(다) 열전도율 : 0.053～0.065 kcal/h·m·℃
(라) 안전사용온도 : 650℃
(마) 부피 비중 : 0.22

⑨ **펄라이트 보온재 :** 흑요석, 진주암 등을 1000℃ 정도에서 팽창시켜 다공질로 하고 접착제 및 석면 등을 배합하여 판상, 통상으로 제작한 것이다.
(가) 경량이고 흡습성 및 열전도율은 작고 내열도는 높다.

(나) 열전도율 : 0.055～0.065 kcal/h·m·℃

(다) 안전사용온도 : 650℃

(라) 부피 비중 : 0.2～0.3

⑩ **실리카 파이버 및 세라믹 파이버 :** 용해석영을 섬유상으로 만든 실리카울이나 고석회질로 만든 탄산글라스로부터 섬유를 산처리해서 고규산으로 만든 것이다.

(가) 융점이 높고 내약품성이 우수하다.

(나) 열전도율 : 0.035～0.06 kcal/h·m·℃

(다) 부피 비중 : 0.05～0.15

(라) 안전사용온도 : 실리카 파이버(1100℃), 세라믹 파이버(1300℃)

⑪ **팽창질석 보온재(버미클라이트) :** 질석을 1000℃ 정도로 가열하여 체적을 8～20배 정도로 팽창시켜 다공질로 만든 물질이다.

(가) 가볍고 단열성이 우수하다.

(나) 열전도율 : 0.1～0.2 kcal/h·m·℃

(다) 안전사용온도 : 650℃

(라) 부피 비중 : 0.2～0.3

(3) 금속 보온재

금속 특유의 복사열에 대한 반사특성을 이용하여 보온효과를 얻는 것으로 대표적인 것은 알루미늄박(泊)이다.

알루미늄박 보온재는 판(板) 또는 박(泊)을 사용하여 공기층을 중첩시킨 것으로 그 표면은 열복사에 대한 방사능을 이용한 것이다.

알루미늄박의 공기층 두께는 100 mm 이하일 때 효과가 제일 좋다.

참고

(1) 보온효율 계산 공식

$$\eta = \frac{Q_0 - Q}{Q_0} \times 100 = (\%)$$

여기서, η : 보온효율(%), Q_0 : 나관의 방사손실열량(kcal/h)

Q : 보온면의 방사손실열량(kcal/h)

위 공식에서 보온효율에 따른 손실열량 Q_r 을 구하고자 할 때,

Q_r = (1－보온효율)×나관의 손실열량

(2) 보온재 시공 시 주의사항

① 보온재와 보온재 사이는 되도록 적게 하며, 겹침부 이음새는 동일 선상을 피해서 장착한다.

② 테이프 감기는 배관의 아래쪽부터 위를 향해서 감아올린다.

③ 냉수·온수 수평 배관의 현수 밴드는 보온을 외부에서 한다.

④ 철선 감기는 피치를 약 50 mm로 나선 감기를 하며, 접착테이프로 맞춤부와 이음부를 모두 붙인다.

3. 열전도, 열전달, 열관류(열통과)

3-1 열전도량

열전도는 고체벽을 통해서 일어나며 푸리에 법칙을 따르고 있다. 고체벽의 두께 b [m], 열전도율 λ[kcal/m·h·℃], 고체의 고온측 온도 t_1[℃], 고체의 저온측 온도 t_2[℃], 전열면적 F[m^2]라고 하면

$$\text{열전도량 (kcal/h)} = \lambda \times \frac{(t_1 - t_2)}{b} \times F$$

3-2 열전달량

① 연소실에서 노벽에 의한 열전달량 $= \alpha_1 \times (t_1 - t_w) \times F$ [kcal/h]

② 노벽에서 대기에 의한 열전달량 $= \alpha_2 \times (t_0 - t_2) \times F$ [kcal/h]

여기서, α_1 : 연소실에서 노벽까지의 열전달률 (kcal/m^2·h·℃)
α_2 : 노벽에서 대기까지의 열전달률 (kcal/m^2·h·℃)
t_1 : 연소실에서 가스의 온도 (℃)
t_w : 연소실 노벽면의 온도 (℃)
t_0 : 대기측 벽면의 온도 (℃)
t_2 : 대기의 온도 (℃)
F : 노벽 전열면적 (m^2)

3-3 열관류율(열통과율), 열관류량(열통과량)

① 열관류율(열통과율) $K\,[\text{kcal / h} \cdot \text{m}^2 \cdot ℃] = \dfrac{1}{\dfrac{1}{\alpha_1} + \dfrac{b}{\lambda} + \dfrac{1}{\alpha_2}}$

② 열관류량(열통과량) $Q\,[\text{kcal / h}] = K \times F \times (t_1 - t_2)$

여기서, α_1 : 연소실에서 노벽까지의 열전달률 (kcal/m^2·h·℃)
α_2 : 노벽에서 대기까지의 열전달률 (kcal/m^2·h·℃)
λ : 노벽의 열전도율 (kcal/m·h·℃)
b : 노벽 두께 (m)
t_1 : 연소실에서 가스의 온도 (℃)
t_2 : 대기의 온도 (℃)
F : 노벽 전열면적 (m^2)

예·상·문·제

1. 보온재의 열전도율에 대한 설명으로 잘못된 것은?

㉮ 온도가 상승하면 열전도율이 커진다.
㉯ 비중이 작을수록 열전도율이 크다.
㉰ 습기를 포함하면 열전도율이 커진다.
㉱ 열전도율이 작을수록 보온효과가 크다.

해설 비중이 클수록 열전도율이 크다.

2. 다음 중 보온 및 피복재료를 옳게 설명한 것은 어느 것인가?

㉮ 열전도율이 커야 한다.
㉯ 내구성이 뛰어나고 흡수성이 커야 한다.
㉰ 유기질 보온재는 암면, 석면, 규조토 등이 있다.
㉱ 온도가 높아질수록 열전도율이 증가한다.

해설 ① 보온재는 열전도율이 작아야 하며, 흡수성이 작아야 보온효과가 크다.
② 무기질 보온재는 암면, 석면, 규조토, 유리섬유, 탄산마그네슘, 광제면 등이 있다.

3. 다음 중 유기질 보온재에 해당되는 것은?

㉮ 석면　　㉯ 암면
㉰ 규조토　　㉱ 펠트

해설 ㉮, ㉯, ㉰는 무기질 보온재이며 유기질 보온재에는 펠트, 코르크, 우모, 양모, 염화비닐 폼, 폴리스틸렌 폼, 우레탄 폼 등이 있다.

4. 무기질 단열재에 해당되는 것은?

㉮ 암면　　㉯ 펠트
㉰ 코르크　　㉱ 기포성 수지

해설 무기질 단열재(보온재)의 종류 : 석면, 암면(로크 울), 유리섬유(글라스 울), 규조토, 탄산마그네슘 등이 있다.

5. 다음 중 안전사용온도가 가장 낮은 것은?

㉮ 무기질 보온재　　㉯ 유기질 보온재
㉰ 단열재　　㉱ 내화물

해설 ① 내화물 : 1580℃
② 단열재 : 800～1300℃
③ 무기질 보온재 : 200～800℃
④ 유기질 보온재 : 100℃ 이하

참고 내화재, 단열재, 보온재, 보랭재를 구분짓는 것은 안전사용온도이다.

6. 400℃ 이하의 관 탱크의 보온에 사용하며 진동이 있는 장치의 보온재로 쓰이는 것은?

㉮ 석면　　㉯ 펠트
㉰ 규조토　　㉱ 탄산마그네슘

해설 석면은 진동이 있는 곳에 사용되며, 규조토는 진동이 있는 곳에 사용할 수 없다.

7. 용융유리를 압축공기나 원심력을 이용하여 섬유형태로 제조한 것으로 안전사용온도가 300℃ 정도인 보온재는?

㉮ 세라믹 울　　㉯ 글라스 울
㉰ 캐스라이트　　㉱ 로크 울

해설 글라스 울(glass wool : 유리섬유)의 설명이다.

8. 다음 중 보일러 연도 보온용으로 부적합한 보온재는?

㉮ 암면　　㉯ 규산칼슘
㉰ 규조토　　㉱ 폴리스틸렌 폼

정답 1. ㉯ 2. ㉱ 3. ㉱ 4. ㉮ 5. ㉯ 6. ㉮ 7. ㉯ 8. ㉱

해설 폴리스틸렌 폼 보온재는 저온용이므로 부적합하다.

9. 다음 보온재 중 고온에서 사용할 수 없는 것은 어느 것인가?

㉮ 석면 ㉯ 암면
㉰ 규조토 ㉱ 스티로폼

해설 ① 석면 : 400℃ 이하
② 암면 : 500℃ 이하
③ 규조토 : 500℃ 이하
④ 스티로폼 : 70℃ 이하

10. 다음 보온재 중 열전도율이 가장 작은 것은 어느 것인가?

㉮ 탄산마그네슘 ㉯ 암면
㉰ 규조토 ㉱ 석면

해설 ① 암면 : 0.04~0.05 kcal/h·m·℃
② 탄산마그네슘 : 0.05~0.07 kcal/h·m·℃
③ 규조토 : 0.08~0.095 kcal/h·m·℃
④ 석면 : 0.048~0.065 kcal/h·m·℃
⑤ 유리섬유 : 0.036~0.042 kcal/h·m·℃

11. 다음의 보온재 중에서 진동이 있는 곳에서 사용할 수 없는 것은?

㉮ 석면 ㉯ 탄산마그네슘
㉰ 규조토 ㉱ 유리섬유

해설 진동이 있는 곳에 사용할 수 없는 보온재는 규조토이다.

12. 다음 중 보온재의 구비조건으로 틀리게 설명된 것은?

㉮ 열전도율이 낮을 것
㉯ 비중이 작을 것
㉰ 내구성이 클 것
㉱ 흡수성이 클 것

해설 흡수성이나 흡습성이 없어야 열전도율이 증가하지 않고 보온능력이 크다.

13. SiO_2 및 Al_2O_3를 주성분으로 하는 무기질 보온재로서 최고사용안전온도가 1300℃ 정도인 고온용 보온재는?

㉮ 글라스 울 ㉯ 세라믹 파이버
㉰ 규산칼슘 ㉱ 폼 글라스

해설 세라믹 파이버는 약 1300℃ 까지 견디며 우주선 외표피에도 사용

14. 열의 이동방법에 속하지 않는 것은?

㉮ 복사 ㉯ 전도 ㉰ 대류 ㉱ 증발

해설 열의 이동방법(방식)에는 전도, 대류, 복사가 있다.

15. 금속의 한쪽 끝을 가열하면 반대쪽 끝도 점차 온도가 상승한다. 이러한 열전달 방식은?

㉮ 전도 ㉯ 대류 ㉰ 복사 ㉱ 방사

해설 ① 전도 : 고체 내에서만의 열의 이동
② 대류 : 유체(물, 공기, 가스 등)의 열의 이동
③ 복사 : 중간 열매체를 통하지 않고 열이 이동

16. 다음 중 열전달률의 단위는?

㉮ kcal/℃ ㉯ kcal/h·m^3·℃
㉰ kcal/h·m·℃ ㉱ kcal/h·m^2·℃

해설 ① 열전도율의 단위 : kcal/h·m·℃
② 열관류율 및 열전달률의 단위 : kcal/h·m^2·℃

17. 배관 나면에서의 손실열량을 Q_1, 보온면에서의 손실열량을 Q_2 라 하면 보온효율을 구하는 공식은?

㉮ $\frac{Q_1 - Q_2}{Q_1}$ ㉯ $\frac{Q_1 - Q_2}{Q_2}$

㉰ $\frac{Q_1}{Q_1 - Q_2}$ ㉱ $\frac{Q_2}{Q_1 - Q_2}$

정답 9. ㉱ 10. ㉯ 11. ㉰ 12. ㉱ 13. ㉯ 14. ㉱ 15. ㉮ 16. ㉱ 17. ㉮

해설 보온효율

$$= \frac{\text{나면에서 손실열량} - \text{보온면에서 손실열량}}{\text{나면에서 손실열량}} \times 100\ \%$$

18. 다음 중 열관류율의 값을 적게 하기 위한 방법으로 틀린 것은?

㉮ 벽체의 두께를 두껍게 한다.
㉯ 가급적 열전도율이 낮은 재료를 사용한다.
㉰ 가능한 한 건식구조로 완전 밀폐한다.
㉱ 흡수성이 큰 보온재를 사용한다.

해설 흡수성, 흡습성이 크면 보온효과가 떨어지며 열관류율 값이 크게 된다.

19. 내화물의 정의에 타당하지 않는 것은?

㉮ 용융도가 높을 것
㉯ 고열에서 용적의 변화가 적을 것
㉰ 내화재료와 방화재료는 같을 것
㉱ 열의 급격한 변화에 손상이 적을 것

해설 내화재료와 방화재료는 다르다.

20. 보온을 하지 않은 나관에서의 방산열량이 200 kcal/h·m²이고, 석면 보온재로 보온을 하였을 때의 방산열량이 30 kcal/h·m²이였다면 보온효율은 몇 %인가?

㉮ 75 %
㉯ 80 %
㉰ 85 %
㉱ 90 %

해설 $\eta = \frac{Q_0 - Q}{Q_0} \times 100$ 에서,

$$\frac{200 - 30}{200} \times 100 = 85\ \%$$

21. 내화물이란 우리나라 공업규격에서 SK 얼마 이상의 것을 말하는가?

㉮ 16 ㉯ 24
㉰ 26 ㉱ 30

해설 내화물(耐火物)이란 SK 26(1580℃) 이상의 것을 말한다.

22. 두께가 20 cm인 노가 있다. 노의 안쪽 벽은 900℃, 바깥쪽 벽은 370℃이다. 노벽의 면적이 10 m²일 때 5시간에 잃은 열량은 몇 kcal인가?(단, 노벽의 열전도도는 3.2 kcal/h·m·℃)

㉮ 84800 kcal
㉯ 424000 kcal
㉰ 168600 kcal
㉱ 42400 kcal

해설 $Q = \lambda \times \frac{\Delta t}{d} \times F \times z$ 에서

$$3.2 \times \frac{900 - 370}{0.2} \times 10 \times 5 = 424000$$

$\therefore$ 424000 kcal

23. 어떤 내화벽돌의 열전도율이 0.8 kcal/h·m·℃이고, 내면의 온도가 1200℃이고 외면의 온도가 150℃일 경우 면적 10 m²에 손실되는 열량은 얼마인가?(단, 두께는 300 mm이다.)

㉮ 18000 kcal/h
㉯ 36000 kcal/h
㉰ 48000 kcal/h
㉱ 28000 kcal/h

해설 $Q = \lambda \frac{\Delta t}{d} F$ 에서

$$0.8 \times \frac{1200 - 150}{0.3} \times 10 = 28000$$

$\therefore$ 28000 kcal/h

정답 18. ㉱ 19. ㉰ 20. ㉰ 21. ㉰ 22. ㉯ 23. ㉱

24. 열전도율이 0.9 kcal/h·m·℃인 재질로 된 평면벽의 양측 온도가 800℃와 100℃이다. 이 벽을 통한 열전달량이 단위면적, 단위시간당 1400 kcal/h·m² 일 때 벽의 두께는 몇 cm인가?

㉮ 4.5 cm ㉯ 45 cm
㉰ 450 cm ㉱ 145 cm

해설 $Q = \lambda \frac{\Delta t}{d} F$

$0.9 \times \frac{800 - 100}{d} \times 1 = 1400$

$d = \frac{0.9 \times 700}{1400} = 0.45$

$0.45 \times 100 = 45$

∴ 45 cm

25. 두께 25 cm, 열전도율 1.5 kcal/h·m·℃인 콘크리트 벽체의 열관류율은?(단, 콘크리트 내, 외 표면의 열전달계수는 각각 α_1 = 10 kcal/h·m²·℃, α_2 = 20 kcal/h·m²·℃이다.)

㉮ 2.32 kcal/h·m²·℃
㉯ 3.16 kcal/h·m²·℃
㉰ 4.87 kcal/h·m²·℃
㉱ 5.45 kcal/h·m²·℃

해설 $K = \frac{1}{\frac{1}{\alpha_1} + \frac{b}{\lambda} + \frac{1}{\alpha_2}}$

$= \frac{1}{\frac{1}{10} + \frac{0.25}{1.5} + \frac{1}{20}}$

= 3.15822 kcal/h·m²·℃

정답 24. ㉯ 25. ㉯

PART 04

에너지 관계법규
예상문제

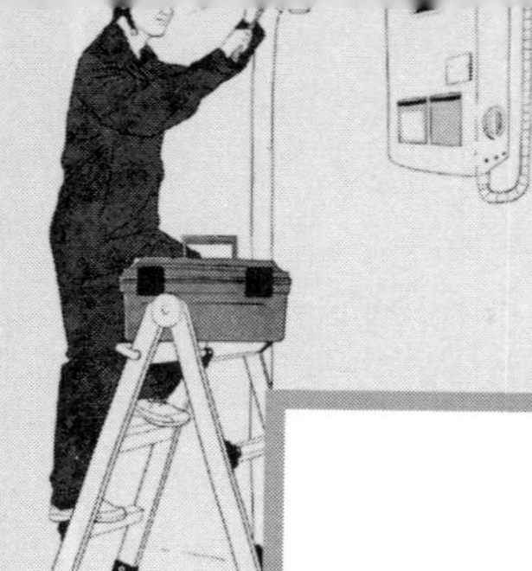

에너지 관계법규 예상문제

1. **에너지법에서 정의한 용어의 설명으로 틀린 것은?**

㉮ 열사용기자재라 함은 핵연료를 사용하는 기기. 축열식 전기기기와 단열성 자재로서 산업통상자원부령이 정하는 것을 말한다.

㉯ 에너지사용기자재라 함은 열사용기자재 그 밖에 에너지를 사용하는 기자재를 말한다.

㉰ 에너지공급설비라 함은 에너지를 생산·전환·수송·저장하기 위하여 설치하는 설비를 말한다.

㉱ 에너지사용시설이라 함은 에너지를 사용하는 공장·사업장 등의 시설이나 에너지를 전환하여 사용하는 시설을 말한다.

해설 에너지법 제2조 참조

2. **에너지법상의 연료가 아닌 것은?**

㉮ 석유

㉯ 가스

㉰ 석탄

㉱ 제품의 원료로 사용되는 석탄

해설 에너지법 제2조 2호 참조

3. **에너지법에서 사용하는 '에너지사용자'란 용어의 정의인 것은?**

㉮ 에너지를 사용하는 공장사업장의 시설

㉯ 에너지를 생산, 수입하는 사업자

㉰ 에너지사용시설의 소유자 또는 관리자

㉱ 에너지를 저장, 판매하는 자

해설 에너지법 제2조 제5호 참조

4. **열사용기자재는 어느령으로 정하는가?**

㉮ 대통령령 ㉯ 산업통상자원부

㉰ 법무부령 ㉱ 시·도지사령

해설 에너지법 제2조 9호 참조

5. **에너지법상 에너지공급설비에 포함되지 않는 것은?**

㉮ 에너지판매설비 ㉯ 에너지전환설비

㉰ 에너지수송설비 ㉱ 에너지생산설비

해설 에너지법 제2조 6호 참조

6. **에너지법에 의한 온실가스의 설명 중 맞는 것은?**

㉮ 일산화탄소, 이산화탄소, 메탄, 이산화질소 등은 온실가스이다.

㉯ 자외선을 흡수하여 지표면의 온도를 올리는 기체이다.

㉰ 적외선 복사열을 흡수하여 온실효과를 유발하는 물질이다.

㉱ 자외선을 방출하여 온실효과를 유발하는 물질이다.

해설 에너지법 제2조 10호에 의한 저탄소 녹색성장 기본법 제2조 9호 참조

7. **에너지법에서 규정하는 온실가스가 아닌 것은?**

㉮ 육불화황(SF_6)

정답 1. ㉮ 2. ㉱ 3. ㉰ 4. ㉯ 5. ㉮ 6. ㉰ 7. ㉱

㉯ 과불화탄소(PFCs)
㉰ 수소불화탄소(HFCs)
㉱ 산소(O_2)

해설 에너지법 제2조 10호에 의한 저탄소 녹색성장 기본법 제2조 9호 참조

8. 에너지법에서 지역에너지계획을 수립하여야 하는 자는?

㉮ 에너지관리공단 이사장
㉯ 산업통상자원부 장관
㉰ 행정자치부 장관
㉱ 특별시장, 광역시장 또는 도지사

해설 에너지법 제7조 ①항 참조

9. 특별시장·광역시장 또는 도지사는 관할 구역의 지역적 특성을 고려하여 기본계획의 효율적인 달성과 지역경제의 발전을 위한 지역에너지계획을 몇 년 단위로 수립·시행하여야 하는가?

㉮ 2 ㉯ 3 ㉰ 5 ㉱ 10

해설 에너지법 제7조 ①항 참조

10. 에너지법에서 에너지정책 및 에너지 관련 계획을 수립 시행하기 위한 에너지 정책의 기본원칙이 아닌 것은?

㉮ 에너지의 효율적 사용을 위한 기술개발
㉯ 에너지의 안정적인 공급 실현
㉰ 신·재생에너지 등 환경친화적인 에너지의 생산 및 사용 확대
㉱ 에너지 저소비형 경제사회구조로의 전환을 위한 에너지 수요관리의 지속적 강화

해설 에너지법 제7조 ②항 참조

11. 산업통상자원부장관은 국내외 에너지 사정의 변동으로 에너지 수급에 중대한 차질이 발생할 우려가 있다고 인정되면 필요한 범위에서 에너지 사용자, 공급자 또는 에너지사용기자재의 소유자와 관리자 등에게 조정·명령 그 밖에 필요한 조치를 할 수 있다. 이에 해당되지 않는 항목은?

㉮ 에너지의 개발
㉯ 지역별 에너지 할당
㉰ 에너지의 비축
㉱ 에너지의 배급

해설 에너지법 제8조 ③항 참조

12. 에너지법상 에너지기술개발계획에 관한 설명 중 맞는 것은?

㉮ 에너지의 안정적인 확보·도입·공급 및 관리를 위한 대책에 관한 사항을 포함한다.
㉯ 에너지관리공단 이사장이 수립하여 국가에너지 절약추진 위원회의 심의를 거쳐야 한다.
㉰ 10년 이상을 계획기간으로 하는 에너지 기술개발계획을 5년마다 수립하여야 한다.
㉱ 에너지의 안전관리를 위한 대책에 관한 사항을 포함한다.

해설 에너지법 제11조 ①항 참조

13. 에너지법상 에너지기술개발계획에 포함되지 않는 것은?

㉮ 온실가스 배출을 줄이기 위한 기술개발
㉯ 에너지의 효율적인 사용을 위한 기술개발
㉰ 환경오염을 줄이기 위한 기술개발
㉱ 에너지 자원 개발을 위한 기술개발

해설 에너지법 제11조 ③항 참조

정답 8. ㉱ 9. ㉰ 10. ㉮ 11. ㉮ 12. ㉰ 13. ㉱

14. **에너지법상 에너지기술개발계획에 포함되어야 할 사항이 아닌 것은?**

㉮ 에너지의 효율적 사용을 위한 기술개발에 관한 사항
㉯ 온실가스 배출을 줄이기 위한 기술개발에 관한 사항
㉰ 개발된 에너지기술의 실용화의 촉진에 관한 사항
㉱ 에너지 수급의 추이와 전망에 관한 사항

해설 에너지법 제11조 ③항 참조

15. **에너지법에서 에너지기술개발계획에 포함되어야 할 사항은?**

㉮ 에너지 수급의 추이와 전망에 관한 사항
㉯ 에너지의 안정적 공급을 위한 대책에 관한 사항
㉰ 온실가스 배출을 줄이기 위한 기술개발에 관한 사항
㉱ 신·재생에너지 등 환경친화적 에너지 사용을 위한 대책에 관한 사항

해설 에너지기본법 제11조 ③항 참조

16. **에너지법 시행령에서 산업통상자원부 장관이 에너지기술개발을 위한 사업에 투자 또는 출연할 것을 권고할 수 있는 에너지 관련 사업자가 아닌 것은?**

㉮ 에너지공급자
㉯ 대규모 에너지사용자
㉰ 에너지사용기자재의 제조업자
㉱ 공공기관 중 에너지와 관련된 공공기관

해설 에너지법 시행령 제12조 ①항 참조

17. **에너지법에서 정한 에너지기술개발 사업비로 사용될 수 없는 사항은?**

㉮ 에너지에 관한 연구인력 양성
㉯ 온실가스 배출을 줄이기 위한 시설투자
㉰ 에너지사용에 따른 대기오염 저감을 위한 기술개발
㉱ 에너지기술개발 성과의 보급 및 홍보

해설 에너지법 제14조 제④항 참조

18. **에너지 총조사 실시에 대하여 옳지 못한 것은?**

㉮ 에너지열량 환산기준을 적용한다.
㉯ 에너지 수급관리에 관한 사항에 실시한다.
㉰ 산업통상자원부 장관이 정하는 사항에 따라 실시한다.
㉱ 2년마다 실시한다.

해설 에너지법 시행령 제15조 참조

19. **에너지열량 환산기준은 몇 년 마다 작성하는가?**

㉮ 1년 ㉯ 3년 ㉰ 5년 ㉱ 10년

해설 에너지법 시행규칙 제5조 ②항 참조

20. **다음 중 에너지원별 에너지열량 환산기준으로 틀린 것은? (단, 총발열량기준이다.)**

㉮ 원유 – 10750 kcal/kg
㉯ 천연가스 – 13040 kcal/kg
㉰ 실내 등유 – 8800 kcal/L
㉱ 전력 – 2300 kcal/kWh

해설 에너지법 시행규칙 제5조 ①항 별표 참조

21. **에너지이용 합리화법의 목적이 아닌 것은?**

㉮ 에너지의 합리적인 이용 증진
㉯ 국민경제의 건전한 발전에 이바지
㉰ 지구온난화의 최소화에 이바지

정답 14. ㉱ 15. ㉰ 16. ㉯ 17. ㉯ 18. ㉱ 19. ㉰ 20. ㉱ 21. ㉱

㉣ 에너지자원의 보전 및 관리와 에너지 수급 안정

해설 에너지이용 합리화법 제1조 참조

22. **에너지이용 합리화법의 목적으로 틀린 것은?**

㉮ 에너지의 수급(需給)을 안정시킴
㉯ 에너지의 합리적이고 효율적인 이용을 증진함
㉰ 국민복지의 증진과 지구온난화의 최대화에 이바지
㉣ 에너지의 소비로 인한 환경피해를 줄임

해설 에너지이용 합리화법 제1조 참조

23. **에너지이용 합리화법상 국민의 책무는?**

㉮ 기자재 및 설비의 에너지 효율을 높이고 온실가스의 배출을 줄이기 위한 기술의 개발과 도입을 위해 노력
㉯ 관할지역의 특성을 참작하여 국가 에너지 정책의 효과적인 수행
㉰ 일상생활에서 에너지를 합리적으로 이용하고 온실가스의 배출을 줄이도록 노력
㉣ 에너지의 수급 안정과 합리적이고 효율적인 이용을 도모하고 온실가스의 배출을 줄이기 위한 시책강구 및 시행

해설 에너지이용 합리화법 제3조 ⑤항 참조

24. **에너지이용 합리화법상 에너지사용자와 에너지공급자의 책무로 맞는 것은?**

㉮ 에너지의 생산·이용 등에서의 그 효율을 극소화
㉯ 온실가스 배출을 줄이기 위한 노력
㉰ 기자재의 에너지효율을 높이기 위한 기술개발
㉣ 지역경제 발전을 위한 시책 강구

해설 에너지이용 합리화법 제3조 ③항 참조

25. **에너지이용 합리화 기본계획은 누가 수립해야 하는가?**

㉮ 지방자치단체장
㉯ 환경부장관
㉰ 공단 이사장
㉣ 산업통상자원부 장관

해설 에너지이용 합리화법 제4조 ①항 참조

26. **에너지이용 합리화 기본계획 사항에 포함되지 않는 것은?**

㉮ 에너지소비형 산업구조로의 전환
㉯ 에너지원 간 대체(代替)
㉰ 열사용기자재의 안전관리
㉣ 에너지의 합리적인 이용을 통한 온실가스의 배출을 줄이기 위한 대책

해설 에너지이용 합리화법 제4조 ②항 참조

27. **에너지이용 합리화법에 의한 에너지이용 합리화 기본계획에 포함되어야 할 사항은?**

㉮ 비상시 에너지 소비절감을 위한 대책
㉯ 지역별 에너지 수급의 합리화를 위한 대책
㉰ 에너지의 합리적 이용을 통한 온실가스 배출을 줄이기 위한 대책
㉣ 에너지 공급자 상호 간의 에너지의 교환 또는 분배사용 대책

해설 에너지이용 합리화법 제4조 ②항 참조

28. **국가에너지절약추진위원회는 위원장을 포함하여 몇 명으로 구성되는가?**

정답 22. ㉰ 23. ㉰ 24. ㉯ 25. ㉣ 26. ㉮ 27. ㉰ 28. ㉣

㉮ 10인 이내 ㉯ 15인 이내
㉰ 20인 이내 ㉱ 25인 이내

해설 에너지이용 합리화법 제5조 ②항 참조

29. 에너지이용 합리화법상 국가에너지 절약추진위원회의 구성과 운영 등에 관한 사항은 ( )령으로 정한다. ( )에 들어갈 자(者)는 누구인가?

㉮ 대통령
㉯ 산업통상자원부 장관
㉰ 에너지관리공단 이사장
㉱ 노동부 장관

해설 에너지이용 합리화법 제5조 ⑥항 참조

30. 국내외 에너지사정의 변동에 따른 에너지의 수급절차에 대비하기 위하여 대통령령으로 정하는 주요 에너지사용자와 에너지공급자에게 에너지저장시설을 보유하고 에너지를 저장하는 의무를 부과할 수 있는 자는?

㉮ 환경부 장관
㉯ 국무총리
㉰ 산업통상자원부 장관
㉱ 지방자치단체장

해설 에너지이용 합리화법 제7조 ①항 참조

31. 에너지이용 합리화법상 에너지 수급 안정을 위한 조치에 해당하지 않는 것은?

㉮ 에너지의 비축과 저장
㉯ 에너지 공급설비의 가동 및 조업
㉰ 에너지의 배급
㉱ 에너지 판매시설의 확충

해설 에너지이용 합리화법 제7조 ②항 참조

32. 에너지이용 합리화법상 국가·지방자치단체 등이 추진하여야하는 에너지의 효율적 이용과 온실가스의 배출 저감을 위하여 필요한 조치의 구체적인 내용은 무엇으로 정하는가?

㉮ 노동부령 ㉯ 산업통상자원부령
㉰ 대통령령 ㉱ 환경부령

해설 에너지이용 합리화법 제8조 ②항 참조

33. 공공사업주관자가 산업통상자원부장관에게 에너지사용계획의 변경에 관하여 협의를 요청하는 경우에 첨부하여야 할 서류에 해당되지 않는 것은?

㉮ 사업계획의 변경이유
㉯ 사업계획의 변경내용
㉰ 사업계획의 변경시기
㉱ 사업계획의 변경에 따른 에너지사용계획의 변경내용

해설 첨부해야 할 서류는 ㉮, ㉯, ㉱이다

34. 에너지사용계획의 검토기준, 검토방법, 그 밖에 필요한 사항을 정하는 영으로 맞는 것은?

㉮ 산업통상자원부령
㉯ 대통령령
㉰ 환경부령
㉱ 국무총리령

해설 에너지이용 합리화법 제11조 ③항 참조

35. 산업통상자원부장관은 에너지이용 합리화를 위하여 에너지를 소비하는 에너지사용기자재 중 산업통상자원부령이 정하는 기자재에 대하여 고시할 수 있는 사항이 아닌 것은?

㉮ 에너지의 최저소비효율 또는 최대사용량의 기준
㉯ 에너지의 소비효율 또는 사용량의 표시
㉰ 에너지의 소비효율 등급기준 및 등급

정답 29. ㉮ 30. ㉰ 31. ㉱ 32. ㉰ 33. ㉰ 34. ㉮ 35. ㉱

표시
㉣ 에너지의 소비효율 또는 생산량의 측정방법

해설 에너지이용 합리화법 제15조 ①항 참조

36. **에너지이용 합리화법상 효율관리기자재의 에너지 사용량을 측정받아 에너지소비효율등급 또는 에너지소비효율을 해당 효율관리기자재에 표시할 수 있도록 측정하는 기관은?**

㉮ 효율관리진단기관
㉯ 효율관리시험기관
㉰ 효율관리표준기관
㉣ 효율관리전문기관

해설 에너지이용 합리화법 제15조 ②항 참조

37. **효율관리기자재에 대한 에너지소비효율 등의 측정 시험기관은 누가 지정하는가?**

㉮ 시·도지사
㉯ 에너지관리공단 이사장
㉰ 시장·군수
㉣ 산업통상자원부 장관

해설 에너지이용 합리화법 제15조 ②항 참조

38. **에너지이용 합리화법에서 효율관리기자재의 제조업자 또는 수입업자가 효율관리기자재의 에너지사용량을 측정 받는 기관은?**

㉮ 환경부 장관이 지정하는 진단기관
㉯ 산업통상자원부 장관이 지정하는 시험기관
㉰ 시·도지사가 지정하는 측정기관
㉣ 제조업자 또는 수입업자의 검사기관

해설 에너지이용 합리화법 제15조 ②항 참조

39. **효율관리기자재에 에너지소비효율 등을 표시해야 하는 옳은 것은?**

㉮ 제조업자 및 시공업자
㉯ 수입업자 및 제조업자
㉰ 시공업자 및 판매업자
㉣ 수입업자 및 시공업자

해설 에너지이용 합리화법 제15조 ②항 참조

40. **산업통상자원부령으로 정하는 광고매체를 이용하여 효율관리기자재의 광고를 하는 경우에 그 광고의 내용에 에너지소비효율등급 또는 에너지소비효율을 포함되도록 하여야할 자가 아닌 것은?**

㉮ 효율관리자재의 제조업자
㉯ 효율관리자재의 수입업자
㉰ 효율관리자재의 판매업자
㉣ 효율관리자재의 수리업자

해설 에너지이용 합리화법 제15조 ④항 참조

41. **산업통상자원부장관은 효율관리기자재가 (①)에 미달하거나 (②)를(을) 초과하는 경우에는 생산 또는 판매금지를 명할 수 있다. ( )안에 각각 들어갈 말은?**

㉮ ① 최대소비효율기준 ② 최저사용량기준
㉯ ① 적정소비효율기준 ② 적정사용량기준
㉰ ① 최저소비효율기준 ② 최대사용량기준
㉣ ① 최대사용량기준 ② 저소비효율기준

해설 에너지이용 합리화법 제16조 ②항 참조

42. **에너지이용 합리화법상 평균효율관리기자재를 제조하거나 수입하여 판매하는 자는 에너지소비효율 산정에 필요하다고 인정되는 판매에 관한 자료와 효율측정**

정답 36. ㉯ 37. ㉣ 38. ㉯ 39. ㉯ 40. ㉣ 41. ㉰ 42. ㉣

에 관한 자료를 누구에게 제출하여야 하는가?

㉮ 국토교통부 장관
㉯ 시·도지사
㉰ 에너지관리공단 이사장
㉱ 산업통상자원부 장관

해설 에너지이용 합리화법 제17조 ④항 참조

43. 대기전력저감대상제품의 제조업자 또는 수입업자가 대기전력저감대상제품이 대기전력저감기준에 미달하는 경우 그 시정명령을 이행하지 아니하였을 때 그 사실을 공표할 수 있는 자는 누구인가?

㉮ 산업통상자원부 장관
㉯ 국무총리
㉰ 대통령
㉱ 환경부 장관

해설 에너지이용 합리화법 제21조 ②항 참조

44. 에너지이용 합리화법에서 제3자로부터 위탁을 받아 에너지사용시설의 에너지절약을 위한 관리·용역사업을 하는 자로서 산업통상자원부장관에게 등록을 한 자를 의미하는 용어는?

㉮ 에너지 수요관리전문기업
㉯ 자발적 협약전문기업
㉰ 에너지절약전문기업
㉱ 기술개발전문기업

해설 에너지이용 합리화법 제25조 참조

45. 에너지절약전문기업 등록의 취소요건이 아닌 것은?

㉮ 규정에 의한 등록기준에 미달하게 된 때
㉯ 보고를 하지 아니하거나 허위보고를 한 때
㉰ 정당한 사유 없이 등록 후 3년 이상 계속하여 사업수행 실적이 없는 때
㉱ 사업수행과 관련하여 다수의 민원을 일으킨 때

해설 에너지이용 합리화법 제26조 참조

46. 에너지절약전문기업의 등록이 취소된 에너지절약전문기업은 원칙적으로 등록 취소일로부터 얼마의 기간이 지나면 다시 등록을 할 수 있는가?

㉮ 1년 ㉯ 2년 ㉰ 3년 ㉱ 5년

해설 에너지이용 합리화법 제27조 참조

47. 에너지사용자가 에너지 절감 목표를 수립하여 정부와 이행 약속을 하는 제도는?

㉮ 에너지 절감 이행협약
㉯ 에너지사용 계획협약
㉰ 자발적 협약
㉱ 수요관리 투자협약

해설 에너지이용 합리화법 제28조 ①항 참조

48. 에너지이용 합리화법상 에너지다소비사업자는 에너지사용기자재의 현황을 산업통상자원부령이 정하는 바에 따라 매년 1월 31일까지 그 에너지사용시설이 있는 지역을 관할하는 누구에게 신고하여야 하는가?

㉮ 군수·면장 ㉯ 도지사·구청장
㉰ 시장·군수 ㉱ 공단 이사장

해설 에너지이용 합리화법 시행령 제51조 ①항 10 참조

49. 에너지 다소비사업자가 매년 1월 31일까지 신고해야 할 사항에 포함되지 않는 것은?

정답 43. ㉮ 44. ㉰ 45. ㉱ 46. ㉯ 47. ㉰ 48. ㉱ 49. ㉱

㉮ 전년도의 에너지이용 합리화 실적 및 해당 연도의 계획
㉯ 에너지사용기자재의 현황
㉰ 해당 연도의 에너지사용예정량·제품 생산예정량
㉱ 전년도의 손익계산서

해설 에너지이용 합리화법 제31조 ①항 참조

50. **에너지이용 합리화법에서 에너지사용량이 연료·열 및 전력의 연간 사용량의 합계가 2천 티오이 이상인 자가 신고할 사항이 아닌 것은?**

㉮ 해당 연도의 에너지사용예정량·제품 생산예정량
㉯ 에너지사용기자재의 현황
㉰ 전년도의 에너지이용 합리화 실적 및 해당 연도의 계획
㉱ 해당 연도 에너지기자재 수요예측 및 공급계획

해설 에너지이용 합리화법 제31조 ①항 참조

51. **에너지사용량이 대통령이 정하는 기준량 이상이 되는 에너지다소비업자는 전년도의 에너지사용량·제품생산량 등의 사항을 언제까지 신고하여야 하는가?**

㉮ 매년 1월 31일 ㉯ 매년 3월 31일
㉰ 매년 6월 30일 ㉱ 매년 12월 31일

해설 에너지이용 합리화법 제31조 ①항 참조

52. **에너지이용 합리화법에서 정한 에너지관리기준이란?**

㉮ 에너지다소비업자가 에너지관리 현황에 대한 조사에 필요한 기준
㉯ 에너지다소비업자가 에너지를 효율적으로 관리하기 위하여 필요한 기준
㉰ 에너지다소비업자가 에너지사용량 및 제품생산량에 맞게 에너지를 소비하도록 만든 기준
㉱ 에너지다소비업자가 에너지관리진단 결과 손실요인을 줄이기 위해 필요한 기준

해설 에너지이용 합리화법 제32조 ①항 참조

53. **산업통상자원부장관은 에너지사용자에 대한 에너지관리 상황을 조사한 결과, 에너지관리기준을 준수치 않았을 경우 에너지기준의 이행을 위해 어떤 조치를 할 수 있는가?**

㉮ 과태료 ㉯ 개선 권고
㉰ 영업정지 ㉱ 지도

해설 에너지이용 합리화법 제32조 ⑤항 참조

54. **에너지이용 합리화법상 에너지사용자에 대하여 에너지관리지도를 할 수 있는 경우는?**

㉮ 에너지관리기준을 준수하고 있지 아니한 경우
㉯ 에너지소비효율 기준에 미달된 경우
㉰ 에너지사용량 신고를 하지 아니한 경우
㉱ 에너지관리 진단명령을 위반한 경우

해설 에너지이용 합리화법 제32조 ⑤항 참조

55. **에너지진단결과 에너지다소비사업자가 에너지관리기준을 지키고 있지 아니한 경우 에너지관리기준의 이행을 위한 에너지관리지도를 실시하는 기관은?**

㉮ 한국에너지기술연구원
㉯ 한국폐기물협회
㉰ 에너지관리공단
㉱ 한국환경공단

정답 50. ㉱ 51. ㉮ 52. ㉯ 53. ㉱ 54. ㉮ 55. ㉰

해설 에너지이용 합리화법 제32조 ⑤항 및 제69조 ③항 12 참조

56. **에너지다소비사업자에 대하여 에너지관리지도결과 에너지손실요인이 많은 경우 산업통상자원부 장관은 어떤 조치를 할 수 있는가?**

㉮ 벌금을 부과할 수 있다
㉯ 에너지손실요인의 개선을 명할 수 있다
㉰ 에너지손실요인에 대한 배상을 요청할 수 있다
㉱ 에너지사용 정지를 명할 수 있다

해설 에너지이용 합리화법 제34조 ①항 참조

57. **에너지이용 합리화법상 에너지의 이용효율을 높이기 위하여 관계행정기관의 장과 협의하여 건축물의 단위면적당 에너지사용목표량을 정하여 고시하여야 하는 자는?**

㉮ 산업통상자원부 장관
㉯ 환경부장관
㉰ 시·도지사
㉱ 국무총리

해설 에너지이용 합리화법 제35조 ①항 참조

58. **에너지이용 합리화법상 목표에너지원단위란?**

㉮ 에너지를 사용하여 만드는 제품의 종류별 년간 에너지사용 목표량
㉯ 에너지를 사용하여 만드는 제품의 단위당 에너지사용 목표량
㉰ 건축물의 총 면적당 에너지사용 목표량
㉱ 자동차 등의 단위연료 당 목표 주행거리

해설 에너지이용 합리화법 제35조 ①항 참조

59. **다음 중 목표에너지원단위를 올바르게 설명한 것은?**

㉮ 제품의 단위당 에너지생산 목표량
㉯ 제품의 단위당 에너지절감 목표량
㉰ 건축물의 단위면적당 에너지사용 목표량
㉱ 건축물의 단위면적당 에너지저장 목표량

해설 에너지이용 합리화법 제35조 ①항 참조

60. **폐열발생 사업장에서 이용하지 않는 폐열의 공동이용 또는 제3자에 대한 공급을 위한 당사자 간 협의가 불가할 경우 산업통상자원부에서 할 수 있는 조치는?**

㉮ 협조통지
㉯ 벌금에 처함
㉰ 과태료에 처함
㉱ 조정안의 작성 및 수락 권고

해설 에너지이용 합리화법 제36조 ②항 참조

61. **산업통상자원부령이 정하는 열사용기자재(특정열사용기자재)의 시공업을 하는 자는 어떤 법령에 근거하여 누구에게 등록을 하여야 하는가?**

㉮ 「건설산업기본법」, 시·도지사에게
㉯ 「건설기술관리법」, 시장·구청장에게
㉰ 「건설산업기본법」, 교육부장관에게
㉱ 「건설기술관리법」, 산업통상자원부장관에게

해설 에너지이용 합리화법 제37조 참조

62. **제1종 난방시공업 등록을 한 자가 시공할 수 없는 것은?**

㉮ 온수보일러
㉯ 축열식전기보일러

정답 56. ㉯ 57. ㉮ 58. ㉯ 59. ㉰ 60. ㉱ 61. ㉮ 62. ㉱

㉰ 1종압력용기
㉱ 금속요로

해설 ① 난방시공업(제1종) : 에너지이용 합리화법 제37조의 규정에 의한 특정열사용 기자재 중 강철제보일러, 주철제보일러, 소형온수보일러, 구멍탄용온수보일러, 축열식전기보일러, 태양열집열기, 1종압력용기, 2종압력용기의 설치와 이와 부대되는 배관, 세관공사, 공사예정 금액 2천만원 이하의 온돌 설치 공사
② 난방시공업(제2종) : 특정열사용기자재 중 태양열집열기, 용량 5만 kal/h 이하의 온수보일러, 구멍탄용온수보일러의 설치 및 이에 부대되는 배관, 세관공사, 공사예정 금액 2천만원 이하의 온돌설치 공사
③ 난방시공업(제3종) : 특정열사용기자재 중 요업요로, 금속요로의 설치 공사

63. 건설산업기본법 시행령에서의 2종압력용기를 시공할 수 있는 난방시공 업종은?

㉮ 제1종 ㉯ 제2종 ㉰ 제3종 ㉱ 제4종

해설 문제 62 해설 참조

64. 건설산업기본법 시행령상 온수보일러 용량이 몇 kcal/h 이하인 경우 제 2종 난방시공업자가 시공할 수 있는가?

㉮ 5만 ㉯ 8만 ㉰ 10만 ㉱ 15만

해설 문제 62 해설 참조

65. 용량 10만 kcal/h인 온수보일러를 시공하려면 제 몇 종 시공업 등록을 해야 하는가?

㉮ 제1종 ㉯ 제2종 ㉰ 제3종 ㉱ 제4종

해설 문제 62 해설 참조

66. 제3종 난방시공업자가 시공할 수 있는 열사용기자재 품목은?

㉮ 강철재보일러 ㉯ 주철재보일러
㉰ 2종압력용기 ㉱ 금속요로

해설 금속요로 및 요업요로이다.

67. 에너지이용 합리화법의 검사대상기기 설치자 범주에 속하지 않는 자는?

㉮ 검사대상기기를 설치한 자
㉯ 검사대상기기 설치장소를 변경한 자
㉰ 검사대상기기를 개조한 자
㉱ 검사대상기기를 조종하는 자

해설 에너지이용 합리화법 제39조 ②항 참조

68. 특정열사용기자재 중 검사대상기기를 설치하거나 개조하여 사용하려는 자는 누구의 검사를 받아야 하는가?

㉮ 검사대상기기 제조업자
㉯ 시·도지사
㉰ 에너지관리공단 이사장
㉱ 시공업자단체의 장

해설 에너지이용 합리화법 제39조 ②항 및 법 제69조 ③항 13 참조(위탁사항)

69. 검사대상기기조종자의 선임 의무는 누구에게 있는가?

㉮ 시·도지사
㉯ 에너지관리공단 이사장
㉰ 검사대상기기 판매자
㉱ 검사대상기기 설치자

해설 에너지이용 합리화법 제40조 ①항 참조

70. 검사대상기기조종자의 선임 또는 해임, 퇴직의 경우에는 누구에게 신고해야 하는가?

㉮ 산업통상자원부 장관
㉯ 시·도지사

정답 63. ㉮ 64. ㉮ 65. ㉮ 66. ㉱ 67. ㉱ 68. ㉰ 69. ㉱ 70. ㉰

㉰ 공단
㉱ 시공업단체

해설 에너지이용 합리화법 제40조 ③항에 의한 제69조 ③항 14 참조

71. 에너지이용 합리화법상 시공업자단체의 설립, 정관의 기재사항과 감독에 관하여 필요한 사항을 정하는 령은?

㉮ 대통령령
㉯ 산업통상자원부령
㉰ 노동부령
㉱ 환경부령

해설 에너지이용 합리화법 제41조 ④항 참조

72. 검사대상기기조종자를 해임하거나 조종자가 퇴직하는 경우에는 언제 다른 조종자를 선임해야 하는가?

㉮ 해임 또는 퇴직 이전
㉯ 해임 또는 퇴직 후 5일 이내
㉰ 해임 또는 퇴직 후 7일 이내
㉱ 해임 또는 퇴직 후 10일 이내

해설 에너지이용 합리화법 제40조 ④항 참조

73. 에너지이용 합리화법상 에너지관리공단의 설립목적은?

㉮ 에너지이용 합리화사업을 효율적으로 추진하기 위하여
㉯ 에너지 전환사업을 추진하기 위하여
㉰ 에너지절약형 기자재의 도입을 위하여
㉱ 에너지이용 합리화를 위한 기술·지도를 위하여

해설 에너지이용 합리화법 제45조 ①항 참조

74. 에너지이용 합리화법상 에너지의 효율적인 수행과 특정열사용기자재의 안전관리를 위하여 교육을 받아야 하는 대상이 아닌 자는?

㉮ 에너지관리자
㉯ 시공업의 기술인력
㉰ 검사대상기기조종자
㉱ 효율관리기자재 제조자

해설 에너지이용 합리화법 제65조 ①항 참조

75. 다음 중 에너지관리공단 이사장에게 권한이 위탁된 업무가 아닌 것은?

㉮ 에너지 관리대상자의 지정
㉯ 에너지 관리지도
㉰ 에너지 사용계획의 검토
㉱ 검사대상기기조종자의 선임·해임 신고의 접수

해설 에너지이용 합리화법 제69조 ③항 참조

76. 다음 중 에너지관리공단 이사장에게 권한이 위탁된 업무가 아닌 것은?

㉮ 에너지절약전문기업의 등록
㉯ 검사대상기기의 검사
㉰ 에너지다소비사업자 신고 접수
㉱ 시험기관의 지정

해설 에너지이용 합리화법 제69조 ③항 참조

77. 에너지 수급시설의 보유 또는 수급의무의 부과 시 정당한 사유없이 이를 거부하거나 이행하지 아니한 자에 대한 벌칙은 무엇인가?

㉮ 2년 이하의 징역 또는 2천만원 이하의 벌금
㉯ 1년 이하의 징역 또는 1천만원 이하의 벌금
㉰ 2천만원 이하의 벌금
㉱ 1천만원 이하의 벌금

해설 에너지이용 합리화법 제72조 참조

정답 71. ㉮ 72. ㉮ 73. ㉮ 74. ㉱ 75. ㉮ 76. ㉱ 77. ㉮

78. 다음 중 1년 이하 징역 또는 1천만원 이하의 벌금에 해당하는 것은?

㉮ 검사대상기기의 검사를 받지 아니한 자
㉯ 검사를 거부·방해 또는 기피한 자
㉰ 검사대상기기조종자를 선임하지 아니한 자
㉱ 효율관리기자재에 대한 소비효율등급 등을 측정받지 아니한 제조업자·수입업자

해설 에너지이용 합리화법 제73조 참조

79. 검사대상기기의 검사를 받지 아니한 자에 대한 벌칙으로 맞는 것은?

㉮ 1년 이하의 징역 또는 1천만원 이하의 벌금
㉯ 2년 이하의 징역 또는 2천만원 이하의 벌금
㉰ 3년 이하의 징역 또는 3천만원 이하의 벌금
㉱ 6개월 이하의 징역 또는 5백만원 이하의 벌금

해설 에너지이용 합리화법 제73조 참조

80. 에너지이용 합리화법상 검사대상기기의 검사에 불합격한 기기를 사용한 자에 대한 벌칙은?

㉮ 1년 이하의 징역 또는 1천만원 이하의 벌금
㉯ 2년 이하의 징역 또는 2천만원 이하의 벌금
㉰ 300만원 이하의 벌금
㉱ 500만원 이하의 벌금

해설 에너지이용 합리화법 제73조 참조

81. 에너지이용 합리화법상 에너지의 최저소비효율 기준에 미달하는 효율관리기자재의 생산 또는 판매 금지명령을 위반한 자에 대한 벌칙은?

㉮ 1년 이하의 징역 또는 1천만원 이하의 벌금
㉯ 1천만원 이하의 벌금
㉰ 2년 이하의 징역 또는 2천만원 이하의 벌금
㉱ 2천만원 이하의 벌금

해설 에너지이용 합리화법 제74조 참조

82. 에너지이용 합리화법에 따라 2천만원 이하의 벌금에 처하는 경우는?

㉮ 검사대상기기의 사용정지 명령에 위반한 자
㉯ 산업통상자원부 장관이 생산 또는 판매금지를 명한 효율관리기자재를 생산 또는 판매한 자
㉰ 검사대상기기의 조종자를 선임하지 아니한 자
㉱ 검사대상기기의 검사를 받지 아니한 자

해설 에너지이용 합리화법 제74조 참조

83. 에너지이용 합리화법상 검사대상기기 조종자를 선임하지 아니한 자에 대한 벌칙은?

㉮ 2천만원 이하의 벌금
㉯ 1년 이하의 징역
㉰ 1천만원 이하의 벌금
㉱ 5백만원 이하의 벌금

해설 에너지이용 합리화법 제75조 참조

84. 에너지이용 합리화법의 위반사항과 벌칙내용이 맞게 짝지어진 것은?

㉮ 효율관리기자재 판매 금지명령 위반

정답 78. ㉮ 79. ㉮ 80. ㉮ 81. ㉱ 82. ㉯ 83. ㉰ 84. ㉰

시 : 1천만원 이하의 벌금

㉯ 검사대상기기조종자를 선임하지 않을 시 : 5백만원 이하의 벌금

㉰ 검사대상기기 검사의무 위반 시 : 1년 이하의 징역 또는 1천만원 이하의 벌금

㉱ 검사대상기기조종자가 법에 정한 교육을 받지 않을 시 : 5백만원 이하의 벌금

해설 에너지이용 합리화법 제73조, 74조, 75조, 78조 참조

85. **에너지이용 합리화법상 효율관리기자재에 대한 에너지사용량의 측정결과를 신고하지 아니한 자에 대한 벌칙은?**

㉮ 1천만원 이하의 벌금
㉯ 3백만원 이하의 과태료
㉰ 5백만원 이하의 벌금
㉱ 1백만원 이하의 과태료

해설 에너지이용 합리화법 제76조 2 참조

86. **다음 중 효율관리기자재의 소비효율 등급을 거짓으로 표시하였을 때의 벌칙은?**

㉮ 1년 이하의 징역 또는 1천만원 이하의 벌금
㉯ 2천만원 이하의 벌금
㉰ 1천만원 이하의 벌금
㉱ 2천만원 이하의 과태료

해설 에너지이용 합리화법 제78조 ①항 참조

87. **다음 중 벌칙이 가장 무거운 것은?**

㉮ 에너지저장의무의 부과 시 정당한 이유 없이 거부한 자
㉯ 검사대상기기 검사를 받지 아니한 자
㉰ 검사대상기기조종자를 선임하지 아니한 자
㉱ 효율관리기자재에 대한 에너지사용량의 측정결과를 신고하지 아니한 자

해설 에너지이용 합리화법 제72조, 제73조, 제75조, 제76조 참조

88. **에너지이용 합리화법상 에너지사용의 제한 또는 금지에 관한 조정·명령 그밖에 필요한 조치를 위반한 자에 대한 벌칙은?**

㉮ 3백만원 이하의 과태료
㉯ 4백만원 이하의 과태료
㉰ 5백만원 이하의 과태료
㉱ 6백만원 이하의 과태료

해설 에너지이용 합리화법 제78조 ④항 참조

89. **에너지 이용 합리화법상 에너지 단위인 티오이(TOE)는?**

㉮ 에너지환산톤 ㉯ 원유환산톤
㉰ 전기환산톤 ㉱ 석유환산톤

해설 TOE(ton of oil equivalent)

90. **에너지이용 합리화 기본계획은 누가 몇 년 마다 수립해야 하는가?**

㉮ 시·도지사, 5년
㉯ 시·도지사, 10년
㉰ 산업통상자원부 장관, 5년
㉱ 산업통상자원부 장관, 10년

해설 에너지이용 합리화법 시행령 제3조 ①항 참조

91. **에너지수급 차질에 대비하기 위하여 산업통상자원부장관이 에너지저장의무를 부과할 수 있는 대상에 해당되는 자의 기준은?**

㉮ 연간 1천 티오이 이상 에너지사용자
㉯ 연간 5천 티오이 이상 에너지사용자
㉰ 연간 1만 티오이 이상 에너지사용자
㉱ 연간 2만 티오이 이상 에너지사용자

해설 에너지이용 합리화법 시행령 제12조 ①항 참조

정답 85. ㉰ 86. ㉱ 87. ㉮ 88. ㉮ 89. ㉱ 90. ㉰ 91. ㉱

92. 에너지이용 합리화법 시행령에서 산업통상자원부 장관이 에너지저장의무를 부과할 수 있는 대상자가 아닌 것은?

㉮ 「전기사업법」에 의한 전기사업자
㉯ 연간 1만 석유환산톤 이하의 에너지를 사용하는 자
㉰ 「도시가스사업법」에 의한 도시가스사업자
㉱ 「집단에너지사업법」에 의한 집단에너지사업자

해설 에너지이용 합리화법 시행령 제12조 ① 항 참조

93. 에너지이용 합리화법 시행령상 산업통상자원부 장관은 에너지수급 안정을 위한 조치를 하고자 할 때에는 그 사유·기간 및 대상자 등을 정하여 그 조치 예정일 며칠 이전에 예고하여야 하는가?

㉮ 14일 ㉯ 10일 ㉰ 7일 ㉱ 5일

해설 에너지이용 합리화법 시행령 제13조 ① 항 참조

94. 다음 중 에너지사용계획의 수립대상 사업이 아닌 것은?

㉮ 항만건설사업
㉯ 고속도로 건설사업
㉰ 철도건설사업
㉱ 관광단지개발사업

해설 에너지이용 합리화법 시행령 제20조 ① 항 참조

95. 공공사업주관자의 에너지사용계획 제출 대상사업의 기준은?

㉮ 연료 및 열 : 연간 5천 티오이 이상
전력 : 연간 2천만 킬로와트시 이상 사용하는 시설
㉯ 연료 및 열 : 연간 2천 오백 티오이 이상
전력 : 연간 1천만 킬로와트시 이상 사용하는 시설
㉰ 연료 및 열 : 연간 5천 티오이 이상
전력 : 연간 1천만 킬로와트시 이상 사용하는 시설
㉱ 연료 및 열 : 연간 2천 오백 티오이 이상
전력 : 연간 2천만 킬로와트시 이상 사용하는 시설

해설 에너지이용 합리화법 시행령 제20조 ② 항 참조

96. 산업통상자원부 장관이 에너지사용계획을 제출받을 때 협의결과를 공공사업주관자에게 통보하여야 하는 기간(제출받은 날로부터의 기간)과 필요하다고 인정할 경우 이를 연장할 수 있는 기간은?

㉮ 30일 이내, 10일 범위 내
㉯ 40일 이내, 20일 범위 내
㉰ 30일 이내, 20일 범위 내
㉱ 40일 이내, 10일 범위 내

해설 에너지이용 합리화법 시행령 제20조 ⑤ 항 참조

97. 에너지이용 합리화법 시행령에서 에너지사용의 제한 또는 금지 등 대통령령이 정하는 사항 중 틀린 것은?

㉮ 위생 접객업소 기타 에너지사용시설의 에너지사용의 제한
㉯ 에너지사용의 시기 및 방법의 제한
㉰ 차량 등 에너지사용기자재의 사용제한
㉱ 특정 지역에 대한 에너지개발의 제한

해설 에너지이용 합리화법 시행령 제14조 ① 항 참조

98. 산업통상자원부 장관이 위생 접객업소

정답 92. ㉯ 93. ㉰ 94. ㉯ 95. ㉯ 96. ㉰ 97. ㉱ 98. ㉮

등에 에너지사용의 제한조치를 할 때에는 며칠 이전에 제한 내용을 공고하여야 하는가?

㉮ 7일 ㉯ 10일 ㉰ 15일 ㉱ 20일

해설 에너지이용 합리화법 시행령 제14조 ③항 참조

99. 에너지사용계획에 포함되지 않는 사항은?

㉮ 에너지 수요예측 및 공급계획
㉯ 에너지 수급에 미치게 될 영향분석
㉰ 에너지이용효율 향상 방안
㉱ 열사용기자재의 판매계획

해설 에너지이용 합리화법 시행령 제21조 ①항 참조

100. 에너지공급자가 제출하여야 할 수요관리 투자계획에 포함되어야 할 사항이 아닌 것은?(단, 그 밖에 수요관리의 촉진을 위하여 필요하다고 인정하는 사항은 제외한다.)

㉮ 장·단기 에너지 수요전망
㉯ 수요관리의 목표 및 그 달성방법
㉰ 에너지 연구 개발내용
㉱ 에너지절약 잠재량의 추정내용

해설 에너지이용 합리화법 시행령 제16조 ③항 참조

101. 산업통상자원부 장관은 에너지를 합리적으로 이용하게 하기 위하여 몇 년 마다 에너지이용 합리화에 관한 기본계획을 수립하여야 하는가?

㉮ 2년 ㉯ 3년
㉰ 5년 ㉱ 10년

해설 에너지이용 합리화법 시행령 제3조 ①항 참조

102. 에너지이용 합리화 기본계획에 대한 설명으로 틀린 것은?

㉮ 산업통상자원부 장관은 매 5년 마다 수립하여야 한다.
㉯ 에너지절약형 경제구조로의 전환에 관한 사항이 포함되어야 한다.
㉰ 산업통상자원부 장관은 시행결과를 평가하고, 해당 관계 행정기관의 장과 시, 도지사에게 그 평가내용을 통보하여야 한다.
㉱ 관련행정기관의 장은 매년 실시계획을 수립하고 그 결과를 분기별로 산업통상자원부 장관에게 제출하여야 한다.

해설 에너지이용 합리화법 제4조 ②항 참조

103. 국가에너지절약추진위원회의 구성이 아닌 것은?

㉮ 기획재정부 차관
㉯ 교육부 차관
㉰ 에너지관리공단 이사장
㉱ 노동부 장관

해설 에너지이용 합리화법 시행령 제4조 ①항 참조

104. 에너지절약형 시설투자 시 세제지원이 되는 시설투자가 아닌 것은?

㉮ 노후 보일러 교체
㉯ 열병합발전사업을 위한 시설 및 기기류의 설치
㉰ 5% 이상의 에너지절약 효과가 있다고 인정되는 설비
㉱ 산업용 요로 등 에너지다소비 설비의 대체

해설 에너지이용 합리화법 시행령 제27조 ①항 참조

정답 99. ㉱ 100. ㉰ 101. ㉰ 102. ㉱ 103. ㉱ 104. ㉰

105. 에너지이용 합리화법 시행령에서 국가·지방자치단체 등이 에너지를 효과적으로 이용하고 온실가스의 배출을 줄이기 위하여 추진하여야 하는 조치의 구체적인 내용이 아닌 것은?

㉮ 지역별·주요 수급자별 에너지 할당
㉯ 에너지 절약추진 체계의 구축
㉰ 에너지 절약을 위한 제도 및 시책의 정비
㉱ 건물 및 수송 부분의 에너지이용 합리화

해설 ㉮항은 에너지 수급안정을 위한 조치 사항이다.

106. 에너지이용 합리화법 시행령상 "에너지 다소비사업자"라 함은 연료·열 및 전력의 연간사용량의 합계가 몇 티오이 이상인가?

㉮ 5백 티오이　㉯ 1천 티오이
㉰ 1천 5백 티오이　㉱ 2천 티오이

해설 에너지이용 합리화법 시행령 제35조 참조

107. 다음 중 에너지다소비사업자에게 에너지관리 개선명령을 할 수 있는 경우는?

㉮ 목표원단위보다 과다하게 에너지를 사용하는 경우
㉯ 에너지 관리 지도결과 10% 이상의 에너지효율 개선이 기대되는 경우
㉰ 에너지사용 실적이 전년보다 현저히 증가한 자
㉱ 에너지사용계획 승인을 얻지 아니한 자

해설 에너지이용 합리화법 시행령 제40조 ① 항 참조

108. 에너지관리 대상자가 에너지 손실요인의 개선명령을 받은 경우 며칠 이내에 개선계획을 제출해야 하는가?

㉮ 30일　㉯ 45일　㉰ 50일　㉱ 60일

해설 에너지이용 합리화법 시행령 제40조 ③ 항 참조

109. 에너지사용자가 에너지관리기준을 준수하지 않는 경우에 누가 에너지관리 지도를 할 수 있는가?

㉮ 산업통상자원부 장관
㉯ 시·도지사
㉰ 행정기관장
㉱ 공단이사장

해설 에너지이용 합리화법 시행령 제51조 ① 항 12 참조

110. 기후변화협약특성화대학원으로 지정을 받으려는 대학원은 누구에게 지정신청을 하여야 하는가?

㉮ 에너지관리공단 이사장
㉯ 환경부 장관
㉰ 산업통상자원부 장관
㉱ 시·도지사

해설 에너지이용 합리화법 시행령 제34조 ② 항 참조

111. 에너지절약전문기업의 등록신청서는 누구에게 제출하여야 하는가?

㉮ 노동부 장관
㉯ 에너지관리공단 이사장
㉰ 산업통상자원부 장관
㉱ 시·도지사

해설 에너지이용 합리화법 시행령 제51조 ① 항 8 참조

112. 검사대상기기설치자는 검사대상기기의 조종자를 선임 또는 해임할 경우 누구

정답 105. ㉮　106. ㉱　107. ㉯　108. ㉱　109. ㉱　110. ㉰　111. ㉯　112. ㉮

에게 신고하는가?

㉮ 에너지관리공단 이사장
㉯ 노동부 장관
㉰ 국무총리
㉱ 시·군·구청장

해설 에너지이용 합리화법 시행령 제51조 ① 항 16 참조

113. 다음 중 에너지관리공단 이사장에게 위탁된 권한은?

㉮ 검사대상기기의 검사
㉯ 에너지관리대상자의 지정
㉰ 특정열사용기자재 시공업 등록 말소의 요청
㉱ 목표에너지원단위의 지정

해설 에너지이용 합리화법 시행령 제51조 ① 항 13 참조

114. 산업통상자원부 장관 또는 시·도지사로부터 에너지관리공단 이사장에게 권한이 위탁된 업무가 아닌 것은?

㉮ 에너지사용계획의 검토
㉯ 에너지절약전문기업의 등록
㉰ 검사대상기기의 설치검사
㉱ 효율관리기자재의 시험검사

해설 에너지이용 합리화법 시행령 제51조 ① 항 참조

115. 산업통상자원부장관 또는 시·도지사의 업무 중 에너지관리공단에 위탁한 업무가 아닌 것은?

㉮ 검사대상기기의 검사
㉯ 검사대상기기의 폐기·사용중지·설치자 변경에 대한 신고의 접수
㉰ 검사대상기기조종자의 자격기준의 제정
㉱ 에너지절약전문기업의 등록

해설 에너지이용 합리화법 시행령 제51조 ① 항 참조

116. 산업통상자원부장관 또는 시·도지사로부터 에너지관리공단 이사장에게 위탁된 업무가 아닌 것은?

㉮ 에너지절약전문기업의 등록
㉯ 온실가스 배출 감축실적의 등록 및 관리
㉰ 검사대상기기조종자의 선임·해임 신고의 접수
㉱ 에너지이용 합리화 기본계획 수립

해설 에너지이용 합리화법 시행령 제51조 ① 항 참조

117. 특정열사용기자재 중 검사대상기기의 검사는 누가 하는가?

㉮ 시·도지사
㉯ 산업통상자원부 장관
㉰ 열관리시공협회 회장
㉱ 에너지관리공단 이사장

해설 에너지이용 합리화법 시행령 제51조 ① 항 참조

118. 산업통상자원부장관 또는 시·도지사로부터 에너지관리공단에 위탁된 업무가 아닌 것은?

㉮ 대기전력경고표지대상제품의 측정결과 신고의 접수
㉯ 에너지사용계획의 검토
㉰ 고효율시험기관의 지정
㉱ 대기전력저감대상제품의 측정결과 신고의 접수

해설 에너지이용 합리화법 시행령 제51조 ① 항 참조

정답 113. ㉮ 114. ㉱ 115. ㉰ 116. ㉱ 117. ㉱ 118. ㉰

119. 에너지이용 합리화법에서 규정한 열사용기자재가 아닌 것은?

㉮ 구멍탄용온수보일러
㉯ 축열식전기보일러
㉰ 선박용보일러
㉱ 소형온수보일러

해설 에너지이용 합리화법 시행규칙 제1조의 2 별표 1 참조

120. 다음 중 열사용기자재로 분류되지 않는 것은?

㉮ 연속식유리용융가마
㉯ 셔틀가마
㉰ 태양열집열기
㉱ 철도차량용보일러

해설 에너지이용 합리화법 시행규칙 제1조의 2 별표 1 참조

121. 에너지이용 합리화법 시행규칙에 의한 검사대상기기 중 소형온수보일러의 검사대상기기 적용범위에 해당하는 가스사용량은 몇 kg/h를 초과하는 것부터 인가?

㉮ 15 kg/h ㉯ 17 kg/h
㉰ 20 kg/h ㉱ 25 kg/h

해설 에너지이용 합리화법 시행규칙 제1조의 2 별표 1 참조

122. 소형온수보일러는 전열면적 얼마 이하를 열사용기자재로 구분하는가?

㉮ 5 m^2 ㉯ 9 m^2 ㉰ 14 m^2 ㉱ 20 m^2

해설 에너지이용 합리화법 시행규칙 제1조의 2 별표 1 참조

123. 소형온수보일러의 적용범위를 바르게 나타낸 것은?(단, 구멍탄용온수보일러·축열식전기보일러 및 가스사용량이 17 kg/h 이하인 가스용온수보일러는 제외한다.)

㉮ 전열면적이 10 m^2 이하이며, 최고사용압력이 0.35 MPa 이하의 온수를 발생하는 보일러
㉯ 전열면적이 14 m^2 이하이며, 최고사용압력이 0.35 MPa 이하의 온수를 발생하는 보일러
㉰ 전열면적이 10 m^2 이하이며, 최고사용압력이 0.45 MPa 이하의 온수를 발생하는 보일러
㉱ 전열면적이 14 m^2 이하이며, 최고사용압력이 0.45 MPa 이하의 온수를 발생하는 보일러

해설 에너지이용 합리화법 시행규칙 제1조의 2 별표 1 참조

124. 축열식전기보일러는 심야전력을 사용하여 온수를 발생시켜 축열조에 저장한 후 난방에 이용하는 것으로 다음 중 그 적용범위의 기준으로 옳은 것은?

㉮ 정격소비전력이 30 kW 이하이며, 최고사용압력이 0.25 MPa 이하인 것
㉯ 정격소비전력이 35 kW 이하이며, 최고사용압력이 0.35 MPa 이하인 것
㉰ 정격소비전력이 30 kW 이하이며, 최고사용압력이 0.35 MPa 이하인 것
㉱ 정격소비전력이 35 kW 이하이며, 최고사용압력이 0.25 MPa 이하인 것

해설 에너지이용 합리화법 시행규칙 제1조의 2 별표 1 참조

125. 열사용기자재 중 2종압력용기의 적용범위로 옳은 것은?

㉮ 최고사용압력이 0.1 MPa를 초과하는 기체보유 용기로서 내용적이 0.05 m^3

정답 119. ㉰ 120. ㉱ 121. ㉯ 122. ㉰ 123. ㉯ 124. ㉰ 125. ㉯

이상인 것

㉯ 최고사용압력이 0.2 MPa를 초과하는 기체보유 용기로서 내용적이 0.04 m^3 이상인 것

㉰ 최고사용압력이 0.3 MPa를 초과하는 기체보유 용기로서 내용적이 0.03 m^3 이상인 것

㉱ 최고사용압력이 0.4 MPa를 초과하는 기체보유 용기로서 내용적이 0.02 m^3 이상인 것

해설 에너지이용 합리화법 시행규칙 제1조의 2 별표 1 참조

126. 특정열사용기자재에 해당되지 않는 것은?

㉮ 강철제보일러
㉯ 주철제보일러
㉰ 구멍탄용온수보일러
㉱ 보온·보랭재

해설 에너지이용 합리화법 시행규칙 제31조의 5 별표 3의 2 참조

127. 에너지이용 합리화법 시행규칙에서 정한 특정열사용기자재 및 설치·시공범위의 구분에서 기관에 포함되지 않는 품목명은?

㉮ 온수보일러
㉯ 태양열집열기
㉰ 1종압력용기
㉱ 구멍탄용온수보일러

해설 에너지이용 합리화법 시행규칙 제31조의 5 별표 3의 2 참조

128. 에너지이용 합리화법 시행규칙상 특정열사용기자재 시공업의 범주에 들지 않는 것은?

㉮ 특정열사용기자재의 설치
㉯ 특정열사용기자재의 시공
㉰ 특정열사용기자재의 판매
㉱ 특정열사용기자재의 세관

해설 에너지이용 합리화법 시행규칙 제31조의 5 별표 3의 2 참조

129. 특정열사용기자재 및 설치·시공범위에서 요업요로에 해당하는 것은?

㉮ 용선로 ㉯ 금속소둔로
㉰ 철금속가열로 ㉱ 회전가마

해설 에너지이용 합리화법 시행규칙 제31조의 5 별표 3의 2 참조

130. 특정열사용기자재 중 검사대상기기가 아닌 것은?

㉮ 강철제보일러
㉯ 주철제보일러
㉰ 1종압력기
㉱ 유류용 소형온수보일러

해설 에너지이용 합리화법 시행규칙 제31조의 6 별표 3의 3 참조

131. 가스를 사용하는 소형온수보일러 중 검사대상기기에 해당되는 것은 가스사용량이 얼마를 초과하는 경우인가?

㉮ 13 kg/h ㉯ 17 kg/h
㉰ 25 kg/h ㉱ 38 kg/h

해설 에너지이용 합리화법 시행규칙 제31조의 6 별표 3의 3 참조

132. 에너지이용 합리화법 시행규칙상 가스를 사용하는 것으로서 도시가스사용량이 232.6 kW를 초과하는 검사대상기기는?

㉮ 강철제보일러 ㉯ 주철제보일러
㉰ 철금속가열로 ㉱ 소형온수보일러

정답 126. ㉱ 127. ㉰ 128. ㉰ 129. ㉱ 130. ㉱ 131. ㉯ 132. ㉱

해설 에너지이용 합리화법 시행규칙 제31조의 6 별표 3의 3 참조

133. 특정열사용기자재 중 검사대상기기에 해당되는 것은?

㉮ 온수를 발생시키는 대기 개방형 강철제보일러
㉯ 최고사용압력이 0.2 MPa인 주철제보일러
㉰ 축열식전기보일러
㉱ 가스사용량이 15 kg/h인 소형온수보일러

해설 에너지이용 합리화법 시행규칙 제31조의 6 별표 3의 3 참조

134. 다음 중 검사대상기기인 것은?

㉮ 최고사용압력이 0.05 MPa이고, 동체의 안지름이 300 mm이며, 길이가 500 mm인 강철제보일러
㉯ 정격용량이 0.3 MW인 철금속가열로
㉰ 내용적 0.05 m^3, 최고사용압력 0.3 MPa인 2종압력용기
㉱ 가스사용량이 10 kg/h인 소형온수보일러

해설 에너지이용 합리화법 시행규칙 제31조의 6 별표 3의 3 참조

135. 다음 중 검사대상기기가 아닌 것은?

㉮ 정격용량 0.5 MW인 철금속가열로
㉯ 가스사용량이 18 kg/h인 소형온수보일러
㉰ 최고사용압력이 0.2 MPa이고, 전열면적이 10 m^2인 주철제보일러
㉱ 최고사용압력이 0.2 MPa이고, 동체의 안지름이 450 mm이며, 길이가 750 mm인 강철제보일러

해설 에너지이용 합리화법 시행규칙 제31조의 6 별표 3의 3 참조

136. 다음 중 검사대상기기에 해당되지 않는 것은?

㉮ 시간당 가스사용량이 18 kg인 소형온수보일러
㉯ 최고사용압력이 0.2 MPa, 전열면적이 6.4 m^2인 주철제보일러
㉰ 최고사용압력이 1 MPa, 전열면적이 9.8 m^2인 관류보일러
㉱ 정격용량이 0.36 MW인 철금속가열로

해설 에너지이용 합리화법 시행규칙 제31조의 6 별표 3의 3 참조

137. 에너지이용 합리화법 시행규칙에서 정한 검사대상기기에 해당되는 열사용기자재는?

㉮ 최고사용압력이 0.08 Mpa이고, 전열면적이 4m^2인 강철제보일러
㉯ 흡수식 냉온수기
㉰ 가스사용량이 20 kg/h인 가스사용 소형온수보일러(단, 도시가스가 아닌 가스이다)
㉱ 정격용량이 0.4 MW인 철금속가열로

해설 에너지이용 합리화법 시행규칙 제31조의 6 별표 3의 3 참조

138. 에너지이용 합리화법에 따른 검사대상기기 설치자가 산업통상자원부령에 따라 시도지사의 검사를 받아야 하는 검사대상기기 설치자가 아닌 것은?

㉮ 설치 또는 개조 사용하고자 하는 자
㉯ 설치장소를 변경하고 사용하고자 하는 자
㉰ 사용 중지한 후 재사용 하고자 하는 자
㉱ 사용을 중지하고자 하는 자

정답 133. ㉯ 134. ㉰ 135. ㉮ 136. ㉱ 137. ㉰ 138. ㉱

해설 에너지이용 합리화법 시행규칙 제31조의 7 별표 3의 4 참조

139. 에너지이용 합리화법상 검사의 종류가 아닌 것은?

㉮ 설계검사 ㉯ 제조검사
㉰ 계속사용검사 ㉱ 개조검사

해설 에너지이용 합리화법 시행규칙 제31조의 7 별표 3의 4 참조

140. 에너지이용 합리화법 시행규칙에서 정한 검사대상기기에 대한 검사의 종류가 아닌 것은?

㉮ 계속사용검사
㉯ 개방검사
㉰ 개조검사
㉱ 설치장소변경검사

해설 에너지이용 합리화법 시행규칙 제31조의 7 별표 3의 4 참조

141. 검사대상기기의 검사의 종류 중 제조검사에 해당되는 것은?

㉮ 설치검사 ㉯ 용접검사
㉰ 개조검사 ㉱ 계속사용검사

해설 에너지이용 합리화법 시행규칙 제31조의 7 별표 3의 4 참조

142. 검사대상기기인 열사용기자재의 제조검사 종류에 포함되는 것은?

㉮ 구조검사 ㉯ 안전검사
㉰ 개조검사 ㉱ 운전성능검사

해설 에너지이용 합리화법 시행규칙 제31조의 7 별표 3의 4 참조

143. 다음 중 개조검사를 받아야 하는 경우가 아닌 것은?

㉮ 증기보일러를 온수보일러로 개조하는 경우
㉯ 보일러의 섹션 증감에 의해 용량을 변경하는 경우
㉰ 보일러의 수관과 연관을 교체하는 경우
㉱ 연료 또는 연소방법을 변경하는 경우

해설 에너지이용 합리화법 시행규칙 제31조의 7 별표 3의 4 참조

144. 에너지용 합리화법 시행규칙상 검사의 종류 중 계속사용검사에 속하지 않는 것은?

㉮ 안전검사 ㉯ 구조검사
㉰ 운전성능검사 ㉱ 재사용검사

해설 에너지이용 합리화법 시행규칙 제31조의 7 별표 3의 4 참조

145. 에너지이용 합리화법 시행규칙에 의한 특정열사용기자재 중 검사를 받아야 할 검사대상기기의 검사의 종류가 아닌 것은?

㉮ 설치검사 ㉯ 유효검사
㉰ 제조검사 ㉱ 개조검사

해설 에너지이용 합리화법 시행규칙 제31조의 7 별표 3의 4 참조

146. 다음 중 사용연료를 변경함으로써 검사대상이 아닌 보일러가 검사대상으로 되었을 경우에 해당되는 검사는?

㉮ 구조검사 ㉯ 설치검사
㉰ 개조검사 ㉱ 재사용검사

해설 에너지이용 합리화법 시행규칙 제31조의 7 별표 3의 4 참조

147. 검사대상기기의 연료 또는 연소방법을 변경한 경우 받아야 하는 검사는?

㉮ 개조검사 ㉯ 구조검사
㉰ 설치검사 ㉱ 계속사용검사

정답 139. ㉮ 140. ㉯ 141. ㉯ 142. ㉮ 143. ㉰ 144. ㉯ 145. ㉯ 146. ㉯ 147. ㉮

해설 에너지이용 합리화법 시행규칙 제31조의 7 별표 3의 4 참조

148. 개조검사 대상이 아닌 것은?

㉮ 보일러의 설치장소를 변경하는 경우
㉯ 연료 또는 연소방법을 변경하는 경우
㉰ 증기보일러를 온수보일러로 개조하는 경우
㉱ 보일러 섹션의 증감에 의하여 용량을 변경하는 경우

해설 에너지이용 합리화법 시행규칙 제31조의 7 별표 3의 4 참조

149. 에너지이용 합리화법에 의한 검사대상기기의 개조검사 대상이 아닌 것은?

㉮ 증기보일러를 온수보일러로 개조
㉯ 보일러 섹션의 증감에 의한 용량의 변경
㉰ 연료 또는 연소방법의 변경
㉱ 보일러의 증설 또는 개체

해설 에너지이용 합리화법 시행규칙 제31조의 7 별표 3의 4 참조

150. 검사대상기기 검사 중 개조검사의 적용 대상이 아닌 것은?

㉮ 온수보일러를 증기보일러로 변경하는 경우
㉯ 보일러 섹션의 증감에 의하여 용량을 변경하는 경우
㉰ 동체·경판·관판·관모음 또는 스테이의 변경으로서 산업통상자원부장관이 정하여 고시하는 대수리의 경우
㉱ 연료 또는 연소방법을 변경하는 경우

해설 에너지이용 합리화법 시행규칙 제31조의 7 별표 3의 4 참조

참고 증기보일러를 온수보일러로 변경하는 경우에 개조검사의 적용 대상이다.

151. 에너지이용 합리화법 시행규칙에 의한 검사대상기기인 보일러의 계속사용 검사 중 재사용검사의 유효기간은?

㉮ 1년 ㉯ 1년 6개월
㉰ 2년 ㉱ 3년

해설 에너지이용 합리화법 시행규칙 제31조의 8 별표 3의 5 참조

152. 검사대상기기인 보일러의 계속사용 검사 중 운전성능 검사의 유효기간은?

㉮ 1년 6개월 ㉯ 2년
㉰ 6 개월 ㉱ 1 년

해설 에너지이용 합리화법 시행규칙 제31조의 8 별표 3의 5 참조

153. 다음 중 에너지이용 합리화법 시행규칙에서 정한 검사의 유효기간이 다른 하나는?

㉮ 보일러 설치장소변경검사
㉯ 압력용기 및 철금속가열로 설치검사
㉰ 압력용기 및 철금속가열로 재사용검사
㉱ 철금속가열로 운전성능검사

해설 에너지이용 합리화법 시행규칙 제31조의 8 별표 3의 5 참조

154. 보일러의 계속사용검사 중 철금속가열로에 대한 운전성능 검사에 대한 유효기간으로 맞는 것은?

㉮ 1년 ㉯ 2년 ㉰ 3년 ㉱ 4년

해설 에너지이용 합리화법 시행규칙 제31조의 8 별표 3의 5 참조

155. 검사대상기기의 검사유효기간의 기준으로 틀린 것은?

㉮ 검사에 합격한 날의 다음 날부터 기산한다.

정답 148. ㉮ 149. ㉱ 150. ㉮ 151. ㉮ 152. ㉱ 153. ㉮ 154. ㉯ 155. ㉯

㉯ 검사에 합격한 날이 검사유효기간 만료일 이전 60일 이내인 경우 검사유효기간 만료일의 다음 날부터 기산한다.

㉰ 검사를 연기한 경우의 검사유효기간은 검사유효기간 만료일의 다음 날부터 기산한다.

㉱ 산업통상자원부장관은 검사대상기기의 안전관리 또는 에너지효율 향상을 위하여 부득이하다고 인정할 때에는 유효기간을 조정할 수 있다.

해설 에너지이용 합리화법 시행규칙 제31조의 8 참조

156. **보일러 등의 검사유효기간에 대한 설명으로 옳은 것은?**

㉮ 설치 후 3년이 경과한 보일러로서 설치장소 변경검사를 받은 기기는 검사 후 1개월 이내에 운전성능검사를 받아야 한다.

㉯ 보일러의 계속사용검사 중 운전성능검사에 대한 검사유효기간은 산업통상자원부장관이 고시하는 기준에 적합한 경우에는 3년으로 한다.

㉰ 개조검사 중 보일러의 연료 또는 연소방법의 변경에 따른 개조검사의 경우에는 검사유효기간을 1년으로 한다.

㉱ 철금속가열로의 재사용검사는 1년으로 한다.

해설 에너지이용 합리화법 시행규칙 제31조의 8 별표 3의 5 〈비고〉 참조

157. **검사대상기기에 대한 설명 중 틀린 것은?**

㉮ 개조검사 중 연료 또는 연소방법의 변경에 따른 개조검사의 경우에는 검사유효기간을 적용치 아니한다.

㉯ 검사대상기기 검사수수료 산정에 있어 온수보일러의 용량산정은 697.8 kW를 1 t/h으로 본다.

㉰ 가스사용량이 17 kg/h 초과하는 가스용 소형온수보일러에서 면제되는 검사는 설치검사이다.

㉱ 에너지관리기사 자격소지자는 모든 검사대상기기에 대하여 조종이 가능하다.

해설 에너지이용 합리화법 시행규칙 제31조의 8 별표 3의 5 〈비고〉, 제31조의 13 별표 3의 6, 제31조의 26 별표 3의 9 참조

158. **용접검사가 면제되는 대상기기가 아닌 것은?**

㉮ 용접이음이 없는 강관을 동체로 한 헤더

㉯ 최고사용압력이 0.3 MPa이고 동체의 안지름이 580 mm인 전열교환식 1종압력용기

㉰ 전열면적이 5.9 m^2이고, 최고사용압력이 0.5 MPa인 강철제보일러

㉱ 전열면적이 16.9 m^2이고, 최고사용압력이 0.3 MPa인 온수보일러

해설 에너지이용 합리화법 시행규칙 제31조의13 별표 3의 6 참조

159. **용접검사가 면제되는 대상범위에 해당되지 않는 것은?**

㉮ 강철제보일러 중 전열면적이 5 m^2 이하이고, 최고사용압력이 0.35 MPa 이하인 것

㉯ 주철제보일러

㉰ 압력용기 중 동체의 두께가 6 mm 미만으로서 최고사용압력(MPa)과 내용적(m^3)을 곱한 수치가 0.02 이하인 것

㉱ 온수보일러로서 전열면적이 20 m^2 이하이고, 최고사용압력이 0.3 MPa 이하인 것

정답 156. ㉮ 157. ㉰ 158. ㉰ 159. ㉱

해설 에너지이용 합리화법 시행규칙 제31조의 13 별표 3의 6 참조

160. **에너지이용 합리화법 시행규칙에서 정한 검사대상기기의 계속사용검사신청서는 유효기간 만료 며칠 전까지 제출해야 하는가?**

가 7 일 나 10 일 다 15 일 라 30 일

해설 에너지이용 합리화법 시행규칙 제31조의 19 ①항 참조

161. **검사대상기기의 계속사용검사에 관한 설명이 틀린 것은?**

가 계속사용검사신청서는 유효기간 만료 10일 전까지 제출하여야 한다.

나 유효기간 만료일이 9월 1일 이후인 경우에는 5개월 이내에서 계속사용검사를 연기할 수 있다.

다 검사대상기기 검사연기신청서는 에너지관리공단 이사장에게 제출하여야 한다.

라 계속사용검사신청서에는 해당 검사기기의 검사증을 첨부하여야 한다.

해설 에너지이용 합리화법 시행규칙 제31조의 20 ①항 참조

162. **에너지이용 합리화법 시행규칙상 검사대상기기의 계속사용검사 운전성능 부문이 검사에 불합격한 경우 일정기간 내에 검사를 하여 합격할 것을 조건으로 계속사용을 허용한다. 그 기간은 몇 월 이내인가?**

가 6 나 7 다 8 라 10

해설 에너지이용 합리화법 시행규칙 제31조의 21 ⑤항 참조

163. **보일러 검사를 받는 자에게는 그 검사의 종류에 따라 필요한 사항에 대한 조치를 하게 할 수 있다. 그 조치에 해당되지 않는 것은?**

가 비파괴검사의 준비

나 수압시험의 준비

다 피복물 제거

라 보온단열재의 열전도 시험준비

해설 에너지이용 합리화법 시행규칙 제31조의 22 참조

164. **검사대상기기의 설치자가 그 사용 중인 검사대상기기를 폐기한 때에는 그 폐기한 날로부터 며칠 이내에 에너지관리공단 이사장에게 신고하여야 하는가?**

가 7일 나 10일 다 15일 라 20일

해설 에너지이용 합리화법 시행규칙 제31조의 23 참조

165. **검사대상기기 설치자가 변경된 때 신설치자는 변경된 날로부터 며칠 이내에 신고해야 하는가?**

가 15일 나 20일 다 25일 라 30일

해설 에너지이용 합리화법 시행규칙 제31조의 24 ①항 참조

166. **다음 검사대상기기조종자 중 모든 검사대상기기를 조종할 수 있는 자격을 가진 조종자가 아닌 것은?**

가 에너지관리 기사

나 에너지관리 산업기사

다 에너지관리 기능사

라 인정검사대상기기 조종자의 교육을 이수한 자

해설 에너지이용 합리화법 시행규칙 제31조의 26 별표 3의 9 참조

167. **에너지이용 합리화법에 의한 검사대상기기 조종자의 자격이 아닌 것은?**

정답 160. 나 161. 나 162. 가 163. 라 164. 다 165. 가 166. 라 167. 라

㉮ 에너지관리 기사
㉯ 에너지관리 산업기사
㉰ 에너지관리 기능장
㉱ 위험물취급 기사

해설 에너지이용 합리화법 시행규칙 제31조의 26 별표 3의 9 참조

168. 모든 검사대상기기를 조종할 수 있는 자가 아닌 것은?

㉮ 에너지관리 기사 자격증 소지자
㉯ 에너지관리 기능사 자격증 소지자
㉰ 산업안전기사 자격증 소지자
㉱ 에너지관리 산업기사 자격증 소지자

해설 에너지이용 합리화법 시행규칙 제31조의 26 별표 3의 9 참조

169. 인정검사대상기기 조종자(에너지관리공단에서 검사대상기기 조종에 관한 교육 이수자)가 조종할 수 없는 검사대상기기는?

㉮ 압력용기
㉯ 열매체를 가열하는 보일러로서 출력이 581.5 kW 이하인 것
㉰ 온수를 발생하는 보일러로서 출력이 581.5 kW 이하인 것
㉱ 증기보일러로서 최고사용압력이 1.2 MPa 이하이고 전열면적이 5 m^2 이하인 것

해설 에너지이용 합리화법 시행규칙 제31조의 26 별표 3의 9 참조

170. 인정검사대상기기 조종자의 교육을 이수한 사람의 조종범위는 증기보일러로서 최고사용압력이 1 MPa 이하이고 전열면적이 얼마 이하일 때 가능한가?

㉮ 1 m^2 ㉯ 2 m^2 ㉰ 5 m^2 ㉱ 10 m^2

해설 에너지이용 합리화법 시행규칙 제31조의 26 별표 3의 9 참조

171. 증기보일러의 용량이 30 t/h 초과하는 보일러인 검사대상기기 조종자 자격은?

㉮ 에너지관리 기능장 자격증 소지자
㉯ 산업안전 산업기사 자격증 소지자
㉰ 에너지관리 산업기사 자격증 소지자
㉱ 에너지관리 기능사 자격증 소지자

해설 에너지이용 합리화법 시행규칙 제31조의 26 별표 3의 9 참조

172. 증기보일러의 용량이 20 t/h인 검사대상기기 조종자의 자격이 아닌 것은?

㉮ 에너지관리 기능장
㉯ 에너지관리 기사
㉰ 에너지관리 산업기사
㉱ 안전관리 기사

해설 에너지이용 합리화법 시행규칙 제31조의 26 별표 3의 9 참조

173. 검사대상기기 조종자의 채용기준은?

㉮ 1구역당 1인 이상
㉯ 1구역당 2인 이상
㉰ 2구역당 1인 이상
㉱ 2구역당 3인 이상

해설 에너지이용 합리화법 시행규칙 제31조의 27 참조

174. 검사대상기기 조종자 채용기준에 합당한 것은?

㉮ 1구역에 보일러가 2대인 경우 1명
㉯ 1구역에 보일러가 2대인 경우 2명
㉰ 구역과 보일러의 수에 관계없이 1명
㉱ 2구역으로서 각 구역에 보일러가 1대씩일 경우 1명

정답 168. ㉰ 169. ㉱ 170. ㉱ 171. ㉮ 172. ㉱ 173. ㉮ 174. ㉮

해설 에너지이용 합리화법 시행규칙 제31조의 27 참조

175. 검사대상기기 조종자의 신고사유가 발생한 경우 발생한 날로부터 며칠 이내에 신고하여야 하는가?

㉮ 7일 ㉯ 15일 ㉰ 30일 ㉱ 60일

해설 에너지이용 합리화법 시행규칙 제31조의 28 ②항 참조

176. 에너지이용 합리화법에 의한 에너지관리자의 기본교육과정 교육기간으로 옳은 것은?

㉮ 4시간 ㉯ 1일 ㉰ 5일 ㉱ 7일

해설 에너지이용 합리화법 시행규칙 제32조의 2 별표 4의 2 참조

177. 에너지관리의 효율적인 수행을 위한 시공업의 기술인력 등에 대한 교육과정과 그 기간이 틀린 것은?

㉮ 난방시공업 제1종기술자 과정 : 1일
㉯ 난방시공업 제2종기술자 과정 : 1일
㉰ 소형 보일러·압력용기조종자 과정 : 1일
㉱ 중·대형 보일러조종자 과정 : 3일

해설 에너지이용 합리화법 시행규칙 제32조의 2 별표 4의 2 참조

178. 에너지이용 합리화법 시행규칙상 시공업의 기술인력에 대한 교육을 실시할 수 있는 기관 및 교육기간으로 맞는 것은?

㉮ 국토교통부장관의 허가를 받은 전국보일러설비협회 : 1일
㉯ 에너지관리공단 이사장의 허가를 받은 전국보일러설비협회 : 5일
㉰ 한국산업인력공단 이사장의 허가를 받은 한국열관리시공협회 : 5일
㉱ 시도지사에서 허가를 받은 한국열관리시공협회 : 3일

해설 에너지이용 합리화법 시행규칙 제32조의 2 별표 4의 2 참조

179. 에너지이용 합리화법 시행규칙상 검사대상기기 조종자에 대한 교육을 실시할 수 있는 기관 및 교육기간으로 맞는 것은?

㉮ 에너지관리공단 이사장의 허가를 받은 전국보일러설비협회 : 1일
㉯ 시·도지사의 허가를 받은 한국에너지기술인협회 : 2일
㉰ 산업통상자원부장관의 허가를 받은 전국 보일러설비협회 : 2일
㉱ 산업통상자원부장관의 허가를 받은 한국에너지기술인협회 : 1일

해설 에너지이용 합리화법 시행규칙 제32의 2 별표 4의 2 참조

180. 에너지사용계획 검토기준 항목이 아닌 것은?

㉮ 폐열의 회수·활용의 적절성
㉯ 에너지수요의 적절성
㉰ 에너지관리방법의 적절성
㉱ 신·재생에너지 이용계획의 적절성

해설 에너지이용 합리화법 시행규칙 제3조 ①항 참조

181. 공공사업주관자에게 산업통상자원부장관이 에너지사용계획에 대한 검토결과를 조치 요청하면 해당 공공사업주관자는 이행계획을 작성하여 제출하여야 하는데 이행계획에 포함되지 않는 사항은?

㉮ 이행 주체 ㉯ 이행 장소와 사유
㉰ 이행 방법 ㉱ 이행 시기

해설 에너지이용 합리화법 시행규칙 제5조 참조

정답 175. ㉰ 176. ㉯ 177. ㉱ 178. ㉮ 179. ㉱ 180. ㉰ 181. ㉯

182. 에너지이용 합리화법상의 효율관리 기자재에 속하지 않는 것은?

㉮ 전기철도 ㉯ 삼상유도전동기
㉰ 전기세탁기 ㉱ 자동차

해설 에너지이용 합리화법 시행규칙 제7조 ① 항 참조

183. 에너지이용 합리화법상 효율관리기 자재가 아닌 것은?

㉮ 삼상유도전동기 ㉯ 선박
㉰ 조명기기 ㉱ 전기냉장고

해설 에너지이용 합리화법 시행규칙 제7조 ① 항 참조

184. 에너지이용 합리화법 시행규칙상의 효율관리기자재가 아닌 것은?

㉮ 전기냉장고 ㉯ 자동차
㉰ 전기세탁기 ㉱ 텔레비전

해설 에너지이용 합리화법 시행규칙 제7조 ① 항 참조

185. 효율관리기자재의 제조업자 또는 수입업자는 효율관리시험기관으로부터 측정결과를 통보받은 날부터 며칠 이내에 누구에게 신고하여야 하는가?

㉮ 30일 이내 : 산업통상자원부장관
㉯ 30일 이내 : 시·도지사
㉰ 60일 이내 : 에너지관리공단
㉱ 60일 이내 : 산업통상자원부장관

해설 에너지이용 합리화법 시행규칙 제9조 참조

186. 산업통상자원부령으로 정하는 평균 효율관리기자재는?

㉮ 전기냉장고 ㉯ 승용자동차
㉰ 텔레비전 ㉱ 전기세탁기

해설 에너지이용 합리화법 시행규칙 제11조 참조

187. 평균에너지 소비효율의 산정방법에 대한 내용 중 틀린 것은?

㉮ 산정방법, 개선기간, 공표방법 등 필요한 사항은 산업통상자원부령으로 정한다.

㉯ 산정방법은

$$\frac{\text{기자재 판매량}}{\Sigma\left[\dfrac{\text{기자재 종류별 국내판매량}}{\text{기자재 종류별 에너지소비효율}}\right]}$$

이다.

㉰ 평균에너지소비효율의 개선기간은 개선명령으로부터 다음해 1월 31일까지로 한다.

㉱ 개선명령을 받은 자는 개선명령일부터 60일 이내에 개선명령 이행계획을 수립하여 산업통상자원부 장관에게 제출하여야 한다.

해설 에너지이용 합리화법 시행규칙 제12조 참조

188. 산업통상자원부령에서 정한 평균에너지소비효율 산출식은?

㉮
$$\frac{\text{기자재 판매량}}{\Sigma\left[\dfrac{\text{기자재의 종류별 에너지소비효율}}{\text{기자재의 종류별 국내판매량}}\right]}$$

㉯
$$\frac{\Sigma\left[\dfrac{\text{기자재의 종류별 국내판매량}}{\text{기자재의 종류별 에너지소비효율}}\right]}{\text{기자재 판매량}}$$

㉰
$$\frac{\text{기자재의 종류별 에너지소비효율}}{\Sigma\left[\dfrac{\text{기자재의 종류별 국내판매량}}{\text{기자재 판매량}}\right]}$$

㉱
$$\frac{\text{기자재 판매량}}{\Sigma\left[\dfrac{\text{기자재의 종류별 국내판매량}}{\text{기자재의 종류별 에너지소비효율}}\right]}$$

정답 182. ㉮ 183. ㉯ 184. ㉱ 185. ㉰ 186. ㉯ 187. ㉰ 188. ㉱

해설 에너지이용 합리화법 시행규칙 제12조 별표 1의 2 참조

189. 대기전력경고표지대상제품이 아닌 것은 어느 것인가?

㉮ 컴퓨터 ㉯ 복사기
㉰ 오디오 ㉱ 전기세탁기

해설 에너지이용 합리화법 시행규칙 제14조 ①항 참조

190. 에너지이용 합리화법 시행규칙에 따라 검사대상기기의 검사 종류 중 운전성능 검사 대상이 아닌 것은?

㉮ 철금속가열로
㉯ 용량이 1 t/h인 산업용 강철제보일러
㉰ 용량이 5 t/h인 난방용 주철제보일러
㉱ 용량이 3 t/h인 난방용 강철제보일러

해설 에너지이용 합리화법 시행규칙 제31조의 7 별표 3의 4 참조

191. 에너지이용 합리화법 시행규칙에서 에너지사용자가 수립하여야 하는 자발적 협약의 이행계획에 포함되어야 할 사항이 아닌 것은?

㉮ 에너지의 수요예측 및 공급계획
㉯ 협약체결 전년도의 에너지소비 현황
㉰ 효율향상목표 등의 이행을 위한 투자계획
㉱ 에너지관리체제 및 관리방법

해설 에너지이용 합리화법 시행규칙 제26조 ①항 참조

192. 자발적 협약체결 기업의 지원 등에 따른 자발적 협약의 평가기준의 항목이 아닌 것은?

㉮ 에너지절감량 또는 온실가스배출 감축량
㉯ 계획대비 달성률 및 투자실적
㉰ 자원 및 에너지의 재활용 노력
㉱ 에너지이용 합리화 자금 활용실적

해설 에너지이용 합리화법 시행규칙 제26조 ②항 참조

193. 에너지진단전문기관의 지정 및 취소권자는?

㉮ 산업통상자원부 장관
㉯ 시·도지사
㉰ 공단 이사장
㉱ 국토교통부 장관

해설 에너지이용 합리화법 시행규칙 제30조, 제31조 참조

194. 냉난방온도의 제한온도로 맞는 것은?(단, 판매시설 및 공항은 제외)

㉮ 냉방 : 26 ℃ 이상, 난방 : 18 ℃ 이하
㉯ 냉방 : 20 ℃ 이상, 난방 : 20 ℃ 이하
㉰ 냉방 : 26 ℃ 이상, 난방 : 20 ℃ 이하
㉱ 냉방 : 20 ℃ 이상, 난방 : 18 ℃ 이하

해설 에너지이용 합리화법 시행규칙 제31조의 2 참조

195. 저탄소 녹색성장 기본법 목적이 아닌 것은?

㉮ 저탄소 녹색성장에 필요한 기반 조성
㉯ 녹색기술과 녹색산업을 새로운 성장동력으로 활용
㉰ 성숙한 선진 일류국가로 도약
㉱ 에너지의 합리적인 이용도모

해설 저탄소 녹색성장 기본법 제1조 참조

196. 다음 〈보기〉는 저탄소 녹색성장 기본법의 목적에 관한 내용이다. ( )에 들어갈 내용으로 맞는 것은?

정답 189. ㉱ 190. ㉱ 191. ㉮ 192. ㉱ 193. ㉮ 194. ㉰ 195. ㉱ 196. ㉮

〈보기〉

이 법은 경제와 환경의 조화로운 발전을 위해서 저탄소 녹색성장에 필요한 기반을 조성하고 (①)과 (②)을 새로운 성장 동력으로 활용함으로써 국민경제의 발전을 도모하며 저탄소 사회구현을 통하여 국민의 삶의 질을 높이고 국제사회에서 책임을 다하는 성숙한 선진일류국가로 도약하는데 이바지함을 목적으로 한다.

㉮ ① : 녹색기술　② : 녹색산업
㉯ ① : 녹색성장　② : 녹색산업
㉰ ① : 녹색물질　② : 녹색기술
㉱ ① : 녹색기업　② : 녹색성장

해설 저탄소 녹색성장 기본법 제1조 참조

197. 저탄소 녹색성장 기본법에서 화석연료에 대한 의존도를 낮추고 청정에너지의 사용 및 보급을 확대하여 녹색기술 연구개발, 탄소흡수원 확충 등을 통하여 온실가스를 적정 수준 이하로 줄이는 것을 말하는 용어는?

㉮ 저탄소　㉯ 녹색성장
㉰ 온실가스 배출　㉱ 녹색생활

해설 저탄소 녹색성장 기본법 제2조 1 참조

198. 저탄소 녹색성장 기본법에서 에너지와 자원을 절약하고 효율적으로 사용하여 기후변화와 환경훼손을 줄이고 청정에너지와 녹색기술의 연구개발을 통하여 새로운 성장동력을 확보한다는 것을 말하는 용어로 맞는 것은?

㉮ 녹색생활　㉯ 녹색성장
㉰ 녹색산업　㉱ 녹색경영

해설 저탄소 녹색성장 기본법 제2조 2 참조

199. 저탄소 녹색성장 기본법에서 정의하는 "녹색기술"에 해당하지 않는 것은?

㉮ 온실가스 감축 기술
㉯ 청정에너지 기술
㉰ 자연순환 및 친환경 기술
㉱ 핵반응융합 기술

해설 저탄소 녹색성장 기본법 제2조 3 참조

200. 저탄소 녹색성장 기본법에서 규정하는 온실가스가 아닌 것은?

㉮ 아산화질소(N_2O)
㉯ 과불화탄소(PFCs)
㉰ 이산화탄소(CO_2)
㉱ 산소(O_2)

해설 저탄소 녹색성장 기본법 제2조 9 참조

201. 저탄소 녹색성장 기본법에서 온실가스가 대기 중에 축적되어 온실가스 농도를 증가시켜 지표 및 대기의 온도가 추가적으로 상승하는 현상을 말하는 용어는?

㉮ 기후변화　㉯ 온실가스 배출
㉰ 지구온난화　㉱ 자원순환

해설 저탄소 녹색성장 기본법 제2조 11 참조

202. 저탄소 녹색성장 기본법에서 국내 총소비에너지량에 대하여 신·재생에너지 등 국내 생산에너지량 및 우리나라가 국외에서 개발(지분 취득 포함한다)한 에너지량을 합한 양이 차지하는 비율을 무엇이라고 하는가?

㉮ 에너지원단위　㉯ 에너지생산도
㉰ 에너지비축도　㉱ 에너지자립도

해설 저탄소 녹색성장 기본법 제2조 15 참조

203. 저탄소 녹색성장 기본법에서 국민의 책무가 아닌 것은?

정답 197. ㉮ 198. ㉯ 199. ㉱ 200. ㉱ 201. ㉰ 202. ㉱ 203. ㉮

㉮ 녹색산업에 대한 투자 확대
㉯ 녹색생활 실천
㉰ 녹색경영 촉진
㉱ 녹색운동 참여

해설 저탄소 녹색성장 기본법 제6조 및 제7조 참조

204. 정부가 녹색성장 국가전략을 수립할 때 포함되는 사항이 아닌 것은?

㉮ 녹색경제 체제의 구현에 관한 사항
㉯ 녹색성장과 관련된 국제협상에 관한 사항
㉰ 기업의 녹색경영에 관한 사항
㉱ 에너지 정책 및 지속가능발전 정책에 관한 사항

해설 저탄소 녹색성장 기본법 제9조 참조

205. 녹색성장 국가전략과 중앙추진계획의 이행사항을 점검, 평가하는 자는 누구인가?

㉮ 대통령
㉯ 국무총리
㉰ 산업통상자원부 장관
㉱ 시·도지사

해설 저탄소 녹색성장 기본법 제12조 참조

206. 녹색성장위원회의 위원장 2명 중 1명은 국무총리가 되고 또 다른 한명은 누가 지명하는 사람이 되는가?

㉮ 대통령
㉯ 국무총리
㉰ 산업통상자원부 장관
㉱ 환경부 장관

해설 저탄소 녹색성장 기본법 제14조 ③항 참조

207. 저탄소 녹색성장 기본법에 따라 녹색성장위원회에서 심의하는 사항에 대한 설명으로 틀린 것은?

㉮ 기후변화대응 기본계획, 에너지기본계획 및 지속가능발전 기본계획에 관한 사항
㉯ 녹색성장국가전략의 수립·변경·시행에 관한 사항
㉰ 저탄소 녹색성장 추진의 목표관리, 점검, 실태조사 및 평가에 관한 사항
㉱ 중앙행정기관의 저탄소 녹색성장과 관련된 정책 조정 및 지원에 관한 사항(지방자치단체는 제외)

해설 저탄소 녹색성장 기본법 제15조 참조

208. 정부가 녹색경제·녹색산업의 육성·지원 시책을 마련할 때 포함되어야 할 사항이 아닌 것은?

㉮ 국내외 경제여건 및 전망
㉯ 녹색산업 구조로의 단계적 전환
㉰ 녹색산업 인력양성 및 일자리 창출
㉱ 녹색기술 연구개발 및 사업화

해설 저탄소 녹색성장 기본법 제23조 참조

209. 정부가 자원순환 산업의 육성·지원 시책을 마련할 때 포함되어야 할 사항이 아닌 것은?

㉮ 국가기반시설의 친환경 구조로의 전환
㉯ 자원생산성 향상을 위한 교육훈련
㉰ 바이오매스의 수집, 활용
㉱ 자원의 수급 및 관리

해설 저탄소 녹색성장 기본법 제24조 참조

210. 저탄소 녹색성장 기본법에 따라 온실가스 감축 목표의 설정·관리 및 필요한 조치에 관하여 총괄·조정 기능은 누

정답 204. ㉰ 205. ㉯ 206. ㉮ 207. ㉱ 208. ㉱ 209. ㉮ 210. ㉱

가 수행하는가?

㉮ 국토교통부 장관
㉯ 산업통상자원부 장관
㉰ 농림수산식품부 장관
㉱ 환경부 장관

해설 저탄소 녹색성장 기본법 시행령 제26조 ①항 참조

211. 정부는 기후변화대응 기본계획을 몇 년 마다 수립 시행해야 하는가?

㉮ 2년 ㉯ 5년
㉰ 10년 ㉱ 20년

해설 저탄소 녹색성장 기본법 제40조 ①항 참조

212. 기후변화대응 기본계획에 포함되어야 할 사항이 아닌 것은?

㉮ 기후변화대응 연구개발 및 인력양성
㉯ 온실가스배출 흡수 현황 및 전망
㉰ 온실가스배출 최단기 감축목표 설정
㉱ 기후변화대응을 위한 교육·홍보

해설 저탄소 녹색성장 기본법 제40조 ③항 참조

213. 정부는 에너지기본계획을 몇 년 마다 수립 시행해야 하는가?

㉮ 1년 ㉯ 2년 ㉰ 3년 ㉱ 5년

해설 저탄소 녹색성장 제41조 ①항 참조

214. 정부가 에너지기본계획을 수립할 때 포함되어야 할 사항이 아닌 것은?

㉮ 에너지 안전관리를 위한 대책
㉯ 에너지의 안정적 확보 도입, 판매 관리
㉰ 국내외 에너지 수요와 공급의 추이 및 전망
㉱ 에너지 관련 기술개발 및 보급

해설 저탄소 녹색성장 기본법 제41조 ③항 참조

215. 정부는 지속가능발전 기본계획을 몇 년 마다 수립, 시행해야 하는가?

㉮ 2년 ㉯ 3년 ㉰ 5년 ㉱ 10년

해설 저탄소 녹색성장 기본법 제50조 ①항 참조

216. 정부가 녹색국토를 조성하기 위하여 시책을 마련할 때 포함되어야 할 사항이 아닌 것은?

㉮ 산림녹지의 확충
㉯ 친환경 교통체계의 확충
㉰ 해양의 친환경적 개발 이용 보존
㉱ 수생태계의 보전, 관리

해설 저탄소 녹색성장 기본법 제51조 ②항 참조

217. 관리업체(대통령령으로 정하는 기준량 이상의 온실가스 배출업체 및 에너지소비업체)가 사업장별 명세서를 거짓으로 작성하여 정부에 보고하였을 경우 부과하는 과태료로 맞는 것은?

㉮ 300만원의 과태료 부과
㉯ 500만원의 과태료 부과
㉰ 700만원의 과태료 부과
㉱ 1천만원의 과태료 부과

해설 저탄소 녹색성장 기본법 제64조 ①항 참조

218. 정부는 국가전략을 효율적 · 체계적으로 이행하기 위하여 몇 년마다 저탄소 녹색성장 국가전략 5개년 계획을 수립하는가?

㉮ 2년 ㉯ 3년 ㉰ 4년 ㉱ 5년

정답 211. ㉯ 212. ㉰ 213. ㉱ 214. ㉯ 215. ㉰ 216. ㉱ 217. ㉱ 218. ㉱

해설 저탄소 녹색성장 기본법 시행령 제4조 참조

219 저탄소 녹색성장 기본법에 따라 온실가스 감축 목표의 설정 · 관리 및 필요한 조치에 관하여 총괄 · 조정 기능은 누가 수행하는가?

㉮ 국토교통부 장관
㉯ 산업통상자원부 장관
㉰ 농림수산식품부 장관
㉱ 환경부 장관

해설 저탄소 녹색성장 기본법 시행령 제26조 ①항 참조

220. 저탄소 녹색성장 기본법에 정한 "대통령령으로 정하는 기준량 이상의 온실가스 배출업체 및 에너지 소비업체"의 기준 중 해당년도 1월 1일 기준으로 최근 3년간 업체의 모든 사업장에서 배출한 온실가스와 소비한 에너지 연평균 총량의 기준으로 옳은 것은 어느 것인가?(단, 2014년 1월 1일부터 적용되는 기준으로 한다.)

㉮ 온실가스배출량 : 20 kilotonnes 이상
에너지소비량 : 100 terajoules 이상
㉯ 온실가스배출량 : 30 kilotonnes 이상
에너지소비량 : 150 terajoules 이상
㉰ 온실가스배출량 : 50 kilotonnes 이상
에너지소비량 : 200 terajoules 이상
㉱ 온실가스배출량 : 80 kilotonnes 이상
에너지소비량 : 300 terajoules 이상

해설 저탄소 녹색성장 기본법 시행령 제29조 ①항 별표 2 및 별표 3 참조

221. 온실가스배출량 및 에너지사용량 등의 보고와 관련하여 관리업체는 해당 연도 온실가스배출량 및 에너지소비량에 관한 명세서를 작성하고 이에 대한 검증기관의 검증결과를 언제까지 부문별 관장기관에게 제출하여야 하는가?

㉮ 해당 연도 12월 31일까지
㉯ 다음 연도 1월 31일까지
㉰ 다음 연도 3월 31일까지
㉱ 다음 연도 6월 30일까지

해설 저탄소 녹색성장 기본법 시행령 제34조 ①항 참조

222. 신 · 재생에너지 설비는 어느 령으로 정하는가?

㉮ 대통령령
㉯ 산업통상자원부령
㉰ 국무총리령
㉱ 환경부령

해설 신에너지 및 재생에너지 개발 · 이용 · 보급 촉진법 제2조 참조

223. 다음 중 신 · 재생에너지에 해당되지 않는 것은?

㉮ 태양에너지　　㉯ 연료전지
㉰ 천연가스　　㉱ 수소에너지

해설 신에너지 및 재생에너지 개발 · 이용 · 보급 촉진법 제2조 참조

224. 신에너지 및 재생에너지 개발 · 이용 · 보급 촉진법에서 정의하는 신 · 재생에너지 설비에 해당하지 않는 것은?

㉮ 태양에너지 설비
㉯ 석탄을 액화 · 가스화한 에너지 및 중질잔사유를 가스화한 에너지 설비
㉰ 수소에너지 설비
㉱ 핵융합에너지 설비

정답 219. ㉱ 220. ㉰ 221. ㉰ 222. ㉯ 223. ㉰ 224. ㉱

해설 신에너지 및 재생에너지 개발·이용 보급 촉진법 제2조 참조

225. 신축·증축 또는 개축하는 건축물에 대하여 그 설계 시 산출된 예상 에너지사용량의 일정 비율 이상을 신·재생에너지를 이용하여 공급되는 에너지를 사용하도록 신·재생에너지 설비를 의무적으로 설치하게 할 수 있는 기관이 아닌 것은?

㉮ 공공기관
㉯ 종교단체
㉰ 국가 및 지방자치단체
㉱ 특별법에 따라 설립된 법인

해설 신에너지 및 재생에너지 개발·이용·보급 촉진법 제12조 ②항 참조

226. 거짓이나 부정한 방법으로 발전차액을 지원받은 자의 벌칙으로 맞는 것은?

㉮ 3년 이하의 징역 또는 지원받은 금액의 3배 이하에 상당하는 벌금
㉯ 2년 이하의 징역 또는 지원받은 금액의 2배 이하에 상당하는 벌금
㉰ 3년 이하의 징역 또는 3천만원 이하의 벌금
㉱ 2년 이하의 징역 또는 2천만원 이하의 벌금

해설 신에너지 및 재생에너지 개발·이용·보급 촉진법 제34조 참조

227. 생물자원을 변환시켜 이용하는 바이오에너지원의 종류가 아닌 것은?

㉮ 폐기물에너지
㉯ 해양에너지
㉰ 중질잔사유를 가스화한 에너지
㉱ 석탄을 액화·가스화한 에너지

해설 신에너지 및 재생에너지 개발·이용·보급 촉진법 시행령 제2조 별표 1 참조

228. 신·재생에너지 설비 중 태양의 열에너지를 변환시켜 전기를 생산하거나 에너지원으로 이용하는 설비로 맞는 것은?

㉮ 태양열 설비
㉯ 태양광 설비
㉰ 바이오에너지 설비
㉱ 풍력 설비

해설 신·재생에너지 개발·이용·보급 촉진법 시행규칙 제2조 4 참조

229. 신·재생에너지 설비 중 수소와 산소의 전기화학 반응을 통하여 전기 또는 열을 생산하는 설비는?

㉮ 수력 설비
㉯ 해양에너지 설비
㉰ 수소에너지 설비
㉱ 연료전지 설비

해설 신에너지 및 재생에너지 개발·이용·보급 촉진법 시행규칙 제2조 2 참조

정답 225. ㉯ 226. ㉮ 227. ㉯ 228. ㉮ 229. ㉱

부 록

- 포화증기표
- 과년도 출제문제

포화증기표

(1) 온도기준 포화증기표

온 도	포화압력		비체적(m^3/kg)		엔탈피(kcal/kg)			엔트로피(kcal/kg·K)	
(℃)	kg/cm^2	mmHg	v_f	v_g	h_f	h_g	h_{fg}	s_f	s_g
0	0.006228	4.58	0.0010002	206.3	0.00	597.1	597.1	0.0000	2.1860
2	0.007194	5.29	0.0010001	179.9	2.01	598.0	596.0	0.0073	2.1733
4	0.008289	6.10	0.0010000	157.2	4.02	598.9	594.9	0.0145	2.1609
6	0.009530	7.01	0.0010001	137.7	6.03	599.8	593.8	0.0218	2.1488
8	0.010932	8.04	0.0010002	120.9	8.04	600.7	592.6	0.0289	2.1367
10	0.012513	9.20	0.0010004	106.4	10.04	601.5	591.5	0.0361	2.1250
12	0.014292	10.5	0.0010006	93.79	12.04	602.4	590.4	0.0431	2.1134
14	0.016290	12.0	0.0010008	82.86	14.04	603.3	589.3	0.0501	2.1022
16	0.018529	13.6	0.0010011	73.34	16.04	604.1	588.1	0.0570	2.0910
18	0.021034	15.5	0.0010015	65.05	18.03	605.0	587.0	0.0639	2.0800
20	0.023830	17.5	0.0010018	57.80	20.03	605.9	585.9	0.0708	2.0693
21	0.014292	10.5	0.0010006	93.79	12.04	602.4	590.4	0.0431	2.1134
22	0.026948	19.8	0.0010023	51.46	22.02	606.8	584.8	0.0776	2.0587
23	0.028637	21.1	0.0010025	48.59	23.02	607.2	584.2	0.0810	2.0535
24	0.030415	22.4	0.0010027	45.90	24.02	607.6	583.6	0.0843	2.0483
25	0.032291	23.8	0.0010030	43.37	25.02	608.1	583.1	0.0876	2.0431
26	0.034266	25.2	0.0010033	41.01	26.01	608.5	582.5	0.0910	2.0380
27	0.036347	26.7	0.0010035	38.79	27.01	608.9	581.9	0.0943	2.0330
28	0.038536	28.3	0.0010038	36.70	28.01	609.4	581.4	0.0976	2.0280
29	0.040838	30.0	0.0010041	34.75	29.01	609.8	580.8	0.1009	2.0231
30	0.043261	31.8	0.0010044	32.91	30.00	610.2	580.2	0.1042	2.0182
31	0.045807	33.7	0.0010048	31.18	31.00	610.7	579.7	0.1075	2.0133
32	0.048482	35.7	0.0010051	29.55	32.00	611.1	579.1	0.1108	2.0085
33	0.051292	37.7	0.0010054	28.02	33.00	611.5	578.5	0.1141	2.0037
34	0.054240	39.9	0.0010058	26.58	33.90	611.9	578.0	0.1174	1.9990
35	0.057337	42.2	0.0010061	25.23	34.99	612.4	577.4	0.1207	1.9943
36	0.060585	44.6	0.0010064	23.95	35.99	612.8	576.8	0.1239	1.9896
37	0.063990	47.1	0.0010068	22.75	36.99	613.2	576.2	0.1271	1.9849
38	0.067561	49.7	0.0010071	21.61	37.98	613.7	575.7	0.1303	1.9803
39	0.071301	52.4	0.0010075	20.54	38.98	614.1	575.1	0.1335	1.9758
40	0.075220	55.3	0.0010079	19.53	39.98	614.5	574.5	0.1367	1.9713
42	0.083620	61.5	0.0010087	17.68	41.97	615.4	573.4	0.1430	1.9624
44	0.092813	68.3	0.0010095	16.02	43.97	616.2	572.2	0.1493	1.9536
46	0.10287	75.7	0.0010103	14.55	45.96	617.1	571.1	0.1555	1.9449
48	0.11384	83.7	0.0010112	13.22	47.95	617.9	570.0	0.1617	1.9364
50	0.12581	92.5	0.0010121	12.04	49.95	618.8	568.8	0.1680	1.9281
55	0.16054	118.1	0.0010145	9.572	54.94	620.8	565.9	0.1834	1.9078
60	0.20316	149.4	0.0010171	7.673	59.94	622.9	563.0	0.1984	1.8883
65	0.25506	187.6	0.0010198	6.198	64.93	625.0	560.0	0.2133	1.8695
70	0.31780	233.8	0.0010228	5.043	69.93	627.0	557.1	0.2280	1.8514
75	0.39313	289.2	0.0010258	4.132	74.94	629.1	554.1	0.2424	1.8340
80	0.48297	355.3	0.0010290	3.407	79.95	631.1	551.1	0.2568	1.8173
85	0.58947	433.6	0.0010324	2.828	84.96	633.0	548.1	0.2708	1.8011
90	0.71493	525.9	0.0010359	2.360	89.98	635.0	545.0	0.2847	1.7855
95	0.86193	634.0	0.0010397	1.982	95.00	636.9	541.9	0.2985	1.7705
96	0.89416	657.7	0.0010404	1.915	96.01	637.4	541.4	0.3012	1.7675
97	0.92738	682.1	0.0010412	1.851	97.01	637.7	540.7	0.3039	1.7646
98	0.96161	707.3	0.0010419	1.789	98.02	638.1	540.1	0.3066	1.7617
99	0.99689	733.3	0.0010427	1.730	99.03	638.5	539.4	0.3093	1.7588
100	1.03323	760.0	0.0010435	1.673	100.04	638.8	538.8	0.3120	1.7559
101	1.0704	787.0	0.0010443	1.618	101.05	639.1	538.1	0.3147	1.7531
102	1.0929	815.2	0.0010451	1.565	102.06	639.5	537.4	0.3173	1.7502
103	1.1485	844.2	0.0010458	1.514	103.06	639.9	536.8	0.3200	1.7477
104	1.1889	874.5	0.0010464	1.466	104.06	640.3	536.2	0.3227	1.7446
105	1.2318	906.1	0.0010474	1.419	105.07	640.7	535.6	0.3255	7.7419
106	1.2758	938.4	0.0010482	1.375	106.07	641.1	535.0	0.327.3	1.7392
107	1.3201	971.6	0.0010490	1.333	107.08	641.4	534.3	0.328.4	1.7364
108	1.3654	1003.6	0.0010499	1.281	108.08	641.8	533.7	0.3312	1.7337
109	1.4126	1040.0	0.0010507	1.250	109.09	642.1	533.0	0.3339	1.7310

온 도	포화압력	비체적(m^3/kg)		엔탈피(kcal/kg)			엔트로피(kcal/kg·K)	
(℃)	kg/cm^2	v_f	v_g	h_f	h_g	h_{fg}	s_f	s_g
110	1.4609	0.0010515	1.210	110.12	642.5	532.4	0.3388	1.7283
115	1.7239	0.0010558	1.036	115.18	644.4	529.2	0.3519	1.7151
120	2.0245	0.0010603	0.8916	120.25	646.1	525.9	0.3648	1.7023
125	2.3666	0.0010649	0.7704	125.33	647.9	522.5	0.3776	1.6899
130	2.7544	0.0010697	0.6681	130.42	649.5	519.1	0.3903	1.6678
135	3.1923	0.0010746	0.5819	135.54	651.2	515.6	0.4029	1.6661
140	3.6848	0.0010798	0.5087	140.64	652.8	512.1	0.4153	1.6547
145	4.2369	0.0010850	0.4462	145.80	654.3	508.5	0.4276	1.6436
150	4.8535	0.0010906	0.3926	150.92	655.8	504.9	0.4308	1.6328
155	5.5401	0.0010962	0.3466	156.05	657.2	501.2	0.4518	1.6222
160	6.3021	0.0011021	0.3069	161.26	658.6	497.3	0.4638	1.6119
165	7.1454	0.0011081	0.2725	166.47	659.9	493.4	0.4757	1.6018
170	8.0759	0.0011144	0.2427	171.68	661.1	489.5	0.4875	1.5919
175	9.1000	0.0011208	0.2168	176.93	662.3	485.4	0.4992	1.5822
180	10.224	0.0011275	0.1940	182.18	663.4	481.2	0.5108	1.5727
185	11.455	0.0011343	0.1739	187.46	664.4	477.0	0.5223	1.5633
190	12.799	0.0011415	0.1564	192.78	665.4	472.6	0.5337	1.5541
195	14.263	0.0011489	0.1410	198.11	666.3	468.1	0.5450	1.5450
200	15.856	0.0011565	0.1273	203.49	667.0	463.5	0.5564	1.5361
205	17.584	0.0011644	0.1152	208.89	667.7	458.8	0.5677	1.5273
210	19.456	0.0011726	0.1043	214.32	668.3	454.0	0.5789	1.5185
215	21.479	0.0011811	0.09470	219.76	668.8	449.1	0.5900	1.5098
220	23.660	0.0011900	0.08610	225.29	669.2	443.9	0.6011	1.5012
225	26.009	0.0011992	0.07841	230.84	669.5	438.7	0.6121	1.4927
230	28.534	0.0012087	0.07150	236.41	669.7	433.3	0.6231	1.4842
235	31.242	0.0012187	0.06528	242.06	669.7	427.7	0.6341	1.4757
240	34.144	0.0012291	0.05969	247.72	669.7	421.9	0.6451	1.4673
245	37.248	0.0012399	0.05464	253.45	669.4	416.0	0.6561	1.4589
250	40.564	0.0012512	0.05606	259.23	669.1	409.9	0.6671	1.4505
255	44.099	0.0012630	0.04590	265.09	668.6	403.5	0.6780	1.4420
260	47.868	0.0012755	0.04215	270.97	668.0	397.0	0.6889	1.4335
265	51.877	0.0012886	0.03272	276.90	667.2	390.3	0.6998	1.4249
270	56.137	0.0013023	0.03560	282.98	666.3	383.3	0.7107	1.4163
275	60.660	0.0013168	0.03274	289.10	665.1	376.0	0.7216	1.4075
280	65.456	0.0013321	0.03013	295.30	663.8	368.5	0.7326	1.3987
285	70.537	0.0013483	0.02772	301.53	662.3	360.7	0.7437	1.3898
290	75.915	0.0013655	0.02553	307.99	660.5	352.5	0.7547	1.3807
295	81.602	0.0013838	0.02350	314.44	658.5	344.1	0.7657	1.3714
300	87.611	0.0014036	0.02163	320.98	656.3	335.3	0.7769	1.3620
305	93.96	0.0014247	0.01990	327.55	653.8	326.3	0.7881	1.3523
310	100.65	0.0014475	0.01831	334.47	651.1	316.6	0.7995	1.3424
315	107.70	0.0014720	0.01684	341.45	648.0	306.5	0.8111	1.3322
320	115.14	0.0014992	0.01546	348.72	644.5	295.8	0.8229	1.3216
325	122.96	0.0015289	0.01418	356.22	640.7	284.5	0.8350	1.3106
330	131.20	0.0015619	0.01298	363.97	636.4	272.4	0.8474	1.2991
335	139.88	0.0015989	0.01185	372.10	631.6	259.5	0.8603	1.2870
340	148.98	0.0016408	0.01079	380.59	626.1	245.5	0.8737	1.2740
345	158.56	0.0016895	0.009776	389.8	619.9	230.0	0.8877	1.2599
350	168.63	0.0017468	0.008811	399.3	612.4	213.0	0.9026	1.2445
355	179.23	0.001815	0.007869	409.8	603.5	193.7	0.9188	1.2272
360	190.40	0.001907	0.006937	421.8	592.9	171.1	0.9370	1.2072
365	202.19	0.002031	0.00599	435.7	579.2	143.5	0.9581	1.1829
370	214.68	0.002231	0.00499	453.1	560.1	107.0	0.9845	1.1509
374.15	225.65	0.00318	0.00318	505.6	505.6	0	1.0642	1.0642

(2) 압력기준 포화증기표

압 력 (kg/cm²)	포화온도 (℃)	비체적(m³/kg)		엔탈피(kcal/kg)			엔트로피(kcal/kg·K)	
		v_f	v_g	h_f	h_g	h_{fg}	s_f	s_g
0.01	6.700	0.0010001	131.6	6.73	600.1	593.4	0.0243	2.1447
0.02	17.202	0.0010013	68.25	17.24	604.7	587.4	0.0611	2.0843
0.03	23.771	0.0010027	46.50	23.79	607.5	583.7	0.0835	2.0495
0.04	28.641	0.0010040	35.43	28.65	609.6	581.0	0.0997	2.0248
0.05	32.55	0.0010052	28.70	32.55	611.3	578.8	0.1126	2.0058
0.06	35.82	0.0010064	24.17	35.81	612.7	576.9	0.1233	1.9904
0.07	38.66	0.0010074	20.90	38.64	613.9	575.3	0.1324	1.9773
0.08	41.16	0.0010073	18.43	41.14	615.0	573.9	0.1404	1.9661
0.09	43.41	0.0010003	16.50	43.38	616.0	572.6	0.1474	1.9561
0.10	45.45	0.0010101	14.94	45.41	616.8	571.4	0.1538	1.9473
0.12	49.05	0.0010117	12.58	49.00	618.4	569.4	0.1650	1.9320
0.14	52.17	0.0010311	10.89	52.12	619.4	567.6	0.1747	1.9192
0.16	54.93	0.0010144	9.602	54.87	620.8	565.9	0.1832	1.9081
0.18	57.41	0.0010157	8.597	57.35	621.8	564.5	0.1907	1.8983
0.20	59.66	0.0010169	7.787	59.60	622.7	563.1	0.1974	1.8895
0.22	61.73	0.0010180	7.121	61.67	623.6	562.0	0.2036	1.8817
0.24	63.65	0.0010191	6.562	63.59	624.4	560.8	0.2094	1.8746
0.26	65.43	0.0010201	6.088	65.37	625.2	559.8	0.2147	1.8679
0.28	67.10	0.0010211	5.678	67.03	625.8	558.8	0.2196	1.8619
0.30	68.67	0.0010220	5.323	68.60	626.5	557.9	0.2241	1.8561
0.4	75.41	0.0010261	4.065	75.35	629.2	553.9	0.2437	1.8328
0.5	80.86	0.0010296	3.299	80.81	631.4	550.6	0.2592	1.8145
0.6	85.45	0.0010327	2.781	85.41	633.2	547.8	0.2721	1.7997
0.7	89.45	0.0010356	2.408	89.43	634.8	545.4	0.2832	1.7872
0.8	92.99	0.0010381	2.124	92.98	636.2	543.2	0.2930	1.7764
0.9	96.18	0.0010405	1.903	96.19	637.4	541.2	0.3017	1.7670
1.0	99.09	0.0010428	1.725	99.12	638.5	539.4	0.3096	1.7586
1.03323	100.00	0.0010435	1.673	100.04	638.8	538.8	0.3120	1.7559
1.1	101.76	0.0010448	1.578	101.81	639.5	537.7	0.3168	1.7509
1.2	104.25	0.0010468	1.454	104.32	640.4	536.1	0.3234	1.7440
1.3	106.56	0.0010486	1.350	106.65	641.3	534.6	0.3296	1.7376
1.4	108.74	0.0010505	1.259	108.86	642.1	533.2	0.3355	1.7317
1.5	110.79	0.0010523	1.180	110.92	642.8	531.9	0.3408	1.7262
1.6	112.73	0.0010538	1.110	112.89	643.5	530.7	0.3453	1.7211
1.8	116.33	0.0010570	0.9953	116.53	644.8	528.3	0.3553	1.7117
2.0	119.62	0.0010600	0.9018	119.86	646.0	526.1	0.3638	1.7033
2.2	122.64	0.0010627	0.8249	122.92	647.0	524.1	0.3715	1.6957
2.4	125.46	0.0010653	0.7603	125.84	648.0	522.2	0.3788	1.6888
2.6	128.08	0.0010679	0.7054	128.45	648.9	520.4	0.3854	1.6824
2.8	130.55	0.0010702	0.6581	130.98	649.7	528.7	0.3917	1.6765
3.0	132.88	0.0010725	0.6170	133.36	650.5	517.1	0.3975	1.6710
4	142.92	0.0010828	0.4709	143.63	653.7	510.0	0.4225	1.6482
5	151.11	0.0010918	0.3818	152.04	656.1	504.1	0.4425	1.6305
6	158.08	0.0010998	0.3215	159.25	658.1	498.8	0.4592	1.6158
7	164.17	0.0011070	0.2779	165.60	659.7	494.1	0.4737	1.6034
8	169.61	0.0011139	02449	171.26	661.0	489.8	0.4866	1.5927
9	174.53	0.0011202	0.2191	176.45	662.2	485.8	0.4981	1.5831
10	179.04	0.0011262	0.1981	181.19	663.2	482.0	0.5086	1.5745
11	183.20	0.0011318	0.1806	185.55	664.1	478.5	0.5182	1.5667
12	187.08	0.0011373	0.1662	189.67	664.8	475.2	0.5271	1.5595
13	190.71	0.0011425	0.1540	193.53	665.5	472.0	0.5353	1.5528
14	194.13	0.0011476	0.1436	197.18	666.1	468.9	0.5430	1.5466

압 력 (kg/cm^2)	포화온도 (℃)	비체적(m^3/kg)		엔탈피(kcal/kg)			엔트로피(kcal/kg·K)	
		v_f	v_g	h_f	h_g	h_{fg}	s_f	s_g
15	197.36	0.0011524	0.1344	200.53	666.6	466.0	0.5504	1.5408
16	200.43	0.0011571	0.1263	203.93	667.1	463.0	0.5574	1.5353
17	203.36	0.0011618	0.1190	207.10	667.5	460.4	0.5640	1.5302
18	206.15	0.0011662	0.1126	210.14	667.9	457.7	0.5703	1.5253
19	208.82	0.0011706	0.1067	213.04	668.2	455.1	0.5763	1.5206
20	211.38	0.0011749	0.1015	215.82	668.5	452.7	0.5820	1.5161
22	216.23	0.0011832	0.09249	221.12	668.9	447.8	0.5927	1.5077
24	220.75	0.0011914	0.08490	226.13	669.3	443.1	0.6027	1.5000
26	224.98	0.0011992	0.07843	230.82	669.5	438.7	0.6120	1.4927
28	228.97	0.0012067	0.07285	235.27	669.7	434.4	0.6208	1.4859
30	232.75	0.0012141	0.06800	239.51	669.7	430.2	0.6292	1.4795
32	236.34	0.0012215	0.06373	243.65	669.7	426.1	0.6370	1.4734
34	239.76	0.0012286	0.05996	247.43	669.7	422.2	0.6446	1.4677
36	243.03	0.0012356	0.05658	251.20	669.5	418.3	0.6517	1.4622
38	246.16	0.0012425	0.05354	254.77	669.4	414.6	0.6586	1.4569
40	249.17	0.0012492	0.05079	258.25	669.2	410.9	0.6652	1.4518
42	252.07	0.0012560	0.04830	261.64	668.9	407.3	0.6716	1.4469
44	254.86	0.0012626	0.04603	264.93	668.7	403.7	0.6776	1.4422
46	257.56	0.0012693	0.04394	268.08	668.3	400.3	0.6835	1.4376
48	260.17	0.0012760	0.04202	271.16	668.0	396.8	0.6892	1.4332
50	262.70	0.0012826	0.14026	274.15	667.6	393.5	0.6947	1.4288
55	268.69	0.0012986	0.03640	281.37	666.5	385.2	0.7078	1.4185
60	274.29	0.003147	0.03312	288.24	665.3	377.0	0.7201	1.4088
65	279.54	0.0013306	0.03036	294.73	663.9	369.2	0.7316	1.3995
70	284.48	0.0013466	0.02795	300.93	662.4	361.5	0.7426	1.3907
80	293.62	0.0013786	0.02404	312.65	659.1	346.4	0.7627	1.3740
90	301.91	0.0014114	0.02095	323.51	655.4	331.9	0.7812	1.3583
100	309.53	0.0014452	0.01845	333.84	651.3	317.5	0.7985	1.3434
110	316.57	0.0014801	0.01640	343.62	647.0	303.4	0.8147	1.3289
120	323.14	0.0015176	0.01465	353.44	642.2	288.7	0.8305	1.3148
130	329.29	0.0015568	0.01315	362.83	637.0	274.2	0.8456	1.3008
140	335.08	0.0015994	0.01185	372.21	631.5	259.3	0.8604	1.2867
150	340.55	0.0016461	0.01068	381.6	625.4	243.8	0.8751	1.2725
160	345.74	0.0016975	0.009629	391.2	618.8	227.6	0.8900	1.2577
170	350.66	0.001755	0.008687	400.6	611.3	210.7	0.9047	1.2424
180	355.35	0.001820	0.007800	410.6	602.8	192.2	0.9200	1.2259
190	359.82	0.001903	0.006967	421.4	593.3	171.9	0.9363	1.2079
200	364.09	0.002004	0.00616	433.0	582.0	149.0	0.9540	1.1878
210	368.16	0.002141	0.00537	446.1	567.8	121.7	0.9739	1.1638
220	372.04	0.002385	0.00449	464.3	548.1	83.8	1.0011	1.1310
225.65	374.15	0.00318	0.00318	505.6	505.6	0	1.0642	1.0642

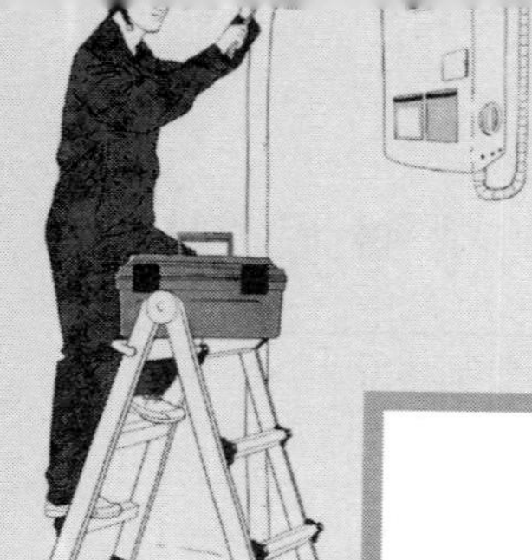

2013년도 출제문제

✷ 에너지관리 기능사

[2013년 1월 27일 시행]

1. 오일 버너 종류 중 회전컵의 회전운동에 의한 원심력과 미립화용 1차공기의 운동에너지를 이용하여 연료를 분무시키는 버너는?

㉮ 건타입 버너
㉯ 로터리 버너
㉰ 유압식 버너
㉱ 기류 분무식 버너

해설 로터리(회전식) 버너는 회전컵(분무컵)의 원심력을 이용한 오일 버너이다.

2. 프라이밍의 발생 원인으로 거리가 먼 것은?

㉮ 보일러 수위가 높을 때
㉯ 보일러 수가 농축되어 있을 때
㉰ 송기 시 증기 밸브를 급개할 때
㉱ 증발능력에 비하여 보일러 수의 표면적이 클 때

해설 보일러 수의 표면적(증발부)이 작을 때이다.

3. 오일 여과기의 기능으로 거리가 먼 것은?

㉮ 펌프를 보호한다.
㉯ 유량계를 보호한다.
㉰ 연료노즐 및 연료조절 밸브를 보호한다.
㉱ 분무효과를 높여 연소를 양호하게 하고 연소생성물을 활성화시킨다.

해설 연소생성물을 활성화시키는 것과 관계없다.

4. 다음 중 목표값이 변화되어 목표값을 측정하면서 제어목표량을 목표량에 맞도록 하는 제어에 속하지 않는 것은?

㉮ 추종제어 ㉯ 비율제어
㉰ 정치제어 ㉱ 캐스케이드 제어

해설 정치제어는 목표값이 일정한 제어이다.

5. 노통 보일러에서 갤러웨이 관(gallowy tube)을 설치하는 목적으로 가장 옳은 것은?

㉮ 스케일 부착을 방지하기 위하여
㉯ 노통의 보강과 양호한 물 순환을 위하여
㉰ 노통의 진동을 방지하기 위하여
㉱ 연료의 완전연소를 위하여

해설 ㉯항 외에 전열면적을 증가시키기 위해서이다.

6. 다음 중 수트 블로어의 종류가 아닌 것은?

㉮ 장발형 ㉯ 건타입형
㉰ 정치회전형 ㉱ 콤버스터형

정답 1. ㉯ 2. ㉱ 3. ㉱ 4. ㉰ 5. ㉯ 6. ㉱

해설 수트 블로어(soot blower)의 종류 : 장발형(롱 레트랙터블형), 단발형(쇼트 레트랙터블형), 건타입형, 정치 회전형(로터리형), 공기예열기 클리너형

7. 건 배기가스 중의 이산화탄소분 최댓값이 15.7 %이다. 공기비를 1.2로 할 경우 건 배기가스 중의 이산화탄소분은 몇 % 인가?

㉮ 11.21 % ㉯ 12.07 %
㉰ 13.08 % ㉱ 17.58 %

해설 공기비$=\dfrac{CO_2max\%}{CO_2\%}$이다.

$1.2=\dfrac{15.7}{x}$에서 $x=\dfrac{15.7}{1.2}=13.08\%$

8. 보일러 급수펌프 중 비용적식 펌프로서 원심 펌프인 것은?

㉮ 워싱턴 펌프
㉯ 웨어 펌프
㉰ 플런저 펌프
㉱ 벌류트 펌프

해설 원심 펌프에는 가이드 베인(안내깃)이 있는 터빈 펌프와 가이드 베인이 없는 벌류트 펌프가 있다.

9. 다음 자동제어에 대한 설명에서 온-오프(on-off) 제어에 해당되는 것은?

㉮ 제어량이 목표값을 기준으로 열거나 닫는 2개의 조작량을 가진다.
㉯ 비교부의 출력이 조작량에 비례하여 변화한다.
㉰ 출력편차량의 시간 적분에 비례한 속도로 조작량을 변화시킨다.
㉱ 어떤 출력편차의 시간 변화에 비례하여 조작량을 변화시킨다.

10. 다음 중 비열에 대한 설명으로 옳은 것은?

㉮ 비열은 물질 종류에 관계없이 1.4로 동일하다.
㉯ 질량이 동일할 때 열용량이 크면 비열이 크다.
㉰ 공기의 비열이 물보다 크다.
㉱ 기체의 비열비는 항상 1보다 작다.

해설 열용량=질량×비열

11. 통풍 방식에 있어서 소요 동력이 비교적 많으나 통풍력 조절이 용이하고 노내압을 정압 및 부압으로 임의로 조절이 가능한 방식은?

㉮ 흡인통풍 ㉯ 압입통풍
㉰ 평형통풍 ㉱ 자연통풍

해설 평형통풍 방식에 대한 문제이다.

12. 보일러 자동연소제어(A.C.C)의 조작량에 해당하지 않는 것은?

㉮ 연소가스량 ㉯ 공기량
㉰ 연료량 ㉱ 급수량

해설 급수량은 급수제어(F.W.C)의 조작량에 해당한다.

13. 다음 도시가스의 종류를 크게 천연가스와 석유계 가스, 석탄계 가스로 구분할 때 석유계 가스에 속하지 않는 것은?

㉮ 코르크 가스
㉯ LPG 변성가스
㉰ 나프타 분해가스
㉱ 정제소 가스

해설 ㉯, ㉰, ㉱항 및 기름 가스는 석유계 가스이며 코르크 가스는 석탄계 가스이고 LNG는 천연가스에 속한다.

정답 7. ㉰ 8. ㉱ 9. ㉮ 10. ㉯ 11. ㉰ 12. ㉱ 13. ㉮

14. **다음 중 증기의 건도를 향상시키는 방법으로 틀린 것은?**

㉮ 증기의 압력을 더욱 높여서 초고압 상태로 만든다.
㉯ 기수분리기를 사용한다.
㉰ 증기주관에서 효율적인 드레인 처리를 한다.
㉱ 증기 공간 내의 공기를 제거한다.

해설 고압의 증기를 저압의 증기로 감압시켜 사용해야 한다.

15. **다음 중 연소 시에 매연 등의 공해 물질이 가장 적게 발생되는 연료는?**

㉮ 액화천연가스 ㉯ 석탄
㉰ 중유 ㉱ 경유

해설 기체연료가 공해 물질이 가장 적게 발생된다.

16. **다음 중 수관식 보일러에 해당되는 것은?**

㉮ 스코치 보일러 ㉯ 배브콕 보일러
㉰ 코크란 보일러 ㉱ 케와니 보일러

해설 배브콕 보일러는 자연 순환식 수관 보일러이다.

17. **1 보일러 마력을 열량으로 환산하면 몇 kcal/h인가?**

㉮ 8435 kcal/h ㉯ 9435 kcal/h
㉰ 7435 kcal/h ㉱ 10173 kcal/h

해설 1 보일러 마력의 열량(열출력)은 8435 kcal/h이다.

18. **보일러 열효율 향상을 위한 방안으로 잘못 설명한 것은?**

㉮ 절탄기 또는 공기예열기를 설치하여 배기가스 열을 회수한다.
㉯ 버너 연소부하조건을 낮게 하거나 연속운전을 간헐운전으로 개선한다.
㉰ 급수온도가 높으면 연료가 절감되므로 고온의 응축수는 회수한다.
㉱ 온도가 높은 블로어 다운 수를 회수하여 급수 및 온수제조 열원으로 활용한다.

해설 간헐운전을 하면 열효율은 급격히 저하한다.

19. **석탄의 함유 성분에 대해서 그 성분이 많을수록 연소에 미치는 영향에 대한 설명으로 틀린 것은?**

㉮ 수분 : 착화성이 저하된다.
㉯ 회분 : 연소효율이 증가한다.
㉰ 휘발분 : 검은 매연이 발생하기 쉽다.
㉱ 고정탄소 : 발열량이 증가한다.

해설 회분 : 연소효율이 감소하며 고온부식의 원인과 클링커 생성으로 통풍저항을 초래한다.

20. **시간당 100 kg의 중유를 사용하는 보일러에서 총손실열량이 200000 kcal/h일 때 보일러의 효율은 얼마인가? (단, 중유의 발열량은 10000 kcal/kg이다.)**

㉮ 75 % ㉯ 80 % ㉰ 85 % ㉱ 90 %

해설 $\left(1-\dfrac{200000}{100\times 10000}\right)\times 100 = 80\,\%$

21. **보일러 부속장치에 관한 설명으로 틀린 것은?**

㉮ 배기가스의 여열을 이용하여 급수를 예열하는 장치를 절탄기라 한다.
㉯ 배기가스의 열로 연소용 공기를 예열하는 것을 공기 예열기라 한다.

정답 14. ㉮ 15. ㉮ 16. ㉯ 17. ㉮ 18. ㉯ 19. ㉯ 20. ㉯ 21. ㉰

㉰ 고압증기 터빈에서 팽창되어 압력이 저하된 증기를 재가열하는 것을 과열기라 한다.

㉱ 오일 프리히터는 기름을 예열하여 점도를 낮추고, 연소를 원활히 하는데 목적이 있다.

해설 ㉰항은 재열기에 대한 설명이다.

22. KS에서 규정하는 보일러의 열정산은 원칙적으로 정격부하 이상에서 정상상태(steady state)로 적어도 몇 시간 이상의 운전결과에 따라야 하는가?

㉮ 1시간 ㉯ 2시간
㉰ 3시간 ㉱ 5시간

23. 전기식 증기 압력조절기에서 증기가 벨로스 내에 직접 침입하지 않도록 설치하는 것으로 적합한 것은?

㉮ 신축 이음쇠 ㉯ 균압관
㉰ 사이펀관 ㉱ 안전밸브

24. 열사용기자재의 검사 및 검사의 면제에 관한 기준에 따라 온수 발생 보일러(액상식 열매체 보일러 포함)에서 사용하는 방출 밸브와 방출관의 설치기준에 관한 설명으로 옳은 것은?

㉮ 인화성 액체를 방출하는 열매체 보일러의 경우 방출 밸브 또는 방출관은 밀폐식 구조로 하든가 보일러 밖의 안전한 장소에 방출시킬 수 있는 구조이어야 한다.

㉯ 온수 발생 보일러에는 압력이 보일러의 최고사용압력에 달하면 즉시 작동하는 방출 밸브 또는 안전밸브를 2개 이상 갖추어야 한다.

㉰ 393 K의 온도를 초과하는 온수 발생 보일러에는 안전밸브를 설치하여야 하며, 그 크기는 호칭지름 10 mm 이상이어야 한다.

㉱ 액상식 열매체의 보일러 및 온도 393 K 이하의 온수 발생 보일러에는 방출밸브를 설치하여야 하며, 그 지름은 10 mm 이상으로 하고, 보일러의 압력이 보일러의 최고사용압력에 그 5 %(그 값이 0.035 MPa 미만인 경우에는 0.035 MPa로 한다.)를 더한 값을 초과하지 않도록 지름과 개수를 정하여야 한다.

해설 온수 발생 보일러에는 방출 밸브 또는 안전밸브를 1개 이상 갖추어야 하며 호칭지름은 20 mm 이상이어야 한다.

25. 외분식 보일러의 특징 설명으로 거리가 먼 것은?

㉮ 연소실 개조가 용이하다.

㉯ 노내 온도가 높다.

㉰ 연료의 선택 범위가 넓다.

㉱ 복사열의 흡수가 많다.

해설 내분식 보일러가 복사열의 흡수가 많다.

26. 보일러와 관련한 기초 열역학에서 사용하는 용어에 대한 설명으로 틀린 것은?

㉮ 절대압력 : 완전 진공상태를 0으로 기준하여 측정한 압력

㉯ 비체적 : 단위 체적당 질량으로 단위는 kg/m^3임

㉰ 현열 : 물질 상태의 변화 없이 온도가 변화하는데 필요한 열량

㉱ 잠열 : 온도의 변화 없이 물질 상태가 변화하는데 필요한 열량

정답 22. ㉯ 23. ㉰ 24. ㉮ 25. ㉱ 26. ㉯

해설 비체적 : 단위 질량당 체적으로 단위는 m^3/kg이다.

27. 보일러에서 사용하는 안전밸브 구조의 일반사항에 대한 설명으로 틀린 것은?

㉮ 설정압력이 3 MPa를 초과하는 증기 또는 온도가 508 K를 초과하는 유체에 사용하는 안전밸브에는 스프링이 분출하는 유체에 직접 노출되지 않도록 하여야 한다.
㉯ 안전밸브는 그 일부가 파손하여도 충분한 분출량을 얻을 수 있는 것이어야 한다.
㉰ 안전밸브는 쉽게 조정이 가능하도록 잘 보이는 곳에 설치하고 봉인하지 않도록 한다.
㉱ 안전밸브의 부착부는 배기에 의한 반동력에 대하여 충분한 강도가 있어야 한다.

해설 안전밸브는 함부로 조정할 수 없도록 봉인할 수 있는 구조로 해야 한다.

28. 함진 배기가스를 액방울이나 액막에 충돌시켜 분진입자를 포집 분리하는 집진장치는?

㉮ 중력식 집진장치
㉯ 관성력식 집진장치
㉰ 원심력식 집진장치
㉱ 세정식 집진장치

29. 보일러 가동 중 실화(失火)가 되거나, 압력이 규정치를 초과하는 경우는 연료공급이 자동적으로 차단하는 장치는?

㉮ 광전관 ㉯ 화염검출기
㉰ 전자 밸브 ㉱ 체크 밸브

30. 보일러 내처리로 사용되는 약제의 종류에서 pH, 알칼리 조정 작용을 하는 내처리제에 해당하지 않는 것은?

㉮ 수산화나트륨 ㉯ 히드라진
㉰ 인산 ㉱ 암모니아

해설 pH 및 알칼리 조정제 : 탄산나트륨, 인산나트륨, 수산화나트륨, 암모니아, 인산

31. 증기난방에서 응축수의 환수방법에 따른 분류 중 증기의 순환과 응축수의 배출이 빠르며, 방열량도 광범위하게 조절할 수 있어서 대규모 난방에서 많이 채택하는 방식은?

㉮ 진공 환수식 증기난방
㉯ 복관 중력 환수식 증기난방
㉰ 기계 환수식 증기난방
㉱ 단관 중력 환수식 증기난방

32. 보일러의 휴지(休止) 보존 시에 질소가스 봉입보존법을 사용할 경우 질소가스의 압력을 몇 MPa 정도로 보존하는가?

㉮ 0.2 ㉯ 0.6
㉰ 0.02 ㉱ 0.06

33. 증기, 물, 기름 배관 등에 사용되며 관내의 이물질, 찌꺼기 등을 제거할 목적으로 사용되는 것은?

㉮ 플로트 밸브 ㉯ 스트레이너
㉰ 세정 밸브 ㉱ 분수 밸브

34. 보일러 저수위 사고의 원인으로 가장 거리가 먼 것은?

㉮ 보일러 이음부에서의 누설
㉯ 수면계 수위의 오판

정답 27. ㉰ 28. ㉱ 29. ㉰ 30. ㉯ 31. ㉮ 32. ㉱ 33. ㉯ 34. ㉱

㉰ 급수장치가 증발능력에 비해 과소
㉱ 연료공급 노즐의 막힘

해설 연료공급 노즐의 막힘은 점화 실패 및 실화의 원인이 된다.

35. **보일러에서 사용하는 수면계 설치기준에 관한 설명 중 잘못된 것은?**

㉮ 유리 수면계는 보일러의 최고사용압력과 그에 상당하는 증기온도에서 원활히 작용하는 기능을 가져야 한다.
㉯ 소용량 및 소형 관류 보일러에는 2개 이상의 유리 수면계를 부착해야 한다.
㉰ 최고사용압력 1MPa 이하로서 동체 안지름이 750 mm 미만인 경우에 있어서는 수면계 중 1개는 다른 종류의 수면측정 장치로 할 수 있다.
㉱ 2개 이상의 원격지시 수면계를 시설하는 경우에 한하여 유리 수면계를 1개 이상으로 할 수 있다.

해설 소용량 및 소형 관류 보일러에는 1개 이상의 유리 수면계를 부착해야 하며 단관식 관류 보일러에는 수면계를 부착하지 않는다.

36. **보일러에서 발생하는 부식 형태가 아닌 것은?**

㉮ 점식　　㉯ 수소취화
㉰ 알칼리 부식　　㉱ 래미네이션

해설 보일러 부식
① 습식 : 점식, 알칼리 부식, 수소취화
② 건식 : 고온산화, 고온부식, 황화부식

37. **온수난방을 하는 방열기의 표준 방열량은 몇 kcal/m^2 · h인가?**

㉮ 440　㉯ 450　㉰ 460　㉱ 470

해설 ① 온수 방열기 표준방열량=450 kcal/m^2h
② 증기 방열기 표준방열량=650 kcal/m^2h

38. **증기난방과 비교하여 온수난방의 특징을 설명한 것으로 틀린 것은?**

㉮ 난방부하의 변동에 따라서 열량 조절이 용이하다.
㉯ 예열시간이 짧고, 가열 후에 냉각시간도 짧다.
㉰ 방열기의 화상이나 공기 중의 먼지 등이 눌어붙어 생기는 나쁜 냄새가 적어 실내의 쾌적도가 높다.
㉱ 동일 발열량에 대하여 방열 면적이 커야 하고 관경도 굵어야 하기 때문에 설비비가 많이 드는 편이다.

해설 예열시간이 길고 가열 후에 냉각시간도 길다.

39. **배관 내에 흐르는 유체의 종류를 표시하는 기호 중 증기를 나타내는 것은?**

㉮ A　　㉯ G
㉰ S　　㉱ O

40. **보온시공 시 주의사항에 대한 설명으로 틀린 것은?**

㉮ 보온재와 보온재의 틈새는 되도록 적게 한다.
㉯ 겹침부의 이음새는 동일선상을 피해서 부착한다.
㉰ 테이프 감기는 물, 먼지 등의 침입을 막기 위해 위에서 아래쪽으로 향하여 감아내리는 것이 좋다.
㉱ 보온의 끝 단면은 사용하는 보온재 및 보온 목적에 따라서 필요한 보호를 한다.

해설 테이프 감기는 물, 먼지 등의 침입을 막기 위해 배관의 아래쪽부터 위를 향해서 감아올리는 것이 좋다.

정답 35. ㉯　36. ㉱　37. ㉯　38. ㉯　39. ㉰　40. ㉰

41. 부식억제제의 구비조건에 해당하지 않는 것은?

㉮ 스케일의 생성을 촉진할 것
㉯ 정지나 유동 시에도 부식억제 효과가 클 것
㉰ 방식 피막이 두꺼우며 열전도에 지장이 없을 것
㉱ 이종금속과의 접촉부식 및 이종금속에 대한 부식 촉진작용이 없을 것

42. 로터리 밸브의 일종으로 원통 또는 원뿔에 구멍을 뚫고 축을 회전함에 따라 개폐하는 것으로 플러그 밸브라고도 하며 0~90° 사이에 임의의 각도로 회전함으로써 유량을 조절하는 밸브는?

㉮ 글로브 밸브 ㉯ 체크 밸브
㉰ 슬루스 밸브 ㉱ 콕(cock)

43. 열사용기자재 검사기준에 따라 수압시험을 할 때 강철제 보일러의 최고사용압력이 0.43 MPa를 초과, 1.5 MPa 이하인 보일러의 수압시험 압력은?

㉮ 최고사용압력의 2배+0.1 MPa
㉯ 최고사용압력의 1.5배+0.2 MPa
㉰ 최고사용압력의 1.3배+0.3 MPa
㉱ 최고사용압력의 2.5배+0.5 MPa

해설 강철제 보일러의 수압시험압력
① 최고사용압력(P)이 0.43 MPa 이하 : $P\times$2배
② 최고사용압력(P)이 1.5 MPa 초과 : $P\times$1.5배

44. 방열기의 종류 중 관과 핀으로 이루어지는 엘리먼트와 이것을 보호하기 위한 덮개로 이루어지며 실내 벽면 아랫부분의 나비나무 부분을 따라서 부착하여 방열하는 형식의 것은?

㉮ 컨벡터
㉯ 패널 라디에이터
㉰ 섹셔널 라디에이터
㉱ 베이스 보드 히터

해설 대류 작용을 촉진하기 위하여 철제 캐비넷 속에 핀 튜브를 넣은 것을 대류 방열기라 하며 높이가 낮은 것을 베이스 보드 히터(base board heater)라 한다.

45. 신축곡관이라고도 하며 고온, 고압용 증기관 등의 옥외 배관에 많이 쓰이는 신축이음은?

㉮ 벨로스형 ㉯ 슬리브형
㉰ 스위블형 ㉱ 루프형

46. 표준방열량을 가진 증기방열기가 설치된 실내의 난방부하가 20000 kcal/h일 때 방열면적은 몇 m^2인가?

㉮ 30.8 ㉯ 36.4
㉰ 44.4 ㉱ 57.1

해설 $650\ kcal/m^2h\times x[m^2]=20000\ kcal/h$에서 $x=30.8\ m^2$

47. 보일러 배관 중에 신축이음을 하는 목적으로 가장 적합한 것은?

㉮ 증기 속의 이물질을 제거하기 위하여
㉯ 열팽창에 의한 관의 파열을 막기 위하여
㉰ 보일러 수의 누수를 막기 위하여
㉱ 증기 속의 수분을 분리하기 위하여

48. 가동 중인 보일러의 취급 시 주의사항으로 틀린 것은?

정답 41. ㉮ 42. ㉱ 43. ㉰ 44. ㉱ 45. ㉱ 46. ㉮ 47. ㉯ 48. ㉰

㉮ 보일러 수가 항시 일정수위(사용수위)가 되도록 한다.
㉯ 보일러 부하에 응해서 연소율을 가감한다.
㉰ 연소량을 증가시킬 경우에는 먼저 연료량을 증가시키고 난 후 통풍량을 증가시켜야 한다.
㉱ 보일러 수의 농축을 방지하기 위해 주기적으로 블로 다운을 실시한다.

해설 통풍량을 먼저 증가시킨 후 연료량을 증가시켜야 한다.

49. 증기 보일러에는 원칙적으로 2개 이상의 안전밸브를 부착해야 하는데 전열면적이 몇 m^2 이하이면 안전밸브를 1개 이상 부착해도 되는가?

㉮ 50 m^2　　㉯ 30 m^2
㉰ 80 m^2　　㉱ 100 m^2

50. 배관의 나사이음과 비교한 용접이음의 특징으로 잘못 설명된 것은?

㉮ 나사이음부와 같이 관의 두께에 불균일한 부분이 없다.
㉯ 돌기부가 없어 배관상의 공간효율이 좋다.
㉰ 이음부의 강도가 적고, 누수의 우려가 크다.
㉱ 변형과 수축, 잔류응력이 발생할 수 있다.

해설 이음부의 강도가 크고 누수의 우려가 적다.

51. 온수 순환방법에서 순환이 빠르고 균일하게 급탕할 수 있는 방법은?

㉮ 단관 중력순환식 배관법
㉯ 복관 중력순환식 배관법
㉰ 건식순환식 배관법
㉱ 강제순환식 배관법

52. 연료(중유) 배관에서 연료 저장탱크와 버너 사이에 설치되지 않는 것은?

㉮ 오일펌프　　㉯ 여과기
㉰ 중유가열기　　㉱ 축열기

53. 보일러 점화조작 시 주의사항에 대한 설명으로 틀린 것은?

㉮ 연소실의 온도가 높으면 연료의 확산이 불량해져서 착화가 잘 안 된다.
㉯ 연료가스의 유출속도가 너무 빠르면 실화 등이 일어나고, 너무 늦으면 역화가 발생한다.
㉰ 연료의 유압이 낮으면 점화 및 분사가 불량하고 높으면 그을음이 축적된다.
㉱ 프리퍼지 시간이 너무 길면 연소실의 냉각을 초래하고 너무 늦으면 역화를 일으킬 수 있다.

해설 연소실의 온도가 낮으면 연료의 확산이 불량해져서 착화가 잘 안 된다.

54. 보일러 가동 시 맥동연소가 발생하지 않도록 하는 방법으로 틀린 것은?

㉮ 연료 속에 함유된 수분이나 공기를 제거한다.
㉯ 2차 연소를 촉진시킨다.
㉰ 무리한 연소를 하지 않는다.
㉱ 연소량의 급격한 변동을 피한다.

해설 연소속도를 빠르게 해야 하며 2차 연소가 일어나지 않도록 해야 한다.

55. 에너지이용 합리화법에서 정한 국가에너지절약추진위원회의 위원장은 누구

정답 49. ㉮　50. ㉰　51. ㉱　52. ㉱　53. ㉮　54. ㉯　55. ㉮

인가?

㉮ 산업통상자원부 장관
㉯ 지방자치단체의 장
㉰ 국무총리
㉱ 대통령

해설 에너지이용 합리화법 제5조 ③항 참조

56. 신 · 재생에너지 설비 중 태양의 열에너지를 변환시켜 전기를 생산하거나 에너지원으로 이용하는 설비로 맞는 것은?

㉮ 태양열 설비
㉯ 태양광 설비
㉰ 바이오에너지 설비
㉱ 풍력 설비

해설 신·재생에너지 개발·이용·보급 촉진법 시행규칙 제2조 1 참조

57. 에너지이용 합리화법에 따라 에너지사용계획을 수립하여 산업통상자원부 장관에게 제출하여야 하는 민간사업주관자의 시설규모로 맞는 것은?

㉮ 연간 2500 티 · 오 · 이 이상의 연료 및 열을 사용하는 시설
㉯ 연간 5000 티 · 오 · 이 이상의 연료 및 열을 사용하는 시설
㉰ 연간 1천만 킬로와트 이상의 전력을 사용하는 시설
㉱ 연간 500만 킬로와트 이상의 전력을 사용하는 시설

해설 에너지이용 합리화법 시행령 제20조 ③항 참조

58. 에너지이용 합리화법에 따라 산업통상자원부령으로 정하는 광고매체를 이용하여 효율관리기자재의 광고를 하는 경우에는 그 광고 내용에 에너지소비효율, 에너지소비효율등급을 포함시켜야 할 의무가 있는 자가 아닌 것은?

㉮ 효율관리기자재 제조업자
㉯ 효율관리기자재 광고업자
㉰ 효율관리기자재 수입업자
㉱ 효율관리기자재 판매업자

해설 에너지이용 합리화법 제15조 ④항 참조

59. 에너지이용 합리화법상 효율관리기자재에 해당하지 않는 것은?

㉮ 전기 냉장고
㉯ 전기 냉방기
㉰ 자동차
㉱ 범용선반

해설 에너지이용 합리화법 시행규칙 제7조 ①항 참조

60. 효율관리기자재 운용규정에 따라 가정용 가스보일러에서 시험성적서 기재 항목에 포함되지 않는 것은?

㉮ 난방열효율 ㉯ 가스소비량
㉰ 부하손실 ㉱ 대기전력

정답 56. ㉮ 57. ㉯ 58. ㉯ 59. ㉱ 60. ㉰

✸ 에너지관리 기능사

[2013년 4월 14일 시행]

1. 공기예열기에서 전열방법에 따른 분류에 속하지 않는 것은?

㉮ 전도식 ㉯ 재생식
㉰ 히트 파이프식 ㉱ 열팽창식

2. 다음 보기에서 그 연결이 잘못된 것은?

〈보기〉

① 관성력 집진장치 – 충돌식, 반전식
② 전기식 집진장치 – 코트렐 집진장치
③ 저유수식 집진장치 – 로터리 스크러버식
④ 가압수식 집진장치 – 임펄스 스크러버식

㉮ ① ㉯ ② ㉰ ③ ㉱ ④

해설 습식(세정) 집진장치 중 회전식에는 임펄스 스크러버식과 타이젠 와셔가 있다.

3. 보일러 자동제어에서 급수제어의 약호는 어느 것인가?

㉮ A.B.C ㉯ F.W.C
㉰ S.T.C ㉱ A.C.C

해설 A.B.C : 보일러 자동제어, S.T.C : 증기온도제어, A.C.C : 연소제어

4. 외분식 보일러의 특징 설명으로 잘못된 것은?

㉮ 연소실의 크기나 형상을 자유롭게 할 수 있다.
㉯ 연소율이 좋다.
㉰ 사용연료의 선택이 자유롭다.
㉱ 방사 손실이 거의 없다.

해설 외분식 보일러에서 방사(복사) 손실이 크다.

5. 원통형 보일러와 비교할 때 수관식 보일러의 특징 설명으로 틀린 것은?

㉮ 수관의 관경이 적어 고압에 잘 견딘다.
㉯ 보유수가 적어서 부하변동 시 압력변화가 적다.
㉰ 보일러 수의 순환이 빠르고 효율이 높다.
㉱ 구조가 복잡하여 청소가 곤란하다.

해설 수관식 보일러는 보유수가 적어서 부하변동 시 압력 변화가 크다.

6. 절대온도 380 K를 섭씨온도로 환산하면 약 몇 ℃인가?

㉮ 107℃ ㉯ 380℃ ㉰ 653℃ ㉱ 926℃

해설 380−273=107℃

7. 연료의 연소 시 과잉공기계수(공기비)를 구하는 올바른 식은?

㉮ $\frac{\text{연소가스량}}{\text{이론공기량}}$ ㉯ $\frac{\text{실제공기량}}{\text{이론공기량}}$
㉰ $\frac{\text{배기가스량}}{\text{사용공기량}}$ ㉱ $\frac{\text{사용공기량}}{\text{배기가스량}}$

해설 과잉공기계수(공기비)는 이론공기량에 대한 실제공기량의 비를 말한다.

8. 증기 중에 수분이 많을 경우의 설명으로 잘못된 것은?

㉮ 건조도가 저하한다.
㉯ 증기의 손실이 많아진다.
㉰ 증기 엔탈피가 증가한다.
㉱ 수격작용이 발생할 수 있다.

해설 증기 엔탈피(kcal/kg)가 감소한다.

정답 1. ㉱ 2. ㉱ 3. ㉯ 4. ㉱ 5. ㉯ 6. ㉮ 7. ㉯ 8. ㉰

9. 다음 중 고체연료의 연소방식에 속하지 않는 것은?

㉮ 화격자 연소방식
㉯ 확산 연소방식
㉰ 미분탄 연소방식
㉱ 유동층 연소방식

해설 확산 연소방식과 예혼합 연소방식은 기체연료의 연소방식이다.

10. 보일러 열정산 시 증기의 건도는 몇 % 이상에서 시험함을 원칙적으로 하는가?

㉮ 96 % ㉯ 97 % ㉰ 98 % ㉱ 99 %

해설 증기의 건도 98 % 이상을 원칙으로 한다.

11. 엔탈피가 25 kcal/kg인 급수를 받아 1시간당 20000 kg의 증기를 발생하는 경우 이 보일러의 매시 환산증발량은 몇 kg/h인가? (단, 발생증기 엔탈피는 725 kcal/kg이다.)

㉮ 3246 kg/h ㉯ 6493 kg/h
㉰ 12987 kg/h ㉱ 25974 kg/h

해설 $\frac{20000 \times (725-25)}{539} = 25974$ kg/h

12. 수트 블로어에 관한 설명으로 잘못된 것은?

㉮ 전열면 외측의 그을음 등을 제거하는 장치이다.
㉯ 분출기 내의 응축수를 배출시킨 후 사용한다.
㉰ 블로 시에는 댐퍼를 열고 흡입통풍을 증가시킨다.
㉱ 부하가 50 % 이하인 경우에만 블로 한다.

해설 부하가 50 % 이하인 경우에는 금물이다.

13. 보일러에 부착하는 압력계의 취급상 주의사항으로 틀린 것은?

㉮ 온도가 353 K 이상 올라가지 않도록 한다.
㉯ 압력계는 고장이 날 때까지 계속 사용하는 것이 아니라 일정사용 시간을 정하고 정기적으로 교체하여야 한다.
㉰ 압력계 사이펀관의 수직부에 콕을 설치하고 콕의 핸들이 축 방향과 일치할 때에 열린 것이어야 한다.
㉱ 부르동관 내에 직접 증기가 들어가면 고장이 나기 쉬우므로 사이펀관에 물이 가득차지 않도록 한다.

해설 사이펀관 내에는 항상 물이 차도록 해야 한다.

14. 보일러 저수위 경보장치 종류에 속하지 않는 것은?

㉮ 플로트식 ㉯ 전극식
㉰ 열팽창관식 ㉱ 압력제어식

해설 플로트식(맥도널식, 자석식), 전극식, 열팽창관식(금속 팽창식, 액체 팽창식)이 있다.

15. 고체연료에서 탄화가 많이 될수록 나타나는 현상으로 옳은 것은?

㉮ 고정탄소가 감소하고, 휘발분은 증가되어 연료비는 감소한다.
㉯ 고정탄소가 증가하고, 휘발분은 감소되어 연료비는 감소한다.
㉰ 고정탄소가 감소하고, 휘발분은 증가되어 연료비는 증가한다.
㉱ 고정탄소가 증가하고, 휘발분은 감소되어 연료비는 증가한다.

해설 탄화도가 클수록 수분, 회분, 휘발분은 감소하고 고정탄소가 증가하여 연료비는 증가한다.

정답 9. ㉯ 10. ㉰ 11. ㉱ 12. ㉱ 13. ㉱ 14. ㉱ 15. ㉱

16. 다음 각각의 자동제어에 관한 설명 중 맞는 것은?

㉮ 목표값이 일정한 자동제어를 추치제어라고 한다.
㉯ 어느 한쪽의 조건이 구비되지 않으면 다른 제어를 정지시키는 것은 피드백 제어이다.
㉰ 결과가 원인으로 되어 제어단계를 진행하는 것은 인터로크 제어라고 한다.
㉱ 미리 정해진 순서에 따라 제어의 각 단계를 차례로 진행하는 제어는 시퀀스 제어이다.

해설 ㉮항은 정치제어, ㉯항은 인터로크를 의미한다.

17. 난방 및 온수 사용열량이 400000 kcal/h인 건물에, 효율 80 %인 보일러로서 저위발열량 10000 kcal/Nm³인 기체연료를 연소시키는 경우, 시간당 소요 연료량은 약 몇 Nm³/h인가?

㉮ 45 ㉯ 60 ㉰ 56 ㉱ 50

해설 $\frac{400,000}{x \times 10000} \times 100 = 80$에서,

$$x = \frac{400,000 \times 100}{10000 \times 80} = 50\ \mathrm{Nm^3/h}$$

18. 다음 중 여과식 집진장치의 분류가 아닌 것은?

㉮ 유수식 ㉯ 원통식
㉰ 평판식 ㉱ 역기류 분사식

해설 여과재의 형상에 따라 원통식, 평판식, 완전 자동형인 역기류 분사식이 있다.

19. 보일러의 안전장치와 거리가 먼 것은?

㉮ 과열기 ㉯ 안전밸브
㉰ 저수위 경보기 ㉱ 방폭문

해설 과열기는 폐열회수(열교환) 장치이다.

20. 보일러 마력(boiler horsepower)에 대한 정의로 가장 옳은 것은?

㉮ 0℃ 물 15.65 kg을 1시간에 증기로 만들 수 있는 능력
㉯ 100℃ 물 15.65 kg을 1시간에 증기로 만들 수 있는 능력
㉰ 0℃ 물 15.65 kg을 10분에 증기로 만들 수 있는 능력
㉱ 100℃ 물 15.65 kg을 10분에 증기로 만들 수 있는 능력

해설 1 보일러 마력은 1 atm 하에서 100℃ 물 15.65 kg을 1시간 동안 증기로 만들 수 있는 능력을 갖는 보일러

21. 다음 중 수면계의 기능시험을 실시해야 할 시기로 옳지 않은 것은?

㉮ 보일러를 가동하기 전
㉯ 2개의 수면계의 수위가 동일할 때
㉰ 수면계 유리의 교체 또는 보수를 행하였을 때
㉱ 프라이밍, 포밍 등이 생길 때

해설 수면계 수위에 의심이 갈 때와 2개의 수면계 수위가 다를 때 기능시험을 해야 한다.

22. 보일러 자동제어에서 신호전달 방식 종류에 해당되지 않는 것은?

㉮ 팽창식 ㉯ 유압식
㉰ 전기식 ㉱ 공기압식

23. 액체연료의 일반적인 특징에 관한 설명으로 틀린 것은?

㉮ 유황분이 없어서 기기 부식의 염려가 거의 없다.

정답 16. ㉱ 17. ㉱ 18. ㉮ 19. ㉮ 20. ㉯ 21. ㉯ 22. ㉮ 23. ㉮

㉯ 고체연료에 비해서 단위 중량당 발열량이 높다.
㉰ 연소효율이 높고 연소조절이 용이하다.
㉱ 수송과 저장 및 취급이 용이하다.

해설 액체연료 중의 유황(S) 성분으로 저온 부식을 일으키기 쉽다.

24. **다음 중 보일러 스테이(stay)의 종류에 해당되지 않는 것은?**

㉮ 거싯(gusset) 스테이
㉯ 바(bar) 스테이
㉰ 튜브(tube) 스테이
㉱ 너트(nut) 스테이

해설 ㉮, ㉯, ㉰항 외에 볼트 스테이, 거더 스테이 등이 있다.

25. **어떤 물질의 단위질량(1 kg)에서 온도를 1℃ 높이는 데 소요되는 열량을 무엇이라고 하는가?**

㉮ 열용량 ㉯ 비열
㉰ 잠열 ㉱ 엔탈피

해설 비열(kcal/kg℃)에 대한 문제이다.

26. **보일러에서 카본이 생성되는 원인으로 거리가 먼 것은?**

㉮ 유류의 분무상태 또는 공기와의 혼합이 불량할 때
㉯ 버너 타일공의 각도가 버너의 화염각도보다 작은 경우
㉰ 노통 보일러와 같이 가느다란 노통을 연소실로 하는 것에서 화염각도가 현저하게 작은 버너를 설치하고 있는 경우
㉱ 직립 보일러와 같이 연소실의 길이가 짧은 노에다가 화염의 길이가 매우 긴 버너를 설치하고 있는 경우

해설 가느다란 노통을 연소실로 하는 경우에 화염각도가 큰 버너를 설치하는 경우에 카본이 생성하기 쉽다.

27. **다음 보일러 중 특수열매체 보일러에 해당되는 것은?**

㉮ 타쿠마 보일러
㉯ 카네크롤 보일러
㉰ 슐처 보일러
㉱ 하우덴 존슨 보일러

해설 특수열매체 보일러의 종류 : 수은 보일러, 다우섬 보일러, 카네크롤 보일러, 세큐리티 보일러, 에스섬 보일러 등

28. **유류 보일러의 자동장치 점화방법의 순서가 맞는 것은?**

㉮ 송풍기 기동→연료펌프 기동→프리퍼지→점화용 버너 착화→주버너 착화
㉯ 송풍기 기동→프리퍼지→점화용 버너 착화→연료펌프 기동→주버너 착화
㉰ 연료펌프 기동→점화용 버너 착화→프리퍼지→주버너 착화→송풍기 기동
㉱ 연료펌프 기동→주버너 착화→점화용 버너 착화→프리퍼지→송풍기 기동

해설 ① 송풍기 기동
② 연료펌프 기동
③ 프리퍼지
④ 노내압 조정
⑤ 점화버너 착화
⑥ 화염검출기 작동
⑦ 주버너 착화

29. **보일러의 기수분리기를 가장 옳게 설명한 것은?**

㉮ 보일러에서 발생한 증기 중에 포함되어 있는 수분을 제거하는 장치
㉯ 증기 사용처에서 증기 사용 후 물과

정답 24. ㉱ 25. ㉯ 26. ㉰ 27. ㉯ 28. ㉮ 29. ㉮

증기를 분리하는 장치

[다] 보일러에 투입되는 연소용 공기 중의 수분을 제거하는 장치

[라] 보일러 급수 중에 포함되어 있는 공기를 제거하는 장치

30. 액상 열매체 보일러시스템에서 열매체유의 액팽창을 흡수하기 위한 팽창탱크의 최소 체적(V_T)을 구하는 식으로 옳은 것은?(단, V_E는 승온 시 시스템 내의 열매체유 팽창량, V_M은 상온 시 탱크 내의 열매체유 보유량이다.)

[가] $V_T = V_E + V_M$

[나] $V_T = V_E + 2V_M$

[다] $V_T = 2V_E + V_M$

[라] $V_T = 2V_E + 2V_M$

31. 어떤 거실의 난방부하가 5000 kcal/h이고, 주철제 온수 방열기로 난방할 때 필요한 방열기의 쪽수(절수)는?(단, 방열기 1쪽당 방열면적은 0.26 m^2이고, 방열량은 표준방열량으로 한다.)

[가] 11 [나] 21 [다] 30 [라] 43

해설 $450 \times 0.26 \times x = 5000$에서

$$x = \frac{5000}{450 \times 0.26} = 43\text{쪽}$$

32. 점화장치로 이용되는 파일럿 버너는 화염을 안정시키기 위해 보염식 버너가 이용되고 있는데 이 보염식 버너의 구조에 관한 설명으로 가장 옳은 것은?

[가] 동일한 화염 구멍이 8~9개 내외로 나뉘어져 있다.

[나] 화염 구멍이 가느다란 타원형으로 되어 있다.

[다] 중앙의 화염 구멍 주변으로 여러 개의 작은 화염 구멍이 설치되어 있다.

[라] 화염 구멍부 구조가 원뿔 형태와 같이 되어 있다.

33. 압축기 진동과 서징, 관의 수격작용, 지진 등에서 발생하는 진동을 억제하는 데 사용되는 지지장치는?

[가] 벤드벤 [나] 플랩 밸브

[다] 그랜드 패킹 [라] 브레이스

해설 브레이스는 각종 펌프류, 압축기 등에서 발생하는 진동에 따른 진동현상을 제한하는 지지대이다.

34. 관의 결합방식 표시방법 중 플랜지식의 그림기호로 맞는 것은?

[가] —+— [나] —●—

[다] —||— [라] —|||—

해설 [가]항은 나사 이음, [나]항은 땜 이음, [라]항은 유니언 이음이다.

35. 평소 사용하고 있는 보일러의 가동 전 준비사항으로 틀린 것은?

[가] 각종 기기의 기능을 검사하고 급수계통의 이상 유무를 확인한다.

[나] 댐퍼를 닫고 프리퍼지를 행한다.

[다] 각 밸브의 개폐상태를 확인한다.

[라] 보일러 수의 물의 높이는 상용 수위로 하여 수면계로 확인한다.

해설 댐퍼를 열고 프리퍼지(pre purge)를 행한다.

36. 다음 〈보기〉 중에서 보일러의 운전정지 순서를 올바르게 나열한 것은?

정답 30. [다] 31. [라] 32. [다] 33. [라] 34. [다] 35. [나] 36. [나]

〈보기〉

① 증기 밸브를 닫고, 드레인 밸브를 연다.
② 공기의 공급을 정지시킨다.
③ 댐퍼를 닫는다.
④ 연료의 공급을 정지시킨다.

㉮ ②→④→①→③
㉯ ④→②→①→③
㉰ ③→④→①→②
㉱ ①→④→②→③

해설 연소율을 낮춘다→④→포스트퍼지→②→①→③

37. 증기 트랩의 설치 시 주의사항에 관한 설명으로 틀린 것은?

㉮ 응축수 배출점이 여러 개가 있을 경우 응축수 배출점을 묶어서 그룹 트래핑을 하는 것이 좋다.
㉯ 증기가 트랩에 유입되면 즉시 배출시켜 운전에 영향을 미치지 않도록 하는 것이 필요하다.
㉰ 트랩에서의 배출관은 응축수 회수주관의 상부에 연결하는 것이 필수적으로 요구되며, 특히 회수주관이 고가 배관으로 되어있을 때에는 더욱 주의하여 연결하여야 한다.
㉱ 증기트랩에서 배출되는 응축수를 회수하여 재활용하는 경우에 응축수 회수관 내에는 원하지 않는 배압이 형성되어 증기트랩의 용량에 영향을 미칠 수 있다.

해설 응축수 배출점마다 각각 트랩을 설치해야 하며 그룹 트래핑은 하지 말아야 한다.

38. 보일러의 자동 연료차단장치가 작동하는 경우가 아닌 것은?

㉮ 최고사용압력이 0.1 MPa 미만인 주철제 온수보일러의 경우 온수온도가 105℃인 경우
㉯ 최고사용압력이 0.1 MPa를 초과하는 증기보일러에서 보일러의 저수위 안전장치가 동작할 때
㉰ 관류보일러에 공급하는 급수량이 부족한 경우
㉱ 증기압력이 설정압력보다 높은 경우

해설 최고사용압력이 0.1 MPa 초과하는 주철제 온수보일러인 경우 온수온도가 115℃ 초과인 경우

39. 회전이음, 지블이음 등으로 불리며, 증기 및 온수난방 배관용으로 사용하고 현장에서 2개 이상의 엘보를 조립해서 설치하는 신축이음은?

㉮ 벨로스형 신축이음
㉯ 루프형 신축이음
㉰ 스위블형 신축이음
㉱ 슬리브형 신축이음

40. 파이프 또는 이음쇠의 나사이음 분해 조립 시, 파이프 등을 회전시키는 데 사용되는 공구는?

㉮ 파이프 리머 ㉯ 파이프 익스팬더
㉰ 파이프 렌치 ㉱ 파이프 커터

41. 증기난방의 분류 중 응축수 환수방식에 의한 분류에 해당되지 않는 것은?

㉮ 중력환수방식 ㉯ 기계환수방식
㉰ 진공환수방식 ㉱ 상향환수방식

42. 그림과 같이 개방된 표면에서 구멍 형태로 깊게 침식하는 부식을 무엇이라고 하는가?

정답 37. ㉮ 38. ㉮ 39. ㉰ 40. ㉰ 41. ㉱ 42. ㉱

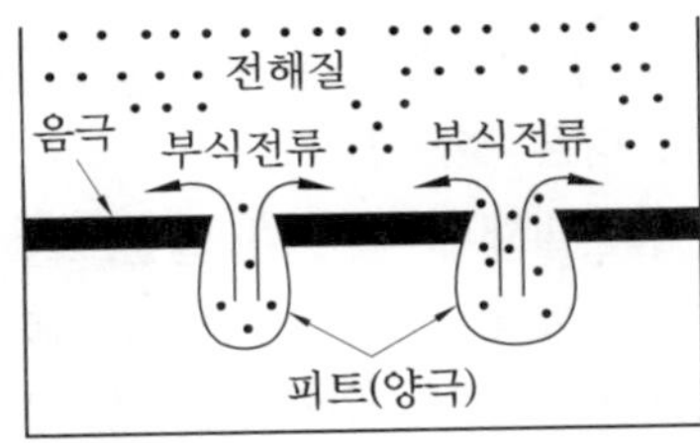

㉮ 국부 부식
㉯ 그루빙(grooving)
㉰ 저온 부식
㉱ 점식(pitting)

해설 내부 부식의 대표적인 점식 형태이다.

43. 가스 폭발에 대한 방지대책으로 거리가 먼 것은?

㉮ 점화 조작 시에는 연료를 먼저 분무시킨 후 무화용 증기나 공기를 공급한다.
㉯ 점화할 때에는 미리 충분한 프리퍼지를 한다.
㉰ 연료 속의 수분이나 슬러지 등은 충분히 배출한다.
㉱ 점화전에는 중유를 가열하여 필요한 점도로 해둔다.

해설 점화 조작 시 공기를 먼저 공급한 후 연료를 분무시켜야 한다.

44. 주증기관에서 증기의 건도를 향상시키는 방법으로 적당하지 않은 것은?

㉮ 가압하여 증기의 압력을 높인다.
㉯ 드레인 포켓을 설치한다.
㉰ 증기 공간 내에 공기를 제거한다.
㉱ 기수분리기를 사용한다.

해설 증기의 압력을 감압시켜 사용해야 한다.

45. 보온재 선정 시 고려해야 할 조건이 아닌 것은?

㉮ 부피, 비중이 작을 것
㉯ 보온능력이 클 것
㉰ 열전도율이 클 것
㉱ 기계적 강도가 클 것

해설 열전도율이 작고 흡습성, 흡수성이 없어야 한다.

46. 진공환수식 증기난방 배관시공에 관한 설명 중 맞지 않는 것은?

㉮ 증기주관은 흐름 방향에 $\frac{1}{200}$~$\frac{1}{300}$의 앞내림 기울기로 하고 도중에 수직 상향부가 필요한 때 트랩장치를 한다.
㉯ 방열기 분기관 등에서 앞단에 트랩장치가 없을 때는 $\frac{1}{50}$~$\frac{1}{100}$의 앞올림 기울기로 하여 응축수를 주관에 역류시킨다.
㉰ 환수관에 수직 상향부가 필요한 때는 리프트 피팅을 써서 응축수가 위쪽으로 배출하게 한다.
㉱ 리프트 피팅은 될 수 있으면 사용개소를 많게 하고 1단을 2.5 m 이내로 한다.

해설 리프트 피팅 이음에서 1단 흡상 높이는 1.5 m 이내로 한다.

47. 보일러 사고의 원인 중 보일러 취급상의 사고원인이 아닌 것은?

㉮ 재료 및 설계불량
㉯ 사용압력초과 운전
㉰ 저수위 운전
㉱ 급수처리 불량

해설 재료 및 설계불량은 제작상의 원인이다.

48. 연료의 완전연소를 위한 구비조건으로 틀린 것은?

정답 43. ㉮ 44. ㉮ 45. ㉰ 46. ㉱ 47. ㉮ 48. ㉮

㉮ 연소실 내의 온도는 낮게 유지할 것
㉯ 연료와 공기의 혼합이 잘 이루어지도록 할 것
㉰ 연료와 연소장치가 맞을 것
㉱ 공급 공기를 충분히 예열시킬 것

해설 연소실 온도를 고온으로 유지해야 한다.

49. 천연고무와 비슷한 성질을 가진 합성고무로서 내유성, 내후성, 내산화성, 내열성 등이 우수하며, 석유용매에 대한 저항성이 크고 내열도는 −46℃~121℃ 범위에서 안정한 패킹 재료는?

㉮ 과열 석면　　㉯ 네오플렌
㉰ 테프론　　㉱ 하스텔로이

해설 플랜지 패킹제로 사용되는 네오플렌에 대한 문제이다.

50. 파이프 커터로 관을 절단하면 안으로 거스러미(burr)가 생기는데 이것을 능률적으로 제거하는데 사용되는 공구는?

㉮ 다이 스토크
㉯ 사각줄
㉰ 파이프 리머
㉱ 체인 파이프렌치

51. 증기난방과 비교하여 온수난방의 특징에 대한 설명으로 틀린 것은?

㉮ 물의 현열을 이용하여 난방하는 방식이다.
㉯ 예열에 시간이 걸리지만 쉽게 냉각되지 않는다.
㉰ 동일 방열량에 대하여 방열 면적이 크고 관경도 굵어야 한다.
㉱ 실내 쾌감도가 증기난방에 비해 낮다.

해설 실내 쾌감도가 증기난방에 비해 높다.

52. 다음 열역학과 관계된 용어 중 그 단위가 다른 것은?

㉮ 열전달계수　　㉯ 열전도율
㉰ 열관류율　　㉱ 열통과율

해설 열전달계수, 열관류율(열통과율) : kcal/ m^2h℃
열전도율 : kcal/mh℃

53. 스케일의 종류 중 보일러 급수 중의 칼슘 성분과 결합하여 규산칼슘을 생성하기도 하며, 이 성분이 많은 스케일은 대단히 경질이기 때문에 기계적, 화학적으로 제거하기 힘든 스케일 성분은?

㉮ 실리카　　㉯ 황산마그네슘
㉰ 염화마그네슘　　㉱ 유지

해설 실리카(SiO_2) : 급수 중의 칼슘 성분과 결합하여 규산칼슘을 생성해 경질 스케일을 만든다.

54. 다음 관 이음 중 진동이 있는 곳에 가장 적합한 이음은?

㉮ MR 조인트 이음
㉯ 용접 이음
㉰ 나사 이음
㉱ 플렉시블 이음

해설 펌프 입구 및 출구와 같은 진동이 있는 곳에는 플렉시블 이음이 적당하다.

55. 에너지이용 합리화법에 따라 검사대상기기의 용량이 15 t/h인 보일러일 경우 조종자의 자격 기준으로 가장 옳은 것은?

㉮ 에너지관리 기능장 자격 소지자만이 가능하다.
㉯ 에너지관리 기능장, 에너지관리 기사 자격 소지자만이 가능하다.

정답 49. ㉯　50. ㉰　51. ㉱　52. ㉯　53. ㉮　54. ㉱　55. ㉰

㉰ 에너지관리 기능장, 에너지관리 기사, 에너지관리 산업기사 자격 소지자만이 가능하다.

㉱ 에너지관리 기능장, 에너지관리 기사, 에너지관리 산업기사, 에너지관리 기능사 자격 소지자만이 가능하다.

해설 에너지이용 합리화법 시행규칙 제31조의 26 별표 3의 9 참조

56. **신 · 재생에너지 설비인증 심사기준을 일반 심사기준과 설비 심사기준으로 나눌 때 다음 중 일반 심사기준에 해당되지 않는 것은?**

㉮ 신 · 재생에너지 설비의 제조 및 생산 능력의 적정성

㉯ 신 · 재생에너지 설비의 품질유지 · 관리능력의 적정성

㉰ 신 · 재생에너지 설비의 에너지효율의 적정성

㉱ 신 · 재생에너지 설비의 사후관리의 적정성

해설 신·재생에너지 개발·이용·보급 촉진법 시행규칙 제7조 ①항 별표 2 참조

57. **다음 (　) 안의 A, B에 각각 들어갈 용어로 옳은 것은?**

> 에너지이용 합리화법은 에너지의 수급을 안정시키고 에너지의 합리적이고 효율적인 이용을 증진하며 에너지소비로 인한 (A)을(를) 줄임으로써 국민 경제의 건전한 발전 및 국민복지의 증진과 (B)의 최소화에 이바지함을 목적으로 한다.

㉮ A : 환경파괴, B : 온실가스

㉯ A : 자연파괴, B : 환경피해

㉰ A : 환경피해, B : 지구온난화

㉱ A : 온실가스배출, B : 환경파괴

해설 에너지이용 합리화법 제1조 참조

58. **제3자로부터 위탁을 받아 에너지사용 시설의 에너지절약을 위한 관리 · 용역 사업을 하는 자로서 산업통상자원부 장관에게 등록을 한 자를 지칭하는 기업은?**

㉮ 에너지진단기업

㉯ 수요관리투자기업

㉰ 에너지절약전문기업

㉱ 에너지기술개발전담기업

해설 에너지이용 합리화법 제25조 ①항 참조

59. **에너지법상 지역에너지계획에 포함되어야 할 사항이 아닌 것은?**

㉮ 에너지 수급의 추이와 전망에 관한 사항

㉯ 에너지이용 합리화와 이를 통한 온실가스 배출감소를 위한 대책에 관한 사항

㉰ 미활용에너지원의 개발 · 사용을 위한 대책에 관한 사항

㉱ 에너지 소비촉진 대책에 관한 사항

해설 에너지법 제7조 ②항 참조

60. **에너지이용 합리화법에 따라 에너지다소비사업자에게 개선명령을 하는 경우는 에너지관리지도 결과 몇 % 이상의 에너지효율개선이 기대되고 효율개선을 위한 투자의 경제성이 인정되는 경우인가?**

㉮ 5 %　　㉯ 10 %

㉰ 15 %　　㉱ 20 %

해설 에너지이용 합리화법 시행령 제40조 ①항 참조

정답 56. ㉰　57. ㉰　58. ㉰　59. ㉱　60. ㉯

✺ 에너지관리 기능사

[2013년 7월 21일 시행]

1. 과열기의 형식 중 증기와 열가스 흐름의 방향이 서로 반대인 과열기의 형식은?

㉮ 병류식 ㉯ 대향류식
㉰ 증류식 ㉱ 역류식

해설 증기와 열가스의 흐름의 방향이 같으면 병류식이며 서로 반대인 경우에는 대향류식(향류식)이다.

2. 보일러에서 사용하는 화염검출기에 관한 설명 중 틀린 것은?

㉮ 화염검출기는 검출이 확실하고 검출에 요구되는 응답시간이 길어야 한다.
㉯ 사용하는 연료의 화염을 검출하는 것에 적합한 종류를 적용해야 한다.
㉰ 보일러용 화염검출기에는 주로 광학식 검출기와 화염검출봉식(flame rod) 검출기가 사용된다.
㉱ 광학식 화염검출기는 자회선식을 사용하는 것이 효율적이지만 유류 보일러에는 일반적으로 가시광선식 또는 적외선식 화염검출기를 사용한다.

해설 검출에 요구되는 응답시간이 짧아야 한다.

3. 다음 중 보일러의 안전장치로 볼 수 없는 것은?

㉮ 고저수위 경보장치
㉯ 화염검출기
㉰ 급수펌프
㉱ 압력조절기

해설 급수펌프는 급수장치에 해당된다.

4. 측정 장소의 대기 압력을 구하는 식으로 옳은 것은?

㉮ 절대압력 + 게이지 압력
㉯ 게이지 압력 − 절대압력
㉰ 절대압력 − 게이지 압력
㉱ 진공도 × 대기압력

해설 절대압력=대기압력+게이지 압력에서 대기압력=절대압력−게이지 압력

5. 원통형 보일러의 일반적인 특징에 관한 설명으로 틀린 것은?

㉮ 구조가 간단하고 취급이 용이하다.
㉯ 수부가 크므로 열 비축량이 크다.
㉰ 폭발 시에도 비산면적이 작아 재해가 크게 발생하지 않는다.
㉱ 사용 증기량의 변동에 따른 발생 증기의 압력변동이 작다.

해설 폭발사고 시 비산 면적이 많아 재해가 크게 발생한다.

6. 포화증기와 비교하여 과열증기가 가지는 특징 설명으로 틀린 것은?

㉮ 증기의 마찰 손실이 적다.
㉯ 같은 압력의 포화증기에 비해 보유열량이 많다.
㉰ 증기 소비량이 적어도 된다.
㉱ 가열 표면의 온도가 균일하다.

해설 과열증기는 가열 표면의 온도가 균일하지 못하다.

7. 대기압에서 동일한 무게의 물 또는 얼음을 다음과 같이 변화시키는 경우 가장 큰 열량이 필요한 것은?(단, 물과 얼음의 비

정답 1. ㉯ 2. ㉮ 3. ㉰ 4. ㉰ 5. ㉰ 6. ㉱ 7. ㉱

열은 각각 1 kcal/kg · ℃, 0.48 kcal/kg · ℃이고, 물의 증발잠열은 539 kcal/kg, 융해잠열은 80 kcal/kg이다.)

㉮ −20℃의 얼음을 0℃의 얼음으로 변화
㉯ 0℃의 얼음을 0℃의 물로 변화
㉰ 0℃의 물을 100℃의 물로 변화
㉱ 100℃의 물을 100℃의 증기로 변화

해설 ㉮ : 1×0.48×{0−(−20)}=9.6 kcal
㉯ : 80×1=80 kcal
㉰ : 1×1×(100−0)=100 kcal
㉱ : 539×1=539 kcal

8. 보일러 효율이 85 %, 실제증발량이 5 t/h이고 발생증기의 엔탈피 656 kcal/kg, 급수온도의 엔탈피는 56 kcal/kg, 연료의 저위발열량 9750 kcal/kg일 때 연료소비량은 약 몇 kg/h인가?

㉮ 316 ㉯ 362 ㉰ 389 ㉱ 405

해설 $\frac{5000(656-56)}{x \times 9750} \times 100 = 85$에서

$x = \frac{5000(656-56) \times 100}{85 \times 9750} = 362$ kg/h

9. 온수보일러에서 배플 플레이트(baffle plate)의 설치 목적으로 맞는 것은?

㉮ 급수를 예열하기 위하여
㉯ 연소효율을 감소시키기 위하여
㉰ 강도를 보강하기 위하여
㉱ 그을음 부착량을 감소시키기 위하여

해설 연관 내부에 배플 플레이트를 설치하는 목적은 전열효율을 증가시키고 그을음 부착량을 감소시키기 위함이다.

10. 보일러 통풍에 대한 설명으로 잘못된 것은?

㉮ 자연 통풍은 일반적으로 별도의 동력을 사용하지 않고 연돌로 인한 통풍을 말한다.
㉯ 평형 통풍은 통풍조절은 용이하나 통풍력이 약하여 주로 소용량 보일러에서 사용한다.
㉰ 압입 통풍은 연소용 공기를 송풍기로 노 입구에서 대기압보다 높은 압력으로 밀어 넣고 굴뚝의 통풍작용과 같이 통풍을 유지하는 방식이다.
㉱ 흡입통풍은 크게 연소가스를 직접 통풍기에 빨아들이는 직접 흡입식과 통풍기로 대기를 빨아들이게 하고 이를 이젝터로 보내어 그 작용에 의해 연소가스를 빨아들이는 간접 흡입식이 있다.

해설 평형 통풍은 통풍조절이 용이하며 통풍력이 강하여 주로 대용량 보일러에 사용한다.

11. 고압관과 저압관 사이에 설치하여 고압 측의 압력변화 및 증기 사용량 변화에 관계없이 저압 측의 압력을 일정하게 유지시켜 주는 밸브는?

㉮ 감압 밸브 ㉯ 온도조절 밸브
㉰ 안전 밸브 ㉱ 플로트 밸브

12. 보일러 2마력을 열량으로 환산하면 약 몇 kcal/h인가?

㉮ 10780 ㉯ 13000
㉰ 15650 ㉱ 16870

해설 8435×2=16870 kcal/h 또는 15.65×539×2=16870 kcal/h이다.

13. 자동제어의 신호전달방법에서 공기압식의 특징으로 맞는 것은?

㉮ 신호전달거리가 유압식에 비하여 길다.
㉯ 온도제어 등에 적합하고 화재의 위험이 많다.
㉰ 전송 시 시간지연이 생긴다.

정답 8. ㉯ 9. ㉱ 10. ㉯ 11. ㉮ 12. ㉱ 13. ㉰

㉱ 배관이 용이하지 않고 보존이 어렵다.

해설 공기압식의 특징
① 신호전달거리가 유압식에 비해 짧다(100~150 m 정도).
② 온도제어에 적합하고 화재의 위험성이 있는 곳에 사용한다.
③ 전송 시 시간지연이 생긴다.
④ 배관이 용이하고 보존이 쉽다.

14. 보일러설치기술규격에서 보일러의 분류에 대한 설명 중 틀린 것은?

㉮ 주철제 보일러의 최고사용압력은 증기보일러일 경우 0.5 MPa까지, 온수온도는 373 K(100℃)까지로 국한된다.
㉯ 일반적으로 보일러는 사용매체에 따라 증기보일러, 온수보일러 및 열매체 보일러로 분류한다.
㉰ 보일러의 재질에 따라 강철제 보일러와 주철제 보일러로 분류한다.
㉱ 연료에 따라 유류 보일러, 가스 보일러, 석탄 보일러, 목재 보일러, 폐열 보일러, 특수연료 보일러 등이 있다.

해설 주철제 온수보일러일 경우 최고사용압력은 0.5 MPa(50 mH_2O)까지, 온수온도는 393K(120℃)까지이다.

15. 연소 시 공기비가 적을 때 나타나는 현상으로 거리가 먼 것은?

㉮ 배기가스 중 NO 및 NO_2의 발생량이 많아진다.
㉯ 불완전요소가 되기 쉽다.
㉰ 미연소가스에 의한 가스 폭발이 일어나기 쉽다.
㉱ 미연소가스에 의한 열손실이 증가될 수 있다.

해설 공기비가 클 때(과잉공기량 과다)에 배기가스 중 NO 및 NO_2의 발생량이 많아진다.

16. 기체연료의 일반적인 특징을 설명한 것으로 잘못된 것은?

㉮ 적은 공기비로 완전연소가 가능하다.
㉯ 수송 및 저장이 편리하다.
㉰ 연소효율이 높고 자동제어가 용이하다.
㉱ 누설 시 화재 및 폭발의 위험이 크다.

해설 기체연료는 수송 및 저장이 불편하며 가격이 비싸다.

17. 보일러의 수면계와 관련된 설명 중 틀린 것은?

㉮ 증기 보일러에는 2개(소용량 및 소형 관류 보일러는 1개) 이상의 유리수면계를 부착하여야 한다. 다만, 단관식 관류보일러는 제외한다.
㉯ 유리수면계는 보일러 동체에만 부착하여야 하며 수주관에 부착하는 것은 금지하고 있다.
㉰ 2개 이상의 원격지시 수면계를 시설하는 경우에 한하여 유리수면계를 1개 이상으로 할 수 있다.
㉱ 유리수면계는 상·하에 밸브 또는 콕을 갖추어야 하며, 한눈에 그것의 개·폐 여부를 알 수 있는 구조이어야 한다. 다만, 소형관류보일러에서는 밸브 또는 콕을 갖추지 아니할 수 있다.

해설 유리수면계는 유리관을 보호하기 위하여 수주(水柱)에 부착해야 한다.

18. 전열면적이 30 m^2인 수직 연관보일러를 2시간 연소시킨 결과 3000 kg의 증기가 발생하였다. 이 보일러의 증발률은 약 몇 $kg/m^2 \cdot h$인가?

㉮ 20　　㉯ 30
㉰ 40　　㉱ 50

정답 14. ㉮ 15. ㉮ 16. ㉯ 17. ㉯ 18. ㉱

해설 $\frac{\frac{3000}{2}}{30} = 50\ kg/m^2h$

19. **보일러의 부속설비 중 연료공급 계통에 해당하는 것은?**

㉮ 콤버스터 ㉯ 버너 타일
㉰ 수트 블로어 ㉱ 오일 프리히터

해설 서비스 탱크, 급유량계, 오일 프리히터(유예열기), 버너 등은 연료공급 장치이다.

20. **노내에 분사된 연료에 연소용 공기를 유효하게 공급 확산시켜 연소를 유효하게 하고 확실한 착화와 화염의 안정을 도모하기 위하여 설치하는 것은?**

㉮ 화염검출기
㉯ 연료 차단 밸브
㉰ 버너 정지 인터로크
㉱ 보염 장치

해설 보염 장치(스태빌라이저, 윈드 박스, 콤버스터, 버너 타일)를 설치한다.

21. **노통이 하나인 코니시 보일러에서 노통을 편심으로 설치하는 가장 큰 이유는?**

㉮ 연소장치의 설치를 쉽게 하기 위함이다.
㉯ 보일러 수의 순환을 좋게 하기 위함이다.
㉰ 보일러의 강도를 크게 하기 위함이다.
㉱ 온도 변화에 따른 신축량을 흡수하기 위함이다.

해설 보일러 수의 순환을 좋게 하기 위하여 노통을 편심으로 설치한다.

22. **보일러 부속장치에 대한 설명 중 잘못된 것은?**

㉮ 인젝터 : 증기를 이용한 급수장치
㉯ 기수분리기 : 증기 중에 혼입된 수분을 분리하는 장치
㉰ 스팀 트랩 : 응축수를 자동으로 배출하는 장치
㉱ 절탄기 : 보일러 동 저면의 스케일, 침전물을 밖으로 배출하는 장치

해설 절탄기(급수예열기)는 연소가스의 폐열을 이용하여 급수를 예열하는 장치이다.

23. **어떤 보일러의 3시간 동안 증발량이 4500 kg이고, 그때의 급수 엔탈피가 25 kcal/kg, 증기 엔탈피가 680 kcal/kg이라면 상당증발량은 약 몇 kg/h인가?**

㉮ 551 ㉯ 1684
㉰ 1823 ㉱ 3051

해설 상당(환산)증발량 $= \frac{1500 \times (680 - 25)}{539}$
$= 1823\ kg/h$

24. **보일러 연료의 구비조건으로 틀린 것은 어느 것인가?**

㉮ 공기 중에 쉽게 연소할 것
㉯ 단위중량당 발열량이 클 것
㉰ 연소 시 회분 배출량이 많을 것
㉱ 저장이나 운반, 취급이 용이할 것

해설 연소 시 회분 등 공해물질 배출량이 적어야 한다.

25. **운전 중 화염이 블로 오프(blow-off)된 경우 특정한 경우에 한하여 재점화 및 재시동을 할 수 있다. 이 때 재점화와 재시동의 기준에 관한 설명으로 틀린 것은?**

㉮ 재점화에서의 점화장치는 화염의 소화 직후, 1초 이내에 자동으로 작동할 것

정답 19. ㉱ 20. ㉱ 21. ㉯ 22. ㉱ 23. ㉰ 24. ㉰ 25. ㉯

㉯ 강제 혼합식 버너의 경우 재점화 동작 시 화염감시장치가 부착된 버너에는 가스가 공급되지 아니할 것
㉰ 재점화에 실패한 경우에는 지정된 안전차단시간 내에 버너가 작동 폐쇄될 것
㉱ 재시동은 가스의 공급이 차단된 후 즉시 표준연속 프로그램에 의하여 자동으로 이루어질 것

해설 강제 혼합식 버너의 경우 재점화 동작 시 화염감시장치가 부착된 버너 이외의 버너에는 가스가 공급되지 아니할 것

참고 보일러 설치기술 규격 KBI-5123

26. 보일러의 급수장치에 해당되지 않는 것은?

㉮ 비수방지관 ㉯ 급수내관
㉰ 원심펌프 ㉱ 인젝터

해설 비수방지관은 송기장치에 해당된다.

27. 전자 밸브가 작동하여 연료공급을 차단하는 경우로 거리가 먼 것은?

㉮ 보일러 수의 이상 감수 시
㉯ 증기압력 초과 시
㉰ 배기가스온도의 이상 저하 시
㉱ 점화 중 불착화 시

해설 배기가스온도의 이상 상승 시 배기가스 온도 상한 스위치에 의해 전자 밸브가 작동하여 연료공급을 차단한다.

28. 다음 집진장치 중 가압수를 이용한 집진장치는?

㉮ 포켓식
㉯ 임펠러식
㉰ 벤투리 스크러버식
㉱ 타이젠 와셔식

해설 가압수식 세정(습식) 집진장치의 종류
① 벤투리 스크러버
② 사이클론 스크러버
③ 제트 스크러버
④ 충전탑

29. 연소가 이루어지기 위한 필수 요건에 속하지 않는 것은?

㉮ 가연물 ㉯ 수소 공급원
㉰ 점화원 ㉱ 산소 공급원

해설 연료의 연소 3대 조건은 ㉮, ㉰, ㉱항 3가지이다.

30. 동관 이음에서 한쪽 동관의 끝을 나팔형으로 넓히고 압축 이음쇠를 이용하여 체결하는 이음 방법은?

㉮ 플레어 이음
㉯ 플랜지 이음
㉰ 플라스턴 이음
㉱ 몰코 이음

31. 〈보기〉와 같은 부하에 대해서 보일러의 "정격출력"을 올바르게 표시한 것은?

〈보기〉
H1 : 난방부하 H2 : 급탕부하
H3 : 배관부하 H4 : 예열부하

㉮ H1 + H2 + H3
㉯ H2 + H3 + H4
㉰ H1 + H2 + H4
㉱ H1 + H2 + H3 + H4

해설 ① 정격출력=H1+H2+H3+H4
② 상용출력=H1+H2+H3

32. 보일러에서 이상고수위를 초래한 경우 나타나는 현상과 그 조치에 관한 설명으로 옳지 않은 것은?

정답 26. ㉮ 27. ㉰ 28. ㉰ 29. ㉯ 30. ㉮ 31. ㉱ 32. ㉯

㉮ 이상고수위를 확인한 경우에는 즉시 연소를 정지시킴과 동시에 급수 펌프를 멈추고 급수를 정지시킨다.
㉯ 이상고수위를 넘어 만수상태가 되면 보일러 파손이 일어날 수 있으므로 동체 하부에 분출 밸브(콕)를 전개하여 보일러 수를 전부 재빨리 방출하는 것이 좋다.
㉰ 이상고수위나 증기의 취출량이 많은 경우에는 캐리오버나 프라이밍 등을 일으켜 증기 속에 물방울이나 수분이 포함되며, 심할 경우 수격작용을 일으킬 수 있다.
㉱ 수위가 유리수면계의 상단에 달했거나 조금 초과한 경우에는 급수를 정지시켜야 하지만, 연소는 정지시키지 말고 저연소율로 계속 유지하여 송기를 계속한 후 보일러 수위가 정상적으로 회복하며 원래 운전 상태로 돌아오는 것이 좋다.

해설 고수위를 넘어 만수상태가 되면 단번에 분출밸브를 전개하여 보일러 수를 일시에 방출하는 것은 위험하다.

33. 보일러가 최고사용압력 이하에서 파손되는 이유로 가장 옳은 것은?

㉮ 안전장치가 작동하지 않기 때문에
㉯ 안전밸브가 작동하지 않기 때문에
㉰ 안전장치가 불완전하기 때문에
㉱ 구조상 결함이 있기 때문에

해설 ㉮, ㉯, ㉰항은 최고사용압력 초과 시 파손되는 이유이다.

34. 손실 열량 3000 kcal/h의 사무실에 온수 방열기를 설치할 때 방열기의 소요 섹션 수는 몇 쪽인가? (단, 방열기 방열량은 표준방열량으로 하며, 1섹션의 방열 면적은 0.26 m^2이다.)

㉮ 12쪽 ㉯ 15쪽
㉰ 26쪽 ㉱ 32쪽

해설 450 kcal/m^2h×0.26 m^2×x[쪽] =3000 kcal/h에서 x=26쪽

35. 보일러를 옥내에 설치할 때의 설치 시공 기준 설명으로 틀린 것은?

㉮ 보일러에 설치된 계기들을 육안으로 관찰하는데 지장이 없도록 충분한 조명시설이 있어야 한다.
㉯ 보일러 동체에서 벽, 배관, 기타 보일러 측부에 있는 구조물(검사 및 청소에 지장이 없는 것은 제외)까지 거리는 0.6 m 이상이어야 한다. 다만, 소형 보일러는 0.45 m 이상으로 할 수 있다.
㉰ 보일러실은 연소 및 환경을 유지하기에 충분한 급기구 및 환기구가 있어야 하며 급기구는 보일러 배기가스 덕트의 유효단면적 이상이어야 하고 도시가스를 사용하는 경우에는 환기구를 가능한 한 높이 설치하여 가스가 누설되었을 때 체류하지 않는 구조이어야 한다.
㉱ 연료를 저장할 때에는 보일러 외측으로부터 2 m 이상 거리를 두거나 방화격벽을 설치하여야 한다. 다만, 소형 보일러의 경우에는 1 m 이상 거리를 두거나 반격벽으로 할 수 있다.

해설 보일러 동체에서 벽, 배관, 기타 측부에 있는 구조물까지 거리는 0.45 m 이상이어야 한다. 다만, 소형 보일러는 0.3 m 이상으로 할 수 있다.

36. 점화조작 시 주의사항에 관한 설명으로 틀린 것은?

정답 33. ㉱ 34. ㉰ 35. ㉯ 36. ㉱

㉮ 연료가스의 유출속도가 너무 빠르면 실화 등이 일어날 수 있고, 너무 늦으면 역화가 발생할 수 있다.

㉯ 연소실의 온도가 낮으면 연료의 확산이 불량해지며 착화가 잘 안 된다.

㉰ 연료의 예열온도가 너무 높으면 기름이 분해되고, 분사각도가 흐트러져 분무상태가 불량해지며, 탄화물이 생성될 수 있다.

㉱ 유압이 너무 낮으면 그을음이 축적될 수 있고, 너무 높으면 점화 및 분사가 불량해 질 수 있다.

해설 유압이 너무 낮으면 점화 및 분사가 불량하고 너무 높으면 그을음이 축적되기 쉽다.

37. 보일러에서 연소조작 중의 역화의 원인으로 거리가 먼 것은?

㉮ 불완전 연소의 상태가 두드러진 경우
㉯ 흡입통풍이 부족한 경우
㉰ 연도댐퍼의 개도를 너무 넓힌 경우
㉱ 압입통풍이 너무 강한 경우

해설 연도댐퍼의 개도를 너무 좁힌 경우에 역화가 발생한다.

38. 보온재가 갖추어야 할 조건 설명으로 틀린 것은?

㉮ 열전도율이 작아야 한다.
㉯ 부피, 비중이 커야 한다.
㉰ 적합한 기계적 강도를 가져야 한다.
㉱ 흡수성이 낮아야 한다.

해설 부피·비중이 크면 열전도율이 증가하므로 부피·비중이 작아야 한다.

39. 관의 접속 상태 · 결합방식의 표시방법에서 용접이음을 나타내는 그림 기호로 맞는 것은?

㉮ ─┼─　　㉯ ─┼┼─
㉰ ─●─　　㉱ ─┼┼─

해설 ㉮: 나사이음, ㉯: 유니언 이음, ㉰: 땜용접 이음, ㉱: 플랜지 이음

40. 어떤 주철제 방열기 내의 증기의 평균온도가 110℃이고, 실내온도가 18℃일 때, 방열기의 방열량은? (단, 방열기의 방열계수는 7.2 kcal/m^2 · h · ℃이다.)

㉮ 236.4 kcal/m^2 · h
㉯ 478.8 kcal/m^2 · h
㉰ 521.6 kcal/m^2 · h
㉱ 662.4 kcal/m^2 · h

해설 $7.2\times(110-18)=662.4$ kcal/m^{2}h

41. 원통 보일러에서 급수의 pH 범위(25℃ 기준)로 가장 적합한 것은?

㉮ pH3～pH5　　㉯ pH7～pH9
㉰ pH11～pH12　　㉱ pH14～pH15

해설

구분 \ 보일러 종류	원통형 보일러	수관 보일러
보일러 급수 pH	7～9	8～9
보일러 수 pH	11～11.8	10.5～11.5

42. 가스 보일러에서 가스폭발의 예방을 위한 유의사항 중 틀린 것은?

㉮ 가스압력이 적당하고 안정되어 있는지 점검한다.
㉯ 화로 및 굴뚝의 통풍, 환기를 완벽하게 하는 것이 필요하다.
㉰ 점화용 가스의 종류는 가급적 화력이 낮은 것을 사용한다.
㉱ 착화 후 연소가 불안정할 때는 즉시 가스공급을 중단한다.

정답 37. ㉰ 38. ㉯ 39. ㉰ 40. ㉱ 41. ㉯ 42. ㉰

해설 화력이 큰 것을 사용하여 5초 이내에 신속히 점화시켜야 한다.

43. 보일러를 계획적으로 관리하기 위해서는 연간계획 및 일상보전계획을 세워 이에 따라 관리를 하는데 연간 계획에 포함할 사항과 가장 거리가 먼 것은?

㉮ 급수계획 ㉯ 점검계획
㉰ 정비계획 ㉱ 운전계획

해설 보일러 본체 점검계획, 연소계획, 급수계획 등은 일상보전계획에 포함된다.

44. 구상흑연 주철관이라고도 하며, 땅속 또는 지상에 배관하여 압력상태 또는 무압력 상태에서 물의 수송 등에 주로 사용되는 주철관은?

㉮ 덕타일 주철관
㉯ 수도용 이형 주철관
㉰ 원심력 모르타르 라이닝 주철관
㉱ 수도용 원심력 금형 주철관

해설 구상흑연 주철은 노듈러(nodular) 또는 덕타일(ductile) 주철이라고도 불리며 흑연의 모양이 구상으로 되어 있기 때문에 연성이 매우 큰 고급 주철이다.

45. 다음 중 보온재의 종류가 아닌 것은?

㉮ 코르크 ㉯ 규조토
㉰ 기포성수지 ㉱ 제게르콘

해설 제게르콘은 내화도 측정에 사용되는 온도계이다.

46. 보일러 운전 중 연도 내에서 폭발이 발생하면 제일 먼저 해야 할 일은?

㉮ 급수를 중단한다.
㉯ 증기 밸브를 잠근다.
㉰ 송풍기 가동을 중지한다.
㉱ 연료공급을 차단하고 가동을 중지한다.

해설 보일러 운전 중 이상 현상 발생 시에는 연료공급을 차단하고 가동을 중지해야 한다.

47. 강철제 보일러의 최고사용압력이 0.43 MPa를 초과 1.5 MPa 이하일 때 수압시험 압력 기준으로 옳은 것은?

㉮ 0.2 MPa로 한다.
㉯ 최고사용압력의 1.3배에 0.3 MPa를 더한 압력으로 한다.
㉰ 최고사용압력의 1.5배로 한다.
㉱ 최고사용압력의 2배에 0.5 MPa를 더한 압력으로 한다.

해설 ㉰항은 최고사용압력이 1.5 MPa 초과일 때 수압시험압력 기준이다.

48. 신축곡관이라고 하며 강관 또는 동관 등을 구부려서 구부림에 따른 신축을 흡수하는 이음쇠는?

㉮ 루프형 신축 이음쇠
㉯ 슬리브형 신축 이음쇠
㉰ 스위블형 신축 이음쇠
㉱ 벨로스형 신축 이음쇠

해설 신축곡관(만곡관)에는 루프형과 밴드형 신축 이음쇠가 있다.

49. 증기난방 방식에서 응축수 환수 방법에 의한 분류가 아닌 것은?

㉮ 진공 환수식 ㉯ 세정 환수식
㉰ 기계 환수식 ㉱ 중력 환수식

50. 온수온돌의 방수처리에 대한 설명으로 적절하지 않은 것은?

㉮ 다층건물에 있어서도 전층의 온수온돌에 방수처리를 하는 것이 좋다.

정답 43. ㉮ 44. ㉮ 45. ㉱ 46. ㉱ 47. ㉯ 48. ㉮ 49. ㉯ 50. ㉮

㉯ 방수처리는 내식성이 있는 루핑, 비닐, 방수 모르타르로 하며, 습기가 스며들지 않도록 완전히 밀봉한다.
㉰ 벽면으로 습기가 올라오는 것을 대비하여 온돌바닥보다 약 10 cm 이상 위까지 방수처리를 하는 것이 좋다.
㉱ 방수처리를 함으로써 열손실을 감소시킬 수 있다.

해설 지하실이 있는 바닥이나 2층 바닥에는 방수처리를 하지 않아도 좋다.

51. **배관의 하중을 위에서 끌어당겨 지지할 목적으로 사용되는 지지구가 아닌 것은 어느 것인가?**

㉮ 리지드 행어(rigid hanger)
㉯ 앵커(anchor)
㉰ 콘스턴트 행어(constant hanger)
㉱ 스프링 행어(spring hanger)

해설 행어의 종류에는 ㉮, ㉰, ㉱항 3가지가 있다.

참고 리스트레인트의 종류 : 앵커, 스토퍼, 가이드

52. **보일러 휴지기간이 1개월 이하인 단기보존에 적합한 방법은?**

㉮ 석회밀폐건조법
㉯ 소다만수보존법
㉰ 가열건조법
㉱ 질소가스봉입법

해설 가열건조법과 만수보존법은 단기 보존법이며 ㉮, ㉯, ㉱항은 장기보존법이다.

53. **온수난방에서 팽창탱크의 용량 및 구조에 대한 설명으로 틀린 것은?**

㉮ 개방식 팽창탱크는 저 온수난방 배관에 주로 사용된다.
㉯ 밀폐식 팽창탱크는 고 온수난방 배관에 주로 사용된다.
㉰ 밀폐식 팽창탱크에는 수면계를 설치한다.
㉱ 개방식 팽창탱크에는 압력계를 설치한다.

해설 밀폐식 팽창탱크에는 수면계, 압력계, 안전밸브(방출밸브) 등을 설치한다.

54. **난방설비와 관련된 설명 중 잘못된 것은?**

㉮ 증기난방의 표준방열량은 650 kcal/m^2 · h이다.
㉯ 방열기는 증기 또는 온수 등의 열매를 유입하여 열을 방산하는 기구로 난방의 목적을 달성하는 장치이다.
㉰ 하트포드 접속법(Hartford connection)은 고압증기 난방에 필요한 접속법이다.
㉱ 온수난방에서 온수순환 방식에 따라 크게 중력 순환식과 강제 순환식으로 구분 한다.

해설 하트포드 접속법은 저압증기 난방에 필요한 접속법이다.

55. **에너지이용 합리화법에 따라 주철제 보일러에서 설치검사를 면제 받을 수 있는 기준으로 옳은 것은?**

㉮ 전열면적 30제곱미터 이하의 유류용 주철제 증기보일러
㉯ 전열면적 40제곱미터 이하의 유류용 주철제 온수보일러
㉰ 전열면적 50제곱미터 이하의 유류용 주철제 증기보일러
㉱ 전열면적 60제곱미터 이하의 유류용 주철제 온수보일러

정답 51. ㉯ 52. ㉰ 53. ㉱ 54. ㉰ 55. ㉮

해설 에너지이용 합리화법 시행규칙 제31조의 13 별표 3의 6 참조

56. 신 · 재생에너지 설비의 인증을 위한 심사기준 항목으로 거리가 먼 것은?

㉮ 국제 또는 국내의 성능 및 규격에의 적합성
㉯ 설비의 효율성
㉰ 설비의 우수성
㉱ 설비의 내구성

해설 신에너지 및 재생에너지 개발·이용·보급 촉진법 시행규칙 제7조 ①항 별표 2 참조

57. 에너지이용 합리화법의 목적이 아닌 것은?

㉮ 에너지의 수급안정을 기함
㉯ 에너지의 합리적이고 비효율적인 이용을 증진함
㉰ 에너지소비로 인한 환경피해를 줄임
㉱ 지구온난화의 최소화에 이바지함

해설 에너지이용 합리화법 제1조 참조

58. 에너지이용 합리화법에 따라 에너지이용 합리화 기본계획에 포함될 사항으로 거리가 먼 것은?

㉮ 에너지절약형 경제구조로의 전환
㉯ 에너지이용 효율의 증대
㉰ 에너지이용 합리화를 위한 홍보 및 교육
㉱ 열사용기자재의 품질관리

해설 에너지이용 합리화법 제4조 ②항 참조

59. 에너지이용 합리화법 시행령 상 에너지 저장의무 부과대상자에 해당되는 자는?

㉮ 연간 2만 석유환산톤 이상의 에너지를 사용하는 자
㉯ 연간 1만 5천 석유환산톤 이상의 에너지를 사용하는 자
㉰ 연간 1만 석유환산톤 이상의 에너지를 사용하는 자
㉱ 연간 5천 석유환산톤 이상의 에너지를 사용하는 자

해설 에너지이용 합리화법 시행령 제12조 ①항 5 참조

60. 저탄소 녹색성장 기본법에 따라 대통령령으로 정하는 기준량 이상의 에너지 소비업체를 지정하는 기준으로 옳은 것은? (단, 기준일은 2013년 7월 21일을 기준으로 한다.)

㉮ 해당 연도 1월 1일을 기준으로 최근 3년간 업체의 모든 사업체에서 소비한 에너지의 연평균 총량이 650 tera-joules 이상
㉯ 해당 연도 1월 1일을 기준으로 최근 3년간 업체의 모든 사업체에서 소비한 에너지의 연평균 총량이 550 terajoules 이상
㉰ 해당 연도 1월 1일을 기준으로 최근 3년간 업체의 모든 사업체에서 소비한 에너지의 연평균 총량이 450 terajoules 이상
㉱ 해당 연도 1월 1일을 기준으로 최근 3년간 업체의 모든 사업체에서 소비한 에너지의 연평균 총량이 350 terajoules 이상

해설 저탄소 녹색성장 기본법 시행령 제29조 ①항 및 별표 3 참조

정답 56. ㉰ 57. ㉯ 58. ㉱ 59. ㉮ 60. ㉱

✷ 에너지관리 기능사 [2013년 10월 12일 시행]

1. 보일러의 부속장치 중 축열기에 대한 설명으로 가장 옳은 것은?

㉮ 통풍이 잘 이루어지게 하는 장치이다.
㉯ 폭발방지를 위한 안전장치이다.
㉰ 보일러의 부하 변동에 대비하기 위한 장치이다.
㉱ 증기를 한 번 더 가열시키는 장치이다.

해설 ① 증기 축열기(스팀 어큐뮬레이터 : steam accumulator) : 저부하 시에 잉여 증기를 저장하였다가 과부하 시에 증기를 방출하여 보일러의 부하 변동에 대비하기 위한 장치
② 플래시 탱크(flash tank) : 탱크 외부로부터 탱크 내부보다 높은 압력 또는 온수보다 높은 열수를 받아들여 증기를 발생하는 제2종 압력용기

2. 증기보일러에 설치하는 압력계의 최고 눈금은 보일러 최고사용압력의 몇 배가 되어야 하는가?

㉮ 0.5~0.8배 ㉯ 1.0~1.4배
㉰ 1.5~3.0배 ㉱ 5.0~10.0배

해설 압력계의 최고 눈금은 보일러 최고사용압력의 1.5배 이상 3배 이하가 되어야 한다(3배 이하이며 1.5배보다 작아서는 안 된다).

참고 온수보일러 수위계의 최고 눈금은 보일러 최고사용압력의 1배 이상 3배 이하가 되어야 한다.

3. 보일러의 연소장치에서 통풍력을 크게 하는 조건으로 틀린 것은?

㉮ 연돌의 높이를 높인다.
㉯ 배기가스의 온도를 높인다.
㉰ 연도의 굴곡부를 줄인다.
㉱ 연돌의 단면적을 줄인다.

해설 연돌의 단면적을 크게 해야 통풍력을 증대시킬 수 있다.

4. 보일러 액체연료의 특징 설명으로 틀린 것은?

㉮ 품질이 균일하여 발열량이 높다.
㉯ 운반 및 저장, 취급이 용이하다.
㉰ 회분이 많고 연소조절이 쉽다.
㉱ 연소온도가 높아 국부과열 위험성이 높다.

해설 액체연료는 고체연료에 비하여 회분이 적고 매연 발생을 적게 일으킨다.

5. 벽체 면적이 24 m^2, 열관류율이 0.5 $kcal/m^2 \cdot h \cdot ℃$, 벽체 내부의 온도가 40℃, 벽체 외부의 온도가 8℃일 경우 시간당 손실열량은 약 몇 kcal/h인가?

㉮ 294 kcal/h ㉯ 380 kcal/h
㉰ 384 kcal/h ㉱ 394 kcal/h

해설 24×0.5×(40−8)=384 kcal/h

참고 열관류량(열통과량=열손실량)=열관류율×면적×온도차

6. 증기공급 시 과열증기를 사용함에 따른 장점이 아닌 것은?

㉮ 부식 발생 저감
㉯ 열효율 증대
㉰ 가열장치의 열응력 저하
㉱ 증기소비량 감소

해설 과열증기 사용 시 단점
① 가열장치의 열응력을 일으키기 쉽다.

정답 1. ㉰ 2. ㉰ 3. ㉱ 4. ㉰ 5. ㉰ 6. ㉰

② 가열 표면온도를 일정하게 유지하기 어렵다.
③ 제품에 손상을 줄 우려가 있다.

7. **화염검출기의 종류 중 화염의 발열을 이용한 것으로 바이메탈에 의하여 작동되며, 주로 소용량 온수 보일러의 연도에 설치되는 것은?**

㉮ 플레임 아이 ㉯ 스택 스위치
㉰ 플레임 로드 ㉱ 적외선 광전관

해설 ① 플레임 아이 : 화염의 발광을 이용한 것
② 플레임 로드 : 화염의 이온화를 이용한 것
③ 스택 스위치 : 화염의 발열을 이용한 것(감열소자는 바이메탈)

8. **수위경보기의 종류에 속하지 않은 것은?**

㉮ 맥도널식 ㉯ 전극식
㉰ 배플식 ㉱ 마그네틱식

해설 수위 경보기의 종류 : 맥도널식, 전극식, 자석식, 마그네틱식 등이 있다.

9. **보일러의 3대 구성요소 중 부속장치에 속하지 않는 것은?**

㉮ 통풍장치 ㉯ 급수장치
㉰ 여열장치 ㉱ 연소장치

해설 보일러의 3대 구성요소
① 보일러 본체 : 동(드럼), 수관 등
② 연소장치 : 연소실, 화격자, 버너 등
③ 부속장치(부속설비) : 안전장치, 급유장치, 급수장치, 송기장치, 통풍장치, 분출장치, 제어장치, 여열(폐열회수)장치 등

10. **연소안전장치 중 플레임 아이(flame eye)로 사용되지 않는 것은?**

㉮ 광전관 ㉯ CdS cell
㉰ PbS cell ㉱ CdP cell

해설 플레임 아이 회염검출기의 검출 소자의 종류
① 적외선 광전관
② 자외선 광전관
③ CdS cell(황화카드뮴 셀)
④ PbS cell(황화납 셀)

참고 ① 자외선 광전관, 황화납 셀 → 가스연료 전용
② 적외선 광전관, 황화카드뮴 셀 → 가스 및 기름연료 겸용

11. **연료 발열량은 9750 kcal/kg, 연료의 시간당 사용량은 300 kg/h인 보일러의 상당증발량이 5000 kg/h일 때 보일러 효율은 약 몇 %인가?**

㉮ 83 ㉯ 85 ㉰ 87 ㉱ 92

해설 $\frac{5000 \times 539}{300 \times 9750} \times 100 = 92\ \%$

참고 상당(환산)증발량 값(kg/h)으로 보일러 효율(η) 구하는 식

$$\eta = \frac{\text{상당(환산)증발량} \times 539}{\text{매시 연료사용량} \times \text{연료의 발열량}} \times 100\%$$

12. **보일러 예비 급수장치인 인젝터의 특징을 설명한 것으로 틀린 것은?**

㉮ 구조가 간단하다.
㉯ 설치장소를 많이 차지하지 않는다.
㉰ 증기압이 낮아도 급수가 잘 이루어진다.
㉱ 급수 온도가 높으면 급수가 곤란하다.

해설 증기압이 낮거나(0.2 MPa 이하) 높아도(1 MPa 이상) 급수 불능의 원인이 된다.

13. **다음 중 액화천연가스(LNG)의 주성분은 어느 것인가?**

㉮ CH_4 ㉯ C_2H_6 ㉰ C_3H_8 ㉱ C_4H_{10}

해설 ① 액화천연가스(LNG)의 주성분 : CH_4(메탄)

정답 7. ㉯ 8. ㉰ 9. ㉱ 10. ㉱ 11. ㉱ 12. ㉰ 13. ㉮

② 액화석유가스(LPG)의 주성분 : C_3H_8(프로판), C_4H_{10}(부탄), C_3H_6(프로필렌)

14. **보일러의 세정식 집진방법은 유수식과 가압수식, 회전식으로 분류할 수 있는데, 다음 중 가압수식 집진장치의 종류가 아닌 것은?**

㉮ 타이젠 와셔
㉯ 벤투리 스크러버
㉰ 제트 스크러버
㉱ 충전탑

해설 ① 가압수식 세정 집진장치의 종류 : 벤투리 스크러버, 제트 스크러버, 사이클론 스트러버, 충전탑
② 회전식 세정 집진장치의 종류 : 타이젠 와셔, 임펄스 스크러버
③ 유수식 세정 집진장치의 종류 : 전류형 스크러버, 에어 텀블러, 피보디(로터리) 스크러버

15. **중유 연소에서 버너에 공급되는 중유의 예열온도가 너무 높을 때 발생되는 이상 현상으로 거리가 먼 것은?**

㉮ 카본(탄화물) 생성이 잘 일어날 수 있다.
㉯ 분무상태가 고르지 못할 수 있다.
㉰ 역화를 일으키기 쉽다.
㉱ 무화 불량이 발생하기 쉽다.

해설 중유의 예열온도가 너무 낮을 때 점도가 높아서 무화상태 및 분무상태가 불량해진다.

16. **1 보일러 마력은 몇 kg/h의 상당증발량의 값을 가지는가?**

㉮ 15.65 ㉯ 79.8 ㉰ 539 ㉱ 860

해설 1 보일러 마력일 때 상당(환산)증발량 값은 15.65 kg/h이며 열출력(열량)은 8435 kcal/h이다.

17. **보일러 증발률이 80 kg/m² · h이고, 실제증발량이 40 t/h일 때, 전열면적은 약 몇 m²인가?**

㉮ 200 ㉯ 320 ㉰ 450 ㉱ 500

해설 $80 = \frac{40 \times 1000}{x}$ 에서,

$$x = \frac{40 \times 1000}{80} = 500\,\text{m}^2$$

참고 증발률(전열면 증발률)

$$= \frac{\text{매시 실제증발량(kg/h)}}{\text{전열면적(m}^2\text{)}} [\text{kg/m}^2\text{h}]$$

18. **보일러 자동제어에서 시퀀스(sequence) 제어를 가장 옳게 설명한 것은?**

㉮ 결과가 원인으로 되어 제어단계를 진행하는 제어이다.
㉯ 목표값이 시간적으로 변화하는 제어이다.
㉰ 목표값이 변화하지 않고 일정한 값을 갖는 제어이다.
㉱ 제어의 각 단계를 미리 정해진 순서에 따라 진행하는 제어이다.

해설 ㉮ : 피드백 제어
㉯ : 추종제어
㉰ : 정치제어
㉱ : 시퀀스(순차) 제어

19. **수관 보일러 중 자연순환식 보일러와 강제순환식 보일러에 관한 설명으로 틀린 것은?**

㉮ 강제순환식은 압력이 적어질수록 물과 증기와의 비중차가 적어서 물의 순환이 원활하지 않은 경우 순환력이 약해지는 결점을 보완하기 위해 강제로 순환시키는 방식이다.
㉯ 자연순환식 수관 보일러는 드럼과 다수의 수관으로 보일러 물의 순환회로를

정답 14. ㉮ 15. ㉱ 16. ㉮ 17. ㉱ 18. ㉱ 19. ㉮

만들 수 있도록 구성된 보일러이다.

㉰ 자연순환식 수관 보일러는 곡관을 사용하는 형식이 널리 사용되고 있다.

㉱ 강제순환식 수관 보일러의 순환펌프는 보일러 수의 순환회로 중에 설치한다.

해설 강제순환식은 압력이 높아질수록 물과 증기와의 비중차가 적어져서 물의 순환력이 약해지는 결점을 보완하기 위해 순환펌프를 보일러 수의 순환회로 중에 설치한다.

20. 공기예열기에서 발생되는 부식에 관한 설명으로 틀린 것은?

㉮ 중유연소 보일러의 배기가스 노점은 연료유 중의 유황성분과 배기가스의 산소농도에 의해 좌우된다.

㉯ 공기예열기에 가장 주의를 요하는 것은 공기 입구와 출구부의 고온 부식이다.

㉰ 보일러에 사용되는 액체연료 중에는 유황 성분이 함유되어 있으며 공기예열기 배기가스 출구온도가 노점 이상인 경우에도 공기 입구온도가 낮으면 전열관 온도가 배기가스의 노점 이하가 되어 전열관에 부식을 초래한다.

㉱ 노점에 영향을 주는 SO_2에서 SO_3로의 변환율은 배기가스 중의 O_2에 영향을 크게 받는다.

해설 공기예열기에 가장 주의를 요하는 것은 공기 입구와 출구부의 저온 부식이다.

참고 ① 폐열회수장치 중 연료 중의 황(S) 성분으로 인하여 저온 부식의 피해가 가장 큰 것은 공기예열기이며 그 다음에 절탄기(급수예열기)이다.

② $S+O_2 \rightarrow SO_2$, $SO_2 + \frac{1}{2}O_2 \rightarrow SO_3$

21. 프로판 가스가 완전 연소될 때 생성되는 것은?

㉮ CO와 C_3H_8 ㉯ C_4H_{10}와 CO_2

㉰ CO_2와 H_2O ㉱ CO와 CO_2

해설 프로판 가스의 연소반응식 $C_3H_8 + 5O_2 \rightarrow 3CO_2 + 4H_2O$에서 생성물질은 CO_2와 H_2O이다.

22. 보일러 수위제어 방식인 2요소식에서 검출하는 요소로 옳게 짝지어진 것은?

㉮ 수위와 온도

㉯ 수위와 급수유량

㉰ 수위와 압력

㉱ 수위와 증기유량

해설

수위제어 방식	검출 요소
1요소식(단요소식)	수위
2요소식	수위, 증기유량
3요소식	수위, 증기유량, 급수유량

23. 일반적으로 보일러의 효율을 높이기 위한 방법으로 틀린 것은?

㉮ 보일러 연소실 내의 온도를 낮춘다.

㉯ 보일러 장치의 설계를 최대한 효율이 높도록 한다.

㉰ 연소장치에 적합한 연료를 사용한다.

㉱ 공기예열기 등을 사용한다.

해설 연소실 온도를 높여 고온으로 유지해야 보일러 효율이 높아진다.

24. 보일러 전열면의 그을음을 제거하는 장치는?

㉮ 수저 분출장치

㉯ 수트 블로어

㉰ 절탄기

㉱ 인젝터

해설 수트 블로어(soot blower)는 전열면의 그을음을 제거하는 그을음 제거기이다.

정답 20. ㉯ 21. ㉰ 22. ㉱ 23. ㉮ 24. ㉯

25. **주철제 보일러의 특징 설명으로 옳은 것은?**

㉮ 내열성 및 내식성이 나쁘다.
㉯ 고압 및 대용량으로 적합하다.
㉰ 섹션의 증감으로 용량을 조절할 수 있다.
㉱ 인장 및 충격에 강하다.

해설 주철제 보일러의 특징
① 내열성 및 내식성이 우수하다.
② 고압, 대용량에는 부적합하다.
③ 섹션의 증감으로 용량을 조절할 수 있다.
④ 인장 및 충격에 약하다.

26. **고체연료의 고위발열량으로부터 저위발열량을 산출할 때 연료 속의 수분과 다른 한 성분의 함유율을 가지고 계산하여 산출할 수 있는데 이 성분은 무엇인가?**

㉮ 산소 ㉯ 수소 ㉰ 유황 ㉱ 탄소

해설 저위발열량=고위발열량−600$(9H+W)$에서 연료 속의 수소(H)와 수분(W) 함유율을 가지고 산출한다.

27. **노통 보일러에서 노통에 직각으로 설치하여 노통의 전열면적을 증가시키고, 이로 인한 강도보강, 관수순환을 양호하게 하는 역할을 위해 설치하는 것은?**

㉮ 갤로웨이 관
㉯ 아담슨 조인트(Adamson joint)
㉰ 브리징 스페이스(breathing space)
㉱ 반구형 경판

해설 노통에 직각으로 2~3개 정도 설치하는 갤로웨이 관에 대한 설명이다.

28. **다음 중 열량(에너지)의 단위가 아닌 것은?**

㉮ J ㉯ cal ㉰ N ㉱ BTU

해설 열량의 단위 : kcal, cal, J, kJ, MJ, BTU, CHU 등

참고 dyn 및 N(Newton)은 힘의 단위이다.

29. **연료유 저장탱크의 일반사항에 대한 설명으로 틀린 것은?**

㉮ 연료유를 저장하는 저장탱크 및 서비스 탱크는 보일러의 운전에 지장을 주지 않는 용량의 것으로 하여야 한다.
㉯ 연료유 탱크에는 보기 쉬운 위치에 유면계를 설치하여야 한다.
㉰ 연료유 탱크에는 탱크 내의 유량이 정상적인 양보다 초과, 또는 부족한 경우에 경보를 발하는 경보장치를 설치하는 것이 바람직하다.
㉱ 연료유 탱크에 드레인을 설치할 경우 누유에 따른 화재 발생 소지가 있으므로 이물질을 배출할 수 있는 드레인은 탱크 상단에 설치하여야 한다.

해설 드레인(drain=분출장치)은 탱크 하단에 설치하여야 한다.

30. **강철제 증기 보일러의 안전밸브 부착에 관한 설명으로 잘못된 것은?**

㉮ 쉽게 검사할 수 있는 곳에 부착한다.
㉯ 밸브 축을 수직으로 하여 부착한다.
㉰ 밸브의 부착은 플랜지, 용접 또는 나사 접합식으로 한다.
㉱ 가능한 한 보일러의 동체에 직접 부착시키지 않는다.

해설 안전밸브는 보일러 동체에 직접 부착시켜야 하며 바이패스(bypass)회로를 두어서는 안 된다.

31. **회전이음이라고도 하며 2개 이상의 엘보를 사용하여 이음부의 나사 회전을**

정답 25. ㉰ 26. ㉯ 27. ㉮ 28. ㉰ 29. ㉱ 30. ㉱ 31. ㉯

이용해서 배관의 신축을 흡수하는 신축 이음쇠는?

㉮ 루프형 신축이음쇠
㉯ 스위블형 신축이음쇠
㉰ 벨로스형 신축이음쇠
㉱ 슬리브형 신축이음쇠

해설 스위블형 신축이음의 특징
① 회전이음 또는 지블이음이라고도 한다.
② 2개 이상의 엘보를 사용하여 이음부의 나사회전을 이용한다.
③ 나사맞춤이 헐거워져 누설의 우려가 크다.
④ 방열기(라디에이터) 입구 측 배관에 설치 사용한다.

32. 단열재의 구비조건으로 맞는 것은?

㉮ 비중이 커야 한다.
㉯ 흡수성이 커야 한다.
㉰ 가연성이어야 한다.
㉱ 열전도율이 적어야 한다.

해설 단열재 및 보온재의 구비조건
① 비중이 작아야 한다.
② 흡습성, 흡수성이 없어야 한다.
③ 불연성이어야 하며 내구성이 있어야 한다.
④ 열전도율이 적어야 한다.

33. 보일러 사고 원인 중 취급 부주의가 아닌 것은?

㉮ 과열　　㉯ 부식
㉰ 압력 초과　　㉱ 재료 불량

해설 구조 불량, 재료 불량, 용접 불량, 설계 불량 등은 제작상의 부주의이다.

34. 보일러의 계속사용검사기준 중 내부 검사에 관한 설명이 아닌 것은?

㉮ 관의 부식 등을 검사할 수 있도록 스케일은 제거되어야 하며, 관 끝부분의 손상, 취화 및 빠짐이 없어야 한다.
㉯ 노벽 보호부분은 벽체의 현저한 균열 및 파손 등 사용상 지장이 없어야 한다.
㉰ 내용물의 외부 유출 및 본체의 부식이 없어야 한다. 이때 본체의 부식 상태를 판별하기 위하여 보온재 등 피복물을 제거하게 할 수 있다.
㉱ 연소실 내부에는 부적당하거나 결함이 있는 버너 또는 스토커의 설치 운전에 의한 현저한 열의 국부적인 집중으로 인한 현상이 없어야 한다.

해설 ㉰항은 보일러 계속사용검사기준 중 내부검사에 포함되지 않는 내용이다.

35. 배관계에 설치한 밸브의 오작동 방지 및 배관계 취급의 적정화를 도모하기 위해 배관에 식별(識別) 표시를 하는데 관계가 없는 것은?

㉮ 지지하중　　㉯ 식별색
㉰ 상태표시　　㉱ 물질표시

36. 증기난방의 중력환수식에서 복관식인 경우 배관 기울기로 적당한 것은?

㉮ $\frac{1}{50}$ 정도의 순 기울기
㉯ $\frac{1}{100}$ 정도의 순 기울기
㉰ $\frac{1}{150}$ 정도의 순 기울기
㉱ $\frac{1}{200}$ 정도의 순 기울기

해설 복관식 중력환수식 난방에서 증기주관은 $\frac{1}{200}$ 정도의 선하향 구배로 한다(많이 사용되는 상향급기식에서).

37. 스테인리스강관의 특징 설명으로 옳은 것은?

정답 32. ㉱　33. ㉱　34. ㉰　35. ㉮　36. ㉱　37. ㉮

㉮ 강관에 비해 두께가 얇고 가벼워 운반 및 시공이 쉽다.
㉯ 강관에 비해 내열성은 우수하나 내식성은 떨어진다.
㉰ 강관에 비해 기계적 성질이 떨어진다.
㉱ 한랭지 배관이 불가능하며 동결에 대한 저항이 적다.

해설 스테인리스강관은 강관에 비해
① 내식성, 내열성이 우수하다.
② 기계적 성질이 우수하다.
③ 저온에서 충격성이 크고 한랭지 배관이 가능하며 동결에 대한 저항이 크다.

38. 증기난방의 시공에서 환수배관에 리프트 피팅(lift fitting)을 적용하여 시공할 때 1단의 흡상 높이로 적당한 것은?

㉮ 1.5 m 이내 ㉯ 2 m 이내
㉰ 2.5 m 이내 ㉱ 3 m 이내

해설 진공환수식 증기난방에서 리프트 피팅 이음을 시공할 때 1단의 흡상 높이는 1.5 m 이내이다(환수관 내의 진공도는 100~250 mmHg 정도).

39. 기름 보일러에서 연소 중 화염이 점멸하는 등 연소 불안정이 발생하는 경우가 있다. 그 원인으로 적당하지 않은 것은 어느 것인가?

㉮ 기름의 점도가 높을 때
㉯ 기름 속에 수분이 혼입되었을 때
㉰ 연료의 공급 상태가 불안정한 때
㉱ 노내가 부압(負壓)인 상태에서 연소했을 때

해설 노내가 부압인 상태(흡입통풍 방식)와는 관계가 없다.

40. 보일러의 가동 중 주의해야 할 사항으로 맞지 않는 것은?

㉮ 수위가 안전저수위 이하로 되지 않도록 수시로 점검한다.
㉯ 증기압력이 일정하도록 연료공급을 조절한다.
㉰ 과잉공기를 많이 공급하여 완전연소가 되도록 한다.
㉱ 연소량을 증가시킬 때는 통풍량을 먼저 증가시킨다.

해설 적정한 공기량으로 연료가 완전연소가 되도록 해야 한다.

41. 증기난방에서 환수관의 수평배관에서 관경이 가늘어지는 경우 편심 리듀서를 사용하는 이유로 적합한 것은?

㉮ 응축수의 순환을 억제하기 위해
㉯ 관의 열팽창을 방지하기 위해
㉰ 동심 리듀서보다 시공을 단축하기 위해
㉱ 응축수의 체류를 방지하기 위해

해설 응축수의 체류를 방지하기 위하여 편심 리듀서(편심 줄이개)를 사용한다.

42. 온수난방 설비에서 복관식 배관방식에 대한 특징으로 틀린 것은?

㉮ 단관식보다 배관 설비비가 적게 든다.
㉯ 역귀환 방식의 배관을 할 수 있다.
㉰ 발열량을 밸브에 의하여 임의로 조정할 수 있다.
㉱ 온도변화가 거의 없고 안정성이 높다.

해설 복관식은 단관식보다 배관 설비비가 많이 들며 큰 규모의 난방설비에 채택된다.

43. 개방식 팽창탱크에서 필요가 없는 것은?

㉮ 배기관 ㉯ 압력계
㉰ 급수관 ㉱ 팽창관

정답 38. ㉮ 39. ㉱ 40. ㉰ 41. ㉱ 42. ㉮ 43. ㉯

해설 밀폐식 팽창탱크에는 압력계, 수위계, 안전밸브(또는 방출밸브)가 설치된다.

44. 중앙식 급탕법에 대한 설명으로 틀린 것은?

㉮ 기구의 동시 이용률을 고려하여 가열장치의 총용량을 적게 할 수 있다.
㉯ 기계실 등에 다른 설비 기계와 함께 가열장치 등이 설치되기 때문에 관리가 용이하다.
㉰ 설비규모가 크고 복잡하기 때문에 초기 설비비가 비싸다.
㉱ 비교적 배관길이가 짧아 열손실이 적다.

해설 중앙식 급탕법은 개별식 급탕법에 비해 배관 길이가 길어 열손실이 크다.

45. 보일러의 손상에서 팽출(膨出)을 옳게 설명한 것은?

㉮ 보일러의 본체가 화염에 과열되어 외부로 볼록하게 튀어나오는 현상
㉯ 노통이나 화실이 외축의 압력에 의해 눌려 쭈그러져 찢어지는 현상
㉰ 강판에 가스가 포함된 것이 화염의 접촉으로 양쪽으로 오목하게 되는 현상
㉱ 고압 보일러 드럼 이음에 주로 생기는 응력 부식 균열의 일종

해설 ㉮항은 팽출, ㉯항은 압궤에 대한 내용이다.

46. 방열기 내 온수의 평균온도 85℃, 실내온도 15℃, 방열계수 7.2 kcal/m^2·h·℃인 경우 방열기 방열량은 얼마인가?

㉮ 450 kcal/m^2·h
㉯ 504 kcal/m^2·h
㉰ 509 kcal/m^2·h
㉱ 515 kcal/m^2·h

해설 7.2×(85−15)=504

참고 방열기 방열량(kcal/m^2h)=방열계수×(방열기 내의 열매체 평균온도−실내온도)

47. 보일러 건식보존법에서 가스봉입 방식(기체보존법)에 사용되는 가스는?

㉮ O_2 ㉯ N_2 ㉰ CO ㉱ CO_2

해설 보일러 장기보존법 중에서 0.06 MPa 압력의 질소(N_2)가스를 채워두는 질소가스 봉입법이 있다.

48. 보일러 점화 전 수위 확인 및 조정에 대한 설명 중 틀린 것은?

㉮ 수면계의 기능 테스트가 가능한 정도의 증기압력이 보일러 내에 남아 있을 때는 수면계의 기능시험을 해서 정상인지 확인한다.
㉯ 2개의 수면계의 수위를 비교하고 동일수위인지 확인한다.
㉰ 수면계에 수주관이 설치되어 있을 때는 수주연락관의 체크 밸브가 바르게 닫혀 있는지 확인한다.
㉱ 유리관이 더러워졌을 때는 수위를 오인하는 경우가 있기 때문에 필히 청소하거나 또는 교환하여야 한다.

해설 ① 수면계에 수주관이 설치되어 있을 때는 수면계와 수주연락관 차단 밸브가 열려 있는지 확인한다.
② 검수 콕이 있을 때는 검수 콕을 점검한다.

49. 온수난방에 대한 특징을 설명한 것으로 틀린 것은?

㉮ 증기난방에 비해 소요방열면적과 배관경이 적게 되므로 시설비가 적어진다.
㉯ 난방부하의 변동에 따라 온도 조절이 쉽다.

정답 44. ㉱ 45. ㉮ 46. ㉯ 47. ㉯ 48. ㉰ 49. ㉮

㉰ 실내온도의 쾌감도가 비교적 높다.
㉱ 밀폐식일 경우 배관의 부식이 적어 수명이 길다.

해설 온수난방은 방열기 방열면적과 배관경이 크게 되므로 시설비가 많아진다.

50. 보일러 운전 중 정전이 발생한 경우의 조치사항으로 적합하지 않은 것은?

㉮ 전원을 차단한다.
㉯ 연료 공급을 멈춘다.
㉰ 안전밸브를 열어 증기를 분출시킨다.
㉱ 주증기 밸브를 닫는다.

해설 안전밸브를 열어 증기를 분출시키면 안 된다.

51. 보일러 취급자가 주의하여 염두에 두어야 할 사항으로 틀린 것은?

㉮ 보일러 사용처의 작업환경에 따라 운전기준을 설정하여 둔다.
㉯ 사용처에 필요한 증기를 항상 발생, 공급할 수 있도록 한다.
㉰ 증기 수요에 따라 보일러 정격한도를 10 % 정도 초과하여 운전한다.
㉱ 보일러 제작사 취급설명서의 의도를 파악 숙지하여 그 지시에 따른다.

해설 정격 한도를 초과하여 운전하여서는 안 된다.

52. 캐리 오버(carry over)에 대한 방지 대책이 아닌 것은?

㉮ 압력을 규정압력으로 유지해야 한다.
㉯ 수면이 비정상적으로 높게 유지되지 않도록 한다.
㉰ 부하를 급격히 증가시켜 증기실의 부하율을 높인다.
㉱ 보일러 수에 포함되어 있는 유지류나 용해고형물 등의 불순물을 제거한다.

해설 ㉰항은 캐리 오버(기수공발) 발생 원인이 된다.

53. 보일러 수압시험 시의 시험수압은 규정된 압력의 몇 % 이상을 초과하지 않도록 해야 하는가?

㉮ 3 % ㉯ 4 %
㉰ 5 % ㉱ 6 %

해설 수압시험 압력은 규정된 압력의 6 % 이상을 초과하지 않도록 해야 하며 규정된 수압에 도달한 후 30분이 경과된 뒤에 검사를 실시해야 한다.

54. 증기배관 내에 응축수가 고여 있을 때 증기 밸브를 급격히 열어 증기를 빠른 속도로 보냈을 때 발생하는 현상으로 가장 적합한 것은?

㉮ 압궤가 발생한다.
㉯ 팽출이 발생한다.
㉰ 블리스터가 발생한다.
㉱ 수격작용이 발생한다.

해설 증기 밸브를 급개하면 수격작용(워터해머) 현상이 발생하므로 3분 이상 지속되도록 서서히 개방하여야 한다.

55. 에너지법에서 정한 에너지기술개발사업비로 사용될 수 없는 사항은?

㉮ 에너지에 관한 연구인력 양성
㉯ 온실가스 배출을 늘이기 위한 기술개발
㉰ 에너지사용에 따른 대기오염 저감을 위한 기술개발
㉱ 에너지기술개발 성과의 보급 및 홍보

해설 에너지법 제14조 ④항 참조

정답 50. ㉰ 51. ㉰ 52. ㉰ 53. ㉱ 54. ㉱ 55. ㉯

56. 산업통상자원부 장관이 에너지저장의무를 부과할 수 있는 대상자로 맞는 것은?

㉮ 연간 5천 석유환산톤 이상의 에너지를 사용하는 자
㉯ 연간 6천 석유환산톤 이상의 에너지를 사용하는 자
㉰ 연간 1만 석유환산톤 이상의 에너지를 사용하는 자
㉱ 연간 2만 석유환산톤 이상의 에너지를 사용하는 자

해설 에너지이용 합리화법 제12조 ①항 참조

57. 신에너지 및 재생에너지 개발 · 이용 · 보급 촉진법에서 규정하는 신에너지 또는 재생에너지에 해당하지 않는 것은?

㉮ 태양에너지 ㉯ 풍력
㉰ 수소에너지 ㉱ 원자력에너지

해설 신에너지 및 재생에너지 개발·이용·보급 촉진법 제2조 참조

58. 에너지이용 합리화법에 따라 에너지다소비사업자가 매년 1월 31일까지 신고해야 할 사항과 관계 없는 것은?

㉮ 전년도의 에너지 사용량
㉯ 전년도의 제품 생산량
㉰ 에너지사용 기자재의 현황
㉱ 해당 연도의 에너지관리진단 현황

해설 에너지이용 합리화법 제31조 ①항 참조

59. 에너지이용 합리화법의 목적과 거리가 먼 것은?

㉮ 에너지소비로 인한 환경피해 감소
㉯ 에너지 수급 안정
㉰ 에너지의 소비 촉진
㉱ 에너지의 효율적인 이용 증진

해설 에너지이용 합리화법 제1조 참조

60. 저탄소 녹색성장 기본법에 따라 2020년의 우리나라 온실가스 감축 목표로 옳은 것은?

㉮ 2020년의 온실가스 배출전망치 대비 100분의 20
㉯ 2020년의 온실가스 배출전망치 대비 100분의 30
㉰ 2000년 온실가스 배출량의 100분의 20
㉱ 2000년 온실가스 배출량의 100분의 30

해설 저탄소 녹색성장 기본법 시행령 제25조 ①항 참조

정답 56. ㉱ 57. ㉱ 58. ㉱ 59. ㉰ 60. ㉯

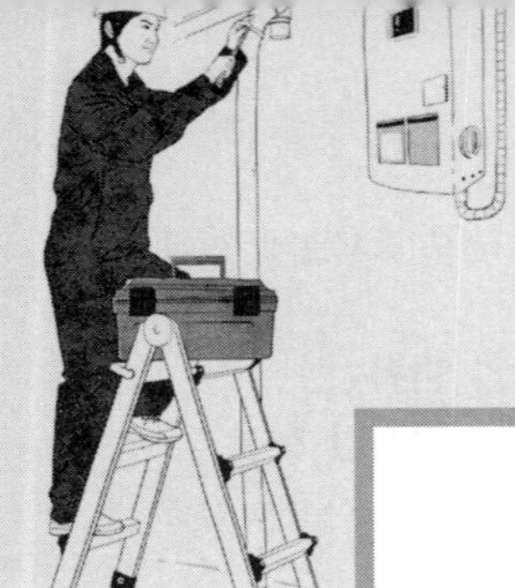

2014년도 출제문제

✺ 에너지관리 기능사

[2014년 1월 26일 시행]

1. 절대온도 360K를 섭씨온도로 환산하면 약 몇 ℃인가?

㉮ 97 ℃　㉯ 87 ℃
㉰ 67 ℃　㉱ 57 ℃

해설 360－273＝87℃

참고 ① K＝℃＋273
② °R＝°F＋460

2. 보일러의 제어장치 중 연소용 공기를 제어하는 설비는 자동제어에서 어디에 속하는가?

㉮ F.W.C　㉯ A.B.C
㉰ A.C.C　㉱ A.F.C

해설 보일러 자동제어 (A.B.C)

종류와 약칭	제어대상	조작량
증기온도제어 (STC)	증기온도	전열량
급수제어 (FWC)	보일러 수위	급수량
연소제어 (ACC)	증기압력 노내압력	공기량 연료량 연소가스량

3. 수관식 보일러에 대한 설명으로 틀린 것은?

㉮ 고온, 고압에 적당하다.
㉯ 용량에 비해 소요면적이 적으며 효율이 좋다.
㉰ 보유수량이 많아 파열 시 피해가 크고, 부하변동에 응하기 쉽다.
㉱ 급수의 순도가 나쁘면 스케일이 발생하기 쉽다.

해설 수관식 보일러는 원통형 보일러에 비해 보유수량이 적어 파열 시 피해가 적고, 부하변동에 응하기 어렵다.

4. 기체연료의 발열량 단위로 옳은 것은?

㉮ $kcal/m^2$　㉯ $kcal/cm^2$
㉰ $kcal/mm^2$　㉱ $kcal/Nm^3$

해설 고체연료 및 액체연료의 발열량 단위는 kcal/kg이며, 기체연료의 발열량 단위는 $kcal/Nm^3$이다.

참고 N(normal)=표준상태(0℃, 760 mmHg)

5. 제어계를 구성하는 요소 중 전송기의 종류에 해당되지 않는 것은?

㉮ 전기식 전송기　㉯ 증기식 전송기
㉰ 유압식 전송기　㉱ 공기압식 전송기

해설 전송기의 종류 : 전기식, 유압식, 공기압식

6. 액체연료의 유압분무식 버너의 종류에 해당되지 않는 것은?

㉮ 플런저형　㉯ 외측 반환유형

정답 1. ㉯　2. ㉰　3. ㉰　4. ㉱　5. ㉯　6. ㉱

㉰ 직접 분사형 ㉱ 간접 분사형

해설 유압(압력) 분무식 버너에는 노즐에 공급된 연료가 전부 분사되는 비환류형(외측 반환유형과 내측 반환유형이 있음)과 노즐에 공급된 연료가 일부 환류되는 환류형(플런저형과 직접 분사형이 있음) 버너가 있다.

7. 입형(직립) 보일러에 대한 설명으로 틀린 것은?

㉮ 동체를 바로 세워 연소실을 그 하부에 둔 보일러이다.

㉯ 전열면적을 넓게 할 수 있어 대용량에 적당하다.

㉰ 다관식은 전열면적을 보강하기 위하여 다수의 연관을 설치한 것이다.

㉱ 횡관식은 횡관의 설치로 전열면을 증가시킨다.

해설 입형(직립, 버티컬) 보일러는 소형이므로 전열면적을 넓게 할 수 없어 대용량에 부적당하다.

8. 공기예열기에 대한 설명으로 틀린 것은?

㉮ 보일러의 열효율을 향상시킨다.

㉯ 불완전 연소를 감소시킨다.

㉰ 배기가스의 열손실을 감소시킨다.

㉱ 통풍저항이 작아진다.

해설 연도에 공기예열기, 절탄기, 과열기 등을 설치하면 통풍저항이 증대하여 통풍력을 감소시키는 단점이 있다.

9. 보일러 1마력을 상당증발량으로 환산하면 약 얼마인가?

㉮ 13.65 kg/h ㉯ 15.65 kg/h

㉰ 18.65 kg/h ㉱ 21.65 kg/h

해설 보일러 1마력의 상당(환산)증발량은 15.65 kg/h이며, 열출력(열량)은 8435 kcal/h이다.

10. 다음 중 LPG의 주성분이 아닌 것은?

㉮ 부탄 ㉯ 프로판

㉰ 프로필렌 ㉱ 메탄

해설 ① LPG(액화석유가스)의 주성분 : 프로판(C_3H_8), 부탄(C_4H_{10}), 프로필렌(C_3H_6)
② LNG(액화천연가스)의 주성분 : 메탄(CH_4)

참고 NG(천연가스)의 주성분
① 건성가스 : 메탄(CH_4)
② 습성가스 : 메탄(CH_4), 에탄(C_2H_6) 및 약간의 프로판(C_3H_8), 부탄(C_4H_{10})

11. 수면계의 기능시험의 시기에 대한 설명으로 틀린 것은?

㉮ 가마울림 현상이 나타날 때

㉯ 2개 수면계의 수위에 차이가 있을 때

㉰ 보일러를 가동하여 압력이 상승하기 시작했을 때

㉱ 프라이밍, 포밍 등이 생길 때

해설 수면계의 기능시험 시기는 ㉯, ㉰, ㉱항 외에 수면계 수위에 의심이 갈 때, 수면계를 수리 및 교체를 한 후, 수면계 수위가 둔할 때이다.

12. 특수보일러 중 간접가열 보일러에 해당되는 것은?

㉮ 슈미트 보일러 ㉯ 벨록스 보일러

㉰ 벤슨 보일러 ㉱ 코니시 보일러

해설 간접가열식(2중 증발) 보일러의 종류에는 슈미트 보일러와 뢰플러 보일러가 있다.

13. 오일 프리히터의 사용 목적이 아닌 것은?

㉮ 연료의 점도를 높여 준다.

㉯ 연료의 유동성을 증가시켜 준다.

㉰ 완전연소에 도움을 준다.

정답 7. ㉯ 8. ㉱ 9. ㉯ 10. ㉱ 11. ㉮ 12. ㉮ 13. ㉮

㉱ 분무상태를 양호하게 한다.

해설 오일 프리히터(유 예열기, 기름 가열기)의 사용 목적은 연료의 점도(액체의 끈적거리는 성질의 정도)를 낮추어 주는 데 있다.

14. 보일러의 안전 저수면에 대한 설명으로 적당한 것은?

㉮ 보일러의 보안상, 운전 중에 보일러 전열면이 화염에 노출되는 최저 수면의 위치

㉯ 보일러의 보안상, 운전 중에 급수하였을 때의 최초 수면의 위치

㉰ 보일러의 보안상, 운전 중에 유지해야 하는 일상적인 가동시의 표준 수면의 위치

㉱ 보일러의 보안상, 운전 중에 유지해야 하는 보일러 드럼 내 최저 수면의 위치

해설 ㉰항은 정상(상용)수면, ㉱항은 안전 저수면에 대한 설명이다.

15. 가스 버너에서 리프팅(lifting) 현상이 발생하는 경우는?

㉮ 가스압이 너무 높은 경우

㉯ 버너부식으로 염공이 커진 경우

㉰ 버너가 과열된 경우

㉱ 1차 공기의 흡인이 많은 경우

해설 가스압이 너무 높거나 1차 공기 과다로 분출속도가 높은 경우에 리프팅 현상이 발생하며 버너가 과열된 경우와 염공이 커진 경우에는 역화(back fire)가 발생한다.

16. 보일러 급수처리의 목적으로 볼 수 없는 것은?

㉮ 부식의 방지

㉯ 보일러수의 농축방지

㉰ 스케일 생성 방지

㉱ 역화(back fire) 방지

해설 급수처리의 목적은 ㉮, ㉯, ㉰항 외에 가성취화 현상 방지, 포밍, 프라이밍, 케리오버 현상을 방지하기 위함이다.

17. 보일러 효율 시험방법에 관한 설명으로 틀린 것은?

㉮ 급수온도는 절탄기가 있는 것은 절탄기 입구에서 측정한다.

㉯ 배기가스의 온도는 전열면의 최종 출구에서 측정한다.

㉰ 포화증기의 압력은 보일러 출구의 압력으로 부르동관식 압력계로 측정한다.

㉱ 증기온도의 경우 과열기가 있을 때는 과열기 입구에서 측정한다.

해설 과열기 및 재열기의 출구 온도는 과열기 및 재열기 출구에 근접한 위치에서 측정하며 출구에 온도조절장치가 있는 경우에는 그 뒤에서 측정한다.

18. 증기보일러에서 감압밸브 사용의 필요성에 대한 설명으로 가장 적합한 것은?

㉮ 고압증기를 감압시키면 잠열이 감소하여 이용 열이 감소된다.

㉯ 고압증기는 저압증기에 비해 관경을 크게 해야 하므로 배관설비비가 증가한다.

㉰ 감압을 하면 열교환 속도가 불규칙하나 열전달이 균일하여 생산성이 향상된다.

㉱ 감압을 하면 증기의 건도가 향상되어 생산성 향상과 에너지 절감이 이루어진다.

해설 감압을 하면 포화수 온도가 내려가며 증기의 건도가 향상(증가)되어 생산성 향상 및 에너지 절감이 가능하다.

정답 14. ㉱ 15. ㉮ 16. ㉱ 17. ㉱ 18. ㉱

19. 자연통풍에 대한 설명으로 가장 옳은 것은?

㉮ 연소에 필요한 공기를 압입 송풍기에 의해 통풍하는 방식이다.
㉯ 연돌로 인한 통풍방식이며 소형 보일러에 적합하다.
㉰ 축류형 송풍기를 이용하여 연도에서 열 가스를 배출하는 방식이다.
㉱ 송·배풍기를 보일러 전·후면에 부착하여 통풍하는 방식이다.

해설 ㉮항 : 압입(가압)통풍, ㉯항 : 자연통풍, ㉰항 : 흡입(흡인)통풍, ㉱항 : 평형통풍

20. 육상용 보일러의 열정산은 원칙적으로 정격부하 이상에서 정상 상태로 적어도 몇 시간 이상의 운전 결과에 따라 하는가? (단, 액체 또는 기체연료를 사용하는 소형 보일러에서 인수·인도 당사자 간의 협정이 있는 경우는 제외)

㉮ 0.5시간 ㉯ 1.5시간
㉰ 1시간 ㉱ 2시간

해설 열정산은 정상 조업상태에 있어서 적어도 2시간 이상의 운전 결과에 따르며 시험부하는 원칙적으로 정격부하로 한다.

21. 과열기를 연소가스 흐름 상태에 의해 분류할 때 해당되지 않는 것은?

㉮ 복사형 ㉯ 병류형
㉰ 향류형 ㉱ 혼류형

해설 ① 연소가스 흐름 상태에 따라 : 병류형, 향류형(대향류형), 혼류형
② 전열방식(설치장소)에 따라 : 접촉(대류)형, 복사형, 복사접촉(대류)형

22. 공기량이 지나치게 많을 때 나타나는 현상 중 틀린 것은?

㉮ 연소실 온도가 떨어진다.
㉯ 열효율이 저하한다.
㉰ 연료소비량이 증가한다.
㉱ 배기가스 온도가 높아진다.

해설 연소용 공기량이 과대하면 배기가스 온도가 낮아지며 통풍력을 감소시킨다.

23. 보일러 연소장치의 선정기준에 대한 설명으로 틀린 것은?

㉮ 사용 연료의 종류와 형태를 고려한다.
㉯ 연소 효율이 높은 장치를 선택한다.
㉰ 과잉공기를 많이 사용할 수 있는 장치를 선택한다.
㉱ 내구성 및 가격 등을 고려한다.

해설 가능한 한 과잉공기를 적게 사용할 수 있는 장치를 선택해야 한다.

24. 열전달의 기본 형식에 해당되지 않는 것은?

㉮ 대류 ㉯ 복사 ㉰ 발산 ㉱ 전도

25. 보일러의 출열 항목에 속하지 않는 것은?

㉮ 불완전 연소에 의한 열손실
㉯ 연소 잔재물 중의 미연소분에 의한 열손실
㉰ 공기의 현열손실
㉱ 방산에 의한 손실열

해설 ① 입열 항목 : 연료의 연소열(연료의 발열량), 연료의 현열, 공기의 현열, 노내 분입 증기의 보유열
② 출열 항목 : 불완전 연소에 의한 열손실, 미연소분에 의한 열손실, 방산에 의한 손실열과 배기가스 보유열과 같은 손실 출열 항목이 있으며 발생 증기의 보유열과 같은 유효 출열 항목이 있다.

정답 19. ㉯ 20. ㉱ 21. ㉮ 22. ㉱ 23. ㉰ 24. ㉰ 25. ㉰

26. 보일러의 압력이 8kgf/cm²이고, 안전밸브 입구 구멍의 단면적이 20cm²라면 안전밸브에 작용하는 힘은 얼마인가?

㉮ 140 kgf ㉯ 160 kgf
㉰ 170 kgf ㉱ 180 kgf

해설 $8\ \text{kgf/cm}^2 \times 20\ \text{cm}^2 = 160\ \text{kgf}$

참고 $\text{압력} = \dfrac{\text{힘}}{\text{면적}}$, 힘=압력×면적

27. 어떤 보일러의 5시간 동안 증발량이 5000 kg이고, 그때의 급수 엔탈피가 25 kcal/kg, 증기엔탈피가 675 kcal/kg이라면 상당증발량은 약 몇 kg/h인가?

㉮ 1106 ㉯ 1206
㉰ 1304 ㉱ 1451

해설 $\dfrac{\dfrac{5000}{5} \times (675-25)}{539} = 1206\ \text{kg/h}$

참고 상당(환산)증발량

$= \dfrac{\text{매시증발량}(\text{증기엔탈피} - \text{급수엔탈피})}{539}\ \text{kg/h}$

28. 보일러 동 내부 안전저수위보다 약간 높게 설치하여 유지분, 부유물 등을 제거하는 장치로서 연속분출장치에 해당되는 것은?

㉮ 수면 분출장치 ㉯ 수저 분출장치
㉰ 수중 분출장치 ㉱ 압력 분출장치

해설 ① 수면(연속) 분출장치 : 안전저수위보다 약간 높게 설치(유지분 등 제거)
② 수저(단속) 분출장치 : 동 저부에 설치(침전물, 농축물 제거)

29. 1기압 하에서 20℃의 물 10 kg을 100℃의 증기로 변화시킬 때 필요한 열량은 얼마인가? (단, 물의 비열은 1 kcal/kg·℃이다.)

㉮ 6190 kcal ㉯ 6390 kcal
㉰ 7380 kcal ㉱ 7480 kcal

해설 $10 \times 1 \times (100-20) + 539 \times 10 = 6190\ \text{kcal}$

참고 ① 20℃ 물 10 kg을 100℃까지 변화 $= 10 \times 1 \times (100-20)$
② 100℃ 물 10 kg을 100℃ 증기로 변화 $= 539 \times 10$

30. 최고사용압력이 16 kgf/cm²인 강철제 보일러의 수압시험압력으로 맞는 것은?

㉮ 8 kgf/cm² ㉯ 16 kgf/cm²
㉰ 24 kgf/cm² ㉱ 32 kgf/cm²

해설 최고사용압력을 P[kgf/cm²]라고 할 때 강철제 보일러 수압시험압력
① P가 4.3 kgf/cm² 이하 : P×2배 (2배 해도 2 kgf/cm² 미만 시 2 kgf/cm²)
② P가 4.3 kgf/cm² 초과 : 15 kgf/cm² 이하 : P×1.3배+3 kgf/cm²
③ P가 15 kgf/cm² 초과 : P×1.5배

31. 강관재 루프형 신축이음은 고압에 견디고 고장이 적어 고온 · 고압용 배관에 이용되는데 이 신축이음의 곡률반경은 관지름의 몇 배 이상으로 하는 것이 좋은가?

㉮ 2배 ㉯ 3배 ㉰ 4배 ㉱ 6배

해설 만곡관형(루프형과 밴드형) 신축이음에서 루프형 신축이음의 곡률 내 반경은 관지름의 6배 이상으로 해야 한다.

32. 단관 중력 순환식 온수난방의 배관은 주관을 앞내림 기울기로 하여 공기가 모두 어느 곳으로 빠지게 하는가?

㉮ 드레인 밸브 ㉯ 팽창 탱크
㉰ 에어벤트 밸브 ㉱ 체크 밸브

해설 온수주관을 하향 기울기로 하여 공기가 모두 팽창탱크로 빠지도록 해야 한다.

정답 26. ㉯ 27. ㉯ 28. ㉮ 29. ㉮ 30. ㉰ 31. ㉱ 32. ㉯

33. 보일러에서 발생하는 고온 부식의 원인물질로 거리가 먼 것은?

㉮ 나트륨　　㉯ 유황
㉰ 철　　㉱ 바나듐

해설 중유의 회분 속에 함유되어 있는 바나듐(V)은 연소에 의해서 오산화바나듐(V_2O_5)을 생성하여 고온부식을 일으키며, 다시 유황(S) 성분(저온부식의 주 원인)에 의해 생성된 아황산가스(SO_2)와 작용해서 고온부식을 현저하게 촉진시킨다.

34. 두께가 13cm, 면적이 $10m^2$인 벽이 있다. 벽 내부온도는 200℃, 외부의 온도가 20℃일 때 벽을 통한 전도되는 열량은 약 몇 kcal/h인가? (단, 열전도율은 0.02 kcal/m·h·℃ 이다.)

㉮ 234.2　　㉯ 259.6
㉰ 276.9　　㉱ 312.3

해설 $0.02 \times \frac{(200-20)}{0.13} \times 10 = 276.9$ kcal/h

참고 열전도율 λ[kcal/m·h·℃], 벽 두께 b[m], 고온측 온도 t_1[℃], 저온측 온도 t_2[℃], 면적 F[m²]라면

열전도량 = $\lambda \times \frac{(t_1 - t_2)}{b} \times F$ 이다.

35. 배관 지지 장치의 명칭과 용도가 잘못 연결된 것은?

㉮ 파이프 슈-관의 수평부, 곡관부 지지
㉯ 리지드 서포트-빔 등으로 만든 지지대
㉰ 롤러 서포트-방진을 위해 변위가 적은 곳에 사용
㉱ 행어-배관계의 중량을 위에서 달아매는 장치

해설 롤러 서포트(roller support) : 관을 지지하면서 신축을 자유롭게 하는 것으로 롤러가 관을 받치고 있다.

참고 브레이스(brace) : 진동방지용으로 사용되는 방진기와 충격완화용으로 사용되는 완충기가 있다.

36. 다음 중 보일러에서 실화가 발생하는 원인으로 거리가 먼 것은?

㉮ 버너의 팁이나 노즐이 카본이나 소손 등으로 막혀 있다.
㉯ 분사용 증기 또는 공기의 공급량이 연료량에 비해 과다 또는 과소하다.
㉰ 중유를 과열하여 중유가 유관 내나 가열기 내에서 가스화하여 중유의 흐름이 중단되었다.
㉱ 연료 속의 수분이나 공기가 거의 없다.

해설 연료 속에 수분이나 공기가 함유되면 실화가 발생한다.

37. 포화온도 105℃인 증기난방 방열기의 상당 방열면적이 20 m²일 경우 시간당 발생하는 응축수량은 약 몇 kg/h인가? (단, 105℃ 증기의 증발잠열은 535.6 kcal/kg이다.)

㉮ 10.37　　㉯ 20.57
㉰ 12.17　　㉱ 24.27

해설 $\frac{650\,kcal/m^2 \cdot h \times 20\,m^2}{535.6\,kcal/kg} = 24.27$ kg/h

참고 방열기의 방열량 Q[kcal/m²·h], 그 증기 압력에서의 증발잠열 L[kcal/kg]이라면, 응축수량 = $\frac{Q}{L}$[kg/h]이며, 증기방열기의 표준방열량은 650kcal/m²·h이다.

38. 가동 보일러에 스케일과 부식물 제거를 위한 산세척 처리 순서로 올바른 것은?

㉮ 전처리 → 수세 → 산액처리 → 수세 → 중화·방청처리

정답 33. ㉰ 34. ㉰ 35. ㉰ 36. ㉱ 37. ㉱ 38. ㉮

㉯ 수세 → 산액처리 → 전처리 → 수세 → 중화 · 방청처리

㉰ 전처리 → 중화 · 방청처리 → 수세 → 산액처리 → 수세

㉱ 전처리 → 수세 → 중화 · 방청처리 → 수세 → 산액처리

해설 산세척(산세관, 산세정) 순서
① 전처리 ② 수세 ③ 산세척 ④ 산액처리 ⑤ 수세 ⑥ 중화·방청처리

참고 전처리 : 실리카 분이 많은 경질 스케일을 약액으로 스케일을 팽창시켜 다음의 산액 처리를 효과적으로 하기 위한 처리를 말한다.

39. 다음 중 난방부하의 단위로 옳은 것은?

㉮ kcal/kg ㉯ kcal/h
㉰ kg/h ㉱ $kcal/m^2 \cdot h$

해설 난방부하란 난방을 목적으로 실내온도를 보전하기 위해 공급되는 열량(즉, 손실되는 열량)이며, 단위는 kcal/h이다.

40. 보일러수 처리에서 순환계통의 처리 방법 중 용해 고형물 제거 방법이 아닌 것은?

㉮ 약제 첨가법 ㉯ 이온교환법
㉰ 증류법 ㉱ 여과법

해설 ① 용해 고형물 제거법 : 약품 첨가법, 이온교환법, 증류법
② 고형 협잡물 제거법 : 여과법, 침전법(침강법), 응집법
③ 용존 가스체 제거법 : 탈기법, 기폭법

41. 보일러 운전이 끝난 후의 조치사항으로 잘못된 것은?

㉮ 유류 사용 보일러의 경우 연료 계통의 스톱밸브를 닫고 버너를 청소한다.

㉯ 연소실 내의 잔류여열로 보일러 내부의 압력이 상승하는지 확인한다.

㉰ 압력계 지시압력과 수면계의 표준 수위를 확인해 둔다.

㉱ 예열용 연료를 노 내에 약간 넣어 둔다.

해설 노 내에 연료를 넣어두면 역화 및 가스 폭발사고를 일으킨다.

42. 강관에 대한 용접이음의 장점으로 거리가 먼 것은?

㉮ 열에 의한 잔류응력이 거의 발생하지 않는다.

㉯ 접합부의 강도가 강하다.

㉰ 접합부의 누수의 염려가 없다.

㉱ 유체의 압력손실이 적다.

해설 용접이음의 장점
① 유체의 저항 손실이 적다.
② 접합부의 강도가 강하며 누수의 염려도 없다.
③ 보온 및 피복 시공이 용이하다.
④ 중량이 가볍다.
⑤ 시설의 유지 보수비가 절감된다.

참고 용접이음은 모재에 열에 의한 잔류응력이 발생하는 단점이 있다.

43. 다음 보일러의 휴지보존법 중 단기보존법에 속하는 것은?

㉮ 석회밀폐건조법 ㉯ 질소가스 봉입법
㉰ 소다만수보존법 ㉱ 가열건조법

해설 ① 단기 보존법 : 보통 만수보존법, 가열건조법
② 장기 보존법 : 소다만수보존법, 석회밀폐건조법, 질소가스 봉입법

참고 ① 석회(CaO)밀폐건조법이 최장기 보존법이다.
② 질소가스 봉입법에서 질소가스 압력은 0.06 MPa이다.

44. 보일러 본체나 수관, 연관 등에 발생하는 블리스터(blister)를 옳게 설명한 것은?

정답 39. ㉯ 40. ㉱ 41. ㉱ 42. ㉮ 43. ㉱ 44. ㉯

㉮ 강판이나 관의 제조 시 두 장의 층을 형성하는 것
㉯ 래미네이션된 강판이 열에 의해 혹처럼 부풀어 나오는 현상
㉰ 노통이 외부압력에 의해 내부로 짓눌리는 현상
㉱ 리벳 조인트나 리벳 구멍 등의 응력이 집중하는 곳에 물리적 작용과 더불어 화학적 작용에 의해 발생하는 균열

해설 ㉮항 : 래미네이션, ㉯항 : 블리스터, ㉰항 : 압궤, ㉱항 : 구식(그루빙, 구상부식)

45. 보온재 선정 시 고려하여야 할 사항으로 틀린 것은?

㉮ 안전사용 온도범위에 적합해야 한다.
㉯ 흡수성이 크고 가공이 용이해야 한다.
㉰ 물리적, 화학적 강도가 커야 한다.
㉱ 열전도율이 가능한 적어야 한다.

해설 흡수성이나 흡습성이 없어야 한다(보온재가 흡수성이 있으면 열전도율이 증가하여 보온효율이 떨어진다).

46. 무기질 보온재 중 하나로 안산암, 현무암에 석회석을 섞어 용융하여 섬유모양으로 만든 것은?

㉮ 코르크 ㉯ 암면
㉰ 규조토 ㉱ 유리섬유

해설 ① 암면(rock wool) : 안산암이나 현무암, 석회석 등의 원료 암석을 전기로에서 500~2000℃ 정도로 용융시켜 원심력 압축공기 또는 압축 수증기로 날려 무기질 분자 구조로만 형성하여 섬유상으로 만든 것이며 안전사용온도는 500℃ 정도이다.
② 규조토 : 규조토 건조 분말에 석면 또는 삼여물을 혼합한 것으로 물반죽 시공을 한 것으로 안전사용온도는 500℃ 정도이다.
③ 유리섬유(glass wool) : 용융유리를 압축공기나 원심력을 이용하여 섬유형태로 제조한 것으로 안전사용온도는 350℃ 이하이다.

47. 방열기의 구조에 관한 설명으로 옳지 않은 것은?

㉮ 주요 구조 부분은 금속재료나 그 밖의 강괴와 내구성을 가지는 적절한 재질의 것을 사용해야 한다.
㉯ 엘리먼트 부분은 사용하는 온수 또는 증기의 온도 및 압력을 충분히 견디어 낼 수 있는 것으로 한다.
㉰ 온수를 사용하는 것에는 보온을 위해 엘리먼트 내에 공기를 빼는 구조가 없도록 한다.
㉱ 배관 접속부는 시공이 쉽고 점검이 용이해야 한다.

해설 온수를 사용하는 것에는 보온을 위해 엘리먼트 내에 공기를 빼는 구조가 있도록 한다.

48. 콘크리트 벽이나 바닥 등에 배관이 관통하는 곳에 관의 보호를 위하여 사용하는 것은?

㉮ 슬리브 ㉯ 보온재료
㉰ 행어 ㉱ 신축곡관

해설 매설 배관을 할 때는 표면에 내산 도료를 바르거나 관의 보호를 위하여 납 파이프제의 슬리브를 사용한다.

49. 보일러에서 수면계 기능시험을 해야 할 시기로 가장 거리가 먼 것은?

㉮ 수위의 변화에 수면계가 빠르게 반응할 때
㉯ 보일러를 가동하기 전
㉰ 2개의 수면계 수위가 서로 다를 때
㉱ 프라이밍, 포밍 등이 발생할 때

해설 수위의 변화에 수면계가 둔하게 반응할 때에 수면계 기능 시험을 한다.

정답 45. ㉯ 46. ㉯ 47. ㉰ 48. ㉮ 49. ㉮

50. **액상 열매체 보일러 시스템에서 사용하는 팽창탱크에 관한 설명으로 틀린 것은?**

㉮ 액상 열매체 보일러 시스템에는 열매체유의 액팽창을 흡수하기 위한 팽창탱크가 필요하다.

㉯ 열매체유 팽창탱크에는 액면계와 압력계가 부착되어야 한다.

㉰ 열매체유 팽창탱크의 설치장소는 통상 열매체유 보일러 시스템에서 가장 낮은 위치에 설치한다.

㉱ 열매체유의 노화방지를 위해 팽창탱크의 공간부에는 N_2가스를 봉입한다.

해설 열매체유 팽창탱크의 설치장소는 통상 열매체유 보일러 시스템의 최고 위치에 설치한다.

참고 열매체유의 열팽창에 의해 N_2(질소)가스의 압력이 너무 높지 않도록 팽창탱크의 최소 체적 $V_T = 2V_E + V_m$ 식에 의한다.

여기서, V_E : 상온 시 열매체 팽창량

V_m : 상온 시 탱크 내 열매체유 보유량

51. **일반 보일러(소용량 보일러 및 가스용 온수보일러 제외)에서 온도계를 설치할 필요가 없는 곳은?**

㉮ 절탄기가 있는 경우 절탄기 입구 및 출구

㉯ 보일러 본체의 급수 입구

㉰ 버너 급유 입구(예열을 필요로 할 때)

㉱ 과열기가 있는 경우 과열기 입구

해설 온도계를 설치해야 할 필요가 있는 곳

① 급수 입구의 급수온도계

② 버너의 급유 입구의 온도계(예열을 필요로 하지 않는 것은 제외)

③ 절탄기 또는 공기예열기가 설치된 경우에는 각 유체의 전후 온도를 측정할 수 있는 온도계(단, 포화증기의 경우에는 압력계로 대신할 수 있다.)

④ 보일러 본체 배기가스 온도계(다만, 위의 ③항의 규정에 의한 온도계가 있는 경우에는 생략할 수 있다.)

⑤ 과열기 또는 재열기가 있는 경우에는 그 출구 온도계

⑥ 유량계를 통과하는 온도를 측정할 수 있는 온도계

52. **배관용접 작업 시 안전사항 중 산소용기는 일반적으로 몇 ℃ 이하의 온도로 보관하여야 하는가?**

㉮ 100℃ 이하　　㉯ 80℃ 이하

㉰ 60℃ 이하　　㉱ 40℃ 이하

해설 고압가스 충전 용기는 40℃ 이하의 온도에서 보관해야 한다.

53. **수격작용을 방지하기 위한 조치로 거리가 먼 것은?**

㉮ 송기에 앞서서 관을 충분히 데운다.

㉯ 송기할 때 주증기 밸브는 급히 열지 않고 천천히 연다.

㉰ 증기관은 증기가 흐르는 방향으로 경사가 지도록 한다.

㉱ 증기관에 드레인이 고이도록 중간을 낮게 배관한다.

해설 증기관에 드레인(drain : 응축수)이 고이지 않도록 해야 한다.

54. **열사용기자재의 검사 및 검사면제에 관한 기준에 따라 급수장치를 필요로 하는 보일러에는 기준을 만족시키는 주펌프 세트와 보조펌프 세트를 갖춘 급수장치가 있어야 하는데, 특정 조건에 따라 보조펌프 세트를 생략할 수 있다. 다음 중 보조펌프 세트를 생략할 수 없는 경우는?**

㉮ 전열면적이 10 m^2 인 보일러

㉯ 전열면적이 8 m^2 인 가스용 온수보일러

정답 50. ㉰　51. ㉱　52. ㉱　53. ㉱　54. ㉰

㉰ 전열면적이 16 m^2 인 가스용 온수보일러
㉱ 전열면적이 50 m^2 인 관류보일러

해설 보조펌프 세트를 생략할 수 있는 경우는 다음과 같다.
① 전열면적 12 m^2 이하의 보일러
② 전열면적 14 m^2 이하의 가스용 온수보일러
③ 전열면적 100 m^2 이하의 관류 보일러

55. **에너지 수급안정을 위하여 산업통상자원부 장관이 필요한 조치를 취할 수 있는 사항이 아닌 것은?**

㉮ 에너지의 배급
㉯ 산업별 · 주요공급자별 에너지 할당
㉰ 에너지의 비축과 저장
㉱ 에너지의 양도 · 양수의 제한 또는 금지

해설 에너지이용합리화법 제7조 ②항 참조.
참고 지역별·주요공급자별 에너지 할당

56. **에너지이용합리화법에서 정한 검사대상기기 조종자의 자격에서 에너지관리기능사가 조정할 수 있는 조종범위로서 옳지 않은 것은?**

㉮ 용량이 15 t/h 이하인 보일러
㉯ 온수 발생 및 열매체를 가열하는 보일러로서 용량이 581.5킬로와트 이하인 것
㉰ 최고사용압력이 1 MPa 이하이고, 전열면적이 10 m^2 이하인 증기보일러
㉱ 압력용기

해설 에너지이용합리화법 시행규칙 제31조의 26 별표 3의 9 참조.

57. **저탄소녹색성장 기본법에 의거 온실가스 감축목표 등의 설정 · 관리 및 필요한 조치에 관한 사항을 관장하는 기관으로 옳은 것은?**

㉮ 농림축산식품부 : 건물 · 교통 분야
㉯ 환경부 : 농업 · 축산 분야
㉰ 국토교통부 : 폐기물 분야
㉱ 산업통상자원부 : 산업 · 발전 분야

해설 저탄소 녹색성장 기본법 시행령 제26조 ③항 참조.

58. **에너지법에 의거 지역에너지계획을 수립한 시 · 도지사는 이를 누구에게 제출하여야 하는가?**

㉮ 대통령
㉯ 산업통상자원부 장관
㉰ 국토교통부 장관
㉱ 에너지관리공단 이사장

해설 에너지법 제7조 ③항 참조.

59. **신 · 재생에너지 정책심의회의 구성으로 맞는 것은?**

㉮ 위원장 1명을 포함한 10명 이내의 위원
㉯ 위원장 1명을 포함한 20명 이내의 위원
㉰ 위원장 2명을 포함한 10명 이내의 위원
㉱ 위원장 2명을 포함한 20명 이내의 위원

해설 신에너지 및 재생에너지 개발·이용·보급 촉진법 시행령 제4조 ①항 참조.

60. **에너지이용합리화법상 검사대상기기 조종자가 퇴직하는 경우 퇴직 이전에 다른 검사대상기기조종자를 선임하지 아니한 자에 대한 벌칙으로 맞는 것은?**

㉮ 1천만원 이하의 벌금
㉯ 2천만원 이하의 벌금
㉰ 5백만원 이하의 벌금
㉱ 2년 이하의 징역

해설 에너지이용합리화법 제75조 참조.

정답 55. ㉯ 56. ㉮ 57. ㉱ 58. ㉯ 59. ㉯ 60. ㉮

✺ 에너지관리 기능사

[2014년 4월 6일 시행]

1. 화염검출기 기능 불량과 대책을 연결한 것으로 잘못된 것은?

㉮ 집광렌즈 오염 – 분리 후 청소
㉯ 증폭기 노후 – 교체
㉰ 동력선의 영향 – 검출회로와 동력선 분리
㉱ 점화전극의 고전압이 플레임 로드에 흐를 때 – 전극과 불꽃 사이를 넓게 분리

해설 플레임 로드는 불꽃 속에 전극봉을 삽입하여 화염(불꽃)의 유무를 검출한다.

2. 물의 임계압력에서의 잠열은 몇 kcal/kg인가?

㉮ 539 ㉯ 100 ㉰ 0 ㉱ 639

해설 ① 임계점에서의 물의 잠열은 0 kcal/kg
② 물의 임계압력은 225.65 kgf/cm^2 (≒ 22 MPa)
③ 물의 임계온도는 374.15℃ (≒647K)

3. 유류 연소 시의 일반적인 공기비는?

㉮ 0.95 ~ 1.1 ㉯ 1.6 ~ 1.8
㉰ 1.2 ~ 1.4 ㉱ 1.8 ~ 2.0

해설 ① 고체연료의 공기비 = 1.4 ~ 2.0
② 액체연료의 공기비 = 1.2 ~ 1.4
③ 기체연료의 공기비 = 1.1 ~ 1.3

4. 다음 보일러 중 수관식 보일러에 해당되는 것은?

㉮ 타쿠마 보일러
㉯ 카네크롤 보일러
㉰ 스코치 보일러
㉱ 하우덴 존슨 보일러

해설 자연순환식 수관 보일러의 종류에는 배브콕 보일러, 타쿠마 보일러, 스네기지 보일러, 야로우 보일러 등이 있으며 강제순환식 수관 보일러의 종류에는 라몬트 보일러, 벨록스 보일러가 있다.

참고 카네크롤 보일러는 특수 열매체 보일러이며, 스코치 보일러와 하우덴 존슨 보일러는 노통연관 보일러이다.

5. 집진장치 중 집진효율은 높으나 압력손실이 낮은 형식은?

㉮ 전기식 집진장치
㉯ 중력식 집진장치
㉰ 원심력식 집진장치
㉱ 세정식 집진장치

해설 전기식 집진장치의 특징
① 집진효율(90~99.5% 정도)이 높고 압력손실(10~20mmH_2O)이 낮다.
② 미세한 입자(0.1μm 이하)까지도 포집할 수 있다.
③ 고온가스(약 500℃) 처리에 적합하며 처리 용량이 크다.
④ 보수비, 운전비는 싼 편이나 설비비가 비싸다.

6. 액체연료에서의 무화의 목적으로 틀린 것은?

㉮ 연료와 연소용 공기와의 혼합을 고르게 하기 위해
㉯ 연료 단위 중량당 표면적을 작게 하기 위해
㉰ 연소 효율을 높이기 위해
㉱ 연소실 열발생률을 높게 하기 위해

해설 액체연료의 무화 목적은 연료의 표면적을 크게 하여 연료와 공기와의 혼합을 잘 되도록 하기 위함이다.

정답 1. ㉱ 2. ㉰ 3. ㉰ 4. ㉮ 5. ㉮ 6. ㉯

7. 보일러 화염검출장치의 보수나 점검에 대한 설명 중 틀린 것은?

㉮ 플레임 아이 장치의 주위온도는 50℃ 이상이 되지 않게 한다.
㉯ 광전관식은 유리나 렌즈를 매주 1회 이상 청소하고 감도 유지에 유의한다.
㉰ 플레임 로드는 검출부가 불꽃에 직접 접하므로 소손에 유의하고 자주 청소해 준다.
㉱ 플레임 아이는 불꽃의 직사광이 들어가면 오동작하므로 불꽃의 중심을 향하지 않도록 설치한다.

해설 플레임 아이는 불꽃의 중심을 향하여 설치해야 한다.

8. 유압분무식 오일버너의 특징에 관한 설명으로 틀린 것은?

㉮ 대용량 버너의 제작이 가능하다.
㉯ 무화 매체가 필요 없다.
㉰ 유량조절 범위가 넓다.
㉱ 기름의 점도가 크면 무화가 곤란하다.

해설 유압(압력)분무식 오일버너는 유량조절 범위(1 : 3 정도)가 좁아서 부하 변동이 큰 보일러에는 부적합하다.

9. 다음 중 잠열에 해당되는 것은?

㉮ 기화열 ㉯ 생성열
㉰ 중화열 ㉱ 반응열

해설 기화열(증발열) 및 융해열은 잠열에 해당된다.

10. 보일러의 자동제어에서 연소제어 시 조작량과 제어량의 관계가 옳은 것은?

㉮ 공기량 – 수위
㉯ 급수량 – 증기온도
㉰ 연료량 – 증기압
㉱ 전열량 – 노내압

해설

보일러 자동제어 종류	제어량	조작량
증기 온도 제어(STC)	증기 온도	전열량
급수제어 (FWC)	보일러 수위	급수량
연소제어 (ACC)	증기압력, 노내압력	공기량, 연료량, 연소가스량

11. 다음과 같은 특징을 갖고 있는 통풍 방식은?

- 연도의 끝이나 연돌하부에 송풍기를 설치한다.
- 연도 내의 압력은 대기압보다 낮게 유지된다.
- 매연이나 부식성이 강한 배기가스가 통과하므로 송풍기의 고장이 자주 발생한다.

㉮ 자연 통풍 ㉯ 압입 통풍
㉰ 흡입 통풍 ㉱ 평형 통풍

해설

압입(가압) 통풍의 특징	흡입(흡인) 통풍의 특징
• 연소실 입구에 송풍기를 설치한다. • 연소실 및 연도 내의 압력은 대기압보다 높게 유지된다. • 송풍기의 고장이 적고 보수, 점검이 용이하다. • 연소용 공기를 예열시키기 용이하다.	• 연도 끝이나 연돌 하부에 송풍기를 설치한다. • 연소실 및 연도 내의 압력은 대기압보다 낮게 유지된다. • 송풍기의 고장이 잦고 보수, 점검이 어렵다. • 연소용 공기를 예열시키기 어렵다.

12. 프라이밍의 발생 원인으로 거리가 먼 것은?

㉮ 보일러 수위가 낮을 때
㉯ 보일러수가 농축되어 있을 때

정답 7. ㉱ 8. ㉰ 9. ㉮ 10. ㉰ 11. ㉰ 12. ㉮

㉰ 송기 시 증기밸브를 급개할 때
㉱ 증발능력에 비하여 보일러수의 표면적이 작을 때

해설 보일러 수위가 높을 때와 과부하 운전 시에 포밍, 프라이밍, 캐리오버 현상이 발생한다.

13. 주철제 보일러의 특징 설명으로 틀린 것은?

㉮ 내열·내식성이 우수하다.
㉯ 쪽수의 증감에 따라 용량 조절이 용이하다.
㉰ 재질이 주철이므로 충격에 강하다.
㉱ 고압 및 대용량에 부적당하다.

해설 주철제 보일러는 인장 및 충격에 약하다.

14. 보일러의 급수장치에서 인젝터의 특징으로 틀린 것은?

㉮ 구조가 간단하고 소형이다.
㉯ 급수량의 조절이 가능하고 급수효율이 높다.
㉰ 증기와 물이 혼합하여 급수가 예열된다.
㉱ 인젝터가 과열되면 급수가 곤란하다.

해설 인젝터는 급수량 조절이 어렵고 급수효율(40~50% 정도)이 낮다.

15. 무게 80 kgf인 물체를 수직으로 5 m까지 끌어올리기 위한 일을 열량으로 환산하면 약 몇 kcal인가?

㉮ 0.94 kcal ㉯ 0.094 kcal
㉰ 40 kcal ㉱ 400 kcal

해설 1 kcal = 427 kgf·m이므로

$$\frac{80\,\text{kgf} \times 5\,\text{m}}{427\,\text{kgf} \cdot \text{m}} = 0.94\,\text{kcal}$$

16. 상당증발량이 6000 kg/h, 연료소비량이 400 kg/h인 보일러의 효율은 약 몇 %인가?(단, 연료의 저위발열량은 9700 kcal/kg이다.)

㉮ 81.3 % ㉯ 83.4 %
㉰ 85.8 % ㉱ 79.2 %

해설 $\frac{6000 \times 539}{400 \times 9700} \times 100 = 83.4\%$

17. 정격압력이 12 kgf/cm^{2}일 때 보일러의 용량이 가장 큰 것은?(단, 급수온도는 10℃, 증기엔탈피는 663.8 kcal/kg이다.)

㉮ 실제증발량 1200 kg/h
㉯ 상당증발량 1500 kg/h
㉰ 정격출력 800000 kcal/h
㉱ 보일러 100마력(B-HP)

해설 ㉮, ㉰, ㉱를 상당증발량으로 환산하면

㉮ $\frac{1200 \times (663.8 - 10)}{539} = 1465\,\text{kg/h}$

㉰ $\frac{800000}{539} = 1484\,\text{kg/h}$

㉱ 15.65×100 = 1565 kg/h

18. 보일러의 열손실이 아닌 것은?

㉮ 방열 손실 ㉯ 배기가스 열손실
㉰ 미연소 손실 ㉱ 응축수 손실

해설 보일러 열손실에는 방열(복사열) 손실, 배기가스 열손실(가장 크다), 미연소 손실, 불완전 연소에 의한 열손실 등이 있다.

19. 어떤 보일러의 시간당 발생증기량을 G_a, 발생증기의 엔탈피를 i_2, 급수 엔탈피를 i_1라 할 때, 다음 식으로 표시되는 값(G_e)은?

$$G_e = \frac{G_a(i_2 - i_1)}{539}\,[\text{kg/h}]$$

정답 13. ㉰ 14. ㉯ 15. ㉮ 16. ㉯ 17. ㉱ 18. ㉱ 19. ㉱

㉮ 증발률 ㉯ 보일러 마력
㉰ 연소 효율 ㉱ 상당증발량

해설 상당(환산)증발량 =
$$\frac{\text{매시증발량} \times (\text{증기엔탈피} - \text{급수엔탈피})}{539} \text{[kg/h]}$$

참고 ① 증발률 = $\frac{\text{매시증발량}}{\text{전열면적}}$ [kg/hm²]

② 보일러 마력 = $\frac{\text{상당증발량}}{15.65}$ [B−HP]

20. 보일러의 부하율에 대한 설명으로 적합한 것은?

㉮ 보일러의 최대증발량에 대한 실제증발량의 비율
㉯ 증기발생량을 연료소비량으로 나눈 값
㉰ 보일러에서 증기가 흡수한 총열량을 급수량으로 나눈 값
㉱ 보일러 전열면적 1 m^2에서 시간당 발생되는 증기열량

해설 보일러 부하율
$$= \frac{\text{실제증발량(kg/h)}}{\text{최대증발량(kg/h)}} \times 100\%$$

21. 열용량에 대한 설명으로 옳은 것은?

㉮ 열용량의 단위는 kcal/g · ℃이다.
㉯ 어떤 물질 1g의 온도를 1℃ 올리는데 소요되는 열량이다.
㉰ 어떤 물질의 비열에 그 물질의 질량을 곱한 값이다.
㉱ 열용량은 물질의 질량에 관계없이 항상 일정하다.

해설 ① 열용량(kcal/℃)
=질량(kg)×비열(kcal/kg℃)
② 열용량은 어떤 물질의 온도를 1℃ 올리는데 드는 열량이며 물질의 질량에 비례하여 값이 변한다.

22. 수관식 보일러의 특징에 관한 설명으로 틀린 것은?

㉮ 구조상 고압 대용량에 적합하다.
㉯ 전열면적을 크게 할 수 있으므로 일반적으로 효율이 높다.
㉰ 급수 및 보일러수 처리에 주의가 필요하다.
㉱ 전열면적당 보유수량이 많아 기동에서 소요증기가 발생할 때까지의 시간이 길다.

해설 수관식 보일러는 원통형 보일러에 비하여 전열면적당 보유수량이 적어 기동에서 증발할 때까지의 시간이 짧다.

23. 보일러의 폐열회수장치에 대한 설명 중 가장 거리가 먼 것은?

㉮ 공기예열기는 배기가스와 연소용 공기를 열교환하여 연소용 공기를 가열하기 위한 것이다.
㉯ 절탄기는 배기가스의 여열을 이용하여 급수를 예열하는 급수예열기를 말한다.
㉰ 공기예열기의 형식은 전열방법에 따라 전도식과 재생식, 히트 파이프식으로 분류된다.
㉱ 급수예열기는 설치하지 않아도 되지만 공기예열기는 반드시 설치하여야 한다.

해설 급수예열기(절탄기)도 반드시 설치하여 보일러 효율을 상승시켜야 한다.

24. 다음 중 탄화수소비가 가장 큰 액체 연료는?

㉮ 휘발유 ㉯ 등유
㉰ 경유 ㉱ 중유

해설 1. 탄수소비$\left(\frac{C}{H}\right)$: 연료 중의 C와 H의

정답 20. ㉮ 21. ㉰ 22. ㉱ 23. ㉱ 24. ㉱

비를 말하며, 고위발열량 기준으로 C의 발열량은 8100 kcal/kg이고 H의 발열량은 34000 kcal/kg이다. 따라서, $\frac{C}{H}$가 작을수록 발열량이 높고 좋은 연료이다.

2. $\frac{C}{H}$가 큰 순서

① 고체연료 > 액체연료 > 기체연료

② 타르유 > 중유 > 경유 > 등유 > 휘발유

25. 보일러의 자동제어를 제어동작에 따라 구분할 때 연속동작에 해당되는 것은?

㉮ 2위치 도착

㉯ 다위치 동작

㉰ 비례동작 (P동작)

㉱ 부동제어 동작

해설 ① 연속 동작 : 비례(P) 동작, 적분(I) 동작, 미분(D) 동작, 비례적분(PI) 동작, 비례미분(PD) 동작, 비례적분미분(PID) 동작

② 불연속 동작 : 온오프(2위치) 동작, 다위치 동작, 불연속 속도 동작(부동제어 동작)

26. 중유의 연소 상태를 개선하기 위한 첨가제의 종류가 아닌 것은?

㉮ 연소촉진제 ㉯ 회분개질제

㉰ 탈수제 ㉱ 슬러지 생성제

해설 첨가제(조연제)의 종류

① 연소촉진제 : 중유의 분무를 순조롭게 하며 촉매 작용에 의해 완전연소를 촉진시킨다.

② 회분개질제 : 회분의 융점을 상승시켜 고온부식을 억제한다.

③ 탈수제 : 수분을 분리 침강시킨다.

④ 유동점 강하제 : 중유의 유동점을 내려 저온에서도 유동이 가능하게 한다.

⑤ 슬러지 분산제(안정제) : 슬러지를 용해, 분산시켜 완전연소를 촉진시킨다.

27. 일반적으로 보일러 동(드럼) 내부에서는 물을 어느 정도로 채워야 하는가?

㉮ $\frac{1}{4} \sim \frac{1}{3}$ ㉯ $\frac{1}{6} \sim \frac{1}{5}$

㉰ $\frac{1}{4} \sim \frac{2}{5}$ ㉱ $\frac{2}{3} \sim \frac{4}{5}$

해설 증기 보일러 동(드럼) 내부에는 물을 $\frac{2}{3} \sim \frac{4}{5}$ 정도로 채운다.

28. 매연분출장치에서 보일러의 고온부인 과열기나 수관부용으로 고온의 열가스 통로에 사용할 때만 사용되는 매연분출 장치는?

㉮ 정치 회전형

㉯ 롱 레트랙터블형

㉰ 쇼트 레트랙터블형

㉱ 이동 회전형

해설 매연분출장치(수트 블로어 : soot blower)의 종류 및 용도

① 롱 레트랙터블형(장발형) : 고온부인 과열기나 수관 등 고온의 열가스 통로 부분에 사용한다.

② 쇼트 레트랙터블형(단발형) : 연소실 노벽 등에 타고 남은 연사(찌꺼기)가 많은 곳에 사용된다.

③ 로터리형(정치회전형) : 보일러 전열면, 절탄기 같은 곳에 사용한다.

④ 에어히터 클리너(공기예열기 클리너) : 관형 공기예열기용으로 사용한다.

⑤ 건형 : 미분탄 보일러, 폐열 보일러와 같은 연재가 많은 보일러에 사용한다.

29. 노통 연관식 보일러의 특징으로 가장 거리가 먼 것은?

㉮ 내분식이므로 열손실이 적다.

㉯ 수관식 보일러에 비해 보유수량이 적어 파열 시 피해가 작다.

㉰ 원통형 보일러 중에서 효율이 가장 높다.

㉱ 원통형 보일러 중에서 구조가 복잡한

정답 25. ㉰ 26. ㉱ 27. ㉱ 28. ㉯ 29. ㉯

편이다.

해설 노통 연관식(혼식) 보일러는 수관 보일러에 비해 보유수량이 많아서 파열 시 피해가 크며 증발량이 적어 대용량에 부적합하다.

30. 보일러 운전 중 저수위로 인하여 보일러가 과열된 경우의 조치법으로 거리가 먼 것은?

㉮ 연료공급을 중지한다.
㉯ 연소용 공기 공급을 중단하고 댐퍼를 전개한다.
㉰ 보일러가 자연냉각하는 것을 기다려 원인을 파악한다.
㉱ 부동 팽창을 방지하기 위해 즉시 급수를 한다.

해설 보일러가 과열된 경우 부동 팽창을 방지하기 위하여 40℃ 이하로 냉각시키고 벽돌이 쌓여 있는 보일러는 적어도 1일 이상 자연 냉각시켜야 한다.

31. 보일러 동체가 국부적으로 과열되는 경우는?

㉮ 고수위로 운전하는 경우
㉯ 보일러 동 내면에 스케일이 형성된 경우
㉰ 안전밸브의 기능이 불량한 경우
㉱ 주증기 밸브의 개폐 동작이 불량한 경우

해설 스케일(관석) 및 그을음은 열전도를 방해하여 과열의 주 원인이 된다.

32. 복사난방의 특징에 관한 설명으로 옳지 않은 것은?

㉮ 쾌감도가 좋다.
㉯ 고장 발견이 용이하고 시설비가 싸다.
㉰ 실내공간의 이용률이 높다.
㉱ 동일 방열량에 대한 열손실이 적다.

해설 복사 난방은 고장 발견이 어렵고 수리비, 시설비가 비싸다.

33. 배관 중간이나 밸브, 펌프, 열교환기 등의 접속을 위해 사용되는 이음쇠로서 분해, 조립이 필요한 경우에 사용되는 것은?

㉮ 벤드　　㉯ 리듀서
㉰ 플랜지　　㉱ 슬리브

해설 분해, 조립이 필요한 경우에 사용되는 이음쇠는 플랜지와 유니언이다.

34. 강관 용접접합의 특징에 대한 설명으로 틀린 것은?

㉮ 관내 유체의 저항 손실이 적다.
㉯ 접합부의 강도가 강하다.
㉰ 보온피복 시공이 어렵다.
㉱ 누수의 염려가 적다.

해설 용접접합은 나사 접합에 비하여 보온피복이 용이하며 재료비, 수리비가 적게 든다.

35. 강관 배관에서 유체의 흐름방향을 바꾸는 데 사용되는 이음쇠는?

㉮ 부싱　　㉯ 리턴 벤드
㉰ 리듀서　　㉱ 소켓

해설 유체의 흐름 방향을 바꾸는 데 사용되는 이음쇠는 벤드와 엘보가 있다.

36. 규산칼슘 보온재의 안전사용 최고온도(℃)는?

㉮ 300　　㉯ 450
㉰ 650　　㉱ 850

해설 규산칼슘 보온재는 고온용 보온재로서 최고사용 안전온도는 650℃이다.

37. 다음 중 주철제 보일러의 최고사용압력이 0.30 MPa인 경우 수압시험압력은?

㉮ 0.15 MPa　　㉯ 0.30 MPa
㉰ 0.43 MPa　　㉱ 0.60 MPa

정답 30. ㉱　31. ㉯　32. ㉯　33. ㉰　34. ㉰　35. ㉯　36. ㉰　37. ㉱

해설 주철제 보일러의 수압시험 압력
① 최고사용압력이 0.43 MPa 이하일 때는 최고사용압력의 2배의 압력으로 한다.(단, 2배해도 0.2 MPa 미만인 경우에는 0.2 MPa로 한다.)
② 최고사용압력이 0.43 MPa 초과일 때는 최고사용압력의 1.3배에 0.3 MPa를 더한 압력으로 한다.

38. **흑체로부터의 복사 전열량은 절대온도의 몇 승에 비례하는가?**

㉮ 2승 ㉯ 3승 ㉰ 4승 ㉱ 5승

해설 복사 전열량(복사 에너지)은 절대 온도의 4승에 비례한다.

39. **수면계의 점검순서 중 가장 먼저 해야 하는 사항으로 적당한 것은?**

㉮ 드레인 콕을 닫고 물콕을 연다.
㉯ 물콕을 열어 통수관을 확인한다.
㉰ 물콕 및 증기콕을 닫고 드레인 콕을 연다.
㉱ 물콕을 닫고 증기콕을 열어 통기관을 확인한다.

해설 ㉰ → ㉯ → ㉱ → ㉮ 순으로 점검한다.

40. **다음 중 보일러 용수관리에서 경도(hardness)와 관련되는 항목으로 가장 적합한 것은?**

㉮ Hg, SVI ㉯ BOD, COD
㉰ Do, Na ㉱ Ca, Mg

해설 경도란 수중에 함유하고 있는 칼슘(Ca) 및 마그네슘(Mg)의 농도를 나타낼 때의 척도이다.

참고 경도 1度란 물 100cc 속에 광물질(Ca, Mg)이 1 mg 포함된 경우이다.

41. **보일러의 점화조작 시 주의사항에 대한 설명으로 잘못된 것은?**

㉮ 유압이 낮으면 점화 및 분사가 불량하고 유압이 높으면 그을음이 축적되기 쉽다.
㉯ 연료의 예열온도가 낮으면 무화불량, 화염의 편류, 그을음, 분진이 발생하기 쉽다.
㉰ 연료가스의 유출속도가 너무 빠르면 역화가 일어나고, 너무 늦으면 실화가 발생하기 쉽다.
㉱ 프리퍼지 시간이 너무 길면 연소실의 냉각을 초래하고, 너무 짧으면 역화를 일으키기 쉽다.

해설 연소가스의 유출 속도가 너무 빠르면 실화가 일어나고 너무 늦으면 역화가 발생하기 쉽다.

42. **세관작업 시 규산염은 염산에 잘 녹지 않으므로 용해촉진제를 사용하는데 다음 중 어느 것을 사용하는가?**

㉮ H_2SO_4 ㉯ HF
㉰ NH_3 ㉱ Na_2SO_4

해설 경질 스케일(황산염, 규산염) 제거 시에는 용해촉진제로 불화수소(HF)를 소량 첨가한다.

43. **이동 및 회전을 방지하기 위해 지지점 위치에 완전히 고정하는 지지금속으로, 열팽창 신축에 의한 영향이 다른 부분에 미치지 않도록 배관을 분리하여 설치·고정해야 하는 리스트레인트의 종류는?**

㉮ 앵커 ㉯ 리지드 행어
㉰ 파이프 슈 ㉱ 브레이스

해설 리스트레인트의 종류 : 앵커, 가이드, 스토퍼

정답 38. ㉰ 39. ㉰ 40. ㉱ 41. ㉰ 42. ㉯ 43. ㉮

44. 강철제 증기보일러의 최고사용압력이 2 MPa일 때 수압 시험압력은?

㉮ 2 MPa ㉯ 2.5 MPa
㉰ 3 MPa ㉱ 4 MPa

해설 최고사용압력을 P[MPa]라고 할 때 강철제 보일러 수압시험압력
① P가 0.43 MPa 이하 : P×2배 (2배 해도 0.2 MPa 미만 시 0.2 MPa)
② P가 0.43 MPa 초과 ~1.5 MPa 이하 : P×1.3배+0.3 MPa
③ P가 1.5 MPa 초과 : P×1.5배

45. 보일러에서 열효율의 향상대책으로 틀린 것은?

㉮ 열손실을 최대한 억제한다.
㉯ 운전조건을 양호하게 한다.
㉰ 연소실 내의 온도를 낮춘다.
㉱ 연소장치에 맞는 연료를 사용한다.

해설 연소실 내의 온도를 높여 연료를 완전 연소시켜야 한다.

46. 증기보일러의 캐리오버(carryover)의 발생 원인과 가장 거리가 먼 것은?

㉮ 보일러 부하가 급격하게 증대할 경우
㉯ 증발부 면적이 불충분할 경우
㉰ 증기정지 밸브를 급격히 열었을 경우
㉱ 부유 고형물 및 용해 고형물이 존재하지 않을 경우

해설 부유 고형물 및 용해 고형물이 존재하는 경우에 포밍, 프라이밍, 캐리오버(기수공발) 현상이 발생한다.

47. 보일러의 증기관 중 반드시 보온을 해야 하는 곳은?

㉮ 난방하고 있는 실내에 노출된 배관
㉯ 방열기 주위 배관
㉰ 주증기 공급관
㉱ 관말 증기트랩장치의 냉각레그

해설 주증기 공급관에는 반드시 보온을 해야 한다.

48. 보일러 연소실 내에서 가스 폭발을 일으킨 원인으로 가장 적절한 것은?

㉮ 프리퍼지 부족으로 미연소 가스가 충만되어 있었다.
㉯ 연도 쪽의 댐퍼가 열려 있었다.
㉰ 연소용 공기를 다량으로 주입하였다.
㉱ 연료의 공급이 부족하였다.

49. 보일러 건조보존 시에 사용되는 건조제가 아닌 것은?

㉮ 암모니아 ㉯ 생석회
㉰ 실리카겔 ㉱ 염화칼슘

해설 건조제(흡습제)의 종류 : 생석회(산화칼슘(CaO)), 실리카 겔, 염화칼슘($CaCl_2$), 오산화인(P_2O_5), 활성 알루미나, 기화성 방청제

50. 환수관의 배관방식에 의한 분류 중 환수주관을 보일러의 표준수위보다 낮게 배관하여 환수하는 방식은 어떤 배관방식인가?

㉮ 건식환수 ㉯ 중력환수
㉰ 기계환수 ㉱ 습식환수

해설 ① 습식환수 : 환수주관을 보일러의 표준 수위보다 낮게 배관하는 방식
② 건식환수 : 환수주관을 보일러의 표준 수위보다 높게 배관하는 방식

51. 보일러 운전 중 1일 1회 이상 실행하거나 상태를 점검해야 하는 것으로 가장 거리가 먼 사항은?

㉮ 안전밸브 작동상태
㉯ 보일러수 분출 작업

정답 44. ㉰ 45. ㉰ 46. ㉱ 47. ㉰ 48. ㉮ 49. ㉮ 50. ㉱ 51. ㉰

㉰ 여과기 상태

㉱ 저수위 안전장치 작동상태

해설 여과기(스트레이너) 전후의 유체 압력 차이가 0.02 MPa 이상일 때 여과기를 청소한다.

52. 보일러의 수압시험을 하는 주된 목적은?

㉮ 제한 압력을 결정하기 위하여

㉯ 열효율을 측정하기 위하여

㉰ 균열의 여부를 알기 위하여

㉱ 설계의 양부를 알기 위하여

해설 수압시험의 주된 목적은 균열의 여부를 알기 위함이다.

53. 난방부하의 발생요인 중 맞지 않는 것은?

㉮ 벽체(외벽, 바닥, 지붕 등)를 통한 손실열량

㉯ 극간 풍에 의한 손실열량

㉰ 외기(환기공기)의 도입에 의한 손실열량

㉱ 실내조명, 전열기구 등에서 발산되는 열부하

해설 일반적인 난방 설계에서 언급되는 실내조명, 전열기구 등 기타의 열발생원에 의한 열량 취득은 무시될 수가 있다.

54. 팽창탱크 내의 물이 넘쳐흐를 때를 대비하여 팽창탱크에 설치하는 관은?

㉮ 배수관

㉯ 환수관

㉰ 오버플로관

㉱ 팽창관

해설 물이 넘쳐흐를 때를 대비하여 팽창탱크에 오버플로관(일수관)을 설치한다.

55. 온실가스 감축 목표의 설정·관리 및 필요한 조치에 관하여 총괄·조정 기능을 수행하는 자는?

㉮ 환경부 장관

㉯ 산업통상자원부 장관

㉰ 국토교통부 장관

㉱ 농림축산식품부 장관

해설 저탄소 녹생성장 기본법 시행령 제26조 ①항 참조

56. 저탄소 녹색성장 기본법상 온실가스에 해당하지 않는 것은?

㉮ 이산화탄소 ㉯ 메탄

㉰ 수소 ㉱ 육불화황

해설 저탄소 녹색성장 기본법 제2조 9호 참조

57. 에너지법상 에너지 공급설비에 포함되지 않는 것은?

㉮ 에너지 수입설비

㉯ 에너지 전환설비

㉰ 에너지 수송설비

㉱ 에너지 생산설비

해설 에너지법 제2조 6호 참조

58. 온실가스감축, 에너지 절약 및 에너지 이용효율 목표를 통보받은 관리업체가 규정의 사항을 포함한 다음 연도 이행계획을 전자적 방식으로 언제까지 부문별 관장기관에게 제출하여야 하는가?

㉮ 매년 3월 31일까지

㉯ 매년 6월 30일까지

㉰ 매년 9월 30일까지

㉱ 매년 12월 31일까지

해설 저탄소 녹색성장 기본법 시행령 제30조 ④항 참조

정답 52. ㉰ 53. ㉱ 54. ㉰ 55. ㉮ 56. ㉰ 57. ㉮ 58. ㉱

59. **자원을 절약하고, 효율적으로 이용하며 폐기물의 발생을 줄이는 등 자원순환산업을 육성·지원하기 위한 다양한 시책에 포함되지 않는 것은?**

㉮ 자원의 수급 및 관리
㉯ 유해하거나 재제조·재활용이 어려운 물질의 사용 억제
㉰ 에너지자원으로 이용되는 목재, 식물, 농산물 등 바이오매스의 수집·활용
㉱ 친환경 생산체제로의 전환을 위한 기술지원

해설 저탄소 녹색성장 기본법 제24조 ②항 참조

60. **에너지이용 합리화법상 열사용기자재가 아닌 것은?**

㉮ 강철제보일러
㉯ 구멍탄용 온수보일러
㉰ 전기순간온수기
㉱ 2종 압력용기

해설 에너지이용 합리화법 시행규칙 제1조의 2 별표 1 참조

정답 59. ㉱ 60. ㉰

✻ 에너지관리 기능사 [2014년 7월 20일 시행]

1. 보일러 증기 발생량이 5 t/h, 발생 증기 엔탈피는 650 kcal/kg, 연료 사용량 400 kg/h, 연료의 저위 발열량이 9750 kcal/kg일 때 보일러 효율은 약 몇 % 인가?(단, 급수 온도는 20℃이다.)

㉮ 78.8% ㉯ 80.8%
㉰ 82.4% ㉱ 84.2%

해설 $\frac{5\times1000\times(650-20)}{400\times9750}\times100=80.8\%$

2. 보일러 급수 배관에서 급수의 역류를 방지하기 위하여 설치하는 밸브는?

㉮ 체크 밸브 ㉯ 슬루스 밸브
㉰ 글로브 밸브 ㉱ 앵글 밸브

해설 유체의 역류 방지용으로 체크 밸브(역지변)가 사용된다.

3. 열의 일당량 값으로 옳은 것은?

㉮ 427 kg·m/kcal ㉯ 327 kg·m/kcal
㉰ 273 kg·m/kcal ㉱ 472 kg·m/kcal

해설 ① 열의 일당량=427kg·m/kcal

② 일의 열당량=$\frac{1}{427}$ kcal/kg·m

4. 보일러 효율이 85 %, 실제 증발량이 5 t/h이고 발생 증기의 엔탈피 656 kcal/kg, 급수 온도의 엔탈피는 56 kcal/kg, 연료의 저위발열량 9750 kcal/kg일 때 연료 소비량은 약 몇 kg/h인가?

㉮ 316 ㉯ 362 ㉰ 389 ㉱ 405

해설 $\frac{5\times1000\times(656-56)}{x\,[\mathrm{kg/h}]\times9750}\times100=85\%$

에서

$$x\,[\mathrm{kg/h}]=\frac{5\times1000\times(656-56)\times100}{9750\times85}=362\,\mathrm{kg/h}$$

5. 보일러 중에서 관류 보일러에 속하는 것은?

㉮ 코크란 보일러 ㉯ 코니시 보일러
㉰ 스코치 보일러 ㉱ 슐처 보일러

해설 관류 보일러의 종류 : 벤슨 보일러, 슐처 보일러, 람진 보일러, 엣모스 보일러

6. 급유량계 앞에 설치하는 여과기의 종류가 아닌 것은?

㉮ U형 ㉯ V형 ㉰ S형 ㉱ Y형

해설 형상에 따른 여과기(스트레이너)의 종류 : Y형, U형, V형

7. 보일러 시스템에서 공기예열기 설치 사용 시 특징으로 틀린 것은?

㉮ 연소효율을 높일 수 있다.
㉯ 저온부식이 방지된다.
㉰ 예열공기의 공급으로 불완전 연소가 감소된다.
㉱ 노 내의 연소속도를 빠르게 할 수 있다.

해설 공기예열기 설치 시 단점

① 저온부식을 일으키기 쉽다(연료 중의 황 성분으로 인하여).
② 연소가스의 마찰저항을 증대시켜 통풍력을 감소시킨다.
③ 청소, 검사, 보수가 불편하다.

8. 보일러 연료로 사용되는 LNG의 성분 중 함유량이 가장 많은 것은?

㉮ CH_4 ㉯ C_2H_6 ㉰ C_3H_8 ㉱ C_4H_{10}

정답 1. ㉯ 2. ㉮ 3. ㉮ 4. ㉯ 5. ㉱ 6. ㉰ 7. ㉯ 8. ㉮

해설 ① LNG (액화천연가스)의 주성분 : CH_4 (메탄)
② LPG(액화석유가스)의 주성분 : C_3H_8 (프로판), C_4H_{10} (부탄), C_3H_6 (프로필렌)

참고 천연가스 (NG)의 성분
① 건성가스 : CH_4 (메탄)
② 습성가스 : CH_4 (메탄) 80%, C_2H_6 (에탄) 10~15%, C_3H_8 (프로판)과 C_4H_{10} (부탄) 약간

9. 긴 관의 한 끝에서 펌프로 압송된 급수가 관을 지나는 동안 차례로 가열, 증발, 과열된 다음 과열 증기가 되어 나가는 형식의 보일러는?

㉮ 노통 보일러 ㉯ 관류 보일러
㉰ 연관 보일러 ㉱ 입형 보일러

해설 드럼이 없고 수관으로만 구성된 관류 보일러이다.

10. 급유장치에서 보일러 가동 중 연소의 소화, 압력 초과 등 이상현상 발생 시 긴급히 연료를 차단하는 것은?

㉮ 압력 조절 스위치
㉯ 압력 제한 스위치
㉰ 감압 밸브
㉱ 전자 밸브

해설 전자 밸브 (솔레노이드 밸브, 긴급 연료 차단 밸브) : 보일러 가동 중 이상 감수, 제한 압력 초과, 화염 실화, 송풍기 고장 등 이상 현상 발생 시 긴급히 연료를 차단하는 안전장치이다.

11. 보일러의 자동제어 신호전달 방식 중 전달거리가 가장 긴 것은?

㉮ 전기식 ㉯ 유압식
㉰ 공기식 ㉱ 수압식

해설 ① 전기식 : 10 km 정도
② 유압식 : 300 m 정도
③ 공기식 : 100~150 m 정도

12. 연료 중 표면 연소하는 것은?

㉮ 목탄 ㉯ 중유
㉰ 석탄 ㉱ LPG

해설 ① 고체 연료의 연소 형태
(가) 표면 연소 : 코크스, 목탄(숯)
(나) 분해 연소 : 석탄, 장작
② 액체 연료의 연소 형태
(가) 증발 연소 : 가솔린, 등유, 경유
(나) 분해 연소 : 중유, 타르 중유

참고 기체 연료의 연소 형태에는 확산 연소와 예혼합 연소가 있다.

13. 일반적으로 효율이 가장 좋은 보일러는?

㉮ 코니시 보일러 ㉯ 입형 보일러
㉰ 연관 보일러 ㉱ 수관 보일러

해설 보일러 열효율이 좋은 순서 : ① 관류 보일러(벤슨 보일러, 슐처 보일러) → ② 수관 보일러 → ③ 노통 연관 보일러(스코치 보일러) → ④ 횡연관 보일러(케와니 보일러) → ⑤ 노통 연관 보일러(코니시 보일러, 랭커셔 보일러) → ⑥ 입형 보일러(코크란 보일러 등)

14. 플로트 트랩은 어떤 종류의 트랩인가?

㉮ 디스크 트랩 ㉯ 기계적 트랩
㉰ 온도조절 트랩 ㉱ 열역학적 트랩

해설 증기 트랩(steam trap)의 종류
① 기계식 트랩 : 버킷식, 부표(플로트)식
② 온도조절식 트랩 : 바이메탈식, 벨로스식
③ 열역학적 트랩 : 오리피스식, 디스크식(충격식)

참고 열동식 트랩 : 일명 실로폰 트랩이라고도 부르며, 밸브 작동은 간헐적이고 저압용 방열기나 관말 트랩용으로 사용되는 트랩이다.

15. 수면계의 기능시험 시기로 틀린 것은?

정답 9. ㉯ 10. ㉱ 11. ㉮ 12. ㉮ 13. ㉱ 14. ㉯ 15. ㉯

㉮ 보일러를 가동하기 전
㉯ 수위의 움직임이 활발할 때
㉰ 보일러를 가동하여 압력이 상승하기 시작했을 때
㉱ 2개 수면계의 수위에 차이를 발견했을 때

해설 수면계 수위가 둔할 때 기능 시험을 한다.

16. **연료를 연소시키는데 필요한 실제공기량과 이론공기량의 비, 즉 공기비를 m 이라 할 때 다음 식이 뜻하는 것은?**

$$(m-1)\times 100\%$$

㉮ 과잉공기율 ㉯ 과소공기율
㉰ 이론공기율 ㉱ 실제공기율

해설 ① 과잉공기비 $=(m-1)$
② 과잉공기율 $=(m-1)\times 100\%$

17. **원통형 및 수관식 보일러의 구조에 대한 설명 중 틀린 것은?**

㉮ 노통 접합부는 아담슨 조인트(Adamson joint)로 연결하여 열에 의한 신축을 흡수한다.
㉯ 코니시 보일러는 노통을 편심으로 설치하여 보일러수의 순환이 잘 되도록 한다.
㉰ 겔로웨이관은 전열면을 증대하고 강도를 보강한다.
㉱ 강수관의 내부는 열가스가 통과하여 보일러수 순환을 증진한다.

해설 수관에는 강수관과 승수관이 있으며, 외부는 열가스가 통과하며, 내부는 보일러수가 순환되는 관이다.

18. **공기예열기 설치 시 이점으로 옳지 않은 것은?**

㉮ 예열공기의 공급으로 불완전 연소가 감소한다.
㉯ 배기가스의 열손실이 증가된다.
㉰ 저질 연료도 연소가 가능하다.
㉱ 보일러 열효율이 증가한다.

해설 과잉공기량을 줄여 배기가스의 열손실을 감소시킬 수 있다.

19. **보일러 연소실 내의 미연소가스 폭발에 대비하여 설치하는 안전장치는?**

㉮ 가용전 ㉯ 방출밸브
㉰ 안전밸브 ㉱ 방폭문

해설 미연소가스 폭발에 대비하여 드럼 후부 경판, 연소실 입구에 방폭문(폭발문)을 설치한다.

20. **물질의 온도 변화에 소요되는 열, 즉 물질의 온도를 상승시키는 에너지로 사용되는 열은 무엇인가?**

㉮ 잠열 ㉯ 증발열
㉰ 융해열 ㉱ 현열

해설 ① 현열(포화수 엔탈피) : 물질의 온도 변화에 소요되는 열
② 잠열 : 물질의 상(相) 변화에 소요되는 열

참고 잠열에는 증발열(기화열)과 융해열이 있다.

21. **보일러에 과열기를 설치하여 과열증기를 사용하는 경우의 설명으로 잘못된 것은?**

㉮ 과열증기란 포화증기의 온도와 압력을 높인 것이다.
㉯ 과열증기는 포화증기보다 보유 열량이 많다.
㉰ 과열증기를 사용하면 배관부의 마찰저항 및 부식을 감소시킬 수 있다.

정답 16. ㉮ 17. ㉱ 18. ㉯ 19. ㉱ 20. ㉱ 21. ㉮

㉱ 과열증기를 사용하면 보일러의 열효율을 증대시킬 수 있다.

해설 과열증기란 포화증기의 압력은 일정하게 유지하고 온도만을 높인 증기이다.

22. 자동제어의 신호 전달 방법 중 신호 전송 시 시간지연이 있으며, 전송거리가 100~150m 정도인 것은?

㉮ 전기식 ㉯ 유압식
㉰ 기계식 ㉱ 공기식

해설 공기식 신호 전달 방법의 특징
① 전송거리가 100~150m 정도
② 신호전송 시 시간 지연이 있다.
③ 위험성이 있는 곳에 사용된다.
④ 온도제어에 적합하다.
⑤ 배관이 용이하다.

23. 가압수식 집진장치의 종류에 속하는 것은?

㉮ 백필터 ㉯ 세정탑
㉰ 코트렐 ㉱ 배풀식

해설 세정탑 : 입자의 농도가 낮은 가스를 고도로 청정하고자 할 때 적합한 가압수식 습식 집진장치이다.

24. 보일러 중 노통연관식 보일러는?

㉮ 코니시 보일러 ㉯ 랭커셔 보일러
㉰ 스코치 보일러 ㉱ 타쿠마 보일러

해설 ① 노통식 보일러 : 코니시 보일러(노통 1개), 랭커셔 보일러(노통 2개)
② 횡연관식 보일러 : 케와니 보일러(기관차 보일러를 개량시킨 것)
③ 노통연관식 보일러 : 스코치 보일러(대표적인 선박용 보일러)

참고 노통연관식 보일러에는 스코치 보일러의 단점을 보완하여 개량시킨 하우덴 존슨 보일러도 있다.

25. 분사관을 이용해 선단에 노즐을 설치하여 청소하는 것으로 주로 고온의 전열면에 사용하는 슈트 블로어(soot blower)의 형식은?

㉮ 롱 레트랙터블(long retractable)형
㉯ 로터리(rotary)형
㉰ 건(gun)형
㉱ 에어 히터 클리너(air heater cleaner)형

해설 매연분출장치(슈트 블로어 : soot blower)의 종류 및 용도
① 롱 레트랙터블형(장발형) : 고온부인 과열기나 수관 등 고온의 열가스 통로 부분에 사용한다.
② 쇼트 레트랙터블형(단발형) : 연소실 노벽 등에 타고 남은 연사(찌꺼기)가 많은 곳에 사용된다.
③ 로터리형(정치회전형) : 보일러 전열면, 절탄기 같은 곳에 사용된다.
④ 에어히터 클리너(공기예열기 클리너) : 관형 공기예열기용으로 사용한다.
⑤ 건형 : 미분탄 보일러, 폐열 보일러와 같은 연재가 많은 보일러에 사용한다.

26. 용적식 유량계가 아닌 것은?

㉮ 로터리형 유량계
㉯ 피토관식 유량계
㉰ 루트형 유량계
㉱ 오벌 기어형 유량계

해설 ① 용적식 유량계의 종류 : 로터리형, 루트형, 오벌 기어형, 원판형, 가스미터(기체 측정에만 사용)
② 유속식 유량계의 종류 : 피토관식, 열선식, 아뉴바 유량계
③ 차압식 유량계의 종류 : 오리피스식, 플로 노즐, 벤투리관식

27. 연소의 속도에 미치는 인자가 아닌 것은?

㉮ 반응물질의 온도
㉯ 산소의 온도

정답 22. ㉱ 23. ㉯ 24. ㉰ 25. ㉮ 26. ㉯ 27. ㉱

㉰ 촉매물질
㉱ 연료의 발열량

해설 ① 연소속도에 미치는 인자 : 반응물질의 온도, 산소의 온도, 촉매물질, 활성화 에너지, 산소와의 혼합비, 연소 압력, 연료의 입자
② 연소온도에 영향을 미치는 요인 : 공기비(과잉공기량), 산소 농도, 연료의 발열량

28. 액체연료 중 경질유에 주로 사용하는 기화연소 방식의 종류에 해당하지 않는 것은?

㉮ 포트식 ㉯ 심지식
㉰ 증발식 ㉱ 무화식

해설 경질유(등유, 경유)에 사용되는 기화연소 방식에는 포트식, 심지식, 증발식 3가지가 있으며, 중질유(중유) 연소방식은 무화 연소방식을 사용한다.

29. 서로 다른 두 종류의 금속판을 하나로 합쳐 온도 차이에 따라 팽창 정도가 다른 점을 이용한 온도계는?

㉮ 바이메탈 온도계
㉯ 압력식 온도계
㉰ 전기저항 온도계
㉱ 열전대 온도계

해설 바이메탈 온도계는 금속의 열팽창을 이용한 온도계이며, 보일러에서 가장 많이 사용한다.

30. 냉동용 배관 결합 방식에 따른 도시 방법 중 용접식을 나타내는 것은?

㉮ ─╫─ ㉯ ──●──
㉰ ──┼── ㉱ ─╫┼─

해설 ㉮ : 플랜지식, ㉯ : 땜(용접)식, ㉰ : 나사식, ㉱ : 유니언식

31. 방열기 설치 시 벽면과의 간격으로 가장 적합한 것은?

㉮ 50mm ㉯ 80mm
㉰ 100mm ㉱ 150mm

해설 주형(기둥형) 방열기는 벽면에서 50 ~ 60 mm 떨어지게, 벽걸이형 방열기는 바닥에서 150 mm 높게 설치한다.

32. 보일러 설치 · 시공기준상 가스용 보일러의 경우 연료배관 외부에 표시하여야 하는 사항이 아닌 것은? (단, 배관은 지상에 노출된 경우임)

㉮ 사용 가스명 ㉯ 최고 사용압력
㉰ 가스 흐름 방향 ㉱ 최저 사용온도

33. 관을 아래서 지지하면서 신축을 자유롭게 하는 지지물은 무엇인가?

㉮ 스프링 행어 ㉯ 롤러 서포트
㉰ 콘스탄트 행어 ㉱ 리스트레인트

해설 서포트(support) : 배관 하중을 아래서 위로 떠받쳐 지지하는 지지물로서 종류는 다음과 같다.
① 파이프 슈(pipe shoe) : 배관의 벤딩 부분과 수평 부분에 관으로 영구히 고정시켜 배관의 이동을 구속시키는 것이다.
② 롤러 서포트(roller support) : 관을 아래서 지지하면서 신축을 자유롭게 하는 것으로 롤러가 관을 받치고 있다.
③ 리지드 서포트(rigid support) : I빔으로 만든 지지대의 일종으로 정유시설의 송유관에 많이 사용한다.
④ 스프링 서포트 (spring support) : 상하 이동이 자유롭고 파이프의 하중에 따라 스프링이 완충작용을 하여 배관을 지지하는 것이다.

참고 ① 행어(hanger) : 배관의 하중을 위에서 걸어당겨 받치는 지지물이며 스프링 행어, 리지드 행어, 콘스탄트 행어 등이 있다.
② 리스트레인트(restraint) : 신축으로 인한 배관의 상하좌우 이동을 구속하고 제

정답 28. ㉱ 29. ㉮ 30. ㉯ 31. ㉮ 32. ㉱ 33. ㉯

한하는 지지물이며, 앵커, 스토퍼, 가이드 등이 있다.

34. 실내의 온도 분포가 가장 균등한 난방방식은 무엇인가?

㉮ 온풍 난방 ㉯ 방열기 난방
㉰ 복사 난방 ㉱ 온돌 난방

해설 복사 난방의 특징
① 실내의 온도 분포가 가장 균등하며, 쾌감도다 높다.
② 실내의 평균 온도가 낮아 손실열량이 비교적 적다.
③ 바닥면의 이용도가 높고 실내 공기의 대류가 적어 바닥 먼지 상승이 적다.
④ 외기 온도 급변 시 대응이 어렵다.

35. 20A 관을 90°로 구부릴 때 중심곡선의 적당한 길이는 약 몇 mm인가? (단, 곡률 반지름 $R = 100$mm이다.)

㉮ 147 ㉯ 157 ㉰ 167 ㉱ 177

해설 $200 \times \pi \times \frac{90}{360} = 157\text{mm}$

36. 유류 연소 수동보일러의 운전정지 내용으로 잘못된 것은?

㉮ 운전정지 직전에 유류예열기의 전원을 차단하고 유류예열기의 온도를 낮춘다.
㉯ 연소실 내, 연도를 환기시키고 댐퍼를 닫는다.
㉰ 보일러 수위를 정상 수위보다 조금 낮추고 버너의 운전을 정지한다.
㉱ 연소실에서 버너를 분리하여 청소를 하고 기름이 누설되는지 점검한다.

해설 보일러 수위를 정상 수위보다 조금 높이고 버너의 운전을 정지한다.

37. 증기 트랩의 종류가 아닌 것은?

㉮ 그리스 트랩 ㉯ 열동식 트랩
㉰ 버킷식 트랩 ㉱ 플로트 트랩

해설 문제 14 해설 및 참고 참조

38. 배관의 단열공사를 실시하는 목적에서 가장 거리가 먼 것은 무엇인가?

㉮ 열에 대한 경제성을 높인다.
㉯ 온도조절과 열량을 낮춘다.
㉰ 온도변화를 제한한다.
㉱ 화상 및 화재방지를 한다.

해설 단열공사는 열의 이동을 차단하여 열을 보존하기 위함이다.

39. 보일러의 운전정지 시 가장 뒤에 조작하는 작업은?

㉮ 연료의 공급을 정지시킨다.
㉯ 연소용 공기의 공급을 정지시킨다.
㉰ 댐퍼를 닫는다.
㉱ 급수펌프를 정지시킨다.

해설 연소율을 낮춘다 → 연료의 공급을 정지시킨다 → 포스트 퍼지 실시 → 연소용 공기의 공급을 정지시킨다 → 급수펌프를 정지시킨다 → 댐퍼를 닫는다 순으로 한다.

40. 보일러의 외식부식 발생원인과 관계가 가장 먼 것은?

㉮ 빗물, 지하수 등에 의한 습기나 수분에 의한 작용
㉯ 보일러수 등의 누출로 인한 습기나 수분에 의한 작용
㉰ 연소가스 속의 부식성 가스(아황산가스 등)에 의한 작용
㉱ 급수 중에 유지류, 산류, 탄산가스, 산소, 염류 등의 불순물 함유에 의한 작용

해설 ㉱항은 내부(내면)부식 발생 원인이다.

정답 34. ㉰ 35. ㉯ 36. ㉰ 37. ㉮ 38. ㉯ 39. ㉰ 40. ㉱

참고 외부(외면)부식은 연소가스가 닿는 전열면에서의 부식이며, 내부(내면)부식은 보일러수가 닿는 수(水)면적에서의 부식이다.

41. 강판 제조 시 강괴 속에 함유되어 있는 가스체 등에 의해 강판이 두 장의 층을 형성하는 결함은?

㉮ 래미네이션 ㉯ 크랙
㉰ 브리스트 ㉱ 심 리프트

해설 ① 래미네이션(lamination) : 보일러 강판이나 관 속에 2장의 층을 형성하고 있는 흠
② 블리스트(blister) : 래미네이션의 결함을 갖고 있는 재료가 강하게 열을 받아 소손되어 부풀어 오른 현상

42. 보일러 급수의 pH로 가장 적합한 것은?

㉮ 4~6 ㉯ 7~9
㉰ 9~11 ㉱ 11~13

해설 보일러의 부식을 방지하기 위하여 보일러 급수 및 보일러수의 pH 한계값은 다음과 같다.

구 분 \ 보일러의 종류	원통형 보일러	수관 보일러
보일러 급수 pH	7~9	8~9
보일러수 pH	11~11.8	10.5~11.5

참고 보일러 급수의 pH값과 보일러수의 pH값 구분을 철저히 할 것

43. 증기난방과 비교한 온수난방의 특징 설명으로 틀린 것은?

㉮ 예열시간이 길다.
㉯ 건물 높이에 제한을 받지 않는다.
㉰ 난방부하 변동에 따른 온도조절이 용이하다.
㉱ 실내 쾌감도가 높다.

해설 온수난방은 건물 높이에 제한을 받는다.

44. 가스절단 조건에 대한 설명 중 틀린 것은?

㉮ 금속 산화물의 용융온도가 모재의 용융온도보다 낮을 것
㉯ 모재의 연소온도가 그 용융점보다 낮을 것
㉰ 모재의 성분 중 산화를 방해하는 원소가 많을 것
㉱ 금속 산화물 유동성이 좋으며, 모재로부터 이탈될 수 있을 것

해설 산화반응이 격렬하고 다량의 열이 발생해야 할 것

45. 보일러의 외처리 방법 중 탈기법에서 제거되는 것은?

㉮ 황화수소 ㉯ 수소
㉰ 망간 ㉱ 산소

해설 용존가스체 제거법
① 탈기법 : O_2, CO_2 제거
② 기폭법 : CO_2, Fe, Mn, NH_3, H_2S 제거

46. 난방부하 계산 시 사용되는 용어에 대한 설명 중 틀린 것은?

㉮ 열전도 : 인접한 물체 사이의 열의 이동 현상
㉯ 열관류 : 열이 한 유체에서 벽을 통하여 다른 유체로 전달되는 현상
㉰ 난방부하 : 방열기가 표준 상태에서 $1m^2$당 단위시간에 방출하는 열량
㉱ 정격용량 : 보일러 최대 부하상태에서 단위 시간당 총 발생되는 열량

해설 난방부하란 실내온도를 유지하기 위한(즉, 열손실량) 필요한 열량(kcal/h)을 말한다.

정답 41. ㉮ 42. ㉯ 43. ㉯ 44. ㉰ 45. ㉱ 46. ㉰

47. 증기 보일러의 관류 보일러에서 보일러와 압력 릴리프 밸브와의 사이에 체크밸브를 설치할 경우 압력 릴리프 밸브는 몇 개 이상 설치하여야 하는가?

㉮ 1개 ㉯ 2개 ㉰ 3개 ㉱ 4개

해설 관류 보일러에서 보일러와 압력 방출장치와의 사이에 체크밸브를 설치할 경우 압력 방출장치는 2개 이상 설치하여야 한다.

48. 증기 보일러에서 송기를 개시할 때 증기밸브를 급히 열면 발생할 수 있는 현상으로 가장 적당한 것은?

㉮ 캐비테이션 현상 ㉯ 수격작용
㉰ 역화 ㉱ 수면계의 파손

해설 증기밸브를 급히 열면 기수공발(케리오버) 및 수격작용(워터 해머) 현상을 일으킨다.

49. 고체 내부에서의 열의 이동 현상으로 물질은 움직이지 않고 열만 이동하는 현상은 무엇인가?

㉮ 전도 ㉯ 전달 ㉰ 대류 ㉱ 복사

해설 고체 내에서의 열의 이동은 전도, 유체(물, 공기, 가스 등)의 열의 이동은 대류이다.

50. 난방부하가 15000 kcal/h이고, 주철제 증기 방열기로 난방한다면 방열기 소요 방열면적은 약 몇 m^2인가? (단, 방열기의 방열량은 표준 방열량으로 한다.)

㉮ 16 ㉯ 18 ㉰ 20 ㉱ 23

해설 $650\ \text{kcal/hm}^2 \times x[\text{m}^2] = 15000\text{kcal/h}$
에서 $x = \dfrac{15000}{650} = 23\text{m}^2$

51. 다음 중 강관의 스케줄 번호가 나타내는 것은?

㉮ 관의 중심 ㉯ 관의 두께
㉰ 관의 외경 ㉱ 관의 내경

해설 스케줄 번호(Sch. No.)란 관의 두께를 나타내는 번호이다.

$$\text{스케줄 번호} = 10 \times \frac{p}{S}$$

여기서, p : 사용압력(kgf/cm^2)
S : 허용응력(kgf/mm^2)
$= \dfrac{\text{인장강도}(\text{kgf/mm}^2)}{\text{안전율}}$

52. 신축이음쇠 종류 중 고온, 고압에 적당하며, 신축에 따른 자체응력이 생기는 결점이 있는 신축이음쇠는?

㉮ 루프형(loop type)
㉯ 스위블형(swivel type)
㉰ 벨로스형(bellows type)
㉱ 슬리브형(sleeve type)

해설 루프형 신축이음의 특징
① 고압용 배관에 적합하다.
② 고장이 적어 옥외 배관에 적당하다.
③ 설치장소를 많이 차지한다.
④ 응력을 수반하는 결점이 있다.
⑤ 허용길이가 가장 크다.

53. 가연가스와 미연가스가 노 내에 발생하는 경우가 아닌 것은?

㉮ 심한 불완전연소가 되는 경우
㉯ 점화조작에 실패한 경우
㉰ 소정의 안전 저연소율보다 부하를 높여서 연소시킨 경우
㉱ 연소정지 중에 연료가 노 내에 스며든 경우

해설 소정의 안전 저연소율보다 부하를 낮추어 연소시킨 경우에 점화에 실패하여 미연소가스가 발생된다.

54. 가정용 온수보일러 등에 설치하는 팽

정답 47. ㉯ 48. ㉯ 49. ㉮ 50. ㉱ 51. ㉯ 52. ㉮ 53. ㉰ 54. ㉮

창탱크의 주된 설치 목적은 무엇인가?

㉮ 허용압력 초과에 따른 안전장치 역할
㉯ 배관 중의 맥동을 방지
㉰ 배관 중의 이물질 제거
㉱ 온수순환의 원활

해설 팽창탱크의 설치 목적은 장치 내의 팽창수를 흡수하여 압력 초과를 방지하는 데 있으며, 안전장치 역할을 한다.

55. 저탄소 녹색성장 기본법상 녹색성장 위원회는 위원장 2명을 포함한 몇 명 이내의 위원으로 구성하는가?

㉮ 25 ㉯ 30 ㉰ 45 ㉱ 50

해설 저탄소 녹색성장 기본법 제14조 ②항 참조

56. 열사용기자재 관리규칙에서 용접검사가 면제될 수 있는 보일러의 대상 범위로 틀린 것은?

㉮ 강철제 보일러 중 전열면적이 5m² 이하이고, 최고사용압력이 0.35MPa 이하인 것
㉯ 주철제 보일러
㉰ 제2종 관류 보일러
㉱ 온수보일러 중 전열면적이 18 m² 이하이고, 최고사용압력이 0.35 MPa 이하인 것

해설 에너지이용합리화법 시행규칙 제31조의 13에 의한 별표 3의 6 참조

57. 에너지 절약 전문기업의 등록은 누구에게 하도록 위탁되어 있는가?

㉮ 지식경제부장관
㉯ 에너지관리공단 이사장
㉰ 시공업자단체의 장
㉱ 시·도지사

해설 에너지이용합리화법 시행령 제51조 ①항 8호 참조

58. 신·재생에너지 설비의 설치를 전문으로 하려는 자는 자본금·기술인력 등의 신고기준 및 절차에 따라 누구에게 신고를 하여야 하는가?

㉮ 국토해양부장관
㉯ 환경부장관
㉰ 고용노동부장관
㉱ 산업통상자원부장관

해설 신·재생에너지 개발·이용 보급 촉진법 시행령 제25조 ②항 참조

59. 에너지법에서 사용하는 "에너지"의 정의를 가장 올바르게 나타낸 것은?

㉮ "에너지"라 함은 석유·가스 등 열을 발생하는 열원을 말한다.
㉯ "에너지"라 함은 제품의 원료로 사용되는 것을 말한다.
㉰ "에너지"라 함은 태양, 조파, 수력과 같이 일을 만들어낼 수 있는 힘이나 능력을 말한다.
㉱ "에너지"라 함은 연료·열 및 전기를 말한다.

해설 에너지법 제2조 1호 참조

60. 에너지법상 지역에너지계획은 몇 년마다 몇 년 이상을 계획기간으로 수립·시행하는가?

㉮ 2년마다 2년 이상
㉯ 5년마다 5년 이상
㉰ 7년마다 7년 이상
㉱ 10년마다 10년 이상

해설 에너지법 제7조 ①항 참조

정답 55. ㉱ 56. ㉰ 57. ㉯ 58. ㉱ 59. ㉱ 60. ㉯

✺ 에너지관리 기능사

[2014년 10월 11일 시행]

1. 보일러의 여열을 이용하여 증기 보일러의 효율을 높이기 위한 부속장치로 맞는 것은?

㉮ 버너, 댐퍼, 송풍기
㉯ 절탄기, 공기예열기, 과열기
㉰ 수면계, 압력계, 안전밸브
㉱ 인젝터, 저수위 경보장치, 집진장치

해설 배기가스의 폐열(여열)을 이용하여 보일러 열효율을 높이기 위한 특수 부속장치의 종류는 과열기, 재열기, 절탄기, 공기예열기이다.

2. 스팀 헤더(steam header)에 관한 설명으로 틀린 것은?

㉮ 보일러 주증기관과 부하측 증기관 사이에 설치한다.
㉯ 송기 및 정지가 편리하다.
㉰ 불필요한 장소에 송기하기 때문에 열손실은 증가한다.
㉱ 증기의 과부족을 일부 해소 할 수 있다.

해설 스팀 헤더 설치 사용 시 불필요한 장소에 송기를 하지 아니하므로 열손실이 감소한다.

3. 보일러 기관 작동을 저지시키는 인터로크 제어에 속하지 않는 것은?

㉮ 저수위 인터로크
㉯ 저압력 인터로크
㉰ 저연소 인터로크
㉱ 프리퍼지 인터로크

해설 인터로크의 종류 : 프리퍼지 인터로크, 불착화 인터로크, 저연소 인터로크, 저수위 인터로크, 압력 초과 인터로크

4. 다음 중 특수 보일러에 속하는 것은?

㉮ 벤슨 보일러
㉯ 슐처 보일러
㉰ 소형 관류 보일러
㉱ 슈미트 보일러

해설 특수 보일러인 간접가열식 보일러의 종류에는 슈미트 보일러와 뢰플러 보일러가 있다.

5. 보일러 연소실이나 연도에서 화염의 유무를 검출하는 장치가 아닌 것은?

㉮ 스테빌라이저　㉯ 플레임 로드
㉰ 플레임 아이　㉱ 스택 스위치

해설 스테빌라이저(보염기)는 보염장치이다.

참고 화염의 유무를 검출하는 장치(화염검출기)의 종류에는 플레임 아이, 플레임 로드, 스택 스위치가 있다.

6. 수관식 보일러의 특징에 대한 설명으로 틀린 것은?

㉮ 전열면적이 커서 증기의 발생이 빠르다.
㉯ 구조가 간단하여 청소, 검사, 수리 등이 용이하다.
㉰ 철저한 급수처리가 요구된다.
㉱ 보일러수의 순환이 빠르고 효율이 좋다.

해설 수관식 보일러는 구조가 복잡하여 청소, 검사, 수리 등이 불편하다.

7. 연소가스와 대기의 온도가 각각 250℃, 30℃이고, 연돌의 높이가 50m일 때 이론 통풍력은 약 얼마인가? (단, 연소가스와 대기의 비중량은 각각 1.35kg/Nm^3, 1.25kg/Nm^{3}이다.)

정답 1. ㉯　2. ㉰　3. ㉯　4. ㉱　5. ㉮　6. ㉯　7. ㉮

㉮ 21.08 mmAq ㉯ 23.12 mmAq
㉰ 25.02 mmAq ㉱ 27.36 mmAq

해설 $273 \times 50 \times \left(\frac{1.25}{30+273} - \frac{1.35}{250+273}\right)$
$= 21.08\,\text{mmAq}$

8. 사이클론 집진기의 집진율을 증가시키기 위한 방법으로 틀린 것은?

㉮ 사이클론의 내면을 거칠게 처리한다.
㉯ 블로 다운 방식을 사용한다.
㉰ 사이클론 입구의 속도를 크게 한다.
㉱ 분진박스와 모양은 적당한 크기와 형상으로 한다.

해설 마찰손실을 줄여 집진율을 증가시키기 위하여 사이클론의 내면을 매끈하게 처리해야 한다.

9. 건포화증기의 엔탈피와 포화수의 엔탈피의 차는?

㉮ 비열 ㉯ 잠열
㉰ 현열 ㉱ 액체열

해설 포화수 엔탈피+잠열=건포화증기 엔탈피

10. 보일러에서 발생하는 증기를 이용하여 급수하는 장치는?

㉮ 슬러지 (sludge)
㉯ 인젝터 (injector)
㉰ 콕 (cock)
㉱ 트랩 (trap)

해설 인젝터는 증기의 분사력을 이용한 보조 급수장치이다.

11. 연관식 보일러의 특징으로 틀린 것은 어느 것인가?

㉮ 동일 용량인 노통 보일러에 비해 설치면적이 적다.
㉯ 전열면적이 커서 증기발생이 빠르다.
㉰ 외분식은 연료선택 범위가 좁다.
㉱ 양질의 급수가 필요하다.

해설 수관 보일러, 관류 보일러, 연관식 보일러와 같은 외분식 보일러는 연소실 크기와 형상에 제한을 적게 받으며, 연료 선택 범위가 넓다.

12. 보일러의 수위 제어에 영향을 미치는 요인 중에서 보일러 수위제어 시스템으로 제어할 수 없는 것은?

㉮ 급수온도 ㉯ 급수량
㉰ 수위 검출 ㉱ 증기량 검출

해설 수위제어 시스템으로 제어할 수 있는 것은 수위, 증기량, 급수량이다.

13. 슈트 블로어(soot blower) 사용 시 주의사항으로 거리가 먼 것은?

㉮ 한 곳으로 집중하여 사용하지 말 것
㉯ 분출기 내의 응축수를 배출시킨 후 사용할 것
㉰ 보일러 가동을 정지 후 사용할 것
㉱ 연도 내 배풍기를 사용하여 유인통풍을 증가시킬 것

해설 그을음 제거는 부하가 적을 때 해야 하며, 가동을 정지 후(소화한 직후)에는 해서는 안 된다.

14. 보일러의 과열 원인으로 적당하지 않은 것은?

㉮ 보일러수의 순환이 좋은 경우
㉯ 보일러 내에 스케일이 부착된 경우
㉰ 보일러 내에 유지분이 부착된 경우
㉱ 국부적으로 심하게 복사열을 받는 경우

해설 보일러수의 순환이 불량한 경우에 과열의 원인이 된다.

정답 8. ㉮ 9. ㉯ 10. ㉯ 11. ㉰ 12. ㉮ 13. ㉰ 14. ㉮

15. 오일 버너의 화염이 불안정한 원인과 가장 무관한 것은?

㉮ 분무 유압이 비교적 높을 경우
㉯ 연료 중에 슬러지 등의 협잡물이 들어 있을 경우
㉰ 무화용 공기량이 적절치 않을 경우
㉱ 연소용 공기의 과다로 노내 온도가 저하될 경우

해설 분무 유압이 낮을 경우에 화염이 불안정하게 된다.

16. 열전도에 적용되는 퓨리에의 법칙 설명 중 틀린 것은?

㉮ 두 면 사이에 흐르는 열량은 물체의 단면적에 비례한다.
㉯ 두 면 사이에 흐르는 열량은 두 면 사이의 온도차에 비례한다.
㉰ 두 면 사이에 흐르는 열량은 시간에 비례한다.
㉱ 두 면 사이에 흐르는 열량은 두 면 사이의 거리에 비례한다.

해설 두 면 사이에 흐르는 열량은 두 면 사이의 거리에 반비례한다.

참고 $\text{열전도량} = \text{열전도율} \times \text{단면적} \times \dfrac{\text{온도차}}{\text{두 면 사이 거리}} \times \text{시간}$

17. 최근 난방 또는 급탕용으로 사용되는 진공 온수보일러에 대한 설명 중 틀린 것은?

㉮ 열매수의 온도는 운전 시 100℃ 이하이다.
㉯ 운전 시 열매수의 급수는 불필요하다.
㉰ 본체의 안전장치로서 용해전, 온도퓨즈, 안전밸브 등을 구비한다.
㉱ 추기장치는 내부에서 발생하는 비응축가스 등을 외부로 배출시킨다.

해설 진공 온수보일러의 안전장치
① 가용전 : 본체 증기 온도가 95℃ 이상 시 증기 배출
② 과열방지 스위치 : 본체 내 수위 저하 시 차단
③ 동파 방지 스위치 : 본체 내 온도가 8℃ 이하 시 자동으로 동작
④ 진공압력 스위치 : 본체 내 압력이 150mmHg 상승 시 차단

18. 보일러에서 실제 증발량(kg/h)을 연료 소모량(kg/h)으로 나눈 값은?

㉮ 증발 배수 ㉯ 전열면 증발량
㉰ 연소실 열부하 ㉱ 상당 증발량

해설 증발 배수(실제 증발 배수)

$$= \frac{\text{실제 증발량(kg/h)}}{\text{연료 소모량(kg/h)}} \text{(kg/kg 연료)}$$

19. 보일러 제어에서 자동연소제어에 해당하는 약호는?

㉮ A.C.C ㉯ A.B.C
㉰ S.T.C ㉱ F.W.C

해설 ① 보일러 자동제어 : A.B.C
② 증기온도제어 : S.T.C
③ 급수제어 : F.W.C
④ 연소제어 : A.C.C

20. 프로판(C_3H_8) 1kg이 완전연소하는 경우 필요한 이론 산소량은 약 몇 Nm^3인가?

㉮ 3.47 ㉯ 2.55
㉰ 1.25 ㉱ 1.50

해설 $C_3H_8 + 5O_2 \rightarrow 3CO_2 + 4H_2O$

1kmol 5kmol 3kmol 4kmol
(44kg, 22.4Nm³)(5×22.4Nm³)(3×22.4Nm³) (4×22.4Nm³)

$$\frac{5 \times 22.4}{44} = 2.55\,Nm^3$$

21. 고체연료와 비교하여 액체연료 사용

시의 장점을 잘못 설명한 것은?

㉮ 인화의 위험성이 없으며 역화가 발생하지 않는다.
㉯ 그을음이 적게 발생하고 연소효율도 높다.
㉰ 품질이 비교적 균일하며 발열량이 크다.
㉱ 저장 중 변질이 적다.

해설 액체연료는 고체연료에 비하여 인화의 위험성이 있으며 역화가 발생하기 쉽다.

22. 고압, 중압 보일러 급수용 및 고양정 급수용으로 쓰이는 것으로 임펠러와 안내날개가 있는 펌프는?

㉮ 벌류트 펌프 ㉯ 터빈 펌프
㉰ 워싱턴 펌프 ㉱ 웨어 펌프

해설 ① 터빈 펌프 : 안내날개(가이드 베인)가 있으며, 중·고압 및 고양정용 원심식 펌프이다.
② 벌류트 펌프 : 안내날개(가이드 베인)가 없으며, 저압 및 저양정용 원심식 펌프이다.

참고 왕복동식 펌프의 종류 : 워싱턴 펌프, 웨어 펌프, 플런저 펌프

23. 증기압력이 높아질 때 감소되는 것은 어느 것인가?

㉮ 포화 온도 ㉯ 증발 잠열
㉰ 포화수 엔탈피 ㉱ 포화증기 엔탈피

해설 증기압력이 높아지면 변하는 현상
① 포화수 온도 상승
② 포화수 엔탈피(현열) 증대
③ 증발 잠열 감소
④ 포화증기 엔탈피 증가
⑤ 증기의 비체적 증대
⑥ 포화수 비중이 감소

24. 노통 보일러에서 아담슨 조인트를 하는 목적은?

㉮ 노통 제작을 쉽게 하기 위해서
㉯ 재료를 절감하기 위해서
㉰ 열에 의한 신축을 조절하기 위해서
㉱ 물 순환을 촉진하기 위해서

해설 노통 보일러에서 노통의 원주 이음을 아담슨 조인트를 하는 목적은 열에 의한 신축을 조절하여 강도를 보강하기 위함이다.

25. 다음 중 압력계의 종류가 아닌 것은?

㉮ 부르동관식 압력계
㉯ 벨로즈식 압력계
㉰ 유니버설 압력계
㉱ 다이어프램 압력계

해설 ① 탄성식 압력계의 종류 : 부르동관식 압력계, 벨로즈식 압력계, 다이어프램식 압력계
② 액주식 압력계의 종류 : U자관식 압력계, 경사관식 압력계, 환상 천평식(링 밸런스식) 압력계

26. 500W의 전열기로서 2kg의 물을 18℃로부터 100℃까지 가열하는 데 소요되는 시간은 얼마인가?(단, 전열기 효율은 100%로 가정한다.)

㉮ 약 10분 ㉯ 약 16분
㉰ 약 20분 ㉱ 약 23분

해설 $\frac{2 \times 1 \times (100-18)}{0.5 \times 860} \times 60 \fallingdotseq 23$분

27. 랭커셔 보일러는 어디에 속하는가?

㉮ 관류 보일러 ㉯ 연관 보일러
㉰ 수관 보일러 ㉱ 노통 보일러

해설 노통 보일러에는 노통이 1개인 코니시 보일러와 노통이 2개인 랭커셔 보일러가 있다.

28. 액체연료 연소에서 무화의 목적이 아

정답 22. ㉯ 23. ㉯ 24. ㉰ 25. ㉰ 26. ㉱ 27. ㉱ 28. ㉱

닌 것은?

㉮ 단위 중량당 표면적을 크게 한다.
㉯ 연소효율을 향상시킨다.
㉰ 주위 공기와 혼합을 좋게 한다.
㉱ 연소실의 열부하를 낮게 한다.

해설 연소실 열부하(연소실 열발생률)를 높게 한다.

29. 보일러에서 기체연료의 연소방식으로 가장 적당한 것은?

㉮ 화격자연소 ㉯ 확산연소
㉰ 증발연소 ㉱ 분해연소

해설 기체연료의 연소방식에는 확산연소방식과 예혼합연소방식이 있다.

30. 단관 중력 환수식 온수난방에서 방열기 입구 반대편 상부에 부착하는 밸브는 어느 것인가?

㉮ 방열기 밸브 ㉯ 온도조절 밸브
㉰ 공기빼기 밸브 ㉱ 배니 밸브

해설 온수 방열기 입구 반대편 상부에는 공기빼기 밸브를 설치해야 하며, 증기 방열기 출구측에는 열동식(실로폰=방열기) 트랩을 설치해야 한다.

31. 보일러 슈트 블로어를 사용하여 그을음 제거 작업을 하는 경우의 주의사항 설명으로 가장 옳은 것은?

㉮ 가급적 부하가 높을 때 실시한다.
㉯ 보일러를 소화한 직후에 실시한다.
㉰ 흡출 통풍을 감소시킨 후 실시한다.
㉱ 작업 전에 분출기 내부의 드레인을 충분히 제거한다.

해설 ① 가급적 부하가 낮을 때 실시한다.
② 보일러를 소화한 직후에 실시하면 안 된다.
③ 흡출(흡입) 통풍을 증가시킨 후 실시한다.

32. 보일러 내부에 아연판을 매다는 가장 큰 이유는?

㉮ 기수공발을 방지하기 위하여
㉯ 보일러 판의 부식을 방지하기 위하여
㉰ 스케일 생성을 방지하기 위하여
㉱ 프라이밍을 방지하기 위하여

해설 아연판을 매다는 이유는 전류작용을 방지하여 보일러 판의 부식을 방지하기 위함이다.

33. 보일러 수(水) 중의 경도 성분을 슬러지로 만들기 위하여 사용하는 청관제는?

㉮ 가성취화 억제제 ㉯ 연화제
㉰ 슬러지 조정제 ㉱ 탈산소제

해설 ① 연화재 : 경도 성분을 슬러지로 만들기 위하여 사용
② 슬러지 조정제 : 스케일 성분을 슬러지로 만들기 위하여 사용

34. 보일러 내면의 산세정 시 염산을 사용하는 경우 세정액의 처리온도와 처리시간으로 가장 적합한 것은?

㉮ 60±5℃, 1~2시간
㉯ 60±5℃, 4~6시간
㉰ 90±5℃, 1~2시간
㉱ 90±5℃, 4~6시간

해설 물에 염산(HCl)을 5~10% 혼합하여 부식 억제제인 인히비터를 0.2~0.6% 정도 혼합해서 온도 60±5℃로 유지하고, 약 4~6시간 정도 순환시켜 스케일을 제거한다.

35. 다른 보온재에 비하여 단열 효과가 낮으며 500℃ 이하의 파이프, 탱크, 노벽 등에 사용하는 것은?

㉮ 규조토 ㉯ 암면
㉰ 글라스 울 ㉱ 펠트

해설 규조토 보온재 : 규조토 건조 분말에 석

정답 29. ㉯ 30. ㉰ 31. ㉱ 32. ㉯ 33. ㉯ 34. ㉯ 35. ㉮

면 또는 삼여물을 혼합한 것으로 물반죽 시공을 하며 열전도율이 크고(단열 효과 낮음) 500℃ 이하의 파이프, 탱크, 노벽 등에 사용한다(진동이 있는 곳에는 사용 불가).

36. **점화 전 댐퍼를 열고 노내와 연도에 체류하고 있는 가연성가스를 송풍기로 취출시키는 작업은?**

㉮ 분출 ㉯ 송풍
㉰ 프리퍼지 ㉱ 포스트퍼지

해설 점화 전 노내 환기 작업을 프리퍼지라 하며, 소화 후 노내 환기작업을 포스트퍼지라 한다.

37. **건물을 구성하는 구조체, 즉 바닥, 벽 등에 난방용 코일을 묻고 열매체를 통과시켜 난방을 하는 것은?**

㉮ 대류난방 ㉯ 복사난방
㉰ 간접난방 ㉱ 전도난방

해설 ① 복사난방 : 바닥, 벽 등에 코일을 묻고 열매체를 통과시켜 난방을 하는 것
② 간접 난방 : 가열된 공기를 덕트로 실내에 공급하여 난방을 하는 것
③ 직접난방 : 방열기에 열매체를 통과시켜 난방을 하는 것

38. **배관의 높이를 관의 중심을 기준으로 표시한 기호는?**

㉮ TOP ㉯ GL ㉰ BOP ㉱ EL

해설 ① EL(elevation line) : 배관의 높이를 관의 중심을 기준으로 표시한다.
② GL(ground line) : 지면을 기준으로 표시한다.
③ FL(floor line) : 건물의 바닥면을 기준으로 표시한다.
④ BOP(botton of pipe) : EL에서 관 바깥지름 아랫면을 기준으로 하여 표시한다.
⑤ TOP(top of pipe) : EL에서 관의 윗면을 기준으로 표시한다.

39. **보일러의 열효율 향상과 관계가 없는 것은?**

㉮ 공기예열기를 설치하여 연소용 공기를 예열한다.
㉯ 절탄기를 설치하여 급수를 예열한다.
㉰ 가능한 한 과잉공기를 줄인다.
㉱ 급수펌프로는 원심펌프를 사용한다.

해설 급수펌프로 원심펌프를 사용하는 것과 열효율 향상과는 관계가 없다.

40. **보일러 급수 성분 중 포밍과 관련이 가장 큰 것은?**

㉮ pH ㉯ 경도 성분
㉰ 용존 산소 ㉱ 유지 성분

해설 포밍, 프라이밍은 급수 중의 유지 성분으로 발생된다.

41. **보일러에서 역화의 발생 원인이 아닌 것은?**

㉮ 점화 시 착화가 지연되었을 경우
㉯ 연료보다 공기를 먼저 공급한 경우
㉰ 연료 밸브를 과대하게 급히 열었을 경우
㉱ 프리퍼지가 부족할 경우

해설 공기보다 연료를 먼저 공급한 경우에 역화 현상이 일어난다.

42. **보일러 유리 수면계의 유리 파손 원인과 무관한 것은?**

㉮ 유리관 상하 콕의 중심이 일치하지 않았을 때
㉯ 유리가 알칼리 부식 등에 의해 노화되었을 때
㉰ 유리관 상하 콕의 너트를 너무 조였을 때

정답 36. ㉰ 37. ㉯ 38. ㉱ 39. ㉱ 40. ㉱ 41. ㉯ 42. ㉱

㉱ 증기의 압력을 갑자기 올렸을 때

해설 수면계 유리관 파손 원인은 ㉮, ㉯, ㉰ 항 외에 유리관의 온도가 급격히 변화하는 경우 등이다.

43. 가정용 온수보일러 등에 설치하는 팽창탱크의 주된 기능은?

㉮ 배관 중의 이물질 제거
㉯ 온수 순환의 맥동 방지
㉰ 열효율의 증대
㉱ 온수의 가열에 따른 체적팽창 흡수

해설 팽창탱크의 기능은 팽창수를 흡수하여 장치 내 압력을 일정하게 유지한다.

44. 지역난방의 특징을 설명한 것 중 틀린 것은?

㉮ 설비가 길어지므로 배관 손실이 있다.
㉯ 초기 시설 투자비가 높다.
㉰ 개개 건물의 공간을 많이 차지한다.
㉱ 대기오염의 방지를 효과적으로 할 수 있다.

해설 개개 건물의 공간을 적게 차지한다.

45. 증기 보일러에 설치하는 유리수면계는 2개 이상이어야 하는데 1개만 설치해도 되는 경우는?

㉮ 소형 관류 보일러
㉯ 최고사용압력 2MPa 미만의 보일러
㉰ 동체 안지름 800mm 미만의 보일러
㉱ 1개 이상의 원격지시 수면계를 설치한 보일러

해설 수면계를 1개만 설치해도 되는 경우
① 소형 관류 보일러와 소용량 보일러
② 최고사용압력이 1MPa 이하이고 동체의 안지름이 750mm 미만의 보일러
③ 2개 이상의 원격지시 수면계를 설치한 보일러

참고 수면계를 부착하지 않아도 되는 보일러는 온수보일러와 단관식 관류 보일러이다.

46. 진공환수식 증기난방에서 리프트 피팅이란?

㉮ 저압환수관이 진공펌프의 흡입구보다 낮은 위치에 있을 때 적용되는 이음방법이다.
㉯ 방열기보다 낮은 곳에 환수주관이 설치된 경우 적용되는 이음방법이다.
㉰ 진공펌프가 환수주관과 같은 위치에 있을 때 적용되는 이음방법이다.
㉱ 방열기와 환수주관의 위치가 같을 때 적용되는 이음방법이다.

해설 리프트 피팅 이음방법은 환수주관이 진공펌프보다 낮은 위치에 있을 때와 방열기보다 높은 곳에 환수주관이 설치된 경우에 적용되는 이음방법이다.

참고 리프트 피팅 이음의 1단 흡상 높이는 1.5m 이내이다.

47. 보일러에서 분출 사고 시 긴급조치 사항으로 틀린 것은?

㉮ 연도 댐퍼를 전개한다.
㉯ 연소를 정지시킨다.
㉰ 압입 통풍기를 가동시킨다.
㉱ 급수를 계속하여 수위의 저하를 막고 보일러의 수위 유지에 노력한다.

해설 압입 통풍기를 정지시킨다.

48. 유리솜 또는 암면의 용도와 관계 없는 것은?

㉮ 보온재　　㉯ 보랭재
㉰ 단열재　　㉱ 방습재

49. 호칭지름 20A인 강관을 그림과 같이

정답 43. ㉱ 44. ㉰ 45. ㉮ 46. ㉮ 47. ㉰ 48. ㉱ 49. ㉯

배관할 때 엘보 사이의 파이프의 절단 길이는?(단, 20A 엘보의 끝단에서 중심까지 거리는 32mm이고, 파이프의 물림 길이는 13mm이다.)

㉮ 210 mm
㉯ 212 mm
㉰ 214 mm
㉱ 216 mm

250

해설 ① $250-(32+32)+(13+13)=212\text{mm}$
② $250-(19+19)=212\text{mm}$

50. 보온재 중 흔히 스티로폴이라고도 하며, 체적의 97~98%가 기공으로 되어 있어 열 차단 능력이 우수하고, 내수성도 뛰어난 보온재는?

㉮ 폴리스티렌 폼
㉯ 경질 우레탄 폼
㉰ 코르크
㉱ 글라스 울

해설 폴리스티렌 폼 유기질 보온재의 특성이다.

51. 방열기의 표준 방열량에 대한 설명으로 틀린 것은?

㉮ 증기의 경우 게이지 압력 1 kg/cm², 온도 80℃로 공급하는 것이다.
㉯ 증기 공급 시의 표준 방열량은 650 kcal/m²·h이다.
㉰ 실내 온도는 증기일 경우 21℃, 온수일 경우 18℃ 정도이다.
㉱ 온수 공급 시의 표준 방열량은 450 kcal/m²·h이다.

해설 증기의 경우 102℃로, 온수의 경우 80℃로 공급하는 것이다.

52. 증기난방의 분류에서 응축수 환수방식에 해당하는 것은?

㉮ 고압식 ㉯ 상향 공급식
㉰ 기계 환수식 ㉱ 단관식

해설 증기난방에서 응축수 환수방식에는 중력 환수식, 기계 환수식, 진공 환수식이 있다.

53. 어떤 거실의 난방부하가 5000kcal/h이고, 주철제 온수 방열기로 난방할 때 필요한 방열기 쪽수는?(단, 방열기 1쪽당 방열면적은 0.26m²이고, 방열량은 표준 방열량으로 한다.)

㉮ 11쪽 ㉯ 21쪽 ㉰ 30쪽 ㉱ 43쪽

해설 $450\times0.26\times x=5000$에서

$$x=\frac{5000}{450\times0.26}=43\text{쪽}$$

54. 온수난방 배관 시공법의 설명으로 잘못된 것은?

㉮ 온수난방은 보통 1/250 이상의 끝올림 구배를 주는 것이 이상적이다.
㉯ 수평 배관에서 관경을 바꿀 때는 편심 리듀서를 사용하는 것이 좋다.
㉰ 지관이 주관 아래로 분기될 때는 45° 이상 끝내림 구배로 배관한다.
㉱ 팽창탱크에 이르는 팽창관에는 조정용 밸브를 단다.

해설 팽창관에는 밸브나 체크밸브를 설치해서는 안 된다.

55. 에너지이용합리화법상 에너지의 최저소비효율 기준에 미달하는 효율관리기자재의 생산 또는 판매금지 명령을 위반한 자에 대한 벌칙 기준은?

㉮ 1년 이하의 징역 또는 1천만원 이하의 벌금

정답 50. ㉮ 51. ㉮ 52. ㉰ 53. ㉱ 54. ㉱ 55. ㉱

㉯ 1천만원 이하의 벌금
㉰ 2년 이하의 징역 또는 2천만원 이하의 벌금
㉱ 2천만원 이하의 벌금

해설 에너지이용합리화법 제74조 참조

56. 다음은 저탄소 녹색성장 기본법에 명시된 용어의 뜻이다. ( ) 안에 알맞은 것은?

> 온실가스란 (①), 메탄, 아산화질소, 수소불화탄소, 과불화탄소, 육불화황 및 그 밖에 대통령령으로 정하는 것으로 (②) 복사열을 흡수하거나 재방출하여 온실효과를 유발하는 대기 중의 가스 상태의 물질을 말한다.

㉮ ① 일산화탄소, ② 자외선
㉯ ① 일산화탄소, ② 적외선
㉰ ① 이산화탄소, ② 자외선
㉱ ① 이산화탄소, ② 적외선

해설 저탄소 녹색성장 기본법 제2조 9 참조

57. 특정열사용기자재 중 산업통상자원부령으로 정하는 검사대상기기를 폐기한 경우에는 폐기한 날부터 며칠 이내에 폐기신고서를 제출해야 하는가?

㉮ 7일 이내에
㉯ 10일 이내에
㉰ 15일 이내에
㉱ 30일 이내에

해설 에너지이용합리화법 시행규칙 제31조의 23 ①항 참조

58. 특정열사용기자재 중 산업통상자원부령으로 정하는 검사대상기기의 계속사용검사 신청서는 검사유효기간 만료 며칠 전까지 제출해야 하는가?

㉮ 10일 전까지 ㉯ 15일 전까지
㉰ 20일 전까지 ㉱ 30일 전까지

해설 에너지이용합리화법 시행규칙 제31조의 19 ①항 참조

59. 화석연료에 대한 의존도를 낮추고 청정에너지의 사용 및 보급을 확대하여 녹색기술 연구개발, 탄소흡수원 확충 등을 통하여 온실가스를 적정 수준 이하로 줄이는 것에 대한 정의로 옳은 것은?

㉮ 녹색성장 ㉯ 저탄소
㉰ 기후변화 ㉱ 자원순환

해설 저탄소 녹색성장 기본법 제2조 1 참조

60. 에너지이용합리화법상의 목표에너지원단위를 가장 옳게 설명한 것은?

㉮ 에너지를 사용하여 만드는 제품의 단위당 폐연료사용량
㉯ 에너지를 사용하여 만드는 제품의 연간 폐열사용량
㉰ 에너지를 사용하여 만드는 제품의 단위당 에너지사용 목표량
㉱ 에너지를 사용하여 만드는 제품의 연간 폐열에너지 사용 목표량

해설 에너지이용합리화법 제35조 ①항 참조

정답 56. ㉱ 57. ㉰ 58. ㉮ 59. ㉯ 60. ㉰

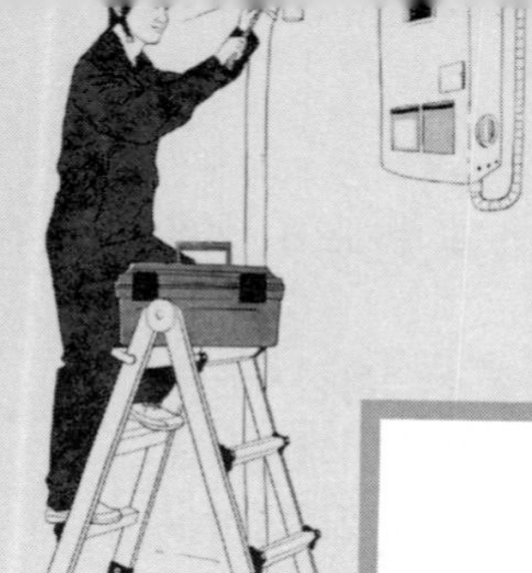

2015년도 출제문제

✺ 에너지관리 기능사

[2015년 1월 25일 시행]

1. 액체 연료 연소장치에서 보염장치(공기조절장치)의 구성 요소가 아닌 것은?

㉮ 바람상자　　㉯ 보염기
㉰ 버너 팁　　㉱ 버너 타일

해설 보염장치(공기조절장치)의 종류 : 바람상자(윈드박스), 보염기(스테빌라이저), 버너 타일, 컴버스터

참고 버너 팁은 연소장치의 구성 요소이다.

2. 드럼 없이 초임계 압력 하에서 증기를 발생시키는 강제순환 보일러는?

㉮ 특수 열매체 보일러
㉯ 2중 증발 보일러
㉰ 연관 보일러
㉱ 관류 보일러

해설 관류 보일러는 드럼이 없고 초임계 압력 하에서 증기를 발생시키는 일종의 강제순환식 수관 보일러이며 벤슨 보일러, 슐처 보일러가 있다.

3. 증기난방시공에서 관말 증기 트랩 장치의 냉각래그(cooling leg) 길이는 일반적으로 몇 m 이상으로 해주어야 하는가?

㉮ 0.7 m　　㉯ 1.0 m
㉰ 1.5 m　　㉱ 2.5 m

해설 ① 주증기관에서 응축수를 건식환수관에 배출하려면 주관과 같은 지름으로 100 mm 이상 내리고 하부로 150 mm 이상 연장해서 드레인 포켓을 설치해야 하며, 냉각관(cooling leg)은 트랩 앞에서 1.5 m 이상 떨어진 곳까지 나관 배관한다.
② 트랩이나 스트레이너 등의 고장·수리·교환 등에 대비하기 위해 바이패스관을 설치한다.

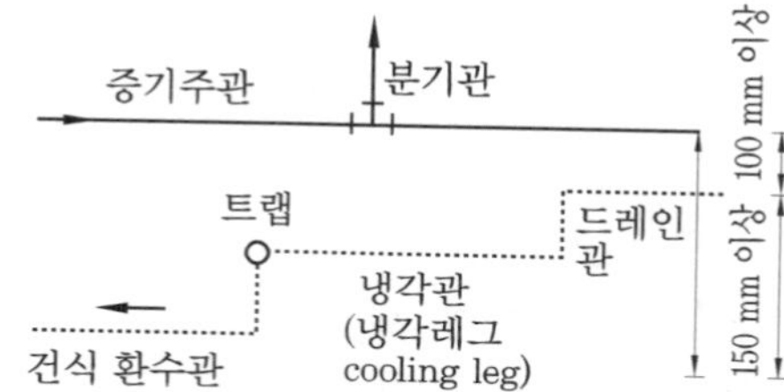

4. 증발량 3500 kgf/h인 보일러의 증기 엔탈피가 640 kcal/kg이고, 급수의 온도는 20℃이다. 이 보일러의 상당 증발량은 얼마인가?

㉮ 약 3786 kgf/h　　㉯ 약 4156 kgf/h
㉰ 약 2760 kgf/h　　㉱ 약 4026 kgf/h

해설 $\frac{3500 \times (640-20)}{539} = 4026$ kgf/h

5. 보일러의 상당증발량을 옳게 설명한 것은?

㉮ 일정 온도의 보일러수가 최종의 증발 상태에서 증기가 되었을 때의 중량
㉯ 시간당 증발된 보일러수의 중량

정답 1. ㉰　2. ㉱　3. ㉰　4. ㉱　5. ㉱

㉰ 보일러에서 단위시간에 발생하는 증기 또는 온수의 보유열량

㉱ 시간당 실제 증발량이 흡수한 전열량을 온도 100℃의 포화수를 100℃의 증기로 바꿀 때의 열량으로 나눈 값

해설 상당(환산)증발량이란 시간당 실제 증발량이 흡수한 전열량을 온도 100℃의 포화수를 100℃의 증기로 바꿀 때의 열량(즉, 1 atm 하에서 물의 증발잠열 539 kcal/kg)으로 나눈 값을 말한다.

6. 수관식 보일러의 일반적인 특징에 관한 설명으로 틀린 것은?

㉮ 구조상 고압 대용량에 적합하다.

㉯ 전열면적을 크게 할 수 있으므로 일반적으로 열효율이 좋다.

㉰ 부하변동에 따른 압력이나 수위의 변동이 적으므로 제어가 편리하다.

㉱ 급수 및 보일러수 처리에 주의가 필요하며, 특히 고압보일러에서는 엄격한 수질관리가 필요하다.

해설 수관식 보일러는 부하변동에 따른 압력이나 수위의 변동이 크므로 제어가 불편하며 취급이 까다롭다.

7. 증기의 압력을 높일 때 변하는 현상으로 틀린 것은?

㉮ 현열이 증대한다.

㉯ 증발 잠열이 증대한다.

㉰ 증기의 비체적이 증대한다.

㉱ 포화수 온도가 높아진다.

해설 ① 증발잠열이 감소한다.
② 포화수의 비중이 감소한다.
③ 건포화증기 엔탈피가 증가한다.
④ 연료 소비량이 증가한다.

8. 증기보일러의 압력계 부착에 대한 설명으로 틀린 것은?

㉮ 압력계와 연결된 관의 크기는 강관을 사용할 때에는 안지름이 6.5 mm 이상이어야 한다.

㉯ 압력계는 눈금판의 눈금이 잘 보이는 위치에 부착하고 얼지 않도록 하여야 한다.

㉰ 압력계는 사이펀관 또는 동등한 작용을 하는 장치가 부착되어야 한다.

㉱ 압력계의 콕은 그 핸들을 수직인 관과 동일 방향에 놓은 경우에 열려 있는 것이어야 한다.

해설 강관을 사용할 때에는 안지름이 12.7 mm 이상, 동관이나 황동관을 사용할 때에는 안지름이 6.5 mm 이상이어야 한다.

9. 분출밸브의 최고사용압력은 보일러 최고사용압력의 몇 배 이상이어야 하는가?

㉮ 0.5배 ㉯ 1.0배
㉰ 1.25배 ㉱ 2.0배

해설 분출밸브는 스케일, 그 밖의 침전물이 퇴적되지 않는 구조의 것으로 보일러의 최고사용압력의 1.25배 또는 보일러의 최고사용압력에 1.5 MPa을 더한 압력 중 작은 쪽의 압력에 견디고 어떠한 경우에도 0.7 MPa 이상의 압력에 견디는 것이어야 한다.

10. 게이지 압력이 1.57 MPa이고, 대기압이 0.103 MPa일 때 절대압력은 몇 MPa인가?

㉮ 1.467 ㉯ 1.673
㉰ 1.783 ㉱ 2.008

해설 절대압력=대기압+게이지 압력에서
0.103+1.57=1.673 MPa

11. 증기 또는 온수 보일러로서 여러 개의 섹션(section)을 조합하여 제작하는 보일러는?

㉮ 열매체 보일러 ㉯ 강철제 보일러

정답 6. ㉰ 7. ㉯ 8. ㉮ 9. ㉰ 10. ㉯ 11. ㉱

㉰ 관류 보일러 ㉱ 주철제 보일러

해설 주철제 보일러는 여러 개의 섹션을 조합하여 제작하므로 운반 조립이 가능하고 용량 변경이 가능한 내식성이 우수한 보일러이다.

12. **연소용 공기를 노의 앞에서 불어 넣으므로 공기가 차고 깨끗하며 송풍기의 고장이 적고 점검 수리가 용이한 보일러의 강제통풍 방식은?**

㉮ 압입통풍 ㉯ 흡입통풍
㉰ 자연통풍 ㉱ 수직통풍

해설 ① 압입 (가압) 통풍 : 송풍기를 연소실(노) 입구에 설치하여 공기를 불어넣는 방식이며 송풍기의 고장이 적고 점검 수리가 용이하다.
② 흡입 (흡인) 통풍 : 송풍기를 연도에 설치하여 공기 및 연소가스를 빨아내는 방식이며 송풍기의 고장이 잦고 점검 수리가 불편하다.

13. **액면계 중 직접식 액면계에 속하는 것은?**

㉮ 압력식 ㉯ 방사선식
㉰ 초음파식 ㉱ 유리관식

해설 ① 직접식 액면계의 종류 : 유리관식, 검척식, 플로트(부자)식, 편위식
② 간접식 액면계의 종류 : 압력식 (차압식), 방사선식, 초음파식, 퍼지식 (기포식), 정전용량식

14. **보일러 자동제어 신호전달 방식 중 공기압 신호전송의 특징 설명으로 틀린 것은?**

㉮ 배관이 용이하고 보존이 비교적 쉽다.
㉯ 내열성이 우수하나 압축성이므로 신호전달에 지연이 된다.
㉰ 신호전달 거리가 100~150 m 정도이다.
㉱ 온도제어 등에 부적합하고 위험이 크다.

해설 공기압식은 온도제어 등에 적합하고 유압식에 비해 위험이 적다.

15. **보일러 자동제어의 급수제어(F.W.C)에서 조작량은?**

㉮ 공기량 ㉯ 연료량
㉰ 전열량 ㉱ 급수량

해설 보일러 자동제어(A.B.C)

종류와 약칭	제어대상	조작량
증기온도제어 (STC)	증기온도	전열량
급수제어 (FWC)	보일러 수위	급수량
연소제어 (ACC)	증기압력 노내압력	공기량 연료량 연소가스량

16. **연료유 탱크에 가열장치를 설치한 경우에 대한 설명으로 틀린 것은?**

㉮ 열원에는 증기, 온수, 전기 등을 사용한다.
㉯ 전열식 가열장치에 있어서는 직접식 또는 저항밀봉 피복식의 구조로 한다.
㉰ 온수, 증기 등의 열매체가 동절기에 동결할 우려가 있는 경우에는 동결을 방지하는 조치를 취해야 한다.
㉱ 연료유 탱크의 기름 취출구 등에 온도계를 설치하여야 한다.

해설 전열식 가열장치에 있어서는 간접식 또는 저항 밀봉 피복식 구조로 하고 필요에 따라 과열방지조치를 해야 한다.

17. **분진가스를 방해판 등에 충돌시키거나 급격한 방향전환 등에 의해 매연을 분리 포집하는 집진방법은?**

정답 12. ㉮ 13. ㉱ 14. ㉱ 15. ㉱ 16. ㉯ 17. ㉰

㉮ 중력식 ㉯ 여과식
㉰ 관성력식 ㉱ 유수식

해설 관성력식 집진장치에는 분진가스를 방해판 등에 충돌시켜 분진을 포집하는 충돌식과 급격한 방향전환을 시켜 분진을 포집하는 반전식이 있다.

18. 보일러 연료 중에서 고체연료를 원소 분석하였을 때 일반적인 주성분은?(단, 중량 %를 기준으로 한 주성분을 구한다.)

㉮ 탄소 ㉯ 산소
㉰ 수소 ㉱ 질소

해설 탄소 : 약 50~95%, 산소 및 기타 : 약 2~44%, 수소 : 약 3~6%

19. 보일러에 사용되는 열교환기 중 배기가스의 폐열을 이용하는 교환기가 아닌 것은?

㉮ 절탄기 ㉯ 공기예열기
㉰ 방열기 ㉱ 과열기

해설 방열기(라디에이터)는 난방기구이다.

20. 보일러 본체에서 수부가 클 경우의 설명으로 틀린 것은?

㉮ 부하 변동에 대한 압력 변화가 크다.
㉯ 증기 발생시간이 길어진다.
㉰ 열효율이 낮아진다
㉱ 보유 수량이 많으므로 파열 시 피해가 크다.

해설 수부가 클 경우(보유수량이 많을 경우)에는 부하 변동에 대한 압력 변화가 적으며 부하 변동에 응하기 쉽다.

21. 매시간 1500 kg의 연료를 연소시켜서 시간당 11000 kg의 증기를 발생시키는 보일러의 효율은 약 몇 %인가?(단, 연료의 발열량은 6000 kcal/kg, 발생증기의 엔탈피는 742 kcal/kg, 급수의 엔탈피는 20 kcal/kg이다.)

㉮ 88 % ㉯ 80 %
㉰ 78 % ㉱ 70 %

해설 $\frac{11000 \times (742 - 20)}{1500 \times 6000} \times 100 = 88\ \%$

22. 육용 보일러 열 정산의 조건과 관련된 설명 중 틀린 것은?

㉮ 전기 에너지는 1 kW당 860 kcal/h로 환산한다.
㉯ 보일러 효율 산정 방식은 입출열법과 열 손실법으로 실시한다.
㉰ 열 정산 시험시의 연료 단위량은 액체 및 고체연료의 경우 1 kg에 대하여 열 정산을 한다.
㉱ 보일러의 열 정산은 원칙적으로 정격부하 이하에서 정상 상태로 3시간 이상의 운전 결과에 따라 한다.

해설 보일러의 열 정산은 원칙적으로 정격부하 상태에서 2시간 이상의 운전 결과에 따라 한다.

23. 가스용 보일러의 연소방식 중에서 연료와 공기를 각각 연소실에 공급하여 연소실에서 연료와 공기가 혼합되면서 연소하는 방식은?

㉮ 확산연소식
㉯ 예혼합연소식
㉰ 복열혼합연소식
㉱ 부분예혼합연소식

해설 ① 확산연소식 : 연료와 공기를 각각 연소실에 공급하여 연소하는 방식
② 예혼합연소식 : 연료와 공기를 연소실 밖에서 미리 균등하게 혼합시킨 후 연소하는 방식

정답 18. ㉮ 19. ㉰ 20. ㉮ 21. ㉮ 22. ㉱ 23. ㉮

참고 기체연료의 연소방식에는 확산연소식과 예혼합연소식 (연소율은 높으나 역화의 위험성이 있다.)이 있다.

24. 안전밸브의 종류가 아닌 것은?

㉮ 레버 안전밸브
㉯ 추 안전밸브
㉰ 스프링 안전밸브
㉱ 핀 안전밸브

해설 안전밸브의 종류 : 스프링식 (용수철식), 추식 (중추식), 지렛대식 (레버식)

25. 보일러 급수예열기를 사용할 때의 장점을 설명한 것으로 틀린 것은?

㉮ 보일러의 증발능력이 향상된다.
㉯ 급수 중 불순물의 일부가 제거된다.
㉰ 증기의 건도가 향상된다.
㉱ 급수와 보일러수와의 온도 차이가 적어 열응력 발생을 방지한다.

해설 연료 소비량을 감소시킬 수 있으며, 증기의 건도 향상과는 관계가 없다.

26. 다음 중 수관식 보일러에 속하는 것은?

㉮ 기관차 보일러 ㉯ 코니시 보일러
㉰ 타쿠마 보일러 ㉱ 랭커셔 보일러

해설 ① 자연순환식 수관 보일러 : 배브콕 보일러, 타쿠마 보일러, 스네기지 보일러, 야로우 보일러, 2동 D형 수관 보일러 등
② 강제 순환식 수관 보일러 : 라몬트 보일러, 벨록스 보일러

27. 물의 임계압력은 약 몇 kgf/cm^2인가?

㉮ 175.23 ㉯ 225.65
㉰ 374.15 ㉱ 539.75

해설 ① 임계압력 = 225.65 kgf/cm^2 (약 22 MPa)
② 임계온도 = 374.15℃
③ 임계점에서의 증발잠열 = 0 kcal/kg

참고 임계점
① 물이 증발현상 없이 바로 증기로 변하는 현상
② 액체, 기체가 공존할 수 없는 현상
③ 증발 시작과 끝이 바로 이루어지는 상태

28. 액화석유가스(LPG)의 특징에 대한 설명 중 틀린 것은?

㉮ 유황분이 없으며 유독성분도 없다.
㉯ 공기보다 비중이 무거워 누설 시 낮은 곳에 고여 인화 및 폭발성이 크다.
㉰ 연소 시 액화천연가스(LNG)보다 소량의 공기로 연소한다.
㉱ 발열량이 크고 저장이 용이하다.

해설 액화석유가스(LPG)가 액화천연가스(LNG)보다 다량의 공기로 연소한다.

참고 ① LPG의 주성분 프로판의 이론공기량 = 23.81 (Nm^3/Nm^3)
② LPG의 주성분 메탄의 이론공기량 = 9.52 (Nm^3/Nm^3)

29. 보일러 피드백제어에서 동작신호를 받아 규정된 동작을 하기 위해 조작신호를 만들어 조작부에 보내는 부분은?

㉮ 조절부 ㉯ 제어부
㉰ 비교부 ㉱ 검출부

해설 ① 조절부 : 조직신호를 만들어 조작부에 전달하는 부분
② 조작부 : 조절부로부터 조작신호를 받아 이것을 조작량으로 바꾸어 제어대상에 가하는 부분

30. 보일러에서 발생한 증기 또는 온수를 건물의 각 실내에 설치된 방열기에 보내어 난방하는 방식은?

㉮ 복사난방법 ㉯ 간접난방법

정답 24. ㉱ 25. ㉰ 26. ㉰ 27. ㉯ 28. ㉰ 29. ㉮ 30. ㉱

㉰ 온풍난방법 ㉱ 직접난방법

해설 중앙집중식 난방법의 종류
① 직접난방법 : 방열기에 열매체를 통과시켜 난방을 하는 것
② 간접난방법 : 가열된 공기를 덕트로 실내에 공급하여 난방을 하는 것
③ 복사난방법 : 바닥, 벽 등에 코일을 묻고 열매체를 통과시켜 난방을 하는 것

31. 상용 보일러의 점화 전 준비사항과 관련이 없는 것은?

㉮ 압력계 지침의 위치를 점검한다.
㉯ 분출밸브 및 분출콕을 조작해서 그 기능이 정상인지 확인한다.
㉰ 연소장치에서 연료배관, 연료펌프 등의 개폐상태를 확인한다.
㉱ 연료의 발열량을 확인하고, 성분을 점검한다.

해설 연료의 발열량 확인 및 성분 점검은 평상시 사전 준비사항이다.

32. 경납땜의 종류가 아닌 것은?

㉮ 황동납 ㉯ 인동납
㉰ 은납 ㉱ 주석-납

해설 ① 연납땜의 종류 : 주석-납
② 경납땜의 종류 : 황동납, 인동납, 은납, 양은납, 알루미늄납

참고 연납과 경납의 구분 온도는 450℃이다. 즉, 용융점이 450℃ 이하인 납을 연납, 그 이상을 경납이라 한다.

33. 보일러 점화 전 자동제어장치의 점검에 대한 설명이 아닌 것은?

㉮ 수위를 올리고 내려서 수위검출기 기능을 시험하고, 설정된 수위 상한 및 하한에서 정확하게 급수펌프가 기동, 정지하는지 확인한다.
㉯ 저수탱크 내의 저수량을 점검하고 충분한 수량인 것을 확인한다.
㉰ 저수위 경보기가 정상 작동하는 것을 확인한다.
㉱ 인터로크 계통의 제한기는 이상 없는지 확인한다.

해설 저수탱크 내의 저수량 점검은 사전 점검 사항이다.

34. 보일러수 중에 함유된 산소에 의해 생기는 부식의 형태는?

㉮ 점식 ㉯ 가성취화
㉰ 그루빙 ㉱ 전면 부식

해설 내부(내면) 부식의 대표적인 점식(pitting) 발생 원인은 용존가스체인 산소 및 탄산가스이다.

35. 보일러 운전정지의 순서를 바르게 나열한 것은?

> 가. 댐퍼를 닫는다.
> 나. 공기의 공급을 정지한다.
> 다. 급수 후 급수펌프를 정지한다.
> 라. 연료의 공급을 정지한다.

㉮ 가→나→다→라
㉯ 가→라→나→다
㉰ 라→가→나→다
㉱ 라→나→다→가

해설 ① 연소율을 낮춘다→② 연료의 공급을 정지한다→③ 포스트 퍼지를 한다→④ 공기의 공급을 정지한다→⑤ 증기 밸브를 닫고, 드레인 밸브를 연다→⑥ 급수 후 급수 펌프를 정지한다→⑦ 댐퍼를 닫는다

36. 땅속 또는 지상에 배관하여 압력상태 또는 무압력 상태에서 물의 수송 등에 주로 사용되는 덕타일 주철관을 무엇이라

정답 31. ㉱ 32. ㉱ 33. ㉯ 34. ㉮ 35. ㉱ 36. ㉯

부르는가?

㉮ 회주철관

㉯ 구상흑연 주철관

㉰ 모르타르 주철관

㉱ 사형 주철관

해설 구상흑연 주철은 노듈러(nodular) 또는 덕타일(ductile) 주철이라고도 불리며 흑연의 모양이 구상으로 되어 있기 때문에 연성이 매우 큰 고급 주철이다.

37. 보일러 점화 시 역화가 발생하는 경우와 가장 거리가 먼 것은?

㉮ 댐퍼를 너무 조인 경우나 흡입통풍이 부족할 경우

㉯ 적정 공기비로 점화한 경우

㉰ 공기보다 먼저 연료를 공급했을 경우

㉱ 점화할 때 착화가 늦어졌을 경우

해설 공기비가 적정하지 않을 때 점화를 하면 역화(back fire)가 발생한다.

38. 다음 보온재 중 안전사용온도가 가장 높은 것은?

㉮ 펠트　　㉯ 암면

㉰ 글라스 울　　㉱ 세라믹 파이버

해설 펠트 : 120℃ 이하, 암면 : 400~500 ℃ 정도, 글라스 울(유리 섬유) : 350℃ 이하, 세라믹 파이버 : 1300℃ 정도

참고 고온용 보온재의 종류 : 규산칼슘(650℃), 펄라이트(650℃), 실리카 파이버(110℃), 세라믹 파이버(1300℃)

39. 보일러의 계속사용검사기준에서 사용 중 검사에 대한 설명으로 거리가 먼 것은?

㉮ 보일러 지지대의 균열, 내려앉음, 지지부재의 변형 또는 파손 등 보일러의 설치상태에 이상이 없어야 한다.

㉯ 보일러와 접속된 배관, 밸브 등 각종 이음부에는 누기, 누수가 없어야 한다.

㉰ 연소실 내부가 충분히 청소된 상태이어야 하고, 축로의 변형 및 이탈이 없어야 한다.

㉱ 보일러 동체는 보온 및 케이싱이 분해되어 있어야 하며, 손상이 약간 있는 것은 사용해도 관계가 없다.

해설 손상이 약간 있는 것은 사용해서는 안 된다.

40. 어떤 건물의 소요 난방부하가 45000 kcal/h이다. 주철제 방열기로 증기난방을 한다면 약 몇 쪽(section)의 방열기를 설치해야 하는가? (단, 표준방열량으로 계산하며, 주철제 방열기의 쪽당 방열면적은 $0.24 m^2$이다.)

㉮ 156쪽　　㉯ 254쪽

㉰ 289쪽　　㉱ 315쪽

해설 $650\ \text{kcal/h}\cdot\text{m}^2 \times 0.24\ \text{m}^2 \times x$ (쪽) $= 45000\ \text{kcal/h}$에서

$$x = \frac{45000}{650 \times 0.24} = 289\ \text{쪽}$$

41. 주철제 방열기를 설치할 때 벽과의 간격은 약 몇 mm 정도로 하는 것이 좋은가?

㉮ 10~30　　㉯ 50~60

㉰ 70~80　　㉱ 90~100

해설 주철제 방열기는 벽과 50~60 mm 정도 간격을 두고 바닥에서 150 mm 높게 설치한다.

42. 벨로즈형 신축이음쇠에 대한 설명으로 틀린 것은?

㉮ 설치 공간을 넓게 차지하지 않는다.

㉯ 고온, 고압 배관의 옥내배관에 적당하다.

정답 37. ㉯　38. ㉱　39. ㉱　40. ㉰　41. ㉯　42. ㉯

㉰ 일명 팩리스(packless) 신축이음쇠라고도 한다.

㉱ 벨로즈는 부식되지 않는 스테인리스, 청동 제품 등을 사용한다.

해설 벨로즈형 신축이음쇠는 고온, 고압 배관에는 부적당하다.

43. 배관의 이동 및 회전을 방지하기 위해 지지점 위치에 완전히 고정시키는 장치는?

㉮ 앵커 ㉯ 서포트
㉰ 브레이스 ㉱ 행어

해설 리스트레인트 : 신축으로 인한 배관의 상하좌우 이동을 구속하고 제한하는 목적에 사용되는 지지쇠이며 종류 및 특징은 다음과 같다.
① 앵커 : 배관의 이동 및 회전을 방지하기 위해 지지점 위치에 완전히 고정하는 지지금속으로 일종의 리지드 서포트라고 할 수 있다.
② 스토퍼 : 일정한 방향의 이동과 관이 회전하는 것을 구속하고 나머지 방향은 자유롭게 이동할 수 있는 장치이다.
③ 가이드 : 배관의 벤딩부와 신축이음 부분에 설치하며 축과 직각방향의 이동을 구속하는 데 사용한다.

44. 보일러수 속에 유지류, 부유물 등의 농도가 높아지면 드럼수면에 거품이 발생하고, 또한 거품이 증가하여 드럼의 증기실에 확대되는 현상은?

㉮ 포밍 ㉯ 프라이밍
㉰ 워터 해머링 ㉱ 프리퍼지

해설 ① 포밍 : 물거품 솟음
② 프라이밍 : 비수현상

45. 동관 끝을 원형으로 정형하기 위해 사용하는 공구는?

㉮ 사이징 툴 ㉯ 익스펜더
㉰ 리머 ㉱ 튜브 벤더

해설 ① 사이징 툴 : 동관의 끝 부분을 원형으로 정형하는 데 사용
② 익스팬드 : 동관의 끝을 확관하는데 사용
③ 리머 : 동관 절단 후 관의 내외면에 생긴 거스러미(버)를 제거하는 데 사용
④ 튜브 벤드 : 동관을 벤딩하는 데 사용
⑤ 플레어링 툴 세트 : 동관의 끝을 접시모양(나팔관)으로 만들 때 사용

46. 보일러 산세정의 순서로 옳은 것은?

㉮ 전처리 → 산액처리 → 수세 → 중화방청 → 수세
㉯ 전처리 → 수세 → 산액처리 → 수세 → 중화방청
㉰ 산액처리 → 수세 → 전처리 → 중화방청 → 수세
㉱ 산액처리 → 전처리 → 수세 → 중화방청 → 수세

해설 산세척(산세관, 산세정) 순서
① 전처리 ② 수세 ③ 산세척
④ 산액처리 ⑤ 수세 ⑥ 중화·방청처리

참고 전처리 : 실리카 분이 많은 경질 스케일을 약액으로 스케일을 팽창시켜 다음의 산액 처리를 효과적으로 하기 위한 처리를 말한다.

47. 방열기 내 온수의 평균온도 80℃, 실내온도 18℃, 방열계수 7.2 kcal/m^2·h·℃인 경우 방열기 발열량은 얼마인가?

㉮ 346.4 kcal/m^2·h
㉯ 446.4 kcal/m^2·h
㉰ 519 kcal/m^2·h
㉱ 560 kcal/m^2·h

해설 7.2 kcal/m^2·h·℃×(80℃−18℃)
= 446.4 kcal/m^{2}h

정답 43. ㉮ 44. ㉮ 45. ㉮ 46. ㉯ 47. ㉯

48. **온수난방 배관 시공법에 대한 설명 중 틀린 것은?**

㉮ 배관구배는 일반적으로 1/250 이상으로 한다.

㉯ 배관 중에 공기가 모이지 않게 배관한다.

㉰ 온수관의 수평배관에서 관경을 바꿀 때는 편심이음쇠를 사용한다.

㉱ 지관이 주관 아래로 분기될 때는 90° 이상으로 끝올림 구배로 한다.

해설 지관이 주관 아래로 분기될 때는 45° 이상으로 끝내림 구배로 위로 분기될 때는 45°이상으로 끝올림 구배로 한다.

49. **단열재를 사용하여 얻을 수 있는 효과에 해당하지 않는 것은?**

㉮ 축열용량이 작아진다.

㉯ 열전도율이 작아진다.

㉰ 노 내의 온도분포가 균일하게 된다.

㉱ 스폴링 현상을 증가시킨다.

해설 스폴링(박락붕괴) 현상을 방지하여 내화물의 수명을 연장시킨다.

50. **보일러 사고의 원인 중 취급상의 원인이 아닌 것은?**

㉮ 부속장치 미비

㉯ 최고사용압력의 초과

㉰ 저수위로 인한 보일러의 과열

㉱ 습기나 연소가스 속의 부식성 가스로 인한 외부부식

해설 부속장치 미비는 제작상의 원인이다.

51. **보일러에서 래미네이션(lamination)이란?**

㉮ 보일러 본체나 수관 등이 사용 중에 내부에서 2장의 층을 형성한 것

㉯ 보일러 강판이 화염에 닿아 불룩 튀어 나온 것

㉰ 보일러 동에 작용하는 응력의 불균일로 동의 일부가 함몰된 것

㉱ 보일러 강판이 화염에 접촉하여 점식된 것

해설 ① 래미네이션(lamination) : 보일러 강판이나 관 속에 2장의 층을 형성하고 있는 흠

② 블리스터(blister) : 래미네이션의 결함을 갖고 있는 재료가 강하게 열을 받아 소손되어 부풀어 오른 현상

52. **보일러 설치 · 시공기준 상 가스용 보일러의 연료 배관 시 배관의 이음부와 전기계량기 및 전기개폐기와의 유지거리는 얼마인가?(단, 용접이음매는 제외한다.)**

㉮ 15 cm 이상 ㉯ 30 cm 이상

㉰ 45 cm 이상 ㉱ 60 cm 이상

해설 가스 배관의 이음부와 전기계량기 및 전기개폐기와의 거리는 60 cm 이상, 전기점멸기 및 전기접속기와의 거리는 30 cm 이상 유지해야 한다.

53. **증기난방방식을 응축수 환수법에 의해 분류하였을 때 해당되지 않는 것은?**

㉮ 중력환수식 ㉯ 고압환수식

㉰ 기계환수식 ㉱ 진공환수식

해설 응축수 환수법에는 중력(자연)환수식, 기계환수식, 진공환수식이 있다.

54. **보일러 과열의 요인 중 하나인 저수위의 발생 원인으로 거리가 먼 것은?**

㉮ 분출밸브의 이상으로 보일러수가 누설

㉯ 급수장치가 증발능력에 비해 과소한 경우

㉰ 증기 토출량이 과소한 경우

정답 48. ㉱ 49. ㉱ 50. ㉮ 51. ㉮ 52. ㉱ 53. ㉯ 54. ㉰

㉱ 수면계의 막힘이나 고장

해설 증기 토출량이 과대한 경우에 저수위 발생 원인이 일어날 수 있다.

55. **에너지이용합리화법상 에너지를 사용하여 만드는 제품의 단위당 에너지사용목표량 또는 건축물의 단위면적당 에너지사용목표량을 정하여 고시하는 자는?**

㉮ 산업통상자원부장관
㉯ 에너지관리공단 이사장
㉰ 시 · 도지사
㉱ 고용노동부장관

해설 에너지이용합리화법 제35조 ①항 참조

56. **에너지다소비사업자가 매년 1월 31일까지 신고해야 할 사항에 포함되지 않는 것은?**

㉮ 전년도의 분기별 에너지사용량 · 제품생산량
㉯ 해당 연도의 분기별 에너지사용예정량 · 제품생산예정량
㉰ 에너지사용기자재의 현황
㉱ 전년도의 분기별 에너지 절감량

해설 에너지이용합리화법 제31조 ①항 참조

57. **정부는 국가전략을 효율적 · 체계적으로 이행하기 위하여 몇 년마다 저탄소 녹색성장 국가전략 5개년 계획을 수립하는가?**

㉮ 2년
㉯ 3년
㉰ 4년
㉱ 5년

해설 저탄소 녹색성장 기본법 시행령 제4조 참조

58. **에너지이용합리화법상 대기전력경고표지를 하지 아니한 자에 대한 벌칙은?**

㉮ 2년 이하의 징역 또는 2천만원 이하의 벌금
㉯ 1년 이하의 징역 또는 1천만원 이하의 벌금
㉰ 5백만원 이하의 벌금
㉱ 1천만원 이하의 벌금

해설 에너지이용합리화법 제76조 4호 참조

59. **신에너지 및 재생에너지 개발 · 이용 · 보급 촉진법에 따라 건축물인증기관으로부터 건축물인증을 받지 아니하고 건축물인증의 표시 또는 이와 유사한 표시를 하거나 건축물인증을 받은 것으로 홍보한 자에 대해 부과하는 과태료 기준으로 맞는 것은?**

㉮ 5백만원 이하의 과태료 부과
㉯ 1천만원 이하의 과태료 부과
㉰ 2천만원 이하의 과태료 부과
㉱ 3천만원 이하의 과태료 부과

해설 신에너지 및 재생에너지 개발 이용 보급 촉진법 제35조 2호 참조

60. **에너지이용합리화법에서 정한 검사에 합격되지 아니한 검사대상기기를 사용한 자에 대한 벌칙은?**

㉮ 1년 이하의 징역 또는 1천만원 이하의 벌금
㉯ 2년 이하의 징역 또는 2천만원 이하의 벌금
㉰ 3년 이하의 징역 또는 3천만원 이하의 벌금
㉱ 4년 이하의 징역 또는 4천만원 이하의 벌금

해설 에너지이용합리화법 제73조 2호 참조

정답 55. ㉮ 56. ㉱ 57. ㉱ 58. ㉰ 59. ㉯ 60. ㉮

✸ 에너지관리 기능사

[2015년 4월 4일 시행]

1. 노통연관식 보일러에서 노통을 한쪽으로 편심시켜 부착하는 이유로 가장 타당한 것은?

㉮ 전열면적을 크게 하기 위해서
㉯ 통풍력의 증대를 위해서
㉰ 노통의 열신축과 강도를 보강하기 위해서
㉱ 보일러수를 원활하게 순환하기 위해서

해설 동(드럼) 내부에 노통을 편심으로(한쪽으로 기울어지게) 설치하는 이유는 물의 순환을 원활히 하기 위해서이다.

2. 스프링식 안전밸브에서 전양정식의 설명으로 옳은 것은?

㉮ 밸브의 양정이 밸브 시트 구경의 $\frac{1}{40}$~$\frac{1}{15}$ 미만인 것
㉯ 밸브의 양정이 밸브 시트 구경의 $\frac{1}{15}$~$\frac{1}{7}$ 미만인 것
㉰ 밸브의 양정이 밸브 시트 구경의 $\frac{1}{7}$ 이상인 것
㉱ 밸브 시트 증기 통로 면적은 목부분 면적의 1.05배 이상인 것

해설 ㉮ : 저양정식 ㉯ : 고양정식
㉰ : 전양정식 ㉱ : 전양식

3. 2차 연소의 방지대책으로 적합하지 않은 것은?

㉮ 연도의 가스 포켓이 되는 부분을 없앨 것
㉯ 연소실 내에서 완전연소시킬 것
㉰ 2차 공기 온도를 낮추어 공급할 것
㉱ 통풍조절을 잘 할 것

해설 2차 공기(연료 연소용 공기) 온도를 높여 공급해야 한다.

4. 〈보기〉에서 설명한 송풍기의 종류는?

〈보기〉

① 경향 날개형이며 6~12매의 철판제 직선 날개를 보스에서 방사한 스포크의 리벳죔을 한 것이며, 측판이 있는 임펠러와 측판이 없는 것이 있다.
② 구조가 견고하며 내마모성이 크고 날개를 바꾸기도 쉬우며 회진이 많은 가스의 흡출 통풍기, 미분탄 장치의 배탄기 등에 사용된다.

㉮ 터보 송풍기 ㉯ 다익 송풍기
㉰ 축류송 풍기 ㉱ 플레이트 송풍기

해설 원심식 송풍기인 플레이트 송풍기의 특징에 대한 설명이다.

5. 연도에서 폐열회수장치의 설치 순서가 옳은 것은?

㉮ 재열기 → 절탄기 → 공기예열기 → 과열기
㉯ 과열기 → 재열기 → 절탄기 → 공기예열기
㉰ 공기예열기 → 과열기 → 절탄기 → 재열기
㉱ 절탄기 → 과열기 → 공기예열기 → 재열기

해설 연소가스의 폐열(여열)을 이용하여 열효율을 높여주는 폐열회수장치의 설치 순서는(연도 입구에서부터) 과열기 → 재열기 → 절단기 → 공기예열기이다.

정답 1. ㉱ 2. ㉰ 3. ㉰ 4. ㉱ 5. ㉯

6. 수관식 보일러 종류에 해당되지 않는 것은?

㉮ 코니시 보일러 ㉯ 슐처 보일러
㉰ 타쿠마 보일러 ㉱ 라몬트 보일러

해설 노통이 1개인 코니시 보일러는 원통형 보일러 종류에 해당된다.

참고 수관식 보일러의 분류(물의 순환방식에 따라)
① 자연순환식 : 타쿠마 보일러, 배브콕 보일러, 스네기지 보일러 등
② 강제순환식 : 라몬트 보일러, 벨록스 보일러
③ 관류식(일종의 강제순환식) : 벤슨 보일러, 슐처 보일러 등

7. 탄소(C) 1 kmol이 완전 연소하여 탄산가스(CO_2)가 될 때, 발생하는 열량은 몇 kcal인가?

㉮ 29200 ㉯ 57600
㉰ 68600 ㉱ 97200

해설 $C + O_2 \rightarrow CO_2 + 97200\text{kcal/kmol}$
1kmol 1kmol 1kmol
(12kg) (32kg, 22.4Nm³) (44kg, 22.4Nm³)

8. 일반적으로 보일러의 열손실 중에서 가장 큰 것은?

㉮ 불완전연소에 의한 손실
㉯ 배기가스에 의한 손실
㉰ 보일러 본체 벽에서의 복사, 전도에 의한 손실
㉱ 그을음에 의한 손실

해설 보일러의 열손실 항목 중에서 가장 큰 것은 배기가스 보유열이다.

9. 압력이 일정할 때 과열 증기에 대한 설명으로 가장 적절한 것은?

㉮ 습포화 증기에 열을 가해 온도를 높인 증기
㉯ 건포화 증기에 압력을 높인 증기
㉰ 습포화 증기에 과열도를 높인 증기
㉱ 건포화 증기에 열을 가해 온도를 높인 증기

해설 일정한 압력(정압)하에서 건포화 증기에 열을 가하여 온도만을 높인 증기를 과열증기라 한다.

10. 기름예열기에 대한 설명 중 옳은 것은?

㉮ 가열온도가 낮으면 기름분해와 분무상태가 불량하고 분사각도가 나빠진다.
㉯ 가열온도가 높으면 불길이 한 쪽으로 치우쳐 그을음, 분진이 일어나고 무화상태가 나빠진다.
㉰ 서비스 탱크에서 점도가 떨어진 기름을 무화에 적당한 온도로 가열시키는 장치이다.
㉱ 기름예열기에서의 가열온도는 인화점보다 약간 높게 한다.

해설 ① 가열온도가 높으면 기름분해와 분무상태가 불량하고 분사각도가 나빠진다.
② 가열온도가 낮으면 불길이 한쪽으로 치우쳐 그을음, 분진이 일어나고 무화상태가 나빠진다.
③ 기름예열기(기름가열기=오일 프리히터)는 기름을 적당한 온도로 가열(예열)시키는 장치이다.
④ 기름 가열온도는 인화점보다 약간 낮게(5℃) 한다.

11. 보일러의 자동 제어 중 제어 동작이 연속 동작에 해당하지 않는 것은?

㉮ 비례 동작 ㉯ 적분 동작
㉰ 미분 동작 ㉱ 다위치 동작

해설 ① 불연속 동작 : 2위치(ON－OFF) 동

정답 6. ㉮ 7. ㉱ 8. ㉯ 9. ㉱ 10. ㉰ 11. ㉱

작, 다위치 동작, 불연속 속도 동작
② 연속 동작 : 비례(P) 동작, 적분(I) 동작, 미분(D) 동작

12. **바이패스(by－pass)관에 설치해서는 안 되는 부품은?**

㉮ 플로트 트랩
㉯ 연료 차단 밸브
㉰ 감압 밸브
㉱ 유류 배관의 유량계

해설 연료 차단 밸브(전자 밸브)는 바이패스(by－pass)관을 설치하지 않는다.

13. **다음 중 압력의 단위가 아닌 것은?**

㉮ mmHg ㉯ bar
㉰ N/m^2 ㉱ kg · m/s

해설 압력의 단위 : Pa, Torr, mmHg, bar, N/m^2, dyn/cm^2, kgf/cm^2, mH_2O, mAq, mmH_2O, psi, kPa, MPa 등

참고 kg · m/s는 일률의 단위이다.

14. **보일러에 부착하는 압력계에 대한 설명으로 옳은 것은**

㉮ 최대증발량 10 t/h 이하인 관류보일러에 부착하는 압력계는 눈금판의 바깥지름을 50 mm 이상으로 할 수 있다.
㉯ 부착하는 압력계의 최고 눈금은 보일러의 최고사용압력의 1.5배 이하의 것을 사용한다.
㉰ 증기보일러의 부착하는 압력계 눈금판의 바깥지름은 80 mm 이상의 크기로 한다.
㉱ 압력계를 보호하기 위하여 물을 넣은 안지름 6.5 mm 이상의 사이펀관 또는 동등한 장치를 부착하여야 한다.

해설 ① 최대증발량 5t/h 이하인 관류 보일러에 부착하는 압력계는 눈금판의 바깥지름을 60 mm 이상으로 할 수 있다.
② 부착하는 압력계의 최고 눈금은 보일러의 최고사용압력의 1.5배 이상 3배 이하의 것을 사용한다.
③ 증기보일러에 부착하는 압력계 눈금판의 바깥지름은 100 mm 이상의 크기로 한다.

15. **슈트 블로어 사용에 관한 주의사항으로 틀린 것은?**

㉮ 분출기 내의 응축수를 배출시킨 후 사용할 것
㉯ 그을음 불어내기를 할 때는 통풍력을 크게 할 것
㉰ 원활한 분출을 위해 분출하기 전 연도 내 배풍기를 사용하지 말 것
㉱ 한 곳에 집중적으로 사용하여 전열면에 무리를 가하지 말 것

해설 슈트 블로어(soot blower = 그을음 제거기) 사용 시 분출하기 전(前) 연도 내 배풍기를 사용하여 통풍력을 증대시켜야 한다.

16. **수관 보일러의 특징에 대한 설명으로 틀린 것은?**

㉮ 자연순환식은 고압이 될수록 물과의 비중차가 적어 순환력이 낮아진다.
㉯ 증발량이 크고 수부가 커서 부하변동에 따른 압력변화가 적으며 효율이 좋다.
㉰ 용량에 비해 설치면적이 적으며 과열기, 공기예열기 등 설치와 운반이 쉽다.
㉱ 구조상 고압 대용량에 적합하며 연소실의 크기를 임의로 할 수 있어 연소상태가 좋다.

해설 수관 보일러는 원통형 보일러에 비해 증발량이 많고 수부(수실)가 작아 부하변동에 따른 압력변화가 크며 효율이 좋다.

17. **연통에서 배기되는 가스량이 2500**

정답 12. ㉯ 13. ㉱ 14. ㉱ 15. ㉰ 16. ㉯ 17. ㉮

kg/h이고, 배기가스 온도가 230℃, 가스의 평균비열이 0.31 kcal/kg · ℃, 외기 온도가 18℃이면 배기가스에 의한 손실 열량은?

㉮ 164300 kcal/h ㉯ 174300 kcal/h
㉰ 184300 kcal/h ㉱ 194300 kcal/h

해설 2500 kg/h × 0.31 kcal/kg℃ × (230℃ − 18℃) = 164300 kcal/h

18. 보일러 집진장치의 형식과 종류를 짝지은 것 중 틀린 것은?

㉮ 가압수식 – 제트 스크러버
㉯ 여과식 – 충격식 스크러버
㉰ 원심력식 – 사이클론
㉱ 전기식 – 코트렐

해설 여과식 집진장치에는 백 필터가 있다.

19. 연소효율이 95 %, 전열효율이 85 %인 보일러의 효율은 약 몇 %인가?

㉮ 90 ㉯ 81 ㉰ 70 ㉱ 61

해설 (0.95×0.85)×100 = 80.75 %

20. 소형 연소기를 실내에 설치하는 경우, 급배기통을 전용 챔버 내에 접속하여 자연통기력에 의해 급배기 하는 방식은?

㉮ 강제배기식 ㉯ 강제급배기식
㉰ 자연급배기식 ㉱ 옥외급배기식

해설 자연통기력에 의해 급배기 하는 방식은 자연급배기식이며 송풍기, 배풍기로 강제통기력에 의한 방식은 강제급배기식이다.

21. 가스 버너 연소방식 중 예혼합 연소방식이 아닌 것은?

㉮ 저압 버너 ㉯ 포트형 버너
㉰ 고압 버너 ㉱ 송풍 버너

해설 ① 예혼합 연소방식 : 저압 버너, 고압 버너, 송풍 버너
② 확산 연소방식 : 포트형, 버너형 (선회형 버너, 방사형 버너)

22. 전열면적이 25 m^2인 연관 보일러를 8시간 가동시킨 결과 4000 kgf의 증기가 발생하였다면, 이 보일러의 전열면의 증발률은 몇 $kgf/m^2 \cdot h$인가?

㉮ 20 ㉯ 30 ㉰ 40 ㉱ 50

해설 $\dfrac{\dfrac{4000}{8}}{25} = 20\ kgf/m^2 \cdot h$

23. 물을 가열하여 압력을 높이면 어느 지점에서 액체, 기체 상태의 구별이 없어지고 증발 잠열이 0 kcal/kg이 된다. 이 점을 무엇이라 하는가?

㉮ 임계점 ㉯ 삼중점
㉰ 비등점 ㉱ 입력점

해설 임계점
① 액체, 기체 상태의 구별이 없어지고(액체, 기체가 공존할 수 없는 현상) 증발잠열이 0 kcal/kg이 되는 점
② 증발 시작과 끝이 바로 이루어지는 점

24. 증기난방과 비교한 온수난방의 특징에 대한 설명으로 틀린 것은?

㉮ 가열시간은 길지만 잘 식지 않으므로 동결의 우려가 적다.
㉯ 난방부하의 변동에 따라 온도조절이 용이하다.
㉰ 취급이 용이하고 표면의 온도가 낮아 화상의 염려가 없다.
㉱ 방열기에는 증기트랩을 반드시 부착해야 한다.

해설 증기난방인 경우에 방열기 출구 측에 증기트랩을 반드시 부착해야 하며 온수난

정답 18. ㉯ 19. ㉯ 20. ㉰ 21. ㉯ 22. ㉮ 23. ㉮ 24. ㉱

방인 경우에는 방열기 입구 반대편 상부에 공기빼기 밸브(에어벤트 밸브)를 반드시 부착해야 한다.

25. 외기온도 20℃, 배기가스온도 200℃이고, 연돌 높이가 20 m일 때 통풍력은 약 몇 mmAq인가?

㉮ 5.5 ㉯ 7.2 ㉰ 9.2 ㉱ 12.2

해설 $355 \times 20 \times \left(\frac{1}{20+273} - \frac{1}{200+273}\right)$
$= 9.28\ \text{mmAq}$

26. 과잉공기량에 관한 설명으로 옳은 것은?

㉮ (실제공기량)×(이론공기량)
㉯ (실제공기량) / (이론공기량)
㉰ (실제공기량)+(이론공기량)
㉱ (실제공기량)−(이론공기량)

해설 ① 공기비$(m) = \frac{\text{실제공기량}(A)}{\text{이론공기량}(A_0)}$
② 과잉공기량 $= A - A_0 = (m-1) \times A_0$
③ 과잉공기비 $= (m-1)$
④ 과잉공기율(%) $= (m-1) \times 100$

27. 다음 그림은 인젝터의 단면을 나타낸 것이다. C부의 명칭은?

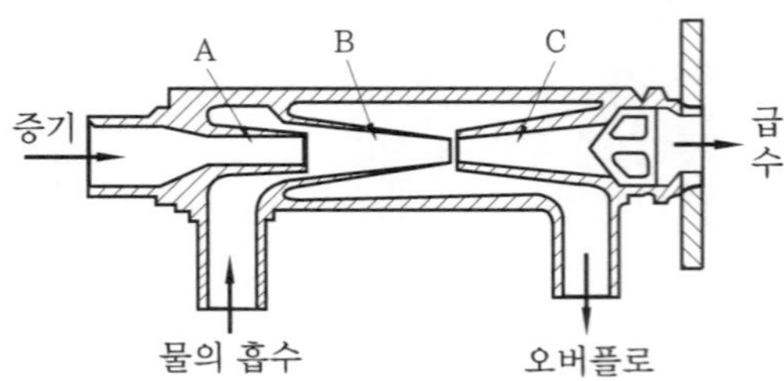

㉮ 증기 노즐 ㉯ 혼합 노즐
㉰ 분출 노즐 ㉱ 고압 노즐

해설 A부 : 증기 노즐 B부 : 혼합 노즐
C부 : 분출(토출, 배출) 노즐

28. 증기 축열기(steam accumulator)에 대한 설명으로 옳은 것은?

㉮ 송기압력을 일정하게 유지하기 위한 장치
㉯ 보일러 출력을 증가시키는 장치
㉰ 보일러에서 온수를 저장하는 장치
㉱ 증기를 저장하여 과부하시에 증기를 방출하는 장치

해설 증기 축열기(스팀 어큐뮬레이터)란 저부하시에 잉여 증기를 저장하여 과부하시에 증기를 방출하여 부족한 증기를 보충시킬 수 있는 장치이다.

29. 물체의 온도를 변화시키지 않고, 상(相) 변화를 일으키는데만 사용되는 열량은?

㉮ 감열 ㉯ 비열 ㉰ 현열 ㉱ 잠열

해설 ① 현열 : 상(相) 변화를 일으키지 않고 온도 변화만을 일으키는 데 사용되는 열량
② 잠열 : 온도 변화를 일으키지 않고 상(相) 변화만을 일으키는 데 사용되는 열량

30. 고체벽의 한 쪽에 있는 고온의 유체로부터 이 벽을 통과하여 다른 쪽에 있는 저온의 유체로 흐르는 열의 이동을 의미하는 용어는?

㉮ 열관류 ㉯ 현열
㉰ 잠열 ㉱ 전열량

해설 열관류(열통과) : 열전달 → 열전도 → 열전달 과정을 통하여 고온의 유체에서 고체를 통과하여 저온의 유체로 열이 이동되는 것을 말한다.

참고 ① 열전도 : 고온의 고체면에서 저온의 고체면으로 열이 이동되는 것
② 열전달 : 고온의 유체에서 저온의 고체면으로 또는 고온의 고체면에서 저온의 유체로 열이 이동되는 것

정답 25. ㉰ 26. ㉱ 27. ㉰ 28. ㉱ 29. ㉱ 30. ㉮

31. 호칭지름 15 A의 강관을 각도 90도로 구부릴 때 곡선부의 길이는 약 몇 mm인가?(단, 곡선부의 반지름은 90 mm로 한다.)

㉮ 141.4 ㉯ 145.5 ㉰ 150.2 ㉱ 155.3

해설 $2 \times 90 \times \pi \times \frac{90}{360} = 141.37$ mm

32. 보일러의 점화 조작 시 주의사항으로 틀린 것은?

㉮ 연료가스의 유출속도가 너무 빠르면 실화 등이 일어나고 너무 늦으면 역화가 발생한다.

㉯ 연소실의 온도가 낮으면 연료의 확산이 불량해지며 착화가 잘 안 된다.

㉰ 연료의 예열온도가 낮으면 무화불량, 화염의 편류, 그을음, 분진이 발생한다.

㉱ 유압이 낮으면 점화 및 분사가 양호하고 높으면 그을음이 없어진다.

해설 유압이 낮으면 점화 및 분사가 불량해진다.

33. 온수난방에서 상당방열면적이 45 m^2일 때 난방부하는?(단, 방열기의 방열량은 표준방열량으로 한다.)

㉮ 16450 kcal/h ㉯ 18500 kcal/h

㉰ 19450 kcal/h ㉱ 20250 kcal/h

해설 $450 \text{ kcal/h} \cdot m^2 \times 45 m^2$
$= 20250$ kcal/h

참고 ① 온수방열기 표준방열량
$= 450 \text{ kcal/h} \cdot m^2$
② 증기방열기 표준방열량
$= 650 \text{ kcal/h} \cdot m^2$

34. 보일러 사고에서 제작상의 원인이 아닌 것은?

㉮ 구조 불량 ㉯ 재료 불량

㉰ 캐리 오버 ㉱ 용접 불량

해설 캐리 오버(기수공발)는 취급상의 원인이다.

35. 주철제 벽걸이 방열기의 호칭 방법은 어느 것인가?

㉮ W－형×쪽수

㉯ 종별－치수×쪽수

㉰ 종별－쪽수×형

㉱ 치수－종별×쪽수

해설 ① 주철제 방열기 호칭 방법 : 종별－형×쪽수
② 주철제 벽걸이 방열기 호칭 방법 : W－형×쪽수이다.

36. 증기난방에서 응축수의 환수방법에 따른 분류 중 증기의 순환과 응축수의 배출이 빠르며, 방열량도 광범위하게 조절할 수 있어서 대규모 난방에서 많이 채택하는 방식은?

㉮ 진공환수식 증기난방

㉯ 복관중력환수식 증기난방

㉰ 기계환수식 증기난방

㉱ 단관중력환수식 증기난방

해설 진공환수식 증기난방법의 특징
① 증기의 순환과 응축수의 배출이 빠르다.
② 환수관의 관지름을 작게 할 수 있다.
③ 방열기의 설치장소에 제한을 받지 않는다.
④ 방열기의 방열량 조절을 광범위하게 조절할 수 있어서 대규모 난방에 많이 사용한다.

37. 파이프 벤더에 의한 구부림 작업 시 관에 주름이 생기는 원인으로 가장 옳은 것은?

㉮ 압력조정이 세고 저항이 크다.

정답 31. ㉮ 32. ㉱ 33. ㉱ 34. ㉰ 35. ㉮ 36. ㉮ 37. ㉱

㉯ 굽힘 반지름이 너무 작다.
㉰ 받침쇠가 너무 나와 있다.
㉱ 바깥지름에 비하여 두께가 너무 얇다.

해설 로터리 벤더에 의한 벤딩의 결함과 원인

결 함	원 인
관이 미끄러진다.	① 관의 고정이 잘못 되었다. ② 압력조정이 너무 빡빡하다. ③ 관 고정용 클램프나 관에 기름이 묻었다.
주름이 발생한다.	① 관이 미끄러진다. ② 받침쇠가 너무 들어 갔다. ③ 외경에 비해 두께가 얇다. ④ 굽힘형이 주축에서 빗나가 있다. ⑤ 굽힘형의 홈이 관경보다 크거나 작다.
관의 파손	① 압력조정이 세고 저항이 크다. ② 받침쇠가 너무 나와 있다. ③ 굽힘 반경이 너무 작다. ④ 재료에 결함이 있다.
관이 타원형으로 된다.	① 재질이 무르고 두께가 얇다. ② 받침쇠가 너무 들어가 있다. ③ 받침쇠의 모양이 나쁘다. ④ 받침쇠와 관 내경의 간격이 크다.

38. **저탕식 급탕설비에서 급탕의 온도를 일정하게 유지시키기 위해서 가스나 전기를 공급 또는 정지하는 것은?**

㉮ 사일런서　　㉯ 순환펌프
㉰ 가열코일　　㉱ 서모스탯

해설 ① 서모스탯(thermostat) : 온수탱크에 자동온도 조정기를 달아 서모스탯을 탱크 안에 꽂아서 급탕의 온도를 일정하게 유지시키기 위해서 가스나 전기를 공급 또는 정지하게 한다.
② 사일런서(silencer : 소음기) : 기수 혼합법 급탕설비에서 소음을 방지하기 위해 증기관에 설치하는 기구

39. **보일러 급수의 수질이 불량할 때 보일러에 미치는 장해와 관계가 없는 것은?**

㉮ 보일러 내부의 부식이 발생된다.
㉯ 래미네이션 현상이 발생한다.
㉰ 프라이밍이나 포밍이 발생된다.
㉱ 보일러 동 내부에 슬러지가 퇴적된다.

해설 래미네이션(lamination) : 강괴 속에 잔류된 가스체가 강철판을 압연할 때에 압축되어 2장의 층을 형성하고 있는 흠을 말하며 일종의 재료의 결함이다.

40. **보일러의 정상 운전 시 수면계에 나타나는 수위의 위치로 가장 적당한 것은?**

㉮ 수면계의 최상위
㉯ 수면계의 최하위
㉰ 수면계의 중간
㉱ 수면계 하부의 1/3 위치

해설 정상(상용)의 수위는 수면계의 중간인 $\left(\text{유리관 } \frac{1}{2}\right)$ 지점이다.

41. **유류 연소 자동점화 보일러의 점화순서상 화염검출기 작동 후 다음 단계는?**

㉮ 공기댐퍼 열림　　㉯ 전자밸브 열림
㉰ 노내압 조정　　㉱ 노내 환기

해설 보일러의 자동점화 순서
① 공기댐퍼 열림 → ② 노내 환기(송풍기 가동) → ③ 노내압 조정 → ④ 점화(파일럿) 버너 작동 → ⑤ 화염검출기 작동 → ⑥ 주버너 전자밸브가 열림과 동시에 주버너 점화 → ⑦ 점화(파일럿) 버너 가동 정지 → ⑧ 저연소 부하 상태에서 조정된 부하 상태로 자동으로 조정

42 **보일러 내처리제에서 가성취화 방지에 사용되는 약제가 아닌 것은?**

정답 38. ㉱　39. ㉯　40. ㉰　41. ㉯　42. ㉱

㉮ 인산나트륨　　㉯ 질산나트륨
㉰ 탄닌　　㉱ 암모니아

해설 가성취화 방지제의 종류 : 탄닌, 리그린, 인산나트륨, 질산나트륨

43. 연관 최고부보다 노통 윗면이 높은 노통연관 보일러의 최저수위(안전저수면)의 위치는?

㉮ 노통 최고부 위 100 mm
㉯ 노통 최고부 위 75 mm
㉰ 연관 최고부 위 100 mm
㉱ 연관 최고부 위 75 mm

해설 ① 연관 최고부보다 노통 윗면이 높은 경우에는 노통 최고부 위 100 mm
② 노통 윗면보다 연관 최고부가 높은 경우에는 연관 최고부 위 75 mm

44. 보일러의 외부 검사에 해당되는 것은?

㉮ 스케일, 슬러지 상태 검사
㉯ 노벽 상태 검사
㉰ 배관의 누설 상태 검사
㉱ 연소실의 열 집중 현상 검사

해설 ㉮, ㉯, ㉱항은 내부 검사에 해당된다.

45. 보일러 강판이나 강관을 제조할 때 재질 내부에 가스체 등이 함유되어 두 장의 층을 형성하고 있는 상태의 흠은?

㉮ 블리스터　　㉯ 팽출
㉰ 압궤　　㉱ 래미네이션

해설 블리스터(blister)란 래미네이션의 결함을 가진 재료가 외부로부터 강한 열을 받아 소손되어 부풀어 오르는 현상을 말한다.

46. 오일 프리히터의 종류에 속하지 않는 것은?

㉮ 증기식　　㉯ 직화식
㉰ 온수식　　㉱ 전기식

해설 가열원에 따른 오일 프리히터(기름 예열기)의 종류 : 증기식, 온수식, 전기식

47. 보일러의 과열 원인과 무관한 것은?

㉮ 보일러수의 순환이 불량할 경우
㉯ 스케일 누적이 많은 경우
㉰ 저수위로 운전할 경우
㉱ 1차 공기량의 공급이 부족한 경우

해설 1차 공기량의 공급이 부족한 경우에는 연료 부화 상태 불량의 원인이다.

48. 증기난방 배관시공 시 환수관이 문 또는 보와 교차할 때 이용되는 배관형식으로 위로는 공기, 아래로는 응축수를 유통시킬 수 있도록 시공하는 배관은?

㉮ 루프형 배관
㉯ 리프트 피팅 배관
㉰ 하트포드 배관
㉱ 냉각 배관

해설 증기관과 환수관이 문 또는 보와 같은 장애물에 부딪치는 경우에 루프형 배관을 하여 위로는 공기, 아래로는 응축수를 흐르게 하는 배관방식이다.

49. 강철제 증기보일러의 최고사용압력이 0.4 MPa인 경우 수압시험 압력은?

㉮ 0.16 MPa　　㉯ 0.24 MPa
㉰ 0.8 MPa　　㉱ 1.24 MPa

해설 최고사용압력이 0.43 MPa 이하인 강철제 증기보일러의 수압시험 압력은 최고사용압력의 2배이다.

50. 질소 봉입 방법으로 보일러 보존 시 보일러 내부에 질소가스의 봉입압력(MPa)으로 적합한 것은?

㉮ 0.02　㉯ 0.03　㉰ 0.06　㉱ 0.08

정답 43. ㉮　44. ㉰　45. ㉱　46. ㉯　47. ㉱　48. ㉮　49. ㉰　50. ㉰

해설 질소(N_2) 가스 봉입법은 장기 보존법이며 건조 보존법에서 압력 0.06 MPa 정도의 질소 가스를 넣어 봉입한다.

51. 보일러 급수 중 Fe, Mn, CO_2를 많이 함유하고 있는 경우의 급수처리 방법으로 가장 적합한 것은?

㉮ 분사법 ㉯ 기폭법
㉰ 침강법 ㉱ 가열법

해설 용존가스체 제거법에는 O_2, CO_2를 제거하는 탈기법과 CO_2, Fe, Mn, NH_3, H_2S를 제거하는 기폭법이 있다.

52. 증기난방에서 방열기와 벽면과의 적합한 간격(mm)은?

㉮ 30~40 ㉯ 50~60
㉰ 80~100 ㉱ 100~120

해설 벽면에서는 50~60 mm 떨어지게, 벽걸이형 방열기는 바닥에서 150 mm 높게 설치한다.

53. 다음 중 보온재의 종류가 아닌 것은?

㉮ 코르크 ㉯ 규조토
㉰ 프탈산수지도료 ㉱ 기포성수지

해설 프탈산수지도료는 합성수지도료이며 상온에서 도막을 건조시키는 도료이다.

54. 다음 보온재 중 안전사용 (최고)온도가 가장 높은 것은?

㉮ 탄산마그네슘 물반죽 보온재
㉯ 규산칼슘 보온판
㉰ 경질 폼러버 보온통
㉱ 글라스 울 블랭킷

해설 ① 탄산마그네슘 물반죽 보온재 : 약 250℃ 이하
② 규산칼슘 보온판 : 약 650℃ 이하
③ 경질 폼러버 보온통 : 약 100℃ 이하
④ 글라스 울 블랭킷 : 약 350℃ 이하

55. 저탄소 녹색성장 기본법상 녹색성장 위원회의 위원으로 틀린 것은?

㉮ 국토교통부장관
㉯ 미래창조과학부장관
㉰ 기획재정부장관
㉱ 고용노동부장관

해설 저탄소 녹색성장 기본법 제14조 ④항 참조

56. 에너지이용합리화법상 검사대상기기 설치자가 검사대상기기의 조종자를 선임하지 않았을 때의 벌칙은?

㉮ 1년 이하의 징역 또는 2천만원 이하의 벌금
㉯ 1년 이하의 징역 또는 5백만원 이하의 벌금
㉰ 1천만원 이하의 벌금
㉱ 5백만원 이하의 벌금

해설 에너지이용합리화법 제75조 참조

57. 에너지이용합리화법령상 산업통상자원부장관이 에너지다소비사업자에게 개선명령을 할 수 있는 경우는 에너지관리지도 결과 몇 % 이상 에너지 효율개선이 기대되는 경우인가?

㉮ 2 % ㉯ 3 % ㉰ 5% ㉱ 10 %

해설 에너지이용합리화법 시행령 제40조 ①항 참조

58. 에너지이용합리화법상 에너지사용자와 에너지공급자의 책무로 맞는 것은?

㉮ 에너지의 생산 · 이용 등에서의 그 효율을 극소화

정답 51. ㉯ 52. ㉯ 53. ㉰ 54. ㉯ 55. ㉱ 56. ㉰ 57. ㉱ 58. ㉯

㉯ 온실가스배출을 줄이기 위한 노력
㉰ 기자재의 에너지효율을 높이기 위한 기술개발
㉱ 지역경제발전을 위한 시책 강구

해설 에너지이용합리화법 제3조 ③항 참조

59. **에너지이용합리화법상 평균에너지소비효율에 대하여 총량적인 에너지효율의 개선이 특히 필요하다고 인정되는 기자재는?**

㉮ 승용자동차
㉯ 강철제 보일러
㉰ 1종 압력용기
㉱ 축열식 전기 보일러

해설 에너지이용합리화법 제17조 ①항 참조

60. **에너지이용합리화법에 따라 에너지진단을 면제 또는 에너지진단주기를 연장 받으려는 자가 제출해야 하는 첨부서류에 해당하지 않는 것은?**

㉮ 보유한 효율관리기자재 자료
㉯ 중소기업임을 확인할 수 있는 서류
㉰ 에너지절약 유공자 표창 사본
㉱ 친에너지형 설비 설치를 확인할 수 있는 서류

해설 에너지이용합리화법 시행규칙 제29조 ②항 참조

정답 59. ㉮ 60. ㉮

✹ 에너지관리 기능사

[2015년 7월 19일 시행]

1. 보일러에서 배출되는 배기가스의 여열을 이용하여 급수를 예열하는 장치는?

㉮ 과열기 ㉯ 재열기
㉰ 절탄기 ㉱ 공기예열기

해설 절탄기(節炭器, economizer, 급수예열기＝급수가열기)란 연소가스의 폐열(여열)을 이용하여 보일러 급수를 예열시키는 장치이다.

2. 목표값이 시간에 따라 임의로 변화되는 것은?

㉮ 비율 제어 ㉯ 추종 제어
㉰ 프로그램 제어 ㉱ 캐스케이드 제어

해설 목표값이 변하는 추치 제어
① 추종 제어 : 목표값이 임의의 시간적으로 변하는 제어
② 비율 제어 : 목표값이 다른 양과 일정한 비율 관계를 가지며 변하는 제어
③ 프로그램 제어 : 목표값이 이미 정해진 계획에 따라 시간적으로 변화하는 제어

3. 다음 보일러 부속품 중 안전장치에 속하는 것은?

㉮ 감압 밸브 ㉯ 주증기 밸브
㉰ 가용전 ㉱ 유량계

해설 안전장치의 종류
① 안전밸브
② 전자밸브(솔레노이드 밸브, 긴급 연료 차단 밸브)
③ 압력차단기(압력제한기, 압력차단 스위치)
④ 화염검출기
⑤ 고·저수위 경보기(수위검출기)
⑥ 가용마개(가용전, 용융마개)
⑦ 방폭문(폭발문)

4. 캐비테이션의 발생 원인이 아닌 것은?

㉮ 흡입양정이 지나치게 클 때
㉯ 흡입관의 저항이 작은 경우
㉰ 유량의 속도가 빠른 경우
㉱ 관로 내의 온도가 상승되었을 때

해설 흡입관의 저항이 큰 경우에 캐비테이션(공동 현상)이 발생한다.

5. 다음 중 연료의 연소 온도에 가장 큰 영향을 미치는 것은?

㉮ 발화점 ㉯ 공기비
㉰ 인화점 ㉱ 회분

해설 연소 온도에 영향을 미치는 요인
① 공기비 : 공기비가 클수록 연소가스량이 많아지므로 연소 온도는 낮아진다(가장 큰 영향을 미친다).
② 산소 농도 : 공기 중에 산소 농도가 높으면 공기량이 적어져서 연소가스량도 적어지므로 연소 온도가 높아진다.
③ 연료의 저위발열량 : 연료의 발열량이 높을수록 연소 온도는 높아진다.

6. 수소 15%, 수분 0.5%인 중유의 고위발열량이 10000 kcal/kg이다. 이 중유의 저위발열량은 몇 kcal/kg인가?

㉮ 8795 ㉯ 8984
㉰ 9085 ㉱ 9187

해설 $10000-600(9\times0.15+0.005)$
$=9187$ kcal/kg

7. 부르동관 압력계를 부착할 때 사용되는 사이펀관 속에 넣는 물질은?

㉮ 수은 ㉯ 증기
㉰ 공기 ㉱ 물

해설 사이펀관 내에서 물의 온도는 약 80℃ 이하(4~65℃)로 유지하는 것이 좋다.

정답 1. ㉰ 2. ㉯ 3. ㉰ 4. ㉯ 5. ㉯ 6. ㉱ 7. ㉱

8. 집진장치의 종류 중 건식 집진장치의 종류가 아닌 것은?

㉮ 가압수식 집진기 ㉯ 중력식 집진기
㉰ 관성력식 집진기 ㉱ 원심력식 집진기

해설 습식(세정) 집진장치에는 가압수식, 저유수식, 회전식이 있다.

9. 수관식 보일러에 속하지 않는 것은?

㉮ 입형 횡관식 ㉯ 자연 순환식
㉰ 강제 순환식 ㉱ 관류식

해설 수관식 보일러를 물의 순환 방식에 따라 자연 순환식, 강제 순환식, 관류식으로 분류한다.

10. 다음 중 공기예열기의 종류에 속하지 않는 것은?

㉮ 전열식 ㉯ 재생식
㉰ 증기식 ㉱ 방사식

해설 공기예열기의 일반적인 종류에는 전열식(관형, 판형), 재생식(축열식), 증기식이 있다.

참고 전열 방법에 따른 종류에는 전도식, 재생식(축열식), 히터 파이프식이 있다.

11. 비접촉식 온도계의 종류가 아닌 것은?

㉮ 광전관식 온도계 ㉯ 방사 온도계
㉰ 광고 온도계 ㉱ 열전대 온도계

해설 비접촉식 온도계의 종류에는 ㉮, ㉯, ㉰항 외에 색 온도계가 있다.

12. 보일러의 전열면적이 클 때의 설명으로 틀린 것은?

㉮ 증발량이 많다. ㉯ 예열이 빠르다.
㉰ 용량이 적다. ㉱ 효율이 높다.

해설 전열면적이 클 때에는 보일러 용량이 크다.

13. 보일러 연도에 설치하는 댐퍼의 설치 목적과 관계가 없는 것은?

㉮ 매연 및 그을음의 제거
㉯ 통풍력의 조절
㉰ 연소가스 흐름의 차단
㉱ 주연도와 부연도가 있을 때 가스의 흐름을 전환

14. 다음 중 통풍력을 증가시키는 방법으로 옳은 것은?

㉮ 연도는 짧고, 연돌은 낮게 설치한다.
㉯ 연도는 길고, 연돌의 단면적을 작게 설치한다.
㉰ 배기가스의 온도는 낮춘다.
㉱ 연도는 짧고, 굴곡부는 적게 한다.

해설 통풍력을 증가시키는 방법
① 연도는 짧아야 한다.
② 연도의 굴곡부는 적게 한다.
③ 연돌의 높이는 높게 하고 단면적은 크게 한다.
④ 배기가스의 온도는 높여야 한다.

15. 연료의 연소에서 환원염이란?

㉮ 산소 부족으로 인한 화염이다.
㉯ 공기비가 너무 클 때의 화염이다.
㉰ 산소가 많이 포함된 화염이다.
㉱ 연료를 완전 연소시킬 때의 화염이다.

해설 ① 산화염 : 과잉공기의 상태로 연소시킬 경우 다량의 산소 (O_2)가 함유된 화염
② 환원염 : 공기가 부족한 상태로 연소시킬 경우 발생한 일산화탄소 (CO) 등의 미연분을 함유한 화염

16. 보일러 화염 유무를 검출하는 스택 스위치에 대한 설명으로 틀린 것은?

㉮ 화염의 발열 현상을 이용한 것이다.
㉯ 구조가 간단하다.

정답 8. ㉮ 9. ㉮ 10. ㉱ 11. ㉱ 12. ㉰ 13. ㉮ 14. ㉱ 15. ㉮ 16. ㉰

㉰ 버너 용량이 큰 곳에 사용된다.
㉱ 바이메탈의 신축작용으로 화염 유무를 검출한다.

해설 스택 스위치는 화염 검출의 응답이 느리므로 버너 용량이 작은 소용량 온수 보일러에서 사용한다.

17. 3요소식 보일러 급수 제어 방식에서 검출하는 3요소는?

㉮ 수위, 증기유량, 급수유량
㉯ 수위, 공기압, 수압
㉰ 수위, 연료량, 공기압
㉱ 수위, 연료량, 수압

해설 수위제어방식
① 1요소식(단요소식) : 수위만을 검출하여 제어
② 2요소식 : 수위, 증기유량을 동시에 검출하여 제어
③ 3요소식 : 수위, 증기유량, 급수유량을 검출하여 제어

18. 대형 보일러인 경우에 송풍기가 작동되지 않으면 전자밸브가 열리지 않고, 점화를 저지하는 인터로크의 종류는?

㉮ 저연소 인터로크
㉯ 압력초과 인터로크
㉰ 프리퍼지 인터로크
㉱ 불착화 인터로크

19. 수위의 부력에 의한 플로트 위치에 따라 연결된 수은 스위치로 작동하는 형식으로, 중·소형 보일러에 가장 많이 사용하는 저수위 경보장치의 형식은?

㉮ 기계식 ㉯ 전극식
㉰ 자석식 ㉱ 맥도널식

20. 증기의 발생이 활발해지면 증기와 함께 물방울이 같이 비산하여 증기관으로 취출되는데, 이때 드럼 내에 증기 취출구에 부착하여 증기 속에 포함된 수분 취출을 방지해 주는 관은?

㉮ 워터실링관
㉯ 주증기관
㉰ 베이퍼로크 방지관
㉱ 비수방지관

21. 증기의 과열도를 옳게 표현한 식은?

㉮ 과열도 = 포화증기온도 − 과열증기온도
㉯ 과열도 = 포화증기온도 − 압축수의 온도
㉰ 과열도 = 과열증기온도 − 압축수의 온도
㉱ 과열도 = 과열증기온도 − 포화증기온도

22. 어떤 액체 연료를 완전 연소시키기 위한 이론 공기량이 10.5 Nm^3/kg이고, 공기비가 1.4인 경우 실제 공기량은?

㉮ 7.5 Nm^3/kg ㉯ 11.9 Nm^3/kg
㉰ 14.7 Nm^3/kg ㉱ 16.0 Nm^3/kg

해설 $1.4 = \frac{x}{10.5}$ 에서
$x = 1.4 \times 10.5 = 14.7\ Nm^3/kg$

23. 파형 노통보일러의 특징을 설명한 것으로 옳은 것은?

㉮ 제작이 용이하다.
㉯ 내·외면의 청소가 용이하다.
㉰ 평형 노통보다 전열면적이 크다.
㉱ 평형 노통보다 외압에 대하여 강도가 적다.

해설 파형 노통은 평형 노통에 비하여
① 제작이 어렵다.
② 내·외면의 청소가 불편하다.
③ 전열면적이 크다.
④ 외압에 대한 강도가 크다.

정답 17. ㉮ 18. ㉰ 19. ㉱ 20. ㉱ 21. ㉱ 22. ㉰ 23. ㉰

⑤ 통풍저항이 크다.
⑥ 스케일(관석) 생성의 우려가 크다.

24. 보일러에 과열기를 설치할 때 얻어지는 장점으로 틀린 것은?

㉮ 증기관 내의 마찰저항을 감소시킬 수 있다.
㉯ 증기기관의 이론적 열효율을 높일 수 있다.
㉰ 같은 압력의 포화증기에 비해 보유열량이 많은 증기를 얻을 수 있다.
㉱ 연소가스의 저항으로 압력손실을 줄일 수 있다.

해설 연소가스의 저항으로 압력손실이 증대한다.

25. 수트 블로어 사용 시 주의사항으로 틀린 것은?

㉮ 부하가 50 % 이하인 경우에 사용한다.
㉯ 보일러 정지 시 수트 블로어 작업을 하지 않는다.
㉰ 분출 시에는 유인 통풍을 증가시킨다.
㉱ 분출기 내의 응축수를 배출시킨 후 사용한다.

해설 보일러 부하가 50 % 이하인 경우에는 사용을 금한다.

26. 후향 날개 형식으로 보일러의 압입송풍에 많이 사용되는 송풍기는?

㉮ 다익형 송풍기
㉯ 축류형 송풍기
㉰ 터보형 송풍기
㉱ 플레이트형 송풍기

해설 터보형 송풍기의 특징
① 후향 날개로 되어 있다 (16~24개).
② 효율이 좋다 (60~75 %).
③ 적은 동력으로 사용이 가능하다.
④ 풍압이 높다 (200~400 mmH_2O).
⑤ 고압, 대용량에 적합하다.
⑥ 가압 연소용 송풍기로 사용한다 (보일러).
⑦ 형상이 크고 고가이다.

27. 연료의 가연 성분이 아닌 것은?

㉮ N ㉯ C ㉰ H ㉱ S

해설 연료의 가연 성분 : C(탄소), H(수소), S(황)

28. 효율이 82 %인 보일러로 발열량 9800 kcal/kg의 연료를 15 kg 연소시키는 경우의 손실 열량은?

㉮ 80360 kcal ㉯ 32500 kcal
㉰ 26460 kcal ㉱ 120540 kcal

해설 손실 열량은 18 %이므로
$(9800 \times 15) \times 0.18 = 26460$ kcal

참고 유효 열량 $= (9800 \times 15) \times 0.82$
$= 120540$ kcal

29. 보일러 연소용 공기조절장치 중 착화를 원활하게 하고 화염의 안정을 도모하는 장치는?

㉮ 윈드 박스(wind box)
㉯ 보염기(stabilizer)
㉰ 버너 타일(burner tile)
㉱ 플레임 아이(flame eye)

해설 ① 윈드 박스 : 연소용 공기의 배분을 균등하게 해 주는 보염장치
② 버너 타일 : 내화재의 일종이며 연료와 공기의 분포 속도 및 흐름의 방향을 최종적으로 조정하는 장치
③ 콤버스터 : 연료의 착화를 돕고 분출 흐름의 모양을 다듬으며 연소의 안정을 도모해 주는 장치

30. 증기난방 설비에서 배관 구배를 부여하는 가장 큰 이유는 무엇인가?

㉮ 증기의 흐름을 빠르게 하기 위해서

정답 24. ㉱ 25. ㉮ 26. ㉰ 27. ㉮ 28. ㉰ 29. ㉯ 30. ㉯

㉯ 응축수의 체류를 방지하기 위해서
㉰ 배관 시공을 편리하게 하기 위해서
㉱ 증기와 응축수의 흐름마찰을 줄이기 위해서

31. 보일러 배관 중에 신축이음을 하는 목적으로 가장 적합한 것은?

㉮ 증기 속의 이물질을 제거하기 위하여
㉯ 열팽창에 의한 관의 파열을 막기 위하여
㉰ 보일러수의 누수를 막기 위하여
㉱ 증기 속의 수분을 분리하기 위하여

32. 팽창탱크에 대한 설명으로 옳은 것은?

㉮ 개방식 팽창탱크는 주로 고온수 난방에서 사용한다.
㉯ 팽창관에는 방열관에 부착하는 크기의 밸브를 설치한다.
㉰ 밀폐형 팽창탱크에는 수면계를 구비한다.
㉱ 밀폐형 팽창탱크는 개방식 팽창탱크에 비하여 적어도 된다.

해설 ① 개방식 팽창탱크는 저온수(보통 온수 : 85~90℃) 난방에서 밀폐식 팽창탱크는 고온수(100℃ 이상) 난방에서 사용한다.
② 밀폐식 팽창탱크에는 수면계, 압력계, 안전밸브(또는 방출밸브) 등을 구비한다.
③ 팽창관에는 밸브나 체크밸브를 설치해서는 안 된다.

33. 온수난방의 특성을 설명한 것 중 틀린 것은?

㉮ 실내 예열시간이 짧지만 쉽게 냉각되지 않는다.
㉯ 난방부하 변동에 따른 온도조절이 쉽다.
㉰ 단독주택 또는 소규모 건물에 적용된다.
㉱ 보일러 취급이 비교적 쉽다.

해설 온수난방은 증기난방에 비해 예열시간이 길지만 쉽게 냉각되지 않는다.

34. 다음 중 주형 방열기의 종류로 거리가 먼 것은?

㉮ 1주형 ㉯ 2주형
㉰ 3세주형 ㉱ 5세주형

해설 주형(기둥형) 방열기의 종류 : 2주형, 3주형, 3세주형, 5세주형

35. 보일러 점화 시 역화의 원인과 관계가 없는 것은?

㉮ 착화가 지연될 경우
㉯ 점화원을 사용한 경우
㉰ 프리퍼지가 불충분한 경우
㉱ 연료 공급 밸브를 급개하여 다량으로 분무한 경우

36. 압력계로 연결하는 증기관을 황동관이나 동관을 사용할 경우, 증기온도는 약 몇 ℃ 이하인가?

㉮ 210℃ ㉯ 260℃
㉰ 310℃ ㉱ 360℃

해설 증기온도 210℃ 이하인 경우에는 동관, 황동관을 사용하며 210℃ 초과인 경우에는 반드시 강관을 사용해야 한다.

37. 보일러를 비상 정지시키는 경우의 일반적인 조치사항으로 거리가 먼 것은?

㉮ 압력은 자연히 떨어지게 기다린다.
㉯ 주증기 스톱밸브를 열어 놓는다.
㉰ 연소공기의 공급을 멈춘다.
㉱ 연료 공급을 중단한다.

해설 비상 정지 순서

정답 31. ㉯ 32. ㉰ 33. ㉮ 34. ㉮ 35. ㉯ 36. ㉮ 37. ㉯

① 연료의 공급 정지
② 노내 환기
③ 연소용 공기 정지
④ 주증기밸브 차단
⑤ 자연 냉각
⑥ 원인 분석 및 수위 확인
⑦ 수위 유지 도모

38. **금속 특유의 복사열에 대한 반사 특성을 이용한 대표적인 금속질 보온재는?**

㉮ 세라믹 파이버　㉯ 실리카 파이버
㉰ 알루미늄 박　㉱ 규산칼슘

39. **다음 중 기포성 수지에 대한 설명으로 틀린 것은?**

㉮ 열전도율이 낮고 가볍다.
㉯ 불에 잘 타며 보온성과 보랭성은 좋지 않다.
㉰ 흡수성은 좋지 않으나 굽힘성은 풍부하다.
㉱ 합성수지 또는 고무질 재료를 사용하여 다공질 제품으로 만든 것이다.

해설 기포성 수지(plastic form)는 보온성, 보랭성이 좋다.

40. **온수 보일러의 순환펌프 설치 방법으로 옳은 것은?**

㉮ 순환펌프의 모터 부분은 수평으로 설치한다.
㉯ 순환펌프는 보일러 본체에 설치한다.
㉰ 순환펌프는 송수주관에 설치한다.
㉱ 공기빼기 장치가 없는 순환펌프는 체크밸브를 설치한다.

해설 순환펌프의 모터 부분은 환수주관에 설치함을 원칙으로 한다.

41. **보일러 가동 시 매연 발생의 원인과 가장 거리가 먼 것은?**

㉮ 연소실 과열
㉯ 연소실 용적의 과소
㉰ 연료 중의 불순물 혼입
㉱ 연소용 공기의 공급 부족

해설 연소실의 온도가 낮으면 연료의 불완전 연소로 매연 발생이 일어나며 과열되면 내화물의 스폴링 현상을 일으키기 쉽다.

42. **중유 연소 시 보일러 저온부식의 방지 대책으로 거리가 먼 것은?**

㉮ 저온의 전열면에 내식재료를 사용한다.
㉯ 첨가제를 사용하여 황산가스의 노점을 높여준다.
㉰ 공기예열기 및 급수예열장치 등에 보호피막을 한다.
㉱ 배기가스 중의 산소함유량을 낮추어 아황산가스의 산화를 제한한다.

해설 배기가스 중의 CO_2 함유량을 높여 황산가스의 노점을 낮추어 주어야 한다.

43. **물의 온도가 393 K를 초과하는 온수 발생 보일러에는 크기가 몇 mm 이상인 안전밸브를 설치하여야 하는가?**

㉮ 5　㉯ 10
㉰ 15　㉱ 20

해설 물의 온도가 393 K를 초과하는 온수 보일러에는 안전밸브를 1개 이상 설치하며 크기는 20 mm 이상이어야 한다. 393 K 이하인 경우에는 방출밸브를 1개 이상 설치할 수 있으며 크기는 20 mm 이상으로 한다.

44. **다음 중 보일러 부식에 관련된 설명 중 틀린 것은?**

㉮ 점식은 국부전지의 작용에 의해서 일어난다.

정답 38. ㉰ 39. ㉯ 40. ㉮ 41. ㉮ 42. ㉯ 43. ㉱ 44. ㉱

㉯ 수용액 중에서 부식 문제를 일으키는 주요인은 용존산소, 용존가스 등이다.

㉰ 중유 연소 시 중유 회분 중에 바나듐이 포함되어 있으면 바나듐 산화물에 의한 고온부식이 발생한다.

㉱ 가성취화는 고온에서 알칼리에 의한 부식현상을 말하며, 보일러 내부 전체에 걸쳐 균일하게 발생한다.

해설 가성취화는 리벳 이음판의 중첩부의 틈새 사이나 리벳 머리의 아래쪽에 알칼리도가 높은 보일러수가 침입하여 발생한다.

45. 증기난방의 중력 환수식에서 단관식인 경우 배관 기울기로 적당한 것은?

㉮ $\frac{1}{100} \sim \frac{1}{200}$ 정도의 순 기울기

㉯ $\frac{1}{200} \sim \frac{1}{300}$ 정도의 순 기울기

㉰ $\frac{1}{300} \sim \frac{1}{400}$ 정도의 순 기울기

㉱ $\frac{1}{400} \sim \frac{1}{500}$ 정도의 순 기울기

46. 보일러 용량 결정에 포함될 사항으로 거리가 먼 것은?

㉮ 난방부하 ㉯ 급탕부하
㉰ 배관부하 ㉱ 연료부하

해설 정격용량(정격출력) = 난방부하 + 급탕 및 취사부하 + 배관부하 + 예열(시동)부하

47. 온수난방 배관에서 수평주관에 지름이 다른 관을 접속하여 연결할 때 가장 적합한 관 이음쇠는?

㉮ 유니언 ㉯ 편심 리듀서
㉰ 부싱 ㉱ 니플

48. 온수순환 방식에 의한 분류 중에서 순환이 자유롭고 신속하며, 방열기의 위치가 낮아도 순환이 가능한 방법은?

㉮ 중력 순환식 ㉯ 강제 순환식
㉰ 단관식 순환식 ㉱ 복관식 순환식

49. 온수 보일러 개방식 팽창탱크 설치 시 주의사항으로 틀린 것은?

㉮ 팽창탱크에는 상부에 통기구멍을 설치한다.

㉯ 팽창탱크 내부의 수위를 알 수 있는 구조이어야 한다.

㉰ 탱크에 연결되는 팽창 흡수관은 팽창탱크 바닥면과 같게 배관해야 한다.

㉱ 팽창탱크의 높이는 최고 부위 방열기보다 1 m 이상 높은 곳에 설치한다.

해설 탱크에 연결되는 팽창 흡수관은 팽창탱크 바닥면에서 25 mm 높게 배관해야 한다.

50. 열팽창에 의한 배관의 이동을 구속 또는 제한하는 배관 지지구인 레스트레인트(restraint)의 종류가 아닌 것은?

㉮ 가이드 ㉯ 앵커
㉰ 스토퍼 ㉱ 행어

51. 보통 온수식 난방에서 온수의 온도는?

㉮ 65~70℃ ㉯ 75~80℃
㉰ 85~90℃ ㉱ 95~100℃

해설 문제 32 해설 참조

52. 장시간 사용을 중지하고 있던 보일러의 점화 준비에서, 부속장치 조작 및 시동으로 틀린 것은?

㉮ 댐퍼는 굴뚝에서 가까운 것부터 차례로 연다.

㉯ 통풍장치의 댐퍼 개폐도가 적당한지 확

정답 45. ㉮ 46. ㉱ 47. ㉯ 48. ㉯ 49. ㉰ 50. ㉱ 51. ㉰ 52. ㉱

인한다.

㉰ 흡입통풍기가 설치된 경우는 가볍게 운전한다.

㉱ 절탄기나 과열기에 바이패스가 설치된 경우는 바이패스 댐퍼를 닫는다.

해설 절탄기나 과열기에 바이패스가 설치된 경우는 바이패스 댐퍼를 열어 최초 점화 시 배기가스를 바이패스 연도(부연도)로 보내야 한다(절탄기나 과열기의 전열면 과열을 방지하기 위하여).

53. 응축수 환수방식 중 중력 환수 방식으로 환수가 불가능한 경우, 응축수를 별도의 응축수 탱크에 모으고 펌프 등을 이용하여 보일러에 급수를 행하는 방식은?

㉮ 복관 환수식 ㉯ 부력 환수식
㉰ 진공 환수식 ㉱ 기계 환수식

54. 무기질 보온재에 해당되는 것은?

㉮ 암면 ㉯ 펠트
㉰ 코르크 ㉱ 기포성 수지

해설 무기질 보온재의 종류 : 석면, 암면(로크울), 유리 섬유(글라스 울), 규조토, 탄산마그네슘

55. 에너지이용 합리화법상 효율관리기자재의 에너지소비효율등급 또는 에너지소비효율을 효율관리시험기관에서 측정받아 해당 효율관리기자재에 표시하여야 하는 자는?

㉮ 효율관리기자재의 제조업자 또는 시공업자

㉯ 효율관리기자재의 제조업자 또는 수입업자

㉰ 효율관리기자재의 시공업자 또는 판매업자

㉱ 효율관리기자재의 시공업자 또는 수입업자

해설 에너지이용 합리화법 제15조 ②항 참조

56. 저탄소 녹색성장 기본법상 녹색성장위원회의 심의사항이 아닌 것은?

㉮ 지방자치단체의 저탄소 녹색성장의 기본방향에 관한 사항

㉯ 녹색성장국가전략의 수립 · 변경 · 시행에 관한 사항

㉰ 기후변화대응 기본계획, 에너지기본계획 및 지속가능발전 기본계획에 관한 사항

㉱ 저탄소 녹색성장을 위한 재원의 배분 방향 및 효율적 사용에 관한 사항

해설 저탄소 녹색성장 기본법 제15조 참조

57. 에너지법상 "에너지 사용자"의 정의로 옳은 것은?

㉮ 에너지 보급 계획을 세우는 자

㉯ 에너지를 생산, 수입하는 사업자

㉰ 에너지사용시설의 소유자 또는 관리자

㉱ 에너지를 저장, 판매하는 자

해설 에너지법 제2조 5호 참조

58. 에너지이용 합리화법규상 냉난방온도제한 건물에 냉난방 제한온도를 적용할 때의 기준으로 옳은 것은?(단, 판매시설 및 공항의 경우는 제외한다.)

㉮ 냉방 : 24℃ 이상, 난방 : 18℃ 이하

㉯ 냉방 : 24℃ 이상, 난방 : 20℃ 이하

㉰ 냉방 : 26℃ 이상, 난방 : 18℃ 이하

㉱ 냉방 : 26℃ 이상, 난방 : 20℃ 이하

해설 에너지이용 합리화법 시행규칙 제31조의 2 참조

59. 다음 ( )에 알맞은 것은?

정답 53. ㉱ 54. ㉮ 55. ㉯ 56. ㉮ 57. ㉰ 58. ㉱ 59. ㉰

에너지법령상 에너지 총조사는 (A)마다 실시하되, (B)이 필요하다고 인정할 때에는 간이조사를 실시할 수 있다.

㉮ A : 2년, B : 행정자치부장관
㉯ A : 2년, B : 교육부장관
㉰ A : 3년, B : 산업통상자원부장관
㉱ A : 3년, B : 고용노동부장관

해설 에너지법 시행령 제15조 참조

60. **에너지이용 합리화법상 검사대상기기 설치자가 시 · 도지사에게 신고하여야 하는 경우가 아닌 것은?**

㉮ 검사대상기기를 정비한 경우
㉯ 검사대상기기를 폐기한 경우
㉰ 검사대상기기의 사용을 중지한 경우
㉱ 검사대상기기의 설치자가 변경된 경우

해설 에너지이용 합리화법 시행규칙 제31조의 23, 제31조의 24 참조

정답 60. ㉮

✺ 에너지관리 기능사

[2015년 10월 10일 시행]

1. 중유의 성상을 개선하기 위한 첨가제 중 분무를 순조롭게 하기 위하여 사용하는 것은?

㉮ 연소촉진제 ㉯ 슬러지 분산제
㉰ 회분개질제 ㉱ 탈수제

해설 중유의 첨가제(조연제) 종류와 사용 목적
① 연소촉진제 : 분무를 양호하게 한다(연소 촉진).
② 슬러지 분산제(안정제) : 슬러지 생성을 방지한다.
③ 탈수제 : 연료 속의 수분을 분리한다.
④ 회분개질제 : 회분의 융점을 높여 고온 부식을 방지한다.
⑤ 유동점 강하제 : 중유의 유동점을 내려서 저온에서도 유동성을 좋게 한다.

2. 천연가스의 비중이 약 0.64라고 표시되었을 때, 비중의 기준은?

㉮ 물 ㉯ 공기
㉰ 배기가스 ㉱ 수증기

해설 석유(기름) 제품의 비중은 4℃ 물을, 가스의 비중은 공기를 기준으로 한다.

3. 30마력(PS)인 기관이 1시간 동안 행한 일량을 열량으로 환산하면 약 몇 kcal인가? (단, 이 과정에서 행한 일량은 모두 열량으로 변환된다고 가정한다.)

㉮ 14360 ㉯ 15240
㉰ 18970 ㉱ 20402

해설 $\frac{1}{427} \times 75 \times 3600 \times 30 = 18970 \text{ kcal}$

4. 프로판(propane) 가스의 연소식은 다음과 같다. 프로판 가스 10 kg을 완전 연소시키는 데 필요한 이론산소량은?

$$C_3H_8 + 5O_2 \rightarrow 3CO_2 + 4H_2O$$

㉮ 약 11.6 Nm^3 ㉯ 약 13.8 Nm^3
㉰ 약 22.4 Nm^3 ㉱ 약 25.5 Nm^3

해설 $\frac{5 \times 22.4}{44} \times 10 = 25.5 \text{ Nm}^3$

5. 화염 검출기 종류 중 화염의 이온화를 이용한 것으로 가스 점화 버너에 주로 사용하는 것은?

㉮ 플레임 아이 ㉯ 스택 스위치
㉰ 광도전 셀 ㉱ 플레임 로드

해설 ① 플레임 아이 : 화염의 발광체를 이용한 것
② 플레임 로드 : 화염의 이온화를 이용한 것
③ 스택 스위치 : 연소가스의 발열체를 이용한 것

6. 수위경보기의 종류 중 플로트의 위치 변위에 따라 수은 스위치 또는 마이크로 스위치를 작동시켜 경보를 울리는 것은?

㉮ 기계식 경보기 ㉯ 자석식 경보기
㉰ 전극식 경보기 ㉱ 맥도널식 경보기

해설 ① 기계식 경보기 : 플로트의 위치 변위에 따라 밸브가 열려 경보를 울리는 것
② 자석식 경보기 : 플로트의 위치 변위에 따라 자석으로 하여금 수은 스위치를 작동시켜 경보를 울리는 것
③ 전극식 경보기 : 전극봉을 설치하여 물의 전기전도성을 이용한 것

7. 보일러 열정산을 설명한 것 중 옳은 것은 어느 것인가?

정답 1. ㉮ 2. ㉯ 3. ㉰ 4. ㉱ 5. ㉱ 6. ㉱ 7. ㉮

㉮ 입열과 출열은 반드시 같아야 한다.
㉯ 방열손실로 인하여 입열이 항상 크다.
㉰ 열효율 증대장치로 인하여 출열이 항상 크다.
㉱ 연소 효율에 따라 입열과 출열은 다르다.

8. 보일러 액체 연료 연소장치인 버너의 형식별 종류에 해당되지 않는 것은?

㉮ 고압기류식 ㉯ 왕복식
㉰ 유압분사식 ㉱ 회전식

해설 형식에 따른 오일 버너의 종류 : 고압기류식, 유압분사식, 회전식, 저압기류식, 건 타입식, 증발식(기화식)

9. 매시간 425 kg의 연료를 연소시켜 4800 kg/h의 증기를 발생시키는 보일러의 효율은 약 얼마인가?(단, 연료의 발열량 : 9750 kcal/kg, 증기엔탈피 : 676 kcal/kg, 급수 온도 : 20℃이다.)

㉮ 76 % ㉯ 81 %
㉰ 85 % ㉱ 90 %

해설 $\frac{4800 \times (676-20)}{425 \times 9750} \times 100 = 76\ \%$

10. 함진가스에 선회운동을 주어 분진입자에 작용하는 원심력에 의하여 입자를 분리하는 집진장치로 가장 적합한 것은?

㉮ 백필터식 집진기
㉯ 사이클론식 집진기
㉰ 전기식 집진기
㉱ 관성력식 집진기

해설 원심력을 이용한 원심식 집진장치의 종류 : 사이클론 집진기, 멀티클론 집진기

11. "1 보일러 마력"에 대한 설명으로 옳은 것은?

㉮ 0℃의 물 539 kg을 1시간에 100℃의 증기로 바꿀 수 있는 능력이다.
㉯ 100℃의 물 539 kg을 1시간에 같은 온도의 증기로 바꿀 수 있는 능력이다.
㉰ 100℃의 물 15.65 kg을 1시간에 같은 온도의 증기로 바꿀 수 있는 능력이다.
㉱ 0℃의 물 15.65 kg을 1시간에 100℃의 증기로 바꿀 수 있는 능력이다.

해설 1 보일러 마력이란
① 1 atm 하에서 100℃의 물 15.65 kg을 1시간에 같은 온도의 증기로 바꿀 수 있는 능력의 보일러
② 상당(환산) 증발량이 15.65 kg/h인 보일러
③ 열출력이 8435 kcal/h인 보일러

참고 보일러 마력
$= \frac{\text{상당증발량(kg/h)}}{15.65\text{(kg/h)}}$ [B-HP]

12. 연료 성분 중 가연 성분이 아닌 것은?

㉮ C ㉯ H
㉰ S ㉱ O

해설 가연 성분은 C (탄소), H (수소), S (황)이다.

13. 보일러 급수내관의 설치 위치로 옳은 것은?

㉮ 보일러의 기준수위와 일치되게 설치한다.
㉯ 보일러의 상용수위보다 50 mm 정도 높게 설치한다.
㉰ 보일러의 안전저수위보다 50 mm 정도 높게 설치한다.
㉱ 보일러의 안전저수위보다 50 mm 정도 낮게 설치한다.

14. 보일러 배기가스의 자연 통풍력을 증가시키는 방법으로 틀린 것은?

정답 8. ㉯ 9. ㉮ 10. ㉯ 11. ㉰ 12. ㉱ 13. ㉱ 14. ㉯

㉮ 연도의 길이를 짧게 한다.
㉯ 배기가스 온도를 낮춘다.
㉰ 연돌 높이를 증가시킨다.
㉱ 연돌의 단면적을 크게 한다.

해설 배기가스 온도를 높여 외기 온도와의 차이가 클수록 통풍력이 증가한다.

15. 증기의 건조도 (x) 설명이 옳은 것은?

㉮ 습증기 전체 질량 중 액체가 차지하는 질량비를 말한다.
㉯ 습증기 전체 질량 중 증기가 차지하는 질량비를 말한다.
㉰ 액체가 차지하는 전체 질량 중 습증기가 차지하는 질량비를 말한다.
㉱ 증기가 차지하는 전체 질량 중 습증기가 차지하는 질량비를 말한다.

해설 ㉮항은 습도, ㉯항은 건조도 (건도)에 대한 설명이다.

16. 다음 중 저양정식 안전밸브의 단면적 계산식은? (단, A = 단면적(mm^2), P = 분출압력(kgf/cm^2), E = 증발량 (kg/h)이다.)

㉮ $A = \dfrac{22E}{1.03P+1}$ ㉯ $A = \dfrac{10E}{1.03P+1}$
㉰ $A = \dfrac{5E}{1.03P+1}$ ㉱ $A = \dfrac{2.5E}{1.03P+1}$

해설 ㉮항 : 저양정식
㉯항 : 고양정식
㉰항 : 전양정식
㉱항 : 전양식

17. 입형 보일러에 대한 설명으로 거리가 먼 것은?

㉮ 보일러 동을 수직으로 세워 설치한 것이다.
㉯ 구조가 간단하고 설비비가 적게 든다.
㉰ 내부 청소 및 수리나 검사가 불편하다.
㉱ 열효율이 높고 부하능력이 크다.

해설 입형(수직형 = 버티칼) 보일러는 열효율이 낮고 부하능력이 작다.

18. 보일러용 가스 버너 중 외부 혼합식에 속하지 않는 것은?

㉮ 파일럿 버너
㉯ 센터파이어형 버너
㉰ 링형 버너
㉱ 멀티스폿형 버너

해설 가스 버너(외부 혼합식)의 종류
① 센터파이어(건)형 버너
② 링(ring)형 버너
③ 멀티스폿 (다분기관)형 버너
④ 스크롤형 버너

참고 파일럿 버너 = 점화 (착화) 버너

19. 보일러 부속장치인 증기 과열기를 설치 위치에 따라 분류할 때, 해당되지 않는 것은?

㉮ 복사식 ㉯ 전도식
㉰ 접촉식 ㉱ 복사접촉식

해설 설치 위치(전열 방식)에 따른 과열기의 종류
① 복사식
② 접촉(대류)식
③ 복사접촉(복사대류)식

참고 연소가스 흐름 방향에 따른 과열기의 종류에는 병류식, 향류식, 혼류식이 있다.

20. 가스 연소용 보일러의 안전장치가 아닌 것은?

㉮ 가용마개 ㉯ 화염검출기
㉰ 이젝터 ㉱ 방폭문

해설 이젝터(ejector) : 노즐로부터 증기 또는 공기를 분출시켜 노즐 주변에 있는 저압의 기체를 흡인하여 배출하는 기구로서 증기 이젝터와 공기 이젝터가 있다.

정답 15. ㉯ 16. ㉮ 17. ㉱ 18. ㉮ 19. ㉯ 20. ㉰

21. 보일러에서 제어해야 할 요소에 해당되지 않는 것은?

㉮ 급수 제어 ㉯ 연소 제어
㉰ 증기온도 제어 ㉱ 전열면 제어

해설 보일러 자동 제어(ABC)에는 급수 제어(FWC), 연소 제어(ACC), 증기온도 제어(STC)가 있다.

22. 관류 보일러의 특징에 대한 설명으로 틀린 것은?

㉮ 철저한 급수 처리가 필요하다.
㉯ 임계압력 이상의 고압에 적당하다.
㉰ 순환비가 1이므로 드럼이 필요하다.
㉱ 증기의 가동 발생 시간이 매우 짧다.

해설 관류 보일러는 순환비$\left(\frac{\text{순환수량}}{\text{발생증기량}}\right)$가 1이므로 드럼이 필요 없다.

23. 보일러 전열면적 1 m^2당 1시간에 발생되는 실제 증발량은 무엇인가?

㉮ 전열면의 증발률 ㉯ 전열면의 출력
㉰ 전열면의 효율 ㉱ 상당증발 효율

해설 전열면 증발률

$$=\frac{\text{매시 실제 증발량(kg/h)}}{\text{전열면적}(m^2)}[kg/m^2\cdot h]$$

24. 50 kg의 −10℃ 얼음을 100℃의 증기로 만드는 데 소요되는 열량은 몇 kcal인가?(단, 물과 얼음의 비열은 각각 1 kcal/kg·℃, 0.5 kcal/kg·℃로 한다.)

㉮ 36200 ㉯ 36450
㉰ 37200 ㉱ 37450

해설 ① −10℃ 얼음 50 kg을 0℃ 얼음으로 바꾸는 데 드는 열량
$=50\times0.5\times\{0-(-10)\}$
② 0℃ 얼음 50 kg을 0℃ 물로 바꾸는 데 드는 열량
$=80\times50$
③ 0℃ 물 50 kg을 100℃ 물로 바꾸는 데 드는 열량
$=50\times1\times(100-0)$
④ 100℃ 물 50 kg을 100℃ 증기로 바꾸는 데 드는 열량
$=539\times50$
∴ ①+②+③+④ = 36200 kcal

25. 피드백 자동 제어에서 동작신호를 받아서 제어계가 정해진 동작을 하는 데 필요한 신호를 만들어 조작부에 보내는 부분은?

㉮ 검출부 ㉯ 제어부
㉰ 비교부 ㉱ 조절부

해설 조절부란 동작을 하는 데 필요한 신호를 만들어 조작부에 전달하는 부분이며 조작부란 조절부로부터 조작신호를 받아 이것을 조작량으로 바꾸는 부분이다.

26. 중유 보일러의 연소 보조 장치에 속하지 않는 것은?

㉮ 여과기 ㉯ 인젝터
㉰ 화염 검출기 ㉱ 오일 프리히터

해설 인젝터(injector)는 증기의 분사력을 이용한 보일러의 급수 보조 장치이다.

27. 보일러 분출의 목적으로 틀린 것은?

㉮ 불순물로 인한 보일러수의 농축을 방지한다.
㉯ 포밍이나 프라이밍의 생성을 좋게 한다.
㉰ 전열면에 스케일 생성을 방지한다.
㉱ 관수의 순환을 좋게 한다.

해설 보일러 수면 분출의 목적은 포밍이나 프라이밍의 생성을 방지하기 위함이다.

28. 캐리오버로 인하여 나타날 수 있는 결과로 거리가 먼 것은?

정답 21. ㉱ 22. ㉰ 23. ㉮ 24. ㉮ 25. ㉱ 26. ㉯ 27. ㉯ 28. ㉯

㉮ 수격 현상 ㉯ 프라이밍
㉰ 열효율 저하 ㉱ 배관의 부식

해설 포밍과 프라이밍으로 인하여 캐리오버 현상이 일어나고 캐리오버로 인하여 워터해머(수격작용) 현상과 열효율 저하 및 배관의 부식이 일어난다.

29. 입형 보일러 특징으로 거리가 먼 것은?

㉮ 보일러 효율이 높다.
㉯ 수리나 검사가 불편하다.
㉰ 구조 및 설치가 간단하다.
㉱ 전열면적이 적고 소용량이다.

해설 입형(수직형=버티컬) 보일러는 열효율이 가장 낮다.

30. 보일러의 점화 시 역화 원인에 해당되지 않는 것은?

㉮ 압입통풍이 너무 강한 경우
㉯ 프리퍼지의 불충분이나 또는 잊어버린 경우
㉰ 점화원을 가동하기 전에 연료를 분무해 버린 경우
㉱ 연료 공급 밸브를 필요 이상 급개하여 다량으로 분무한 경우

31. 관 속에 흐르는 유체의 종류를 나타내는 기호 중 증기를 나타내는 것은?

㉮ S ㉯ W
㉰ O ㉱ A

해설 증기 : S, 물 : W, 유류 : O, 공기 : A, 가스 : G

32. 보일러 청관제 중 보일러수의 연화제로 사용되지 않는 것은?

㉮ 수산화나트륨 ㉯ 탄산나트륨
㉰ 인산나트륨 ㉱ 황산나트륨

해설 연화제(보일러 용수 중의 경도 성분을 슬러지화한다)의 종류에는 수산화나트륨(가성소다), 탄산나트륨(탄산소다), 인산나트륨(인산소다)이 있으며 인산나트륨이 많이 사용된다.

33. 어떤 방의 온수난방에서 소요되는 열량이 시간당 21000 kcal이고, 송수온도가 85℃이며, 환수온도가 25℃라면, 온수의 순환량은?(단, 온수의 비열은 1 kcal/kg·℃이다.)

㉮ 324 kg/h ㉯ 350 kg/h
㉰ 398 kg/h ㉱ 423 kg/h

해설 $21000 = x \times 1 \times (85-25)$에서

$$x = \frac{21000}{1 \times (85-25)} = 350 \text{ kg/h}$$

34. 보일러에 사용되는 안전밸브 및 압력방출장치 크기를 20 A 이상으로 할 수 있는 보일러가 아닌 것은?

㉮ 소용량 강철제 보일러
㉯ 최대증발량 5 t/h 이하의 관류 보일러
㉰ 최고사용압력 1 MPa(10 kgf/cm^2) 이하의 보일러로 전열면적 5 m^2 이하의 것
㉱ 최고사용압력 0.1 MPa (1 kgf/cm^2) 이하의 보일러

해설 20 A 이상으로 할 수 있는 조건은 ㉮, ㉯, ㉱항 외에 최고사용압력이 0.5 MPa 이하인 보일러로 전열면적이 2 m^2 이하의 것 및 최고사용압력이 0.5 MPa 이하인 보일러로 동체의 안지름이 500 mm 이하이며 동체의 길이가 1000 mm 이하인 보일러이다.

35. 배관계의 식별 표시는 물질의 종류에 따라 달리한다. 물질과 식별색의 연결이 틀린 것은?

㉮ 물 : 파랑

정답 29. ㉮ 30. ㉮ 31. ㉮ 32. ㉱ 33. ㉯ 34. ㉰ 35. ㉯

㉯ 기름 : 연한 주황
㉰ 증기 : 어두운 빨강
㉱ 가스 : 연한 노랑

해설 기름(유류) : 어두운 황적색(어두운 노란 빛을 띤 빨강)

36. 다음 보온재 중 안전사용 온도가 가장 낮은 것은?

㉮ 우모펠트 ㉯ 암면
㉰ 석면 ㉱ 규조토

해설 안전사용 온도
① 우모펠트 : 100℃ 이하
② 암면 : 500℃ 이하
③ 석면 : 400℃ 이하
④ 규조토 : 500℃ 이하

37. 주증기관에서 증기의 건도를 향상시키는 방법으로 적당하지 않은 것은?

㉮ 가압하여 증기의 압력을 높인다.
㉯ 드레인 포켓을 설치한다.
㉰ 증기공간 내에 공기를 제거한다.
㉱ 기수분리기를 사용한다.

해설 고압의 증기를 저압의 증기로 감압시켜야 건도(건조도)가 향상된다.

38. 보일러 기수공발(carry over)의 원인이 아닌 것은?

㉮ 보일러의 증발능력에 비하여 보일러수의 표면적이 너무 넓다.
㉯ 보일러의 수위가 높아지거나 송기 시 증기 밸브를 급개하였다.
㉰ 보일러수 중의 가성소다, 인산소다, 유지분 등의 함유 비율이 많았다.
㉱ 부유 고형물이나 용해 고형물이 많이 존재하였다.

해설 증발능력에 비하여 보일러수의 표면적이 너무 좁으면 기수공발이 일어난다.

39. 동관의 끝을 나팔 모양으로 만드는 데 사용하는 공구는?

㉮ 사이징 툴 ㉯ 익스팬더
㉰ 플레어링 툴 ㉱ 파이프 커터

해설 ① 사이징 툴 : 동관 끝을 원형으로 정형하는 데 사용
② 익스팬더 : 동관 끝을 확관하는 데 사용
③ 튜브 커터 : 동관을 절단하는 데 사용
④ 튜브 벤더 : 동관을 벤딩하는 데 사용

40. 보일러 분출 시의 유의사항 중 틀린 것은?

㉮ 분출 도중 다른 작업을 하지 말 것
㉯ 안전저수위 이하로 분출하지 말 것
㉰ 2대 이상의 보일러를 동시에 분출하지 말 것
㉱ 계속 운전 중인 보일러는 부하가 가장 클 때 할 것

해설 부하(負荷)가 가장 작을 때 해야 한다.

41. 난방부하 계산 시 고려해야 할 사항으로 거리가 먼 것은?

㉮ 유리창 및 문의 크기
㉯ 현관 등의 공간
㉰ 연료의 발열량
㉱ 건물 위치

해설 천장 높이, 건축물 구조, 주위 환경 조건, 실내온도와 외기온도 등을 고려한다.

42. 보일러에서 수압 시험을 하는 목적으로 틀린 것은?

㉮ 분출 증기압력을 측정하기 위하여
㉯ 각종 덮개를 장치한 후의 기밀도를 확인하기 위하여
㉰ 수리한 경우 그 부분의 강도나 이상 유무를 판단하기 위하여

정답 36. ㉮ 37. ㉮ 38. ㉮ 39. ㉰ 40. ㉱ 41. ㉰ 42. ㉮

㉱ 구조상 내부검사를 하기 어려운 곳에는 그 상태를 판단하기 위하여

해설 증기압력 측정은 수압 시험과 관계없다.

43. **온수난방법 중 고온수 난방에 사용되는 온수의 온도는?**

㉮ 100℃ 이상　㉯ 80~90℃
㉰ 60~70℃　㉱ 40~60℃

해설 ① 고온수 난방 : 100℃ 이상 온수 사용(밀폐식 팽창탱크 사용)
② 저온수 난방 : 85~90℃ 정도의 온수 사용(개방식 팽창탱크 사용)

44. **온수방열기의 공기빼기 밸브의 위치로 적당한 것은?**

㉮ 방열기 상부
㉯ 방열기 중부
㉰ 방열기 하부
㉱ 방열기의 최하단부

해설 온수방열기에서 공기빼기 밸브(air vent valve)는 방열기 입구 반대편 상부에 설치한다.

45. **관의 방향을 바꾸거나 분기할 때 사용되는 이음쇠가 아닌 것은?**

㉮ 벤드　㉯ 크로스
㉰ 엘보　㉱ 니플

해설 니플은 지름이 같은 관을 직선으로 연결할 때 사용한다.

46. **보일러 운전이 끝난 후, 노내와 연도에 체류하고 있는 가연성 가스를 배출시키는 작업은?**

㉮ 페일 세이프(fail safe)
㉯ 풀 프루프(fool proof)
㉰ 포스트 퍼지(post-purge)
㉱ 프리 퍼지(pre-purge)

해설 점화 전 노내와 연도 환기 작업은 프리 퍼지이며 소화 후 노내와 연도 환기 작업은 포스트 퍼지이다.

47. **온도 조절식 트랩으로 응축수와 함께 저온의 공기도 통과시키는 특성이 있으며, 진공 환수식 증기 배관의 방열기 트랩이나 관말 트랩으로 사용되는 것은?**

㉮ 버킷 트랩　㉯ 열동식 트랩
㉰ 플로트 트랩　㉱ 매니폴드 트랩

해설 열동식 트랩은 증기 방열기 트랩이나 관말 트랩으로 사용되며 벨로스의 신축을 이용한 온도 조절식 트랩으로 일명 실로폰 트랩이라고도 한다.

48. **온수난방의 특징에 대한 설명으로 틀린 것은?**

㉮ 실내의 쾌감도가 좋다.
㉯ 온도 조절이 용이하다.
㉰ 화상의 우려가 적다.
㉱ 예열시간이 짧다.

해설 온수난방은 증기난방에 비하여 예열시간이 길며 예열에 따른 손실이 크다.

49. **다음 중 고온 배관용 탄소강 강관의 KS 기호는?**

㉮ SPHT　㉯ SPLT
㉰ SPPS　㉱ SPA

해설 ① SPHT (steel pipe high temperature) : 고온 배관용 탄소강 강관
② SPLT (steel pipe low temperature) : 저온 배관용 탄소강 강관
③ SPPS (steel pipe pressure service) : 압력 배관용 탄소강 강관
④ SPA (steel pipe alloy) : 배관용 합금강 강관

정답 43. ㉮　44. ㉮　45. ㉱　46. ㉰　47. ㉯　48. ㉱　49. ㉮

50. 다음 중 보일러 수위에 대한 설명으로 옳은 것은?

㉮ 항상 상용수위를 유지한다.
㉯ 증기 사용량이 적을 때는 수위를 높게 유지한다.
㉰ 증기 사용량이 많을 때는 수위를 얕게 유지한다.
㉱ 증기 압력이 높을 때는 수위를 높게 유지한다.

51. 급수펌프에서 송출량이 10 m^3/min이고, 전양정이 8 m일 때, 펌프의 소요마력은?(단, 펌프 효율은 75 %이다.)

㉮ 15.6 PS ㉯ 17.8 PS
㉰ 23.7 PS ㉱ 31.6 PS

해설 $\dfrac{1000 \times \dfrac{10}{60} \times 8}{75 \times 0.75} = 23.7\ \text{PS}$

52. 증기난방 배관에 대한 설명 중 옳은 것은?

㉮ 건식 환수식이란 환수주관이 보일러의 표준수위보다 낮은 위치에 배관되고 응축수가 환수주관의 하부를 따라 흐르는 것을 말한다.
㉯ 습식 환수식이란 환수주관이 보일러의 표준수위보다 높은 위치에 배관되는 것을 말한다.
㉰ 건식 환수식에서는 증기트랩을 설치하고, 습식 환수식에서는 공기빼기 밸브나 에어포켓을 설치한다.
㉱ 단관식 배관은 복관식 배관보다 배관의 길이가 길고 관경이 작다.

해설 ① 환수주관이 표준수위보다 높은 위치에 배관되는 것은 건식 환수식이며 환수주관이 표준수위보다 낮은 위치에 배관되는 것은 습식 환수식이다.
② 단관식 배관은 하부층에는 응축수가 상부층에는 증기가 흐르므로 관경을 크게 하여 워터해머가 일어나지 않도록 해야 한다.

53. 사용 중인 보일러의 점화 전 주의사항으로 틀린 것은?

㉮ 연료 계통을 점검한다.
㉯ 각 밸브의 개폐 상태를 확인한다.
㉰ 댐퍼를 닫고 프리 퍼지를 한다.
㉱ 수면계의 수위를 확인한다.

해설 댐퍼를 열고 프리 퍼지를 한다.

54. 다음 중 보일러의 안전장치에 해당되지 않는 것은?

㉮ 방출밸브 ㉯ 방폭문
㉰ 화염검출기 ㉱ 감압밸브

해설 감압밸브는 송기장치이다.

55. 에너지이용 합리화법에 따른 열사용기자재 중 소형온수 보일러의 적용 범위로 옳은 것은?

㉮ 전열면적 24 m^2 이하이며, 최고사용압력이 0.5 MPa 이하의 온수를 발생하는 보일러
㉯ 전열면적 14 m^2 이하이며, 최고사용압력이 0.35 MPa 이하의 온수를 발생하는 보일러
㉰ 전열면적 20 m^2 이하인 온수보일러
㉱ 최고사용압력이 0.8 MPa 이하의 온수를 발생하는 보일러

해설 에너지이용 합리화법 시행규칙 제1조의 2에 의한 별표 1 참조

56. 에너지이용 합리화법상 목표에너지원 단위란?

정답 50. ㉮ 51. ㉰ 52. ㉰ 53. ㉰ 54. ㉱ 55. ㉯ 56. ㉯

㉮ 에너지를 사용하여 만드는 제품의 종류별 연간 에너지사용목표량
㉯ 에너지를 사용하여 만드는 제품의 단위당 에너지사용목표량
㉰ 건축물의 총 면적당 에너지사용목표량
㉱ 자동차 등의 단위연료당 목표주행거리

해설 에너지이용 합리화법 제35조 참조

57. 저탄소 녹색성장 기본법령상 관리업체는 해당 연도 온실가스 배출량 및 에너지 소비량에 관한 명세서를 작성하고, 이에 대한 검증기관의 검증 결과를 부문별 관장기관에게 전자적 방식으로 언제까지 제출하여야 하는가?

㉮ 해당 연도 12월 31일까지
㉯ 다음 연도 1월 31일까지
㉰ 다음 연도 3월 31일까지
㉱ 다음 연도 6월 30일까지

해설 저탄소 녹색성장 기본법 시행령 제34조 참조

58. 에너지이용 합리화법 시행령에서 에너지다소비사업자라 함은 연료 · 열 및 전력의 연간 사용량 합계가 얼마 이상인 경우인가?

㉮ 5백 티오이　㉯ 1천 티오이
㉰ 1천5백 티오이　㉱ 2천 티오이

해설 에너지이용 합리화법 시행령 제35조 참조

59. 에너지이용 합리화법상 에너지소비효율 등급 또는 에너지소비효율을 해당 효율관리기자재에 표시할 수 있도록 효율관리기자재의 에너지 사용량을 측정하는 기관은?

㉮ 효율관리진단기관
㉯ 효율관리전문기관
㉰ 효율관리표준기관
㉱ 효율관리시험기관

해설 에너지이용 합리화법 제15조 ②항 참조

60. 에너지이용 합리화법상 법을 위반하여 검사대상기기조종자를 선임하지 아니한 자에 대한 벌칙기준으로 옳은 것은?

㉮ 2년 이하의 징역 또는 2천만원 이하의 벌금
㉯ 2천만원 이하의 벌금
㉰ 1천만원 이하의 벌금
㉱ 500만원 이하의 벌금

해설 에너지이용 합리화법 제75조 참조

정답 57. ㉰　58. ㉱　59. ㉱　60. ㉰

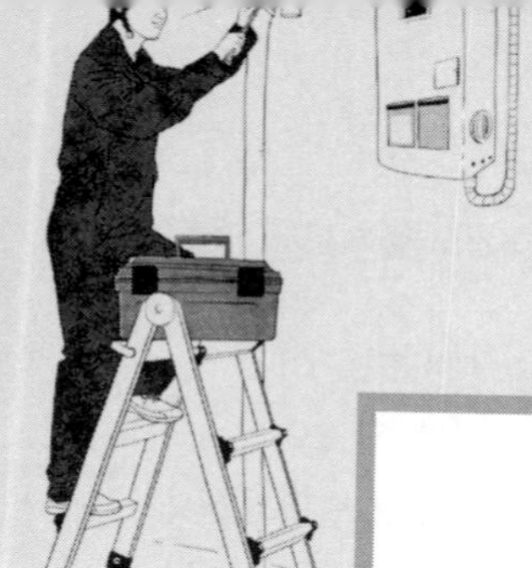

2016년도 출제문제

✺ 에너지관리 기능사

[2016년 1월 24일 시행]

1. 연소가스 성분 중 인체에 미치는 독성이 가장 적은 것은?

㉮ SO_2　㉯ NO_2　㉰ CO_2　㉱ CO

해설 허용농도(ppm) : $SO_2 \rightarrow 5$, $NO_2 \rightarrow 3$, $CO_2 \rightarrow 5000$, $CO \rightarrow 50$

2. 유류용 온수 보일러에서 버너가 정지하고 리셋 버튼이 돌출하는 경우는?

㉮ 연통의 길이가 너무 길다.
㉯ 연소용 공기량이 부적당하다.
㉰ 오일 배관 내의 공기가 빠지지 않고 있다.
㉱ 실내 온도조절기의 설정온도가 실내 온도보다 낮다.

해설 오일 배관 내에 공기가 차면 오일 공급이 되지 않아 버너가 정지하고 리셋 버튼이 돌출한다.

3. 보일러 사용 시 이상 저수위의 원인이 아닌 것은?

㉮ 증기 취출량이 과대한 경우
㉯ 보일러 연결부에서 누출이 되는 경우
㉰ 급수장치가 증발능력에 비해 과소한 경우
㉱ 급수탱크 내 급수량이 많은 경우

해설 급수탱크 내 급수량이 적은 경우에 이상 저수위의 원인이 된다.

4. 어떤 물질 500 kg을 20℃에서 50℃로 올리는 데 3000 kcal의 열량이 필요하였다. 이 물질의 비열은?

㉮ 0.1 kcal/kg · ℃　㉯ 0.2 kcal/kg · ℃
㉰ 0.3 kcal/kg · ℃　㉱ 0.4 kcal/kg · ℃

해설 $3000 = 500 \times x \times (50-20)$ 에서

$$x = \frac{3000}{500 \times (50-20)} = 0.2 \text{ kcal/kg} \cdot ℃$$

5. 중유의 첨가제 중 슬러지의 생성방지제 역할을 하는 것은?

㉮ 회분개질제　㉯ 탈수제
㉰ 연소촉진제　㉱ 안정제

해설 중유의 첨가제(조연제) 종류와 사용 목적
① 연소촉진제 : 분무를 양호하게 한다(연소 촉진).
② 슬러지 분산제(안정제) : 슬러지 생성을 방지한다.
③ 탈수제 : 연료 속의 수분을 분리한다.
④ 회분개질제 : 회분의 융점을 높여 고온 부식을 방지한다.
⑤ 유동점 강하제 : 중유의 유동점을 내려서 저온에서도 유동성을 좋게 한다.

6. 보일러 드럼 없이 초임계 압력 이상에서 고압증기를 발생시키는 보일러는?

㉮ 복사 보일러　㉯ 관류 보일러
㉰ 수관 보일러　㉱ 노통연관 보일러

정답 1. ㉰　2. ㉰　3. ㉱　4. ㉯　5. ㉱　6. ㉯

7. **보일러 1마력에 대한 표시로 옳은 것은?**

㉮ 전열면적 10 m^2
㉯ 상당증발량 15.65 kg/h
㉰ 전열면적 8 ft^2
㉱ 상당증발량 30.6 lb/h

해설 보일러 1마력일 때 상당(환산)증발량은 15.65 kg/h이며 열출력은 8435 kcal/h이다.

8. **제어장치에서 인터로크(inter lock)란?**

㉮ 정해진 순서에 따라 차례로 동작이 진행되는 것
㉯ 구비 조건에 맞지 않을 때 작동을 정지시키는 것
㉰ 증기압력의 연료량, 공기량을 조절하는 것
㉱ 제어량과 목표치를 비교하여 동작시키는 것

해설 인터로크 : 현재 진행 중인 제어동작이 구비 조건에 맞지 않을 때 다음 동작의 작동을 정지시키는 것

참고 인터로크의 종류 : 프리퍼지 인터로크, 불착화 인터로크, 저연소 인터로크, 저수위 인터로크, 압력초과 인터로크

9. **동작유체의 상태 변화에서 에너지의 이동이 없는 변화는?**

㉮ 등온 변화 ㉯ 정적 변화
㉰ 정압 변화 ㉱ 단열 변화

해설 단열 변화 : 등엔트로피 변화라고도 하며 열의 출입(에너지의 이동)이 없는 변화이다.

10. **연소 시 공기비가 작을 때 나타나는 현상으로 틀린 것은?**

㉮ 불완전연소가 되기 쉽다.
㉯ 미연소가스에 의한 가스 폭발이 일어나기 쉽다.
㉰ 미연소가스에 의한 열손실이 증가될 수 있다.
㉱ 배기가스 중 NO 및 NO_2의 발생량이 많아진다.

해설 연소 시 공기비가 클 때(과잉공기량이 많을 때) 배기가스 중 NO 및 NO_2의 발생량이 많아져 대기오염을 일으킨다.

11. **다음 중 보일러 연소장치와 가장 거리가 먼 것은?**

㉮ 스테이 ㉯ 버너
㉰ 연도 ㉱ 화격자

해설 스테이(stay : 버팀)는 보강재이다.

참고 거싯 스테이 및 경사 스테이는 보일러 경판을 보강하는 데 사용되는 버팀이다.

12. **증기트랩이 갖추어야 할 조건에 대한 설명으로 틀린 것은?**

㉮ 마찰저항이 클 것
㉯ 동작이 확실할 것
㉰ 내식, 내마모성이 있을 것
㉱ 응축수를 연속적으로 배출할 수 있을 것

해설 마찰저항이 작아야 하며 워터해머에 강해야 한다.

13. **과열증기에서 과열도는 무엇인가?**

㉮ 과열증기의 압력과 포화증기의 압력 차이다.
㉯ 과열증기온도와 포화증기온도와의 차이다.
㉰ 과열증기온도에 증발열을 합한 것이다.
㉱ 과열증기온도에 증발열을 뺀 것이다.

해설 과열도 = 과열증기온도 − 포화증기온도

14. **다음은 증기 보일러를 성능 시험하고 결과를 산출하였다. 보일러 효율은?**

정답 7. ㉯ 8. ㉯ 9. ㉱ 10. ㉱ 11. ㉮ 12. ㉮ 13. ㉯ 14. ㉱

급수온도 : 12℃
연료의 저위 발열량 : 10500 kcal/Nm^3
발생증기의 엔탈피 : 663.8 kcal/kg
연료 사용량 : 373.9 Nm^3/h
증기 발생량 : 5120 kg/h
보일러 전열면적 : 102 m^2

㉮ 78 % ㉯ 80 %
㉰ 82 % ㉱ 85 %

해설 $\frac{5120 \times (663.8-12)}{373.9 \times 10500} \times 100 = 85\,\%$

15. 자동 제어의 신호 전달 방법에서 공기압식의 특징으로 옳은 것은?

㉮ 전송 시 시간 지연이 생긴다.
㉯ 배관이 용이하지 않고 보존이 어렵다.
㉰ 신호 전달 거리가 유압식에 비하여 길다.
㉱ 온도 제어 등에 적합하고 화재의 위험이 많다.

해설 공기압식의 특징
① 전송 시 시간 지연이 생긴다.
② 배관이 용이하고 보존이 쉽다.
③ 신호 전달 거리가 100~150 m 정도로 유압식(300 m 정도)에 비해 짧다.
④ 온도 제어 등에 적합하고 화재의 위험성이 적다.

16. 보일러 유류연료 연소 시에 가스 폭발이 발생하는 원인이 아닌 것은?

㉮ 연소 도중에 실화되었을 때
㉯ 프리퍼지 시간이 너무 길어졌을 때
㉰ 소화 후에 연료가 흘러들어 갔을 때
㉱ 점화가 잘 안되는데 계속 급유했을 때

해설 프리퍼지(점화 전 노내 환기 작업) 시간이 너무 짧으면 역화 및 가스 폭발 사고가 발생하기 쉽다.

17. 세정식 집진장치 중 하나인 회전식 집진장치의 특징에 관한 설명으로 가장 거리가 먼 것은?

㉮ 구조가 대체로 간단하고 조작이 쉽다.
㉯ 급수 배관을 따로 설치할 필요가 없으므로 설치공간이 적게 든다.
㉰ 집진물을 회수할 때 탈수, 여과, 건조 등을 수행할 수 있는 별도의 장치가 필요하다.
㉱ 비교적 큰 압력손실을 견딜 수 있다.

해설 세정식 집진장치는 많은 물이 필요하며 급수설비와 폐수처리설비가 필요하다.

18. 다음 열효율 증대장치 중에서 고온부식이 잘 일어나는 장치는?

㉮ 공기예열기 ㉯ 과열기
㉰ 증발전열면 ㉱ 절탄기

해설 과열기, 재열기에서는 고온부식, 공기예열기, 절탄기(급수예열기)에서는 저온부식이 잘 일어난다.

19. 증기과열기의 열 가스 흐름 방식 분류 중 증기와 연소가스의 흐름이 반대방향으로 지나면서 열교환이 되는 방식은?

㉮ 병류형 ㉯ 혼류형
㉰ 향류형 ㉱ 복사대류형

해설 ① 향류형 : 증기와 연소가스의 흐름이 반대방향으로 지나면서 열교환이 되는 방식
② 병류형 : 증기와 연소가스의 흐름이 같은 방향으로 지나면서 열교환이 되는 방식
③ 혼류형 : 향류형과 병류형을 조합한 것이며 열의 이용도가 양호하고 가스에 의한 소손도 적다.

20. 열정산의 방법에서 입열 항목에 속하지 않는 것은?

㉮ 발생증기의 흡수열
㉯ 연료의 연소열

정답 15. ㉮ 16. ㉯ 17. ㉯ 18. ㉯ 19. ㉰ 20. ㉮

㉰ 연료의 현열
㉱ 공기의 현열

해설 입열 항목 : 연료의 연소열, 연료의 현열, 공기의 현열, 노내 증기의 보유열

참고 발생증기의 보유열은 유효출열 항목이다.

21. 가스용 보일러 설비 주위에 설치해야 할 계측기 및 안전장치와 무관한 것은?

㉮ 급기 가스 온도계
㉯ 가스 사용량 측정 유량계
㉰ 연료 공급 자동차단장치
㉱ 가스 누설 자동차단장치

22. 수위 자동제어 장치에서 수위와 증기유량을 동시에 검출하여 급수밸브의 개도가 조절되도록 한 제어방식은?

㉮ 단요소식　　㉯ 2요소식
㉰ 3요소식　　㉱ 모듈식

해설 ① 1요소식(단요소식) : 수위만을 검출하여 제어
② 2요소식 : 수위와 증기유량을 동시에 검출하여 제어
③ 3요소식 : 수위, 증기유량, 급수유량을 동시에 검출하여 제어

23. 일반적으로 보일러의 상용수위는 수면계의 어느 위치와 일치시키는가?

㉮ 수면계의 최상단부
㉯ 수면계의 $\frac{2}{3}$ 위치
㉰ 수면계의 $\frac{1}{2}$ 위치
㉱ 수면계의 최하단부

해설 보일러의 상용(정상)수위는 수면계 유리관 $\frac{1}{2}$ 지점이다.

24. 왕복동식 펌프가 아닌 것은?

㉮ 플런저 펌프　　㉯ 피스톤 펌프
㉰ 터빈 펌프　　㉱ 다이어프램 펌프

해설 터빈 펌프와 벌류트 펌프는 원심식 펌프이다.

참고 왕복동식 펌프의 종류
① 피스톤 펌프 : 유량이 많고 압력이 낮은 경우에 사용
② 플런저 펌프 : 유량이 적고 압력이 높은 경우에 사용
③ 다이어프램 펌프 : 특수약액, 불순물이 많은 유체를 이동하는 데 사용

25. 어떤 보일러의 증발량이 40 t/h이고, 보일러 본체의 전열면적이 580 m^2일 때 이 보일러의 증발률은?

㉮ 14 $kg/m^2 \cdot h$　　㉯ 44 $kg/m^2 \cdot h$
㉰ 57 $kg/m^2 \cdot h$　　㉱ 69 $kg/m^2 \cdot h$

해설 $\frac{40 \times 1000}{580} = 69\ kg/m^2 \cdot h$

26. 보일러의 수위제어 검출방식의 종류로 가장 거리가 먼 것은?

㉮ 피스톤식　　㉯ 전극식
㉰ 플로트식　　㉱ 열팽창관식

해설 보일러의 수위제어 검출방식의 종류 : 전극식, 플로트식, 열팽창관식, 차압식 압력계 방법, U자관식 압력계 방법

27. 자연통풍 방식에서 통풍력이 증가되는 경우가 아닌 것은?

㉮ 연돌의 높이가 낮은 경우
㉯ 연돌의 단면적이 큰 경우
㉰ 연돌의 굴곡수가 적은 경우
㉱ 배기가스의 온도가 높은 경우

해설 연돌의 높이가 낮은 경우에는 통풍력이 감소된다.

정답 21. ㉮　22. ㉯　23. ㉰　24. ㉰　25. ㉱　26. ㉮　27. ㉮

28. 액체 연료의 주요 성상으로 가장 거리가 먼 것은?

㉮ 비중 ㉯ 점도 ㉰ 부피 ㉱ 인화점

29. 절탄기에 대한 설명으로 옳은 것은?

㉮ 연소용 공기를 예열하는 장치이다.
㉯ 보일러의 급수를 예열하는 장치이다.
㉰ 보일러용 연료를 예열하는 장치이다.
㉱ 연소용 공기와 보일러 급수를 예열하는 장치이다.

해설 절탄기(economizer, 급수예열기 = 급수가열기) : 연소가스의 폐열(여열)을 이용하여 보일러 급수를 예열시키는 장치

30. 보일러를 장기간 사용하지 않고 보존하는 방법으로 가장 적당한 것은?

㉮ 물을 가득 채워 보존한다.
㉯ 배수하고 물이 없는 상태로 보존한다.
㉰ 1개월에 1회씩 급수를 공급 교환한다.
㉱ 건조 후 생석회 등을 넣고 밀봉하여 보존한다.

해설 석회 밀폐 건조법 : 휴관기간이 6개월 이상(최장기 보존법)이며 청소 및 건조 후 내부에 흡습제(건조제)를 넣어 놓은 후 밀폐시킨다.

31. 하트포드 접속법(hartford connection)을 사용하는 난방방식은?

㉮ 저압 증기난방 ㉯ 고압 증기난방
㉰ 저온 온수난방 ㉱ 고온 온수난방

해설 하트포드 접속법은 저압 증기난방의 습식 환수방식에 사용된다.

참고 하트포드 접속법 : 보일러의 물이 환수관에 역류하는 것을 방지하기 위하여 증기관과 환수관 사이에 균형관(밸런스관)을 설치하는 배관법이며 균형관(밸런스관)은 보일러 표준수위보다 50 mm 아래에 연결한다.

32. 온수난방설비에서 온수, 온도차에 의한 비중력차로 순환하는 방식으로 단독주택이나 소규모 난방에 사용되는 난방방식은?

㉮ 강제순환식 난방 ㉯ 하향순환식 난방
㉰ 자연순환식 난방 ㉱ 상향순환식 난방

해설 자연순환식 난방에 관한 문제이며 강제순환식 난방은 순환펌프로 강제순환시키는 방식으로 대규모 난방에 사용된다.

33. 압축기 진동과 서징, 관의 수격작용, 지진 등에서 발생하는 진동을 억제하기 위해 사용되는 지지 장치는?

㉮ 벤드벤 ㉯ 플랩 밸브
㉰ 그랜드 패킹 ㉱ 브레이스

해설 브레이스(brace) : 배관 라인에 설치된 각종 펌프, 압축기 등에서 발생되는 진동, 수격작용, 충격 및 지진 등에 의한 진동 현상을 제한하는 지지 장치이며 방진기와 완충기가 있다.

34. 온수 보일러에 팽창탱크를 설치하는 주된 이유로 옳은 것은?

㉮ 물의 온도 상승에 따른 체적팽창에 의한 보일러의 파손을 막기 위한 것이다.
㉯ 배관 중의 이물질을 제거하여 연료의 흐름을 원활히 하기 위한 것이다.
㉰ 온수 순환펌프에 의한 맥동 및 캐비테이션을 방지하기 위한 것이다.
㉱ 보일러, 배관, 방열기 내에 발생한 스케일 및 슬러지를 제거하기 위한 것이다.

해설 온수 보일러에서 팽창탱크를 설치하는 이유는 온수의 온도 상승에 따른 체적팽창에 의한 압력을 흡수하고 보일러의 보충수를 보유하기 위함이다.

35. 온수난방에서 방열기내 온수의 평균온도가 82℃, 실내온도가 18℃이고, 방열기의 방열계수가 6.8 kcal/m^2 · h · ℃인 경

정답 28. ㉰ 29. ㉯ 30. ㉱ 31. ㉮ 32. ㉰ 33. ㉱ 34. ㉮ 35. ㉱

우 방열기의 방열량은?

㉮ 650.9 kcal/m^2 · h

㉯ 557.6 kcal/m^2 · h

㉰ 450.7 kcal/m^2 · h

㉱ 435.2 kcal/m^2 · h

해설 $6.8 \times (82-18) = 435.2$ kcal/m^2 · h

참고 방열기 방열계수(kcal/m^2 · h · ℃)란 방열기내 열매체의 평균온도와 실내온도와의 차이가 1℃일 때 방열기 면적 1 m^{2}당 1시간 동안 방열량(kcal)을 말한다.

36. 보일러 설치 · 시공 기준상 유류 보일러의 용량이 시간당 몇 톤 이상이면 공급 연료량에 따라 연소용 공기를 자동 조절하는 기능이 있어야 하는가?(단, 난방 보일러인 경우이다.)

㉮ 1 t/h　　㉯ 3 t/h

㉰ 5 t/h　　㉱ 10 t/h

해설 가스 보일러 및 용량 5 t/h(난방 및 급탕 겸용), 또는 10 t/h(난방 전용) 이상인 유류 보일러에는 공급 연료량에 따라 연소용 공기를 자동으로 조절하는 기능이 있어야 한다.

참고 보일러 용량이 MW(kcal/h)로 표시되었을 때에는 0.6978 MW(600000 kcal/h)를 1 t/h로 환산한다.

37. 포밍, 플라이밍의 방지 대책으로 부적합한 것은?

㉮ 정상 수위로 운전할 것

㉯ 급격한 과연소를 하지 않을 것

㉰ 주증기 밸브를 천천히 개방할 것

㉱ 수저 또는 수면 분출을 하지 말 것

해설 보일러 수위가 높아 포밍, 플라이밍 현상이 일어나면 수저 또는 수면 분출을 하여 수위를 정상 수위로 유지시켜야 한다.

38. 다음 중 증기 보일러의 기타 부속장치가 아닌 것은?

㉮ 비수방지관　　㉯ 기수분리기

㉰ 팽창탱크　　㉱ 급수내관

해설 팽창탱크는 온수 보일러의 부속장치이다.

39. 온도 25℃의 급수를 공급받아 엔탈피가 725 kcal/kg의 증기를 1시간당 2310 kg을 발생시키는 보일러의 상당증발량은?

㉮ 1500 kg/h　　㉯ 3000 kg/h

㉰ 4500 kg/h　　㉱ 6000 kg/h

해설 $\frac{2310 \times (725-25)}{539} = 3000$ kg/h

40. 다음 중 가스관의 누설검사 시 사용하는 물질로 가장 적합한 것은?

㉮ 소금물　　㉯ 증류수

㉰ 비눗물　　㉱ 기름

해설 비눗물 사용이 간편하다.

41. 보일러 사고의 원인 중 제작상의 원인에 해당되지 않는 것은?

㉮ 구조의 불량　　㉯ 강도 부족

㉰ 재료의 불량　　㉱ 압력 초과

해설 압력 초과, 미연소가스 폭발 사고, 이상 감수 등은 취급상의 원인이다.

42. 열팽창에 대한 신축이 방열기에 영향을 미치지 않도록 주로 증기 및 온수난방용 배관에 사용되며, 2개 이상의 엘보를 사용하는 신축 이음은?

㉮ 벨로스 이음　　㉯ 루프형 이음

㉰ 슬리브 이음　　㉱ 스위블 이음

43. 보일러 급수 중의 용존(용해) 고형물을 처리하는 방법으로 부적합한 것은?

정답 36. ㉱ 37. ㉱ 38. ㉰ 39. ㉯ 40. ㉰ 41. ㉱ 42. ㉱ 43. ㉯

㉮ 증류법　　　　㉯ 응집법
㉰ 약품 첨가법　　㉱ 이온 교환법

해설 ① 용존(용해) 고형물 처리 방법 : 증류법, 이온 교환법, 약품 첨가법
② 고형 협잡물 처리 방법 : 응집법, 여과법, 침전법(침강법)

44. 난방부하를 구성하는 인자에 속하는 것은?

㉮ 관류 열손실
㉯ 환기에 의한 취득열량
㉰ 유리창으로 통한 취득열량
㉱ 벽, 지붕 등을 통한 취득열량

해설 관류 열손실(건물의 열손실 지수)이란 건물의 바닥, 벽체, 천장을 통하여 손실되는 열량을 의미하며 난방부하 계산에서 가장 중요하다.

45. 증기 보일러에는 2개 이상의 안전밸브를 설치하여야 하는 반면에 1개 이상으로 설치 가능한 보일러의 최대 전열면적은?

㉮ 50 m^2　　㉯ 60 m^2
㉰ 70 m^2　　㉱ 80 m^2

해설 증기 보일러인 경우 전열면적이 50 m^2 이하인 경우에는 안전밸브를 1개 이상 설치할 수 있다.

참고 온수 보일러인 경우 방출밸브(온도 393 K 이하) 또는 안전밸브(온도 393 K 초과)를 1개 이상 설치해야 한다.

46. 증기 난방에서 저압증기 환수관이 진공 펌프의 흡입구보다 낮은 위치에 있을 때 응축수를 원활히 끌어올리기 위해 설치하는 것은?

㉮ 하트포드 접속(hartford connection)
㉯ 플래시 레그(flash leg)
㉰ 리프트 피팅(lift fitting)
㉱ 냉각관(cooling leg)

해설 리프트 피팅(lift fitting) : 환수관이 진공 펌프의 흡입구보다 낮은 위치에 있을 때와 방열기가 환수관보다 낮은 위치에 있을 때 적용되는 배관법(진공 환수식 증기난방법에서)이며 1단 흡상 높이는 1.5 m 이내이다.

47. 중력순환식 온수난방법에 관한 설명으로 틀린 것은?

㉮ 소규모 주택에 이용된다.
㉯ 온수의 밀도차에 의해 온수가 순환한다.
㉰ 자연순환이므로 관경을 작게 하여도 된다.
㉱ 보일러는 최하위 방열기보다 더 낮은 곳에 설치한다.

해설 중력(자연)순환식 온수난방법에서는 강제순환식 온수난방법에 비해 관경을 크게 해야 한다.

48. 연료의 연소 시, 이론 공기량에 대한 실제 공기량의 비, 즉 공기비(m)의 일반적인 값으로 옳은 것은?

㉮ $m=2$　　㉯ $m<1$
㉰ $m<0$　　㉱ $m>1$

해설 공기비(m) $= \dfrac{\text{실제 공기량}}{\text{이론 공기량}}$ 에서 공기비(m)는 항상 1보다 크다.

49. 보일러수 내처리 방법으로 용도에 따른 청관제로 틀린 것은?

㉮ 탈산소제-염산, 알코올
㉯ 연화제-탄산소다, 인산소다
㉰ 슬러지 조정제-탄닌, 리그닌
㉱ pH 조정제-인산소다, 암모니아

해설 탈산소제 : 아황산나트륨, 탄닌, 히드라진

50. 진공환수식 증기 난방장치의 리프트 이

정답 44. ㉮　45. ㉮　46. ㉰　47. ㉰　48. ㉱　49. ㉮　50. ㉯

음 시 1단 흡상 높이는 최고 몇 m 이하로 하는가?

㉮ 1.0　　㉯ 1.5
㉰ 2.0　　㉱ 2.5

해설 문제 46 해설 참조

51. 보일러 급수처리 방법 중 5000 ppm 이하의 고형물 농도에서는 비경제적이므로 사용하지 않고, 선박용 보일러에 사용하는 급수를 얻을 때 주로 사용하는 방법은?

㉮ 증류법　　㉯ 가열법
㉰ 여과법　　㉱ 이온교환법

해설 증류수가 가장 이상적인 보일러 용수이지만 비경제적이므로 선박용 보일러 이외에는 사용하지 않는다.

52. 가스 보일러에서 가스 폭발의 예방을 위한 유의사항으로 틀린 것은?

㉮ 가스압력이 적당하고 안정되어 있는지 점검한다.
㉯ 화로 및 굴뚝의 통풍, 환기를 완벽하게 하는 것이 필요하다.
㉰ 점화용 가스의 종류는 가급적 화력이 낮은 것을 사용한다.
㉱ 착화 후 연소가 불안정할 때는 즉시 가스 공급을 중단한다.

해설 화력이 큰 것을 사용하여 신속한 점화(5초 이내)가 되도록 해야 한다.

53. 보일러드럼 및 대형 헤더가 없고 지름이 작은 전열관을 사용하는 관류 보일러의 순환비는?

㉮ 4　　㉯ 3
㉰ 2　　㉱ 1

해설 관류 보일러에서 드럼이 필요 없는 이유는 순환비$\left(\frac{\text{순환수량}}{\text{발생증기량}}\right)$가 1이기 때문이다.

54. 증기관이나 온수관 등에 대한 단열로서 불필요한 방열을 방지하고 인체에 화상을 입히는 위험 방지 또는 실내공기의 이상 온도 상승 방지 등을 목적으로 하는 것은?

㉮ 방로　　㉯ 보랭
㉰ 방한　　㉱ 보온

해설 보온은 방열을 방지하는 것으로 단열과 같은 의미이다.

55. 효율관리기자재가 최저소비효율기준에 미달하거나 최대사용량기준을 초과하는 경우 제조·수입·판매업자에게 어떠한 조치를 명할 수 있는가?

㉮ 생산 또는 판매 금지
㉯ 제조 또는 설치 금지
㉰ 생산 또는 세관 금지
㉱ 제조 또는 시공 금지

해설 에너지이용 합리화법 제16조 ②항 참조

56. 에너지이용 합리화법에 따라 산업통상자원부령으로 정하는 광고매체를 이용하여 효율관리기자재의 광고를 하는 경우에는 그 광고 내용에 에너지소비효율, 에너지소비효율등급을 포함시켜야 할 의무가 있는 자가 아닌 것은?

㉮ 효율관리기자재의 제조업자
㉯ 효율관리기자재의 광고업자
㉰ 효율관리기자재의 수입업자
㉱ 효율관리기자재의 판매업자

해설 에너지이용 합리화법 제15조 ④항 참조

57. 에너지이용 합리화법상 에너지 진단기관의 지정기준은 누구의 령으로 정하는가?

정답 51. ㉮　52. ㉰　53. ㉱　54. ㉱　55. ㉮　56. ㉯　57. ㉮

㉮ 대통령
㉯ 시 · 도지사
㉰ 시공업자단체장
㉱ 산업통상자원부장관

해설 에너지이용 합리화법 제32조 ⑦항 참고

58. 열사용기자재 중 온수를 발생하는 소형 온수 보일러의 적용범위로 옳은 것은?

㉮ 전열면적 12 m^2 이하, 최고사용압력 0.25 MPa 이하의 온수를 발생하는 것
㉯ 전열면적 14 m^2 이하, 최고사용압력 0.25 MPa 이하의 온수를 발생하는 것
㉰ 전열면적 12 m^2 이하, 최고사용압력 0.35 MPa 이하의 온수를 발생하는 것
㉱ 전열면적 14 m^2 이하, 최고사용압력 0.35 MPa 이하의 온수를 발생하는 것

해설 에너지이용 합리화법 시행규칙 제1조의 2에 의한 별표 1 참조

59. 에너지법에서 정한 지역에너지계획을 수립 · 시행하여야 하는 자는?

㉮ 행정자치부장관
㉯ 산업통상자원부장관
㉰ 한국에너지공단 이사장
㉱ 특별시장 · 광역시장 · 도지사 또는 특별자치도지사

해설 에너지법 제7조 ①항 참조

60. 다음 중 검사대상기기 조종범위 용량이 10 t/h 이하인 보일러의 조종자 자격이 아닌 것은?

㉮ 에너지관리기사
㉯ 에너지관리기능장
㉰ 에너지관리기능사
㉱ 인정검사대상기기조종자 교육이수자

해설 에너지이용 합리화법 시행규칙 제31조의 26에 의한 별표 3의 9 참조

정답 58. ㉱ 59. ㉱ 60. ㉱

✺ 에너지관리 기능사 [2016년 4월 2일 시행]

1. **압력에 대한 설명으로 옳은 것은?**

㉮ 단위 면적당 작용하는 힘이다.
㉯ 단위 부피당 작용하는 힘이다.
㉰ 물체의 무게를 비중량으로 나눈 값이다.
㉱ 물체의 무게에 비중량을 곱한 값이다.

해설 압력 $= \frac{\text{힘}}{\text{면적}}$ (압력이란 단위 면적당 수직 방향으로 작용하는 힘의 세기이다.)

2. **유류 버너의 종류 중 수 기압(MPa)의 분무 매체를 이용하여 연료를 분무하는 형식의 버너로서 2유체 버너라고도 하는 것은?**

㉮ 고압기류식 버너 ㉯ 유압식 버너
㉰ 회전식 버너 ㉱ 환류식 버너

해설 고압기류식(고압증기 공기 분무식) 버너 : 고압의 증기 또는 공기를 분무 매체로 하는 유류 버너

3. **증기 보일러의 효율 계산식을 바르게 나타낸 것은?**

㉮ 효율(%)
$= \frac{\text{상당증발량} \times 538.8}{\text{연료소비량} \times \text{연료의 발열량}} \times 100$

㉯ 효율(%)
$= \frac{\text{증기소비량} \times 538.8}{\text{연료소비량} \times \text{연료의 비중}} \times 100$

㉰ 효율(%)
$= \frac{\text{급수량} \times 538.8}{\text{연료소비량} \times \text{연료의 발열량}} \times 100$

㉱ 효율(%) $= \frac{\text{급수사용량}}{\text{증기발열량}} \times 100$

해설 상당(환산)증발량(kg/h) 값으로 증기 보일러 효율을 구하는 계산식은 ㉮항이다.

4. **보일러 열효율 정산방법에서 열정산을 위한 액체 연료량을 측정할 때, 측정의 허용 오차는 일반적으로 몇 %로 하여야 하는가?**

㉮ ±1.0 % ㉯ ±1.5 %
㉰ ±1.6 % ㉱ ±2.0 %

해설 연료 사용량 측정 시 허용오차
① 고체 연료 : ±1.5 %
② 액체 연료 : ±1.0 %
③ 기체 연료 : ±1.6 %

5. **중유 예열기의 가열하는 열원의 종류에 따른 분류가 아닌 것은?**

㉮ 전기식 ㉯ 가스식
㉰ 온수식 ㉱ 증기식

해설 열원에 따른 중유 예열기의 종류 : 온수식, 증기식, 전기식

6. **공기비를 m, 이론 공기량을 A_o라고 할 때, 실제 공기량 A를 계산하는 식은?**

㉮ $A = m \cdot A_o$ ㉯ $A = \frac{m}{A_o}$

㉰ $A = \frac{1}{m \cdot A_o}$ ㉱ $A = A_o - m$

해설 $m = \frac{A}{A_o}$에서 $A = m \cdot A_o$이다.

7. **보일러 급수장치의 일종인 인젝터 사용 시 장점에 관한 설명으로 틀린 것은?**

㉮ 급수 예열 효과가 있다.
㉯ 구조가 간단하고 소형이다.
㉰ 설치에 넓은 장소를 요하지 않는다.
㉱ 급수량 조절이 양호하여 급수의 효율이 높다.

해설 인젝터는 급수량 조절이 불량하여 급수의 효율이 낮다.

정답 1. ㉮ 2. ㉮ 3. ㉮ 4. ㉮ 5. ㉯ 6. ㉮ 7. ㉱

8. 다음 중 슈미트 보일러는 보일러 분류에서 어디에 속하는가?

㉮ 관류식 ㉯ 간접가열식
㉰ 자연순환식 ㉱ 강제순환식

해설 간접가열식 보일러의 종류 : 슈미트 보일러, 뢰플러 보일러

9. 다음 중 보일러의 안전장치에 해당되지 않는 것은?

㉮ 방폭문 ㉯ 수위계
㉰ 화염검출기 ㉱ 가용마개

해설 수위계는 지시기구장치이다.

10. 보일러의 시간당 증발량 1100 kg/h, 증기엔탈피 650 kcal/kg, 급수 온도 30℃일 때, 상당증발량은?

㉮ 1050 kg/h ㉯ 1265 kg/h
㉰ 1415 kg/h ㉱ 1733 kg/h

해설 $\frac{1100 \times (650-30)}{539} = 1265\ \text{kg/h}$

11. 보일러의 자동 연소 제어와 관련이 없는 것은?

㉮ 증기압력 제어 ㉯ 온수 온도 제어
㉰ 노내압 제어 ㉱ 수위 제어

해설 증기 보일러에서는 증기압력과 노내압을 검출하고 온수 보일러에서는 온수 온도를 검출하여 자동으로 연소 제어를 한다.

12. 보일러의 과열방지장치에 대한 설명으로 틀린 것은?

㉮ 과열방지용 온도퓨즈는 373 K 미만에서 확실히 작동하여야 한다.
㉯ 과열방지용 온도퓨즈가 작동한 경우 일정 시간 후 재점화되는 구조로 한다.
㉰ 과열방지용 온도퓨즈는 봉인을 하고 사용자가 변경할 수 없는 구조로 한다.
㉱ 일반적으로 용해전은 369~371 K에 용해되는 것을 사용한다.

해설 온도퓨즈가 작동한 경우(온도퓨즈가 끊기면) 온도퓨즈를 교체해야 하며 원인을 조사하고 대책을 강구해야 한다.

13. 보일러 급수 처리의 목적으로 볼 수 없는 것은?

㉮ 부식의 방지
㉯ 보일러수의 농축 방지
㉰ 스케일 생성 방지
㉱ 역화 방지

해설 역화(백 파이어) 방지는 연소 관리의 목적이다.

14. 배기가스 중에 함유되어 있는 CO_2, O_2, CO 3가지 성분을 순서대로 측정하는 가스 분석계는?

㉮ 전기식 CO_2계
㉯ 헴펠식 가스 분석계
㉰ 오르사트 가스 분석계
㉱ 가스 크로마토 그래픽 가스 분석계

해설 ① 오르사트 가스 분석계 : $CO_2 \rightarrow O_2 \rightarrow CO$ 순으로 분석
② 헴펠식 가스 분석계 : $CO_2 \rightarrow C_mH_n \rightarrow O_2 \rightarrow CO$ 순으로 분석

참고 각 성분 흡수 약제
① CO_2 : KOH 30 % 수용액
② C_mH_n : 발연황산 또는 취소수
③ O_2 : 알칼리성 피로갈롤 용액
④ CO : 암모니아성 염화제일구리 용액

15. 보일러 부속장치에 관한 설명으로 틀린 것은?

㉮ 기수분리기 : 증기 중에 혼입된 수분을 분리하는 장치

정답 8. ㉯ 9. ㉯ 10. ㉯ 11. ㉱ 12. ㉯ 13. ㉱ 14. ㉰ 15. ㉯

㉯ 수트 블로어 : 보일러 동 저면의 스케일, 침전물 등을 밖으로 배출하는 장치
㉰ 오일 스트레이너 : 연료 속의 불순물 방지 및 유량계 펌프 등의 고장을 방지하는 장치
㉱ 스팀 트랩 : 응축수를 자동으로 배출하는 장치

해설 수트 블로어(soot blower) : 전열면에 부착된 그을음(수트)을 제거하는 장치

16. 일반적으로 보일러 판넬 내부 온도는 몇 ℃를 넘지 않도록 하는 것이 좋은가?

㉮ 60℃ ㉯ 70℃ ㉰ 80℃ ㉱ 90℃

17. 함진 배기가스를 액방울이나 액막에 충돌시켜 분진 입자를 포집 분리하는 집진장치는?

㉮ 중력식 집진장치
㉯ 관성력식 집진장치
㉰ 원심력식 집진장치
㉱ 세정식 집진장치

18. 보일러 인터로크와 관계가 없는 것은?

㉮ 압력 초과 인터로크
㉯ 저수위 인터로크
㉰ 불착화 인터로크
㉱ 급수장치 인터로크

해설 인터로크의 종류 : 압력 초과 인터로크, 저수위 인터로크, 불착화 인터로크, 프리퍼지 인터로크, 저연소 인터로크

19. 상태 변화 없이 물체의 온도 변화에만 소요되는 열량은?

㉮ 고체열 ㉯ 현열
㉰ 액체열 ㉱ 잠열

해설 ① 현열 : 상(相) 변화 없이 온도 변화에만 소요되는 열량
② 잠열 : 온도 변화 없이 상(相) 변화에만 소요되는 열량

20. 보일러용 오일 연료에서 성분 분석 결과 수소 12.0 %, 수분 0.3 %라면, 저위발열량은? (단, 연료의 고위발열량은 10600 kcal/kg이다.)

㉮ 6500 kcal/kg ㉯ 7600 kcal/kg
㉰ 8950 kcal/kg ㉱ 9950 kcal/kg

해설 $10600 - 600(9 \times 0.12 + 0.003)$
$= 9950$ kcal/kg

21. 보일러에서 보염장치의 설치 목적에 대한 설명으로 틀린 것은?

㉮ 화염의 전기전도성을 이용한 검출을 실시한다.
㉯ 연소용 공기의 흐름을 조절하여 준다.
㉰ 화염의 형상을 조절한다.
㉱ 확실한 착화가 되도록 한다.

해설 ㉮항은 화염검출장치(플레임 로드)의 설치 목적이다.

22. 증기사용압력이 같거나 또는 다른 여러 개의 증기사용 설비의 드레인관을 하나로 묶어 한 개의 트랩으로 설치한 것을 무엇이라고 하는가?

㉮ 플로트 트랩 ㉯ 버킷 트래핑
㉰ 디스크 트랩 ㉱ 그룹 트래핑

해설 응축수 배출점마다 트랩을 각각 설치하는 것이 필수적이므로 가능한 한 그룹 트래핑은 하지 않는다.

23. 보일러 윈드박스 주위에 설치되는 장치 또는 부품과 가장 거리가 먼 것은?

㉮ 공기예열기 ㉯ 화염검출기

정답 16. ㉮ 17. ㉱ 18. ㉱ 19. ㉯ 20. ㉱ 21. ㉮ 22. ㉱ 23. ㉮

㉰ 착화버너 ㉱ 투시구

해설 공기예열기는 연도에 설치되는 특수 부속(폐열 회수) 장치이다.

24. 보일러 운전 중 정전이나 실화로 인하여 연료의 누설이 발생하여 갑자기 점화되었을 때 가스 폭발 방지를 위해 연료 공급을 차단하는 안전장치는?

㉮ 폭발문 ㉯ 수위경보기
㉰ 화염검출기 ㉱ 안전밸브

25. 다음 중 보일러에서 연소가스의 배기가 잘 되는 경우는?

㉮ 연도의 단면적이 작을 때
㉯ 배기가스 온도가 높을 때
㉰ 연도에 급한 굴곡이 있을 때
㉱ 연도에 공기가 많이 침입 될 때

해설 연소가스의 배기가 잘 되는(통풍력이 증가 되는) 경우
① 연도의 단면적이 클 때
② 연도에 급한 굴곡이 없을 때
③ 연도에 공기가 침입하지 않을 때
④ 연돌 높이가 높을 때

26. 전열면적이 40 m^2인 수직 연관보일러를 2시간 연소시킨 결과 4000 kg의 증기가 발생하였다. 이 보일러의 증발률은?

㉮ 40 $kg/m^2 \cdot h$ ㉯ 30 $kg/m^2 \cdot h$
㉰ 60 $kg/m^2 \cdot h$ ㉱ 50 $kg/m^2 \cdot h$

해설 $\dfrac{\frac{4000}{2}}{40} = 50\ kg/m^2 \cdot h$

27. 다음 중 보일러 스테이(stay)의 종류로 가장 거리가 먼 것은?

㉮ 거싯(gusset) 스테이
㉯ 바(bar) 스테이
㉰ 튜브(tube) 스테이
㉱ 너트(nut) 스테이

해설 스테이(stay : 버팀)의 종류에는 ㉮, ㉯, ㉰항 외에 볼트(bolt) 스테이, 경사(oblique) 스테이, 거더(girder) 스테이, 도그(dog) 스테이 등이 있다.

28. 과열기의 종류 중 열가스 흐름에 의한 구분 방식에 속하지 않는 것은?

㉮ 병류식 ㉯ 접촉식
㉰ 향류식 ㉱ 혼류식

해설 ① 열가스 흐름 방식에 따른 과열기의 종류 : 병류식, 향류식, 혼류식
② 전열 방식에 따른 과열기의 종류 : 접촉식(대류식), 복사식, 복사접촉식

29. 고체 연료의 고위발열량으로부터 저위발열량을 산출할 때 연료 속의 수분과 다른 한 성분의 함유율을 가지고 계산하여 산출할 수 있는데 이 성분은 무엇인가?

㉮ 산소 ㉯ 수소
㉰ 유황 ㉱ 탄소

해설 저위(진)발열량
= 고위(총)발열량 − 600(9H + W)

30. 상용 보일러의 점화 전 준비 사항에 관한 설명으로 틀린 것은?

㉮ 수저분출밸브 및 분출 콕의 기능을 확인하고, 조금씩 분출되도록 약간 개방하여 둔다.
㉯ 수면계에 의하여 수위가 적정한지 확인한다.
㉰ 급수배관의 밸브가 열려 있는지, 급수펌프의 기능은 정상인지 확인한다.
㉱ 공기빼기 밸브는 증기가 발생하기 전까지 열어 놓는다.

정답 24. ㉰ 25. ㉯ 26. ㉱ 27. ㉱ 28. ㉯ 29. ㉯ 30. ㉮

31. 도시가스 배관의 설치에서 배관의 이음부(용접이음매 제외)와 전기점멸기 및 전기접속기와의 거리는 최소 얼마 이상 유지해야 하는가?

㉮ 10 cm ㉯ 15 cm
㉰ 30 cm ㉱ 60 cm

해설 배관의 이음부와 전기점멸기 및 전기접속기와의 거리는 30 cm 이상, 전기계량기 및 전기개폐기와의 거리는 60 cm 이상 유지해야 한다.

32. 증기 보일러에는 2개 이상의 안전밸브를 설치하여야 하지만, 전열면적이 몇 이하인 경우에는 1개 이상으로 해도 되는가?

㉮ 80 m^2 ㉯ 70 m^2
㉰ 60 m^2 ㉱ 50 m^2

33. 배관 보온재의 선정 시 고려해야 할 사항으로 가장 거리가 먼 것은?

㉮ 안전사용 온도 범위
㉯ 보온재의 가격
㉰ 해체의 편리성
㉱ 공사 현장의 작업성

해설 ㉮, ㉯, ㉱항 외에 밀도(비중), 열전도율, 강도, 흡수 및 흡습성, 불연성 여부 등을 고려해야 한다.

34. 증기주관의 관말 트랩 배관의 드레인 포켓과 냉각관 시공 요령이다. 다음 ( ) 안에 적절한 것은?

> 증기주관에서 응축수를 건식환수관에 배출하려면 주관과 동경으로 (㉠)mm 이상 내리고 하부로 (㉡)mm 이상 연장하여 (㉢)을(를) 만들어준다. 냉각관은 (㉣) 앞에서 1.5 m 이상 나관으로 배관한다.

㉮ ㉠ 150, ㉡ 100, ㉢ 트랩, ㉣ 드레인 포켓
㉯ ㉠ 100, ㉡ 150, ㉢ 드레인 포켓, ㉣ 트랩
㉰ ㉠ 150, ㉡ 100, ㉢ 드레인 포켓, ㉣ 드레인 밸브
㉱ ㉠ 100, ㉡ 150, ㉢ 드레인 밸브, ㉣ 드레인 포켓

해설 증기주관의 관말 트랩 배관

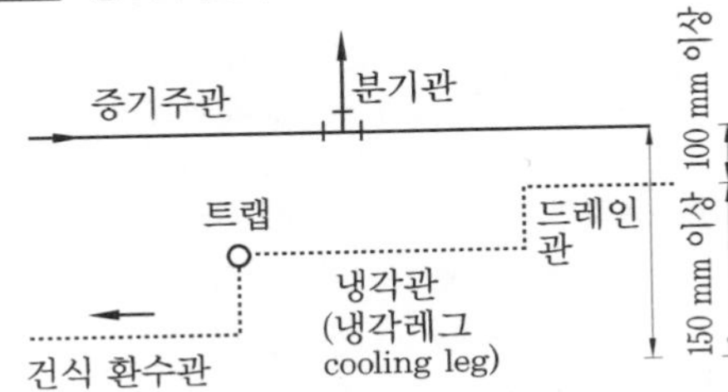

35. 파이프와 파이프를 홈 조인트로 체결하기 위하여 파이프 끝을 가공하는 기계는?

㉮ 띠톱 기계
㉯ 파이프 벤딩기
㉰ 동력파이프 나사절삭기
㉱ 그루빙 조인트 머신

36. 보일러 보존 시 동결사고가 예상될 때 실시하는 밀폐식 보존법은?

㉮ 건조 보존법 ㉯ 만수 보존법
㉰ 화학적 보존법 ㉱ 습식 보존법

해설 만수 보존법은 겨울철에 동결사고(보일러수가 결빙하면 보일러가 파괴) 때문에 사용해서는 안 되며 건조 보존법으로 해야 한다.

37. 온수난방 배관 시공 시 이상적인 기울기는 얼마인가?

㉮ $\frac{1}{100}$ 이상 ㉯ $\frac{1}{150}$ 이상
㉰ $\frac{1}{200}$ 이상 ㉱ $\frac{1}{250}$ 이상

정답 31. ㉰ 32. ㉱ 33. ㉰ 34. ㉯ 35. ㉱ 36. ㉮ 37. ㉱

[해설] 온수난방 배관 시공 시 관내에 공기가 차지 않도록 팽창탱크를 향하여 $\frac{1}{250}$ 이상 상향 기울기로 한다.

38. 온수난방 설비의 내림구배 배관에서 배관 아랫면을 일치시키고자 할 때 사용되는 이음쇠는?

[가] 소켓 [나] 편심 리듀서
[다] 유니언 [라] 이경엘보

[해설] 내림구배 배관에서 배관 아랫면을 일치시키고자 할 때와 올림구배 배관에서 배관 윗면을 일치시키고자 할 때는 편심 리듀서를 사용하며 내림구배와 올림구배를 동시에 할 때는 동심 리듀서를 사용한다.

39. 두께 150 mm, 면적이 15 m^2인 벽이 있다. 내면 온도는 200℃, 외면 온도가 20℃일 때 벽을 통한 열손실량은?(단, 열전도율은 0.25 kcal/m · h · ℃이다.)

[가] 101 kcal/h [나] 675 kcal/h
[다] 2345 kcal/h [라] 4500 kcal/h

[해설] $0.25 \times \frac{(200-20)}{0.15} \times 15 = 4500$ kcal/h

40. 보일러수에 불순물이 많이 포함되어 보일러수의 비등과 함께 수면 부근에 거품의 층을 형성하여 수위가 불안정하게 되는 현상은?

[가] 포밍 [나] 프라이밍
[다] 캐리오버 [라] 공동현상

[해설] ① 포밍 : 물거품 솟음
② 프라이밍 : 비수현상
③ 캐리오버 : 기수공발
④ 캐비테이션 : 공동현상

41. 수질이 불량하여 보일러에 미치는 영향으로 가장 거리가 먼 것은?

[가] 보일러의 수명과 열효율에 영향을 준다.
[나] 고압보다 저압일수록 장애가 더욱 심하다.
[다] 부식현상이나 증기의 질이 불순하게 된다.
[라] 수질이 불량하면 관계통에 관석이 발생한다.

[해설] 저압보다 고압일수록 장애가 더욱 심하다.

42. 다음 보온재 중 유기질 보온재에 속하는 것은?

[가] 규조토 [나] 탄산마그네슘
[다] 유리섬유 [라] 기포성수지

[해설] [가], [나], [다]항은 무기질 보온재이다.

43. 관의 접속 상태 · 결합 방식의 표시 방법에서 용접 이음을 나타내는 그림 기호로 맞는 것은?

[가] [나] 
[다]  [라]

[해설] [가] : 나사 이음, [나] : 유니언 이음
[다] : 땜(용접) 이음, [라] : 플랜지 이음

44. 보일러 점화 불량의 원인으로 가장 거리가 먼 것은?

[가] 댐퍼 작동 불량
[나] 파일럿 오일 불량
[다] 공기비의 조정 불량
[라] 점화용 트랜스의 전기 스파크 불량

[해설] 점화(착화) 불량의 원인에는 [가], [다], [라]항 외에 노즐이 막혔을 때, 1차 공기압이 과대할 때, 점화 플러그가 더러워져 있을 때, 노즐과 점화 플러그와의 간격이 맞지 않을 때, 보염기 위치가 불량할 때, 통풍이 불량할 때 등이 있다.

정답 38. [나] 39. [라] 40. [가] 41. [나] 42. [라] 43. [다] 44. [나]

45. 다음 방열기 도시 기호 중 벽걸이 종형 도시 기호는?

㉮ W-H ㉯ W-V ㉰ W-Ⅱ ㉱ W-Ⅲ

해설 ① W-H : 벽걸이 횡형
② W-V : 벽걸이 종형

46. 배관 지지구의 종류가 아닌 것은?

㉮ 파이프 슈 ㉯ 콘스탄트 행어
㉰ 리지드 서포트 ㉱ 소켓

해설 동경관(지름이 같은 관)을 직선으로 연결할 때 사용하는 관 이음쇠의 종류 : 소켓(양쪽이 모두 암나사), 니플(양쪽이 모두 수나사), 유니언

47. 보온 시공 시 주의사항에 대한 설명으로 틀린 것은?

㉮ 보온재와 보온재의 틈새는 되도록 적게 한다.
㉯ 겹침부의 이음새는 동일 선상을 피해서 부착한다.
㉰ 테이프 감기는 물, 먼지 등의 침입을 막기 위해 위에서 아래쪽으로 향하여 감아내리는 것이 좋다.
㉱ 보온의 끝 단면은 사용하는 보온재 및 보온 목적에 따라서 필요한 보호를 한다.

해설 테이프 감기는 배관의 아래에서 위쪽으로 향하여 감아올리는 것이 좋다.

48. 온수난방에 관한 설명으로 틀린 것은?

㉮ 단관식은 보일러에서 멀어질수록 온수의 온도가 낮아진다.
㉯ 복관식은 방열량의 변화가 일어나지 않고 밸브의 조절로 방열량을 가감할 수 있다.
㉰ 역귀환 방식은 각 방열기의 방열량이 거의 일정하다.
㉱ 증기난방에 비하여 소요방열면적과 배관경이 작게 되어 설비비를 비교적 절약할 수 있다.

해설 온수난방은 증기난방에 비하여 소요방열면적과 배관경이 크게 되어 설비비가 많이 든다.

49. 온수 보일러에서 팽창탱크를 설치할 경우 주의사항으로 틀린 것은?

㉮ 밀폐식 팽창탱크의 경우 상부에 물빼기 관이 있어야 한다.
㉯ 100℃의 온수에도 충분히 견딜 수 있는 재료를 사용하여야 한다.
㉰ 내식성 재료를 사용하거나 내식 처리된 탱크를 설치하여야 한다.
㉱ 동결 우려가 있을 경우에는 보온을 한다.

해설 탱크 하부에 물빼기 관 또는 물 밸브가 있어야 한다.

50. 보일러 내부 부식에 속하지 않는 것은?

㉮ 점식 ㉯ 저온 부식
㉰ 구식 ㉱ 알칼리 부식

해설 ① 외부 부식 : 고온 부식, 저온 부식, 산화 부식
② 내부 부식 : 점식, 구식(그루빙), 전면식, 알칼리 부식

51. 보일러 내부의 건조방식에 대한 설명 중 틀린 것은?

㉮ 건조제로 생석회가 사용된다.
㉯ 가열장치로 서서히 가열하여 건조시킨다.
㉰ 보일러 내부 건조 시 사용되는 기화성 부식 억제제(VCI)는 물에 녹지 않는다.
㉱ 보일러 내부 건조 시 사용되는 기화성 부식 억제제(VCI)는 건조제와 병용하여

정답 45. ㉯ 46. ㉱ 47. ㉰ 48. ㉱ 49. ㉮ 50. ㉯ 51. ㉰

사용할 수 있다.

해설 기화성 부식 억제제(VCI : volatile corrosion inhibitor)는 물에 쉽게 용해된다.

52. 증기 난방시공에서 진공 환수식으로 하는 경우 리프트 피팅(lift fitting)을 설치하는데, 1단의 흡상 높이로 적절한 것은?

㉮ 1.5 m 이내　㉯ 2.0 m 이내
㉰ 2.5 m 이내　㉱ 3.0 m 이내

해설 리프트 피팅(lift fitting) 이음 : 진공 환수식 배관에서 진공펌프 앞에 설치하는 이음으로 환수관을 방열기보다 위쪽에 배관하는 경우 또는 진공펌프를 환수주관보다 높게 설치할 때 이음하는 방법으로 1단 흡상 높이는 1.5 m 이내로 해야 한다.

53. 배관의 나사 이음과 비교한 용접 이음에 관한 설명으로 틀린 것은?

㉮ 나사 이음부와 같이 관의 두께에 불균일한 부분이 없다.
㉯ 돌기부가 없어 배관상의 공간 효율이 좋다.
㉰ 이음부의 강도가 적고, 누수의 우려가 크다.
㉱ 변형과 수축, 잔류응력이 발생할 수 있다.

해설 용접 이음은 강도가 크고, 누수의 우려가 작다.

54. 보일러 외부부식의 한 종류인 고온부식을 유발하는 주된 성분은?

㉮ 황　㉯ 수소
㉰ 인　㉱ 바나듐

해설 ① 고온 부식 : 바나듐 (V)
② 저온 부식 : 황 (S)

55. 에너지이용 합리화법에 따라 고시한 효율관리기자재 운용규정에 따라 가정용 가스보일러의 최저소비효율기준은 몇 %인가?

㉮ 63 %　㉯ 68 %
㉰ 76 %　㉱ 86 %

56. 에너지다소비사업자는 산업통상자원부령이 정하는 바에 따라 전년도의 분기별 에너지사용량 · 제품생산량을 그 에너지사용시설이 있는 지역을 관할하는 시 · 도지사에게 매년 언제까지 신고해야 하는가?

㉮ 1월 31일까지　㉯ 3월 31일까지
㉰ 5월 31일까지　㉱ 9월 30일까지

해설 에너지이용 합리화법 제31조 ①항 참조

57. 저탄소 녹색성장 기본법에서 사람의 활동에 수반하여 발생하는 온실가스가 대기 중에 축적되어 온실가스 농도를 증가시킴으로써 지구 전체적으로 지표 및 대기의 온도가 추가적으로 상승하는 현상을 나타내는 용어는?

㉮ 지구온난화　㉯ 기후변화
㉰ 자원순환　㉱ 녹색경영

해설 저탄소 녹색성장 기본법 제2조 11호 참조

58. 에너지이용 합리화법에 따라 산업통상자원부장관 또는 시 · 도지사로부터 한국에너지공단에 위탁된 업무가 아닌 것은?

㉮ 에너지사용계획의 검토
㉯ 고효율시험기관의 지정
㉰ 대기전력경고표지대상제품의 측정결과 신고의 접수
㉱ 대기전력저감대상제품의 측정결과 신고의 접수

해설 에너지이용 합리화법 시행령 제51조 ①항 참조

정답 52. ㉮　53. ㉰　54. ㉱　55. ㉰　56. ㉮　57. ㉮　58. ㉯

59. **에너지이용 합리화법에서 효율관리기자재의 제조업자 또는 수입업자가 효율관리기자재의 에너지 사용량을 측정받는 기관은?**

㉮ 산업통상자원부장관이 지정하는 시험기관

㉯ 제조업자 또는 수입업자의 검사기관

㉰ 환경부장관이 지정하는 진단기관

㉱ 시 · 도지사가 지정하는 측정기관

해설 에너지이용 합리화법 제15조 ②항 참조

60. **에너지이용 합리화법에서 정한 국가에너지절약추진위원회의 위원장은?**

㉮ 산업통상자원부장관

㉯ 국토교통부장관

㉰ 국무총리

㉱ 대통령

해설 에너지이용 합리화법 제5조 ③항 참조

정답 59. ㉮ 60. ㉮

✺ 에너지관리 기능사 [2016년 7월 10일 시행]

1. 비점이 낮은 물질인 수은, 다우섬 등을 사용하여 저압에서도 고온을 얻을 수 있는 보일러는?

㉮ 관류식 보일러
㉯ 열매체식 보일러
㉰ 노통연관식 보일러
㉱ 자연순환 수관식 보일러

해설 열매체(특수 유체) 보일러는 비점이 낮은 수은, 다우섬, 카네크롤, 모빌섬, 세큐리티, 에스섬, 바렐섬, 서모에스 등을 사용하여 저압에서도 고온의 증기를 얻고자 개발된 보일러로서 급수처리장치와 청관제 약품이 필요 없는 이점이 있다.

2. 90℃의 물 1000 kg에 15℃의 물 2000 kg을 혼합시키면 온도는 몇 ℃가 되는가?

㉮ 40 ㉯ 30
㉰ 20 ㉱ 10

해설 $\frac{1000 \times 1 \times 90 + 2000 \times 1 \times 15}{1000 \times 1 + 2000 \times 1} = 40℃$

3. 보일러 효율 시험 방법에 관한 설명으로 틀린 것은?

㉮ 급수온도는 절탄기가 있는 것은 절탄기 입구에서 측정한다.
㉯ 배기가스의 온도는 전열면의 최종 출구에서 측정한다.
㉰ 포화증기의 압력은 보일러 출구의 압력으로 부르동관식 압력계로 측정한다.
㉱ 증기온도의 경우 과열기가 있을 때는 과열기 입구에서 측정한다.

해설 증기온도의 경우 과열기가 있을 때는 과열기 출구에서 측정한다.

참고 연료의 온도는 유량계 입구에서 측정한 온도로 한다.

4. 보일러의 최고사용압력이 0.1 MPa 이하일 경우 설치 가능한 과압방지 안전장치의 크기는?

㉮ 호칭지름 5 mm ㉯ 호칭지름 10 mm
㉰ 호칭지름 15 mm ㉱ 호칭지름 20 mm

해설 과압방지 안전장치(안전밸브 및 압력 릴리프 장치)의 호칭지름은 25 mm 이상이어야 한다. 단, 다음 보일러에는 호칭지름 20 mm 이상으로 할 수 있다.

① 최고사용압력이 0.1 MPa 이하인 보일러
② 최대증발량이 5 t/h 이하인 관류 보일러
③ 소용량 강철제 및 소용량 주철제 보일러
④ 최고사용압력이 0.5 MPa 이하, 동체의 안지름이 500 mm 이하, 동체의 길이가 1000 mm 이하인 보일러
⑤ 최고사용압력이 0.5 MPa 이하, 전열면적이 2 m^2 이하인 보일러

5. 연관 보일러에서 연관에 대한 설명으로 옳은 것은?

㉮ 관의 내부로 연소가스가 지나가는 관
㉯ 관의 외부로 연소가스가 지나가는 관
㉰ 관의 내부로 증기가 지나가는 관
㉱ 관의 내부로 물이 지나가는 관

해설 ① 연관 : 관 안에 연소가스가 통하고 관 외면에 물과 접촉하는 관
② 수관 : 관 안에 물이 통하고 관 외면에 연소가스가 접촉하는 관

6. 고체 연료에 대한 연료비를 가장 잘 설명한 것은?

㉮ 고정탄소와 휘발분의 비

정답 1. ㉯ 2. ㉮ 3. ㉱ 4. ㉱ 5. ㉮ 6. ㉮

㉯ 회분과 휘발분의 비
㉰ 수분과 회분의 비
㉱ 탄소와 수소의 비

해설 연료비 = $\frac{고정탄소\%}{휘발분\%}$

참고 고체 연료에서 연료비를 구하면 탄의 종류를 알 수 있다.

7. 석탄의 함유 성분이 많을수록 연소에 미치는 영향에 대한 설명으로 틀린 것은?

㉮ 수분 : 착화성이 저하된다.
㉯ 회분 : 연소 효율이 증가한다.
㉰ 고정탄소 : 발열량이 증가한다.
㉱ 휘발분 : 검은 매연이 발생하기 쉽다.

해설 회분 : 고온 부식의 원인이 되며 연소 효율을 낮춘다.

8. 다음 보일러의 손실열 중 가장 큰 것은?

㉮ 연료의 불완전연소에 의한 손실열
㉯ 노내 분입증기에 의한 손실열
㉰ 과잉 공기에 의한 손실열
㉱ 배기가스에 의한 손실열

해설 열손실 항목 중에서 가장 큰 비중을 차지하며 극소화시키기에 가장 어려운 것은 배기가스 보유열에 의한 열손실이다.

9. 다음 중 수관식 보일러 종류가 아닌 것은 어느 것인가?

㉮ 타쿠마 보일러
㉯ 가르베 보일러
㉰ 야로우 보일러
㉱ 하우덴 존슨 보일러

해설 하우덴 존슨 보일러(노통 연관 보일러의 대표적인 스코치 보일러를 개량시킨 보일러)는 노통 연관 보일러에 속한다.

10. 어떤 보일러의 연소 효율이 92 %, 전열면 효율이 85 %이면 보일러 효율은?

㉮ 73.2 %　　㉯ 74.8 %
㉰ 78.2 %　　㉱ 82.8 %

해설 $(0.92 \times 0.85) \times 100 = 78.2\ \%$

11. 원심형 송풍기에 해당하지 않는 것은?

㉮ 터보형　　㉯ 다익형
㉰ 플레이트형　　㉱ 프로펠러형

해설 원심형 송풍기의 종류 : 터보형, 플레이트형, 다익형(시로코형)

12. 보일러 수위 제어 검출 방식에 해당되지 않는 것은?

㉮ 유속식　　㉯ 전극식
㉰ 차압식　　㉱ 열팽창식

해설 수위 제어 검출 방식
① U자관식
② 차압식
③ 전극식
④ 플로트식 : 맥도널식, 자석식
⑤ 열팽창식 : 금속 팽창식(코프스식), 액체 팽창식(베일리식)

13. 보일러의 자동 제어에서 제어량에 따른 조작량의 대상으로 옳은 것은?

㉮ 증기온도 : 연소가스량
㉯ 증기압력 : 연료량
㉰ 보일러수위 : 공기량
㉱ 노내압력 : 급수량

해설 ① 증기온도 : 전열량
② 증기압력 : 연료량, 공기량
③ 보일러 수위 : 급수량
④ 노내압력 : 연료량, 공기량, 연소가스량

14. 화염 검출기에서 검출되어 프로텍터 릴레이로 전달된 신호는 버너 및 어떤 장치로 다시 전달되는가?

정답 7. ㉯　8. ㉱　9. ㉱　10. ㉰　11. ㉱　12. ㉮　13. ㉯　14. ㉰

㉮ 압력제한 스위치 ㉯ 저수위 경보장치
㉰ 연료차단 밸브 ㉱ 안전밸브

해설 프로텍터 릴레이(오일 버너 주안전 제어장치)로 전달된 신호는 버너 및 연료차단 밸브로 전달된다.

15. 기체 연료의 특징으로 틀린 것은?

㉮ 연소 조절 및 점화나 소화가 용이하다.
㉯ 시설비가 적게 들며 저장이나 취급이 편리하다.
㉰ 회분이나 매연 발생이 없어서 연소 후 청결하다.
㉱ 연료 및 연소용 공기도 예열되어 고온을 얻을 수 있다.

해설 기체 연료는 시설비가 많이 들며 저장이나 취급이 불편하다.

16. 증기의 압력에너지를 이용하여 피스톤을 작동시켜 급수를 행하는 펌프는?

㉮ 워싱턴 펌프 ㉯ 기어 펌프
㉰ 벌류트 펌프 ㉱ 디퓨저 펌프

해설 왕복동식 펌프인 워싱턴 펌프에 대한 문제이다.

17. 유류 보일러 시스템에서 중유를 사용할 때 흡입측의 여과망 눈 크기로 적합한 것은?

㉮ 1~10 mesh ㉯ 20~60 mesh
㉰ 100~150 mesh ㉱ 300~500 mesh

해설 ① 중유 : 흡입측은 20~60 mesh, 토출측은 60~120 mesh
② 경유 및 등유 : 흡입측은 80~120 mesh, 토출측은 100~250 mesh

18. 절탄기에 대한 설명으로 옳은 것은?

㉮ 절탄기의 설치방식은 혼합식과 분배식이 있다.
㉯ 절탄기의 급수예열 온도는 포화온도 이상으로 한다.
㉰ 연료의 절약과 증발량의 감소 및 열효율을 감소시킨다.
㉱ 급수와 보일러수의 온도차 감소로 열응력을 줄여준다.

해설 절탄기(급수예열기 = 이코노마이저)의 설치방식은 부속식(연도에 설치)과 집중식(수기의 보일러에 공통으로 설치)이 있다.

참고 ① 절탄기는 급수 가열도에 따라 증발식과 비증발식(주로 사용)으로 나눈다.
② 절탄기의 급수예열 온도는 포화온도 이하로 한다.

19. 유류 연소 버너에서 기름의 예열온도가 너무 높은 경우에 나타나는 주요 현상으로 옳은 것은?

㉮ 버너 화구의 탄화물 축적
㉯ 버너용 모터의 마모
㉰ 진동, 소음의 발생
㉱ 점화 불량

해설 예열온도가 너무 높은 경우에는 분사량 과다로 버너 화구의 탄화물 축적과 매연 발생이 일어난다.

20. 습증기의 엔탈피 h_x를 구하는 식으로 옳은 것은? (단, h : 포화수의 엔탈피, x : 건조도, r : 증발잠열(숨은열), v : 포화수의 비체적)

㉮ $h_x = h + x$ ㉯ $h_x = h + r$
㉰ $h_x = h + xr$ ㉱ $h_x = v + h + xr$

해설 ① 건포화증기 엔탈피 = 포화수 엔탈피 + 증발잠열
② 습포화증기 엔탈피 = 포화수 엔탈피 + 증발잠열×건조도

21. 화염 검출기의 종류 중 화염의 이온화

정답 15. ㉯ 16. ㉮ 17. ㉯ 18. ㉱ 19. ㉮ 20. ㉰ 21. ㉮

현상에 따른 전기 전도성을 이용하여 화염의 유무를 검출하는 것은?

㉮ 플레임 로드 ㉯ 플레임 아이
㉰ 스택 스위치 ㉱ 광전관

해설 ① 플레임 아이 : 화염의 발광체를 이용
② 플레임 로드 : 화염의 이온화 현상에 따른 전기 전도성을 이용
③ 스택 스위치 : 연소가스의 발열체를 이용

22. 비열이 0.6 kcal/kg · ℃인 어떤 연료 30 kg을 15℃에서 35℃까지 예열하고자 할 때 필요한 열량은 몇 kcal인가?

㉮ 180 ㉯ 360
㉰ 450 ㉱ 600

해설 $30 \times 0.6 \times (35-15) = 360$ kcal

23. 보일러 1마력을 열량으로 환산하면 약 몇 kcal/h인가?

㉮ 15.65 ㉯ 539
㉰ 1078 ㉱ 8435

해설 15.65 kg/h×539 kcal/kg
= 8435 kcal/h

참고 보일러 1마력일 때 상당 (환산)증발량 값은 15.65 kg/h이다.

24. 다음 중 보일러수 분출의 목적이 아닌 것은?

㉮ 보일러수의 농축을 방지한다.
㉯ 프라이밍, 포밍을 방지한다.
㉰ 관수의 순환을 좋게 한다.
㉱ 포화증기를 과열증기로 증기의 온도를 상승시킨다.

25. 대형 보일러인 경우에 송풍기가 작동하지 않으면 전자밸브가 열리지 않고, 점화를 저지하는 인터로크는?

㉮ 프리퍼지 인터로크
㉯ 불착화 인터로크
㉰ 압력초과 인터로크
㉱ 저수위 인터로크

26. 분진가스를 집진기 내에 충돌시키거나 열가스의 흐름을 반전시켜 급격한 기류의 방향 전환에 의해 분진을 포집하는 집진장치는?

㉮ 중력식 집진장치
㉯ 관성력식 집진장치
㉰ 사이클론식 집진장치
㉱ 멀티사이클론식 집진장치

해설 관성력식 집진장치는 함진가스를 방해판 등에 충돌시키거나 급격한 기류의 방향 전환에 의해 분진을 포집한다.

27. 다음 중 가압수식을 이용한 집진장치가 아닌 것은?

㉮ 제트 스크러버
㉯ 충격식 스크러버
㉰ 벤투리 스크러버
㉱ 사이클론 스크러버

해설 습식(세정) 집진장치 중 가압수식 집진장치의 종류에는 제트 스크러버, 벤투리 스크러버, 사이클론 스크러버, 충전탑이 있다.

28. 보일러 부속장치에서 연소가스의 저온부식과 가장 관계가 있는 것은?

㉮ 공기예열기 ㉯ 과열기
㉰ 재생기 ㉱ 재열기

해설 ① 고온부식은 과열기, 재열기에서 많이 발생한다.
② 저온부식은 공기예열기, 절탄기에서 많이 발생한다.

29. 비교적 많은 동력이 필요하나 강한 통

정답 22. ㉯ 23. ㉱ 24. ㉱ 25. ㉮ 26. ㉯ 27. ㉯ 28. ㉮ 29. ㉯

풍력을 얻을 수 있어 통풍저항이 큰 대형 보일러나 고성능 보일러에 널리 사용되고 있는 통풍 방식은?

㉮ 자연 통풍 방식
㉯ 평형 통풍 방식
㉰ 직접흡입 통풍 방식
㉱ 간접흡입 통풍 방식

해설 압입 통풍 방식과 흡입 통풍 방식을 병행한 평형 통풍 방식에 대한 문제이다.

30. 보일러 강판의 가성취화 현상의 특징에 관한 설명으로 틀린 것은?

㉮ 고압 보일러에서 보일러수의 알칼리 농도가 높은 경우에 발생한다.
㉯ 발생하는 장소로는 수면 상부의 리벳과 리벳 사이에 발생하기 쉽다.
㉰ 발생하는 장소로는 관 구멍 등 응력이 집중하는 곳의 틈이 많은 곳이다.
㉱ 외견상 부식성이 없고, 극히 미세한 불규칙적인 방사상 형태를 하고 있다.

해설 가성취화 현상은 수면 하부의 리벳부나 관 구멍 등 응력이 집중하는 곳의 틈이 많은 곳에서 발생하기 쉽다.

31. 급수 중 불순물에 의한 장해나 처리 방법에 대한 설명으로 틀린 것은?

㉮ 현탁고형물의 처리 방법에는 침강분리, 여과, 응집침전 등이 있다.
㉯ 경도 성분은 이온 교환으로 연화시킨다.
㉰ 유지류는 거품의 원인이 되나, 이온 교환수지의 능력을 향상시킨다.
㉱ 용존산소는 급수계통 및 보일러 본체의 수관을 산화 부식시킨다.

해설 유지류는 이온교환수지의 능력을 떨어뜨린다(이온교환 반응속도 저하).

32. 보일러 전열면의 과열 방지 대책으로 틀린 것은?

㉮ 보일러 내의 스케일을 제거한다.
㉯ 다량의 불순물로 인해 보일러수가 농축되지 않게 한다.
㉰ 보일러의 수위가 안전 저수면 이하가 되지 않도록 한다.
㉱ 화염을 국부적으로 집중 가열한다.

33. 중력환수식 온수난방법의 설명으로 틀린 것은?

㉮ 온수의 밀도차에 의해 온수가 순환한다.
㉯ 소규모 주택에 이용된다.
㉰ 보일러는 최하위 방열기보다 더 낮은 곳에 설치한다.
㉱ 자연순환이므로 관경을 작게 하여도 된다.

해설 자연순환이므로 강제순환에 비해 관경을 크게 해야 된다.

34. 증기난방에서 환수관의 수평배관에서 관경이 가늘어지는 경우 편심 리듀서를 사용하는 이유로 적합한 것은?

㉮ 응축수의 순환을 억제하기 위해
㉯ 관의 열팽창을 방지하기 위해
㉰ 동심 리듀서보다 시공을 단축하기 위해
㉱ 응축수의 체류를 방지하기 위해

35. 온수난방 설비의 밀폐식 팽창탱크에 설치되지 않는 것은?

㉮ 수위계 ㉯ 압력계
㉰ 배기관 ㉱ 안전밸브

해설 배기관 및 일수관은 개방식 팽창탱크에 설치된다.

36. 다른 보온재에 비하여 단열 효과가 낮으며, 500℃ 이하의 파이프, 탱크, 노벽

정답 30. ㉯ 31. ㉰ 32. ㉱ 33. ㉱ 34. ㉱ 35. ㉰ 36. ㉮

등에 사용하는 보온재는?

㉮ 규조토 ㉯ 암면
㉰ 기포성수지 ㉱ 탄산마그네슘

해설 규조토는 다른 보온재에 비하여 단열 효과가 떨어지므로 두껍게 시공해야 하며 500℃ 이하의 파이프, 탱크, 노벽 등에 사용한다(진동이 있는 곳에는 사용 불가).

참고 암면은 400℃ 이하의 파이프, 덕트, 탱크 등에 사용한다.

37. 다음 중 압력 배관용 탄소 강관의 KS 규격 기호는?

㉮ SPPS ㉯ SPLT
㉰ SPP ㉱ SPPH

해설 ① SPPS : 압력 배관용 탄소 강관
② SPLT : 저온 배관용 탄소 강관
③ SPP : 배관용 탄소 강관
④ SPPH : 고압 배관용 탄소 강관
⑤ SPHT : 고온 배관용 탄소 강관

38. 보일러 성능 시험에서 강철제 증기 보일러의 증기 건도는 몇 % 이상이어야 하는가?

㉮ 89 ㉯ 93 ㉰ 95 ㉱ 98

해설 ① 강철제 증기 보일러 : 98 % 이상
② 주철제 증기 보일러 : 97 % 이상

39. 난방설비 배관이나 방열기에서 높은 위치에 설치해야 하는 밸브는?

㉮ 공기빼기 밸브 ㉯ 안전밸브
㉰ 전자밸브 ㉱ 플로트 밸브

40. 온수온돌의 방수 처리에 대한 설명으로 적절하지 않은 것은?

㉮ 다층건물에 있어서도 전층의 온수온돌에 방수 처리를 하는 것이 좋다.
㉯ 방수 처리는 내식성이 있는 루핑, 비닐, 방수 모르타르로 하며, 습기가 스며들지 않도록 완전히 밀봉한다.
㉰ 벽면으로 습기가 올라오는 것을 대비하여 온돌바닥보다 약 10 cm 이상 위까지 방수 처리를 하는 것이 좋다.
㉱ 방수 처리를 함으로써 열손실을 감소시킬 수 있다.

해설 지하실이 있는 바닥이나 2층 바닥에는 방수 처리를 하지 않아도 좋다.

41. 기름 보일러에서 연소 중 화염이 점멸하는 등 연소 불안정이 발생하는 경우가 있다. 그 원인으로 가장 거리가 먼 것은?

㉮ 기름의 점도가 높을 때
㉯ 기름 속에 수분이 혼입되었을 때
㉰ 연료의 공급 상태가 불안정한 때
㉱ 노내가 부압(負壓)인 상태에서 연소했을 때

해설 노내가 부압인 상태(흡입 통풍 방식)와는 관계가 없다.

42. 진공환수식 증기난방 배관 시공에 관한 설명으로 틀린 것은?

㉮ 증기주관은 흐름 방향에 $\frac{1}{200} \sim \frac{1}{300}$의 앞내림 기울기로 하고 도중에 수직 상향부가 필요한 때 트랩장치를 한다.
㉯ 방열기 분기관 등에서 앞단에 트랩장치가 없을 때에는 $\frac{1}{50} \sim \frac{1}{100}$의 앞올림 기울기로 하여 응축수를 주관에 역류시킨다.
㉰ 환수관에 수직 상향부가 필요한 때에는 리프트 피팅을 써서 응축수가 위쪽으로 배출되게 한다.

정답 37. ㉮ 38. ㉱ 39. ㉮ 40. ㉮ 41. ㉱ 42. ㉱

㉱ 리프트 피팅은 될 수 있으면 사용개소를 많게 하고 1단을 2.5 m 이내로 한다.

해설 리프트 피팅 이음을 시공할 때 1단의 흡상 높이는 1.5 m 이내로 한다(환수관 내의 진공도는 100~250 mmHg 정도).

43. 어떤 강철제 증기 보일러의 최고사용압력이 0.35 MPa이면 수압 시험 압력은?

㉮ 0.35 MPa ㉯ 0.5 MPa
㉰ 0.7 MPa ㉱ 0.95 MPa

해설 강철제 보일러의 최고사용압력이 0.43 MPa 이하일 때 수압 시험 압력은 최고사용압력의 2배로 한다.

44. 전열면적 12 m^2인 보일러의 급수밸브의 크기는 호칭 몇 A 이상이어야 하는가?

㉮ 15 ㉯ 20
㉰ 25 ㉱ 32

해설 급수밸브 및 체크밸브의 크기는 호칭 20 A 이상이어야 한다(단, 전열면적이 10 m^2 이하인 경우에는 15 A 이상으로 할 수 있다).

45. 배관의 관 끝을 막을 때 사용하는 부품은?

㉮ 엘보 ㉯ 소켓
㉰ 티 ㉱ 캡

해설 배관의 관 끝을 막을 때 사용하는 부품으로 캡, 플러그, 막힘 플랜지가 있다.

46. 보온재의 열전도율과 온도와의 관계를 맞게 설명한 것은?

㉮ 온도가 낮아질수록 열전도율은 커진다.
㉯ 온도가 높아질수록 열전도율은 작아진다.
㉰ 온도가 높아질수록 열전도율은 커진다.
㉱ 온도에 관계없이 열전도율은 일정하다.

해설 보온재의 온도가 높아질수록 열전도율이 커지며 보온 효율은 저하한다.

47. 보일러에서 발생한 증기를 송기할 때의 주의사항으로 틀린 것은?

㉮ 주증기관 내의 응축수를 배출시킨다.
㉯ 주증기 밸브를 서서히 연다.
㉰ 송기한 후에 압력계의 증기압 변동에 주의한다.
㉱ 송기한 후에 밸브의 개폐 상태에 대한 이상 유무를 점검하고 드레인 밸브를 열어 놓는다.

해설 드레인 밸브를 닫아 놓은 상태에서 송기를 해야 한다.

48. 실내의 천장 높이가 12 m인 극장에 대한 증기난방 설비를 설계하고자 한다. 이 때의 난방부하 계산을 위한 실내 평균온도는? (단, 호흡선 1.5 m에서의 실내온도는 18℃이다.)

㉮ 23.5℃ ㉯ 26.1℃
㉰ 29.8℃ ㉱ 32.7℃

해설 $0.05 \times 18 \times (12-3) + 18 = 26.1$℃

49. 난방부하가 2250 kcal/h인 경우 온수방열기의 방열면적은? (단, 방열기의 방열량은 표준방열량으로 한다.)

㉮ 3.5 m^2 ㉯ 4.5 m^2
㉰ 5.0 m^2 ㉱ 8.3 m^2

해설 $450 \times x = 2250$에서

$$x = \frac{2250}{450} = 5 \text{ m}^2$$

50. 다음 중 보일러의 내부 부식에 속하지 않는 것은?

정답 43. ㉰ 44. ㉯ 45. ㉱ 46. ㉰ 47. ㉱ 48. ㉯ 49. ㉰ 50. ㉱

㉮ 점식 ㉯ 구식
㉰ 알칼리 부식 ㉱ 고온 부식

해설 ① 내부 부식의 종류 : 점식, 구식, 알칼리 부식
② 외부 부식의 종류 : 고온 부식, 저온 부식, 산화 부식

51. 보일러 사고의 원인 중 보일러 취급상의 사고 원인이 아닌 것은?

㉮ 재료 및 설계 불량
㉯ 사용압력초과 운전
㉰ 저수위 운전
㉱ 급수 처리 불량

해설 재료 및 설계 불량은 제작상의 사고 원인이다.

52. 증기 트랩을 기계식, 온도조절식, 열역학적 트랩으로 구분할 때 온도조절식 트랩에 해당하는 것은?

㉮ 버킷 트랩 ㉯ 플로트 트랩
㉰ 열동식 트랩 ㉱ 디스크형 트랩

해설 열동식 트랩은 벨로스식 트랩으로 온도조절식 트랩에 해당된다.

53. 배관 중간이나 밸브, 펌프, 열교환기 등의 접속을 위해 사용되는 이음쇠로서 분해, 조립이 필요한 경우에 사용되는 것은?

㉮ 벤드 ㉯ 리듀서
㉰ 플랜지 ㉱ 슬리브

해설 분해, 조립이 필요한 경우에 사용되는 이음쇠는 플랜지와 유니언이다.

54. 글랜드 패킹의 종류에 해당하지 않는 것은?

㉮ 편조 패킹
㉯ 액상 합성수지 패킹
㉰ 플라스틱 패킹
㉱ 메탈 패킹

해설 액상 합성수지 패킹은 나사용 패킹제이다.

55. 다음은 에너지이용 합리화법의 목적에 관한 내용이다. ( ) 안의 A, B에 각각 들어갈 용어로 옳은 것은?

> 에너지이용 합리화법은 에너지의 수급을 안정시키고 에너지의 합리적이고 효율적인 이용을 증진하며 에너지소비로 인한 (A)을(를) 줄임으로써 국민 경제의 건전한 발전 및 국민복지의 증진과 (B)의 최소화에 이바지함을 목적으로 한다.

㉮ A=환경파괴, B=온실가스
㉯ A=자연파괴, B=환경피해
㉰ A=환경피해, B=지구온난화
㉱ A=온실가스배출, B=환경파괴

해설 에너지이용 합리화법 제1조 참조

56. 에너지법에 따라 에너지기술개발 사업비의 사업에 대한 지원항목에 해당되지 않는 것은?

㉮ 에너지기술의 연구·개발에 관한 사항
㉯ 에너지기술에 관한 국내협력에 관한 사항
㉰ 에너지기술의 수요조사에 관한 사항
㉱ 에너지에 관한 연구인력 양성에 관한 사항

해설 에너지법 제14조 ④항 참조

57. 에너지이용 합리화법에 따라 검사에 합격되지 아니한 검사대상기기를 사용한 자에 대한 벌칙은?

㉮ 6개월 이하의 징역 또는 5백만원 이하의 벌금
㉯ 1년 이하의 징역 또는 1천만원 이하

정답 51. ㉮ 52. ㉰ 53. ㉰ 54. ㉯ 55. ㉰ 56. ㉯ 57. ㉯

의 벌금

㉰ 2년 이하의 징역 또는 2천만원 이하의 벌금

㉱ 3년 이하의 징역 또는 3천만원 이하의 벌금

해설 에너지이용 합리화법 제73조 2호 참조

58. 에너지이용 합리화법상 시공업자단체의 설립, 정관의 기재 사항과 감독에 관하여 필요한 사항은 누구의 령으로 정하는가?

㉮ 대통령령　㉯ 산업통상자원부령
㉰ 고용노동부령　㉱ 환경부령

해설 에너지이용 합리화법 제41조 ④항 참조

59. 에너지이용 합리화법에 따라 고효율 에너지 인증대상 기자재에 포함되지 않는 것은?

㉮ 펌프

㉯ 전력용 변압기

㉰ LED 조명기기

㉱ 산업건물용 보일러

해설 에너지이용 합리화법 시행규칙 제20조 ①항 참조

60. 에너지이용 합리화법상 열사용기자재가 아닌 것은?

㉮ 강철제보일러

㉯ 구멍탄용 온수보일러

㉰ 전기순간온수기

㉱ 2종 압력용기

해설 에너지이용 합리화법 시행규칙 제1조의 2에 의한 별표 1 참조

정답 58. ㉮　59. ㉯　60. ㉰

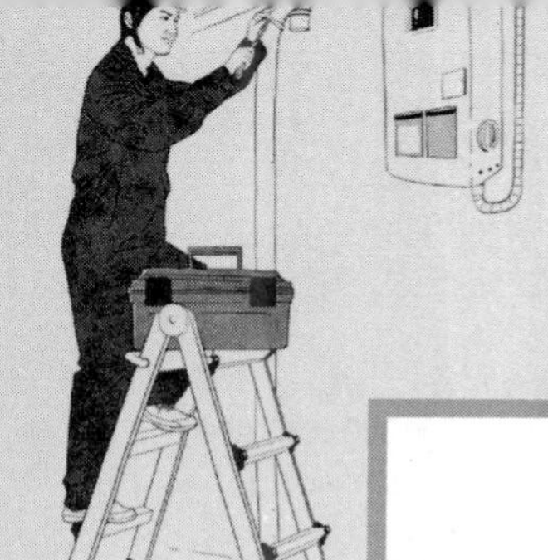

2017년도 CBT 복원문제

CBT(Computer Based Testing) 방식
1. CBT 방식은 문제은행에서 문제를 랜덤 (무작위) 또는 일정한 패턴을 이용해서 출제하는 방식으로, 각 개인별로 서로 다른 문제가 출제될 수 있습니다.
2. CBT 방식은 문제와 해답을 공개하지 않습니다.

※ 본 문제는 응시자에 의하여 일부 수집·복원된 것임을 밝혀 둡니다.

1. 증기트랩 중 온도조절식 트랩이 아닌 것은?

① 벨로스식　　② 바이메탈식
③ 열동식　　④ 플로트식

해설 ㉠ 온도조절식 트랩의 종류에는 벨로스식, 바이메탈식, 열동식이 있다.
㉡ 열동식 트랩은 일명 실로폰 트랩이라고도 하며 저압용 방열기나 관말 트랩용으로 사용되고 벨로스의 신축을 이용한 온도 조절식 트랩이다.

2. 다음의 트랩 중 온도조절식 트랩은?

① 열동식　　② 플로트식
③ 버킷식　　④ 디스크식

해설 문제 1. 해설 참조

3. 보일러 압력계가 나타내는 압력은?

① 절대압력　　② 게이지 압력
③ 대기압력　　④ 진공압력

해설 보일러 압력계가 나타내는 압력은 대기압을 0으로 기준한 게이지 압력이다.

4. 보일러에서 파형을 적용시키는 부위는 어느 것인가?

① 수관　　② 연관
③ 동(드럼)　　④ 노통

해설 노통에는 평형 노통과 파형 노통이 있다.

5. 다음 중 보일러 단기 보존법에 해당되는 것은?

① 소다 만수 보존법
② 석회 밀폐 건조법
③ 질소 가스 봉입법
④ 가열 건조법

해설 ①, ②, ③항은 장기 보존법이며 가열 건조법과 보통 만수 보존법은 단기 보존법이다.

6. 다음 압력에 대한 설명으로 옳은 것은?

① 단위면적당 작용하는 힘이다.
② 단위부피당 작용하는 힘이다.
③ 물체의 무게를 비중량으로 나눈 값이다.
④ 물체의 무게에 비중량을 곱한 것이다.

해설 $압력 = \frac{힘}{면적}$

7. 다음 중 임계점에 대한 설명으로 틀린 것은?

정답 1. ④　2. ①　3. ②　4. ④　5. ④　6. ①　7. ③

① 물의 임계온도는 374.15℃이다.

② 물의 임계압력은 225.65 kgf/cm^{2}이다.

③ 물의 임계점에서의 증발잠열은 539 kcal/kg이다.

④ 포화수에서 증발의 현상이 없고 액체와 기체의 구별이 없어지는 지점을 말한다.

해설 물의 임계점에서의 증발잠열은 0 kcal / kg이다.

8. **열전도율이 다른 여러 층의 매체를 대상으로 정상상태에서 고온 측으로부터 저온 측으로 열이 이동할 때의 평균 열통과율을 의미하는 것은?**

① 엔탈피 ② 열복사율

③ 열관류율 ④ 열용량

해설 열전달 → 열전도 → 열전달 과정을 거치는 열관류율을 열통과율이라고도 한다.

9. **주증기관에서 증기의 건도를 증가시키는 방법으로 틀린 것은?**

① 가압하여 증기의 압력을 높인다.

② 드레인 포켓을 설치한다.

③ 증기 공간 내에 공기를 제거한다.

④ 기수분리기를 사용한다.

해설 증기의 압력을 감압시켜 사용해야 한다.

10. **10℃의 물 400 kg과 90℃의 더운물 100 kg을 혼합하면 혼합 후의 물의 온도는?**

① 26℃ ② 36℃ ③ 54℃ ④ 78℃

해설 ㉠ 10℃ 물이 얻은 열량

$Q_1 = 400 \times 1 \times (x-10)$

㉡ 90℃ 물이 빼앗긴 열량

$Q_2 = 100 \times 1 \times (90-x)$

$Q_1 = Q_2$ 이므로

$400 \times 1 \times (x-10) = 100 \times 1 \times (90-x)$에서

$400x - 400 \times 10 = 100 \times 90 - 100x$이고

$400x + 100x = 100 \times 90 + 400 \times 10$

$\therefore x = \dfrac{13000}{500} = 26℃$

참고 위 문제를 다음과 같이 풀이할 수도 있다.

평균온도 $t_m[℃] = \dfrac{G_1C_1t_1 + G_2C_2t_2}{G_1C_1 + G_2C_2}$ 에서

$\dfrac{400 \times 1 \times 10 + 100 \times 1 \times 90}{400 \times 1 + 100 \times 1} = 26℃$

11. **고체벽의 한 쪽에 있는 고온의 유체로부터 이 벽을 통과하여 다른 쪽에 있는 저온의 유체로 흐르는 열의 이동을 의미하는 용어는?**

① 열관류 ② 현열

③ 잠열 ④ 전열량

해설 열관류(열통과) : 열전달 → 열전도 → 열전달 과정을 통하여 고온의 유체에서 고체를 통과하여 저온의 유체로 열이 이동되는 것을 말한다.

참고 ㉠ 열전도 : 고온의 고체면에서 저온의 고체면으로 열이 이동되는 것

㉡ 열전달 : 고온의 유체에서 저온의 고체면으로 또는 고온의 고체면에서 저온의 유체로 열이 이동되는 것

12. **물체의 온도를 변화시키지 않고, 상(相) 변화를 일으키는데만 사용되는 열량은?**

① 감열 ② 비열 ③ 현열 ④ 잠열

해설 ㉠ 현열 : 상(相) 변화를 일으키지 않고 온도 변화만을 일으키는 데 사용되는 열량

㉡ 잠열 : 온도 변화를 일으키지 않고 상(相) 변화만을 일으키는 데 사용되는 열량

13. **다음 중 비열의 정의로서 옳은 것은?**

① 어떤 물질의 온도를 100℃ 올리는 데

정답 8. ③ 9. ① 10. ① 11. ① 12. ④ 13. ④

필요한 열량

② 순수한 물 1kg을 100℃ 올리는 데 필요한 열량

③ 어떤 물질 1kg이 보유하고 있는 열량

④ 어떤 물질 1kg을 1℃ 올리는 데 필요한 열량

해설 ③항은 엔탈피에 대한 정의이다.

14. 어떤 물질의 단위질량(1 kg)에서 온도를 1℃ 높이는 데 소요되는 열량을 무엇이라고 하는가?

① 열용량　　② 비열
③ 잠열　　④ 엔탈피

해설 비열(kcal/kg℃)에 대한 문제이다.

15. 중간의 매질을 통하지 않고 한 물체에서 다른 물체로 열에너지가 이동하는 현상은?

① 복사　　② 전도
③ 대류　　④ 관류

해설 전도는 고체 내에서만의 에너지 이동이며, 대류는 유체의 에너지가 이동하는 현상이다.

16. 물의 임계점에 관한 설명으로 맞지 않는 것은?

① 임계점이란 포화수가 증발의 현상이 없고 액체와 기체의 구별이 없어지는 지점이다.
② 임계온도는 374.15℃이다.
③ 습증기로서 체적팽창의 범위가 0(zero)이 된다.
④ 임계상태에서의 증발잠열은 약 10 kcal/kg 정도이다.

해설 임계상태에서의 증발잠열은 약 0 kcal/kg 정도이다.

17. 수관식 보일러 중에서 기수드럼 2~3개와 수드럼 1~2개를 갖는 것으로 관의 양단을 구부려서 각 드럼에 수직으로 결합하는 구조로 되어 있는 보일러는?

① 타쿠마 보일러
② 야로우 보일러
③ 스털링 보일러
④ 가르베 보일러

해설 곡관식 수관 보일러인 스털링 보일러에 대한 문제이다.

18. 외분식 보일러의 특징 설명으로 잘못된 것은?

① 연소실의 크기를 자유롭게 할 수 있다.
② 연소율이 좋다.
③ 사용연료의 선택이 자유롭다.
④ 방사 손실이 거의 없다.

해설 외분식 보일러에서 방사(복사) 손실이 크다.

19. 노통이 하나인 코니시 보일러에서 노통을 편심으로 설치하는 가장 큰 이유는?

① 연소장치의 설치를 쉽게 하기 위함이다.
② 보일러수의 순환을 좋게 하기 위함이다.
③ 보일러의 강도를 크게 하기 위함이다.
④ 온도 변화에 따른 신축량을 흡수하기 위함이다.

해설 보일러수의 순환을 좋게 하기 위하여 노통을 편심으로 설치한다.

20. 일반적으로 보일러 동(드럼) 내부에서는 물을 어느 정도로 채워야 하는가?

① $\frac{1}{4} \sim \frac{1}{3}$　　② $\frac{1}{6} \sim \frac{1}{5}$
③ $\frac{1}{4} \sim \frac{2}{5}$　　④ $\frac{2}{3} \sim \frac{4}{5}$

정답 14. ② 15. ① 16. ④ 17. ③ 18. ④ 19. ② 20. ④

해설 증기 보일러 동(드럼) 내부에서는 물을 $\frac{2}{3} \sim \frac{4}{5}$ 정도로 채운다.

21. **주철제 보일러의 특징 설명으로 옳은 것은?**

① 내열성 및 내식성이 나쁘다.
② 고압 및 대용량으로 적합하다.
③ 섹션의 증감으로 용량을 조절할 수 있다.
④ 인장 및 충격에 강하다.

해설 주철제 보일러의 특징
㉠ 내열성 및 내식성이 우수하다.
㉡ 고압, 대용량에는 부적합하다.
㉢ 섹션의 증감으로 용량을 조절할 수 있다.
㉣ 인장 및 충격에 약하다.

22. **특수 보일러 중 간접가열 보일러에 해당되는 것은?**

① 슈미트 보일러 ② 벨록스 보일러
③ 벤슨 보일러 ④ 코니시 보일러

해설 간접가열식(2중 증발) 보일러의 종류에는 슈미트 보일러와 뢰플러 보일러가 있다.

23. **다음 중 관류 보일러에 속하는 것은 어느 것인가?**

① 벨록스 보일러 ② 라몬트 보일러
③ 뢰플러 보일러 ④ 벤슨 보일러

해설 관류 보일러의 종류 : 벤슨 보일러, 슐처 보일러, 람진 보일러, 엣모스 보일러

24. **여러 개의 섹션(section)을 조합하여 용량을 가감할 수 있으며, 효율이 좋으나 구조가 복잡하여 청소, 수리가 곤란한 보일러는?**

① 연관 보일러 ② 스코치 보일러
③ 관류 보일러 ④ 주철제 보일러

25. **소형 관류 보일러(다관식 관류 보일러)를 구성하는 주요 구성요소로 맞는 것은?**

① 노통과 연관 ② 노통과 수관
③ 수관과 드럼 ④ 수관과 헤더

해설 수관과 관모음 헤더로 구성되어 있다.

26. **입형 보일러의 특징 중 잘못된 것은 어느 것인가?**

① 설치면적이 작다.
② 노통 연관 보일러에 비하여 효율이 높다.
③ 소용량 보일러에 적합하다.
④ 코크란(cochran) 보일러는 입형 보일러이다.

해설 입형 보일러의 열효율이 가장 낮다.

27. **특수 열매체(특수 유체) 보일러에서 사용되는 열매체의 종류가 아닌 것은?**

① 수은 ② 암모니아
③ 다우섬 ④ 카네크롤

해설 저압에서도 고온의 증기를 얻을 수 있는 보일러를 특수 열매체 보일러라고 하며, 사용되는 열매체의 종류에는 수은, 다우섬, 카네크롤, 모빌섬액이 있다.

28. **다음은 관류 보일러에 대한 특징이다. 틀린 것은?**

① 순환비가 1이므로 드럼이 필요없다.
② 급수량 및 연료량은 자동제어로 해야 한다.
③ 부하변동에 민감하며 초고압용으로 사용한다.
④ 전열면적이 넓고 효율이 매우 좋으나 가동시간이 길다.

해설 가동시간이 짧다.

정답 21. ③ 22. ① 23. ④ 24. ④ 25. ④ 26. ② 27. ② 28. ④

29. **보일러 부속장치 설명 중 잘못된 것은?**

① 기수분리기 : 증기 중에 혼입된 수분을 분리하는 장치
② 수트 블로어 : 보일러 동 저면의 스케일, 침전물 등을 밖으로 배출하는 장치
③ 오일스트레이너 : 연료 속의 불순물 방지 및 유량계 펌프 등의 고장을 방지하는 장치
④ 스팀 트랩 : 응축수를 자동으로 배출하는 장치

해설 수트 블로어(soot blower)는 전열면에 부착된 그을음을 제거하는 장치이다.

30. **플레임 아이에 대하여 옳게 설명한 것은?**

① 연도의 가스온도로 화염의 유무를 검출한다.
② 화염의 도전성을 이용하여 화염의 유무를 검출한다.
③ 화염의 방사선을 감지하여 화염의 유무를 검출한다.
④ 화염의 이온화 현상을 이용하여 화염의 유무를 검출한다.

해설 ①항은 스택 스위치, ④항은 플레임 로드에 대한 설명이다.

31. **수관 보일러에 설치하는 기수분리기의 종류가 아닌 것은?**

① 스크러버형 ② 사이클론형
③ 배플형 ④ 벨로스형

해설 기수분리기의 종류에는 ①, ②, ③항 외에 건조 스크린형이 있다.

32. **보일러에서 노통의 약한 단점을 보완하기 위해 설치하는 약 1m 정도의 노통이음을 무엇이라고 하는가?**

① 아담슨 조인트
② 보일러 조인트
③ 브리징 조인트
④ 라몬트 조인트

해설 노통의 원주이음은 아담슨 링을 사용하여 아담슨 조인트를 해야 한다.

33. **고압과 저압 배관 사이에 부착하여 고압 측의 압력변화 및 증기 소비량 변화에 관계없이 저압 측의 압력을 일정하게 유지시켜 주는 밸브는?**

① 감압 밸브 ② 온도조절 밸브
③ 안전밸브 ④ 플랩 밸브

34. **보일러에서 사용하는 안전밸브 구조의 일반사항에 대한 설명으로 틀린 것은?**

① 설정압력이 3MPa를 초과하는 증기 또는 온도가 508 K를 초과하는 유체에 사용하는 안전밸브에는 스프링이 분출하는 유체에 직접 노출되지 않도록 하여야 한다.
② 안전밸브는 그 일부가 파손하여도 충분한 분출량을 얻을 수 있는 것이어야 한다.
③ 안전밸브는 쉽게 조정이 가능하도록 잘 보이는 곳에 설치하고 봉인하지 않도록 한다.
④ 안전밸브의 부착부는 배기에 의한 반동력에 대하여 충분한 강도가 있어야 한다.

해설 안전밸브는 함부로 조정할 수 없도록 봉인할 수 있는 구조로 해야 한다.

35. **증기보일러에 설치하는 압력계의 최고 눈금은 보일러 최고사용압력의 몇 배**

정답 29. ② 30. ③ 31. ④ 32. ① 33. ① 34. ③ 35. ③

가 되어야 하는가?

① 0.5~0.8배 ② 1.0~1.4배
③ 1.5~3.0배 ④ 5.0~10.0배

해설 압력계의 최고 눈금은 보일러 최고사용압력의 1.5배 이상 3배 이하가 되어야 한다(3배 이하이며 1.5배보다 작아서는 안 된다).

참고 온수보일러 수위계의 최고 눈금은 보일러 최고사용압력의 1배 이상 3배 이하가 되어야 한다.

36. 보일러의 부속장치 중 축열기에 대한 설명으로 가장 옳은 것은?

① 통풍이 잘 이루어지게 하는 장치이다.
② 폭발방지를 위한 안전장치이다.
③ 보일러의 부하 변동에 대비하기 위한 장치이다.
④ 증기를 한 번 더 가열시키는 장치이다.

해설 ㉠ 증기 축열기(스팀 어큐뮬레이터 : steam accumulator) : 저부하 시에 잉여 증기를 저장하였다가 과부하 시에 증기를 방출하여 보일러의 부하 변동에 대비하기 위한 장치
㉡ 플래시 탱크(flash tank) : 외부로부터 탱크 내부보다 높은 압력 또는 온수보다 높은 열수로 받아들여 증기를 발생하는 제2종 압력용기

37. 화염검출기의 종류 중 화염의 발열을 이용한 것으로 바이메탈에 의하여 작동되며, 주로 소용량 온수 보일러의 연도에 설치되는 것은?

① 플레임 아이 ② 스택 스위치
③ 플레임 로드 ④ 적외선 광전관

해설 ① 플레임 아이 : 화염의 발광을 이용한 것
② 플레임 로드 : 화염의 이온화를 이용한 것
③ 스택 스위치 : 화염의 발열을 이용한 것(감열소자는 바이메탈)

38. 보일러의 열정산 목적이 아닌 것은?

① 보일러의 성능 개선 자료를 얻을 수 있다.
② 열의 행방을 파악할 수 있다.
③ 연소실의 구조를 알 수 있다.
④ 보일러 효율을 알 수 있다.

해설 보일러 열정산 목적은 ①, ②, ④항 외에 조업 방법을 개선하고 연료의 경제를 도모하기 위함이다.

39. 보일러 수압시험 시의 시험수압은 규정된 압력의 몇 % 이상을 초과하지 않도록 해야 하는가?

① 3% ② 4% ③ 5% ④ 6%

해설 수압시험 압력은 규정된 압력의 6% 이상을 초과하지 않도록 해야 하며 규정된 수압에 도달한 후 30분이 경과된 뒤에 검사를 실시해야 한다.

40. 중앙식 급탕법에 대한 설명으로 틀린 것은?

① 기구의 동시 이용률을 고려하여 가열장치의 총용량을 적게 할 수 있다.
② 기계실 등에 다른 설비 기계와 함께 가열장치 등이 설치되기 때문에 관리가 용이하다.
③ 설비규모가 크고 복잡하기 때문에 초기 설비비가 비싸다.
④ 비교적 배관길이가 짧아 열손실이 적다.

해설 중앙식 급탕법은 개별식 급탕법에 비해 배관 길이가 길어 열손실이 크다.

41. 육상용 보일러의 열정산 방식에서 환산 증발 배수에 대한 설명으로 맞는 것은 어느 것인가?

① 증기의 보유 열량을 실제연소열로 나

정답 36. ③ 37. ② 38. ③ 39. ④ 40. ④ 41. ③

눈 값이다.

② 발생증기 엔탈피와 급수 엔탈피의 차를 539로 나눈 값이다.

③ 매시 환산증발량을 매시 연료소비량으로 나눈 값이다.

④ 매시 환산증발량을 전열면적으로 나눈 값이다.

해설 ㉠ 환산(상당) 증발 배수

$= \frac{\text{환산(상당) 증발량}}{\text{매시 연료소비량}}$ [kg/kg][kg/Nm^3]

㉡ 실제 증발 배수

$= \frac{\text{매시 실제증발량}}{\text{매시 연료소비량}}$ [kg/kg][kg/Nm^3]

42. 육상용 보일러의 열정산은 원칙적으로 정격부하 이상에서 정상 상태로 적어도 몇 시간 이상의 운전 결과에 따라 하는가? (단, 액체 또는 기체연료를 사용하는 소형 보일러에서 인수·인도 당사자 간의 협정이 있는 경우는 제외)

① 0.5시간 ② 1.5시간

③ 1시간 ④ 2시간

해설 열정산은 정상 조업상태에 있어서 적어도 2시간 이상의 운전 결과에 따르며 시험부하는 원칙적으로 정격부하로 한다.

43. 보일러의 출열 항목에 속하지 않는 것은?

① 불완전 연소에 의한 열손실

② 연소 잔재물 중의 미연소분에 의한 열손실

③ 공기의 현열손실

④ 방산에 의한 손실열

해설 ㉠ 입열 항목 : 연료의 연소열(연료의 발열량), 연료의 현열, 공기의 현열, 노내 분입 증기의 보유열

㉡ 출열 항목 : 불완전 연소에 의한 열손실, 미연소분에 의한 열손실, 방산에 의한 손실열과 배기가스 보유열과 같은 손실 출열 항목이 있으며 발생 증기의 보유열과 같은 유효 출열 항목이 있다.

44. 질소 봉입 방법으로 보일러 보존 시 보일러 내부에 질소가스의 봉입압력(MPa)으로 적합한 것은?

① 0.02 ② 0.03

③ 0.06 ④ 0.08

45. 자동제어 시 어느 조건이 구비되지 않으면 그 다음 동작을 정지시키는 장치는 무엇인가?

① 스택 스위치 ② 인터로크

③ 파일럿 밸브 ④ 대시포트

46. 연료의 연소 시 과잉공기계수(공기비)를 구하는 올바른 식은?

① $\frac{\text{연소가스량}}{\text{이론공기량}}$ ② $\frac{\text{실제공기량}}{\text{이론공기량}}$

③ $\frac{\text{배기가스량}}{\text{사용공기량}}$ ④ $\frac{\text{사용공기량}}{\text{배기가스량}}$

해설 과잉공기계수(공기비)는 이론공기량에 대한 실제공기량의 비를 말한다.

47. 과잉공기량에 관한 설명으로 옳은 것은 어느 것인가?

① 과잉공기량 = 실제공기량 × 이론공기량

② 과잉공기량 = $\frac{\text{실제공기량}}{\text{이론공기량}}$

③ 과잉공기량 = 실제공기량 + 이론공기량

④ 과잉공기량 = 실제공기량 − 이론공기량

해설 과잉공기량 = 실제공기량 − 이론공기량
= (공기비 − 1) × 이론공기량

48. 다음 중 액화천연가스(LNG)의 주성분은 어느 것인가?

정답 42. ④ 43. ③ 44. ③ 45. ② 46. ② 47. ④ 48. ①

① CH_4 ② C_2H_6
③ C_3H_8 ④ C_4H_{10}

해설 액화천연가스(LNG)의 주성분 : CH_4 (메탄)

49. 프로판 가스가 완전 연소될 때 생성되는 것은?

① CO와 C_3H_8 ② C_4H_{10}와 CO_2
③ CO_2와 H_2O ④ CO_2와 CO_2

해설 프로판 가스의 연소반응식
$C_3H_8 + 5O_2 \rightarrow 3CO_2 + 4H_2O$에서
생성물질은 CO_2와 H_2O이다.

50. 가스용 보일러의 연소방식 중에서 연료와 공기를 각각 연소실에 공급하여 연소실에서 연료와 공기가 혼합되면서 연소하는 방식은?

① 확산연소식
② 예혼합연소식
③ 복열혼합연소식
④ 부분예혼합연소식

해설 ㉠ 확산연소식 : 연료와 공기를 각각 연소실에 공급하여 연소하는 방식
㉡ 예혼합연소식 : 연료와 공기를 연소실 밖에서 미리 균등하게 혼합시킨 후 연소하는 방식

51. 탄소(C) 1kmol이 완전 연소하여 탄산가스(CO_2)가 될 때, 발생하는 열량은 몇 kcal인가?

① 29200 ② 57600
③ 68600 ④ 97200

해설 $C + O_2 \rightarrow CO_2 + 97200\text{kcal/kmol}$
1kmol 1kmol 1kmol
(12kg) (32kg, 22.4Nm^3) (44kg, 22.4Nm^3)

52. 연소효율을 구하는 식으로 맞는 것은 어느 것인가?

① $\dfrac{\text{공급열}}{\text{실제연소열}} \times 100$

② $\dfrac{\text{실제연소열}}{\text{공급열}} \times 100$

③ $\dfrac{\text{유효열}}{\text{실제연소열}} \times 100$

④ $\dfrac{\text{실제연소열}}{\text{유효열}} \times 100$

해설 ②항은 연소효율, ③항은 전열효율을 구하는 식이다.

53. 미분탄 연소의 장·단점에 관한 다음 설명 중 잘못된 것은?

① 부하변동에 대한 적응성이 없으며, 연소조절이 어렵다.
② 소량의 과잉공기로 단시간에 완전연소가 되므로 연소효율이 좋다.
③ 큰 연소실을 필요로 하며, 노벽 냉각의 특별장치가 필요하다.
④ 미분탄의 자연발화나 점화 시의 노내 탄진 폭발 등의 위험이 있다.

해설 미분탄 연료는 미분탄 버너로 연소시키므로 점화, 소화, 연소조절이 용이하고 부하변동에 응하기 쉽다.

54. 다음 중 기체 연료의 특징 설명으로 틀린 것은?

① 저장이나 취급이 불편하다.
② 연소조절 및 점화나 소화가 용이하다.
③ 회분이나 매연 발생이 없어서 연소 후 청결하다.
④ 시설비가 적게 들어 다른 연료보다 연료비가 저가이다.

해설 기체 연료는 시설비가 많이 들며 연료비가 고가이다.

정답 49. ③ 50. ① 51. ④ 52. ② 53. ① 54. ④

55. 연료의 인화점에 대한 설명으로 가장 옳은 것은?

① 가연물을 공기 중에서 가열했을 때 외부로부터 점화원 없이 발화하여 연소를 일으키는 최저온도
② 가연성 물질이 공기 중의 산소와 혼합하여 연소할 경우에 필요한 혼합가스의 농도범위
③ 가연성 액체의 증기 등이 불씨에 의해 불이 붙는 최저온도
④ 연료의 연소를 계속시키기 위한 온도

해설 ① : 착화점(발화점)
② : 연소(가연)범위
④ : 연소온도

56. 보일러의 용량을 나타내는 것으로 부적합한 것은?

① 상당증발량 ② 보일러 마력
③ 전열면적 ④ 연료 사용량

해설 보일러 용량 표시방법에는 ①, ②, ③항 외에, 최대 연속증발량, 매시 실제증발량, 최고 사용압력, 과열증기온도 등이 있으며 온수 보일러 용량 표시방법은 매시 최대 열출력이다.

57. 보일러 마력(boiler horsepower)에 대한 정의로 가장 옳은 것은?

① 0℃ 물 15.65kg을 1시간에 증기로 만들 수 있는 능력
② 100℃ 물 15.65kg을 1시간에 증기로 만들 수 있는 능력
③ 0℃ 물 15.65kg을 10분에 증기로 만들 수 있는 능력
④ 100℃ 물 15.65kg을 10분에 증기로 만들 수 있는 능력

해설 1 보일러 마력은 1 atm 하에서 100℃ 물 15.65kg을 1시간 동안 증기로 만들 수 있는 능력을 갖는 보일러

58. 어떤 보일러에서 포화증기 엔탈피가 632 kcal/kg인 증기를 매시 150 kg을 발생하며, 급수 엔탈피가 22 kcal/kg, 매시 연료소비량이 800 kg이라면 이때의 증발계수는 약 얼마인가?

① 1.01 ② 1.13
③ 1.24 ④ 1.35

해설 증발계수(증발력) $= \dfrac{(632-22)}{539} = 1.13$

59. 1보일러 마력은 몇 kg/h의 상당증발량의 값을 가지는가?

① 15.65 ② 79.8
③ 539 ④ 860

해설 1보일러 마력일 때 상당(환산)증발량 값은 15.65 kg/h이며, 열출력(열량)은 8435 kcal/h이다.

60. 급수온도가 25℃, 발생증기의 엔탈피가 665 kcal/kg, 상당증발량이 5930 kcal/h 일 때 매시 실제증발량은 얼마인가?

① 5747.62 kcal/h
② 3955.46 kcal/h
③ 6747.62 kcal/h
④ 4994.17 kcal/h

해설 상당증발량 $(G_e) = \dfrac{G_a(h_2-h_1)}{539}$ 에서

실제증발량 $(G_a) = \dfrac{G\times 539}{(h_2-h_1)} = \dfrac{5930\times 539}{665-25} = 4994.17\,\text{kg/h}$

정답 55. ③ 56. ④ 57. ② 58. ② 59. ① 60. ④

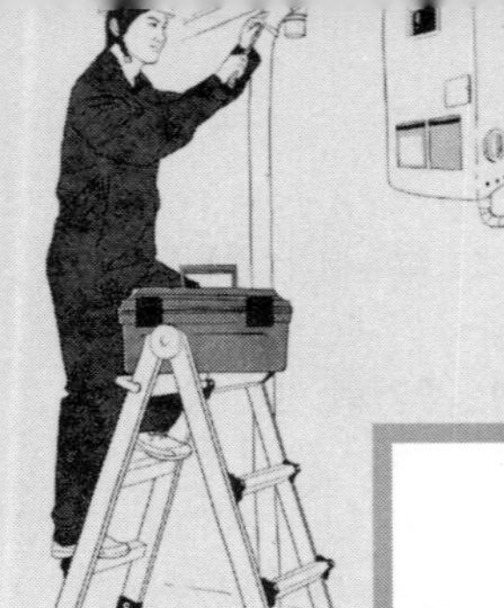

2018년도 CBT 복원문제

1. 보일러 효율이 85%, 실제증발량이 5 t/h 이고 발생증기의 엔탈피 656 kcal/kg, 급수온도 56℃, 연료의 저위발열량이 9750 kcal/kg일 때 시간당 연료소비량은 얼마인가?

① 298 kg/h ② 362 kg/h
③ 389 kg/h ④ 405 kg/h

해설 $n = \frac{G_a(h_2 - h_1)}{G_f \times H_1} \times 100\%$ 에서,

$$G_f = \frac{G_a(h_2 - h_1) \times 100}{\eta \times H_l}$$

$$= \frac{5 \times 1000 \times (656 - 56) \times 100}{85 \times 9750} = 362\,\text{kg/h}$$

2. 보일러 급수펌프(원심)를 설치하고자 한다. 유량(Q)이 0.5m^3/min, 양정(H)이 8m, 펌프효율이 60%일 때 소요동력은 몇 kW인가?

① 약 0.1 kW ② 약 1.1 kW
③ 약 2.2 kW ④ 약 3.4 kW

해설 $kW = \frac{\gamma QH}{102 \times \eta}$ 에서,

$$= \frac{1000 \times \frac{0.5}{60} \times 8}{102 \times 0.6} = 1.09\,\text{kW}$$

3. 위어 펌프의 특징으로 틀린 것은?

① 고압용에 부적당하다.
② 유체의 흐름 시 맥동이 일어난다.
③ 토출압의 조절이 용이하다.
④ 고점도의 유체 수송에 적합하다.

해설 위어 펌프는 고압용으로 적당하며 급수량이 적어 예비펌프로 많이 사용한다.

4. 증기 보일러 효율 83 %, 연료소비량 35 kg/h, 연료의 저위발열량이 9800 kcal / kg이다. 손실열량은 몇 kcal/h인가?

① 58310 kcal/h ② 24870 kcal/h
③ 48750 kcal/h ④ 284690 kcal/h

해설 보일러 효율이 83 %이면 열손실률은 17%이므로 35×9800×0.17=58310 kcal/h 이다.

참고 위의 문제에서 유효열량을 구하면, 35×9800×0.83＝284690 kcal/h

5. 함진 배기가스를 액방울이나 액막에 충돌시켜 분진입자를 포집 분리하는 집진장치는?

① 중력식 집진장치
② 관성력식 집진장치
③ 원심력식 집진장치
④ 세정식 집진장치

6. 증기난방 방식에서 응축수 환수 방법에 의한 분류가 아닌 것은?

① 진공 환수식 ② 세정 환수식
③ 기계 환수식 ④ 중력 환수식

7. 액체 연료 연소장치인 회전식 버너, 기류식 버너 등에서 1차 공기란 무엇인가?

정답 1. ② 2. ② 3. ① 4. ① 5. ④ 6. ② 7. ③

① 미연가스를 연소시키기 위한 공기
② 자연통풍으로 흡입되는 공기
③ 연료의 무화에 필요한 공기
④ 무화된 연료의 연소에 필요한 공기

해설 ㉠ 1차 공기 : 연료의 무화용 공기
㉡ 2차 공기 : 연료의 연소용 공기

8. 노내에 분사된 연료에 연소용 공기를 유효하게 공급 확산시켜 연소를 유효하게 하고 확실한 착화와 화염의 안정을 도모하기 위하여 설치하는 것은?

① 화염검출기
② 연료 차단 밸브
③ 버너 정지 인터로크
④ 보염 장치

해설 보염 장치(스태빌라이저, 윈드 박스, 콤버스터, 버너 타일)를 설치한다.

9. 가스 버너에서 리프팅(lifting) 현상이 발생하는 경우는?

① 가스압이 너무 높은 경우
② 버너 부식으로 염공이 커진 경우
③ 버너가 과열된 경우
④ 1차 공기의 흡인이 많은 경우

해설 가스압이 너무 높거나 1차 공기과다로 분출속도가 높은 경우에 리프팅 현상이 발생하며 버너가 과열된 경우와 염공이 커진 경우에는 역화(back fire)가 발생한다.

10. 이론공기량이 A_o, 실제공기량이 A라면 다음 중 틀린 것은? (단, m= 공기비(과잉공기계수)이다.)

① $m = \frac{A}{A_o}$ ② $A = mA_o$
③ $m<1$ ④ $A>A_o$

해설 $m = \frac{A}{A_o}$에서
항상 $A>A_o$이므로 $m>1$이다.

11. 수소 13%, 수분 0.8%인 어떤 중유의 고위발열량이 9800 kcal/kg이다. 이 중유의 저위발열량은 약 몇 kcal/kg인가?

① 9093 kcal/kg ② 9186 kcal/kg
③ 8996 kcal/kg ④ 9235 kcal/kg

해설 $9800-600(9\times0.13+0.008)$
$=9093\text{kcal/kg}$

12. 함진가스에 선회운동을 주어 분진입자에 작용하는 원심력에 의하여 입자를 분리하는 집진장치로 가장 적합한 것은?

① 백 필터식 집진기
② 사이클론식 집진기
③ 전기식 집진기
④ 관성력식 집진기

해설 원심식 집진기의 종류 : 사이클론식, 멀티클론식, 블로다운형

13. 프로판가스의 발생열량은 487580 kcal/kmol이다. 이 가스 22 kg을 연소시키면 발생되는 열량은?

① 487580 kcal ② 975700 kcal
③ 243790 kcal ④ 22163 kcal

해설 $487580\times\frac{22}{44}=243790\text{ kcal}$

14. 고압관과 저압관 사이에 설치하여 고압 측의 압력변화 및 증기 사용량 변화에 관계없이 저압 측의 압력을 일정하게 유지시켜 주는 밸브는?

① 감압 밸브 ② 온도조절 밸브
③ 안전 밸브 ④ 플로트 밸브

정답 8. ④ 9. ① 10. ③ 11. ① 12. ② 13. ③ 14. ①

15. 일반적으로 보일러 패널 내부온도는 몇 ℃를 넘지 않도록 하는 것이 좋은가?

① 70℃ ② 60℃
③ 80℃ ④ 90℃

해설 보일러 패널 내부온도는 60℃ 이하로 유지하는 것이 좋다.

16. 압력계 중 고압용 보일러 및 압력용기에 주로 사용하며 사이펀관이 필요한 것은?

① 다이어프램식 ② 벨로스식
③ 부르동관식 ④ 링 밸런스식

해설 고온의 증기로부터 부르동관을 보호하기 위하여 사이펀관을 설치한다.

17. 함진 배기가스를 액방울이나 액막에 충돌시켜 매진을 포집 분리하는 집진장치는?

① 중력식 집진장치
② 관성분리식 집진장치
③ 원심력식 집진장치
④ 세정식 집진장치

해설 세정식(습식) 집진장치는 액의 흡착력을 이용한 집진장치이다.

18. 미리 정해진 순서에 따라 순차적으로 제어의 각 단계가 진행되는 제어 방식으로 작동 명령이 타이머나 릴레이에 의해서 수행되는 제어는?

① 시퀀스 제어 ② 피드백 제어
③ 프로그램 제어 ④ 캐스케이드 제어

해설 시퀀스(순차) 제어에 대한 설명이다.

19. 보일러 자동제어에서 급수제어의 약호는 어느 것인가?

① A.B.C ② F.W.C
③ S.T.C ④ A.C.C

해설 A.B.C : 보일러 자동제어, S.T.C : 증기 온도제어, A.C.C : 연소제어

20. 보일러 피드백 제어에서 동작신호를 받아 규정된 동작을 하기 위해 조작신호를 만들어 조작부에 보내는 부분은?

① 조절부 ② 제어부
③ 비교부 ④ 검출부

해설 ㉠ 조절부 : 조직신호를 만들어 조작부에 전달하는 부분
㉡ 조작부 : 조절부로부터 조작신호를 받아 이것을 조작량으로 바꾸어 제어대상에 가하는 부분

21. 보일러의 옥내설치 시 보일러 동체 최상부로부터 천정, 배관 등 보일러 상부에 있는 구조물까지의 거리는 몇 m 이상이어야 하는가?

① 0.5 ② 0.8
③ 1.0 ④ 1.2

해설 보일러 동체 최상부로부터 천정, 배관 등 보일러 상부에 있는 구조물까지의 거리는 1.2 m 이상이어야 한다. (단, 소형 보일러 및 주철제 보일러의 경우는 0.6 m 이상으로 할 수 있다.)

22. 보일러에서 포밍이 발생하는 경우로 거리가 먼 것은?

① 증기의 부하가 너무 적을 때
② 보일러수가 너무 농축되었을 때
③ 수위가 너무 높을 때
④ 보일러수 중에 유지분이 다량 함유되었을 때

해설 증기의 부하(負荷)가 너무 클 때에 포밍, 프라이밍이 발생한다.

정답 15. ② 16. ③ 17. ④ 18. ① 19. ② 20. ① 21. ④ 22. ①

23. 온수 보일러에서 배플 플레이트(baffle plate)의 설치 목적으로 맞는 것은?

① 급수를 예열하기 위하여
② 연소효율을 감소시키기 위하여
③ 강도를 보강하기 위하여
④ 그을음 부착량을 감소시키기 위하여

해설 연관 내부에 배플 플레이트를 설치하는 목적은 전열효율을 증가시키고 그을음 부착량을 감소시키기 위함이다.

24. 보일러의 손상에서 팽출(膨出)을 옳게 설명한 것은?

① 보일러의 본체가 화염에 과열되어 외부로 볼록하게 튀어나오는 현상
② 노통이나 화실이 외축의 압력에 의해 눌려 쭈그러져 찢어지는 현상
③ 강판에 가스가 포함된 것이 화염의 접촉으로 양쪽으로 오목하게 되는 현상
④ 고압 보일러 드럼 이음에 주로 생기는 응력 부식 균열의 일종

해설 ①항은 팽출, ②항은 압궤에 대한 내용이다.

25. 보일러수 속에 유지류, 부유물 등의 농도가 높아지면 드럼수면에 거품이 발생하고, 또한 거품이 증가하여 드럼의 증기실에 확대되는 현상은?

① 포밍 ② 프라이밍
③ 워터 해머링 ④ 프리퍼지

해설 ㉠ 포밍 : 물거품 솟음
㉡ 프라이밍 : 비수현상

26. 옥내에 보일러를 설치하는 경우 연료의 저장은 보일러 외측으로부터 최소 얼마 이상 거리를 두어야 하는가?

① 거리와 무관 ② 1 m 이상
③ 2 m 이상 ④ 3 m 이상

해설 연료를 저장할 때에는 보일러 외측으로부터 2 m 이상 거리를 두거나 방화격벽을 설치해야 한다. 단, 소형 보일러의 경우에는 1 m 이상 거리를 두거나 반격벽으로 할 수 있다.

27. 최고사용압력 얼마를 초과하는 증기 보일러에는 저수위 안전장치를 설치해야 하는가? (단, 소용량 보일러는 제외)

① 0.1 MPa ② 0.2 MPa
③ 0.5 MPa ④ 1 MPa

해설 최고사용압력 0.1MPa(1kgf/cm^2)를 초과하는 증기 보일러에는 다음 각 호의 저수위 안전장치를 설치해야 한다.
1. 보일러의 수위가 안전수위까지 내려가기 직전에 자동적으로 경보가 울리는 장치(50~100초)
2. 보일러의 수위가 안전수위까지 내려가는 즉시 연소실 내에 공급하는 연료를 자동적으로 차단하는 장치

28. 보일러 파열사고의 원인 중 제작상의 원인과 무관한 것은?

① 용접 불량 ② 구조 불량
③ 설계 불량 ④ 기기 정비 불량

해설 보일러 파열사고의 원인은 취급상 원인과 제작상 원인으로 분류하며, 대부분 취급상 부주의에 기인한다.
㉠ 취급상의 원인 : 저수위, 압력 초과, 급수 처리 미비, 과열, 부식, 미연소가스 폭발, 부속기기 정비 불량 및 점검 미비
㉡ 제작상의 원인 : 재료 불량, 강도 부족, 설계 불량, 구조 불량, 용접 불량, 부속기기 설비의 미비

29. 다음 중 보일러 운전이 끝난 후 노내와 연도에 있는 가연성 가스를 송풍기로 분출하는 것은?

정답 23. ④ 24. ① 25. ① 26. ③ 27. ① 28. ④ 29. ②

① 프리퍼지 ② 포스트퍼지
③ 프라이밍 ④ 포밍

해설 ㉠ 프리퍼지 : 점화 전 노내 환기작업
㉡ 포스트퍼지 : 소화 후 노내 환기작업

30. 보일러 내에 아연판을 매다는 이유는 무엇인가?

① 비수작용 방지
② 스케일 생성 방지
③ 보일러판의 부식 방지
④ 갈바니 액션 방지

해설 보일러수 중에 아연판을 매달아 두면 전류작용이 방지되어 부식을 방지할 수 있다.

31. 래미네이션(lamination)을 바르게 설명한 것은?

① 보일러 강판이나 관이 2매의 층을 형성한 것을 말한다.
② 보일러 강판이 화염에 닿아 볼록 튀어나온 것을 말한다.
③ 보일러 본체에 화염이 접촉하여 내부의 압력에 견딜 수 없어 외부로 튀어나온 것을 말한다.
④ 보일러 강판이 화염에 접촉하여 점식되어 가는 것을 말한다.

해설 ㉠ 래미네이션(lamination) : 보일러 강판이나 관 속에 2장의 층을 형성하고 있는 흠
㉡ 블리스터(blister) : 래미네이션의 결함을 갖고 있는 재료가 강하게 열을 받아 소손되어 부풀어 오른 현상

32. 증기관으로 증기와 함께 수분 및 불순물이 함께 취출되는 것은?

① 수격작용 ② 프라이밍
③ 캐리오버 ④ 포밍

해설 캐리오버(carry over, 기수공발) : 수중의 용해물이나 고형물 등에 의하여 증기 속에 수분 및 불순물이 혼입되어 취출되는 현상이며, 포밍과 프라이밍이 그 원인이 된다.

33. 보일러의 보존법 중 장기 보존법에 해당하지 않는 것은?

① 가열 건조법
② 석회 밀폐 건조법
③ 질소가스 봉입법
④ 소다 만수 보존법

해설 가열 건조법과 만수 보존법은 단기 보존법이며 ②, ③, ④항은 장기 보존법이다.

34. 보일러의 산 세척 처리 순서로 옳은 것은?

① 전처리 → 산액처리 → 수세 → 중화방청 → 수세
② 전처리 → 수세 → 산액처리 → 수세 → 중화방청
③ 산액처리 → 수세 → 전처리 → 중화방청 → 수세
④ 산액처리 → 전처리 → 수세 → 중화방청 → 수세

해설 보일러의 산 세척 처리 순서
① 전처리 → ② 수세 → ③ 산 세척 → ④ 산액처리 → ⑤ 수세 → ⑥ 중화방청처리

35. 보일러 급수처리법 중 산소, CO_2, 용해가스를 제거하는 급수 처리방법으로 가장 적당한 것은?

① 탈기법 ② 여과법
③ 석회소다법 ④ 증류법

해설 용존가스체 제거법
㉠ 탈기법 : O_2, CO_2 제거(특히, O_2 제거)
㉡ 기폭법 : CO_2, Fe, Mn, NH_3, H_2S 제거

정답 30. ③ 31. ① 32. ③ 33. ① 34. ② 35. ①

36. 호칭지름 15A의 강관을 굽힘 반지름 80mm, 각도 90℃로 굽힐 때 굽힘부의 필요한 중심 곡선부 길이는 약 몇 mm인가?

① 126 ② 135 ③ 182 ④ 251

해설 $80 \times 2 \times \pi \times \frac{90}{360} = 126\text{mm}$

37. 온수난방의 배관 시공법에 관한 설명으로 틀린 것은?

① 배관 구배는 일반적으로 $\frac{1}{250}$ 이상으로 한다.
② 운전 중에 온수에서 분리한 공기를 배제하기 위해 개방식 팽창탱크로 향하여 선상향 구배로 한다.
③ 수평 배관에서 관지름을 변경할 경우 동심 이음쇠를 사용한다.
④ 온수 보일러에서 팽창탱크에 이르는 팽창관에는 되도록 밸브를 달지 않는다.

해설 이경관을 연결할 때 리듀서, 부싱을 사용한다.

38. 동관 작업용 공구의 사용목적이 바르게 설명된 것은?

① 플레어링 툴 세트 : 관 끝을 소켓으로 만듬
② 익스팬더 : 직관에서 분기관 성형 시 사용
③ 사이징 툴 : 관 끝을 원형으로 정형
④ 튜브 벤더 : 동관을 절단함

해설 ㉠ 플레어링 툴 세트 : 동관의 압축 접합에 사용
㉡ 익스팬드 : 동관의 관 끝 확관에 사용
㉢ 사이징 툴 : 동관 끝을 원형으로 사용
㉣ 튜브 벤드 : 동관 벤딩용으로 사용
㉤ 튜브 커터 : 동관 절단용에 사용
㉥ 리머 : 동관 절단 후 거스러미 제거에 사용

39. 열팽창에 의한 배관의 이동을 구속 또는 제한하는 배관 지지구인 레스트레인트(restraint)의 종류가 아닌 것은?

① 가이드 ② 앵커
③ 스토퍼 ④ 행어

해설 ㉠ 레스트레인트의 종류 : 가이드(guide), 앵커(anchor), 스토퍼(stopper)
㉡ 행어(hanger)의 종류 : 리지드 행어(rigid hanger), 스프링 행어(spring hanger), 콘스탄트 행어(constant hanger)
㉢ 서포트(support)의 종류 : 파이프 슈(pipe shoe), 롤러 서포트(roller support), 리지드 서포트(rigid support), 스프링 서포트(spring support)

40. 다음 그림과 같은 동력 나사절삭기의 종류의 형식으로 맞는 것은?

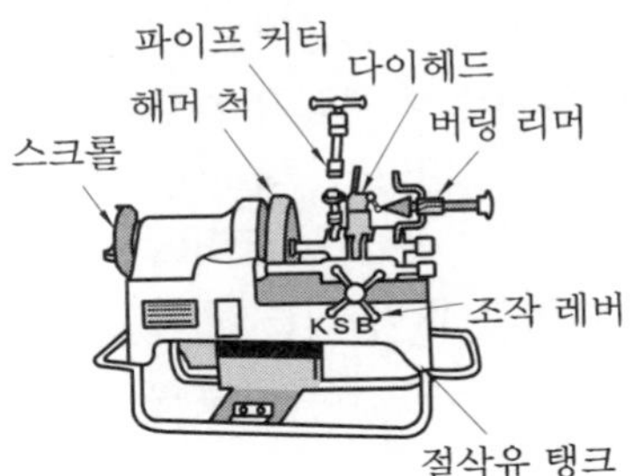

① 오스터형 ② 호브형
③ 다이헤드형 ④ 파이프형

해설 관의 절단, 거스러미(burr) 제거, 나사가공을 연속으로 작업할 수 있는 다이헤드형이다.

41. 저온 배관용 탄소강관의 종류의 기호로 맞는 것은?

① SPPG ② SPLT
③ SPPH ④ SPPS

정답 36. ① 37. ③ 38. ③ 39. ④ 40. ③ 41. ②

해설 ㉠ SPLT : 저온 배관용 탄소강관
㉡ SPHT : 고온 배관용 탄소강관
㉢ SPPH : 고압 배관용 탄소강관
㉣ SPPS : 압력 배관용 탄소강관
㉤ SPP : 배관용 탄소강관

42. 관의 결합방식 표시방법 중 유니언식의 그림기호로 맞는 것은?

① —+—　② —●—
③ —||—　④ —|‖—

해설 ①항은 나사이음, ③항은 플랜지 이음

43. 증기난방과 비교하여 온수난방의 특징을 설명한 것으로 틀린 것은?

① 난방부하의 변동에 따라서 열량 조절이 용이하다.
② 예열시간이 짧고, 가열 후에 냉각시간도 짧다.
③ 방열기의 화상이나 공기 중의 먼지 등이 눌어붙어 생기는 나쁜 냄새가 적어 실내의 쾌적도가 높다.
④ 동일 발열량에 대하여 방열 면적이 커야 하고 관경도 굵어야 하기 때문에 설비비가 많이 드는 편이다.

해설 예열시간이 길고 가열 후에 냉각시간도 길다.

44. 배관의 나사이음과 비교한 용접이음의 특징으로 잘못 설명된 것은?

① 나사이음부와 같이 관의 두께에 불균일한 부분이 없다.
② 돌기부가 없어 배관상의 공간 효율이 좋다.
③ 이음부의 강도가 적고, 누수의 우려가 크다.
④ 변형과 수축, 잔류응력이 발생할 수 있다.

해설 이음부의 강도가 크고 누수의 우려가 적다.

45. 배관 내에 흐르는 유체의 종류를 표시하는 기호 중 증기를 나타내는 것은?

① A　② G　③ S　④ O

해설 A : 공기, G : 가스, O : 오일

46. 파이프 커터로 관을 절단하면 안으로 거스러미(burr)가 생기는데 이것을 능률적으로 제거하는 데 사용되는 공구는?

① 다이 스토크
② 사각줄
③ 파이프 리머
④ 체인 파이프렌치

47. 어떤 주철제 방열기 내의 증기의 평균온도가 110℃이고, 실내온도가 18℃일 때, 방열기의 방열량은? (단, 방열기의 방열계수는 7.2 kcal/m^2·h·℃이다.)

① 236.4 kcal/m^2·h
② 478.8 kcal/m^2·h
③ 521.6 kcal/m^2·h
④ 662.4 kcal/m^2·h

해설 $7.2 \times (110-18) = 662.4$ kcal/m^2·h

48. 배관의 하중을 위에서 끌어당겨 지지할 목적으로 사용되는 지지구가 아닌 것은 어느 것인가?

① 리지드 행어(rigid hanger)
② 앵커(anchor)
③ 콘스탄트 행어(constant hanger)
④ 스프링 행어(spring hanger)

정답 42. ④　43. ②　44. ③　45. ③　46. ③　47. ④　48. ②

해설 행어의 종류에는 ①, ③, ④항 3가지가 있다.

참고 리스트레인트의 종류 : 앵커, 스토퍼, 가이드

49. **증기난방의 시공에서 환수배관에 리프트 피팅(lift fitting)을 적용하여 시공할 때 1단의 흡상 높이로 적당한 것은?**

① 1.5 m 이내 ② 2 m 이내
③ 2.5 m 이내 ④ 3 m 이내

해설 진공환수식 증기난방에서 리프트 피팅 이음을 시공할 때 1단의 흡상 높이는 1.5 m 이내이다(환수관 내의 진공도는 100~250 mmHg 정도).

50. **배관 중간이나 밸브, 펌프, 열교환기 등의 접속을 위해 사용되는 이음쇠로서 분해, 조립이 필요한 경우에 사용되는 것은?**

① 벤드 ② 리듀서
③ 플랜지 ④ 슬리브

해설 분해, 조립이 필요한 경우에 사용되는 이음쇠는 플랜지와 유니언이다.

51. **이동 및 회전을 방지하기 위해 지지점 위치에 완전히 고정하는 지지금속으로, 열팽창 신축에 의한 영향이 다른 부분에 미치지 않도록 배관을 분리하여 설치·고정해야 하는 리스트레인트의 종류는?**

① 앵커 ② 리지드 행어
③ 파이프 슈 ④ 브레이스

해설 리스트레인트의 종류 : 앵커, 스토퍼, 가이드

52. **팽창탱크 내의 물이 넘쳐흐를 때를 대비하여 팽창탱크에 설치하는 관은?**

① 배수관 ② 환수관
③ 오버플로관 ④ 팽창관

해설 물이 넘쳐흐를 때를 대비하여 팽창탱크에 오버플로관(일수관)을 설치한다.

53. **가스절단 조건에 대한 설명 중 틀린 것은?**

① 금속 산화물의 용융온도가 모재의 용융온도보다 낮을 것
② 모재의 연소온도가 그 용융점보다 낮을 것
③ 모재의 성분 중 산화를 방해하는 원소가 많을 것
④ 금속 산화물 유동성이 좋으며, 모재로부터 이탈될 수 있을 것

해설 산화반응이 격렬하고 다량의 열이 발생해야 할 것

54. **관을 아래서 지지하면서 신축을 자유롭게 하는 지지물은 무엇인가?**

① 스프링 행어
② 롤러 서포트
③ 콘스탄트 행어
④ 리스트레인트

해설 서포트(support) : 배관 하중을 아래서 위로 떠받쳐 지지하는 지지물로서 종류는 다음과 같다.
㉠ 파이프 슈(pipe shoe) : 배관의 벤딩 부분과 수평 부분에 관으로 영구히 고정시켜 배관의 이동을 구속시키는 것이다.
㉡ 롤러 서포트(roller support) : 관을 아래서 지지하면서 신축을 자유롭게 하는 것으로 롤러가 관을 받치고 있다.
㉢ 리지드 서포트(rigid support) : I빔으로 만든 지지대의 일종으로 정유시설의 송유관에 많이 사용한다.
㉣ 스프링 서포트(spring support) : 상하 이동이 자유롭고 파이프의 하중에 따라

정답 49. ① 50. ③ 51. ① 52. ③ 53. ③ 54. ②

스프링이 완충작용을 하여 배관을 지지하는 것이다.

55. 환수관 배관법 중 응축수 환수주관을 보일러의 표준수위보다 높은 위치에 배관하여 환수하는 방식은?

① 건식 환수방식
② 습식 환수방식
③ 강제 환수방식
④ 진공 환수방식

해설 환수주관을 보일러 표준수위보다 낮은 위치에 배관하는 방식은 습식 환수방식이다.

56. 기둥형 방열기는 벽과 얼마 정도의 간격을 두고 설치하는 것이 좋은가?

① 10～20 mm ② 30～40 mm
③ 50～60 mm ④ 80～90 mm

해설 벽면에서는 50～60 mm 떨어지게, 벽걸이형 방열기는 바닥에서 150 mm 높게 설치한다.

57. 벽걸이 횡형 주철제 방열기의 호칭 기호는?

① W － H ② W － V
③ H × W ④ H × V

해설 ①항은 벽걸이 횡형 주철제 방열기, ②항은 벽걸이 종형 주철제 방열기의 호칭 기호이다.

58. 보온재를 유기질 보온재와 무기질 보온재로 구분할 때 무기질 보온재에 해당하는 것은?

① 펠트 ② 코르크
③ 글라스 폼 ④ 기포성 수지

해설 ㉠ 무기질 보온재의 종류 : 글라스 폼, 탄산마그네슘, 규조토, 글라스 울(유리섬유), 석면, 암면, 광재면
㉡ 유기질 보온재의 종류 : 펠트, 코르크, 기포성 수지, 펄프, 염화비닐 폼, 우레탄 폼

59. 다음 중 무기질 보온재에 속하는 것은 어느 것인가?

① 펠트 ② 규조토
③ 코르크(cork) ④ 기포성 수지

해설 무기질 보온재의 종류에는 규조토, 석면, 암면, 유리섬유(글라스 울), 탄산마그네슘 등이 있다.

60. 다른 보온재에 비하여 단열 효과가 낮으며 500℃ 이하의 노벽의 탱크 노벽 등에 사용하는 것은?

① 규조토 ② 암면
③ 글라스 울 ④ 펠트

해설 무기질 보온재인 규조토에 대한 문제이며 암면(로크 울)은 400℃ 이하의 파이프, 덕트, 탱크 등에 적합하며 글라스 울(유리섬유)은 300℃ 이하의 일반 건축의 벽체, 덕트 등에 적합하다.

정답 55. ① 56. ③ 57. ① 58. ③ 59. ② 60. ①

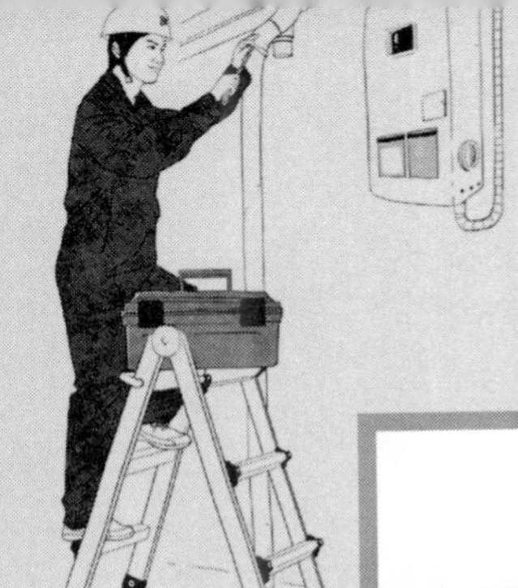

2019년도 CBT 복원문제

1. 두께가 13cm, 면적이 10m^{2}인 벽이 있다. 벽 내부온도는 200℃, 외부의 온도가 20℃일 때 벽을 통한 전도되는 열량은 약 몇 kcal/h인가? (단, 열전도율은 0.02kcal/m · h · ℃이다.)

① 234.2　② 259.6
③ 276.9　④ 312.3

해설 $0.02 \times \frac{(200-20)}{0.13} \times 10 = 276.9\text{kcal/h}$

참고 열전도율 λ[kcal/m · h · ℃], 벽 두께 b[m], 고온측 온도 t_1[℃], 저온측 온도 t_2[℃], 면적 F[m^2]라면
열전도량$=\lambda \times \frac{(t_1 - t_2)}{b} \times F$ 이다.

2. 보온재가 갖추어야 할 조건 설명으로 틀린 것은?

① 열전도율이 작아야 한다.
② 부피, 비중이 커야 한다.
③ 적합한 기계적 강도를 가져야 한다.
④ 흡수성이 낮아야 한다.

해설 부피 · 비중이 크면 열전도율이 증가하므로 부피 · 비중이 작아야 한다.

3. 다음 중 보온재의 구비조건으로 틀리게 설명된 것은?

① 열전도율이 낮을 것
② 비중이 작을 것
③ 내구성이 클 것
④ 흡수성이 클 것

해설 흡수성이나 흡습성이 없어야 열전도율이 증가하지 않고 보온능력이 크다.

4. 보온재 중 흔히 스티로폴이라고도 하며, 열 차단 능력이 우수하고, 내수성도 뛰어난 보온재는?

① 폴리스티렌 폼　② 경질 우레탄 폼
③ 코르크　④ 글라스 울

해설 폴리스티렌 폼 유기질 보온재의 특성이다.

5. 에너지 수급안정을 위하여 산업통상자원부 장관이 필요한 조치를 취할 수 있는 사항이 아닌 것은?

① 에너지의 배급
② 산업별 · 주요공급자별 에너지 할당
③ 에너지의 비축과 저장
④ 에너지의 양도 · 양수의 제한 또는 금지

해설 에너지이용합리화법 제7조 ②항 참조
참고 지역별 · 주요공급자별 에너지 할당

6. 에너지사용계획의 검토기준, 검토방법, 그 밖에 필요한 사항을 정하는 영은?

① 산업통상자원부령
② 국토해양부령
③ 대통령령
④ 고용노동부령

해설 에너지이용합리화법 제11조 ③항 참조

정답 1. ③　2. ②　3. ④　4. ①　5. ②　6. ①

7. **동작유체의 상태변화에서 에너지의 이동이 없는 변화는?**

① 등온변화 ② 정적변화
③ 정압변화 ④ 단열변화

해설 단열변화 : 등엔트로피 변화라고도 하며, 열의 출입이 없는 변화이다.

8. **보일러의 연관에 대한 설명으로 옳은 것은?**

① 관이 내부에서 연소가 이루어지는 관
② 관이 외부에서 연소가 이루어지는 관
③ 관의 내부에는 물이 차 있고, 외부로는 연소가스가 흐르는 관
④ 관의 내부에는 연소가스가 흐르고 외부로는 물이 차 있는 관

해설 ③항은 수관에 대한 설명이며, ④항은 연관에 대한 설명이다.

9. **다음 중 수관 보일러가 아닌 것은?**

① 스코치 보일러 ② 배브콕 보일러
③ 라몽 보일러 ④ 타쿠마 보일러

해설 스코치 보일러는 선박용 보일러로 노통 연관 보일러이다.

10. **다음 압력계 중 액주식 압력계가 아닌 것은?**

① U자관 압력계
② 경사관형 압력계
③ 2액 마노미터 압력계
④ 벨로스 압력계

해설 벨로스 압력계, 부르동관 압력계, 다이어프램 압력계는 탄성식 압력계이다.

11. **비접촉식 온도계가 아닌 것은?**

① 색 온도계
② 방사 온도계
③ 광고 온도계
④ 바이메탈 온도계

해설 ①, ②, ③항 및 광전관식 온도계가 비접촉식 온도계이다.

12. **과열증기에서 과열도는 무엇인가?**

① 과열증기온도에 증발열을 합한 것이다.
② 과열증기온도와 포화증기온도와의 차이다.
③ 과열증기압력과 포화증기압력과의 차이다.
④ 과열증기온도에 증발열을 뺀 것이다.

해설 과열도＝과열증기온도－포화증기온도

13. **보일러 자동제어에서 3요소식 수위 제어의 3가지 검출요소와 관계없는 것은?**

① 노내 압력
② 수위
③ 증기유량
④ 급수유량

해설 3요소식에서 검출요소 3가지는 수위, 증기유량, 급수유량이다.

14. **에너지이용합리화법에 따라 주철제 보일러에서 설치검사를 면제 받을 수 있는 기준으로 옳은 것은?**

① 전열면적 30제곱미터 이하의 유류용 주철제 증기보일러
② 전열면적 40제곱미터 이하의 유류용 주철제 온수보일러
③ 전열면적 50제곱미터 이하의 유류용 주철제 증기보일러
④ 전열면적 60제곱미터 이하의 유류용 주철제 온수보일러

정답 7. ④ 8. ④ 9. ① 10. ④ 11. ④ 12. ② 13. ① 14. ①

해설 에너지이용합리화법 시행규칙 제31조의 13 별표 3의 6 참조

15. 저탄소 녹색성장 기본법에서 온실가스가 대기 중에 축적되어 온실가스 농도를 증가시켜 지표 및 대기의 온도가 추가적으로 상승하는 현상을 말하는 용어는?

① 기후변화 ② 온실가스 배출
③ 지구온난화 ④ 자원순환

해설 저탄소 녹색성장 기본법 제2조 11 참조

16. 정부는 국가전략을 효율적 · 체계적으로 이행하기 위하여 몇 년마다 저탄소 녹색성장 국가전략 5개년 계획을 수립하는가?

① 2년 ② 3년 ③ 4년 ④ 5년

해설 저탄소 녹색성장 기본법 시행령 제4조 참조

17. 신에너지 및 재생에너지 개발 · 이용 · 보급 촉진법에 따라 신 · 재생에너지의 기술개발 및 이용 보급을 촉진하기 위한 기본계획은 누가 수립하는가?

① 교육과학기술부 장관
② 환경부 장관
③ 국토해양부 장관
④ 산업통상자원부 장관

해설 신에너지 및 재생에너지 개발 · 이용 · 보급 촉진법 제5조 ①항 참조

18. 신축 · 증축 또는 개축하는 건축물에 대하여 그 설계 시 산출된 예상 에너지사용량의 일정 비율 이상을 신 · 재생에너지를 이용하여 공급되는 에너지를 사용하도록 신 · 재생에너지 설비를 의무적으로 설치할 수 있는 기관이 아닌 것은?

① 공기업
② 종교단체
③ 국가 및 지방자치단체
④ 특별법에 따라 설립된 법인

해설 신에너지 및 재생에너지 개발 · 이용 · 보급 촉진법 제12조 ②항 참조

19. 온실가스배출량 및 에너지사용량 등의 보고와 관련하여 관리업체는 해당 연도 온실가스배출량 및 에너지소비량에 관한 명세서를 작성하고 이에 대한 검증기관의 검증결과를 언제까지 부문별 관장기관에게 제출하여야 하는가?

① 해당 연도 12월 31일까지
② 다음 연도 1월 31일까지
③ 다음 연도 3월 31일까지
④ 다음 연도 6월 30일까지

해설 저탄소 녹색성장 기본법 시행령 제34조 ①항 참조

20. 펌프의 공동현상(케비테이션)을 예방하는 조치로 알맞은 것은?

① 펌프의 회전수를 높인다.
② 관경을 넓게 한다.
③ 관의 굽힘을 크게 한다.
④ 흡입양정을 길게 한다.

해설 공동현상 방지법
㉠ 펌프의 회전수를 낮춘다.
㉡ 관경을 크게 하거나 굽힘을 작게 한다.
㉢ 2대 이상의 펌프를 사용한다.
㉣ 펌프의 설치위치를 낮추어 흡입양정을 짧게 한다.

21. 집진장치 중 집진효율이 가장 낮은 것은?

① 중력식 집진장치

정답 15. ③ 16. ④ 17. ④ 18. ② 19. ③ 20. ② 21. ①

② 관성력식 집진장치
③ 원심식 집진장치
④ 전기식 집진장치

해설 중력식 : 집진효율 40~60% 정도
관성력식 : 집진효율 50~70% 정도
원심식 : 집진효율 70~90% 정도
전기식 : 집진효율 90~99.5% 정도

22. 다음 중 보일러의 외부부식에 해당되는 것은?

① 점식 ② 구식
③ 알칼리 부식 ④ 고온부식

해설 ㉠ 내부부식의 종류 : 점식, 구식(그루빙), 알칼리 부식
㉡ 외부부식의 종류 : 고온부식, 저온부식, 산화부식

23. 왕복동식 펌프이며 특수약액, 불순물이 많은 유체를 이동하는 데 사용하는 펌프는?

① 다이어프램 펌프
② 터빈 펌프
③ 플런저 펌프
④ 피스톤(워싱턴) 펌프

해설 왕복동식 펌프의 종류에는 특수약액, 불순물이 많은 유체를 이동하는 데 사용하는 다이어프램 펌프, 유량이 많고 압력이 낮은 경우에 사용하는 피스톤(워싱턴) 펌프, 유량이 적고 압력이 높은 경우에 사용하는 플런저 펌프가 있다.

참고 원심식(회전식) 펌프의 종류에는 안내 깃(가이드 베인)이 없는 벌류트 펌프와 안내 깃(가이드 베인)이 있는 터빈 펌프가 있다.

24. 슈미트 보일러는 보일러 분류에서 어디에 속하는가?

① 관류식 ② 자연순환식
③ 강제순환식 ④ 간접가열식

해설 가열 방식에 따라 직접 가열식 보일러와 슈미트 보일러, 뢰플러 보일러와 같은 간접가열식 보일러로 분류한다.

25. 보일러 윈드 박스 주위에 설치되는 장치 또는 부품과 가장 거리가 먼 것은?

① 공기예열기 ② 화염검출기
③ 착화버너 ④ 투시구

해설 공기예열기는 연도에 설치되는 폐열회수장치이다.

26. 보일러 용량 결정에 포함될 사항으로 거리가 먼 것은?

① 난방부하 ② 급탕부하
③ 배관부하 ④ 연료부하

해설 보일러 정격용량(정격출력)[kcal/h]
=난방부하+급탕부하+배관부하+예열(시동)부하

27. 중유의 종류를 A 중유, B 중유, C 중유로 구분 짓는 것은?

① 비점 ② 발화점
③ 점도 ④ 인화점

해설 점도(액체의 끈적거리는 성질의 정도)에 따라 A 중유, B 중유, C 중유(가장 많이 사용)로 구분 짓는다.

28. 가스 버너에서 역화 현상이 발생하는 원인으로 맞는 것은?

① 가스압이 너무 높은 경우
② 버너 부식으로 염공이 커진 경우
③ 가스 분출 속도가 높은 경우
④ 1차 공기의 흡인이 많은 경우

해설 ㉠ 역화(back fire)의 원인 : 버너 부식으로 염공이 커진 경우와 버너가 과열된 경우이다.

정답 22. ④ 23. ① 24. ④ 25. ① 26. ④ 27. ③ 28. ②

㉡ 리프트(lifting)의 원인 : 가스압이 너무 높거나 1차 공기 과다로 분출속도가 높은 경우이다.

29. 형상에 따른 여과기(스트레이너)의 종류가 아닌 것은?

① Y형 ② T형 ③ U형 ④ V형

해설 형상에 따라 Y형, U형, V형 3가지가 있다.

30. 다음 중 열관류율(열통과율)의 단위로 맞는 것은?

① kcal/m²h℃ ② kcal/mh℃
③ kcal/kg℃ ④ kcal/℃

해설 ① : 열관류율의 단위
② : 열전도율의 단위
③ : 비열의 단위
④ : 열용량의 단위

31. 상당증발량 1250 kg/h, 발생증기의 엔탈피 650 kcal/kg, 급수엔탈피 32 kcal/kg일 때 매시 실제증발량은 얼마인가?

① 2090 kg/h ② 2190 kg/h
③ 1090 kg/h ④ 1190 kg/h

해설 $1250 = \frac{x \times (650-32)}{539}$ 에서

$1250 \times 539 = x \times (650-32)$

$\therefore x = \frac{1250 \times 539}{(650-32)} = 1090\text{kg/h}$

32. 대기압을 0으로 기준한 압력이며 보일러 압력계가 나타내는 압력은?

① 절대압력 ② 게이지압력
③ 진공압력 ④ 대기압력

해설 ㉠ 절대압력 : 절대진공을 0으로 기준한 압력
㉡ 진공압력 : 대기압보다 낮은 압력

33. 다음 중 연속동작에 해당되지 않는 제어는 어느 것인가?

① 다위치 동작 ② 비례(P) 동작
③ 적분(I) 동작 ④ 미분(D) 동작

해설 2위치(ON-OFF) 동작, 다위치 동작, 불연속 속도 동작은 불연속 동작이다.

34. 보일러의 연소장치에서 통풍력을 크게 하는 조건으로 맞는 것은?

① 연돌의 높이를 낮추고 단면적을 줄인다.
② 배기가스의 온도를 낮춘다.
③ 외기 온도와 배기가스의 온도차를 줄인다.
④ 연도의 단면적을 크게 하고 굴곡부를 줄인다.

해설 연돌의 높이를 높이고 단면적을 크게 하며 배기가스의 온도를 높이고 외기와 배기가스의 온도차와 비중량 차를 크게 해야만 통풍력을 증대시킬 수 있다.

35. 연관 최고부보다 노통 윗면이 높은 노통연관 보일러의 안전저수면의 위치는 어느 것인가?

① 노통 최고부위 100 mm 상방
② 노통 최고부위 75 mm 상방
③ 연관 최고부위 100 mm 상방
④ 연관 최고부위 75 mm 상방

해설 ㉠ 연관 최고부보다 노통 윗면이 높은 노통연관 보일러의 안전저수면은 노통 최고부위 100 mm 상방
㉡ 노통 윗면보다 연관이 높은 노통연관 보일러의 안전저수면은 노통 최고부위 75 mm 상방

36. 보일러 용량이 10T/h 이하인 보일러 검사대상기기 조종자의 자격이 아닌 것은?

정답 29. ② 30. ① 31. ③ 32. ② 33. ① 34. ④ 35. ① 36. ③

① 에너지관리 기능장
② 에너지관리 기능사
③ 안전검사대상기기조종자 교육 이수자
④ 에너지관리 기사

해설 에너지이용합리화법 시행규칙 제31조의 26에 의한 별표 3의 9 참조

37. 수면계의 기능시험의 시기에 대한 설명으로 틀린 것은?

① 가마울림 현상이 나타날 때
② 2개의 수면계 수위에 차이가 있을 때
③ 보일러를 가동하여 압력이 상승하기 시작하였을 때
④ 포밍, 프라이밍 현상이 생길 때

해설 연소상태가 불안정할 때 가마울림 현상이 나타나므로 수면계 기능시험과는 거리가 멀다.

38. 보일러에서 실제 증발량(kg/h)을 연료 소모량(kg/h)으로 나눈 값은?

① 증발 배수 ② 전열면 증발량
③ 연소실 열부하 ④ 상당 증발량

해설 증발 배수(실제 증발 배수)

$$=\frac{\text{실제 증발량(kg/h)}}{\text{연료 소모량(kg/h)}}(\text{kg/kg 연료})$$

39. 보일러 제어에서 자동연소 제어에 해당하는 약호는?

① A.C.C ② A.B.C
③ S.T.C ④ F.W.C

해설 ㉠ 보일러 자동제어 : A.B.C
㉡ 증기온도제어 : S.T.C
㉢ 급수제어 : F.W.C
㉣ 연소제어 : A.C.C

40. 프로판(C_3H_8) 1 kg이 완전연소하는 경우 필요한 이론 산소량은 약 몇 Nm^3인가?

① 3.47 ② 2.55
③ 1.25 ④ 1.50

해설 $C_3H_8 + 5O_2 \rightarrow 3CO_2 + 4H_2O$
1kmol 5kmol 3kmol 4kmol
($44kg, 22.4Nm^3$) ($5\times22.4Nm^3$)($3\times22.4Nm^3$) ($4\times22.4Nm^3$)

$$\frac{5\times22.4}{44}=2.55\text{Nm}^3$$

41. 서로 다른 두 종류의 금속판을 하나로 합쳐 온도 차이에 따라 팽창 정도가 다른 점을 이용한 온도계는?

① 바이메탈 온도계
② 압력식 온도계
③ 전기저항 온도계
④ 열전대 온도계

해설 바이메탈 온도계는 금속의 열팽창을 이용한 온도계이며, 보일러에서 가장 많이 이용한다.

42. 규산칼슘 보온재의 안전사용 최고온도(℃)는?

① 300 ② 450
③ 650 ④ 850

해설 규산칼슘 보온재는 고온용 보온재로서 최고사용 안전온도는 650℃이다.

43. 보일러의 운전정지 시 가장 뒤에 조작하는 작업은?

① 연료의 공급을 정지시킨다.
② 연소용 공기의 공급을 정지시킨다.
③ 댐퍼를 닫는다.
④ 급수펌프를 정지시킨다.

해설 연소율을 낮춘다 → 연료의 공급을 정지시킨다 → 포스트 퍼지 실시 → 연소용 공기의 공급을 정지시킨다 → 급수펌프를 정지시킨다 → 댐퍼를 닫는다 순으로 한다.

정답 37. ① 38. ① 39. ① 40. ② 41. ① 42. ③ 43. ③

44. **보일러의 외식부식 발생원인과 관계가 가장 먼 것은?**

① 빗물, 지하수 등에 의한 습기나 수분에 의한 작용
② 보일러수 등의 누출로 인한 습기나 수분에 의한 작용
③ 연소가스 속의 부식성 가스(아황산가스 등)에 의한 작용
④ 급수 중에 유지류, 산류, 탄산가스, 산소, 염류 등의 불순물 함유에 의한 작용

해설 ④항은 내부(내면)부식 발생 원인이다.

45. **보일러의 수압시험을 하는 주된 목적은?**

① 제한 압력을 결정하기 위하여
② 열효율을 측정하기 위하여
③ 균열의 여부를 알기 위하여
④ 설계의 양부를 알기 위하여

해설 수압시험의 주된 목적은 균열의 여부를 알기 위함이다.

46. **난방부하의 발생요인 중 맞지 않는 것은?**

① 벽체(외벽, 바닥, 지붕 등)를 통한 손실열량
② 극간 풍에 의한 손실열량
③ 외기(환기공기)의 도입에 의한 손실열량
④ 실내조명, 전열기구 등에서 발산되는 열부하

해설 일반적인 난방 설계에서 언급되는 실내조명, 전열기구 등 기타의 열발생원에 의한 열량 취득은 무시될 수가 있다.

47. **보일러 건조보존 시에 사용되는 건조제가 아닌 것은?**

① 암모니아 ② 생석회
③ 실리카 겔 ④ 염화칼슘

해설 건조제(흡습제)의 종류 : 생석회(산화칼슘(CaO)), 실리카 겔, 염화칼슘($CaCl_2$), 오산화인(P_2O_5), 활성알루미나, 기화성 방청제

48. **환수관의 배관방식에 의한 분류 중 환수주관을 보일러의 표준수위보다 낮게 배관하여 환수하는 방식은 어떤 배관방식인가?**

① 건식환수 ② 중력환수
③ 기계환수 ④ 습식환수

해설 ㉠ 습식환수 : 환수주관을 보일러의 표준 수위보다 낮게 배관하는 방식
㉡ 건식환수 : 환수주관을 보일러의 표준수위보다 높게 배관하는 방식

49. **배관 중간이나 밸브, 펌프, 열교환기 등의 접속을 위해 사용되는 이음쇠로서 분해, 조립이 필요한 경우에 사용되는 것은?**

① 벤드 ② 리듀서
③ 플랜지 ④ 슬리브

해설 분해, 조립이 필요한 경우에 사용되는 이음쇠는 플랜지와 유니언이다.

50. **보일러의 자동제어를 제어동작에 따라 구분할 때 연속 동작에 해당되는 것은?**

① 2위치 동작
② 다위치 동작
③ 비례동작 (P동작)
④ 부동제어 동작

해설 ㉠ 연속 동작 : 비례(P) 동작, 적분(I) 동작, 미분(D) 동작, 비례적분(PI) 동작, 비례미분(PD) 동작, 비례적분미분(PID) 동작
㉡ 불연속 동작 : 온오프(2위치) 동작, 다위치 동작, 불연속 속도 동작(부동제어 동작)

정답 44. ④ 45. ③ 46. ④ 47. ① 48. ④ 49. ③ 50. ③

51. 매연분출장치에서 보일러의 고온부인 과열기나 수관부용으로 고온의 열가스 통로에 사용할 때만 사용되는 매연분출 장치는?

① 정치 회전형
② 롱 레트랙터블형
③ 쇼트 레트렉터블형
④ 이동 회전형

해설 매연분출장치(수트 블로어 : soot blower)의 종류 및 용도
㉠ 롱 레트랙터블형(장발형) : 고온부인 과열기나 수관 등 고온의 열가스 통로 부분에 사용한다.
㉡ 쇼트 레트렉터블형(단발형) : 연소실 노벽 등에 타고 남은 연사(찌꺼기)가 많은 곳에 사용된다.
㉢ 로터리형(정치회전형) : 보일러 전열면, 절탄기 같은 곳에 사용한다.
㉣ 에어히터 클리너(공기예열기 클리너) : 관형 공기예열기용으로 사용한다.
㉤ 건형 : 미분탄 보일러, 폐열 보일러와 같은 연재가 많은 보일러에 사용한다.

52. 다음 보일러의 휴지보존법 중 단기 보존법에 속하는 것은?

① 석회 밀폐 건조법
② 질소가스 봉입법
③ 소다 만수 보존법
④ 가열 건조법

해설 ㉠ 단기 보존법 : 보통 만수 보존법, 가열 건조법
㉡ 장기 보존법 : 소다 만수 보존법, 석회 밀폐 건조법, 질소가스 봉입법

참고 ㉠ 석회(CaO) 밀폐 건조법이 최장기 보존법이다.
㉡ 질소가스 봉입법에서 질소가스 압력은 0.06 MPa이다.

53. 강관재 루프형 신축이음은 고압에 견디고 고장이 적어 고온 · 고압용 배관에 이용되는데 이 신축이음의 곡률반경은 관지름의 몇 배 이상으로 하는 것이 좋은가?

① 2배 ② 3배 ③ 4배 ④ 6배

해설 만곡관형(루프형과 밴드형) 신축이음에서 루프형 신축이음의 곡률 내 반경은 관지름의 6배 이상으로 해야 한다.

54. 주철제 보일러의 특징 설명으로 옳은 것은?

① 내열성 및 내식성이 나쁘다.
② 고압 및 대용량으로 적합하다.
③ 섹션의 증감으로 용량을 조절할 수 있다.
④ 인장 및 충격에 강하다.

해설 주철제 보일러의 특징
㉠ 내열성 및 내식성이 우수하다.
㉡ 고압, 대용량에는 부적합하다.
㉢ 섹션의 증감으로 용량을 조절할 수 있다.
㉣ 인장 및 충격에 약하다.

55. 고체연료의 고위발열량으로부터 저위발열량을 산출할 때 연료 속의 수분과 다른 한 성분의 함유율을 가지고 계산하여 산출할 수 있는데 이 성분은 무엇인가?

① 산소 ② 수소 ③ 유황 ④ 탄소

해설 저위발열량=고위발열량−600(9H+W)에서 연료 속의 수소(H)와 수분(W) 함유율을 가지고 산출한다.

56. 구상흑연 주철관이라고도 하며, 땅속 또는 지상에 배관하여 압력상태 또는 무압력 상태에서 물의 수송 등에 주로 사용되는 주철관은?

① 덕타일 주철관
② 수도용 이형 주철관

정답 51. ② 52. ④ 53. ④ 54. ③ 55. ② 56. ①

③ 원심력 모르타르 라이닝 주철관
④ 수도용 원심력 금형 주철관

해설 구상흑연 주철은 노듈러(nodular) 또는 덕타일(ductile) 주철이라고 불리며 흑연의 모양이 구상으로 되어 있기 때문에 연성이 매우 큰 고급 주철이다.

57. 보온재가 갖추어야 할 조건 설명으로 틀린 것은?

① 열전도율이 작아야 한다.
② 부피, 비중이 커야 한다.
③ 적합한 기계적 강도를 가져야 한다.
④ 흡수성이 낮아야 한다.

해설 부피·비중이 크면 열전도율이 증가하므로 부피·비중이 작아야 한다.

58. 보일러 수위제어 방식인 2요소식에서 검출하는 요소로 옳게 짝지어진 것은?

① 수위와 온도
② 수위와 급수유량
③ 수위와 압력
④ 수위와 증기유량

해설

수위제어 방식	검출 요소
1요소식(단요소식)	수위
2요소식	수위, 증기유량
3요소식	수위, 증기유량, 급수유량

59. 일반적으로 보일러의 효율을 높이기 위한 방법으로 틀린 것은?

① 보일러 연소실 내의 온도를 낮춘다.
② 보일러 장치의 설계를 최대한 효율이 높도록 한다.
③ 연소장치에 적합한 연료를 사용한다.
④ 공기예열기 등을 사용한다.

해설 연소실 온도를 높여 고온으로 유지해야 보일러 효율이 높아진다.

60. 강철제 보일러의 최고사용압력이 0.43 MPa를 초과 1.5 MPa 이하일 때 수압시험 압력 기준으로 옳은 것은?

① 0.2 MPa로 한다.
② 최고사용압력의 1.3배에 0.3 MPa를 더한 압력으로 한다.
③ 최고사용압력의 1.5배로 한다.
④ 최고사용압력의 2배에 0.5 MPa를 더한 압력으로 한다.

해설 ③항은 최고사용압력이 1.5 MPa 초과일 때 수압시험압력 기준이다.

정답 57. ② 58. ④ 59. ① 60. ②

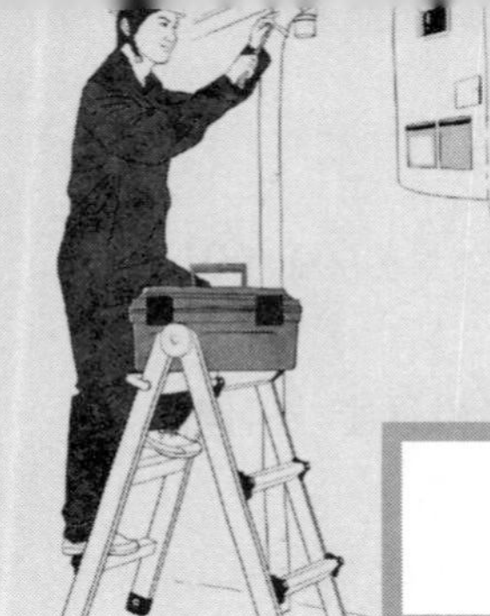

2020년도 CBT 복원문제

1. 신축곡관이라고 하며 강관 또는 동관 등을 구부려서 구부림에 따른 신축을 흡수하는 이음쇠는?

① 루프형 신축 이음쇠
② 슬리브형 신축 이음쇠
③ 스위블형 신축 이음쇠
④ 벨로스형 신축 이음쇠

해설 신축곡관(만곡관)에는 루프형과 밴드형 신축 이음쇠가 있다.

2. 원통 보일러에서 급수의 pH 범위(25℃ 기준)로 가장 적합한 것은?

① pH3~pH5 ② pH7~pH9
③ pH11~pH12 ④ pH14~pH15

해설

보일러 종류 / 구분	원통형 보일러	수관 보일러
보일러 급수 pH	7~9	8~9
보일러수 pH	11~11.8	10.5~11.5

3. 〈보기〉와 같은 부하에 대해서 보일러의 "정격출력"을 올바르게 표시한 것은?

〈보기〉

H1 : 난방부하 H2 : 급탕부하
H3 : 배관부하 H4 : 예열부하

① H1 + H2 + H3
② H2 + H3 + H4
③ H1 + H2 + H4
④ H1 + H2 + H3 + H4

해설 ㉠ 정격출력=H1+H2+H3+H4
㉡ 상용출력=H1+H2+H3

4. 파이프 커터로 관을 절단하면 안으로 거스러미(burr)가 생기는데 이것을 능률적으로 제거하는데 사용되는 공구는?

① 다이 스토크 ② 사각줄
③ 파이프 리머 ④ 체인 파이프렌치

5. 증기난방과 비교하여 온수난방의 특징에 대한 설명으로 틀린 것은?

① 물의 현열을 이용하여 난방하는 방식이다.
② 예열에 시간이 걸리지만 쉽게 냉각되지 않는다.
③ 동일 방열량에 대하여 방열 면적이 크고 관경도 굵어야 한다.
④ 실내 쾌감도가 증기난방에 비해 낮다.

해설 실내 쾌감도가 증기난방에 비해 높다.

6. 어떤 물질의 단위질량(1kg)에서 온도를 1℃ 높이는 데 소요되는 열량을 무엇이라고 하는가?

① 열용량 ② 비열
③ 잠열 ④ 엔탈피

해설 비열(kcal/kg℃)에 대한 문제이다.

7. 유류 보일러의 자동장치 점화방법의 순서가 맞는 것은?

정답 1. ① 2. ② 3. ④ 4. ③ 5. ④ 6. ② 7. ①

① 송풍기 기동 → 연료펌프 기동 → 프리퍼지 → 점화용 버너 착화 → 주버너 착화
② 송풍기 기동 → 프리퍼지 → 점화용 버너 착화 → 연료펌프 기동 → 주버너 착화
③ 연료펌프 기동 → 점화용 버너 착화 → 프리퍼지 → 주버너 착화 → 송풍기 기동
④ 연료펌프 기동 → 주버너 착화 → 점화용 버너 착화 → 프리퍼지 → 송풍기 기동

해설 1. 송풍기 기동
2. 연료펌프 기동
3. 프리퍼지
4. 노내압 조정
5. 점화버너 착화
6. 화염검출기 작동
7. 주버너 착화

8. 난방 및 온수 사용열량이 400000 kcal/h인 건물에, 효율 80%인 보일러로서 저위발열량 10000 kcal/Nm^{3}인 기체연료를 연소시키는 경우, 시간당 소요 연료량은 약 몇 Nm^3/h인가?

① 45 ② 60 ③ 56 ④ 50

해설 $\frac{400,000}{x \times 10000} \times 100 = 80$에서,

$$x = \frac{400,000 \times 100}{10000 \times 80} = 50\text{Nm}^3/\text{h}$$

9. 보일러 마력(boiler horsepower)에 대한 정의로 가장 옳은 것은?

① 0℃ 물 15.65kg을 1시간에 증기로 만들 수 있는 능력
② 100℃ 물 15.65kg을 1시간에 증기로 만들 수 있는 능력
③ 0℃ 물 15.65kg을 10분에 증기로 만들 수 있는 능력
④ 100℃ 물 15.65kg을 10분에 증기로 만들 수 있는 능력

해설 1보일러 마력은 1atm 하에서 100℃ 물 15.65kg을 1시간 동안 증기로 만들 수 있는 능력을 갖는 보일러

10. 다음 중 LPG의 주성분이 아닌 것은 어느 것인가?

① 부탄 ② 프로판
③ 프로필렌 ④ 메탄

해설 ㉠ LPG(액화석유가스)의 주성분 : 프로판(C_3H_8), 부탄(C_4H_{10}), 프로필렌(C_3H_6)
㉡ LNG(액화천연가스)의 주성분 : 메탄(CH_4)

참고 NG(천연가스)의 주성분
㉠ 건성가스 : 메탄(CH_4)
㉡ 습성가스 : 메탄(CH_4), 에탄(C_2H_6) 및 약간의 프로판(C_3H_8), 부탄(C_4H_{10})

11. 수면계의 기능시험의 시기에 대한 설명으로 틀린 것은?

① 가마울림 현상이 나타날 때
② 2개 수면계의 수위에 차이가 있을 때
③ 보일러를 가동하여 압력이 상승하기 시작했을 때
④ 프라이밍, 포밍 등이 생길 때

해설 수면계의 기능시험 시기는 ②, ③, ④ 항 외에 수면계 수위에 의심이 갈 때, 수면계를 수리 및 교체를 한 후, 수면계 수위가 둔할 때이다.

12. 특수보일러 중 간접가열 보일러에 해당되는 것은?

① 슈미트 보일러 ② 벨록스 보일러
③ 벤슨 보일러 ④ 코니시 보일러

정답 8. ④ 9. ② 10. ④ 11. ① 12. ①

해설 간접가열식(2중 증발) 보일러의 종류에는 슈미트 보일러와 뢰플러 보일러가 있다.

13. 증기보일러에 설치하는 압력계의 최고 눈금은 보일러 최고사용압력의 몇 배가 되어야 하는가?

① 0.5~0.8배 ② 1.0~1.4배
③ 1.5~3.0배 ④ 5.0~10.0배

해설 압력계의 최고 눈금은 보일러 최고사용압력의 1.5배 이상 3배 이하가 되어야 한다(3배 이하이며 1.5배보다 작아서는 안 된다).

참고 온수보일러 수위계의 최고 눈금은 보일러 최고사용압력의 1배 이상 3배 이하가 되어야 한다.

14. 중앙식 급탕법에 대한 설명으로 틀린 것은?

① 기구의 동시 이용률을 고려하여 가열장치의 총용량을 적게 할 수 있다.
② 기계실 등에 다른 설비 기계와 함께 가열장치 등이 설치되기 때문에 관리가 용이하다.
③ 설비규모가 크고 복잡하기 때문에 초기 설비비가 비싸다.
④ 비교적 배관길이가 짧아 열손실이 적다.

해설 중앙식 급탕법은 개별식 급탕법에 비해 배관 길이가 길어 열손실이 크다.

15. 보일러의 손상에서 팽출(膨出)을 옳게 설명한 것은?

① 보일러의 본체가 화염에 과열되어 외부로 볼록하게 튀어나오는 현상
② 노통이나 화실이 외축의 압력에 의해 눌려 쭈그러져 찢어지는 현상
③ 강판에 가스가 포함된 것이 화염의 접촉으로 양쪽으로 오목하게 되는 현상
④ 고압 보일러 드럼 이음에 주로 생기는 응력 부식 균열의 일종

해설 ①항은 팽출, ②항은 압궤에 대한 내용이다.

16. 노통 보일러에서 노통에 직각으로 설치하여 노통의 전열면적을 증가시키고, 이로 인한 강도보강, 관수순환을 양호하게 하는 역할을 위해 설치하는 것은?

① 갤로웨이 관
② 아담슨 조인트(Adamson joint)
③ 브리징 스페이스(breathing space)
④ 반구형 경판

해설 노통에 직각으로 2~3개 정도 설치하는 갤로웨이 관에 대한 설명이다.

17. 벽체 면적이 24 m^2, 열관류율이 0.5 kcal/m^2 · h · ℃, 벽체 내부의 온도가 40℃, 벽체 외부의 온도가 8℃일 경우 시간당 손실열량은 약 몇 kcal/h인가?

① 294 kcal/h ② 380 kcal/h
③ 384 kcal/h ④ 394 kcal/h

해설 24×0.5×(40−8)=384 kcal/h

참고 열관류량(열통과량=열손실량)=열관류율×면적×온도차

18. 에너지법에 의거 지역에너지계획을 수립한 시 · 도지사는 이를 누구에게 제출하여야 하는가?

① 대통령
② 산업통상자원부 장관
③ 국토교통부 장관
④ 에너지관리공단 이사장

해설 에너지법 제7조 ③항 참조

19. 신 · 재생에너지 정책심의회의 구성으로 맞는 것은?

정답 13. ③ 14. ④ 15. ① 16. ① 17. ③ 18. ② 19. ②

① 위원장 1명을 포함한 10명 이내의 위원
② 위원장 1명을 포함한 20명 이내의 위원
③ 위원장 2명을 포함한 10명 이내의 위원
④ 위원장 2명을 포함한 20명 이내의 위원

해설 신에너지 및 재생에너지 개발·이용·보급 촉진법 시행령 제4조 ①항 참조

20. 에너지이용합리화법 검사대상기기 조종자가 퇴직하는 경우 퇴직 이전에 다른 검사대상기기조종자를 선임하지 아니한 자에 대한 벌칙으로 맞는 것은?

① 1천만원 이하의 벌금
② 2천만원 이하의 벌금
③ 5백만원 이하의 벌금
④ 2년 이하의 징역

해설 에너지이용합리화법 제75조 참조

21. 보일러 동 내부 안전저수위보다 약간 높게 설치하여 유지분, 부유물 등을 제거하는 장치로서 연속분출장치에 해당되는 것은?

① 수면 분출장치　② 수저 분출장치
③ 수중 분출장치　④ 압력 분출장치

해설 ㉠ 수면(연속) 분출장치 : 안전저수위보다 약간 높게 설치(유지분 등 제거)
㉡ 수저(단속) 분출장치 : 동 저부에 설치(침전물, 농축물 제거)

22. 보일러 건식보존법에서 가스봉입 방식(기체보존법)에 사용되는 가스는?

① O_2　② N_2　③ CO　④ CO_2

해설 보일러 장기보존법 중에서 0.06 MPa 압력의 질소(N_2)가스를 채워두는 질소가스 봉입법이 있다.

23. 육상용 보일러의 열정산은 원칙적으로 정격부하 이상에서 정상 상태로 적어도 몇 시간 이상의 운전 결과에 따라 하는가? (단, 액체 또는 기체연료를 사용하는 소형 보일러에서 인수·인도 당사자간의 협정이 있는 경우는 제외)

① 0.5시간　② 1.5시간
③ 1시간　④ 2시간

해설 열정산은 정상 조업상태에 있어서 적어도 2시간 이상의 운전 결과에 따르며 시험부하는 원칙적으로 정격부하로 한다.

24. 과열기를 연소가스 흐름 상태에 의해 분류할 때 해당되지 않는 것은?

① 복사형　② 병류형
③ 향류형　④ 혼류형

해설 ① 연소가스 흐름 상태에 따라 : 병류형, 향류형(대향류형), 혼류형
② 전열방식(설치장소)에 따라 : 접촉(대류)형, 복사형, 복사접촉(대류)형

25. 보일러 수압시험 시의 시험수압은 규정된 압력의 몇 % 이상을 초과하지 않도록 해야 하는가?

① 3%　② 4%　③ 5%　④ 6%

해설 수압시험 압력은 규정된 압력의 6% 이상을 초과하지 않도록 해야 하며, 규정된 수압에 도달한 후 30분이 경과된 뒤에 검사를 실시해야 한다.

26. 배관의 하중을 위에서 끌어당겨 지지할 목적으로 사용되는 지지구가 아닌 것은 어느 것인가?

① 리지드 행어(rigid hanger)
② 앵커(anchor)
③ 콘스턴트 행어(constant hanger)
④ 스프링 행어(spring hanger)

정답 20. ①　21. ①　22. ②　23. ④　24. ①　25. ④　26. ②

해설 행어의 종류에는 ①, ③, ④항 3가지가 있다.

참고 리스트레인트의 종류 : 앵커, 스토퍼, 가이드

27. **제3자로부터 위탁을 받아 에너지사용시설의 에너지절약을 위한 관리 · 용역 사업을 하는 자로서 산업통상자원부 장관에게 등록을 한 자를 지칭하는 기업은?**

① 에너지진단기업
② 수요관리투자기업
③ 에너지절약전문기업
④ 에너지기술개발전담기업

해설 에너지이용합리화법 제25조 ①항 참조

28. **에너지법상 지역에너지계획에 포함되어야 할 사항이 아닌 것은?**

① 에너지 수급의 추이와 전망에 관한 사항
② 에너지이용합리화와 이를 통한 온실가스 배출감소를 위한 대책에 관한 사항
③ 미활용에너지원의 개발 · 사용을 위한 대책에 관한 사항
④ 에너지 소비촉진 대책에 관한 사항

해설 에너지법 제7조 ②항 참조

29. **에너지이용합리화법에 따라 에너지다소비사업자에게 개선명령을 하는 경우는 에너지관리지도 결과 몇 % 이상의 에너지효율개선이 기대되고 효율개선을 위한 투자의 경제성이 인정되는 경우인가?**

① 5 % ② 10 % ③ 15 % ④ 20 %

해설 에너지이용합리화법 시행령 제40조 ①항 참조

30. **엔탈피가 25 kcal/kg인 급수를 받아 1시간당 20000 kg의 증기를 발생하는 경우 이 보일러의 매시 환산증발량은 몇 kg/h인가? (단, 발생증기 엔탈피는 725 kcal/kg이다.)**

① 3246 kg/h ② 6493 kg/h
③ 12987 kg/h ④ 25974 kg/h

해설 $\frac{20000 \times (725-25)}{539} = 25974 \text{ kg/h}$

31. **고체연료에서 탄화가 많이 될수록 나타나는 현상으로 옳은 것은?**

① 고정탄소가 감소하고, 휘발분은 증가되어 연료비는 감소한다.
② 고정탄소가 증가하고, 휘발분은 감소되어 연료비는 감소한다.
③ 고정탄소가 감소하고, 휘발분은 증가되어 연료비는 증가한다.
④ 고정탄소가 증가하고, 휘발분은 감소되어 연료비는 증가한다.

해설 탄화도가 클수록 수분, 회분, 휘발분은 감소하고 고정탄소가 증가하여 연료비는 증가한다.

32. **외분식 보일러의 특징 설명으로 잘못된 것은?**

① 연소실의 크기나 형상을 자유롭게 할 수 있다.
② 연소율이 좋다.
③ 사용연료의 선택이 자유롭다.
④ 방사 손실이 거의 없다.

해설 외분식 보일러에서 방사(복사) 손실이 크다.

33. **연료의 연소 시 과잉공기계수(공기비)를 구하는 올바른 식은?**

① $\frac{\text{연소가스량}}{\text{이론공기량}}$ ② $\frac{\text{실제공기량}}{\text{이론공기량}}$

정답 27. ③ 28. ④ 29. ② 30. ④ 31. ④ 32. ④ 33. ②

③ $\frac{\text{배기가스량}}{\text{사용공기량}}$ ④ $\frac{\text{사용공기량}}{\text{배기가스량}}$

해설 과잉공기계수(공기비)는 이론공기량에 대한 실제공기량의 비를 말한다.

34. 다음 〈보기〉에서 그 연결이 잘못된 것은?

〈보기〉
㉮ 관성력 집진장치 – 충돌식, 반전식
㉯ 전기식 집진장치 – 코트렐 집진장치
㉰ 저유수식 집진장치 – 로터리 스크러버식
㉱ 가압수식 집진장치 – 임펄스 스크러버식

① ㉮ ② ㉯ ③ ㉰ ④ ㉱

해설 습식(세정) 집진장치 중 회전식에는 임펄스 스크러버식과 타이젠 와셔가 있다.

35. 원통형 보일러와 비교할 때 수관식 보일러의 특징 설명으로 틀린 것은?

① 수관의 관경이 적어 고압에 잘 견딘다.
② 보유수가 적어서 부하변동 시 압력변화가 적다.
③ 보일러수의 순환이 빠르고 효율이 높다.
④ 구조가 복잡하여 청소가 곤란하다.

해설 수관식 보일러는 보유수가 적어서 부하변동 시 압력 변화가 크다.

36. 보일러 급수 중 Fe, Mn, CO_2를 많이 함유되고 있는 경우의 급수처리 방법으로 가장 적합한 것은?

① 분사법 ② 기폭법
③ 침강법 ④ 가열법

해설 용존가스체 제거법에는 O_2, CO_2를 제거하는 탈기법과 CO_2, Fe, Mn, NH_3, H_2S를 제거하는 기폭법이 있다.

37. 연소효율이 95%, 전열효율이 85%인 보일러의 효율은 약 몇 %인가?

① 90 ② 81 ③ 70 ④ 61

해설 $(0.95\times0.85)\times100=80.75\%$

38. 보일러 강판이나 강관을 제조할 때 재질 내부에 가스체 등이 함유되어 두 장의 층을 형성하고 있는 상태의 흠은?

① 블리스터 ② 팽출
③ 압궤 ④ 래미네이션

해설 블리스터(blister)란 래미네이션의 결함을 가진 재료가 외부로부터 강한 열을 받아 소손되어 부풀어 오르는 현상을 말한다.

39. 물을 가열하여 압력을 높이면 어느 지점에서 액체, 기체 상태의 구별이 없어지고 증발 잠열이 0 kcal/kg이 된다. 이 점을 무엇이라 하는가?

① 임계점 ② 삼중점
③ 비등점 ④ 입력점

해설 임계점
㉠ 액체, 기체 상태의 구별이 없어지고(액체, 기체가 공존할 수 없는 현상) 증발잠열이 0 kcal/kg이 되는 점
㉡ 증발 시작과 끝이 바로 이루어지는 점

40. 바이패스(by-pass)관에 설치해서는 안 되는 부품은?

① 플로트 트랩
② 연료 차단 밸브
③ 감압 밸브
④ 유류 배관의 유량계

해설 연료 차단 밸브(전자밸브)는 바이패스(by-pass)관을 설치하지 않는다.

41. 다음 중 압력의 단위가 아닌 것은?

① mmHg ② bar

정답 34. ④ 35. ② 36. ② 37. ② 38. ④ 39. ① 40. ② 41. ④

③ N/m^2　　　④ kg · m/s

해설 압력의 단위 : Pa, Torr, mmHg, bar, N/m^2, dyn/cm^2, kgf/cm^2, mH_2O, mAq, mmH_2O, psi, kPa, MPa 등

참고 kg · m/s는 일률의 단위이다.

42. **스프링식 안전밸브에서 전양정식의 설명으로 옳은 것은?**

① 밸브의 양정이 밸브 시트 구경의 $\frac{1}{40} \sim \frac{1}{15}$ 미만인 것

② 밸브의 양정이 밸브 시트 구경의 $\frac{1}{15} \sim \frac{1}{7}$ 미만인 것

③ 밸브의 양정이 밸브 시트 구경의 $\frac{1}{7}$ 이상인 것

④ 밸브 시트 증기 통로 면적은 목부분 면적의 1.05배 이상인 것

해설 ① : 저양정식　　② : 고양정식
③ : 전양정식　　④ : 전양식

43. **보일러 피드백 제어에서 동작신호를 받아 규정된 동작을 하기 위해 조작 신호를 만들어 조작부에 보내는 부분은?**

① 조절부　　② 제어부
③ 비교부　　④ 검출부

해설 ㉠ 조절부 : 조직신호를 만들어 조작부에 전달하는 부분
㉡ 조작부 : 조절부로부터 조작신호를 받아 이것을 조작량으로 바꾸어 제어대상에 가하는 부분

44. **지역난방의 특징을 설명한 것 중 틀린 것은?**

① 설비가 길어지므로 배관 손실이 있다.

② 초기 시설 투자비가 높다.

③ 개개 건물의 공간을 많이 차지한다.

④ 대기오염의 방지를 효과적으로 할 수 있다.

해설 개개 건물의 공간을 적게 차지한다.

45. **증기보일러에 설치하는 유리수면계는 2개 이상이어야 하는데 1개만 설치해도 되는 경우는?**

① 소형 관류 보일러

② 최고사용압력 2MPa 미만의 보일러

③ 동체 안지름 800mm 미만의 보일러

④ 1개 이상의 원격지시 수면계를 설치한 보일러

해설 수면계를 1개만 설치해도 되는 경우
㉠ 소형 관류 보일러와 소용량 보일러
㉡ 최고사용압력이 1MPa 이하이고 동체의 안지름이 750mm 미만의 보일러
㉢ 2개 이상의 원격지시 수면계를 설치한 보일러

46. **다음 중 수관식 보일러에 속하는 것은?**

① 기관차 보일러　　② 코니시 보일러
③ 타쿠마 보일러　　④ 랭커셔 보일러

해설 ㉠ 자연순환식 수관 보일러 : 배브콕 보일러, 타쿠마 보일러, 스네기지 보일러, 야로우 보일러, 2동 D형 수관 보일러 등
㉡ 강제 순환식 수관 보일러 : 라몬트 보일러, 벨록스 보일러

47. **건물을 구성하는 구조체, 즉 바닥, 벽 등에 난방용 코일을 묻고 열매체를 통과시켜 난방을 하는 것은?**

① 대류난방　　② 복사난방
③ 간접난방　　④ 전도난방

해설 ① 복사난방 : 바닥, 벽 등에 코일을 묻고 열매체를 통과시켜 난방을 하는 것

정답 42. ③　43. ①　44. ③　45. ①　46. ③　47. ②

② 간접난방 : 가열된 공기를 덕트로 실내에 공급하여 난방을 하는 것
③ 직접난방 : 방열기에 열매체를 통과시켜 난방을 하는 것

48. 상용 보일러의 점화 전 준비사항과 관련이 없는 것은?

① 압력계 지침의 위치를 점검한다.
② 분출밸브 및 분출콕을 조작해서 그 기능이 정상인지 확인한다.
③ 연소장치에서 연료배관, 연료펌프 등의 개폐상태를 확인한다.
④ 연료의 발열량을 확인하고, 성분을 점검한다.

해설 연료의 발열량 확인 및 성분 점검은 평상시 사전 준비사항이다.

49. 경납땜의 종류가 아닌 것은?

① 황동납 ② 인동납
③ 은납 ④ 주석-납

해설 ① 연납땜의 종류 : 주석-납
② 경납땜의 종류 : 황동납, 인동납, 은납, 양은납, 알루미늄납

참고 연납과 경납의 구분 온도는 450℃이다. 즉, 용융점이 450℃ 이하인 납을 연납, 그 이상을 경납이라 한다.

50. 배관의 높이를 관의 중심을 기준으로 표시한 기호는?

① TOP ② GL ③ BOP ④ EL

해설 ㉠ EL(elevation line) : 배관의 높이를 관의 중심을 기준으로 표시한다.
㉡ GL(ground line) : 지면을 기준으로 표시한다.
㉢ FL(floor line) : 건물의 바닥면을 기준으로 표시한다.
㉣ BOP(botton of pipe) : EL에서 관 바깥지름 아랫면을 기준으로 하여 표시한다.
㉤ TOP(top of pipe) : EL에서 관의 윗면을 기준으로 표시한다.

51. 연도에서 폐열회수장치의 설치 순서가 옳은 것은?

① 재열기 → 절탄기 → 공기예열기 → 과열기
② 과열기 → 재열기 → 절탄기 → 공기예열기
③ 공기예열기 → 과열기 → 절탄기 → 재열기
④ 절탄기 → 과열기 → 공기예열기 → 재열기

해설 연소가스의 폐열(여열)을 이용하여 열효율을 높여주는 폐열회수장치의 설치 순서는 (연도 입구에서부터) 과열기 → 재열기 → 절단기 → 공기예열기이다.

52. 보일러 점화 시 역화가 발생하는 경우와 가장 거리가 먼 것은?

① 댐퍼를 너무 조인 경우나 흡입통풍이 부족할 경우
② 적정 공기비로 점화한 경우
③ 공기보다 먼저 연료를 공급했을 경우
④ 점화할 때 착화가 늦어졌을 경우

해설 공기비가 적정하지 않을 때 점화를 하면 역화(back fire)가 발생한다.

53. 다음 보온재 중 안전사용온도가 가장 높은 것은?

① 펠트 ② 암면
③ 글라스 울 ④ 세라믹 파이버

해설 펠트 : 120℃ 이하, 암면 : 400~500 ℃ 정도, 글라스 울(유리 섬유) : 350℃ 이하, 세라믹 파이버 : 1300℃ 정도

참고 고온용 보온재의 종류 : 규산칼슘(650℃), 펄라이트(650℃), 실리카 파이버(1100℃),

정답 48. ④ 49. ④ 50. ④ 51. ② 52. ② 53. ④

세라믹 파이버(1300℃)

54. 보일러 자동제어에서 급수제어 약호는 어느 것인가?

① A.B.C ② F.W.C
③ S.T.C ④ A.C.C

해설 A.B.C : 보일러 자동제어
S.T.C : 증기 온도제어
A.C.C : 연소제어

55. 강철제 증기보일러의 최고사용압력이 0.4MPa인 경우 수압시험 압력은?

① 0.16 MPa ② 0.24 MPa
③ 0.8 MPa ④ 1.24 MPa

해설 최고사용압력이 0.43 MPa 이하인 강철제 증기보일러의 수압시험 압력은 최고사용압력의 2배이다.

56. 연관 최고부보다 노통 윗면이 높은 노통연관 보일러의 최저수위(안전저수면)의 위치는?

① 노통 최고부 위 100 mm
② 노통 최고부 위 75 mm
③ 연관 최고부 위 100 mm
④ 연관 최고부 위 75 mm

해설 ㉠ 연관 최고부보다 노통 윗면이 높은 경우에는 노통 최고부 위 100 mm
㉡ 노통 윗면보다 연관 최고부가 높은 경우에는 연관 최고부 위 75 mm

57. 보일러 집진장치의 형식과 종류를 짝지은 것 중 틀린 것은?

① 가압수식 – 제트 스크러버
② 여과식 – 충격식 스크러버
③ 원심력식 – 사이클론
④ 전기식 – 코트렐

해설 여과식 집진장치에는 백 필터가 있다.

58. 전열면적이 25m^{2}인 연관 보일러를 8시간 가동시킨 결과 4000 kgf의 증기가 발생하였다면, 이 보일러의 전열면의 증발률은 몇 kgf/m^2 · h인가?

① 20 ② 30 ③ 40 ④ 50

해설 $\dfrac{\frac{4000}{8}}{25} = 20\ \text{kgf/m}^2 \cdot \text{h}$

59. <보기>에서 설명한 송풍기의 종류는?

<보기>

㉮ 경향 날개형이며 6~12매의 철판제 직선 날개를 보스에서 방사한 스포크의 리벳죔을 한 것이며, 측판이 있는 임펠러와 측판이 없는 것이 있다.
㉯ 구조가 견고하며 내마모성이 크고 날개를 바꾸기도 쉬우며 회진이 많은 가스의 흡출 통풍기, 미분탄 장치의 배탄기 등에 사용된다.

① 터보 송풍기 ② 다익 송풍기
③ 축류 송풍기 ④ 플레이트 송풍기

해설 원심식 송풍기인 플레이트 송풍기의 특징에 대한 설명이다.

60. 액체연료 중 경질유에 주로 사용하는 기화연소 방식의 종류에 해당하지 않는 것은?

① 포트식 ② 심지식
③ 증발식 ④ 무화식

해설 경질유(등유, 경유)에 사용되는 기화연소 방식에는 포트식, 심지식, 증발식 3가지가 있으며, 중질유(중유) 연소방식은 무화연소방식을 사용한다.

정답 54. ② 55. ③ 56. ① 57. ② 58. ① 59. ④ 60. ④

에너지관리 기능사 필기

2014년 1월 10일 1판1쇄
2017년 2월 25일 2판3쇄
2020년 4월 20일 3판1쇄

저 자 : 김영배
펴낸이 : 이정일

펴낸곳 : 도서출판 **일진사**
www.iljinsa.com
(우) 04317 서울시 용산구 효창원로 64길 6
전화 : 704-1616 / 팩스 : 715-3536
등록 : 제1979-000009호 (1979.4.2)

값 25,000 원

ISBN : 978-89-429-1632-0